国家出版基金项目
NATIONAL PUBLICATION FOUNDATION

中国
农业菌种
目录大全

中国农业微生物菌种保藏管理中心　编

U0306766

中国农业科学技术出版社

图书在版编目(CIP)数据

中国农业菌种目录大全 / 中国农业微生物菌种保藏管理中心编 .
北京:中国农业科学技术出版社,2014.1
　ISBN 978－7－5116－1430－8

　Ⅰ.①中…　Ⅱ.①中…　Ⅲ.①农业－菌种－中国－目录
Ⅳ.①S182－63

中国版本图书馆 CIP 数据核字(2013)第 265085 号

责任编辑	闫庆健
责任校对	贾晓红

出 版 者	中国农业科学技术出版社
	北京市中关村南大街 12 号　邮编:100081
电　话	(010)82106632(编辑室)　　　(010)82109704(发行部)
	(010)82109709(读者服务部)
传　真	(010)82106625
网　址	http://www.castp.cn
经 销 者	各地新华书店
印 刷 者	北京科信印刷有限公司
开　本	787mm×1 092mm　1/16
印　张	55.5
字　数	1 597 千字
版　次	2014 年 1 月第 1 版　2014 年 1 月第 1 次印刷
定　价	258.00 元

前　言

　　微生物的生物多样性，为揭示各种生命现象提供了丰富多样的研究材料，同时也为各种现代生物技术和产品的研发提供了可能，包括对微生物新基因、新酶和蛋白质、新的代谢产物的研究，如当前全球 90％以上转基因种植面积栽培作物中所用的基因资源来源于农业微生物，如 Bt 基因和抗草甘膦基因。农业微生物资源的研究与应用贯穿着整个农业生产全过程，如获取农业微生物基因的抗逆育种、植物病原微生物流行溯源监测、生物防治、微生物农药、土壤微生态环境调控治理、微生物肥料、微生物饲料、微生物发酵食品、微生物能源、食用菌栽培等，农业微生物资源研究与产业应用在系统解决上述问题和促进农业产业结构转化以及农民增收方面具有积极的推动作用。

　　我国自 20 世纪 50 年代开展农业微生物资源的收集、保藏与应用研究，并在生物固氮、农业抗生素等领域取得了重要进展。1979 年，国家成立中国农业微生物菌种保藏管理中心（Agricultural Culture Collection of China，简称 AC-CC），进行系统收集、鉴定、保藏农业微生物资源，库藏有古菌、细菌、放线菌、丝状真菌、酵母菌及大型真菌等资源。目前，ACCC 菌种数据信息整理完成 1.5 万余株，归属于 738 属 2 477 种，是国内多样性最为丰富、数量最多的农业微生物资源中心。

　　根据国家科技基础条件平台中心 2012 年调查数据，我国已经保藏的各类微生物资源为 50 万～55 万株，其中，农业微生物资源 5 万～6 万株，分散保藏于科研院所、大学、企业等。1999—2008 年，在国家科技基础性工作以及科技基础条件平台项目的支持下，中国农业微生物菌种保藏管理中心累计组织相关农业大学、科研单位等 16 个单位的农业微生物资源团队，在全国范围内系统收集、规范整理、统一保藏农业微生物资源，并推动农业微生物资源社会共享利用。农业微生物资源共享服务重点针对微生物肥料、微生物农药（包括生物防治）、微生物饲料（饲料酶制剂和微生态制剂）、微生物能源、微生物环境制剂、食用菌栽培等 6 个农业微生物产业的科研和企业生产服务。

　　《中国农业菌种目录大全》收录农业微生物资源 502 属 1 786 种 11 320 株，分为 7 个部分进行编录，第一部分古菌，阮志勇负责完成；第二部分细菌，由张晓霞、马晓彤负责完成，其中马晓彤负责根瘤菌部分，第三部分放线菌，张晓霞负责完成；第四部分酵母菌，李世贵、顾金刚负责完成；第五部分小型丝状真菌，李世贵、顾金刚负责小型丝状真菌，牛永春、邓晖负责植物病原真菌；

第六部分大型真菌，由张瑞颖完成；第七部分丛枝菌根真菌，由王幼珊、张淑彬负责完成。

　　《中国农业菌种目录大全》收录的农业微生物菌株，根据资源筛选评价，对一些菌株的应用功能特性进行了描述，以利于使用者检索使用。本《中国农业菌种目录大全》虽然根据微生物的最新的分类学进展和 ACCC 的复核鉴定结果，对一些微生物菌种名称进行了修订更新，但考虑到一些菌株使用的广泛性和通用性，并没有对全部微生物菌株进行名称的更新，如 ACCC 库藏链霉菌 ACCC 40021 菌株（5406）是 1979 年陶天申等人鉴定为泾阳链霉菌（*Streptomyces jingyangensis*），但没有在国际上有效发表，ACCC 对该菌株进行了 16S rRNA，gyrB，recA，rpoB 和 trpB 等多基因的进化分析，将 ACCC 40021 复核鉴定为黄赭色链霉菌（*S. silaceus*），但在本目录中依然保留泾阳链霉菌（*S. jingyangensis*）的名称。本目录中收录的所有农业微生物资源，为了共享与保藏的便捷性，分为 ACCC 编号菌株和 BGC 编号（丛枝菌根真菌）两部分，但从菌种的来源和原始编号可进行资源溯源。

　　本《中国农业菌种目录大全》由中国农业科学技术出版社申请国家出版基金资助出版，在此一并致谢。

　　由于编者水平所限，加之信息数据整理繁杂，错误和遗漏难免，敬请读者不吝斧正。

编者

2013 年 11 月

使用说明

微生物资源及资源信息具有长期性和持久性，目录中 ACCC 编号和 BGC 编号是库藏菌株的唯一标识，不会因菌种的名称改变而改变。《中国农业菌种目录大全》中实物资源和信息资源是几代微生物资源工作者大量、细致、不辞辛苦工作的积累，为了促进微生物资源信息在大数据时代积累和检索溯源，我们迫切希望资源使用方在使用该批微生物资源材料在科学研究中获得的试验结果，应在适当机会及时向资源提供方进行信息反馈，以补充、完善资源库的信息数据。资源使用方请务必在今后的科学研究、论文、文章发表中，真实体现 ACCC 编号菌株和 BGC 编号。

本《中国农业菌种目录大全》每部分菌种按拉丁学名的字母顺序编排，学名后附有中文学名或俗名，对于暂无中文学名的菌株，此项暂空缺。菌株来源历史用"←"表示，同时保留有其他中心编号，关系用"＝"表示，用于菌种信息的集成。

本《中国农业菌种目录大全》中所列"中国农业科学院土肥所"现已更名为"中国农业科学院农业资源与农业区划研究所"，为说明菌株的来源历史，本目录继续保留"中国农业科学院土肥所"名称。为了让读者理解目录中的简写名称，本《中国农业菌种目录大全》中列出了部分保藏机构和单位缩写与全名的对应关系表。

本《中国农业菌种目录大全》的附录 I 为培养基编号及配方，是收录国家微生物资源平台统一使用的培养基编号、名称以及配方，以供检索。附录 II 为菌株学名索引，附录 III 为菌株编号索引。

部分菌种保藏机构名称及缩写

ACCC   中国农业微生物菌种保藏管理中心（Agricultural Culture Collection of China），中国农业科学院农业资源与农业区划研究所，北京

ARS   Agricultural Research Service Culture Collection（NRRL），美国

ATCC   American Type Culture Collection，USA，美国

CABI   CABI Bioscience UK Centre（IMI）英国

CBS   CBS-KNAW Fungi Diversity Centre，Netherlands，荷兰

CCBAU   中国农业大学菌种保藏中心（Culture Collection，China Agricultural University），中国农业大学，北京

CCTCC   中国典型培养物保藏管理中心（China Center for Type Culture Collection），武汉大学，武汉

CFCC   中国林业微生物菌种保藏管理中心（China Forestry Culture Collection Center），中国林业科学研究院森林生态环境与保护研究所，北京

CGMCC   中国普通微生物菌种保藏管理中心（China General Microbiological Culture Collection Center），中国科学院微生物研究所，北京

CICC   中国工业微生物菌种保藏管理中心（China Center of Industrial Culture Collection）中国食品发酵工业研究院，北京

CMCC   中国医学微生物菌种保藏管理中心（National Center for Medical Culture Collection），中国食品药品检定研究院，北京

CPCC   中国药用微生物菌种保藏管理中心（China Pharmaceutical Culture Collection）中国医学科学院医药生物技术研究所，北京

CVCC   中国兽医微生物菌种保藏管理中心（China Veterinary Culture Collection）国兽医药品监察所，北京

DSMZ   Deutsche Sammlung von Mikrooeganismes und Zellkuituren GmbH，德国

MCCC   中国海洋微生物菌种保藏管理中心（Marine Culture Collection of China），国家海洋局第三海洋研究所，厦门

部分有关科研机构简称和全称

简　　称	全　　称
中国农科院土肥所	中国农业科学院土壤肥料研究所
中国农科院资划所	中国农业学院农业资源与农业区划研究所
中国农科院加工所	中国农业科学院农产品加工研究所
中国农科院植保所	中国农业科学院植物保护研究所
中国农科院蔬菜花卉所	中国农业科学院蔬菜花卉研究所
中国农科院麻类所	中国农业科学院麻类研究所
中国农科院环发所	中国农业科学院农业环境与可持续发展研究所
中国农科院饲料所	中国农业科学院饲料研究所
中国农科院生物技术所	中国农业科学院生物技术研究所
中国农科院草原所	中国农业科学院草原研究所
成都沼气所	农业部四川沼气研究所
热作院	中国热带作物科学院
中科院微生物所	中国科学院微生物研究所
中科院生物物理所	中国科学院生物物理研究所
中科院植物所	中国科学院植物研究所
中科院遗传所	中国科学院遗传研究所
上海植生所	中国科学院上海植物生理研究所
上海生化所	中国科学院上海生物化学研究所
沈阳生态所	中国科学院沈阳应用生态研究所
检定所	中国食品药品检定研究院
北京农科院	北京市农林科学院
中国农大	中国农业大学
天津工微所	天津市工业微生物研究所
上海工微所	上海工业微生物研究所

上海农科院食用菌所	上海农业科学研究院食用菌研究所
山东农大	山东农业大学
南京农大	南京农业大学
广州微生物所	广东省微生物研究所
西北农大	西北农林科技大学
新疆微生物所	新疆农业科学院农业应用微生物研究所

注：书中新疆维吾尔自治区简称新疆；
广西壮族自治区简称广西；
内蒙古自治区简称内蒙古；
宁夏回族自治区简称宁夏；
西藏自治区简称西藏。

冷冻干燥菌种的恢复培养须知

从 ACCC 所购菌种如果为冷冻干燥安瓿，建议采用下列方法恢复培养。

一、安瓿管开启

1. 用浸过 75％酒精的脱脂棉球擦净安瓿管表面。

2. 用酒精灯火焰将安瓿管顶端加热。

3. 将冷的无菌水滴至加热的安瓿管顶端使玻璃裂开。

4. 用无菌镊子敲开安瓿管顶端。

二、菌种恢复培养

1. 用无菌吸管加 0.3ml 无菌水于安瓿管内，使冻干菌种块溶化呈悬浮状。

2. 用无菌吸管取 0.1ml 悬浮液于已制备好的适宜该菌生长的斜面培养基上，涂匀，在适宜温度下培养。

三、注意事项

1. 全部操作过程需在无菌条件下进行。

2. 每支安瓿的菌悬液最多只能接 3～4 支斜面，避免接种量太少不利于菌种生长。有些菌种经冷冻干燥后，需连续两次继代培养才能正常生长。

3. 要求在厌氧条件下培养的菌种，自开封后的全过程，均需按厌氧菌培养条件的要求处理。

目　　录

一、古　菌
（Archaea）

Methanobacterium formicicum Schnellen 1947 甲酸甲烷杆菌

ACCC 00001←农业部沼气科学研究所；原始编号：BIOMA 5610；产甲烷菌；培养基：0482；培养温度：37℃。

ACCC 00002←农业部沼气科学研究所；原始编号：BIOMA 5611；产甲烷菌；培养基：0482；培养温度：37℃。

ACCC 00003←农业部沼气科学研究所；原始编号：BIOMA 5612；产甲烷菌；培养基：0482；培养温度：37℃。

Methanobacterium thermautotrophicum（Zeikus and Wolfe 1972）Wasserfallen et al. 2000 热自养甲烷嗜热杆菌

ACCC 00006←农业部沼气科学研究所；原始编号：BIOMA 5630；产甲烷菌；培养基：0482；培养温度：60℃。

ACCC 00181←农业部沼气科学研究所；原始编号：BIOMA 5631；产甲烷菌；培养基：0482；培养温度：60℃。

ACCC 00182←农业部沼气科学研究所；原始编号：BIOMA 5632；产甲烷菌；培养基：0482；培养温度：60℃。

ACCC 00183←农业部沼气科学研究所；原始编号：BIOMA 5633；产甲烷菌；培养基：0482；培养温度：60℃。

ACCC 00184←农业部沼气科学研究所；原始编号：BIOMA 5634；产甲烷菌；培养基：0482；培养温度：60℃。

ACCC 00185←农业部沼气科学研究所；原始编号：BIOMA 5635；产甲烷菌；培养基：0482；培养温度：60℃。

ACCC 00186←农业部沼气科学研究所；原始编号：BIOMA 5636；产甲烷菌；培养基：0482；培养温度：60℃。

ACCC 00187←农业部沼气科学研究所；原始编号：BIOMA 5637；产甲烷菌；培养基：0482；培养温度：60℃。

ACCC 00643←农业部沼气科学研究所；原始编号：BIOMA 8760；产甲烷菌；培养基：0482；培养温度：60℃。

Methanothermobacter wolfei（Winter et al. 1985）Wasserfallen et al. 2000 沃氏甲烷嗜热杆菌

ACCC 00007←农业部沼气科学研究所；原始编号：BIOMA 5640；产甲烷菌；培养基：0482；培养温度：60℃。

ACCC 00188←农业部沼气科学研究所；原始编号：BIOMA 5641；产甲烷菌；培养基：0482；培养温度：60℃。

ACCC 00189←农业部沼气科学研究所；原始编号：BIOMA 5642；产甲烷菌；培养基：0482；培养温度：60℃。

ACCC 00190←农业部沼气科学研究所；原始编号：BIOMA 5643；产甲烷菌；培养基：0482；培养温度：60℃。

ACCC 00191←农业部沼气科学研究所；原始编号：BIOMA 5644；产甲烷菌；培养基：0482；培养温度：60℃。

ACCC 00554←农业部沼气科学研究所；原始编号：BIOMA 8010；产甲烷菌；培养基：0482；培养温度：50℃。

ACCC 00555←农业部沼气科学研究所；原始编号：BIOMA 8011；产甲烷菌；培养基：0482；培养温度：50℃。

ACCC 00556←农业部沼气科学研究所；原始编号：BIOMA 8012；产甲烷菌；培养基：0482；培养温度：50℃。

ACCC 00557←农业部沼气科学研究所；原始编号：BIOMA 8013；产甲烷菌；培养基：0482；培养温度：50℃。

ACCC 00558←农业部沼气科学研究所；原始编号：BIOMA 8014；产甲烷菌；培养基：0482；培养温度：50℃。

Methanobacterium ruminantium （Smith and Hungate 1958）Balch and Wolfe 1981 瘤胃甲烷短杆菌

ACCC 00008←农业部沼气科学研究所；原始编号：BIOMA 5660；产甲烷菌；培养基：0482；培养温度：37℃。

Methanococcus voltae Balch and Wolfe 1981 emend. Ward et al. 1989 沃氏甲烷球菌

ACCC 00009←农业部沼气科学研究所；原始编号：BIOMA 5670；产甲烷菌；培养基：0483；培养温度：35℃。

ACCC 00132←农业部沼气科学研究所；原始编号：BIOMA 5674；产甲烷菌；培养基：0483；培养温度：35℃。

ACCC 00197←农业部沼气科学研究所；原始编号：BIOMA 5671；产甲烷菌；培养基：0483；培养温度：35℃。

ACCC 00198←农业部沼气科学研究所；原始编号：BIOMA 5672；产甲烷菌；培养基：0483；培养温度：35℃。

ACCC 00199←农业部沼气科学研究所；原始编号：BIOMA 5673；产甲烷菌；培养基：0483；培养温度：35℃。

ACCC 00200←农业部沼气科学研究所；原始编号：BIOMA 5675；产甲烷菌；培养基：0483；培养温度：35℃。

Methanococcus thermolithotrophicus Huber et al. 1984 热自养甲烷球菌

ACCC 00010←农业部沼气科学研究所；原始编号：BIOMA 5680；产甲烷菌；培养基：0483；培养温度：65℃。

ACCC 00201←农业部沼气科学研究所；原始编号：BIOMA 5681；产甲烷菌；培养基：0483；培养温度：65℃。

ACCC 00202←农业部沼气科学研究所；原始编号：BIOMA 5682；产甲烷菌；培养基：0483；培养温度：65℃。

ACCC 00203←农业部沼气科学研究所；原始编号：BIOMA 5683；产甲烷菌；培养基：0483；培养温度：65℃。

ACCC 00204←农业部沼气科学研究所；原始编号：BIOMA 5684；产甲烷菌；培养基：0483；培养温度：65℃。

Methanospirillum hungatie Ferry et al. 1974 emend. Iino et al. 2010 亨氏甲烷螺菌

ACCC 00012←农业部沼气科学研究所；原始编号：BIOMA 5700；产甲烷菌；培养基：0482；培养温度：37℃。

ACCC 00128←农业部沼气科学研究所；原始编号：BIOMA 5704；产甲烷菌；培养基：0482；培养温度：37℃。

ACCC 00205←农业部沼气科学研究所；原始编号：BIOMA 5701；产甲烷菌；培养基：0482；培养温度：37℃。

ACCC 00206←农业部沼气科学研究所；原始编号：BIOMA 5702；产甲烷菌；培养基：0482；培养温度：37℃。

ACCC 00207←农业部沼气科学研究所；原始编号：BIOMA 5703；产甲烷菌；培养基：0482；培养温度：37℃。

Methanosarcina barkeri Schnellen 1947 巴氏甲烷八叠球菌

ACCC 00013←农业部沼气科学研究所；原始编号：BIOMA 5710；产甲烷菌；培养基：0483；培养温度：30℃。

ACCC 00014←农业部沼气科学研究所；原始编号：BIOMA 5711；产甲烷菌；培养基：0483；培养温度：30℃。

ACCC 00015←农业部沼气科学研究所；原始编号：BIOMA 5712；产甲烷菌；培养基：0483；培养温度：30℃。

ACCC 00016←农业部沼气科学研究所；原始编号：BIOMA 5713；产甲烷菌；培养基：0483；培养温度：30℃。

ACCC 00017←农业部沼气科学研究所；原始编号：BIOMA 5714；产甲烷菌；培养基：0483；培养温度：30℃。

ACCC 00129←农业部沼气科学研究所；原始编号：BIOMA 5715；产甲烷菌；培养基：0483；培养温度：30℃。

ACCC 00570←农业部沼气科学研究所；原始编号：BIOMA 8050；产甲烷菌；培养基：0483；培养温度：35℃。

ACCC 00571←农业部沼气科学研究所；原始编号：BIOMA 8051；产甲烷菌；培养基：0483；培养温度：35℃。

ACCC 00572←农业部沼气科学研究所；原始编号：BIOMA 8052；产甲烷菌；培养基：0483；培养温度：35℃。

ACCC 00573←农业部沼气科学研究所；原始编号：BIOMA 8053；产甲烷菌；培养基：0483；培养温度：35℃。

ACCC 00574←农业部沼气科学研究所；原始编号：BIOMA 8054；产甲烷菌；培养基：0483；培养温度：35℃。

Methanosarcina mazei（Barker 1936）Mah and Kuhn 1984 马氏甲烷八叠球菌

ACCC 00018←农业部沼气科学研究所；原始编号：BIOMA 5722；产甲烷菌；培养基：0483；培养温度：37℃。

ACCC 00019←农业部沼气科学研究所；原始编号：BIOMA 5723；产甲烷菌；培养基：0483；培养温度：37℃。

ACCC 00020←农业部沼气科学研究所；原始编号：BIOMA 5724；产甲烷菌；培养基：0483；培养温度：37℃。

ACCC 00130←农业部沼气科学研究所；原始编号：BIOMA 5725；产甲烷菌；培养基：0483；培养温度：37℃。

ACCC 00208←农业部沼气科学研究所；原始编号：BIOMA 5720；产甲烷菌；培养基：0483；培养温度：37℃。

ACCC 00518←农业部沼气科学研究所；原始编号：BIOMA 5721；产甲烷菌；培养基：0483；培养温度：37℃。

Methanosarcina thermophila Zinder et al. 1985 嗜热甲烷八叠球菌

ACCC 00021←农业部沼气科学研究所；原始编号：BIOMA 5730；产甲烷菌；培养基：0483；培养温度：50℃。

ACCC 00022←农业部沼气科学研究所；原始编号：BIOMA 5731；产甲烷菌；培养基：0483；培养温度：50℃。

ACCC 00131←农业部沼气科学研究所；原始编号：BIOMA 5735；产甲烷菌；培养基：0483；培养温度：50℃。

ACCC 00210←农业部沼气科学研究所；原始编号：BIOMA 5732；产甲烷菌；培养基：0483；培养温度：50℃。

ACCC 00211←农业部沼气科学研究所；原始编号：BIOMA 5733；产甲烷菌；培养基：0483；培养温度：50℃。

ACCC 00212←农业部沼气科学研究所；原始编号：BIOMA 5734；产甲烷菌；培养基：0483；培养温度：50℃。

ACCC 00649←农业部沼气科学研究所；原始编号：BIOMA 8770；产甲烷菌；培养基：0483；培养温度：50℃。

Methanothermobacter thermautotrophicus（Zeikus and Wolfe 1972）Wasserfallen et al. 2000 热自养甲烷杆菌

ACCC 00559←农业部沼气科学研究所；原始编号：BIOMA 8020；产甲烷菌；培养基：0482；培养温度：55℃。

ACCC 00560←农业部沼气科学研究所；原始编号：BIOMA 8021；产甲烷菌；培养基：0482；培养温度：55℃。

ACCC 00561←农业部沼气科学研究所；原始编号：BIOMA 8022；产甲烷菌；培养基：0482；培养温度：55℃。

ACCC 00562←农业部沼气科学研究所；原始编号：BIOMA 8023；产甲烷菌；培养基：0482；培养温度：55℃。

ACCC 00563←农业部沼气科学研究所；原始编号：BIOMA 8024；产甲烷菌；培养基：0482；培养温度：55℃。

ACCC 00564←农业部沼气科学研究所；原始编号：BIOMA 8025；产甲烷菌；培养基：0482；培养温度：55℃。

ACCC 00565←农业部沼气科学研究所；原始编号：BIOMA 8030；产甲烷菌；培养基：0482；培养温度：55℃。

ACCC 00566←农业部沼气科学研究所；原始编号：BIOMA 8031；产甲烷菌；培养基：0482；培养温度：55℃。

ACCC 00567←农业部沼气科学研究所；原始编号：BIOMA 8032；产甲烷菌；培养基：0482；培养温度：55℃。

ACCC 00568←农业部沼气科学研究所；原始编号：BIOMA 8033；产甲烷菌；培养基：0482；培养温度：55℃。

ACCC 00569←农业部沼气科学研究所；原始编号：BIOMA 8034；产甲烷菌；培养基：0482；培养温度：55℃。

ACCC 00590←农业部沼气科学研究所；原始编号：BIOMA 8160；产甲烷菌；培养基：0482；培养温度：55℃。

ACCC 00591←农业部沼气科学研究所；原始编号：BIOMA 8161；产甲烷菌；培养基：0482；培养温度：55℃。

ACCC 00592←农业部沼气科学研究所；原始编号：BIOMA 8162；产甲烷菌；培养基：0482；培养温度：55℃。

Methanothermomic shengliense 甲烷嗜热微球菌

ACCC 00578←农业部沼气科学研究所；原始编号：BIOMA 8120；产甲烷菌；培养基：0483；培养温度：65℃。

ACCC 00579←农业部沼气科学研究所；原始编号：BIOMA 8121；产甲烷菌；培养基：0483；培养温度：65℃。

ACCC 00580←农业部沼气科学研究所；原始编号：BIOMA 8122；产甲烷菌；培养基：0483；培养温度：65℃。

Methanoculleus sp. 甲烷袋状菌

ACCC 00581←农业部沼气科学研究所；原始编号：BIOMA 8130；产甲烷菌；培养基：0482；培养温度：55℃。

ACCC 00582←农业部沼气科学研究所；原始编号：BIOMA 8131；产甲烷菌；培养基：0482；培养温度：55℃。

ACCC 00583←农业部沼气科学研究所；原始编号：BIOMA 8132；产甲烷菌；培养基：0482；培养温度：55℃。

ACCC 00584←农业部沼气科学研究所；原始编号：BIOMA 8140；产甲烷菌；培养基：0482；培养温度：55℃。

ACCC 00585←农业部沼气科学研究所；原始编号：BIOMA 8141；产甲烷菌；培养基：0482；培养温度：55℃。

ACCC 00586←农业部沼气科学研究所；原始编号：BIOMA 8142；产甲烷菌；培养基：0482；培养温度：55℃。

ACCC 00587←农业部沼气科学研究所；原始编号：BIOMA 8150；产甲烷菌；培养基：0482；培养温度：55℃。

ACCC 00588←农业部沼气科学研究所；原始编号：BIOMA 8151；产甲烷菌；培养基：0482；培养温度：55℃。

ACCC 00589←农业部沼气科学研究所；原始编号：BIOMA 8151；产甲烷菌；培养基：0482；培养温度：55℃。

Methanolobus tindarius König and Stetter 1983 丁氏甲烷叶菌

ACCC 00609←农业部沼气科学研究所；原始编号：BIOMA 8230；产甲烷菌；培养基：0483；培养温度：45℃。

ACCC 00610←农业部沼气科学研究所；原始编号：BIOMA 8231；产甲烷菌；培养基：0483；培养温度：40℃。

ACCC 00611←农业部沼气科学研究所；原始编号：BIOMA 8232；产甲烷菌；培养基：0483；培养温度：45℃。

ACCC 00612←农业部沼气科学研究所；原始编号：BIOMA 8233；产甲烷菌；培养基：0483；培养温度：40℃。

ACCC 00613←农业部沼气科学研究所；原始编号：BIOMA 8234；产甲烷菌；培养基：0483；培养温度：40℃。

Methanosarcina barkeri Schnellen 1947 马氏八叠球菌

ACCC 00604←农业部沼气科学研究所；原始编号：BIOMA 8220；产甲烷菌；培养基：0483；培养温度：35℃。

ACCC 00605←农业部沼气科学研究所；原始编号：BIOMA 8221；产甲烷菌；培养基：0483；培养温度：35℃。

ACCC 00606←农业部沼气科学研究所；原始编号：BIOMA 8222；产甲烷菌；培养基：0483；培养温度：35℃。

ACCC 00607←农业部沼气科学研究所；原始编号：BIOMA 8223；产甲烷菌；培养基：0483；培养温度：35℃。

ACCC 00608←农业部沼气科学研究所；原始编号：BIOMA 8224；产甲烷菌；培养基：0483；培养温度：35℃。

Methanosalsum zhilinae （Mathrani et al. 1988） Boone and Baker 2002 织里甲烷咸菌

ACCC 00614←农业部沼气科学研究所；原始编号：BIOMA 8240；产甲烷菌；培养基：0483；培养温度：45℃。

ACCC 00615←农业部沼气科学研究所；原始编号：BIOMA 8241；产甲烷菌；培养基：0483；培养温度：40℃。

ACCC 00616←农业部沼气科学研究所；原始编号：BIOMA 8242；产甲烷菌；培养基：0483；培养温度：40℃。

ACCC 00617←农业部沼气科学研究所；原始编号：BIOMA 8243；产甲烷菌；培养基：0483；培养温度：45℃。

ACCC 00618←农业部沼气科学研究所；原始编号：BIOMA 8244；产甲烷菌；培养基：0483；培养温度：35℃。

Methanothermobacter thermophilus （Laurinavichus et al. 1990） Boone 2002 嗜热甲烷嗜热杆菌

ACCC 00619←农业部沼气科学研究所；原始编号：BIOMA 8250；产甲烷菌；培养基：0482；培养温度：60℃。

ACCC 00620←农业部沼气科学研究所；原始编号：BIOMA 8251；产甲烷菌；培养基：0482；培养温度：60℃。

ACCC 00621←农业部沼气科学研究所；原始编号：BIOMA 8252；产甲烷菌；培养基：0482；培养温度：60℃。

ACCC 00622←农业部沼气科学研究所；原始编号：BIOMA 8253；产甲烷菌；培养基：0482；培养温度：60℃。

ACCC 00623←农业部沼气科学研究所；原始编号：BIOMA 8254；产甲烷菌；培养基：0482；培养温度：60℃。

Methanothermobacter thermophilus （Laurinavichus et al. 1990） Boone 2002 弯曲嗜热甲烷嗜热杆菌

ACCC 00624←农业部沼气科学研究所；原始编号：BIOMA 8260；产甲烷菌；培养基：0482；培养温度：55℃。

ACCC 00625←农业部沼气科学研究所；原始编号：BIOMA 8261；产甲烷菌；培养基：0482；培养温度：55℃。

ACCC 00626←农业部沼气科学研究所；原始编号：BIOMA 8262；产甲烷菌；培养基：0482；培养温度：55℃。

Methanocalculus pumilus Mori et al. 2000 小巧甲烷卵圆形菌

ACCC 00628^T←农业部沼气科学研究所；原始编号：BIOMA 8730；产甲烷菌；培养基：CM-M19；培养温度：35℃。

ACCC 00629←农业部沼气科学研究所；原始编号：BIOMA 8731；产甲烷菌；培养基：CM-M192；培养温度：35℃。

ACCC 00630←农业部沼气科学研究所；原始编号：BIOMA 8732；产甲烷菌；培养基：CM-M19；培养温度：35℃。

ACCC 00631←农业部沼气科学研究所；原始编号：BIOMA 8733；产甲烷菌；培养基：CM-M19；培养温度：35℃。

ACCC 00632←农业部沼气科学研究所；原始编号：BIOMA 8734；产甲烷菌；培养基：CM-M19；培养温度：35℃。

Methanothermococcus thermolithotrophicus （Huber et al. 1984） Whitman 2002 热自养甲烷嗜热球菌

ACCC 00633^T←农业部沼气科学研究所；原始编号：BIOMA 8740；产甲烷菌；培养基：0483；培养温度：65℃。

ACCC 00634←农业部沼气科学研究所；原始编号：BIOMA 8741；产甲烷菌；培养基：0483；培养温度：65℃。

ACCC 00635←农业部沼气科学研究所；原始编号：BIOMA 8742；产甲烷菌；培养基：0483；培养温度：65℃。

ACCC 00636←农业部沼气科学研究所；原始编号：BIOMA 8743；产甲烷菌；培养基：0483；培养温度：65℃。

ACCC 00637←农业部沼气科学研究所；原始编号：BIOMA 8744；产甲烷菌；培养基：0483；培养温度：65℃。

Methanosarcina lacustris Simankova et al. 2002 湖沉积甲烷八叠球菌

ACCC 00638^T←农业部沼气科学研究所；原始编号：BIOMA 8750；产甲烷菌；培养基：0482；培养温度：25℃。

ACCC 00639←农业部沼气科学研究所；原始编号：BIOMA 8751；产甲烷菌；培养基：0482；培养温度：25℃。

ACCC 00640←农业部沼气科学研究所；原始编号：BIOMA 8752；产甲烷菌；培养基：0482；培养温度：25℃。

ACCC 00641←农业部沼气科学研究所；原始编号：BIOMA 8753；产甲烷菌；培养基：0482；培养温度：25℃。

ACCC 00642←农业部沼气科学研究所；原始编号：BIOMA 8754；产甲烷菌；培养基：0482；培养温度：25℃。

Methanothermobacter thermoflexus（Kotelnikova et al. 1994）Boone 2002 嗜热弯曲甲烷热杆菌

ACCC 00644^T←农业部沼气科学研究所；原始编号：BIOMA 8765；产甲烷菌；培养基：0483；培养温度：55℃。

ACCC 00645←农业部沼气科学研究所；原始编号：BIOMA 8766；产甲烷菌；培养基：0483；培养温度：55℃。

ACCC 00646←农业部沼气科学研究所；原始编号：BIOMA 8767；产甲烷菌；培养基：0483；培养温度：55℃。

ACCC 00647←农业部沼气科学研究所；原始编号：BIOMA 8768；产甲烷菌；培养基：0483；培养温度：55℃。

ACCC 00648←农业部沼气科学研究所；原始编号：BIOMA 8769；产甲烷菌；培养基：0483；培养温度：55℃。

Methanococcoides burtonii Franzmann et al. 1993 布氏拟甲烷球菌

ACCC 00678^T←农业部沼气科学研究所；原始编号：BIOMA 8880；产甲烷菌；培养基：CM-M22；培养温度：23℃。

ACCC 00679←农业部沼气科学研究所；原始编号：BIOMA 8881；产甲烷菌；培养基：CM-M22；培养温度：23℃。

ACCC 00680←农业部沼气科学研究所；原始编号：BIOMA 8882；产甲烷菌；培养基：CM-M22；培养温度：23℃。

ACCC 00681←农业部沼气科学研究所；原始编号：BIOMA 8883；产甲烷菌；培养基：CM-M22；培养温度：23℃。

ACCC 00682←农业部沼气科学研究所；原始编号：BIOMA 8884；产甲烷菌；培养基：CM-M22；培养温度：23℃。

Methanosphaera stadtmaniae Miller and Wolin 1985 斯塔曼甲烷球形菌

ACCC 00683^T←农业部沼气科学研究所；原始编号：BIOMA 8885；产甲烷菌；培养基：CM-M23；培养温度：37℃。

ACCC 00684←农业部沼气科学研究所；原始编号：BIOMA 8886；产甲烷菌；培养基：CM-M23；培养温
　　度：37℃。

ACCC 00685←农业部沼气科学研究所；原始编号：BIOMA 8887；产甲烷菌；培养基：CM-M23；培养温
　　度：37℃。

ACCC 00686←农业部沼气科学研究所；原始编号：BIOMA 8888；产甲烷菌；培养基：CM-M23；培养温
　　度：37℃。

ACCC 00687←农业部沼气科学研究所；原始编号：BIOMA 8889；产甲烷菌；培养基：CM-M23；培养温
　　度：37℃。

Methanocorpusculum labreanum Zhao et al. 1989 拉布雷亚甲烷粒菌

ACCC 00688[T]←农业部沼气科学研究所；原始编号：BIOMA 8890；产甲烷菌；培养基：CM-M20；培养温
　　度：37℃。

ACCC 00689←农业部沼气科学研究所；原始编号：BIOMA 8891；产甲烷菌；培养基：CM-M20；培养温
　　度：37℃。

ACCC 00690←农业部沼气科学研究所；原始编号：BIOMA 8892；产甲烷菌；培养基：CM-M20；培养温
　　度：37℃。

ACCC 00691←农业部沼气科学研究所；原始编号：BIOMA 8893；产甲烷菌；培养基：CM-M20；培养温
　　度：37℃。

ACCC 00692←农业部沼气科学研究所；原始编号：BIOMA 8894；产甲烷菌；培养基：CM-M20；培养温
　　度：37℃。

Methanofollis aquaemaris Lai and Chen 2001 海水甲烷泡菌

ACCC 00693[T]←农业部沼气科学研究所；原始编号：BIOMA 8895；产甲烷菌；培养基：CM-M24；培养温
　　度：37℃。

ACCC 00694←农业部沼气科学研究所；原始编号：BIOMA 8896；产甲烷菌；培养基：CM-M24；培养温
　　度：37℃。

ACCC 00695←农业部沼气科学研究所；原始编号：BIOMA 8897；产甲烷菌；培养基：CM-M24；培养温
　　度：37℃。

ACCC 00696←农业部沼气科学研究所；原始编号：BIOMA 8898；产甲烷菌；培养基：CM-M24；培养温
　　度：37℃。

ACCC 00697←农业部沼气科学研究所；原始编号：BIOMA 8899；产甲烷菌；培养基：CM-M24；培养温
　　度：37℃。

二、细　菌
（Bacteria）

Acetobacter aceti **（Pasteur 1864）Beijerinck 1898 醋化醋杆菌**

ACCC 10110←中国科学院微生物研究所；＝AS 1.36；培养基：0001；培养温度：30℃。

ACCC 10111←中国科学院微生物研究所←东北制药总厂 No.6；培养基：0001；培养温度：30℃。

Acetobacter pasteurianus **（Hansen 1879）Beijerinck and Folpmers 1916 巴氏醋杆菌**

ACCC 10112←中国科学院微生物研究所←黄海化学工业研究所；原始编号：黄海 1127；生产食用醋；培养基：0001；培养温度：30℃。

ACCC 10181←中国农业科学院土肥所←IFFI7010；＝IFFI 7010；培养基：0033；培养温度：37℃。

Acetobacter pasteurianus subsp. ***lovaniensis*** **（Frateur 1950）De Ley and Frateur 1974 巴氏醋杆菌罗旺亚种**

ACCC 10600←轻工业部食品发酵工业科学研究所；制醋；培养基：0001；培养温度：30℃。

Achromobacter insolitus **Coenye et al. 2003 罕见无色小杆菌**

ACCC 02588←南京农业大学农业环境微生物菌种保藏中心；原始编号：BP3，NAECC1205；在无机盐培养基中以 10mg/L 的联苯为唯一碳源培养，24h 内对 10mg/L 的联苯降解率 99.5％；24h 内对 5mg/L 萘和蒽降解率大于 95％；分离地点：华北油田石油污染土壤；培养基：0002；培养温度：28℃。

Achromobacter piechaudii **（Kiredjian et al. 1986）Yabuuchi et al. 1998 种皮氏无色杆菌**

ACCC 02179←中国农业科学院农业资源与农业区划研究所；原始编号：311，N11-3-1；以萘、蒽、芴作为唯一碳源生长；分离地点：大庆油田；培养基：0002；培养温度：30℃。

Achromobacter **sp. 无色杆菌**

ACCC 01719←中国农业科学院饲料研究所；原始编号：FRI2007096B266；饲料用植酸酶等的筛选；分离地点：浙江省；培养基：0002；培养温度：37℃。

ACCC 01732←中国农业科学院饲料研究所；原始编号：FRI2007088B282；饲料用植酸酶等的筛选；分离地点：浙江省；培养基：0002；培养温度：37℃。

ACCC 02182←中国农业科学院农业资源与农业区划研究所；原始编号：317，N7-3-2；以萘、蒽、芴作为唯一碳源生长；分离地点：大庆油田；培养基：0002；培养温度：30℃。

ACCC 02813←南京农业大学农业环境微生物菌种保藏中心；原始编号：L2，NAECC1353；在 M9 培养基中抗绿磺隆的浓度达 500mg/L；分离地点：山东省泰安市；培养基：0002；培养温度：30℃。

ACCC 10393←首都师范大学←中科院微生物研究所；＝AS1.1841；原始编号：93-24；培养基：0033；培养温度：30℃。

ACCC 11685←南京农业大学农业环境微生物菌种保藏中心；原始编号：Lm-4NAECC0767；可以在含 5 000mg/L 的绿嘧磺隆无机盐培养基中生长；分离源：土壤；分离地点：山东省淄博市；培养基：0971；培养温度：30℃。

ACCC 11785←南京农业大学农业环境微生物菌种保藏中心；原始编号：JNW15NAECC0992；在无机盐培养基中添加 100mg/L 的甲萘威，降解率达 30％～50％；分离源：土壤；培养基：0971；培养温度：30℃。

ACCC 11821←南京农业大学农业环境微生物菌种保藏中心；原始编号：LBM2-1NAECC1056；在无机盐培养基中以 20mg/L 的联苯菊酯为唯一碳源培养，3 天内降解率大于 45％；分离源：土壤；分离地点：江苏省南京第一农药厂；培养基：0033；培养温度：30℃。

Achromobacter xylosoxidans （ex Yabuuchi and Ohyama 1971） **Yabuuchi and Yano 1981** 木糖
氧化无色杆菌

ACCC 01146←中国农业科学院农业资源与农业区划研究所；原始编号：Cd-6-2；具有用作耐重金属基因资
　　源潜力；分离地点：北京市朝阳区黑庄户；培养基：0002；培养温度：28℃。

ACCC 02738←南京农业大学农业环境微生物菌种保藏中心；原始编号：LHLR1，NAECC1252；可以在含
　　500mg/L 的绿磺隆的无机盐培养基中生长；分离地点：南通发事达化工有限公司；培养基：0971；培
　　养温度：30℃。

ACCC 03021←中国农业科学院农业资源与农业区划研究所；原始编号：P-42-2，7103；可以用来研发农田
　　土壤及环境修复用的微生物制剂；分离地点：大港油田；培养基：0002；培养温度：28℃。

ACCC 03034←中国农业科学院农业资源与农业区划研究所；原始编号：P-23-1，7122；可以用来研发农田
　　土壤及环境修复用的微生物制剂；分离地点：北京市大兴区礼贤乡；培养基：0065；培养温度：28℃。

ACCC 03045←中国农业科学院农业资源与农业区划研究所；原始编号：GD-64-1-5，7135；可以用来研发
　　生产用的生物肥料；分离地点：内蒙古牙克石七队；培养基：0065；培养温度：28℃。

ACCC 03054←中国农业科学院农业资源与农业区划研究所；原始编号：BaP-40-1，7146；可以用来研发农
　　田土壤及环境修复用的微生物制剂；分离地点：大港油田；培养基：0065；培养温度：28℃。

ACCC 03105←中国农业科学院农业资源与农业区划研究所；原始编号：P-32-2，7217；可以用来研发农田
　　土壤及环境修复用的微生物制剂；分离地点：河北省高碑店市辛庄镇；培养基：0002；培养温
　　度：28℃。

ACCC 03234←中国农业科学院农业资源与农业区划研究所；原始编号：BaP-35-2；可以用来研发农田土壤
　　及环境修复用的微生物制剂；培养基：0002；培养温度：28℃。

ACCC 03248←中国农业科学院农业资源与农业区划研究所；原始编号：P-42-1；可以用来研发农田土壤及
　　环境修复用的微生物制剂；培养基：0002；培养温度：28℃。

Achromobacter xylosoxidans subsp. ***denitrificans*** （Rüger and Tan 1983） **Yabuuchi et al. 1998**
木糖氧化无色杆菌反硝化亚种

ACCC 01978←中国农业科学院农业资源与农业区划研究所；原始编号：42，39；以萘、蒽、芴作为唯一碳
　　源生长；分离地点：大庆油田；培养基：0002；培养温度：30℃。

ACCC 01979←中国农业科学院农业资源与农业区划研究所；原始编号：43，54 小；以萘、蒽、芴作为唯
　　一碳源生长；分离地点：大庆油田；培养基：0002；培养温度：30℃。

ACCC 02161←中国农业科学院农业资源与农业区划研究所；原始编号：104，42-4；以萘、芴作为唯一碳
　　源生长；分离地点：大庆油田；培养基：0002；培养温度：30℃。

ACCC 02163←中国农业科学院农业资源与农业区划研究所；原始编号：108，47-4；以萘、芴作为唯一碳
　　源生长；分离地点：大庆油田；培养基：0002；培养温度：30℃。

ACCC 02177←中国农业科学院农业资源与农业区划研究所；原始编号：307，B3；以萘、蒽、芴作为唯一
　　碳源生长；分离地点：大庆油田；培养基：0002；培养温度：30℃。

ACCC 02202←中国农业科学院农业资源与农业区划研究所；原始编号：603，L24；以萘、蒽、芴作为唯一
　　碳源生长；分离地点：大庆油田；培养基：0002；培养温度：30℃。

ACCC 10299[T]←CGMCC←JCM←ATCC←R Hugh←L. R. Fredrich 55 B；＝ATCC 15173＝CCUG 407＝CIP
　　7715＝DSM 30026＝ICPB 4221＝IFO 15125＝JCM 5490＝LMG 1231＝NCTC 8582＝AS 1.1800；培养
　　基：0002；培养温度：26℃。

Acidomonas sp. 酸单孢菌

ACCC 01283←广东省广州微生物研究所；原始编号：GIMV1.0039，12-B-3；检测、生产；分离地点：越
　　南 DALAT；培养基：0002；培养温度：30～37℃。

Acidovorax avenae subsp. ***avenae*** （Manns 1909） **Willems et al. 1992** 燕麦假单孢菌

ACCC 05442←中国农业科学院农业资源与农业区划研究所← 中科院微生物研究所←湖南省农学院；模式
　　菌株（*Pseudomonas avenae*）；燕麦细菌性褐条病菌；培养基：0002；培养温度：30℃。

Acidovorax facilis **（Schatz and Bovell 1952）Willems et al. 1990 敏捷食酸菌**

ACCC 01080←中国农业科学院农业资源与农业区划研究所；原始编号：Cd-7-3；具有用作耐重金属基因资
　　源潜力；分离地点：北京市朝阳区黑庄户；培养基：0002；培养温度：28℃。

ACCC 10287^T←ATCC；＝ATCC 11228＝CCUG 2113＝LMG 2193；培养基：0972；培养温度：30℃。

***Acidovorax* sp. 食酸菌**

ACCC 01805←首都师范大学；原始编号：BN90-3-22-1；分离地点：河北省唐山市滦南县；培养基：0063；
　　培养温度：28℃。

ACCC 02543←南京农业大学农业环境微生物菌种保藏中心；原始编号：Zn-H2-1，NAECC1066；能够耐受
　　2mM 的重金属 Zn^{2+}；分离地点：南京农业大学校园；培养基：0033；培养温度：30℃。

ACCC 02616←南京农业大学农业环境微生物菌种保藏中心；原始编号：BJC8，NAECC1017；在无机盐培
　　养基中添加 100mg/L 的苯甲醇，降解率达 50％左右；分离地点：江苏省南京市；培养基：0033；培养
　　温度：30℃。

ACCC 10867←首都师范大学；原始编号：BN90-3-27；培养基：0033；培养温度：30℃。

Acidovorax temperans **Willems et al. 1990 中等食酸菌（温和食酸菌）**

ACCC 10857←首都师范大学；原始编号：J3-A106；分离源：水稻根际；分离地点：河北省唐山市滦南县；
　　培养基：0033；培养温度：30℃。

Acinetobacter baumannii **Bouvet and Grimont 1986 鲍曼不动杆菌**

ACCC 01130←中国农业科学院农业资源与农业区划研究所；原始编号：FX2-2-11；具有处理养殖废水潜
　　力；分离地点：河北邯郸大社鱼塘；培养基：0002；培养温度：28℃。

ACCC 02522←南京农业大学农业环境微生物菌种保藏中心；原始编号：BF-2，NAECC1197；在无机盐培
　　养基中以 500mg/L 的苯酚为唯一碳源培养，24h 内对 500mg/L 的苯酚降解率 99％；分离地点：江苏
　　省南京市玄武区南；培养基：0002；培养温度：28℃。

ACCC 02793←南京农业大学农业环境微生物菌种保藏中心；原始编号：LC-ZS，NAECC1272；对500mg/L
　　的苯磺隆有抗性；分离地点：南京农业大学校园；培养基：0033；培养温度：30℃。

ACCC 11038←ATCC；＝ATCC 19606；培养基：0033；培养温度：28℃。

Acinetobacter calcoaceticus **（Beijerinck 1911）Baumann et al. 1968 乙酸钙不动杆菌**

ACCC 01220←新疆农业科学院微生物研究所；原始编号：XJAA10314，LB47；培养基：0033；培养温
　　度：20℃。

ACCC 01229←新疆农业科学院微生物研究所；原始编号：XJAA10322，LB67；培养基：0033；培养温
　　度：20℃。

ACCC 01236←新疆农业科学院微生物研究所；原始编号：XJAA10329，LB87；培养基：0033；培养温
　　度：25℃。

ACCC 01254←新疆农业科学院微生物研究所；原始编号：XJAA10426，LB33-A；培养基：0033；培养温
　　度：20℃。

ACCC 01255←新疆农业科学院微生物研究所；原始编号：XJAA10428，LB35-A；培养基：0033；培养温
　　度：20℃。

ACCC 01257←新疆农业科学院微生物研究所；原始编号：XJAA10438，LB71-A；培养基：0033；培养温
　　度：20℃。

ACCC 01484←广东省广州微生物研究所；原始编号：GIMT1.023，TSIH；培养基：0002；培养温
　　度：30℃。

ACCC 01501←新疆农业科学院微生物研究所；原始编号：XAAS10461，LB10；分离地点：新疆布尔津县；
　　培养基：0033；培养温度：20℃。

ACCC 01511←新疆农业科学院微生物研究所；原始编号：XAAS10430，LB41A；分离地点：新疆布尔津
　　县；培养基：0033；培养温度：20℃。

ACCC 01514←新疆农业科学院微生物研究所；原始编号：XAAS10482，LB65；分离地点：新疆乌鲁木齐；

　　培养基：0033；培养温度：20℃。

ACCC 01516←新疆农业科学院微生物研究所；原始编号：XAAS10483，LB83；分离地点：新疆布尔津县；
　　培养基：0033；培养温度：20℃。

ACCC 01517←新疆农业科学院微生物研究所；原始编号：XAAS10484，LB84；分离地点：新疆布尔津县；
　　培养基：0033；培养温度：20℃。

ACCC 01624←中国农业科学院生物技术研究所；原始编号：BRI-00279，A2benA18sacB；基因功能的确
　　定；分离地点：北京；培养基：0033；培养温度：30℃。

ACCC 01635←中国农业科学院生物技术研究所；原始编号：BRI-00290，A28；教学科研，研究 orf8 的功
　　能；分离地点：北京；培养基：0033；培养温度：30℃。

ACCC 01636←中国农业科学院生物技术研究所；原始编号：BRI-00291，A2R；教学科研，研究苯酚羟化
　　酶调节机制；分离地点：北京；培养基：0033；培养温度：30℃。

ACCC 01637←中国农业科学院生物技术研究所；原始编号：BRI-00292，A2N；教学科研，研究苯酚羟化
　　酶的功能；分离地点：北京；培养基：0033；培养温度：30℃。

ACCC 01644←中国农业科学院生物技术研究所；原始编号：BRI-00299，A2（pGDRP926）；分离地点：北
　　京；培养基：0033；培养温度：30℃。

ACCC 01645←中国农业科学院生物技术研究所；原始编号：BRI-00300，A2（pGDRP926）；分离地点：北
　　京；培养基：0033；培养温度：30℃。

ACCC 01953←中国农业科学院农业资源与农业区划研究所；原始编号：13，LF-4-2；纤维素降解菌；分离
　　地点：山西临汾；培养基：0012；培养温度：30℃。

ACCC 01993←中国农业科学院农业资源与农业区划研究所；原始编号：37，20-2b；以磷酸三钙、磷矿石
　　作为唯一磷源生长；分离地点：湖北钟祥；培养基：0002；培养温度：30℃。

ACCC 02851←南京农业大学农业环境微生物菌种保藏中心；原始编号：LF-3，NAECC1736；在无机盐培
　　养基中以 50mg/L 的邻苯二酚为唯一碳源培养，3 天内降解率大于 90%；分离地点：江苏省徐州市；
　　培养基：0033；培养温度：30℃。

ACCC 03661←中国农业微生物菌种保藏管理中心；原始编号：A2benAa3；培养基：0033；培养温
　　度：30℃。

ACCC 03662←中国农业微生物菌种保藏管理中心；原始编号：A2benM18；培养基：0033；培养温
　　度：30℃。

ACCC 03663←中国农业微生物菌种保藏管理中心；原始编号：A2R643；培养基：0033；培养温度：37℃。

ACCC 04235←广东省广州微生物研究所；原始编号：1.11；培养基：0002；培养温度：30℃。

ACCC 04248←广东省广州微生物研究所；原始编号：061021B；培养基：0002；培养温度：30℃。

ACCC 10479^T←ATCC←M Doudoroff←Lab. Microbiol.，Delft strain 1（Micrococcus calcoaceticus）；＝
　　ATCC 23055；培养基：0002；培养温度：30℃。

Acinetobacter guillouiae Nemec et al. 2010

ACCC 05572←中国农业科学院农业资源与农业区划研究所；分离源：水稻根内生；分离地点：湖南省祁阳
　　县官山坪；培养基：0908；培养温度：37℃。

ACCC 05579←中国农业科学院农业资源与农业区划研究所；分离源：水稻根内生；分离地点：湖南省祁阳
　　县官山坪；培养基：0908；培养温度：37℃。

Acinetobacter haemolyticus（*ex* Stenzel and Mannheim 1963）Bouvet and Grimont 1986 溶血不动杆菌

ACCC 11040^T←中国农业科学院农业资源与区划研究所←DSMZ；＝DSM 6962；培养基：0033；培养温度：
　　37℃。

Acinetobacter johnsonii Bouvet and Grimont 1986 约氏不动杆菌

ACCC 02175←中国农业科学院农业资源与农业区划研究所；原始编号：303，En3；以萘、芴作为唯一碳
　　源生长；分离地点：胜利油田；培养基：0002；培养温度：30℃。

ACCC 02205←中国农业科学院农业资源与农业区划研究所；原始编号：607，73；以萘、芴作为唯一碳源生长；分离地点：胜利油田；培养基：0002；培养温度：30℃。

ACCC 02631←南京农业大学农业环境微生物菌种保藏中心；原始编号：CP-B，NAECC1168；在基础盐培养基中两天降解100mg/L的毒死蜱降解率50％；分离地点：南京市玄武区；培养基：0002；培养温度：30℃。

ACCC 11039^T←中国农业科学院农业资源与区划研究所←DSMZ；＝DSM 6963；培养基：0033；培养温度：28℃。

Acinetobacter junii Bouvet and Grimont 1986 琼氏不动杆菌

ACCC 01018←中国农业科学院农业资源与农业区划研究所；原始编号：GD-22-2-1；具有生产固氮生物肥料潜力；分离地点：北京市大兴区天堂河；培养基：0065；培养温度：28℃。

ACCC 01308←湖北省生物农药工程研究中心；原始编号：IEDA 00511，wa-8168；产生代谢产物具有抑菌活性；分离地点：河南省；培养基：0012；培养温度：28℃。

ACCC 11037←ATCC；＝ATCC 17908；培养基：0033；培养温度：28℃。

ACCC 11653←南京农业大学农业环境微生物菌种保藏中心；原始编号：SBA-2 NAECC0688；分离源：石油；分离地点：山东东营；培养基：0033；培养温度：30℃。

ACCC 11654←南京农业大学农业环境微生物菌种保藏中心；原始编号：SBB NAECC0689；分离源：土壤；分离地点：山东东营；培养基：0033；培养温度：30℃。

ACCC 11656←南京农业大学农业环境微生物菌种保藏中心；原始编号：SBR NAECC0692；分离源：土壤；分离地点：山东东营；培养基：0033；培养温度：30℃。

ACCC 11660←南京农业大学农业环境微生物菌种保藏中心；原始编号：SWT NAECC0700；分离源：土壤；分离地点：山东东营；培养基：0033；培养温度：30℃。

ACCC 02626←南京农业大学农业环境微生物菌种保藏中心；原始编号：SLL，NAECC0695；分离地点：山东东营；培养基：0033；培养温度：30℃。

ACCC 04190←广东省广州微生物研究所；原始编号：1.106；培养基：0002；培养温度：30℃。

Acinetobacter lwoffii （Audureau 1940）Brisou and Prévot 1954 鲁氏不动杆菌

ACCC 01091←中国农业科学院农业资源与农业区划研究所；原始编号：FX2-5-2；具有处理养殖废水潜力；分离地点：河北邯郸；培养基：0002；培养温度：28℃。

ACCC 01685←中国农业科学院饲料研究所；原始编号：FRI2007077 B223；饲料用木聚糖酶、葡聚糖酶、蛋白酶、植酸酶等的筛选；分离地点：海南省三亚；培养基：0002；培养温度：37℃。

ACCC 01710←中国农业科学院饲料研究所；原始编号：FRI2007013 B253；饲料用木聚糖酶、葡聚糖酶、蛋白酶、植酸酶等的筛选；分离地点：浙江省；培养基：0002；培养温度：37℃。

ACCC 11041^T←中科院微生物研究所普通微生物菌种中心；＝CGMNCC 1.2005＝DSM 2403；培养基：0033；培养温度：37℃。

Acinetobacter radioresistens Nishimura et al. 1988 抗辐射不动杆菌

ACCC 01656←广东省广州微生物研究所；原始编号：GIMT1.059；分离地点：广东罗定；培养基：0002；培养温度：37℃。

ACCC 01699←中国农业科学院饲料研究所；原始编号：FRI2007028 B242；饲料用木聚糖酶、葡聚糖酶、蛋白酶、植酸酶等的筛选；分离地点：浙江省嘉兴鱼塘；培养基：0002；培养温度：37℃。

ACCC 01704←中国农业科学院饲料研究所；原始编号：FRI2007012 B247；饲料用木聚糖酶、葡聚糖酶、蛋白酶、植酸酶等的筛选；分离地点：浙江省嘉兴鱼塘；培养基：0002；培养温度：37℃。

ACCC 02688←南京农业大学农业环境微生物菌种保藏中心；原始编号：Lhl-4r，NAECC1268；可以在含5 000mg/L绿磺隆的无机盐培养基中生长；分离地点：江苏省苏州市相城区望亭；培养基：0002；培养温度：30℃。

Acinetobacter sp. 不动杆菌

ACCC 01122←中国农业科学院农业资源与农业区划研究所；原始编号：Hg-K-1；具有用作耐重金属基因

资源潜力；分离地点：北京市农林科学院试验地；培养基：0002；培养温度：28℃。

ACCC 02508←南京农业大学农业环境微生物菌种保藏中心；原始编号：BMNS，NAECC1109；分离地点：
江苏省南京市；培养基：0002；培养温度：30℃。

ACCC 02612←南京农业大学农业环境微生物菌种保藏中心；原始编号：BSL13，NAECC0970；在无机盐
培养基中添加100mg/L的倍硫磷，降解率达33%；分离地点：江苏省南京市；培养基：0971；培养温
度：30℃。

ACCC 02779←南京农业大学农业环境微生物菌种保藏中心；原始编号：P2-2，NAECC1716；可以以苯酚
为唯一碳源生长，3天内可以降解100mg/L的苯酚90%；分离地点：江苏省徐州新宜农药厂；培养
基：0002；培养温度：30℃。

ACCC 02794←南京农业大学农业环境微生物菌种保藏中心；原始编号：CP-N，NAECC1274；在基础盐培
养基中两天降解100mg/L的毒死蜱降解率50%；分离地点：南京农业大学校园；培养基：0971；培养
温度：30℃。

ACCC 05422←中国农业科学院生物技术所；原始编号：XMZ-26；产脂肪酶；培养基：0033；培养温
度：30℃。

ACCC 11023←中国农业科学院土肥所←上海水产大学生命学院←湖南农业大学；原始编号：304；分离源：
牛蛙；培养基：0002；培养温度：30℃。

ACCC 11024←中国农业科学院土肥所←上海水产大学生命学院←江苏省海安卫生防疫站；原始编号：海安
98-3；分离源：欧鳗肝；培养基：0002；培养温度：30℃。

ACCC 11616←南京农业大学农业环境微生物菌种保藏中心；原始编号：W186-3，NAECC0644；分离源：
淤泥；分离地点：山东省东营；培养基：0033；培养温度：30℃。

ACCC 11619←南京农业大学农业环境微生物菌种保藏中心；原始编号：3-SL3，NAECC1119；分离源：淤
泥；分离地点：山东省东营；培养基：0033；培养温度：30℃。

ACCC 11657←南京农业大学农业环境微生物菌种保藏中心；原始编号：SBSN，NAECC0693；分离源：石
油；分离地点：山东省东营；培养基：0033；培养温度：30℃。

ACCC 11670←南京农业大学农业环境微生物菌种保藏中心；原始编号：SL-SNB，NAECC0724；分离源：
淤泥；分离地点：山东省东营；培养基：0033；培养温度：30℃。

ACCC 11671←南京农业大学农业环境微生物菌种保藏中心；原始编号：W18-A-1，NAECC0725；分离源：
堆肥；分离地点：江苏省南京；培养基：0033；培养温度：30℃。

ACCC 11710←南京农业大学农业环境微生物菌种保藏中心；原始编号：Dui-5，NAECC0814；在无机盐培
养基中降解100mg/L对氨基苯甲酸，降解率为80%～90%；分离源：土壤；分离地点：江苏省南京农
业大学；培养基：0033；培养温度：30℃。

ACCC 11761←南京农业大学农业环境微生物菌种保藏中心；原始编号：BSL2，NAECC0963；在无机盐
养基中添加100mg/L的倍硫磷，降解率达40%左右；分离源：土壤；分离地点：江苏省南京市卫岗菜
园；培养基：0033；培养温度：30℃。

ACCC 11774←南京农业大学农业环境微生物菌种保藏中心；原始编号：B11，NAECC0980；在无机盐培养
基中添加100mg/L的苯乙酮，降解率达30%～50%；分离源：土壤；培养基：0971；培养温
度：30℃。

ACCC 11797←南京农业大学农业环境微生物菌种保藏中心；原始编号：YBC9，NAECC01006；在无机盐
培养基中添加100mg/L的异丙醇，降解率达30%～50%；分离源：土壤；培养基：0971；培养温
度：30℃。

ACCC 11804←南京农业大学农业环境微生物菌种保藏中心；原始编号：FLL7，NAECC01020；在无机盐
培养基中添加50mg/L的氟乐灵，降解率达40%左右；分离源：土壤；分离地点：江苏省大丰市丰山；
培养基：0971；培养温度：30℃。

ACCC 11807←南京农业大学农业环境微生物菌种保藏中心；原始编号：L1，NAECC1030；在无机盐培养
基中添加50mg/L的乐果，降解率达50%；分离源：土壤；分离地点：江苏省南京卫岗菜园；培养基：

0971；培养温度：30℃。

ACCC 11810←南京农业大学农业环境微生物菌种保藏中心；原始编号：LGA41，NAECC1033；在无机盐培养基中添加 50mg/L 的乐果，降解率达 35％；分离源：土壤；分离地点：江苏省大丰市丰山农药厂；培养基：0971；培养温度：30℃。

ACCC 11811←南京农业大学农业环境微生物菌种保藏中心 NAECC1034；在无机盐培养基中添加 50mg/L 的乐果，降解率达 45％；分离源：土壤；分离地点：江苏大丰市丰山农药厂；培养基：0971；培养温度：30℃。

ACCC 11812←南京农业大学农业环境微生物菌种保藏中心；原始编号：SLH4，NAECC1036；在无机盐培养基中添加 100mg/L 的 4-氯苯甲酸，降解率达 50％；分离源：土壤；分离地点：江西省余江红壤生态开放实验地；培养基：0971；培养温度：30℃。

ACCC 11828←南京农业大学农业环境微生物菌种保藏中心；原始编号：LBRF-2，NAECC1070；在无机盐培养基中以 100mg/L 的邻苯二酚为唯一碳源培养，3 天内降解率大于 90％；分离源：土壤；分离地点：江苏省南京市第一农药厂；培养基：0033；培养温度：30℃。

ACCC 11850←南京农业大学农业环境微生物菌种保藏中心；原始编号：6-SL2，NAECC1104；分离源：污泥；分离地点：江苏南京；培养基：0033；培养温度：30℃。

ACCC 11855←南京农业大学农业环境微生物菌种保藏中心；原始编号：W186-2，NAECC1116；分离源：淤泥；分离地点：山东省东营；培养基：0033；培养温度：30℃。

Acinetobacter tandoii Carr et al. 2003 坦氏不动杆菌

ACCC 05537←中国农业科学院农业资源与农业区划研究所；分离源：水稻根内生；分离地点：湖南省祁阳县官山坪；培养基：0973；培养温度：37℃。

Acinetobacter ursingii Nemec et al. 2001 邬氏不动杆菌

ACCC 02551←南京农业大学农业环境微生物菌种保藏中心；原始编号：BF-3，NAECC1198；在无机盐培养基中以 500mg/L 的苯酚为唯一碳源培养，84h 内对 500mg/L 的苯酚降解率 99％；分离地点：江苏省南京市玄武区南；培养基：0002；培养温度：28℃。

Actinobacterium sp. 放线细菌

ACCC 01980←中国农业科学院农业资源与农业区划研究所；原始编号：45；以萘、蒽、芴作为唯一碳源生长；分离地点：湖南邵阳；培养基：0002；培养温度：30℃。

Aerococcus sp. 气球菌

ACCC 02512←南京农业大学农业环境微生物菌种保藏中心；原始编号：Na3-1，NAECC1112；分离地点：江苏南京；培养基：0033；培养温度：30℃。

Aerococcus viridans Williams et al. 1953 绿色气球菌

ACCC 01510←新疆农业科学院微生物研究所；原始编号：XAAS10462，LB40-2；分离地点：新疆布尔津县；培养基：0033；培养温度：20℃。

Aeromicrobium alkaliterrae Yoon et al. 2005 碱土气微菌

ACCC 05469^T←中国农业科学院农业资源与农业区划研究所← DSMZ← Jung-Hoon Yoon，KSL-107. Soil；Kore；=DSM16824；分离地点：dried American beer；培养基：0033；培养温度：28℃。

Aeromicrobium erythreum Miller et al. 1991 红霉素气微菌

ACCC 05473^T←中国农业科学院农业资源与农业区划研究所←DSMZ← H. Prauser←NRRL←J. C. French；=DSM8599；分离地点：dried American beer；培养基：0033；培养温度：35℃。

Aeromicrobium fastidiosum（Collins and Stackebrandt 1989）Tamura and Yokota 1994 苛求气微菌

ACCC 05471^T←中国农业科学院农业资源与农业区划研究所←DSMZ←IFO←M. D. Collins←J. M. Grainge；=DSM10552；分离地点：dried American beer；培养基：0033；培养温度：28℃。

Aeromicrobium flavum Tang et al. 2008 黄色气微菌

ACCC 05474^T←中国农业科学院农业资源与农业区划研究所← DSMZ← C. Fang，Wuhan Univ.，China；

TYLN1；=DSM19355；分离地点：dried American beer；培养基：0033；培养温度：28℃。

Aeromicrobium ponti Lee and Lee 2008 海气微菌
ACCC 05470[T]←中国农业科学院农业资源与农业区划研究所←DSMZ←Soon Dong Lee；HSW-1. Sea water；Rep；=DSM19178；分离地点：dried American beer；培养基：0033；培养温度：28℃。

Aeromicrobium sp. 气微菌
ACCC 01290←广东省广州微生物研究所；原始编号：GIMV1.0052，19-B-2；检测、生产；分离地点：越南 DALAT 生物所；培养基：0002；培养温度：30～37℃。

Aeromicrobium tamlense Lee and Kim 2007 耽罗国气微菌
ACCC 05472←中国农业科学院农业资源与农业区划研究所←DSMZ←JCM←Soon Dong Lee，Se Jae Kim；=DSM19087；分离地点：dried American beer；培养基：0033；培养温度：28℃。

Aeromonas hydrophila （Chester 1901）Stanier 1943 嗜水气单胞菌
ACCC 01748←中国农业科学院饲料研究所；原始编号：FRI2007099 B304；饲料用木聚糖酶、葡聚糖酶、蛋白酶、植酸酶等的筛选；分离地点：浙江省；培养基：0002；培养温度：37℃。
ACCC 10482←ATCC；=ATCC 7966=CDC 359-60=IAM 12460=NCIB 9240=NCMB 86=NCTC 8049=RH 250；培养基：0002；培养温度：30℃。

Aeromonas media Allen et al. 1983 中间气单胞菌
ACCC 05531←中国农业科学院农业资源与农业区划研究所；分离源：水稻根内生；分离地点：湖南省祁阳县官山坪；培养基：0441；培养温度：37℃。

Aeromonas sp. 气单胞菌
ACCC 02494←南京农业大学农业环境微生物菌种保藏中心；原始编号：BFF-2，NAECC1904；在以 LB 的液体培养基中培养其成膜能力较强；分离地点：南化二厂曝气池；培养基：0033；培养温度：28℃。
ACCC 02498←南京农业大学农业环境微生物菌种保藏中心；原始编号：BFF-6，NAECC0878；在以 LB 的液体培养基中培养其成膜能力较强；培养基：0033；培养温度：28℃。
ACCC 02501←南京农业大学农业环境微生物菌种保藏中心；原始编号：BFF-9，NAECC0881；在以 LB 的液体培养基中培养其成膜能力较强；培养基：0033；培养温度：30℃。
ACCC 02816←南京农业大学农业环境微生物菌种保藏中心；原始编号：M3，NAECC1361；在基础盐培养基中 7 天降解 100mg/L 的 2，4-二氯苯氧乙酸，降解率为 90%；分离地点：山东省泰安市；培养基：0002；培养温度：30℃。
ACCC 10852←首都师范大学；原始编号：J3-A118；分离源：水稻根际；分离地点：河北省唐山市滦南县；培养基：0033；培养温度：30℃。
ACCC 11609←南京农业大学农业环境微生物菌种保藏中心；原始编号：HF18，NAECC0630；分离源：土壤；分离地点：江苏省南京；培养基：0033；培养温度：30℃。
ACCC 11613←南京农业大学农业环境微生物菌种保藏中心；原始编号：SD9，NAECC0636；分离源：土壤；分离地点：江苏省南京；培养基：0033；培养温度：30℃。
ACCC 11625←南京农业大学农业环境微生物菌种保藏中心；原始编号：HF3，NAECC1125；分离源：土壤；分离地点：江苏省南京；培养基：0033；培养温度：30℃。

Aeromonas veronii Hickman-Brenner et al. 1988 维隆气单胞菌
ACCC 01747←中国农业科学院饲料研究所；原始编号：FRI2007032，B301；饲料用木聚糖酶、葡聚糖酶、蛋白酶、植酸酶等的筛选；草鱼胃肠道微生物多样性生态研究；分离地点：浙江省；培养基：0002；培养温度：37℃。
ACCC 05570←中国农业科学院农业资源与农业区划研究所；分离源：水稻根内生；分离地点：湖南省祁阳县官山坪；培养基：0908；培养温度：37℃。

Aeromonas punctata subsp. *caviae* （Scherago 1936）Schubert 1964 斑点气单胞菌豚鼠亚种
ACCC 05533←中国农业科学院农业资源与农业区划研究所；分离源：水稻根内生；分离地点：湖南省祁阳

　县官山坪；培养基：0973；培养温度：37℃。

Agrobacterium radiobacter （Beijerinck and van Delden 1902）Conn 1942 放射形土壤杆菌

ACCC 10056←中国科学院微生物研究所←华北农研所；＝AS 1.150；培养基：0063；培养温度：
　　28～30℃。

ACCC 10058←中国农业科学院土壤肥料研究所；产胞外多糖；分离源：土壤；培养基：0063；培养温度：
　　28～30℃。

ACCC 10502^T←ATCC←MP Starr←A.C. Braun B6；ATCC 23308＝IAM 13129＝ICMP 5856＝NCPPB
　　2437；培养基：0002；培养温度：26℃。

ACCC 02525←南京农业大学农业环境微生物菌种保藏中心；原始编号：X9，NAECC1701；在无机盐培养
　　基中降解 30mg/L 西维因，降解率为 100％，且能继续降解 1-奈酚，降解率为 100％；分离地点：江苏
　　省徐州；培养基：0033；培养温度：30℃。

Agrobacterium rhizogenes （Riker et al. 1930）Conn 1942 发根土壤杆菌

ACCC 10060←中国科学院微生物研究所；原始编号：A4；能引起毛根病或木质瘤，能在胡萝卜根上形成
　　根和肿瘤；培养基：0063；培养温度：28～30℃。

Agrobacterium sp. 土壤杆菌

ACCC 01800←首都师范大学；原始编号：N90-3-25；培养基：0063；培养温度：28℃。

ACCC 01801←首都师范大学；原始编号：N90-3-27；培养基：0063；培养温度：28℃。

ACCC 01802←首都师范大学；原始编号：N90-3-35；培养基：0063；培养温度：28℃。

ACCC 02778←南京农业大学农业环境微生物菌种保藏中心；原始编号：Lkxj-3，NAECC1239；能够在含
　　2 000mg/L 氯嘧磺隆的无机盐加 2％葡萄糖平板生长；分离地点：江苏省南通江山农药化工厂；培养
　　基：0033；培养温度：30℃。

ACCC 10083←中国农业科学院土壤肥料研究所←北京市农林科学院土肥所；原始编号：诱变菌株 M15-5；
　　培养基：0003；培养温度：30℃。

ACCC 11806←南京农业大学农业环境微生物菌种保藏中心；原始编号：BJC7，NAECC1027；在无机盐培
　　养基中添加 100mg/L 的苯甲醇，降解率达 80％左右；分离源：土壤；分离地点：江苏省南京卫岗菜
　　园；培养基：0971；培养温度：30℃。

ACCC 11808←南京农业大学农业环境微生物菌种保藏中心；原始编号：L2，NAECC1031；降解乐果；分
　　离源：土壤；分离地点：江苏省南京卫岗菜园；培养基：0971；培养温度：30℃。

Agrobacterium tumefaciens （Smith and Townsend 1907）Conn 1942 根癌土壤杆菌

ACCC 01023←中国农业科学院农业资源与农业区划研究所；原始编号：FXH1-34-1；具有处理养殖废水潜
　　力；分离地点：河北省高碑店；培养基：0002；培养温度：28℃。

ACCC 01029←中国农业科学院农业资源与农业区划研究所；原始编号：FXH1-35-2；具有处理富营养水体
　　和养殖废水的潜力；分离地点：山东蓬莱；培养基：0002；培养温度：28℃。

ACCC 01129←中国农业科学院农业资源与农业区划研究所；原始编号：FX1H-32-2；具有处理养殖废水潜
　　力；分离地点：河北省高碑店；培养基：0002；培养温度：28℃。

ACCC 01523←新疆农业科学院微生物研究所；原始编号：XAAS10093，1.093；分离地点：库尔勒上户谷
　　地；培养基：0476；培养温度：20℃。

ACCC 01524←新疆农业科学院微生物研究所；原始编号：XAAS10094，1.094；分离地点：库尔勒上户谷
　　地；培养基：0476；培养温度：20℃。

ACCC 01527←新疆农业科学院微生物研究所；原始编号：XAAS10062，1.062；分离地点：焉耆博湖；培
　　养基：0476；培养温度：20℃。

ACCC 01530←新疆农业科学院微生物研究所；原始编号：XAAS10067，1.067；分离地点：焉耆博湖；培
　　养基：0476；培养温度：20℃。

ACCC 01532←新疆农业科学院微生物研究所；原始编号：XAAS10081，1.081；分离地点：乌市 109 团；
　　培养基：0476；培养温度：20℃。

ACCC 01535←新疆农业科学院微生物研究所；原始编号：XAAS10092，1.092；分离地点：新疆乌市 109 团；培养基：0476；培养温度：20℃。

ACCC 01537←新疆农业科学院微生物研究所；原始编号：XAAS10102，1.102；分离地点：新疆库尔勒上户谷地；培养基：0476；培养温度：20℃。

ACCC 01556←中国农业科学院生物技术研究所←NEB 公司；原始编号：BRI00209，pCAMBIA2301；用于植物转化等科学研究；培养基：0033；培养温度：37℃。

ACCC 01557←中国农业科学院生物技术研究所←NEB 公司；原始编号：BRI00210，LBA4404；用于植物转化等科学研究；培养基：0032；培养温度：28℃。

ACCC 01558←中国农业科学院生物技术研究所←NEB 公司；原始编号：BRI00211，pBI121；用于植物转化等科学研究；培养基：0032；培养温度：28℃。

ACCC 01723←中国农业科学院饲料研究所；原始编号：FRI2007079，B270；饲料用植酸酶等的筛选；分离地点：浙江省；培养基：0002；培养温度：37℃。

ACCC 03050←中国农业科学院农业资源与农业区划研究所；原始编号：F-23-2，7141；可以用来研发农田土壤及环境修复微生物制剂；分离地点：北京市大兴区礼贤乡；培养基：0002；培养温度：28℃。

ACCC 03108←中国农业科学院农业资源与农业区划研究所；原始编号：GD-B-CL2-1-7，7222；可以用来研发生产用的生物肥料；分离地点：北京试验地；培养基：0065；培养温度：28℃。

ACCC 03236←中国农业科学院农业资源与农业区划研究所；原始编号：GD-33'-1-2；可以用来研发生产用的生物肥料；培养基：0065；培养温度：28℃。

ACCC 10054←中国科学院植物所←美国 Wisconsin 大学；原始编号：T-37；培养基：0032；培养温度：28～30℃。

ACCC 10055←中国科学院微生物研究所←美国 Wisconsin 大学；＝AS 1.1415；原始编号：C58；培养基：0032；培养温度：28～30℃。

ACCC 10601←中国农业科学院土壤肥料研究所；培养基：0032；培养温度：28～30℃。

ACCC 10887←首都师范大学；原始编号：J3-AN33；分离源：水稻根际；分离地点：河北省唐山市滦南县；培养基：0033；培养温度：30℃。

ACCC 11100←中国科学院微生物研究所←英国；＝AS 1.1698；原始编号：A6；培养基：0053；培养温度：30℃。

ACCC 11659←南京农业大学农业环境微生物菌种保藏中心；原始编号：SWH NAECC0699；分离源：土壤；分离地点：山东东营；培养基：0033；培养温度：30℃。

Agrobacterium vitis Ophel and Kerr 1990 葡萄土壤杆菌

ACCC 01775←首都师范大学；原始编号：90-3-51；分离地点：河北省唐山市滦南县；培养基：0063；培养温度：28℃。

ACCC 01776←首都师范大学；原始编号：90-3-56；分离地点：河北省唐山市滦南县；培养基：0063；培养温度：28℃。

ACCC 01781←中国农业科学院农业资源与农业区划研究所；原始编号：90-3-86；培养基：0063；培养温度：30℃。

ACCC 01782←中国农业科学院农业资源与农业区划研究所；原始编号：B90-3-51；培养基：0063；培养温度：30℃。

ACCC 01783←中国农业科学院农业资源与农业区划研究所；原始编号：N90-3-4；培养基：0063；培养温度：30℃。

ACCC 01784←首都师范大学；原始编号：N90-3-14；分离地点：河北省唐山市滦南县；培养基：0063；培养温度：30℃。

ACCC 01785←首都师范大学；原始编号：N90-3-16；分离地点：河北省唐山市滦南县；培养基：0063；培养温度：30℃。

ACCC 01786←首都师范大学；原始编号：N90-3-17；分离地点：河北省唐山市滦南县；培养基：0063；培

养温度：30℃。

ACCC 01787←首都师范大学；原始编号：N90-3-16；分离地点：河北省唐山市滦南县；培养基：0063；培养温度：30℃。

ACCC 10819←首都师范大学；原始编号：90-3-34；分离源：水稻根际；分离地点：河北省唐山市滦南县；培养基：0063；培养温度：28℃。

Agrococcus sp. 土壤球菌

ACCC 01035←中国农业科学院农业资源与农业区划研究所；原始编号：Cd-12-1-1；具有用作耐重金属基因资源的潜力；分离地点：北京市朝阳区王四营；培养基：0002；培养温度：28℃。

Agrococcus terreus Zhang et al. 2010 土地黏结杆菌

ACCC 05530←中国农业科学院农业资源与农业区划研究所；分离源：水稻根内生；分离地点：湖南省祁阳县官山坪；培养基：0441；培养温度：37℃。

Agromyces sp. 壤霉菌

ACCC 11749←南京农业大学农业环境微生物菌种保藏中心；原始编号：BJS1，NAECC0950；能于30℃、24h 内降解 33％以上浓度为 100mg/L 的倍硫磷，以倍硫磷为唯一碳源（无机盐培养基）；分离源：土壤；分离地点：江苏省南京市卫岗菜园；培养基：0033；培养温度：30℃。

Alcaligenes denitrificans（*ex* Leifson and Hugh 1954）Rüger and Tan 1983 反硝化产碱菌

ACCC 03247←中国农业科学院农业资源与农业区划研究所；原始编号：BaP-44-3；可以用来研发农田土壤及环境修复用的微生物制剂；培养基：0002；培养温度：28℃。

Alcaligenes faecalis Castellani and Chalmers 1919 粪产碱菌

ACCC 10155←广东省广州微生物研究所←中国科学院微生物研究所；＝IFO 13111＝AS 1.924；产琥珀葡糖苷；培养基：0002；培养温度：30℃。

ACCC 11059←中国农业科学院土肥所←中科院微生物研究所；原始编号：8922；培养基：0006；培养温度：30℃。

ACCC 01705←中国农业科学院饲料研究所；原始编号：FRI2007082，B248；饲料用木聚糖酶、葡聚糖酶、蛋白酶、植酸酶等的筛选；分离地点：浙江嘉兴鱼塘；培养基：0002；培养温度：37℃。

ACCC 01720←中国农业科学院饲料研究所；原始编号：FRI2007020，B267；饲料用木聚糖酶、葡聚糖酶、蛋白酶、植酸酶等的筛选；草鱼胃肠道微生物多样性生态研究；分离地点：浙江省；培养基：0002；培养温度：37℃。

ACCC 02841←南京农业大学农业环境微生物菌种保藏中心；原始编号：FP3-2，NAECC1513；能于30℃、48h 降解约 300mg/L 的苯酚，降解率为 90％，苯酚为唯一碳源（无机盐培养基）；分离地点：江苏省泰兴市化工厂；培养基：0002；培养温度：30℃。

ACCC 04318←广东省广州微生物研究所；原始编号：F1.89；分离地点：广东广州；培养基：0002；培养温度：37℃。

ACCC 10154←广东省广州微生物研究所←中国科学院微生物研究所；＝GIM 1.60＝AS 1.768＝JCM 1474＝ATCC 8750；培养基：0002；培养温度：30℃。

ACCC 10392←ATCC←CCEB←IEM 14/45←I. Malek（Pseudomonas odorans）；＝ATCC15554＝CCEB 554＝ICPB 4222＝IEM 14/45＝NCTC 10416＝RH 2189；培养基：0002；培养温度：37℃。

ACCC 10501←ATCC；＝ATCC 8750＝NCIB 8156；培养基：0002；培养温度：37℃。

ACCC 11101←中国科学院微生物研究所；＝AS 1.767；用于腐蚀高分子材料；分离源：橡胶；培养基：0002；培养温度：30℃。

ACCC 11102←中国科学院微生物研究所←美国典型物保藏中心；＝AS 1.1799＝ATCC 15554；模式菌株；培养基：0002；培养温度：30℃。

Alcaligenes sp. 产碱杆菌

ACCC 01730←中国农业科学院饲料研究所；原始编号：FRI2007098 B280；饲料用木聚糖酶、葡聚糖酶、蛋白酶、植酸酶等的筛选；分离地点：浙江省；培养基：0002；培养温度：37℃。

ACCC 01301←广东省广州微生物研究所；原始编号：GIMV1.0077，44-B-2；检测、生产；分离地点：越南 DALAT；培养基：0002；培养温度：30～37℃。

ACCC 11845←南京农业大学农业环境微生物菌种保藏中心；原始编号：M239 NAECC1097；在无机盐培养基中以 5mg/L 的孔雀石绿为碳源与 1/6LB 共代谢培养，2 天内孔雀石绿降解率大于 50％；分离源：市售水产品体表；分离地点：江苏省连云港市；培养基：0033；培养温度：30℃。

Alcaligenes xylosoxidans （Yabuuchi and Yano 1981）Kiredjian et al. 1986 木糖氧化产碱杆菌

ACCC 01621←中国农业科学院生物技术研究所；原始编号：BRI-00276，SL6500；筛选草甘膦抗性基因；分离地点：中国四川省乐山市；培养基：0033；培养温度：37℃。

ACCC 04275←广东省广州微生物研究所；原始编号：G25；分离地点：广东广州；培养基：0002；培养温度：33℃。

Alcaligenes xylosoxidans subsp. *denitrificans* （Rüger and Tan 1983）Kiredjian et al. 1986 木糖氧化纤维菌反硝化亚种

ACCC 11098←中国科学院微生物研究所；＝AS 1.758；用于腐蚀高分子材料；分离源：橡胶；培养基：0002；培养温度：30℃。

Alicyclobacillus acidiphilus Matsubara et al. 2002 嗜热脂环酸芽胞杆菌

ACCC 10221^T←DSMZ←ATCC.←H. Matsubara＝TA-67（Alicyclobacillus acidophilus）；＝DSM 14558＝IAM 14935＝NRIC 6496；培养基：0437；培养温度：45℃。

Alicyclobacillus acidocaldarius （Darland and Brock 1971）Wisotzkey et al. 1992 酸热脂环酸芽胞杆菌

ACCC 10222^T←DSMZ←ATCC←T. D. Brock，104-IA；＝DSM 446＝ATCC 27009＝IFO 15652＝JCM 5260＝NCIB 11725；培养基：0437；培养温度：60℃。

Alicyclobacillus acidoterrestris （Deinhard et al. 1988）Wisotzkey et al. 1992 酸土脂环酸芽胞杆菌（酸土脂环酸杆菌）

ACCC 10223^T←DSMZ；分离源：花园土；培养基：0437；培养温度：45℃。

Alicyclobacillus cycloheptanicus （Deinhard et al. 1988）Wisotzkey et al. 1992 环庚基脂环酸芽胞杆菌

ACCC 10224^T←DSMZ←ATCC←Poralla and Kö nig 1983，SCH；＝DSM 4006＝ATCC 49028＝ATCC BAA-2＝IFO 15310；培养基：0437；培养温度：45℃。

Alishewanella fetalis Fonnesbech Vogel et al. 2000 胎儿别样谢万氏菌

ACCC 10045^T←DSMZ；＝DSM16032；培养基：0033；培养温度：30℃。

Alteromonas macleodii Baumann et al. 1972 麦氏交替单胞菌

ACCC 10289^T←ATCC；＝ATCC 27126；分离源：海水；培养基：0442；培养温度：26℃。

Aminobacter aminovorans （den Dooren de Jong 1926）Urakami et al. 1992 嗜氨基氨基杆菌

ACCC 10480^T←ATCC←NCIMB←Lab. Microbiol.，Delft；＝ATCC 23314＝NCIB 9039＝CIP 106737＝DSM 7048＝E. Ⅲ. 9. 11. 1＝JCM 7852＝LMG 2122＝NCCB 26039＝NCTC 10684＝VKM B-2058；培养基：0002；培养温度：26℃。

Amphibacillus sp. 双芽胞杆菌

ACCC 01275←广东省广州微生物研究所；原始编号：GIMV1.0011，3-B-4；检测生产；分离地点：越南 DALAT；培养基：0002；培养温度：30～37℃。

Amphibacillus xylanus Niimura et al. 1990 木聚糖兼性芽胞杆菌

ACCC 10262^T←DSMZ←JCM←Y. Niimura，Tokyo Univ. of Agriculture（Ep01）；＝DSM 6626＝ATCC 51415＝IFO 15112＝JCM 7361；培养基：0445；培养温度：37℃。

Ancylobacter sp. 屈曲杆菌

ACCC 02777←南京农业大学农业环境微生物菌种保藏中心；原始编号：W14，NAECC1438；在基础盐培养基中 2 天降解 100mg/L 的氟铃脲，降解率 50％；分离地点：南京市玄武区；培养基：0002；培养温度：30℃。

Aneurinibacillus migulanus（Takagi et al. 1993）Shida et al. 1996 米氏硫胺素芽胞杆菌

ACCC 01663←广东省广州微生物研究所；原始编号：GIMT1.072；分离地点：广东四会；培养基：0002；培养温度：37℃。

Aneurinibacillus thermoaerophilus（Meier-Stauffer et al. 1996）Heyndrickx et al. 1997 嗜热嗜气解硫胺杆菌

ACCC 10261^T←DSMZ←P. Messner, Univ. of Agricultural Sciences，Vienna←F. Hollaus，Zucker；＝DSM 10154；培养基：0266；培养温度：55℃。

Aquaspirillum arcticum Butler et al. 1990，北极水螺菌

ACCC 05560←中国农业科学院农业资源与农业区划研究所；分离源：水稻根内生；分离地点：湖南省祁阳县官山坪；培养基：0908；培养温度：37℃。

ACCC 05561←中国农业科学院农业资源与农业区划研究所；分离源：水稻根内生；分离地点：湖南省祁阳县官山坪；培养基：0908；培养温度：37℃。

ACCC 05568←中国农业科学院农业资源与农业区划研究所；分离源：水稻根内生；分离地点：湖南省祁阳县官山坪；培养基：0908；培养温度：37℃。

ACCC 05585←中国农业科学院农业资源与农业区划研究所；分离源：水稻根内生；分离地点：湖南省祁阳县官山坪；培养基：0908；培养温度：37℃。

Aquaspirillum peregrinum（Pretorius 1963）Hylemon et al. 1973 外来水螺菌

ACCC 04140←华南农业大学农学院微生物分子遗传实验室；原始编号：48；培养基：0003；培养温度：30℃。

ACCC 04197←华南农业大学农学院微生物分子遗传实验室；原始编号：481；培养基：0002；培养温度：30℃。

Aquimonas voraii Saha et al. 2005 沃氏水单胞菌

ACCC 05485^T←DSMZ T. Chakrabarti；＝DSM16957；分离地点：dried American beer；培养基：0033；培养温度：30～37℃。

Aquitalea magnusonii Lau et al. 2006 马氏水纤细杆菌

ACCC 05555←中国农业科学院农业资源与农业区划研究所；分离源：水稻根内生；分离地点：湖南省祁阳县官山坪；培养基：0908；培养温度：37℃。

ACCC 05556←中国农业科学院农业资源与农业区划研究所；分离源：水稻根内生；分离地点：湖南省祁阳县官山坪；培养基：0908；培养温度：37℃。

ACCC 05565←中国农业科学院农业资源与农业区划研究所；分离源：水稻根内生；分离地点：湖南省祁阳县官山坪；培养基：0908；培养温度：37℃。

ACCC 05576←中国农业科学院农业资源与农业区划研究所；分离源：水稻根内生；分离地点：湖南省祁阳县官山坪；培养基：0908；培养温度：37℃。

ACCC 05590←中国农业科学院农业资源与农业区划研究所；分离源：水稻根内生；分离地点：湖南省祁阳县官山坪；培养基：0908；培养温度：37℃。

ACCC 05596←中国农业科学院农业资源与农业区划研究所；分离源：水稻根内生；分离地点：湖南省祁阳县官山坪；培养基：0002；培养温度：37℃。

ACCC 05604←中国农业科学院农业资源与农业区划研究所；分离源：水稻根内生；分离地点：湖南省祁阳县官山坪；培养基：0002；培养温度：37℃。

ACCC 05607←中国农业科学院农业资源与农业区划研究所；分离源：水稻根内生；分离地点：湖南省祁阳县官山坪；培养基：0002；培养温度：37℃。

Arthrobacter arilaitensis Irlinger et al. 2005 阿氏节杆菌

ACCC 03905←中国农业科学院饲料研究所；原始编号：B400；饲料用纤维素酶、植酸酶、木聚糖酶等的筛

选；分离地点：江西鄱阳县；培养基：0002；培养温度：26℃。

Arthrobacter atrocyaneus Kuhn and Starr 1960 黑蓝节杆菌

ACCC 10511^T ← CGMCC ← JCM；= ATCC 13752 = AS 1.1891 = JCM 1329；培养基：0002；培养温度：28℃。

Arthrobacter aurescens Phillips 1953 金黄节杆菌

ACCC 01239←新疆农业科学院微生物研究所；原始编号：XJAA10332，LB91；培养基：0033；培养温度：20℃。

ACCC 10394^T←ATCC←NCPPB←C. Moskovets 7963；= ATCC 13344 = JCM 1330 = DSM 20116 培养基：0002；培养温度：26℃。

ACCC 10512^T ← CGMCC ← JCM；= ATCC 13344 = JCM 1330 = DSM 20116；培养基：0002；培养温度：28℃。

Arthrobacter citreus Sacks 1954 柠檬节杆菌

ACCC 01238←新疆农业科学院微生物研究所；原始编号：XJAA10331，LB89；培养基：0033；培养温度：20℃。

ACCC 10513^T ← CGMCC ← JCM；= ATCC 11624 = JCM 1331 = IFO 12957；培养基：0002；培养温度：28℃。

Arthrobacter globiformis (Conn 1928) Conn and Dimmick 1947 球形节杆菌

ACCC 03003←中国农业科学院农业资源与农业区划研究所；原始编号：GD-B-CL2-1-5，7082；可以用来研发生产用的生物肥料；分离地点：北京试验地；培养基：0065；培养温度：28℃。

ACCC 03093←中国农业科学院农业资源与农业区划研究所；原始编号：GD-12-1-5，7200；可以用来研发生产用的生物肥料；分离地点：北京市朝阳区王四营；培养基：0065；培养温度：28℃。

ACCC 03119←中国农业科学院农业资源与农业区划研究所；原始编号：GD-62-1-1；培养基：0065；培养温度：28℃。

ACCC 03373←中国农业科学院麻类研究所；原始编号：IBFC W0701；分离地点：中南林业科技大学；培养基：0002；培养温度：35℃。

ACCC 03393←中国农业科学院麻类研究所；原始编号：IBFC W0729；培养基：0002；培养温度：35℃。

ACCC 03403←中国农业科学院麻类研究所；原始编号：IBFC W0694；分离地点：中南林业科技大学；培养基：0002；培养温度：35℃。

ACCC 03436←中国农业科学院麻类研究所；原始编号：IBFC W0698；分离地点：中南林业科技大学；培养基：0002；培养温度：35℃。

ACCC 03439←中国农业科学院麻类研究所；原始编号：IBFC W0704；分离地点：中南林业科技大学；培养基：0002；培养温度：35℃。

ACCC 03451←中国农业科学院麻类研究所；原始编号：IBFC W0808；分离地点：中南林业科技大学；培养基：0002；培养温度：35℃。

ACCC 03497←中国农业科学院麻类研究所；原始编号：IBFC W0758；分离地点：中南林业科技大学；培养基：0002；培养温度：35℃。

ACCC 03501←中国农业科学院麻类研究所；原始编号：IBFC W0759；分离地点：中南林业科技大学；培养基：0002；培养温度：35℃。

ACCC 03505←中国农业科学院麻类研究所；原始编号：IBFC W0700；分离地点：中南林业科技大学；培养基：0002；培养温度：35℃。

ACCC 10476^T ←ATCC←NR Smith←H. J. Conn（Bacterium globiforme；= ATCC 8010 = NRS 168 = DSM 20124 = ICPB 3434 = IMET 11240 = NCIB 8907；培养基：0002；培养温度：26℃。

Arthrobacter humicola Kageyama et al. 2008 居土节杆菌

ACCC 05516←中国农业科学院农业资源与农业区划研究所；分离源：水稻根内生；分离地点：湖南省祁阳县官山坪；培养基：0441；培养温度：37℃。

ACCC 05521←中国农业科学院农业资源与农业区划研究所；分离源：水稻根内生；分离地点：湖南省祁阳县官山坪；培养基：0441；培养温度：37℃。

ACCC 05524←中国农业科学院农业资源与农业区划研究所；分离源：水稻根内生；分离地点：湖南省祁阳县官山坪；培养基：0441；培养温度：37℃。

Arthrobacter nicotianae **Giovannozzi-Sermanni 1959 烟草节杆菌**

ACCC 10496^T←ATCC←Shionogi & Co., Ltd；＝ATCC 14929；培养基：0002,；培养温度：30℃。

Arthrobacter nitroguajacolicus **Kotouh Ková et al. 2004 硝基癒疮木胶节杆菌**

ACCC 01244←新疆农业科学院微生物研究所；原始编号：XJAA10336，LB98；培养基：0033；培养温度：20℃。

Arthrobacter oryzae **Kageyama et al. 2008 水稻节杆菌**

ACCC 03042←中国农业科学院农业资源与农业区划研究所；原始编号：GD-67-1-3，7132；可以用来研发生产用的生物肥料；分离地点：内蒙古牙克石；培养基：0065；培养温度：28℃。

Arthrobacter oxydans **Sguros 1954 氧化节杆菌**

ACCC 02981←中国农业科学院农业资源与农业区划研究所；原始编号：GD-13-1-1，7057；可以用来研发生产用的生物肥料；分离地点：北京市朝阳区王四营；培养基：0065；培养温度：28℃。

ACCC 02996←中国农业科学院农业资源与农业区划研究所；原始编号：GD-68-1-3，7075；可以用来研发生产用的生物肥料；分离地点：内蒙古牙克石；培养基：0065；培养温度：28℃。

ACCC 01203←新疆农业科学院微生物研究所；原始编号：XJAA10307，LB5；培养基：0033；培养温度：20℃。

ACCC 02949←中国农业科学院农业资源与农业区划研究所；原始编号：GD-62-1-5，7018；可以用来研发生产用的生物肥料；分离地点：内蒙古牙克石；培养基：0065；培养温度：28℃。

ACCC 10514←CGMCC←JCM；＝ATCC 14358＝JCM 2521＝ATCC 14358＝CCRC 11573＝AS 1.1925；培养基：0002；培养温度：26℃。

Arthrobacter pascens **Lochhead and Burton 1953 滋养节杆菌**

ACCC 02964←中国农业科学院农业资源与农业区划研究所；原始编号：GD-60-1-1，7035；可以用来研发生产用的生物肥料；分离地点：内蒙古牙克石；培养基：0065；培养温度：28℃。

ACCC 02985←中国农业科学院农业资源与农业区划研究所；原始编号：GD-64-1-2，7061；可以用来研发生产用的生物肥料；分离地点：内蒙古牙克石；培养基：0065；培养温度：28℃。

ACCC 02992←中国农业科学院农业资源与农业区划研究所；原始编号：GD-72-1-2，7071；可以用来研发生产用的生物肥料；分离地点：内蒙古牙克石；培养基：0065；培养温度：28℃。

ACCC 03047←中国农业科学院农业资源与农业区划研究所；原始编号：GD-B-CL1-1-5，7137；可以用来研发生产用的生物肥料；分离地点：北京试验地；培养基：0065；培养温度：28℃。

ACCC 03073←中国农业科学院农业资源与农业区划研究所；原始编号：GD-B-CL1-1-1；可以用来研发生产用的生物肥料；培养基：0065；培养温度：28℃。

ACCC 03097←中国农业科学院农业资源与农业区划研究所；原始编号：GD-63-1-5，7207；可以用来研发生产用的生物肥料；分离地点：内蒙古牙克石七队；培养基：0065；培养温度：28℃。

ACCC 03110←中国农业科学院农业资源与农业区划研究所；原始编号：GD-B-CK1-1-2；分离地点：北京试验地；培养基：0065；培养温度：28℃。

Arthrobacter polychromogenes **Schippers-Lammertse et al. 1963 多色节杆菌**

ACCC 02966←中国农业科学院农业资源与农业区划研究所；原始编号：GD-64-1-1，7037；可以用来研发生产用的生物肥料；分离地点：内蒙古牙克石；培养基：0065；培养温度：28℃。

ACCC 03087←中国农业科学院农业资源与农业区划研究所；原始编号：GD-66-1-4，7194；可以用来研发生产用的生物肥料；分离地点：内蒙古牙克石七队；培养基：0065；培养温度：28℃。

ACCC 03130←中国农业科学院农业资源与农业区划研究所；原始编号：GD-73-1-1；培养基：0065；培养温度：28℃。

ACCC 03252←中国农业科学院农业资源与农业区划研究所；原始编号：GD-63-1-2；可以用来研发生产用的生物肥料；培养基：0065；培养温度：28℃。

Arthrobacter scleromae Huang et al. 2005 分枝节杆菌

ACCC 01186←新疆农业科学院微生物研究所；原始编号：XJAA10341，LB106；培养基：0033；培养温度：20℃。

ACCC 02953←中国农业科学院农业资源与农业区划研究所；原始编号：GD-66-1-1，7023；可以用来研发生产用的生物肥料；分离地点：内蒙古牙克石；培养基：0065；培养温度：28℃。

ACCC 03037←中国农业科学院农业资源与农业区划研究所；原始编号：GD-63-1-4，7126；可以用来研发生产用的生物肥料；分离地点：内蒙古牙克石；培养基：0065；培养温度：28℃。

Arthrobacter scleromae Huang et al. 2005 硬结节杆菌

ACCC 02056←新疆农业科学院微生物研究所；原始编号：LB32，XAAS10359；分离地点：新疆乌鲁木齐；培养基：0033；培养温度：20℃。

Arthrobacter sp. 节杆菌

ACCC 01247←新疆农业科学院微生物研究所；原始编号：XJAA10339，LB102；培养基：0033；培养温度：20℃。

ACCC 01755←中国农业科学院农业资源与农业区划研究所；原始编号：H19；分离地点：河北省唐山市滦南县；培养基：0033；培养温度：30℃。

ACCC 01757←中国农业科学院农业资源与农业区划研究所；原始编号：H22；分离地点：河北省唐山市滦南县；培养基：0033；培养温度：30℃。

ACCC 01765←中国农业科学院农业资源与农业区划研究所；原始编号：H49；分离地点：河北省唐山市滦南县；培养基：0033；培养温度：30℃。

ACCC 01766←中国农业科学院农业资源与农业区划研究所；原始编号：H58；分离地点：河北省唐山市滦南县；培养基：0033；培养温度：30℃。

ACCC 01767←中国农业科学院农业资源与农业区划研究所；原始编号：H1；培养基：0033；培养温度：30℃。

ACCC 01768←中国农业科学院农业资源与农业区划研究所；原始编号：H3；分离地点：河北省唐山市滦南县；培养基：0033；培养温度：28℃。

ACCC 02505←南京农业大学农业环境微生物菌种保藏中心；原始编号：PNP-1，NAECC0885；在以 MM 培养基中，能降解对硝基苯酚 95％以上；分离地点：南京化工二厂；培养基：0033；培养温度：30℃。

ACCC 02514←南京农业大学农业环境微生物菌种保藏中心；原始编号：S9，NAECC0682；以无机盐培养基加二硝基苯酚，能于 30h 降解 47％的浓度为 100mg/L 的二硝基苯酚；分离地点：江苏省无锡市中南路；培养基：0033；培养温度：30℃。

ACCC 02724←南京农业大学农业环境微生物菌种保藏中心；原始编号：CGL-5，NAECC1379；可以在含 800mg/L 的草甘膦的无机盐培养基中生长；分离地点：南京市玄武区；培养基：0002；培养温度：30℃。

ACCC 10658←南京农业大学农业环境微生物菌种保藏中心；原始编号：Y3-5；教学 科研；分离源：活性污泥；分离地点：江苏省无锡市中南路；培养基：0002；培养温度：30℃。

ACCC 10676←南京农业大学农业环境微生物菌种保藏中心；原始编号：Y2-2；分离源：活性污泥；分离地点：江苏省无锡市；培养基：0002；培养温度：30℃。

ACCC 10691←南京农业大学农业环境微生物菌种保藏中心；原始编号：PNP-2；研究 教学 生产；分离源：草坪表层 1～5cm 土壤、污水处理厂门口表层 1～5cm 土壤；分离地点：江苏省南京市江宁区；培养基：0002；培养温度：30℃。

ACCC 10870←首都师范大学；原始编号：J3-AN61；分离源：水稻根际；分离地点：河北省唐山市滦南县；培养基：0063；培养温度：30℃。

ACCC 11643←南京农业大学农业环境微生物菌种保藏中心；原始编号：DE-2 NAECC0673；以无机盐培养
　　基加苯二酚，能于 30h 降解 76％浓度为 100mg/L 的对苯二酚；分离源：活性污泥；分离地点：云南；
　　培养基：0971；培养温度：30℃。

ACCC 11815←南京农业大学农业环境微生物菌种保藏中心；原始编号：PDS-9 NAECC1042；在无机盐培
　　养基中以 50mg/L 的对硝基苯酚为唯一碳源培养，24h 内对硝基苯酚降解率大于 90％；分离源：土壤；
　　分离地点：江苏省南京第一农药厂；培养基：0033；培养温度：28℃。

ACCC 11817←南京农业大学农业环境微生物菌种保藏中心；原始编号：PZC6 NAECC1045；在无机盐培养
　　基中以 50mg/L 的对硝基苯酚为唯一碳源培养，24h 内对硝基苯酚降解率大于 90％；分离源：土壤；
　　分离地点：江苏省南京第一农药厂；培养基：0033；培养温度：28℃。

ACCC 11818←南京农业大学农业环境微生物菌种保藏中心；原始编号：41-3 NAECC1047；在无机盐培养
　　基中以 50mg/L 的 4-羟基苯甲酸乙酯为唯一碳源培养，3 天内降解率大于 90％；分离源：土壤；分离
　　地点：江苏省南京第一农药厂；培养基：0033；培养温度：28℃。

ACCC 01237←新疆农业科学院微生物研究所；原始编号：XJAA10330，LB88；培养基：0033；培养温
　　度：20℃。

Arthrobacter sulfonivorans Borodina et al. 2002 食砜节杆菌

ACCC 01187←新疆农业科学院微生物研究所；原始编号：XJAA10342，LB107；培养基：0033；培养温
　　度：20℃。

ACCC 03142←中国农业科学院农业资源与农业区划研究所；原始编号：GD-19-1-3，7260；可以用来研发
　　生产用的生物肥料；分离地点：北京市大兴区礼贤乡；培养基：0065；培养温度：28℃。

Arthrobacter sulfureus Stackebrandt et al. 1984 硫黄色节杆菌

ACCC 10515^T←CGMCC←JCM；＝ATCC 19098＝JCM 1338＝ATCC 19098＝AS 1.1898；培养基：0002；
　　培养温度：30℃。

Arthrobacter uratoxydans Stackebrandt et al. 1984 尿酸氧化节杆菌

ACCC 10204^T ←DSMZ← H. Seiler← ATCC← Noda Inst. Sci. Res.，U-23（*Corynebacterium uratoxyd*；＝
　　DSM20647＝ATCC 21749；用于生产 uricase（U. S. Pat. 3，767，533）；分离源：腐殖质土壤；培养
　　基：0441；培养温度：30℃。

Arthrobacter ureafaciens（Krebs and Eggleston 1939）Clark 1955 产脲节杆菌

ACCC 10474^T←ATCC；＝ATCC 7562＝AS 1.1897＝JCM 1337＝NCIB 7811；培养基：0002；培养温
　　度：26℃。

Aurantimonas altamirensis Jurado et al. 2006 阿尔塔米拉洞橙色单胞菌

ACCC 01098←中国农业科学院农业资源与农业区划研究所；原始编号：GD-10-2-1；具有生产生物肥料潜
　　力，分离地点：北京市朝阳区；培养基：0002；培养温度：28℃。

ACCC 03660←西北农林科技大学；原始编号：ZYWM24-2；培养基：0476；培养温度：30℃。

Azorhizophilus paspali（De Bereiner 1966）Thompson and Skerman 1981 雀麦固氮嗜根菌

ACCC 10505^T←ATCC←DB Johnstone←J. Dobereiner AX-8A；＝ATCC 23833；培养基：0447；培养温
　　度：37℃。

Azospirillum amazonense Magalhanes et al. 1984 亚马孙河固氮螺菌

ACCC 05544←中国农业科学院农业资源与农业区划研究所；分离源：水稻根内生；分离地点：湖南省祁阳
　　县官山坪；培养基：0974；培养温度：37℃。

Azospirillum brasilense corrig. Tarrand et al. 1979 巴西固氮螺菌

ACCC 04138←华南农业大学农学院微生物分子遗传实验室；原始编号：H14；培养基：0003；培养温
　　度：30℃。

ACCC 10100←中国科学院植物所；培养基：0073；培养温度：30℃。

ACCC 10102←辽宁省农业科学院土壤肥料研究所；原始编号：G4；培养基：0063；培养温度：28～30℃。

ACCC 10103←辽宁省农业科学院土壤肥料研究所；原始编号：马塘 3；培养基：0063；培养温度：28～30℃。

ACCC 10104←辽宁省农业科学院土壤肥料研究所；原始编号：马塘 20；培养基：0063；培养温度：28～30℃。

ACCC 10109←中国农业大学；原始编号：Yu-62；培养基：0002；培养温度：30℃。

Azospirillum lipoferum（Beijerinck 1925）Tarrand et al. 1979 生脂固氮螺菌

ACCC 10481^T←ATCC←NR Krieg←J. Dobereiner；＝ATCC 29707；培养基：448；培养温度：30℃。

Azotobacter chroococcum Beijerinck 1901 褐球固氮菌

ACCC 10001←中国农业科学院原子能利用研究所；原始编号：AM1.03；分离源：土壤；分离地点：安徽省；培养基：0065；培养温度：28～30℃。

ACCC 10002←中国农业科学院原子能利用研究所；原始编号：AM1.02；分离源：土壤；分离地点：海南省；培养基：0065；培养温度：28～30℃。

ACCC 10003←中国科学院微生物研究所←原华北农科所；＝AS 1.222；原始编号：H38011；培养基：0065；培养温度：28～30℃。

ACCC 10004←福州茶叶所；原始编号：福茶 401；培养基：0065；培养温度：28～30℃。

ACCC 10006←中国农业科学院土壤肥料研究所；原始编号：8013；分离源：扫帚草根土；分离地点：山西省；培养基：0065；培养温度：28～30℃。

ACCC 10007←中国农业科学院土壤肥料研究所；原始编号：8004；分离源：小麦根土；分离地点：山西省；培养基：0065；培养温度：28～30℃。

ACCC 10053←中国科学院动物所；＝AS 1.213；培养基：0063；培养温度：30℃。

ACCC 10096←中国农业科学院土壤肥料研究所；原始编号：8012-1 做菌肥；培养基：0065；培养温度：28℃。

ACCC 10097←中国中国农业科学院土壤肥料研究所；原始编号：N-12；分离源：紫穗槐根土；分离地点：山东省文登市；培养基：0065；培养温度：28～30℃。

ACCC 10098←中国农业科学院土壤肥料研究所；分离源：土壤；培养基：30；培养温度：55℃。

ACCC 10099←中国农业科学院土壤肥料研究所；原始编号：N-100；有固氮作用；分离源：土壤；分离地点：山东省长清县；培养基：0065；培养温度：28～30℃。

ACCC 10105←福州茶业所；原始编号：茶福 73020；培养基：0073；培养温度：30℃。

ACCC 11104←中国科学院微生物研究所←前苏联微生物研究所；＝AS 1.207；原始编号：W1；生产细菌肥料；培养基：0065；培养温度：25～28℃。

ACCC 11105←中国科学院微生物研究所←前苏联莫斯科大学；＝AS 1.502；培养基：0065；培养温度：25～28℃。

ACCC 01077←中国农业科学院农业资源与农业区划研究所；原始编号：GDJ-11-1-2；具有生产固氮生物肥料潜力；分离地点：河北省高碑店西红柿根；培养基：0065；培养温度：28℃。

ACCC 10218^T←DSMZ← ATCC←R. L. Starkey，43；＝DSM2286＝ATCC 9043，VKM B-1616；Produces L-carnitine. Fixes nitrogen.（U. S. Patent 4，650，759）；培养基：0065；培养温度：30℃。

Azotobacter vinelandii Lipman 1903 维涅兰德固氮菌

ACCC 10087←中国科学院微生物研究所；＝AS 1.824；可作细菌肥料；培养基：0003；培养温度：28～30℃。

ACCC 10088←中国科学院微生物研究所←前苏联莫斯科大学；＝AS 1.500；培养基：0003；培养温度：25～38℃。

ACCC 10210^T←DSMZ← ATCC←N. R. Smith，16←J. G. Lipman；＝DSM2289＝ATCC 478，VKM B-1617；Fixes nitrogen.；培养基：0063；培养温度：30℃。

Bacillus amyloliquefaciens（*ex* Fukumoto 1943）Priest et al. 1987 解淀粉芽胞杆菌

ACCC 01855←福建农林大学生物农药与化学生物学教育部重点实验室；原始编号：BCBKL 0049，TB2；

分离地点：福建福州；培养基：0002；培养温度：30℃。

ACCC 04175←广东省广州微生物研究所；原始编号：070530B06-1；培养基：0002；培养温度：30℃。

ACCC 04274←广东省广州微生物研究所；原始编号：G13；分离地点：广东省广州；培养基：0002；培养温度：37℃。

ACCC 04304←广东省广州微生物研究所；原始编号：38-B-2；纤维素酶木质素酶产生菌；分离地点：越南；培养基：0002；培养温度：37℃。

ACCC 10225^T←DSMZ←ATCC←L. L. Campbell，F（*Bacillus subtilis*）；=DSM 7=ATCC 23350；培养基：0266；培养温度：30℃。

Bacillus arenosi Heyrman et al. 2005 沙地芽胞杆菌

ACCC 01054←中国农业科学院农业资源与农业区划研究所；原始编号：FX1H-1-7；具有处理富营养水体和养殖废水潜力；分离地点：北京市农业科学院试验地；培养基：0002；培养温度：28℃。

ACCC 01670←中国农业科学院饲料研究所；原始编号：FRI2007042 B206；饲料用植酸酶等的筛选；分离地点：海南省三亚；培养基：0002；培养温度：37℃。

ACCC 02298←中国农业科学院生物技术研究所；原始编号：BRIL00357；极端环境下，耐盐等特殊功能的研究；培养基：0033；培养温度：30℃。

ACCC 02677←南京农业大学农业环境微生物菌种保藏中心；原始编号：SC0，NAECC1185；在10%NaCl培养基上能够生长；分离地点：市场上购买的酸菜卤汁；培养基：0002；培养温度：30℃。

Bacillus atrophaeus Nakamura 1989 萎缩芽胞杆菌

ACCC 02297←中国农业科学院生物技术研究所；原始编号：BRIL00356；培养基：0033；培养温度：30℃。

Bacillus azotofixans Seldin et al. 1984 产氮芽胞杆菌

ACCC 10226^T←DSMZ←F. Pichinoty；=DSM 1046=ATCC 29788=CCM 2849=CIP R925；培养基：0438；培养温度：30℃。

Bacillus badius Batchelor 1919 栗褐芽胞杆菌

ACCC 01485←广东省广州微生物研究所；原始编号：GIMT1.024 NKX；培养基：0002；培养温度：30℃。

Bacillus benzoevorans Pichinoty et al. 1987 食苯芽胞杆菌

ACCC 01033←中国农业科学院农业资源与农业区划研究所；原始编号：GD-26-2-1；具有生产生物肥料潜力；分离地点：河北省高碑店市；培养基：0065；培养温度：28℃。

ACCC 01092←中国农业科学院农业资源与农业区划研究所；原始编号：GD-10-1-1；具有生产生物肥料潜力；分离地点：北京市朝阳区；培养基：0002；培养温度：28℃。

ACCC 10208^T←DSMZ←F. Pichinoty；B4. Soil；France；=DSM5392=LMD 79.10，NCIB 12556；Utilizes benzene，benzoic acid，toluene. Degrades aromatic compounds；培养基：0002；培养温度：30℃。

ACCC 10244←DSMZ←F. Pichinoty；B1；=DSM 5391=ATCC 49005=CCM 3364=LMD 79.7=NCIB 12555；培养基：0002；培养温度：30℃。

ACCC 10279←DSMZ←F. Pichinoty；=DSM 6410=CIP 103484；原始编号：B8；Utilizes benzoates（also substituted）；分离源：土壤；培养基：0002；培养温度：32℃。

Bacillus cereus Frankland and Frankland 1887 蜡状芽胞杆菌

ACCC 04302←广东省广州微生物研究所；原始编号：34-B-5；纤维素酶产生菌；分离地点：越南；培养基：0002；培养温度：30℃。

ACCC 01025←中国农业科学院农业资源与农业区划研究所；原始编号：FX2-1-6；具有处理养殖废水潜力；分离地点：北京市农业科学院试验地；培养基：0002；培养温度：28℃。

ACCC 01052←中国农业科学院农业资源与农业区划研究所；原始编号：DF1-1-1；具有作为动物益生菌、生产饲料淀粉酶潜力；分离地点：北京市农业科学院试验地；培养基：0002；培养温度：28℃。

ACCC 01102←中国农业科学院农业资源与农业区划研究所；原始编号：FXH2-2-16；具有处理富营养水体和养殖废水潜力；分离地点：河北省邯郸大社鱼塘；培养基：0002；培养温度：28℃。

ACCC 01112←中国农业科学院农业资源与农业区划研究所；原始编号：FX2-4-12；具有处理富营养水体和养殖废水潜力；分离地点：中国农业科学院试验地；培养基：0002；培养温度：28℃。

ACCC 01212←新疆农业科学院微生物研究所；原始编号：XJAA10356，LB20；培养基：0033；培养温度：20℃。

ACCC 01216←新疆农业科学院微生物研究所；原始编号：XJAA10400，LB26；培养基：0033；培养温度：20℃。

ACCC 01231←新疆农业科学院微生物研究所；原始编号：XJAA10323，LB72；培养基：0033；培养温度：20℃。

ACCC 01242←新疆农业科学院微生物研究所；原始编号：XJAA10334，LB95；培养基：0033；培养温度：20℃。

ACCC 01245←新疆农业科学院微生物研究所；原始编号：XJAA10338，LB100；培养基：0033；培养温度：20℃。

ACCC 01249←新疆农业科学院微生物研究所；原始编号：XJAA10363，LB105；培养基：0033；培养温度：20℃。

ACCC 01496←新疆农业科学院微生物研究所；原始编号：XAAS10175，1.175；分离地点：新疆乌鲁木齐；培养基：0033；培养温度：20℃。

ACCC 01502←新疆农业科学院微生物研究所；原始编号：XAAS10485，LB115；分离地点：新疆乌鲁木齐；培养基：0033；培养温度：20℃。

ACCC 01505←新疆农业科学院微生物研究所；原始编号：XAAS10423，LB17B；分离地点：新疆乌鲁木齐；培养基：0033；培养温度：20℃。

ACCC 01507←新疆农业科学院微生物研究所；原始编号：XAAS10429，LB35B；分离地点：新疆乌鲁木齐；培养基：0033；培养温度：20℃。

ACCC 01513←新疆农业科学院微生物研究所；原始编号：XAAS10436，LB62A；分离地点：新疆乌鲁木齐；培养基：0033；培养温度：20℃。

ACCC 01547←新疆农业科学院微生物研究所；原始编号：XAAS10463，LB118；分离地点：新疆乌鲁木齐；培养基：0033；培养温度：20℃。

ACCC 01664←广东省广州微生物研究所；原始编号：GIMT1.050；分离地点：广东广州；培养基：0002；培养温度：30℃。

ACCC 01955←中国农业科学院农业资源与农业区划研究所；原始编号：22，C7-1-b；纤维素降解菌；分离地点：吉林安图长白山；培养基：0002；培养温度：30℃。

ACCC 01956←中国农业科学院农业资源与农业区划研究所；原始编号：23，L20-4；纤维素降解菌；分离地点：山东省东营市；培养基：0002；培养温度：30℃。

ACCC 02005←新疆农业科学院微生物研究所；原始编号：LB59A，XAAS10434；分离地点：新疆乌鲁木齐；培养基：0033；培养温度：20～30℃。

ACCC 02006←新疆农业科学院微生物研究所；原始编号：LB44B，XAAS10433；分离地点：新疆乌鲁木齐；培养基：0033；培养温度：20℃。

ACCC 02041←新疆农业科学院微生物研究所；原始编号：1.202，XAAS10202；分离地点：新疆乌鲁木齐；培养基：0033；培养温度：20℃。

ACCC 02042←新疆农业科学院微生物研究所；原始编号：B118，XAAS10475；分离地点：新疆吐鲁番；培养基：0033；培养温度：20℃。

ACCC 02046←新疆农业科学院微生物研究所；原始编号：B251，XAAS10478；分离地点：新疆布尔津县；培养基：0033；培养温度：20℃。

ACCC 02057←新疆农业科学院微生物研究所；原始编号：LB33B，XAAS10472；分离地点：新疆乌鲁木齐；培养基：0033；培养温度：20℃。

ACCC 02803←南京农业大学农业环境微生物菌种保藏中心；原始编号：ST307，NAECC1748；耐盐细菌，在 10％NaCl 培养基中可生长；分离地点：江苏省连云港市新浦区；培养基：0033；培养温度：30℃。

ACCC 03002←中国农业科学院农业资源与农业区划研究所；原始编号：GD-B-CL2-1-8，7081；可以用来研发生产用的生物肥料；分离地点：北京试验地；培养基：0065；培养温度：28℃。

ACCC 03182←中国农业科学院麻类研究所；原始编号：995-2；红麻脱胶，24h 脱胶程度为 7；培养基：0033；培养温度：35℃。

ACCC 03183←中国农业科学院麻类研究所；原始编号：995-5；红麻脱胶，24h 脱胶程度为 7；培养基：0033；培养温度：35℃。

ACCC 03185←中国农业科学院麻类研究所；原始编号：IBFC W0511；红麻脱胶，24h 脱胶程度为 7；培养基：0033；培养温度：35℃。

ACCC 03216←中国农业科学院麻类研究所；原始编号：IBFC W0657；红麻脱胶，24h 脱胶程度为 7；培养基：0033；培养温度：35℃。

ACCC 03227←中国农业科学院麻类研究所；原始编号：IBFC W0658；红麻脱胶，24h 脱胶程度为 7；培养基：0033；培养温度：35℃。

ACCC 03376←中国农业科学院麻类研究所；原始编号：IBFC W0776；红麻脱胶，24h 脱胶程度为 7；分离地点：中南林业科技大学；培养基：0033；培养温度：35℃。

ACCC 03398←中国农业科学院麻类研究所；原始编号：IBFC W0682；红麻脱胶，24h 脱胶程度为 7；培养基：0002；培养温度：35℃。

ACCC 03400←中国农业科学院麻类研究所；原始编号：IBFC W0748；红麻脱胶，24h 脱胶程度为 7；培养基：0002；培养温度：35℃。

ACCC 03422←中国农业科学院麻类研究所；原始编号：IBFC W0693；红麻脱胶，24h 脱胶程度为 7；培养基：0002；培养温度：35℃。

ACCC 03424←中国农业科学院麻类研究所；原始编号：IBFC W0792；红麻脱胶，24h 脱胶程度为 7；分离地点：中南林业科技大学；培养基：0002；培养温度：35℃。

ACCC 03444←中国农业科学院麻类研究所；原始编号：IBFC W0717；红麻脱胶，24h 脱胶程度为 7；分离地点：中南林业科技大学；培养基：0002；培养温度：35℃。

ACCC 03459←中国农业科学院麻类研究所；原始编号：IBFC W0672；红麻脱胶，24h 脱胶程度为 8；分离地点：中南林业科技大学；培养基：0033；培养温度：35℃。

ACCC 03471←中国农业科学院麻类研究所；原始编号：IBFC W0673；红麻脱胶，24h 脱胶程度为 8；分离地点：中南林业科技大学；培养基：0002；培养温度：35℃。

ACCC 03478←中国农业科学院麻类研究所；原始编号：IBFC W0718；红麻脱胶，24h 脱胶程度为 7；分离地点：中南林业科技大学；培养基：0033；培养温度：35℃。

ACCC 03495←中国农业科学院麻类研究所；原始编号：IBFC W0719；红麻脱胶，24h 脱胶程度为 7；分离地点：中南林业科技大学；培养基：0002；培养温度：35℃。

ACCC 03503←中国农业科学院麻类研究所；原始编号：IBFC W0670；红麻脱胶，24h 脱胶程度为 7；分离地点：中南林业科技大学；培养基：0002；培养温度：35℃。

ACCC 03539←中国农业科学院麻类研究所；原始编号：IBFC W0833；红麻脱胶，24h 脱胶程度为 7；分离地点：湖南省沅江；培养基：0002；培养温度：33℃。

ACCC 03543←中国农业科学院麻类研究所；原始编号：IBFC W0837；红麻脱胶，24h 脱胶程度为 7；分离地点：湖南省沅江；培养基：0002；培养温度：33℃。

ACCC 03544←中国农业科学院麻类研究所；原始编号：IBFC W0838；红麻脱胶，24h 脱胶程度为 3；分离地点：湖南省沅江；培养基：0002；培养温度：33℃。

ACCC 03553←中国农业科学院麻类研究所；原始编号：IBFC W0851；红麻脱胶，24h 脱胶程度为 5；分离地点：湖南省沅江；培养基：0002；培养温度：33℃。

ACCC 03558←中国农业科学院麻类研究所；原始编号：IBFC W0861；红麻脱胶，24h 脱胶程度为 3；分离地点：湖南省沅江；培养基：0002；培养温度：33℃。

ACCC 03559←中国农业科学院麻类研究所；原始编号：IBFC W0862；红麻脱胶，24h脱胶程度为8；分离地点：湖南省沅江；培养基：0002；培养温度：33℃。

ACCC 03567 中国农业科学院麻类研究所；原始编号：IBFC W0876；红麻脱胶，24h脱胶程度为5；分离地点：湖南省沅江；培养基：0002；培养温度：33℃。

ACCC 03573←中国农业科学院麻类研究所；原始编号：IBFC W0886；红麻脱胶，24h脱胶程度为5；分离地点：湖南省沅江；培养基：0002；培养温度：33℃。

ACCC 03574←中国农业科学院麻类研究所；原始编号：IBFC W0887；红麻脱胶，24h脱胶程度为3；分离地点：浙江省杭州；培养基：0002；培养温度：33℃。

ACCC 03575←中国农业科学院麻类研究所；原始编号：IBFC W0888；红麻脱胶，24h脱胶程度为7；分离地点：湖南省沅江；培养基：0002；培养温度：33℃。

ACCC 03585←中国农业科学院麻类研究所；原始编号：IBFC W0900；红麻脱胶，24h脱胶程度为6；分离地点：湖南省沅江；培养基：0002；培养温度：33℃。

ACCC 03586←中国农业科学院麻类研究所；原始编号：IBFC W0901；红麻脱胶，24h脱胶程度为6；分离地点：湖南省沅江；培养基：0002；培养温度：33℃。

ACCC 03599←中国农业科学院麻类研究所；原始编号：IBFC W0918；红麻脱胶，24h脱胶程度为6；分离地点：湖南省沅江；培养基：0002；培养温度：33℃。

ACCC 03600←中国农业科学院麻类研究所；原始编号：IBFC W0919；红麻脱胶，24h脱胶程度为5；分离地点：湖南省沅江；培养基：0002；培养温度：33℃。

ACCC 04267←广东省广州微生物研究所；原始编号：F1.199；产蛋白酶；分离地点：广东广州；培养基：0002；培养温度：30℃。

ACCC 04279←广东省广州微生物研究所；原始编号：G38；分离地点：广东省广州；培养基：0002；培养温度：37℃。

ACCC 04286←广东省广州微生物研究所；原始编号：11-B-1；纤维素酶产生菌；分离地点：越南；培养基：0002；培养温度：30℃。

ACCC 04287←广东省广州微生物研究所；原始编号：13-b-1；纤维素酶产生菌；分离地点：越南；培养基：0002；培养温度：30℃。

ACCC 04289←广东省广州微生物研究所；原始编号：17-B-5；β-葡聚糖酶产生菌；分离地点：越南；培养基：0002；培养温度：30℃。

ACCC 04291←广东省广州微生物研究所；原始编号：19-B-1；木质素酶和纤维素酶产生菌；分离地点：越南；培养基：0002；培养温度：30℃。

ACCC 04293←广东省广州微生物研究所；原始编号：19-b-6；纤维素酶产生菌；分离地点：越南；培养基：0002；培养温度：30℃。

ACCC 04294←广东省广州微生物研究所；原始编号：1-A-1；纤维素酶产生菌；分离地点：越南；培养基：0002；培养温度：30℃。

ACCC 04299←广东省广州微生物研究所；原始编号：23-B-5；纤维素酶产生菌；分离地点：越南；培养基：0002；培养温度：30℃。

ACCC 04310←广东省广州微生物研究所；原始编号：7-b-1；纤维素酶产生菌；分离地点：越南；培养基：0002；培养温度：30℃。

ACCC 04315←广东省广州微生物研究所；原始编号：F1.39；分离地点：广东广州；培养基：0002；培养温度：30℃。

ACCC 10117←中国科学院微生物研究所←日本北海道大学；原始编号：AHu1356；培养基：0002；培养温度：28℃。

ACCC 10263←DSMZ←ATCC←R. E. Gordon←T. Gibson，971←W. W. Ford，13；=DSM 31=ATCC 14579=CCM 2010=LMG 6923=NCIB 9373=NCTC 2599；培养基：0266；培养温度：30℃。

ACCC 10406←首都师范大学←中国科学院微生物研究所；=AS 1.173；灭瘟素测定菌；培养基：0002；培

养温度：30℃。

ACCC 10602←中国农业科学院土壤肥料研究所；原始编号：B1302；培养基：0141；培养温度：30～35℃。

ACCC 10603←中国农业科学院土壤肥料研究所；原始编号：B1304；产蛋白酶；培养基：0002；培养温度：30～35℃。

ACCC 10604←中国农业科学院土壤肥料研究所；原始编号：B1-331；产蛋白酶；分离源：鲫鱼消化道；培养基：0002；培养温度：30～35℃。

ACCC 10605←中国农业科学院土壤肥料研究所；原始编号：B1397；产蛋白酶；分离源：北京市玉米根系；分离地点：北京市；培养基：0141；培养温度：30～35℃。

ACCC 10606←中国农业科学院土壤肥料研究所；原始编号：B7117；产蛋白酶；分离源：豌豆根及根瘤；培养基：0002；培养温度：30～35℃。

ACCC 10607←中国农业科学院土壤肥料研究所；原始编号：B6-371；产蛋白酶；分离源：小麦根系；培养基：0002；培养温度：30～35℃。

ACCC 10608←中国农业科学院土壤肥料研究所；原始编号：B16376；产蛋白酶；分离源：小麦根系；培养基：0002；培养温度：30～35℃。

ACCC 10609←轻工业部食品发酵工业科学研究所；＝IFFI 10040；产谷氨酸；培养基：108；培养温度：30℃。

ACCC 10610←中国农业科学院土壤肥料研究所；原始编号：B1310；β-羟基丁酸颗粒含量较大；分离源：龙虾消化道；培养基：0002；培养温度：30～35℃。

ACCC 10611北大生物系；原始编号：BK8641；用于微生物肥料生产，产淀粉酶；培养基：0002；培养温度：30℃。

ACCC 11007←中国农业科学院土肥所←吉林农业科学院土肥；原始编号：KG；培养基：0002；培养温度：30℃。

ACCC 11032←北京大学；原始编号：BK8631；生产微生物肥料；培养基：0002；培养温度：30℃。

ACCC 11033←北京大学；原始编号：BK8641；生产微生物肥料；培养基：0002；培养温度：30℃。

ACCC 11034←北京大学；原始编号：BK4051；生产微生物肥料；培养基：0002；培养温度：30℃。

ACCC 11076←中国科学院微生物研究所←中国科学院武汉病毒研究所；＝AS 1.229；原始编号：果302；麻脱胶；培养基：0002；培养温度：30℃。

ACCC 11077←中国科学院微生物研究所←上海维成绢纺厂；＝AS 1.230；原始编号：B31；产蛋白酶；培养基：0002；培养温度：30℃。

ACCC 11108←山西大学；原始编号：S1；可做饲料和生物肥料；培养基：0002；培养温度：30℃。

ACCC 11109←中国农业科学院土壤肥料研究所；原始编号：T1；可做饲料和生物肥料；分离源：土壤；培养基：0002；培养温度：30℃。

ACCC 11110←中国农业科学院土肥所←上海水产大学生命学院←上海水产大学食品学院←中科院微生物研究所；＝AS1.50；培养基：0002；培养温度：30℃。

ACCC 10738←中国农业科学院麻类研究所；原始编号：T696；分类研究；分离源：牛粪；分离地点：湖南沅江；培养基：0002；培养温度：32℃。

ACCC 04231←广东省广州微生物研究所；原始编号：1.104；培养基：0002；培养温度：30℃。

ACCC 10748←中国农业科学院麻类研究所；原始编号：T697；分类研究；分离地点：湖南省沅江；培养基：0002；培养温度：32℃。

Paenibacillus chitinolyticus （Kuroshima et al. 1996）Lee et al. 2004 解几丁质芽胞杆菌

ACCC 10227^T←DSMZ←IFO←R. Takata, Ehime University；＝DSM 11030；培养基：0002；培养温度：30℃。

Bacillus circulans Jordan 1890 环状芽胞杆菌

ACCC 01113←中国农业科学院农业资源与农业区划研究所；原始编号：GDJ-10-2-2；具有生产固氮生物肥料潜力；分离地点：北京市朝阳区；培养基：0002；培养温度：28℃。

ACCC 02960←中国农业科学院农业资源与农业区划研究所；原始编号：GD-44-2-5，7031；可以用来研发生产用的生物肥料；分离地点：内蒙古牙克石；培养基：0065；培养温度：28℃。

ACCC 02999←中国农业科学院农业资源与农业区划研究所；原始编号：GD-67-2-3，7078；可以用来研发生产用的生物肥料；分离地点：内蒙古牙克石；培养基：0065；培养温度：28℃。

ACCC 03036←中国农业科学院农业资源与农业区划研究所；原始编号：GD-64-2-1，7125；可以用来研发生产用的生物肥料；分离地点：内蒙古牙克石；培养基：0065；培养温度：28℃。

ACCC 03041←中国农业科学院农业资源与农业区划研究所；原始编号：GD-59-2-2，7131；可以用来研发生产用的生物肥料；分离地点：黑龙江省双城；培养基：0065；培养温度：28℃。

ACCC 03079←中国农业科学院农业资源与农业区划研究所；原始编号：GD-A-CK1-2-2，7185；可以用来研发生产用的生物肥料；分离地点：北京试验地；培养基：0065；培养温度：28℃。

ACCC 03096←中国农业科学院农业资源与农业区划研究所；原始编号：GD-62-2-1，7206；可以用来研发生产用的生物肥料；分离地点：内蒙古牙克石七队；培养基：0065；培养温度：28℃。

ACCC 03133←中国农业科学院农业资源与农业区划研究所；原始编号：GD-65-2-2，7251；可以用来研发生产用的生物肥料；分离地点：内蒙古牙克；培养基：0065；培养温度：28℃。

ACCC 03230←中国农业科学院农业资源与农业区划研究所；原始编号：GD-6-2-2；可以用来研发生产用的生物肥料；培养基：0065；培养温度：28℃。

ACCC 03263←中国农业科学院农业资源与农业区划研究所；原始编号：GD-B-CK1-2-1；可以用来研发生产用的生物肥料；培养基：0065；培养温度：28℃。

ACCC 03265←中国农业科学院农业资源与农业区划研究所；原始编号：GD-B-CL2-1-4；可以用来研发生产用的生物肥料；培养基：0065；培养温度：28℃。

ACCC 10228^T←DSMZ← ATCC←W. W. Ford；＝DSM 11. ＝ATCC 4513＝CCM 2048＝JCM 2504＝LMG 13261＝NCIB 9374＝NCTC 2610＝AMS X6＝ATCC 24＝ATCC 9140＝BCRC 10605＝CCM 2048＝CCUG 7416＝CIP 52. 72＝HAMBI 1911＝IAM 12462＝JCM 2504＝LMG 13261＝LMG 6926＝NBRC 13626＝NCCB 75011＝NCIB 9374＝NCTC 2610＝NRRL B-378＝NRRL B-380＝NRS 726＝P；培养基：0266；培养温度：30℃。

ACCC 11078←中国农业科学院土肥所←中科院微生物研究所；＝AS 1.0383；产 β-淀粉酶；培养基：0002；培养温度：30℃。

Bacillus clausii Nielsen et al. 1995 克劳氏芽胞杆菌

ACCC 10212^T ←DSMZ←NCIMB←Novo Industri；C 360. ［PN 23］；＝DSM8716＝ATCC 700160，CIP 104718，NCIB 10309；DNA sequence data（7730）. Macrolide resistance（9305）；分离源：公园土壤；培养基：307；培养温度：30℃。

ACCC 02806←南京农业大学农业环境微生物菌种保藏中心；原始编号：GW-2；可以在 50℃高温下正常生长；分离源：中原油田泥；分离地点：中原油田采油三厂；培养基：0002；培养温度：28℃。

Bacillus coagulans Hammer 1915 凝结芽胞杆菌

ACCC 10229^T←DSMZ← ATCC←N. R. Smith，609←J. Porter←B；＝DSM 1＝ATCC 7050＝CCM 2013＝NCIB 9365＝NCTC 10334；培养基：0266；培养温度：40℃。

Bacillus cohnii Spanka and Fritze 1993 科氏芽胞杆菌

ACCC 10230^T← DSMZ← R. Spanka；RSH；＝DSM 6307＝ATCC 51227＝CCM 4369＝IFO 15565；培养基：307；培养温度：30℃。

Bacillus edaphicus Shelobolina et al. 1998 土壤芽胞杆菌

ACCC 03232←中国农业科学院农业资源与农业区划研究所；原始编号：GD-21-1-1；可以用来研发生产用的生物肥料；培养基：0065；培养温度：28℃。

ACCC 11029←中国农业科学院资源区划所；原始编号：7517；培养基：0067；培养温度：30℃。

Bacillus endophyticus Reva et al. 2002 内生芽胞杆菌

ACCC 02072←新疆农业科学院微生物研究所；原始编号：PB1，XAAS10376；分离地点：新疆布尔津县；

　　培养基：0033；培养温度：20℃。

Bacillus fastidiosus den Dooren de Jong 1929 苛求芽胞杆菌

ACCC 03378←中国农业科学院麻类研究所；原始编号：IBFC W0522；分离地点：原始菌来自河南省南县；
　　培养基：0081；培养温度：35℃。

ACCC 03404←中国农业科学院麻类研究所；原始编号：IBFC W0519；黄麻脱胶；分离地点：原始菌来自
　　河南省南县；培养基：CM0081；培养温度：35℃。

ACCC 03453←中国农业科学院麻类研究所；原始编号：IBFC W0518；黄麻脱胶；分离地点：原始菌来自
　　河南省南县；培养基：CM0081；培养温度：35℃。

ACCC 03465←中国农业科学院麻类研究所；原始编号：IBFC W0523；黄麻脱胶；分离地点：中南林业科
　　技大学；培养基：0081；培养温度：35℃。

ACCC 03468←中国农业科学院麻类研究所；原始编号：IBFC W0521；花麻脱胶；分离地点：中南林业科
　　技大学；培养基：0081；培养温度：35℃。

ACCC 10231^T←DSMZ；=ATCC 29604=NCIB 11326；Degrades uric acid；分离源：花园；培养基：0002；
　　培养温度：30℃。

Bacillus firmus Bredemann and Werner 1933 坚强芽胞杆菌

ACCC 01126←中国农业科学院农业资源与农业区划研究所；原始编号：FX2-4-9；具有处理富营养水体和
　　养殖废水潜力；分离地点：中国农业科学院试验地；培养基：0002；培养温度：28℃。

ACCC 01149←中国农业科学院农业资源与农业区划研究所；原始编号：FX2-4-10；具有处理富营养水体和
　　养殖废水潜力；分离地点：中国农业科学院试验地；培养基：0002；培养温度：28℃。

ACCC 03123←中国农业科学院农业资源与农业区划研究所；原始编号：GD-12-1-2，7241；可以用来研发
　　生产用的生物肥料；分离地点：北京市朝阳区王四营；培养基：0065；培养温度：28℃。

ACCC 11072←中国科学院微生物研究所←波兰微生物保藏中心；=AS 1.2010=PCM 1843=ATCC 8247=
　　DSM 359；培养基：0002；培养温度：30℃。

Bacillus flexus (*ex* Batchelor 1919) Priest et al. 1989 弯曲芽胞杆菌

ACCC 01016←中国农业科学院农业资源与农业区划研究所；原始编号：Hg-14-2-1；具有处理养殖废水潜
　　力；分离地点：北京高碑店污水处理厂；培养基：0002；培养温度：28℃。

ACCC 01069←中国农业科学院农业资源与农业区划研究所；原始编号：Hg-14-2-2；具有用作耐重金属基
　　因资源潜力；分离地点：北京市高碑店污水处理；培养基：0002；培养温度：28℃。

ACCC 02938←中国农业科学院农业资源与农业区划研究所；原始编号：GD-47-2-3，7004；可以用来研发
　　生产用的生物肥料；分离地点：宁夏石嘴山市；培养基：0065；培养温度：28℃。

ACCC 02956←中国农业科学院农业资源与农业区划研究所；原始编号：GD-19-1-2，7027；可以用来研发
　　生产用的生物肥料；分离地点：北京市大兴区礼贤乡；培养基：0065；培养温度：28℃。

Bacillus fortis Scheldeman et al. 2004 强壮芽胞杆菌

ACCC 10219^T←DSMZ←P. Scheldeman；R-6514；=DSM16012=CIP 108822；分离源：milking apparatus，
　　cluster，培养基：768；培养温度：30℃。

Bacillus funiculus Ajithkumar et al. 2002 绳索状芽胞杆菌

ACCC 01038←中国农业科学院农业资源与农业区划研究所；原始编号：GD-18-1-3；具有生产生物肥料潜
　　力；分离地点：北京市大兴区；培养基：0002；培养温度：28℃。

ACCC 01097←中国农业科学院农业资源与农业区划研究所；原始编号：GD-35-2-1-2；具有生产生物肥料
　　潜力；分离地点：山东蓬莱；培养基：0002；培养温度：28℃。

ACCC 02941←中国农业科学院农业资源与农业区划研究所；原始编号：GD-12-2-6，7007；可以用来研发
　　生产用的生物肥料；分离地点：北京市朝阳区王四营；培养基：0065；培养温度：28℃。

ACCC 02946←中国农业科学院农业资源与农业区划研究所；原始编号：GD-13-1-2，7015；可以用来研发
　　生产用的生物肥料；分离地点：北京市朝阳区王四营；培养基：0065；培养温度：28℃。

ACCC 02988←中国农业科学院农业资源与农业区划研究所；原始编号：GD-57-2-2，7064；可以用来研发

生产用的生物肥料；分离地点：内蒙古牙克石；培养基：0065；培养温度：28℃。

ACCC 03019←中国农业科学院农业资源与农业区划研究所；原始编号：GD-B-CL2-2-4，7101；可以用来研发生产用的生物肥料；分离地点：北京试验地；培养基：0065；培养温度：28℃。

ACCC 03029←中国农业科学院农业资源与农业区划研究所；原始编号：GD-55-2-2，7117；可以用来研发生产用的生物肥料；分离地点：辽宁师大；培养基：0065；培养温度：28℃。

ACCC 03052←中国农业科学院农业资源与农业区划研究所；原始编号：GD-16-2-2，7144；可以用来研发生产用的生物肥料；分离地点：北京市大兴区礼贤乡；培养基：0065；培养温度：28℃。

ACCC 03067←中国农业科学院农业资源与农业区划研究所；原始编号：GD-B-CL2-2-2，7166；可以用来研发生产用的生物肥料；分离地点：北京试验地；培养基：0065；培养温度：28℃。

ACCC 03085←中国农业科学院农业资源与农业区划研究所；原始编号：GD-35-2-1-1，7192；可以用来研发生产用的生物肥料；分离地点：山东蓬莱；培养基：0065；培养温度：28℃。

ACCC 03244←中国农业科学院农业资源与农业区划研究所；原始编号：GD-B-CL1-2-2；可以用来研发生产用的生物肥料；培养基：0065；培养温度：28℃。

ACCC 03270←中国农业科学院农业资源与农业区划研究所；原始编号：97E；培养基：0002；培养温度：37℃。

ACCC 10189←DSMZ；= DSM 2898 = ATCC 7055；Conversion of steroid hormones（U. S. Pats. 3，053，832；3，054，811）；培养基：0002；培养温度：30℃。

ACCC 11086←中国农业科学院土肥所←中科院微生物研究所←上海农业科学院畜牧所；原始编号：高温二号菌；培养基：0002；培养温度：45℃。

Bacillus haloalkaliphilus Fritze 1996 嗜盐碱芽胞杆菌

ACCC 10232[T]←DSMZ← H. G. Trüper，WN 13；= DSM 5271 = ATCC 700606；培养基：460；培养温度：30℃。

Bacillus halodurans（*ex* Boyer 1973）Nielsen et al. 1995 耐盐芽胞杆菌

ACCC 10234[T]←DSMZ← NRRL← E. W. Boyer（*Bacillus alcalophilus* subsp. *halodurans*）；= DSM 497 = ATCC 27557＝NRRL B-3881；培养基：307；培养温度：30℃。

Bacillus horikoshii Nielsen et al. 1995

ACCC 01061←中国农业科学院农业资源与农业区划研究所；原始编号：Hg-21-3-2；具有用作耐重金属基因资源潜力；分离地点：北京市大兴区；培养基：0002；培养温度：28℃。

ACCC 02299←中国农业科学院生物技术研究所；原始编号：BRIL00358；极端环境下，耐盐等特殊功能的研究；培养基：0033；培养温度：30℃。

Bacillus laevolacticus（*ex* Nakayama and Yanoshi 1967）Andersch et al. 1994 左旋乳酸芽胞杆菌

ACCC 10235[T] ←DSMZ← O. Nakayama，M-8. Rhizosphere of ditch crowfoot（62）；= DSM 442 = ATCC 23492＝NCIB 10269；培养基：440；培养温度：30℃。

Bacillus lentus Gibson 1935 迟缓芽胞杆菌

ACCC 10517[T] ←CGMCC←PCM；= ATCC 10840 = AS 1. 2013＝PCM 450＝JCM 2511；培养基：0002；培养温度：28～30℃。

Bacillus licheniformis（Weigmann 1898）Chester 1901 地衣芽胞杆菌

ACCC 04249←广东省广州微生物研究所；原始编号：F1.7；产蛋白酶；分离地点：广东四会；培养基：0002；培养温度：30℃。

ACCC 04250←广东省广州微生物研究所；原始编号：F1.8；产杆菌肽 A；分离地点：广东广州；培养基：0002；培养温度：30℃。

ACCC 04251←广东省广州微生物研究所；原始编号：F1.9；研究、工业生产分离地点：广东广州；培养基：0002；培养温度：30℃。

ACCC 04252←广东省广州微生物研究所；原始编号：GIMF1.9；产碱性蛋白酶；分离地点：广东广州；培

养基：0002；培养温度：30℃。

ACCC 04312←广东省广州微生物研究所；原始编号：F1.182；耐高温淀粉酶；分离地点：广东广州；培养基：0002；培养温度：30℃。

ACCC 01050←中国农业科学院农业资源与农业区划研究所；原始编号：GD-1-1-3；具有生产固氮生物肥料潜力；分离地点：北京市农业科学院试验地；培养基：0002；培养温度：28℃。

ACCC 01064←中国农业科学院农业资源与农业区划研究所；原始编号：GD-4-1-3；具有生产固氮生物肥料潜力；分离地点：中国农业科学院试验地；培养基：0065；培养温度：28℃。

ACCC 01094←中国农业科学院农业资源与农业区划研究所；原始编号：GDJ-1-1-4；具有生产固氮生物肥料潜力；分离地点：北京市农业科学院试验地；培养基：0065；培养温度：28℃。

ACCC 01172←新疆农业科学院微生物研究所；原始编号：XJAA10274，B16；培养基：0033；培养温度：30～35℃。

ACCC 01180←新疆农业科学院微生物研究所；原始编号：XJAA10286，B65；培养基：0033；培养温度：20～30℃。

ACCC 01193←新疆农业科学院微生物研究所；原始编号：XJAA10299，B167；培养基：0033；培养温度：20～30℃。

ACCC 01194←新疆农业科学院微生物研究所；原始编号：XJAA10300，B174；培养基：0033；培养温度：20～30℃。

ACCC 01198←新疆农业科学院微生物研究所；原始编号：XJAA10304，B213；培养基：0033；培养温度：20～30℃。

ACCC 01261←新疆农业科学院微生物研究所；原始编号：XJAA10349，SB59；培养基：0033；培养温度：20～30℃。

ACCC 01262←新疆农业科学院微生物研究所；原始编号：XJAA10351，SB79；培养基：0033；培养温度：20～30℃。

ACCC 01655←广东省广州微生物研究所；原始编号：GIMT1.078；研究、工业生产；分离地点：广东四会；培养基：0002；培养温度：30℃。

ACCC 01957←中国农业科学院农业资源与农业区划研究所；H11-31；纤维素降解菌；分离地点：吉林安图长白山；培养基：0002；培养温度：30℃。

ACCC 01958←中国农业科学院农业资源与农业区划研究所；H12-4；纤维素降解菌；分离地点：四川康定；培养基：0002；培养温度：30℃。

ACCC 01959←中国农业科学院农业资源与农业区划研究所；原始编号：16，H11-13；纤维素降解菌；分离地点：吉林安图长白山；培养基：0002；培养温度：30℃。

ACCC 02002←新疆农业科学院微生物研究所；原始编号：SB75，XAAS10487；分离地点：新疆吐鲁番；培养基：0033；培养温度：20～30℃。

ACCC 02013←新疆农业科学院微生物研究所；原始编号：B107，XAAS10293；分离地点：新疆吐鲁番；培养基：0033；培养温度：20℃。

ACCC 02045←新疆农业科学院微生物研究所；原始编号：B244，XAAS10477；分离地点：新疆吐鲁番；培养基：0033；培养温度：20～30℃。

ACCC 02079←新疆农业科学院微生物研究所；原始编号：PB73，XAAS10350；分离地点：新疆吐鲁番；培养基：0033；培养温度：20℃。

ACCC 02300←中国农业科学院生物技术研究所；原始编号：BRIL00359；极端环境下，耐盐等特殊功能的研究；培养基：0033；培养温度：30℃。

ACCC 02569←南京农业大学农业环境微生物菌种保藏中心；原始编号：CG6，NAECC1212；能于 30h 内水解几丁质，酶活达到 107.46U（1 个酶活单位定义为：每毫升粗酶液反应 1h 释放 $1\mu g$ N-乙酰氨基葡萄糖的量）；分离地点：南京江心州果园；培养基：0033；培养温度：30℃。

ACCC 02698←南京农业大学农业环境微生物菌种保藏中心；原始编号：D6，NAECC1374；在基础盐加农药培养基上降解丁草胺，降解率 50％；分离地点：江苏省昆山市；培养基：0002；培养温度：30℃。

ACCC 02866←南京农业大学农业环境微生物菌种保藏中心；原始编号：GN-10，NAECC1243；耐受 10％
　　的 NaCl；分离地点：江苏省南京市高淳县；培养基：0002；培养温度：30℃。

ACCC 02936←中国农业科学院农业资源与农业区划研究所；原始编号：GDJ-1-1-1，7001；可以用来研发
　　生产用的生物肥料；分离地点：北京市农林科学院试验地；培养基：0065；培养温度：28℃。

ACCC 02975←中国农业科学院农业资源与农业区划研究所；原始编号：GD-76-1-1，7051；可以用来研发
　　生产用的生物肥料；分离地点：新疆石河子；培养基：0002；培养温度：28℃。

ACCC 03383←中国农业科学院麻类研究所；原始编号：IBFC W0688；红麻脱胶；分离地点：中南林业科
　　技大学；培养基：0014；培养温度：35℃。

ACCC 03386←中国农业科学院麻类研究所；原始编号：IBFC W0765；红麻脱胶；培养基：0014；培养温
　　度：35℃。

ACCC 03397←中国农业科学院麻类研究所；原始编号：IBFC W0824；红麻脱胶；培养基：0014；培养温
　　度：35℃。

ACCC 03406←中国农业科学院麻类研究所；原始编号：IBFC W0744；红麻脱胶；分离地点：中南林业科
　　技大学；培养基：0014；培养温度：35℃。

ACCC 03484←中国农业科学院麻类研究所；原始编号：IBFC W0685；红麻脱胶；分离地点：中南林业科
　　技大学；培养基：0014；培养温度：35℃。

ACCC 03498←中国农业科学院麻类研究所；原始编号：IBFC W0690；红麻脱胶；分离地点：中南林业科
　　技大学；培养基：0014；培养温度：35℃。

ACCC 03509←中国农业科学院麻类研究所；原始编号：IBFC W0814；红麻脱胶；分离地点：中南林业科
　　技大学；培养基：0014；培养温度：35℃。

ACCC 03512←中国农业科学院麻类研究所；原始编号：IBFC W0798；红麻脱胶；分离地点：中南林业科
　　技大学；培养基：0014；培养温度：35℃。

ACCC 03514←中国农业科学院麻类研究所；原始编号：IBFC W0715；红麻脱胶；分离地点：中南林业科
　　技大学；培养基：0014；培养温度：35℃。

ACCC 03515←中国农业科学院麻类研究所；原始编号：IBFC W0766；红麻脱胶；分离地点：中南林业科
　　技大学；培养基：0014；培养温度：35℃。

ACCC 03541←中国农业科学院麻类研究所；原始编号：IBFC W0835；红麻、苎麻脱胶，24h 脱胶程度为
　　6；分离地点：浙江杭州；培养基：0014；培养温度：35℃。

ACCC 03554←中国农业科学院麻类研究所；原始编号：IBFC W0853；红麻、苎麻脱胶，24h 脱胶程度为
　　8；分离地点：湖南沅江；培养基：0014；培养温度：35℃。

ACCC 03563←中国农业科学院麻类研究所；原始编号：IBFC W0866；红麻、苎麻脱胶，24h 脱胶程度为
　　6；分离地点：浙江杭州；培养基：0014；培养温度：35℃。

ACCC 03568←中国农业科学院麻类研究所；原始编号：IBFC W0878；红麻、苎麻脱胶，24h 脱胶程度为
　　5；分离地点：湖南南县；培养基：0014；培养温度：35℃。

ACCC 03581←中国农业科学院麻类研究所；原始编号：IBFC W0896；红麻、苎麻脱胶，24h 脱胶程度为
　　4；分离地点：浙江杭州；培养基：0014；培养温度：35℃。

ACCC 03582←中国农业科学院麻类研究所；原始编号：IBFC W0897；红麻、苎麻脱胶，24h 脱胶程度为
　　4；分离地点：湖南沅江；培养基：0014；培养温度：35℃。

ACCC 04273←广东省广州微生物研究所；原始编号：G12；分离地点：广东广州；培养基：0002；培养温
　　度：37℃。

ACCC 04320←广东省广州微生物研究所；原始编号：G08；分离地点：广东广州；培养基：0002；培养温
　　度：37℃。

ACCC 10146←中国农业科学院土壤肥料研究所；原始编号：SI-1；饲料添加剂生产菌；培养基：0002；培
　　养温度：30℃。

ACCC 10236^T←DSMZ← ATCC←R. E. Gordon←T. Gibson，46；＝DSM 13＝ATCC 14580＝CCM 2145＝
　　IFO 12200＝NCIB 9375＝NCTC 10341；培养基：0266；培养温度：37℃。

ACCC 10265←广东省广州微生物研究所←中国科学院微生物研究所；＝AS 1.520＝GIM 1.10；杆菌肽 A
　　产生菌；分离源：AS1.518分离的 b 型菌株；培养基：0002；培养温度：30℃。

ACCC 10266←广东省广州微生物研究所←中科院微生物研究所←长沙微生物研究所；GIM1.11；产碱性蛋
　　白；培养基：0033；培养温度：30℃。

ACCC 10613←轻工业部食品发酵工业科学研究所；IFFI 10098；产杆菌肽；培养基：0335；培养温
　　度：30℃。

ACCC 10706← 新疆微生物研究所；＝CGMCC 1.1813；用于饲料添加剂；培养基：0033；培养温
　　度：28℃。

ACCC 11080←中国科学院微生物研究所←广东省广州微生物研究所；＝AS 1.813；分解木质素；培养基：
　　0002；培养温度：30℃。

ACCC 11090←轻工业部食品发酵工业科学研究所；＝IFFI 10037；液化力和蛋白分解力强；培养基：0002；
　　培养温度：30℃。

ACCC 11091←轻工业部食品发酵工业科学研究所←美国典型培养物保藏中心；＝IFFI 10181＝ATCC
　　11946；耐高温淀粉酶；培养基：335；培养温度：28～33℃。

ACCC 11106←中国科学院微生物研究所；＝AS 1.1216；抗梨黑星病；培养基：0002；培养温度：30℃。

ACCC 11658←南京农业大学农业环境微生物菌种保藏中心；原始编号：SLAWH NAECC0694；分离源：
　　石油；分离地点：山东东营；培养基：0033；培养温度：30℃。

Bacillus litoralis Yoon and Oh 2005 岸滨芽胞杆菌
ACCC 01650←广东省广州微生物研究所；原始编号：GIMT1.056 M-3；分离地点：广东佛山；培养基：
　　0002；培养温度：30℃。

Bacillus malacitensis Ruiz-García et al. 2005 马拉加芽胞杆菌
ACCC 01500←新疆农业科学院微生物研究所；原始编号：XAAS10292 B102；分离地点：新疆布尔津县；
　　培养基：0033；培养温度：20℃。

ACCC 02047←新疆农业科学院微生物研究所；原始编号：B260，XAAS10479；分离地点：新疆布尔津县；
　　培养基：0033；培养温度：20℃。

Bacillus marisflavi Yoon et al. 2003 黄海芽胞杆菌
ACCC 01150←中国农业科学院农业资源与农业区划研究所；原始编号：FX2-4-14；具有处理富营养水体和
　　养殖废水潜力；分离地点：中国农业科学院试验地；培养基：0002；培养温度：28℃。

ACCC 02523←南京农业大学农业环境微生物菌种保藏中心；原始编号：N6，NAECC1190；可以耐受 12%
　　的 NaCl；培养基：0033；培养温度：30℃。

ACCC 02732←南京农业大学农业环境微生物菌种保藏中心；原始编号：JP-B，NAECC1397；在 10%NaCl
　　培养基上能够生长；分离地点：南京江浦农场；培养基：0002；培养温度：30℃。

ACCC 02787←南京农业大学农业环境微生物菌种保藏中心；原始编号：T10-2，NAECC1333；在 LB 培养
　　基中能耐受 10%NaCl 浓度；分离地点：河北沧州市沧县菜地；培养基：0002；培养温度：30℃。

Bacillus megaterium de Bary 1884 巨大芽胞杆菌
ACCC 01030←中国农业科学院农业资源与农业区划研究所；原始编号：Pb-15-2；具有用作耐重金属基因
　　资源潜力；分离地点：北京市大兴区电镀厂；培养基：0002；培养温度：28℃。

ACCC 01032←中国农业科学院农业资源与农业区划研究所；原始编号：FX2H-1-1；具有处理富营养水体
　　和养殖废水潜力；分离地点：北京市农业科学院试验地；培养基：0002；培养温度：28℃。

ACCC 01040←中国农业科学院农业资源与农业区划研究所；原始编号：GD-31-1-2；具有生产固氮生物肥
　　料潜力；分离地点：河北省高碑店市；培养基：0065；培养温度：28℃。

ACCC 01059←中国农业科学院农业资源与农业区划研究所；原始编号：FXH2-2-4；具有处理富营养水体
　　和养殖废水潜力；分离地点：河北邯郸大社鱼塘；培养基：0002；培养温度：28℃。

ACCC 01085←中国农业科学院农业资源与农业区划研究所；原始编号：FXH2-4-1；具有处理富营养水体和养殖废水潜力；分离地点：中国农业科学院试验地；培养基：0002；培养温度：28℃。

ACCC 01111←中国农业科学院农业资源与农业区划研究所；原始编号：Hg-14-4-3；具有用作耐重金属基因资源潜力；分离地点：北京市高碑店污水厂；培养基：0002；培养温度：28℃。

ACCC 01115←中国农业科学院农业资源与农业区划研究所；原始编号：FXH2-1-8；具有处理富营养水体和养殖废水潜力；分离地点：北京市农业科学院试验地；培养基：0002；培养温度：28℃。

ACCC 01123←中国农业科学院农业资源与农业区划研究所；原始编号：Hg-23-1-2；具有用作耐重金属基因资源潜力；分离地点：北京市大兴区凉水河；培养基：0002；培养温度：28℃。

ACCC 01132←中国农业科学院农业资源与农业区划研究所；原始编号：FXH2-4-2；具有处理富营养水体和养殖废水潜力；分离地点：中国农业科学院试验地；培养基：0002；培养温度：28℃。

ACCC 01136←中国农业科学院农业资源与农业区划研究所；原始编号：Hg-17-1-1；具有用作耐重金属基因资源潜力；分离地点：北京市大兴区电镀厂；培养基：0002；培养温度：28℃。

ACCC 01138←中国农业科学院农业资源与农业区划研究所；原始编号：Zn-16-2-2；具有用作耐重金属基因资源潜力；分离地点：北京市大兴区电镀厂；培养基：0002；培养温度：28℃。

ACCC 01151←中国农业科学院农业资源与农业区划研究所；原始编号：FXH2-4-7；具有处理富营养水体和养殖废水潜力；分离地点：中国农业科学院试验地；培养基：0002；培养温度：28℃。

ACCC 01152←中国农业科学院农业资源与农业区划研究所；原始编号：S1；培养基：0033；培养温度：30℃。

ACCC 01154←中国农业科学院农业资源与农业区划研究所；原始编号：S3；培养基：0033；培养温度：30℃。

ACCC 01157←中国农业科学院农业资源与农业区划研究所；原始编号：S7；培养基：0033；培养温度：30℃。

ACCC 01159←中国农业科学院农业资源与农业区划研究所；原始编号：S9；培养基：0033；培养温度：30℃。

ACCC 01160←中国农业科学院农业资源与农业区划研究所；原始编号：S10；培养基：0033；培养温度：28℃。

ACCC 01509←新疆农业科学院微生物研究所；原始编号：XAAS10404 LB40-1；分离地点：新疆布尔津县；培养基：0033；培养温度：20℃。

ACCC 01515←新疆农业科学院微生物研究所；原始编号：XAAS10413 LB80；分离地点：新疆布尔津县；培养基：0033；培养温度：20℃。

ACCC 01667←中国农业科学院饲料研究所；原始编号：FRI2007038 B202；饲料用植酸酶等的筛选；分离地点：海南三亚；培养基：0002；培养温度：37℃。

ACCC 01668←中国农业科学院饲料研究所；原始编号：FRI2007039 B203；饲料用植酸酶等的筛选；分离地点：海南三亚；培养基：0002；培养温度：37℃。

ACCC 01669←中国农业科学院饲料研究所；原始编号：FRI2007040 B204；饲料用植酸酶等的筛选；分离地点：海南三亚；培养基：0002；培养温度：37℃。

ACCC 01737←中国农业科学院饲料研究所；原始编号：FRI2007059 B287；饲料用植酸酶等的筛选；分离地点：浙江省；培养基：0002；培养温度：37℃。

ACCC 01740←中国农业科学院饲料研究所；原始编号：FRI20070669 B290；饲料用植酸酶等的筛选；分离地点：浙江省；培养基：0002；培养温度：37℃。

ACCC 01742←中国农业科学院饲料研究所；原始编号：FRI20070671 B292；饲料用植酸酶等的筛选；分离地点：浙江省；培养基：0002；培养温度：37℃。

ACCC 01997←新疆农业科学院微生物研究所；原始编号：LB30，XAAS10402；分离地点：新疆布尔津县；培养基：0033；培养温度：20℃。

ACCC 02058←新疆农业科学院微生物研究所；原始编号：LB42，XAAS10313；分离地点：新疆布尔津县；

培养基：0033；培养温度：20℃。

ACCC 02745←南京农业大学农业环境微生物菌种保藏中心；原始编号：TS6；分离地点：江苏省南京市；
培养基：0033；培养温度：30℃。

ACCC 02954←中国农业科学院农业资源与农业区划研究所；原始编号：GD-58-1-1，7025；可以用来研发
生产用的生物肥料；分离地点：黑龙江省五常市；培养基：0065；培养温度：28℃。

ACCC 02963←中国农业科学院农业资源与农业区划研究所；原始编号：GD-16-1-1，7034；可以用来研发
生产用的生物肥料；分离地点：北京市大兴区礼贤乡；培养基：0065；培养温度：28℃。

ACCC 02970←中国农业科学院农业资源与农业区划研究所；原始编号：GD-10-1-2，7043；可以用来研发
生产用的生物肥料；分离地点：北京市朝阳区黑庄户；培养基：0002；培养温度：28℃。

ACCC 02979←中国农业科学院农业资源与农业区划研究所；原始编号：GD-27-2-1，7055；可以用来研发
生产用的生物肥料；分离地点：河北省高碑店市辛庄镇；培养基：0002；培养温度：28℃。

ACCC 02991←中国农业科学院农业资源与农业区划研究所；原始编号：GD-10-1-4，7068；可以用来研发
生产用的生物肥料；分离地点：北京市朝阳区黑庄户；培养基：0065；培养温度：28℃。

ACCC 03031←中国农业科学院农业资源与农业区划研究所；原始编号：GD-63-2-3，7119；可以用来研发
生产用的生物肥料；分离地点：内蒙古牙克石；培养基：0065；培养温度：28℃。

ACCC 03044←中国农业科学院农业资源与农业区划研究所；原始编号：GD-54-2-1，7134；可以用来研发
生产用的生物肥料；分离地点：内蒙古太仆旗；培养基：0065；培养温度：28℃。

ACCC 03081←中国农业科学院农业资源与农业区划研究所；原始编号：GD-63-2-2，7187；可以用来研发
生产用的生物肥料；分离地点：内蒙古牙克石七队；培养基：0065；培养温度：28℃。

ACCC 03116←中国农业科学院农业资源与农业区划研究所；原始编号：GD-18-2-2，7232；可以用来研发
生产用的生物肥料；分离地点：北京市大兴区礼贤乡；培养基：0065；培养温度：28℃。

ACCC 04270←广东省广州微生物研究所；原始编号：G05；分离地点：广东广州；培养基：0002；培养温
度：30℃。

ACCC 04288←广东省广州微生物研究所；原始编号：16-b-7；β-葡聚糖酶和甘露糖酶产生菌；分离地点：
越南；培养基：0002；培养温度：30～37℃。

ACCC 04296←广东省广州微生物研究所；原始编号：20-B-2；β-葡聚糖酶和甘露糖酶产生菌；分离地点：
越南；培养基：0002；培养温度：30～37℃。

ACCC 04307←广东省广州微生物研究所；原始编号：5-B-16；纤维素酶产生菌；分离地点：越南；培养
基：0002；培养温度：30～37℃。

ACCC 04314←广东省广州微生物研究所；原始编号：F1.39；分解有机磷，制造磷细菌肥料；分离地点：
广东广州；培养基：0002；培养温度：30～37℃。

ACCC 05518←中国农业科学院农业资源与农业区划研究所；分离源：水稻根内生；分离地点：湖南省祁阳
县官山坪；培养基：0441；培养温度：37℃。

ACCC 05578←中国农业科学院农业资源与农业区划研究所；分离源：水稻根内生；分离地点：湖南省祁阳
县官山坪；培养基：0908；培养温度：37℃。

ACCC 05582←中国农业科学院农业资源与农业区划研究所；分离源：水稻根内生；分离地点：湖南省祁阳
县官山坪；培养基：0908；培养温度：37℃。

ACCC 10008←中国农业科学院植物保护研究所；抗菌素测定菌；分离源：污染培养基；培养基：0066；培
养温度：28～30℃。

ACCC 10010←中国农业科学院土壤肥料研究所；分解有机磷，制造磷细菌肥料；分离源：前苏联菌粉；培
养基：0002；培养温度：28～30℃。

ACCC 10011←吉林农业科学院；分解有机磷，制造磷细菌肥料；培养基：0066；培养温度：30℃。

ACCC 10245ᵀ←DSM←ATCC←R. E. Gordon←T. Gibson，1060←W. W. Ford，19；=DSM 32=ATCC
14581=CCM 2007=NCIB 9376=NCTC 10342=IAM 13418=JCM 2506=KCTC 3007=LMG 7127=
NBRC 15308=NCCB 75016=NCIMB 9376=NRIC 1710=NRRL B-14308=VKM B-512；培养基：

0266；培养温度：30℃。

ACCC 10413←北京首都师范大学；原始编号：M11；分离源：水稻植株；培养基：0033；培养温
度：30℃。

ACCC 10881←北京首都师范大学；原始编号：BN90-3-10；分离源：水稻根际；分离地点：河北省唐山市
滦县；培养基：0033；培养温度：30℃。

ACCC 11099←中国科学院微生物研究所←华北农科所；＝AS 1.223；生产细菌肥料；培养基：0002；培养
温度：30℃。

ACCC 11107←中国科学院微生物研究所←中科院沈阳生态研究所；＝AS 1.217；原始编号：Ba5；生产细
菌肥料；培养基：0002；培养温度：30℃。

ACCC 10407←北京首都师范大学←中国科学院微生物研究所；AS1.1741＝ATCC14945；培养基：0002；
培养温度：30℃。

Bacillus mojavensis Roberts et al. 1994 摩加夫芽胞杆菌

ACCC 01174←新疆农业科学院微生物研究所；原始编号：XJAA10276，B19；培养基：0033；培养温度：
20～30℃。

ACCC 01200←新疆农业科学院微生物研究所；原始编号：XJAA10386，LB1；培养基：0033；培养温
度：20℃。

ACCC 01214←新疆农业科学院微生物研究所；原始编号：XJAA10399，LB24；培养基：0033；培养温
度：20℃。

ACCC 02001←新疆农业科学院微生物研究所；原始编号：SB29，XAAS10347；分离地点：新疆吐鲁番；
培养基：0033；培养温度：20～30℃。

ACCC 02066←新疆农业科学院微生物研究所；原始编号：P1，XAAS10369；分离地点：新疆布尔津县；
培养基：0033；培养温度：20℃。

ACCC 02067←新疆农业科学院微生物研究所；原始编号：P2，XAAS10370；分离地点：新疆布尔津县；
培养基：0033；培养温度：20℃。

ACCC 02070←新疆农业科学院微生物研究所；原始编号：P5，XAAS10373；分离地点：新疆布尔津县；
培养基：0033；培养温度：20℃。

ACCC 02071←新疆农业科学院微生物研究所；原始编号：P7，XAAS10375；分离地点：新疆布尔津县；
培养基：0033；培养温度：20℃。

ACCC 02073←新疆农业科学院微生物研究所；原始编号：PB10，XAAS10385；分离地点：新疆布尔津县；
培养基：0033；培养温度：20℃。

ACCC 02074←新疆农业科学院微生物研究所；原始编号：PB2，XAAS10377；分离地点：新疆布尔津县；
培养基：0033；培养温度：20℃。

ACCC 02075←新疆农业科学院微生物研究所；原始编号：PB3，XAAS10378；分离地点：新疆布尔津县；
培养基：0033；培养温度：20℃。

ACCC 02076←新疆农业科学院微生物研究所；原始编号：PB4，XAAS10379；分离地点：新疆布尔津县；
培养基：0033；培养温度：20℃。

ACCC 02077←新疆农业科学院微生物研究所；原始编号：PB5，XAAS10380；分离地点：新疆布尔津县；
培养基：0033；培养温度：20℃。

ACCC 02078←新疆农业科学院微生物研究所；原始编号：PB6，XAAS10381；分离地点：新疆布尔津县；
培养基：0033；培养温度：20℃。

Bacillus mucilaginosus Avakyan et al. 1998 胶冻样芽胞杆菌

ACCC 01075←中国农业科学院农业资源与农业区划研究所；原始编号：GDJ-18-1-1；具有生产固氮生物肥
料潜力；分离地点：北京市大兴区礼贤向玉；培养基：0065；培养温度：28℃。

ACCC 02983←中国农业科学院农业资源与农业区划研究所；原始编号：GD-64-2-3，7059；可以用来研发
生产用的生物肥料；分离地点：内蒙古牙克石；培养基：0065；培养温度：28℃。

ACCC 10012←中国农业科学院土壤肥料研究所；原始编号：AM1.05；培养基：0067；培养温度：28～30℃。

ACCC 10013←上海市农业科学院土肥植保所；原始编号：308；制造细菌肥料；培养基：0067；培养温度：28～30℃。

ACCC 10015←中国农业科学院土壤肥料研究所；原始编号：HuK；培养基：0067；培养温度：28～30℃。

ACCC 10090←北京大学地矿部；钾肥生产；培养基：0033；培养温度：30℃。

ACCC 10091←中国农业科学院土壤肥料研究所；原始编号：E4；生产细菌肥料；培养基：0067；培养温度：28～30℃。

ACCC 10092←北京大学地矿部；原始编号：907；培养基：0002；培养温度：30℃。

ACCC 10094←山东长清市生物农药厂；原始编号：DK；生产细菌肥料；培养基：0067；培养温度：28～30℃。

ACCC 10095←中国农业科学院土壤肥料研究所；原始编号：K9；生产细菌肥料；培养基：0067；培养温度：30℃。

ACCC 10106←中国农业科学院土壤肥料研究所；原始编号：K7B；培养基：0067；培养温度：30℃。

ACCC 10168←马瑞霞赠；原始编号：K8；培养基：0002；培养温度：30℃。

ACCC 11003←中国林业科学院林业研究所←中国科学院微生物研究所←原华北农业科学研究所；＝AS 1.153；培养基：0067；培养温度：30℃。

ACCC 11004←中国林业科学院林业研究所←中国科学院微生物研究所←北京细菌肥料厂；＝AS 1.231；培养基：0067；培养温度：30℃。

ACCC 11005←中国林业科学院林业研究所←中国科学院微生物研究所←湖南省农业科学研究所←山东农学院；＝AS 1.910；培养基：0067；培养温度：30℃。

ACCC 11006←中国农业科学院土肥所←河北省科学院生物所；原始编号：J103；培养基：0002；培养温度：30℃。

ACCC 11030^T←中国农业科学院资源区划所；原始编号：7519；培养基：0067；培养温度：30℃。

Bacillus muralis Heyrman et al. 2005 壁芽胞杆菌

ACCC 01201←新疆农业科学院微生物研究所；原始编号：XJAA10387，LB2；培养基：0033；培养温度：20℃。

ACCC 02052←新疆农业科学院微生物研究所；原始编号：LB19，XAAS10396；分离地点：新疆布尔津县；培养基：0033；培养温度：20℃。

Bacillus mycoides Flügge 1886 蕈状芽胞杆菌

ACCC 10237^T←DSMZ←ATCC←N. R. Smith, 273. Soil；＝DSM 2048＝ATCC 6462；培养基：0266；培养温度：25℃。

ACCC 10264←广东省广州微生物研究所；＝GIM 1.5＝GCMCC 1.261；培养基：0002；培养温度：30℃。

Bacillus nanhaiensis Chen et al. 2011 南海栖海洋菌

ACCC 05610←中国农业科学院农业资源与农业区划研究所；分离源：水稻根内生；分离地点：湖南省祁阳县官山坪；培养基：0441；培养温度：37℃。

Bacillus nealsonii Venkateswaran et al. 2003 尼氏芽胞杆菌

ACCC 03065←中国农业科学院农业资源与农业区划研究所；原始编号：GD-27-2-2，7164；可以用来研发生产用的生物肥料；分离地点：河北省高碑店市辛庄镇；培养基：0065；培养温度：28℃。

ACCC 03091←中国农业科学院农业资源与农业区划研究所；原始编号：GD-11-2-2，7198；可以用来研发生产用的生物肥料；分离地点：北京市朝阳区黑庄户；培养基：0065；培养温度：28℃。

Bacillus niacini Nagel and Andreesen 1991 烟酸芽胞杆菌

ACCC 03127←中国农业科学院农业资源与农业区划研究所；原始编号：GD-21-2-1，7245；可以用来研发生产用的生物肥料；分离地点：北京市大兴区天堂河；培养基：0065；培养温度：28℃。

ACCC 10246^T←DSM←J. C. Ensign；＝DSMZ 2923＝IFO 15566；培养基：0266；培养温度：30℃。

ACCC 7244←中国农业科学院农业资源与农业区划研究所；原始编号：GD-21-2-1；培养基：0065；培养温度：28℃。

Bacillus novalis Heyrman et al. 2004 休闲地芽胞杆菌

ACCC 10197^T←DSMZ←　J. Heyrman；R-15439←A. Felske；IDA 3307. Soil；＝DSM15603＝CIP 108805，LMG 21837；分离源：土壤；培养基：0002；培养温度：30℃。

Bacillus pseudomycoides Nakamura 1998 假真菌样芽胞杆菌

ACCC 10238^T←DSMZ←　L. K. Nakamura，NRRL；＝DSM 12442＝NRRL B-617；培养基：0266；培养温度：30℃。

Bacillus psychrodurans Abd El-Rahman et al. 2002 耐冷芽胞杆菌

ACCC 10283^T←dsmz←H. A. Abd El-Rahman；＝DMS 11713；分离源：花园土；培养基：0033；培养温度：25℃。

Bacillus psychrosaccharolyticus（*ex* Larkin and Stokes 1967）Priest et al. 1989 冷解糖芽胞杆菌

ACCC 01504←新疆农业科学院微生物研究所；原始编号：XAAS10391 LB13；培养基：0033；培养温度：20℃。

ACCC 01518←新疆农业科学院微生物研究所；原始编号：XAAS10414 LB90；分离地点：新疆布尔津县；培养基：0033；培养温度：20℃。

ACCC 02054←新疆农业科学院微生物研究所；原始编号：LB23，XAAS10398；分离地点：新疆布尔津县；培养基：0033；培养温度：20℃。

Bacillus pumilus Meyer and Gottheil 1901 短小芽胞杆菌

ACCC 02831←南京农业大学农业环境微生物菌种保藏中心；原始编号：F4-1，NAECC1546；能于30℃、2天降解约 1 000mg/L 的萘，降解率为60%～70%，萘为唯一碳源（无机盐培养基）；分离地点：山东省东营市东城区胜；培养基：0002；培养温度：30℃。

ACCC 01171←新疆农业科学院微生物研究所；原始编号：XJAA10273，B14；培养基：0033；培养温度：20～30℃。

ACCC 01176←新疆农业科学院微生物研究所；原始编号：XJAA10280，B31；培养基：0033；培养温度：20～30℃。

ACCC 01177←新疆农业科学院微生物研究所；原始编号：XJAA10281，B33；培养基：0033；培养温度：35～40℃。

ACCC 01184←新疆农业科学院微生物研究所；原始编号：XJAA10290，B89；培养基：0033；培养温度：20～30℃。

ACCC 01189←新疆农业科学院微生物研究所；原始编号：XJAA10295，B115；培养基：0033；培养温度：20～30℃。

ACCC 01264←新疆农业科学院微生物研究所；原始编号：XJAA10353，SB82；培养基：0033；培养温度：20～30℃。

ACCC 01265←新疆农业科学院微生物研究所；原始编号：XJAA10354，SB88；培养基：0033；培养温度：20～30℃。

ACCC 01545←新疆农业科学院微生物研究所；原始编号：XAAS10471，AB8；分离地点：新疆吐鲁番；培养基：0033；培养温度：20～30℃。

ACCC 01660←广东省广州微生物研究所；原始编号：GIMT1.052；分离地点：广东增城；培养基：0002；培养温度：30℃。

ACCC 01671←中国农业科学院饲料研究所；原始编号：FRI2007044，B208；饲料用植酸酶等的筛选，产淀粉酶和蛋白酶；分离地点：海南三亚；培养基：0002；培养温度：37℃。

ACCC 01672←中国农业科学院饲料研究所；原始编号：FRI2007045，B209；饲料用植酸酶等的筛选，产淀粉酶和蛋白酶；分离地点：海南三亚；培养基：0002；培养温度：37℃。

ACCC 01736←中国农业科学院饲料研究所；原始编号：FRI2007053，B286；饲料用木聚糖酶、葡聚糖酶、
蛋白酶、植酸酶等的筛选；分离地点：浙江省；培养基：0002；培养温度：37℃。

ACCC 01741←中国农业科学院饲料研究所；原始编号：FRI20070670，B291；饲料用木聚糖酶、葡聚糖
酶、蛋白酶、植酸酶等的筛选；分离地点：浙江省；培养基：0002；培养温度：37℃。

ACCC 01743←中国农业科学院饲料研究所；原始编号：FRI20070672，B293；饲料用木聚糖酶、葡聚糖
酶、蛋白酶、植酸酶等的筛选；分离地点：浙江省；培养基：0002；培养温度：37℃。

ACCC 02296←中国农业科学院生物技术研究所；原始编号：BRI00355；极端环境下，耐盐等特殊功能的研
究；培养基：0033；培养温度：30℃。

ACCC 02648←南京农业大学农业环境微生物菌种保藏中心；原始编号：TS1，NAECC1160；分离地点：江
苏省南京市；培养基：0033；培养温度：30℃。

ACCC 02715←南京农业大学农业环境微生物菌种保藏中心；原始编号：M295，NAECC1750；在无机盐培
养基中以 10mg/L 的孔雀石绿为碳源培养，2 天内孔雀石绿降解率大于 70%；分离地点：江苏省连云
港市新浦区；培养基：0033；培养温度：30℃。

ACCC 02749←南京农业大学农业环境微生物菌种保藏中心；原始编号：ZYJ1-1，NAECC1560；能于 30℃、
2 天降解十八烷 500mg/L50%～60%，十八烷为唯一碳源（无机盐培养基）；分离地点：山东东营胜利
油田；培养基：0002；培养温度：30℃。

ACCC 02750←南京农业大学农业环境微生物菌种保藏中心；原始编号：ZYJ1-2，NAECC1561；能于 30℃、
2 天降解十八烷 500mg/L50%～60%，十八烷为唯一碳源（无机盐培养基）；分离地点：山东东营胜利
油田；培养基：0002；培养温度：30℃。

ACCC 02757←南京农业大学农业环境微生物菌种保藏中心；原始编号：XIAN-1，NAECC1568；能于
30℃，极端碱性菌（pH 值 12），碱性羧甲基纤维素平板上分泌碱性纤维素酶，形成透明圈；分离地
点：南京农业大学排污口；培养基：0002；培养温度：30℃。

ACCC 02759←南京农业大学农业环境微生物菌种保藏中心；原始编号：DA-2，NAECC1570；能于 30℃、
极端碱性菌（pH12），能在 pH 值 11～12 的酪蛋白平板上分泌碱性蛋白酶，形成透明圈；分离地点：
南京农业大学排污口；培养基：0002；培养温度：30℃。

ACCC 02800←南京农业大学农业环境微生物菌种保藏中心；原始编号：ST267，NAECC1745；耐盐细菌，
在 10%NaCl 培养基中可生长；分离地点：江苏省连云港市新浦区；培养基：0033；培养温度：30℃。

ACCC 02801←南京农业大学农业环境微生物菌种保藏中心；原始编号：ST277，NAECC1746；耐盐细菌，
在 10%NaCl 培养基中可生长；分离地点：江苏省连云港市新浦区；培养基：0033；培养温度：30℃。

ACCC 02802←南京农业大学农业环境微生物菌种保藏中心；原始编号：ST304，NAECC1747；耐盐细菌，
在 10%NaCl 培养基中可生长；分离地点：江苏省连云港市新浦区；培养基：0033；培养温度：30℃。

ACCC 02804←南京农业大学农业环境微生物菌种保藏中心；原始编号：ST312，NAECC1749；耐盐细菌，
在 10%NaCl 培养基中可生长；分离地点：江苏省连云港市新浦区；培养基：0033；培养温度：30℃。

ACCC 02822←南京农业大学农业环境微生物菌种保藏中心；原始编号：ZYJ1-3，NAECC1519；能于 30℃、
3 天降解十八烷 500mg/L50%～60%，十八烷为唯一碳源（无机盐培养基）；分离地点：山东东营胜利
油田；培养基：0002；培养温度：30℃。

ACCC 03377←中国农业科学院麻类研究所；原始编号：IBFC W0745；红麻脱胶；培养基：0081；培养温
度：33℃。

ACCC 03379←中国农业科学院麻类研究所；原始编号：IBFC W0761；红麻脱胶；分离地点：中南林业科
技大学；培养基：0081；培养温度：33℃。

ACCC 03385←中国农业科学院麻类研究所；原始编号：IBFC W0569；红麻脱胶；培养基：0081；培养温
度：33℃。

ACCC 03394←中国农业科学院麻类研究所；原始编号：IBFC W0825；红麻脱胶；培养基：0081；培养温
度：33℃。

ACCC 03395←中国农业科学院麻类研究所；原始编号：IBFC W0772；红麻脱胶；分离地点：中南林业科

技大学；培养基：0081；培养温度：33℃。

ACCC 03402←中国农业科学院麻类研究所；原始编号：IBFC W0727；红麻脱胶；分离地点：中南林业科技大学；培养基：0081；培养温度：33℃。

ACCC 03405←中国农业科学院麻类研究所；原始编号：IBFC W0736；分离地点：中南林业科技大学；培养基：0081；培养温度：33℃。

ACCC 03410←中国农业科学院麻类研究所；原始编号：IBFC W0794；红麻脱胶；分离地点：中南林业科技大学；培养基：0081；培养温度：33℃。

ACCC 03413←中国农业科学院麻类研究所；原始编号：IBFC W0767；红麻脱胶；分离地点：中南林业科技大学；培养基：0081；培养温度：33℃。

ACCC 03414←中国农业科学院麻类研究所；原始编号：IBFC W0746；红麻脱胶；分离地点：中南林业科技大学；培养基：0081；培养温度：33℃。

ACCC 03438←中国农业科学院麻类研究所；原始编号：IBFC W0768；红麻脱胶；分离地点：中南林业科技大学；培养基：0081；培养温度：33℃。

ACCC 03446←中国农业科学院麻类研究所；原始编号：IBFC W0763；红麻脱胶；分离地点：中南林业科技大学；培养基：0081；培养温度：33℃。

ACCC 03448←中国农业科学院麻类研究所；原始编号：IBFC W0820；红麻脱胶；分离地点：中南林业科技大学；培养基：0081；培养温度：33℃。

ACCC 03449←中国农业科学院麻类研究所；原始编号：IBFC W0738；红麻脱胶；分离地点：中南林业科技大学；培养基：0081；培养温度：33℃。

ACCC 03450←中国农业科学院麻类研究所；原始编号：IBFC W0666；红麻脱胶；分离地点：中南林业科技大学；培养基：0081；培养温度：33℃。

ACCC 03452←中国农业科学院麻类研究所；原始编号：IBFC W0746；红麻脱胶；分离地点：中南林业科技大学；培养基：0081；培养温度：33℃。

ACCC 03456←中国农业科学院麻类研究所；原始编号：IBFC W0664；红麻脱胶；分离地点：中南林业科技大学；培养基：0081；培养温度：33℃。

ACCC 03458←中国农业科学院麻类研究所；原始编号：IBFC W0747；红麻脱胶；分离地点：中南林业科技大学；培养基：0081；培养温度：33℃。

ACCC 03462←中国农业科学院麻类研究所；原始编号：IBFC W0806；红麻脱胶；分离地点：中南林业科技大学；培养基：0081；培养温度：33℃。

ACCC 03472←中国农业科学院麻类研究所；原始编号：IBFC W0674；分离地点：中南林业科技大学；培养基：0081；培养温度：33℃。

ACCC 03476←中国农业科学院麻类研究所；原始编号：IBFC W0739；红麻脱胶；分离地点：中南林业科技大学；培养基：0081；培养温度：33℃。

ACCC 03490←中国农业科学院麻类研究所；原始编号：IBFC W0735；红麻脱胶；分离地点：中南林业科技大学；培养基：0081；培养温度：33℃。

ACCC 03500←中国农业科学院麻类研究所；原始编号：IBFC W0762；红麻脱胶；分离地点：中南林业科技大学；培养基：0081；培养温度：35℃。

ACCC 03502←中国农业科学院麻类研究所；原始编号：IBFC W0663；红麻脱胶；分离地点：中南林业科技大学；培养基：0081；培养温度：33℃。

ACCC 03504←中国农业科学院麻类研究所；原始编号：IBFC W0780；红麻脱胶；分离地点：中南林业科技大学；培养基：0081；培养温度：33℃。

ACCC 03547 中国农业科学院麻类研究所；原始编号：IBFC W0841；红麻脱胶，24h红麻脱胶程度为6；分离地点：湖南沅江；培养基：0081；培养温度：34℃。

ACCC 03548←中国农业科学院麻类研究所；原始编号：IBFC W0842；红麻脱胶，24h红麻脱胶程度为5；分离地点：湖南南县；培养基：0081；培养温度：34℃。

ACCC 03552←中国农业科学院麻类研究所；原始编号：IBFC W0848；红麻脱胶，24h 红麻脱胶程度为 3；分离地点：湖南沅江；培养基：0081；培养温度：34℃。

ACCC 03561 中国农业科学院麻类研究所；原始编号：IBFC W0864；红麻脱胶，24h 红麻脱胶程度为 5；分离地点：湖南南县；培养基：0081；培养温度：34℃。

ACCC 03562←中国农业科学院麻类研究所；原始编号：IBFC W0865；红麻脱胶，24h 红麻脱胶程度为 7；分离地点：湖南沅江；培养基：0081；培养温度：34℃。

ACCC 03576←中国农业科学院麻类研究所；原始编号：IBFC W0890；红麻、亚麻脱胶，24h 脱胶程度为 6；分离地点：湖南沅江；培养基：0014；培养温度：34℃。

ACCC 03589←中国农业科学院麻类研究所；原始编号：IBFC W0904；红麻脱胶，24h 红麻脱胶程度为 5；分离地点：湖南沅江；培养基：0081；培养温度：34℃。

ACCC 03603←中国农业科学院麻类研究所；原始编号：IBFC W0925；红麻脱胶，24h 红麻脱胶程度为 5；分离地点：湖南沅江；培养基：0081；培养温度：34℃。

ACCC 04290←广东省广州微生物研究所；原始编号：18-B-6；纤维素酶产生菌；分离地点：越南；培养基：0002；培养温度：30～37℃。

ACCC 04292←广东省广州微生物研究所；原始编号：19-b-3；纤维素酶产生菌；分离地点：越南；培养基：0002；培养温度：30～37℃。

ACCC 04297←广东省广州微生物研究所；原始编号：20-B-5；纤维素酶产生菌；分离地点：越南；培养基：0002；培养温度：30～37℃。

ACCC 04300←广东省广州微生物研究所；原始编号：32-B-10；纤维素酶产生菌；分离地点：越南；培养基：0002；培养温度：30～37℃。

ACCC 04301←广东省广州微生物研究所；原始编号：33-B-5；纤维素酶产生菌；分离地点：越南；培养基：0002；培养温度：30～37℃。

ACCC 04305←广东省广州微生物研究所；原始编号：38-B-3；纤维素酶产生菌；分离地点：越南；培养基：0002；培养温度：30～37℃。

ACCC 04306←广东省广州微生物研究所；原始编号：3-b-6；纤维素酶产生菌；分离地点：越南；培养基：0002；培养温度：30～37℃。

ACCC 04309←广东省广州微生物研究所；原始编号：6-b-15；纤维素酶木质素酶产生菌；分离地点：越南；培养基：0002；培养温度：30～37℃。

ACCC 10113←中国科学院微生物研究所←无锡酶制剂厂；＝AS 1.1625；原始编号：209（83）；产碱性蛋白酶；培养基：0002；培养温度：30℃。

ACCC 10239^T←DSMZ←ATCC←N. R. Smith，272←F. L&ouml；hnis←Král←O. Gottheil；＝DSM.27＝ATCC 7061＝CCM 2144＝IFO 12092＝JCM 2508＝NCIB 9369＝NCTC 10337；培养基：0266；培养温度：30℃。

ACCC 10387←首都师范大学←中科院微生物研究所；＝AS1.549＝AS1.480 产肌苷；培养基：0002；培养温度：30℃。

ACCC 10416←首都师范大学；培养基：0033；培养温度：28℃。

ACCC 10615←轻工业部食品发酵工业科学研究所；＝IFFI 9003；用于麻发酵；培养基：0315；培养温度：30℃。

ACCC 10697←中国农业科学院麻类研究所；原始编号：T1856-1；分类 研究；分离源：烂麻绒；分离地点：山东省即墨县；培养基：0002；培养温度：32℃。

ACCC 10702←中国农业科学院麻类研究所；原始编号：T995；分离源：沤麻水；分离地点：湖南沅江；培养基：0002；培养温度：32℃。

ACCC 10729←中国农业科学院麻类研究所；原始编号：T1876-1；分离地点：山东省即墨县；培养基：0002；培养温度：32℃。

ACCC 11083←中国科学院微生物研究所；＝AS 1.0937；原始编号：75425；防治花生线虫病；培养基：

0002；培养温度：30℃。

ACCC 11651←南京农业大学农业环境微生物菌种保藏中心；原始编号：SB2 NAECC0685；分离源：土壤；
分离地点：山东东营；培养基：0033；培养温度：30℃。

ACCC 04180←广东省广州微生物研究所；原始编号：Sp0728-HE；培养基：0002；培养温度：30℃。

Bacillus silvestris **Rheims et al. 1999** 森林芽胞杆菌

ACCC 10200^T←DSMZ←H. Rheims；HR3-23. Germany；＝DSM12223＝ATCC BAA-269；培养基：0002；
培养温度：30℃。

Bacillus simplex （*ex* **Meyer and Gottheil 1901**） **Priest et al. 1989** 简单芽胞杆菌

ACCC 01137←中国农业科学院农业资源与农业区划研究所；原始编号：FX2-2-15；具有处理富营养水体和
养殖废水潜力；分离地点：河北邯郸大社鱼塘；培养基：0002；培养温度：28℃。

ACCC 01215←新疆农业科学院微生物研究所；原始编号：XJAA10310，LB25；培养基：0033；培养温度：
20～25℃。

ACCC 01760←中国农业科学院农业资源与农业区划研究所；原始编号：H24；分离地点：河北省唐山市滦
南县；培养基：0033；培养温度：30℃。

ACCC 01769←中国农业科学院农业资源与农业区划研究所；原始编号：H8；分离地点：河北省唐山市滦
南县；培养基：0033；培养温度：28℃。

ACCC 01999←新疆农业科学院微生物研究所；原始编号：LB41B，XAAS10431；分离地点：新疆布尔津
县；培养基：0033；培养温度：20℃。

ACCC 02007←新疆农业科学院微生物研究所；原始编号：LB9B，XAAS10421；分离地点：新疆布尔津县；
培养基：0033；培养温度：20℃。

ACCC 02051←新疆农业科学院微生物研究所；原始编号：LB17A，XAAS10422；分离地点：新疆布尔津
县；培养基：0033；培养温度：20～35℃。

ACCC 02301←中国农业科学院生物技术研究所；原始编号：C-A-2；极端环境下，耐盐等特殊功能的研究；
培养基：0033；培养温度：30℃。

Bacillus smithii **Nakamura et al. 1988** 史氏芽胞杆菌

ACCC 10240^T←DSMZ← NRRL←N. R. Smith（*Bacillus coagulans*）；＝DSM 4216＝IFO 15311＝NRRL
NRS 173；培养基：0266；培养温度：55℃。

Bacillus sonorensis **Palmisano et al. 2001** 索诺拉沙漠芽胞杆菌

ACCC 03011←中国农业科学院农业资源与农业区划研究所；原始编号：GD-1-1-2，7092；可以用来研发生
产用的生物肥料；分离地点：北京市农业科学院试验地；培养基：0065；培养温度：28℃。

Bacillus **sp.** 芽胞杆菌

ACCC 01738←中国农业科学院饲料研究所；原始编号：FRI2007067，B288；饲料用植酸酶等的筛选；分
离地点：浙江省；培养基：0002；培养温度：37℃。

ACCC 01042←中国农业科学院农业资源与农业区划研究所；原始编号：GD-31-2-1；具有生产固氮生物肥
料潜力；分离地点：河北省高碑店市；培养基：0065；培养温度：28℃。

ACCC 01051←中国农业科学院农业资源与农业区划研究所；原始编号：DF1-4-2；具有作为动物益生菌、
生产饲料淀粉酶潜力；分离地点：中国农业科学院试验地；培养基：0002；培养温度：28℃。

ACCC 01076←中国农业科学院农业资源与农业区划研究所；原始编号：GDJ-11-1-2；具有生产固氮生物肥
料潜力；分离地点：北京市朝阳区黑庄户；培养基：0065；培养温度：28℃。

ACCC 01082←中国农业科学院农业资源与农业区划研究所；原始编号：GD-7-2-3；具有生产固氮生物肥料
潜力；分离地点：北京市朝阳区；培养基：0065；培养温度：28℃。

ACCC 01083←中国农业科学院农业资源与农业区划研究所；原始编号：GD-8-2-2；具有生产固氮生物肥料
潜力；分离地点：北京市朝阳区；培养基：0065；培养温度：28℃。

ACCC 01088←中国农业科学院农业资源与农业区划研究所；原始编号：DF1-5-1；具有作为动物益生菌、
生产饲料淀粉酶潜力；分离地点：河北邯郸；培养基：0002；培养温度：28℃。

ACCC 01099←中国农业科学院农业资源与农业区划研究所；原始编号：DF1-1-4；具有作为动物益生菌、生产饲料淀粉酶潜力；分离地点：北京市农林科学院试验地；培养基：0002；培养温度：28℃。

ACCC 01103←中国农业科学院农业资源与农业区划研究所；原始编号：Hg-15-2；具有用作耐重金属基因资源潜力；分离地点：北京市大兴区电镀厂；培养基：0002；培养温度：28℃。

ACCC 01108←中国农业科学院农业资源与农业区划研究所；原始编号：FX2-2-17；具有处理富营养水体和养殖废水潜力；分离地点：河北邯郸；培养基：0002；培养温度：28℃。

ACCC 01117←中国农业科学院农业资源与农业区划研究所；原始编号：Zn-17-1-1；具有用作耐重金属基因资源潜力；分离地点：北京市大兴区电镀厂；培养基：0002；培养温度：28℃。

ACCC 01135←中国农业科学院农业资源与农业区划研究所；原始编号：DF1-1-3；具有作为动物益生菌、生产饲料淀粉酶潜力；分离地点：北京市农林科学院试验地；培养基：0002；培养温度：28℃。

ACCC 01143←中国农业科学院农业资源与农业区划研究所；原始编号：FX2-5-3；具有处理富营养水体和养殖废水潜力；分离地点：河北邯郸；培养基：0002；培养温度：28℃。

ACCC 01147←中国农业科学院农业资源与农业区划研究所；原始编号：DF1-4-1；具有作为动物益生菌、生产饲料淀粉酶潜力；分离地点：中国农业科学院试验地；培养基：0002；培养温度：28℃。

ACCC 01153←中国农业科学院农业资源与农业区划研究所；原始编号：S2；培养基：0033；培养温度：30℃。

ACCC 01158←中国农业科学院农业资源与农业区划研究所；原始编号：S8；培养基：0033；培养温度：28℃。

ACCC 01161←中国农业科学院农业资源与农业区划研究所；原始编号：S11；培养基：0033；培养温度：30℃。

ACCC 01162←中国农业科学院农业资源与农业区划研究所；原始编号：S12；培养基：0033；培养温度：28℃。

ACCC 01167←中国农业科学院农业资源与农业区划研究所；原始编号：S18；培养基：0033；培养温度：30℃。

ACCC 01268←广东省广州微生物研究所；原始编号：GIMV1.0001，1-B-1；检测生产；分离地点：越南 DALAT；培养基：0002；培养温度：30～37℃。

ACCC 01270←广东省广州微生物研究所；原始编号：GIMV1.0004，1-B-5；检测生产；分离地点：越南 DALAT；培养基：0002；培养温度：30～37℃。

ACCC 01271←广东省广州微生物研究所；原始编号：GIMV1.0005，2-B-1；检测生产；分离地点：越南 DALAT；培养基：0002；培养温度：30～37℃。

ACCC 01281←广东省广州微生物研究所；原始编号：GIMV1.0025，7-B-3；检测生产；分离地点：越南 DALAT；培养基：0002；培养温度：30～37℃。

ACCC 01287←广东省广州微生物研究所；原始编号：GIMV1.0047，15-B-1；检测生产；分离地点：越南 DALAT；培养基：0002；培养温度：30～37℃。

ACCC 01289←广东省广州微生物研究所；原始编号：GIMV1.0049，18-B-1；检测生产；分离地点：越南 DALAT 生物所；培养基：0002；培养温度：30～37℃。

ACCC 01291←广东省广州微生物研究所；原始编号：GIMV1.0053，20-B；检测生产；分离地点：越南 DALAT 生物所；培养基：0002；培养温度：30～37℃。

ACCC 01295←广东省广州微生物研究所；原始编号：GIMV1.0066，36-B-2；检测生产；分离地点：越南 Tanthan；培养基：0002；培养温度：30～37℃。

ACCC 01296←广东省广州微生物研究所；原始编号：GIMV1.0068，36-B-4；检测生产；分离地点：越南 DALAT；培养基：0002；培养温度：30～37℃。

ACCC 01297←广东省广州微生物研究所；原始编号：GIMV1.0069，36-B-5；检测生产；分离地点：越南 DALAT；培养基：0002；培养温度：30～37℃。

ACCC 01298←广东省广州微生物研究所；原始编号：GIMV1.0073，38-B；检测生产；分离地点：越南

DALAT；培养基：0002；培养温度：30～37℃。

ACCC 01299←广东省广州微生物研究所；原始编号：GIMV1.0074，39-B；检测生产；分离地点：越南
DALAT；培养基：0002；培养温度：30～37℃。

ACCC 01302←广东省广州微生物研究所；原始编号：GIMV1.0078，46-B-1；检测生产；分离地点：越南
DALAT；培养基：0002；培养温度：30～37℃。

ACCC 01487←广东省广州微生物研究所；原始编号：GIMV1.0005 2-B-1；培养基：0002；培养温度：
30～37℃。

ACCC 01488←广东省广州微生物研究所；原始编号：GIMV1.0047 15-B-1；培养基：0002；培养温度：
30～37℃。

ACCC 01489←广东省广州微生物研究所；原始编号：GIMV1.0056 25-B-1；培养基：0002；培养温度：
30～37℃。

ACCC 01490←广东省广州微生物研究所；原始编号：GIMV1.0058 28-B-2；培养基：0002；培养温度：
30～37℃。

ACCC 01491←广东省广州微生物研究所；原始编号：GIMV1.0059 29-B；培养基：0002；培养温度：
30～37℃。

ACCC 01492←广东省广州微生物研究所；原始编号：GIMV1.0060 30-B-1；培养基：0002；培养温度：
30～37℃。

ACCC 01493←广东省广州微生物研究所；原始编号：GIMV1.0064 34-B-2；培养基：0002；培养温度：
30～37℃。

ACCC 01494←广东省广州微生物研究所；原始编号：GIMV1.0066 36-B-2；培养基：0002；培养温度：
30～37℃。

ACCC 01495←广东省广州微生物研究所；原始编号：GIMV1.0067 36-B-3；培养基：0002；培养温度：
30～37℃。

ACCC 01754←中国农业科学院农业资源与农业区划研究所；原始编号：H17；分离地点：河北省唐山市滦
南县；培养基：0033；培养温度：30℃。

ACCC 01756←中国农业科学院农业资源与农业区划研究所；原始编号：H21；分离地点：河北省唐山市滦
南县；培养基：0033；培养温度：30℃。

ACCC 01762←中国农业科学院农业资源与农业区划研究所；原始编号：H37；培养基：0033；培养温
度：30℃。

ACCC 01856←福建农林大学生物农药与化学生物学教育部重点实验室；原始编号：BCBKL 0050，TB1；
分离地点：福建罗源；培养基：0002；培养温度：30℃。

ACCC 02055←新疆农业科学院微生物研究所；原始编号：LB31，XAAS10357；分离地点：新疆布尔津县；
培养基：0033；培养温度：20℃。

ACCC 02496←南京农业大学农业环境微生物菌种保藏中心；原始编号：BFF-4，NAECC0876；在以 LB 的
液体培养基中培养成膜能力较强；分离地点：南化二厂曝气池；培养基：0033；培养温度：30℃。

ACCC 02503←南京农业大学农业环境微生物菌种保藏中心；原始编号：NSA-30，NAECC883；能够在含
15％ NaCl 的 LB 的液体培养液中培生长，表现出中度耐盐性；分离地点：盐城滨海晒盐厂；培养基：
0033；培养温度：30℃。

ACCC 02504←南京农业大学农业环境微生物菌种保藏中心；原始编号：NSA-31，NAECC884；能够在含
15％ NaCl 的 LB 的液体培养液中培生长，表现出中度耐盐性；分离地点：盐城滨海晒盐厂；培养基：
0033；培养温度：30℃。

ACCC 02517←南京农业大学农业环境微生物菌种保藏中心；原始编号：Y12，NAECC1004；耐受高浓度的
异丙醇，可降解异丙醇，降解率达 40％；分离地点：江苏省南京市玄武区；培养基：0033；培养温
度：30℃。

ACCC 02731←南京农业大学农业环境微生物菌种保藏中心；原始编号：JP-A，NAECC1396；在 10％NaCl

培养基上能够生长；分离地点：南京江浦农场；培养基：0002；培养温度：30℃。

ACCC 02754←南京农业大学农业环境微生物菌种保藏中心；原始编号：ZYJ2-1，NAECC1565；能于30℃、2天降解萘500mg/L50％～60％，萘为唯一碳源（无机盐培养基）；分离地点：山东省东营市东城区胜；培养基：0002；培养温度：30℃。

ACCC 02791←南京农业大学农业环境微生物菌种保藏中心；原始编号：LC-3，NAECC1270；对500mg/L的甲磺隆有抗性；分离地点：南京市玄武区；培养基：0002；培养温度：30℃。

ACCC 02853←南京农业大学农业环境微生物菌种保藏中心；原始编号：SY8，NAECC1294；在10％NaCl培养基上能够生长；分离地点：市场上购买的酸菜卤汁；培养基：0002；培养温度：30℃。

ACCC 02861←南京农业大学农业环境微生物菌种保藏中心；原始编号：SY4，NAECC1317；在10％NaCl培养基上能够生长；分离地点：市场上购买的酸菜卤汁；培养基：0002；培养温度：30℃。

ACCC 05423←山西省农业科学院土壤肥料研究所；原始编号：SXK-1；用于制备微生物肥料，进行盐碱地降盐降碱改良；分离地点：山西省怀仁县；培养基：0002；培养温度：30℃。

ACCC 05614←中国农业科学院饲料研究所；产碱性木聚糖酶分离地点：河南；培养基：0033；培养温度：37℃。

ACCC 10107←中国农业科学院土壤肥料研究所；原始编号：K-38；分离源：土壤；分离地点：山东临沂苍山县；培养基：0033；培养温度：28℃。

ACCC 10108←中国农业科学院土壤肥料研究所；培养基：0033；培养温度：28℃。

ACCC 10398←首都师范大学←CGMCC←JCM←ATCC←MP Starr←M. Patel 16；＝ATCC 11645＝ICMP 441＝LMG 498＝NCPPB 570＝PDDCC 441；培养基：0002；培养温度：26℃。

ACCC 10681←南京农业大学农业环境微生物菌种保藏中心；＝NAECC 0045；原始编号：H3（JX）；培养基：0002；培养温度：30℃。

ACCC 10685←南京农业大学农业环境微生物菌种保藏中心；＝NAECC 0046；原始编号：jnw-4；降解甲萘威（3天能够降解40％的100mg/L的甲萘威）；分离源：土壤；分离地点：江苏省泰兴市；培养基：0002；培养温度：30℃。

ACCC 11610←南京农业大学农业环境微生物菌种保藏中心；原始编号：SD2 NAECC0631；分离源：土壤；分离地点：江苏南京；培养基：0033；培养温度：30℃。

ACCC 11622←南京农业大学农业环境微生物菌种保藏中心；原始编号：BM4-2 NAECC1122；分离源：污泥；分离地点：江苏南京；培养基：0033；培养温度：30℃。

ACCC 11636←南京农业大学农业环境微生物菌种保藏中心；原始编号：Z-1 NAECC0659；分离源：淤泥；分离地点：山东东营；培养基：0033；培养温度：50℃。

ACCC 11638←南京农业大学农业环境微生物菌种保藏中心；原始编号：MH-21，NAECC0664；高温菌，能于60℃、48h内降解60％以上的浓度为60μl/100ml的十八烷，十八烷为唯一碳源，且能利用原油。（无机盐培养基）；分离源：污染水样；分离地点：山东省东营市玄武区25；培养基：0971；培养温度：60℃。

ACCC 11644←南京农业大学农业环境微生物菌种保藏中心；原始编号：S2，NAECC0675；成膜菌，在实验室SBR反应器中能够成膜或辅助成膜；分离源：活性污泥；分离地点：江苏无锡；培养基：0033；培养温度：30℃。

ACCC 11664←南京农业大学农业环境微生物菌种保藏中心；原始编号：BM-g，NAECC0709；能于57℃、48h内在含5g/L的LB培养基中将其表面张力从71.5 mN/m降到31mN/m，产生生物表面活性剂；分离源：淤泥；分离地点：山东东营；培养基：0002；培养温度：57℃。

ACCC 11672←南京农业大学农业环境微生物菌种保藏中心；原始编号：YS2，NAECC0728；分离源：淤泥；分离地点：山东东营；培养基：0033；培养温度：30℃。

ACCC 11697←南京农业大学农业环境微生物菌种保藏中心；原始编号：AT43-2，NAECC0790；在无机盐培养基中以50mg/L的吡虫啉为唯一碳源培养，6天内吡虫啉降解率30％左右；分离源：土壤；分离地点：山东省淄博市临淄区；培养基：0033；培养温度：30℃。

ACCC 11698←南京农业大学农业环境微生物菌种保藏中心；原始编号：BCL13-1，NAECC0791；在无机盐
培养基中以 50mg/L 的吡虫啉为唯一碳源培养，6 天内吡虫啉降解率 30％左右；分离源：土壤；分离
地点：山东省淄博市临淄区；培养基：0033；培养温度：30℃。

ACCC 11699←南京农业大学农业环境微生物菌种保藏中心；原始编号：BCL23-1，NAECC0792；在无机盐
培养基中以 50mg/L 的吡虫啉为唯一碳源培养，6 天内吡虫啉降解率 30％左右；分离源：土壤；分离
地点：山东省淄博市临淄区；培养基：0033；培养温度：30℃。

ACCC 11709←南京农业大学农业环境微生物菌种保藏中心；原始编号：Atl-22，NAECC0810；在无机盐培
养基中降解 100mg/L 邻苯二酚，降解率为 80％～90％；分离源：水；分离地点：江苏省南京农业大
学；培养基：0033；培养温度：30℃。

ACCC 11719←南京农业大学农业环境微生物菌种保藏中心；原始编号：ACM2，NAECC0831；分离源：
植物根际土壤；分离地点：山东东营；培养基：0033；培养温度：28℃。

ACCC 11720←南京农业大学农业环境微生物菌种保藏中心；原始编号：ACZ2，NAECC0832；分离源：植
物根际土壤；分离地点：山东德州；培养基：0033；培养温度：28℃。

ACCC 11721←南京农业大学农业环境微生物菌种保藏中心；原始编号：BBZ4，NAECC0833；分离源：植
物根际土壤；分离地点：江苏连云港；培养基：0033；培养温度：28℃。

ACCC 11722←南京农业大学农业环境微生物菌种保藏中心；原始编号：BC3-1，NAECC0834；分离源：土
壤；分离地点：江苏徐州；培养基：0033；培养温度：28℃。

ACCC 11723←南京农业大学农业环境微生物菌种保藏中心；原始编号：BC3-2，NAECC0835；分离源：土
壤；分离地点：江苏徐州；培养基：0033；培养温度：28℃。

ACCC 11724←南京农业大学农业环境微生物菌种保藏中心；原始编号：BC3-3，NAECC0836；分离源：土
壤；分离地点：江苏徐州；培养基：0033；培养温度：28℃。

ACCC 11725←南京农业大学农业环境微生物菌种保藏中心；原始编号：BCD3-2，NAECC0837；分离源：
植物根际土壤；分离地点：江苏徐州；培养基：0033；培养温度：28℃。

ACCC 11726←南京农业大学农业环境微生物菌种保藏中心；原始编号：BCQ4，NAECC0838；分离源：植
物根际土壤；分离地点：江苏连云港；培养基：0033；培养温度：28℃。

ACCC 11727←南京农业大学农业环境微生物菌种保藏中心；原始编号：BCZ3-1，NAECC0839；分离源：
植物根际土壤；分离地点：江苏徐州；培养基：0033；培养温度：28℃。

ACCC 11728←南京农业大学农业环境微生物菌种保藏中心；原始编号：BCZ3-3，NAECC0840；分离源：
植物根际土壤；分离地点：江苏徐州；培养基：0033；培养温度：28℃。

ACCC 11729←南京农业大学农业环境微生物菌种保藏中心；原始编号：BH1，NAECC0841；分离源：土
壤；分离地点：江苏南京；培养基：0033；培养温度：28℃。

ACCC 11730←南京农业大学农业环境微生物菌种保藏中心；原始编号：BHC3，NAECC0842；分离源：植
物根际土壤；分离地点：江苏徐州；培养基：0033；培养温度：28℃。

ACCC 11731←南京农业大学农业环境微生物菌种保藏中心；原始编号：BHL1，NAECC0843；分离源：植
物根际土壤；分离地点：江苏南京；培养基：0033；培养温度：28℃。

ACCC 11732←南京农业大学农业环境微生物菌种保藏中心；原始编号：BHY1，NAECC0844；分离源：植
物根际土壤；分离地点：江苏南京；培养基：0033；培养温度：28℃。

ACCC 11733←南京农业大学农业环境微生物菌种保藏中心；原始编号：BHZ1，NAECC0845；分离源：植
物根际土壤；分离地点：江苏南京；培养基：0033；培养温度：28℃。

ACCC 11734←南京农业大学农业环境微生物菌种保藏中心；原始编号：BJ5，NAECC0846；分离源：土
壤；分离地点：江苏苏州；培养基：0033；培养温度：28℃。

ACCC 11735←南京农业大学农业环境微生物菌种保藏中心；原始编号：BJQ5，NAECC0847；分离源：植
物根际土壤；分离地点：江苏苏州；培养基：0033；培养温度：28℃。

ACCC 11736←南京农业大学农业环境微生物菌种保藏中心；原始编号：BJW5，NAECC0848；分离源：植
物根际土壤；分离地点：江苏苏州；培养基：0033；培养温度：28℃。

ACCC 11737←南京农业大学农业环境微生物菌种保藏中心；原始编号：BS-2，NAECC0849；分离源：土壤；分离地点：江苏盐城；培养基：0033；培养温度：28℃。

ACCC 11738←南京农业大学农业环境微生物菌种保藏中心；原始编号：BSL2，NAECC0850；分离源：植物根际土壤；分离地点：江苏盐城；培养基：0033；培养温度：28℃。

ACCC 11739←南京农业大学农业环境微生物菌种保藏中心；原始编号：BSQ2，NAECC0851；分离源：植物根际土壤；分离地点：江苏盐城；培养基：0033；培养温度：28℃。

ACCC 11740←南京农业大学农业环境微生物菌种保藏中心；原始编号：BSX2，NAECC0852；分离源：植物根际土壤；分离地点：江苏盐城；培养基：0033；培养温度：28℃。

ACCC 11741←南京农业大学农业环境微生物菌种保藏中心；原始编号：BSZ2-2，NAECC0853；分离源：植物根际土壤；分离地点：江苏盐城；培养基：0033；培养温度：28℃。

ACCC 11742←南京农业大学农业环境微生物菌种保藏中心；原始编号：BW5，NAECC0854；分离源：植物根际土壤；分离地点：江苏苏州；培养基：0033；培养温度：28℃。

ACCC 11743←南京农业大学农业环境微生物菌种保藏中心；原始编号：BWB5，NAECC0855；分离源：植物根际土壤；分离地点：江苏苏州；培养基：0033；培养温度：28℃。

ACCC 11744←南京农业大学农业环境微生物菌种保藏中心；原始编号：BWQ5，NAECC0856；分离源：植物根际土壤；分离地点：江苏苏州；培养基：0033；培养温度：28℃。

ACCC 11745←南京农业大学农业环境微生物菌种保藏中心；原始编号：BWS5，NAECC0857；分离源：植物根际土壤；分离地点：江苏苏州；培养基：0033；培养温度：28℃。

ACCC 11746←南京农业大学农业环境微生物菌种保藏中心；原始编号：BY2，NAECC0858；分离源：土壤；分离地点：江苏盐城；培养基：0033；培养温度：28℃。

ACCC 11747←南京农业大学农业环境微生物菌种保藏中心；原始编号：BZG4，NAECC0859；分离源：植物根际土壤；分离地点：江苏连云港；培养基：0033；培养温度：28℃。

ACCC 11748←南京农业大学农业环境微生物菌种保藏中心；原始编号：ASY1，NAECC0860；分离源：植物根际土壤；分离地点：山东东营；培养基：0033；培养温度：28℃。

ACCC 11788←南京农业大学农业环境微生物菌种保藏中心；原始编号：PNP12，NAECC0996；耐受高浓度的对硝基酚，可降解对硝基酚，降解率达50%～80%；分离源：土壤；培养基：0971；培养温度：30℃。

ACCC 11794←南京农业大学农业环境微生物菌种保藏中心；原始编号：Y6，NAECC01002；耐受高浓度的异丙醇，可降解异丙醇，降解率达30%～50%；分离源：土壤；培养基：0971；培养温度：30℃。

ACCC 11795←南京农业大学农业环境微生物菌种保藏中心；原始编号：Y11，NAECC01003；耐受高浓度的异丙醇，可降解异丙醇，降解率达30%～50%；分离源：土壤；培养基：0971；培养温度：30℃。

Bacillus sphaericus Meyer and Neide 1904 球形芽胞杆菌

ACCC 03545←中国农业科学院麻类研究所；原始编号：IBFC W0839；红麻、亚麻脱胶，24h脱胶程度为6；分离地点：湖南南县；培养基：0014；培养温度：34℃。

ACCC 03546←中国农业科学院麻类研究所；原始编号：IBFC W0840；红麻、亚麻脱胶，24h脱胶程度为5；分离地点：湖南南县；培养基：0014；培养温度：34℃。

ACCC 03601←中国农业科学院麻类研究所；原始编号：IBFC W0921；红麻、亚麻脱胶，24h脱胶程度为7；分离地点：湖南沅江；培养基：0014；培养温度：34℃。

ACCC 02228←广东省广州微生物研究所；原始编号：GIMT1.087；培养基：0002；培养温度：30℃。

ACCC 01116←中国农业科学院农业资源与农业区划研究所；原始编号：Hg-16-1-1；具有用作耐重金属基因资源潜力；分离地点：北京市大兴区电镀厂；培养基：0002；培养温度：28℃。

ACCC 01307←湖北省生物农药工程研究中心；原始编号：IEDA 00515，wa-8086；产生代谢产物具有抑菌活性；分离地点：江苏省；培养基：0012；培养温度：28℃。

ACCC 04266←广东省广州微生物研究所；原始编号：F1.184；杀蚊子；分离地点：广东广州；培养基：0002；培养温度：30℃。

ACCC 10241^T←DSMZ← ATCC←R. E. Gordon←T. Gibson，1013←Král Collection←M. Wund；＝DSM 28＝ATCC 14577＝CCM 2120＝JCM 2502＝NCIB 9370＝NCTC 10338；培养基：0266；培养温度：30℃。

ACCC 11096←中国科学院微生物研究所←美国；＝AS 1.1672；原始编号：2115；杀蚊子；培养基：0002；培养温度：30℃。

Bacillus subtilis（Ehrenberg 1835）Cohn 1872 枯草芽胞杆菌

ACCC 01746←中国农业科学院饲料研究所；原始编号：FRI20070676，B297；饲料用植酸酶、淀粉酶和蛋白酶等的筛选；分离地点：浙江省；培养基：0033；培养温度：37℃。

ACCC 01031←中国农业科学院农业资源与农业区划研究所；原始编号：FX2-5-6；具有处理富营养水体和养殖废水潜力；分离地点：河北邯郸；培养基：0002；培养温度：28℃。

ACCC 01055←中国农业科学院农业资源与农业区划研究所；原始编号：DF1-5-3；具有作为动物益生菌、生产饲料淀粉酶潜力；分离地点：河北邯郸；培养基：0002；培养温度：28℃。

ACCC 01101←中国农业科学院农业资源与农业区划研究所；原始编号：FX2-5-5；具有处理富营养水体和养殖废水潜力；分离地点：河北邯郸；培养基：0002；培养温度：28℃。

ACCC 01170←新疆农业科学院微生物研究所；原始编号：XJAA10272，B13；培养基：0033；培养温度：35～40℃。

ACCC 01175←新疆农业科学院微生物研究所；原始编号：XJAA10278，B23；培养基：0033；培养温度：20～30℃。

ACCC 01178←新疆农业科学院微生物研究所；原始编号：XJAA10282，B36；培养基：0033；培养温度：35～40℃。

ACCC 01179←新疆农业科学院微生物研究所；原始编号：XJAA10285，B57；培养基：0033；培养温度：35～40℃。

ACCC 01181←新疆农业科学院微生物研究所；原始编号：XJAA10287，B66；培养基：0033；培养温度：20～30℃。

ACCC 01182←新疆农业科学院微生物研究所；原始编号：XJAA10288，B70；培养基：0033；培养温度：20～30℃。

ACCC 01183←新疆农业科学院微生物研究所；原始编号：XJAA10289，B80；培养基：0033；培养温度：20～30℃。

ACCC 01185←新疆农业科学院微生物研究所；原始编号：XJAA10291，B100；培养基：0033；培养温度：20～30℃。

ACCC 01188←新疆农业科学院微生物研究所；原始编号：XJAA10294，B111；培养基：0033；培养温度：20～30℃。

ACCC 01190←新疆农业科学院微生物研究所；原始编号：XJAA10296，B129；培养基：0033；培养温度：20～30℃。

ACCC 01191←新疆农业科学院微生物研究所；原始编号：XJAA10297，B132；培养基：0033；培养温度：20～30℃。

ACCC 01192←新疆农业科学院微生物研究所；原始编号：XJAA10298，B141；培养基：0033；培养温度：20～30℃。

ACCC 01195←新疆农业科学院微生物研究所；原始编号：XJAA10301，B183；培养基：0033；培养温度：20～30℃。

ACCC 01196←新疆农业科学院微生物研究所；原始编号：XJAA10302，B195；培养基：0033；培养温度：20～30℃。

ACCC 01197←新疆农业科学院微生物研究所；原始编号：XJAA10303，B210；培养基：0033；培养温度：20～30℃。

ACCC 01199←新疆农业科学院微生物研究所；原始编号：XJAA10305，B222；培养基：0033；培养温度：

20～30℃。

ACCC 01260←新疆农业科学院微生物研究所；原始编号：XJAA10348，SB32；培养基：0033；培养温度：
20～30℃。

ACCC 01266←新疆农业科学院微生物研究所；原始编号：XJAA10355，SB91；培养基：0033；培养温度：
20～30℃。

ACCC 01659←广东省广州微生物研究所；原始编号：GIMT1.073；分离地点：广东广州；培养基：0002；
培养温度：30℃。

ACCC 01698←中国农业科学院饲料研究所；原始编号：FRI2007004 B241；饲料用植酸酶等的筛选；分离
地点：浙江嘉兴鱼塘；培养基：0002；培养温度：37℃。

ACCC 01851←福建农林大学生物农药与化学生物学教育部重点实验室；原始编号：BCBKL 0045，22；分
离地点：福建福州；培养基：0002；培养温度：30℃。

ACCC 01852←福建农林大学生物农药与化学生物学教育部重点实验室；原始编号：BCBKL 0046，EPL8；
分离地点：福建福州；培养基：0002；培养温度：30℃。

ACCC 01853←福建农林大学生物农药与化学生物学教育部重点实验室；原始编号：BCBKL 0047，BS1；分
离地点：福建福州；培养基：0002；培养温度：30℃。

ACCC 01854←福建农林大学生物农药与化学生物学教育部重点实验室；原始编号：BCBKL 0048，BS2；培
养基：0002；培养温度：30℃。

ACCC 01998←新疆农业科学院微生物研究所；原始编号：PB9，XAAS10384；分离地点：新疆吐鲁番；培
养基：0033；培养温度：20～30℃。

ACCC 02043←新疆农业科学院微生物研究所；原始编号：B120，XAAS10476；分离地点：新疆吐鲁番；
培养基：0033；培养温度：20℃。

ACCC 02048←新疆农业科学院微生物研究所；原始编号：B27，XAAS10279；分离地点：新疆吐鲁番；培
养基：0033；培养温度：20℃。

ACCC 02049←新疆农业科学院微生物研究所；原始编号：B38，XAAS10283；分离地点：新疆吐鲁番；培
养基：0033；培养温度：20～35℃。

ACCC 02230←广东省广州微生物研究所；原始编号：GIMT1.086；培养基：0002；培养温度：30℃。

ACCC 02694←南京农业大学农业环境微生物菌种保藏中心；原始编号：D1，NAECC1369；在基础盐加农
药培养基上降解丁草胺，降解率50％；分离地点：江苏省昆山市；培养基：0002；培养温度：30℃。

ACCC 02695←南京农业大学农业环境微生物菌种保藏中心；原始编号：D3，NAECC1371；在基础盐加农
药培养基上降解丁草胺，降解率50％；分离地点：江苏省昆山市；培养基：0002；培养温度：30℃。

ACCC 02696←南京农业大学农业环境微生物菌种保藏中心；原始编号：D4，NAECC1372；在基础盐加农
药培养基上降解丁草胺，降解率50％；分离地点：江苏省昆山市；培养基：0002；培养温度：30℃。

ACCC 02733←南京农业大学农业环境微生物菌种保藏中心；原始编号：JP-D，NAECC1398；在10％NaCl
培养基上能够生长；分离地点：南京江浦农场；培养基：0002；培养温度：30℃。

ACCC 02973←中国农业科学院农业资源与农业区划研究所；原始编号：GD-44-2-4，7049；可以用来研发
生产用的生物肥料；分离地点：内蒙古牙克石；培养基：0002；培养温度：28℃。

ACCC 03120←中国农业科学院农业资源与农业区划研究所；原始编号：GD-58-1-2，7237；可以用来研发
生产用的生物肥料；分离地点：黑龙江省五常市；培养基：0065；培养温度：28℃。

ACCC 03184←中国农业科学院麻类研究所；原始编号：1245-4；麻类脱胶、草类制浆、生物糖化；培养
基：0002；培养温度：35℃。

ACCC 03186←中国农业科学院麻类研究所；原始编号：1354；麻类脱胶、草类制浆、生物糖化；培养基：
0002；培养温度：35℃。

ACCC 03187←中国农业科学院麻类研究所；原始编号：1354-15；麻类脱胶、草类制浆、生物糖化；培养
基：0002；培养温度：35℃。

ACCC 03188←中国农业科学院麻类研究所；原始编号：1354-18；麻类脱胶、草类制浆、生物糖化；培养

基：0002；培养温度：35℃。

ACCC 03189←中国农业科学院麻类研究所；原始编号：1354-22；麻类脱胶、草类制浆、生物糖化；培养
　　基：0002；培养温度：35℃。

ACCC 03190←中国农业科学院麻类研究所；原始编号：1345-23；麻类脱胶、草类制浆、生物糖化；培养
　　基：0002；培养温度：35℃。

ACCC 03210←中国农业科学院麻类研究所；原始编号：IBFC W0564；红麻脱胶；培养基：0014；培养温
　　度：33℃。

ACCC 03214←中国农业科学院麻类研究所；原始编号：IBFC W0638；麻类脱胶、草类制浆、生物糖化；
　　培养基：0002；培养温度：35℃。

ACCC 03215←中国农业科学院麻类研究所；原始编号：IBFC W0639；麻类脱胶、草类制浆、生物糖化；
　　培养基：0002；培养温度：35℃。

ACCC 03220←中国农业科学院麻类研究所；原始编号：IBFC W0640；麻类脱胶、草类制浆、生物糖化；
　　培养基：0002；培养温度：35℃。

ACCC 03221←中国农业科学院麻类研究所；原始编号：IBFC W0641；麻类脱胶、草类制浆、生物糖化；
　　培养基：0002；培养温度：35℃。

ACCC 03275←广东省广州微生物研究所←中国科学院微生物研究所；培养基：0002；培养温度：30℃。

ACCC 03416←中国农业科学院麻类研究所；原始编号：IBFC W0707；麻类脱胶、草类制浆、生物糖化；
　　分离地点：中南林业科技大学；培养基：0002；培养温度：35℃。

ACCC 03420←中国农业科学院麻类研究所；原始编号：IBFC W0775；麻类脱胶、草类制浆、生物糖化；
　　分离地点：中南林业科技大学；培养基：0002；培养温度：35℃。

ACCC 03423←中国农业科学院麻类研究所；原始编号：IBFC W0830；麻类脱胶、草类制浆、生物糖化；
　　培养基：0002；培养温度：35℃。

ACCC 03427←中国农业科学院麻类研究所；原始编号：IBFC W0668；麻类脱胶、草类制浆、生物糖化；
　　分离地点：中南林业科技大学；培养基：0002；培养温度：35℃。

ACCC 03428←中国农业科学院麻类研究所；原始编号：IBFC W0641；麻类脱胶、草类制浆、生物糖化；
　　分离地点：湖南沅江；培养基：0002；培养温度：35℃。

ACCC 03433←中国农业科学院麻类研究所；原始编号：IBFC W0677；麻类脱胶、草类制浆、生物糖化；
　　分离地点：中南林业科技大学；培养基：0002；培养温度：35℃。

ACCC 03443←中国农业科学院麻类研究所；原始编号：IBFC W0743；麻类脱胶、草类制浆、生物糖化；
　　分离地点：中南林业科技大学；培养基：0002；培养温度：35℃。

ACCC 03455←中国农业科学院麻类研究所；原始编号：IBFC W0678；麻类脱胶、草类制浆、生物糖化；
　　分离地点：中南林业科技大学；培养基：0002；培养温度：35℃。

ACCC 03460←中国农业科学院麻类研究所；原始编号：IBFC W0740；麻类脱胶、草类制浆、生物糖化；
　　培养基：0002；培养温度：35℃。

ACCC 03464←中国农业科学院麻类研究所；原始编号：IBFC W0741；麻类脱胶、草类制浆、生物糖化；
　　分离地点：中南林业科技大学；培养基：0002；培养温度：35℃。

ACCC 03466←中国农业科学院麻类研究所；原始编号：IBFC W0723；麻类脱胶、草类制浆、生物糖化；
　　分离地点：中南林业科技大学；培养基：0002；培养温度：35℃。

ACCC 03473←中国农业科学院麻类研究所；原始编号：IBFC W0667；麻类脱胶、草类制浆、生物糖化；
　　分离地点：中南林业科技大学；培养基：0002；培养温度：35℃。

ACCC 03477←中国农业科学院麻类研究所；原始编号：IBFC W0708；麻类脱胶、草类制浆、生物糖化；
　　分离地点：中南林业科技大学；培养基：0002；培养温度：35℃。

ACCC 03483←中国农业科学院麻类研究所；原始编号：IBFC W0713；麻类脱胶、草类制浆、生物糖化；
　　分离地点：中南林业科技大学；培养基：0033；培养温度：35℃。

ACCC 03488←中国农业科学院麻类研究所；原始编号：IBFC W0777；麻类脱胶、草类制浆、生物糖化；

分离地点：中南林业科技大学；培养基：0002；培养温度：35℃。

ACCC 03489←中国农业科学院麻类研究所；原始编号：IBFC W0662；麻类脱胶、草类制浆、生物糖化；
　　分离地点：中南林业科技大学；培养基：0002；培养温度：35℃。

ACCC 03494←中国农业科学院麻类研究所；原始编号：IBFC W0773；麻类脱胶、草类制浆、生物糖化；
　　分离地点：中南林业科技大学；培养基：0002；培养温度：35℃。

ACCC 03496←中国农业科学院麻类研究所；原始编号：IBFC W0770；麻类脱胶、草类制浆、生物糖化；
　　分离地点：中南林业科技大学；培养基：0002；培养温度：35℃。

ACCC 03507←中国农业科学院麻类研究所；原始编号：IBFC W0769；麻类脱胶、草类制浆、生物糖化；
　　分离地点：中南林业科技大学；培养基：0002；培养温度：35℃。

ACCC 03511←中国农业科学院麻类研究所；原始编号：IBFC W0711；麻类脱胶、草类制浆、生物糖化；
　　分离地点：中南林业科技大学；培养基：0002；培养温度：35℃。

ACCC 03549←中国农业科学院麻类研究所；原始编号：IBFC W0844；苎麻脱胶、龙须草制浆，24h脱胶
　　程度为5；分离地点：湖南沅江；培养基：0002；培养温度：35℃。

ACCC 03550←中国农业科学院麻类研究所；原始编号：IBFC W0845；苎麻脱胶、龙须草制浆，24h脱胶
　　程度为4；分离地点：浙江杭州；培养基：0002；培养温度：35℃。

ACCC 03551←中国农业科学院麻类研究所；原始编号：IBFC W0846；苎麻脱胶、龙须草制浆，24h脱胶
　　程度为7；分离地点：湖南沅江；培养基：0002；培养温度：35℃。

ACCC 03555←中国农业科学院麻类研究所；原始编号：IBFC W0858；苎麻脱胶、龙须草制浆，24h脱胶
　　程度为6；分离地点：湖南沅江；培养基：0002；培养温度：35℃。

ACCC 03560←中国农业科学院麻类研究所；原始编号：IBFC W0863；苎麻脱胶、龙须草制浆，24h脱胶
　　程度为7；分离地点：湖南南县；培养基：0002；培养温度：35℃。

ACCC 03566 中国农业科学院麻类研究所；原始编号：IBFC W0870；苎麻脱胶、龙须草制浆，24h脱胶程
　　度为8；分离地点：湖南沅江；培养基：0002；培养温度：35℃。

ACCC 03569←中国农业科学院麻类研究所；原始编号：IBFC W0879；苎麻脱胶、龙须草制浆，24h脱胶
　　程度为3；分离地点：湖南沅江；培养基：0002；培养温度：35℃。

ACCC 03580←中国农业科学院麻类研究所；原始编号：IBFC W0895；苎麻脱胶、龙须草制浆，24h脱胶
　　程度为5；分离地点：湖南沅江；培养基：0002；培养温度：35℃。

ACCC 04254←广东省广州微生物研究所；原始编号：F1.19；产 α-淀粉酶；分离地点：广东广州；培养基：
　　0002；培养温度：30℃。

ACCC 04265←广东省广州微生物研究所；原始编号：F1.135；中性蛋白酶；分离地点：广东广州；培养
　　基：0002；培养温度：30～37℃。

ACCC 04269←广东省广州微生物研究所；原始编号：F1.286；产淀粉酶；分离地点：广东广州；培养基：
　　0002；培养温度：30～37℃。

ACCC 04295←广东省广州微生物研究所；原始编号：20-B-1；木质素和纤维素生产菌；分离地点：越南；
　　培养基：0002；培养温度：30～37℃。

ACCC 04303←广东省广州微生物研究所；原始编号：36-B-5；纤维素酶产生菌；分离地点：越南；培养
　　基：0002；培养温度：30～37℃。

ACCC 10114←中国科学院微生物研究所；＝AS 1.762；原始编号：1.4；腐蚀高分子材料；分离源：橡胶；
　　培养基：0002；培养温度：30℃。

ACCC 10115←中国科学院微生物研究所；＝AS 1.763；腐蚀高分子材料；分离源：橡胶；培养基：0002；
　　培养温度：30℃。

ACCC 10116←中国科学院微生物研究所←浙江医科大学；＝AS 1.884；原始编号：71-007；活菌口服剂，
　　治疗肠炎、慢性气管炎；培养基：0002；培养温度：30℃。

ACCC 10118←中国科学院微生物研究所←上海植物所；培养基：0002；培养温度：28℃。

ACCC 10124←上海水产大学←武汉大学菌种保藏管理中心←陕西微生物研究所；＝AS1.361＝AB 93151；

原始编号：A106；产蛋白酶、果胶酸；培养基：0002；培养温度：30℃。

ACCC 10125←上海水产大学←东海海研究所；培养基：0002；培养温度：30℃。

ACCC 10126←上海水产大学←东海海研究所；培养基：0002；培养温度：30℃。

ACCC 10127←上海水产大学←东海海研究所；培养基：0002；培养温度：30℃。

ACCC 10128←上海水产大学；培养基：0002；培养温度：30℃。

ACCC 10129←上海水产大学；培养基：0002；培养温度：30℃。

ACCC 10147←中国科学院微生物研究所；＝AS 1.769；产蛋白酶；培养基：0002；培养温度：30℃。

ACCC 10148←中国科学院微生物研究所；＝AS 1.354；产蛋白酶，丝绸脱胶；分离源：八哥粪；培养基：0002；培养温度：30℃。

ACCC 10149←中国科学院微生物研究所；＝AS 1.892；产中性蛋白酶；培养基：0002；培养温度：28℃。

ACCC 10157←中国农业科学院土壤肥料研究所；饲料添加剂；培养基：0002；培养温度：30℃。

ACCC 10167←中国农业科学院土壤肥料研究所；菌肥生产用菌；培养基：0002；培养温度：30℃。

ACCC 10242^T←DSMZ←L. K. Nakamura，NRRL；＝DSM 15029＝NRRL B-23049；培养基：0266；培养温度：30℃。

ACCC 10243^T←ACCC 10243←DSMZ←ATCC←H. J. Conn；＝ATCC 6051-U＝CCM 2216＝CCRC 10255＝CCUG 163B＝CFBP 4228＝CIP 52.65＝DSM 10＝IAM 12118＝IFO 12210＝IFO 13719＝IFO 16412＝IMET 10758＝JCM 1465＝LMG 7135＝NCAIM B. 01095＝NCCB 32009＝NCCB 53016＝NCCB 70064＝NCFB 1769＝NCIB 3610＝NCTC 3610＝NRRL B-4219＝NRS 1315＝NRS 744＝VKM B-501；培养基：0266；培养温度：30℃。

ACCC 10270←广东省广州微生物研究所←中国科学院微生物研究所←上海溶剂厂←北京纺织科学研究院；＝AS 1.210＝GIM 1.19；产 α-淀粉酶；培养基：0002；培养温度：30℃。

ACCC 10271←广东省广州微生物研究所←中国科学院微生物研究所；＝AS 1.286＝GIM 1.20；原始编号：B10；培养基：0002；培养温度：30℃。

ACCC 10388←首都师范大学←中科院微生物研究所；培养基：0067；培养温度：30℃。

ACCC 10475←IBFC；原始编号：H747；分离源：T61菌悬液沸水处理；分离地点：湖南沅江；培养基：0002；培养温度：35～37℃。

ACCC 10616←中国农业科学院土壤肥料研究所；原始编号：B1308；产蛋白酶；培养基：0141；培养温度：30～35℃。

ACCC 10617←中国农业科学院土壤肥料研究所；原始编号：B2353；产蛋白酶；分离源：河北鲫鱼消化道；分离地点：河北；培养基：0141；培养温度：30～35℃。

ACCC 10618←中国农业科学院土壤肥料研究所；原始编号：B3-383；产蛋白酶；分离源：鲢鱼消化道；分离地点：北京；培养基：0002；培养温度：30～35℃。

ACCC 10619←中国农业科学院土壤肥料研究所；原始编号：B3390；产蛋白酶，用于饲料用微生物活菌添加剂生产；分离源：鲢鱼消化道；分离地点：北京；培养基：0141；培养温度：30～35℃。

ACCC 10622←中国农业科学院土壤肥料研究所；原始编号：B6372；产蛋白酶；分离源：小麦根系；分离地点：北京；培养基：0141；培养温度：30～35℃。

ACCC 10623←中国农业科学院土壤肥料研究所；原始编号：B6373；产蛋白酶；分离源：小麦根系；分离地点：北京；培养基：0141；培养温度：30～35℃。

ACCC 10624←中国农业科学院土壤肥料研究所；原始编号：B6378；产蛋白酶；分离源：小麦根系；分离地点：北京；培养基：0141；培养温度：30～35℃。

ACCC 10625←中国农业科学院土壤肥料研究所；原始编号：B8395；产蛋白酶；分离源：小麦根系；培养基：0141；培养温度：30～35℃。

ACCC 10626←中国食品发酵工业科学研究所；＝IFFI 10210；产脂肪酶；培养基：0002；培养温度：30℃。

ACCC 10627←中国食品发酵工业科学研究所；＝IFFI 10028；淀粉液化力强；培养基：0002；培养温度：29～30℃。

ACCC 10628←中国食品发酵工业科学研究所；＝IFFI 10082；产肌苷；培养基：0097；培养温度：30℃。

ACCC 10629←中国食品发酵工业科学研究所；＝IFFI 10078；苴麻脱胶；培养基：0097；培养温度：28～32℃。

ACCC 10630←中国食品发酵工业科学研究所；＝IFFI 10036；液化力和蛋白分解力强；培养基：0002；培养温度：29～30℃。

ACCC 10632 中国科学院微生物研究所；AS 1.107；防治花生线虫病；培养基：0002；培养温度：30℃。

ACCC 10633←中国食品发酵工业科学研究所；＝IFFI 10074；产 α-淀粉酶；培养基：0002；培养温度：30℃。

ACCC 10634←中国农业科学院土壤肥料研究所；原始编号：枯 2；产淀粉酶、蛋白酶；微生物肥料和微生物饲料用菌；培养基：0002；培养温度：28～30℃。

ACCC 10635 中国农业科学院土肥所；原始编号：枯 1；产淀粉酶；微生物肥料和微生物饲料用菌；培养基：0002；培养温度：30℃。

ACCC 10655←南京农业大学农业环境微生物菌种保藏中心；原始编号：B122；广谱抑制真菌类病原菌的生长和繁殖；培养基：0002；培养温度：30℃。

ACCC 10692←中国农业科学院麻类研究所；原始编号：H731；分离源：T61 菌悬液沸水处理；分离地点：湖南沅江；培养基：0002；培养温度：35～37℃。

ACCC 10693←中国农业科学院麻类研究所；原始编号：H732；分离源：T61 菌悬液沸水处理；分离地点：湖南沅江；培养基：0002；培养温度：35～37℃。

ACCC 10696←中国农业科学院麻类研究所；原始编号：T28；分离源：塘泥；分离地点：湖南沅江；培养基：0002；培养温度：42～44℃。

ACCC 10701←中国农业科学院麻类研究所；原始编号：H738；分离源：T61 菌悬液沸水处理；分离地点：湖南沅江；培养基：0002；培养温度：35～37℃。

ACCC 10703←中国农业科学院麻类研究所；原始编号：H740 wa0054；蓖麻脱胶；培养基：0033；培养温度：28℃。

ACCC 10704←新疆微生物研究所；＝CGMCC 1.892；用于青贮饲料；培养基：0033；培养温度：28℃。

ACCC 10719←中国农业科学院植物保护研究所；原始编号：Sep-79；三七根腐病菌的拮抗菌；分离源：三七根际；分离地点：云南省文山县；培养基：0002；培养温度：28℃。

ACCC 10720←中国农业科学院植物保护研究所；原始编号：Apr-81；三七根腐病菌的拮抗菌；分离源：三七根际；分离地点：云南省马关县；培养基：0002；培养温度：28℃。

ACCC 10726←中国农业科学院麻类研究所；原始编号：H733；分离源：T61 菌悬液沸水处理；分离地点：湖南沅江；培养基：0002；培养温度：35～37℃。

ACCC 10727←中国农业科学院麻类研究所；原始编号：T1055；分离源：黄麻土壤；分离地点：湖南沅江；培养基：0002；培养温度：32℃。

ACCC 10735←中国农业科学院麻类研究所；原始编号：T1025；分离源：竹林土壤；分离地点：湖南沅江；培养基：0002；培养温度：32℃。

ACCC 10737←中国农业科学院麻类研究所；原始编号：T86；分离源：牛粪；分离地点：湖南沅江；培养基：0002；培养温度：42℃。

ACCC 10741←中国农业科学院麻类研究所；原始编号：H737；分离源：菌 61 菌悬液沸水处理；分离地点：湖南沅江；培养基：0002；培养温度：35～37℃。

ACCC 10744←中国农业科学院麻类研究所；原始编号：H743；分离源：T61 菌悬液沸水处理；分离地点：湖南沅江；培养基：0002；培养温度：35～37℃。

ACCC 10746←中国农业科学院麻类研究所；原始编号：H741；分离源：T61 菌悬液沸水处理；分离地点：湖南沅江；培养基：0002；培养温度：35～37℃。

ACCC 10747←中国农业科学院麻类研究所；原始编号：H739；分离源：T61 菌悬液沸水处理；分离地点：湖南沅江；培养基：0002；培养温度：35～37℃。

ACCC 10749←中国农业科学院麻类研究所；原始编号：H736；分离源：T61 菌悬液沸水处理；分离地点：湖南沅江；培养基：0002；培养温度：35～37℃。

ACCC 10752←中国农业科学院麻类研究所；原始编号：T470-2；分离源：牛粪；分离地点：湖南沅江；培养基：0002；培养温度：42℃。

ACCC 10754←中国农业科学院麻类研究所；原始编号：H746；分离源：T61 菌悬液沸水处理；分离地点：湖南沅江；培养基：0002；培养温度：35～37℃。

ACCC 10757←中国农业科学院麻类研究所＝CCGMC 1.943；原始编号：T66；分离源：T66 菌悬液；分离地点：湖南沅江；培养基：0002；培养温度：42～44℃。

ACCC 10758←中国农业科学院麻类研究所；原始编号：H750；分离源：T61 菌悬液沸水处理；分离地点：湖南沅江；培养基：0002；培养温度：35～37℃。

ACCC 10759←中国农业科学院麻类研究所；原始编号：T587-2；分离源：牛粪；分离地点：湖南沅江；培养基：0002；培养温度：32℃。

ACCC 10761←中国农业科学院麻类研究所；原始编号：T456；分离源：牛粪；分离地点：湖南沅江；培养基：0002；培养温度：32℃。

ACCC 10762←中国农业科学院麻类研究所；原始编号：H730；分离源：T28 菌悬液；分离地点：湖南沅江；培养基：0002；培养温度：35～37℃。

ACCC 11009←中国科学院微生物研究所←美国食品检定所；＝AS 1.88＝PCI 6633；抗生素检定菌；培养基：0002；培养温度：30℃。

ACCC 11010←中国农业科学院土肥所←中科院微生物研究所；＝AS1.308；卡那霉素测定菌；培养基：0002；培养温度：30℃。

ACCC 11011←中国农业科学院土肥所；原始编号：枯 1；培养基：0002；培养温度：30℃。

ACCC 11012←中国农业科学院土壤肥料研究所；原始编号：枯 2；培养基：0002；培养温度：30℃。

ACCC 11025←中国农业科学院土肥所←山东聊城；原始编号：BHL0201；专用于畜禽饲料添加剂；培养基：0002；培养温度：30℃。

ACCC 11060←中国科学院微生物研究所←上海溶剂厂←北京纺织科学研究所；＝AS 1.210；原始编号：京分 2-2；产 α-淀粉酶；培养基：0002；培养温度：30℃。

ACCC 11061←中国食品发酵工业科学研究所；＝IFFI 10080；产 α-淀粉酶；培养基：0002；培养温度：30℃。

ACCC 11062←中国食品发酵工业科学研究所；＝IFFI 10081；产中性蛋白酶；培养基：0002；培养温度：30℃。

ACCC 11070←中国农业科学院土肥所；原始编号：12910；产 α-淀粉酶，生产菌株；分离源：土壤；分离地点：窦店；培养基：0002；培养温度：30℃。

ACCC 11088←中国科学院微生物研究所；＝AS 1.0933；防治花生线虫病；培养基：0002；培养温度：32℃。

ACCC 11089←中国食品发酵工业科学研究所；＝IFFI 10088；用于分解半纤维素；培养基：0002；培养温度：28～30℃。

ACCC 11112←中国科学院微生物研究所；＝AS 1.140；春雷霉素测定菌；培养基：0002；培养温度：30℃。

ACCC 11113←中国科学院微生物研究所；＝AS 1.338；产蛋白酶，用于生丝脱胶；培养基：0002；培养温度：30℃。

ACCC 04177←广东省广州微生物研究所；原始编号：东莞 1-5B5；培养基：0002；培养温度：30℃。

ACCC 04178←广东省广州微生物研究所；原始编号：1m；培养基：0002；培养温度：30℃。

ACCC 04179←广东省广州微生物研究所；原始编号：Sp0728-HE；培养基：0002；培养温度：30℃。

ACCC 04181←广东省广州微生物研究所；原始编号：1s；培养基：0002；培养温度：30℃。

Bacillus subtilis subsp. *inaquosorum* Rooney et al. 2009 枯草芽胞杆菌沙漠亚种

ACCC 05609←中国农业科学院农业资源与农业区划研究所；分离源：水稻根内生；分离地点：湖南省祁阳

县官山坪；培养基：0441；培养温度：37℃。

Bacillus thermoaerophilus Meier-Stauffer et al. 1996 嗜热脂肪芽胞杆菌

ACCC 10269←广东省广州微生物研究所；＝GIM 1.114；用于灭菌效果的监测；培养基：0033；培养温度：55℃。

ACCC 11074←中国农业科学院土肥所←中科院微生物研究所←JCM；＝JCM 2501＝ATCC 12980＝AS 1.1923；培养基：0002；培养温度：30℃。

ACCC 11085←中国农业科学院土肥所←中科院微生物研究所←上海农业科学院畜牧所；原始编号：高温一号菌；培养基：0002；培养温度：55℃。

Bacillus thuringiensis Berliner 1915 苏云金芽胞杆菌

ACCC 01001←海南热作院；培养基：0002；培养温度：28℃。

ACCC 01002←海南热作院；培养基：0002；培养温度：28℃。

ACCC 01003←海南热作院；培养基：0002；培养温度：28℃。

ACCC 01004←海南热作院；培养基：0002；培养温度：28℃。

ACCC 01005←海南热作院；培养基：0002；培养温度：28℃。

ACCC 01006←海南热作院；培养基：0002；培养温度：28℃。

ACCC 01007←海南热作院；培养基：0002；培养温度：28℃。

ACCC 01008←海南热作院；培养基：0002；培养温度：28℃。

ACCC 01202←新疆农业科学院微生物研究所；原始编号：XJAA10388，LB3；培养基：0033；培养温度：20℃。

ACCC 01204←新疆农业科学院微生物研究所；原始编号：XJAA10389，LB6；培养基：0033；培养温度：20℃。

ACCC 01205←新疆农业科学院微生物研究所；原始编号：XJAA10308，LB7；培养基：0033；培养温度：20～25℃。

ACCC 01206←新疆农业科学院微生物研究所；原始编号：XJAA10309，LB8；培养基：0033；培养温度：20～25℃。

ACCC 01207←新疆农业科学院微生物研究所；原始编号：XJAA10390，LB12；培养基：0033；培养温度：20℃。

ACCC 01208←新疆农业科学院微生物研究所；原始编号：XJAA10392，LB14；培养基：0033；培养温度：20℃。

ACCC 01209←新疆农业科学院微生物研究所；原始编号：XJAA10393，LB15；培养基：0033；培养温度：20℃。

ACCC 01210←新疆农业科学院微生物研究所；原始编号：XJAA10394，LB16；培养基：0033；培养温度：20℃。

ACCC 01211←新疆农业科学院微生物研究所；原始编号：XJAA10395，LB18；培养基：0033；培养温度：20℃。

ACCC 01213←新疆农业科学院微生物研究所；原始编号：XJAA10397，LB22；培养基：0033；培养温度：20℃。

ACCC 01218←新疆农业科学院微生物研究所；原始编号：XJAA10401，LB28；培养基：0033；培养温度：20℃。

ACCC 01219←新疆农业科学院微生物研究所；原始编号：XJAA10403，LB38；培养基：0033；培养温度：20℃。

ACCC 01222←新疆农业科学院微生物研究所；原始编号：XJAA10407，LB55；培养基：0033；培养温度：20℃。

ACCC 01223←新疆农业科学院微生物研究所；原始编号：XJAA10408，LB57；培养基：0033；培养温度：20℃。

ACCC 01225←新疆农业科学院微生物研究所；原始编号：XJAA10410，LB61；培养基：0033；培养温度：20℃。

ACCC 01226←新疆农业科学院微生物研究所；原始编号：XJAA10320，LB63；培养基：0033；培养温度：20℃。

ACCC 01227←新疆农业科学院微生物研究所；原始编号：XJAA10411，LB64；培养基：0033；培养温度：20℃。

ACCC 01230←新疆农业科学院微生物研究所；原始编号：XJAA10359，LB69；培养基：0033；培养温度：20℃。

ACCC 01240←新疆农业科学院微生物研究所；原始编号：XJAA10415，LB92；培养基：0033；培养温度：20℃。

ACCC 01243←新疆农业科学院微生物研究所；原始编号：XJAA10416，LB96；培养基：0033；培养温度：20℃。

ACCC 01248←新疆农业科学院微生物研究所；原始编号：XJAA10340，LB103；培养基：0033；培养温度：20℃。

ACCC 01250←新疆农业科学院微生物研究所；原始编号：XJAA10417，LB110；培养基：0033；培养温度：20℃。

ACCC 01251←新疆农业科学院微生物研究所；原始编号：XJAA10418，LB113；培养基：0033；培养温度：20℃。

ACCC 01252←新疆农业科学院微生物研究所；原始编号：XJAA10419，LB114；培养基：0033；培养温度：20℃。

ACCC 01475←广东省广州微生物研究所；原始编号：GIM1.144 Pipelz；杀鳞翅目昆虫；培养基：0002；培养温度：30℃。

ACCC 01476←广东省广州微生物研究所；原始编号：GIM1.145，HD320；杀夜蛾科小菜蛾昆虫；培养基：0002；培养温度：30℃。

ACCC 01477←广东省广州微生物研究所；原始编号：GIM1.147，PG14；杀甜菜夜蛾小菜蛾昆虫；培养基：0002；培养温度：30℃。

ACCC 01478←广东省广州微生物研究所；原始编号：GIM1.148，SCg04-02；杀双翅目昆虫，但杀虫力较弱；培养基：0002；培养温度：30℃。

ACCC 01479←广东省广州微生物研究所；原始编号：GIM1.149，1897-10；杀双翅目昆虫，但杀虫力较弱；培养基：0002；培养温度：30℃。

ACCC 01480←广东省广州微生物研究所；原始编号：GIM1.150，GIB163-132；杀双翅目昆虫；培养基：0002；培养温度：30℃。

ACCC 01481←广东省广州微生物研究所；原始编号：GIM1.151，SOS001；培养基：0002；培养温度：30℃。

ACCC 01497←新疆农业科学院微生物研究所；原始编号：XAAS10179，1.179；分离地点：新疆布尔津县；培养基：0033；培养温度：20℃。

ACCC 01498←新疆农业科学院微生物研究所；原始编号：XAAS10198，1.198；分离地点：新疆布尔津县；培养基：0033；培养温度：20℃。

ACCC 01559←中国农业科学院植物保护研究所；原始编号：BRI00212，SC-4-E10；用于抗虫基因的分离和抗虫相关基础研究；分离地点：河北；培养基：0002；培养温度：30℃。

ACCC 01560←中国农业科学院植物保护研究所；原始编号：BRI00213，SC-4-E11；用于抗虫基因的分离和抗虫相关基础研究；分离地点：河北；培养基：0002；培养温度：30℃。

ACCC 01561←中国农业科学院植物保护研究所；原始编号：BRI00214，SC-2-E2；用于抗虫基因的分离和抗虫相关基础研究；分离地点：河北；培养基：0002；培养温度：30℃。

ACCC 01562←中国农业科学院植物保护研究所；原始编号：BRI00215，SC-2-E3；用于抗虫基因的分离和抗虫相关基础研究；分离地点：云南；培养基：0002；培养温度：30℃。

ACCC 01563←中国农业科学院植物保护研究所；原始编号：BRI00216，SC-2-E4；用于抗虫基因的分离和
抗虫相关基础研究；分离地点：云南；培养基：0002；培养温度：30℃。

ACCC 01564←中国农业科学院植物保护研究所；原始编号：BRI00217，SC-2-E5；用于抗虫基因的分离和
抗虫相关基础研究；分离地点：云南；培养基：0002；培养温度：30℃。

ACCC 01565←中国农业科学院植物保护研究所；原始编号：BRI00218，SC-2-E11；用于抗虫基因的分离和
抗虫相关基础研究；分离地点：云南；培养基：0002；培养温度：30℃。

ACCC 01566←中国农业科学院植物保护研究所；原始编号：BRI00219，SC-2-E12；用于抗虫基因的分离和
抗虫相关基础研究；分离地点：云南；培养基：0002；培养温度：30℃。

ACCC 01567←中国农业科学院植物保护研究所；原始编号：BRI00220，SC-2-F1；用于抗虫基因的分离和
抗虫相关基础研究；分离地点：云南；培养基：0002；培养温度：30℃。

ACCC 01568←中国农业科学院植物保护研究所；原始编号：BRI00221，SC-2-F2；用于抗虫基因的分离和
抗虫相关基础研究；分离地点：云南；培养基：0002；培养温度：30℃。

ACCC 01569←中国农业科学院植物保护研究所；原始编号：BRI00222，SC-2-F7；用于抗虫基因的分离和
抗虫相关基础研究；分离地点：海南；培养基：0002；培养温度：30℃。

ACCC 01570←中国农业科学院植物保护研究所；原始编号：BRI00223，SC-2-F8；用于抗虫基因的分离和
抗虫相关基础研究；分离地点：海南；培养基：0002；培养温度：30℃。

ACCC 01571←中国农业科学院植物保护研究所；原始编号：BRI00224，SC-2-F9；分离地点：海南；培养
基：0002；培养温度：30℃。

ACCC 01572←中国农业科学院植物保护研究所；原始编号：BRI00225，SC-2-F10；用于抗虫基因的分离和
抗虫相关基础研究；分离地点：海南；培养基：0002；培养温度：30℃。

ACCC 01573←中国农业科学院植物保护研究所；原始编号：BRI00226，SC-2-F11；用于抗虫基因的分离和
抗虫相关基础研究；分离地点：海南；培养基：0002；培养温度：30℃。

ACCC 01574←中国农业科学院植物保护研究所；原始编号：BRI00227，SC-2-G1；用于抗虫基因的分离和
抗虫相关基础研究；分离地点：海南；培养基：0002；培养温度：30℃。

ACCC 01575←中国农业科学院植物保护研究所；原始编号：BRI00228，SC-2-G2；用于抗虫基因的分离和
抗虫相关基础研究；分离地点：海南；培养基：0002；培养温度：30℃。

ACCC 01576←中国农业科学院植物保护研究所；原始编号：BRI00229，SC-2-G3；用于抗虫基因的分离和
抗虫相关基础研究；分离地点：海南；培养基：0002；培养温度：30℃。

ACCC 01577←中国农业科学院植物保护研究所；原始编号：BRI00230，SC-2-G4；用于抗虫基因的分离和
抗虫相关基础研究；分离地点：河北；培养基：0002；培养温度：30℃。

ACCC 01578←中国农业科学院植物保护研究所；原始编号：BRI00231，SC-2-G5；用于抗虫基因的分离和
抗虫相关基础研究；分离地点：河北；培养基：0002；培养温度：30℃。

ACCC 01579←中国农业科学院植物保护研究所；原始编号：BRI00232，SC-2-G6；用于抗虫基因的分离和
抗虫相关基础研究；分离地点：河北；培养基：0002；培养温度：30℃。

ACCC 01580←中国农业科学院植物保护研究所；原始编号：BRI00233，SC-2-G7；用于抗虫基因的分离和
抗虫相关基础研究；分离地点：河北；培养基：0002；培养温度：30℃。

ACCC 01581←中国农业科学院植物保护研究所；原始编号：BRI00234，SC-2-G8；用于抗虫基因的分离和
抗虫相关基础研究；分离地点：河北；培养基：0002；培养温度：30℃。

ACCC 01582←中国农业科学院植物保护研究所；原始编号：BRI00235，SC-2-G9；用于抗虫基因的分离和
抗虫相关基础研究；分离地点：河北；培养基：0002；培养温度：30℃。

ACCC 01583←中国农业科学院植物保护研究所；原始编号：BRI00236，SC-2-G10；用于抗虫基因的分离
和抗虫相关基础研究；分离地点：河北；培养基：0002；培养温度：30℃。

ACCC 01584←中国农业科学院植物保护研究所；原始编号：BRI00237，SC-2-G11；用于抗虫基因的分离
和抗虫相关基础研究；分离地点：河北；培养基：0002；培养温度：30℃。

ACCC 01585←中国农业科学院植物保护研究所；原始编号：BRI00238，SC-4-A10；用于抗虫基因的分离和抗虫相关基础研究；分离地点：河北；培养基：0002；培养温度：30℃。

ACCC 01586←中国农业科学院植物保护研究所；原始编号：BRI00239，SC-4-A11；用于抗虫基因的分离和抗虫相关基础研究；分离地点：河北；培养基：0002；培养温度：30℃。

ACCC 01587←中国农业科学院植物保护研究所；原始编号：BRI00240，SC-4-A12；用于抗虫基因的分离和抗虫相关基础研究；分离地点：河北；培养基：0002；培养温度：30℃。

ACCC 01588←中国农业科学院植物保护研究所；原始编号：BRI00241，SC-4-B1；用于抗虫基因的分离和抗虫相关基础研究；分离地点：河北；培养基：0002；培养温度：30℃。

ACCC 01589←中国农业科学院植物保护研究所；原始编号：BRI00242，SC-4-B2；用于抗虫基因的分离和抗虫相关基础研究；分离地点：海南；培养基：0002；培养温度：30℃。

ACCC 01590←中国农业科学院植物保护研究所；原始编号：BRI00243，SC-4-B3；用于抗虫基因的分离和抗虫相关基础研究；分离地点：海南；培养基：0002；培养温度：30℃。

ACCC 01591←中国农业科学院植物保护研究所；原始编号：BRI00244，SC-4-B4；用于抗虫基因的分离和抗虫相关基础研究；分离地点：海南；培养基：0002；培养温度：30℃。

ACCC 01592←中国农业科学院植物保护研究所；原始编号：BRI00245，SC-4-B5；用于抗虫基因的分离和抗虫相关基础研究；分离地点：海南；培养基：0002；培养温度：30℃。

ACCC 01593←中国农业科学院植物保护研究所；原始编号：BRI00246，SC-4-B6；用于抗虫基因的分离和抗虫相关基础研究；分离地点：海南；培养基：0002；培养温度：30℃。

ACCC 01594←中国农业科学院植物保护研究所；原始编号：BRI00247，SC-4-B7；用于抗虫基因的分离和抗虫相关基础研究；分离地点：海南；培养基：0002；培养温度：30℃。

ACCC 01595←中国农业科学院植物保护研究所；原始编号：BRI00248，SC-4-B8；用于抗虫基因的分离和抗虫相关基础研究；分离地点：海南；培养基：0002；培养温度：30℃。

ACCC 01596←中国农业科学院植物保护研究所；原始编号：BRI00249，SC-4-B9；用于抗虫基因的分离和抗虫相关基础研究；分离地点：云南；培养基：0002；培养温度：30℃。

ACCC 01597←中国农业科学院植物保护研究所；原始编号：BRI00250，SC-4-B10；用于抗虫基因的分离和抗虫相关基础研究；分离地点：云南；培养基：0002；培养温度：30℃。

ACCC 01598←中国农业科学院植物保护研究所；原始编号：BRI00251，SC-4-B11；用于抗虫基因的分离和抗虫相关基础研究；分离地点：云南；培养基：0002；培养温度：30℃。

ACCC 01599←中国农业科学院植物保护研究所；原始编号：BRI00252，SC-4-B12；用于抗虫基因的分离和抗虫相关基础研究；分离地点：云南；培养基：0002；培养温度：30℃。

ACCC 01600←中国农业科学院植物保护研究所；原始编号：BRI00253，SC-4-C1；用于抗虫基因的分离和抗虫相关基础研究；分离地点：云南；培养基：0002；培养温度：30℃。

ACCC 01601←中国农业科学院植物保护研究所；原始编号：BRI00254，SC-4-C2；用于抗虫基因的分离和抗虫相关基础研究；分离地点：云南；培养基：0002；培养温度：30℃。

ACCC 01602←中国农业科学院植物保护研究所；原始编号：BRI00255，SC-4-C3；用于抗虫基因的分离和抗虫相关基础研究；分离地点：云南；培养基：0002；培养温度：30℃。

ACCC 01603←中国农业科学院植物保护研究所；原始编号：BRI00256，SC-4-C4；用于抗虫基因的分离和抗虫相关基础研究；分离地点：云南；培养基：0002；培养温度：30℃。

ACCC 01604←中国农业科学院植物保护研究所；原始编号：BRI00257，SC-4-C5；用于抗虫基因的分离和抗虫相关基础研究；分离地点：云南；培养基：0002；培养温度：30℃。

ACCC 01605←中国农业科学院植物保护研究所；原始编号：BRI00258，SC-4-E7；用于抗虫基因的分离和抗虫相关基础研究；分离地点：云南；培养基：0002；培养温度：30℃。

ACCC 01606←中国农业科学院植物保护研究所；原始编号：BRI00259，SC-4-E8；用于抗虫基因的分离和抗虫相关基础研究；分离地点：云南；培养基：0002；培养温度：30℃。

ACCC 01607←中国农业科学院植物保护研究所；原始编号：BRI00260，SC-4-E9；用于抗虫基因的分离和抗虫相关基础研究；分离地点：云南；培养基：0002；培养温度：30℃。

ACCC 01739←中国农业科学院饲料研究所；原始编号：FRI20070678，B289；饲料用植酸酶等的筛选；分离地点：浙江省；培养基：0002；培养温度：37℃。

ACCC 01807←福建农林大学生物农药与化学生物学教育部重点实验室；原始编号：BCBKL 0001，8010；作为生物农药使用；分离地点：福建沙县；培养基：0002；培养温度：30℃。

ACCC 01808←福建农林大学生物农药与化学生物学教育部重点实验室；原始编号：BCBKL 0002，WB1；分离地点：福建武夷山；培养基：0002；培养温度：30℃。

ACCC 01809←福建农林大学生物农药与化学生物学教育部重点实验室；原始编号：BCBKL 0003，WB2；分离地点：福建武夷山；培养基：0002；培养温度：30℃。

ACCC 01810←福建农林大学生物农药与化学生物学教育部重点实验室；原始编号：BCBKL 0004，WB3；分离地点：福建武夷山；培养基：0002；培养温度：30℃。

ACCC 01811←福建农林大学生物农药与化学生物学教育部重点实验室；原始编号：BCBKL 0005，WB4；分离地点：福建武夷山；培养基：0002；培养温度：30℃。

ACCC 01812←福建农林大学生物农药与化学生物学教育部重点实验室；原始编号：BCBKL 0006，WB5；分离地点：福建武夷山；培养基：0002；培养温度：30℃。

ACCC 01813←福建农林大学生物农药与化学生物学教育部重点实验室；原始编号：BCBKL 0007，WB6；分离地点：福建武夷山；培养基：0002；培养温度：30℃。

ACCC 01814←福建农林大学生物农药与化学生物学教育部重点实验室；原始编号：BCBKL 0008，WB7；分离地点：福建武夷山；培养基：0002；培养温度：30℃。

ACCC 01815←福建农林大学生物农药与化学生物学教育部重点实验室；原始编号：BCBKL 0009，WB9；分离地点：福建武夷山；培养基：0002；培养温度：30℃。

ACCC 01816←福建农林大学生物农药与化学生物学教育部重点实验室；原始编号：BCBKL 0010，WB10；分离地点：福建武夷山；培养基：0002；培养温度：30℃。

ACCC 01817←福建农林大学生物农药与化学生物学教育部重点实验室；原始编号：BCBKL 0011，WB12；分离地点：福建武夷山；培养基：0002；培养温度：30℃。

ACCC 01818←福建农林大学生物农药与化学生物学教育部重点实验室；原始编号：BCBKL 0012，LLP4；分离地点：福建福州；培养基：0002；培养温度：30℃。

ACCC 01819←福建农林大学生物农药与化学生物学教育部重点实验室；原始编号：BCBKL 0013，LLP5；分离地点：福建福州；培养基：0002；培养温度：30℃。

ACCC 01820←福建农林大学生物农药与化学生物学教育部重点实验室；原始编号：BCBKL 0014，LLP28；分离地点：福建福州；培养基：0002；培养温度：30℃。

ACCC 01821←福建农林大学生物农药与化学生物学教育部重点实验室；原始编号：BCBKL 0015，LLP61；分离地点：福建福州；培养基：0002；培养温度：30℃。

ACCC 01822←福建农林大学生物农药与化学生物学教育部重点实验室；原始编号：BCBKL 0016，LLP62；分离地点：福建福州；培养基：0002；培养温度：30℃。

ACCC 01823←福建农林大学生物农药与化学生物学教育部重点实验室；原始编号：BCBKL 0017，LLP63；分离地点：福建福州；培养基：0002；培养温度：30℃。

ACCC 01824←福建农林大学生物农药与化学生物学教育部重点实验室；原始编号：BCBKL 0018，LLP91；分离地点：福建武夷山；培养基：0002；培养温度：30℃。

ACCC 01825←福建农林大学生物农药与化学生物学教育部重点实验室；原始编号：BCBKL 0019，LLB15；分离地点：福建武夷山；培养基：0002；培养温度：30℃。

ACCC 01826←福建农林大学生物农药与化学生物学教育部重点实验室；原始编号：BCBKL 0020，LLB19；分离地点：福建武夷山；培养基：0002；培养温度：30℃。

ACCC 01827←福建农林大学生物农药与化学生物学教育部重点实验室；原始编号：BCBKL 0021，LLB31；分离地点：福建武夷山；培养基：0002；培养温度：30℃。

ACCC 01828←福建农林大学生物农药与化学生物学教育部重点实验室；原始编号：BCBKL 0022，LLS2；
　　分离地点：福建永泰；培养基：0002；培养温度：30℃。
ACCC 01829←福建农林大学生物农药与化学生物学教育部重点实验室；原始编号：BCBKL 0023，LLS9；
　　分离地点：福建永泰；培养基：0002；培养温度：30℃。
ACCC 01830←福建农林大学生物农药与化学生物学教育部重点实验室；原始编号：BCBKL 0024，HZM1；
　　分离地点：福建三明；培养基：0002；培养温度：30℃。
ACCC 01831←福建农林大学生物农药与化学生物学教育部重点实验室；原始编号：BCBKL 0025，HZM2；
　　分离地点：福建三明；培养基：0002；培养温度：30℃。
ACCC 01832←福建农林大学生物农药与化学生物学教育部重点实验室；原始编号：BCBKL 0026，HZM3；
　　分离地点：福建三明；培养基：0002；培养温度：30℃。
ACCC 01833←福建农林大学生物农药与化学生物学教育部重点实验室；原始编号：BCBKL 0027，HZM4；
　　分离地点：福建三明；培养基：0002；培养温度：30℃。
ACCC 01834←福建农林大学生物农药与化学生物学教育部重点实验室；原始编号：BCBKL 0028，HZM5；
　　分离地点：福建三明；培养基：0002；培养温度：30℃。
ACCC 01835←福建农林大学生物农药与化学生物学教育部重点实验室；原始编号：BCBKL 0029，HZM6；
　　分离地点：福建三明；培养基：0002；培养温度：30℃。
ACCC 01836←福建农林大学生物农药与化学生物学教育部重点实验室；原始编号：BCBKL 0030，HZM7；
　　分离地点：福建三明；培养基：0002；培养温度：30℃。
ACCC 01837←福建农林大学生物农药与化学生物学教育部重点实验室；原始编号：BCBKL 0031，TS16；
　　培养基：0002；培养温度：30℃。
ACCC 01838←福建农林大学生物农药与化学生物学教育部重点实验室；原始编号：BCBKL 0032，003；培
　　养基：0002；培养温度：30℃。
ACCC 01839←福建农林大学生物农药与化学生物学教育部重点实验室；原始编号：BCBKL 0033，005；培
　　养基：0002；培养温度：30℃。
ACCC 01840←福建农林大学生物农药与化学生物学教育部重点实验室；原始编号：BCBKL 0034，009；培
　　养基：0002；培养温度：30℃。
ACCC 01841←福建农林大学生物农药与化学生物学教育部重点实验室；原始编号：BCBKL 0035，010；培
　　养基：0002；培养温度：30℃。
ACCC 01842←福建农林大学生物农药与化学生物学教育部重点实验室；原始编号：BCBKL 0036，012；培
　　养基：0002；培养温度：30℃。
ACCC 01843←福建农林大学生物农药与化学生物学教育部重点实验室；原始编号：BCBKL 0037，013；培
　　养基：0002；培养温度：30℃。
ACCC 01844←福建农林大学生物农药与化学生物学教育部重点实验室；原始编号：BCBKL 0038，016；培
　　养基：0002；培养温度：30℃。
ACCC 01845←福建农林大学生物农药与化学生物学教育部重点实验室；原始编号：BCBKL 0039，021；培
　　养基：0002；培养温度：30℃。
ACCC 01846←福建农林大学生物农药与化学生物学教育部重点实验室；原始编号：BCBKL 0040，023；培
　　养基：0002；培养温度：30℃。
ACCC 01847←福建农林大学生物农药与化学生物学教育部重点实验室；原始编号：BCBKL 0041，072；培
　　养基：0002；培养温度：30℃。
ACCC 01848←福建农林大学生物农药与化学生物学教育部重点实验室；原始编号：BCBKL 0042，087；培
　　养基：0002；培养温度：30℃。
ACCC 01849←福建农林大学生物农药与化学生物学教育部重点实验室；原始编号：BCBKL 0043，096；培
　　养基：0002；培养温度：30℃。
ACCC 01850←福建农林大学生物农药与化学生物学教育部重点实验室；原始编号：BCBKL 0044，140；培

养基：0002；培养温度：30℃。

ACCC 01954←中国农业科学院农业资源与农业区划研究所；原始编号：18，50－7；纤维素降解菌；分离
地点：浙江富阳市；培养基：0002；培养温度：30℃。

ACCC 02000←新疆农业科学院微生物研究所；原始编号：1.189，XAAS10189；分离地点：新疆布尔津
县；培养基：0033；培养温度：20℃。

ACCC 02003←新疆农业科学院微生物研究所；原始编号：1.174，XAAS10174；分离地点：新疆布尔津
县；培养基：0033；培养温度：20～30℃。

ACCC 02004←新疆农业科学院微生物研究所；原始编号：1.168，XAAS10168；分离地点：新疆布尔津
县；培养基：0033；培养温度：20～30℃。

ACCC 02009←新疆农业科学院微生物研究所；原始编号：1.191，XAAS10191；分离地点：新疆布尔津
县；培养基：0033；培养温度：20℃。

ACCC 02010←新疆农业科学院微生物研究所；原始编号：1.195，XAAS10195；分离地点：新疆布尔津
县；培养基：0033；培养温度：20℃。

ACCC 02015←新疆农业科学院微生物研究所；原始编号：LB59B，XAAS10435；分离地点：新疆布尔津
县；培养基：0033；培养温度：20℃。

ACCC 02016←新疆农业科学院微生物研究所；原始编号：LB71B，XAAS10439；分离地点：新疆布尔津
县；培养基：0033；培养温度：20℃。

ACCC 02017←新疆农业科学院微生物研究所；原始编号：1.188，XAAS10188；分离地点：新疆布尔津
县；培养基：0033；培养温度：20℃。

ACCC 02018←新疆农业科学院微生物研究所；原始编号：1.193，XAAS10193；分离地点：新疆布尔津
县；培养基：0033；培养温度：20℃。

ACCC 02019←新疆农业科学院微生物研究所；原始编号：1.169，XAAS10169；分离地点：新疆布尔津
县；培养基：0033；培养温度：20℃。

ACCC 02020←新疆农业科学院微生物研究所；原始编号：1.170，XAAS10170；分离地点：新疆布尔津
县；培养基：0033；培养温度：20℃。

ACCC 02021←新疆农业科学院微生物研究所；原始编号：1.171，XAAS10171；分离地点：新疆布尔津
县；培养基：0033；培养温度：20℃。

ACCC 02022←新疆农业科学院微生物研究所；原始编号：1.172，XAAS10172；分离地点：新疆布尔津
县；培养基：0033；培养温度：20℃。

ACCC 02023←新疆农业科学院微生物研究所；原始编号：1.176，XAAS10176；分离地点：新疆布尔津
县；培养基：0033；培养温度：20℃。

ACCC 02024←新疆农业科学院微生物研究所；原始编号：1.177，XAAS10177；分离地点：新疆布尔津
县；培养基：0033；培养温度：20℃。

ACCC 02025←新疆农业科学院微生物研究所；原始编号：1.178，XAAS10178；分离地点：新疆布尔津
县；培养基：0033；培养温度：20℃。

ACCC 02026←新疆农业科学院微生物研究所；原始编号：1.180，XAAS10180；分离地点：新疆布尔津
县；培养基：0033；培养温度：20℃。

ACCC 02027←新疆农业科学院微生物研究所；原始编号：1.181，XAAS10181；分离地点：新疆布尔津
县；培养基：0033；培养温度：20℃。

ACCC 02028←新疆农业科学院微生物研究所；原始编号：1.182，XAAS10182；分离地点：新疆布尔津
县；培养基：0033；培养温度：20℃。

ACCC 02029←新疆农业科学院微生物研究所；原始编号：1.183，XAAS10183；分离地点：新疆布尔津
县；培养基：0033；培养温度：20℃。

ACCC 02030←新疆农业科学院微生物研究所；原始编号：1.185，XAAS10185；分离地点：新疆布尔津
县；培养基：0033；培养温度：20℃。

ACCC 02031←新疆农业科学院微生物研究所；原始编号：1.186，XAAS10186；分离地点：新疆布尔津县；培养基：0033；培养温度：20℃。

ACCC 02032←新疆农业科学院微生物研究所；原始编号：1.187，XAAS10187；分离地点：新疆布尔津县；培养基：0033；培养温度：20℃。

ACCC 02033←新疆农业科学院微生物研究所；原始编号：1.190，XAAS10190；分离地点：新疆布尔津县；培养基：0033；培养温度：20℃。

ACCC 02034←新疆农业科学院微生物研究所；原始编号：1.192，XAAS10192；分离地点：新疆布尔津县；培养基：0033；培养温度：20℃。

ACCC 02035←新疆农业科学院微生物研究所；原始编号：1.194，XAAS10194；分离地点：新疆布尔津县；培养基：0033；培养温度：20℃。

ACCC 02036←新疆农业科学院微生物研究所；原始编号：1.196，XAAS10196；分离地点：新疆布尔津县；培养基：0033；培养温度：20℃。

ACCC 02037←新疆农业科学院微生物研究所；原始编号：1.197，XAAS10197；分离地点：新疆布尔津县；培养基：0033；培养温度：20℃。

ACCC 02038←新疆农业科学院微生物研究所；原始编号：1.199，XAAS10199；分离地点：新疆布尔津县；培养基：0033；培养温度：20℃。

ACCC 02039←新疆农业科学院微生物研究所；原始编号：1.200，XAAS10200；分离地点：新疆布尔津县；培养基：0033；培养温度：20℃。

ACCC 02040←新疆农业科学院微生物研究所；原始编号：1.201，XAAS10201；分离地点：新疆布尔津县；培养基：0033；培养温度：20℃。

ACCC 02304←中国农业科学院生物技术研究所；原始编号：BBRI00363；用于抗虫基因的分离和抗虫相关基础研究；培养基：0002；培养温度：30℃。

ACCC 02305←中国农业科学院生物技术研究所；原始编号：BBRI00364；用于抗虫基因的分离和抗虫相关基础研究；培养基：0033；培养温度：30℃。

ACCC 02306←中国农业科学院生物技术研究所；原始编号：BBRI00365；用于抗虫基因的分离和抗虫相关基础研究；培养基：0002；培养温度：30℃。

ACCC 02307←中国农业科学院生物技术研究所；原始编号：BBRI00366；用于抗虫基因的分离和抗虫相关基础研究；培养基：0002；培养温度：30℃。

ACCC 02308←中国农业科学院生物技术研究所；原始编号：BBRI00367；用于抗虫基因的分离和抗虫相关基础研究；培养基：0002；培养温度：30℃。

ACCC 02309←中国农业科学院生物技术研究所；原始编号：BBRI00368；用于抗虫基因的分离和抗虫相关基础研究；培养基：0002；培养温度：30℃。

ACCC 02310←中国农业科学院生物技术研究所；原始编号：BBRI00369；用于抗虫基因的分离和抗虫相关基础研究；培养基：0002；培养温度：30℃。

ACCC 02311←中国农业科学院生物技术研究所；原始编号：BBRI00370；用于抗虫基因的分离和抗虫相关基础研究；培养基：0002；培养温度：30℃。

ACCC 02312←中国农业科学院生物技术研究所；原始编号：BBRI00371；用于抗虫基因的分离和抗虫相关基础研究；培养基：0002；培养温度：30℃。

ACCC 02313←中国农业科学院生物技术研究所；原始编号：BBRI00372；用于抗虫基因的分离和抗虫相关基础研究；培养基：0002；培养温度：30℃。

ACCC 02314←中国农业科学院生物技术研究所；原始编号：BBRI00373；用于抗虫基因的分离和抗虫相关基础研究；培养基：0002；培养温度：30℃。

ACCC 02315←中国农业科学院生物技术研究所；原始编号：BBRI00374；用于抗虫基因的分离和抗虫相关基础研究；培养基：0002；培养温度：30℃。

ACCC 02316←中国农业科学院生物技术研究所；原始编号：BBRI00375；用于抗虫基因的分离和抗虫相关

　　基础研究；培养基：0002；培养温度：30℃。

ACCC 02317←中国农业科学院生物技术研究所；原始编号：BBRI00376；用于抗虫基因的分离和抗虫相关
　　基础研究；培养基：0002；培养温度：30℃。

ACCC 02318←中国农业科学院生物技术研究所；原始编号：BBRI00377；用于抗虫基因的分离和抗虫相关
　　基础研究；培养基：0002；培养温度：30℃。

ACCC 02319←中国农业科学院生物技术研究所；原始编号：BBRI00378；用于抗虫基因的分离和抗虫相关
　　基础研究；培养基：0002；培养温度：30℃。

ACCC 02320←中国农业科学院生物技术研究所；原始编号：BBRI00379；用于抗虫基因的分离和抗虫相关
　　基础研究；培养基：0002；培养温度：30℃。

ACCC 02321←中国农业科学院生物技术研究所；原始编号：BBRI00380；用于抗虫基因的分离和抗虫相关
　　基础研究；培养基：0002；培养温度：30℃。

ACCC 02322←中国农业科学院生物技术研究所；原始编号：BBRI00381；用于抗虫基因的分离和抗虫相关
　　基础研究；培养基：0002；培养温度：30℃。

ACCC 02323←中国农业科学院生物技术研究所；原始编号：BBRI00382；用于抗虫基因的分离和抗虫相关
　　基础研究；培养基：0002；培养温度：30℃。

ACCC 02324←中国农业科学院生物技术研究所；原始编号：BBRI00383；用于抗虫基因的分离和抗虫相关
　　基础研究；培养基：0002；培养温度：30℃。

ACCC 02325←中国农业科学院生物技术研究所；原始编号：BBRI00384；用于抗虫基因的分离和抗虫相关
　　基础研究；培养基：0002；培养温度：30℃。

ACCC 02326←中国农业科学院生物技术研究所；原始编号：BBRI00385；用于抗虫基因的分离和抗虫相关
　　基础研究；培养基：0002；培养温度：30℃。

ACCC 02328←中国农业科学院生物技术研究所；原始编号：BBRI00387；用于抗虫基因的分离和抗虫相关
　　基础研究；培养基：0002；培养温度：30℃。

ACCC 02329←中国农业科学院生物技术研究所；原始编号：BBRI00388；用于抗虫基因的分离和抗虫相关
　　基础研究；培养基：0002；培养温度：30℃。

ACCC 02330←中国农业科学院生物技术研究所；原始编号：BBRI00389；用于抗虫基因的分离和抗虫相关
　　基础研究；培养基：0002；培养温度：30℃。

ACCC 02331←中国农业科学院生物技术研究所；原始编号：BBRI00390；用于抗虫基因的分离和抗虫相关
　　基础研究；培养基：0002；培养温度：30℃。

ACCC 02332←中国农业科学院生物技术研究所；原始编号：BBRI00391；用于抗虫基因的分离和抗虫相关
　　基础研究；培养基：0002；培养温度：30℃。

ACCC 02333←中国农业科学院生物技术研究所；原始编号：BBRI00392；用于抗虫基因的分离和抗虫相关
　　基础研究；培养基：0002；培养温度：30℃。

ACCC 02334←中国农业科学院生物技术研究所；原始编号：BBRI00393；用于抗虫基因的分离和抗虫相关
　　基础研究；培养基：0002；培养温度：30℃。

ACCC 02335←中国农业科学院生物技术研究所；原始编号：BBRI00394；用于抗虫基因的分离和抗虫相关
　　基础研究；培养基：0002；培养温度：30℃。

ACCC 02336←中国农业科学院生物技术研究所；原始编号：BBRI00395；用于抗虫基因的分离和抗虫相关
　　基础研究；培养基：0002；培养温度：30℃。

ACCC 02337←中国农业科学院生物技术研究所；原始编号：BBRI00396；用于抗虫基因的分离和抗虫相关
　　基础研究；培养基：0002；培养温度：30℃。

ACCC 02338←中国农业科学院生物技术研究所；原始编号：BBRI00397；用于抗虫基因的分离和抗虫相关
　　基础研究；培养基：0002；培养温度：30℃。

ACCC 02339←中国农业科学院生物技术研究所；原始编号：BBRI00398；用于抗虫基因的分离和抗虫相关
　　基础研究；培养基：0002；培养温度：30℃。

ACCC 02340←中国农业科学院生物技术研究所；原始编号：BBRI00399；用于抗虫基因的分离和抗虫相关
　　基础研究；培养基：0002；培养温度：30℃。

ACCC 02341←中国农业科学院生物技术研究所；原始编号：BBRI00400；用于抗虫基因的分离和抗虫相关
　　基础研究；培养基：0002；培养温度：30℃。

ACCC 02388←中国农业科学院植物保护研究所；原始编号：Bt00058，sc-4d9；培养基：0002；培养温
　　度：30℃。

ACCC 02389←中国农业科学院植物保护研究所；原始编号：Bt00090，sc-2a3；培养基：0002；培养温
　　度：30℃。

ACCC 02390←中国农业科学院植物保护研究所；原始编号：Bt00097，sc-2d12；培养基：0002；培养温
　　度：30℃。

ACCC 02391←中国农业科学院植物保护研究所；原始编号：Bt00081，sc-2c8；培养基：0002；培养温
　　度：30℃。

ACCC 02392←中国农业科学院植物保护研究所；原始编号：Bt00090，sc-2a4；培养基：0002；培养温
　　度：30℃。

ACCC 02393←中国农业科学院植物保护研究所；原始编号：Bt00098，sc-2c7；培养基：0002；培养温
　　度：30℃。

ACCC 02394←中国农业科学院植物保护研究所；原始编号：Bt00093，sc-2a8；培养基：0002；培养温
　　度：30℃。

ACCC 02395←中国农业科学院植物保护研究所；原始编号：Bt00074，sc-4d10；培养基：0002；培养温
　　度：30℃。

ACCC 02396←中国农业科学院植物保护研究所；原始编号：Bt00065，sc-2f5；培养基：0002；培养温
　　度：30℃。

ACCC 02397←中国农业科学院植物保护研究所；原始编号：Bt00066，sc-2c4；培养基：0002；培养温
　　度：30℃。

ACCC 02398←中国农业科学院植物保护研究所；原始编号：Bt00094，sc-2a5；培养基：0002；培养温
　　度：30℃。

ACCC 02399←中国农业科学院植物保护研究所；原始编号：Bt00063，sc-2c5；培养基：0002；培养温
　　度：30℃。

ACCC 02400←中国农业科学院植物保护研究所；原始编号：Bt00096，sc-2h12；培养基：0002；培养温
　　度：30℃。

ACCC 02402←中国农业科学院植物保护研究所；原始编号：Bt00060，sc-2f6；培养基：0002；培养温
　　度：30℃。

ACCC 02403←中国农业科学院植物保护研究所；原始编号：Bt00046，sc-2c2；培养基：0002；培养温
　　度：30℃。

ACCC 02404←中国农业科学院植物保护研究所；原始编号：Bt00015，sc-2a11；培养基：0002；培养温
　　度：30℃。

ACCC 02406←中国农业科学院植物保护研究所；原始编号：Bt00054，sc-7d1；培养基：0002；培养温
　　度：30℃。

ACCC 02407←中国农业科学院植物保护研究所；原始编号：Bt00039，sc-2h2；培养基：0002；培养温
　　度：30℃。

ACCC 02408←中国农业科学院植物保护研究所；原始编号：Bt00022，sc-4a9；培养基：0002；培养温
　　度：30℃。

ACCC 02409←中国农业科学院植物保护研究所；原始编号：Bt00010，sc-4d11；培养基：0002；培养温
　　度：30℃。

ACCC 02410←中国农业科学院植物保护研究所；原始编号：Bt00018，sc-2a12；培养基：0002；培养温

度：30℃。

ACCC 02411←中国农业科学院植物保护研究所；原始编号：Bt00021，sc-4d1；培养基：0002；培养温度：30℃。

ACCC 02412←中国农业科学院植物保护研究所；原始编号：Bt00047，sc-4d7；培养基：0002；培养温度：30℃。

ACCC 02413←中国农业科学院植物保护研究所；原始编号：Bt00034，sc-2c1；培养基：0002；培养温度：30℃。

ACCC 02414←中国农业科学院植物保护研究所；原始编号：Bt00089，sc-2d2；培养基：0002；培养温度：30℃。

ACCC 02415←中国农业科学院植物保护研究所；原始编号：Bt00024，sc-4e1；培养基：0002；培养温度：30℃。

ACCC 02416←中国农业科学院植物保护研究所；原始编号：Bt00031，sc-2f4；培养基：0002；培养温度：30℃。

ACCC 02417←中国农业科学院植物保护研究所；原始编号：Bt00048，sc-4a6；培养基：0002；培养温度：30℃。

ACCC 02418←中国农业科学院植物保护研究所；原始编号：Bt00027，sc-2h4；培养基：0002；培养温度：30℃。

ACCC 02419←中国农业科学院植物保护研究所；原始编号：Bt00036，sc-4c11；培养基：0002；培养温度：30℃。

ACCC 02420←中国农业科学院植物保护研究所；原始编号：Bt00042，sc-4d12；培养基：0002；培养温度：30℃。

ACCC 02421←中国农业科学院植物保护研究所；原始编号：Bt00029，sc-2h5；培养基：0002；培养温度：30℃。

ACCC 02422←中国农业科学院植物保护研究所；原始编号：Bt00002，sc-4a9；培养基：0002；培养温度：30℃。

ACCC 02423←中国农业科学院植物保护研究所；原始编号：Bt00045，sc-2f3；培养基：0002；培养温度：30℃。

ACCC 02424←中国农业科学院植物保护研究所；原始编号：Bt00033，sc-4a8；培养基：0002；培养温度：30℃。

ACCC 02426←中国农业科学院植物保护研究所；原始编号：Bt00043，sc-4c10；培养基：0002；培养温度：30℃。

ACCC 02427←中国农业科学院植物保护研究所；原始编号：Bt00067，sc-2h9；培养基：0002；培养温度：30℃。

ACCC 02428←中国农业科学院植物保护研究所；原始编号：Bt00009，sc-4c9；培养基：0002；培养温度：30℃。

ACCC 02429←中国农业科学院植物保护研究所；原始编号：Bt00003，sc-2b1；培养基：0002；培养温度：30℃。

ACCC 02430←中国农业科学院植物保护研究所；原始编号：Bt00016，sc-4e3；培养基：0002；培养温度：30℃。

ACCC 02431←中国农业科学院植物保护研究所；原始编号：Bt00028，sc-2b12；培养基：0002；培养温度：30℃。

ACCC 02432←中国农业科学院植物保护研究所；原始编号：Bt00019，sc-4e4；培养基：0002；培养温度：30℃。

ACCC 02433←中国农业科学院植物保护研究所；原始编号：Bt00026，sc-2b9；培养基：0002；培养温度：30℃。

ACCC 02434←中国农业科学院植物保护研究所；原始编号：Bt00023，sc-2b3；培养基：0002；培养温度：30℃。

ACCC 02435←中国农业科学院植物保护研究所；原始编号：Bt00087，sc-2c3；培养基：0002；培养温度：30℃。

ACCC 02436←中国农业科学院植物保护研究所；原始编号：Bt00068，sc-2h11；培养基：0002；培养温度：30℃。

ACCC 02437←中国农业科学院植物保护研究所；原始编号：Bt00061，sc-2h1；培养基：0002；培养温度：30℃。

ACCC 02438←中国农业科学院植物保护研究所；原始编号：Bt00059，sc-2b6；培养基：0002；培养温度：30℃。

ACCC 02439←中国农业科学院植物保护研究所；原始编号：Bt00082，sc-2d3；培养基：0002；培养温度：30℃。

ACCC 02440←中国农业科学院植物保护研究所；原始编号：Bt00085，sc-4d6；培养基：0002；培养温度：30℃。

ACCC 02441←中国农业科学院植物保护研究所；原始编号：Bt00064，sc-2d10；培养基：0002；培养温度：30℃。

ACCC 02442←中国农业科学院植物保护研究所；原始编号：Bt00100，sc-2a6；培养基：0002；培养温度：30℃。

ACCC 02443←中国农业科学院植物保护研究所；原始编号：Bt00001，sc-4c6；培养基：0002；培养温度：30℃。

ACCC 02444←中国农业科学院植物保护研究所；原始编号：Bt00050，sc-2b11；培养基：0002；培养温度：30℃。

ACCC 02445←中国农业科学院植物保护研究所；原始编号：Bt00004，sc-2b2；培养基：0002；培养温度：30℃。

ACCC 02446←中国农业科学院植物保护研究所；原始编号：Bt00030，sc-2a10；培养基：0002；培养温度：30℃。

ACCC 02447←中国农业科学院植物保护研究所；原始编号：Bt00032，sc-4d3；培养基：0002；培养温度：30℃。

ACCC 02448←中国农业科学院植物保护研究所；原始编号：Bt00080，sc-2d11；培养基：0002；培养温度：30℃。

ACCC 02449←中国农业科学院植物保护研究所；原始编号：Bt00052，sc-6f10；培养基：0002；培养温度：30℃。

ACCC 02450←中国农业科学院植物保护研究所；原始编号：Bt00053，sc-4c12；培养基：0002；培养温度：30℃。

ACCC 02451←中国农业科学院植物保护研究所；原始编号：Bt00037，sc-2h3；培养基：0002；培养温度：30℃。

ACCC 02452←中国农业科学院植物保护研究所；原始编号：Bt00020，sc-4d2；培养基：0002；培养温度：30℃。

ACCC 02453←中国农业科学院植物保护研究所；原始编号：Bt00072，sc-2e8；培养基：0002；培养温度：30℃。

ACCC 02454←中国农业科学院植物保护研究所；原始编号：Bt00071，sc-2e6；培养基：0002；培养温度：30℃。

ACCC 02455←中国农业科学院植物保护研究所；原始编号：Bt00091，sc-2c6；培养基：0002；培养温度：30℃。

ACCC 02456←中国农业科学院植物保护研究所；原始编号：Bt00069，sc-2c9；培养基：0002；培养温度：30℃。

ACCC 02457←中国农业科学院植物保护研究所；原始编号：Bt00025，sc-4e5；培养基：0002；培养温
度：30℃。

ACCC 02458←中国农业科学院植物保护研究所；原始编号：Bt00012，sc-4a7；培养基：0002；培养温
度：30℃。

ACCC 02459←中国农业科学院植物保护研究所；原始编号：Bt00007，sc-4c8；培养基：0002；培养温
度：30℃。

ACCC 02460←中国农业科学院植物保护研究所；原始编号：Bt00086，sc-2d9；培养基：0002；培养温
度：30℃。

ACCC 02461←中国农业科学院植物保护研究所；原始编号：Bt00055，sc-4d5；培养基：0002；培养温
度：30℃。

ACCC 02462←中国农业科学院植物保护研究所；原始编号：Bt00040，sc-2e10；培养基：0002；培养温
度：30℃。

ACCC 02463←中国农业科学院植物保护研究所；原始编号：Bt00092，sc-2d5；培养基：0002；培养温
度：30℃。

ACCC 02464←中国农业科学院植物保护研究所；原始编号：Bt00014，sc-4e2；培养基：0002；培养温
度：30℃。

ACCC 02465←中国农业科学院植物保护研究所；原始编号：Bt00070，sc-2a2；培养基：0002；培养温
度：30℃。

ACCC 02466←中国农业科学院植物保护研究所；原始编号：Bt00017，sc-4e6；培养基：0002；培养温
度：30℃。

ACCC 02467←中国农业科学院植物保护研究所；原始编号：Bt00044，sc-2g12；培养基：0002；培养温
度：30℃。

ACCC 02468←中国农业科学院植物保护研究所；原始编号：Bt00068，sc-2h11；培养基：0002；培养温
度：30℃。

ACCC 02469←中国农业科学院植物保护研究所；原始编号：Bt00095，sc-2d8；培养基：0002；培养温
度：30℃。

ACCC 02470←中国农业科学院植物保护研究所；原始编号：Bt00056，sc-2b7；培养基：0002；培养温
度：30℃。

ACCC 02471←中国农业科学院植物保护研究所；原始编号：Bt00076，sc-2d7；培养基：0002；培养温
度：30℃。

ACCC 02472←中国农业科学院植物保护研究所；原始编号：Bt00078，sc-4a4；培养基：0002；培养温
度：30℃。

ACCC 02473←中国农业科学院植物保护研究所；原始编号：Bt00057，sc-4a5；培养基：0002；培养温
度：30℃。

ACCC 02474←中国农业科学院植物保护研究所；原始编号：Bt00099，sc-2d4；培养基：0002；培养温
度：30℃。

ACCC 02475←中国农业科学院植物保护研究所；原始编号：Bt00035，sc-4d4；培养基：0002；培养温
度：30℃。

ACCC 02477←中国农业科学院植物保护研究所；原始编号：Bt00062，sc-2c10；培养基：0002；培养温
度：30℃。

ACCC 02478←中国农业科学院植物保护研究所；原始编号：Bt00041，sc-2e1；培养基：0002；培养温
度：30℃。

ACCC 02479←中国农业科学院植物保护研究所；原始编号：Bt00008，sc-2h7；培养基：0002；培养温
度：30℃。

ACCC 02480←中国农业科学院植物保护研究所；原始编号：Bt00075，sc-2d6；培养基：0002；培养温度：30℃。

ACCC 02481←中国农业科学院植物保护研究所；原始编号：Bt00051，sc-6f9；培养基：0002；培养温度：30℃。

ACCC 02482←中国农业科学院植物保护研究所；原始编号：Bt00013，sc-2h6；培养基：0002；培养温度：30℃。

ACCC 02795←南京农业大学农业环境微生物菌种保藏中心；原始编号：NC4，NAECC1175；对500mg/L的甲磺隆有抗性；分离地点：南京市玄武区；培养基：0033；培养温度：30℃。

ACCC 03181←中国农业科学院麻类研究所；原始编号：1217；32，96h脱红麻3＋；培养基：0033；培养温度：35℃。

ACCC 03192←中国农业科学院麻类研究所；原始编号：1054；32，96h脱红麻3＋；培养基：0033；培养温度：35℃。

ACCC 03193←中国农业科学院麻类研究所；原始编号：1055；32，96h脱红麻3＋；培养基：0033；培养温度：35℃。

ACCC 03195←中国农业科学院麻类研究所；原始编号：1054-5；32，96h脱红麻3＋；培养基：0033；培养温度：35℃。

ACCC 03463←中国农业科学院麻类研究所；原始编号：IBFC W0791；32，96h脱红麻3＋；分离地点：中南林业科技大学；培养基：0033；培养温度：33℃。

ACCC 03499←中国农业科学院麻类研究所；原始编号：IBFC W0539；32，96h脱红麻3＋；分离地点：河南信阳；培养基：0002；培养温度：35℃。

ACCC 03609←福建农林大学生物农药与化学生物学教育部重点实验室；原始编号：BCBKL0101；能产生杀虫晶体蛋白和其他杀虫毒素，用于科研和开发生物农药；培养基：0002；培养温度：30℃。

ACCC 03610←福建农林大学生物农药与化学生物学教育部重点实验室；原始编号：BCBKL0102；能产生杀虫晶体蛋白和其他杀虫毒素，用于科研和开发生物农药；培养基：0002；培养温度：30℃。

ACCC 03611←福建农林大学生物农药与化学生物学教育部重点实验室；原始编号：BCBKL0103；能产生杀虫晶体蛋白和其他杀虫毒素，用于科研和开发生物农药；培养基：0002；培养温度：30℃。

ACCC 03612←中国农业科学院麻类研究所；原始编号：BCBKL0104；能产生杀虫晶体蛋白和其他杀虫毒素，用于科研和开发生物农药；培养基：0002；培养温度：30℃。

ACCC 03613←福建农林大学生物农药与化学生物学教育部重点实验室；原始编号：BCBKL0105；能产生杀虫晶体蛋白和其他杀虫毒素，用于科研和开发生物农药；培养基：0002；培养温度：30℃。

ACCC 03614←福建农林大学生物农药与化学生物学教育部重点实验室；原始编号：BCBKL0106；能产生杀虫晶体蛋白和其他杀虫毒素，用于科研和开发生物农药；培养基：0002；培养温度：30℃。

ACCC 03615←福建农林大学生物农药与化学生物学教育部重点实验室；原始编号：BCBKL0107；能产生杀虫晶体蛋白和其他杀虫毒素，用于科研和开发生物农药；培养基：0002；培养温度：30℃。

ACCC 03616←福建农林大学生物农药与化学生物学教育部重点实验室；原始编号：BCBKL0108；能产生杀虫晶体蛋白和其他杀虫毒素，用于科研和开发生物农药；培养基：0002；培养温度：30℃。

ACCC 03617←福建农林大学生物农药与化学生物学教育部重点实验室；原始编号：BCBKL0109；能产生杀虫晶体蛋白和其他杀虫毒素，用于科研和开发生物农药；培养基：0002；培养温度：30℃。

ACCC 03618←福建农林大学生物农药与化学生物学教育部重点实验室；原始编号：BCBKL0110；能产生杀虫晶体蛋白和其他杀虫毒素，用于科研和开发生物农药；培养基：0002；培养温度：30℃。

ACCC 03619←福建农林大学生物农药与化学生物学教育部重点实验室；原始编号：BCBKL0111；能产生杀虫晶体蛋白和其他杀虫毒素，用于科研和开发生物农药；培养基：0002；培养温度：30℃。

ACCC 03620←福建农林大学生物农药与化学生物学教育部重点实验室；原始编号：BCBKL0112；能产生杀虫晶体蛋白和其他杀虫毒素，用于科研和开发生物农药；培养基：0002；培养温度：30℃。

ACCC 03621←福建农林大学生物农药与化学生物学教育部重点实验室；原始编号：BCBKL0113；能产生

杀虫晶体蛋白和其他杀虫毒素，用于科研和开发生物农药；培养基：0002；培养温度：30℃。

ACCC 03622←福建农林大学生物农药与化学生物学教育部重点实验室；原始编号：BCBKL0114；能产生
杀虫晶体蛋白和其他杀虫毒素，用于科研和开发生物农药；培养基：0002；培养温度：30℃。

ACCC 03623←福建农林大学生物农药与化学生物学教育部重点实验室；原始编号：BCBKL0115；能产生
杀虫晶体蛋白和其他杀虫毒素，用于科研和开发生物农药；培养基：0002；培养温度：30℃。

ACCC 03624←福建农林大学生物农药与化学生物学教育部重点实验室；原始编号：BCBKL0116；能产生
杀虫晶体蛋白和其他杀虫毒素，用于科研和开发生物农药；培养基：0002；培养温度：30℃。

ACCC 03625←福建农林大学生物农药与化学生物学教育部重点实验室；原始编号：BCBKL0117；能产生
杀虫晶体蛋白和其他杀虫毒素，用于科研和开发生物农药；培养基：0002；培养温度：30℃。

ACCC 03626←福建农林大学生物农药与化学生物学教育部重点实验室；原始编号：BCBKL0118；能产生
杀虫晶体蛋白和其他杀虫毒素，用于科研和开发生物农药；培养基：0002；培养温度：30℃。

ACCC 03627←福建农林大学生物农药与化学生物学教育部重点实验室；原始编号：BCBKL0119；能产生
杀虫晶体蛋白和其他杀虫毒素，用于科研和开发生物农药；培养基：0002；培养温度：30℃。

ACCC 03628←福建农林大学生物农药与化学生物学教育部重点实验室；原始编号：BCBKL0120；能产生
杀虫晶体蛋白和其他杀虫毒素，用于科研和开发生物农药；培养基：0002；培养温度：30℃。

ACCC 03629←福建农林大学生物农药与化学生物学教育部重点实验室；原始编号：BCBKL0121；能产生
杀虫晶体蛋白和其他杀虫毒素，用于科研和开发生物农药；培养基：0002；培养温度：30℃。

ACCC 03630←福建农林大学生物农药与化学生物学教育部重点实验室；原始编号：BCBKL0122；能产生
杀虫晶体蛋白和其他杀虫毒素，用于科研和开发生物农药；培养基：0002；培养温度：30℃。

ACCC 03631←福建农林大学生物农药与化学生物学教育部重点实验室；原始编号：BCBKL0123；能产生
杀虫晶体蛋白和其他杀虫毒素，用于科研和开发生物农药；培养基：0002；培养温度：30℃。

ACCC 03632←福建农林大学生物农药与化学生物学教育部重点实验室；原始编号：BCBKL0124；能产生
杀虫晶体蛋白和其他杀虫毒素，用于科研和开发生物农药；培养基：0002；培养温度：30℃。

ACCC 03633←福建农林大学生物农药与化学生物学教育部重点实验室；原始编号：BCBKL0125；能产生
杀虫晶体蛋白和其他杀虫毒素，用于科研和开发生物农药；培养基：0002；培养温度：30℃。

ACCC 03634←福建农林大学生物农药与化学生物学教育部重点实验室；原始编号：BCBKL0126；能产生
杀虫晶体蛋白和其他杀虫毒素，用于科研和开发生物农药；培养基：0002；培养温度：30℃。

ACCC 03635←福建农林大学生物农药与化学生物学教育部重点实验室；原始编号：BCBKL0127；能产生
杀虫晶体蛋白和其他杀虫毒素，用于科研和开发生物农药；培养基：0002；培养温度：30℃。

ACCC 03637←福建农林大学生物农药与化学生物学教育部重点实验室；原始编号：BCBKL0129；能产生
杀虫晶体蛋白和其他杀虫毒素，用于科研和开发生物农药；培养基：0002；培养温度：30℃。

ACCC 03638←福建农林大学生物农药与化学生物学教育部重点实验室；原始编号：BCBKL0130；能产生
杀虫晶体蛋白和其他杀虫毒素，用于科研和开发生物农药；培养基：0002；培养温度：30℃。

ACCC 03639←福建农林大学生物农药与化学生物学教育部重点实验室；原始编号：BCBKL0131；能产生
杀虫晶体蛋白和其他杀虫毒素，用于科研和开发生物农药；培养基：0002；培养温度：30℃。

ACCC 03640←福建农林大学生物农药与化学生物学教育部重点实验室；原始编号：BCBKL0132；能产生
杀虫晶体蛋白和其他杀虫毒素，用于科研和开发生物农药；培养基：0002；培养温度：30℃。

ACCC 03641←福建农林大学生物农药与化学生物学教育部重点实验室；原始编号：BCBKL0133；能产生
杀虫晶体蛋白和其他杀虫毒素，用于科研和开发生物农药；培养基：0002；培养温度：30℃。

ACCC 03642←福建农林大学生物农药与化学生物学教育部重点实验室；原始编号：BCBKL0134；能产生
杀虫晶体蛋白和其他杀虫毒素，用于科研和开发生物农药；培养基：0002；培养温度：30℃。

ACCC 03643←福建农林大学生物农药与化学生物学教育部重点实验室；原始编号：BCBKL0135；能产生
杀虫晶体蛋白和其他杀虫毒素，用于科研和开发生物农药；培养基：0002；培养温度：30℃。

ACCC 03644←福建农林大学生物农药与化学生物学教育部重点实验室；原始编号：BCBKL0136；能产生
杀虫晶体蛋白和其他杀虫毒素，用于科研和开发生物农药；培养基：0002；培养温度：30℃。

ACCC 03645←福建农林大学生物农药与化学生物学教育部重点实验室；原始编号：BCBKL0137；能产生
　　杀虫晶体蛋白和其他杀虫毒素，用于科研和开发生物农药；培养基：0002；培养温度：30℃。
ACCC 03646←福建农林大学生物农药与化学生物学教育部重点实验室；原始编号：BCBKL0138；能产生
　　杀虫晶体蛋白和其他杀虫毒素，用于科研和开发生物农药；培养基：0002；培养温度：30℃。
ACCC 03647←福建农林大学生物农药与化学生物学教育部重点实验室；原始编号：BCBKL0139；能产生
　　杀虫晶体蛋白和其他杀虫毒素，用于科研和开发生物农药；培养基：0002；培养温度：30℃。
ACCC 03648←福建农林大学生物农药与化学生物学教育部重点实验室；原始编号：BCBKL0140；能产生
　　杀虫晶体蛋白和其他杀虫毒素，用于科研和开发生物农药；培养基：0002；培养温度：30℃。
ACCC 03649←福建农林大学生物农药与化学生物学教育部重点实验室；原始编号：BCBKL0141；能产生
　　杀虫晶体蛋白和其他杀虫毒素，用于科研和开发生物农药；培养基：0002；培养温度：30℃。
ACCC 03650←福建农林大学生物农药与化学生物学教育部重点实验室；原始编号：BCBKL0142；能产生
　　杀虫晶体蛋白和其他杀虫毒素，用于科研和开发生物农药；培养基：0002；培养温度：30℃。
ACCC 03651←福建农林大学生物农药与化学生物学教育部重点实验室；原始编号：BCBKL0143；能产生
　　杀虫晶体蛋白和其他杀虫毒素，用于科研和开发生物农药；培养基：0002；培养温度：30℃。
ACCC 03652←福建农林大学生物农药与化学生物学教育部重点实验室；原始编号：BCBKL0144；能产生
　　杀虫晶体蛋白和其他杀虫毒素，用于科研和开发生物农药；培养基：0002；培养温度：30℃。
ACCC 03653←福建农林大学生物农药与化学生物学教育部重点实验室；原始编号：BCBKL0145；能产生
　　杀虫晶体蛋白和其他杀虫毒素，用于科研和开发生物农药；培养基：0002；培养温度：30℃。
ACCC 03654←中国农业科学院麻类研究所；原始编号：BCBKL0146；能产生杀虫晶体蛋白和其他杀虫毒
　　素，用于科研和开发生物农药；培养基：0002；培养温度：30℃。
ACCC 03655←福建农林大学生物农药与化学生物学教育部重点实验室；原始编号：BCBKL0147；能产生
　　杀虫晶体蛋白和其他杀虫毒素，用于科研和开发生物农药；培养基：0002；培养温度：30℃。
ACCC 03656←福建农林大学生物农药与化学生物学教育部重点实验室；原始编号：BCBKL0148；能产生
　　杀虫晶体蛋白和其他杀虫毒素，用于科研和开发生物农药；培养基：0002；培养温度：30℃。
ACCC 03657←福建农林大学生物农药与化学生物学教育部重点实验室；原始编号：BCBKL0149；能产生
　　杀虫晶体蛋白和其他杀虫毒素，用于科研和开发生物农药；培养基：0002；培养温度：30℃。
ACCC 03658←福建农林大学生物农药与化学生物学教育部重点实验室；原始编号：BCBKL0150；能产生
　　杀虫晶体蛋白和其他杀虫毒素，用于科研和开发生物农药；培养基：0002；培养温度：30℃。
ACCC 03770←中国农业科学院植物保护研究所；原始编号：Ipp194；培养基：0002；培养温度：30℃。
ACCC 03771←中国农业科学院植物保护研究所；原始编号：Ippsu4；培养基：0002；培养温度：30℃。
ACCC 03772←中国农业科学院植物保护研究所；原始编号：Ipp00；培养基：0002；培养温度：30℃。
ACCC 03773←中国农业科学院植物保护研究所；原始编号：ipp212；培养基：0002；培养温度：30℃。
ACCC 03774←中国农业科学院植物保护研究所；原始编号：Ipp21120；培养基：0002；培养温度：30℃。
ACCC 03775←中国农业科学院植物保护研究所；原始编号：Ipp185；培养基：0002；培养温度：30℃。
ACCC 03776←中国农业科学院植物保护研究所；原始编号：Ipp11；培养基：0002；培养温度：30℃。
ACCC 03777←中国农业科学院植物保护研究所；原始编号：Ipp25727；培养基：0002；培养温度：30℃。
ACCC 03778←中国农业科学院植物保护研究所；原始编号：Ipp14；培养基：0002；培养温度：30℃。
ACCC 03779←中国农业科学院植物保护研究所；原始编号：Ipp81-58h；培养基：0002；培养温度：30℃。
ACCC 03780←中国农业科学院植物保护研究所；原始编号：Ipp17；培养基：0002；培养温度：30℃。
ACCC 03781←中国农业科学院植物保护研究所；原始编号：Ipp12；培养基：0002；培养温度：30℃。
ACCC 03782←中国农业科学院植物保护研究所；原始编号：Ipp167；培养基：0002；培养温度：30℃。
ACCC 03783←中国农业科学院植物保护研究所；原始编号：Ipp211；培养基：0002；培养温度：30℃。
ACCC 03784←中国农业科学院植物保护研究所；原始编号：Ipp21811；培养基：0002；培养温度：30℃。
ACCC 03785←中国农业科学院植物保护研究所；原始编号：Ipp1；培养基：0002；培养温度：30℃。
ACCC 03786←中国农业科学院植物保护研究所；原始编号：Ipp21727；培养基：0002；培养温度：30℃。

ACCC 03787←中国农业科学院植物保护研究所；原始编号：Ipp18；培养基：0002；培养温度：30℃。
ACCC 03788←中国农业科学院植物保护研究所；原始编号：Ipp217；培养基：0002；培养温度：30℃。
ACCC 03789←中国农业科学院植物保护研究所；原始编号：Ipp17；培养基：0002；培养温度：30℃。
ACCC 03790←中国农业科学院植物保护研究所；原始编号：Ipp35864；培养基：0002；培养温度：30℃。
ACCC 03791←中国农业科学院植物保护研究所；原始编号：Ipp19；培养基：0002；培养温度：30℃。
ACCC 03792←中国农业科学院植物保护研究所；原始编号：Ipp21；培养基：0002；培养温度：30℃。
ACCC 03793←中国农业科学院植物保护研究所；原始编号：Ipp23425；培养基：0002；培养温度：30℃。
ACCC 03794←中国农业科学院植物保护研究所；原始编号：Ipph06；培养基：0002；培养温度：30℃。
ACCC 03795←中国农业科学院植物保护研究所；原始编号：Ipp23426；培养基：0002；培养温度：30℃。
ACCC 03796←中国农业科学院植物保护研究所；原始编号：Ipp145；培养基：0002；培养温度：30℃。
ACCC 03797←中国农业科学院植物保护研究所；原始编号：Ipp9；培养基：0002；培养温度：30℃。
ACCC 03798←中国农业科学院植物保护研究所；原始编号：Ipp8；培养基：0002；培养温度：30℃。
ACCC 03799←中国农业科学院植物保护研究所；原始编号：Ipp10；培养基：0002；培养温度：30℃。
ACCC 03800←中国农业科学院植物保护研究所；原始编号：Ipp6；培养基：0002；培养温度：30℃。
ACCC 03801←中国农业科学院植物保护研究所；原始编号：Ipp13；培养基：0002；培养温度：30℃。
ACCC 03802←中国农业科学院植物保护研究所；原始编号：Ipp5；培养基：0002；培养温度：30℃。
ACCC 03803←中国农业科学院植物保护研究所；原始编号：Ipp32；培养基：0002；培养温度：30℃。
ACCC 03804←中国农业科学院植物保护研究所；原始编号：Ipp31；培养基：0002；培养温度：30℃。
ACCC 03805←中国农业科学院植物保护研究所；原始编号：Ipp16；培养基：0002；培养温度：30℃。
ACCC 03806←中国农业科学院植物保护研究所；原始编号：Ipp15；培养基：0002；培养温度：30℃。
ACCC 03807←中国农业科学院植物保护研究所；原始编号：Ipp4；培养基：0002；培养温度：30℃。
ACCC 03808←中国农业科学院植物保护研究所；原始编号：Ipp2；培养基：0002；培养温度：30℃。
ACCC 03809←中国农业科学院植物保护研究所；原始编号：Ippwy2-6d；培养基：0002；培养温度：30℃。
ACCC 03810←中国农业科学院植物保护研究所；原始编号：Ippwy2-6c；培养基：0002；培养温度：30℃。
ACCC 03811←中国农业科学院植物保护研究所；原始编号：Ippwy2-6b；培养基：0002；培养温度：30℃。
ACCC 03812←中国农业科学院植物保护研究所；原始编号：Ippwy2-6a；培养基：0002；培养温度：30℃。
ACCC 03813←中国农业科学院植物保护研究所；原始编号：Ippwy2-6h；培养基：0002；培养温度：30℃。
ACCC 03814←中国农业科学院植物保护研究所；原始编号：Ippwy2-6g；培养基：0002；培养温度：30℃。
ACCC 03815←中国农业科学院植物保护研究所；原始编号：Ippwy2-6f；培养基：0002；培养温度：30℃。
ACCC 03816←中国农业科学院植物保护研究所；原始编号：Ippwy2-6e；培养基：0002；培养温度：30℃。
ACCC 03817←中国农业科学院植物保护研究所；原始编号：Ippwy2-4c；培养基：0002；培养温度：30℃。
ACCC 03818←中国农业科学院植物保护研究所；原始编号：Ippwy2-4b；培养基：0002；培养温度：30℃。
ACCC 03819←中国农业科学院植物保护研究所；原始编号：Ippwy2-4a；培养基：0002；培养温度：30℃。
ACCC 03820←中国农业科学院植物保护研究所；原始编号：Ippwy2-4h；培养基：0002；培养温度：30℃。
ACCC 03821←中国农业科学院植物保护研究所；原始编号：Ippwy2-4g；培养基：0002；培养温度：30℃。
ACCC 03822←中国农业科学院植物保护研究所；原始编号：Ippwy2-4f；培养基：0002；培养温度：30℃。
ACCC 03823←中国农业科学院植物保护研究所；原始编号：Ippwy2-4e；培养基：0002；培养温度：30℃。
ACCC 03824←中国农业科学院植物保护研究所；原始编号：Ippwy2-4d；培养基：0002；培养温度：30℃。
ACCC 03825←中国农业科学院植物保护研究所；原始编号：Ippwy2-1c；培养基：0002；培养温度：30℃。
ACCC 03826←中国农业科学院植物保护研究所；原始编号：Ippwy2-1b；培养基：0002；培养温度：30℃。
ACCC 03827←中国农业科学院植物保护研究所；原始编号：Ippwy2-1h；培养基：0002；培养温度：30℃。
ACCC 03828←中国农业科学院植物保护研究所；原始编号：Ippwy2-1g；培养基：0002；培养温度：30℃。
ACCC 03829←中国农业科学院植物保护研究所；原始编号：Ippwy2-1f；培养基：0002；培养温度：30℃。
ACCC 03830←中国农业科学院植物保护研究所；原始编号：Ippwy2-1e；培养基：0002；培养温度：30℃。
ACCC 03831←中国农业科学院植物保护研究所；原始编号：Ippwy2-1d；培养基：0002；培养温度：30℃。

ACCC 03832←中国农业科学院植物保护研究所；原始编号：Ippmos-1e；培养基：0002；培养温度：30℃。
ACCC 03833←中国农业科学院植物保护研究所；原始编号：Ippmos-1c；培养基：0002；培养温度：30℃。
ACCC 03834←中国农业科学院植物保护研究所；原始编号：Ippmos-1c；培养基：0002；培养温度：30℃。
ACCC 03835←中国农业科学院植物保护研究所；原始编号：Ippmos-1b；培养基：0002；培养温度：30℃。
ACCC 03836←中国农业科学院植物保护研究所；原始编号：Ippmos-1a；培养基：0002；培养温度：30℃。
ACCC 03837←中国农业科学院植物保护研究所；原始编号：Ippmos-1h；培养基：0002；培养温度：30℃。
ACCC 03838←中国农业科学院植物保护研究所；原始编号：Ippmos-1g；培养基：0002；培养温度：30℃。
ACCC 03839←中国农业科学院植物保护研究所；原始编号：Ippwy2-12d；培养基：0002；培养温度：30℃。
ACCC 03840←中国农业科学院植物保护研究所；原始编号：Ippwy2-12c；培养基：0002；培养温度：30℃。
ACCC 03841←中国农业科学院植物保护研究所；原始编号：Ippwy2-12b；培养基：0002；培养温度：30℃。
ACCC 03842←中国农业科学院植物保护研究所；原始编号：Ippwy2-12a；培养基：0002；培养温度：30℃。
ACCC 03843←中国农业科学院植物保护研究所；原始编号：Ippwy2-12h；培养基：0002；培养温度：30℃。
ACCC 03845←中国农业科学院植物保护研究所；原始编号：Ippwy2-12f；培养基：0002；培养温度：30℃。
ACCC 03846←中国农业科学院植物保护研究所；原始编号：Ippwy2-12e；培养基：0002；培养温度：30℃。
ACCC 03847←中国农业科学院植物保护研究所；原始编号：Ippwy2-11d；培养基：0002；培养温度：30℃。
ACCC 03848←中国农业科学院植物保护研究所；原始编号：Ippwy2-11c；培养基：0002；培养温度：30℃。
ACCC 03849←中国农业科学院植物保护研究所；原始编号：Ippwy2-11b；培养基：0002；培养温度：30℃。
ACCC 03850←中国农业科学院植物保护研究所；原始编号：Ippwy2-11a；培养基：0002；培养温度：30℃。
ACCC 03851←中国农业科学院植物保护研究所；原始编号：Ippwy2-11h；培养基：0002；培养温度：30℃。
ACCC 03852←中国农业科学院植物保护研究所；原始编号：Ippwy2-11g；培养基：0002；培养温度：30℃。
ACCC 03853←中国农业科学院植物保护研究所；原始编号：Ippwy2-11f；培养基：0002；培养温度：30℃。
ACCC 03854←中国农业科学院植物保护研究所；原始编号：Ippwy2-11e；培养基：0002；培养温度：30℃。
ACCC 03855←中国农业科学院植物保护研究所；原始编号：Ippwy2-10d；培养基：0002；培养温度：30℃。
ACCC 03856←中国农业科学院植物保护研究所；原始编号：Ippwy2-10c；培养基：0002；培养温度：30℃。
ACCC 03857←中国农业科学院植物保护研究所；原始编号：Ippwy2-10b；培养基：0002；培养温度：30℃。
ACCC 03858←中国农业科学院植物保护研究所；原始编号：Ippwy2-10a；培养基：0002；培养温度：30℃。

ACCC 03859←中国农业科学院植物保护研究所；原始编号：Ippwy2-10h；培养基：0002；培养温度：30℃。

ACCC 03860←中国农业科学院植物保护研究所；原始编号：Ippwy2-10g；培养温度：30℃。

ACCC 03861←中国农业科学院植物保护研究所；原始编号：Ippwy2-10f；培养基：0002；培养温度：30℃。

ACCC 03862←中国农业科学院植物保护研究所；原始编号：Ippwy2-10e；培养基：0002；培养温度：30℃。

ACCC 03863←中国农业科学院植物保护研究所；原始编号：Ippwy2-9d；培养基：0002；培养温度：30℃。

ACCC 03864←中国农业科学院植物保护研究所；原始编号：Ippwy2-9c；培养基：0002；培养温度：30℃。

ACCC 03865←中国农业科学院植物保护研究所；原始编号：Ippwy2-9b；培养基：0002；培养温度：30℃。

ACCC 03866←中国农业科学院植物保护研究所；原始编号：Ippwy2-9a；培养基：0002；培养温度：30℃。

ACCC 03867←中国农业科学院植物保护研究所；原始编号：Ippwy2-9h；培养基：0002；培养温度：30℃。

ACCC 03868←中国农业科学院植物保护研究所；原始编号：Ippwy2-9g；培养基：0002；培养温度：30℃。

ACCC 03869←中国农业科学院植物保护研究所；原始编号：Ippwy2-9f；培养基：0002；培养温度：30℃。

ACCC 04255←广东省广州微生物研究所；杀鳞翅目昆虫；分离地点：广东广州；培养基：0002；培养温度：37℃。

ACCC 04256←广东省广州微生物研究所；原始编号：F1.28；杀鳞翅目昆虫；分离地点：广东佛山；培养基：0002；培养温度：37℃。

ACCC 04308←广东省广州微生物研究所；原始编号：5-b-4；杀鳞翅目昆虫；分离地点：越南；培养基：0002；培养温度：37℃。

ACCC 04311←广东省广州微生物研究所；原始编号：9-b-1；纤维素酶木质素酶产生菌；分离地点：越南；培养基：0002；培养温度：37℃。

ACCC 04317←广东省广州微生物研究所；原始编号：F1.60；分离地点：广东广州；培养基：0002；培养温度：37℃。

ACCC 04322←广东省广州微生物研究所；原始编号：v-36-b-4；β-葡聚糖酶和甘露糖酶产生菌；分离地点：越南；培养基：0002；培养温度：37℃。

ACCC 10020←中国农业科学院土壤肥料研究所；培养基：0002；培养温度：30℃。

ACCC 10074←吉林省农业科学院植保所←中科院微生物研究所；原始编号：391；培养基：0002；培养温度：30℃。

ACCC 10322←武汉微生物农药厂；杀鳞翅目昆虫；培养基：0002；培养温度：30℃。

ACCC 10323←中科院微生物研究所←中科院动物所；培养基：0002；培养温度：30℃。

ACCC 10324←中科院微生物研究所←中科院动物所；培养基：0002；培养温度：30℃。

ACCC 10325^{T}←DSMZ←ATCC←E. A. Steinhaus←*O. Mattes*；=DSM 2046＝ATCC 10792＝CCM 19＝NCIB 9134；培养基：0266；培养温度：30℃。

ACCC 11156←中国农业科学院生物技术研究所；原始编号：IPP Y44，BRI 00032；分离源：1～5cm 土壤；培养基：0002；培养温度：30℃。

ACCC 11157←中国农业科学院生物技术研究所；原始编号：IPP Y30，BRI 00027；分离源：1～5cm 土壤；培养基：0002；培养温度：30℃。

ACCC 11158←中国农业科学院生物技术研究所；原始编号：IPP Qi5，BRI 00003；分离源：1～5cm 土壤；培养基：0002；培养温度：30℃。

ACCC 11159←中国农业科学院生物技术研究所；原始编号：IPP BtC006，BRI 00006；分离源：1～5cm 土壤；培养基：0002；培养温度：30℃。

ACCC 11160←中国农业科学院生物技术研究所；原始编号：IPP Bt55，BRI 00009；分离源：1～5cm 土壤；培养基：0002；培养温度：30℃。

ACCC 11161←中国农业科学院生物技术研究所；原始编号：IPP J74-58，BRI 00016；分离源：1～5cm 土壤；分离地点：海南；培养基：0002；培养温度：30℃。

ACCC 11162←中国农业科学院生物技术研究所；原始编号：IPP Bt53，BRI 00008；分离源：1～5cm 土壤；培养基：0002；培养温度：30℃。

ACCC 11163←中国农业科学院生物技术研究所；原始编号：IPP Wu4，BRI 00002；分离源：1～5cm 土壤；培养基：0002；培养温度：30℃。

ACCC 11173←中国农业科学院生物技术研究所；原始编号：IPP B5，BRI 00001；培养基：0002；培养温度：30℃。

ACCC 11174←中国农业科学院生物技术研究所；原始编号：IPP Y23，BRI 00025；分离源：1～5cm 土壤；培养基：0002；培养温度：30℃。

ACCC 11182←中国农业科学院生物技术研究所；原始编号：IPP BtC009，BRI 00007；分离源：1～5cm 土壤；培养基：0002；培养温度：30℃。

ACCC 11184←中国农业科学院生物技术研究所；原始编号：IPP Y51，BRI 00035；分离源：1～5cm 土壤；培养基：0002；培养温度：30℃。

ACCC 11190←中国农业科学院生物技术研究所；原始编号：IPP Y69，BRI 00039；分离源：1～5cm 土壤；培养基：0002；培养温度：30℃。

ACCC 11191←中国农业科学院生物技术研究所；原始编号：IPP Y61，BRI 00036；分离源：1～5cm 土壤；培养基：0002；培养温度：30℃。

ACCC 11193←中国农业科学院生物技术研究所；原始编号：IPP Y35，BRI 00029；分离源：1～5cm 土壤；培养基：0002；培养温度：30℃。

ACCC 11194←中国农业科学院生物技术研究所；原始编号：IPP Y36，BRI 00030；分离源：1～5cm 土壤；培养基：0002；培养温度：30℃。

ACCC 11195←中国农业科学院生物技术研究所；原始编号：IPP BtC005，BRI 00005；分离源：1～5cm 土壤；培养基：0002；培养温度：30℃。

ACCC 11197←中国农业科学院生物技术研究所；原始编号：IPP Y26，BRI 00026；分离源：1～5cm 土壤；培养基：0002；培养温度：30℃。

ACCC 11201←中国农业科学院生物技术研究所；原始编号：IPP Y68，BRI 00038；分离源：1～5cm 土壤；培养基：0002；培养温度：30℃。

ACCC 11211←中国农业科学院生物技术研究所；原始编号：IPP H6，BRI 00004；分离源：1～5cm 土壤；培养基：0002；培养温度：30℃。

Bacillus thuringienis subsp. aisawai 苏云金芽胞杆菌鲇泽变种

ACCC 10016←武汉微生物农药厂；原始编号：O96；制备抗原标准菌株，毒杀鳞翅目昆虫；培养基：0002；培养温度：30～32℃。

Bacillus thuringiensis subsp. alesti 苏云金芽胞杆菌阿莱亚种

ACCC 10018←武汉微生物农药厂；制备抗原标准菌株，毒杀鳞翅目昆虫；培养基：0002；培养温度：30～32℃。

ACCC 10065←武汉微生物农药厂；培养基：0002；培养温度：30～32℃。

Bacillus thuringiensis subsp. canadensis 苏云金芽胞杆菌加拿大亚种

ACCC 10301←中国林业科学院森林保护研究所；＝CFCC 1030；培养基：0002；培养温度：30～32℃。

Bacillus thuringiensis subsp. colmeri 苏云金芽胞杆菌科尔默亚种

ACCC 10302←中国林业科学院森林保护研究所；＝CFCC 1031；培养基：0002；培养温度：30～32℃。

Bacillus thuringiensis subsp. dakota 苏云金芽胞杆菌达尔可他亚种

ACCC 10303←中国林业科学院森林保护研究所；＝CFCC 1032；培养基：0002；培养温度：30～32℃。

Bacillus thuringiensis subsp. darmstadiensis 苏云金芽胞杆菌达姆斯塔特亚种

ACCC 10304←中国林业科学院森林保护研究所；＝CFCC 1033；培养基：0002；培养温度：30～32℃。

Bacillus thuringiensis subsp. Dendrolimus 苏云金芽胞杆菌松蜀亚种

ACCC 10023←武汉微生物农药厂；原始编号：O23；培养基：0002；培养温度：30～32℃。

ACCC 10062←苏联；毒杀松毛虫；培养基：0002；培养温度：30～32℃。

Bacillus thuringiensis subsp. entomocidus 苏云金芽胞杆菌杀虫亚种

ACCC 10024←武汉微生物农药厂原始编号：O10；制备抗原标准菌株，毒杀鳞翅目昆虫；培养基：0002；培养温度：30～32℃。

Bacillus thuringiensis subsp. finitimus 苏云金芽胞杆菌幕虫亚种

ACCC 10025←武汉微生物农药厂原始编号：O21；制备抗原标准菌株；培养基：0002；培养温度：30～32℃。

Bacillus thuringiensis subsp. galleriae 苏云金芽胞杆菌蜡螟亚种

ACCC 10026←中国农业科学院土壤肥料研究所；防治鳞翅目害虫、抗噬菌体 DV3；分离源：从 D25 抗噬菌体培养物中分离；培养基：0002；培养温度：30～32℃。

ACCC 10027←中国科学院微生物研究所；毒杀菜青虫；培养基：0002；培养温度：30～32℃。

ACCC 10028←中国农业科学院土壤肥料研究所；原始编号：7231；毒杀玉米螟；分离源：经紫外光照射诱变而得；培养基：0002；培养温度：30～32℃。

ACCC 10029←武汉微生物农药厂；原始编号：O87；制备抗原标准菌株，毒杀鳞翅目昆虫；培养基：0002；培养温度：30～32℃。

ACCC 10030←武汉农药厂；原始编号：HD-187；培养基：0002；培养温度：30℃。

ACCC 10061←武汉天门县微生物研究所；原始编号：140；培养基：0002；培养温度：30～32℃。

ACCC 10067←湖北省天门县微生物研究所；原始编号：723；从棉花红龄虫幼虫虫体分解；培养基：0002；培养温度：30℃。

ACCC 10068←中国农业科学院土壤肥料研究所；原始编号：721；培养基：0002；培养温度：30～32℃。

ACCC 10069←中国农业科学院土壤肥料研究所；原始编号：727；培养基：0002；培养温度：30～32℃。

ACCC 10070←中国农业科学院土壤肥料研究所；原始编号：728；培养基：0002；培养温度：30～32℃。

ACCC 10071←中国农业科学院土壤肥料研究所；原始编号：713；培养基：0002；培养温度：30～32℃。

ACCC 10305←中国林业科学院森林保护研究所；＝CFCC 1043；培养基：0002；培养温度：30～32℃。

Bacillus thuringiensis subsp. indiana 苏云金芽胞杆菌印第安那亚种

ACCC 10073←中国农业科学院土壤肥料研究所；原始编号：T3；分离源：孓子虫体；分离地点：山东泰安；培养基：0002；培养温度：30～32℃。

ACCC 10306←中国林业科学院森林保护研究所；＝CFCC 1054；培养基：0002；培养温度：30～32℃。

Bacillus thuringiensis subsp. israelensis 苏云金芽胞杆菌以色列亚种

ACCC 10038←成都华宏实业公司←山东泰安生物研究所←世界卫生组织（WHO）；杀灭蚊子幼虫、孓子效果较好；培养基：0012；培养温度：32～35℃。

ACCC 10307←中国林业科学院森林保护研究所；＝CFCC 1055；培养基：0012；培养温度：30～33℃。

Bacillus thuringiensis subsp. japanensis 苏云金芽胞杆菌日本亚种

ACCC 10308←中国林业科学院森林保护研究所；＝CFCC 1056；培养基：0002；培养温度：30～32℃。

Bacillus thuringiensis subsp. kumamotoensis 苏云金芽胞杆菌熊本亚种

ACCC 10309←中国林业科学院森林保护研究所；＝CFCC 1063；培养基：0002；培养温度：30～32℃。

Bacillus thuringiensis subsp. kurstaki 苏云金芽胞杆菌库尔斯塔克亚种

ACCC 10017←中国农业科学院土壤肥料研究所；原始编号：8010；分离源：菌粉；分离地点：福建蒲城；培养基：0002；培养温度：30℃。

ACCC 10019←中国农业科学院土壤肥料研究所；原始编号：457；培养基：0002；培养温度：30℃。

ACCC 10037←河南农业大学；原始编号：HD-1；培养基：0002；培养温度：30～32℃。

ACCC 10064←中科院微生物研究所←美国原始编号：DH-1；培养基：0002；培养温度：30～32℃。

ACCC 10066←湖北天门微生物研究所；原始编号：7216；毒杀鳞翅目昆虫幼虫；分离源：棉红铃虫；培养基：0002；培养温度：30~32℃。

ACCC 10310←中国林业科学院森林保护研究所；＝CFCC 1064；培养基：0002；培养温度：30~32℃。

Bacillus thuringiensis subsp. *kyushuensis* 苏云金芽胞杆菌九州亚种

ACCC 10311←中国林业科学院森林保护研究所；＝CFCC 1069；培养基：0002；培养温度：30~32℃。

Bacillus thuringiensis subsp. *morrisoni* 苏云金芽胞杆菌莫里逊亚种

ACCC 10312←中国林业科学院森林保护研究所；＝CFCC 1070；培养基：0002；培养温度：30~32℃。

Bacillus thuringiensis subsp. *pakistani* 苏云金芽胞杆菌巴基斯坦亚种

ACCC 10313←中国林业科学院森林保护研究所；＝CFCC 1072；培养基：0002；培养温度：30~32℃。

Bacillus thuringiensis subsp. *shandongiensis* 苏云金芽胞杆菌山东亚种

ACCC 10314←中国林业科学院森林保护研究所；＝CFCC 1073；培养基：0002；培养温度：30~32℃。

Bacillus thuringiensis subsp. *sotto* 云金芽胞杆菌猝倒亚种

ACCC 10033←武汉微生物农药厂←英国；原始编号：O16；制备抗原标准菌株，毒杀鳞翅目昆虫；培养基：0002；培养温度：30~32℃。

Bacillus thuringiensis subsp. *subtoxicus* 苏云金芽胞杆菌亚毒亚种

ACCC 10315←中国林业科学院森林保护研究所；＝CFCC 1076；培养基：0002；培养温度：30~32℃。

Bacillus thuringiensis subsp. *thompsoni* 苏云金芽胞杆菌汤普逊亚种

ACCC 10316←中国林业科学院森林保护研究所；＝CFCC 1077；培养基：0002；培养温度：30~32℃。

Bacillus thuringeinsis subsp. *thuringeinsis* 苏云金芽胞杆菌苏云金变种

ACCC 10035←中国农业科学院土壤肥料研究所；原始编号：D25；抗噬菌体毒杀玉米螟；分离源：从 HD-187 菌株中自然选育而得；培养基：0002；培养温度：30~32℃。

ACCC 10075←吉林农业科学院植保所；原始编号：506；培养基：0002；培养温度：30~32℃。

ACCC 10076←沈阳林业土壤所；原始编号：1.16；培养基：0002；培养温度：30~32℃。

ACCC 10077←长春地区农科所；原始编号：1.189；培养基：0002；培养温度：30~32℃。

ACCC 10078←中国科学院微生物研究所；原始编号：1.5；培养基：0002；培养温度：30~32℃。

ACCC 10079←吉林农业科学院植保所；原始编号：507；培养基：0002；培养温度：30~32℃。

Bacillus thuringiensis subsp. *tochigiensis* 苏云金芽胞杆菌励木亚种

ACCC 10317←中国林业科学院森林保护研究所；＝CFCC 1086；培养基：0002；培养温度：30~32℃。

Bacillus thuringiensis subsp. *tohokuensis* 苏云金芽胞杆菌东北亚种

ACCC 10318←中国林业科学院森林保护研究所；＝CFCC 1087；培养基：0002；培养温度：30~32℃。

Bacillus thuringiensis subsp. *tolwerthi* 苏云金芽胞杆菌多窝亚种

ACCC 10063←中国林业科学院森林保护研究所；＝CFCC 1088；培养基：0002；培养温度：30~32℃。

Bacillus thuringiensis subsp. *toumanoffii* 苏云金芽胞杆菌托马诺夫亚种

ACCC 10320←中国林业科学院森林保护研究所；＝CFCC 1090；培养基：0002；培养温度：30~32℃。

Bacillus thuringiensis subsp. *yunnanensis* 苏云金芽胞杆菌云南亚种

ACCC 10321←中国林业科学院森林保护研究所；＝CFCC 1092；培养基：0002；培养温度：30~32℃。

Bacillus thuringiensis subsp. *pacificus* 苏云金杆菌太平洋亚种

ACCC 11075←中国农业科学院土肥所←中科院微生物研究所←武汉大学←英国；＝AS 1.904；原始编号：96；培养基：0002；培养温度：30℃。

Bacillus thuringiensis subsp. *berliner* 苏云金芽胞杆菌柏氏变种

ACCC 10021←武汉微生物农药厂；原始编号：009；制备抗原标准菌株，毒杀鳞翅目昆虫；培养基：0002；培养温度：30~32℃。

ACCC 10022←中国农业科学院土壤肥料研究所；原始编号：D26；防治鳞翅目昆虫；分离源：菌粉；培养基：0002；培养温度：30~32℃。

Bacillus thuringiensis subsp. *merrisoni* 苏云金芽胞杆菌莫氏变种

ACCC 10031←武汉微生物农药厂；原始编号：O12；毒杀鳞翅目昆虫；培养基：0002；培养温度：30～32℃。

Bacillus vallismortis Roberts et al. 1996 死谷芽胞杆菌

ACCC 01173←新疆农业科学院微生物研究所；原始编号：XJAA10275，B18；教学科研，细菌蛋白酶；培养基：0033；培养温度：20～30℃。

ACCC 01263←新疆农业科学院微生物研究所；原始编号：XJAA10352，SB81；培养基：0033；培养温度：20～30℃。

ACCC 02068←新疆农业科学院微生物研究所；原始编号：P3，XAAS10371；分离地点：新疆布尔津县；培养基：0033；培养温度：20℃。

ACCC 02069←新疆农业科学院微生物研究所；原始编号：P4，XAAS10372；分离地点：新疆布尔津县；培养基：0033；培养温度：20℃。

Bacillus velezensis Ruiz-García et al. 2005 贝莱斯芽胞杆菌

ACCC 02735←南京农业大学农业环境微生物菌种保藏中心；原始编号：DB-c，NAECC1400；在10％NaCl培养基上能够生长；分离地点：南京菜市场；培养基：0002；培养温度：30℃。

ACCC 02747←南京农业大学农业环境微生物菌种保藏中心；原始编号：TS8；分离地点：江苏省南京市；培养基：0033；培养温度：30℃。

ACCC 03040←中国农业科学院农业资源与农业区划研究所；原始编号：GD-57-1-1′，7130；可以用来研发生产用的生物肥料；分离地点：山东蓬莱；培养基：0002；培养温度：28℃。

Bacillus vireti Heyrman et al. 2004 原野芽胞杆菌

ACCC 03088←中国农业科学院农业资源与农业区划研究所；原始编号：GD-51-2-3，7195；可以用来研发生产用的生物肥料；分离地点：内蒙乌海；培养基：0065；培养温度：28℃。

Bacillus weihenstephanensis Lechner et al. 1998 魏登施泰芽胞杆菌

ACCC 01508←新疆农业科学院微生物研究所；原始编号：XAAS10480 LB37；分离地点：新疆布尔津县；培养基：0033；培养温度：20℃。

ACCC 01960←中国农业科学院农业资源与农业区划研究所；原始编号：26，L38-1；纤维素降解菌；分离地点：吉林安图长白山；培养基：0002；培养温度：30℃。

ACCC 01961←中国农业科学院农业资源与农业区划研究所；原始编号：56，L-15-2；纤维素降解菌；分离地点：吉林安图长白山；培养基：0002；培养温度：30℃。

ACCC 01962←中国农业科学院农业资源与农业区划研究所；原始编号：82，C29-3；纤维素降解菌；分离地点：浙江宁波；培养基：0002；培养温度：28℃。

ACCC 01963←中国农业科学院农业资源与农业区划研究所；原始编号：83，C3-5；纤维素降解菌；分离地点：浙江宁波；培养基：0002；培养温度：28℃。

ACCC 01964←中国农业科学院农业资源与农业区划研究所；原始编号：84，C24-6；纤维素降解菌；分离地点：浙江宁波；培养基：0002；培养温度：28℃。

ACCC 01965←中国农业科学院农业资源与农业区划研究所；原始编号：86，C5-7；纤维素降解菌；分离地点：浙江宁波；培养基：0002；培养温度：28℃。

ACCC 01966←中国农业科学院农业资源与农业区划研究所；原始编号：92，C6-1-a；纤维素降解菌；分离地点：浙江宁波；培养基：0002；培养温度：28℃。

ACCC 01967←中国农业科学院农业资源与农业区划研究所；原始编号：08，C7-1-a；纤维素降解菌；分离地点：吉林安图长白山；培养基：0002；培养温度：28℃。

ACCC 01968←中国农业科学院农业资源与农业区划研究所；原始编号：27，28-7-a；纤维素降解菌；分离地点：浙江富阳市；培养基：0002；培养温度：28℃。

ACCC 02059←新疆农业科学院微生物研究所；原始编号：LB43，XAAS10405；分离地点：新疆布尔津县；培养基：0033；培养温度：20℃。

ACCC 02064←新疆农业科学院微生物研究所；原始编号：LB58，XAAS10409；分离地点：新疆布尔津县；
    培养基：0033；培养温度：20℃。

ACCC 02166←中国农业科学院农业资源与农业区划研究所；原始编号：196，7-7；纤维素降解菌；分离地
    点：吉林安图长白山；培养基：0002；培养温度：30℃。

Bacillus sporothermodurans Pettersson et al. 1996 耐热芽胞杆菌

ACCC 04246←广东省广州微生物研究所；原始编号：1t；培养基：0002；培养温度：30℃。

Beijerinckia indica（Starkey and De 1939）Derx 1950 印度拜叶林克氏菌

ACCC 10483^{T}←ATCC←NCIMB←H. L. Jensen←F. Kauffmann；=ATCC 19361=NCIB 8846；培养基：
    0003；培养温度：30℃。

Bifidobacterium sp. 双歧杆菌

ACCC 11054←中国农业科学院土肥所；生产饲料、酸奶；培养基：0006；培养温度：37℃。

Blastococcus aggregatus Ahrens and Moll 1970 成团芽球菌

ACCC 10290^{T}←ATCC；=ATCC 25092；原始编号：B 15；分离源：brackish water；分离地点：the Baltic
    Sea；培养基：0441；培养温度：25℃。

Bordetella petrii Von Wintzingerode et al. 2001 彼得里鲍特氏菌

ACCC 03049←中国农业科学院农业资源与农业区划研究所；原始编号：F-23-4，7140；可以用来研发农田
    土壤及环境修复微生物制剂；分离地点：北京市大兴区礼贤乡；培养基：0002；培养温度：28℃。

Bosea sp. 博斯氏菌

ACCC 02808←南京农业大学农业环境微生物菌种保藏中心；原始编号：萘-4-9；在基础盐加 30mg/L 萘的
    培养基中接种，3 天的降解率可达 60%；分离地点：中原油田采油三厂；培养基：0002；培养温
    度：28℃。

Brachybacterium paraconglomeratum Takeuchi et al. 1995 副凝聚短状杆菌

ACCC 01109←中国农业科学院农业资源与农业区划研究所；原始编号：Hg-k-3-2；具有用作耐重金属基因
    资源潜力；分离地点：河北邯郸；培养基：0002；培养温度：28℃。

ACCC 01127←中国农业科学院农业资源与农业区划研究所；原始编号：Hg-k-4；具有用作耐重金属基因资
    源潜力；分离地点：中国农业科学院试验地；培养基：0002；培养温度：28℃。

Bradyrhizobium japonicum（Kirchner）Jordan 1982 慢生大豆根瘤菌

ACCC 15005←中国农业科学院土肥所 2005←美国根瘤菌公司（Nitrogen Company-Inc）3I1b39；培养基：
    0063；培养温度：28～30℃。

ACCC 15006←中国农业科学院土肥所宁国赞等从山东菏泽分离 005，血清型 S$_2$-2；培养基：0063；培养温
    度：28～30℃。

ACCC 15007←中国农业科学院土肥所胡济生从中国土壤中分离 Hu13；培养基：0063；培养温度：
    28～30℃。

ACCC 15018←中国农业科学院土肥所←辽宁省林土所 B15；血清型 S$_2$-2；培养基：0063；培养温度：
    28～30℃。

ACCC 15020←中国农业科学院土肥所 2020←贵州省农业科学院；培养基：0063；培养温度：28～30℃。

ACCC 15021←中国农业科学院土肥所 2021←山东省农业科学院；培养基：0063；培养温度：28～30℃。

ACCC 15022←中国农业科学院土肥所 2022←山东省农业科学院；培养基：0063；培养温度：28～30℃。

ACCC 15023←中国农业科学院土肥所 2023←河南省农学院；培养基：0063；培养温度：28～30℃。

ACCC 15027←中国农业科学院土肥所李元芳等从美国商业菌剂中分离得到，2027，血清型 S$_2$-7；培养基：
    0063；培养温度：28～30℃。

ACCC 15028←中国农业科学院土肥所李元芳等 1974 年从山东分离；原始编号：2028，有较好的共生固氮
    效果；培养基：0063；培养温度：28～30℃。

ACCC 15031←中国农业科学院土肥所李元芳等从山东滕州市分离；原始编号：2031，血清型 S$_2$-8；培养

基：0063；培养温度：28～30℃。

ACCC 15032←中国农业科学院土肥所←美国农业部 3I1b6，血清型 C_1（S_2-7）；培养基：0063；培养温度：28～30℃。

ACCC 15033←中国农业科学院土肥所←美国农业部 3I1b71a，血清型 C_2；培养基：0063；培养温度：28～30℃。

ACCC 15034←中国农业科学院土肥所←美国农业部 3I1b110，血清型 110；培养基：0063；培养温度：28～30℃。

ACCC 15035←中国农业科学院土肥所←美国农业部 3I1b122，血清型 122；培养基：0063；培养温度：28～30℃。

ACCC 15036←中国农业科学院土肥所←美国农业部 3I1b123，血清型 123（S_2-4）；培养基：0063；培养温度：28～30℃。

ACCC 15037←中国农业科学院土肥所←美国农业部 3I1b138，血清型 C_1；培养基：0063；培养温度：28～30℃。

ACCC 15038←中国农业科学院土肥所←美国农业部 3I1b142，血清型 122；培养基：0063；培养温度：28～30℃。

ACCC 15039←中国农业科学院土肥所←美国农业部 3I1b143，血清型 110-122；培养基：0063；培养温度：28～30℃。

ACCC 15040←中国农业科学院土肥所←美国农业部 SM31，血清型 76；培养基：0063；培养温度：28～30℃。

ACCC 15041←中国农业科学院土肥所←美国农业部 SM35，血清型 76；培养基：0063；培养温度：28～30℃。

ACCC 15042←中国农业科学院土肥所←美国 Wisconsin 大学 Brill 教授赠；原始编号：61A76，血清型 76；培养基：0063；培养温度：28～30℃。

ACCC 15043←中国农业科学院土肥所←澳大利亚联邦工业科学研究组织 CB1809，血清型 123；培养基：0063；培养温度：28～30℃。

ACCC 15044←中国农业科学院土肥所←美国农业部 3I1b135，血清型 135；培养基：0063；培养温度：28～30℃。

ACCC 15045←中国农业科学院土肥所←美国农业部 Rj24，无效菌株（作标记用）；培养基：0063；培养温度：28～30℃。

ACCC 15046←中国农业科学院土肥所←阿根廷 E41；培养基：0063；培养温度：28～30℃。

ACCC 15047←中国农业科学院土肥所←中国农业科学院油料所 C33←美国；培养基：0063；培养温度：28～30℃。

ACCC 15049←中国农业科学院土肥所←中国农业科学院油料所 61A96←美国根瘤菌公司；培养基：0063；培养温度：28～30℃。

ACCC 15050←中国农业科学院土肥所←中国农业科学院油料所 505←美国 Wisconsin 大学；培养基：0063；培养温度：28～30℃。

ACCC 15051←中国农业科学院土肥所←中国农业科学院油料所←ATCC10324，标准菌株；培养基：0063；培养温度：28～30℃。

ACCC 15052←中国农业科学院土肥所 002←广西玉林农药厂分离，血清型 S2-1；培养基：0063；培养温度：28～30℃。

ACCC 15053←中国农业科学院土肥所 305←中国农业科学院油料所从武汉分离，血清型 2-4；培养基：0063；培养温度：28～30℃。

ACCC 15054←中国农业科学院土肥所←中国农业科学院油料所从湖南秋大豆田分离113-2；培养基：0063；培养温度：28～30℃。

ACCC 15055←中国农业科学院土肥所←中国农业科学院油料所从武汉植物园分离 121-6，血清型 S_2-6；培养基：0063；培养温度：28～30℃。

ACCC 15057←中国农业科学院土肥所←阿根廷 E45；培养基：0063；培养温度：28～30℃。

ACCC 15058←中国农业科学院土肥所←阿根廷 E84；培养基：0063；培养温度：28～30℃。

ACCC 15059←中国农业科学院土肥所←美国根瘤菌公司；分离地点：玻利维亚 61A101；培养基：0063；
培养温度：28～30℃。

ACCC 15060←中国农业科学院土肥所←美国根瘤菌公司；61A124 分离地点：新西兰；培养基：0063；培
养温度：28～30℃。

ACCC 15062←中国农业科学院土肥所←中国农业科学院油料所 Y-11←美国；培养基：0063；培养温度：
28～30℃。

ACCC 15063←中国农业科学院土肥所←中国科学院林土所 B16-11←辽宁省农业科学院；培养基：0063；培
养温度：28～30℃。

ACCC 15064←中国农业科学院土肥所←中国农业科学院油料所；大豆 31←印度国际半干旱研究所；培养
基：0063；培养温度：28～30℃。

ACCC 15065←中国农业科学院土肥所←中国农业科学院油料所；大豆 RCR3407←美国；培养基：0063；
培养温度：28～30℃。

ACCC 15066←中国农业科学院土肥所←中国农业科学院油料所；大豆 5A/70←印度国际半干旱研究所；培
养基：0063；培养温度：28～30℃。

ACCC 15078←中国农业科学院土肥所胡济生从中国土壤分离，Hu7；培养基：0063；培养温度：
28～30℃。

ACCC 15081←中国农业科学院土肥所胡济生教授分离地点：我国西北地区土壤；原始编号：Hu24；与黑
豆有较好的共生效应；培养基：0063；培养温度：28～30℃。

ACCC 15083←中国农业科学院土肥所胡济生教授分离 3F-6，能与我国栽培大豆结瘤固氮；培养基：0063；
培养温度：28～30℃。

ACCC 15093←中国农业科学院土肥所←中国农业科学院作物育种栽培研究所丁安玲赠←加拿大←美国根瘤
菌公司 61A101C；培养基：0063；培养温度：28～30℃。

ACCC 15095←中国农业科学院土肥所←中国农业科学院作物育种栽培研究所丁安玲赠←加拿大←美国根瘤
菌公司 61A124C；培养基：0063；培养温度：28～30℃。

ACCC 15096←中国农业科学院土肥所←中国农业科学院作物育种栽培研究所←美国根瘤菌公司 61A148；
可用于生产根瘤菌菌剂；培养基：0063；培养温度：28～30℃。

ACCC 15097←中国农业科学院土肥所←中国农业科学院作物育种栽培研究所←美国根瘤菌公司 USDA113；
可用于生产根瘤菌菌剂；培养基：0063；培养温度：28～30℃。

ACCC 15150←中国农业科学院土肥所宁国赞 1981 年从广西武宣采瘤分离，野大豆 2 号；与野大豆共生固
氮；培养基：0063；培养温度：28～30℃。

ACCC 15151←中国农业科学院土肥所李元芳 1981 年从广西武宣采瘤分离，野大豆 3 号；与野大豆共生固
氮；培养基：0063；培养温度：28～30℃。

ACCC 15152←中国农业科学院土肥所宁国赞 1981 年从湖南长沙采集大豆（褐皮豆）根瘤分离；与大豆共
生固氮；pH 值 4.5 生长；培养基：0063；培养温度：28～30℃。

ACCC 15153←中国农业科学院土肥所刘惠琴 1981 年从湖南长沙采集大豆（褐皮豆）根瘤分离；与大豆共
生固氮；pH 值 4.5 生长；培养基：0063；培养温度：28～30℃。

ACCC 15154←中国农业科学院土肥所宁国赞 1990 年从湖南长沙红壤黏土（pH 值 4.9）采集大豆（湘春
11）根瘤分离；与大豆共生固氮；pH 值 4.5 生长；原始编号：22；培养基：0063；培养温度：
28～30℃。

ACCC 15155←中国农业科学院土肥所刘惠琴 1990 年从江西南昌山地黄壤黏土（pH 值 6.15）采集大豆
（矮脚早）根瘤分离；与大豆共生固氮；pH 值 4.5 生长；原始编号：30；培养基：0063；培养温度：
28～30℃。

ACCC 15156←中国农业科学院土肥所宁国赞 1990 年从江西南昌山地黄壤黏土（pH 值 6.15）采集大豆（矮脚早）根瘤分离；与大豆共生固氮；pH 值 4.5 生长；原始编号：31；培养基：0063；培养温度：28～30℃。

ACCC 15157←中国农业科学院土肥所刘惠琴 1990 年从江西南昌山地黄壤黏土（pH 值 6.15）采集大豆（矮脚早）根瘤分离；与大豆共生固氮；pH 值 4.5 生长；原始编号：35；培养基：0063；培养温度：28～30℃。

ACCC 15158←中国农业科学院土肥所宁国赞 1990 年从江西南昌山地黄壤黏土（pH 值 4.93）采集大豆（矮脚早）根瘤分离；与大豆共生固氮；pH 值 4.5 生长；原始编号：40；培养基：0063；培养温度：28～30℃。

ACCC 15159←中国农业科学院土肥所刘惠琴 1990 年从江西进贤山地黄壤黏土（pH 值 4.93）采集大豆（矮脚早）根瘤分离；与大豆共生固氮；pH 值 4.5 生长；原始编号：41；培养基：0063；培养温度：28～30℃。

ACCC 15160←中国农业科学院土肥所宁国赞 1990 年从福建福田稻田灰色黏土（pH 值 5.17）采集大豆（古田豆）根瘤分离；与大豆共生固氮；pH 值 4.5 生长；原始编号：43；培养基：0063；培养温度：28～30℃。

ACCC 15161←中国农业科学院土肥所宁国赞 1990 年从福建福田山地黏土（pH 值 5.17）采集大豆（古田豆）根瘤分离；与大豆共生固氮；pH 值 4.5 生长；原始编号：49；培养基：0063；培养温度：28～30℃。

ACCC 15162←中国农业科学院土肥所刘惠琴 1990 年从福建福田稻田灰色黏土（pH 值 4.90）采集大豆（龙豆）根瘤分离；与大豆共生固氮；pH 值 4.5 生长；原始编号：63；培养基：0063；培养温度：28～30℃。

ACCC 15163←中国农业科学院土肥所宁国赞 1990 年从福建福田稻田灰色黏土（pH 值 4.90）采集大豆（龙豆）根瘤分离；与大豆共生固氮；pH 值 4.5 生长；原始编号：64；培养基：0063；培养温度：28～30℃。

ACCC 15164←中国农业科学院土肥所刘惠琴 1990 年从广东惠阳山地红壤黏土（pH 值 4.85）采集大豆（龙豆）根瘤分离；与大豆共生固氮；pH 值 4.5 生长；原始编号：72；培养基：0063；培养温度：28～30℃。

ACCC 15165←中国农业科学院土肥所刘惠琴 1990 年从广东惠阳山地红壤黏土（pH 值 4.91）采集大豆（龙豆）根瘤分离；与大豆共生固氮；pH 值 4.5 生长；原始编号：74；培养基：0063；培养温度：28～30℃。

ACCC 15166←中国农业科学院土肥所宁国赞 1990 年从广西宁明红壤（pH 值 5.4）采集大豆（鸡蛋豆）根瘤分离；与大豆共生固氮；pH 值 4.30 生长；原始编号：83；培养基：0063；培养温度：28～30℃。

ACCC 15167←中国农业科学院土肥所刘惠琴 1990 年从广西宁明红壤（pH 值 5.4）采集大豆（鸡蛋豆）根瘤分离；与大豆共生固氮；pH 值 4.30 生长；原始编号：84；培养基：0063；培养温度：28～30℃。

ACCC 15168←中国农业科学院土肥所刘惠琴 1990 年从广西南宁黄壤（pH 值 5.4）采集大豆（黄豆）根瘤分离；与大豆共生固氮；pH 值 4.40 生长；原始编号：87；培养基：0063；培养温度：28～30℃。

ACCC 15169←中国农业科学院土肥所宁国赞 1990 年从广西宁明红壤（pH 值 5.4）采集大豆（鸡蛋豆）根瘤分离；与大豆共生固氮；pH 值 4.30 生长；原始编号：88；培养基：0063；培养温度：28～30℃。

ACCC 15170←中国农业科学院土肥所刘惠琴 1990 年从广西南宁沙壤（pH 值 6.0）采集大豆（黄豆）根瘤分离；与大豆共生固氮；pH 值 4.30 生长；原始编号：89；培养基：0063；培养温度：28～30℃。

ACCC 15171←中国农业科学院土肥所刘惠琴 1990 年从广西梅县柑橘园分离；与大豆共生固氮；pH 值 4.50 生长；原始编号：94；培养基：0063；培养温度：28～30℃。

ACCC 15172←中国农业科学院土肥所宁国赞 1990 年从湖南长沙红壤黏土（pH 值 4.92）采集大豆（云赤早）根瘤分离；与大豆共生固氮；pH 值 4.50 生长；原始编号：101；培养基：0063；培养温度：28～30℃。

ACCC 15173←中国农业科学院土肥所宁国赞 1990 年从湖南长沙红壤黏土（pH 值 4.92）采集大豆（云赤早）根瘤分离；与大豆共生固氮；pH 值 4.20 生长；原始编号：114；培养基：0063；培养温度：28～30℃。

ACCC 15174←中国农业科学院土肥所刘惠琴 1990 年从湖南长沙红壤黏土（pH 值 5.31）采集大豆（湘春 13 号）根瘤分离；与大豆共生固氮；pH 值 4.40 生长；原始编号：121；培养基：0063；培养温度：28～30℃。

ACCC 15175←中国农业科学院土肥所宁国赞 1990 年从湖南长沙红壤黏土（pH 值 5.31）采集大豆（湘春 13 号）根瘤分离；与大豆共生固氮；pH 值 4.30 生长；原始编号：125；培养基：0063；培养温度：28～30℃。

ACCC 15176←中国农业科学院土肥所刘惠琴 1990 年从湖南长沙丘陵黄壤黏土（pH 值 5.30）采集大豆（褐皮豆）根瘤分离；与大豆共生固氮；pH 值 4.50 生长；原始编号：148；培养基：0063；培养温度：28～30℃。

ACCC 15177←中国农业科学院土肥所宁国赞 1990 年从湖南长沙丘陵黄壤黏土（pH 值 5.30）采集大豆（六月火暴）根瘤分离；与大豆共生固氮；pH 值 4.50 生长；原始编号：185；培养基：0063；培养温度：28～30℃。

ACCC 15178←中国农业科学院土肥所马晓彤 1990 年从湖南长沙丘陵黄壤黏土（pH 值 5.30）采集大豆（六月火暴）根瘤分离；与大豆共生固氮；pH 值 4.50 生长；原始编号：186；培养基：0063；培养温度：28～30℃。

ACCC 15179←中国农业科学院土肥所刘惠琴 1990 年从湖南长沙丘陵黄壤黏土（pH 值 5.30）采集大豆（六月火暴）根瘤分离；与大豆共生固氮；pH 值 4.50 生长；原始编号：193；培养基：0063；培养温度：28～30℃。

ACCC 15180←中国农业科学院土肥所马晓彤 1990 年从湖南长沙丘陵黄壤黏土（pH 值 5.30）采集大豆（六月火暴）根瘤分离；与大豆共生固氮；pH 值 4.50 生长；原始编号：195；培养基：0063；培养温度：28～30℃。

ACCC 15181←中国农业科学院土肥所马晓彤 1990 年从湖南长沙丘陵黄壤黏土（pH 值 5.30）采集大豆（五月拔）根瘤分离；与大豆共生固氮；pH 值 4.50 生长，田间试验用菌；原始编号：205；培养基：0063；培养温度：28～30℃。

ACCC 15182←中国农业科学院土肥所刘惠琴 1990 年从湖南长沙丘陵黄壤黏土（pH 值 4.91）采集大豆（湘春 11）根瘤分离；与大豆共生固氮；pH 值 4.50 生长；原始编号：232；培养基：0063；培养温度：28～30℃。

ACCC 15183←中国农业科学院土肥所刘惠琴 1990 年从湖南长沙丘陵黄壤黏土（pH 值 4.91）采集大豆（湘春 5 号）根瘤分离；与大豆共生固氮；pH 值 4.40 生长，生产用菌；原始编号：248；培养基：0063；培养温度：28～30℃。

ACCC 15184←中国农业科学院土肥所马晓彤 1990 年从湖南长沙丘陵黄壤黏土（pH 值 9.41）采集大豆（五月拔）根瘤分离；与大豆共生固氮；pH 值 4.40 生长；原始编号：270；培养基：0063；培养温度：28～30℃。

ACCC 15185←中国农业科学院土肥所马晓彤 1990 年从湖南长沙丘陵黄壤黏土（pH 值 4.92）采集大豆（云赤早）根瘤分离；与大豆共生固氮；pH 值 4.50 生长，生产用菌；原始编号：276；培养基：0063；培养温度：28～30℃。

ACCC 15186←中国农业科学院土肥所刘惠琴 1990 年从湖南长沙丘陵黄壤黏土（pH 值 5.30）采集大豆（褐皮豆）根瘤分离；与大豆共生固氮；pH 值 4.80 生长；原始编号：284；培养基：0063；培养温度：28～30℃。

ACCC 15187←中国农业科学院土肥所刘惠琴 1990 年从湖南长沙丘陵黄壤黏土（pH 值 4.91）采集大豆（湘春 5 号）根瘤分离；与大豆共生固氮；pH 值 4.40 生长；原始编号：302；培养基：0063；培养温度：28～30℃。

ACCC 15188←中国农业科学院土肥所刘惠琴1990年从江西南昌山地黄壤黏土（pH值6.15）采集大豆（矮脚早）根瘤分离；与大豆共生固氮；pH值4.40生长；原始编号：314；培养基：0063；培养温度：28～30℃。

ACCC 15189←中国农业科学院土肥所马晓彤1990年从江西进贤山地黄壤黏土（pH值6.27）采集大豆（矮脚早）根瘤分离；与大豆共生固氮；pH值4.50生长；原始编号：323；培养基：0063；培养温度：28～30℃。

ACCC 15190←中国农业科学院土肥所刘惠琴1990年从江西进贤山地黄壤黏土（pH值6.27）采集大豆（矮脚早）根瘤分离；与大豆共生固氮；pH值4.50生长；原始编号：324；培养基：0063；培养温度：28～30℃。

ACCC 15191←中国农业科学院土肥所刘惠琴1990年从江西进贤山地黄壤黏土（pH值6.27）采集大豆（矮脚早）根瘤分离；与大豆共生固氮；pH值4.80生长；原始编号：325；培养基：0063；培养温度：28～30℃。

ACCC 15192←中国农业科学院土肥所马晓彤1990年从江西进贤山地黄壤黏土（pH值6.27）采集大豆（矮脚早）根瘤分离；与大豆共生固氮；pH值4.40生长；原始编号：330；培养基：0063；培养温度：28～30℃。

ACCC 15193←中国农业科学院土肥所刘惠琴1990年从湖南长沙红壤黏土（pH值4.88）采集大豆（六月白）根瘤分离；与大豆共生固氮；pH值4.40生长；原始编号：348；培养基：0063；培养温度：28～30℃。

ACCC 15194←中国农业科学院土肥所马晓彤1990年从湖南长沙红壤黏土（pH值4.88）采集大豆（五月拔）根瘤分离；与大豆共生固氮；pH值4.40生长；原始编号：352；培养基：0063；培养温度：28～30℃。

ACCC 15195←中国农业科学院土肥所马晓彤1990年从湖南长沙红壤黏土（pH值4.88）采集大豆（六月白）根瘤分离；与大豆共生固氮；pH值4.20生长；原始编号：354；培养基：0063；培养温度：28～30℃。

ACCC 15196←中国农业科学院土肥所刘惠琴1990年从湖南长沙红壤黏土（pH值4.88）采集大豆（云赤早）根瘤分离；与大豆共生固氮；pH值4.20生长；原始编号：361；培养基：0063；培养温度：28～30℃。

ACCC 15197←中国农业科学院土肥所刘惠琴1990年从湖南长沙红壤黏土（pH值4.88）采集大豆（云赤早）根瘤分离；与大豆共生固氮；pH值4.20生长；原始编号：368；培养基：0063；培养温度：28～30℃。

ACCC 15198←中国农业科学院土肥所刘惠琴1990年从江西南昌山地黄壤黏土（pH值6.15）采集大豆（矮脚早）根瘤分离；与大豆共生固氮；pH值4.50生长；原始编号：376；培养基：0063；培养温度：28～30℃。

ACCC 15199←中国农业科学院土肥所马晓彤1990年从江西南昌山地黄壤黏土（pH值6.15）采集大豆（六月白）根瘤分离；与大豆共生固氮；pH值4.70生长；原始编号：397；培养基：0063；培养温度：28～30℃。

ACCC 15200←中国农业科学院土肥所马晓彤1990年从江西南昌山地黄壤黏土（pH值6.15）采集大豆（矮脚早）根瘤分离；与大豆共生固氮；pH值4.40生长；原始编号：407；培养基：0063；培养温度：28～30℃。

ACCC 15201←中国农业科学院土肥所刘惠琴1990年从江西南昌山地黄壤黏土（pH值6.15）采集大豆（矮脚早）根瘤分离；与大豆共生固氮；pH值4.40生长；原始编号：415；培养基：0063；培养温度：28～30℃。

ACCC 15202←中国农业科学院土肥所刘惠琴1990年从江西进贤山地黄壤黏土（pH值6.27）采集大豆（矮脚早）根瘤分离；与大豆共生固氮；pH值4.20生长；原始编号：423；培养基：0063；培养温度：28～30℃。

ACCC 15203←中国农业科学院土肥所刘惠琴 1990 年从江西进贤山地黄壤黏土（pH 值 6.27）采集大豆（矮脚早）根瘤分离；与大豆共生固氮；pH 值 4.30 生长；原始编号：430；培养基：0063；培养温度：28～30℃。

ACCC 15204←中国农业科学院土肥所马晓彤，1990 年从江西进贤山地黄壤黏土（pH 值 4093）采集大豆（矮脚早）根瘤分离；与大豆共生固氮；pH 值 4.30 生长；原始编号：441；培养基：0063；培养温度：28～30℃。

ACCC 15205←中国农业科学院土肥所马晓彤 1990 年从江西进贤山地黄壤黏土（pH 值 5.11）采集大豆（矮脚早）根瘤分离；与大豆共生固氮；pH 值 4.50 生长；原始编号：465；培养基：0063；培养温度：28～30℃。

ACCC 15206←中国农业科学院土肥所刘惠琴 1990 年从福建福田灰色黏土（pH 值 5.17）采集大豆（矮脚早）根瘤分离；与大豆共生固氮；pH 值 4.50 生长；原始编号：483；培养基：0063；培养温度：28～30℃。

ACCC 15207←中国农业科学院土肥所刘惠琴 1990 年从广西宁明红壤（pH 值 5.40）采集大豆（鸡蛋豆）根瘤分离；与大豆共生固氮；pH 值 4.50 生长；原始编号：486；培养基：0063；培养温度：28～30℃。

ACCC 15208←中国农业科学院土肥所马晓彤 1990 年从福建福田灰色黏土（pH 值 4.89）采集大豆（古田豆）根瘤分离；与大豆共生固氮；pH 值 4.80 生长；原始编号：489；培养基：0063；培养温度：28～30℃。

ACCC 15209←中国农业科学院土肥所宁国赞 1990 年从福建福田山地红壤黏土采集大豆（古田豆）根瘤分离；与大豆共生固氮；pH 值 4.50 生长；原始编号：516；培养基：0063；培养温度：28～30℃。

ACCC 15210←中国农业科学院土肥所白新学 1990 年从福建福田灰色黏土（pH 值 4.94）采集大豆（蒲豆）根瘤分离；与大豆共生固氮；pH 值 4.60 生长；原始编号：522；培养基：0063；培养温度：28～30℃。

ACCC 15211←中国农业科学院土肥所宁国赞 1990 年从福建福田灰色黏土（pH 值 4.94）采集大豆（蒲田 8008）根瘤分离；与大豆共生固氮；pH 值 4.50 生长；原始编号：532；培养基：0063；培养温度：28～30℃。

ACCC 15212←中国农业科学院土肥所白新学 1990 年从福建福田灰色黏土（pH 值 4.49）采集大豆（古田豆）根瘤分离；与大豆共生固氮；pH 值 4.40 生长；原始编号：554；培养基：0063；培养温度：28～30℃。

ACCC 15213←中国农业科学院土肥所宁国赞 1990 年从福建福田灰色黏土（pH 值 4.49）采集大豆（古田豆）根瘤分离；与大豆共生固氮，生产用菌；pH 值 4.20 生长；原始编号：556；培养基：0063；培养温度：28～30℃。

ACCC 15214←中国农业科学院土肥所白新学 1990 年从福建福田灰色黏土（pH 值 4.90）采集大豆（龙豆）根瘤分离；与大豆共生固氮；pH 值 4.50 生长；原始编号：578；培养基：0063；培养温度：28～30℃。

ACCC 15215←中国农业科学院土肥所白新学 1990 年从福建福田山地红黄壤黏土（pH 值 4.84）采集大豆（古田豆）根瘤分离；与大豆共生固氮；pH 值 4.50 生长；原始编号：592；培养基：0063；培养温度：28～30℃。

ACCC 15216←中国农业科学院土肥所宁国赞 1990 年从福建福田山地灰黄壤黏土（pH 值 4.84）采集大豆（蒲田豆 8008）根瘤分离；与大豆共生固氮；pH 值 4.50 生长；原始编号：597；培养基：0063；培养温度：28～30℃。

ACCC 15217←中国农业科学院土肥所白新学 1990 年从福建福田山地灰黄壤黏土（pH 值 4.55）采集大豆（蒲田豆 8008）根瘤分离；与大豆共生固氮；pH 值 4.80 生长；原始编号：610；培养基：0063；培养温度：28～30℃。

ACCC 15218←中国农业科学院土肥所白新学 1990 年从福建福田山地灰黄壤黏土（pH 值 4.84）采集大豆

（大黄豆）根瘤分离；与大豆共生固氮；pH值4.50生长；原始编号：628；培养基：0063；培养温度：28～30℃。

ACCC 15219←中国农业科学院土肥所宁国赞 1990 年从广东惠阳山地红壤黏土（pH值4.85）采集大豆（大黄豆）根瘤分离；与大豆共生固氮；pH值4.30生长；原始编号：630；培养基：0063；培养温度：28～30℃。

ACCC 15220←中国农业科学院土肥所宁国赞 1990 年从广东惠阳山地红壤黏土（pH值4.85）采集大豆（大黄豆）根瘤分离；与大豆共生固氮；pH值4.80生长；原始编号：639；培养基：0063；培养温度：28～30℃。

ACCC 15221←中国农业科学院土肥所宁国赞 1990 年从广东惠阳山地红壤黏土（pH值4.85）采集大豆（大黄豆）根瘤分离；与大豆共生固氮；pH值4.60生长；原始编号：643；培养基：0063；培养温度：28～30℃。

ACCC 15222←中国农业科学院土肥所白新学；1990 年从广东惠阳山地红壤黏土（pH值4.85）采集大豆（大黄豆）根瘤分离；与大豆共生固氮；pH值4.50生长；原始编号：647；培养基：0063；培养温度：28～30℃。

ACCC 15223←中国农业科学院土肥所白新学 1990 年从广东惠阳山地红壤黏土（pH值4.85）采集大豆（大黄豆）根瘤分离；与大豆共生固氮；pH值4.50生长；原始编号：656；培养基：0063；培养温度：28～30℃。

ACCC 15224←中国农业科学院土肥所宁国赞 1990 年从广东惠阳山地红壤黏土（pH值4.33）采集大豆（大黄豆）根瘤分离；与大豆共生固氮；pH值4.20生长；原始编号：658；培养基：0063；培养温度：28～30℃。

ACCC 15225←中国农业科学院土肥所宁国赞 1990 年从广东惠阳山地红壤黏土（pH值4.33）采集大豆（大黄豆）根瘤分离；与大豆共生固氮；原始编号：669；培养基：0063；培养温度：28～30℃。

ACCC 15226←中国农业科学院土肥所宁国赞 1990 年从广东惠阳山地红壤黏土（pH值4.33）采集大豆（大黄豆）根瘤分离；与大豆共生固氮；原始编号：671；培养基：0063；培养温度：28～30℃。

ACCC 15227←中国农业科学院土肥所白新学 1990 年从广东惠阳山地灰色黏土（pH值4.91）采集大豆（大黄豆）根瘤分离；与大豆共生固氮；pH值4.20生长；原始编号：678；培养基：0063；培养温度：28～30℃。

ACCC 15228←中国农业科学院土肥所宁国赞 1990 年从广东惠阳山地灰色黏土（pH值4.91）采集大豆（大黄豆）根瘤分离；与大豆共生固氮；pH值4.40生长；原始编号：679；培养基：0063；培养温度：28～30℃。

ACCC 15229←中国农业科学院土肥所宁国赞 1990 年从广东惠阳山地灰色黏土（pH值4.91）采集大豆（大黄豆）根瘤分离；与大豆共生固氮；pH值4.60生长；原始编号：685；培养基：0063；培养温度：28～30℃。

ACCC 15230←中国农业科学院土肥所白新学 1990 年从广东惠阳山地灰色黏土（pH值4.33）采集大豆（大黄豆）根瘤分离；与大豆共生固氮；pH值4.50生长；原始编号：688；培养基：0063；培养温度：28～30℃。

ACCC 15231←中国农业科学院土肥所宁国赞 1990 年从广东惠阳山地灰色黏土（pH值4.91）采集大豆（大黄豆）根瘤分离；与大豆共生固氮；pH值4.20生长；原始编号：695；培养基：0063；培养温度：28～30℃。

ACCC 15232←中国农业科学院土肥所宁国赞 1990 年从广东惠阳山地灰色黏土（pH值4.84）采集大豆（小黄豆）根瘤分离；与大豆共生固氮；pH值4.40生长；原始编号：696；培养基：0063；培养温度：28～30℃。

ACCC 15233←中国农业科学院土肥所宁国赞 1990 年从广东惠阳山地黄壤黏土（pH值4.84）采集大豆（小黄豆）根瘤分离；与大豆共生固氮；pH值4.20生长；原始编号：697；培养基：0063；培养温度：28～30℃。

ACCC 15234←中国农业科学院土肥所宁国赞 1990 年从广东惠阳山地黄壤黏土（pH 值 4.84）采集大豆（小黄豆）根瘤分离；与大豆共生固氮；pH 值 4.20 生长；原始编号：701；培养基：0063；培养温度：28～30℃。

ACCC 15235←中国农业科学院土肥所宁国赞 1990 年从广东惠阳山地黄壤黏土（pH 值 4.84）采集大豆（小黄豆）根瘤分离；与大豆共生固氮；pH 值 4.50 生长；原始编号：708；培养基：0063；培养温度：28～30℃。

ACCC 15236←中国农业科学院土肥所刘惠琴 1990 年从广东惠阳山地黄壤黏土（pH 值 4.84）采集大豆（小黄豆）根瘤分离；与大豆共生固氮，生产用菌；pH 值 4.40 生长；原始编号：712；培养基：0063；培养温度：28～30℃。

ACCC 15237←中国农业科学院土肥所刘惠琴 1990 年从广东惠阳山地黄壤沙土（pH 值 4.27）采集大豆（小黄豆）根瘤分离；与大豆共生固氮；pH 值 4.30 生长；原始编号：723；培养基：0063；培养温度：28～30℃。

ACCC 15238←中国农业科学院土肥所白新学 1990 年从广东惠阳山地黄壤沙土（pH 值 4.27）采集大豆（小黄豆）根瘤分离；与大豆共生固氮；pH 值 4.70 生长；原始编号：729；培养基：0063；培养温度：28～30℃。

ACCC 15239←中国农业科学院土肥所刘惠琴 1990 年从广东惠阳山地黄壤沙土（pH 值 4.27）采集大豆（小黄豆）根瘤分离；与大豆共生固氮；pH 值 4.30 生长；原始编号：731；培养基：0063；培养温度：28～30℃。

ACCC 15240←中国农业科学院土肥所白新学 1990 年从广东惠阳山地黄壤沙土（pH 值 4.27）采集大豆（小黄豆）根瘤分离；与大豆共生固氮；pH 值 4.30 生长；原始编号：734；培养基：0063；培养温度：28～30℃。

ACCC 15241←中国农业科学院土肥所刘惠琴 1990 年从广东惠阳山地黄壤沙土（pH 值 4.27）采集大豆（小黄豆）根瘤分离；与大豆共生固氮；pH 值 4.50 生长；原始编号：736；培养基：0063；培养温度：28～30℃。

ACCC 15242←中国农业科学院土肥所刘惠琴 1990 年从广西宁明红壤（pH 值 5.40）采集大豆（鸡蛋豆）根瘤分离；与大豆共生固氮；pH 值 4.30 生长；原始编号：761；培养基：0063；培养温度：28～30℃。

ACCC 15243←中国农业科学院土肥所刘惠琴 1990 年从广西宁明红壤（pH 值 5.40）采集大豆（鸡蛋豆）根瘤分离；与大豆共生固氮；pH 值 4.30 生长；原始编号：762；培养基：0063；培养温度：28～30℃。

ACCC 15244←中国农业科学院土肥所刘惠琴 1990 年从广西宁明沙壤（pH 值 5.40）采集大豆（鸡蛋豆）根瘤分离；与大豆共生固氮；pH 值 4.50 生长；原始编号：786；培养基：0063；培养温度：28～30℃。

ACCC 15245←中国农业科学院土肥所刘惠琴 1990 年从广东梅州柑橘园地（pH 值 5.0）采集大豆根瘤分离；与大豆共生固氮；pH 值 4.30 生长；原始编号：789；培养基：0063；培养温度：28～30℃。

ACCC 15246←中国农业科学院土肥所白新学 1990 年从广东梅州柑橘园地采集大豆根际分离；与大豆共生固氮；pH 值 4.30 生长；原始编号：790；培养基：0063；培养温度：28～30℃。

ACCC 15247←中国农业科学院土肥所刘惠琴 1990 年从广东梅州柑橘园地采集大豆根瘤分离；与大豆共生固氮；pH 值 4.30 生长；原始编号：791；培养基：0063；培养温度：28～30℃。

ACCC 15248←中国农业科学院土肥所刘惠琴 1990 年从广西南宁黄壤（pH 值 5.40）采集大豆（鸡蛋豆）根瘤分离；与大豆共生固氮；pH 值 4.50 生长；原始编号：793；培养基：0063；培养温度：28～30℃。

ACCC 15249←中国农业科学院土肥所宁国赞 1990 年从福建福田灰色黏土（pH 值 4.94）采集大豆（蒲田8008）根瘤分离；与大豆共生固氮；pH 值 4.80 生长；原始编号：54；培养基：0063；培养温度：28～30℃。

ACCC 15250←中国农业科学院土肥所宁国赞1990年从福建福田灰色黏土（pH值4.94）采集大豆（蒲田8008）根瘤分离；与大豆共生固氮；pH值4.40生长；原始编号：55；培养基：0063；培养温度：28～30℃。

ACCC 15251←中国农业科学院土肥所宁国赞1990年从福建福田灰色黏土（pH值4.94）采集大豆（古田豆）根瘤分离；与大豆共生固氮；pH值4.50生长；原始编号：59；培养基：0063；培养温度：28～30℃。

ACCC 15252←中国农业科学院土肥所刘惠琴1990年从福建福田灰色黏土（pH值4.94）采集大豆（古田豆）根瘤分离；与大豆共生固氮；pH值4.40生长；原始编号：61；培养基：0063；培养温度：28～30℃。

ACCC 15601←中国农业科学院土肥所←中国科学院植物所←美国Wisconsin大学生物固氮中心；原始编号：sm1培养基：0063；培养温度：28～30℃。

ACCC 15603←中国农业科学院土肥所←中国科学院植物所←美国Wisconsin大学生物固氮中心；原始编号：sm2；培养基：0063；培养温度：28～30℃。

ACCC 15604←中国农业科学院土肥所←中国科学院植物所←美国Wisconsin大学生物固氮中心；原始编号：sm3；培养基：0063；培养温度：28～30℃。

ACCC 15605←中国农业科学院土肥所←中国科学院植物所←美国Wisconsin大学生物固氮中心；原始编号：sm4；培养基：0063；培养温度：28～30℃。

ACCC 15606←中国农业科学院土肥所←中国农业大学陈文新教授赠←美国农业部；原始编号：USDA6；能与Glycine max共生结瘤；培养基：0063；培养温度：28～30℃。

ACCC 15607←中国农业科学院土肥所；胡济生教授1981年在美国合作研究期间从中国的土壤中分离的菌株；原始编号：Hu10培养基：0063；培养温度：28～30℃。

ACCC 15608←中国农业科学院土肥所；胡济生教授在美国合作研究期间从中国的土壤中分离的菌株；原始编号：Hu6。能与中国大豆共生固氮；培养基：0063；培养温度：28～30℃。

ACCC 15609←中国农业科学院土肥所；胡济生教授在美国合作研究期间从中国的土壤中分离的菌株；原始编号：Hu12。能与中国栽培大豆共生固氮；培养基：0063；培养温度：28～30℃。

ACCC 15610←中国农业科学院土肥所←美国根瘤菌公司；原始编号：61A88；能与中国栽培大豆共生固氮；培养基：0063；培养温度：28～30℃。

ACCC 15611←中国农业科学院土肥所分离；原始编号：2026；能与中国栽培大豆共生固氮；培养基：0063；培养温度：28～30℃。

Bradyrhizobium sp. 慢生根瘤菌 （豇豆族）

ACCC 14010←中国农业科学院土肥所从绿豆根瘤中分离1010；与花生共生固氮；培养基：0063；培养温度：28～30℃。

ACCC 14033←中国农业科学院土肥所1033，河南花生根瘤菌接种在小豆上，从小豆根瘤中再分离；培养基：0063；培养温度：28～30℃。

ACCC 14035←中国农业科学院土肥所1035，广西木豆根瘤菌接种在小豆上再分离；培养基：0063；培养温度：28～30℃。

ACCC 14046←中国农业科学院土肥所1046；与花生共生固氮；培养基：0063；培养温度：28～30℃。

ACCC 14055←中国农业科学院土肥所←美国根瘤菌公司PN1，3I7a3（从狗儿豆分离）；培养温度：28～30℃。

ACCC 14062←中国农业科学院土肥所←美国农业部8A44；与花生共生固氮；培养基：0063；培养温度：28～30℃。

ACCC 14063←中国农业科学院土肥所←美国农业部8A16；与花生共生固氮；培养基：0063；培养温度：28～30℃。

ACCC 14064←中国农业科学院土肥所←美国农业部8A23；与花生共生固氮；培养基：0063；培养温度：28～30℃。

ACCC 14065←中国农业科学院土肥所←美国农业部 8A19；与花生共生固氮；培养基：0063；培养温度：28～30℃。

ACCC 14066←中国农业科学院土肥所←美国农业部 3G4b20；与花生共生固氮；培养基：0063；培养温度：28～30℃。

ACCC 14067←中国农业科学院土肥所←美国农业部 3G4b21；与花生共生固氮；培养基：0063；培养温度：28～30℃。

ACCC 14068←中国农业科学院土肥所←美国农业部 Tha201；与花生共生固氮；培养基：0063；培养温度：28～30℃。

ACCC 14069←中国农业科学院土肥所←美国农业研究中心植物生理所 Tha205；与花生共生固氮；培养基：0063；培养温度：28～30℃。

ACCC 14070←中国农业科学院土肥所←美国农业部 8B6；与花生共生固氮；培养基：0063；培养温度：28～30℃。

ACCC 14071←中国农业科学院土肥所←美国农业部 8A11；培养基：0063；培养温度：28～30℃。

ACCC 14072←中国农业科学院土肥所←美国农业部，无效菌株，作标记用；与花生共生固氮；培养基：0063；培养温度：28～30℃。

ACCC 14073←中国农业科学院土肥所←美国农业部 Rhodosid 分离，菌号 3187；与花生共生固氮；培养基：0063；培养温度：28～30℃。

ACCC 14074←中国农业科学院土肥所←美国从泰国分离，菌号 TAL1000；与花生共生固氮；培养基：0063；培养温度：28～30℃。

ACCC 14075←中国农业科学院土肥所←美国根瘤菌公司；32H1 与花生共生固氮；培养基：0063；培养温度：28～30℃。

ACCC 14076←中国农业科学院土肥所←澳大利亚 CSIRO（Commonwealth Science ScienceIndurtry Research Organization）Dr. R. A. Date 赠；原始编号：CB765；与花生共生固氮；培养基：0063；培养温度：28～30℃。

ACCC 14077←中国农业科学院土肥所←澳大利亚 CSIRO Dr. R. A. Date 赠；原始编号：CB82；与花生共生固氮；培养基：0063；培养温度：28～30℃。

ACCC 14078←中国农业科学院土肥所←澳大利亚 CSIRO Dr. R. A. Date 赠；原始编号：CB1650；与花生共生固氮；培养基：0063；培养温度：28～30℃。

ACCC 14079←中国农业科学院土肥所←澳大利亚 CSIRO Dr. R. A. Date 赠；原始编号：CB2126；与花生共生固氮；培养基：0063；培养温度：28～30℃。

ACCC 14080←中国农业科学院土肥所←阿根廷；C95；与花生共生固氮；培养基：0063；培养温度：28～30℃。

ACCC 14081←中国农业科学院土肥所←阿根廷；C104；与花生共生固氮；培养基：0063；培养温度：28～30℃。

ACCC 14082←中国农业科学院土肥所←中国科学院油料所；与花生有较好的共生固氮效果，是近几年推广的菌株之一；培养基：0063；培养温度：28～30℃。

ACCC 14084←中国农业科学院土肥所←中国农业科学院油料所←印度国际半干旱研究所 NC；与花生共生固氮；培养基：0063；培养温度：28～30℃。

ACCC 14086←中国农业科学院土肥所←中国农业科学院油料所；LC6009；与花生共生固氮；培养基：0063；培养温度：28～30℃。

ACCC 14087←中国农业科学院土肥所←广州市微生物研究所；9-26；与花生共生固氮；培养基：0063；培养温度：28～30℃。

ACCC 14088←中国农业科学院土肥所←广东省农业科学院；C4；与花生共生固氮；培养基：0063；培养温度：28～30℃。

ACCC 14089←中国农业科学院土肥所←广州市微生物研究所；H62；与花生共生固氮；培养基：0063；培

养温度：28～30℃。

ACCC 14090←中国农业科学院土肥所←中国农业科学院油料所；036；与花生共生固氮；培养基：0063；
　　培养温度：28～30℃。

ACCC 14091←中国农业科学院土肥所←中国农业科学院油料所；97-1；与花生有较好的共生固氮效果；培
　　养基：0063；培养温度：28～30℃。

ACCC 14092←中国农业科学院土肥所←广东省农业科学院土肥所；C1；与花生共生固氮；培养基：0063；
　　培养温度：28～30℃。

ACCC 14093←中国农业科学院土肥所←美国根瘤菌公司；8A50；与花生共生固氮；培养基：0063；培养
　　温度：28～30℃。

ACCC 14094←中国农业科学院土肥所←美国根瘤菌公司；10A3；与花生共生固氮；培养基：0063；培养
　　温度：28～30℃。

ACCC 14095←中国农业科学院土肥所←美国根瘤菌公司；47A1；与花生共生固氮；培养基：0063；培养
　　温度：28～30℃。

ACCC 14096←中国农业科学院土肥所←美国根瘤菌公司；32F1；与花生共生固氮；培养基：0063；培养温
　　度：28～30℃。

ACCC 14097←中国农业科学院土肥所←美国 Nif.，TAL11；与花生共生固氮；培养基：0063；培养温度：
　　28～30℃。

ACCC 14098←中国农业科学院土肥所←美国 Nif.；原始编号：TAL98；与花生共生固氮；培养基：0063；
　　培养温度：28～30℃。

ACCC 14099←中国农业科学院土肥所←美国 Nif.；原始编号：TAL169；与花生共生固氮；培养基：0063；
　　培养温度：28～30℃。

ACCC 14100←中国农业科学院土肥所←美国 Nif.；原始编号：TAL175；与花生共生固氮；培养基：0063；
　　培养温度：28～30℃。

ACCC 14101←中国农业科学院土肥所←美国 Nif.；原始编号：TAL176；与花生共生固氮；培养基：0063；
　　培养温度：28～30℃。

ACCC 14102←中国农业科学院土肥所←美国 Nif.；原始编号：TAL177；与花生共生固氮；培养基：0063；
　　培养温度：28～30℃。

ACCC 14103←中国农业科学院土肥所←美国 Nif.；原始编号：TAL236；与花生共生固氮；培养基：0063；
　　培养温度：28～30℃。

ACCC 14104←中国农业科学院土肥所←美国 Nif.；原始编号：TAL295；与花生共生固氮；培养基：0063；
　　培养温度：28～30℃。

ACCC 14105←中国农业科学院土肥所←美国 Nif.；原始编号：TAL388；与花生共生固氮；培养基：0063；
　　培养温度：28～30℃。

ACCC 14106←中国农业科学院土肥所←美国 Nif.；原始编号：TAL425；与花生共生固氮；培养基：0063；
　　培养温度：28～30℃。

ACCC 14107←中国农业科学院土肥所←美国 Nif.；原始编号：TAL440；与花生共生固氮；培养基：0063；
　　培养温度：28～30℃。

ACCC 14108←中国农业科学院土肥所←美国 Nif.；原始编号：TAL465；与花生共生固氮；培养基：0063；
　　培养温度：28～30℃。

ACCC 14109←中国农业科学院土肥所←美国 Nif.；原始编号：TAL481；与花生共生固氮；培养基：0063；
　　培养温度：28～30℃。

ACCC 14110←中国农业科学院土肥所←美国 Nif.；原始编号：TAL464；与花生共生固氮；培养基：0063；
　　培养温度：28～30℃。

ACCC 14111←中国农业科学院土肥所←美国 Nif.；原始编号：TAL483；与花生共生固氮；培养基：0063；
　　培养温度：28～30℃。

ACCC 14113←中国农业科学院土肥所←美国 Nif.；原始编号：TAL437；与花生共生固氮；培养基：0063；培养温度：28～30℃。

ACCC 14114←中国农业科学院土肥所←美国根瘤菌公司；25B7；与花生共生固氮；培养基：0063；培养温度：28～30℃。

ACCC 14115←中国农业科学院土肥所←厦门大学生物系；1.538；与花生共生固氮；培养基：0063；培养温度：28～30℃。

ACCC 14116←中国农业科学院土肥所←中国农业科学院油料所←印度国际半干旱研究所；（3G4b10）；与花生共生固氮；培养基：0063；培养温度：28～30℃。

ACCC 14117←中国农业科学院土肥所←中国农业科学院油料所←印度国际半干旱研究所；411；与花生共生固氮；培养基：0063；培养温度：28～30℃。

ACCC 14118←中国农业科学院土肥所←澳大利亚 Dr. R. A. Date 赠；原始编号：CB627；与花生共生固氮；培养基：0063；培养温度：28～30℃。

ACCC 14120←中国农业科学院土肥所←中国科学院植物所；176A3；与花生共生固氮；培养基：0063；培养温度：28～30℃。

ACCC 14121←中国农业科学院土肥所←广东省农业科学院土肥所；F_1-1；与花生共生固氮；培养基：0063；培养温度：28～30℃。

ACCC 14125←中国农业科学院土肥所←中国农业科学院油料所；M-30，从大翼豆根瘤上分离而得；与花生共生固氮；培养基：0063；培养温度：28～30℃。

ACCC 14131←中国农业科学院土肥所刘惠琴 1985 年从院内试验地分离；原始编号：008；与绿豆、花生共生固氮；培养基：0063；培养温度：28～30℃。

ACCC 14132←中国农业科学院土肥所刘惠琴 1985 年从院内试验地分离；原始编号：147；与绿豆、花生共生固氮；培养基：0063；培养温度：28～30℃。

ACCC 14133←中国农业科学院土肥所刘惠琴 1985 年从院内试验地分离；原始编号：217；与绿豆、花生共生固氮；培养基：0063；培养温度：28～30℃。

ACCC 14134←中国农业科学院土肥所关妙等分离；原始编号：76；与绿豆、花生共生固氮；培养基：0063；培养温度：28～30℃。

ACCC 14150←中国农业科学院土肥所李元芳 1981 年从广西采瘤分离；原始编号：3-1；与柱花草共生固氮；培养基：0063；培养温度：28～30℃。

ACCC 14151←中国农业科学院土肥所宁国赞 1981 年从广西采瘤分离；原始编号：5-1；与柱花草共生固氮；培养基：0063；培养温度：28～30℃。

ACCC 14152←中国农业科学院土肥所宁国赞 1981 年从广西采瘤分离；原始编号：7-1；与柱花草共生固氮；培养基：0063；培养温度：28～30℃。

ACCC 14160←中国农业科学院土肥所宁国赞 1987 年从内蒙古科左右旗采瘤分离；原始编号：胡枝子 9；与胡枝子共生固氮；培养基：0063；培养温度：28～30℃。

ACCC 14161←中国农业科学院土肥所宁国赞 1987 年从内蒙古科左右旗采瘤分离；原始编号：胡枝子 10；与胡枝子共生固氮；培养基：0063；培养温度：28～30℃。

ACCC 14162←中国农业科学院土肥所宁国赞 1987 年从内蒙古科左右旗采瘤分离；原始编号：胡枝子 12；与胡枝子共生固氮；培养基：0063；培养温度：28～30℃。

ACCC 14163←中国农业科学院土肥所白新学 1987 年从内蒙古科左右旗采瘤分离；原始编号：胡枝子 14；与胡枝子共生固氮；培养基：0063；培养温度：28～30℃。

ACCC 14164←中国农业科学院土肥所白新学 1987 年从内蒙古科左右旗采瘤分离；原始编号：胡枝子 16；与胡枝子共生固氮；培养基：0063；培养温度：28～30℃。

ACCC 14165←中国农业科学院土肥所宁国赞 1987 年从内蒙古科左右旗采瘤分离；原始编号：胡枝子 211；与胡枝子共生固氮；培养基：0063；培养温度：28～30℃。

ACCC 14180←中国农业科学院土肥所宁国赞 1981 年从广西采瘤分离；原始编号：大 1；与大翼豆共生固

氮；培养基：0063；培养温度：28～30℃。

ACCC 14181←中国农业科学院土肥所李元芳1981年从广西采瘤分离；原始编号：大5；与大翼豆共生固氮；培养基：0063；培养温度：28～30℃。

ACCC 14182←中国农业科学院土肥所李元芳1981年从广西采瘤分离；原始编号：大9；与大翼豆共生固氮；培养基：0063；培养温度：28～30℃。

ACCC 14183←中国农业科学院土肥所宁国赞1981年从广西采瘤分离；原始编号：大10；与大翼豆共生固氮；培养基：0063；培养温度：28～30℃。

ACCC 14190←中国农业科学院土肥所李元芳1981年从广西采瘤分离；原始编号：大结3；与大翼豆共生固氮；培养基：0063；培养温度：28～30℃。

ACCC 14191←中国农业科学院土肥所宁国赞1981年从广西采瘤分离；原始编号：大结6；与大结豆共生固氮；培养基：0063；培养温度：28～30℃。

ACCC 14200←中国农业科学院土肥所李元芳1981年从广西采瘤分离；原始编号：山1；与绿叶、银叶山蚂蝗共生固氮；培养基：0063；培养温度：28～30℃。

ACCC 14201←中国农业科学院土肥所李元芳1981年从广西武宣采瘤分离；原始编号：山2；与绿叶、银叶山蚂蝗共生固氮；培养基：0063；培养温度：28～30℃。

ACCC 14202←中国农业科学院土肥所宁国赞1981年从广西武宣采瘤分离；原始编号：山3；与绿叶、银叶山蚂蝗共生固氮；培养基：0063；培养温度：28～30℃。

ACCC 14203←中国农业科学院土肥所宁国赞、李元芳1981年从广西武宣采瘤分离；原始编号：山4；与绿叶、银叶山蚂蝗共生固氮；培养基：0063；培养温度：28～30℃。

ACCC 14204←中国农业科学院土肥所←澳大利亚，其中与山蚂蝗等豇豆属植物共生固氮；原始编号：CB627；培养基：0063；培养温度：28～30℃。

ACCC 14205←中国农业科学院土肥所刘惠琴1985年从品资所实验地绿豆根瘤分离；与绿豆花生共生固氮；原始编号：169；培养基：0063；培养温度：28～30℃。

ACCC 14206←中国农业科学院土肥所刘惠琴1985年从品资所实验地绿豆根瘤分离；与绿豆花生共生固氮；原始编号：44；培养基：0063；培养温度：28～30℃。

ACCC 14207←中国农业科学院土肥所刘惠琴1985年从品资所实验地绿豆根瘤分离；与绿豆花生共生固氮；原始编号：090；培养基：0063；培养温度：28～30℃。

ACCC 14208←中国农业科学院土肥所刘惠琴1985年从品资所实验地绿豆根瘤分离；与绿豆花生共生固氮；原始编号：001；培养基：0063；培养温度：28～30℃。

ACCC 14209←中国农业科学院土肥所刘惠琴1985年从品资所实验地绿豆根瘤分离；与绿豆花生共生固氮；原始编号：22；培养基：0063；培养温度：28～30℃。

ACCC 14210←中国农业科学院土肥所刘惠琴1985年从品资所实验地绿豆根瘤分离；与绿豆花生共生固氮；原始编号：207；培养基：0063；培养温度：28～30℃。

ACCC 14211←中国农业科学院土肥所刘惠琴1985年从品资所实验地绿豆根瘤分离；与绿豆花生共生固氮；原始编号：164；培养基：0063；培养温度：28～30℃。

ACCC 14212←中国农业科学院土肥所刘惠琴1985年从品资所实验地绿豆根瘤分离；与绿豆花生共生固氮；原始编号：21；培养基：0063；培养温度：28～30℃。

ACCC 14213←中国农业科学院土肥所刘惠琴1985年从品资所实验地绿豆根瘤分离；与绿豆花生共生固氮；原始编号：203；培养基：0063；培养温度：28～30℃。

ACCC 14214←中国农业科学院土肥所刘惠琴1985年从品资所实验地绿豆根瘤分离；与绿豆花生共生固氮；原始编号：097；培养基：0063；培养温度：28～30℃。

ACCC 14215←中国农业科学院土肥所刘惠琴1985年从品资所实验地绿豆根瘤分离；与绿豆花生共生固氮；原始编号：42；培养基：0063；培养温度：28～30℃。

ACCC 14216←中国农业科学院土肥所刘惠琴1985年从品资所实验地绿豆根瘤分离；与绿豆花生共生固氮；原始编号：001；培养基：0063；培养温度：28～30℃。

Brevibacillus agri （Nakamura 1993）Shida et al. 1996 土壤短芽胞杆菌

ACCC 03016←中国农业科学院农业资源与农业区划研究所；原始编号：GD-67-2-4，7098；可以用来研发生产用的生物肥料；分离地点：内蒙古牙克石；培养基：0065；培养温度：28℃。

ACCC 03587←中国农业科学院麻类研究所；原始编号：IBFC W0902；红麻脱胶，24h 脱胶程度为 6；分离地点：湖南南县；培养基：0002；培养温度：35℃。

ACCC 10247^T← DSMZ←NRRL；NRS 1219←C. Lamanna，Camp Detrick；=DSM 6348＝ATCC 5166＝IFO 15538＝JCM 9067＝LMG 15103＝Vitek 202316；培养基：0266；培养温度：30℃。

ACCC 10732←中国农业科学院麻类研究所；原始编号：T1530；分离源：红麻土壤；分离地点：中国安徽蚌埠；培养基：0002；培养温度：32℃。

ACCC 04176←广东省广州微生物研究所；原始编号：070606B106-1；培养基：0002；培养温度：30℃。

Brevibacillus borstelensis （Shida et al. 1995）Shida et al. 1996 波茨坦短芽胞杆菌

ACCC 02014←新疆农业科学院微生物研究所；原始编号：B17，XAAS10274；分离地点：新疆吐鲁番；培养基：0033；培养温度：20℃。

Brevibacillus brevis （Migula 1900）Shida et al. 1996 短短芽胞杆菌

ACCC 03387←中国农业科学院麻类研究所；原始编号：IBFC W0588；红麻脱胶；培养基：0032；培养温度：35℃。

ACCC 03389←中国农业科学院麻类研究所；原始编号：IBFC W0591；红麻脱胶；分离地点：湖南沅江；培养基：0032；培养温度：35℃。

ACCC 03401←中国农业科学院麻类研究所；原始编号：IBFC W0589；红麻脱胶；培养基：0032；培养温度：35℃。

ACCC 03407←中国农业科学院麻类研究所；原始编号：IBFC W0592；红麻脱胶；分离地点：湖南沅江；培养基：0032；培养温度：35℃。

ACCC 03418←中国农业科学院麻类研究所；原始编号：IBFC W0590；红麻脱胶；分离地点：湖南沅江；培养基：0032；培养温度：35℃。

ACCC 10121←中国科学院微生物研究所←上海二微所；=AS 1.516；原始编号：P1001；产多粘菌素 M；培养基：0002；培养温度：30℃。

ACCC 10248^T← DSMZ← ATCC←NR Smith←J. Porter← NCTC 2611←W. Ford 27B；=DSM 30＝ATCC 8246＝CCM 2050＝JCM 2503＝LMG 16703＝NCIB 9372＝NCTC 2611；培养基：0266；培养温度：30℃。

ACCC 10659←南京农业大学农业环境微生物菌种保藏中心；原始编号：B113；研究、教学；分离源：植物根际土壤；分离地点：山东莱阳农学院；培养基：0002；培养温度：30℃。

ACCC 10687←南京农业大学农业环境微生物菌种保藏中心；原始编号：B15；研究、教学；分离源：植物根际土壤；分离地点：山东莱阳农学院；培养基：0002；培养温度：30℃。

Brevibacillus choshinensis （Takagi et al. 1993）Shida et al. 1996 短芽胞杆菌

ACCC 03062←中国农业科学院农业资源与农业区划研究所；原始编号：GD-21-2-4，7161；可以用来研发生产用的生物肥料；分离地点：北京市大兴区天堂河；培养基：0065；培养温度：28℃。

ACCC 03102←中国农业科学院农业资源与农业区划研究所；原始编号：GD-66-2-2，7214；可以用来研发生产用的生物肥料；分离地点：内蒙古牙克石七队；培养基：0065；培养温度：28℃。

Brevibacillus formosus （Shida et al. 1995）Shida et al. 1996 美丽短芽胞杆菌

ACCC 03023←中国农业科学院农业资源与农业区划研究所；原始编号：GD-17-2-4，7107；可以用来研发生产用的生物肥料；分离地点：北京市大兴区礼贤乡；培养基：0065；培养温度：28℃。

ACCC 03261←中国农业科学院农业资源与农业区划研究所；原始编号：GD-49-2-2；可以用来研发生产用的生物肥料；培养基：0065；培养温度：28℃。

Brevibacillus laterosporus （Laubach 1916）Shida et al. 1996 侧孢短芽胞杆菌

ACCC 01282←广东省广州微生物研究所；原始编号：GIMV1.0034，11-B-1；检测生产；分离地点：越南

DALAT；培养基：0002；培养温度：30～37℃。

ACCC 05440←中国农业科学院农业资源与农业区划研究所←中科院微生物研究所←IFFI；原始编号：IFFI 9012；培养基：0002；培养温度：30℃。

ACCC 10249^T←ATCC← AMC - Walter Reed Army Medical Center← AMNH 797← W. Ford 29←C；= DSMZ 25＝AMC 797＝ATCC 4517＝ATCC 8248＝CCM 2116＝CCRC 10607＝CCUG 7421＝CFBP 4222＝CIP 52.83＝HAMBI 1882＝IAM 12455＝IFO 15654＝JCM 2496＝LMG 16000＝LMG 6931＝NCCB 48016＝NCCB 75013＝NCFB 1763＝NCIB 8213＝NCIB 9367＝NCTC 2613＝NCTC 6357＝NRS 111＝NRS 314＝NRS 340＝NRS 347＝NRS 8；培养基：0266；培养温度：30℃。

ACCC 10274←轻工部食品发酵研究所；＝IFFI 9012；用于麻发酵；分离源：麻；培养基：0033；培养温度：30℃。

ACCC 10275←轻工部食品发酵研究所；用于麻发酵；培养基：0033；培养温度：30℃。

ACCC 11079←中国科学院微生物研究所；＝AS 1.864；能杀死蚊子幼虫；产溶菌酶；抗多种植物病害，并能促进作物生长，用于做微生物肥料的良好用菌；培养基：0002；培养温度：28～30℃。

Brevibacillus parabrevis (Takagi et al. 1993) Shida et al. 1996 类短短芽胞杆菌

ACCC 01662←广东省广州微生物研究所；原始编号：GIMT1.049；分离地点：广东增城；培养基：0002；培养温度：30℃。

ACCC 02972←中国农业科学院农业资源与农业区划研究所；原始编号：GD-44-2-2，7047；可以用来研发生产用的生物肥料；分离地点：内蒙古牙克石；培养基：0002；培养温度：28℃。

Brevibacillus sp. 短芽胞杆菌

ACCC 02644←南京农业大学农业环境微生物菌种保藏中心；原始编号：BC-2，NAECC0646；分离地点：山东东营；培养基：0033；培养温度：50℃。

ACCC 11684←南京农业大学农业环境微生物菌种保藏中心；原始编号：Lm-2-2，NAECC0762；可以在含 5 000mg/L 的绿嘧磺隆无机盐培养基中生长；分离源：土壤；分离地点：山东省淄博市；培养基：0971；培养温度：30℃。

ACCC 11833←南京农业大学农业环境微生物菌种保藏中心；原始编号：M22 NAECC1079；在无机盐培养基中以 5mg/L 的孔雀石绿为碳源；与 1/6LB 共代谢培养，2 天内孔雀石绿降解率大于 50%；分离源：市售水产体表；分离地点：江苏省连云港市场；培养基：0033；培养温度：30℃。

Brevibacterium ammoniagenes (Cooke and Keith 1927) Breed 1953 产氨短杆菌

ACCC 04258←广东省广州微生物研究所；原始编号：F1.35；产肌苷酸；分离地点：广东广州；培养基：0002；培养温度：30℃。

ACCC 04259←广东省广州微生物研究所；原始编号：F1.37；产肌苷酸；分离地点：广州番禺；培养基：0002；培养温度：30℃。

Brevibacterium casei Collins et al. 1983 乳酪短杆菌

ACCC 10519^T ←CGMCC← JCM ATCC← NCDO - National Collection of Dairy Organisms ← M. E. Sharpe C；＝ATCC 35513；培养基：0006；培养温度：37℃。

Brevibacterium epidermidis Collins et al. 1983 表皮短杆菌

ACCC 02655←南京农业大学农业环境微生物菌种保藏中心；原始编号：J3，NAECC1175；在 M9 培养基中抗甲磺隆的浓度达 500mg/L；分离地点：江苏省南京市卫岗菜园；培养基：0971；培养温度：30℃。

ACCC 02703←南京农业大学农业环境微生物菌种保藏中心；原始编号：GN-1，NAECC1554；耐受 10% 的 NaCl；分离地点：江苏省南京市高淳县；培养基：0002；培养温度：30℃。

ACCC 02826←南京农业大学农业环境微生物菌种保藏中心；原始编号：YST1；耐盐（10%NaCl）生长；分离地点：上海郊区土壤；培养基：0002；培养温度：30℃。

Brevibacterium halotolerans Delaporte and Sasson 1967 耐盐短杆菌

ACCC 02050←新疆农业科学院微生物研究所；原始编号：B39，XAAS10284；分离地点：新疆吐鲁番；培养基：0033；培养温度：20～35℃。

***Brevibacterium linens*（Wolff 1910）Breed 1953 扩展短杆菌**

ACCC 10508^T←ATCC←RS Breed←C. Kelly←H. Weigmann；＝ATCC 9172；培养基：0002；培养温度：30℃。

***Brevibacterium* sp. 短杆菌**

ACCC 02679←南京农业大学农业环境微生物菌种保藏中心；原始编号：SC9，NAECC1187；在 10％NaCl培养基上能够生长；分离地点：市场上购买的酸菜卤汁；培养基：0002；培养温度：30℃。

ACCC 11680←南京农业大学农业环境微生物菌种保藏中心；原始编号：N6，NAECC0743；耐盐菌；分离源：土壤；分离地点：山西运城；培养基：0971；培养温度：30℃。

ACCC 11775←南京农业大学农业环境微生物菌种保藏中心；原始编号：D2，NAECC0981；在无机盐培养基中添加 100mg/L 的敌稗，降解率达 30％～50％；分离源：土壤；培养基：0971；培养温度：30℃。

***Brevundimonas aurantiaca*（ex Poindexter 1964）Abraham et al. 1999 黄色短波单胞菌**

ACCC 01712←中国农业科学院饲料研究所；原始编号：FRI2007005，B256；饲料用植酸酶等的筛选；分离地点：浙江省；培养基：0002；培养温度：37℃。

ACCC 01725←中国农业科学院饲料研究所；原始编号：FRI2007090，B272；饲料用植酸酶等的筛选；分离地点：浙江省；培养基：0002；培养温度：37℃。

ACCC 01726←中国农业科学院饲料研究所；原始编号：FRI2007022，B273；饲料用植酸酶等的筛选；分离地点：浙江省；培养基：0002；培养温度：37℃。

***Brevundimonas diminuta*（Leifson and Hugh 1954）Segers et al. 1994 缺陷短波单胞菌**

ACCC 01652←广东省广州微生物研究所；原始编号：GIMT1.071；分离地点：广东广州；培养基：0002；培养温度：28℃。

ACCC 10507^T←ATCC；＝ATCC11568＝DSM 7234＝CCEB 513＝CCM 2657＝CCTM 1850＝CCUG 1427＝CECT 317＝CIP 63.27＝HNCMB 173005＝IAM 1513＝IMET 10409＝JCM 2788＝LMG 2089＝NCIB 9393＝NCTC 8545＝NRRL B-1496＝R. Hugh 342＝USCC 1337＝VKM B-893；培养基：0002；培养温度：26℃。

ACCC 10520←中科院微生物研究所；＝DSM 7234＝ATCC 11568；produces coenzyme Q-10；培养基：0033；培养温度：30℃。

***Brevundimonas kwangchunensis* Yoon et al. 2006 光村短波单胞菌**

ACCC 03017←中国农业科学院农业资源与农业区划研究所；原始编号：BaP-7-1，7099；可以用来研发农田土壤及环境修复微生物制剂；分离地点：北京市朝阳区黑庄户；培养基：0002；培养温度：28℃。

ACCC 03084←中国农业科学院农业资源与农业区划研究所；原始编号：BaP-7-2，7191；可以用来研发农田土壤及环境修复微生物制剂；分离地点：北京市朝阳区黑庄户；培养基：0002；培养温度：28℃。

ACCC 03246←中国农业科学院农业资源与农业区划研究所；原始编号：BaP-7-3；可以用来研发农田土壤及环境修复微生物制剂；培养基：0002；培养温度：28℃。

***Brevundimonas* sp. 短波单胞菌**

ACCC 11640←南京农业大学农业环境微生物菌种保藏中心；原始编号：DC-1 NAECC0667；能于 30℃、48h 内降解 82％以上的浓度为 60μl/100ml 的十八烷，对十八烷为唯一碳源（无机盐培养基）；分离源：土壤；分离地点：云南；培养基：0971；培养温度：30℃。

***Brevundimonas vesicularis*（Büsing et al. 1953）Segers et al. 1994 泡囊短波单胞菌**

ACCC 01062←中国农业科学院农业资源与农业区划研究所；原始编号：Hg-23-1；具有用作耐重金属基因资源潜力；分离地点：北京市大兴区礼贤乡；培养基：0002；培养温度：28℃。

ACCC 01095←中国农业科学院农业资源与农业区划研究所；原始编号：Hg-15-1；具有用作耐重金属基因资源潜力；分离地点：北京市大兴区电镀厂；培养基：0002；培养温度：28℃。

ACCC 01683←中国农业科学院饲料研究所；原始编号：FRI2007057 B221；饲料用植酸酶等的筛选；分离地点：海南三亚；培养基：0002；培养温度：37℃。

ACCC 01688←中国农业科学院饲料研究所；原始编号：FRI2007064 B228；饲料用植酸酶等的筛选；分离地点：海南三亚；培养基：0002；培养温度：37℃。

Brochothrix thermosphacta（McLean and Sulzbacher 1953）Sneath and Jones 1976 热杀索丝菌

ACCC 03870←中国农业科学院饲料研究所；原始编号：B362；饲料用纤维素酶、植酸酶、木聚糖酶等的筛选；分离地点：江西鄱阳县；培养基：0002；培养温度：26℃。

ACCC 03872←中国农业科学院饲料研究所；原始编号：B364；饲料用纤维素酶、植酸酶、木聚糖酶等的筛选；分离地点：江西鄱阳县；培养基：0002；培养温度：26℃。

ACCC 03917←中国农业科学院饲料研究所；原始编号：B414；饲料用纤维素酶、植酸酶、木聚糖酶等的筛选；分离地点：江西鄱阳县；培养基：0002；培养温度：26℃。

Burkholderia cepacia（Palleroni and Holmes 1981）Yabuuchi et al. 1993 洋葱伯克霍尔德菌

ACCC 01068←中国农业科学院农业资源与农业区划研究所；原始编号：FXH2-3-3；具有处理富营养水体和养殖废水潜力；分离地点：河北邯郸鱼塘；培养基：0002；培养温度：28℃。

ACCC 02947←中国农业科学院农业资源与农业区划研究所；原始编号：GD-57-1-1，7016；可以用来研发生产用的生物肥料；分离地点：黑龙江省五常市；培养基：0065；培养温度：28℃。

ACCC 04111←华南农业大学农学院微生物分子遗传实验室；原始编号：A2；分离地点：广东广州市华南农大；培养基：0002；培养温度：30℃。

ACCC 04112←华南农业大学农学院微生物分子遗传实验室；原始编号：A3；分离地点：广东广州市华南农大；培养基：0002；培养温度：30℃。

ACCC 04150←华南农业大学农学院微生物分子遗传实验室；原始编号：J025；分离地点：广东广州市华南农大；培养基：0003；培养温度：30℃。

ACCC 10044←中国农业科学院土壤肥料研究所；油污处理；培养基：0002；培养温度：30℃。

ACCC 04173←华南农业大学农学院微生物分子遗传实验室；原始编号：F2011；培养基：0002；培养温度：30℃。

ACCC 04205←华南农业大学农学院微生物分子遗传实验室；原始编号：X23；培养基：0002；培养温度：30℃。

ACCC 04221←华南农业大学农学院微生物分子遗传实验室；原始编号：YH30；培养基：0002；培养温度：30℃。

ACCC 04222←华南农业大学农学院微生物分子遗传实验室；原始编号：YH39；培养基：0002；培养温度：30℃。

ACCC 10506^T ← ATCC ← RW Ballard ← M. Starr ICPB PC 25 ← W. H. Burkholder；＝ATCC 25416＝UCB 717＝ICPB PC 25＝NCTC 10743；培养基：0002；培养温度：30℃。

Burkholderia pickettii（Ralston et al. 1973）Yabuuchi et al. 1993 皮氏伯克霍尔德氏菌

ACCC 10521←中科院微生物研究所；培养基：0033；培养温度：30℃。

Burkholderia sp. 伯克霍尔德氏菌

ACCC 01168←中国农业科学院农业资源与农业区划研究所；原始编号：S19；培养基：0033；培养温度：30℃。

ACCC 01169←中国农业科学院农业资源与农业区划研究所；原始编号：S20；培养基：0033；培养温度：30℃。

ACCC 11819←南京农业大学农业环境微生物菌种保藏中心；原始编号：D1-4，NAECC1053；在无机盐培养基中以 50mg/L 的对氨基苯甲酸为唯一碳源培养，3 天内降解率大于 90%；分离源：土壤；分离地点：江苏省南京第一农药厂；培养基：0033；培养温度：30℃。

Buttiauxella agrestis Ferragut et al. 1982 乡间布丘氏菌

ACCC 10477^T←ATCC←H Leclerc←F. Gavini F-44；＝ATCC 33320＝CUETM 77-167＝CIP 80-31；培养基：0002；培养温度：30℃。

***Catenococcus thiocycli* corrig. Sorokin 1994 硫循环链状球菌**

ACCC 10293^T←ATCC；=ATCC51228=lMD 92.12=DSM 9165；分离地点：near-shore sulphidic；培养
基：0033；培养温度：26℃。

***Caulobacter fusiformis* Poindexter 1964 纺锤状柄杆菌（梭形柄杆菌）**

ACCC 03136←中国农业科学院农业资源与农业区划研究所；原始编号：GD-17-1-6，7254；可以用来研发
生产用的生物肥料；分离地点：北京市大兴区礼贤乡；培养基：0065；培养温度：28℃。

***Caulobacter henricii* Poindexter 1964 亨氏柄杆菌**

ACCC 02982←中国农业科学院农业资源与农业区划研究所；原始编号：GD-67-1-4，7058；可以用来研发
生产用的生物肥料；分离地点：内蒙古牙克石；培养基：0065；培养温度：28℃。

***Cellulomonas biazotea*（Kellerman et al. 1913）Bergey et al. 1923 双氮纤维单胞菌**

ACCC 10527^T←CGMCC←JCM← K. Suzuki CNF 025←AJ 1571←ATCC 484←N. R. Smith 133；=AS
1.1900=ATCC 484=BCRC 14867=CCUG 24087=CECT 4283=CIP 102114=DSM 20113=IAM
12107=IFO 15513=IMET 10687=KCTC 1436=LMG 16345=NBRC 15513=NCIMB 11341=NCTC
7547=VKM Ac-1411=JCM1341；培养基：0002；培养温度：30℃。

***Cellulomonas flavigena*（Kellerman and McBeth 1912）Bergey et al. 1923 产黄纤维单胞菌**

ACCC 04313←广东省广州微生物研究所；原始编号：F1.187；利用纤维素能力强；分离地点：广东广州；
培养基：0002；培养温度：30℃。

ACCC 10485^T←ATCC←NR Smith；=ATCC 482=NRS 134=BUCSAV 180=NCIB 8073=QM B-528；培
养基：0002；培养温度：30℃。

ACCC 11055←中国科学院微生物研究所；=AS 1.1002；利用纤维素能力强；培养基：0002；培养温度：
30~34℃。

***Cellulomonas* sp. 纤维单孢菌**

ACCC 11614←南京农业大学农业环境微生物菌种保藏中心；原始编号：SDE NAECC0640；分离源：土壤；
分离地点：江苏南京；培养基：0033；培养温度：30℃。

***Cellulomonas uda*（Kellerman et al. 1913）Bergey et al. 1923 潮湿纤维单胞菌**

ACCC 11097^T←中国科学院微生物研究所←TCM←ATCC；'=AS 1.1916=JCM 1492=ATCC 491；模式菌
株；培养基：0002；培养温度：30℃。

***Cellulosimicrobium cellulans*（Metcalf and Brown 1957）Schumann et al. 2001 纤维化纤维微
细菌**

ACCC 01019←中国农业科学院农业资源与农业区划研究所；原始编号：GD-6-1-1；具有生产生物肥料潜
力；分离地点：北京市朝阳区；培养基：0002；培养温度：28℃。

***Cellulosimicrobium* sp. 纤维微菌**

ACCC 02877←南京农业大学农业环境微生物菌种保藏中心；原始编号：3-H，NAECC1540；分离地点：南
京江心洲废水处理厂；培养基：0033；培养温度：30℃。

***Chitinophaga ginsengisegetis* Lee et al. 2007 人参土噬几丁质菌**

ACCC 02993←中国农业科学院农业资源与农业区划研究所；原始编号：GD-71-2-1，7072；可以用来研发
生产用的生物肥料；分离地点：内蒙古牙克石；培养基：0065；培养温度：28℃。

ACCC 03099←中国农业科学院农业资源与农业区划研究所；原始编号：GD-72-1-1，7210；可以用来研发
生产用的生物肥料；分离地点：内蒙古牙克石特尼河农；培养基：0065；培养温度：28℃。

ACCC 03106←中国农业科学院农业资源与农业区划研究所；原始编号：GD-57-1-2，7218；可以用来研发
生产用的生物肥料；分离地点：黑龙江省五常市；培养基：0065；培养温度：28℃。

***Chromobacterium haemolyticum* Han et al. 2008 溶血色杆菌**

ACCC 05528←中国农业科学院农业资源与农业区划研究所；分离源：水稻根内生；分离地点：湖南省祁阳
县官山坪；培养基：0441；培养温度：37℃。

ACCC 05566←中国农业科学院农业资源与农业区划研究所；分离源：水稻根内生；分离地点：湖南省祁阳县官山坪；培养基：0908；培养温度：37℃。

Chromohalobacter israelensis （Huval et al. 1996）Arahal et al. 2001 以色列色盐杆菌

ACCC 02805←南京农业大学农业环境微生物菌种保藏中心；原始编号：2-NaCl；在含 12％NaCl 的 LB 固体培养基上可以生长，在含 12％NaCl 的 LB 液体培养基中可以生长；分离地点：中原油田采油三厂；培养基：0002；培养温度：28℃。

ACCC 02832←南京农业大学农业环境微生物菌种保藏中心；原始编号：ny1-2-1，NAECC1548；能够耐受 15％的盐；分离地点：山东省东营市东城区；培养基：0002；培养温度：30℃。

Chryseobacterium gleum （Holmes et al. 1984）Vandamme et al. 1994 黏金黄菌

ACCC 03431←中国农业科学院麻类研究所；原始编号：IBFC W0797；分离地点：中南林业科技大学；培养基：0002；培养温度：35℃。

Chryseobacterium taeanense Park et al. 2006 大安金黄杆菌

ACCC 05573←中国农业科学院农业资源与农业区划研究所；分离源：水稻根内生；分离地点：湖南省祁阳县官山坪；培养基：0908；培养温度：37℃。

***Chryseobacterium* sp.** 金黄杆菌

ACCC 11754←南京农业大学农业环境微生物菌种保藏中心；原始编号：BJSF NAECC0956；在无机盐培养基中添加 100mg/L 的苯甲酸，降解率达 40％左右；分离源：土壤；分离地点：江苏省南京市卫岗菜园；培养基：0033；培养温度：30℃。

ACCC 02207←中国农业科学院农业资源与农业区划研究所；原始编号：93，C26-7；纤维素降解菌；分离地点：吉林安图长白山；培养基：0002；培养温度：30℃。

Citrobacter amalonaticus （Young et al. 1971）Brenner and Farmer 1982 无丙二酸柠檬酸杆菌

ACCC 04154←华南农业大学农学院微生物分子遗传实验室；原始编号：LS4；培养基：0003；培养温度：30℃。

Citrobacter freundii （Braak 1928）Werkman and Gillen 1932 弗氏柠檬酸杆菌

ACCC 03417←中国农业科学院麻类研究所；原始编号：IBFC W0812；红麻脱胶，24h 脱胶程度为 7；分离地点：中南林业科技大学；培养基：0002；培养温度：34℃。

ACCC 03442←中国农业科学院麻类研究所；原始编号：IBFC W0813；红麻脱胶，24h 脱胶程度为 7；分离地点：中南林业科技大学；培养基：0002；培养温度：34℃。

ACCC 03445←中国农业科学院麻类研究所；原始编号：IBFC W0811；红麻脱胶，24h 脱胶程度为 7；分离地点：中南林业科技大学；培养基：0002；培养温度：34℃。

ACCC 04280←广东省广州微生物研究所；原始编号：G33；分离地点：广东广州；培养基：0002；培养温度：37℃。

ACCC 05411←清华大学化工系；用于做蓝色素合成基因的表达；培养基：0033；培养温度：28℃。

ACCC 10490ᵀ←ATCC；＝ATCC 8090＝ATCC 13316＝NCTC 9750；培养基：0002；培养温度：37℃。

***Citrobacter* sp.** 柠檬酸杆菌

ACCC 02187←中国农业科学院农业资源与农业区划研究所；原始编号：409，41-1；以磷酸三钙、磷矿石作为唯一磷源生长；分离地点：湖北钟祥；培养基：0002；培养温度：30℃。

Citrobacter amalonaticus （Young et al. 1971）Brenner and Farmer 1982 无丙二酸柠檬酸杆菌

ACCC 04188←华南农业大学农学院微生物分子遗传实验室；原始编号：LS9；培养基：0002；培养温度：30℃。

ACCC 04223←华南农业大学农学院微生物分子遗传实验室；原始编号：YJ202；分离地点：广东省广州市华南农大；培养基：0002；培养温度：30℃。

ACCC 04224←华南农业大学农学院微生物分子遗传实验室；原始编号：YJ205；分离地点：广东省广州市华南农大；培养基：0002；培养温度：30℃。

ACCC 04226←华南农业大学农学院微生物分子遗传实验室；原始编号：LS20；培养基：0002；培养温度：30℃。

Clavibacter michiganensis corrig.（Smith 1910）Davis et al. 1984 密执安棍状杆菌

ACCC 01233←新疆农业科学院微生物研究所；原始编号：XJAA10326，LB78；培养基：0033；培养温度：20℃。

Clostridium acetobutylicum McCoy et al. 192 丙酮丁醇梭菌

ACCC 11117←中国农业科学院土肥所←中科院微生物研究所；＝AS 1.244；培养基：0033；培养温度：30℃。

Clostridium clostridioforme Corrig.（Burri and Ankersmit 1906）Kaneuchi et al. 1976 梭状梭菌

ACCC 03374←中国农业科学院麻类研究所；原始编号：IBFC W0782；红麻脱胶，24h脱胶程度为7；分离地点：中南林业科技大学；培养基：0002；培养温度：35℃。

ACCC 03382←中国农业科学院麻类研究所；原始编号：IBFC W0829；红麻脱胶，24h脱胶程度为7；培养基：0033；培养温度：35℃。

ACCC 03384←中国农业科学院麻类研究所；原始编号：IBFC W0722；培养基：0033；培养温度：35℃。

ACCC 03388←中国农业科学院麻类研究所；原始编号：IBFC W0784；红麻脱胶，24h脱胶程度为7；培养基：0033；培养温度：35℃。

ACCC 03391←中国农业科学院麻类研究所；原始编号：IBFC W0705；培养基：0033；培养温度：35℃。

ACCC 03399←中国农业科学院麻类研究所；原始编号：IBFC W0801；红麻脱胶，24h脱胶程度为7；培养基：0002；培养温度：35℃。

ACCC 03408←中国农业科学院麻类研究所；原始编号：IBFC W0757；红麻脱胶，24h脱胶程度为7；分离地点：中南林业科技大学；培养基：0002；培养温度：35℃。

ACCC 03412←中国农业科学院麻类研究所；原始编号：IBFC W0731；红麻脱胶，24h脱胶程度为7；分离地点：中南林业科技大学；培养基：0002；培养温度：35℃。

ACCC 03415←中国农业科学院麻类研究所；原始编号：IBFC W0676；红麻脱胶，24h脱胶程度为5；分离地点：中南林业科技大学；培养基：0002；培养温度：35℃。

ACCC 03419←中国农业科学院麻类研究所；原始编号：IBFC W0750；红麻脱胶，24h脱胶程度为7；培养基：0002；培养温度：35℃。

ACCC 03421←中国农业科学院麻类研究所；原始编号：IBFC W0661；红麻脱胶，24h脱胶程度为6；培养基：0002；培养温度：35℃。

ACCC 03426←中国农业科学院麻类研究所；原始编号：IBFC W0828；分离地点：中南林业科技大学；培养基：0002；培养温度：35℃。

ACCC 03440←中国农业科学院麻类研究所；原始编号：IBFC W0686；红麻脱胶，24h脱胶程度为7；分离地点：中南林业科技大学；培养基：0002；培养温度：35℃。

ACCC 03447←中国农业科学院麻类研究所；原始编号：IBFC W0818；红麻脱胶，24h脱胶程度为7；分离地点：中南林业科技大学；培养基：0002；培养温度：35℃。

ACCC 03457←中国农业科学院麻类研究所；原始编号：IBFC W0819；红麻脱胶，24h脱胶程度为7；分离地点：中南林业科技大学；培养基：0033；培养温度：35℃。

ACCC 03467←中国农业科学院麻类研究所；原始编号：IBFC W0728；红麻脱胶，24h脱胶程度为7；分离地点：中南林业科技大学；培养基：0033；培养温度：35℃。

ACCC 03469←中国农业科学院麻类研究所；原始编号：IBFC W0681；红麻脱胶，24h脱胶程度为7；分离地点：中南林业科技大学；培养基：0002；培养温度：35℃。

ACCC 03470←中国农业科学院麻类研究所；原始编号：IBFC W0660；红麻脱胶，24h脱胶程度为5；分离地点：中南林业科技大学；培养基：0002；培养温度：35℃。

ACCC 03479←中国农业科学院麻类研究所；原始编号：IBFC W0730；红麻脱胶，24h脱胶程度为7；分离地点：中南林业科技大学；培养基：0033；培养温度：35℃。

ACCC 03481←中国农业科学院麻类研究所；原始编号：IBFC W0749；红麻脱胶，24h脱胶程度为7；分离地点：中南林业科技大学；培养基：0033；培养温度：35℃。

ACCC 03491←中国农业科学院麻类研究所；原始编号：IBFC W0720；红麻脱胶，24h脱胶程度为7；分离地点：中南林业科技大学；培养基：0002；培养温度：35℃。

ACCC 03508←中国农业科学院麻类研究所；原始编号：IBFC W0665；红麻脱胶，24h脱胶程度为7；分离地点：中南林业科技大学；培养基：0002；培养温度：35℃。

ACCC 03510←中国农业科学院麻类研究所；原始编号：IBFC W0675；红麻脱胶，24h脱胶程度为4；分离地点：中南林业科技大学；培养基：0002；培养温度：35℃。

ACCC 03513←中国农业科学院麻类研究所；原始编号：IBFC W0703；红麻脱胶，24h脱胶程度为7；分离地点：中南林业科技大学；培养基：0002；培养温度：35℃。

ACCC 03516←中国农业科学院麻类研究所；原始编号：IBFC W0786；红麻脱胶，24h脱胶程度为7；分离地点：中南林业科技大学；培养基：0002；培养温度：35℃。

ACCC 03604 中国农业科学院麻类研究所；原始编号：IBFC W0927；红麻脱胶，24h脱胶程度为5；分离地点：湖南沅江；培养基：0002；培养温度：33℃。

Clostridium pasteurianum Winogradsky 1895 巴氏梭菌

ACCC 11114←中国农业科学院土肥所←中科院微生物研究所←前苏联微生物研究所；培养基：0002；培养温度：30℃。

Clostridium tertium （Henry 1917）Bergey et al. 1923 第三梭菌

ACCC 03372←中国农业科学院麻类研究所；原始编号：IBFC W0526 Y697-2；红麻脱胶，96h脱胶程度为7；培养基：0002；培养温度：35℃。

ACCC 03396←中国农业科学院麻类研究所；原始编号：IBFC W0527；红麻脱胶，96h脱胶程度为7；培养基：0002；培养温度：35℃。

ACCC 03429←中国农业科学院麻类研究所；原始编号：IBFC W0535；红麻脱胶，96h脱胶程度为7；分离地点：浙江上虞；培养基：0002；培养温度：35℃。

ACCC 03432←中国农业科学院麻类研究所；原始编号：IBFC W0528；红麻脱胶，96h脱胶程度为7；分离地点：浙江上虞；培养基：0002；培养温度：35℃。

ACCC 03437←中国农业科学院麻类研究所；原始编号：IBFC W0533；红麻脱胶，96h脱胶程度为7；分离地点：浙江上虞；培养基：0002；培养温度：35℃。

ACCC 03441←中国农业科学院麻类研究所；原始编号：IBFC W0532；红麻脱胶，96h脱胶程度为7；分离地点：浙江上虞；培养基：0002；培养温度：35℃。

ACCC 03454←中国农业科学院麻类研究所；原始编号：IBFC W0531；红麻脱胶，96h脱胶程度为7；培养基：0002；培养温度：35℃。

ACCC 03485←中国农业科学院麻类研究所；原始编号：IBFC W0525；红麻脱胶，96h脱胶程度为7；分离地点：浙江上虞；培养基：0002；培养温度：35℃。

ACCC 03493←中国农业科学院麻类研究所；原始编号：IBFC W0534；红麻脱胶，96h脱胶程度为7；分离地点：浙江上虞；培养基：0002；培养温度：35℃。

Comamonas aquatica （Hylemon et al. 1973）Wauters et al. 2003 水生丛毛单胞菌

ACCC 02629←南京农业大学农业环境微生物菌种保藏中心；原始编号：Y14B，NAECC1228；能于30～1 000mg/L的十八烷烃无机盐培养基中，72h降解率约为80%，十八烷烃为唯一碳源（无机盐培养基）；分离地点：山东东营；培养基：0033；培养温度：30℃。

Comamonas sp. 丛毛单胞菌

ACCC 02484←南京农业大学农业环境微生物菌种保藏中心；原始编号：P1-5＋4，NAECC1131；在无机盐培养基中添加100mg/L的DEHP，经过紫外扫描能降解形成代谢中间产物但不能开环；分离地点：江浦农场；培养基：0033；培养温度：30℃。

ACCC 02488←南京农业大学农业环境微生物菌种保藏中心；原始编号：p5-8＋5，NAECC1136；分离地点：南京轿子山；培养基：0033；培养温度：30℃。

ACCC 02489←南京农业大学农业环境微生物菌种保藏中心；原始编号：p5-8＋6，NAECC1137；分离地点：南京轿子山；培养基：0033；培养温度：30℃。

ACCC 02492←南京农业大学农业环境微生物菌种保藏中心；原始编号：ADF-2，NAECC0872；在以 MM 培养基中，能降解3,5-二硝基苯甲酸50%以上，可以耐受5 000mg/kg的3,5-二硝基苯甲酸；分离地点：江苏南京；培养基：0033；培养温度：30℃。

ACCC 02784←南京农业大学农业环境微生物菌种保藏中心；原始编号：BF-4，NAECC1740；在无机盐培养基中以100mg/L的苯酚为唯一碳源培养，3天内降解率大于90%；分离地点：江苏省徐州市；培养基：0002；培养温度：30℃。

ACCC 11682←南京农业大学农业环境微生物菌种保藏中心；原始编号：Bhl-5 NAECC0759；在无机盐培养基中添加50mg/L的苄磺隆，6天内降解率20%左右；分离源：土壤；分离地点：江苏常熟；培养基：0971；培养温度：30℃。

ACCC 11770←南京农业大学农业环境微生物菌种保藏中心；原始编号：DJF2 NAECC0976；在无机盐培养基中添加100mg/L的对甲酚，降解率达40%左右；分离源：土壤；分离地点：江苏省南京市卫岗菜园；培养基：0033；培养温度：30℃。

ACCC 11782←南京农业大学农业环境微生物菌种保藏中心；原始编号：JNW7 NAECC0988；在无机盐培养基中添加100mg/L的甲奈威，降解率达30%～50%；分离源：土壤；培养基：0971；培养温度：30℃。

ACCC 11831←南京农业大学农业环境微生物菌种保藏中心；原始编号：BJS-Z-2 NAECC1074；在无机盐培养基中以60mg/L的苯甲酸为唯一碳源培养，3天内降解率大于90%；分离源：土壤；分离地点：江苏省南京市；培养基：0033；培养温度：30℃。

ACCC 11853←南京农业大学农业环境微生物菌种保藏中心；原始编号：MQ2-B NAECC1111；分离源：污泥；分离地点：江苏南京；培养基：0033；培养温度：30℃。

Comamonas testosteroni（Marcus and Talalay 1956）Tamaoka et al. 1987 睾丸酮丛毛单胞菌

ACCC 02640←南京农业大学农业环境微生物菌种保藏中心；原始编号：N19-3，NAECC1221；能于30℃、48h降解约1 000mg/L的萘，降解率为98%，萘为唯一碳源（无机盐培养基）；分离地点：山东东营；培养基：0033；培养温度：30℃。

ACCC 02838←南京农业大学农业环境微生物菌种保藏中心；原始编号：FP2-2，NAECC1510；能于30℃、36h降解约300mg/L的苯酚，降解率为90%，苯酚为唯一碳源（无机盐培养基）；分离地点：江苏省泰兴市化工厂；培养基：0002；培养温度：30℃。

ACCC 02881←南京农业大学农业环境微生物菌种保藏中心；原始编号：BFSY-3，NAECC1709；可以以100mg/L苯酚为唯一碳源生长，24h内降解率97.8%。最适生长温度为28℃；分离地点：江苏省无锡市锡南农药；培养基：0971；培养温度：30℃。

ACCC 10192←DSMZ；培养基：0002；培养温度：30℃。

ACCC 10660←南京农业大学农业环境微生物菌种保藏中心；＝NAECC0039；原始编号：A3；分离地点：江苏省泰兴市；培养基：0002；培养温度：30℃。

ACCC 11661←南京农业大学农业环境微生物菌种保藏中心；原始编号：萘 4-1 NAECC0701；分离源：石油；分离地点：山东东营；培养基：0033；培养温度：30℃。

ACCC 02534←南京农业大学农业环境微生物菌种保藏中心；原始编号：P3-3，NAECC1192；可以以苯酚为唯一碳源生长，在3天的时间内可以降解400mg/L的苯酚90%；分离地点：江苏省徐州市新宜农药厂；培养基：0002；培养温度：30℃。

ACCC 02585←南京农业大学农业环境微生物菌种保藏中心；原始编号：P4-4，NAECC1193；可以以苯酚为唯一碳源生长，在3天的时间内可以降解100mg/L的苯酚90%；分离地点：苏徐州新宜农药厂；培养基：0002；培养温度：30℃。

ACCC 02770←南京农业大学农业环境微生物菌种保藏中心；原始编号：P3-13，NAECC1721；可以以苯酚为唯一碳源生长，在 3 天的时间内可以降解 400mg/L 的苯酚 90%；分离地点：江苏徐州新宜农药厂；培养基：0002；培养温度：30℃。

Corynebacterium ammoniagenes （**Cooke and Keith 1927**） **Collins 1987 产氨棒杆菌**

ACCC 10158←广东省广州微生物研究所←中国科学院微生物研究所；＝GIM 1.37＝AS 1.844；产肌酸；培养基：0002；培养温度：30℃。

Corynebacterium callunae （**Lee and Good 1963**） **Yamada and Komagata 1972 石南棒杆菌**

ACCC 10207^T←DSMZ← ATCC←NRRL← Int. Mineral and Chemical Corp；＝DSM20147＝ATCC 15991，NCIB 10338，NRRL B-2244；Produces L-glutamic acid （U. S. Pat. 3，087，863）；培养基：0441；培养温度：30℃。

Corynebacterium glutamicum （**Kinoshita et al. 1958**） **Abe et al. 1967 谷氨酸棒状杆菌**

ACCC 04257←广东省广州微生物研究所；原始编号：F1.33；产谷氨酸；分离地点：广东广州；培养基：0002；培养温度：30℃。

ACCC 04261←广东省广州微生物研究所；原始编号：F1.41；产肌苷酸；分离地点：广东广州；培养基：0002；培养温度：30℃。

ACCC 10159←广东省广州微生物研究所←中国科学院微生物研究所←上海天厨味精厂；＝GIM 1.41＝AS1.805；原始编号：265；产肌苷；培养基：0002；培养温度：30℃。

ACCC 10199 ← DSMZ ← ATCC ← Ajinomoto Co.，Inc.，2256 （Brevibacterium lactofermentum）；＝DSM1412＝ATCC 13869，NCIB 9567；Produces L-glutamic acid （U. S. Pats. 3，117，915；3，128，237；3，096，252；3，136，702；3，212，994）；培养基：0002；培养温度：30℃。

ACCC 10202^T←DSMZ← H. G. Schlegel←K. Komagata←ATCC←Kyowa Ferm. Ind.Co.，Ltd.，534（M；＝DSM20300＝ATCC 13032，NCIB 10025；Produces L-glutamic acid （U. S. Pats. 3，002，889；3，003，925）；分离源：污水；培养基：0441；培养温度：30℃。

ACCC 10522 ← CGMCC ← JCM；＝ ATCC 13032 ＝ AS 1.1886 ＝ JCM 1318；培养基：0002；培养温度：25℃。

ACCC 11063←中国科学院微生物研究所；＝AS 1.818；产谷氨酸，抗噬菌体；培养基：0002；培养温度：30℃。

ACCC 11064←ATCC；＝ATCC 13286；培养基：0002；培养温度：37℃。

ACCC 11065←中国农业科学院土肥所←浙江兰溪县味精厂←上海味精厂；原始编号：L-A111 （味）；产赖氨酸菌株；培养基：0002；培养温度：30℃。

ACCC 11066←中国农业科学院土肥所←浙江兰溪县味精厂←上海工业微生物研究所；原始编号：L-A111 （工）；产赖氨酸菌株；培养基：0006；培养温度：30℃。

ACCC 11067←北京农业大学微生物教研室；原始编号：赖 89；培养基：0002；培养温度：28℃。

Corynebacterium pseudodiphtheriticum **Lehmann and Neumann 1896 类白喉棒杆菌**

ACCC 01292←广东省广州微生物研究所；原始编号：GIMV1.0054，23-B-1；检测、生产；分离地点：越南 DpoXong Pha；培养基：0002；培养温度：30～37℃。

***Corynebacterium* sp. 棒杆菌**

ACCC 01293←广东省广州微生物研究所；原始编号：GIMV1.0055，23-B-2；检测、生产；分离地点：越南 DpoXong Pha；培养基：0002；培养温度：30～37℃。

ACCC 10160←广东省广州微生物研究所←中国科学院微生物研究所；＝GIM 1.40＝AS 1.295；原始编号：2002-7-2；产谷氨酸；培养基：0002；培养温度：30℃。

Crabtreella saccharophila **Xie and Yokota 2006 嗜糖克拉布拉特里氏菌**

ACCC 03059←中国农业科学院农业资源与农业区划研究所；原始编号：BaP-19-2，7155；可以用来研发农田土壤及环境修复微生物制剂；分离地点：北京市大兴区礼贤乡；培养基：0002；培养温度：28℃。

Cupriavidus basilensis （**Steinle et al. 1999**） **Vandamme and Coenye 2004 巴塞尔贪铜菌**

ACCC 02582←南京农业大学农业环境微生物菌种保藏中心；原始编号：BFXJ-4，NAECC1200；可以以

500mg/L苯酚为唯一碳源生长，96h内降解率97.5%；分离地点：江苏省无锡市惠山区锡；培养基：0002；培养温度：30℃。

ACCC 10191^T←DSMZ；＝DSM 11853；Utilizes benzene，chlorobenzene，2，4-dichlorophenol，2，6-dichlorophenol，phenol，toluene；分离源：laboratory fixed-bed reactor；培养基：0002；培养温度：30℃。

Cupriavidus necator Makkar and Casida 1987 杀虫贪铜菌

ACCC 02586←南京农业大学农业环境微生物菌种保藏中心；原始编号：BFXJ-6，NAECC1201；可以以100mg/L苯酚为唯一碳源生长，24h内降解率98%；分离地点：江苏省无锡市惠山区锡；培养基：0002；培养温度：30℃。

Curtobacterium citreum（Komagata and Iizuka 1964）Yamada and Komagata 1972 柠檬色短小杆菌

ACCC 10504^T←ATCC；＝ATCC 15828；培养基：0002；培养温度：30℃。

Curtobacterium flaccumfaciens（Hedges 1922）Collins and Jones 1984 萎蔫短小杆菌

ACCC 02607←南京农业大学农业环境微生物菌种保藏中心；原始编号：SMW-8，NAECC0750；在无机盐培养基中添50mg/L的农药，对速灭威降解率达40%，用于教学或科研；分离地点：江苏省南京市玄武区；培养基：0033；培养温度：30℃。

Curtobacterium luteum（Komagata and Iizuka 1964）Yamada and Komagata 1972 滕黄短小杆菌

ACCC 02241←广东省广州微生物研究所；原始编号：M060824-7 促进植物生长；分离地点：广东广州；培养基：0002；培养温度：30℃。

Dechlorosoma sp. 脱氯弯杆菌

ACCC 02541←南京农业大学农业环境微生物菌种保藏中心；原始编号：Cu-d-1，NAECC1048；能够耐受2mM的重金属Cu^{2+}；分离地点：江苏省无锡市惠山农药；培养基：0033；培养温度：30℃。

Deinococcus deserti de Groot et al. 2005 沙漠奇异球菌

ACCC 05475^T←中国农业科学院农业资源与农业区划研究所←DSMZ←T. Heulin←V. Chapon，VCD 115. De；分离地点：dried American beer；培养基：0033；培养温度：28℃。

Deinococcus radiodurans（ex Raj et al. 1960）Brooks and Murray 1981 耐辐射异常球菌

ACCC 01642^T←中国农业科学院生物技术研究所；原始编号：BRI-00297，ΔDR1337；教学科研，探讨磷酸戊糖途径与DNA辐射损伤修复机制的关系；培养基：0033；培养温度：30℃。

ACCC 10492←ATCC；＝ATCC 13939；培养基：0450；培养温度：30℃。

Delftia sp. 代尔夫特菌

ACCC 01079←中国农业科学院农业资源与农业区划研究所；原始编号：Cd-7-1；具有用作耐重金属基因资源潜力；分离地点：北京市朝阳区黑庄户；培养基：0002；培养温度：28℃。

ACCC 01145←中国农业科学院农业资源与农业区划研究所；原始编号：Cd-8-1；具有用作耐重金属基因资源潜力；分离地点：北京市朝阳区黑庄户；培养基：0002；培养温度：28℃。

ACCC 02663←南京农业大学农业环境微生物菌种保藏中心；原始编号：JNW11，NAECC0990；在无机盐培养基中添加100mg/L的甲萘威，降解率35%；分离地点：江苏省南京市玄武区；培养基：0033；培养温度：30℃。

ACCC 02700←南京农业大学农业环境微生物菌种保藏中心；原始编号：bnan-3，NAECC1551；能于30℃、48h降解500mg/L的苯胺，降解率为90%，苯胺为唯一碳源（无机盐培养基）；分离地点：江苏省扬子石化污水处；培养基：0002；培养温度：30℃。

ACCC 10385←首都师范大学←中科院微生物研究所；降解苯胺；培养基：0033；培养温度：30℃。

ACCC 11784←南京农业大学农业环境微生物菌种保藏中心；原始编号：JNW11 NAECC0990；在无机盐培养基中添加100mg/L的甲萘威，降解率30%～50%；分离源：土壤；培养基：0971；培养温度：30℃。

ACCC 11824←南京农业大学农业环境微生物菌种保藏中心；原始编号：XSP-ZM-1 NAECC1063；在无机
　　盐培养基中以 100mg/L 的辛硫磷为唯一碳源培养，2 天内降解率约为 90％以上；分离源：土壤；分离
　　地点：河南永信生物农药股份公司；培养基：0033；培养温度：30℃。

Delftia tsuruhatensis Shigematsu et al. 2003 鹤羽田戴尔福特菌

ACCC 02766←南京农业大学农业环境微生物菌种保藏中心；原始编号：Xim1，NAECC1715；可以以辛硫
　　磷为唯一碳源生长，在 1 天的时间内可以降解 100mg/L 的辛硫磷 90％；分离地点：江苏徐州新宜农药
　　厂；培养基：0002；培养温度：30℃。

ACCC 02835←南京农业大学农业环境微生物菌种保藏中心；原始编号：AP1-2，NAECC1507；能于 30℃、
　　36h 降解约 300mg/L 的苯胺，降解率为 90％，苯胺为唯一碳源（无机盐培养基）；分离地点：江苏省
　　苏州市苏州新区；培养基：0002；培养温度：30℃。

ACCC 10371^T←首都师范大学宋未←IFO←KumamotoUniv.（T. Shigematsu，T7）；＝ATCC BAA-554＝
　　NBRC 16741＝IFO 6741；培养基：0002；培养温度：30℃。

ACCC 10377←首都师范大学；培养基：0033；培养温度：30℃。

ACCC 10381←首都师范大学；原始编号：R4Bgfp；培养基：0033；培养温度：30℃。

ACCC 10414←首都师范大学；原始编号：M11；培养基：0033；培养温度：30℃。

ACCC 10452←首都师范大学；原始编号：F2Y；培养基：0033；培养温度：28℃。

Duganella sp. 杜擀氏菌

ACCC 02623←南京农业大学农业环境微生物菌种保藏中心；原始编号：HF15，NAECC1128；分离地点：
　　江苏南京；培养基：0033；培养温度：30℃。

ACCC 05412←清华大学化工系；原始编号：B2；产蓝色素；分离地点：新疆一号冰川；培养基：0012；培
　　养温度：20～25℃。

ACCC 11628←南京农业大学农业环境微生物菌种保藏中心；原始编号：HF15 NAECC1128；分离源：土
　　壤；分离地点：江苏南京；培养基：0033；培养温度：30℃。

Duganella zoogloeoides Hiraishi et al. 1997 类动胶杜擀氏菌

ACCC 11045^T←JCM；＝JCM 20792＝ATCC 25935＝IMA 12670；培养基：0002；培养温度：25℃。

Dyadobacter fermentans Chelius and Triplett 2000 发酵成对杆菌

ACCC 01072←中国农业科学院农业资源与农业区划研究所；原始编号：GDJ-28-1-1；具有生产生物肥料潜
　　力；分离地点：北京顺义；培养基：0002；培养温度：28℃。

ACCC 02939←中国农业科学院农业资源与农业区划研究所；原始编号：GD-20-1-2，7005；可以用来研发
　　生产用的生物肥料；分离地点：北京市大兴区；培养基：0065；培养温度：28℃。

ACCC 03012←中国农业科学院农业资源与农业区划研究所；原始编号：GD-67-1-1，7093；可以用来研发
　　生产用的生物肥料；分离地点：内蒙古牙克石；培养基：0065；培养温度：28℃。

ACCC 03249←中国农业科学院农业资源与农业区划研究所；可以用来研发农田土壤及环境修复微生物制
　　剂；培养基：0002；培养温度：28℃。

ACCC 11755←南京农业大学农业环境微生物菌种保藏中心；原始编号：BJSg，NAECC0957；在无机盐培
　　养基中添加 100mg/L 的苯甲酸，降解率 40％左右；分离源：土壤；分离地点：江苏省南京市卫岗菜
　　园；培养基：0033；培养温度：30℃。

ACCC 01141←中国农业科学院农业资源与农业区划研究所；原始编号：GD-GS-31-2；具有生产固氮生物
　　肥料潜力；分离地点：河北省高碑店辛庄镇；培养基：0002；培养温度：28℃。

Dyella sp. 戴氏菌

ACCC 05405←南京农业大学农业环境微生物菌种保藏中心；原始编号：JW-64-1；培养基：0033；培养温
　　度：30℃。

Edwardsiella tarda Ewing and McWhorter 1965 迟钝爱得华氏菌

ACCC 01686←中国农业科学院饲料研究所；原始编号：FRI2007060 B224；饲料用植酸酶等的筛选；分离

地点：海南三亚；培养基：0002；培养温度：37℃。

Empedobacter brevis（Holmes and Owen 1982）Vandamme et al. 1994 短黄杆菌

ACCC 02769←南京农业大学农业环境微生物菌种保藏中心；原始编号：pH 值 7-1，NAECC1719；可以以苯酚为唯一碳源生长，在 3 天的时间内可以降解 100mg/L 的苯酚 90％；分离地点：河北省石家庄市井陉县；培养基：0002；培养温度：30℃。

Ensifer adhaerens Casida 1982 粘着剑菌

ACCC 02705←南京农业大学农业环境微生物菌种保藏中心；原始编号：B2，NAECC1382；在 M9 培养基中以苯醚甲环唑为唯一氮源培养，6 天内降解率可达 50％左右；分离地点：江苏省金坛农田；培养基：0971；培养温度：30℃。

ACCC 03018←中国农业科学院农业资源与农业区划研究所；原始编号：GD-29-2-1，7100；可以用来研发生产用的生物肥料；分离地点：河北省高碑店市辛庄；培养基：0002；培养温度：28℃。

ACCC 03055←中国农业科学院农业资源与农业区划研究所；原始编号：GD-31'-1-2，7147；分离地点：河北省高碑店市辛庄镇；培养基：0065；培养温度：28℃。

ACCC 03138←中国农业科学院农业资源与农业区划研究所；原始编号：GD-2-1-2，7256；分离地点：河北邯郸；培养基：0065；培养温度：28℃。

ACCC 02943←中国农业科学院农业资源与农业区划研究所；原始编号：GD-16-2-3，7011；分离地点：北京市大兴区礼贤乡；培养基：0065；培养温度：28℃。

ACCC 02971←中国农业科学院农业资源与农业区划研究所；原始编号：GD-16-1-5，7045；分离地点：北京市大兴区礼贤乡；培养基：0002；培养温度：28℃。

ACCC 02990←中国农业科学院农业资源与农业区划研究所；原始编号：GD-35-1-2，7066；分离地点：山东蓬莱；培养基：0065；培养温度：28℃。

ACCC 03027←中国农业科学院农业资源与农业区划研究所；原始编号：GD-B-CL2-1-6，7113；分离地点：北京试验地；培养基：0065；培养温度：28℃。

ACCC 03138←中国农业科学院农业资源与农业区划研究所；原始编号：GD-2-1-2；培养基：0065；培养温度：28℃。

Enterobacter aerogenes Hormaeche and Edwards 1960 产气肠杆菌

ACCC 01620←中国农业科学院生物技术研究所；原始编号：BRI-00275，SL612；草甘膦抗性基因的筛选；分离地点：四川省乐山市；培养基：5-M9；培养温度：37℃。

ACCC 03235←中国农业科学院农业资源与农业区划研究所；原始编号：GD-33-1-1；可以用来研发生产用的生物肥料；培养基：0065；培养温度：28℃。

ACCC 03235←中国农业科学院农业资源与农业区划研究所；原始编号：GD-33-1-1；分离地点：河北省高碑店市辛庄镇；培养基：0065；培养温度：28℃。

ACCC 10153←广东省广州微生物研究所←中国科学院微生物研究所；＝GIM 1.108＝AS 1.183；PNP 酶；培养基：0002；培养温度：30℃。

Enterobacter amnigenus Izard et al. 1981 河生肠杆菌

ACCC 02231←广东省广州微生物研究所；原始编号：GIMT1.091；培养基：0002；培养温度：30～37℃。

Enterobacter asburiae Brenner et al. 1988 阿氏肠杆菌

ACCC 02657←南京农业大学农业环境微生物菌种保藏中心；原始编号：J11，NAECC1178；在 M9 培养基中抗甲磺隆的浓度达 500mg/L；分离地点：江苏省南京市卫岗菜园；培养基：0971；培养温度：30℃。

ACCC 02811←南京农业大学农业环境微生物菌种保藏中心；原始编号：G1，NAECC1350；在 M9 培养基中抗广灭灵的浓度达 500mg/L；分离地点：山东省泰安市；培养基：0002；培养温度：30℃。

ACCC 04115←华南农业大学农学院微生物分子遗传实验室；原始编号：BL11；分离地点：广东广州市华南农大；培养基：0002；培养温度：30℃。

ACCC 04116←华南农业大学农学院微生物分子遗传实验室；原始编号：BL12；分离地点：广东广州市华

南农大；培养基：0002；培养温度：30℃。

ACCC 04124←华南农业大学农学院微生物分子遗传实验室；原始编号：D-POGy12；分离地点：广东广州
市华南农大；培养基：0002；培养温度：30℃。

ACCC 04125←华南农业大学农学院微生物分子遗传实验室；原始编号：D-POGy13；分离地点：广东广州
市华南农大；培养基：0003；培养温度：30℃。

ACCC 04127←华南农业大学农学院微生物分子遗传实验室；原始编号：D-POGy22；分离地点：广东广州
市华南农大；培养基：0003；培养温度：30℃。

ACCC 04130←华南农业大学农学院微生物分子遗传实验室；原始编号：D-POJ2；分离地点：广东广州市
华南农大；培养基：0003；培养温度：30℃。

ACCC 04131←华南农业大学农学院微生物分子遗传实验室；原始编号：D-POJy11；分离地点：广东广州
市华南农大；培养基：0003；培养温度：30℃。

ACCC 04132←华南农业大学农学院微生物分子遗传实验室；原始编号：D-POJy12；分离地点：广东广州
市华南农大；培养基：0003；培养温度：30℃。

ACCC 04159←华南农业大学农学院微生物分子遗传实验室；原始编号：Wu10；培养基：0003；培养温
度：30℃。

ACCC 04161←华南农业大学农学院微生物分子遗传实验室；原始编号：Wu13；培养基：0003；培养温
度：30℃。

ACCC 04164←华南农业大学农学院微生物分子遗传实验室；原始编号：Wu51；一定浓度的氨离子对菌的
生长有促进作用，但随着浓度的升高对菌株的固氮酶活性有抑制作用，对一定浓度的盐有耐受性；分
离地点：广东广州市华南农大；培养基：0003；培养温度：30℃。

ACCC 04185←华南农业大学农学院微生物分子遗传实验室；原始编号：ZC24；培养基：0002；培养温
度：30℃。

ACCC 04199←华南农业大学农学院微生物分子遗传实验室；原始编号：Wu13；培养基：0002；培养温
度：30℃。

ACCC 04202←华南农业大学农学院微生物分子遗传实验室；原始编号：X2；培养基：0002；培养温
度：30℃。

ACCC 04203←华南农业大学农学院微生物分子遗传实验室；原始编号：X7；培养基：0002；培养温
度：30℃。

ACCC 04207←华南农业大学农学院微生物分子遗传实验室；原始编号：X34；培养基：0002；培养温
度：30℃。

ACCC 04219←华南农业大学农学院微生物分子遗传实验室；原始编号：YH7；培养基：0002；培养温
度：30℃。

ACCC 04220←华南农业大学农学院微生物分子遗传实验室；原始编号：2；培养基：0002；培养温
度：30℃。

ACCC 05598←中国农业科学院农业资源与农业区划研究所；分离源：水稻根内生；分离地点：湖南省祁阳
县官山坪；培养基：0002；培养温度：37℃。

ACCC 05600←中国农业科学院农业资源与农业区划研究所；分离源：水稻根内生；分离地点：湖南省祁阳
县官山坪；培养基：0002；培养温度：37℃。

ACCC 05601←中国农业科学院农业资源与农业区划研究所；分离源：水稻根内生；分离地点：湖南省祁阳
县官山坪；培养基：0002；培养温度：37℃。

Enterobacter cloacae (Jordan 1890) Hormaeche and Edwards 1960 阴沟肠杆菌

ACCC 01994←中国农业科学院农业资源与农业区划研究所；原始编号：32，21-3a；以磷酸三钙、磷矿石
作为唯一磷源生长；分离地点：湖北钟祥；培养基：0002；培养温度：30℃。

ACCC 02194←中国农业科学院农业资源与农业区划研究所；原始编号：503，20-1；以磷酸三钙、磷矿石
作为唯一磷源生长；分离地点：湖北钟祥；培养基：0002；培养温度：30℃。

ACCC 04119←华南农业大学农学院微生物分子遗传实验室；原始编号：D-POG2；分离地点：广东广州市华南农大；培养基：0002；培养温度：30℃。

ACCC 04120←华南农业大学农学院微生物分子遗传实验室；原始编号：D-POG4；分离地点：广东广州市华南农大；培养基：0002；培养温度：30℃。

ACCC 04133←华南农业大学农学院微生物分子遗传实验室；原始编号：D-POJy21；分离地点：广东广州市华南农大；培养基：0003；培养温度：30℃。

ACCC 04134←华南农业大学农学院微生物分子遗传实验室；原始编号：FG43；分离地点：广东广州市华南农大；培养基：0003；培养温度：30℃。

ACCC 04147←华南农业大学农学院微生物分子遗传实验室；原始编号：HL6；培养基：0003；培养温度：30℃。

ACCC 04156←华南农业大学农学院微生物分子遗传实验室；原始编号：SX16；培养基：0003；培养温度：30℃。

ACCC 04157←华南农业大学农学院微生物分子遗传实验室；原始编号：SX36；培养基：0003；培养温度：30℃。

ACCC 04158←华南农业大学农学院微生物分子遗传实验室；原始编号：Wu8；培养基：0003；培养温度：30℃。

ACCC 04208←华南农业大学农学院微生物分子遗传实验室；原始编号：Y3201；培养基：0002；培养温度：30℃。

ACCC 04283←广东省广州微生物研究所；原始编号：G40；分离地点：广东广州；培养基：0002；培养温度：33℃。

ACCC 10523^T←CGMCC←PCM；=ATCC 13047＝NCDC 279-56＝CDC 442-68＝IFO 13535＝NCDC 442-68＝NCTC 10005＝PCM533；培养基：0002；培养温度：30℃。

ACCC 01714←中国农业科学院饲料研究所；原始编号：FRI2007023 B261；饲料用植酸酶等的筛选；分离地点：浙江省；培养基：0002；培养温度：37℃。

ACCC 04182←广东省广州微生物研究所；原始编号：YG104；培养基：0002；培养温度：30℃。

ACCC 04186←华南农业大学农学院微生物分子遗传实验室；原始编号：ZC34；培养基：0002；培养温度：30℃。

ACCC 04187←华南农业大学农学院微生物分子遗传实验室；原始编号：ZC41；培养基：0002；培养温度：30℃。

ACCC 04200←华南农业大学农学院微生物分子遗传实验室；原始编号：Wu59；培养基：0002；培养温度：30℃。

ACCC 04212←华南农业大学农学院微生物分子遗传实验室；原始编号：YG101；培养基：0002；培养温度：30℃。

ACCC 04213←华南农业大学农学院微生物分子遗传实验室；原始编号：YG102；培养基：0002；培养温度：30℃。

ACCC 04214←华南农业大学农学院微生物分子遗传实验室；原始编号：YG104；培养基：0002；培养温度：30℃。

ACCC 04215←华南农业大学农学院微生物分子遗传实验室；原始编号：YG105；培养基：0002；培养温度：30℃。

ACCC 04217←华南农业大学农学院微生物分子遗传实验室；原始编号：YH3；培养基：0002；培养温度：30℃。

ACCC 02244←广东省广州微生物研究所；原始编号：1o；分离地点：广东广州；培养基：0002；培养温度：30℃。

Enterobacter gergoviae Brenner et al. 1980 日勾维肠杆菌

ACCC 01280←广东省广州微生物研究所；原始编号：GIMV1.0016，4-B-3；检测生产；分离地点：越南

DALAT；培养基：0002；培养温度：30～37℃。

Enterobacter hormaechei O'Hara et al. 1990 霍氏肠杆菌

ACCC 02486←南京农业大学农业环境微生物菌种保藏中心；原始编号：P2-6＋1，NAECC1134；在无机盐培养基中添加 100mg/L 的 DEHP，经过紫外扫描测得降解率为 37.5%；分离地点：江苏省农业科学院；培养基：0033；培养温度：30℃。

Enterococcus faecalis Andrewes and Horder 1906 粪肠球菌

ACCC 10180←中国农业科学院土肥所←中国科学院微生物研究所←日本本田制药株式会社；＝AS 1.130；乳酸菌制剂，可用于饲料添加剂、青贮饲料等；培养基：0006；培养温度：28℃。

Enterobacter radicincitans Kempfer et al. 2005 促根生肠杆菌

ACCC 02814←南京农业大学农业环境微生物菌种保藏中心；原始编号：L4，NAECC1355；在 M9 培养基中抗绿磺隆的浓度达 500mg/L；分离地点：江苏省南京市玄武区；培养基：0002；培养温度：30℃。

ACCC 02873←南京农业大学农业环境微生物菌种保藏中心；原始编号：P4，NAECC1358；在 M9 培养基中抗普斯特的浓度达 500mg/L；分离地点：江苏省南京市玄武区；培养基：0002；培养温度：30℃。

Enterobacter sakazakii Farmer et al. 1980 阪崎肠杆菌

ACCC 04321←广东省广州微生物研究所；原始编号：G37；分离地点：广东广州；培养基：0002；培养温度：37℃。

Enterobacter sp. 肠杆菌

ACCC 01717←中国农业科学院饲料研究所；原始编号：FRI2007095 B264；饲料用木聚糖酶、葡聚糖酶、蛋白酶、植酸酶等的筛选；分离地点：浙江省；培养基：0002；培养温度：37℃。

ACCC 02191←中国农业科学院农业资源与农业区划研究所；原始编号：414，31-10；以磷酸三钙、磷矿石作为唯一磷源生长；分离地点：湖北钟祥；培养基：0002；培养温度：30℃。

ACCC 02192←中国农业科学院农业资源与农业区划研究所；原始编号：415，32-2；以磷酸三钙、磷矿石作为唯一磷源生长；分离地点：湖北钟祥；培养基：0002；培养温度：30℃。

ACCC 02195←中国农业科学院农业资源与农业区划研究所；原始编号：504，20-2；以磷酸三钙、磷矿石作为唯一磷源生长；分离地点：湖北钟祥；培养基：0002；培养温度：30℃。

ACCC 01036←中国农业科学院农业资源与农业区划研究所；原始编号：GD-33'-1-1；具有生产生物肥料潜力；分离地点：河北省高碑店市；培养基：0002；培养温度：28℃。

ACCC 02199←中国农业科学院农业资源与农业区划研究所；原始编号：510，25-8；以磷酸三钙、磷矿石作为唯一磷源生长；分离地点：湖北钟祥；培养基：0002；培养温度：30℃。

ACCC 02200←中国农业科学院农业资源与农业区划研究所；原始编号：515，32-8；以磷酸三钙、磷矿石作为唯一磷源生长；分离地点：湖北钟祥；培养基：0002；培养温度：30℃。

ACCC 02542←南京农业大学农业环境微生物菌种保藏中心；原始编号：M60-2，NAECC1082；在无机盐培养基中以 5mg/L 的孔雀石绿为碳源；与 1/6LB 共代谢培养，2 天内孔雀石绿降解率大于 60%；分离地点：江苏省连云港市场；培养基：0033；培养温度：30℃。

ACCC 02650←南京农业大学农业环境微生物菌种保藏中心；原始编号：S52，NAECC1163；可以在含 1 000mg/L 的苄磺隆的无机盐培养基中生长；分离地点：江苏省南京市玄武区 32；培养基：0033；培养温度：30℃。

ACCC 02774←南京农业大学农业环境微生物菌种保藏中心；原始编号：Y5，NAECC1433；在基础盐培养基中两天降解 100mg/L 的氟铃脲降解率 50%；分离地点：南京市玄武区；培养基：0002；培养温度：30℃。

ACCC 04165←华南农业大学农学院微生物分子遗传实验室；原始编号：Wu58；培养基：0003；培养温度：30℃。

ACCC 10428←首都师范大学；培养基：0033；培养温度：28℃。

ACCC 10433←首都师范大学；培养基：0033；培养温度：28℃。

ACCC 10453←首都师范大学；培养基：0033；培养温度：28℃。

ACCC 11687←南京农业大学农业环境微生物菌种保藏中心；原始编号：sa NAECC0770；可以在含 5 000mg/L的噻磺隆的无机盐培养基中生长；分离源：土壤；分离地点：苏州；培养基：0971；培养温度：30℃。

ACCC 11688←南京农业大学农业环境微生物菌种保藏中心；原始编号：sb-2 NAECC0771；可以在含 5 000mg/L的噻磺隆的无机盐培养基中生长；分离源：土壤；分离地点：长青农化有限公司；培养基：0971；培养温度：30℃。

ACCC 11690←南京农业大学农业环境微生物菌种保藏中心；原始编号：sb-3 NAECC0773；可以在含 5 000mg/L的噻磺隆的无机盐培养基中生长；分离源：土壤；分离地点：江苏常熟宝带生物农药；培养基：0971；培养温度：30℃。

ACCC 11842←南京农业大学农业环境微生物菌种保藏中心；原始编号：M208-1 NAECC1094；在无机盐培养基中以 5mg/L 的孔雀石绿为碳源与 1/6LB 共代谢培养，2 天内孔雀石绿降解率大于 70%；分离源：市售水产品体表；分离地点：江苏省连云港市场；培养基：0033；培养温度：30℃。

ACCC 11834←南京农业大学农业环境微生物菌种保藏中心；原始编号：M69-2 NAECC1084；在无机盐培养基中以 5mg/L 的孔雀石绿为碳源；与 1/6LB 共代谢培养，2 天内孔雀石绿降解率大于 70%；分离源：市售水产品体表；分离地点：江苏省连云港市场；培养基：0033；培养温度：30℃。

Enterococcus faecalis （Andrewes and Horder 1906） Schleifer and Kilpper-Balz 1984 粪肠球菌

ACCC 10699←中国农业科学院麻类研究所；原始编号：14 (4-1)；分离源：苎麻麻壳腐烂液；分离地点：湖南沅江；培养基：0002；培养温度：37℃。

ACCC 10700←中国农业科学院麻类研究所；原始编号：72 (9-11)；分离源：苎麻麻壳腐烂液；分离地点：湖南沅江；培养基：0002；培养温度：37℃。

ACCC 10705←新疆微生物研究所；=CGMCC 1.1301；用于青贮饲料；培养基：0033；培养温度：28℃。

ACCC 10742←中国农业科学院麻类研究所；原始编号：15 (4-2)；分离源：苎麻麻壳腐烂液；分离地点：湖南沅江；培养基：0002；培养温度：37℃。

ACCC 10743←中国农业科学院麻类研究所；原始编号：17 (4-3)；分离源：苎麻麻壳腐烂液；分离地点：湖南沅江；培养基：0002；培养温度：37℃。

Erwinia amylovora （Burrill 1882） Winslow et al. 1920 解淀粉欧文氏菌

ACCC 10484^T←ATCC；= ATCC 15580 = CCM 1114 = D. Dye EA169 = ICMP 1540 = IFO 13538 = NCPPB 683；培养基：0002；培养温度：26℃。

Erwinia cypripedii （Hori 1911） Bergey et al. 1923 杓兰欧文氏菌

ACCC 02188←中国农业科学院农业资源与农业区划研究所；原始编号：410，40-5b；以磷酸三钙、磷矿石作为唯一磷源生长；分离地点：湖北钟祥；培养基：0002；培养温度：30℃。

ACCC 02190←中国农业科学院农业资源与农业区划研究所；原始编号：413，20-2b；以磷酸三钙、磷矿石作为唯一磷源生长；分离地点：湖北钟祥；培养基：0002；培养温度：30℃。

ACCC 02580←南京农业大学农业环境微生物菌种保藏中心；原始编号：Atl-10，NAECC0808；在无机盐培养基中降解 100mg/L 对邻苯二酚，降解率为 80%～90%；分离地点：南京农业大学；培养基：0033；培养温度：30℃。

Erwinia tasmaniensis Geider et al. 2006 塔斯曼尼亚欧文氏菌

ACCC 02193←中国农业科学院农业资源与农业区划研究所；原始编号：501，23-1；以磷酸三钙、磷矿石作为唯一磷源生长；分离地点：湖北钟祥；培养基：0002；培养温度：30℃。

ACCC 02203←中国农业科学院农业资源与农业区划研究所；原始编号：604，28-1；以磷酸三钙、磷矿石作为唯一磷源生长；分离地点：湖北钟祥；培养基：0002；培养温度：30℃。

Escherichia coli （Migula 1895） Castellani and Chalmers 1919 大肠杆菌

ACCC 01638←中国农业科学院生物技术研究所；原始编号：BRI-00293，pET828；教学科研，用于表达

orf8 蛋白；培养基：0033；培养温度：30℃。

ACCC 01665←广东省广州微生物研究所；原始编号：GIMT1.055 M-2；分离地点：广东佛山；培养基：0002；培养温度：37℃。

ACCC 02562←NAECC←ATCC；原始编号：BL21，NAECC1903；培养基：0002；培养温度：37℃。

ACCC 02564←NAECC←ATCC←Cold Spring Harbor；原始编号：DH5，NAECC1902；培养基：0002；培养温度：37℃。

ACCC 04248←广东省广州微生物研究所；原始编号：G34；分离地点：广东广州；培养基：0002；培养温度：37℃。

ACCC 04281←广东省广州微生物研究所；原始编号：G33；分离地点：广东广州；培养基：0002；培养温度：30℃。

ACCC 04191←广东省广州微生物研究所；原始编号：1.112；培养基：0002；培养温度：30℃。

ACCC 04233←广东省广州微生物研究所；原始编号：1.108；培养基：0002；培养温度：30℃。

ACCC 05460←ATCC；原始编号：K12；核糖核酸的酶解作用（enzymatic hydrolysis of ribonucleic acid）；培养基：0033；培养温度：37℃。

ACCC 10009←中国农业科学院土肥所←中科院植物所←比利时 FAJLab；原始编号：PSA30；nifHDK；培养基：0033；培养温度：37℃。

ACCC 10034←中国农业大学；原始编号：K12；杀鳞翅目昆虫；培养基：0002；培养温度：28～30℃。

ACCC 10080←中国科学院微生物研究所←上海植物所；=AS 1.748；原始编号：K12；培养基：0002；培养温度：37℃。

ACCC 10134←山东大学；原始编号：1077；培养基：0002；培养温度：37℃。

ACCC 10135←山东大学；原始编号：WI177；培养基：0002；培养温度：37℃。

ACCC 10136←山东大学；=AS 1.1103；培养基：0002；培养温度：37℃。

ACCC 10140←中国兽药监察所←丹麦国家血清研究所；原始编号：44674；测壮观霉素；培养基：0002；培养温度：37℃。

ACCC 10141←中国农业科学院土肥所←上海水产大学生命学院←武大微生物保藏中心←武大生科院沈萍波；=AB90054=AS2.637；原始编号：K12C600；培养基：0002；培养温度：37℃。

ACCC 10142←上海水产大学←珠江水产研究所；培养基：0002；培养温度：37℃。

ACCC 10143←上海水产大学←无锡淡水研究生所；原始编号：E.coli 陈；培养基：0002；培养温度：37℃。

ACCC 10144←上海水产大学←无锡淡水研究生所；原始编号：E.coli 陈-21；培养基：0002；培养温度：37℃。

ACCC 10145←上海水产大学；培养基：0002；培养温度：37℃。

ACCC 10196←DSMZ；=DSM5189；培养基：0002；培养温度：30℃。

ACCC 10326←中国农业科学院土肥所←中科院植物所李久蒂研究员←Wisconsin univ；原始编号：2-18；培养基：0033；培养温度：37℃。

ACCC 10327←中国农业科学院土肥所←中科院植物所李久蒂研究员←Wisconsin univ；原始编号：2-19；培养基：0033；培养温度：37℃。

ACCC 10328←中国农业科学院土肥所←中科院植物所；cloning vector；培养基：0033；培养温度：37℃。

ACCC 10329←中国农业科学院土肥所←中科院植物所；原始编号：2-22；cloning vector；培养基：0033；培养温度：37℃。

ACCC 10330←中国农业科学院土肥所←中科院植物所；原始编号：2-23；cloning vector；培养基：0033；培养温度：37℃。

ACCC 10331←中国农业科学院土肥所←中科院植物所；原始编号：2-24；cloning vector；培养基：0033；培养温度：37℃。

ACCC 10332←中国农业科学院土肥所←中科院植物所；原始编号：2-35；培养基：0033；培养温

度：37℃。

ACCC 10333←中国农业科学院土肥所←中科院植物所；培养基：0033；培养温度：37℃。

ACCC 10334←中国农业科学院土肥所←中科院植物所←比利时 FAJLab；原始编号：2-40；cloning vector for sequencing；培养基：0033；培养温度：37℃。

ACCC 10335←中国农业科学院土肥所←中科院植物所←比利时；质粒名称：pBluescript SK-/DH5；抗性：Ap100；cloning vector for sequencing；原始编号：2-41；培养基：0033；培养温度：37℃。

ACCC 10336←中国农业科学院土肥所←中科院植物所←比利时 FAJLab；原始编号：2-42；培养基：0033；培养温度：37℃。

ACCC 10337←中国农业科学院土肥所←中科院植物所；原始编号：2-43；培养基：0033；培养温度：37℃。

ACCC 10338←中国农业科学院土肥所←中科院植物所；原始编号：2-44；培养基：0033；培养温度：37℃。

ACCC 10339←中国农业科学院土肥所←中科院植物所；原始编号：2-45；培养基：0033；培养温度：37℃。

ACCC 10340←中国农业科学院土肥所←中科院植物所；原始编号：2-46；培养基：0033；培养温度：37℃。

ACCC 10341←中国农业科学院土肥所←中科院植物所；原始编号：2-47；Cosmid；培养基：0033；培养温度：37℃。

ACCC 10342←中国农业科学院土肥所←中科院植物所；原始编号：2-48；Cosmid；培养基：0033；培养温度：37℃。

ACCC 10343←中国农业科学院土肥所←中科院植物所←比利时 FAJLab；原始编号：2-49；培养基：0033；培养温度：37℃。

ACCC 10344←中国农业科学院土肥所←中科院植物所←比利时 FAJLab；原始编号：2-50；培养基：0033；培养温度：37℃。

ACCC 10345←中国农业科学院土肥所←中科院植物所←比利时 FAJLab；原始编号：2-51；培养基：0033；培养温度：37℃。

ACCC 10346←中国农业科学院土肥所←中科院植物所李久蒂研究员←比利时 FAJLab；原始编号：2-52；培养基：0033；培养温度：37℃。

ACCC 10347←中国农业科学院土肥所←中科院植物所李久蒂研究员←比利时 FAJLab；原始编号：2-53；培养基：0033；培养温度：37℃。

ACCC 10348←中国农业科学院土肥所←中科院植物所←比利时 FAJLab；原始编号：2-54；培养基：0033；培养温度：37℃。

ACCC 10349←中国农业科学院土肥所←中科院植物所←比利时 FAJLab；原始编号：2-55；培养基：0033；培养温度：37℃。

ACCC 10350←中国农业科学院土肥所←中科院植物所←比利时 FAJLab；原始编号：2-56；培养基：13；培养温度：37℃。

ACCC 10351←中国农业科学院土肥所←中科院植物所←比利时 FAJLab；原始编号：2-57；培养基：0033；培养温度：37℃。

ACCC 10352←中国农业科学院土肥所←中科院植物所←比利时 FAJLab；原始编号：2-58；培养基：0033；培养温度：37℃。

ACCC 10353←中国农业科学院土肥所←中科院植物所←比利时 FAJLab；原始编号：2-59；培养基：0033；培养温度：37℃。

ACCC 10354←中国农业科学院土肥所←中科院植物所←比利时 FAJLab；原始编号：2-60；培养基：0033；培养温度：37℃。

ACCC 10355←中国农业科学院土肥所←中科院植物所←比利时 FAJLab；原始编号：2-61；培养基：0033；

培养温度：37℃。

ACCC 10356←中国农业科学院土肥所←中科院植物所←比利时 FAJLab；原始编号：2-62；培养基：0033；培养温度：37℃。

ACCC 10357 中国农业科学院土肥所←中科院植物所←比利时 FAJLab；原始编号：2-63；培养基：0033；培养温度：37℃。

ACCC 10358←中国农业科学院土肥所←中科院植物所←比利时 FAJLab；原始编号：2-64；培养基：0033；培养温度：37℃。

ACCC 10359←中国农业科学院土肥所←中科院植物所李久蒂研究员←比利时 FAJLab；原始编号：2-65；培养基：0033；培养温度：37℃。

ACCC 10360←中国农业科学院土肥所←中科院植物所←比利时 FAJLab；原始编号：2-66；培养基：0033；培养温度：37℃。

ACCC 10361←中国农业科学院土肥所←中科院植物所←比利时 FAJLab；原始编号：2-67；培养基：0033；培养温度：37℃。

ACCC 10362←中国农业科学院土肥所←中科院植物所←比利时 FAJLab；原始编号：2-68；培养基：0033；培养温度：37℃。

ACCC 10363←中国农业科学院土肥所←中科院植物所←比利时 FAJLab；原始编号：2-69；培养基：0033；培养温度：37℃。

ACCC 10364←中国农业科学院土肥所←中科院植物所←美国斯坦福大学；原始编号：2-76；GFPmut2 for bacteria；培养基：0033；培养温度：37℃。

ACCC 10365←中国农业科学院土肥所←中科院植物所←比利时 FAJLab；原始编号：2-97；培养基：0033；培养温度：37℃。

ACCC 10503^T←ATCC←NCTC←F. Kaufmann U 5/41；＝ATCC11775＝NCTC 9001；培养基：0002；培养温度：37℃。

Escherichia hermannii Brenner et al. 1983 赫氏埃希菌

ACCC 01733←中国农业科学院饲料研究所；原始编号：FRI2007089，B283；饲料用植酸酶等的筛选；分离地点：浙江省；培养基：0002；培养温度：37℃。

ACCC 02158←中国农业科学院农业资源与农业区划研究所；原始编号：322，24-1；以磷酸三钙、磷矿石作为唯一磷源生长；分离地点：湖北钟祥；培养基：0002；培养温度：30℃。

ACCC 02183←中国农业科学院农业资源与农业区划研究所；原始编号：320，G2；以磷酸三钙、磷矿石作为唯一磷源生长；分离地点：湖北钟祥；培养基：0002；培养温度：30℃。

ACCC 02184←中国农业科学院农业资源与农业区划研究所；原始编号：321，21-4；以磷酸三钙、磷矿石作为唯一磷源生长；分离地点：湖北钟祥；培养基：0002；培养温度：30℃。

Escherichia sp. 埃希氏菌

ACCC 02180←中国农业科学院农业资源与农业区划研究所；原始编号：314，41-4a；以磷酸三钙、磷矿石作为唯一磷源生长；分离地点：湖北钟祥；培养基：0002；培养温度：30℃。

Exiguobacterium acetylicum（Levine and Soppeland 1926）Farrow et al. 1994 乙酰微小杆菌（乙酰短杆菌）

ACCC 02565^T←NAECC←DSMZ←H. Seiler←ATCC←M. levine；原始编号：NAECC1904，＝DSM20416，ATCC953；培养基：0002；培养温度：30℃。

Exiguobacterium antarcticum Frühling et al. 2002

ACCC 02561^T←NAECC←DSMZ←E. Stackebrandt；H2←H. Hippe←Birtish Antarctic Survey；原始编号：NAECC1906；分离地点：南极洲弗里克塞尔湖；培养基：0002；培养温度：30℃。

Exiguobacterium aurantiacum Collins et al. 1984 金橙黄微小杆菌

ACCC 02560^T←NAECC←DSMZ←NCDO←M. D. Collins←B. M. Lund；原始编号：NAECC1905；分离地点：英国；培养基：0002；培养温度：30℃。

***Exiguobacterium oxidotolerans* Yumoto et al. 2004 耐氧化微小杆菌**

ACCC 10866←首都师范大学；原始编号：J3-A122；分离源：水稻根际；分离地点：河北省唐山市滦南县；
培养基：0033；培养温度：30℃。

***Exiguobacterium* sp. 微小杆菌**

ACCC 02533←南京农业大学农业环境微生物菌种保藏中心；原始编号：C1482，NAECC1077；在无机盐培
养基中以 3mg/L 的氯霉素为唯一碳源培养，5 天内绿霉素降解率大于 50%；分离地点：江苏省赣榆县
河蟹育苗场；培养基：0033；培养温度：30℃。

ACCC 11618←南京农业大学农业环境微生物菌种保藏中心；原始编号：3-B-1 NAECC1118；分离源：土
壤；分离地点：江苏南京；培养基：0033；培养温度：30℃。

ACCC 11835←南京农业大学农业环境微生物菌种保藏中心；原始编号：M78NAECC1085；在无机盐培养
基中以 5mg/L 的孔雀石绿为碳源；与 1/6LB 共代谢培养，2 天内孔雀石绿降解率大于 70%；分离源：
市售水产品体表；分离地点：江苏省连云港市场；培养基：0033；培养温度：30℃。

***Exiguobacterium undae* Frühling et al. 2002 水域微小杆菌**

ACCC 02559^T←NAECC←DSMZ←E. Stackebrandt；L2←L. Stackebandt；原始编号：NAECC1907；培养
基：0002；培养温度：30℃。

***Flavobacterium odoratum* Stutzer 1929 气味黄杆菌**

ACCC 02528←南京农业大学农业环境微生物菌种保藏中心；原始编号：pH 值 3~2，NAECC1704；可以
以苯酚为唯一碳源生长，在 3 天的时间内可以降解 400mg/L 的苯酚 90%；分离地点：河北省石家庄市
井陉县；培养基：0002；培养温度：30℃。

***Flavobacterium anhuiense* Liu et al. 2008 安徽黄杆菌**

ACCC 03241←中国农业科学院农业资源与农业区划研究所；可以用来研发生产用的生物肥料；培养基：
0065；培养温度：28℃。

***Flavobacterium columnare*（Bernardet and Grimont 1989）Bernardet et al. 1996 柱状黄杆菌**

ACCC 03889←中国农业科学院饲料研究所；原始编号：B381；饲料用纤维素酶、植酸酶、木聚糖酶等的筛
选；饲料用纤维素酶、植酸酶、木聚糖酶等的筛选；分离地点：江西鄱阳县；培养基：0002；培养温
度：26℃。

***Flavobacterium johnsoniae* corrig.（Stanier 1947）Bernardet et al. 1996 约氏黄杆菌**

ACCC 03076←中国农业科学院农业资源与农业区划研究所；原始编号：GD-B-CK1-1-1，7180；可以用来
研发生产用的生物肥料；分离地点：北京试验地；培养基：0065；培养温度：28℃。

ACCC 03886←中国农业科学院饲料研究所；原始编号：B378；饲料用纤维素酶、植酸酶、木聚糖酶等的筛
选；分离地点：江西鄱阳县；培养基：0002；培养温度：26℃。

ACCC 03942←中国农业科学院饲料研究所；原始编号：B439；饲料用纤维素酶、植酸酶、木聚糖酶等的筛
选；分离地点：江西鄱阳县；培养基：0002；培养温度：26℃。

ACCC 03945←中国农业科学院饲料研究所；原始编号：B442；饲料用纤维素酶、植酸酶、木聚糖酶等的筛
选；分离地点：江西鄱阳县；培养基：0002；培养温度：26℃。

***Flavobacterium mizutaii*（Yabuuchi et al. 1983）Holmes et al. 1988 水氏黄杆菌（噬果胶黄杆
菌）**

ACCC 03071←中国农业科学院农业资源与农业区划研究所；原始编号：BaP-21-1，7171；可以用来研发农
田土壤及环境修复微生物制剂；分离地点：北京市大兴区天堂河；培养基：0002；培养温度：28℃。

***Flavobacterium* sp. 黄杆菌**

ACCC 05409←南京农业大学农业环境微生物菌种保藏中心；原始编号：LQY-7；分离地点：江苏扬州；培
养基：0033；培养温度：30℃。

***Flectobacillus* sp. 弯杆菌**

ACCC 11753←南京农业大学农业环境微生物菌种保藏中心；原始编号：BJSb NAECC0954；在无机盐培养

基中添加100mg/L的苯甲酸，降解率40%左右；分离源：土壤；分离地点：江苏省南京市卫岗菜园；培养基：0033；培养温度：30℃。

Frateuria sp. 弗拉特氏菌

ACCC 02515←南京农业大学农业环境微生物菌种保藏中心；原始编号：Ni-H2-1，NAECC1058；能够耐受2mM的重金属Ni^{2+}；能够耐受2mM的重金属Ni^{2+}；培养基：0033；培养温度：30℃。

Geobacillus sp. 地芽胞杆菌

ACCC 02530←南京农业大学农业环境微生物菌种保藏中心；原始编号：W1，NAECC0733；高温菌；能够水解支链粉；分离地点：福建省安溪龙门热泉；培养基：0033；培养温度：70℃。

ACCC 02531←南京农业大学农业环境微生物菌种保藏中心；原始编号：AP-3，NAECC0669；高温菌，能于70h内降解十五八烷，十五烷为唯一碳源无机盐培养基；分离地点：山东东营油田；培养基：0033；培养温度：70℃。

ACCC 02535←南京农业大学农业环境微生物菌种保藏中心；原始编号：1Y，NAECC1226；分离地点：江苏南京；培养基：0033；培养温度：50℃。

ACCC 02642←南京农业大学农业环境微生物菌种保藏中心；原始编号：Z-2，NAECC0660；分离地点：山东东营；培养基：0033；培养温度：30℃。

ACCC 02727←南京农业大学农业环境微生物菌种保藏中心；原始编号：A，NAECC1520；分离地点：江苏省南京市江宁区山；培养基：0002；培养温度：55℃。

ACCC 02728←南京农业大学农业环境微生物菌种保藏中心；原始编号：LB1，NAECC1523；分离地点：江苏省南京市江宁区山；培养基：0002；培养温度：55℃。

ACCC 02729←南京农业大学农业环境微生物菌种保藏中心；原始编号：LV-3，NAECC1524；分离地点：江苏省南京市江宁区山；培养基：0002；培养温度：55℃。

ACCC 02730←南京农业大学农业环境微生物菌种保藏中心；原始编号：T4，NAECC1525；分离地点：江苏省南京市江宁区山；培养基：0002；培养温度：55℃。

ACCC 11637←南京农业大学农业环境微生物菌种保藏中心；原始编号：CK-2 NAECC0663；高温菌，能于70、48h内降解40%以上的浓度为60μl/100ml的十八烷、十八烷为唯一碳源（无机盐培养基）；分离源：土壤；分离地点：山东省东营市玄武区25；培养基：0971；培养温度：70℃。

ACCC 11641←南京农业大学农业环境微生物菌种保藏中心；原始编号：MA-2 NAECC0671；高温菌，能于70h内降解十八烷，十八烷为唯一碳源（无机盐培养基）；分离源：土壤；分离地点：山东省东营油田；培养基：0971；培养温度：70℃。

ACCC 11639←南京农业大学农业环境微生物菌种保藏中心；原始编号：Ckx-2 NAECC0666；高温菌，能于60℃、72h内降解50%以上的浓度为80μl/100ml的十五烷，利用石油为唯一碳源（无机盐培养基）；分离源：土壤；分离地点：山东省东营市玄武区；培养基：0971；培养温度：30℃。

Geobacillus stearothermophilus（Donk 1920）Nazina et al. 2001 嗜热脂肪地芽胞杆菌

ACCC 10253^T← DSMZ←ATCC←NCA，26；=DSM22＝ATCC 12980＝CCM 2062＝CCUG 26241＝IAM 11062＝IFO 12550＝NCIB 8923＝NCTC 10339＝VKM B-2231；秸秆腐熟，高温菌；培养基：0266；培养温度：55℃。

ACCC 04271←广东省广州微生物研究所；原始编号：G06；分离地点：广东广州；培养基：0002；培养温度：37℃。

ACCC 05425←中国农业科学院农业资源与农业区划研究所← 中科院微生物研究所← The University of Queensland，Aust；原始编号：UQM298；培养基：0002；培养温度：45℃。

ACCC 05427←中国农业科学院农业资源与农业区划研究所← 中科院微生物研究所←The University of Queensland，Aust；原始编号：UQM2104；培养基：0002；培养温度：45℃。

ACCC 05462← ATCC←RE Gordon←ATCC7954←- C. P. Hegarty←- NCA 1503；培养基：0033；培养温度：45℃。

ACCC 05463← ATCC，＝ATCC 7953；Gas sterilization control steam sterilization control sterility assurance sterilization control；培养基：0033；培养温度：55℃。

Geobacillus subterraneus Nazina et al. 2001 地表地芽胞杆菌

ACCC 05426←中国农业科学院农业资源与农业区划研究所← 中科院微生物研究所←IMCAS←俄罗斯科学院微生物研究所；培养基：0002；培养温度：55～60℃。

Geobacillus tepidamans Schoffer et al. 2004 喜温地芽胞杆菌

ACCC 02556←南京农业大学农业环境微生物菌种保藏中心；原始编号：T2，NAECC1224；50 下生长良好；分离地点：江苏南京；培养基：0033；培养温度：50℃。

Geobacillus thermodenitrificans（Manachini et al. 2000）Nazina et al. 2001 嗜热脱氮地芽胞杆菌

ACCC 10254^T←DSMZ←F. Hollaus；＝DSM 465＝ATCC 29492；培养基：0266；培养温度：60℃。

ACCC 10280←dsmz←Y. Suzuki；＝ATCC 43742＝NCIB 11955；原始编号：KP 1006；分离源：土壤；培养基：0266；培养温度：55℃。

Geobacillus thermoleovorans（Zarilla and Perry 1988）Nazina et al. 2001 喜热嗜油地芽胞杆菌

ACCC 10255^T← DSMZ←ATCC←J. J. Perry，LEH-1；＝DSM 5366＝ATCC 43513＝VKM B-2230；培养基：0266；培养温度：60℃。

Geobacillus uzenensis Nazina et al. 2001 乌津油田地芽胞杆菌

ACCC 05428←中国农业科学院农业资源与农业区划研究所← 中科院微生物研究所←IMCAS←俄罗斯科学院微生物研究所；＝AS1、2674；原始编号：UT；培养基：0002；培养温度：55～60℃。

Gluconacetobacter hansenii corrig.（Gosselé et al. 1983）Yamada et al. 1998 汉氏葡糖酸醋杆菌

ACCC 05452^T← ATCC← NCIMB← J. L. Shimwell←M. Schrom；＝ATCC35959；produces 17-beta-hydroxysteroid dehydrogenase produces 3-hydroxysteroid dehydrogenase 3-beta-hydroxysteroid dehydrogenas；培养基：0033；培养温度：26℃。

Gluconacetobacter xylinus corrig.（Brown 1886）Yamada et al. 1998 木糖葡糖酸醋杆菌

ACCC 10215^T←DSMZ← NCIMB←NCTC←G. Bertrand；＝DSM6513＝NCIMB 11664；Taxonomy/description（2728，4782，4783，4784，7061，7068）；分离源：花楸浆果；培养基：0033；培养温度：28℃。

ACCC 10220←DSMZ← LBG，B 4168←NCIB←NCTC（Acetobacter xylinum）；＝DSM2004＝ATCC 23768，NCIB 7029；Produces cellulose（2290，2291）. Nutrition（2238，2292）. Metabolism（2292）；培养基：0041；培养温度：26℃。

Gluconobacter oxydans（Henneberg 1897）De Ley 1961 氧化葡萄糖杆菌

ACCC 10216^T←DSMZ←ATCC←NCIB（Acetomonas oxydans）←J. G. Carr 1；＝DSM7145＝ATCC 19357，NCIB 9013；分离源：啤酒；培养基：764；培养温度：28℃。

ACCC 10493^T← ATCC← NCIMB←J. G. Carr 1；＝ ATCC 19357＝NCIB 9013；培养基：0230；培养温度：26℃。

Gordonia alkanivorans Kummer et al. 1999 食碱戈登氏菌

ACCC 02664←南京农业大学农业环境微生物菌种保藏中心；原始编号：1-3（12），NAECC1214；分离地点：江苏南京；培养基：0033；培养温度：30℃。

Gordonia amicalis Kim et al. 2000 友好戈登氏菌

ACCC 40316←中国农业科学院农业资源与农业区划研究所；原始编号：LBM＿3；石油降解；培养基：33；培养温度：30℃。

ACCC 40317←中国农业科学院农业资源与农业区划研究所；石油降解；分离源：石油；培养基：33；培养温度：31℃。

ACCC 41073←dsmz；＝DSM 44461＝CIP 108824＝KCTC 9940；分离源：花园土；培养基：441；培养温

度：28℃。

ACCC 41037^T←DSMZ←NCIB（Nocardia rubropertincta）← ATCC←R. E. Gordon，154（Mycobacteri；=DSM43197=ATCC 14352，JCM 3204，KCC A-0204，NCIB 9664；Produces mycobactin；分离源：土壤；培养基：0455；培养温度：30℃。

Gordonia sp. 戈登氏菌

ACCC 02487←南京农业大学农业环境微生物菌种保藏中心；原始编号：p5-8＋3，NAECC1135；分离地点：南京轿子山；培养基：0033；培养温度：30℃。

ACCC 02809←南京农业大学农业环境微生物菌种保藏中心；原始编号：BF-B-F；在无机盐培养基中以100mg/L的苯酚为唯一碳源培养，24h内对100mg/L的苯酚降解率99.5％；分离地点：河南洛阳绿野农药厂；培养基：0002；培养温度：28℃。

Halobacillus halophilus（Claus et al. 1984）Spring et al. 1996 嗜盐喜盐芽胞杆菌

ACCC 10256^T←DSM←H. J. Rolf，3；=DSM 2266=ATCC 35676=NCIMB 2269.；培养基：0442；培养温度：30℃。

Halobacillus litoralis Spring et al. 1996 岸喜盐芽胞杆菌

ACCC 10257^T←DSMZ←S. Spring；=DSM 10405=ATCC 700076；培养基：0290；培养温度：30℃。

Halobacillus sp. 喜盐芽胞杆菌

ACCC 02680←南京农业大学农业环境微生物菌种保藏中心；原始编号：YC1，NAECC1188；在10％NaCl培养基上能够生长；分离地点：连云港盐场；培养基：0002；培养温度：30℃。

ACCC 02681←南京农业大学农业环境微生物菌种保藏中心；原始编号：YC3，NAECC1189；在10％NaCl培养基上能够生长；分离地点：连云港盐场；培养基：0002；培养温度：30℃。

ACCC 02786←南京农业大学农业环境微生物菌种保藏中心；原始编号：T10-1，NAECC1332；在LB培养基中能耐受10％NaCl浓度；分离地点：河北沧州市沧县菜地；培养基：0002；培养温度：30℃。

ACCC 02789←南京农业大学农业环境微生物菌种保藏中心；原始编号：T20-B，NAECC1335；在LB培养基中能耐受20％NaCl浓度；分离地点：河北沧州市沧县菜地；培养基：0002；培养温度：30℃。

ACCC 02790←南京农业大学农业环境微生物菌种保藏中心；原始编号：T20-S，NAECC1336；在LB培养基中能耐受20％NaCl浓度；分离地点：河北沧州市沧县菜地；培养基：0002；培养温度：30℃。

ACCC 10665←南京农业大学农业环境微生物菌种保藏中心；原始编号：I122；研究与教学；分离源：草坪表层1～5cm土壤；分离地点：江苏省南京市玄武区；培养基：0002；培养温度：30℃。

ACCC 10668←南京农业大学农业环境微生物菌种保藏中心；原始编号：I101；分离源：草坪表层1～5cm土壤；分离地点：江苏省南京市玄武区；培养基：0002；培养温度：30℃。

ACCC 10675←南京农业大学农业环境微生物菌种保藏中心；=NAECC007；培养基：0002；培养温度：30℃。

Halobacillus trueperi Spring et al. 1996 特氏盐芽胞杆菌

ACCC 02634←南京农业大学农业环境微生物菌种保藏中心；原始编号：NT-B，NAECC1171；耐受10％的NaCl；分离地点：南京市玄武区；培养基：0002；培养温度：30℃。

ACCC 02635←南京农业大学农业环境微生物菌种保藏中心；原始编号：NT-DR，NAECC1172；耐受10％的NaCl；分离地点：南京市玄武区；培养基：0002；培养温度：30℃。

ACCC 02678←南京农业大学农业环境微生物菌种保藏中心；原始编号：SC3，NAECC1186；在10％NaCl培养基上能够生长；分离地点：市场上购买的酸菜卤汁；培养基：0002；培养温度：30℃。

ACCC 02827←南京农业大学农业环境微生物菌种保藏中心；原始编号：YST2，NAECC1505；于30耐盐（10％NaCl）生长；分离地点：上海郊区土壤；培养基：0002；培养温度：30℃。

Halomonas elongata Vreeland et al. 1980 伸长盐单胞菌（长盐单胞菌）

ACCC 02828←南京农业大学农业环境微生物菌种保藏中心；原始编号：ny1-1，NAECC1543；能够耐受的盐浓度为15％；分离地点：山东省东营市东城区；培养基：0002；培养温度：30℃。

Halomonas muralis Heyrman et al. 2002 壁盐单胞菌

ACCC 02583←南京农业大学农业环境微生物菌种保藏中心；原始编号：N4，NAECC1191；可以耐受 12％ 的 NaCl；分离地点：江苏徐州新宜农药厂；培养基：0002；培养温度：30℃。

Halomonas sp. 盐单胞菌

ACCC 02511←南京农业大学农业环境微生物菌种保藏中心；原始编号：N8，NAECC0744；耐盐菌；分离 地点：山西运城；培养基：0033；培养温度：30℃。

ACCC 02833←南京农业大学农业环境微生物菌种保藏中心；原始编号：ny1-3，NAECC1549；能够耐受的 盐浓度为 15％；分离地点：山东省东营市东城区；培养基：0002；培养温度：30℃。

ACCC 02854←南京农业大学农业环境微生物菌种保藏中心；原始编号：WS1，NAECC1295；在 10％ NaCl 培养基上能够生长；分离地点：南京友谊河；培养基：0002；培养温度：30℃。

ACCC 02856←南京农业大学农业环境微生物菌种保藏中心；原始编号：WS3，NAECC1297；在 10％ NaCl 培养基上能够生长；分离地点：南京友谊河；培养基：0002；培养温度：30℃。

ACCC 02858←南京农业大学农业环境微生物菌种保藏中心；原始编号：HD3，NAECC1314；在 10％ NaCl 培养基上能够生长；分离地点：南京菜市场；培养基：0002；培养温度：30℃。

ACCC 02862←南京农业大学农业环境微生物菌种保藏中心；原始编号：SY5，NAECC1318；在 10％ NaCl 培养基上能够生长；分离地点：南京菜市场；培养基：0002；培养温度：30℃。

ACCC 11681←南京农业大学农业环境微生物菌种保藏中心；原始编号：N9，NAECC0747；耐盐菌；分离 源：土壤；分离地点：山西运城；培养基：0971；培养温度：30℃。

ACCC 11695←南京农业大学农业环境微生物菌种保藏中心；原始编号：DD1，NAECC0780；在以 5g/L 葡 萄糖为碳源的 M9 基础盐培养基中，能降解 100mg/L 的丙草胺，降解率 40％；分离源：污水；分离地 点：南通江山农药厂；培养基：0971；培养温度：30℃。

Herbaspirillum rubrisubalbicans （Christopher and Edgerton 1930） Baldani et al. 1996 红白草 螺菌

ACCC 05563←中国农业科学院农业资源与农业区划研究所；分离源：水稻根内生；分离地点：湖南省祁阳 县官山坪；培养基：0908；培养温度：37℃。

ACCC 05602←中国农业科学院农业资源与农业区划研究所；分离源：水稻根内生；分离地点：湖南省祁阳 县官山坪；培养基：0002；培养温度：37℃。

Ideonella dechloratans Malmqvist et al. 1994 脱氯艾德昂菌

ACCC 05545←中国农业科学院农业资源与农业区划研究所；分离源：水稻根内生；分离地点：湖南省祁阳 县官山坪；培养基：0974；培养温度：37℃。

Inquilinus ginsengisoli Jung et al. 2011

ACCC 02976←中国农业科学院农业资源与农业区划研究所；原始编号：GD-66-1-3，7052；可以用来研发 生产用的生物肥料；分离地点：内蒙古牙克石；培养基：0002；培养温度：28℃。

Janibacter melonis Yoon et al. 2004 柠檬两面神菌

ACCC 02618←南京农业大学农业环境微生物菌种保藏中心；原始编号：SMW-1，NAECC0749；在无机盐 培养基中添 50mg/L 的农药，对速灭威降解率达 40％，用于教学或科研；分离地点：江苏省南京市玄 武区；培养基：0033；培养温度：30℃。

Janthinobacterium lividum （Eisenberg 1891） De Ley et al. 1978 蓝黑紫色杆菌

ACCC 11044[T]←CGMCC；＝ATCC 12473＝DSM 1522；培养基：0002；培养温度：25℃。

ACCC 03934←中国农业科学院饲料研究所；原始编号：B431；饲料用纤维素酶、植酸酶、木聚糖酶等的筛 选；分离地点：江西鄱阳县；培养基：0002；培养温度：26℃。

Janthinobacterium sp. 紫色杆菌

ACCC 05613←中国农业科学院饲料研究所；原始编号：TN115；产碱性植酶酸；分离地点：江西；培养 基：0033；培养温度：26℃。

Kaistia sp. 凯斯特亚菌

ACCC 11752←南京农业大学农业环境微生物菌种保藏中心；原始编号：BJS4，NAECC0953；在无机盐培养基中添加100mg/L的苯甲酸，降解率达40％左右；分离源：土壤；分离地点：江苏省南京市卫岗菜园；培养基：0033；培养温度：30℃。

Kitasatospora arboriphila Groth et al. 2004 喜树北里孢菌

ACCC 05547←中国农业科学院农业资源与农业区划研究所；分离源：水稻根内生；分离地点：湖南省祁阳县官山坪；培养基：0974；培养温度：37℃。

Kitasatospora niigatensis Tajima et al. 2001 新泻北里孢菌

ACCC 05603←中国农业科学院农业资源与农业区划研究所；分离源：水稻根内生；分离地点：湖南省祁阳县官山坪；培养基：0002；培养温度：37℃。

ACCC 05606←中国农业科学院农业资源与农业区划研究所；分离源：水稻根内生；分离地点：湖南省祁阳县官山坪；培养基：0002；培养温度：37℃。

Kitasatospora viridis Liu et al. 2005 绿色北里孢菌

ACCC 02567←南京农业大学农业环境微生物菌种保藏中心；原始编号：CAD，NAECC1209；能于30h内水解几丁质，酶活达到123.69U；分离地点：浙江；培养基：0033；培养温度：30℃。

ACCC 02571←南京农业大学农业环境微生物菌种保藏中心；原始编号：CG5，NAECC1211；能于30h内水解几丁质，酶活达到117.46U；分离地点：南京江心州果园；培养基：0033；培养温度：30℃。

Klebsiella pneumoniae（Schroeter 1886）Trevisan 1887 肺炎克雷伯氏菌

ACCC 04204←华南农业大学农学院微生物分子遗传实验室；原始编号：X11；培养基：0002；培养温度：30℃。

ACCC 04189←华南农业大学农学院微生物分子遗传实验室；原始编号：LS13；培养基：0002；培养温度：30℃。

ACCC 04195←华南农业大学农学院微生物分子遗传实验室；原始编号：BL4；培养基：0002；培养温度：30℃。

ACCC 04201←华南农业大学农学院微生物分子遗传实验室；原始编号：X1；培养基：0002；培养温度：30℃。

ACCC 04206←华南农业大学农学院微生物分子遗传实验室；原始编号：X24；培养基：0002；培养温度：30℃。

ACCC 04211←华南农业大学农学院微生物分子遗传实验室；原始编号：YE02；培养基：0002；培养温度：30℃。

ACCC 04230←广东省广州微生物研究所；原始编号：4230；分离地点：广东广州；培养基：0002；培养温度：30℃。

ACCC 04238←广东省广州微生物研究所；原始编号：1.115；培养基：0002；培养温度：30℃。

ACCC 01703←中国农业科学院饲料研究所；原始编号：FRI2007010 B246；饲料用木聚糖酶、葡聚糖酶、蛋白酶、植酸酶等的筛选；分离地点：浙江嘉兴鱼塘；培养基：0002；培养温度：37℃。

ACCC 01708←中国农业科学院饲料研究所；原始编号：FRI2007015 B251；饲料用木聚糖酶、葡聚糖酶、蛋白酶、植酸酶等的筛选；分离地点：浙江嘉兴鱼塘；培养基：0002；培养温度：37℃。

ACCC 02704←南京农业大学农业环境微生物菌种保藏中心；原始编号：GN-4，NAECC1555；耐受10％的NaCl；分离地点：江苏省南京市高淳县；培养基：0002；培养温度：30℃。

ACCC 02741←南京农业大学农业环境微生物菌种保藏中心；原始编号：LHLR4，NAECC1255；可以在含500mg/L的绿黄隆的无机盐培养基中生长；分离地点：南通发事达化工有限公司；培养基：0033；培养温度：30℃。

ACCC 02867←南京农业大学农业环境微生物菌种保藏中心；原始编号：GN-15，NAECC1244；耐受10％的NaCl；分离地点：江苏省南京市高淳县；培养基：0002；培养温度：30℃。

ACCC 04113←华南农业大学农学院微生物分子遗传实验室；原始编号：BL1；分离地点：广东广州市华南

农大；培养基：0002；培养温度：30℃。

ACCC 04114←华南农业大学农学院微生物分子遗传实验室；原始编号：BL4；分离地点：广东广州市华南农大；培养基：0002；培养温度：30℃。

ACCC 04122←华南农业大学农学院微生物分子遗传实验室；原始编号：D-POG61；分离地点：广东广州市华南农大；培养基：0002；培养温度：30℃。

ACCC 04123←华南农业大学农学院微生物分子遗传实验室；原始编号：D-POGy11；分离地点：广东广州市华南农大；培养基：0002；培养温度：30℃。

ACCC 04126←华南农业大学农学院微生物分子遗传实验室；原始编号：D-POGy21；分离地点：广东广州市华南农大；培养基：0003；培养温度：30℃。

ACCC 04128←华南农业大学农学院微生物分子遗传实验室；原始编号：D-POGy611；分离地点：广东广州市华南农大；培养基：0003；培养温度：30℃。

ACCC 04129←华南农业大学农学院微生物分子遗传实验室；原始编号：D-POGy612；分离地点：广东广州市华南农大；培养基：0003；培养温度：30℃。

ACCC 04139←华南农业大学农学院微生物分子遗传实验室；原始编号：H39；培养基：0003；培养温度：30℃。

ACCC 04153←华南农业大学农学院微生物分子遗传实验室；原始编号：LS2；分离地点：广东广州市华南农大；培养基：0003；培养温度：30℃。

ACCC 04163←华南农业大学农学院微生物分子遗传实验室；原始编号：Wu38；分离地点：广东广州市华南农大；培养基：0003；培养温度：30℃。

ACCC 04272←广东省广州微生物研究所；原始编号：G10；研究；分离地点：广东广州；培养基：0002；培养温度：37℃。

ACCC 04277←广东省广州微生物研究所；原始编号：G32；分离地点：广东广州；培养基：0002；培养温度：37℃。

ACCC 04319←广东省广州微生物研究所；原始编号：F1.89；分离地点：广东广州；培养基：0002；培养温度：37℃。

ACCC 10082←北京市农林科学院土肥所；原始编号：549；可作菌肥；分离源：玉米根际土壤；培养基：0003；培养温度：30℃。

ACCC 10498^T←ATCC←NCTC←NCDC 298-53；ATCC 13883 = NCTC 9633 = NCDC 298-53 = NCDC 410-68；培养基：0002；培养温度：37℃。

ACCC 04240←广东省广州微生物研究所；原始编号：1.121；培养基：0002；培养温度：30℃。

ACCC 04245←广东省广州微生物研究所；原始编号：1q；分离地点：广东广州；培养基：0002；培养温度：30℃。

ACCC 10084←山东省科学院生物所；原始编号：Me1；固氮酶活性较高，曾用于生产固氮菌肥；培养基：0063；培养温度：28～30℃。

Klebsiella ornithinolytica Sakazaki et al. 1989 解鸟氨酸克雷伯氏菌

ACCC 03896←中国农业科学院饲料研究所；原始编号：B388；饲料用纤维素酶、植酸酶、木聚糖酶等的筛选分离地点：江西鄱阳县；培养基：0002；培养温度：26℃。

ACCC 03913←中国农业科学院饲料研究所；原始编号：B409；饲料用纤维素酶、植酸酶、木聚糖酶等的筛选；分离地点：江西鄱阳县；培养基：0002；培养温度：26℃。

Klebsiella oxytoca （Flügge 1886） Lautrop 1956 产酸克雷伯氏菌

ACCC 01753←中国农业科学院饲料研究所；原始编号：FRI2007037 B329；饲料用木聚糖酶、葡聚糖酶、蛋白酶、植酸酶等的筛选；草鱼胃肠道微生物多样性生态研究；分离地点：浙江省；培养基：0002；培养温度：37℃。

ACCC 02605←南京农业大学农业环境微生物菌种保藏中心；原始编号：YDWJ-1，NAECC0754；在无机盐培养基中添 50mg/L 的农药，对异稻瘟净降解率达 30%，用于教学或科研；分离地点：江苏省南京市玄武区 32；培养基：0033；培养温度：30℃。

ACCC 02792←南京农业大学农业环境微生物菌种保藏中心；原始编号：LC-ZB，NAECC1271；对500mg/L
　　的苯磺隆有抗性；分离地点：南京市玄武区；培养基：0033；培养温度：30℃。

ACCC 04162←华南农业大学农学院微生物分子遗传实验室；原始编号：Wu33；分离地点：广东广州市华
　　南农大；培养基：0003；培养温度：30℃。

ACCC 10370←首都师范大学；培养基：0033；培养温度：30℃。

ACCC 10378←首都师范大学；原始编号：NG14A；培养基：0033；培养温度：30℃。

ACCC 10379←首都师范大学；原始编号：NG14B；培养基：0033；培养温度：30℃。

ACCC 10382←首都师范大学；原始编号：NG14Agfp；培养基：0033；培养温度：30℃。

ACCC 10383←首都师范大学；培养基：0033；培养温度：30℃。

ACCC 04218←华南农业大学农学院微生物分子遗传实验室；原始编号：YH4；培养基：0002；培养温
　　度：30℃。

Klebsiella planticola **Bagley et al. 1982** 植生克雷伯氏杆菌

ACCC 10005←华中农业大学；原始编号：Z11；具固氮功能；培养基：0002；培养温度：30℃。

Klebsiella **sp.** 克雷氏杆菌

ACCC 02739←南京农业大学农业环境微生物菌种保藏中心；原始编号：LHLR2，NAECC1253；可以在含
　　500mg/L的绿黄隆的无机盐培养基中生长；分离地点：南通发事达化工有限公司；培养基：0033；培
　　养温度：30℃。

ACCC 02815←南京农业大学农业环境微生物菌种保藏中心；原始编号：L6，NAECC1356；在 M9 培养基
　　中抗绿磺隆的浓度达 500mg/L；分离地点：江苏省南京市玄武区；培养基：0002；培养温度：30℃。

ACCC 02872←南京农业大学农业环境微生物菌种保藏中心；原始编号：P3，NAECC1357；在 M9 培养基
　　中抗普斯特的浓度达 500mg/L；分离地点：江苏省南京市玄武区；培养基：0002；培养温度：30℃。

ACCC 02875←南京农业大学农业环境微生物菌种保藏中心；原始编号：P7，NAECC1360；在 M9 培养基
　　中抗普斯特的浓度达 500mg/L；分离地点：江苏省南京市玄武区；培养基：0002；培养温度：30℃。

ACCC 11617←南京农业大学农业环境微生物菌种保藏中心；原始编号：2-B-1，NAECC1117；分离源：土
　　壤；分离地点：江苏南京；培养基：0033；培养温度：30℃。

ACCC 11624←南京农业大学农业环境微生物菌种保藏中心；原始编号：HF2，NAECC1124；分离源：土
　　壤；分离地点：江苏南京；培养基：0033；培养温度：30℃。

ACCC 11627←南京农业大学农业环境微生物菌种保藏中心；原始编号：HF13，NAECC1127；分离源：土
　　壤；分离地点：江苏南京；培养基：0033；培养温度：30℃。

ACCC 11692←南京农业大学农业环境微生物菌种保藏中心；原始编号：sc-2，NAECC0775；可以在含
　　5 000mg/L的噻磺隆的无机盐培养基中生长；分离源：土壤；分离地点：江苏常熟；培养基：0971；
　　培养温度：30℃。

ACCC 11779←南京农业大学农业环境微生物菌种保藏中心；原始编号：DB2，NAECC0985；在无机盐培
　　养基中添加 100mg/L 的敌稗，降解率达 30%～50%；分离源：土壤；培养基：0971；培养温
　　度：30℃。

Klebsiella terrigena **Izard et al. 1981** 土生克雷伯菌

ACCC 03897←中国农业科学院饲料研究所；原始编号：B389；饲料用纤维素酶、植酸酶、木聚糖酶等的筛
　　选；分离地点：江西鄱阳县；培养基：0002；培养温度：26℃。

Klebsiella variicola **Rosenblueth et al. 2004** 黑座克雷伯氏菌

ACCC 01700←中国农业科学院饲料研究所；原始编号：FRI2007031 B243；饲料用木聚糖酶、葡聚糖酶、
　　蛋白酶、植酸酶等的筛选；分离地点：浙江嘉兴鱼塘；培养基：0002；培养温度：37℃。

ACCC 01706←中国农业科学院饲料研究所；原始编号：FRI2007009 B249；饲料用木聚糖酶、葡聚糖酶、
　　蛋白酶、植酸酶等的筛选；分离地点：浙江嘉兴鱼塘；培养基：0002；培养温度：37℃。

ACCC 01707←中国农业科学院饲料研究所；原始编号：FRI2007016 B250；饲料用木聚糖酶、葡聚糖酶、

　　蛋白酶、植酸酶等的筛选；分离地点：浙江嘉兴鱼塘；培养基：0002；培养温度：37℃。

ACCC 01751←中国农业科学院饲料研究所；原始编号：FRI20070345 B322；饲料用木聚糖酶、葡聚糖酶、
　　蛋白酶、植酸酶等的筛选；分离地点：浙江省；培养基：0002；培养温度：37℃。

Kocuria marina Kim et al. 2004 海考克氏菌

ACCC 01678←中国农业科学院饲料研究所；原始编号：FRI2007052 B216；饲料用木聚糖酶、葡聚糖酶、
　　蛋白酶、植酸酶等的筛选；分离地点：海南三亚；培养基：0002；培养温度：37℃。

ACCC 02726←南京农业大学农业环境微生物菌种保藏中心；原始编号：CGL-Y2，NAECC1381；可以在含
　　800mg/L 的草甘膦的无机盐培养基中生长；分离地点：南京市玄武区；培养基：0002；培养温
　　度：30℃。

Kocuria palustris Kovács et al. 1999 沼泽考克氏菌

ACCC 01675←中国农业科学院饲料研究所；原始编号：FRI2007049 B213；饲料用木聚糖酶、葡聚糖酶、
　　蛋白酶、植酸酶等的筛选；分离地点：海南三亚；培养基：0002；培养温度：37℃。

ACCC 01676←中国农业科学院饲料研究所；原始编号：FRI2007050 B214；饲料用木聚糖酶、葡聚糖酶、
　　蛋白酶、植酸酶等的筛选；分离地点：海南三亚；培养基：0002；培养温度：37℃。

ACCC 01677←中国农业科学院饲料研究所；原始编号：FRI2007051 B215；饲料用木聚糖酶、葡聚糖酶、
　　蛋白酶、植酸酶等的筛选；分离地点：海南三亚；培养基：0002；培养温度：37℃。

Kocuria rosea （Flügge 1886） Stackebrandt et al. 1995 玫瑰色库克菌

ACCC 01689←中国农业科学院饲料研究所；原始编号：FRI2007065 B229；饲料用木聚糖酶、葡聚糖酶、
　　蛋白酶、植酸酶等的筛选；分离地点：海南三亚；培养基：0002；培养温度：37℃。

ACCC 10203←DSMZ← K. H. Schleifer← ATCC← R. S. Breed （Micrococcus rubens） ← Kral Collecti；=
　　DSM20447＝ATCC 186，CCM 679，NCTC 7523；培养基：0266；培养温度：30℃。

ACCC 10488←ATCC←RS Breed←Kral Collection （Micrococcus roseus beta roseo-fulvus 3）；= ATCC 186
　　CCM 679＝IAM 1315＝IFO 3768＝NCIB 11696＝NCTC 7523；培养基：0002；培养温度：26℃。

Lactobacillus acidophilus Johnson et al. 1980 嗜酸乳杆菌

ACCC 05431←中国农业科学院农业资源与农业区划研究所← 中科院微生物研究所←IMCAS；= AS1、2467
　　原始编号：2000-4；分离源：保健品；培养基：0006；培养温度：37℃。

ACCC 10637←中国食品发酵工业科学研究所；= IFFI 6006；生产饲料添加剂；培养基：0002；培养温
　　度：37℃。

ACCC 11073←中国农业科学院土肥所←中科院微生物研究所；= AS 1.1854；生产饲料；培养基：0006；
　　培养温度：37℃。

Lactobacillus alimentarius （ex Reuter 1970） Reuter 1983 消化乳杆菌

ACCC 10173←中国农业科学院土肥所←中国农业科学院畜牧所；原始编号：农 RNL-1；微生态制剂；培养
　　基：0006；培养温度：37℃。

ACCC 10174←中国农业科学院土肥所←中国农业科学院畜牧所；原始编号：农 RNL-1；微生态制剂；培养
　　基：0006；培养温度：37℃。

Lactobacillus animalis Dent and Williams 1983 动物乳杆菌

ACCC 05466^T←中国农业科学院农业资源与农业区划研究所← 中科院微生物研究所←JCM；原始编号：
　　JCM 5670；培养基：0006；培养温度：37℃。

Lactobacillus buchneri （Henneberg 1903） Bergey et al. 1923 布氏乳杆菌

ACCC 05430←中国农业科学院农业资源与农业区划研究所← 中科院微生物研究所；原始编号：W53；培
　　养基：0006；培养温度：30℃。

Lactobacillus bulgaricus （Orla-Jensen 1919） Rogosa and Hansen 1971 保加利亚乳杆菌

ACCC 10638← 中国食品发酵工业科学研究所；= IFFI 6047；乳酸生产菌；培养基：0006；培养温
　　度：37℃。

ACCC 11057←中国科学院微生物研究所；＝AS 1.1480；制作酸奶；培养基：0006；培养温度：37℃。

Lactobacillus casei （Orla-Jensen 1916） **Hansen and Lessel 1971** 干酪乳杆菌

ACCC 10639←中国食品发酵工业科学研究所；＝IFFI 6002；培养基：0006；培养温度：28～30℃。

ACCC 10640←中国食品发酵工业科学研究所；＝IFFI 6033；培养基：0006；培养温度：30℃。

Lactobacillus collinoides **Carr and Davies 1972** 丘状菌落乳杆菌

ACCC 10172←中国农业科学院土肥所←中国农业大学资环学院原始编号：农大 6；青贮饲料；培养基：0006；培养温度：37℃。

Lactobacillus curvatus （Troili-Petersson 1903） **Abo-Elnaga and Kandler 1965** 弯曲乳杆菌

ACCC 10641←中国食品发酵工业科学研究所；＝IFFI 6031；培养基：0006；培养温度：37℃。

Lactobacillus delbrueckii （Leichmann 1896） **Beijerinck 1901** 德氏乳酸乳杆菌

ACCC 10183^T←ATCC←RP Tittsler←M. Rogosa；＝ATCC＝9649＝NCDO 213；培养基：0006；培养温度：37℃。

Lactobacillus delbrueckii subsp. *bulgaricus* （Orla-Jensen 1919） **Weiss et al. 1984** 德氏乳杆菌保加利亚亚种

ACCC 05464←中国农业科学院农业资源与农业区划研究所← 中科院微生物研究所←中国食品发酵工业科学研究所；原始编号：IFFI 6047；分离源：酸奶；培养基：0044；培养温度：30～35℃。

ACCC 05467←中国农业科学院农业资源与农业区划研究所← 中科院微生物研究所；原始编号：6-1；培养基：0044；培养温度：37℃。

ACCC 05468←中国农业科学院农业资源与农业区划研究所← 中科院微生物研究所；原始编号：4-5；酸奶；分离源：酸奶；培养基：0044；培养温度：30℃。

Lactobacillus delbrueckii subsp. *lactis* （Orla-Jensen 1919） **Weiss et al. 1984** 德氏乳杆菌乳亚种

ACCC 05432←中国农业科学院农业资源与农业区划研究所← 中科院微生物研究所←JCM＝JCM 1248＝AS 1.2132；模式菌株；Produces lacticin；培养基：0006；培养温度：37℃。

ACCC 10294^T←DSMZ；＝DSM20072＝ATCC 12315＝NCDO 1438；培养基：0006；培养温度：37℃。

Lactobacillus fermentum **Beijerinck 1901** 发酵乳杆菌

ACCC 05478^T←中国农业科学院农业资源与农业区划研究所←DSMZ← Difco Lab.← ATCC←H. P. Sarett,；分离源：dried American beer；培养基：0033；培养温度：37℃。

Lactobacillus helveticus （Orla-Jensen 1919） **Bergey et al. 1925** 瑞士乳杆菌

ACCC 10532^T←CGMCC←JCM←ATCC←PA Hansen←S. Orla-Jensen Thermobacterium No. 12；＝ATCC 15009＝AS 1.1877＝JCM 1120；培养基：0006；培养温度：37℃。

Lactobacillus murinus **Hemme et al. 1982** 鼠乳杆菌

ACCC 05465^T←中国农业科学院农业资源与农业区划研究所← 中科院微生物研究所←JCM；＝JCM 1717；培养基：0006；培养温度：37℃。

Lactobacillus pentosus （ex Fred et al. 1921） **Zanoni et al. 1987** 戊糖乳杆菌

ACCC 01521←新疆农业科学院微生物研究所；原始编号：XAAS10383 PB8；培养基：0033；培养温度：20～30℃。

Lactobacillus plantarum （Orla-Jensen 1919） **Bergey et al. 1923** 植物乳杆菌

ACCC 10171←中国农业科学院土肥所←中国农业大学资环学院原始编号：农大 5；青贮饲料；培养基：0006；培养温度：37℃。

ACCC 10182←中国农业科学院土肥所←中科院微生物研究所←黄海化学工业研究所黄海 1003←ATCC；＝ATCC 8014＝AS 1.3；测尼克酸等；培养基：0002；培养温度：30℃。

ACCC 10533^T←CGMCC；＝ATCC 8014＝17-5＝BUCSAV 217＝BUCSAV 449＝ICPB 2080＝NCDO 82＝NCIB 6376＝NCIB 8014＝NCIB 8030＝AS1. 1856；培养基：0006；培养温度：37℃。

ACCC 10643←中国食品发酵工业科学研究所；＝IFFI 6009；培养基：0006；培养温度：37℃。

ACCC 10644←中国食品发酵工业科学研究所；＝IFFI 6026；用于青贮饲料；培养基：0006；培养温度：30℃。

ACCC 11016←中国中国科学院微生物研究所；＝AS 1.557；产酸较多，可做青贮饲料；培养基：0006；培养温度：30℃。

ACCC 11028←薛景珍原始编号：A；培养基：0006；培养温度：37℃。

ACCC 11095←中国食品发酵工业科学研究所；＝IFFI 6015；用于青贮饲料；分离地点：沈阳；培养基：0006；培养温度：28～33℃。

ACCC 11118←中国农业科学院土肥所←饲料所；原始编号：L. P-1；用于青贮饲料；培养基：0006；培养温度：37℃。

Lactobacillus rhamnosus（Hansen 1968）Collins et al. 1989 鼠李糖乳杆菌

ACCC 05433←中国农业科学院农业资源与农业区划研究所← 中科院微生物研究所←JCM；原始编号：L614；培养基：0006；培养温度：30℃。

ACCC 05434←中国农业科学院农业资源与农业区划研究所← 中科院微生物研究所←北京制药厂←中央卫生研究院；原始编号：L614；测定核黄素（VB2）；培养基：0006；培养温度：30℃。

ACCC 05450←中国农业科学院农业资源与农业区划研究所← 中科院微生物研究所←波兰；原始编号：Nr91/50；模式菌株；培养基：0002；培养温度：30℃。

ACCC 10534ᵀ←CGMCC←中国科学院植物生理研究所；＝ATCC 7469＝BUCSAV 227＝M. Rogosa V300＝M. E. Sharpe H2＝NCDO 243＝NCIB 6375＝NCIB 8010＝NCTC 6375＝NRC 488＝P. A. Hansen 300＝R. P. Tittsler 300；培养基：0006；培养温度：37℃。

Lactobacillus rossiae corrig. Corsetti et al. 2005 罗氏乳杆菌

ACCC 05483ᵀ←中国农业科学院农业资源与农业区划研究所← DSMZ← A. Corsetii；CS1. Wheat sourdough；模式菌株；培养基：0033；培养温度：30℃。

Lactobacillus sakei subsp. *sakei* corrig. Katagiri et al. 1934 清酒乳杆菌

ACCC 05429←中国农业科学院农业资源与农业区划研究所← 中科院微生物研究所←黄海化学工业研究社；原始编号：黄海1006；培养基：0006；培养温度：30℃。

Lactobacillus sp. 乳杆菌

ACCC 03877←中国农业科学院饲料研究所；原始编号：B484；饲料用作添加剂，益生菌等；分离地点：北京市海淀区；培养基：0002；培养温度：26℃。

ACCC 11026←薛景珍原始编号：CSN0031；培养基：0006；培养温度：28℃。

ACCC 11027←薛景珍原始编号：CSN0033；培养基：0006；培养温度：28℃。

ACCC 11049←中国农业科学院土肥所；＝ACCC 11049←赠；原始编号：1529；培养基：0006；培养温度：37℃。

ACCC 11050←中国农业科学院土肥所；原始编号：1663；培养基：0006；培养温度：37℃。

Lactococcus lactis（Lister 1873）Schleifer et al. 1986 乳酸乳球菌

ACCC 10179ᵀ←ATCC←NCTC←P. M. F. Shattock；＝NCTC 6681＝BUCSAV 302＝DSM 20481＝NCDO 604＝NCIB；培养基：0006；培养温度：37℃。

ACCC 10535ᵀ←CGMC C←JCM← ATCC←NCTC←P. M. F. Shattock；＝ATCC 19435＝NCTC 6681＝BUCSAV 302＝DSM 20481＝NCDO 604＝NCIB 6681＝AS 1.1936；培养基：57；培养温度：37℃。

ACCC 11048←中国农业科学院土肥所；原始编号：1059；培养基：0006；培养温度：37℃。

ACCC 11092←中国农业科学院土肥所←食品发酵所；＝IFFI6015；用于制酸奶；分离源：酸奶；培养基：0006；培养温度：30℃。

ACCC 11093←中国农业科学院土肥所←食品发酵所；＝IFFI 6017；用于制酸奶；培养基：0006；培养温度：30℃。

ACCC 11094←中国农业科学院土肥所←食品发酵所；＝IFFI 6029；用于制酸奶；培养基：0006；培养温

度：30℃。

Lactococcus lactis subsp. *lactis*（Lister 1873）Schleifer et al. 1986 乳酸链球菌

ACCC 10295^T←dsmz；＝DSM20481＝ATCC 19435＝CCM 1877＝NCDO 604＝NCIB 6681＝NCTC 6681；培养基：0006；培养温度：30℃。

Lactococcus lactis subsp. *cremoris*（Orla-Jensen 1919）Schleifer et al. 1986 乳酸乳球菌乳脂亚种

ACCC 10284^T←dsmz←ATCC←NCDO← NIRD←Whitehead；＝DSM 20069＝ATCC 19257＝NCDO 607＝NCIB 8662；原始编号：HP；培养基：0441；培养温度：30℃。

Leifsonia ginsengi Qiu et al. 2007 人参雷夫松氏菌

ACCC 11169^T←首都师范大学；＝CGMCC4、3491＝JCM13908；原始编号：wged11T；培养基：0033；培养温度：28℃。

Leptothrix discophora（*ex* Schwers 1912）Spring et al. 1997 盘状纤发菌

ACCC 05584←中国农业科学院农业资源与农业区划研究所；分离源：水稻根内生；分离地点：湖南省祁阳县官山坪；培养基：0908；培养温度：37℃。

Leucobacter chromiireducens Morais et al. 2005 还原铬亮杆菌

ACCC 02645←南京农业大学农业环境微生物菌种保藏中心；原始编号：sls-2，NAECC1230；在无机盐培养基中以 100mg/L 的三氯杀螨醇为唯一碳源培养，7 天内三氯杀螨醇降解率大于 60%；分离地点：江苏省南通市江山农药厂；培养基：0002；培养温度：30℃。

Leuconostoc citreum Farrow et al. 1989 柠檬色明串珠菌

ACCC 05482←中国农业科学院农业资源与农业区划研究所← DSMZ←W. Holzapfel（Leuconostoc mesentero；培养基：0033；培养温度：30℃。

Leuconostoc mesenteroides（Tsenkovskii 1878）van Tieghem 1878 肠膜明串珠菌

ACCC 03915←中国农业科学院饲料研究所；原始编号：B412；饲料用纤维素酶、植酸酶、木聚糖酶等的筛选；分离地点：江西鄱阳县；培养基：0002；培养温度：26℃。

ACCC 05479←中国农业科学院农业资源与农业区划研究所← DSMZvW. Holzapfel←NCDO←NCIB←ATC；分离地点：dried American beer；培养基：0033；培养温度：30℃。

Leuconostoc pseudomesenteroides Farrow et al. 1989 假肠膜明串珠菌

ACCC 05458←ATCC；＝ATCC12291 培养基：0033；培养温度：26℃。

ACCC 10282←DSMZ←ATCC；Preparation of D (-) lactic acid dehydrogenase for the enzymatic determination of lactic acid configuration Used for determination of isotopic carbon patterns in glucose and in mannose. Used for determination of isotopic carbon patterns in glucose and in mannose；分离源：cane juice；培养基：0006；培养温度：30℃。

Listeria monocytogenes（Murray et al. 1926）Pirie 1940 单核细胞增生李氏杆菌

ACCC 11120←中国兽医监察所 1597；原始编号：C53003，L208；分离源：李氏杆菌病牛脾；分离地点：丹麦；培养基：0033；培养温度：37℃。

Litoribacter ruber Tian et al. 2010

ACCC 05414←云南大学微生物研究所；原始编号：B2-5-10；培养基：0002；培养温度：28℃。

Lysobacter antibioticus Christensen and Cook 1978 抗生素溶杆菌（抗生溶杆菌）

ACCC 03089←中国农业科学院农业资源与农业区划研究所；原始编号：GD-28-1-3，7196；可以用来研发生产用的生物肥料；分离地点：北京顺义；培养基：0065；培养温度：28℃。

Lysobacter enzymogenes Christensen and Cook 1978 产酶溶杆菌产酶亚种

ACCC 10291^T←ATCC；＝ATCC 29487＝UASM 495；分离源：土壤；分离地点：Ottawa, Ontario；培养基：0002；培养温度：30℃。

***Lysobacter gummosus* Christensen and Cook 1978 胶状溶杆菌（胶状质溶杆菌）**

ACCC 03100←中国农业科学院农业资源与农业区划研究所；原始编号：GD-B-CL1-1-4，7212；可以用来研
　　发生产用的生物肥料；分离地点：北京试验地；培养基：0065；培养温度：28℃。

***Macrococcus caseolyticus*（Schleifer et al. 1982）Kloos et al. 1998 48：871 解酪蛋白巨大球菌**

ACCC 01661←广东省广州微生物研究所；原始编号：GIMT1.067；分离地点：广东广州市；培养基：
　　0002；培养温度：30℃。

ACCC 01680←中国农业科学院饲料研究所；原始编号：FRI2007054 B218；饲料用木聚糖酶、葡聚糖酶、
　　蛋白酶、植酸酶等的筛选；分离地点：海南三亚；培养基：0002；培养温度：37℃。

ACCC 01681←中国农业科学院饲料研究所；原始编号：FRI2007055 B219；饲料用木聚糖酶、葡聚糖酶、
　　蛋白酶、植酸酶等的筛选；分离地点：海南三亚；培养基：0002；培养温度：37℃。

***Marinococcus halophilus*（Novitsky and Kushner 1976）Hao et al. 1985 海生嗜盐球菌**

ACCC 10690←南京农业大学农业环境微生物菌种保藏中心；原始编号：IV4；分离源：草坪表层 1～5cm
　　土壤；分离地点：江苏省南京市玄武区 32；培养基：0002；培养温度：30℃。

ACCC 10662 海球菌 Marinococcus sp. ←南京农业大学农业环境微生物菌种保藏中心；原始编号：IV10；
　　分离源：草坪表层 1～5cm 土壤；分离地点：江苏省南京市玄武区 32；培养基：0002；培养温
　　度：30℃。

ACCC 10667←南京农业大学农业环境微生物菌种保藏中心；原始编号：63；分离源：菜园土表层 1～5cm
　　土壤；分离地点：江苏省南京市玄武区 32；培养基：0002；培养温度：30℃。

***Mesorhizobium albiziae* Wang et al. 2007 骆驼刺中慢生根瘤菌**

ACCC 14517←中国农业科学院资源区划所←西北农林科技大学；分离地点：甘肃安西骆驼刺；原始编号：
　　CCNWAX41-1，CCNWGS0070；培养基：0063；培养温度：28～30℃。

ACCC 14549←中国农业科学院资源区划所←西北农林科技大学；分离地点：新疆阿拉尔骆驼刺；原始编
　　号：CCNWXJ40-4，CCNWXJ0112；培养基：0063；培养温度：28～30℃。

ACCC 14550←中国农业科学院资源区划所←西北农林科技大学；分离地点：新疆阿拉尔骆驼刺；原始编
　　号：CCNWXJ34-1，CCNWXJ0115；培养基：0063；培养温度：28～30℃。

ACCC 14551←中国农业科学院资源区划所←西北农林科技大学；分离地点：新疆阿拉尔骆驼刺；原始编
　　号：CCNWXJ31-1，CCNWXJ0116；培养基：0063；培养温度：28～30℃。

ACCC 14552←中国农业科学院资源区划所←西北农林科技大学；分离地点：新疆阿拉尔骆驼刺；原始编
　　号：CCNWXJ16-1，CCNWXJ0117；培养基：0063；培养温度：28～30℃。

ACCC 14553←中国农业科学院资源区划所←西北农林科技大学；分离地点：新疆阿拉尔骆驼刺；原始编
　　号：CCNWXJ32-3，CCNWXJ0118；培养基：0063；培养温度：28～30℃。

ACCC 14554←中国农业科学院资源区划所←西北农林科技大学；分离地点：新疆阿拉尔骆驼刺；原始编
　　号：CCNWXJ11-2，CCNWXJ0119；培养基：0063；培养温度：28～30℃。

ACCC 14555←中国农业科学院资源区划所←西北农林科技大学；分离地点：新疆阿拉尔骆驼刺；原始编
　　号：CCNWXJ05-2，CCNWXJ0121；培养基：0063；培养温度：28～30℃。

ACCC 14556←中国农业科学院资源区划所←西北农林科技大学；分离地点：新疆阿拉尔骆驼刺；原始编
　　号：CCNWXJ03-4，CCNWXJ0122；培养基：0063；培养温度：28～30℃。

ACCC 14557←中国农业科学院资源区划所←西北农林科技大学；分离地点：新疆阿拉尔骆驼刺；原始编
　　号：CCNWXJ19-1，CCNWXJ0123；培养基：0063；培养温度：28～30℃。

ACCC 14558←中国农业科学院资源区划所←西北农林科技大学；分离地点：新疆阿拉尔骆驼刺；原始编
　　号：CCNWXJ36-1，CCNWXJ0124；培养基：0063；培养温度：28～30℃。

ACCC 14559←中国农业科学院资源区划所←西北农林科技大学；分离地点：新疆阿拉尔刺槐；原始编号：
　　CCNWXJ01-2C，CCNWXJ0125；培养基：0063；培养温度：28～30℃。

ACCC 14560←中国农业科学院资源区划所←西北农林科技大学；分离地点：新疆骆驼刺；原始编号：CC-
　　NWXJ02-1，CCNWXJ0126；培养基：0063；培养温度：28～30℃。

ACCC 14561←中国农业科学院资源区划所←西北农林科技大学；分离地点：新疆阿拉尔刺槐；原始编号：
　　CCNWXJ12-2，CCNWXJ0127；培养基：0063；培养温度：28～30℃。

ACCC 14562←中国农业科学院资源区划所←西北农林科技大学；分离地点：新疆阿拉尔骆驼刺；原始编
　　号：CCNWXJ12-3，CCNWXJ0128；培养基：0063；培养温度：28～30℃。

ACCC 14563←中国农业科学院资源区划所←西北农林科技大学；分离地点：新疆阿拉尔骆驼刺；原始编
　　号：CCNWXJ12-1，CCNWXJ0129；培养基：0063；培养温度：28～30℃。

ACCC 14564←中国农业科学院资源区划所←西北农林科技大学；分离地点：新疆阿拉尔骆驼刺；原始编
　　号：CCNWXJ36-2，CCNWXJ0130；培养基：0063；培养温度：28～30℃。

ACCC 14585←中国农业科学院资源区划所←西北农林科技大学；分离地点：甘肃安西骆驼刺；原始编号：
　　CCNWGS0004-2；培养基：0063；培养温度：28～30℃。

ACCC 14587←中国农业科学院资源区划所←西北农林科技大学；分离地点：新疆阿拉尔骆驼刺；原始编
　　号：CCNWXJ38-1，CCNWXJ0113；培养基：0063；培养温度：28～30℃。

ACCC 14520←中国农业科学院资源区划所←西北农林科技大学；分离地点：甘肃安西骆驼刺；原始编号：
　　CCNWAX23-1，CCNWGS0072；培养基：0063；培养温度：28～30℃。

ACCC 14523←中国农业科学院资源区划所←西北农林科技大学；分离地点：甘肃安西骆驼刺；原始编号：
　　CCNWAX44-1，CCNWGS0074；培养基：0063；培养温度：28～30℃。

ACCC 14524←中国农业科学院资源区划所←西北农林科技大学；分离地点：甘肃安西骆驼刺；原始编号：
　　CCNWAX34-1，CCNWGS0075；培养基：0063；培养温度：28～30℃。

ACCC 14526←中国农业科学院资源区划所←西北农林科技大学；分离地点：甘肃安西骆驼刺；原始编号：
　　CCNWAX39-1，CCNWGS0076；培养基：0063；培养温度：28～30℃。

ACCC 14528←中国农业科学院资源区划所←西北农林科技大学；分离地点：甘肃安西骆驼刺；原始编号：
　　CCNWAX33-1，CCNWGS0077；培养基：0063；培养温度：28～30℃。

ACCC 14529←中国农业科学院资源区划所←西北农林科技大学；分离地点：甘肃安西骆驼刺；原始编号：
　　CCNWAX28-1，CCNWGS0078；培养基：0063；培养温度：28～30℃。

ACCC 14539←中国农业科学院资源区划所←西北农林科技大学；分离地点：甘肃安西骆驼刺；原始编号：
　　CCNWAX45-1，CCNWGS0084；培养基：0063；培养温度：28～30℃。

***Mesorhizobium amorphae* Wang et al. 1999 紫穗槐中间根瘤菌**

ACCC 03111←中国农业科学院农业资源与农业区划研究所；原始编号：bap-31-2，7226；可以用来研发农
　　田土壤及环境修复微生物制剂；分离地点：河北省高碑店市辛庄镇；培养基：0002；培养温度：28℃。

ACCC 19660←中国农业科学院土肥所刘惠琴1989年从农业科学院采瘤分离；原始编号：16-1；与紫穗槐
　　共生固氮；培养基：0063；培养温度：28～30℃。

ACCC 19661←中国农业科学院土肥所刘惠琴1989年从农业科学院采瘤分离；原始编号：16-2；与紫穗槐
　　共生固氮；培养基：0063；培养温度：28～30℃。

ACCC 19662←中国农业科学院土肥所刘惠琴1989年从农业科学院采瘤分离；原始编号：14-1；与紫穗槐
　　共生固氮；培养基：0063；培养温度：28～30℃。

ACCC 19663←中国农业科学院土肥所管南珠1989年从农业科学院采瘤分离；原始编号：25-1；与紫穗槐
　　共生固氮；培养基：0063；培养温度：28～30℃。

ACCC 19664←中国农业科学院土肥所管南珠1989年从农业科学院采瘤分离；原始编号：44-1；与紫穗槐
　　共生固氮；培养基：0063；培养温度：28～30℃。

ACCC 19665←中国农业科学院土肥所刘惠琴1989年从农业科学院采瘤分离；原始编号：25-2；与紫穗槐
　　共生固氮；培养基：0063；培养温度：28～30℃。

ACCC 19666←中国农业科学院土肥所管南珠1989年从农业科学院采瘤分离；原始编号：40-2；与紫穗槐
　　共生固氮；培养基：0063；培养温度：28～30℃。

ACCC 19667←中国农业科学院土肥所刘惠琴1989年从农业科学院采瘤分离；原始编号：7-1；与紫穗槐共
　　生固氮；培养基：0063；培养温度：28～30℃。

ACCC 19668←中国农业科学院土肥所刘惠琴 1989 年从农业科学院采瘤分离；原始编号：7-2；与紫穗槐共生固氮；培养基：0063；培养温度：28～30℃。

ACCC 19669←中国农业科学院土肥所管南珠 1989 年从农业科学院采瘤分离；原始编号：13-2；与紫穗槐共生固氮；培养基：0063；培养温度：28～30℃。

ACCC 19670←中国农业科学院土肥所管南珠 1989 年从农业科学院采瘤分离；原始编号：19-1；与紫穗槐共生固氮；培养基：0063；培养温度：28～30℃。

ACCC 19671←中国农业科学院土肥所刘惠琴 1989 年从农业科学院采瘤分离；原始编号：37；与紫穗槐共生固氮；培养基：0063；培养温度：28～30℃。

ACCC 19672←中国农业科学院土肥所刘惠琴 1989 年从农业科学院采瘤分离；原始编号：57-1；与紫穗槐共生固氮；培养基：0063；培养温度：28～30℃。

ACCC 19673←中国农业科学院土肥所刘惠琴、管南珠 989 年从农业科学院采瘤分离；原始编号：59-2；与紫穗槐共生固氮；培养基：0063；培养温度：28～30℃。

ACCC 19674←中国农业科学院土肥所刘惠琴 1989 年从农业科学院采瘤分离；原始编号：69-1；与紫穗槐共生固氮；培养基：0063；培养温度：28～30℃。

ACCC 19675←中国农业科学院土肥所管南珠 1989 年从农业科学院采瘤分离；原始编号：69-2；与紫穗槐共生固氮；培养基：0063；培养温度：28～30℃。

ACCC 19676←中国农业科学院土肥所管南珠 1989 年从农业科学院采瘤分离；原始编号：45-2；与紫穗槐共生固氮；培养基：0063；培养温度：28～30℃。

ACCC 19677←中国农业科学院土肥所管南珠 1989 年从农业科学院采瘤分离；原始编号：81-2；与紫穗槐共生固氮；培养基：0063；培养温度：28～30℃。

ACCC 14237←中国农业科学院资源区划所←中国农业大学；分离地点：内蒙古中间锦鸡儿根瘤；原始编号：CCBAU 01441，NMCL001；与中间锦鸡儿结瘤固氮；培养基：0063；培养温度：28～30℃。

ACCC 14238←中国农业科学院资源区划所←中国农业大学；分离地点：内蒙古中间锦鸡儿根瘤；原始编号：CCBAU 01443，NMCL006；与中间锦鸡儿结瘤固氮；培养基：0063；培养温度：28～30℃。

ACCC 14239←中国农业科学院资源区划所←中国农业大学；分离地点：内蒙古中间锦鸡儿根瘤；原始编号：CCBAU 01444，NMCL007；与中间锦鸡儿结瘤固氮；培养基：0063；培养温度：28～30℃。

ACCC 14240←中国农业科学院资源区划所←中国农业大学；分离地点：内蒙古中间锦鸡儿根瘤；原始编号：CCBAU 01445，NMCL008；与中间锦鸡儿结瘤固氮；培养基：0063；培养温度：28～30℃。

ACCC 14241←中国农业科学院资源区划所←中国农业大学；分离地点：内蒙古中间锦鸡儿根瘤；原始编号：CCBAU 01446，NMCL011；与中间锦鸡儿结瘤固氮；培养基：0063；培养温度：28～30℃。

ACCC 14242←中国农业科学院资源区划所←中国农业大学；分离地点：内蒙古中间锦鸡儿根瘤；原始编号：CCBAU 01447，NMCL014；与中间锦鸡儿结瘤固氮；培养基：0063；培养温度：28～30℃。

ACCC 14245←中国农业科学院资源区划所←中国农业大学；分离地点：内蒙古中间锦鸡儿根瘤；原始编号：CCBAU 01451，NMCL025；与中间锦鸡儿结瘤固氮；培养基：0063；培养温度：28～30℃。

ACCC 14249←中国农业科学院资源区划所←中国农业大学；分离地点：内蒙古中间锦鸡儿根瘤；原始编号：CCBAU 01455，NMCL034；与中间锦鸡儿结瘤固氮；培养基：0063；培养温度：28～30℃。

ACCC 14257←中国农业科学院资源区划所←中国农业大学；分离地点：内蒙古中间锦鸡儿根瘤；原始编号：CCBAU 01463，NMCL044；与中间锦鸡儿结瘤固氮；培养基：0063；培养温度：28～30℃。

ACCC 14265←中国农业科学院资源区划所←中国农业大学；分离地点：内蒙古中间锦鸡儿根瘤；原始编号：CCBAU 01471，NMCL059；与中间锦鸡儿结瘤固氮；培养基：0063；培养温度：28～30℃。

ACCC 14272←中国农业科学院资源区划所←中国农业大学；分离地点：内蒙古中间锦鸡儿根瘤；原始编号：CCBAU 01477，NMCL067；与中间锦鸡儿结瘤固氮；培养基：0063；培养温度：28～30℃。

ACCC 14308←中国农业科学院资源区划所←中国农业大学；分离地点：内蒙古中间锦鸡儿根瘤；原始编号：CCBAU 01516，NMCL162；与中间锦鸡儿结瘤固氮；培养基：0063；培养温度：28～30℃。

ACCC 14310←中国农业科学院资源区划所←中国农业大学；分离地点：内蒙古中间锦鸡儿根瘤；原始编

号：CCBAU 01518，NMCL168；与中间锦鸡儿结瘤固氮；培养基：0063；培养温度：28～30℃。

ACCC 14314←中国农业科学院资源区划所←中国农业大学；分离地点：内蒙古中间锦鸡儿根瘤；原始编
号：CCBAU 01522，NMCL178；与中间锦鸡儿结瘤固氮；培养基：0063；培养温度：28～30℃。

ACCC 14327←中国农业科学院资源区划所←中国农业大学；分离地点：内蒙古中间锦鸡儿根瘤；原始编
号：CCBAU 01536，NMCL267；与中间锦鸡儿结瘤固氮；培养基：0063；培养温度：28～30℃。

ACCC 14329←中国农业科学院资源区划所←中国农业大学；分离地点：山西中间锦鸡儿根瘤；原始编号：
CCBAU 03240，34；与中间锦鸡儿结瘤固氮；培养基：0063；培养温度：28～30℃。

ACCC 14330←中国农业科学院资源区划所←中国农业大学；分离地点：山西中间锦鸡儿根瘤；原始编号：
CCBAU 03241，35；与中间锦鸡儿结瘤固氮；培养基：0063；培养温度：28～30℃。

ACCC 14331←中国农业科学院资源区划所←中国农业大学；分离地点：山西中间锦鸡儿根瘤；原始编号：
CCBAU 03242，36；与中间锦鸡儿结瘤固氮；培养基：0063；培养温度：28～30℃。

ACCC 14332←中国农业科学院资源区划所←中国农业大学；分离地点：山西中间锦鸡儿根瘤；原始编号：
CCBAU 03243，37；与中间锦鸡儿结瘤固氮；培养基：0063；培养温度：28～30℃。

ACCC 14333←中国农业科学院资源区划所←中国农业大学；分离地点：山西中间锦鸡儿根瘤；原始编号：
CCBAU 03244，38；与中间锦鸡儿结瘤固氮；培养基：0063；培养温度：28～30℃。

ACCC 14334←中国农业科学院资源区划所←中国农业大学；分离地点：山西中间锦鸡儿根瘤；原始编号：
CCBAU 03245，39；与中间锦鸡儿结瘤固氮；培养基：0063；培养温度：28～30℃。

ACCC 14336←中国农业科学院资源区划所←中国农业大学；分离地点：山西中间锦鸡儿根瘤；原始编号：
CCBAU 03249，43；与中间锦鸡儿结瘤固氮；培养基：0063；培养温度：28～30℃。

ACCC 14341←中国农业科学院资源区划所←中国农业大学；分离地点：山西中间锦鸡儿根瘤；原始编号：
CCBAU 03255，49；与中间锦鸡儿结瘤固氮；培养基：0063；培养温度：28～30℃。

ACCC 14343←中国农业科学院资源区划所←中国农业大学；分离地点：山西中间锦鸡儿根瘤；原始编号：
CCBAU 03257，82；与中间锦鸡儿结瘤固氮；培养基：0063；培养温度：28～30℃。

ACCC 14346←中国农业科学院资源区划所←中国农业大学；分离地点：山西中间锦鸡儿根瘤；原始编号：
CCBAU 03267，145；与中间锦鸡儿结瘤固氮；培养基：0063；培养温度：28～30℃。

ACCC 14347←中国农业科学院资源区划所←中国农业大学；分离地点：山西中间锦鸡儿根瘤；原始编号：
CCBAU 03269，224；与中间锦鸡儿结瘤固氮；培养基：0063；培养温度：28～30℃。

ACCC 14349←中国农业科学院资源区划所←中国农业大学；分离地点：山西中间锦鸡儿根瘤；原始编号：
CCBAU 03272，234；与中间锦鸡儿结瘤固氮；培养基：0063；培养温度：28～30℃。

ACCC 14356←中国农业科学院资源区划所←中国农业大学；分离地点：山西中间锦鸡儿根瘤；原始编号：
CCBAU 03286，326；与中间锦鸡儿结瘤固氮；培养基：0063；培养温度：28～30℃。

ACCC 14359←中国农业科学院资源区划所←中国农业大学；分离地点：山西中间锦鸡儿根瘤；原始编号：
CCBAU 03289，329；与中间锦鸡儿结瘤固氮；培养基：0063；培养温度：28～30℃。

ACCC 14366←中国农业科学院资源区划所←中国农业大学；分离地点：山西中间锦鸡儿根瘤；原始编号：
CCBAU 03297，449；与中间锦鸡儿结瘤固氮；培养基：0063；培养温度：28～30℃。

ACCC 14375←中国农业科学院资源区划所←中国农业大学；分离地点：山西中间锦鸡儿根瘤；原始编号：
CCBAU 03299，504；与中间锦鸡儿结瘤固氮；培养基：0063；培养温度：28～30℃。

ACCC 14376←中国农业科学院资源区划所←中国农业大学；分离地点：山西中间锦鸡儿根瘤；原始编号：
CCBAU 03300，506；与中间锦鸡儿结瘤固氮；培养基：0063；培养温度：28～30℃。

ACCC 14378←中国农业科学院资源区划所←中国农业大学；分离地点：山西中间锦鸡儿根瘤；原始编号：
CCBAU 03302，631；与中间锦鸡儿结瘤固氮；培养基：0063；培养温度：28～30℃。

ACCC 14379←中国农业科学院资源区划所←中国农业大学；分离地点：山西中间锦鸡儿根瘤；原始编号：
CCBAU 03304，633；与中间锦鸡儿结瘤固氮；培养基：0063；培养温度：28～30℃。

ACCC 14380←中国农业科学院资源区划所←中国农业大学；分离地点：山西中间锦鸡儿根瘤；原始编号：
CCBAU 03306，635；与中间锦鸡儿结瘤固氮；培养基：0063；培养温度：28～30℃。

ACCC 14502←中国农业科学院资源区划所←西北农林科技大学；分离地点：陕西杨凌刺槐；原始编号：CCNWSX0056，NWYC116；培养基：0063；培养温度：28～30℃。

Mesorhizobium ciceri （Nour et al. 1994）Jarvis et al. 1997 鹰嘴豆中间根瘤菌

ACCC 14250←中国农业科学院资源区划所←中国农业大学；分离地点：内蒙古中间锦鸡儿根瘤；原始编号：CCBAU 01456，NMCL036；与中间锦鸡儿结瘤固氮；培养基：0063；培养温度：28～30℃。

ACCC 14252←中国农业科学院资源区划所←中国农业大学；分离地点：内蒙古中间锦鸡儿根瘤；原始编号：CCBAU 01458，NMCL038；与中间锦鸡儿结瘤固氮；培养基：0063；培养温度：28～30℃。

ACCC 14258←中国农业科学院资源区划所←中国农业大学；分离地点：内蒙古中间锦鸡儿根瘤；原始编号：CCBAU 01464，NMCL046；与中间锦鸡儿结瘤固氮；培养基：0063；培养温度：28～30℃。

ACCC 14260←中国农业科学院资源区划所←中国农业大学；分离地点：内蒙古中间锦鸡儿根瘤；原始编号：CCBAU 01466，NMCL054；与中间锦鸡儿结瘤固氮；培养基：0063；培养温度：28～30℃。

ACCC 14261←中国农业科学院资源区划所←中国农业大学；分离地点：内蒙古中间锦鸡儿根瘤；原始编号：CCBAU 01467，NMCL055；与中间锦鸡儿结瘤固氮；培养基：0063；培养温度：28～30℃。

ACCC 14268←中国农业科学院资源区划所←中国农业大学；分离地点：内蒙古中间锦鸡儿根瘤；原始编号：CCBAU 01474，NMCL063；与中间锦鸡儿结瘤固氮；培养基：0063；培养温度：28～30℃。

ACCC 14269←中国农业科学院资源区划所←中国农业大学；分离地点：内蒙古中间锦鸡儿根瘤；原始编号：CCBAU 01475，NMCL065；与中间锦鸡儿结瘤固氮；培养基：0063；培养温度：28～30℃。

ACCC 14278←中国农业科学院资源区划所←中国农业大学；分离地点：内蒙古中间锦鸡儿根瘤；原始编号：CCBAU 01485，NMCL087；与中间锦鸡儿结瘤固氮；培养基：0063；培养温度：28～30℃。

ACCC 14392←中国农业科学院资源区划所←中国农业大学；分离地点：云南中间锦鸡儿根瘤；原始编号：CCBAU 65327，309；与中间锦鸡儿结瘤固氮；培养基：0063；培养温度：28～30℃。

ACCC 14395←中国农业科学院资源区划所←中国农业大学；分离地点：云南中间锦鸡儿根瘤；原始编号：CCBAU 65332，325；与中间锦鸡儿结瘤固氮；培养基：0063；培养温度：28～30℃。

ACCC 14398←中国农业科学院资源区划所←中国农业大学；分离地点：云南中间锦鸡儿根瘤；原始编号：CCBAU 65336，375；与中间锦鸡儿结瘤固氮；培养基：0063；培养温度：28～30℃。

Mesorhizobium huakuii （Chen et al. 1991）Jarvis et al. 1997 华癸中间根瘤菌

ACCC 14394←中国农业科学院资源区划所←中国农业大学；分离地点：云南二色锦鸡儿根瘤；原始编号：CCBAU 65330，321；与二色锦鸡儿结瘤固氮；培养基：0063；培养温度：28～30℃。

ACCC 14396←中国农业科学院资源区划所←中国农业大学；分离地点：云南中间锦鸡儿根瘤；原始编号：CCBAU 65333，326；与中间锦鸡儿结瘤固氮；培养基：0063；培养温度：28～30℃。

ACCC 14812←中国农业科学院资源区划所←中国农业大学；分离地点：山东歪头菜根瘤；原始编号：CCBAU 25215；与歪头菜结瘤固氮；培养基：0063；培养温度：28～30℃。

ACCC 14813←中国农业科学院资源区划所←中国农业大学；分离地点：山东歪头菜根瘤；原始编号：CCBAU 25246；与歪头菜结瘤固氮；培养基：0063；培养温度：28～30℃。

Mesorhizobium loti （Jarvis et al. 1982）Jarvis et al. 1997，百脉根中间根瘤菌

ACCC 18101←中国农业科学院土肥所←阿根廷赠（LL22）；与百脉根共生固氮；培养基：0063；培养温度：28～30℃。

ACCC 18102←中国农业科学院土肥所←阿根廷赠（LL40）；与百脉根共生固氮；培养基：0063；培养温度：28～30℃。

ACCC 18103←中国农业科学院土肥所←中国科学院植物所荆玉祥赠；与百脉根共生固氮；培养基：0063，8～30℃。

ACCC 18104←中国农业科学院土肥所←阿根廷赠（LL41）；与百脉根共生固氮；培养基：0063，8～30℃。

ACCC 18105←中国农业科学院土肥所←北京农业大学植保系←ATCC33669←美国 Wisconsin 大学生物中心；模式菌株；培养基：0063；培养温度：28～30℃。

ACCC 18106←中国农业科学院土肥所李元芳 1981 年从贵州威宁采瘤分离；原始编号：CL8101，百脉根 A；

与百脉根共生固氮；培养基：0063；培养温度：28～30℃。

ACCC 18107←中国农业科学院土肥所宁国赞 1981 年从贵州威宁采瘤分离；原始编号：CL8102，百脉根 B；
　　与百脉根共生固氮；培养基：0063；培养温度：28～30℃。

ACCC 18108←中国农业科学院土肥所←北京植物所 1986 年从美国引进；原始编号：9541；与百脉根共生
　　固氮；培养基：0063；培养温度：28～30℃。

ACCC 18109←中国农业科学院土肥所←北京植物所 1986 年从美国引进；原始编号：95E6A；与百脉根共
　　生固氮；培养基：0063；培养温度：28～30℃。

ACCC 18110←中国农业科学院土肥所←北京植物所 1986 年从美国引进；原始编号：95E6B；与百脉根共
　　生固氮；培养基：0063；培养温度：28～30℃。

ACCC 19581←中国农业科学院土肥所胡济生从澳大利亚引进；原始编号：CB81；与银合欢共生固氮；培
　　养基：0063；培养温度：28～30℃。

ACCC 18201←中国农业科学院土肥所←阿根廷（R_{12}）；与百脉根共生固氮；培养基：0063；培养温度：
　　28～30℃。

ACCC 18202←中国农业科学院土肥所←阿根廷（R_{14}）；与百脉根共生固氮；培养基：0063；培养温度：
　　28～30℃。

ACCC 18203←中国农业科学院土肥所←阿根廷（R_{17}）；与百脉根共生固氮；培养基：0063；培养温度：
　　28～30℃。

ACCC 19580←中国农业科学院土肥所李元芳 1983 从广西采瘤分离；原始编号：LE83；与银合欢共生固
　　氮；培养基：0063；培养温度：28～30℃。

ACCC 19582←中国农业科学院土肥所胡济生从澳大利亚引进；原始编号：CB3060；与银合欢共生固氮；
　　培养基：0063；培养温度：28～30℃。

ACCC 14251←中国农业科学院资源区划所←中国农业大学；分离地点：内蒙古中间锦鸡儿根瘤；原始编
　　号：CCBAU 01457，NMCL037；与中间锦鸡儿结瘤固氮；培养基：0063；培养温度：28～30℃。

ACCC 14253←中国农业科学院资源区划所←中国农业大学；分离地点：内蒙古中间锦鸡儿根瘤；原始编
　　号：CCBAU 01459，NMCL039；与中间锦鸡儿结瘤固氮；培养基：0063；培养温度：28～30℃。

ACCC 14254←中国农业科学院资源区划所←中国农业大学；分离地点：内蒙古中间锦鸡儿根瘤；原始编
　　号：CCBAU 01460，NMCL041；与中间锦鸡儿结瘤固氮；培养基：0063；培养温度：28～30℃。

ACCC 14255←中国农业科学院资源区划所←中国农业大学；分离地点：内蒙古中间锦鸡儿根瘤；原始编
　　号：CCBAU 01461，NMCL042；与中间锦鸡儿结瘤固氮；培养基：0063；培养温度：28～30℃。

ACCC 14256←中国农业科学院资源区划所←中国农业大学；分离地点：内蒙古中间锦鸡儿根瘤；原始编
　　号：CCBAU 01462，NMCL043；与中间锦鸡儿结瘤固氮；培养基：0063；培养温度：28～30℃。

ACCC 14259←中国农业科学院资源区划所←中国农业大学；分离地点：内蒙古中间锦鸡儿根瘤；原始编
　　号：CCBAU 01465，NMCL047；与中间锦鸡儿结瘤固氮；培养基：0063；培养温度：28～30℃。

Mesorhizobium mediterraneum（**Nour et al. 1995**）**Jarvis et al. 1997** 地中海中间根瘤菌

ACCC 14220←中国农业科学院资源区划所←中国农业大学；分离地点：内蒙古中间锦鸡儿根瘤；原始编
　　号：CCBAU 01385，230；与中间锦鸡儿结瘤固氮；培养基：0063；培养温度：28～30℃。

ACCC 14221←中国农业科学院资源区划所←中国农业大学；分离地点：内蒙古中间锦鸡儿根瘤；原始编
　　号：CCBAU 01386，243；与中间锦鸡儿结瘤固氮；培养基：0063；培养温度：28～30℃。

ACCC 14222←中国农业科学院资源区划所←中国农业大学；分离地点：内蒙古中间锦鸡儿根瘤；原始编
　　号：CCBAU 01387，256；与中间锦鸡儿结瘤固氮；培养基：0063；培养温度：28～30℃。

ACCC 14228←中国农业科学院资源区划所←中国农业大学；分离地点：内蒙古二色锦鸡儿根瘤；原始编
　　号：CCBAU 01394，360；与二色锦鸡儿结瘤固氮；培养基：0063；培养温度：28～30℃。

ACCC 14229←中国农业科学院资源区划所←中国农业大学；分离地点：内蒙古二色锦鸡儿根瘤；原始编
　　号：CCBAU 01397，375；与二色锦鸡儿结瘤固氮；培养基：0063；培养温度：28～30℃。

ACCC 14231←中国农业科学院资源区划所←中国农业大学分离地点：内蒙古中间锦鸡儿根瘤；原始编号：

CCBAU 01399，442；与中间锦鸡儿结瘤固氮；培养基：0063；培养温度：28～30℃。

ACCC 14233←中国农业科学院资源区划所←中国农业大学；分离地点：内蒙古中间锦鸡儿根瘤；原始编号：CCBAU 01404，503；与中间锦鸡儿结瘤固氮；培养基：0063；培养温度：28～30℃。

ACCC 14234←中国农业科学院资源区划所←中国农业大学；分离地点：内蒙古中间锦鸡儿根瘤；原始编号：CCBAU 01405，571；与中间锦鸡儿结瘤固氮；培养基：0063；培养温度：28～30℃。

ACCC 14335←中国农业科学院资源区划所←中国农业大学；分离地点：山西中间锦鸡儿根瘤；原始编号：CCBAU 03248，42；与中间锦鸡儿结瘤固氮；培养基：0063；培养温度：28～30℃。

ACCC 14344←中国农业科学院资源区划所←中国农业大学；分离地点：山西中间锦鸡儿根瘤；原始编号：CCBAU 03259，93；与中间锦鸡儿结瘤固氮；培养基：0063；培养温度：28～30℃。

ACCC 14345←中国农业科学院资源区划所←中国农业大学；分离地点：山西中间锦鸡儿根瘤；原始编号：CCBAU 03263，97；与中间锦鸡儿结瘤固氮；培养基：0063；培养温度：28～30℃。

ACCC 14351←中国农业科学院资源区划所←中国农业大学；分离地点：山西中间锦鸡儿根瘤；原始编号：CCBAU 03278，258；与中间锦鸡儿结瘤固氮；培养基：0063；培养温度：28～30℃。

ACCC 14374←中国农业科学院资源区划所←中国农业大学；分离地点：山西中间锦鸡儿根瘤；原始编号：CCBAU 03298，450；与中间锦鸡儿结瘤固氮；培养基：0063；培养温度：28～30℃。

ACCC 14381←中国农业科学院资源区划所←中国农业大学；分离地点：山西中间锦鸡儿根瘤；原始编号：CCBAU 03307，636；与中间锦鸡儿结瘤固氮；培养基：0063；培养温度：28～30℃。

ACCC 14391←中国农业科学院资源区划所←中国农业大学；分离地点：云南二色锦鸡儿根瘤；原始编号：CCBAU 65326，308；与二色锦鸡儿结瘤固氮；培养基：0063；培养温度：28～30℃。

ACCC 14393←中国农业科学院资源区划所←中国农业大学；分离地点：云南二色锦鸡儿根瘤；原始编号：CCBAU 65328，310；与二色锦鸡儿结瘤固氮；培养基：0063；培养温度：28～30℃。

ACCC 14503←中国农业科学院资源区划所←西北农林科技大学；分离地点：陕西杨凌刺槐；原始编号：CCNWSX0057，NWYC122；培养基：0063；培养温度：28～30℃。

ACCC 14505←中国农业科学院资源区划所←西北农林科技大学；分离地点：陕西杨凌刺槐；原始编号：CCNWSX0059，NWYC129；培养基：0063；培养温度：28～30℃。

ACCC 14507←中国农业科学院资源区划所←西北农林科技大学；分离地点：陕西杨凌刺槐；原始编号：CCNWSX0061，NWYC148；培养基：0063；培养温度：28～30℃。

ACCC 14508←中国农业科学院资源区划所←西北农林科技大学；分离地点：陕西杨凌刺槐；原始编号：CCNWSX0062，NWYC126；培养基：0063；培养温度：28～30℃。

ACCC 14509←中国农业科学院资源区划所←西北农林科技大学；分离地点：陕西杨凌刺槐；原始编号：CCNWSX0063，NWYC124；培养基：0063；培养温度：28～30℃。

ACCC 14510←中国农业科学院资源区划所←西北农林科技大学；分离地点：陕西杨凌刺槐；原始编号：CCNWSX0064，NWYC142；培养基：0063；培养温度：28～30℃。

ACCC 14511←中国农业科学院资源区划所←西北农林科技大学；分离地点：陕西杨凌刺槐；原始编号：CCNWSX0065，NWYC134；培养基：0063；培养温度：28～30℃。

ACCC 14512←中国农业科学院资源区划所←西北农林科技大学；分离地点：陕西杨凌刺槐；原始编号：CCNWSX0066，NWYC123；培养基：0063；培养温度：28～30℃。

ACCC 14513←中国农业科学院资源区划所←西北农林科技大学；分离地点：陕西杨凌刺槐；原始编号：CCNWSX0067，NWYC146；培养基：0063；培养温度：28～30℃。

ACCC 14514←中国农业科学院资源区划所←西北农林科技大学；分离地点：陕西杨凌刺槐；原始编号：CCNWSX0068，NWYC111；培养基：0063；培养温度：28～30℃。

ACCC 14515←中国农业科学院资源区划所←西北农林科技大学；分离地点：陕西杨凌刺槐；原始编号：CCNWSX0069，NWYC132；培养基：0063；培养温度：28～30℃。

ACCC 14516←中国农业科学院资源区划所←西北农林科技大学；分离地点：陕西杨凌刺槐；原始编号：CCNWSX0070，NWYC147；培养基：0063；培养温度：28～30℃。

ACCC 14518←中国农业科学院资源区划所←西北农林科技大学；分离地点：陕西杨凌刺槐；原始编号：
CCNWSX0071，NWYC135；培养基：0063；培养温度：28～30℃。

ACCC 14519←中国农业科学院资源区划所←西北农林科技大学；分离地点：陕西杨凌刺槐；原始编号：
CCNWSX0072，NWYC118；培养基：0063；培养温度：28～30℃。

ACCC 14521←中国农业科学院资源区划所←西北农林科技大学；分离地点：陕西杨凌刺槐；原始编号：
CCNWSX0073，NWYC137；培养基：0063；培养温度：28～30℃。

ACCC 14522←中国农业科学院资源区划所←西北农林科技大学；分离地点：陕西杨凌刺槐；原始编号：
CCNWSX0074，NWYC145；培养基：0063；培养温度：28～30℃。

ACCC 14525←中国农业科学院资源区划所←西北农林科技大学；分离地点：陕西杨凌刺槐；原始编号：
CCNWSX0075，NWYC125；培养基：0063；培养温度：28～30℃。

ACCC 14527←中国农业科学院资源区划所←西北农林科技大学；分离地点：陕西杨凌刺槐；原始编号：
CCNWSX0076，NWYC136；培养基：0063；培养温度：28～30℃。

ACCC 14531←中国农业科学院资源区划所←西北农林科技大学；分离地点：陕西杨凌刺槐；原始编号：
NWYC131，CCNWSX0079；培养基：0063；培养温度：28～30℃。

ACCC 14533←中国农业科学院资源区划所←西北农林科技大学；分离地点：陕西杨凌刺槐；原始编号：
NWYC149，CCNWSX0080；培养基：0063；培养温度：28～30℃。

ACCC 14534←中国农业科学院资源区划所←西北农林科技大学；分离地点：陕西杨凌刺槐；原始编号：
NWYC119，CCNWSX0081；培养基：0063；培养温度：28～30℃。

ACCC 14538←中国农业科学院资源区划所←西北农林科技大学；分离地点：陕西杨凌刺槐；原始编号：
NWYC112，CCNWSX0083；培养基：0063；培养温度：28～30℃。

ACCC 14540←中国农业科学院资源区划所←西北农林科技大学；分离地点：陕西杨凌刺槐；原始编号：
NWYC150，CCNWSX0084；培养基：0063；培养温度：28～30℃。

ACCC 14541←中国农业科学院资源区划所←西北农林科技大学；分离地点：陕西杨凌刺槐；原始编号：
NWYC141，CCNWSX0085；培养基：0063；培养温度：28～30℃。

ACCC 14542←中国农业科学院资源区划所←西北农林科技大学；分离地点：陕西杨凌刺槐；原始编号：
NWYC121，CCNWSX0086；培养基：0063；培养温度：28～30℃。

ACCC 14543←中国农业科学院资源区划所←西北农林科技大学；分离地点：陕西杨凌刺槐；原始编号：
NWYC115，CCNWSX0087；培养基：0063；培养温度：28～30℃。

ACCC 14544←中国农业科学院资源区划所←西北农林科技大学；分离地点：陕西杨凌刺槐；原始编号：
NWYC130，CCNWSX0088；培养基：0063；培养温度：28～30℃。

ACCC 14586←中国农业科学院资源区划所←西北农林科技大学；分离地点：陕西杨凌刺槐；原始编号：
NWYC133，CCNWSX0077；培养基：0063；培养温度：28～30℃。

Mesorhizobium temperatum Gao et al. 2004 温带中间根瘤菌

ACCC 14230←中国农业科学院资源区划所←中国农业大学；分离地点：内蒙古中间锦鸡儿根瘤；原始编
号：CCBAU 01398，441；与中间锦鸡儿结瘤固氮；培养基：0063；培养温度：28～30℃。

ACCC 14236←中国农业科学院资源区划所←中国农业大学；分离地点：内蒙古中间锦鸡儿根瘤；原始编
号：CCBAU 03278，258；与中间锦鸡儿结瘤固氮；培养基：0063；培养温度：28～30℃。

ACCC 15879←中国农业科学院资源区划所←中国农业大学；分离地点：都兰小花棘豆根瘤；原始编号：
CCBAU85062；与小花棘豆结瘤固氮；培养基：0063；培养温度：28～30℃。

ACCC 15883←中国农业科学院资源区划所←中国农业大学；分离地点：都兰小花棘豆根瘤；原始编号：
CCBAU85070；与小花棘豆结瘤固氮；培养基：0063；培养温度：28～30℃。

ACCC 15886←中国农业科学院资源区划所←中国农业大学；分离地点：安多克什米尔棘豆根瘤；原始编
号：CCBAU85075；与克什米尔棘豆结瘤固氮；培养基：0063；培养温度：28～30℃。

ACCC 15887←中国农业科学院资源区划所←中国农业大学；分离地点：那曲高山米口袋根瘤；原始编号：
CCBAU85078；与高山米口袋结瘤固氮；培养基：0063；培养温度：28～30℃。

ACCC 15889←中国农业科学院资源区划所←中国农业大学；分离地点：安多克什米尔棘豆根瘤；原始编号：CCBAU85082；与克什米尔棘豆结瘤固氮；培养基：0063；培养温度：28～30℃。

ACCC 15890←中国农业科学院资源区划所←中国农业大学；分离地点：当雄岗仁布齐黄芪根瘤；原始编号：CCBAU85083；与岗仁布齐黄芪结瘤固氮；培养基：0063；培养温度：28～30℃。

ACCC 15891←中国农业科学院资源区划所←中国农业大学；分离地点：当雄岗仁布齐黄芪根瘤；原始编号：CCBAU85086；与岗仁布齐黄芪结瘤固氮；培养基：0063；培养温度：28～30℃。

Mesorhizobium tianshanense（Chen et al. 1995）Jarvis et al. 1997 天山中间根瘤菌

ACCC 14246←中国农业科学院资源区划所←中国农业大学；分离地点：内蒙古中间锦鸡儿根瘤；原始编号：CCBAU 01452，NMCL027；与中间锦鸡儿结瘤固氮；培养基：0063；培养温度：28～30℃。

ACCC 14248←中国农业科学院资源区划所←中国农业大学；分离地点：内蒙古中间锦鸡儿根瘤；原始编号：CCBAU 01454，NMCL031；与中间锦鸡儿结瘤固氮；培养基：0063；培养温度：28～30℃。

ACCC 14263←中国农业科学院资源区划所←中国农业大学；分离地点：内蒙古中间锦鸡儿根瘤；原始编号：CCBAU 01469，NMCL057；与中间锦鸡儿结瘤固氮；培养基：0063；培养温度：28～30℃。

ACCC 14266←中国农业科学院资源区划所←中国农业大学；分离地点：内蒙古中间锦鸡儿根瘤；原始编号：CCBAU 01472，NMCL060；与中间锦鸡儿结瘤固氮；培养基：0063；培养温度：28～30℃。

ACCC 14267←中国农业科学院资源区划所←中国农业大学；分离地点：内蒙古中间锦鸡儿根瘤；原始编号：CCBAU 01473，NMCL062；与中间锦鸡儿结瘤固氮；培养基：0063；培养温度：28～30℃。

ACCC 14270←中国农业科学院资源区划所←中国农业大学；分离地点：内蒙古中间锦鸡儿根瘤；原始编号：CCBAU 01476，NMCL066；与中间锦鸡儿结瘤固氮；培养基：0063；培养温度：28～30℃。

ACCC 14273←中国农业科学院资源区划所←中国农业大学；分离地点：内蒙古中间锦鸡儿根瘤；原始编号：CCBAU 01479，NMCL072；与中间锦鸡儿结瘤固氮；培养基：0063；培养温度：28～30℃。

ACCC 14274←中国农业科学院资源区划所←中国农业大学；分离地点：内蒙古中间锦鸡儿根瘤；原始编号：CCBAU 01481，NMCL075；与中间锦鸡儿结瘤固氮；培养基：0063；培养温度：28～30℃。

ACCC 14279←中国农业科学院资源区划所←中国农业大学；分离地点：内蒙古中间锦鸡儿根瘤；原始编号：CCBAU 01486，NMCL089；与中间锦鸡儿结瘤固氮；培养基：0063；培养温度：28～30℃。

ACCC 14280←中国农业科学院资源区划所←中国农业大学；分离地点：内蒙古中间锦鸡儿根瘤；原始编号：CCBAU 01487，NMCL092；与中间锦鸡儿结瘤固氮；培养基：0063；培养温度：28～30℃。

ACCC 14281←中国农业科学院资源区划所←中国农业大学；分离地点：内蒙古中间锦鸡儿根瘤；原始编号：CCBAU 01488，NMCL097；与中间锦鸡儿结瘤固氮；培养基：0063；培养温度：28～30℃。

ACCC 14282←中国农业科学院资源区划所←中国农业大学；分离地点：内蒙古中间锦鸡儿根瘤；原始编号：CCBAU 01489，NMCL098；与中间锦鸡儿结瘤固氮；培养基：0063；培养温度：28～30℃。

ACCC 14283←中国农业科学院资源区划所←中国农业大学；分离地点：内蒙古中间锦鸡儿根瘤；原始编号：CCBAU 01490，NMCL103；与中间锦鸡儿结瘤固氮；培养基：0063；培养温度：28～30℃。

ACCC 14284←中国农业科学院资源区划所←中国农业大学；分离地点：内蒙古中间锦鸡儿根瘤；原始编号：CCBAU 01491，NMCL106；与中间锦鸡儿结瘤固氮；培养基：0063；培养温度：28～30℃。

ACCC 14285←中国农业科学院资源区划所←中国农业大学；分离地点：内蒙古中间锦鸡儿根瘤；原始编号：CCBAU 01492，NMCL110；与中间锦鸡儿结瘤固氮；培养基：0063；培养温度：28～30℃。

ACCC 14286←中国农业科学院资源区划所←中国农业大学；分离地点：内蒙古中间锦鸡儿根瘤；原始编号：CCBAU 01494，NMCL113；与中间锦鸡儿结瘤固氮；培养基：0063；培养温度：28～30℃。

ACCC 14287←中国农业科学院资源区划所←中国农业大学；分离地点：内蒙古中间锦鸡儿根瘤；原始编号：CCBAU 01495，NMCL115；与中间锦鸡儿结瘤固氮；培养基：0063；培养温度：28～30℃。

ACCC 14288←中国农业科学院资源区划所←中国农业大学；分离地点：内蒙古中间锦鸡儿根瘤；原始编号：CCBAU 01496，NMCL117；与中间锦鸡儿结瘤固氮；培养基：0063；培养温度：28～30℃。

ACCC 14289←中国农业科学院资源区划所←中国农业大学；分离地点：内蒙古中间锦鸡儿根瘤；原始编号：CCBAU 01497，NMCL119；与中间锦鸡儿结瘤固氮；培养基：0063；培养温度：28～30℃。

ACCC 14290←中国农业科学院资源区划所←中国农业大学；分离地点：内蒙古中间锦鸡儿根瘤；原始编号：CCBAU 01498，NMCL123；与中间锦鸡儿结瘤固氮；培养基：0063；培养温度：28～30℃。

ACCC 14291←中国农业科学院资源区划所←中国农业大学；分离地点：内蒙古中间锦鸡儿根瘤；原始编号：CCBAU 01499，NMCL125；与中间锦鸡儿结瘤固氮；培养基：0063；培养温度：28～30℃。

ACCC 14292←中国农业科学院资源区划所←中国农业大学；分离地点：内蒙古中间锦鸡儿根瘤；原始编号：CCBAU 01500，NMCL127；与中间锦鸡儿结瘤固氮；培养基：0063；培养温度：28～30℃。

ACCC 14293←中国农业科学院资源区划所←中国农业大学；分离地点：内蒙古中间锦鸡儿根瘤；原始编号：CCBAU 01501，NMCL129；与中间锦鸡儿结瘤固氮；培养基：0063；培养温度：28～30℃。

ACCC 14294←中国农业科学院资源区划所←中国农业大学；分离地点：内蒙古中间锦鸡儿根瘤；原始编号：CCBAU 01502，NMCL131；与中间锦鸡儿结瘤固氮；培养基：0063；培养温度：28～30℃。

ACCC 14295←中国农业科学院资源区划所←中国农业大学；分离地点：内蒙古中间锦鸡儿根瘤；原始编号：CCBAU 01503，NMCL132；与中间锦鸡儿结瘤固氮；培养基：0063；培养温度：28～30℃。

ACCC 14296←中国农业科学院资源区划所←中国农业大学；分离地点：内蒙古中间锦鸡儿根瘤；原始编号：CCBAU 01504，NMCL134；与中间锦鸡儿结瘤固氮；培养基：0063；培养温度：28～30℃。

ACCC 14297←中国农业科学院资源区划所←中国农业大学；分离地点：内蒙古中间锦鸡儿根瘤；原始编号：CCBAU 01505，NMCL138；与中间锦鸡儿结瘤固氮；培养基：0063；培养温度：28～30℃。

ACCC 14298←中国农业科学院资源区划所←中国农业大学；分离地点：内蒙古中间锦鸡儿根瘤；原始编号：CCBAU 01506，NMCL140；与中间锦鸡儿结瘤固氮；培养基：0063；培养温度：28～30℃。

ACCC 14301←中国农业科学院资源区划所←中国农业大学；分离地点：内蒙古中间锦鸡儿根瘤；原始编号：CCBAU 01509，NMCL146；与中间锦鸡儿结瘤固氮；培养基：0063；培养温度：28～30℃。

ACCC 14302←中国农业科学院资源区划所←中国农业大学；分离地点：内蒙古中间锦鸡儿根瘤；原始编号：CCBAU 01510，NMCL148；与中间锦鸡儿结瘤固氮；培养基：0063；培养温度：28～30℃。

ACCC 14303←中国农业科学院资源区划所←中国农业大学；分离地点：内蒙古中间锦鸡儿根瘤；原始编号：CCBAU 01511，NMCL150；与中间锦鸡儿结瘤固氮；培养基：0063；培养温度：28～30℃。

ACCC 14304←中国农业科学院资源区划所←中国农业大学；分离地点：内蒙古中间锦鸡儿根瘤；原始编号：CCBAU 01512，NMCL152；与中间锦鸡儿结瘤固氮；培养基：0063；培养温度：28～30℃。

ACCC 14305←中国农业科学院资源区划所←中国农业大学；分离地点：内蒙古中间锦鸡儿根瘤；原始编号：CCBAU 01513，NMCL156；与中间锦鸡儿结瘤固氮；培养基：0063；培养温度：28～30℃。

ACCC 14306←中国农业科学院资源区划所←中国农业大学；分离地点：内蒙古中间锦鸡儿根瘤；原始编号：CCBAU 01514，NMCL158；与中间锦鸡儿结瘤固氮；培养基：0063；培养温度：28～30℃。

ACCC 14307←中国农业科学院资源区划所←中国农业大学；分离地点：内蒙古中间锦鸡儿根瘤；原始编号：CCBAU 01515，NMCL161；与中间锦鸡儿结瘤固氮；培养基：0063；培养温度：28～30℃。

ACCC 14309←中国农业科学院资源区划所←中国农业大学；分离地点：内蒙古中间锦鸡儿根瘤；原始编号：CCBAU 01517，NMCL164；与中间锦鸡儿结瘤固氮；培养基：0063；培养温度：28～30℃。

ACCC 14311←中国农业科学院资源区划所←中国农业大学；分离地点：内蒙古中间锦鸡儿根瘤；原始编号：CCBAU 01519，NMCL172；与中间锦鸡儿结瘤固氮；培养基：0063；培养温度：28～30℃。

ACCC 14312←中国农业科学院资源区划所←中国农业大学；分离地点：内蒙古中间锦鸡儿根瘤；原始编号：CCBAU 01520，NMCL174；与中间锦鸡儿结瘤固氮；培养基：0063；培养温度：28～30℃。

ACCC 14313←中国农业科学院资源区划所←中国农业大学；分离地点：内蒙古中间锦鸡儿根瘤；原始编号：CCBAU 01521，NMCL176；与中间锦鸡儿结瘤固氮；培养基：0063；培养温度：28～30℃。

ACCC 14315←中国农业科学院资源区划所←中国农业大学；分离地点：内蒙古中间锦鸡儿根瘤；原始编号：CCBAU 01523，NMCL180；与中间锦鸡儿结瘤固氮；培养基：0063；培养温度：28～30℃。

ACCC 14316←中国农业科学院资源区划所←中国农业大学；分离地点：内蒙古中间锦鸡儿根瘤；原始编号：CCBAU 01524，NMCL186；与中间锦鸡儿结瘤固氮；培养基：0063；培养温度：28～30℃。

ACCC 14317←中国农业科学院资源区划所←中国农业大学；分离地点：内蒙古中间锦鸡儿根瘤；原始编

号：CCBAU 01525，NMCL188；与中间锦鸡儿结瘤固氮；培养基：0063；培养温度：28～30℃。

ACCC 14318←中国农业科学院资源区划所←中国农业大学；分离地点：内蒙古中间锦鸡儿根瘤；原始编号：CCBAU 01526，NMCL190；与中间锦鸡儿结瘤固氮；培养基：0063；培养温度：28～30℃。

ACCC 14319←中国农业科学院资源区划所←中国农业大学；分离地点：内蒙古中间锦鸡儿根瘤；原始编号：CCBAU 01527，NMCL194；与中间锦鸡儿结瘤固氮；培养基：0063；培养温度：28～30℃。

ACCC 14320←中国农业科学院资源区划所←中国农业大学；分离地点：内蒙古中间锦鸡儿根瘤；原始编号：CCBAU 01528，NMCL202；与中间锦鸡儿结瘤固氮；培养基：0063；培养温度：28～30℃。

ACCC 14321←中国农业科学院资源区划所←中国农业大学；分离地点：内蒙古中间锦鸡儿根瘤；原始编号：CCBAU 01529，NMCL204；与中间锦鸡儿结瘤固氮；培养基：0063；培养温度：28～30℃。

ACCC 14322←中国农业科学院资源区划所←中国农业大学；分离地点：内蒙古中间锦鸡儿根瘤；原始编号：CCBAU 01530，NMCL206；与中间锦鸡儿结瘤固氮；培养基：0063；培养温度：28～30℃。

ACCC 14324←中国农业科学院资源区划所←中国农业大学；分离地点：内蒙古中间锦鸡儿根瘤；原始编号：CCBAU 01533，NMCL218；与中间锦鸡儿结瘤固氮；培养基：0063；培养温度：28～30℃。

ACCC 14325←中国农业科学院资源区划所←中国农业大学；分离地点：内蒙古中间锦鸡儿根瘤；原始编号：CCBAU 01534，NMCL225；与中间锦鸡儿结瘤固氮；培养基：0063；培养温度：28～30℃。

ACCC 14326←中国农业科学院资源区划所←中国农业大学；分离地点：内蒙古中间锦鸡儿根瘤；原始编号：CCBAU 01535，NMCL231；与中间锦鸡儿结瘤固氮；培养基：0063；培养温度：28～30℃。

ACCC 14339←中国农业科学院资源区划所←中国农业大学；分离地点：山西中间锦鸡儿根瘤；原始编号：CCBAU 03252，46；与中间锦鸡儿结瘤固氮；培养基：0063；培养温度：28～30℃。

ACCC 14340←中国农业科学院资源区划所←中国农业大学；分离地点：山西中间锦鸡儿根瘤；原始编号：CCBAU 03254，48；与中间锦鸡儿结瘤固氮；培养基：0063；培养温度：28～30℃。

ACCC 14352←中国农业科学院资源区划所←中国农业大学；分离地点：山西中间锦鸡儿根瘤；原始编号：CCBAU 03281，321；与中间锦鸡儿结瘤固氮；培养基：0063；培养温度：28～30℃。

ACCC 14532←中国农业科学院资源区划所←西北农林科技大学；分离地点：甘肃安西骆驼刺；原始编号：CCNWAX24-1，CCNWGS0080；培养基：0063；培养温度：28～30℃。

ACCC 14535←中国农业科学院资源区划所←西北农林科技大学；分离地点：甘肃安西骆驼刺；原始编号：CCNWAX24-2，CCNWGS0081；培养基：0063；培养温度：28～30℃。

ACCC 14536←中国农业科学院资源区划所←西北农林科技大学；分离地点：甘肃安西骆驼刺；原始编号：CCNWAX40-1，CCNWGS0082；培养基：0063；培养温度：28～30℃。

ACCC 14537←中国农业科学院资源区划所←西北农林科技大学；分离地点：甘肃安西骆驼刺；原始编号：CCNWAX32-1，CCNWGS0083；培养基：0063；培养温度：28～30℃。

ACCC 14565←中国农业科学院资源区划所←西北农林科技大学；分离地点：新疆骆驼刺；原始编号：CC-NWXJ35-1，CCNWXJ0132；培养基：0063；培养温度：28～30℃。

Mesorhizobium sp. 中间根瘤菌（紫云英）

ACCC 13004←中国农业科学院土肥所←浙江农业科学院微生物研究所；原始编号：38D；与紫云英共生固氮，制菌肥；培养基：0064；培养温度：28～30℃。

ACCC 13005←中国农业科学院土肥所←江苏农业科学院；原始编号：紫31；与紫云英共生固氮，制菌肥；培养基：0064；培养温度：28～30℃。

ACCC 13006←中国农业科学院土肥所←江苏农业科学院；原始编号：紫103；与紫云英共生固氮，制菌肥；培养基：0064；培养温度：28～30℃。

ACCC 13007←中国农业科学院土肥所绿肥组1977年分离；原始编号：紫土5；与紫云英共生固氮；培养基：0064；培养温度：28～30℃。

ACCC 13008←中国农业科学院土肥所←湖南长沙微生物研究所；原始编号：红130；培养基：0064；培养温度：28～30℃。

ACCC 13014←中国农业科学院土肥所←江西省农业科学院；原始编号：凌云37；培养基：0064；培养温

度：28～30℃。

ACCC 13025←中国农业科学院土肥所←南京农业科学院←杭州农科所 7653-1；培养基：0064；培养温度：28～30℃。

ACCC 13026←中国农业科学院土肥所←中科院土保所；原始编号：105；培养基：0064；培养温度：28～30℃。

ACCC 13029←中国农业科学院土肥所程桂苏自山东济宁紫云英根瘤分离；原始编号：紫 78-2；培养基：0064；培养温度：28～30℃。

ACCC 13030←中国农业科学院土肥所←江苏农学院；原始编号：宁 3；培养基：0064；培养温度：28～30℃。

ACCC 13031←中国农业科学院土肥所←上海农业科学院；原始编号：248；培养基：0064；培养温度：28～30℃。

ACCC 13032←中国农业科学院土肥所←上海农业科学院；原始编号：紫云英 116；培养基：0064；培养温度：28～30℃。

ACCC 13033←中国农业科学院土肥所←上海农业科学院 23；培养基：0064；培养温度：28～30℃。

ACCC 13034←中国农业科学院土肥所←厦门大学生物系；培养基：0064；培养温度：28～30℃。

ACCC 13035←中国农业科学院土肥所←扬州农科所 7653；与紫云英共生固氮；培养基：0064；培养温度：28～30℃。

ACCC 13036←中国农业科学院土肥所←中科院病毒所 F6/WIV；培养基：0064；培养温度：28～30℃。

ACCC 13037←中国农业科学院土肥所←中科院病毒所 9/WIV；培养基：0064；培养温度：28～30℃。

ACCC 13038←中国农业科学院土肥所←中科院病毒所 111/WIV；培养基：0064；培养温度：28～30℃。

ACCC 13040←中国农业科学院土肥所←南京农业大学；紫 81；与紫云英共生固氮；培养基：0063；培养温度：28～30℃。

ACCC 13045←中国农业科学院土肥所←南京农业大学；紫 72；与紫云英共生固氮；培养基：0063；培养温度：28～30℃。

ACCC 13046←中国农业科学院土肥所←淮阴农科所；淮 39；与紫云英共生固氮；培养基：0063；培养温度：28～30℃。

ACCC 13047←中国农业科学院土肥所刘惠琴 1991 年从广西玉林石南镇紫云英根瘤分离鉴定；原始编号：2；与紫云英共生结瘤固氮；培养基：0064；培养温度：28～30℃。

ACCC 13048←中国农业科学院土肥所刘惠琴 1991 年从广西玉林石南镇紫云英根瘤分离鉴定；原始编号：4；与紫云英共生结瘤固氮；培养基：0064；培养温度：28～30℃。

ACCC 13049←中国农业科学院土肥所宁国赞 1991 年从广西玉林石南镇紫云英根瘤分离鉴定；原始编号：8；与紫云英共生结瘤固氮；培养基：0064；培养温度：28～30℃。

ACCC 13050←中国农业科学院土肥所宁国赞 1991 年从广西玉林石南镇紫云英根瘤分离鉴定；原始编号：10；与紫云英共生结瘤固氮；培养基：0064；培养温度：28～30℃。

ACCC 13052←中国农业科学院土肥所刘惠琴 1991 年从广西玉林石南镇紫云英根瘤分离鉴定；原始编号：14；与紫云英共生结瘤固氮；培养基：0064；培养温度：28～30℃。

ACCC 13053←中国农业科学院土肥所刘惠琴 1991 年从广西玉林石南镇紫云英根瘤分离鉴定；原始编号：15；与紫云英共生结瘤固氮；培养基：0064；培养温度：28～30℃。

ACCC 13054←中国农业科学院土肥所宁国赞 1991 年从广西玉林雅桥紫云英根瘤分离鉴定；原始编号：16；与紫云英共生结瘤固氮；培养基：0064；培养温度：28～30℃。

ACCC 13055←中国农业科学院土肥所刘惠琴 1991 年从广西玉林林雅桥紫云英根瘤分离鉴定；原始编号：17；与紫云英共生结瘤固氮；培养基：0064；培养温度：28～30℃。

ACCC 13056←中国农业科学院土肥所宁国赞 1991 年从广西玉林林雅桥紫云英根瘤分离鉴定；原始编号：20；与紫云英共生结瘤固氮；培养基：0064；培养温度：28～30℃。

ACCC 13057←中国农业科学院土肥所宁国赞 1991 年从广西玉林林雅桥紫云英根瘤分离鉴定；原始编号：

22；与紫云英共生结瘤固氮；培养基：0064；培养温度：28～30℃。

ACCC 13058←中国农业科学院土肥所刘惠琴 1991 年从广西宁明县紫云英根瘤分离鉴定；原始编号：24；与紫云英共生结瘤固氮；培养基：0064；培养温度：28～30℃。

ACCC 13059←中国农业科学院土肥所刘惠琴 1991 年从广西宁明县紫云英根瘤分离鉴定；原始编号：26；与紫云英共生结瘤固氮；培养基：0064；培养温度：28～30℃。

ACCC 13060←中国农业科学院土肥所马晓彤 1991 年从广西宁明县紫云英根瘤分离鉴定；原始编号：33；与紫云英共生结瘤固氮；培养基：0064；培养温度：28～30℃。

ACCC 13061←中国农业科学院土肥所马晓彤 1991 年从广东梅县紫云英根瘤分离鉴定；原始编号：48；与紫云英共生结瘤固氮；培养基：0064；培养温度：28～30℃。

ACCC 13062←中国农业科学院土肥所刘惠琴 1991 年从广东梅县紫云英根瘤分离鉴定；原始编号：54；与紫云英共生结瘤固氮；培养基：0064；培养温度：28～30℃。

ACCC 13063←中国农业科学院土肥所刘惠琴 1991 年从江西宁都县紫云英根瘤分离鉴定；原始编号：63；与紫云英共生结瘤固氮；培养基：0064；培养温度：28～30℃。

ACCC 13064←中国农业科学院土肥所马晓彤 1991 年从安徽宣州市紫云英根瘤分离鉴定；原始编号：C2；与紫云英共生结瘤固氮；培养基：0064；培养温度：28～30℃。

ACCC 13065←中国农业科学院土肥所刘惠琴 1991 年从安徽宣州市紫云英根瘤分离鉴定；原始编号：C14；与紫云英共生结瘤固氮；培养基：0064；培养温度：28～30℃。

ACCC 13066←中国农业科学院土肥所刘惠琴 1991 年从安徽宣州市紫云英根瘤分离鉴定；原始编号：C12；与紫云英共生结瘤固氮；培养基：0064；培养温度：28～30℃。

ACCC 13067←中国农业科学院土肥所马晓彤 1991 年从安徽宣州市紫云英根瘤分离鉴定；原始编号：D8；与紫云英共生结瘤固氮；培养基：0064；培养温度：28～30℃。

ACCC 13068←中国农业科学院土肥所刘惠琴 1991 年从安徽宣州市紫云英根瘤分离鉴定；原始编号：F2；与紫云英共生结瘤固氮；培养基：0064；培养温度：28～30℃。

ACCC 13069←中国农业科学院土肥所马晓彤 1991 年从安徽宣州市紫云英根瘤分离鉴定；原始编号：F4；与紫云英共生结瘤固氮；培养基：0064；培养温度：28～30℃。

ACCC 13070←中国农业科学院土肥所；原始编号：CA8416，沙 16，宁国赞从畜牧所试验地采瘤分离；与沙打旺、达乌里黄芪、草木樨状黄芪、膜荚黄芪共生固氮，但不能侵染紫云英；培养基：0063；培养温度：28～30℃。

ACCC 13071←中国农业科学院土肥所于代冠 1983 年从内蒙古科左右旗采瘤分离；原始编号：CA8212，沙12；与沙打旺共生固氮；培养基：0063；培养温度：28～30℃。

ACCC 13072←中国农业科学院土肥所宁国赞 1983 年从土肥所网室采瘤分离；原始编号：CA8213；与沙打旺共生固氮；培养基：0063；培养温度：28～30℃。

ACCC 13073←中国农业科学院土肥所宁国赞 1983 年从吉林通榆采瘤分离；原始编号：CA8222；与沙打旺共生固氮；培养基：0063；培养温度：28～30℃。

ACCC 13074←中国农业科学院土肥所宁国赞 1983 年从吉林通榆采瘤分离；原始编号：CA8227；与沙打旺共生固氮；培养基：0063；培养温度：28～30℃。

ACCC 13075←中国农业科学院土肥所于代冠 1983 年从内蒙古科左右旗采瘤分离；原始编号：CA83-4；与沙打旺共生固氮；培养基：0063；培养温度：28～30℃。

ACCC 13076←中国农业科学院土肥所宁国赞 1983 年从内蒙古科左右旗采瘤分离；原始编号：CA83-5；与沙打旺共生固氮；培养基：0063；培养温度：28～30℃。

ACCC 13077←中国农业科学院土肥所宁国赞 1983 年从内蒙古科左右旗采瘤分离；原始编号：CA83-6；与沙打旺共生固氮；培养基：0063；培养温度：28～30℃。

ACCC 13078←中国农业科学院土肥所于代冠 1983 年从河北平山县采瘤分离；原始编号：CA83-8；与沙打旺共生固氮；培养基：0063；培养温度：28～30℃。

ACCC 13080←中国农业科学院土肥所黄岩玲 1985 年从内蒙古清水河采瘤分离；原始编号：CA85-14；与

沙打旺共生固氮；培养基：0063；培养温度：28～30℃。

ACCC 13081←中国农业科学院土肥所吴育英1985年从河南民权采瘤分离；原始编号：CA85-112；与沙打旺共生固氮；培养基：0063；培养温度：28～30℃。

ACCC 13086←中国农业科学院土肥所宁国赞1985年从内蒙古清水河采瘤分离；原始编号：CA85132-1；与沙打旺、斜茎黄芪共生固氮；培养基：0063；培养温度：28～30℃。

ACCC 13087←中国农业科学院土肥所宁国赞1985年从内蒙古清水河采瘤分离；原始编号：CA85132-2；与沙打旺、斜茎黄芪共生固氮；培养基：0063；培养温度：28～30℃。

ACCC 13090←中国农业科学院土肥所黄岩玲1985年从内蒙古清水河采瘤分离；原始编号：CA85135；与沙打旺、斜茎黄芪共生固氮；培养基：0063；培养温度：28～30℃。

ACCC 13091←中国农业科学院土肥所宁国赞1985年从内蒙古清水河采瘤分离；原始编号：CA85136；与沙打旺、斜茎黄芪共生固氮；培养基：0063；培养温度：28～30℃。

ACCC 13130←中国农业科学院土肥所宁国赞1986年从畜牧所试验地采瘤分离；原始编号：鹰嘴65；与鹰嘴紫云英、沙打旺共生固氮；培养基：0063；培养温度：28～30℃。

ACCC 13150←中国农业科学院土肥所宁国赞1985年从土肥所网室采瘤分离；原始编号：CA8561与膜荚黄芪、沙打旺共生固氮；培养基：0063；培养温度：28～30℃。

ACCC 13151←中国农业科学院土肥所宁国赞1985从土肥所网室采瘤分离；原始编号：CA8563；与膜荚黄芪、沙打旺共生固氮；培养基：0063；培养温度：28～30℃。

ACCC 13152←中国农业科学院土肥所宁国赞1985年从土肥所网室采瘤分离；原始编号：CA8566；与膜荚黄芪、沙打旺共生固氮；培养基：0063；培养温度：28～30℃。

ACCC 13153←中国农业科学院土肥所宁国赞1985年从土肥所网室采瘤分离；原始编号：CA8567；与膜荚黄芪、沙打旺共生固氮；培养基：0063；培养温度：28～30℃。

ACCC 13154←中国农业科学院土肥所宁国赞1985年从土肥所网室采瘤分离；原始编号：CA8569；与膜荚黄芪、沙打旺共生固氮；培养基：0063；培养温度：28～30℃。

ACCC 13156←中国农业科学院土肥所宁国赞1985年从土肥所网室采瘤分离；原始编号：CA8576；与膜荚黄芪、沙打旺共生固氮；培养基：0063；培养温度：28～30℃。

ACCC 13157←中国农业科学院土肥所宁国赞1985年从陕西榆林采瘤分离；原始编号：CA8591；与膜荚黄芪、沙打旺共生固氮；培养基：0063；培养温度：28～30℃。

ACCC 13158←中国农业科学院土肥所宁国赞1985年从陕西榆林采瘤分离；原始编号：CA8592；与膜荚黄芪、沙打旺共生固氮；培养基：0063；培养温度：28～30℃。

ACCC 13159←中国农业科学院土肥所宁国赞1985年从陕西榆林采瘤分离；原始编号：CA8593；与膜荚黄芪、沙打旺共生固氮；培养基：0063；培养温度：28～30℃。

ACCC 13160←中国农业科学院土肥所宁国赞1985年从陕西榆林采瘤分离；原始编号：CA8594；与膜荚黄芪、沙打旺共生固氮；培养基：0063；培养温度：28～30℃。

ACCC 13161←中国农业科学院土肥所刘惠琴1991年从安徽宣州市紫云英根瘤分离鉴定；原始编号：F6；与紫云英共生结瘤固氮；培养基：0064；培养温度：28～30℃。

ACCC 13162←中国农业科学院土肥所刘惠琴1991年从安徽宣州市紫云英根瘤分离鉴定；原始编号：F8；与紫云英共生结瘤固氮；培养基：0064；培养温度：28～30℃。

ACCC 13163←中国农业科学院土肥所马晓彤1991年从安徽宣州市紫云英根瘤分离鉴定；原始编号：F9；与紫云英共生结瘤固氮；培养基：0064；培养温度：28～30℃。

ACCC 13180←中国农业科学院土肥所宁国赞1985年从内蒙古清水河采瘤分离；原始编号：CA8501；与草木樨状黄芪、沙打旺共生固氮；培养基：0063；培养温度：28～30℃。

ACCC 13181←中国农业科学院土肥所宁国赞1985年从内蒙古清水河采瘤分离；原始编号：CA8502；与草木樨状黄芪、沙打旺共生固氮；培养基：0063；培养温度：28～30℃。

ACCC 13182←中国农业科学院土肥所黄岩玲1985年从内蒙古清水河采瘤分离；原始编号：CA8503；与草木樨状黄芪、沙打旺共生固氮；培养基：0063；培养温度：28～30℃。

ACCC 13183←中国农业科学院土肥所宁国赞 1985 年从内蒙古清水河采瘤分离；原始编号：CA8505；与草木樨状黄芪、沙打旺共生固氮；培养基：0063；培养温度：28～30℃。

ACCC 13184←中国农业科学院土肥所黄岩玲 1985 年从内蒙古清水河采瘤分离；原始编号：CA8506；与草木樨状黄芪、沙打旺共生固氮；培养基：0063；培养温度：28～30℃。

ACCC 13185←中国农业科学院土肥所宁国赞 1985 年从内蒙古清水河采瘤分离；原始编号：CA8507；与草木樨状黄芪、沙打旺共生固氮；培养基：0063；培养温度：28～30℃。

ACCC 13186←中国农业科学院土肥所黄岩玲 1985 年从内蒙古清水河采瘤分离；原始编号：CA8508；与草木樨状黄芪、沙打旺共生固氮；培养基：0063；培养温度：28～30℃。

ACCC 13192←中国农业科学院土肥所宁国赞 1985 年从内蒙古清古水河采瘤分离；原始编号：达 103；与达乌里黄芪、沙打旺共生固氮；培养基：0063；培养温度：28～30℃。

ACCC 13193←中国农业科学院土肥所黄岩玲 1985 年从内蒙古清水河采瘤分离；原始编号：达 104；与达乌里黄芪、沙打旺共生固氮；培养基：0063；培养温度：28～30℃。

ACCC 13196←中国农业科学院资源区划所←广东省广州微生物研究所←原始编号：GIM1.90，M1.27；与紫云英结瘤固氮；培养基：0063；培养温度：28～30℃。

ACCC 13197←中国农业科学院资源区划所←广东省广州微生物研究所←原始编号：GIM1.53，M1.4；与紫云英结瘤固氮；培养基：0063；培养温度：28～30℃。

ACCC 13198←中国农业科学院资源区划所←南京农业大学←原始编号：As3，NAECC 0628；与紫云英生物固氮←江苏南京紫云英根系根瘤内；培养基：0063；培养温度：28～30℃。

ACCC 13199←中国农业科学院资源区划所←南京农业大学←原始编号：As5，NAECC 0627；与紫云英生物固氮←江苏南京紫云英根系根瘤内；培养基：0063；培养温度：28～30℃。

ACCC 13200←中国农业科学院资源区划所←南京农业大学←原始编号：As7，NAECC 0626；与紫云英生物固氮←浙江金华紫云英根系根瘤内；培养基：0063；培养温度：28～30℃。

ACCC 13201←中国农业科学院资源区划所←南京农业大学←原始编号：As8，NAECC 0625；与紫云英生物固氮←浙江金华紫云英根系根瘤内；培养基：0063；培养温度：28～30℃。

ACCC 13202←中国农业科学院资源区划所←南京农业大学←原始编号：As9，NAECC 0624；与紫云英生物固氮←浙江金华紫云英根系根瘤内；培养基：0063；培养温度：28～30℃。

ACCC 13203←中国农业科学院资源区划所←南京农业大学←原始编号：As10，NAECC 0505；与紫云英生物固氮←浙江金华紫云英根系根瘤内；培养基：0063；培养温度：28～30℃。

ACCC 13204←中国农业科学院资源区划所←南京农业大学←原始编号：As11，NAECC 0506；与紫云英生物固氮←浙江义乌紫云英根系根瘤内；培养基：0063；培养温度：28～30℃。

ACCC 13205←中国农业科学院资源区划所←南京农业大学←原始编号：As12，NAECC 0507；与紫云英生物固氮←浙江义乌紫云英根系根瘤内；培养基：0063；培养温度：28～30℃。

ACCC 13206←中国农业科学院资源区划所←南京农业大学←原始编号：As14，NAECC 0623；与紫云英生物固氮←浙江武义紫云英根系根瘤内；培养基：0063；培养温度：28～30℃。

ACCC 13207←中国农业科学院资源区划所←南京农业大学←原始编号：As15，NAECC 0622；与紫云英生物固氮←浙江开化紫云英根系根瘤内；培养基：0063；培养温度：28～30℃。

ACCC 13208←中国农业科学院资源区划所←南京农业大学←原始编号：As16，NAECC 0621；与紫云英生物固氮←浙江永康紫云英根系根瘤内；培养基：0063；培养温度：28～30℃。

ACCC 13209←中国农业科学院资源区划所←南京农业大学←原始编号：As17，NAECC 0620；与紫云英生物固氮←浙江黄岩紫云英根系根瘤内；培养基：0063；培养温度：28～30℃。

ACCC 13210←中国农业科学院资源区划所←南京农业大学←原始编号：As18，NAECC 0619；与紫云英生物固氮←浙江临安紫云英根系根瘤内；培养基：0063；培养温度：28～30℃。

ACCC 13211←中国农业科学院资源区划所←南京农业大学←原始编号：As19，NAECC 0618；与紫云英生物固氮←浙江临安紫云英根系根瘤内；培养基：0063；培养温度：28～30℃。

ACCC 13212←中国农业科学院资源区划所←南京农业大学←原始编号：As20，NAECC 0617；与紫云英生物固氮←浙江临安紫云英根系根瘤内；培养基：0063；培养温度：28～30℃。

ACCC 13213←中国农业科学院资源区划所←南京农业大学←原始编号：As21，NAECC 0616；与紫云英生物固氮←浙江临安紫云英根系根瘤内；培养基：0063；培养温度：28～30℃。

ACCC 13214←中国农业科学院资源区划所←南京农业大学←原始编号：As22，NAECC 0615；与紫云英生物固氮←浙江金华紫云英根系根瘤内；培养基：0063；培养温度：28～30℃。

ACCC 13215←中国农业科学院资源区划所←南京农业大学←原始编号：As23，NAECC 0614；与紫云英生物固氮←浙江临安紫云英根系根瘤内；培养基：0063；培养温度：28～30℃。

ACCC 13216←中国农业科学院资源区划所←南京农业大学←原始编号：As24，NAECC 0613；与紫云英生物固氮←浙江余杭紫云英根系根瘤内；培养基：0063；培养温度：28～30℃。

ACCC 13217←中国农业科学院资源区划所←南京农业大学←原始编号：As25，NAECC 0612；与紫云英生物固氮←浙江余杭紫云英根系根瘤内；培养基：0063；培养温度：28～30℃。

Methylobacterium aquaticum Gallego et al. 2005 水甲基杆菌

ACCC 03242←中国农业科学院农业资源与农业区划研究所；原始编号：GD-75-1-3；可以用来研发生产用的生物肥料；培养基：0065；培养温度：28℃。

Methylobacterium sp. 甲基杆菌

ACCC 01761←中国农业科学院农业资源与农业区划研究所；原始编号：H29；分离地点：河北省唐山市滦南县；培养基：0063；培养温度：30℃。

ACCC 02647←南京农业大学农业环境微生物菌种保藏中心；原始编号：sls-1，NAECC1233；在无机盐培养基中以100mg/L的三氯杀螨醇为唯一碳源培养，7天内对三氯杀螨醇的降解率大于60%；分离地点：江苏省南通市江山农药；培养基：0002；培养温度：30℃。

ACCC 40620←湖北省生物农药工程研究中心；原始编号：IEDA 00510，wa-8118；产生代谢产物具有抑菌活性；分离地点：江西省；培养基：0012；培养温度：54℃。

Microbacterium arabinogalactanolyticum （Yokota et al. 1993）Takeuchi and Hatano 1998 解阿拉伯半乳聚糖微杆菌

ACCC 02883←南京农业大学农业环境微生物菌种保藏中心；原始编号：PLL-3，NAECC1711；可以将PLL-1降解对硝基苯酚所产生的红色中间代谢产物（可能为4-nitrocatechol）降解掉，24h内与PLL-1共同作用可将100mg/L的对硝基苯酚降解完全，降解率95%；分离地点：内蒙古呼和浩特市菜园；培养基：0002；培养温度：28℃。

Microbacterium barkeri （Collins et al. 1983）Takeuchi and Hatano 1998 巴氏微杆菌

ACCC 10516^T←CGMCC←JCM；＝ATCC 15954＝JCM 1343＝AS 1.1902；培养基：57；培养温度：37℃。

Microbacterium hydrocarbonoxydans Schippers et al. 2005 氯化烃微杆菌

ACCC 01066←中国农业科学院农业资源与农业区划研究所；原始编号：FXH2-4-11；具有处理富营养水体和养殖废水潜力；分离地点：中国农业科学院试验地；培养基：0002；培养温度：28℃。

Microbacterium lacticum Orla-Jensen 1919 乳微杆菌

ACCC 02539←南京农业大学农业环境微生物菌种保藏中心；原始编号：Atl-19，NAECC0809；在无机盐培养基中降解100mg/L对邻苯二酚，降解率为80%～90%；分离地点：江苏省南京农业大学；培养基：0033；培养温度：30℃。

ACCC 10178← ATCC←CS Pederson←S. Orla-Jensen；＝ATCC 8180＝NCDO 747＝NCIB 8540；培养基：0002；培养温度：26℃。

Microbacterium oxydans （Chatelain and Second 1966）Schumann et al. 1999 氧化微杆菌

ACCC 01713←中国农业科学院饲料研究所；原始编号：FRI2007006，B258；饲料用木聚糖酶、葡聚糖酶、蛋白酶、植酸酶等的筛选；分离地点：浙江省；培养基：0002；培养温度：37℃。

ACCC 01721←中国农业科学院饲料研究所；原始编号：FRI2007024，B268；饲料用木聚糖酶、葡聚糖酶、蛋白酶、植酸酶等的筛选；分离地点：浙江省；培养基：0002；培养温度：37℃。

ACCC 01727←中国农业科学院饲料研究所；原始编号：FRI2007021，B274；饲料用木聚糖酶、葡聚糖酶、蛋白酶、植酸酶等的筛选；分离地点：浙江省；培养基：0002；培养温度：37℃。

Microbacterium paraoxydans Laffineur et al. 2003 副氧化微杆菌

ACCC 02850←南京农业大学农业环境微生物菌种保藏中心；原始编号：JQ-5，NAECC1735；在无机盐培养基中以 20mg/L 的甲氰菊酯为唯一碳源培养，3 天内降解率大于 56%；分离地点：江苏省徐州市；培养基：0033；培养温度：30℃。

Microbacterium sp. 微杆菌

ACCC 01731←中国农业科学院饲料研究所；原始编号：FRI2007086，B281；饲料用木聚糖酶、葡聚糖酶、蛋白酶、植酸酶等的筛选；分离地点：浙江省；培养基：0002；培养温度：37℃。

ACCC 01753←中国农业科学院农业资源与农业区划研究所；原始编号：H10；分离地点：河北省唐山市滦南县；培养基：0033；培养温度：30℃。

ACCC 02485←南京农业大学农业环境微生物菌种保藏中心；原始编号：P1-5＋2，NAECC1132；在无机盐培养基中添加 100mg/L 的 DEHP，经过紫外扫描测得降解率为 37.5%；分离地点：江浦农场；培养基：0033；培养温度：30℃。

ACCC 10415←首都师范大学；原始编号：XL7；培养基：0033；培养温度：30℃。

ACCC 11626←南京农业大学农业环境微生物菌种保藏中心；原始编号：HF12，NAECC1126；分离源：土壤；分离地点：江苏南京；培养基：0033；培养温度：30℃。

ACCC 11629←南京农业大学农业环境微生物菌种保藏中心；原始编号：HF17，NAECC1129；分离源：土壤；分离地点：江苏南京；培养基：0033；培养温度：30℃。

ACCC 11813←南京农业大学农业环境微生物菌种保藏中心；原始编号：BMA-5，NAECC1039；在无机盐培养基中以 50mg/L 的 4-氯苯甲酸为唯一碳源培养，24h 内对 4-氯苯甲酸降解率约超过 90%；分离源：土壤；分离地点：江苏省南京第一农药厂；培养基：0033；培养温度：30℃。

ACCC 02538←南京农业大学农业环境微生物菌种保藏中心；原始编号：M63-2，NAECC1083；在无机盐培养基中以 5mg/L 的孔雀石绿为碳源；与 1/6LB 共代谢培养，2 天内孔雀石绿降解率大于 80%；分离地点：江苏省连云港市场；培养基：0033；培养温度：30℃。

Micrococcus flavus（Liu et al. 2007）黄色微球菌

ACCC 05514←中国农业科学院农业资源与农业区划研究所；分离源：水稻根内生；分离地点：湖南省祁阳县官山坪；培养基：0441；培养温度：37℃。

Micrococcus kristinae Kloos et al. 1974 克氏微球菌

ACCC 04284←广东省广州微生物研究所；原始编号：G42；分离地点：广东广州；培养基：0002；培养温度：30℃。

Micrococcus luteus（Schroeter 1872）Cohn 1872 藤黄微球菌

ACCC 01121←中国农业科学院农业资源与农业区划研究所；原始编号：Hg-k-3-1；具有用作耐重金属基因资源潜力；分离地点：河北邯郸鱼塘；培养基：0002；培养温度：28℃。

ACCC 01506←新疆农业科学院微生物研究所；原始编号：XAAS10425，2-3-3；分离地点：新疆吐鲁番；培养基：0033；培养温度：20℃。

ACCC 01541←新疆农业科学院微生物研究所；原始编号：XAAS10464，AB1；分离地点：新疆吐鲁番；培养基：0033；培养温度：20～30℃。

ACCC 02630←南京农业大学农业环境微生物菌种保藏中心；原始编号：Y14C，NAECC1229；能于 30～1 000mg/L 的十八烷烃无机盐培养基中，72h 降解率约为 89%，十八烷烃为唯一碳源（无机盐培养基）；分离地点：山东东营；培养基：0033；培养温度：30℃。

ACCC 02944←中国农业科学院农业资源与农业区划研究所；原始编号：GD-19-2-5，7012；可以用来研发生产用的生物肥料；分离地点：北京市大兴区礼贤乡；培养基：0065；培养温度：28℃。

ACCC 41016[T]←DSMZ←CCM←J. B. Evans←ATCC←A. Fleming（Micrococcus lysodeikticus）；＝DSM20030＝ATCC 4698，CCM 169，NCIB 9278，NCTC 2665；Taxonomy/description（1300，1335）。

Murein：A11. pep（495）. Testing lysozyme；培养基：0455；培养温度：28℃。

Micrococcus lylae Kloos et al. 1974 里拉微球菌

ACCC 01259←新疆农业科学院微生物研究所；原始编号：XJAA10346，SB23；培养基：0033；培养温度：20～30℃。

ACCC 01744←中国农业科学院饲料研究所；原始编号：FRI20070674 B295；饲料用植酸酶等的筛选；分离地点：浙江省；培养基：0002；培养温度：37℃。

Micrococcus roseus Flügge 1886 玫瑰色微球菌

ACCC 04285←广东省广州微生物研究所；原始编号：G43；分离地点：广东广州；培养基：0002；培养温度：30℃。

Micrococcus sp. 微球菌

ACCC 01258←新疆农业科学院微生物研究所；原始编号：XJAA10345，SB10；培养基：0033；培养温度：20～30℃。

ACCC 02060←新疆农业科学院微生物研究所；原始编号：LB48，XAAS10315；分离地点：新疆布尔津县；培养基：0033；培养温度：20℃。

ACCC 11829←南京农业大学农业环境微生物菌种保藏中心；原始编号：LBRF-6 NAECC1071；在无机盐培养基中以 100mg/L 的邻苯二酚为唯一碳源培养，3 天内降解率大于 90％；分离源：土壤；分离地点：江苏省南京市第一农；培养基：0033；培养温度：30℃。

ACCC 11849←南京农业大学农业环境微生物菌种保藏中心；原始编号：M3451 NAECC1102；在无机盐培养基中以 5mg/L 的孔雀石绿为唯一碳源培养，2 天内孔雀石绿降解率大于 90％；分离源：市售水产体表；分离地点：江苏省连云港市场；培养基：0033；培养温度：30℃。

Micrococcus varians Migula 1900 变异微球菌

ACCC 04282←广东省广州微生物研究所；原始编号：G41；分离地点：广东广州；培养基：0002；培养温度：30℃。

Micromonospora auratinigra corrig. Thawai et al. 2004 金黑小单胞菌

ACCC 01540←新疆农业科学院微生物研究所；原始编号：XAAS20068，1-5-4；分离地点：新疆吐鲁番；培养基：GYM；培养温度：20℃。

Micromonospora peucetia Kroppenstedt et al. 2005 阿普利亚小单孢菌

ACCC 05541←中国农业科学院农业资源与农业区划研究所；分离源：水稻根内生；分离地点：湖南省祁阳县官山坪；培养基：0974；培养温度：37℃。

Moraxella osloensis Boyre and Henriksen 1967 奥斯陆莫拉氏菌

ACCC 05517←中国农业科学院农业资源与农业区划研究所；分离源：水稻根内生；分离地点：湖南省祁阳县官山坪；培养基：0441；培养温度：37℃。

ACCC 04117←华南农业大学农学院微生物分子遗传实验室；原始编号：D2；分离地点：广东广州市华南农大；培养基：0002；培养温度：30℃。

ACCC 04118←华南农业大学农学院微生物分子遗传实验室；原始编号：D3；分离地点：广东广州市华南农大；培养基：0002；培养温度：30℃。

Mycobacterium sp. 分枝杆菌

ACCC 02483←南京农业大学农业环境微生物菌种保藏中心；原始编号：P2-4＋2，NAECC1130；分离地点：江苏省农业科学院；培养基：0033；培养温度：30℃。

Myroides odoratimimus Vancanneyt et al. 1996 拟香味类香味菌

ACCC 02755←南京农业大学农业环境微生物菌种保藏中心；原始编号：ZYJ2-3，NAECC1566；能于30℃、3 天降解约 500mg/L 的萘，降解率 50％～60％，萘为唯一碳源（无机盐培养基）；分离地点：山东省东营胜利油田；培养基：0002；培养温度：30℃。

ACCC 02760←南京农业大学农业环境微生物菌种保藏中心；原始编号：DA-3，NAECC1571；能于30℃，

极端碱性菌（pH 值 12），能够在碱性酪蛋白平板上分泌碱性蛋白酶，并产生透明圈；分离地点：南京
农业大学排污口；培养基：0002；培养温度：30℃。

Myroides sp. 类香味菌

ACCC 02611←南京农业大学农业环境微生物菌种保藏中心；原始编号：N2，NAECC0993；在无机盐培养
基中添加 100mg/L 的 N-甲基苯胺，降解率达 31%；分离地点：江苏省南京市玄武区；培养基：0033；
培养温度：30℃。

Niastella sp. 农研所丝杆菌

ACCC 05418←西北农林科技大学；原始编号：JCN-23；分离地点：甘肃金昌市；培养基：0908；培养温
度：28℃。

Nubsella zeaxanthinifaciens Asker et al. 2008 产玉米黄素鲁布斯菌

ACCC 05520←中国农业科学院农业资源与农业区划研究所；分离源：水稻根内生；分离地点：湖南省祁阳
县官山坪；培养基：0441；培养温度：37℃。

Oceanobacillus picturae （Heyrman et al. 2003）Lee et al. 2006 图画大洋芽胞杆菌

ACCC 02736←南京农业大学农业环境微生物菌种保藏中心；原始编号：SDZ-a，NAECC1402；在 10%
NaCl 培养基上能够生长；分离地点：南京东郊；培养基：0002；培养温度：30℃。

Oceanobacillus sp. 海洋芽胞杆菌

ACCC 02743←南京农业大学农业环境微生物菌种保藏中心；原始编号：Ts14，NAECC1257；用于教学或
科研，至少耐受 10% 的 NaCl；分离地点：新疆农业大学实验田；培养基：0033；培养温度：30℃。

ACCC 10661←南京农业大学农业环境微生物菌种保藏中心；＝AECC 0010；原始编号：III13；研究 教学；
分离源：菜园土壤；分离地点：南京农业大学；培养基：0002；培养温度：30℃。

Ochrobactrum anthropi Holmes et al. 1988 人苍白赭杆菌

ACCC 02178←中国农业科学院农业资源与农业区划研究所；原始编号：310，B-S5；以萘、芴作为唯一碳
源生长；分离地点：胜利油田；培养基：0002；培养温度：30℃。

ACCC 02181←中国农业科学院农业资源与农业区划研究所；原始编号：315，B-58；以萘、芴作为唯一碳
源生长；分离地点：胜利油田；培养基：0002；培养温度：30℃。

ACCC 02185←中国农业科学院农业资源与农业区划研究所；原始编号：324，B-N15；以萘、芴作为唯一
碳源生长；分离地点：胜利油田；培养基：0002；培养温度：30℃。

Ochrobactrum intermedium Velasco et al. 1998 中间苍白杆菌

ACCC 02968←中国农业科学院农业资源与农业区划研究所；原始编号：BaP-20-3，7040；可以用来研发农
田土壤及环境修复微生物制剂；分离地点：北京市大兴区；培养基：0002；培养温度：28℃。

ACCC 02997←中国农业科学院农业资源与农业区划研究所；原始编号：BaP-18-2，7076；可以用来研发农
田土壤及环境修复微生物制剂；分离地点：北京市大兴区礼贤乡；培养基：0002；培养温度：28℃。

ACCC 03010←中国农业科学院农业资源与农业区划研究所；原始编号：P-20-1，7091；可以用来研发农田
土壤及环境修复微生物制剂；分离地点：北京市大兴区；培养基：0065；培养温度：28℃。

ACCC 03020←中国农业科学院农业资源与农业区划研究所；原始编号：F-23-3，7102；可以用来研发农田
土壤及环境修复微生物制剂；分离地点：北京市大兴区礼贤乡凉；培养基：0002；培养温度：28℃。

ACCC 03039←中国农业科学院农业资源与农业区划研究所；原始编号：BaP-35-1，7129；可以用来研发农
田土壤及环境修复微生物制剂；分离地点：山东蓬莱；培养基：0002；培养温度：28℃。

ACCC 03046←中国农业科学院农业资源与农业区划研究所；原始编号：BaP-44-1，7136；可以用来研发
田土壤及环境修复微生物制剂；分离地点：内蒙古牙克石；培养基：0065；培养温度：28℃。

ACCC 03053←中国农业科学院农业资源与农业区划研究所；原始编号：BaP-44-2，7145；可以用来研发农
田土壤及环境修复微生物制剂；分离地点：内蒙古牙克石；培养基：0065；培养温度：28℃。

ACCC 03058←中国农业科学院农业资源与农业区划研究所；原始编号：BaP-16-1，7152；可以用来研发农
田土壤及环境修复微生物制剂；分离地点：北京市大兴区礼贤乡；培养基：0002；培养温度：28℃。

ACCC 03061←中国农业科学院农业资源与农业区划研究所；原始编号：BaP-11-2，7158；可以用来研发农

田土壤及环境修复微生物制剂；分离地点：北京市朝阳区黑庄户；培养基：0065；培养温度：28℃。

ACCC 03070←中国农业科学院农业资源与农业区划研究所；原始编号：BaP-43-1，7169；可以用来研发农田土壤及环境修复微生物制剂；分离地点：大港油田石油污染土；培养基：0065；培养温度：28℃。

ACCC 03077←中国农业科学院农业资源与农业区划研究所；原始编号：BaP-21-4，7181；可以用来研发农田土壤及环境修复微生物制剂；分离地点：北京市大兴区天堂河；培养基：0002；培养温度：28℃。

ACCC 03083←中国农业科学院农业资源与农业区划研究所；原始编号：F-20-2，7189；可以用来研发农田土壤及环境修复微生物制剂；分离地点：北京市大兴区；培养基：0002；培养温度：28℃。

ACCC 03109←中国农业科学院农业资源与农业区划研究所；原始编号：BaP-20-1，7223；可以用来研发农田土壤及环境修复微生物制剂；分离地点：北京市大兴区；培养基：0002；培养温度：28℃。

ACCC 03121←中国农业科学院农业资源与农业区划研究所；原始编号：BaP-21-2，7238；可以用来研发农田土壤及环境修复微生物制剂；分离地点：北京市大兴区天堂河；培养基：0002；培养温度：28℃。

ACCC 03238←中国农业科学院农业资源与农业区划研究所；可以用来研发农田土壤及环境修复微生物制剂；培养基：0002；培养温度：28℃。

ACCC 03257←中国农业科学院农业资源与农业区划研究所；原始编号：F-11-4；可以用来研发农田土壤及环境修复微生物制剂；培养基：0002；培养温度：28℃。

Ochrobactrum lupini Trujillo et al. 2006 羽扇豆苍白杆菌

ACCC 03126←中国农业科学院农业资源与农业区划研究所；原始编号：BaP-20-3，7244；可以用来研发农田土壤及环境修复微生物制剂；分离地点：北京市大兴区；培养基：0065；培养温度：28℃。

Ochrobactrum sp. 苍白杆菌

ACCC 02164←中国农业科学院农业资源与农业区划研究所；原始编号：109，68-1；以磷酸三钙、磷矿石作为唯一磷源生长；分离地点：湖北钟祥；培养基：0002；培养温度：30℃。

ACCC 02690←南京农业大学农业环境微生物菌种保藏中心；原始编号：B1，NAECC1366；在基础盐加农药培养基上降解丙草胺，降解率50%；分离地点：江苏省昆山市；培养基：0002；培养温度：30℃。

ACCC 02691←南京农业大学农业环境微生物菌种保藏中心；原始编号：B3，NAECC1367；在基础盐加农药培养基上降解丙草胺，降解率50%；分离地点：江苏省昆山市；培养基：0002；培养温度：30℃。

ACCC 02720←南京农业大学农业环境微生物菌种保藏中心；原始编号：CGL-1，NAECC1375；可以在含800mg/L的草甘膦的无机盐培养基中生长；分离地点：南京市玄武区；培养基：0002；培养温度：30℃。

ACCC 10085←山东农学院；原始编号：832；能产生有机酸类物质，溶解不溶性磷化物，如对Ca_3PO_4的作用较明显，因此曾用来生产生物磷肥，俗称无机磷细菌；培养基：0002；培养温度：30℃。

ACCC 11245←中国农业科学院农业资源与区划研究所；原始编号：LBM-199；培养基：0033；培养温度：30℃。

ACCC 11750←南京农业大学农业环境微生物菌种保藏中心；原始编号：BJS2，NAECC0951；在无机盐培养基中添加100mg/L的苯甲酸，降解率达50%左右；分离源：土壤；分离地点：江苏省南京市卫岗菜园；培养基：0033；培养温度：30℃。

ACCC 11771←南京农业大学农业环境微生物菌种保藏中心；原始编号：DJFX，NAECC0977；在无机盐培养基中添加100mg/L的苯甲酸，降解率达50%左右；分离源：土壤；分离地点：江苏省南京市卫岗菜园；培养基：0033；培养温度：30℃。

ACCC 11802←南京农业大学农业环境微生物菌种保藏中心；原始编号：B7，NAECC01013；在无机盐培养基中添加50mg/L的乐果，降解率达40%；分离源：土壤；分离地点：南京卫岗菜园；培养基：0971；培养温度：30℃。

Ochrobactrum tritici Lebuhn et al. 2000 小麦苍白杆菌

ACCC 02753←南京农业大学农业环境微生物菌种保藏中心；原始编号：ZYJ1-5，NAECC1564；能于30℃、48h降解约500mg/L的十八烷，降解率为50%～60%，十八烷为唯一碳源（无机盐培养基）；分离地点：山东省东营市东城区；培养基：0002；培养温度：30℃。

Oxalicibacterium sp. 草酸草杆菌

ACCC 05417←西北农林科技大学；原始编号：JCN-21；分离地点：甘肃金昌市；培养基：0908；培养温度：28℃。

Paenibacillus agarexedens（*ex* Wieringa 1941）Uetanabaro et al. 2003 吃琼脂类芽胞杆菌

ACCC 02961←中国农业科学院农业资源与农业区划研究所；原始编号：GD-21-1-3，7032；可以用来研发生产用的生物肥料；分离地点：北京市大兴区；培养基：0065；培养温度：28℃。

ACCC 03028←中国农业科学院农业资源与农业区划研究所；原始编号：GD-B-CL2-1-1，7114；可以用来研发生产用的生物肥料；分离地点：北京试验地；培养基：0065；培养温度：28℃。

ACCC 03048←中国农业科学院农业资源与农业区划研究所；原始编号：GD-B-CK1-1-4，7138；可以用来研发生产用的生物肥料；分离地点：北京试验地；培养基：0065；培养温度：28℃。

ACCC 03060←中国农业科学院农业资源与农业区划研究所；原始编号：GD-13-1-4，7157；可以用来研发生产用的生物肥料；分离地点：北京市朝阳区王四营；培养基：0065；培养温度：28℃。

ACCC 03068←中国农业科学院农业资源与农业区划研究所；原始编号：GD-35-1-1，7167；可以用来研发生产用的生物肥料；分离地点：山东蓬莱；培养基：0065；培养温度：28℃。

ACCC 03095←中国农业科学院农业资源与农业区划研究所；原始编号：GD-58-1-4，7205；可以用来研发生产用的生物肥料；分离地点：黑龙江省五常市；培养基：0065；培养温度：28℃。

ACCC 03137←中国农业科学院农业资源与农业区划研究所；原始编号：GD-19-1-1，7255；可以用来研发生产用的生物肥料；分离地点：北京市大兴区；培养基：0065；培养温度：28℃。

ACCC 03139←中国农业科学院农业资源与农业区划研究所；原始编号：GD-19-2-3，7257；可以用来研发生产用的生物肥料；分离地点：北京市大兴区礼贤乡；培养基：0065；培养温度：28℃。

ACCC 03239←中国农业科学院农业资源与农业区划研究所；原始编号：GD-58-1-6；可以用来研发生产用的生物肥料；培养基：0065；培养温度：28℃。

Paenibacillus agaridevorans Uetanabaro et al. 2003 食琼脂类芽胞杆菌

ACCC 01519←新疆农业科学院微生物研究所；原始编号：XAAS10420，LB9A；分离地点：新疆布尔津县；培养基：0033；培养温度：20℃。

Paenibacillus alginolyticus（Nakamura 1987）Shida et al. 解藻酸类芽胞杆菌

ACCC 02967←中国农业科学院农业资源与农业区划研究所；原始编号：GD-21-2-2，7038；可以用来研发生产用的生物肥料；分离地点：北京市大兴区天堂河；培养基：0065；培养温度：28℃。

Paenibacillus alkaliterrae Yoon et al. 2005 耐碱类芽胞杆菌

ACCC 02937←中国农业科学院农业资源与农业区划研究所；原始编号：GD-7-2-1，7003；可以用来研发生产用的生物肥料；分离地点："北京市朝阳区黑庄户；培养基：0065；培养温度：28℃。

Paenibacillus alvei（Cheshire and Cheyne 1885）Ash et al. 1994 蜂房芽胞杆菌

ACCC 10186^T←DSMZ；＝ATCC 6344＝CCM 2051＝IFO 3343＝LMG 13253＝NBRC 3343＝NCIB 9371＝NCTC 6352；分离源：foulbrood of bees；培养基：0002；培养温度：30℃。

Paenibacillus amylolyticus（Nakamura 1984）Ash et al. 1994 解淀粉类芽胞杆菌

ACCC 01256←新疆农业科学院微生物研究所；原始编号：XJAA10437，LB62-B；培养基：0033；培养温度：20℃。

ACCC 02012←新疆农业科学院微生物研究所；原始编号：LB68，XAAS10358；分离地点：新疆乌鲁木齐；培养基：0033；培养温度：20℃。

ACCC 03124←中国农业科学院农业资源与农业区划研究所；原始编号：GD-12-1-8，7242；可以用来研发生产用的生物肥料；分离地点：北京市朝阳区王四营；培养基：0065；培养温度：28℃。

ACCC 01969←中国农业科学院农业资源与农业区划研究所；原始编号：6，H12-4；纤维素降解菌；分离地点：吉林安图；培养基：0002；培养温度：30℃。

ACCC 01970←中国农业科学院农业资源与农业区划研究所；原始编号：17，H11-3；纤维素降解菌；分离地点：吉林松江河镇；培养基：0002；培养温度：30℃。

ACCC 01971←中国农业科学院农业资源与农业区划研究所；原始编号：24，H1-4；纤维素降解菌；分离
　　地点：四川甘孜；培养基：0002；培养温度：30℃。

ACCC 01972←中国农业科学院农业资源与农业区划研究所；原始编号：30，H13-2；纤维素降解菌；分离
　　地点：吉林抚松县；培养基：0002；培养温度：30℃。

Paenibacillus antarcticus Montes et al. 2004 南极类芽胞杆菌

ACCC 02065←新疆农业科学院微生物研究所；原始编号：LB76，XAAS10412；分离地点：新疆布尔津县；
　　培养基：0033；培养温度：20℃。

Paenibacillus apiarius（ex Katznelson 1955）Nakamura 1996 蜜蜂类芽胞杆菌

ACCC 10193^T←DSMZ；=DSM 5581＝ATCC 29575，NCIMB 13506，NRRL-NRS 1438；分离源：bee lar-
　　vae；培养基：0002；培养温度：30℃。

Paenibacillus azoreducens Meehan et al. 2001 氮还原类芽胞杆菌

ACCC 10250^T←DSM←G. Mc Mullan；=DSM 13822＝NCIMB 13761；培养基：0266；培养温度：30℃。

Paenibacillus azotofixans（Seldin et al. 1984）Ash et al. 1994 45：197 固氮类芽胞杆菌

ACCC 03135←中国农业科学院农业资源与农业区划研究所；原始编号：GD-63-2-1，7253；可以用来研发
　　生产用的生物肥料；分离地点：内蒙古牙克石七队；培养基：0065；培养温度：28℃。

ACCC 10251^T←DSMZ←ATCC←L. Seldin，P3 L-5；=DSM 5976＝ATCC 35681＝LMG 14658；培养基：
　　0441；培养温度：30℃。

ACCC 11008←中国农业科学院土肥所；原始编号：Jan-97；培养基：0002；培养温度：30℃。

Paenibacillus barcinonensis Sánchez et al. 2005 巴塞罗那类芽胞杆菌

ACCC 05515←中国农业科学院农业资源与农业区划研究所；分离源：水稻根内生；分离地点：湖南省祁阳
　　县官山坪；培养基：0441；培养温度：37℃。

ACCC 05532←中国农业科学院农业资源与农业区划研究所；分离源：水稻根内生；分离地点：湖南省祁阳
　　县官山坪；培养基：0441；培养温度：37℃。

Paenibacillus barengoltzii Osman et al. 2006 巴伦氏类芽胞杆菌

ACCC 03243←中国农业科学院农业资源与农业区划研究所；原始编号：GD-62-2-4；可以用来研发生产用
　　的生物肥料；培养基：0065；培养温度：28℃。

Paenibacillus daejeonensis Lee et al. 2002 大田类芽胞杆菌

ACCC 03066←中国农业科学院农业资源与农业区划研究所；原始编号：GD-A-CK2-2-1，7165；可以用来
　　研发生产用的生物肥料；分离地点：北京试验地；培养基：0065；培养温度：28℃。

ACCC 03114←中国农业科学院农业资源与农业区划研究所；原始编号：GD-11-2-1，7230；可以用来研发
　　生产用的生物肥料；分离地点：北京市朝阳区黑庄户；培养基：0065；培养温度：28℃。

Paenibacillus forsythiae Ma and Chen 2008 雪柳类芽胞杆菌

ACCC 03090←中国农业科学院农业资源与农业区划研究所；原始编号：GD-64-2-2，7197；可以用来研发
　　生产用的生物肥料；分离地点：内蒙古牙克石七队；培养基：0065；培养温度：28℃。

Paenibacillus glycanilyticus Dasman et al. 2002 解聚糖类芽胞杆菌

ACCC 03004←中国农业科学院农业资源与农业区划研究所；原始编号：GD-27-1-1，7083；可以用来研发
　　生产用的生物肥料；分离地点：河北省高碑店市；培养基：0065；培养温度：28℃。

ACCC 03014←中国农业科学院农业资源与农业区划研究所；原始编号：GD-12-2-5，7095；可以用来研发
　　生产用的生物肥料；分离地点：北京市朝阳区王四营；培养基：0065；培养温度：28℃。

ACCC 03103←中国农业科学院农业资源与农业区划研究所；原始编号：GD-CK1-1-1，7215；可以用来研
　　发生产用的生物肥料；分离地点：北京试验地；培养基：0065；培养温度：28℃。

ACCC 03122←中国农业科学院农业资源与农业区划研究所；原始编号：GD-B-CK1-1-3，7240；可以用来
　　研发生产用的生物肥料；分离地点：北京试验地；培养基：0065；培养温度：28℃。

Paenibacillus graminis Berge et al. 2002 草类芽胞杆菌

ACCC 03092←中国农业科学院农业资源与农业区划研究所；原始编号：GD-12-1-1，7199；可以用来研发

生产用的生物肥料；分离地点：北京市朝阳区王四营；培养基：0065；培养温度：28℃。

Paenibacillus humicus Vaz-Moreira et al. 2007 腐殖质类芽胞杆菌

ACCC 02965←中国农业科学院农业资源与农业区划研究所；原始编号：GD-51-2-2，7036；可以用来研发
　　生产用的生物肥料；分离地点：内蒙古乌海；培养基：0065；培养温度：28℃。

ACCC 02984←中国农业科学院农业资源与农业区划研究所；原始编号：GD-58-1-3，7060；可以用来研发
　　生产用的生物肥料；分离地点：黑龙江五常市；培养基：0065；培养温度：28℃。

ACCC 02995←中国农业科学院农业资源与农业区划研究所；原始编号：GD-68-2-2，7074；可以用来研发
　　生产用的生物肥料；分离地点：内蒙古牙克石；培养基：0065；培养温度：28℃。

ACCC 03078←中国农业科学院农业资源与农业区划研究所；原始编号：GD-B-CK1-2-2，7184；可以用来
　　研发生产用的生物肥料；分离地点：北京试验地；培养基：0065；培养温度：28℃。

ACCC 03082←中国农业科学院农业资源与农业区划研究所；原始编号：GD-13-2-1，7188；可以用来研发
　　生产用的生物肥料；分离地点：北京市朝阳区王四营；培养基：0065；培养温度：28℃。

ACCC 03101←中国农业科学院农业资源与农业区划研究所；原始编号：GD-CK1-1-2，7213；可以用来研
　　发生产用的生物肥料；分离地点：北京试验地；培养基：0065；培养温度：28℃。

ACCC 03128←中国农业科学院农业资源与农业区划研究所；原始编号：GD-72-2-1，7246；可以用来研发
　　生产用的生物肥料；分离地点：内蒙古牙克石特尼河农；培养基：0065；培养温度：28℃。

ACCC 03240←中国农业科学院农业资源与农业区划研究所；原始编号：GD-16-2-1；可以用来研发生产用
　　的生物肥料；培养基：0065；培养温度：28℃。

ACCC 03259←中国农业科学院农业资源与农业区划研究所；原始编号：GD-12-2-1；可以用来研发生产用
　　的生物肥料；培养基：0065；培养温度：28℃。

Paenibacillus kobensis （Kanzawa et al. 1995）Shida et al. 1997 神户类芽胞杆菌

ACCC 02978←中国农业科学院农业资源与农业区划研究所；原始编号：GD-57-2-1，7054；可以用来研发
　　生产用的生物肥料；分离地点：黑龙江五常市；培养基：0002；培养温度：28℃。

ACCC 03000←中国农业科学院农业资源与农业区划研究所；原始编号：GD-68-2-1，7079；可以用来研发
　　生产用的生物肥料；分离地点：内蒙古牙克石；培养基：0065；培养温度：28℃。

ACCC 03112←中国农业科学院农业资源与农业区划研究所；原始编号：GD-9-2-1，7228；可以用来研发生
　　产用的生物肥料；分离地点：北京市朝阳区黑庄户；培养基：0065；培养温度：28℃。

Paenibacillus macerans （Schardinger 1905）Ash et al. 1994 浸麻类芽胞杆菌

ACCC 11115←中国农业科学院土肥所←中科院微生物研究所←黄海化学工业研究所；＝AS 1.64；产丙酮、
　　乙醇；培养基：0002；培养温度：30℃。

Paenibacillus macquariensis （Marshall and Ohye 1966）Ash et al. 1994 马阔里类芽胞杆菌

ACCC 05443←中国农业科学院农业资源与农业区划研究所← 中科院微生物研究所←IMCAS；原始编号：
　　N-17；分离源：处理垃圾；培养基：0002；培养温度：37℃。

Paenibacillus pabuli （Nakamura 1984）Ash et al. 1994 饲料类芽胞杆菌

ACCC 10273←中国农业科学院农业资源与农业区划研究所；分解纤维素，用于秸秆降解、腐熟；培养基：
　　0002；培养温度：30℃。

ACCC 01974←中国农业科学院农业资源与农业区划研究所；原始编号：7，L55-1；纤维素降解菌；分离地
　　点：山东胜利油田；培养基：0002；培养温度：30℃。

Paenibacillus panacisoli Ten et al. 2006 人参土地类芽胞杆菌

ACCC 01520←新疆农业科学院微生物研究所；原始编号：XAAS10382 PB7；培养基：0033；培养温度：
　　20～30℃。

ACCC 02989←中国农业科学院农业资源与农业区划研究所；原始编号：GD-52-2-2，7065；可以用来研发
　　生产用的生物肥料；分离地点：广东湛江；培养基：0065；培养温度：28℃。

Paenibacillus peoriae （Montefusco et al. 1993）Heyndrickx et al. 1996 皮尔瑞俄类芽胞杆菌

ACCC 01499←新疆农业科学院微生物研究所；原始编号：XAAS10203 1.203；分离地点：新疆布尔津县

培养基：0033；培养温度：20℃。

***Paenibacillus polymyxa*（Prazmowski 1880）Ash et al. 1994 多黏类芽胞杆菌**

ACCC 03152←中国农业科学院麻类研究所；原始编号：IBFC W0571；红麻脱胶；培养基：0081；培养温度：33℃。

ACCC 03153←中国农业科学院麻类研究所；原始编号：IBFC W0572；红黄麻脱胶；培养基：0081；培养温度：33℃。

ACCC 03178←中国农业科学院麻类研究所；原始编号：IBFC W0654；红麻脱胶；培养基：0081；培养温度：33℃。

ACCC 03179←中国农业科学院麻类研究所；原始编号：T2123-7；红麻脱胶；培养基：0081；培养温度：33℃。

ACCC 03180←中国农业科学院麻类研究所；原始编号：IBFC W0656；红麻脱胶；培养基：0081；培养温度：33℃。

ACCC 03211←中国农业科学院麻类研究所；原始编号：IBFC W0565；红麻脱胶；培养基：0014；培养温度：33℃。

ACCC 03212←中国农业科学院麻类研究所；原始编号：IBFC W0566；红麻脱胶；培养基：0014；培养温度：33℃。

ACCC 03213←中国农业科学院麻类研究所；原始编号：IBFC W0567；红麻脱胶；培养基：0081；培养温度：33℃。

ACCC 03219←中国农业科学院麻类研究所；原始编号：IBFC W0563；红麻脱胶；培养基：0014；培养温度：35℃。

ACCC 01043←中国农业科学院农业资源与农业区划研究所；原始编号：GD-25-2-2；具有生产固氮生物肥料潜力；分离地点：河北省高碑店市；培养基：0065；培养温度：28℃。

ACCC 01529←新疆农业科学院微生物研究所；原始编号：XAAS10064 1.064；分离地点：新疆焉耆博湖；培养基：0476；培养温度：20℃。

ACCC 01539←新疆农业科学院微生物研究所；原始编号：XAAS10156 1.156；分离地点：新疆库尔勒上户谷地；培养基：0476；培养温度：20℃。

ACCC 01542←新疆农业科学院微生物研究所；原始编号：XAAS10467 AB4；分离地点：新疆库尔勒上户谷地；培养基：0033；培养温度：20℃。

ACCC 01543←新疆农业科学院微生物研究所；原始编号：XAAS10468 AB5；分离地点：新疆库尔勒上户谷地；培养基：0033；培养温度：20℃。

ACCC 01544←新疆农业科学院微生物研究所；原始编号：XAAS10470 AB7；分离地点：新疆焉耆博湖；培养基：0033；培养温度：20℃。

ACCC 02239←广东省广州微生物研究所；培养基：0002；培养温度：30℃。

ACCC 03043←中国农业科学院农业资源与农业区划研究所；原始编号：GD-8-1-2，7133；可以用来研发生产用的生物肥料；分离地点：北京市朝阳区黑庄户；培养基：0065；培养温度：28℃。

ACCC 03064←中国农业科学院农业资源与农业区划研究所；原始编号：GD-64-1-4，7163；可以用来研发生产用的生物肥料；分离地点：内蒙古牙克石七队；培养基：0065；培养温度：28℃。

ACCC 03134←中国农业科学院农业资源与农业区划研究所；原始编号：GD-55-1-4，7252；可以用来研发生产用的生物肥料；分离地点：辽宁师大；培养基：0065；培养温度：28℃。

ACCC 03145←中国农业科学院麻类研究所；红麻、亚麻脱胶，24h脱胶程度为6；培养基：0014；培养温度：33℃。

ACCC 03146←中国农业科学院麻类研究所；原始编号：IBFC W0559；红麻、亚麻脱胶，24h脱胶程度为6；培养基：0014；培养温度：33℃。

ACCC 03147←中国农业科学院麻类研究所；原始编号：IBFC W0560；红麻、亚麻脱胶，24h脱胶程度为6；培养基：0014；培养温度：33℃。

ACCC 03148←中国农业科学院麻类研究所；原始编号：IBFC W0561；红麻、亚麻脱胶，24h 脱胶程度为 6；培养基：0014；培养温度：33℃。

ACCC 03149←中国农业科学院麻类研究所；原始编号：IBFC W0562；红麻、亚麻脱胶，24h 脱胶程度为 6；培养基：0014；培养温度：33℃。

ACCC 03151←中国农业科学院麻类研究所；原始编号：IBFC W0570；红麻脱胶；培养基：0081；培养温度：33℃。

ACCC 03196←中国农业科学院麻类研究所；原始编号：Y186；红麻、亚麻脱胶，24h 脱胶程度为 6；培养基：0014；培养温度：33℃。

ACCC 03197←中国农业科学院麻类研究所；原始编号：Y187；红麻、亚麻脱胶，24h 脱胶程度为 6；培养基：0014；培养温度：33℃。

ACCC 03198←中国农业科学院麻类研究所；原始编号：Y188；红麻、亚麻脱胶，24h 脱胶程度为 6；培养基：0014；培养温度：33℃。

ACCC 03199←中国农业科学院麻类研究所；原始编号：IBFC W0544；红麻、亚麻脱胶，24h 脱胶程度为 6；培养基：0014；培养温度：33℃。

ACCC 03200←中国农业科学院麻类研究所；红麻、亚麻脱胶，24h 脱胶程度为 6；培养基：0014；培养温度：33℃。

ACCC 03201←中国农业科学院麻类研究所；原始编号：IBFC W0546；红麻、亚麻脱胶，24h 脱胶程度为 6；培养基：0014；培养温度：33℃。

ACCC 03202←中国农业科学院麻类研究所；原始编号：IBFC W0547；红麻、亚麻脱胶，24h 脱胶程度为 6；培养基：0014；培养温度：33℃。

ACCC 03203←中国农业科学院麻类研究所；原始编号：IBFC W0548；红麻、亚麻脱胶，24h 脱胶程度为 6；培养基：0014；培养温度：33℃。

ACCC 03204←中国农业科学院麻类研究所；原始编号：IBFC W0549；红麻、亚麻脱胶，24h 脱胶程度为 6；培养基：0014；培养温度：33℃。

ACCC 03205←中国农业科学院麻类研究所；红麻、亚麻脱胶，24h 脱胶程度为 6；培养基：0014；培养温度：33℃。

ACCC 03206←中国农业科学院麻类研究所；原始编号：IBFC W0551；红麻、亚麻脱胶，24h 脱胶程度为 6；培养基：0014；培养温度：33℃。

ACCC 03207←中国农业科学院麻类研究所；原始编号：IBFC W0552；红麻、亚麻脱胶，24h 脱胶程度为 6；培养基：0014；培养温度：33℃。

ACCC 03208←中国农业科学院麻类研究所；红麻、亚麻脱胶，24h 脱胶程度为 6；培养基：0014；培养温度：33℃。

ACCC 03209←中国农业科学院麻类研究所；原始编号：IBFC W0555；红麻、亚麻脱胶，24h 脱胶程度为 6；培养基：0014；培养温度：33℃。

ACCC 03218←中国农业科学院麻类研究所；原始编号：IBFC W0557；红麻、亚麻脱胶，24h 脱胶程度为 6；培养基：0014；培养温度：33℃。

ACCC 03411←中国农业科学院麻类研究所；原始编号：IBFC W0558；红麻、亚麻脱胶，24h 脱胶程度为 6；分离地点：湖南沅江实验室；培养基：0014；培养温度：33℃。

ACCC 03425←中国农业科学院麻类研究所；原始编号：IBFC W0560；红麻、亚麻脱胶，24h 脱胶程度为 6；分离地点：湖南沅江实验室；培养基：0014；培养温度：33℃。

ACCC 03434←中国农业科学院麻类研究所；原始编号：IBFC W0781；红麻、亚麻脱胶，24h 脱胶程度为 6；分离地点：中南林业科技大学；培养基：0014；培养温度：33℃。

ACCC 03461←中国农业科学院麻类研究所；原始编号：IBFC W0795；红麻、亚麻脱胶，24h 脱胶程度为 6；分离地点：中南林业科技大学；培养基：0014；培养温度：33℃。

ACCC 03474←中国农业科学院麻类研究所；原始编号：IBFC W0753；红麻、亚麻脱胶，24h 脱胶程度为

6；分离地点：中南林业科技大学；培养基：0014；培养温度：33℃。

ACCC 03475←中国农业科学院麻类研究所；原始编号：IBFC W0553；红麻、亚麻脱胶，24h脱胶程度为
　　6；分离地点：湖南沅江实验室；培养基：0014；培养温度：33℃。

ACCC 03506←中国农业科学院麻类研究所；原始编号：IBFC W0692；红麻、亚麻脱胶，24h脱胶程度为
　　6；分离地点：中南林业科技大学；培养基：0014；培养温度：33℃。

ACCC 03537 中国农业科学院麻类研究所；原始编号：IBFC W0831；红麻、亚麻脱胶，24h脱胶程度为6～
　　7；分离地点：湖南南县；培养基：0014；培养温度：34℃。

ACCC 03540←中国农业科学院麻类研究所；原始编号：IBFC W0834；红麻、亚麻脱胶，24h脱胶程度为
　　6～7；分离地点：湖南南县；培养基：0014；培养温度：34℃。

ACCC 03542←中国农业科学院麻类研究所；原始编号：IBFC W0836；红麻、亚麻脱胶，24h脱胶程度为
　　6～7；分离地点：湖南沅江；培养基：0014；培养温度：34℃。

ACCC 03556←中国农业科学院麻类研究所；原始编号：IBFC W0859；红麻、亚麻脱胶，24h脱胶程度为
　　5；分离地点：湖南南县；培养基：0014；培养温度：34℃。

ACCC 03557←中国农业科学院麻类研究所；原始编号：IBFC W0860；红麻、亚麻脱胶，24h脱胶程度为
　　6；分离地点：湖南南县；培养基：0014；培养温度：34℃。

ACCC 03564←中国农业科学院麻类研究所；原始编号：IBFC W0868；红麻、亚麻脱胶，24h脱胶程度为
　　5；分离地点：湖南沅江；培养基：0014；培养温度：34℃。

ACCC 03565←中国农业科学院麻类研究所；原始编号：IBFC W0869；红麻、亚麻脱胶，24h脱胶程度为
　　5；分离地点：湖南南县；培养基：0014；培养温度：34℃。

ACCC 03570←中国农业科学院麻类研究所；原始编号：IBFC W0881；红麻、亚麻脱胶，24h脱胶程度为
　　6；分离地点：湖南南县；培养基：0014；培养温度：34℃。

ACCC 03571←中国农业科学院麻类研究所；原始编号：IBFC W0882；红麻、亚麻脱胶，24h脱胶程度为
　　7；分离地点：湖南南县；培养基：0014；培养温度：34℃。

ACCC 03572←中国农业科学院麻类研究所；原始编号：IBFC W0884；红麻、亚麻脱胶，24h脱胶程度为
　　7；分离地点：湖南南县；培养基：0014；培养温度：34℃。

ACCC 03578←中国农业科学院麻类研究所；原始编号：IBFC W0892；红麻、亚麻脱胶，24h脱胶程度为
　　6；分离地点：湖南南县；培养基：0014；培养温度：34℃。

ACCC 03579←中国农业科学院麻类研究所；原始编号：IBFC W0894；红麻、亚麻脱胶，24h脱胶程度为
　　7；分离地点：湖南南县；培养基：0014；培养温度：34℃。

ACCC 03583←中国农业科学院麻类研究所；原始编号：IBFC W0898；红麻、亚麻脱胶，24h脱胶程度为
　　7；分离地点：湖南沅江；培养基：0014；培养温度：34℃。

ACCC 03584←中国农业科学院麻类研究所；原始编号：IBFC W0899；红麻、亚麻脱胶，24h脱胶程度为
　　7；分离地点：湖南沅江；培养基：0014；培养温度：34℃。

ACCC 03588←中国农业科学院麻类研究所；原始编号：IBFC W0903；红麻、亚麻脱胶，24h脱胶程度为
　　6；分离地点：湖南南县；培养基：0014；培养温度：34℃。

ACCC 03590←中国农业科学院麻类研究所；原始编号：IBFC W0906；红麻、亚麻脱胶，24h脱胶程度为
　　6；分离地点：湖南沅江；培养基：0014；培养温度：34℃。

ACCC 03591←中国农业科学院麻类研究所；原始编号：IBFC W0907；红麻、亚麻脱胶，24h脱胶程度为
　　8；分离地点：湖南沅江；培养基：0014；培养温度：34℃。

ACCC 03592←中国农业科学院麻类研究所；原始编号：IBFC W0909；红麻、亚麻脱胶，24h脱胶程度为
　　8；分离地点：湖南南县；培养基：0014；培养温度：34℃。

ACCC 03593←中国农业科学院麻类研究所；原始编号：IBFC W0911；红麻、亚麻脱胶，24h脱胶程度为
　　6；分离地点：湖南南县；培养基：0014；培养温度：34℃。

ACCC 03594←中国农业科学院麻类研究所；原始编号：IBFC W0912；红麻、亚麻脱胶，24h脱胶程度为
　　7；分离地点：湖南沅江；培养基：0014；培养温度：34℃。

ACCC 03595←中国农业科学院麻类研究所；原始编号：IBFC W0913；红麻、亚麻脱胶，24h 脱胶程度为 4；分离地点：湖南沅江；培养基：0014；培养温度：34℃。

ACCC 03596←中国农业科学院麻类研究所；原始编号：IBFC W0914；红麻、亚麻脱胶，24h 脱胶程度为 6；分离地点：湖南沅江；培养基：0014；培养温度：34℃。

ACCC 03597←中国农业科学院麻类研究所；原始编号：IBFC W0916；红麻、亚麻脱胶，24h 脱胶程度为 6；分离地点：湖南沅江；培养基：0014；培养温度：34℃。

ACCC 03598←中国农业科学院麻类研究所；原始编号：IBFC W0917；红麻、亚麻脱胶，24h 脱胶程度为 6；分离地点：湖南南县；培养基：0014；培养温度：34℃。

ACCC 03602←中国农业科学院麻类研究所；原始编号：IBFC W0922；红麻、亚麻脱胶，24h 脱胶程度为 7；分离地点：湖南沅江；培养基：0014；培养温度：34℃。

ACCC 03605←中国农业科学院麻类研究所；原始编号：IBFC W0929；红麻、亚麻脱胶，24h 脱胶程度为 7；分离地点：浙江杭州；培养基：0014；培养温度：34℃。

ACCC 03606←中国农业科学院麻类研究所；原始编号：IBFC W0930；红麻、亚麻脱胶，24h 脱胶程度为 6；分离地点：浙江杭州；培养基：0014；培养温度：34℃。

ACCC 03607←中国农业科学院麻类研究所；原始编号：IBFC W0931；红麻、亚麻脱胶，24h 脱胶程度为 6；分离地点：浙江杭州；培养基：0014；培养温度：34℃。

ACCC 03608←中国农业科学院麻类研究所；原始编号：IBFC W0934；红麻、亚麻脱胶，24h 脱胶程度为 6；分离地点：浙江杭州；培养基：0014；培养温度：34℃。

ACCC 05445←中国农业科学院农业资源与农业区划研究所；原始编号：C3；β-淀粉酶；质粒；培养基：0002；培养温度：30℃。

ACCC 10122＝AS 1.154；产多黏菌素 E；培养基：0002；培养温度：30℃。

ACCC 10252^T← DSMZ←ATCC←A. J. Kluyver；＝DSM 36＝ATCC 842＝CCM 1459＝JCM 2507＝LMG 13294＝NCIB 8158＝NCTC 10343；培养基：0266；培养温度：30℃。

ACCC 10267←广东省广州微生物研究所；产 2、3-丁二醇；培养基：0002；培养温度：30℃。

ACCC 10369←首都师范大学；原始编号：WY110；植物内生菌，拮抗多种植物病害；培养基：0033；培养温度：30℃。

ACCC 10447←首都师范大学；培养基：0033；培养温度：28℃。

ACCC 10679←南京农业大学农业环境微生物菌种保藏中心；＝NAECC 0018；原始编号：B110；研究，教学；分离源：植物根际土壤；分离地点：山东莱阳农学院；培养基：0002；培养温度：30℃。

ACCC 10694←中国农业科学院麻类研究所；原始编号：T1249；分离源：红麻土壤；分离地点：安徽蚌埠；培养基：0002；培养温度：32℃。

ACCC 10725←中国农业科学院麻类研究所；原始编号：T1158-2；分离源：红麻土壤；分离地点：湖南南县；培养基：0002；培养温度：32℃。

ACCC 10728←中国农业科学院麻类研究所；原始编号：T1165；分离源：红麻土壤；分离地点：湖南南县；培养基：0002；培养温度：32℃。

ACCC 10730←中国农业科学院麻类研究所；原始编号：T1166-2；分离源：红麻土壤；分离地点：湖南南县；培养基：0002；培养温度：32℃。

ACCC 10731←中国农业科学院麻类研究所；原始编号：T1248；分离源：红麻土壤；分离地点：安徽蚌埠；培养基：0002；培养温度：32℃。

ACCC 10733←中国农业科学院麻类研究所；原始编号：T1160；分离源：红麻土壤；分离地点：湖南南县；培养基：0002；培养温度：32℃。

ACCC 10734←中国农业科学院麻类研究所；原始编号：266；分离源：1163EB 诱变液；分离地点：湖南沅江；培养基：0002；培养温度：37℃。

ACCC 10736←中国农业科学院麻类研究所；原始编号：263；分离源：1163EB 诱变液；分离地点：湖南沅江；培养基：0002；培养温度：30℃。

ACCC 10739←中国农业科学院麻类研究所；原始编号：T1163；分离源：红麻土壤；分离地点：湖南南
　　县；培养基：0002；培养温度：32℃。

ACCC 10740←中国农业科学院麻类研究所；原始编号：T1166-1；分离源：红麻土壤；分离地点：湖南南
　　县；培养基：0002；培养温度：32℃。

ACCC 10750←中国农业科学院麻类研究所；原始编号：T1155-1；分离源：土壤；分离地点：湖南南县；
　　培养基：0002；培养温度：32℃。

ACCC 10751←中国农业科学院麻类研究所；原始编号：T1158-1；分离源：红麻土壤；分离地点：湖南南
　　县；培养基：0002；培养温度：32℃。

ACCC 10753←中国农业科学院麻类研究所；原始编号：271-1；分类，研究；分离地点：湖南沅江；培养
　　基：0002；培养温度：37℃。

ACCC 10755←中国农业科学院麻类研究所；原始编号：8（2-4）；分离源：土壤与腐烂稻草；分离地点：
　　湖北；培养基：0002；培养温度：35℃。

ACCC 10760←中国农业科学院麻类研究所；原始编号：T1155-2；分离源：红麻土壤；分离地点：湖南南
　　县；培养基：0002；培养温度：32℃。

ACCC 11116←中国农业科学院土肥所←中科院微生物研究所；＝AS1.794；产β-淀粉酶；培养基：0002；
　　培养温度：30℃。

Paenibacillus pulvifaciens（Nakamura 1984）Ash et al. 1994 尘埃类芽胞杆菌

ACCC 05436←中国农业科学院农业资源与农业区划研究所←中科院微生物研究所←波兰；原始编号：
　　10068；模式株；粟细菌性褐条病菌；培养基：0002；培养温度：30℃。

Paenibacillus sabinae Ma et al. 2007 圆柏类芽胞杆菌

ACCC 01093←中国农业科学院农业资源与农业区划研究所；原始编号：GD-28-2-1；具有生产固氮生物肥
　　料潜力；分离地点：北京顺义；培养基：0065；培养温度：28℃。

ACCC 01125←中国农业科学院农业资源与农业区划研究所；原始编号：GD-2-2-1；具有生产固氮生物肥料
　　潜力；分离地点：河北邯郸大社鱼塘；培养基：0065；培养温度：28℃。

ACCC 02942←中国农业科学院农业资源与农业区划研究所；原始编号：GD-20-1-1，7009；可以用来研发
　　生产用的生物肥料；分离地点：北京市大兴区；培养基：0065；培养温度：28℃。

ACCC 02957←中国农业科学院农业资源与农业区划研究所；原始编号：GD-50-2-2，7028；可以用来研发
　　生产用的生物肥料；分离地点：宁夏平罗县；培养基：0065；培养温度：28℃。

ACCC 02969←中国农业科学院农业资源与农业区划研究所；原始编号：GD-12-2-2，7042；可以用来研发
　　生产用的生物肥料；分离地点：北京市朝阳区王四营；培养基：0002；培养温度：28℃。

ACCC 02977←中国农业科学院农业资源与农业区划研究所；原始编号：GD-66-2-1，7053；可以用来研发
　　生产用的生物肥料；分离地点：内蒙古牙克石；培养基：0002；培养温度：28℃。

ACCC 02986←中国农业科学院农业资源与农业区划研究所；原始编号：GD-62-2-2，7062；可以用来研发
　　生产用的生物肥料；分离地点：内蒙古牙克石；培养基：0065；培养温度：28℃。

ACCC 02998←中国农业科学院农业资源与农业区划研究所；原始编号：GD-67-2-2，7077；可以用来研发
　　生产用的生物肥料；分离地点：内蒙古牙克石；培养基：0065；培养温度：28℃。

ACCC 03006←中国农业科学院农业资源与农业区划研究所；原始编号：GD-47-2-1，7085；可以用来研发
　　生产用的生物肥料；分离地点：宁夏石嘴山市；培养基：0065；培养温度：28℃。

ACCC 03007←中国农业科学院农业资源与农业区划研究所；原始编号：GD-61-2-1，7086；可以用来研发
　　生产用的生物肥料；分离地点：内蒙古牙克石杨喜清农；培养基：0065；培养温度：28℃。

ACCC 03030←中国农业科学院农业资源与农业区划研究所；原始编号：GD-54-2-2，7118；可以用来研发
　　生产用的生物肥料；分离地点：内蒙古太仆旗；培养基：0065；培养温度：28℃。

ACCC 03035←中国农业科学院农业资源与农业区划研究所；原始编号：GD-7-2-2，7124；可以用来研发生
　　产用的生物肥料；分离地点：北京市朝阳区黑庄户；培养基：0065；培养温度：28℃。

ACCC 03072←中国农业科学院农业资源与农业区划研究所；原始编号：GD-60-2-1，7173；可以用来研发

生产用的生物肥料；分离地点：内蒙古牙克石杨喜清农；培养基：0065；培养温度：28℃。

ACCC 03086←中国农业科学院农业资源与农业区划研究所；原始编号：GD-62-2-3，7193；可以用来研发生产用的生物肥料；分离地点：内蒙古牙克石七队；培养基：0065；培养温度：28℃。

Paenibacillus sp. 类芽胞杆菌

ACCC 01084←中国农业科学院农业资源与农业区划研究所；原始编号：GD-25-1-1；具有生产固氮生物肥料潜力；分离地点：河北省高碑店市；培养基：0065；培养温度：28℃。

ACCC 01105←中国农业科学院农业资源与农业区划研究所；原始编号：GDJ-18-2-1；具有生产固氮生物肥料潜力；分离地点：北京市大兴区；培养基：0065；培养温度：28℃。

ACCC 01155←中国农业科学院农业资源与农业区划研究所；原始编号：S5；培养基：0033；培养温度：28℃。

ACCC 01764←中国农业科学院农业资源与农业区划研究所；原始编号：H46；分离地点：河北省唐山市滦南县；培养基：0033；培养温度：30℃。

ACCC 01973←中国农业科学院农业资源与农业区划研究所；原始编号：31，H10-3；纤维素降解菌；分离地点：四川马尔康；培养基：0002；培养温度：30℃。

ACCC 02186←中国农业科学院农业资源与农业区划研究所；原始编号：402，WG5-6；以萘、芴作为唯一碳源生长；分离地点：湖北武汉；培养基：0002；培养温度：30℃。

ACCC 05615←中国农业科学院饲料研究所；产碱性木聚糖酶；分离地点：河南；培养基：0033；培养温度：37℃。

ACCC 10695←中国农业科学院麻类研究所；原始编号：T1145；分离源：土壤；分离地点：湖南南县；培养基：0002；培养温度：32℃。

ACCC 10698←中国农业科学院麻类研究所；原始编号：T1149；分离源：土壤；分离地点：湖南南县；培养基：0002；培养温度：32℃。

ACCC 10756←中国农业科学院麻类研究所；原始编号：T1150-1；分离源：土壤；分离地点：湖南南县；培养基：0002；培养温度：32℃。

ACCC 11611←南京农业大学农业环境微生物菌种保藏中心；原始编号：SD6 NAECC0634；分离源：土壤；分离地点：江苏南京；培养基：0033；培养温度：30℃。

ACCC 10718←首都师范大学；原始编号：Fel05；分离源：水稻种子；培养基：0033；培养温度：28℃。

ACCC 11046←首都师范大学；原始编号：ge21；培养基：0002；培养温度：30℃。

ACCC 11623←南京农业大学农业环境微生物菌种保藏中心；原始编号：HF1 NAECC1123；分离源：土壤；分离地点：江苏南京；培养基：0033；培养温度：30℃。

Paenibacillus stellifer Suominen et al. 2003 星孢类芽胞杆菌

ACCC 02959←中国农业科学院农业资源与农业区划研究所；原始编号：GD-59-2-1，7030；可以用来研发生产用的生物肥料；分离地点：黑龙江省双城市；培养基：0065；培养温度：28℃。

Paenibacillus thailandensis Khianngam et al. 2009 泰国类芽胞杆菌

ACCC 03237←中国农业科学院农业资源与农业区划研究所；可以用来研发生产用的生物肥料；培养基：0065；培养温度：28℃。

Paenibacillus validus （Nakamura 1984） Ash et al. 1994 强壮类芽胞杆菌

ACCC 03013←中国农业科学院农业资源与农业区划研究所；原始编号：GD-B-Cl1-2-1，7094；可以用来研发生产用的生物肥料；分离地点：北京试验地；培养基：0065；培养温度：28℃。

ACCC 03063←中国农业科学院农业资源与农业区划研究所；原始编号：GD-6-2-1，7162；可以用来研发生产用的生物肥料；分离地点：北京市朝阳区黑庄户；培养基：0065；培养温度：28℃。

ACCC 03118←中国农业科学院农业资源与农业区划研究所；原始编号：GD-60-2-2，7234；可以用来研发生产用的生物肥料；分离地点：内蒙古牙克石杨喜清农；培养基：0065；培养温度：28℃。

ACCC 03132←中国农业科学院农业资源与农业区划研究所；原始编号：GD-75-1-4，7250；可以用来研发生产用的生物肥料；分离地点：内蒙古牙克石特尼河农；培养基：0065；培养温度：28℃。

ACCC 10278^T←DSMZ← F. Pichinoty；Q13. Soil；＝DSM6390；分离源：土壤；培养基：0002；培养温度：32℃。

Pandoraea pnomenusa Coenye et al. 2000 肺炎潘多拉菌

ACCC 02649←南京农业大学农业环境微生物菌种保藏中心；原始编号：pst-2，NAECC1162；可以在含1 000mg/L的普施特的无机盐培养基中生长；分离地点：江苏常熟宝带生物农药；培养基：0002；培养温度：30℃。

ACCC 04228←广东省广州微生物研究所；原始编号：4228；环境治理；分离地点：广东罗定；培养基：0002；培养温度：30℃。

Pantoea agglomerans（Ewing and Fife 1972）Gavini et al. 1989 成团泛菌

ACCC 01718←中国农业科学院饲料研究所；原始编号：FRI2007087 B265；饲料用木聚糖酶、葡聚糖酶、蛋白酶、植酸酶等的筛选；分离地点：浙江省；培养基：0002；培养温度：37℃。

ACCC 01735←中国农业科学院饲料研究所；原始编号：FRI2007030 B285；饲料用木聚糖酶、葡聚糖酶、蛋白酶、植酸酶等的筛选；分离地点：浙江省；培养基：0002；培养温度：37℃。

ACCC 01752←中国农业科学院饲料研究所；原始编号：FRI2007036 B327；饲料用木聚糖酶、葡聚糖酶、蛋白酶、植酸酶等的筛选；分离地点：浙江省；培养基：0002；培养温度：37℃。

ACCC 01991←中国农业科学院农业资源与农业区划研究所；原始编号：11，1-1；以磷酸三钙、磷矿石作为唯一磷源生长；分离地点：湖北钟祥；培养基：0002；培养温度：30℃。

ACCC 01995←中国农业科学院农业资源与农业区划研究所；原始编号：33，Y26-B12；以磷酸三钙、磷矿石作为唯一磷源生长；分离地点：湖南浏阳；培养基：0002；培养温度：30℃。

ACCC 02196←中国农业科学院农业资源与农业区划研究所；原始编号：505，42-3；以磷酸三钙、磷矿石作为唯一磷源生长；分离地点：湖南浏阳；培养基：0002；培养温度：30℃。

ACCC 02197←中国农业科学院农业资源与农业区划研究所；原始编号：506，32-1；以磷酸三钙、磷矿石作为唯一磷源生长；分离地点：湖北钟祥；培养基：0002；培养温度：30℃。

ACCC 02198←中国农业科学院农业资源与农业区划研究所；原始编号：508，29-2a；以磷酸三钙、磷矿石作为唯一磷源生长；分离地点：湖南浏阳；培养基：0002；培养温度：30℃。

ACCC 02204←中国农业科学院农业资源与农业区划研究所；原始编号：606，L17；以磷酸三钙、磷矿石作为唯一磷源生长；分离地点：湖北钟祥；培养基：0002；培养温度：30℃。

ACCC 02226←中国农业科学院农业资源与农业区划研究所；培养基：0002；培养温度：30～37℃。

ACCC 02615←南京农业大学农业环境微生物菌种保藏中心；原始编号：P707-2，NAECC0763；可以在含3 000mg/L的普施特的无机盐培养基中生长；分离地点：江苏省南京市玄武区；培养基：0002；培养温度：30℃。

ACCC 02740←南京农业大学农业环境微生物菌种保藏中心；原始编号：LHLR3，NAECC1254；可以在含500mg/L的绿磺隆的无机盐培养基中生长；分离地点：江苏南通发事达化工有限公司；培养基：0033；培养温度：30℃。

ACCC 03891←中国农业科学院饲料研究所；原始编号：B383；饲料用纤维素酶、植酸酶、木聚糖酶等的筛选；分离地点：江西鄱阳县；培养基：0002；培养温度：26℃。

ACCC 04136←华南农业大学农学院微生物分子遗传实验室；原始编号：GZ4；分离地点：广东广州市华南农大；培养基：0003；培养温度：30℃。

ACCC 10368←首都师范大学；原始编号：YS19；培养基：0033；培养温度：30℃。

ACCC 10372←首都师范大学；原始编号：YS19B；培养基：0033；培养温度：30℃。

ACCC 10397←首都师范大学←ATCC←NJ Palleroni←M. Pickett K-288；＝ATCC 27511＝ICPB 3981；培养基：0002；培养温度：30℃。

ACCC 10410←首都师范大学；原始编号：CS14；培养基：0033；培养温度：30℃。

ACCC 10418←首都师范大学；原始编号：FR6；培养基：0033；培养温度：30℃。

ACCC 10424←首都师范大学；原始编号：HZ8；分离源：水稻植株；培养基：0033；培养温度：30℃。

ACCC 10441←首都师范大学；原始编号：B23；培养基：0033；培养温度：30℃。

ACCC 10454←首都师范大学；原始编号：YS2；分离源：水稻植株；培养基：0033；培养温度：30℃。

ACCC 10469←首都师范大学；原始编号：YS16；培养基：0033；培养温度：28℃。

ACCC 10470←首都师范大学；原始编号：ML6；培养基：0033；培养温度：28℃。

ACCC 10495^T ← ATCC ← WH Ewing ← D. Graham ← NCTC 9381（*Chromobacterium typhiflavum*）← M. Pere；＝ATCC 27155＝CDC 1461-67＝CCUG 539＝CFBP 3845＝CIP 57.51＝DSM 3493＝ICMP 12534＝ICPB 3435＝JCM 1236＝LMG 1286＝NCTC 9381；培养基：0002；培养温度：30℃。

ACCC 04209←华南农业大学农学院微生物分子遗传实验室；原始编号：YC03；培养基：0002；培养温度：30℃。

ACCC 04210←华南农业大学农学院微生物分子遗传实验室；原始编号：YC05；培养基：0002；培养温度：30℃。

ACCC 04225←华南农业大学农学院微生物分子遗传实验室；原始编号：LS15；分离地点：广东广州市华南农大；培养基：0002；培养温度：30℃。

ACCC 10885←首都师范大学；原始编号：J3-A47；分离源：水稻根际；分离地点：河北省唐山市滦南县；培养基：0033；培养温度：30℃。

ACCC 11035←北京大学；原始编号：W11；广普型微生物肥料生产用菌；培养基：0002；培养温度：30℃。

Pantoea ananatis corrig.（Serrano 1928）Mergaert et al. 1993 菠萝泛菌

ACCC 01729←中国农业科学院饲料研究所；原始编号：FRI2007018 B278；饲料用木聚糖酶、葡聚糖酶、蛋白酶、植酸酶等的筛选；分离地点：浙江省；培养基：0002；培养温度：37℃。

ACCC 10466←首都师范大学；培养基：0033；培养温度：28℃。

Pantoea sp. 泛菌

ACCC 01734←中国农业科学院饲料研究所；原始编号：FRI2007033 B284；饲料用木聚糖酶、葡聚糖酶、蛋白酶、植酸酶等的筛选；分离地点：浙江省；培养基：0002；培养温度：37℃。

ACCC 01273←广东省广州微生物研究所；原始编号：GIMV1.0008, 3-B-1；检测生产；分离地点：越南 DALAT；培养基：0002；培养温度：30～37℃。

ACCC 02536←南京农业大学农业环境微生物菌种保藏中心；原始编号：M60-1，NAECC1081；在无机盐培养基中以 5mg/L 的孔雀石绿为碳源；与 1/6LB 共代谢培养，2 天内孔雀石绿降解率大于 70%；分离地点：江苏省连云港鱼市场；培养基：0033；培养温度：30℃。

ACCC 04135←华南农业大学农学院微生物分子遗传实验室；原始编号：GX2；分离地点：广东广州市华南农大；培养基：0003；培养温度：30℃。

Paracoccus aminovorans Urakami et al. 1990 食氨副球菌

ACCC 02653←南京农业大学农业环境微生物菌种保藏中心；原始编号：MDV-1，NAECC1165；在无机盐培养基中以 100mg/L 的灭多威为唯一碳源培养，经过 24h 灭多威降解率 50%～55%；分离地点：江苏省南通市江山农药厂；培养基：0002；培养温度：30℃。

Paracoccus denitrificans（Beijerinck and Minkman 1910）Davis 1969 脱氮副球菌

ACCC 10489^T←ATCC←RY Stanier←C. B. van Niel；＝ATCC 17741＝CIP 106306＝CIP 106400＝DSM 413＝IAM 12479＝ICPB 3979＝IFO 16712＝JCM 6892＝LMD 22.21＝LMG 4218＝NCCB 22021＝NCIB 11627＝VKM B-1324；培养基：0002；培养温度：26℃。

Paracoccus homiensis Kim et al. 2006 海角副球菌

ACCC 03266←中国农业科学院农业资源与农业区划研究所；原始编号：BaP-23-2；可以用来研发农田土壤及环境修复微生物制剂；培养基：0002；培养温度：28℃。

Paracoccus pantotrophus（Robertson and Kuenen 1984）Rainey et al. 1999 全食副球菌

ACCC 10198^T←DSMZ← IMG（*Micrococcus denitrificans*）← C. B. van Niel←Lab. Microbiol. ;；＝DSM65；Produces ribulose-1, 5-bisphosphate carboxylase. Chemolithotrophic growth with hydrogen. Utilizes thiosulfate. Removal of nitrate；培养基：0002；培养温度：30℃。

Paracoccus sphaerophysae Deng et al. 2011 球状副球菌

ACCC 05413←西北农林科技大学；原始编号：Zy-3；可产生铁载体，抗植物病原真菌；分离地点：甘肃张
掖市；培养基：0002；培养温度：30℃。

Pediococcus acidilactici Lindner 1887 乳酸片球菌

ACCC 05480^T←中国农业科学院农业资源与农业区划研究所← DSMZ← ATCC←R. P. Tittsler（Pediococ-
cus；分离地点：dried American beer；培养基：0033；培养温度：30℃。

Pediococcus pentosaceus Mees 1934 戊糖片球菌

ACCC 05481^T←中国农业科学院农业资源与农业区划研究所← DSMZ← NCDO← H. L. Günther←
Techn. Hoo；分离地点：dried American beer；培养基：0033；培养温度：30℃。

ACCC 11119←中国农业科学院土肥所←饲料所；原始编号：L. P-2；用于青贮饲料；培养基：0006；培养
温度：37℃。

Pedobacter heparinus（Payza and Korn 1956）Steyn et al. 1998 解肝磷脂土地杆菌

ACCC 10194^T←DSMZ；DSM 2366 ATCC 13125，IFO 12017，NBRC 12017，NCIB 9290；培养基：0002；
培养温度：30℃。

Phyllobacterium brassicacearum Mantelin et al. 2006 油菜叶杆菌

ACCC 02962←中国农业科学院农业资源与农业区划研究所；原始编号：GD-55-1-3，7033；可以用来研发
生产用的生物肥料；分离地点：辽宁师大；培养基：0065；培养温度：28℃。

ACCC 02974←中国农业科学院农业资源与农业区划研究所；原始编号：GD-55-1-5，7050；可以用来研发
生产用的生物肥料；分离地点：辽宁师大；培养基：0002；培养温度：28℃。

ACCC 03129←中国农业科学院农业资源与农业区划研究所；原始编号：GD-75-1-1，7247；可以用来研发
生产用的生物肥料；分离地点：新疆；培养基：0065；培养温度：28℃。

Phyllobacterium ifriqiyense Mantelin et al. 2006 突尼斯叶杆菌

ACCC 02994←中国农业科学院农业资源与农业区划研究所；原始编号：GD-71-1-3，7073；可以用来研发
生产用的生物肥料；分离地点：内蒙古牙克石；培养基：0065；培养温度：28℃。

ACCC 03025←中国农业科学院农业资源与农业区划研究所；原始编号：GD-68-1-2，7110；可以用来研发
生产用的生物肥料；分离地点：内蒙古牙克石；培养基：0065；培养温度：28℃。

ACCC 03032←中国农业科学院农业资源与农业区划研究所；原始编号：GD-65-1-2，7120；可以用来研发
生产用的生物肥料；分离地点：内蒙古牙克石；培养基：0065；培养温度：28℃。

ACCC 03038←中国农业科学院农业资源与农业区划研究所；原始编号：GD-60-1-2，7127；可以用来研发
生产用的生物肥料；分离地点：内蒙古牙克石；培养基：0065；培养温度：28℃。

ACCC 03057←中国农业科学院农业资源与农业区划研究所；原始编号：GD-71-1-2，7151；可以用来研发
生产用的生物肥料；分离地点：内蒙古牙克石；培养基：0065；培养温度：28℃。

Phyllobacterium trifolii Valverde et al. 2005 三叶草叶杆菌

ACCC 02945←中国农业科学院农业资源与农业区划研究所；原始编号：GD-62-1-4，7014；可以用来研发
生产用的生物肥料；分离地点：内蒙古牙克石；培养基：0065；培养温度：28℃。

Pimelobacter sp. 脂肪杆菌

ACCC 02540←南京农业大学农业环境微生物菌种保藏中心；原始编号：Zn-d-2，NAECC1065；能够耐受
2mM的重金属Zn2+；分离地点：江苏省无锡市；培养基：0033；培养温度：30℃。

ACCC 01285←广东省广州微生物研究所；原始编号：GIMV1.0044，14-B-3；检测、生产；分离地点：越
南DALAT；培养基：0002；培养温度：30～37℃。

ACCC 01286←广东省广州微生物研究所；原始编号：GIMV1.0046，14-B-5；检测、生产；分离地点：越
南DALAT；培养基：0002；培养温度：30～37℃。

ACCC 01288←广东省广州微生物研究所；原始编号：GIMV1.0048，15-B-2；检测、生产；分离地点：越

南 DALAT xuanthq；培养基：0002；培养温度：30~37℃。

ACCC 11840←南京农业大学农业环境微生物菌种保藏中心；原始编号：M184 NAECC1091；在无机盐培养
　　　基中以 5mg/L 的孔雀石绿为碳源与 1/6L B 共代谢培养，2 天内孔雀石绿降解率大于 90%；分离源：
　　　南京市售水产品体表；分离地点：江苏省连云港鱼市场；培养基：0033；培养温度：30℃。

Planomicrobium chinense Dai et al. 2005 中华游动微菌

ACCC 03253←中国农业科学院农业资源与农业区划研究所；原始编号：bap-9-2；可以用来研发农田土壤
　　　及环境修复微生物制剂；培养基：0002；培养温度：28℃。

Proteus hauseri O'Hara et al. 2000 豪氏变形杆菌

ACCC 10497^T←ATCC；= ATCC13315 = CCUG 6327 = CDC 1086-80 = CDC 2130-74 = CDC 9079-77 = CIP
　　　58.60 = DSM 30118 = NCIB 4175；培养基：0451；培养温度：30℃。

Proteus vulgaris Hauser 1885 普通变形菌

ACCC 03430←中国农业科学院麻类研究所；原始编号：IBFC W0799；分离地点：中南林业科技大学；培
　　　养基：0002；培养温度：35℃。

ACCC 03435←中国农业科学院麻类研究所；原始编号：IBFC W0702；分离地点：中南林业科技大学；培
　　　养基：0002；培养温度：35℃。

ACCC 03492←中国农业科学院麻类研究所；原始编号：IBFC W0800；分离地点：中南林业科技大学；培
　　　养基：0002；培养温度：35℃。

ACCC 11013←中国农业科学院土肥所←中国农大；培养基：0002；培养温度：30℃。

Pseudacidovorax intermedius Kempfer et al. 2008 中间假食酸菌

ACCC 05549←中国农业科学院农业资源与农业区划研究所；分离源：水稻根内生；分离地点：湖南省祁阳
　　　县官山坪；培养基：0974；培养温度：37℃。

ACCC 05605←中国农业科学院农业资源与农业区划研究所；分离源：水稻根内生；分离地点：湖南省祁阳
　　　县官山坪；培养基：0002；培养温度：37℃。

Pseudoalteromonas haloplanktis （ZoBell and Upham 1944）Gauthier et al. 1995 游海假交替单胞菌

ACCC 10286^T←ATCC；培养基：0442；培养温度：26℃。

Pseudoalteromonas sp. 假交替单胞菌

ACCC 11837←南京农业大学农业环境微生物菌种保藏中心；原始编号：M117-2NAECC1088；在无机盐培
　　　养基中以 5mg/L 的孔雀石绿为碳源与 1/6L B 共代谢培养，3 天内孔雀石绿降解率大于 80%；分离源：
　　　水样；分离地点：江苏省赣榆县河蟹育苗；培养基：0033；培养温度：30℃。

Pseudomonas aeruginosa （Schroeter 1872）Migula 1900 铜绿假单胞菌

ACCC 03271←中国农业科学院农业资源与农业区划研究所；原始编号：63-3B；培养基：0002；培养温
　　　度：37℃。

ACCC 01303←广东省广州微生物研究所；原始编号：GIMV1.0010, 3-B-3；检测、生产；分离地点：越南
　　　DALAT；培养基：0002；培养温度：30~37℃。

ACCC 01981←中国农业科学院农业资源与农业区划研究所；原始编号：41, C1；以萘、蒽、芴作为唯一碳
　　　源生长；分离地点：大庆油田；培养基：0002；培养温度：30℃。

ACCC 02237←广东省广州微生物研究所；培养基：0002；培养温度：30℃。

ACCC 02581←南京农业大学农业环境微生物菌种保藏中心；原始编号：Ben-21, NAECC0812；在无机盐
　　　培养基中降解 100mg/L 苯酚，降解率为 80%~90%；分离地点：江苏省南京农业大学；培养基：
　　　0033；培养温度：30℃。

ACCC 02659←南京农业大学农业环境微生物菌种保藏中心；原始编号：J13, NAECC1180；在 M9 培养基
　　　中抗甲磺隆的浓度达 500mg/L；分离地点：江苏省南京市卫岗菜园；培养基：0971；培养温
　　　度：30℃。

ACCC 02718←南京农业大学农业环境微生物菌种保藏中心；原始编号：J15，NAECC1282；在 M9 培养基中抗甲磺隆的浓度达 500mg/L；分离地点：江苏省南京市玄武区卫；培养基：0002；培养温度：30℃。

ACCC 02722←南京农业大学农业环境微生物菌种保藏中心；原始编号：CGL-3，NAECC1377；可以在含 800mg/L 的草甘磷的无机盐培养基中生长；分离地点：南京市玄武区；培养基：0002；培养温度：30℃。

ACCC 02812←南京农业大学农业环境微生物菌种保藏中心；原始编号：G3，NAECC1351；在 M9 培养基中抗广灭灵的浓度达 500mg/L；分离地点：山东省泰安市；培养基：0002；培养温度：30℃。

ACCC 02843←南京农业大学农业环境微生物菌种保藏中心；原始编号：L-4，NAECC1728；在无机盐培养基中以 50mg/L 的邻苯二酚为唯一碳源培养，3 天内降解率大于 90%；分离地点：江苏省徐州市；培养基：0033；培养温度：30℃。

ACCC 02845←南京农业大学农业环境微生物菌种保藏中心；原始编号：NF-1，NAECC1730；在无机盐培养基中以 50mg/L 的 α-萘酚为唯一碳源培养，3 天内降解率大于 90%；分离地点：江苏省徐州市；培养基：0033；培养温度：30℃。

ACCC 10130←上海水产大学←中科院微生物研究所；＝AS 1.5；培养基：0002；培养温度：30℃。

ACCC 10133←中科院微生物研究所；＝AS 1.512；培养基：0002；培养温度：30℃。

ACCC 10500^T←ATCC；＝ACCC 10500＝ATCC 10145＝CCEB 481＝MDB strain BU 277＝NCIB 8295＝NCPPB 1965＝NCTC 10332＝NRRL B-771＝R. Hugh 815；培养基：0002；培养温度：37℃。

ACCC 11244←中国农业科学院农业资源与区划研究所；原始编号：LBM-158；培养基：0033；培养温度：30℃。

ACCC 02625←南京农业大学农业环境微生物菌种保藏中心；原始编号：SBL，NAECC0690；分离地点：山东东营；培养基：0033；培养温度：30℃。

ACCC 02660←南京农业大学农业环境微生物菌种保藏中心；原始编号：J16，NAECC1182；在 M9 培养基中抗甲磺隆的浓度达 500mg/L；分离地点：江苏省南京市卫岗菜园；培养基：0971；培养温度：30℃。

ACCC 11652←南京农业大学农业环境微生物菌种保藏中心；原始编号：SB6-1 NAECC0686；分离源：水样；分离地点：山东东营；培养基：0033；培养温度：30℃。

Pseudomonas alcaligenes Monias 1928 产碱假单胞菌
ACCC 10411←首都师范大学；原始编号：FS18；分离源：水稻植株；培养基：0033；培养温度：30℃。

Pseudomonas alcaliphila Yumoto et al. 2001 嗜碱假单胞
ACCC 10864←首都师范大学；原始编号：BN90-3-46；分离源：水稻根际；分离地点：河北省唐山市滦县；培养基：0033；培养温度：30℃。

Pseudomonas anguilliseptica Wakabayashi and Egusa 1972 病鳝假单胞菌
ACCC 01086←中国农业科学院农业资源与农业区划研究所；原始编号：FXH2-3-1；具有处理养殖废水潜力；分离地点：河北邯郸鱼塘；培养基：0002；培养温度：28℃。

Pseudomonas balearica Bennasar et al. 1996 巴利阿里假单胞菌
ACCC 02824←南京农业大学农业环境微生物菌种保藏中心；原始编号：N9-5，NAECC1559；能于 30℃、48h 降解约 1 000mg/L 的萘，萘为唯一碳源（无机盐培养基）；分离地点：山东省东营市东城胜区；培养基：0002；培养温度：30℃。

Pseudomonas beteli corrig. （Ragunathan 1928）Savulescu 1947
ACCC 05594←中国农业科学院农业资源与农业区划研究所；分离源：水稻根内生；分离地点：湖南省祁阳县官山坪；培养基：0002；培养温度：37℃。

Pseudomonas brassicacearum Achouak et al. 2000 油菜假单胞菌
ACCC 01057←中国农业科学院农业资源与农业区划研究所；原始编号：FX1H-1-18；具有处理富营养水体和养殖废水潜力；分离地点：北京市农业科学院试验地；培养基：0002；培养温度：28℃。

Pseudomonas chlororaphis （Guignard and Sauvageau 1894） Bergey et al. 1930 绿针假单胞菌

ACCC 05437←中国农业科学院农业资源与农业区划研究所←中科院微生物研究所←JCM；原始编号：JCM2778；模式菌株；培养基：0002；培养温度：26℃。

Pseudomonas citronellolis Seubert 1960 香茅醇假单胞菌

ACCC 02557^T←NAECC←ATCC←F Kavanagh←Merck sharp Dohme；原始编号：NAECC1910；分离地点：德国；培养基：0002；培养温度：30℃。

ACCC 02717←南京农业大学农业环境微生物菌种保藏中心；原始编号：J9，NAECC1281；在 M9 培养基中抗甲磺隆的浓度达 500mg/L；分离地点：江苏省南京市玄武区卫；培养基：0002；培养温度：30℃。

ACCC 02761←南京农业大学农业环境微生物菌种保藏中心；原始编号：ZD-5，NAECC1556；能于 30℃、48h 降解约 300mg/L 的苯乙酸，降解率为 90％以上，苯乙酸为唯一碳源（无机盐培养基）；分离地点：江苏省南京市江心洲污；培养基：0002；培养温度：30℃。

ACCC 02839←南京农业大学农业环境微生物菌种保藏中心；原始编号：FP2-3，NAECC1511；能于 30℃、36h 降解约 300mg/L 的苯酚，降解率为 90％，苯酚为唯一碳源（无机盐培养基）；分离地点：江苏省泰兴市化工开发；培养基：0002；培养温度：30℃。

Pseudomonas congelans Behrendt et al. 2003 结冰假单胞菌

ACCC 01253←新疆农业科学院微生物研究所；原始编号：XJAA10343，LB117；培养基：0033；培养温度：20℃。

ACCC 01512←新疆农业科学院微生物研究所；原始编号：XAAS10481 LB53；分离地点：新疆布尔津县；培养基：0033；培养温度：20℃。

ACCC 02062←新疆农业科学院微生物研究所；原始编号：LB51，XAAS10317；分离地点：新疆布尔津县；培养基：0033；培养温度：20℃。

Pseudomonas cremoricolorata Uchino et al. 2002 乳脂色假单胞菌

ACCC 05583←中国农业科学院农业资源与农业区划研究所；分离源：水稻根内生；分离地点：湖南省祁阳县官山坪；培养基：0908；培养温度：37℃。

Pseudomonas flectens Johnson 1956 弯曲假单胞菌

ACCC 10161←广东省广州微生物研究所←中国科学院微生物研究所；＝GIM 1.48；培养基：0002；培养温度：30℃。

Pseudomonas fluorescens Migula 1895 荧光假单胞菌

ACCC 03881←中国农业科学院饲料研究所；原始编号：B373；饲料用纤维素酶、植酸酶、木聚糖酶等的筛选；分离地点：江西鄱阳县；培养基：0002；培养温度：26℃。

ACCC 01014←中国农业科学院农业资源与农业区划研究所；原始编号：FXH-1-15；具有处理养殖废水潜力；分离地点：北京市农业科学院试验地；培养基：0002；培养温度：28℃。

ACCC 01047←中国农业科学院农业资源与农业区划研究所；原始编号：FX1H-1-22；具有处理富营养水体和养殖废水潜力；分离地点：北京市农业科学院试验地；培养基：0002；培养温度：28℃。

ACCC 01053←中国农业科学院农业资源与农业区划研究所；原始编号：FX1H-1-1；具有处理富营养水体和养殖废水潜力；分离地点：北京市农业科学院试验地；培养基：0002；培养温度：28℃。

ACCC 01058←中国农业科学院农业资源与农业区划研究所；原始编号：FX1H-1-19；具有处理富营养水体和养殖废水潜力；分离地点：北京市农业科学院试验地；培养基：0002；培养温度：28℃。

ACCC 01067←中国农业科学院农业资源与农业区划研究所；原始编号：FXH2-4-5；具有处理富营养水体和养殖废水潜力；分离地点：中国农业科学院试验地；培养基：0002；培养温度：28℃。

ACCC 01090←中国农业科学院农业资源与农业区划研究所；原始编号：FX1H-1-3；具有处理养殖废水潜力；分离地点：北京市农业科学院试验地；培养基：0002；培养温度：28℃。

ACCC 01118←中国农业科学院农业资源与农业区划研究所；原始编号：Hg-17-5；具有用作耐重金属基因资源潜力；分离地点：北京市大兴区电镀厂；培养基：0002；培养温度：28℃。

ACCC 01144←中国农业科学院农业资源与农业区划研究所；原始编号：FX1H-1-9；具有处理养殖废水潜力；分离地点：北京农业科学院试验地；培养基：0002；培养温度：28℃。

ACCC 01148←中国农业科学院农业资源与农业区划研究所；原始编号：FX1H-1-13；具有处理富营养水体和养殖废水潜力；分离地点：北京市农业科学院试验地；培养基：0002；培养温度：28℃。

ACCC 01224←新疆农业科学院微生物研究所；原始编号：XJAA10319，LB60；培养基：0033；培养温度：20℃。

ACCC 01235←新疆农业科学院微生物研究所；原始编号：XJAA10328，LB86；培养基：0033；培养温度：20～25℃。

ACCC 01241←新疆农业科学院微生物研究所；原始编号：XJAA10333，LB94；培养基：0033；培养温度：20℃。

ACCC 01673←中国农业科学院饲料研究所；原始编号：FRI2007047 B211；饲料用木聚糖酶、葡聚糖酶、蛋白酶、植酸酶等的筛选；分离地点：海南三亚；培养基：0002；培养温度：37℃。

ACCC 01674←中国农业科学院饲料研究所；原始编号：FRI2007048 B212；饲料用木聚糖酶、葡聚糖酶、蛋白酶、植酸酶等的筛选；分离地点：海南三亚；培养基：0002；培养温度：37℃。

ACCC 02606←南京农业大学农业环境微生物菌种保藏中心；原始编号：XLL-5，NAECC0753；在无机盐培养基中添 50mg/L 的农药，对辛硫磷降解率达 50%，用于教学或科研；分离地点：江苏省南京市玄武区；培养基：0033；培养温度：30℃。

ACCC 02662←南京农业大学农业环境微生物菌种保藏中心；原始编号：XLL-4，NAECC0752；在无机盐培养基中添 50mg/L 的农药，对辛硫磷降解率达 50%，用于教学或科研；分离地点：江苏省南京市玄武区；培养基：0033；培养温度：30℃。

ACCC 03033←中国农业科学院农业资源与农业区划研究所；原始编号：GD-CK2-1-4，7121；可以用来研发生产用的生物肥料；分离地点：北京试验地；培养基：0065；培养温度：28℃。

ACCC 03074←中国农业科学院农业资源与农业区划研究所；原始编号：GD-B-CL1-1-1；可以用来研发生产用的生物肥料；培养基：0065；培养温度：28℃。

ACCC 03125←中国农业科学院农业资源与农业区划研究所；原始编号：GD-12-1-4，7243；可以用来研发生产用的生物肥料；分离地点：北京市朝阳区王四营；培养基：0065；培养温度：28℃。

ACCC 03140←中国农业科学院农业资源与农业区划研究所；原始编号：GD-17-1-2，7258；可以用来研发生产用的生物肥料；分离地点：北京市朝阳区王四营；培养基：0065；培养温度：28℃。

ACCC 03260←中国农业科学院农业资源与农业区划研究所；原始编号：GD-19-2-2；可以用来研发生产用的生物肥料；培养基：0065；培养温度：28℃。

ACCC 03264←中国农业科学院农业资源与农业区划研究所；原始编号：GD-B-Cl2-2-5；培养基：0065；培养温度：28℃。

ACCC 03875←中国农业科学院饲料研究所；原始编号：B367；饲料用纤维素酶、植酸酶、木聚糖酶等的筛选；分离地点：江西鄱阳县；培养基：0002；培养温度：26℃。

ACCC 03878←中国农业科学院饲料研究所；原始编号：B370；饲料用纤维素酶、植酸酶、木聚糖酶等的筛选；分离地点：江西鄱阳县；培养基：0002；培养温度：26℃。

ACCC 03885←中国农业科学院饲料研究所；原始编号：B377；饲料用纤维素酶、植酸酶、木聚糖酶等的筛选；分离地点：江西鄱阳县；培养基：0002；培养温度：26℃。

ACCC 03887←中国农业科学院饲料研究所；原始编号：B379；饲料用纤维素酶、植酸酶、木聚糖酶等的筛选；分离地点：江西鄱阳县；培养基：0002；培养温度：26℃。

ACCC 03894←中国农业科学院饲料研究所；原始编号：B386；饲料用纤维素酶、植酸酶、木聚糖酶等的筛选；分离地点：江西鄱阳县；培养基：0002；培养温度：26℃。

ACCC 03921←中国农业科学院饲料研究所；原始编号：B418；饲料用纤维素酶、植酸酶、木聚糖酶等的筛选；分离地点：江西鄱阳县；培养基：0002；培养温度：26℃。

ACCC 03922←中国农业科学院饲料研究所；原始编号：B419；饲料用纤维素酶、植酸酶、木聚糖酶等的筛

选；分离地点：江西鄱阳县；培养基：0002；培养温度：26℃。

ACCC 03932←中国农业科学院饲料研究所；原始编号：B429；饲料用纤维素酶、植酸酶、木聚糖酶等的筛
选；分离地点：江西鄱阳县；培养基：0002；培养温度：26℃。

ACCC 03936←中国农业科学院饲料研究所；原始编号：B433；饲料用纤维素酶、植酸酶、木聚糖酶等的筛
选；分离地点：江西鄱阳县；培养基：0002；培养温度：26℃。

ACCC 03940←中国农业科学院饲料研究所；原始编号：B437；饲料用纤维素酶、植酸酶、木聚糖酶等的筛
选；分离地点：江西鄱阳县；培养基：0002；培养温度：26℃。

ACCC 03946←中国农业科学院饲料研究所；原始编号：B444；饲料用纤维素酶、植酸酶、木聚糖酶等的筛
选；分离地点：江西鄱阳县；培养基：0002；培养温度：26℃。

ACCC 04268←广东省广州微生物研究所；原始编号：F1.209；无机磷细菌肥料；分离源：无机磷细菌肥
料；分离地点：广东广州；培养基：0002；培养温度：30℃。

ACCC 04316←广东省广州微生物研究所；原始编号：F1.49；分离地点：广东广州；培养基：0002；培养
温度：37℃。

ACCC 05435←中国农业科学院农业资源与农业区划研究所←中科院微生物研究所←JCM；原始编号：
JCM5963；模式菌株；培养基：0002；培养温度：26℃。

ACCC 10040←中国农业科学院土壤肥料研究所；分离源：土壤；分离地点：山东泰安；培养基：0002；培
养温度：30℃。

ACCC 10042←上海水产大学←武汉大学菌种保藏管理中心←中国科学院微生物研究所←陕西微生物研究
所；＝AB93064，AS1.33；原始编号：A003；培养基：0033；培养温度：28℃。

ACCC 10043←上海水产大学←青岛黄海研究所；分离源：淡水鱼；分离地点：山东青岛；培养基：0002；
培养温度：30℃。

ACCC 10190^T←DSMZ；＝DSM 50090＝ATCC 13525＝ICPB 3200＝NCIB 9046＝NCTC 10038；用于煤气生
物滤器排气装置中（Application in exhaust gas biofilters）；培养基：0002；培养温度：30℃。

ACCC 10645←中国科学院微生物研究所；＝AS 1.55；培养基：0002；培养温度：20～25℃。

ACCC 10646←中国科学院微生物研究所；＝AS 1.867；无机磷细菌肥料；培养基：0002；培养温
度：30℃。

ACCC 10878←首都师范大学；原始编号：BN90-3-53；培养基：0033；培养温度：30℃。

ACCC 10920←首都师范大学；原始编号：B92-10-62；分离源：水稻根际；分离地点：河北省唐山市滦县；
培养基：0033；培养温度：30℃。

ACCC 10925←首都师范大学；原始编号：B92-10-54；分离源：水稻根际；分离地点：河北省唐山市滦县；
培养基：0033；培养温度：30℃。

ACCC 10935←首都师范大学；原始编号：B92-10-35；分离源：水稻根际；分离地点：河北省唐山市滦县；
培养基：0033；培养温度：30℃。

Pseudomonas fragi (Eichholz 1902) Gruber 1905 草莓假单胞菌

ACCC 03879←中国农业科学院饲料研究所；原始编号：B371；饲料用纤维素酶、植酸酶、木聚糖酶等的筛
选；分离地点：江西鄱阳县；培养基：0002；培养温度：26℃。

ACCC 03880←中国农业科学院饲料研究所；原始编号：B372；饲料用纤维素酶、植酸酶、木聚糖酶等的筛
选；分离地点：江西鄱阳县；培养基：0002；培养温度：26℃。

ACCC 03920←中国农业科学院饲料研究所；原始编号：B417；饲料用纤维素酶、植酸酶、木聚糖酶等的筛
选；分离地点：江西鄱阳县；培养基：0002；培养温度：26℃。

ACCC 03941←中国农业科学院饲料研究所；原始编号：B438；饲料用纤维素酶、植酸酶、木聚糖酶等的筛
选；分离地点：江西鄱阳县；培养基：0002；培养温度：26℃。

Pseudomonas fulva Iizuka and Komagata 1963 黄褐假单胞菌

ACCC 01026←中国农业科学院农业资源与农业区划研究所；原始编号：FXH1-2-4；具有处理养殖废水潜
力；分离地点：河北邯郸大社鱼塘；培养基：0002；培养温度：28℃。

ACCC 02547←南京农业大学农业环境微生物菌种保藏中心；原始编号：PHP-1，NAECC1207；在无机盐培养基中以 100mg/L 的对硝基苯酚为唯一碳源培养，24h 内对硝基苯酚降解率大于 90%；分离地点：江苏省高淳镇南京第一；培养基：0002；培养温度：28℃。

ACCC 05444←中国农业科学院农业资源与农业区划研究所←中科院微生物研究所←JCM；原始编号：JCM2780；培养基：0002；培养温度：30℃。

Pseudomonas hibiscicola Moniz 1963 栖木假单胞菌

ACCC 02684←南京农业大学农业环境微生物菌种保藏中心；原始编号：X10，NAECC1264；可以在含 1 000mg/L 的甲磺隆的无机盐培养基中生长；分离地点：黑龙江省齐齐哈尔市富；培养基：0002；培养温度：30℃。

ACCC 02796←南京农业大学农业环境微生物菌种保藏中心；原始编号：HB，NAECC1276；耐受 10% 的 NaCl；分离地点：南京市玄武区；培养基：0002；培养温度：30℃。

Pseudomonas jessenii Verhille et al. 1999 杰氏假单胞菌

ACCC 01048←中国农业科学院农业资源与农业区划研究所；原始编号：FX1H-1-14；具有处理富营养水体和养殖废水潜力；分离地点：北京市农业科学院试验地；培养基：0002；培养温度：28℃。

ACCC 01081←中国农业科学院农业资源与农业区划研究所；原始编号：FX1H-1-5；具有处理富营养水体和养殖废水潜力；分离地点：北京市农业科学院试验地；培养基：0002；培养温度：28℃。

Pseudomonas jinjuensis Kwon et al. 2003 晋州假单胞菌

ACCC 02620←南京农业大学农业环境微生物菌种保藏中心；原始编号：J8，NAECC1177；在 M9 培养基中抗甲磺隆的浓度达 500mg/L；分离地点：江苏省南京市卫岗菜园；培养基：0971；培养温度：30℃。

ACCC 02661←南京农业大学农业环境微生物菌种保藏中心；原始编号：J14，NAECC1181；在 M9 培养基中抗甲磺隆的浓度达 500mg/L；分离地点：江苏省南京市卫岗菜园；培养基：0971；培养温度：30℃。

ACCC 02658←南京农业大学农业环境微生物菌种保藏中心；原始编号：J12，NAECC1179；在 M9 培养基中抗甲磺隆的浓度达 500mg/L；分离地点：江苏省南京市卫岗菜园；培养基：0971；培养温度：30℃。

Pseudomonas knackmussii Stolz et al. 2007 克氏假单胞菌

ACCC 05571←中国农业科学院农业资源与农业区划研究所；分离源：水稻根内生；分离地点：湖南省祁阳县官山坪；培养基：0908；培养温度：37℃。

Pseudomonas lini Delorme et al. 2002 亚麻假单胞菌

ACCC 05595←中国农业科学院农业资源与农业区划研究所；分离源：水稻根内生；分离地点：湖南省祁阳县官山坪；培养基：0002；培养温度：37℃。

Pseudomonas marginalis （Brown 1918） Stevens 1925 边缘假单胞菌

ACCC 01015←中国农业科学院农业资源与农业区划研究所；原始编号：FXH-2-07；具有处理养殖废水潜力；分离地点：河北邯郸鱼塘；培养基：0002；培养温度：28℃。

ACCC 03923←中国农业科学院饲料研究所；原始编号：B420；饲料用纤维素酶、植酸酶、木聚糖酶等的筛选；分离地点：江西鄱阳县；培养基：0002；培养温度：26℃。

ACCC 03931←中国农业科学院饲料研究所；原始编号：B428；饲料用纤维素酶、植酸酶、木聚糖酶等的筛选；分离地点：江西鄱阳县；培养基：0002；培养温度：26℃。

Pseudomonas mendocina Palleroni 1970 门多萨假单胞菌

ACCC 01078←中国农业科学院农业资源与农业区划研究所；原始编号：GDJ-31-1-1；具有生产固氮生物肥料和修复农田有机污染潜力；分离地点：北京市大兴区；培养基：0002；培养温度：28℃。

ACCC 01305←广东省广州微生物研究所；原始编号：GIMV1.0070，37-B-1；检测、生产；分离地点：越南 DALAT；培养基：0002；培养温度：30～37℃。

ACCC 02173←中国农业科学院农业资源与农业区划研究所；原始编号：216，WG8-1；以萘、芴作为唯一碳源生长；分离地点：湖北武汉；培养基：0002；培养温度：30℃。

ACCC 02752←南京农业大学农业环境微生物菌种保藏中心；原始编号：ZYJ1-4，NAECC1563；能于30℃、48h降解约500mg/L的十八烷，降解率为60%~70%，十八烷为唯一碳源（无机盐培养基）；分离地点：山东省东营市东城区；培养基：0002；培养温度：30℃。

Pseudomonas migulae Verhille et al. 1999 米氏假单胞菌

ACCC 05574←中国农业科学院农业资源与农业区划研究所；分离地点：水稻根内生；分离地点：湖南省祁阳县官山坪；培养基：0908；培养温度：37℃。

ACCC 02061←新疆农业科学院微生物研究所；原始编号：LB50，XAAS10316；分离地点：新疆布尔津县；培养基：0033；培养温度：20℃。

Pseudomonas monteilii Elomari et al. 1997 蒙氏假单胞菌

ACCC 02654←南京农业大学农业环境微生物菌种保藏中心；原始编号：PNP-1，NAECC1167；在无机盐培养基中以100mg/L的对硝基苯酚为唯一碳源培养，24h内对硝基苯酚降解率大于95%；分离地点：江苏省南京市高淳县；培养基：0002；培养温度：28℃。

ACCC 02721←南京农业大学农业环境微生物菌种保藏中心；原始编号：CGL-2，NAECC1376；可以在含1 000mg/L的草甘磷的无机盐培养基中生长；分离地点：南京市玄武区；培养基：0002；培养温度：30℃。

ACCC 02762←南京农业大学农业环境微生物菌种保藏中心；原始编号：ZD-7，NAECC1557；能于30℃、48h降解约300mg/L的苯酚，降解率为100%，苯酚为唯一碳源（无机盐培养基）；分离地点：江苏省淮安市楚州区季；培养基：0002；培养温度：30℃。

ACCC 02837←南京农业大学农业环境微生物菌种保藏中心；原始编号：FP2-1，NAECC1509；能于30℃、36h降解约300mg/L的苯酚，降解率为90%，苯酚为唯一碳源（无机盐培养基）；分离地点：江苏省泰兴市化工开发；培养基：0002；培养温度：30℃。

ACCC 02834←南京农业大学农业环境微生物菌种保藏中心；原始编号：AP1-1，NAECC1506；能于30℃、24h降解约500mg/L的苯胺，降解率为95%，苯胺为唯一碳源（无机盐培养基）；分离地点：江苏省苏州市苏州新区；培养基：0002；培养温度：30℃。

ACCC 02880←南京农业大学农业环境微生物菌种保藏中心；原始编号：BFSY-1，NAECC1708；可以以100mg/L苯酚为唯一碳源生长，24h内降解率99.6%。最适生长温度为28；分离地点：江苏省无锡市锡南农药厂；培养基：0002；培养温度：30℃。

Pseudomonas multiresinivorans Mohn et al. 1999 食多种树脂假单胞菌

ACCC 02767←南京农业大学农业环境微生物菌种保藏中心；原始编号：F5-2，NAECC1717；可以以萘为唯一碳源生长，在3天时间内可降解10mg/L的萘80%；分离地点：山东省东营市胜利油田；培养基：0002；培养温度：30℃。

Pseudomonas nitroreducens Iizuka and Komagata 1964 硝基还原假单胞菌

ACCC 01073←中国农业科学院农业资源与农业区划研究所；原始编号：Hg-17-4；具有用作耐重金属基因资源潜力；分离地点：北京大兴区；培养基：0002；培养温度：28℃。

ACCC 02563^T←NAECC←DSMZ←JCM←K. Komagata；ks0050←AJ←IAM←H. Iizuka and K. Komagata；原始编号：NAECC1908；分离地点：日本；培养基：0002；培养温度：30℃。

ACCC 02716←南京农业大学农业环境微生物菌种保藏中心；原始编号：J4，NAECC1280；在M9培养基中抗甲磺隆的浓度达500mg/L；分离地点：江苏省南京市玄武区卫岗；培养基：0002；培养温度：30℃。

ACCC 02719←南京农业大学农业环境微生物菌种保藏中心；原始编号：J17，NAECC1283；在M9培养基中抗甲磺隆的浓度达500mg/L；分离地点：江苏省南京市玄武区卫岗；培养基：0002；培养温度：30℃。

ACCC 02797←南京农业大学农业环境微生物菌种保藏中心；原始编号：NH3，NAECC1277；耐受10%的NaCl；分离地点：南京市玄武区；培养基：0002；培养温度：30℃。

ACCC 04193←广东省广州微生物研究所；原始编号：1.123；培养基：0002；培养温度：30℃。

ACCC 05439←中国农业科学院农业资源与农业区划研究所← 中科院微生物研究所←JCM；原始编号：
　　JCM2782；模式菌株；培养基：0002；培养温度：30℃。

ACCC 04184←广东省广州微生物研究所；原始编号：YG801；环境治理；培养基：0002；培养温
　　度：30℃。

Pseudomonas oleovorans Lee and Chandler 1941 食油假单胞菌

ACCC 05449^T←中国农业科学院农业资源与农业区划研究所←ATCC；原始编号：ATCC 8062；模式菌株；
　　培养基：0002；培养温度：26℃。

Pseudomonas oryzihabitans Kodama et al. 1985 栖稻假单胞菌

ACCC 02651←南京农业大学农业环境微生物菌种保藏中心；原始编号：S53，NAECC1164；可以在含
　　1 000mg/L的苄磺隆的无机盐培养基中生长；分离地点：江苏常熟宝带生物农药；培养基：0033；培
　　养温度：30℃。

Pseudomonas plecoglossicida Nishimori et al. 2000 香鱼假单胞菌

ACCC 01024←中国农业科学院农业资源与农业区划研究所；原始编号：FX1H-32-4；具有处理养殖废水潜
　　力；分离地点：河北省高碑店；培养基：0002；培养温度：28℃。

ACCC 02518←南京农业大学农业环境微生物菌种保藏中心；原始编号：X5，NAECC1702；在无机盐培养
　　基中降解30mg/L西维因，降解率为50%～60%，且能降解30mg/L 1-奈酚，降解率为100%；分离地
　　点：江苏省徐州；培养基：0033；培养温度：30℃。

ACCC 02639←南京农业大学农业环境微生物菌种保藏中心；原始编号：N9-1，NAECC1220；能于30℃、
　　18h降解约1 000mg/L的萘，降解率为90%，萘为唯一碳源（无机盐培养基）；分离地点：山东东营；
　　培养基：0033；培养温度：30℃。

ACCC 02641←南京农业大学农业环境微生物菌种保藏中心；原始编号：NY10-1，NAECC1222；能于
　　30℃、24h降解约1 000mg/L的萘，降解率为93%，萘为唯一碳源（无机盐培养基）；分离地点：山
　　东东营；培养基：0033；培养温度：30℃。

ACCC 02689←南京农业大学农业环境微生物菌种保藏中心；原始编号：Lm10，NAECC1269；可以在含
　　3 000mg/L的甲磺隆的无机盐培养基中生长；分离地点：南京市玄武区；培养基：0002；培养温
　　度：30℃。

ACCC 02830←南京农业大学农业环境微生物菌种保藏中心；原始编号：N5-2，NAECC1545；能于30℃、
　　24h降解约1 000mg/L的萘，降解率为95%，萘为唯一碳源（无机盐培养基）；分离地点：山东省东
　　营市东城区；培养基：0002；培养温度：30℃。

ACCC 02864←南京农业大学农业环境微生物菌种保藏中心；原始编号：GN-4，NAECC1241；耐受10%的
　　NaCl；分离地点：江苏省南京市高淳县；培养基：0002；培养温度：30℃。

Pseudomonas poae Behrendt et al. 2003 草假单胞菌

ACCC 02798←南京农业大学农业环境微生物菌种保藏中心；原始编号：ST250，NAECC1743；耐盐细菌，
　　在10%NaCl培养基中可生长；分离地点：江苏省连云港市新浦区；培养基：0033；培养温度：30℃。

Pseudomonas proteolytica Reddy et al. 2004 解朊假单胞菌

ACCC 05538←中国农业科学院农业资源与农业区划研究所；分离源：水稻根内生；分离地点：湖南省祁阳
　　县官山坪；培养基：0973；培养温度：37℃。

Pseudomonas pseudoalcaligenes Stanier 1966 类产碱假单胞菌

ACCC 02846←南京农业大学农业环境微生物菌种保藏中心；原始编号：NF-2，NAECC1731；在无机盐培
　　养基中以50mg/L的α-萘酚为唯一碳源培养，3天内降解率大于90%；分离地点：江苏省徐州市；培
　　养基：0033；培养温度：30℃。

ACCC 01694←中国农业科学院饲料研究所；原始编号：FRI20070211B235；饲料用木聚糖酶、葡聚糖酶、
　　蛋白酶、植酸酶等的筛选；分离地点：浙江嘉兴鱼塘；培养基：0002；培养温度：37℃。

ACCC 01711←中国农业科学院饲料研究所；原始编号：FRI2007014 B255；饲料用木聚糖酶、葡聚糖酶、

蛋白酶、植酸酶等的筛选；分离地点：浙江省；培养基：0002；培养温度：37℃。

ACCC 01715←中国农业科学院饲料研究所；原始编号：FRI2007084 B262；饲料用木聚糖酶、葡聚糖酶、蛋白酶、植酸酶等的筛选；分离地点：浙江省；培养基：0002；培养温度：37℃。

ACCC 01716←中国农业科学院饲料研究所；原始编号：FRI2007085 B263；饲料用木聚糖酶、葡聚糖酶、蛋白酶、植酸酶等的筛选；分离地点：浙江省；培养基：0002；培养温度：37℃。

ACCC 01750←中国农业科学院饲料研究所；原始编号：FRI2007034 B313；饲料用木聚糖酶、葡聚糖酶、蛋白酶、植酸酶等的筛选；分离地点：浙江省；培养基：0002；培养温度：37℃。

ACCC 02628←南京农业大学农业环境微生物菌种保藏中心；原始编号：FSB，NAECC1227；能于30℃、1 000mg/L的十八烷烃无机盐培养基中，48h降解率约为93%，十八烷烃为唯一碳源（无机盐培养基）；分离地点：山东东营；培养基：0033；培养温度：30℃。

ACCC 03069←中国农业科学院农业资源与农业区划研究所；原始编号：BaP-13-1，7168；可以用来研发农田土壤及环境修复微生物制剂；分离地点：北京市朝阳区王四营；培养基：0065；培养温度：28℃。

ACCC 03245←中国农业科学院农业资源与农业区划研究所；原始编号：BaP-11-3；可以用来研发农田土壤及环境修复微生物制剂；培养基：0002；培养温度：28℃。

ACCC 03251←中国农业科学院农业资源与农业区划研究所；原始编号：BaP-11-1；可以用来研发农田土壤及环境修复微生物制剂；培养基：0002；培养温度：28℃。

ACCC 04143←华南农业大学农学院微生物分子遗传实验室；原始编号：58；培养基：0003；培养温度：30℃。

ACCC 04145←华南农业大学农学院微生物分子遗传实验室；原始编号：581；培养基：0003；培养温度：30℃。

ACCC 04146←华南农业大学农学院微生物分子遗传实验室；原始编号：582；培养基：0003；培养温度：30℃。

ACCC 05448^T←中国农业科学院农业资源与农业区划研究所←中科院微生物研究所←JCM；原始编号：JCM5968；模式菌株；培养基：0002；培养温度：26℃。

ACCC 11031←中国微生物研究所普通微生物菌种中心；＝CGMCC 1.1806；培养基：0002；培养温度：30℃。

Pseudomonas putida（Trevisan 1889）Migula 1895 恶臭假单胞菌

ACCC 10081←ATCC 17485；降解芳香烃；培养基：0033；培养温度：30℃。

ACCC 01017←中国农业科学院农业资源与农业区划研究所；原始编号：FX1H-1-26；具有处理养殖废水潜力；分离地点：北京市农业科学院试验地；培养基：0002；培养温度：28℃。

ACCC 01027←中国农业科学院农业资源与农业区划研究所；原始编号：FX1-1-17；具有处理养殖废水潜力；分离地点：北京市农业科学院试验地；培养基：0002；培养温度：28℃。

ACCC 01100←中国农业科学院农业资源与农业区划研究所；原始编号：FX1H-1-6；具有处理养殖废水潜力；分离地点：北京市农业科学院试验地；培养基：0002；培养温度：28℃。

ACCC 01228←新疆农业科学院微生物研究所；原始编号：XJAA10321，LB66；培养基：0033；培养温度：20℃。

ACCC 01269←广东省广州微生物研究所；原始编号：GIMV1.0003，1-B-4；检测生产；分离地点：越南DALAT；培养基：0002；培养温度：30~37℃。

ACCC 01691←中国农业科学院饲料研究所；原始编号：FRI2007001 B232；饲料用植酸酶、木聚糖酶等的筛选；分离地点：浙江嘉兴鱼塘；培养基：0002；培养温度：37℃。

ACCC 01982←中国农业科学院农业资源与农业区划研究所；原始编号：35，46-2；以萘、蒽、芴作为唯一碳源生长；分离地点：大庆油田；培养基：0002；培养温度：30℃。

ACCC 01983←中国农业科学院农业资源与农业区划研究所；原始编号：36，C3；以萘、蒽、芴作为唯一碳源生长；分离地点：大庆油田；培养基：0002；培养温度：30℃。

ACCC 01984←中国农业科学院农业资源与农业区划研究所；原始编号：80，17FCT；以萘、蒽、芴作为唯

　　一碳源生长；分离地点：大庆油田；培养基：0002；培养温度：30℃。

ACCC 02160←中国农业科学院农业资源与农业区划研究所；原始编号：103，WG2-2；以萘、芴作为唯一
　　碳源生长；分离地点：湖北武汉；培养基：0002；培养温度：30℃。

ACCC 02174←中国农业科学院农业资源与农业区划研究所；原始编号：217，WG7-1；以萘、芴作为唯一
　　碳源生长；分离地点：湖北武汉；培养基：0002；培养温度：30℃。

ACCC 02176←中国农业科学院农业资源与农业区划研究所；原始编号：306，EnC4；以萘、芴、蒽作为唯
　　一碳源生长；分离地点：大庆油田；培养基：0002；培养温度：30℃。

ACCC 02235←广东省广州微生物研究所；原始编号：GIMT1.092；培养基：0002；培养温度：30℃。

ACCC 02558←NAECC←ATCC；原始编号：KT2440，NAECC1901；培养基：0002；培养温度：℃。

ACCC 02608←南京农业大学农业环境微生物菌种保藏中心；原始编号：P707-3，NAECC0764；可以在含
　　3 000mg/L普施特的无机盐培养基中生长；分离地点：南京市玄武区；培养基：0033；培养温
　　度：30℃。

ACCC 02609←南京农业大学农业环境微生物菌种保藏中心；原始编号：sw6，NAECC0803；在1/10L B培
　　养基中以50mg/L噻磺隆为唯一碳源培养，6天内噻磺隆降解率30%左右；分离地点：山东省淄博市
　　博山区；培养基：0033；培养温度：30℃。

ACCC 02699←南京农业大学农业环境微生物菌种保藏中心；原始编号：bnan-1，NAECC1550；能于30℃、
　　48h降解约500mg/L苯胺，降解率为90%，苯胺为唯一碳源（无机盐培养基）；分离地点：江苏省泰
　　兴开发区污水；培养基：0002；培养温度：30℃。

ACCC 02764←南京农业大学农业环境微生物菌种保藏中心；原始编号：ZD-4，NAECC1573；能于30℃、
　　48h降解约300mg/L苯乙酸，降解率为90%以上，苯乙酸为唯一碳源（无机盐培养基）；分离地点：
　　江苏省淮安市楚州季区；培养基：0002；培养温度：30℃。

ACCC 02807←南京农业大学农业环境微生物菌种保藏中心；原始编号：萘-3-4；在基础盐加30mg/L萘的
　　培养基中接种，3天的降解率可达85%；分离地点：中原油田采油三厂；培养基：0002；培养温
　　度：28℃。

ACCC 02842←南京农业大学农业环境微生物菌种保藏中心；原始编号：L-1，NAECC1727；在无机盐培养
　　基中以50mg/L邻苯二酚为唯一碳源培养，3天内降解率大于90%；分离地点：江苏省徐州市；培养
　　基：0033；培养温度：30℃。

ACCC 03871←中国农业科学院饲料研究所；原始编号：B362；饲料用纤维素酶、植酸酶、木聚糖酶等的筛
　　选；分离地点：江西鄱阳县；培养基：0002；培养温度：26℃。

ACCC 03895←中国农业科学院饲料研究所；原始编号：B387；饲料用纤维素酶、植酸酶、木聚糖酶等的筛
　　选；分离地点：江西鄱阳县；培养基：0002；培养温度：26℃。

ACCC 03928←中国农业科学院饲料研究所；原始编号：B425；饲料用纤维素酶、植酸酶、木聚糖酶等的筛
　　选；分离地点：江西鄱阳县；培养基：0002；培养温度：26℃。

ACCC 04148←华南农业大学农学院微生物分子遗传实验室；原始编号：HN4；培养基：0003；培养温
　　度：30℃。

ACCC 04262←广东省广州微生物研究所；产黄纤维单胞菌的伴生菌；分离地点：广东广州；培养基：
　　0002；培养温度：30℃。

ACCC 04263←广东省广州微生物研究所；产黄纤维单胞菌的伴生菌；分离地点：广东广州；培养基：
　　0002；培养温度：30℃。

ACCC 04264←广东省广州微生物研究所；产黄纤维单胞菌的伴生菌；分离地点：广东广州；培养基：
　　0002；培养温度：30℃。

ACCC 05446←中国农业科学院农业资源与农业区划研究所；原始编号：Feb-50；产水杨酸；培养基：
　　0002；培养温度：30℃。

ACCC 05447←中国农业科学院农业资源与农业区划研究所；原始编号：S.48；2-酮基-L-古龙酸；培养基：
　　0002；培养温度：30℃。

ACCC 10162←广东省广州微生物研究所←中国科学院微生物研究所；＝GIM 1.57＝As 1.1003；培养基：
　　0002；培养温度：30℃。

ACCC 10185^T←DSMZ；＝ATCC 12633＝DSM 50202＝ICPB 2963＝NCTC 10936；Degrades aromatic com-
　　pounds；分离源：lactate enrichment；培养基：0002；培养温度：30℃。

ACCC 10472←中国农业科学院土肥所←首都师范大学宋未教授赠←中科院微生物研究所；＝AS 1.643＝
　　AS 1.870；原始编号：S.39；2-酮基-L-古龙酸；培养基：0002；培养温度：28℃。

ACCC 10938←首都师范大学；原始编号：B92-10-39；培养基：0033；培养温度：30℃。

ACCC 02624←南京农业大学农业环境微生物菌种保藏中心；原始编号：萘 w-2，NAECC0705；分离地点：
　　山东东营；培养基：0033；培养温度：30℃。

ACCC 11662←南京农业大学农业环境微生物菌种保藏中心；原始编号：萘 NAA NAECC0703；分离源：
　　土壤；分离地点：山东东营；培养基：0033；培养温度：30℃。

ACCC 04192←广东省广州微生物研究所；原始编号：1.122；培养基：0002；培养温度：30℃。

ACCC 04194←广东省广州微生物研究所；原始编号：1.124；培养基：0002；培养温度：30℃。

Pseudomonas resinovorans Delaporte et al. 1961 食树脂假单孢菌

ACCC 02566^T←NAECC←LMG←ATCC←B. Delaporte←Raynaud and Daste；原始编号：NAECC1912；分
　　离地点：法国；培养基：0002；培养温度：30℃。

ACCC 03233←中国农业科学院农业资源与农业区划研究所；原始编号：BaP-11-4；可以用来研发农田土壤
　　及环境修复微生物制剂；培养基：0002；培养温度：28℃。

Pseudomonas rhodesiae Coroler et al. 1997 霍氏假单胞菌

ACCC 01128←中国农业科学院农业资源与农业区划研究所；原始编号：FX1H-2-3；具有处理养殖废水潜
　　力；分离地点：河北邯郸大社鱼塘；培养基：0002；培养温度：28℃。

ACCC 01692←中国农业科学院饲料研究所；原始编号：FRI2007094，B233；饲料用木聚糖酶、葡聚糖酶、
　　蛋白酶、植酸酶等的筛选；分离地点：浙江嘉兴鱼塘；培养基：0002；培养温度：37℃。

ACCC 01693←中国农业科学院饲料研究所；原始编号：FRI2007029，B234；饲料用木聚糖酶、葡聚糖酶、
　　蛋白酶、植酸酶等的筛选；分离地点：浙江嘉兴鱼塘；培养基：0002；培养温度：37℃。

ACCC 01724←中国农业科学院饲料研究所；原始编号：FRI2007021，B271；饲料用木聚糖酶、葡聚糖酶、
　　蛋白酶、植酸酶等的筛选；分离地点：浙江省；培养基：0002；培养温度：37℃。

Pseudomonas saccharophila Doudoroff 1940 嗜糖假单胞杆菌

ACCC 01133←中国农业科学院农业资源与农业区划研究所；原始编号：GD-GS-31-1；具有生产固氮生物
　　肥料和修复农田有机污染潜力；分离地点：河北省高碑店；培养基：0065；培养温度：28℃。

Pseudomonas sp. 假单胞菌

ACCC 01709←中国农业科学院饲料研究所；原始编号：FRI2007007，B252；饲料用木聚糖酶、葡聚糖酶、
　　蛋白酶、植酸酶等的筛选；分离地点：浙江省；培养基：0002；培养温度：37℃。

ACCC 02206←中国农业科学院农业资源与农业区划研究所；原始编号：608，WG12-2；以萘、芴作为唯一
　　碳源生长；分离地点：湖北武汉；培养基：0002；培养温度：30℃。

ACCC 01021←中国农业科学院农业资源与农业区划研究所；原始编号：GD-33′-1-3；具有生产生物肥料
　　潜力；分离地点：河北省高碑店；培养基：0002；培养温度：28℃。

ACCC 01028←中国农业科学院农业资源与农业区划研究所；原始编号：FX1-1-21；具有处理养殖废水潜
　　力；分离地点：北京市农业科学院试验地；培养基：0002；培养温度：28℃。

ACCC 01056←中国农业科学院农业资源与农业区划研究所；原始编号：FX2-1-10；具有处理富营养水体和
　　养殖废水潜力；分离地点：北京市农业科学院试验地；培养基：0002；培养温度：28℃。

ACCC 01060←中国农业科学院农业资源与农业区划研究所；原始编号：FX1H-1-4；具有处理富营养水体
　　和养殖废水潜力；分离地点：北京市农业科学院试验地；培养基：0002；培养温度：28℃。

ACCC 01063←中国农业科学院农业资源与农业区划研究所；原始编号：Hg-22-3；具有用作耐重金属基因
　　资源潜力；分离地点：北京市大兴区；培养基：0002；培养温度：28℃。

ACCC 01070←中国农业科学院农业资源与农业区划研究所；原始编号：Hg-14-1-1；具有用作耐重金属基
因资源潜力；分离地点：北京市高碑店污水处理；培养基：0002；培养温度：28℃。

ACCC 01096←中国农业科学院农业资源与农业区划研究所；原始编号：Hg-17-1-2；具有用作耐重金属基
因资源潜力；分离地点：北京市大兴区；培养基：0002；培养温度：28℃。

ACCC 01104←中国农业科学院农业资源与农业区划研究所；原始编号：FX1H-3-5；具有处理富营养水体
和养殖废水潜力；分离地点：河北邯郸大社鱼塘；培养基：0002；培养温度：28℃。

ACCC 01107←中国农业科学院农业资源与农业区划研究所；原始编号：Hg-23-3；具有用作耐重金属基因
资源潜力；分离地点：北京市大兴区电镀厂；培养基：0002；培养温度：28℃。

ACCC 01110←中国农业科学院农业资源与农业区划研究所；原始编号：GDJ-25-2-1；具有生产生物肥料潜
力；分离地点：河北高碑店；培养基：0002；培养温度：28℃。

ACCC 01124←中国农业科学院农业资源与农业区划研究所；原始编号：Hg-21-2；具有用作耐重金属基因
资源潜力；分离地点：北京市大兴区电镀厂；培养基：0002；培养温度：28℃。

ACCC 01134←中国农业科学院农业资源与农业区划研究所；原始编号：Hg-20-3；具有用作耐重金属基因
资源潜力；分离地点：北京市大兴区电镀厂；培养基：0065；培养温度：28℃。

ACCC 01156←中国农业科学院农业资源与农业区划研究所；原始编号：S6；培养基：0033；培养温
度：28℃。

ACCC 01163←中国农业科学院农业资源与农业区划研究所；原始编号：S13；培养基：0033；培养温
度：30℃。

ACCC 01164←中国农业科学院农业资源与农业区划研究所；原始编号：S14；培养基：0033；培养温
度：30℃。

ACCC 01165←中国农业科学院农业资源与农业区划研究所；原始编号：S21；培养基：0033；培养温
度：30℃。

ACCC 01166←中国农业科学院农业资源与农业区划研究所；原始编号：S22；培养基：0033；培养温
度：30℃。

ACCC 01234←新疆农业科学院微生物研究所；原始编号：XJAA10327，LB82；培养基：0033；培养温
度：20℃。

ACCC 01246←新疆农业科学院微生物研究所；原始编号：XJAA10337，LB101；培养基：0033；培养温
度：20℃。

ACCC 01276←广东省广州微生物研究所；原始编号：GIMV1.0012，3-B-5；检测生产；分离地点：越南
DALAT；培养基：0002；培养温度：30～37℃。

ACCC 01278←广东省广州微生物研究所；原始编号：GIMV1.0014，4-B-1；检测生产；分离地点：越南
DALAT；培养基：0002；培养温度：30～37℃。

ACCC 01279←广东省广州微生物研究所；原始编号：GIMV1.0015，4-B-2；检测生产；分离地点：越南
DALAT；培养基：0002；培养温度：30～37℃。

ACCC 01300←广东省广州微生物研究所；原始编号：GIMV1.0075，40-B-2；检测、生产；分离地点：越
南 DALAT；培养基：0002；培养温度：30～37℃。

ACCC 01763←中国农业科学院农业资源与农业区划研究所；原始编号：H45；分离地点：河北省唐山市滦
南县；培养基：0033；培养温度：30℃。

ACCC 01803←北京首都师范大学；原始编号：N90-3-57；分离地点：河北省唐山市滦南县；培养基：
0063；培养温度：28℃。

ACCC 01985←中国农业科学院农业资源与农业区划研究所；原始编号：59，WG；以萘、蒽、芴作为唯一
碳源生长；分离地点：黑龙江大庆油田；培养基：0002；培养温度：30℃。

ACCC 01986←中国农业科学院农业资源与农业区划研究所；原始编号：105，WG-5-3a；以萘、蒽、芴作
为唯一碳源生长；分离地点：黑龙江大庆油田；培养基：0002；培养温度：30℃。

ACCC 02162←中国农业科学院农业资源与农业区划研究所；原始编号：106，WG-5；以萘、芴作为唯一碳

源生长；分离地点：山东胜利油田；培养基：0002；培养温度：30℃。

ACCC 02167←中国农业科学院农业资源与农业区划研究所；原始编号：201，55；以萘、芴作为唯一碳源
生长；分离地点：山东胜利油田；培养基：0002；培养温度：30℃。

ACCC 02168←中国农业科学院农业资源与农业区划研究所；原始编号：203，W26-3；以萘、芴、蒽作为
唯一碳源生长；分离地点：黑龙江大庆油田；培养基：0002；培养温度：30℃。

ACCC 02169←中国农业科学院农业资源与农业区划研究所；原始编号：204，W20-2；以萘、芴、蒽作为
唯一碳源生长；分离地点：黑龙江大庆油田；培养基：0002；培养温度：30℃。

ACCC 02171←中国农业科学院农业资源与农业区划研究所；原始编号：214，AC15-2；以萘、芴作为唯一
碳源生长；分离地点：湖北武汉；培养基：0002；培养温度：30℃。

ACCC 02172←中国农业科学院农业资源与农业区划研究所；原始编号：215，WG-3a；以萘、芴作为唯一
碳源生长；分离地点：山东胜利油田；培养基：0002；培养温度：30℃。

ACCC 02491←南京农业大学农业环境微生物菌种保藏中心；原始编号：P6-4＋2，NAECC1139；分离地
点：江苏南京轿子山；培养基：0033；培养温度：30℃。

ACCC 02493←南京农业大学农业环境微生物菌种保藏中心；原始编号：BFF-1，NAECC0873；在以 LB 的
液体培养基中培养成膜能力较强；培养基：0033；培养温度：30℃。

ACCC 02497←南京农业大学农业环境微生物菌种保藏中心；原始编号：BFF-5，NAECC0877；在以 LB 的
液体培养基中培养成膜能力较强；分离地点：江苏南京化工二厂曝气池；培养基：0033；培养温
度：30℃。

ACCC 02499←南京农业大学农业环境微生物菌种保藏中心；原始编号：BFF-7，NAECC0879；在以 LB 的
液体培养基中培养成膜能力较强；培养基：0033；培养温度：30℃。

ACCC 02500←南京农业大学农业环境微生物菌种保藏中心；原始编号：BFF-8，NAECC0880；成膜能力较
强；培养基：0033；培养温度：30℃。

ACCC 02502←南京农业大学农业环境微生物菌种保藏中心；原始编号：DNP-2，NAECC0882；能降解 2，4-
二硝基苯酚45％以上；可以耐受5 000mg/kg的 2，4-二硝基苯酚；分离地点：江苏南京化工二厂；培养
基：0033；培养温度：30℃。

ACCC 02506←南京农业大学农业环境微生物菌种保藏中心；原始编号：PNP-2，NAECC0886；在以 MM
培养基中，能降解对硝基苯酚95％以上；分离地点：江苏南京化工二厂；培养基：0033；培养温
度：30℃。

ACCC 02509←南京农业大学农业环境微生物菌种保藏中心；原始编号：BMW6-1，NAECC1110；分离地
点：江苏南京；培养基：0033；培养温度：30℃。

ACCC 02510←南京农业大学农业环境微生物菌种保藏中心；原始编号：BXWY3，NAECC0655；能于
30℃、24h降解约50％浓度为100mg/L的苯甲酸，苯甲酸为唯一碳源（无机盐培养基）；分离地点：
江苏无锡；培养基：0033；培养温度：30℃。

ACCC 02545←南京农业大学农业环境微生物菌种保藏中心；原始编号：BJS-X-1，NAECC1073；在无机盐
培养基中以 60mg/L 苯甲酸为唯一碳源培养，3 天内降解率大于 90％；分离地点：江苏省南京市第一
农药；培养基：0033；培养温度：30℃。

ACCC 02548←南京农业大学农业环境微生物菌种保藏中心；原始编号：LQL1-5，NAECC1057；在无机盐
培养基中以 20mg/L 氯氰菊酯为唯一碳源培养，3 天内降解率大于 40％；分离地点：江苏省南京市第
一农药；培养基：0033；培养温度：28℃。

ACCC 02549←南京农业大学农业环境微生物菌种保藏中心；原始编号：Cu-Z-1，NAECC1051；能够耐受
2mM 的重金属 Cu^{2+}；分离地点：河南永信生物农药股份；培养基：0033；培养温度：30℃。

ACCC 02552←南京农业大学农业环境微生物菌种保藏中心；原始编号：BF2-3，NAECC1076；在无机盐培
养基中以 50mg/L 苯酚为唯一碳源培养，3 天内降解率大于 90％；分离地点：江苏省南京市第一农药；
培养基：0033；培养温度：30℃。

ACCC 02568←南京农业大学农业环境微生物菌种保藏中心；原始编号：CWX5，NAECC1213；能于 30℃

水解几丁质，酶活达到 104.34μg/（ml·h）；分离地点：江苏省无锡；培养基：0033；培养温度：30℃。

ACCC 02570←南京农业大学农业环境微生物菌种保藏中心；原始编号：W18-1♯，NAECC1115；高温菌；能够水解支链粉；培养温度70；分离地点：江苏南京；培养基：0033；培养温度：30℃。

ACCC 02613←南京农业大学农业环境微生物菌种保藏中心；原始编号：S8，NAECC0681；以无机盐培养基加对硝基苯酚，能于 48h 降解 45% 的浓度为 100mg/L 的对硝基苯酚，分离地点：江苏省无锡市中南路芦；培养基：0033；培养温度：30℃。

ACCC 02619←南京农业大学农业环境微生物菌种保藏中心；原始编号：BSL18，NAECC0972；在无机盐培养基中添加 100mg/L 的倍硫磷，降解率达 42%；分离地点：江苏省南京市；培养基：0033；培养温度：30℃。

ACCC 02627←南京农业大学农业环境微生物菌种保藏中心；原始编号：CLSD，NAECC1225；能于 30℃、1 000mg/L 的十八烷烃无机盐培养基中，48h 降解率约为 91%，十八烷烃为唯一碳源（无机盐培养基）；分离地点：山东东营；培养基：0033；培养温度：30℃。

ACCC 02652←南京农业大学农业环境微生物菌种保藏中心；原始编号：Jb-1，NAECC1234；可以在含 1 000mg/L 甲磺隆的无机盐培养基中生长；分离地点：江苏常熟宝带生物农药；培养基：0033；培养温度：30℃。

ACCC 02683←南京农业大学农业环境微生物菌种保藏中心；原始编号：B10，NAECC1260；可以在含 1 000mg/L 甲磺隆的无机盐培养基中生长；分离地点：黑龙江省齐齐哈尔市富拉尔基区；培养基：0002；培养温度：30℃。

ACCC 02692←南京农业大学农业环境微生物菌种保藏中心；原始编号：B4，NAECC1368；在基础盐加农药培养基上降解丙草胺，降解率 50%；分离地点：江苏省昆山市；培养基：0002；培养温度：30℃。

ACCC 02697←南京农业大学农业环境微生物菌种保藏中心；原始编号：D5，NAECC1373；在基础盐加农药培养基上降解丁草胺，降解率 50%；分离地点：江苏省昆山市；培养基：0002；培养温度：30℃。

ACCC 02702←南京农业大学农业环境微生物菌种保藏中心；原始编号：bnan-15，NAECC1553；能于 30℃、48h 降解约 500mg/L 的苯胺，降解率为 90%，苯胺为唯一碳源（无机盐培养基）；分离地点：江苏省连云港污水处理；培养基：0002；培养温度：30℃。

ACCC 02723←南京农业大学农业环境微生物菌种保藏中心；原始编号：CGL-4，NAECC1378；可以在含 800mg/L 的草甘磷的无机盐培养基中生长；分离地点：江苏南京市玄武区；培养基：0002；培养温度：30℃。

ACCC 02734←南京农业大学农业环境微生物菌种保藏中心；原始编号：LHL-SA，NAECC1399；在 M9 培养基中抗绿磺隆的浓度达 500mg/L；分离地点：山东泰安市；培养基：0002；培养温度：30℃。

ACCC 02763←南京农业大学农业环境微生物菌种保藏中心；原始编号：ZD-3，NAECC1572；能于 30℃、48h 降解约 300mg/L 苯酚，降解率为 100%，苯酚为唯一碳源（无机盐培养基）；分离地点：江苏省南京市江心洲；培养基：0033；培养温度：30℃。

ACCC 02771←南京农业大学农业环境微生物菌种保藏中心；原始编号：BF-6，NAECC1430；在基础盐培养基中 2 天降解 100mg/L 苯酚降解率 50%；分离地点：江苏南京市玄武区；培养基：0002；培养温度：30℃。

ACCC 02772←南京农业大学农业环境微生物菌种保藏中心；原始编号：BF-12，NAECC1431；在基础盐培养基中 2 天降解 100mg/L 苯酚降解率 50%；分离地点：江苏南京市玄武区；培养基：0002；培养温度：30℃。

ACCC 02781←南京农业大学农业环境微生物菌种保藏中心；原始编号：BF-2，NAECC1737；在无机盐培养基中以 100mg/L 苯酚为唯一碳源培养，3 天内降解率大于 90%；分离地点：江苏徐州市；培养基：0002；培养温度：30℃。

ACCC 02783←南京农业大学农业环境微生物菌种保藏中心；原始编号：SCT，NAECC1739；在无机盐培养基中以 20mg/L 三唑酮为唯一碳源培养，3 天内降解率大于 50%；分离地点：江苏徐州市；培养基：

0002；培养温度：30℃。

ACCC 02844←南京农业大学农业环境微生物菌种保藏中心；原始编号：LF-1，NAECC1729；在无机盐培养基中以 50mg/L 邻苯二酚为唯一碳源培养，3 天内降解率大于 90%；分离地点：江苏省徐州市；培养基：0033；培养温度：30℃。

ACCC 02876←南京农业大学农业环境微生物菌种保藏中心；原始编号：F4-3，NAECC1539；分离地点：江苏扬州；培养基：0033；培养温度：30℃。

ACCC 02878←南京农业大学农业环境微生物菌种保藏中心；原始编号：2-1，NAECC1541；分离地点：江苏南京市江心洲废水处理厂；培养基：0033；培养温度：30℃。

ACCC 02879←南京农业大学农业环境微生物菌种保藏中心；原始编号：5-2，NAECC1542；分离地点：江苏扬州；培养基：0033；培养温度：30℃。

ACCC 05510←中国农业科学院生物技术所；原始编号：1-7；有机磷类污染物的降解；分离地点：天津农药厂；培养基：0033；培养温度：28℃。

ACCC 10014←中国农业科学院土壤肥料研究所；原始编号：陈K；分离源：土壤；培养基：0002；培养温度：30℃。

ACCC 10163←广东省广州微生物研究所←中国科学院微生物研究所；＝GIM 1.65；培养基：0002；培养温度：30℃。

ACCC 10419←首都师范大学；培养基：0033；培养温度：28℃。

ACCC 10426←首都师范大学；培养基：0033；培养温度：30℃。

ACCC 10431←首都师范大学；分离源：水稻根际；培养基：0033；培养温度：28℃。

ACCC 10464←首都师范大学；培养基：0033；培养温度：28℃。

ACCC 10599 南京农业大学；原始编号：D8；用于降解敌稗；分离源：土壤；分离地点：江苏省南京市；培养基：0002；培养温度：30℃。

ACCC 10654←南京农业大学农业环境微生物菌种保藏中心；原始编号：J20；用于降解甲萘威；分离源：土壤；分离地点：江苏省南京市玄武区；培养基：0002；培养温度：30℃。

ACCC 10657←南京农业大学农业环境微生物菌种保藏中心；原始编号：S1-22；研究 教学；分离源：土壤；分离地点：江苏省南京市；培养基：0002；培养温度：30℃。

ACCC 10666←南京农业大学农业环境微生物菌种保藏中心；原始编号：PHB-2；研究 教学 生产；分离源：草坪表层 1～5cm 土壤、污水处理厂门口表层 1～5cm 土壤；分离地点：江苏省南京市江宁区；培养基：0002；培养温度：30℃。

ACCC 10671←南京农业大学农业环境微生物菌种保藏中心；原始编号：S2-11；用于降解速灭威；分离源：土壤；分离地点：江苏省南京市；培养基：0002；培养温度：30℃。

ACCC 10673←南京农业大学农业环境微生物菌种保藏中心；＝NAECC0038；原始编号：JJF；降解间甲酚（1d 之内能够 100%降解 100mg/L 的间甲酚）；分离源：草坪表层 1～5cm 土壤、污水处理厂门口表层 1～5cm 土壤；分离地点：江苏省南京市江宁区 2；培养基：0002；培养温度：30℃。

ACCC 10677←南京农业大学农业环境微生物菌种保藏中心；原始编号：Y2-1；研究 教学；分离源：活性污泥；分离地点：江苏省无锡市中南路芦；培养基：0002；培养温度：30℃。

ACCC 10683←南京农业大学农业环境微生物菌种保藏中心；原始编号：JNF；研究 教学；分离源：草坪表层 1～5cm 土壤、污水处理厂门口表层 1～5cm 土壤；分离地点：江苏省南京市江宁区；培养基：0002；培养温度：30℃。

ACCC 10686←南京农业大学农业环境微生物菌种保藏中心；原始编号：S2-15；用于教学或科研；分离源：土壤；分离地点：江苏省南京市；培养基：0002；培养温度：30℃。

ACCC 10688←南京农业大学农业环境微生物菌种保藏中心；原始编号：D22；用于降解敌稗；分离源：土壤；分离地点：江苏省南京市；培养基：0002；培养温度：30℃。

ACCC 10779←南京农业大学农业环境微生物菌种保藏中心；原始编号：J19；研究 教学；分离源：土壤；分离地点：江苏省南京市；培养基：0002；培养温度：30℃。

ACCC 10853←首都师范大学；原始编号：J3-AN38；分离源：水稻根际；分离地点：河北省唐山市滦南县；培养基：0033；培养温度：30℃。

ACCC 10854←首都师范大学；原始编号：J3-A91；分离源：水稻根际；分离地点：河北省唐山市滦南县；培养基：0033；培养温度：30℃。

ACCC 10859←首都师范大学；原始编号：J3-A13；分离源：水稻根际；分离地点：河北省唐山市滦南县；培养基：0033；培养温度：30℃。

ACCC 10862←首都师范大学；原始编号：BN90-3-13；分离源：水稻根际；分离地点：河北省唐山市滦南县；培养基：0033；培养温度：30℃。

ACCC 10874←首都师范大学；原始编号：J3-A50；分离源：土壤；分离地点：河北省唐山市滦南县；培养基：0033；培养温度：30℃。

ACCC 11243←中国农业科学院农业资源与区划研究所；原始编号：LBM-133；石油降解；培养基：0033；培养温度：30℃。

ACCC 11615←南京农业大学农业环境微生物菌种保藏中心；原始编号：SDL，NAECC0643；分离源：土壤；分离地点：江苏南京；培养基：0033；培养温度：30℃。

ACCC 11620←南京农业大学农业环境微生物菌种保藏中心；原始编号：4-A-1，NAECC1120；分离源：土壤；分离地点：江苏南京；培养基：0033；培养温度：30℃。

ACCC 11621←南京农业大学农业环境微生物菌种保藏中心；原始编号：6-SLL，NAECC1121；分离源：污泥；分离地点：江苏南京；培养基：0033；培养温度：30℃。

ACCC 11630←南京农业大学农业环境微生物菌种保藏中心；原始编号：BJSWY1，NAECC0647；能于30℃、48h降解约47%浓度为200mg/L苯甲酸，苯甲酸为唯一碳源（无机盐培养基）；分离源：污泥；分离地点：江苏南京江心洲污水处；培养基：0971；培养温度：30℃。

ACCC 11631←南京农业大学农业环境微生物菌种保藏中心；原始编号：BJSWY5，NAECC0648；能于30℃、48h降解约43%浓度为200mg/L苯甲酸，苯甲酸为唯一碳源（无机盐培养基）；分离源：污泥；分离地点：江苏省南京江心洲；培养基：0971；培养温度：30℃。

ACCC 11632←南京农业大学农业环境微生物菌种保藏中心；原始编号：BL1，NAECC0649；能于30℃、48h降解约30%浓度为200mg/L苯甲酸，苯甲酸为唯一碳源（无机盐培养基）；分离源：土壤；分离地点：江苏南京；培养基：0971；培养温度：30℃。

ACCC 11633←南京农业大学农业环境微生物菌种保藏中心；原始编号：BL4，NAECC0652；能于30℃、48h降解约30%浓度为200mg/L苯甲酸，苯甲酸为唯一碳源（无机盐培养基）；分离源：土壤；分离地点：江苏省南京；培养基：0971；培养温度：30℃。

ACCC 11634←南京农业大学农业环境微生物菌种保藏中心；原始编号：BXWY1，NAECC0653；能于30℃、48h降解约40%浓度为200mg/L苯甲酸，苯甲酸为唯一碳源（无机盐培养基）；分离源：土壤；分离地点：江苏省无锡；培养基：0971；培养温度：30℃。

ACCC 11635←南京农业大学农业环境微生物菌种保藏中心；原始编号：BXWY2，NAECC0654；能于30℃、48h降解约40%浓度为200mg/L苯甲酸，苯甲酸为唯一碳源（无机盐培养基）；分离源：土壤；分离地点：江苏省无锡；培养基：0971；培养温度：30℃。

ACCC 11642←南京农业大学农业环境微生物菌种保藏中心；原始编号：DE-4，NAECC0672；能于30℃、36h内降解65%以上的浓度为40mg/L二硝基苯酚，二硝基苯酚为唯一碳源（无机盐培养基）；分离源：活性污泥；分离地点：云南；培养基：0971；培养温度：30℃。

ACCC 11645←南京农业大学农业环境微生物菌种保藏中心；原始编号：S3，NAECC0676；成膜菌，在实验室SBR反应器中能够成膜或辅助成膜；分离源：活性污泥；分离地点：江苏无锡；培养基：0033；培养温度：30℃。

ACCC 11646←南京农业大学农业环境微生物菌种保藏中心；原始编号：S4，NAECC0677；成膜菌，在实验室SBR反应器中能够成膜或辅助成膜；分离源：活性污泥；分离地点：江苏无锡；培养基：0033；培养温度：30℃。

ACCC 11647←南京农业大学农业环境微生物菌种保藏中心；原始编号：S5，NAECC0678；以无机盐培养基加邻硝基苯甲醛，能于 30h 降解 42％的浓度为 100mg/L 邻硝基苯甲醛；分离源：活性污泥；分离地点：江苏无锡；培养基：0971；培养温度：30℃。

ACCC 11648←南京农业大学农业环境微生物菌种保藏中心；原始编号：S6，NAECC0679；以无机盐培养基加邻硝基苯甲醛，能于 48h 降解 60％的浓度为 100mg/L 邻硝基苯甲醛；分离源：活性淤泥；分离地点：江苏无锡；培养基：0971；培养温度：30℃。

ACCC 11649←南京农业大学农业环境微生物菌种保藏中心；原始编号：S7，NAECC0680；以无机盐培养基加对硝基苯酚，能于 30h 降解 51％的浓度为 100mg/L 对硝基苯酚；分离源：活性淤泥；分离地点：江苏无锡；培养基：0971培养温度：30℃。

ACCC 11650←南京农业大学农业环境微生物菌种保藏中心；原始编号：S10，NAECC0683；以无机盐培养基加对苯二酚，能于 48h 降解 60％的浓度为 100mg/L 对苯二酚；分离源：活性淤泥；分离地点：江苏无锡；培养基：0971；培养温度：30℃。

ACCC 11655←南京农业大学农业环境微生物菌种保藏中心；原始编号：SBNo.3，NAECC0691；分离源：石油；分离地点：山东东营；培养基：0033；培养温度：30℃。

ACCC 11663←南京农业大学农业环境微生物菌种保藏中心；原始编号：萘 w-1，NAECC0704；分离源：水样；分离地点：山东东营；培养基：0033；培养温度：30℃。

ACCC 11665←南京农业大学农业环境微生物菌种保藏中心；原始编号：BYS1，NAECC0710；能于 30℃、48h 降解约 30％浓度为 200mg/L 苯甲酸，苯甲酸为唯一碳源（无机盐培养基）；分离源：土壤；分离地点：江苏无锡；培养基：0971；培养温度：30℃。

ACCC 11666←南京农业大学农业环境微生物菌种保藏中心；原始编号：BYS3，NAECC0711；能于 30℃、48h 降解约 30％浓度为 200mg/L 苯甲酸，苯甲酸为唯一碳源（无机盐培养基）；分离源：土壤；分离地点：江苏无锡；培养基：0971；培养温度：30℃。

ACCC 11667←南京农业大学农业环境微生物菌种保藏中心；原始编号：BYT1，NAECC0712；能于 30℃、48h 降解约 30％浓度为 200mg/L 苯甲酸，苯甲酸为唯一碳源（无机盐培养基）；分离源：土壤；分离地点：江苏无锡；培养基：0971；培养温度：30℃。

ACCC 11668←南京农业大学农业环境微生物菌种保藏中心；原始编号：BYT3，NAECC0713；能于 30℃、48h 降解约 30％浓度为 200mg/L 苯甲酸，苯甲酸为唯一碳源（无机盐培养基）；分离源：土壤；分离地点：江苏无锡；培养基：0971；培养温度：30℃。

ACCC 11673←南京农业大学农业环境微生物菌种保藏中心；原始编号：4-2，NAECC0736；两天能降解 60％ 100mg/L 四硝基苯甲醛；分离源：土壤；分离地点：江苏南京；培养基：0971；培养温度：30℃。

ACCC 11676←南京农业大学农业环境微生物菌种保藏中心；原始编号：MO2，NAECC0739；成膜菌；分离源：土壤；分离地点：江苏南京；培养基：0971；培养温度：30℃。

ACCC 11678←南京农业大学农业环境微生物菌种保藏中心；原始编号：MO4，NAECC0741；成膜菌；分离源：土壤；分离地点：江苏南京；培养基：0971；培养温度：30℃。

ACCC 11679←南京农业大学农业环境微生物菌种保藏中心；原始编号：MO5，NAECC0742；成膜菌；分离源：土壤；分离地点：江苏南京；培养基：0971；培养温度：30℃。

ACCC 11683←南京农业大学农业环境微生物菌种保藏中心；原始编号：Lm-2-2 NAECC0761；可以在含 5 000mg/L 绿嘧磺隆无机盐培养基中生长；分离源：土壤；分离地点：山东省淄博市；培养基：0971；培养温度：30℃。

ACCC 11689←南京农业大学农业环境微生物菌种保藏中心；原始编号：sb-2 NAECC0772；可以在含 5 000mg/L 噻磺隆的无机盐培养基中生长；分离源：土壤；分离地点：长青农化有限公司；培养基：0971；培养温度：30℃。

ACCC 11691←南京农业大学农业环境微生物菌种保藏中心；原始编号：sc-1 NAECC0774；可以在含 5 000mg/L 噻磺隆的无机盐培养基中生长；分离源：土壤；分离地点：江苏常熟宝带生物农药；培养

基：0971；培养温度：30℃。

ACCC 11693←南京农业大学农业环境微生物菌种保藏中心；原始编号：BM2 NAECC0778；3 天内完全降解 50mg/L 苯氧基苯甲醇；分离源：污泥；分离地点：江苏江宁铜山第一农药；培养基：0033；培养温度：30℃。

ACCC 11696←南京农业大学农业环境微生物菌种保藏中心；原始编号：DK8 NAECC0782；在以 5g/L 葡萄糖为碳源的 M9 基础盐培养基中，能耐受 1 000mg/L 的丁草胺；分离源：污水；分离地点：南通江山农药厂；培养基：0971；培养温度：30℃。

ACCC 11701←南京农业大学农业环境微生物菌种保藏中心；原始编号：BCL53 NAECC0795；在 1/10LB 培养基中以 50mg/L 吡虫啉为唯一碳源培养，6 天内吡虫啉降解率 30％左右；分离源：土壤；分离地点：浙江省台州市；培养基：0033；培养温度：30℃。

ACCC 11702←南京农业大学农业环境微生物菌种保藏中心；原始编号：BCL97 NAECC0797；在 1/10LB 培养基中以 50mg/L 吡虫啉为唯一碳源培养，6 天内吡虫啉降解率 30％左右；分离源：土壤；分离地点：江苏省南京市玄武区；培养基：0033；培养温度：30℃。

ACCC 11704←南京农业大学农业环境微生物菌种保藏中心；原始编号：BCL99 NAECC0799；在 1/10LB 培养基中以 50mg/L 吡虫啉为唯一碳源培养，6 天内吡虫啉降解率 30％左右；分离源：土壤；分离地点：江苏省南京市玄武区；培养基：0033；培养温度：30℃。

ACCC 11708←南京农业大学农业环境微生物菌种保藏中心；原始编号：XLL-8 NAECC0807；在无机盐培养基中以辛硫磷为唯一碳源培养，6 天内可在固体培养基上形成透明的水解圈；分离源：土壤；分离地点：山东省淄博市博山区农；培养基：0033；培养温度：30℃。

ACCC 11712←南京农业大学农业环境微生物菌种保藏中心；原始编号：Ben-1 NAECC0816；在无机盐培养基中降解 100mg/L 苯酚，降解率为 80％～90％；分离源：草坪土；分离地点：江苏省南京农业大学；培养基：0033；培养温度：30℃。

ACCC 11713←南京农业大学农业环境微生物菌种保藏中心；原始编号：Dui-7 NAECC0818；在无机盐培养基中降解 100mg/L 对氨基苯甲酸，降解率为 80％～90％；分离源：土壤；分离地点：江苏省南京农业大学；培养基：0033；培养温度：30℃。

ACCC 11715←南京农业大学农业环境微生物菌种保藏中心；原始编号：FND-1 NAECC0820；在无机盐培养基中降解 100mg/L 呋喃丹，降解率为 40％～50％；分离源：水；分离地点：江苏徐州；培养基：0033；培养温度：30℃。

ACCC 11757←南京农业大学农业环境微生物菌种保藏中心；原始编号：BJSX NAECC0959；能于 30℃、24h 内降解 35％以上的浓度为 100mg/L 苯甲酸，苯甲酸为唯一碳源（无机盐培养基）；分离源：土壤；分离地点：江苏省南京市卫岗菜园；培养基：0033；培养温度：30℃。

ACCC 11758←南京农业大学农业环境微生物菌种保藏中心；原始编号：BJSY NAECC0960；在无机盐培养基中添加 100mg/L 倍硫磷，降解率达 30％左右；分离源：土壤；分离地点：江苏省南京市卫岗菜园；培养基：0033；培养温度：30℃。

ACCC 11759←南京农业大学农业环境微生物菌种保藏中心；原始编号：BJSZ NAECC0961；在无机盐培养基中添加 100mg/L 倍硫磷，降解率达 30％左右；分离源：土壤；分离地点：江苏省南京市卫岗菜园；培养基：0033；培养温度：30℃。

ACCC 11760←南京农业大学农业环境微生物菌种保藏中心；原始编号：BSL1 NAECC0962；在无机盐培养基中添加 100mg/L 倍硫磷，降解率达 30％左右；分离源：土壤；分离地点：江苏省南京市卫岗菜园；培养基：0033；培养温度：30℃。

ACCC 11762←南京农业大学农业环境微生物菌种保藏中心；原始编号：BSL2A NAECC0964；在无机盐培养基中添加 100mg/L 倍硫磷，降解率达 40％左右；分离源：土壤；分离地点：江苏省南京市卫岗菜园；培养基：0033；培养温度：30℃。

ACCC 11763←南京农业大学农业环境微生物菌种保藏中心；原始编号：BSL2B NAECC0965；在无机盐培养基中添加 100mg/L 倍硫磷，降解率达 40％左右；分离源：土壤；分离地点：江苏省南京市卫岗菜园；培养基：0033；培养温度：30℃。

ACCC 11764←南京农业大学农业环境微生物菌种保藏中心；原始编号：BSL3 NAECC0966；在无机盐培养基中添加 100mg/L 倍硫磷，降解率达 30％左右；分离源：土壤；分离地点：江苏省南京市卫岗菜园；培养基：0033；培养温度：30℃。

ACCC 11767←南京农业大学农业环境微生物菌种保藏中心；原始编号：BSLX NAECC0973；能于 30℃、24h 内降解 30％以上的浓度为 100mg/L 倍硫磷，以倍硫磷为唯一碳源（无机盐培养基）；分离源：土壤；分离地点：江苏省南京市卫岗菜园；培养基：0033；培养温度：30℃。

ACCC 11768←南京农业大学农业环境微生物菌种保藏中心；原始编号：BSLY NAECC0974；能于 30℃、24h 内降解 33％以上的浓度为 100mg/L 倍硫磷，以倍硫磷为唯一碳源（无机盐培养基）；分离源：土壤；分离地点：江苏省南京市卫岗菜园；培养基：0033；培养温度：30℃。

ACCC 11769←南京农业大学农业环境微生物菌种保藏中心；原始编号：DJF1 NAECC0975；在无机盐培养基中添加 100mg/L 对甲酚，降解率达 50％左右；分离源：土壤；分离地点：江苏省南京市卫岗菜园；培养基：0033；培养温度：30℃。

ACCC 11773←南京农业大学农业环境微生物菌种保藏中心；原始编号：DJFZ NAECC0978；在无机盐培养基中添加 100mg/L 倍硫磷，降解率达 30％左右；分离源：土壤；分离地点：江苏省南京市卫岗菜园；培养基：0033；培养温度：30℃。

ACCC 11776←南京农业大学农业环境微生物菌种保藏中心；原始编号：D9 NAECC0982；可耐受高浓度敌稗，降解敌稗，降解率达 30％～50％；分离源：土壤；培养基：0971；培养温度：30℃。

ACCC 11777←南京农业大学农业环境微生物菌种保藏中心；原始编号：D25 NAECC0983；可耐受高浓度敌稗，降解敌稗，降解率达 30％～50％；分离源：土壤；培养基：0971；培养温度：30℃。

ACCC 11780←南京农业大学农业环境微生物菌种保藏中心；原始编号：DB5 NAECC0986；可耐受高浓度敌稗，降解敌稗，降解率达 30％～50％；分离源：土壤；培养基：0971；培养温度：30℃。

ACCC 11781←南京农业大学农业环境微生物菌种保藏中心；原始编号：JNW1 NAECC0987；可耐受高浓度甲萘威，降解甲萘威，降解率达 30％～50％；分离源：土壤；培养基：0971；培养温度：30℃。

ACCC 11783←南京农业大学农业环境微生物菌种保藏中心；原始编号：JNW8 NAECC0989；可耐受高浓度甲萘威，降解甲萘威，降解率达 30％～50％；分离源：土壤；培养基：0971；培养温度：30℃。

ACCC 11786←南京农业大学农业环境微生物菌种保藏中心；原始编号：PNP1 NAECC0994；可耐受高浓度对硝基酚，降解对硝基酚，降解率达 30％～50％；分离源：土壤；培养基：0971；培养温度：30℃。

ACCC 11789←南京农业大学农业环境微生物菌种保藏中心；原始编号：PNP13 NAECC0997；可耐受高浓度对硝基酚，降解对硝基酚，降解率达 30％～50％；分离源：土壤；培养基：0971；培养温度：30℃。

ACCC 11790←南京农业大学农业环境微生物菌种保藏中心；原始编号：PNP15 NAECC0998；可耐受高浓度对硝基酚，降解对硝基酚，降解率达 30％～50％；分离源：土壤；培养基：0971；培养温度：30℃。

ACCC 11791←南京农业大学农业环境微生物菌种保藏中心；原始编号：SMW2 NAECC0999；可耐受高浓度速灭威，降解速灭威，降解率达 30％～50％；分离源：土壤；培养基：0971；培养温度：30℃。

ACCC 11793←南京农业大学农业环境微生物菌种保藏中心；原始编号：SMW6，NAECC01001；可耐受高浓度速灭威，降解速灭威，降解率达 30％～50％；分离源：土壤；培养基：0971；培养温度：30℃。

ACCC 11799←南京农业大学农业环境微生物菌种保藏中心；原始编号：L4，NAECC01008；在无在无机盐培养基中添加 50mg/L 乐果，降解率达 35％；分离源：土壤；分离地点：南京卫岗菜园；培养基：0971；培养温度：30℃。

ACCC 11800←南京农业大学农业环境微生物菌种保藏中心；原始编号：4H1，NAECC01009；在无机盐培养基中添加 100mg/L 的 4-氯苯甲酸，降解率达 40％；分离源：土壤；分离地点：江西余江红壤生态开放；培养基：0971；培养温度：30℃。

ACCC 11803←南京农业大学农业环境微生物菌种保藏中心；原始编号：BJC3，NAECC01015；在无机盐培养基中添加 100mg/L 的苯甲醇，降解率达 50％；分离源：土壤；分离地点：江西余江红壤生态开放地；培养基：0971；培养温度：30℃。

ACCC 11805←南京农业大学农业环境微生物菌种保藏中心；原始编号：FLL10，NAECC1023；在无机盐培养基中添加 50mg/L 氟乐灵，降解率达 30％；分离源：土壤；分离地点：江苏大丰市丰山农药厂；培养基：0971；培养温度：30℃。

ACCC 11809←南京农业大学农业环境微生物菌种保藏中心；原始编号：L31，NAECC1032；在无机盐培养基中添加 50mg/L 乐果，降解率达 35％；分离源：土壤；分离地点：江苏南京卫岗菜园；培养基：0971；培养温度：30℃。

ACCC 11814←南京农业大学农业环境微生物菌种保藏中心；原始编号：PDS-7，NAECC1041；在无机盐培养基中以 50mg/L 对硝基苯酚为唯一碳源培养，24h 内对硝基苯酚降解率大于 90％；分离源：土壤；分离地点：江苏省南京第一农药厂；培养基：0033；培养温度：30℃。

ACCC 11816←南京农业大学农业环境微生物菌种保藏中心；原始编号：PYX1，NAECC1043；在无机盐培养基中以 50mg/L 对硝基苯酚为唯一碳源培养，24h 内对硝基苯酚降解率大于 90％；分离源：土壤；分离地点：江苏省无锡市锡南农药厂；培养基：0033；培养温度：30℃。

ACCC 11822←南京农业大学农业环境微生物菌种保藏中心；原始编号：QWM1-2，NAECC1061；在无机盐培养基中以 20mg/L 氰戊菊酯为唯一碳源培养，3 天内降解率约为 80％；分离源：土壤；分离地点：江苏省南京第一农药厂；培养基：0033；培养温度：30℃。

ACCC 11823←南京农业大学农业环境微生物菌种保藏中心；原始编号：XSP-ZL-3，NAECC1062；在无机盐培养基中以 100mg/L 辛硫磷为唯一碳源培养，3 天内降解率约为 60％以上；分离源：土壤；分离地点：河南永信生物农药股份；培养基：0033；培养温度：30℃。

ACCC 11827←南京农业大学农业环境微生物菌种保藏中心；原始编号：BJS-Z-1，NAECC1069；在无机盐培养基中以 60mg/L 苯甲酸为唯一碳源培养，3 天内降解率大于 90％；分离源：土壤；分离地点：江苏省南京市第一农药厂；培养基：0033；培养温度：30℃。

ACCC 11830←南京农业大学农业环境微生物菌种保藏中心；原始编号：LIN 2-2，NAECC1072；在无机盐培养基中以 100mg/L 邻苯二酚为唯一碳源培养，3 天内降解率大于 90％；分离源：土壤；分离地点：江苏省南京市第一农药厂；培养基：0033；培养温度：30℃。

ACCC 11841←南京农业大学农业环境微生物菌种保藏中心；原始编号：M191，NAECC1092；在无机盐培养基中以 5mg/L 孔雀石绿为碳源与 1/6L B 共代谢培养，2 天内孔雀石绿降解率大于 50％；分离源：市售水产品体表；分离地点：江苏省连云港市场；培养基：0033；培养温度：30℃。

ACCC 11847←南京农业大学农业环境微生物菌种保藏中心；原始编号：M343，NAECC1100；在无机盐培养基中以 3mg/L 孔雀石绿为唯一碳源培养，3 天内孔雀石绿降解率大于 50％；分离源：土壤；分离地点：江苏省南京市玄武区校；培养基：0033；培养温度：30℃。

ACCC 11848←南京农业大学农业环境微生物菌种保藏中心；原始编号：M1463，NAECC1101；在无机盐培养基中以 3mg/L 孔雀石绿为唯一碳源培养，3 天内孔雀石绿降解率大于 80％；分离源：水样；分离地点：江苏省赣榆县河蟹苗；培养基：0033；培养温度：30℃。

ACCC 11851←南京农业大学农业环境微生物菌种保藏中心；原始编号：6-SL3，NAECC1105；分离源：污泥；分离地点：江苏南京；培养基：0033；培养温度：30℃。

ACCC 11852←南京农业大学农业环境微生物菌种保藏中心；原始编号：6-SLY，NAECC1106；分离源：污泥；分离地点：江苏南京；培养基：0033；培养温度：30℃。

ACCC 11854←南京农业大学农业环境微生物菌种保藏中心；原始编号：Na-A3-1，NAECC1114；分离源：淤泥；分离地点：山东东营；培养基：0033；培养温度：30℃。

ACCC 11836←南京农业大学农业环境微生物菌种保藏中心；原始编号：M92-1，NAECC1086；在无机盐培养基中以 5mg/L 孔雀石绿为碳源；与 1/6L B 共代谢培养，2 天内孔雀石绿降解率大于 60％；分离源：市售水产品体表；分离地点：江苏省连云港市；培养基：0033；培养温度：30℃。

Pseudomonas straminea （corrig.） **Iizuka and Komagata 1963 稻草假单胞菌**

ACCC 10526←中科院微生物研究所；培养基：0033；培养温度：30℃。

Pseudomonas stutzeri （Lehmann and Neumann 1896） **Sijderius 1946 斯氏假单胞菌**

ACCC 01639←中国农业科学院生物技术研究所；原始编号：BRI-00294，ΔluxR；教学科研，探讨菌株趋化性与固氮酶活性；分离地点：广东省；培养基：0003；培养温度：30℃。

ACCC 01640←中国农业科学院生物技术研究所；原始编号：BRI-00295，ΔfleR；教学科研，探讨细菌趋化性；分离地点：广东省；培养基：0003；培养温度：30℃。

ACCC 01641←中国农业科学院生物技术研究所；原始编号：BRI-00296，ΔfleQ；教学科研，探讨对细菌趋化性的影响；分离地点：广东省；培养基：0003；培养温度：30℃。

ACCC 01975←中国农业科学院农业资源与农业区划研究所；原始编号：20，LF-4 2；纤维素降解菌；分离地点：山西临汾；培养基：0002；培养温度：30℃。

ACCC 01976←中国农业科学院农业资源与农业区划研究所；原始编号：28，L27-4；纤维素降解菌；分离地点：山东胜利油田；培养基：0002；培养温度：30℃。

ACCC 01977←中国农业科学院农业资源与农业区划研究所；原始编号：53，LH2-3；纤维素降解菌；分离地点：吉林安图长白山；培养基：0002；培养温度：30℃。

ACCC 02159←中国农业科学院农业资源与农业区划研究所；原始编号：102，AN36；以萘、芴作为唯一碳源生长；分离地点：山东胜利油田；培养基：0002；培养温度：30℃。

ACCC 02294←中国农业科学院生物技术研究所；原始编号：BRIL00353；教学科研，研究 BenR 调控蛋白的作用；培养基：0033；培养温度：30℃。

ACCC 02295←中国农业科学院生物技术研究所；原始编号：BRIL00354；教学科研，研究 PcaR 调控蛋白的作用；培养基：0033；培养温度：30℃。

ACCC 02521←南京农业大学农业环境微生物菌种保藏中心；原始编号：X3，NAECC1195；在无机盐培养基中降解 30mg/L 西维因，降解率为 100%，且能降解 30mg/L 1-萘酚，降解率为 100%；分离地点：江苏省徐州；培养基：0033；培养温度：30℃。

ACCC 02758←南京农业大学农业环境微生物菌种保藏中心；原始编号：DA-1，NAECC1569；能于 30℃、极端碱性菌（pH 值 12），碱性酪蛋白平板上分泌碱性蛋白酶，形成透明圈；分离地点：南京农业大学排污口；培养基：0002；培养温度：30℃。

ACCC 02823←南京农业大学农业环境微生物菌种保藏中心；原始编号：N9-4，NAECC1558；能于 30℃、24h 降解约 1 000mg/L 萘，降解率为 85%，萘为唯一碳源（无机盐培养基）；分离地点：山东省东营市东城区；培养基：0002；培养温度：30℃。

ACCC 02874←南京农业大学农业环境微生物菌种保藏中心；原始编号：P5，NAECC1359；在 M9 培养基中抗普斯特的浓度达 500mg/L；分离地点：江苏省南京市玄武区；培养基：0002；培养温度：30℃。

ACCC 04243←广东省广州微生物研究所；原始编号：D 桶 3Y2；培养基：0002；培养温度：30℃。

ACCC ACCC 02243←广东省广州微生物研究所；原始编号：D 桶 3Y2；分离地点：广东广州；培养基：0002；培养温度：30℃。

Pseudomonas synxantha （Ehrenberg 1840） **Holland 1920 产黄假单胞菌**

ACCC 01046←中国农业科学院农业资源与农业区划研究所；原始编号：FX1H-2-1；具有处理富营养水体和养殖废水潜力；分离地点：河北邯郸大社鱼塘；培养基：0002；培养温度：28℃。

Pseudomonas syringae **van Hall 1902 丁香假单胞菌**

ACCC 03874←中国农业科学院饲料研究所；原始编号：B366；分离地点：江西鄱阳县；培养基：0002；培养温度：26℃。

ACCC 03876←中国农业科学院饲料研究所；原始编号：B368；饲料用纤维素酶、植酸酶、木聚糖酶等的筛选；分离地点：江西鄱阳县；培养基：0002；培养温度：26℃。

ACCC 03890←中国农业科学院饲料研究所；原始编号：B382；饲料用纤维素酶、植酸酶、木聚糖酶等的筛选；分离地点：江西鄱阳县；培养基：0002；培养温度：26℃。

ACCC 03898←中国农业科学院饲料研究所；原始编号：B390；饲料用纤维素酶、植酸酶、木聚糖酶等的筛
选；分离地点：江西鄱阳县；培养基：0002；培养温度：26℃。

ACCC 03900←中国农业科学院饲料研究所；原始编号：B392；饲料用纤维素酶、植酸酶、木聚糖酶等的筛
选；分离地点：江西鄱阳县；培养基：0002；培养温度：26℃。

ACCC 03902←中国农业科学院饲料研究所；原始编号：B396；饲料用纤维素酶、植酸酶、木聚糖酶等的筛
选；分离地点：江西鄱阳县；培养基：0002；培养温度：26℃。

ACCC 03903←中国农业科学院饲料研究所；原始编号：B398；饲料用纤维素酶、植酸酶、木聚糖酶等的筛
选；分离地点：江西鄱阳县；培养基：0002；培养温度：26℃。

ACCC 03906←中国农业科学院饲料研究所；原始编号：B401；饲料用纤维素酶、植酸酶、木聚糖酶等的筛
选；分离地点：江西鄱阳县；培养基：0002；培养温度：26℃。

ACCC 03907←中国农业科学院饲料研究所；原始编号：B402；饲料用纤维素酶、植酸酶、木聚糖酶等的筛
选；分离地点：江西鄱阳县；培养基：0002；培养温度：26℃。

ACCC 03908←中国农业科学院饲料研究所；原始编号：B403；饲料用纤维素酶、植酸酶、木聚糖酶等的筛
选；分离地点：江西鄱阳县；培养基：0002；培养温度：26℃。

ACCC 03910←中国农业科学院饲料研究所；原始编号：B405；饲料用纤维素酶、植酸酶、木聚糖酶等的筛
选；分离地点：江西鄱阳县；培养基：0002；培养温度：26℃。

ACCC 03912←中国农业科学院饲料研究所；原始编号：B408；饲料用纤维素酶、植酸酶、木聚糖酶等的筛
选；分离地点：江西鄱阳县；培养基：0002；培养温度：26℃。

ACCC 03914←中国农业科学院饲料研究所；原始编号：B410；饲料用纤维素酶、植酸酶、木聚糖酶等的筛
选；分离地点：江西鄱阳县；培养基：0002；培养温度：26℃。

ACCC 03918←中国农业科学院饲料研究所；原始编号：B415；饲料用纤维素酶、植酸酶、木聚糖酶等的筛
选；分离地点：江西鄱阳县；培养基：0002；培养温度：26℃。

ACCC 03919←中国农业科学院饲料研究所；原始编号：B416；饲料用纤维素酶、植酸酶、木聚糖酶等的筛
选；分离地点：江西鄱阳县；培养基：0002；培养温度：26℃。

ACCC 03924←中国农业科学院饲料研究所；原始编号：B421；饲料用纤维素酶、植酸酶、木聚糖酶等的筛
选；分离地点：江西鄱阳县；培养基：0002；培养温度：26℃。

ACCC 03926←中国农业科学院饲料研究所；原始编号：B423；饲料用纤维素酶、植酸酶、木聚糖酶等的筛
选；分离地点：江西鄱阳县；培养基：0002；培养温度：26℃。

ACCC 03927←中国农业科学院饲料研究所；原始编号：B424；饲料用纤维素酶、植酸酶、木聚糖酶等的筛
选；分离地点：江西鄱阳县；培养基：0002；培养温度：26℃。

ACCC 03930←中国农业科学院饲料研究所；原始编号：B427；饲料用纤维素酶、植酸酶、木聚糖酶等的筛
选；分离地点：江西鄱阳县；培养基：0002；培养温度：26℃。

ACCC 03935←中国农业科学院饲料研究所；原始编号：B432；饲料用纤维素酶、植酸酶、木聚糖酶等的筛
选；分离地点：江西鄱阳县；培养基：0002；培养温度：26℃。

ACCC 03937←中国农业科学院饲料研究所；原始编号：B434；饲料用纤维素酶、植酸酶、木聚糖酶等的筛
选；分离地点：江西鄱阳县；培养基：0002；培养温度：26℃。

ACCC 03938←中国农业科学院饲料研究所；原始编号：B435；饲料用纤维素酶、植酸酶、木聚糖酶等的筛
选；分离地点：江西鄱阳县；培养基：0002；培养温度：26℃。

ACCC 10396←首都师范大学←中科院微生物研究所←湖南省农业科学院；＝ATCC 19875＝AS 1.1794；培
养基：0033；培养温度：30℃。

Pseudomonas syringae van Hall 1902（Approved Lists 1980）pv. _theae_ 丁香假单胞菌茶致病变种

ACCC 02008←新疆农业科学院微生物研究所；原始编号：LB73，XAAS10324；分离地点：新疆乌鲁木齐；
培养基：0033；培养温度：20℃。

Pseudomonas taetrolens Haynes 1957 腐臭假单胞菌

ACCC 01114←中国农业科学院农业资源与农业区划研究所；原始编号：Hg-17-2；具有用作耐重金属基因

资源潜力；分离地点：北京市大兴区电镀厂；培养基：0002；培养温度：28℃。

***Pseudomonas taiwanensis* Wang et al. 2010 台湾假单菌**

ACCC 05529←中国农业科学院农业资源与农业区划研究所；分离源：水稻根内生；分离地点：湖南省祁阳县官山坪；培养基：0441；培养温度：37℃。

***Pseudomonas thivervalensis* Achouak et al. 2000 赛维瓦尔假单胞菌**

ACCC 01049←中国农业科学院农业资源与农业区划研究所；原始编号：FX1H-1-2；具有处理富营养水体和养殖废水潜力；分离地点：北京市农业科学院试验地；培养基：0002；培养温度：28℃。

ACCC 05526←中国农业科学院农业资源与农业区划研究所；分离源：水稻根内生；分离地点：湖南省祁阳县官山坪；培养基：0441；培养温度：37℃。

ACCC 05527←中国农业科学院农业资源与农业区划研究所；分离源：水稻根内生；分离地点：湖南省祁阳县官山坪；培养基：0441；培养温度：37℃。

ACCC 05557←中国农业科学院农业资源与农业区划研究所；分离源：水稻根内生；分离地点：湖南省祁阳县官山坪；培养基：0908；培养温度：37℃。

ACCC 05558←中国农业科学院农业资源与农业区划研究所；分离源：水稻根内生；分离地点：湖南省祁阳县官山坪；培养基：0908；培养温度：37℃。

ACCC 05559←中国农业科学院农业资源与农业区划研究所；分离源：水稻根内生；分离地点：湖南省祁阳县官山坪；培养基：0908；培养温度：37℃。

***Pseudomonas tolaasii* Paine 1919 托拉氏假单孢菌**

ACCC 01267←中国农业科学院农业资源与农业区划研究所；张瑞颖提供；培养基：0002；培养温度：30℃。

***Pseudomonas trivialis* Behrendt et al. 2003 平凡假单胞菌**

ACCC 01232←新疆农业科学院微生物研究所；原始编号：XJAA10361，LB77；培养基：0033；培养温度：20℃。

***Pseudomonas umsongensis* Kwon et al. 2003 阴城假单胞菌**

ACCC 05513←中国农业科学院农业资源与农业区划研究所；分离源：水稻根内生；分离地点：湖南省祁阳县官山坪；培养基：0441；培养温度：37℃。

ACCC 05523←中国农业科学院农业资源与农业区划研究所；分离源：水稻根内生；分离地点：湖南省祁阳县官山坪；培养基：0441；培养温度：37℃。

ACCC 05548←中国农业科学院农业资源与农业区划研究所；分离源：水稻根内生；分离地点：湖南省祁阳县官山坪；培养基：0974；培养温度：37℃。

ACCC 05562←中国农业科学院农业资源与农业区划研究所；分离源：水稻根内生；分离地点：湖南省祁阳县官山坪；培养基：0908；培养温度：37℃。

***Pseudomonas veronii* Elomari et al. 1996 威隆假单胞菌**

ACCC 02524←南京农业大学农业环境微生物菌种保藏中心；原始编号：BFXJ-8，NAECC1204；可以以100mg/L苯酚为唯一碳源生长，24h内降解率98.6%；分离地点：江苏省无锡市惠山区锡；培养基：0002；培养温度：30℃。

ACCC 02656←南京农业大学农业环境微生物菌种保藏中心；原始编号：J7，NAECC1176；在M9培养基中抗甲磺隆的浓度达500mg/L；分离地点：江苏省南京市卫岗菜园；培养基：0971；培养温度：30℃。

ACCC 02706←南京农业大学农业环境微生物菌种保藏中心；原始编号：BM3，NAECC1383；在M9培养基中以氯嘧磺隆为唯一氮源培养，6天内降解率可达50%左右；分离地点：江苏省金坛农田；培养基：0971；培养温度：30℃。

ACCC 02707←南京农业大学农业环境微生物菌种保藏中心；原始编号：BM4，NAECC1384；在M9培养基中以氯嘧磺隆为唯一氮源培养，6天内降解率可达50%左右；分离地点：江苏省金坛农田；培养基：0971；培养温度：30℃。

ACCC 05575←中国农业科学院农业资源与农业区划研究所；分离源：水稻根内；分离地点：湖南省祁阳县官山坪；培养基：0908；培养温度：37℃。

ACCC 05577←中国农业科学院农业资源与农业区划研究所；分离源：水稻根内；分离地点：湖南省祁阳县官山坪；培养基：0908；培养温度：37℃。

ACCC 05580←中国农业科学院农业资源与农业区划研究所；分离源：水稻根内；分离地点：湖南省祁阳县官山坪；培养基：0908；培养温度：37℃。

Pseudomonas viridiflava（Burkholder 1930）Dowson 1939 浅绿黄假单胞菌（菜豆荚斑病假单胞菌）

ACCC 10922←北京首都师范大学；原始编号：B92-10-99；培养基：0033；培养温度：30℃。

Pseudoxanthomonas mexicana Thierry et al. 2004 墨西哥假黄单胞菌

ACCC 02780←南京农业大学农业环境微生物菌种保藏中心；原始编号：P2-3，NAECC1720；可以以苯酚为唯一碳源生长，在3天时间内可降解100mg/L的苯酚90%；分离地点：江苏徐州新宜农药厂；培养基：0002；培养温度：30℃。

ACCC 02951←中国农业科学院农业资源与农业区划研究所；原始编号：GD-26-1-2，7020；可以用来研发生产用的生物肥料；分离地点：河北省高碑店辛庄镇；培养基：0065；培养温度：28℃。

ACCC 03228←中国农业科学院农业资源与农业区划研究所；原始编号：GDJ-2-1-1；可以用来研发生产用的生物肥料；分离地点：河北邯郸；培养基：0065；培养温度：28℃。

ACCC 03268←中国农业科学院农业资源与农业区划研究所；原始编号：BaP-44-4；可以用来研发农田土壤及环境修复微生物制剂；培养基：0002；培养温度：28℃。

ACCC 03269←中国农业科学院农业资源与农业区划研究所；原始编号：BaP-23-1；可以用来研发农田土壤及环境修复微生物制剂；培养基：0002；培养温度：28℃。

Psychrobacter sp. 嗜冷单胞菌

ACCC 02170←中国农业科学院农业资源与农业区划研究所；原始编号：211，AC15-1；以萘、芴作为唯一碳源生长；分离地点：湖北武汉；培养基：0002；培养温度：30℃。

ACCC 02201←中国农业科学院农业资源与农业区划研究所；原始编号：601，L23；以萘、芴作为唯一碳源生长；分离地点：湖北武汉；培养基：0002；培养温度：30℃。

ACCC 11832←南京农业大学农业环境微生物菌种保藏中心；原始编号：M14 NAECC1078；在无机盐培养基中以5mg/L的孔雀石绿为碳源；与1/6LB共代谢培养，2天内孔雀石绿降解率大于60%；分离源：市售水产品体表；分离地点：江苏省连云港鱼市场；培养基：0033；培养温度：30℃。

ACCC 11838←南京农业大学农业环境微生物菌种保藏中心；原始编号：M176NAECC1089；在无机盐培养基中以5mg/L孔雀石绿为碳源；与1/6LB共代谢培养，2天内孔雀石绿降解率大于80%；分离源：市售水产品体表；分离地点：江苏省连云港鱼市场；培养基：0033；培养温度：30℃。

ACCC 11839←南京农业大学农业环境微生物菌种保藏中心；原始编号：M178 NAECC1090；在无机盐培养基中以5mg/L孔雀石绿为碳源与1/6LB共代谢培养，2天内孔雀石绿降解率大于50%；分离源：市售水产品体表；分离地点：江苏省连云港鱼市场；培养基：0033；培养温度：30℃。

Rahnella aquatilis Izard et al. 1981 水生拉恩氏菌

ACCC 02189←中国农业科学院农业资源与农业区划研究所；原始编号：411，F24；以磷酸三钙、磷矿石作为唯一磷源生长；分离地点：湖南浏阳；培养基：0002；培养温度：30℃。

ACCC 03929←中国农业科学院饲料研究所；原始编号：B426；饲料用纤维素酶、植酸酶、木聚糖酶等的筛选；分离地点：江西鄱阳县；培养基：0002；培养温度：26℃。

ACCC 03933←中国农业科学院饲料研究所；原始编号：B430；饲料用纤维素酶、植酸酶、木聚糖酶等的筛选；分离地点：江西鄱阳县；培养基：0002；培养温度：26℃。

ACCC 03939←中国农业科学院饲料研究所；原始编号：B436；饲料用纤维素酶、植酸酶、木聚糖酶等的筛选；分离地点：江西鄱阳县；培养基：0002；培养温度：26℃。

Ralstonia eutropha （Davis 1969） **Yabuuchi et al. 1996 富养罗尔斯通氏菌**

ACCC 01020←中国农业科学院农业资源与农业区划研究所；原始编号：GD-35-1-13；具有生产生物肥料潜力；分离地点：山东蓬莱；培养基：0065；培养温度：28℃。

Ralstonia solanacearum （Smith 1896） **Yabuuchi et al. 1996 茄科雷尔氏菌**

ACCC 01469←广东省广州微生物研究所；原始编号：GIM CW-1 CW-1；大肉姜品种抗性水平鉴定；分离地点：广东阳春；培养基：0002；培养温度：30℃。

ACCC 01470←广东省广州微生物研究所；原始编号：GIM GY-2 GY-2；辣椒品种抗性水平鉴定；培养基：0002；培养温度：30℃。

ACCC 01471←广东省广州微生物研究所；原始编号：GIM NX-1 NX-1；烟草品种抗性水平鉴定；培养基：0002；培养温度：30℃。

ACCC 01473←广东省广州微生物研究所；原始编号：GIM RR-2 RR-2；花生品种抗性水平鉴定；培养基：0002；培养温度：30℃。

ACCC 01474←广东省广州微生物研究所；原始编号：GIM YC-35 YC-35；沙姜品种抗性水平鉴定；培养基：0002；培养温度：30℃。

ACCC 03535←农业部热带作物研究院；原始编号：CATAS EPPI2118；分离地点：海南儋州；培养基：0014；培养温度：28～30℃。

ACCC 03536←农业部热带作物研究院；原始编号：CATAS EPPI2120；分离地点：海南儋州；培养基：0014；培养温度：28～30℃。

Ralstonia sp. 雷尔氏菌

ACCC 01140 罗尔斯通氏菌←中国农业科学院农业资源与农业区划研究所；原始编号：GD-27-1-2；具有生产固氮生物肥料潜力；分离地点：河北省高碑店辛庄镇；培养基：0065；培养温度：28℃。

ACCC 02550←南京农业大学农业环境微生物菌种保藏中心；原始编号：D1-6，NAECC1075；在无机盐培养基中以50mg/L对氨基苯甲酸为唯一碳源培养，3天内降解率大于90%；分离地点：江苏省南京市第一农药厂；培养基：0033；培养温度：30℃。

ACCC 02553←南京农业大学农业环境微生物菌种保藏中心；原始编号：D1-3，NAECC1052；在无机盐培养基中以50mg/L对氨基苯甲酸为唯一碳源培养，3天内降解率大于90%；培养基：0033；培养温度：30℃。

ACCC 11787←南京农业大学农业环境微生物菌种保藏中心；原始编号：PNP11 NAECC0995；在无机盐培养基中添加100mg/L对硝基酚，降解率达30%～50%；分离源：土壤；培养基：0971；培养温度：30℃。

Ralstonia taiwanensis Chen et al. 2001 台湾雷尔氏菌

ACCC 03117←中国农业科学院农业资源与农业区划研究所；原始编号：BaP-19-1，7233；可以用来研发农田土壤及环境修复微生物制剂；分离地点：北京市大兴区礼贤乡；培养基：0002；培养温度：28℃。

ACCC 03144←中国农业科学院农业资源与农业区划研究所；原始编号：BaP-20-2；培养基：0002；培养温度：28℃。

ACCC 03254←中国农业科学院农业资源与农业区划研究所；原始编号：BaP-18-1；可以用来研发农田土壤及环境修复微生物制剂；培养基：0002；培养温度：28℃。

Rathayibacter tritici （Carlson and Vidaver 1982） **Zgurskaya et al. 1993 小麦蜜穗棒形杆菌**

ACCC 03104←中国农业科学院农业资源与农业区划研究所；原始编号：GD-57-1-4，7216；可以用来研发生产用的生物肥料；分离地点：黑龙江五常市；培养基：0065；培养温度：28℃。

Rheinheimera pacifica Romanenko et al. 2003 太平洋莱茵海默氏菌

ACCC 05484^T←中国农业科学院农业资源与农业区划研究所←DSMZ←CCUG←L. A. Romanenko, KMM；培养基：0033；培养温度：28℃。

Rheinheimera baltica Brettar et al. 2002 波罗的海莱茵海默氏菌

ACCC 10046^T←DSMZ 14885；培养基：0033；培养温度：28℃。

Rhizobacter dauci corrig. Goto and Kuwata 1988 胡萝卜根杆菌（胡萝卜根瘤杆菌）

ACCC 10509^T← ATCC← M Goto← H. Kuwata；= ATCC4 3778 = ICMP 9400；培养基：452；培养温度：28℃。

Rhizobium etli Segovia et al. 1993 菜豆根瘤菌

ACCC 18501←中国农业科学院土肥所←阿根廷赠（F46）；与菜豆共生固氮；培养基：0063；培养温度：28～30℃。

ACCC 18502←中国农业科学院土肥所←阿根廷赠（F47）；与菜豆共生固氮；培养基：0063；培养温度：28～30℃。

ACCC 18503←中国农业科学院土肥所←阿根廷赠（F48）；与菜豆共生固氮；培养基：0063；培养温度：28～30℃。

ACCC 18504←中国农业科学院土肥所←美国（2667）；与菜豆共生固氮；培养基：0063；培养温度：28～30℃。

ACCC 18505←中国农业科学院土肥所←美国根瘤菌公司（127K17）；与菜豆、四季豆共生固氮；培养基：0063；培养温度：28～30℃。

ACCC 18506←中国农业科学院土肥所←美国根瘤菌公司（127K80）；与菜豆共生固氮；培养基：0063；培养温度：28～30℃。

ACCC 14243←中国农业科学院资源区划所←中国农业大学；原始编号：CCBAU 01448，NMCL018；与中间锦鸡儿结瘤固氮；分离地点：内蒙古中间锦鸡儿根瘤；培养基：0063；培养温度：28～30℃。

Rhizobium etli Segovia et al. 1993 埃特里根瘤菌

ACCC 01534←新疆农业科学院微生物研究所；原始编号：XAAS10089 1.089；分离地点：新疆焉耆博湖；培养基：0476；培养温度：20℃。

Rhizobium gallicum Amarger et al. 1997 高卢根瘤菌

ACCC 14223←中国农业科学院资源区划所←中国农业大学；原始编号：CCBAU 01388，351；与中间锦鸡儿结瘤固氮；分离地点：内蒙古中间锦鸡儿根瘤；培养基：0063；培养温度：28～30℃。

ACCC 14225←中国农业科学院资源区划所←中国农业大学；原始编号：CCBAU 01390，355；与中间锦鸡儿结瘤固氮；分离地点：内蒙古中间锦鸡儿根瘤；培养基：0063；培养温度：28～30℃。

ACCC 14226←中国农业科学院资源区划所←中国农业大学；原始编号：CCBAU 01392，357；与中间锦鸡儿结瘤固氮；分离地点：内蒙古中间锦鸡儿根瘤；培养基：0063；培养温度：28～30℃。

ACCC 14323←中国农业科学院资源区划所←中国农业大学；原始编号：CCBAU 01532，NMCL214；与中间锦鸡儿结瘤固氮；分离地点：内蒙古中间锦鸡儿根瘤；培养基：0063；培养温度：28～30℃。

ACCC 14354←中国农业科学院资源区划所←中国农业大学；原始编号：CCBAU 03283，323；与中间锦鸡儿结瘤固氮；分离地点：山西中间锦鸡儿根瘤；培养基：0063；培养温度：28～30℃。

ACCC 14355←中国农业科学院资源区划所←中国农业大学；原始编号：CCBAU 03285，325；与中间锦鸡儿结瘤固氮；分离地点：山西中间锦鸡儿根瘤；培养基：0063；培养温度：28～30℃。

ACCC 14360←中国农业科学院资源区划所←中国农业大学；原始编号：CCBAU 03290，353；与中间锦鸡儿结瘤固氮；分离地点：山西中间锦鸡儿根瘤；培养基：0063；培养温度：28～30℃。

ACCC 14361←中国农业科学院资源区划所←中国农业大学；原始编号：CCBAU 03291，354；与中间锦鸡儿结瘤固氮；分离地点：山西中间锦鸡儿根瘤；培养基：0063；培养温度：28～30℃。

ACCC 14362←中国农业科学院资源区划所←中国农业大学；原始编号：CCBAU 03293，377；与中间锦鸡儿结瘤固氮；分离地点：山西中间锦鸡儿根瘤；培养基：0063；培养温度：28～30℃。

ACCC 14363←中国农业科学院资源区划所←中国农业大学；原始编号：CCBAU 03294，378；与中间锦鸡儿结瘤固氮；分离地点：山西中间锦鸡儿根瘤；培养基：0063；培养温度：28～30℃。

ACCC 14364←中国农业科学院资源区划所←中国农业大学；原始编号：CCBAU 03295，380；与中间锦鸡儿结瘤固氮；分离地点：山西中间锦鸡儿根瘤；培养基：0063；培养温度：28～30℃。

ACCC 14365←中国农业科学院资源区划所←中国农业大学；原始编号：CCBAU 03296，446；与中间锦鸡儿结瘤固氮；分离地点：山西中间锦鸡儿根瘤；培养基：0063；培养温度：28～30℃。

ACCC 14382←中国农业科学院资源区划所←中国农业大学；原始编号：CCBAU 03310，640；与中间锦鸡儿结瘤固氮；分离地点：山西中间锦鸡儿根瘤；培养基：0063；培养温度：28～30℃。

ACCC 14384←中国农业科学院资源区划所←中国农业大学；原始编号：CCBAU 65318，166；与中间锦鸡儿结瘤固氮；分离地点：云南中间锦鸡儿根瘤；培养基：0063；培养温度：28～30℃。

ACCC 14385←中国农业科学院资源区划所←中国农业大学；原始编号：CCBAU 65319，198；与二色锦鸡儿结瘤固氮；分离地点：云南二色锦鸡儿根瘤；培养基：0063；培养温度：28～30℃。

ACCC 14386←中国农业科学院资源区划所←中国农业大学；原始编号：CCBAU 65321，202；与中间锦鸡儿结瘤固氮；分离地点：云南中间锦鸡儿根瘤；培养基：0063；培养温度：28～30℃。

ACCC 14388←中国农业科学院资源区划所←中国农业大学；原始编号：CCBAU 65323，204；与中间锦鸡儿结瘤固氮；分离地点：云南中间锦鸡儿根瘤；培养基：0063；培养温度：28～30℃。

ACCC 14389←中国农业科学院资源区划所←中国农业大学；原始编号：CCBAU 65324，2028；与中间锦鸡儿结瘤固氮；分离地点：云南中间锦鸡儿根瘤；培养基：0063；培养温度：28～30℃。

ACCC 14390←中国农业科学院资源区划所←中国农业大学；原始编号：CCBAU 65325，268；与锦鸡儿结瘤固氮；分离地点：云南锦鸡儿根瘤；培养基：0063；培养温度：28～30℃。

ACCC 14771←中国农业科学院资源区划所←中国农业大学；原始编号：CCBAU 03069；与歪头菜结瘤固氮；分离地点：山西歪头菜根瘤；培养基：0063；培养温度：28～30℃。

ACCC 14850←中国农业科学院资源区划所←中国农业大学；原始编号：CCBAU 65309；与野豌豆结瘤固氮；分离地点：云南野豌豆根瘤；培养基：0063；培养温度：28～30℃。

ACCC 14851←中国农业科学院资源区划所←中国农业大学；原始编号：CCBAU 65308；与野豌豆结瘤固氮；分离地点：云南野豌豆根瘤；培养基：0063；培养温度：28～30℃。

ACCC 14853←中国农业科学院资源区划所←中国农业大学；原始编号：CCBAU 73048；与广布野豌豆结瘤固氮；分离地点：甘肃文县刘家坪广布野豌豆根瘤；培养基：0063；培养温度：28～30℃。

ACCC 14866←中国农业科学院资源区划所←中国农业大学；原始编号：CCBAU 73055；与窄叶野豌豆结瘤固氮；分离地点：甘肃文县窄叶野豌豆根瘤；培养基：0063；培养温度：28～30℃。

Rhizobium galegae Lindstrom 1989 山羊豆根瘤菌

ACCC 19010←中国农业科学院土肥所；葛诚赠；与山羊豆共生固氮；培养基：0063；培养温度：28～30℃。

ACCC 14227←中国农业科学院资源区划所←中国农业大学；原始编号：CCBAU 01393，359；与中间锦鸡儿结瘤固氮；分离地点：内蒙古中间锦鸡儿根瘤；培养基：0063；培养温度：28～30℃。

ACCC 14357←中国农业科学院资源区划所←中国农业大学；原始编号：CCBAU 03287，327；与中间锦鸡儿结瘤固氮；分离地点：山西中间锦鸡儿根瘤；培养基：0063；培养温度：28～30℃。

ACCC 14358←中国农业科学院资源区划所←中国农业大学；原始编号：CCBAU 03288，328；与中间锦鸡儿结瘤固氮；分离地点：山西中间锦鸡儿根瘤；培养基：0063；培养温度：28～30℃。

Rhizobium giardinii Amarger et al. 1997 吉氏根瘤菌

ACCC 02940←中国农业科学院农业资源与农业区划研究所；原始编号：GD-7-1-1，7006；可以用来研发生产用的生物肥料；分离地点：北京市朝阳区黑庄户；培养基：0065；培养温度：28℃。

ACCC 02952←中国农业科学院农业资源与农业区划研究所；原始编号：GD-55-1-2，7021；可以用来研发生产用的生物肥料；分离地点：辽宁师大；培养基：0065；培养温度：28℃。

ACCC 02980←中国农业科学院农业资源与农业区划研究所；原始编号：GD-33-1-2，7056；可以用来研发生产用的生物肥料；分离地点：河北省高碑店市辛庄镇；培养基：0065；培养温度：28℃。

ACCC 03001←中国农业科学院农业资源与农业区划研究所；原始编号：GD-B-CL2-1-2，7080；可以用来研发生产用的生物肥料；分离地点：北京试验地；培养基：0065；培养温度：28℃。

Rhizobium huautlense Wang et al. 1998 华特拉根瘤菌

ACCC 01538←新疆农业科学院微生物研究所；原始编号：XAAS10114 1.114；分离地点：新疆库尔勒上户

谷地；培养基：0476；培养温度：20℃。

Rhizobium loti Jarvis et al. 1982 百脉根中间根瘤菌

ACCC 10292←ATCC；分离源：*Lupinus* sp；培养基：0063；培养温度：30℃。

Rhizobium leguminosarum（Frank 1879）Frank 1889 豌豆根瘤菌

ACCC 16001←中国农业科学院土肥所；从野豌豆根瘤分离（5001）；与豌豆共生固氮；培养基：0063；培养温度：28～30℃。

ACCC 16004←中国农业科学院土肥所；从野豌豆根瘤分离（5002）；与豌豆共生固氮；培养基：0063；培养温度：28～30℃。

ACCC 16010←中国农业科学院土肥所；从华南苕子根瘤分离（5010）；与豌豆共生固氮；培养基：0063；培养温度：28～30℃。

ACCC 16017←中国农业科学院土肥所；从陕西省武功野豌豆根瘤分离（5017）；蚕豆、豌豆共生固氮；培养基：0063；培养温度：28～30℃。

ACCC 16042←中国农业科学院土肥所（5042）←罗马尼亚（225）；与豌豆共生固氮；培养基：0063；培养温度：28～30℃。

ACCC 16050←中国农业科学院土肥所（5057）←四川农学院（川蚕57）；与豌豆共生固氮；培养基：0063；培养温度：28～30℃。

ACCC 16053←中国农业科学院土肥所（5053）←四川农学院（川蚕2号）；与豌豆共生固氮；培养基：0063；培养温度：28～30℃。

ACCC 16054←中国农业科学院土肥所←四川农学院（川蚕128）；与豌豆共生固氮；培养基：0063；培养温度：28～30℃。

ACCC 16058←中国农业科学院土肥所←广东中国农业科学院土肥所（B13）；与豌豆共生固氮；培养基：0063；培养温度：28～30℃。

ACCC 16059←中国农业科学院土肥所←广东中国农业科学院土肥所（A17）；与豌豆共生固氮；培养基：0063；培养温度：28～30℃。

ACCC 16063←中国农业科学院土肥所←美国农业部（USDA Hoq18）；与豌豆共生固氮；培养基：0063；培养温度：28～30℃。

ACCC 16064←中国农业科学院土肥所←美国农业部（3H0Q44）；与豌豆共生固氮；培养基：0063；培养温度：28～30℃。

ACCC 16067←中国农业科学院土肥所←美国（2355）；与蚕豆、豌豆共生固氮；培养基：0063；培养温度：28～30℃。

ACCC 16068←中国农业科学院土肥所←美国（2356）；与蚕豆、豌豆共生固氮；培养基：0063；培养温度：28～30℃。

ACCC 16069←中国农业科学院土肥所←美国农业部（2357）；与蚕豆、豌豆共生固氮；培养基：0063；培养温度：28～30℃。

ACCC 16072←中国农业科学院土肥所←阿根廷赠（D1）；与豌豆共生固氮；培养基：0063；培养温度：28～30℃。

ACCC 16073←中国农业科学院土肥所←阿根廷赠（D53）；与豌豆、蚕豆共生固氮；培养基：0063；培养温度：28～30℃。

ACCC 16074←中国农业科学院土肥所←阿根廷赠（D138）；与豌豆、蚕豆共生固氮；培养基：0063；培养温度：28～30℃。

ACCC 16075←中国农业科学院土肥所←云南农业科学院土肥所（蚕豆27-3）；与豌豆、蚕豆共生固氮；培养基：0063；培养温度：28～30℃。

ACCC 16076←中国农业科学院土肥所←云南农业科学院土肥所（蚕豆49）；与豌豆、蚕豆共生固氮；培养基：0063；培养温度：28～30℃。

ACCC 16077←中国农业科学院土肥所←云南农业科学院土肥所（蚕豆12-3）；与豌豆、蚕豆共生固氮；培养基：0063；培养温度：28～30℃。

ACCC 16078←中国农业科学院土肥所←云南农业科学院土肥所（蚕豆22-4-1）；与豌豆、蚕豆共生固氮；
培养基：0063；培养温度：28～30℃。

ACCC 16079←中国农业科学院土肥所←中科院微生物研究所（1.87）；与豌豆、蚕豆共生固氮；培养基：
0063；培养温度：28～30℃。

ACCC 16080←中国农业科学院土肥所←中科院微生物研究所（1.144）；与豌豆、蚕豆共生固氮；培养基：
0063；培养温度：28～30℃。

ACCC 16081←中国农业科学院土肥所←中科院微生物研究所（1.145）；与豌豆、蚕豆共生固氮；培养基：
0063；培养温度：28～30℃。

ACCC 16082←中国农业科学院土肥所葛诚赠←中国农业大←美国（ATCC10004）；模式菌株；培养基：
0063；培养温度：28～30℃。

ACCC 16501←中国农业科学院土肥所←湖南省长沙市微生物研究所（225）；与苕子共生固氮；培养基：
0063；培养温度：28～30℃。

ACCC 16502←中国农业科学院土肥所←浙江农业科学院（7008）；与苕子共生固氮。培养基：0063；
28～30℃。

ACCC 16505←中国农业科学院土肥所；从苕子根瘤中分离（7012）；与苕子共生固氮；培养基：0063；培
养温度：28～30℃。

ACCC 16509←中国农业科学院土肥所←中科院南京土壤所分离；与苕子共生固氮；培养基：0063；培养温
度：28～30℃。

ACCC 16110←中国农业科学院土肥所；刘惠琴1986年从畜牧所采瘤分离；原始编号：CP8612；与豌豆、
蚕豆、苕子共生固氮；培养基：0063；培养温度：28～30℃。

ACCC 16101←中国农业科学院土肥所；宁国赞1986年从畜牧所采瘤分离；原始编号：CP8613；与豌豆、
蚕豆、苕子共生固氮；培养基：0063；培养温度：28～30℃。

ACCC 16102←中国农业科学院土肥所；刘惠琴1986年从畜牧所采瘤分离；原始编号：CP8618；与豌豆、
蚕豆、苕子共生固氮；培养基：0063；培养温度：28～30℃。

ACCC 16103←中国农业科学院土肥所；刘惠琴1986年从畜牧所采瘤分离；原始编号：CP8630；与豌豆、
蚕豆、苕子共生固氮；培养基：0063；培养温度：28～30℃。

ACCC 16104←中国农业科学院土肥所；刘惠琴、宁国赞，1986年从畜牧所采瘤分离；原始编号：CP8636；
与豌豆、蚕豆、苕子共生固氮；培养基：0063；培养温度：28～30℃。

ACCC 16105←中国农业科学院土肥所；刘惠琴1986年从畜牧所采瘤分离；原始编号：CP8642；与豌豆、
蚕豆、苕子共生固氮；培养基：0063；培养温度：28～30℃。

ACCC 16106←中国农业科学院土肥所；刘惠琴1986年从畜牧所采瘤分离；原始编号：CP8643；与豌豆、
蚕豆、苕子共生固氮；培养基：0063；培养温度：28～30℃。

ACCC 16107←中国农业科学院土肥所；刘惠琴1986年从畜牧所采瘤分离；原始编号：CP8649；与豌豆、
蚕豆、苕子共生固氮；培养基：0063；培养温度：28～30℃。

ACCC 16108←中国农业科学院土肥所；宁国赞1986年从畜牧所采瘤分离；原始编号：CP8666；与豌豆、
蚕豆、苕子共生固氮；培养基：0063；培养温度：28～30℃。

ACCC 14232←中国农业科学院资源区划所←中国农业大学；分离地点：内蒙古中间锦鸡儿根瘤；原始编
号：CCBAU 01401，445；与中间锦鸡儿结瘤固氮；培养基：0063；培养温度：28～30℃。

ACCC 14235←中国农业科学院资源区划所←中国农业大学；分离地点：内蒙古中间锦鸡儿根瘤；原始编
号：CCBAU 01407，573；与中间锦鸡儿结瘤固氮；培养基：0063；培养温度：28～30℃。

ACCC 14337←中国农业科学院资源区划所←中国农业大学；分离地点：山西中间锦鸡儿根瘤；原始编号：
CCBAU 03250，44；与中间锦鸡儿结瘤固氮；培养基：0063；培养温度：28～30℃。

ACCC 14338←中国农业科学院资源区划所←中国农业大学；分离地点：山西中间锦鸡儿根瘤；原始编号：
CCBAU 03251，45；与中间锦鸡儿结瘤固氮；培养基：0063；培养温度：28～30℃。

ACCC 14545←中国农业科学院资源区划所←西北农林科技大学；分离地点：新疆南口镇骆驼刺；原始编号：CCNWOX01-2，CCNWXJ0103，培养基：0063；培养温度：28～30℃。

ACCC 14546←中国农业科学院资源区划所←西北农林科技大学；分离地点：新疆南口镇骆驼刺；原始编号：CCNWOX05-1，CCNWXJ0108，培养基：0063；培养温度：28～30℃。

ACCC 14547←中国农业科学院资源区划所←西北农林科技大学；分离地点：新疆南口镇骆驼刺；原始编号：CCNWOX07-1，CCNWXJ0109，培养基：0063；培养温度：28～30℃。

ACCC 14548←中国农业科学院资源区划所←西北农林科技大学；分离地点：新疆南口镇骆驼刺；原始编号：CCNWOX07-2，CCNWXJ0110，培养基：0063；培养温度：28～30℃。

ACCC 14742←中国农业科学院资源区划所←中国农业大学；分离地点：山西歪头菜根瘤；原始编号：CCBAU 65336，375；与歪头菜结瘤固氮；培养基：0063；培养温度：28～30℃。

ACCC 14743←中国农业科学院资源区划所←中国农业大学；分离地点：内蒙古歪头菜结瘤；原始编号：CCBAU 03096，SX153；与歪头菜结瘤固氮；培养基：0063；培养温度：28～30℃。

ACCC 14744←中国农业科学院资源区划所←中国农业大学；分离地点：内蒙古大野豌豆根瘤；原始编号：CCBAU 01222，NM322；与大野豌豆结瘤固氮；培养基：0063；培养温度：28～30℃。

ACCC 14745←中国农业科学院资源区划所←中国农业大学；分离地点：内蒙古山野豌豆根瘤；原始编号：CCBAU 01050；与山野豌豆结瘤固氮；培养基：0063；培养温度：28～30℃。

ACCC 14746←中国农业科学院资源区划所←中国农业大学；分离地点：山西豌豆根瘤；原始编号：CCBAU 03031；与豌豆结瘤固氮；培养基：0063；培养温度：28～30℃。

ACCC 14747←中国农业科学院资源区划所←中国农业大学；分离地点：山西歪头菜根瘤；原始编号：CCBAU 03130，SX215；与歪头菜结瘤固氮；培养基：0063；培养温度：28～30℃。

ACCC 14748←中国农业科学院资源区划所←中国农业大学；分离地点：内蒙古大叶野豌豆根瘤；原始编号：CCBAU 01162，NM259；与大叶野豌豆结瘤固氮；培养基：0063；培养温度：28～30℃。

ACCC 14749←中国农业科学院资源区划所←中国农业大学；分离地点：内蒙古大叶野豌豆根瘤；原始编号：CCBAU 01167，NM266；与大叶野豌豆结瘤固氮；培养基：0063；培养温度：28～30℃。

ACCC 14752←中国农业科学院资源区划所←中国农业大学；分离地点：内蒙古大叶野豌豆根瘤；原始编号：CCBAU 01031，NM052；与大叶野豌豆结瘤固氮；培养基：0063；培养温度：28～30℃。

ACCC 14753←中国农业科学院资源区划所←中国农业大学；分离地点：内蒙古救荒野豌豆根瘤；原始编号：CCBAU 01221；与救荒野豌豆结瘤固氮；培养基：0063；培养温度：28～30℃。

ACCC 14754←中国农业科学院资源区划所←中国农业大学；分离地点：内蒙古大野豌豆根瘤；原始编号：CCBAU 01069，NM116；与大野豌豆结瘤固氮；培养基：0063；培养温度：28～30℃。

ACCC 14757←中国农业科学院资源区划所←中国农业大学；分离地点：内蒙古广布野豌豆根瘤；原始编号：CCBAU 01093；与广布野豌豆结瘤固氮；培养基：0063；培养温度：28～30℃。

ACCC 14758←中国农业科学院资源区划所←中国农业大学；分离地点：内蒙古救荒野豌豆根瘤；原始编号：CCBAU 01100，NM155；与救荒野豌豆结瘤固氮；培养基：0063；培养温度：28～30℃。

ACCC 14759←中国农业科学院资源区划所←中国农业大学；分离地点：内蒙古山野豌豆根瘤；原始编号：CCBAU 01208；与山野豌豆结瘤固氮；培养基：0063；培养温度：28～30℃。

ACCC 14760←中国农业科学院资源区划所←中国农业大学；分离地点：内蒙古救荒野豌豆根瘤；原始编号：CCBAU 01066；与救荒野豌豆结瘤固氮；培养基：0063；培养温度：28～30℃。

ACCC 14761←中国农业科学院资源区划所←中国农业大学；分离地点：山西豌豆根瘤；原始编号：CCBAU 03047；与豌豆结瘤固氮；培养基：0063；培养温度：28～30℃。

ACCC 14763←中国农业科学院资源区划所←中国农业大学；分离地点：内蒙古豌豆根瘤；原始编号：CCBAU 01195；与豌豆结瘤固氮；培养基：0063；培养温度：28～30℃。

ACCC 14764←中国农业科学院资源区划所←中国农业大学；分离地点：内蒙古救荒野豌豆根瘤；原始编号：CCBAU 01067；与救荒野豌豆结瘤固氮；培养基：0063；培养温度：28～30℃。

ACCC 14765←中国农业科学院资源区划所←中国农业大学；分离地点：山西巢菜根瘤；原始编号：

CCBAU 03198，SX287-2；与巢菜结瘤固氮；培养基：0063；培养温度：28～30℃。

ACCC 14766←中国农业科学院资源区划所←中国农业大学；分离地点：河北广布野豌豆根瘤；原始编号：CCBAU 05124；与广布野豌豆结瘤固氮；培养基：0063；培养温度：28～30℃。

ACCC 14767←中国农业科学院资源区划所←中国农业大学；分离地点：内蒙古山野豌豆根瘤；原始编号：CCBAU 01214；与山野豌豆结瘤固氮；培养基：0063；培养温度：28～30℃。

ACCC 14773←中国农业科学院资源区划所←中国农业大学；分离地点：内蒙古多茎野豌豆根瘤；原始编号：CCBAU 01194；与多茎野豌豆结瘤固氮；培养基：0063；培养温度：28～30℃。

ACCC 14774←中国农业科学院资源区划所←中国农业大学；分离地点：内蒙古豌豆根瘤；原始编号：CCBAU 01009；与豌豆结瘤固氮；培养基：0063；培养温度：28～30℃。

ACCC 14775←中国农业科学院资源区划所←中国农业大学；分离地点：河北广布野豌豆根瘤；原始编号：CCBAU 05064；与广布野豌豆结瘤固氮；培养基：0063；培养温度：28～30℃。

ACCC 14776←中国农业科学院资源区划所←中国农业大学；分离地点：山西野豌豆根瘤；原始编号：CCBAU 03062，SX110；与野豌豆结瘤固氮；培养基：0063；培养温度：28～30℃。

ACCC 14778←中国农业科学院资源区划所←中国农业大学；分离地点：内蒙古广布野豌豆根瘤；原始编号：CCBAU 01030，NM550；与广布野豌豆结瘤固氮；培养基：0063；培养温度：28～30℃。

ACCC 14779←中国农业科学院资源区划所←中国农业大学；分离地点：山西山野豌豆根瘤；原始编号：CCBAU 03142，SX225；与山野豌豆结瘤固氮；培养基：0063；培养温度：28～30℃。

ACCC 14780←中国农业科学院资源区划所←中国农业大学；分离地点：山西大野豌豆根瘤；原始编号：CCBAU 03139，SX222；与大野豌豆结瘤固氮；培养基：0063；培养温度：28～30℃。

ACCC 14781←中国农业科学院资源区划所←中国农业大学；分离地点：山西山野豌豆根瘤；原始编号：CCBAU 03064，SX112；与山野豌豆结瘤固氮；培养基：0063；培养温度：28～30℃。

ACCC 14782←中国农业科学院资源区划所←中国农业大学；分离地点：河北歪头菜根瘤；原始编号：CCBAU 05061；与歪头菜结瘤固氮；培养基：0063；培养温度：28～30℃。

ACCC 14785←中国农业科学院资源区划所←中国农业大学；分离地点：内蒙古脉叶野豌豆根瘤；原始编号：CCBAU 01033；与脉叶野豌豆结瘤固氮；培养基：0063；培养温度：28～30℃。

ACCC 14786←中国农业科学院资源区划所←中国农业大学；分离地点：内蒙古救荒野豌豆根瘤；原始编号：CCBAU 01220；与救荒野豌豆结瘤固氮；培养基：0063；培养温度：28～30℃。

ACCC 14787←中国农业科学院资源区划所←中国农业大学；分离地点：内蒙古索伦野豌豆根瘤；原始编号：CCBAU 01029；与索伦野豌豆结瘤固氮；培养基：0063；培养温度：28～30℃。

ACCC 14788←中国农业科学院资源区划所←中国农业大学；分离地点：内蒙古歪头菜根瘤；原始编号：CCBAU 01080；与歪头菜结瘤固氮；培养基：0063；培养温度：28～30℃。

ACCC 14789←中国农业科学院资源区划所←中国农业大学；分离地点：内蒙古多茎野豌豆根瘤；原始编号：CCBAU 01008；与多茎野豌豆结瘤固氮；培养基：0063；培养温度：28～30℃。

ACCC 14790←中国农业科学院资源区划所←中国农业大学；分离地点：内蒙古大叶野豌豆根瘤；原始编号：CCBAU 01202；与大叶野豌豆结瘤固氮；培养基：0063；培养温度：28～30℃。

ACCC 14791←中国农业科学院资源区划所←中国农业大学；分离地点：内蒙古大叶野豌豆根瘤；原始编号：CCBAU 01143；与大叶野豌豆结瘤固氮；培养基：0063；培养温度：28～30℃。

ACCC 14792←中国农业科学院资源区划所←中国农业大学；分离地点：内蒙古歪头菜根瘤；原始编号：CCBAU 01032；与歪头菜结瘤固氮；培养基：0063；培养温度：28～30℃。

ACCC 14793←中国农业科学院资源区划所←中国农业大学；分离地点：内蒙古山野豌豆根瘤；原始编号：CCBAU 01079，NM129；与山野豌豆结瘤固氮；培养基：0063；培养温度：28～30℃。

ACCC 14796←中国农业科学院资源区划所←中国农业大学；分离地点：辽宁鞍山市千山大叶野豌豆根瘤；原始编号：CCBAU 11001；与大叶野豌豆结瘤固氮；培养基：0063；培养温度：28～30℃。

ACCC 14797←中国农业科学院资源区划所←中国农业大学；分离地点：辽宁山野豌豆根瘤；原始编号：CCBAU 13077；与山野豌豆结瘤固氮；培养基：0063；培养温度：28～30℃。

ACCC 14798←中国农业科学院资源区划所←中国农业大学；分离地点：辽宁广布野豌豆根瘤；原始编号：CCBAU 11057；与广布野豌豆结瘤固氮；培养基：0063；培养温度：28～30℃。

ACCC 14799←中国农业科学院资源区划所←中国农业大学；分离地点：辽宁鞍山市千山歪头菜根瘤；原始编号：CCBAU 11008；与歪头菜结瘤固氮；培养基：0063；培养温度：28～30℃。

ACCC 14804←中国农业科学院资源区划所←中国农业大学；分离地点：山东歪头菜根瘤；原始编号：CCBAU 25092；与歪头菜结瘤固氮；培养基：0063；培养温度：28～30℃。

ACCC 14805←中国农业科学院资源区划所←中国农业大学；分离地点：山东歪头菜根瘤；原始编号：CCBAU 25238；与歪头菜结瘤固氮；培养基：0063；培养温度：28～30℃。

ACCC 14806←中国农业科学院资源区划所←中国农业大学；分离地点：山东歪头菜根瘤；原始编号：CCBAU 25251；与歪头菜结瘤固氮；培养基：0063；培养温度：28～30℃。

ACCC 14807←中国农业科学院资源区划所←中国农业大学；分离地点：安徽豌豆根瘤；原始编号：CCBAU 23102；与豌豆结瘤固氮；培养基：0063；培养温度：28～30℃。

ACCC 14808←中国农业科学院资源区划所←中国农业大学；分离地点：山东歪头菜根瘤；原始编号：CCBAU 25158；与歪头菜结瘤固氮；培养基：0063；培养温度：28～30℃。

ACCC 14811←中国农业科学院资源区划所←中国农业大学；分离地点：山东歪头菜根瘤；原始编号：CCBAU 25257；与歪头菜结瘤固氮；培养基：0063；培养温度：28～30℃。

ACCC 14814←中国农业科学院资源区划所←中国农业大学；分离地点：山东歪头菜根瘤；原始编号：CCBAU 25259；与歪头菜结瘤固氮；培养基：0063；培养温度：28～30℃。

ACCC 14815←中国农业科学院资源区划所←中国农业大学；分离地点：安徽豌豆根瘤；原始编号：CCBAU 23105；与豌豆结瘤固氮；培养基：0063；培养温度：28～30℃。

ACCC 14817←中国农业科学院资源区划所←中国农业大学；分离地点：安徽豌豆根瘤；原始编号：CCBAU 23103；与豌豆结瘤固氮；培养基：0063；培养温度：28～30℃。

ACCC 14819←中国农业科学院资源区划所←中国农业大学；分离地点：江西豌豆根瘤；原始编号：CCBAU 33211；与豌豆结瘤固氮；培养基：0063；培养温度：28～30℃。

ACCC 14820←中国农业科学院资源区划所←中国农业大学；分离地点：江西豌豆根瘤；原始编号：CCBAU 33208；与豌豆结瘤固氮；培养基：0063；培养温度：28～30℃。

ACCC 14821←中国农业科学院资源区划所←中国农业大学；分离地点：江西豌豆根瘤；原始编号：CCBAU 33207；与豌豆结瘤固氮；培养基：0063；培养温度：28～30℃。

ACCC 14822←中国农业科学院资源区划所←中国农业大学；分离地点：河南歪头菜根瘤；原始编号：CCBAU 45160；与歪头菜结瘤固氮；培养基：0063；培养温度：28～30℃。

ACCC 14826←中国农业科学院资源区划所←中国农业大学；分离地点：河南歪头菜根瘤；原始编号：CCBAU 45203；与歪头菜结瘤固氮；培养基：0063；培养温度：28～30℃。

ACCC 14828←中国农业科学院资源区划所←中国农业大学；分离地点：河南野豌豆根瘤；原始编号：CCBAU 45132；与野豌豆结瘤固氮；培养基：0063；培养温度：28～30℃。

ACCC 14831←中国农业科学院资源区划所←中国农业大学；分离地点：湖北华中野豌豆根瘤；原始编号：CCBAU 43165；与华中野豌豆结瘤固氮；培养基：0063；培养温度：28～30℃。

ACCC 14832←中国农业科学院资源区划所←中国农业大学；分离地点：河南歪头菜根瘤；原始编号：CCBAU 45017；与歪头菜结瘤固氮；培养基：0063；培养温度：28～30℃。

ACCC 14835←中国农业科学院资源区划所←中国农业大学；分离地点：河南歪头菜根瘤；原始编号：CCBAU 45170；与歪头菜结瘤固氮；培养基：0063；培养温度：28～30℃。

ACCC 14836←中国农业科学院资源区划所←中国农业大学；分离地点：湖北豌豆根瘤；原始编号：CCBAU 43227；与豌豆结瘤固氮；培养基：0063；培养温度：28～30℃。

ACCC 14838←中国农业科学院资源区划所←中国农业大学；分离地点：河南确山野豌豆根瘤；原始编号：CCBAU 45009；与确山野豌豆结瘤固氮；培养基：0063；培养温度：28～30℃。

ACCC 14839←中国农业科学院资源区划所←中国农业大学；分离地点：河南野豌豆根瘤；原始编号：

CCBAU 45173；与野豌豆结瘤固氮；培养基：0063；培养温度：28～30℃。

ACCC 14840←中国农业科学院资源区划所←中国农业大学；分离地点：云南野豌豆根瘤；原始编号：CCBAU 65030；与野豌豆结瘤固氮；培养基：0063；培养温度：28～30℃。

ACCC 14842←中国农业科学院资源区划所←中国农业大学；分离地点：云南广布野豌豆根瘤；原始编号：CCBAU 65033；与广布野豌豆结瘤固氮；培养基：0063；培养温度：28～30℃。

ACCC 14844←中国农业科学院资源区划所←中国农业大学；分离地点：云南野豌豆根瘤；原始编号：CCBAU 65622，091-1；与野豌豆结瘤固氮；培养基：0063；培养温度：28～30℃。

ACCC 14848←中国农业科学院资源区划所←中国农业大学；分离地点：云南广布野豌豆根瘤；原始编号：CCBAU 65031；与广布野豌豆结瘤固氮；培养基：0063；培养温度：28～30℃。

ACCC 14852←中国农业科学院资源区划所←中国农业大学；分离地点：甘肃长柔毛野豌豆根瘤；原始编号：CCBAU 73135，G402；与长柔毛野豌豆结瘤固氮；培养基：0063；培养温度：28～30℃。

ACCC 14854←中国农业科学院资源区划所←中国农业大学；分离地点：甘肃长柔毛野豌豆根瘤；原始编号：CCBAU 73096；与长柔毛野豌豆结瘤固氮；培养基：0063；培养温度：28～30℃。

ACCC 14855←中国农业科学院资源区划所←中国农业大学；分离地点：甘肃救荒野豌豆根瘤；原始编号：CCBAU 73056，G134；与救荒野豌豆结瘤固氮；培养基：0063；培养温度：28～30℃。

ACCC 14856←中国农业科学院资源区划所←中国农业大学；分离地点：甘肃长柔毛野豌豆根瘤；原始编号：CCBAU 73143，G422；与长柔毛野豌豆结瘤固氮；培养基：0063；培养温度：28～30℃。

ACCC 14857←中国农业科学院资源区划所←中国农业大学；分离地点：甘肃长柔毛野豌豆根瘤；原始编号：CCBAU 73128；与长柔毛野豌豆结瘤固氮；培养基：0063；培养温度：28～30℃。

ACCC 14858←中国农业科学院资源区划所←中国农业大学；分离地点：甘肃山野豌豆根瘤；原始编号：CCBAU 73050；与山野豌豆结瘤固氮；培养基：0063；培养温度：28～30℃。

ACCC 14859←中国农业科学院资源区划所←中国农业大学；分离地点：甘肃广布野豌豆根瘤；原始编号：CCBAU 73182；与广布野豌豆结瘤固氮；培养基：0063；培养温度：28～30℃。

ACCC 14860←中国农业科学院资源区划所←中国农业大学；分离地点：甘肃野豌豆根瘤；原始编号：CCBAU 73115；与野豌豆结瘤固氮；培养基：0063；培养温度：28～30℃。

ACCC 14861←中国农业科学院资源区划所←中国农业大学；分离地点：甘肃广布野豌豆根瘤；原始编号：CCBAU 73094，G288；与广布野豌豆结瘤固氮；培养基：0063；培养温度：28～30℃。

ACCC 14862←中国农业科学院资源区划所←中国农业大学；分离地点：陕西救荒野豌豆根瘤；原始编号：CCBAU 71205，sh396；与救荒野豌豆结瘤固氮；培养基：0063；培养温度：28～30℃。

ACCC 14863←中国农业科学院资源区划所←中国农业大学；分离地点：陕西宽苞豌豆根瘤；原始编号：CCBAU 71159；与宽苞豌豆结瘤固氮；培养基：0063；培养温度：28～30℃。

ACCC 14864←中国农业科学院资源区划所←中国农业大学；分离地点：甘肃长柔毛野豌豆根瘤；原始编号：CCBAU 73108；与长柔毛野豌豆结瘤固氮；培养基：0063；培养温度：28～30℃。

ACCC 14865←中国农业科学院资源区划所←中国农业大学；分离地点：甘肃救荒野豌豆根瘤；原始编号：CCBAU 73064，G146；与救荒野豌豆结瘤固氮；培养基：0063；培养温度：28～30℃。

ACCC 14867←中国农业科学院资源区划所←中国农业大学；分离地点：陕西救荒野豌豆根瘤；原始编号：CCBAU 71207，sh397；与救荒野豌豆结瘤固氮；培养基：0063；培养温度：28～30℃。

ACCC 14868←中国农业科学院资源区划所←中国农业大学；分离地点：陕西歪头菜根瘤；原始编号：CCBAU 71196；与歪头菜结瘤固氮；培养基：0063；培养温度：28～30℃。

ACCC 14870←中国农业科学院资源区划所←中国农业大学；分离地点：陕西野豌豆根瘤；原始编号：CCBAU 71193；与野豌豆结瘤固氮；培养基：0063；培养温度：28～30℃。

ACCC 14871←中国农业科学院资源区划所←中国农业大学；分离地点：陕西救荒野豌豆根瘤；原始编号：CCBAU 71125；与救荒野豌豆结瘤固氮；培养基：0063；培养温度：28～30℃。

ACCC 14872←中国农业科学院资源区划所←中国农业大学；分离地点：陕西野豌豆根瘤；原始编号：CCBAU 71015，Sh0375；与野豌豆结瘤固氮；培养基：0063；培养温度：28～30℃。

ACCC 14873←中国农业科学院资源区划所←中国农业大学；救荒野豌豆根瘤；原始编号：CCBAU 71124；
与救荒野豌豆结瘤固氮；培养基：0063；培养温度：28～30℃。

ACCC 14874←中国农业科学院资源区划所←中国农业大学；分离地点：甘肃野豌豆根瘤；原始编号：
CCBAU 73031；与野豌豆结瘤固氮；培养基：0063；培养温度：28～30℃。

ACCC 14875←中国农业科学院资源区划所←中国农业大学；分离地点：陕西山野豌豆根瘤；原始编号：
CCBAU 71040；与山野豌豆结瘤固氮；培养基：0063；培养温度：28～30℃。

ACCC 14876←中国农业科学院资源区划所←中国农业大学；分离地点：甘肃窄叶野豌豆根瘤；原始编号：
CCBAU 73070，G168；与窄叶野豌豆结瘤固氮；培养基：0063；培养温度：28～30℃。

ACCC 14877←中国农业科学院资源区划所←中国农业大学；分离地点：甘肃野豌豆根瘤；原始编号：
CCBAU 73131；与野豌豆结瘤固氮；培养基：0063；培养温度：28～30℃。

ACCC 14879←中国农业科学院资源区划所←中国农业大学；分离地点：青海救荒野豌豆根瘤；原始编号：
CCBAU 81027，QH188；与救荒野豌豆结瘤固氮；培养基：0063；培养温度：28～30℃。

ACCC 14880←中国农业科学院资源区划所←中国农业大学；分离地点：新疆野豌豆根瘤；原始编号：
CCBAU 83449；与野豌豆结瘤固氮；培养基：0063；培养温度：28～30℃。

ACCC 14883←中国农业科学院资源区划所←中国农业大学；分离地点：新疆野豌豆根瘤；原始编号：
CCBAU 03130，SX215；与野豌豆结瘤固氮；培养基：0063；培养温度：28～30℃。

ACCC 14885←中国农业科学院资源区划所←中国农业大学；分离地点：新疆豌豆根瘤；原始编号：
CCBAU 83460；与豌豆结瘤固氮；培养基：0063；培养温度：28～30℃。

ACCC 14886←中国农业科学院资源区划所←中国农业大学；分离地点：青海长柔毛野豌豆根瘤；原始编
号：CCBAU 81015，QH043；与长柔毛野豌豆结瘤固氮；培养基：0063；培养温度：28～30℃。

ACCC 14887←中国农业科学院资源区划所←中国农业大学；分离地点：青海窄叶野豌豆根瘤；原始编号：
CCBAU 81080，QH422；与窄叶野豌豆结瘤固氮；培养基：0063；培养温度：28～30℃。

ACCC 14888←中国农业科学院资源区划所←中国农业大学；分离地点：新疆野豌豆根瘤；原始编号：
CCBAU 83451；与野豌豆结瘤固氮；培养基：0063；培养温度：28～30℃。

ACCC 14890←中国农业科学院资源区划所←中国农业大学；分离地点：青海山野豌豆根瘤；原始编号：
CCBAU 81091；与山野豌豆结瘤固氮；培养基：0063；培养温度：28～30℃。

ACCC 15854←中国农业科学院资源区划所←中国农业大学；分离地点：达孜蚕豆根瘤；原始编号：
CCBAU85007；与蚕豆结瘤固氮；培养基：0063；培养温度：28～30℃。

ACCC 15857←中国农业科学院资源区划所←中国农业大学；分离地点：达孜锦鸡儿根瘤；原始编号：
CCBAU85010；与锦鸡儿结瘤固氮；培养基：0063；培养温度：28～30℃。

ACCC 15861←中国农业科学院资源区划所←中国农业大学；分离地点：扎囊香豌豆根瘤；原始编号：
CCBAU85018；与香豌豆结瘤固氮；培养基：0063；培养温度：28～30℃。

ACCC 15862←中国农业科学院资源区划所←中国农业大学；分离地点：扎囊西藏野豌豆根瘤；原始编号：
CCBAU85020；与西藏野豌豆结瘤固氮；培养基：0063；培养温度：28～30℃。

ACCC 15863←中国农业科学院资源区划所←中国农业大学；分离地点：贡嘎西藏野豌豆根瘤；原始编号：
CCBAU85021；与西藏野豌豆结瘤固氮；培养基：0063；培养温度：28～30℃。

ACCC 15868←中国农业科学院资源区划所←中国农业大学；分离地点：德庆西藏野豌豆根瘤；原始编号：
CCBAU85028；与西藏野豌豆结瘤固氮；培养基：0063；培养温度：28～30℃。

ACCC 15870←中国农业科学院资源区划所←中国农业大学；分离地点：都兰西藏野豌豆根瘤；原始编号：
CCBAU85030；与西藏野豌豆结瘤固氮；培养基：0063；培养温度：28～30℃。

ACCC 15873←中国农业科学院资源区划所←中国农业大学；分离地点：安多克什米尔棘豆根瘤；原始编
号：CCBAU85043；与克什米尔棘豆结瘤固氮；培养基：0063；培养温度：28～30℃。

Rhizobium leguminosarum (Frank 1879) Frank 1889 _bv. trifolii_ 三叶草根瘤菌

ACCC 18001←中国农业科学院土肥所←美国农业部（2046）；与红三叶草共生固氮；培养基：0063；培养
温度：28～30℃。

ACCC 18002←中国农业科学院土肥所←新西兰（NZP540）；与红三叶草共生固氮；培养基：0063；培养温度：28～30℃。

ACCC 18003←中国农业科学院土肥所←新西兰（NZP565）；与红三叶草共生固氮；培养基：0063；培养温度：28～30℃。

ACCC 18004←中国农业科学院土肥所←新西兰（NZP561）；与红三叶草共生固氮；培养基：0063；培养温度：28～30℃。

ACCC 18005←中国农业科学院土肥所←美国根瘤菌公司（162BB1）；与三叶草共生固氮；培养基：0063；培养温度：28～30℃。

ACCC 18006←中国农业科学院土肥所←美国农业部（3DIK5）；与三叶草共生固氮；培养基：0063；培养温度：28～30℃。

ACCC 18007←中国农业科学院土肥所←美国农业部（2065）；与白三叶草共生固氮；培养基：0063；培养温度：28～30℃。

ACCC 18008←中国农业科学院土肥所←美国农业部（2066）；与白三叶草共生固氮；培养基：0063；培养温度：28～30℃。

ACCC 18009←中国农业科学院土肥所←新西兰（NZP1）；与白三叶草共生固氮；培养基：0063；培养温度：28～30℃。

ACCC 18010←中国农业科学院土肥所←阿根廷（A22）；与地三叶草共生固氮；培养基：0063；培养温度：28～30℃。

ACCC 18011←中国农业科学院土肥所←阿根廷（A43）；与地三叶草共生固氮；培养基：0063；培养温度：28～30℃。

ACCC 18012←中国农业科学院土肥所←阿根廷（A45）；与地三叶草共生固氮；培养基：0063；培养温度：28～30℃。

ACCC 18013←中国农业科学院土肥所（3001）←罗马尼亚（331）；与三叶草共生固氮；培养基：0063；培养温度：28～30℃。

ACCC 18014←中国农业科学院土肥所（3002）←罗马尼亚（2）；与三叶草共生固氮；培养基：0063；培养温度：28～30℃。

ACCC 18015←中国农业科学院土肥所←美国根瘤菌公司（162P17）；与三叶草共生固氮；培养基：0063；培养温度：28～30℃。

ACCC 18016←中国农业科学院土肥所←农业部畜牧局；李毓堂1983年从新西兰引进；原始编号：NZ560-82；与白三叶草共生固氮；1984年开始在南方各省大面积应用；培养基：0063；培养温度：28～30℃。

ACCC 18017←中国农业科学院土肥所；黄岩玲1983从昆明野生三叶草采瘤分离；原始编号：CTR831；与白三叶、红三叶草共生固氮；1984年开始在南方大面积应用；培养基：0063；培养温度：28～30℃。

ACCC 18018←中国农业科学院土肥所；胡济生从国外引进；原始编号：A12；与地三叶草共生固氮；培养基：0063；培养温度：28～30℃。

ACCC 18019←中国农业科学院土肥所；宁国赞1981年从广西采瘤分离；原始编号：8101；与白三叶共生固氮；培养基：0063；培养温度：28～30℃。

中国农业科学院土肥所←罗马尼亚（4）；培养基：0063；培养温度：28～30℃。

中国农业科学院土肥所←美国农业部（3061）；培养基：0063；培养温度：28～30℃。

中国农业科学院土肥所←阿根廷赠（G13）；培养基：0063；培养温度：28～30℃。

中国农业科学院土肥所←阿根廷赠（G52）；培养基：0063；培养温度：28～30℃。

中国农业科学院土肥所←中国农大陈文新教授赠←美国（ATCC10318）；模式菌株；培养基：0063；培养温度：28～30℃。

中国农业科学院土肥所←中国科学院植物所荆玉祥教授赠←美国Wisconsin96（A6）；培养基：0063；培养温度：28～30℃。

***Rhizobium* sp 根瘤菌（山黧豆）**

ACCC 19030←中国农业科学院土肥所；宁国赞 1992 年从青岛崂山山黧豆根瘤分离鉴定；原始编号：11；
　　与山黧豆共生固氮；培养基：0063；培养温度：28～30℃。

ACCC 19031←中国农业科学院土肥所；宁国赞 1992 年从青岛崂山山黧豆根瘤分离鉴定；原始编号：1；与
　　山黧豆共生固氮；培养基：0063；培养温度：28～30℃。

ACCC 19032←中国农业科学院土肥所；宁国赞 1992 年从青岛崂山山黧豆根瘤分离鉴定；原始编号：102；
　　与山黧豆共生固氮；培养基：0063；培养温度：28～30℃。

ACCC 19033←中国农业科学院土肥所；宁国赞 1992 年从青岛崂山山黧豆根瘤分离鉴定；原始编号：103；
　　与山黧豆共生固氮；培养基：0063；培养温度：28～30℃。

ACCC 19034←中国农业科学院土肥所；宁国赞 1992 年从青岛崂山山黧豆根瘤分离鉴定；原始编号：104；
　　与山黧豆共生固氮；培养基：0063；培养温度：28～30℃。

ACCC 19035←中国农业科学院土肥所；宁国赞 1992 年从青岛崂山山黧豆根瘤分离鉴定；原始编号：105；
　　与山黧豆共生固氮；培养基：0063；培养温度：28～30℃。

***Rhizobium* sp. 根瘤菌（罗顿豆）**

ACCC 19020←中国农业科学院土肥所；宁国赞 1996 年从湖南祁阳罗顿豆根瘤分离鉴定；原始编号：01；
　　与罗顿豆共生固氮；培养基：0063；培养温度：28～30℃。

ACCC 19021←中国农业科学院土肥所；宁国赞 1996 年从湖南祁阳罗顿豆根瘤分离鉴定；原始编号：02；
　　与罗顿豆共生固氮；培养基：0063；培养温度：28～30℃。

ACCC 19022←中国农业科学院土肥所；宁国赞 1996 年从湖南祁阳罗顿豆根瘤分离鉴定；原始编号：04；
　　与罗顿豆共生固氮；培养基：0063；培养温度：28～30℃。

ACCC 19023←中国农业科学院土肥所；刘惠琴 1996 年从湖南祁阳罗顿豆根瘤分离鉴定；原始编号：05；
　　与罗顿豆共生固氮；培养基：0063；培养温度：28～30℃。

ACCC 19024←中国农业科学院土肥所；宁国赞 1996 年从湖南祁阳罗顿豆根瘤分离鉴定；原始编号：06；
　　与罗顿豆共生固氮；培养基：0063；培养温度：28～30℃。

ACCC 19025←中国农业科学院土肥所；宁国赞 1996 年从湖南祁阳罗顿豆根瘤分离鉴定；原始编号：010；
　　与罗顿豆共生固氮；培养基：0063；培养温度：28～30℃。

ACCC 19026←中国农业科学院土肥所；宁国赞 1996 年从湖南祁阳罗顿豆根瘤分离鉴定；原始编号：011；
　　与罗顿豆共生固氮；培养基：0063；培养温度：28～30℃。

***Rhizobium* sp. 根瘤菌（柠条）**

ACCC 19640←中国农业科学院土肥所；宁国赞、白新学 1987 年从内蒙古科左右旗采瘤分离；原始编号：
　　柠 14；与柠条共生固氮；培养基：0063；培养温度：28～30℃。

ACCC 19641←中国农业科学院土肥所；宁国赞 1988 年从内蒙古科左后旗采柠条根瘤分离；原始编号：柠
　　19641；与柠条共生固氮；培养基：0063；培养温度：28～30℃。

ACCC 19642←中国农业科学院土肥所；宁国赞 1988 年从内蒙古科左后旗采柠条根瘤分离；原始编号：柠
　　60；与柠条共生固氮；培养基：0063；培养温度：28～30℃。

ACCC 19643←中国农业科学院土肥所；宁国赞 1988 年从内蒙古科左后旗采柠条根瘤分离；原始编号：柠
　　74；与柠条共生固氮；培养基：0063；培养温度：28～30℃。

ACCC 19644←中国农业科学院土肥所；宁国赞 1988 年从内蒙古科左后旗采柠条根瘤分离；原始编号：柠
　　89；与柠条共生固氮；培养基：0063；培养温度：28～30℃。

ACCC 19645←中国农业科学院土肥所；宁国赞 1988 年从内蒙古科左后旗采柠条根瘤分离；原始编号：柠
　　127；与柠条共生固氮；培养基：0063；培养温度：28～30℃。

ACCC 19646←中国农业科学院土肥所；宁国赞 1988 年从内蒙古科左后旗采柠条根瘤分离；原始编号：柠
　　138；与柠条共生固氮；培养基：0063；培养温度：28～30℃。

ACCC 19647←中国农业科学院土肥所；宁国赞 1988 年从内蒙古科左后旗采柠条根瘤分离；原始编号：柠
　　184；与柠条共生固氮；培养基：0063；培养温度：28～30℃。

ACCC 19648←中国农业科学院土肥所；宁国赞 1992 年从内蒙古科左后旗柠条根瘤分离鉴定；原始编号：
　　18；与柠条共生固氮；培养基：0063；培养温度：28～30℃。

ACCC 19649←中国农业科学院土肥所；刘惠琴 1992 年从内蒙古科左后旗柠条根瘤分离鉴定；原始编号：
　　19；与柠条共生固氮；培养基：0063；培养温度：28～30℃。

ACCC 19650←中国农业科学院土肥所；宁国赞 1992 年从内蒙古科左后旗柠条根瘤分离鉴定；原始编号：
　　20；与柠条共生固氮；培养基：0063；培养温度：28～30℃。

ACCC 19652←中国农业科学院土肥所；宁国赞 1992 年从内蒙古科左后旗柠条根瘤分离鉴定；原始编号：
　　21；与柠条共生固氮；培养基：0063；培养温度：28～30℃。

ACCC 19653←中国农业科学院土肥所；宁国赞 1992 年从内蒙古科左后旗柠条根瘤分离鉴定；原始编号：
　　22；与柠条共生固氮；培养基：0063；培养温度：28～30℃。

ACCC 19654←中国农业科学院土肥所；宁国赞 1992 年从内蒙古科左后旗柠条根瘤分离鉴定；原始编号：
　　203；与柠条共生固氮；培养基：0063；培养温度：28～30℃。

ACCC 19655←中国农业科学院土肥所；宁国赞 1992 年从内蒙古科左后旗柠条根瘤分离鉴定；原始编号：
　　24；与柠条共生固氮；培养基：0063；培养温度：28～30℃。

ACCC 19656←中国农业科学院土肥所；宁国赞 1992 年从内蒙古科左后旗柠条根瘤分离鉴定；原始编号：
　　25；与柠条共生固氮；培养基：0063；培养温度：28～30℃。

ACCC 19657←中国农业科学院土肥所；马晓彤 1992 年从内蒙古科左后旗柠条根瘤分离鉴定；原始编号：
　　30；与柠条共生固氮；培养基：0063；培养温度：28～30℃。

ACCC 19658←中国农业科学院土肥所；马晓彤 1992 年从内蒙古科左后旗柠条根瘤分离鉴定；原始编号：
　　31；与柠条共生固氮；培养基：0063；培养温度：28～30℃。

ACCC 19659←中国农业科学院土肥所；马晓彤 1992 年从内蒙古科左后旗柠条根瘤分离鉴定；原始编号：
　　34；与柠条共生固氮；培养基：0063；培养温度：28～30℃。

ACCC 19800←中国农业科学院土肥所；马晓彤 1992 年从内蒙古科左后旗柠条根瘤分离鉴定；原始编号：
　　40；与柠条共生固氮；培养基：0063；培养温度：28～30℃。

ACCC 19801←中国农业科学院土肥所；宁国赞 1992 年从内蒙古科左后旗柠条根瘤分离鉴定；原始编号：
　　43；与柠条共生固氮；培养基：0063；培养温度：28～30℃。

ACCC 19802←中国农业科学院土肥所；宁国赞 1992 年从内蒙古科左后旗柠条根瘤分离鉴定；原始编号：
　　49；与柠条共生固氮；培养基：0063；培养温度：28～30℃。

ACCC 19803←中国农业科学院土肥所；宁国赞 1992 年从内蒙古科左后旗柠条根瘤分离鉴定；原始编号：
　　160；与柠条共生固氮；培养基：0063；培养温度：28～30℃。

Rhizobium sp. 根瘤菌（小冠花）

ACCC 19620←中国农业科学院土肥所；宁国赞 1981 年从畜牧所采瘤分离；原始编号：CV8101；与小冠花
　　共生固氮，1983 年开始在陕西应用；培养基：0063；培养温度：28～30℃。

ACCC 19621←中国农业科学院土肥所；宁国赞 1984 年从农业科学院农场采瘤分离；原始编号：CV8401；
　　与小冠花共生固氮；培养基：0063；培养温度：28～30℃。

ACCC 19623←中国农业科学院土肥所；宁国赞 1984 年从农业科学院农场采瘤分离；原始编号：CV8404；
　　与小冠花共生固氮；培养基：0063；培养温度：28～30℃。

ACCC 19624←中国农业科学院土肥所；宁国赞 1984 年从农业科学院农场采瘤分离；原始编号：CV8405；
　　与小冠花共生固氮；培养基：0063；培养温度：28～30℃。

ACCC 19625←中国农业科学院土肥所；宁国赞 1984 年从农业科学院农场采瘤分离；原始编号：CV8406；
　　与小冠花共生固氮；培养基：0063；培养温度：28～30℃。

ACCC 19626←中国农业科学院土肥所；宁国赞 1984 年从农业科学院农场采瘤分离；原始编号：CV8407；
　　与小冠花共生固氮；培养基：0063；培养温度：28～30℃。

ACCC 19627←中国农业科学院土肥所；黄岩玲 1984 年从农业科学院农场采瘤分离；原始编号：CV8408；
　　与小冠花共生固氮；培养基：0063；培养温度：28～30℃。

ACCC 19628←中国农业科学院土肥所；宁国赞 1987 年从陕西采瘤分离；原始编号：CV8701；与小冠花共
　　生固氮；培养基：0063；培养温度：28～30℃。

Rhizobium sp. 根瘤菌（柽麻）

ACCC 19001←中国农业科学院土肥所←美国威斯康辛（Wisconsin）大学（Bill 教授赠）；原始编号：3021；
　　与柽麻共生固氮；培养基：0063；培养温度：28～30℃。

ACCC 19002←中国农业科学院土肥所←美国威斯康辛（Wisconsin）大学（Bill 教授赠）；原始编号：
　　3025a；与柽麻共生固氮；培养基：0063；培养温度：28～30℃。

ACCC 19004←中国农业科学院土肥所←武汉病毒所（柽 1）；与柽麻共生固氮；培养基：0063；培养温度：
　　28～30℃。

ACCC 19005←中国农业科学院土肥所；程桂苏 1974 年自河南洛阳柽麻根瘤中分离 74-柽 1；与柽麻共生固
　　氮；培养基：0063；培养温度：28～30℃。

ACCC 19006←中国农业科学院土肥所；程桂苏 1974 年自河南洛阳柽麻根瘤中分离 74-柽 2；与柽麻共生固
　　氮；培养基：0063；培养温度：28～30℃。

ACCC 19007←中国农业科学院土肥所；程桂苏 1974 年自河南洛阳柽麻根瘤中分离 74-柽 3；与柽麻共生固
　　氮；培养基：0063；培养温度：28～30℃。

Rhizobium sp. 根瘤菌（蒙古岩黄芪）

ACCC 19700←中国农业科学院土肥所；黄岩玲 1985 年从内蒙古清水河采瘤分离；原始编号：CH8519；与
　　蒙古岩黄芪共生固氮；培养基：0063；培养温度：28～30℃。

ACCC 19701←中国农业科学院土肥所；宁国赞 1985 年从内蒙古清水河采瘤分离；原始编号：CH8521；与
　　蒙古岩黄芪共生固氮；培养基：0063；培养温度：28～30℃。

ACCC 19702←中国农业科学院土肥所；宁国赞 1985 年从内蒙古清水河采瘤分离；原始编号：CH8523；与
　　蒙古岩黄芪共生固氮；培养基：0063；培养温度：28～30℃。

ACCC 19703←中国农业科学院土肥所；宁国赞 1985 年从内蒙古清水河采瘤分离；原始编号：CH8524；与
　　蒙古岩黄芪共生固氮；1986 年开始用于菌剂生产；培养基：0063；培养温度：28～30℃。

ACCC 19704←中国农业科学院土肥所；黄岩玲 1985 年从内蒙古清水河采瘤分离；原始编号：CH8525；与
　　蒙古岩黄芪共生固氮；1986 年开始用于菌剂生产；培养基：0063；培养温度：28～30℃。

ACCC 19705←中国农业科学院土肥所；宁国赞 1985 年从内蒙古清水河采瘤分离；原始编号：CH8532；与
　　蒙古岩黄芪共生固氮；1987 年开始用于菌剂生产；培养基：0063；培养温度：28～30℃。

Rhizobium sp. 根瘤菌（红豆草）

ACCC 19600←中国农业科学院土肥所；宁国赞 1981 年从畜牧所采瘤分离；原始编号：C08105；与红豆草
　　共生固氮；1984 年开始用于生产；培养基：0063；培养温度：28～30℃。

ACCC 19601←中国农业科学院土肥所；宁国赞 1982 年从畜牧所采瘤分离；原始编号：C08202；与红豆草
　　共生固氮；培养基：0063；培养温度：28～30℃。

ACCC 19602←中国农业科学院土肥所；宁国赞 1982 年从畜牧所采瘤分离；原始编号：C08203；与红豆草
　　共生固氮；培养基：0063；培养温度：28～30℃。

ACCC 19603←中国农业科学院土肥所；宁国赞 1982 年从畜牧所采瘤分离；原始编号：C08205；与红豆草
　　共生固氮；培养基：0063；培养温度：28～30℃。

ACCC 19604←中国农业科学院土肥所；宁国赞 1982 年从畜牧所采瘤分离；原始编号：C08206；与红豆草
　　共生固氮；培养基：0063；培养温度：28～30℃。

ACCC 19605←中国农业科学院土肥所；宁国赞 1982 年从畜牧所采瘤分离；原始编号：C08208；与红豆草
　　共生固氮；培养基：0063；培养温度：28～30℃。

ACCC 19606←中国农业科学院土肥所；宁国赞 1982 年从畜牧所采瘤分离；原始编号：C08209；与红豆草
　　共生固氮；培养基：0063；培养温度：28～30℃。

Rhizobium sp. 根瘤菌（非豆科共生）

ACCC 01039←中国农业科学院农业资源与农业区划研究所；原始编号：GD-7-1-2；具有生产固氮生物肥料

潜力；分离地点：北京朝阳区；培养基：0065；培养温度：28℃。

ACCC 01041←中国农业科学院农业资源与农业区划研究所；原始编号：GD-25-1-2；具有生产固氮生物肥
料潜力；分离地点：河北省高碑店市；培养基：0065；培养温度：28℃。

ACCC 01074←中国农业科学院农业资源与农业区划研究所；原始编号：GDJ-9-1-1；具有生产固氮生物肥
料潜力；分离地点：北京朝阳区；培养基：0065；培养温度：28℃。

ACCC 01131←中国农业科学院农业资源与农业区划研究所；原始编号：GD-28-1-2；具有生产固氮生物肥
料潜力；分离地点：北京顺义；培养基：0065；培养温度：28℃。

ACCC 01777←中国农业科学院农业资源与农业区划研究所；原始编号：90-3-61；培养基：56；培养温
度：30℃。

ACCC 01778←中国农业科学院农业资源与农业区划研究所；原始编号：90-3-63；培养基：0063；培养温
度：30℃。

ACCC 01779←中国农业科学院农业资源与农业区划研究所；原始编号：90-3-33；培养基：0063；培养温
度：30℃。

ACCC 01780←中国农业科学院农业资源与农业区划研究所；原始编号：90-3-58；培养基：0063；培养温
度：30℃。

ACCC 01788←首都师范大学；原始编号：N90-3-19；培养基：0063；培养温度：28℃。

ACCC 01789←首都师范大学；原始编号：N90-3-24；培养基：0063；培养温度：28℃。

ACCC 01790←首都师范大学；原始编号：N90-3-32；培养基：0063；培养温度：28℃。

ACCC 01791←首都师范大学；原始编号：N90-3-51；培养基：0063；培养温度：28℃。

ACCC 01792←首都师范大学；原始编号：N90-3-52；培养基：0063；培养温度：28℃。

ACCC 01793←首都师范大学；原始编号：N90-3-56；培养基：0063；培养温度：28℃。

ACCC 01794←首都师范大学；原始编号：N90-3-54；培养基：0063；培养温度：28℃。

ACCC 01795←首都师范大学；原始编号：N90-3-43；分离地点：河北省唐山市滦南县；培养基：0063；培
养温度：28℃。

ACCC 01804←首都师范大学；原始编号：BN90-3-63；培养基：0063；培养温度：28℃。

ACCC 01806←首都师范大学；原始编号：N90-3-2；分离地点：河北省唐山市滦南县；培养基：0063；培
养温度：28℃。

ACCC 01988←中国农业科学院农业资源与农业区划研究所；原始编号：40，22；以萘、蒽、芴作为唯一碳
源生长；分离地点：湖南邵阳；培养基：0002；培养温度：30℃。

ACCC 02685←南京农业大学农业环境微生物菌种保藏中心；原始编号：SC-W，NAECC1265；可以在含
1 000mg/L甲磺隆的无机盐培养基中生长；分离地点：黑龙江省齐齐哈尔市；培养基：0002；培养温
度：30℃。

ACCC 02708←南京农业大学农业环境微生物菌种保藏中心；原始编号：L-1，NAECC1385；在 M9 培养基
中以氯嘧磺隆为唯一氮源培养，6 天内降解率可达 50％左右；分离地点：江苏省金坛农田；培养基：
0971；培养温度：30℃。

ACCC 02709←南京农业大学农业环境微生物菌种保藏中心；原始编号：L-4，NAECC1386；在 M9 培养基
中以氯嘧磺隆为唯一氮源培养，6 天内降解率可达 50％左右；分离地点：江苏省金坛农田；培养基：
0971；培养温度：30℃。

ACCC 02773←南京农业大学农业环境微生物菌种保藏中心；原始编号：BF-14，NAECC1432；在基础盐培
养基中两天降解 100mg/L 苯酚降解率 50％；分离地点：南京市玄武区；培养基：0002；培养温
度：30℃。

ACCC 10380←首都师范大学；原始编号：J3-A127；培养基：0002；培养温度：30℃。

ACCC 10865←首都师范大学；原始编号：BN90-3-18；培养基：0033；培养温度：30℃。

ACCC 10873←首都师范大学；原始编号：J3-A28；培养基：0063；培养温度：30℃。

ACCC 10875←首都师范大学；原始编号：J3-A9；培养基：0063；培养温度：30℃。

ACCC 10918←首都师范大学；原始编号：N90-3-43；分离源：水稻根际；分离地点：河北省唐山市滦南县；培养基：0063；培养温度：28℃。

ACCC 11238←中国农业科学院农业资源与区划研究所；原始编号：SL-1；石油降解；培养基：0063；培养温度：30℃。

Rhizobium sullae Squartini et al. 2002 岩黄芪根瘤菌

ACCC 02955←中国农业科学院农业资源与农业区划研究所；原始编号：GD-33-1-1，7026；可以用来研发生产用的生物肥料；分离地点：河北省高碑店辛庄镇；培养基：0065；培养温度：28℃。

Rhodococcus baikonurensis Li et al. 2004 拜科罗尔红球菌

ACCC 02526←南京农业大学农业环境微生物菌种保藏中心；原始编号：BF-1b，NAECC1706；在无机盐培养基中以 10mg/L 苯酚为唯一碳源培养，24h 内对 10mg/L 的苯酚降解率 99.5%；培养基：0002；培养温度：28℃。

ACCC 02668←南京农业大学农业环境微生物菌种保藏中心；原始编号：15-3，NAECC1218；分离地点：山东东营；培养基：0033；培养温度：30℃。

Rhodococcus erythropolis（Gray and Thornton 1928）Goodfellow and Alderson 1979 红城红球菌（红串红球菌）

ACCC 02579←南京农业大学农业环境微生物菌种保藏中心；原始编号：BFXJ-1，NAECC1203；在无机盐培养基中以 100mg/L 苯酚为唯一碳源培养，24h 内对 100mg/L 的苯酚降解率 99%；分离地点：江苏省无锡市惠山区锡；培养基：0002；培养温度：28℃。

ACCC 02667←南京农业大学农业环境微生物菌种保藏中心；原始编号：13-7，NAECC1217；分离地点：山东东营；培养基：0033；培养温度：30℃。

ACCC 05455← ATCC← NCIMB← CCM 277←P. Gray；produces cholesterol oxidase；培养基：0033；培养温度：26℃。

ACCC 10188^T ← DSMZ；= ATCC 15591 = DSM 312；产生柠檬酸（Produces citric acid）（U. S. Pat. 3.691.012），来自碳水化合物的 L-谷氨酸（L-glutamic acid from hydrocarbons）（U. S. Pat. 3，764，473）；培养基：0002；培养温度：30℃。

ACCC 10214 ← DSMZ ← ATCC ← Kyowa Ferm. Ind. Co. , Ltd. , 2438 ←- K. Tanaka（Corynebacterium hyd；=DSM311=ATCC 15592；Produces chloramphenicol analogs（U. S. Pat. 3，751，339），flavine-adenine dinucleotide（U. S. Pat. 3，647，627），L-谷氨酸（L-glutamic acid）（U. S. Pats. 3，764，473；3，511，752）；分离源：土壤；培养基：0441；培养温度：26℃。

ACCC 10542←中国农业科学院研究生院；原始编号：J1；石油生物脱硫；培养基：0033；培养温度：30℃。

ACCC 10543←中国农业科学院研究生院；原始编号：J2；生物脱硫；分离源：石油土壤；培养基：0033；培养温度：30℃。

ACCC 41030^T←DSMZ←CCM（Nocardia erythropolis）←P. H. Gray；=DSM 43066=ATCC 25544，ATCC 4277，CBS 266.39，CCM 277，CIP 104179，DSM 763，IFO 15567，JCM 3201，NBRC 15567，NCIB 11148，NCIB 9158，NRRL B-16025；Taxonomy/description（1300，2019，2184）. Produces cholesterol oxidase（U. S. Pat. 3，925，164），3-keto Δ1，4 steroids（U. S. Pat. 3，010，876）. Conversion of phenol and naphthalene；土壤；培养基：0455；培养温度：30℃。

Rhodococcus fascians（Tilford 1936）Goodfellow 1984 束红球菌

ACCC 10206^T←DSMZ← H. Seiler←IFO←ATCC←P. Tilford；=DSM20669=ATCC 12974，CIP 104713，IFO 12155，JCM 1316，NBRC 12155，NCPPB 3067；Produces 5′-nucleotides by cell culture on hydrocarbons and subsequent degradation of intracellular RNA at alkaline pH（U. S. Pat. 3，652，395）；培养基：759；培养温度：30℃。

Rhodococcus gordoniae Jones et al. 2004 戈氏红球菌

ACCC 02529←南京农业大学农业环境微生物菌种保藏中心；原始编号：BF-4，NAECC1202；在无机盐培养基中以 100mg/L 的苯酚为唯一碳源培养，24h 内对 100mg/L 的苯酚降解率 99%；分离地点：江苏南京农业大学校园；培养基：0002；培养温度：28℃。

Rhodococcus luteus（*ex* Schulgen 1913）Nesterenko et al. 1982 藤黄红球菌

ACCC 41385←湖北省生物农药工程研究中心；原始编号：HBERC 00663；培养基：0027；培养温度：28℃。

Rhodococcus opacus Klatte et al. 1995 浑浊红球菌

ACCC 41021^T←DSMZ← P. R. Walln&·Ouml；fer；=DSM 43250＝ATCC 51882；Degrades aromatic compounds，phenol；分离源：土壤；培养基：0455；培养温度：30℃。

ACCC 41043←DSMZ← P. R. Walln&·Ouml；fer（*Rhodococcus rubrus*（红色红球菌）；2006-6-20；分离源：土壤；培养基：0455；培养温度：30℃。

Rhodococcus pyridinivorans Yoon et al. 2000 食吡啶红球菌

ACCC 02748←南京农业大学农业环境微生物菌种保藏中心；原始编号：Z2，NAECC1526；能于 30℃、20h 降解约 300mg/L 苯胺，降解率为 90%，苯胺为唯一碳源（无机盐培养基）；分离地点：江苏省苏州新区污水处；培养基：0002；培养温度：30℃。

ACCC 02836←南京农业大学农业环境微生物菌种保藏中心；原始编号：FP1-1，NAECC1508；能于 30℃、24h 降解约 500mg/L 苯酚，降解率为 95%，苯酚为唯一碳源（无机盐培养基）；分离地点：江苏省苏州市苏州新区；培养基：0002；培养温度：30℃。

Rhodococcus rhodochrous（Zopf 1891）Tsukamura 1974 紫红红球菌（玫瑰红红球菌）

ACCC 02840←南京农业大学农业环境微生物菌种保藏中心；原始编号：FP3-1，NAECC1512；能于 30℃、36h 降解约 300mg/L 的苯酚，降解率为 90%，苯酚为唯一碳源（无机盐培养基）；分离地点：江苏省泰兴市化工开发；培养基：0002；培养温度：30℃。

ACCC 10494←ATCC←RE Gordon←R. Breed KMRh（*Rhodococcus rhodochrous*）←Kral Collection←；=ATCC 13808＝ICPB 4420＝KMRh＝NRRL B-16536；培养基：57；培养温度：26℃。

ACCC 41057^T←DSMZ←IMET← D. Janke（*Rhodococcus* sp. An117）；=DSM6263＝IMET 7497；Utilizes aniline，benzoate，catechol，mono-chloroanilines（3917），p-cresol（6790），phenol（3918），pyrrole（6790）；chemostat culture；培养基：0455；培养温度：30℃。

ACCC 41041←dsmz← M. Goodfellow，N361←M. Tsukamura，M-1（*Nocardia rubra*）← N. M. McCl；=DSM C43338＝IFO 15591＝KCC A-0205＝NBRC 15591；培养基：0012；培养温度：30℃。

Rhodococcus ruber（Kruse 1896）Goodfellow and Alderson 1977 赤红球菌

ACCC 02666←南京农业大学农业环境微生物菌种保藏中心；原始编号：11-6，NAECC1216；分离地点：江苏南京；培养基：0033；培养温度：30℃。

Rhodococcus sp 红球菌

ACCC 01679←中国农业科学院饲料研究所；原始编号：FRI2007078 B217；饲料用木聚糖酶、葡聚糖酶、蛋白酶、植酸酶等的筛选；分离地点：海南三亚；培养基：0002；培养温度：37℃。

ACCC 02776←南京农业大学农业环境微生物菌种保藏中心；原始编号：Y10，NAECC1435；在基础盐培养基中两天降解 100mg/L 的氟铃脲降解率 50%；培养基：0002；培养温度：30℃。

ACCC 11711←南京农业大学农业环境微生物菌种保藏中心；原始编号：Atl-25 NAECC0815；在无机盐培养基中降解 100mg/L 对邻苯二酚，降解率为 80%～90%；分离源：水；分离地点：江苏省南京农业大学；培养基：0033；培养温度：30℃。

ACCC 11765←南京农业大学农业环境微生物菌种保藏中心；原始编号：BSL4 NAECC0967；在无机盐培养基中添加 100mg/L 的倍硫磷，降解率达 40%左右；分离源：土壤；分离地点：江苏省南京市卫岗菜园；培养基：0033；培养温度：30℃。

Rhodococcus wratislaviensis（Goodfellow et al. 1995）Goodfellow et al. 2002 弗氏红球菌

ACCC 02882←南京农业大学农业环境微生物菌种保藏中心；原始编号：PLL-1，NAECC1710；可以降解对硝基苯酚，生成红色中间代谢产物（红色中间代谢产物不能继续被降解），24h 内对 100mg/L 对硝基苯酚降解率 99%；分离地点：内蒙古呼和浩特市菜园；培养基：0002；培养温度：28℃。

Rhodococcus zopfii Stoecker et al. 1994 佐氏红球菌

ACCC 02527←南京农业大学农业环境微生物菌种保藏中心；原始编号：BFXJ-2，NAECC1199；在无机盐培养基中以 100mg/L 苯酚为唯一碳源培养，24h 内对 100mg/L 苯酚降解率 99%；分离地点：江苏省无锡市惠山区锡；培养基：0002；培养温度：28℃。

Rhodopseudomonas palustris （Molisch 1907） van Niel 1944 沼泽红假单胞菌

ACCC 10649←中国农业科学院土壤肥料研究所；原始编号：981；用于微生物肥料，水产养殖，污水处理；分离源：市售光合菌产品中分离；培养基：0137；培养温度：28～30℃。

ACCC 10650←中国农业科学院土壤肥料研究所；原始编号：982；用于微生物肥料，水产养殖，污水处理；分离源：市售光合菌产品中分离；培养基：0317；培养温度：28～30℃。

Roseomonas cervicalis Rihs et al. 1998 颈玫瑰单胞菌

ACCC 01987←中国农业科学院农业资源与农业区划研究所；原始编号：44，Fen36；以萘、蒽、芴作为唯一碳源生长；分离地点：湖南邵阳；培养基：0002；培养温度：30℃。

Rubrivivax gelatinosus （Molisch 1907） Willems et al. 1991 胶状红长命菌

ACCC 05591←中国农业科学院农业资源与农业区划研究所；分离源：水稻根内生；分离地点：湖南省祁阳县官山坪；培养基：0908；培养温度：37℃。

Salinococcus sp. 盐水球菌

ACCC 10656←南京农业大学农业环境微生物菌种保藏中心；原始编号：III10；教学与科研；分离源：草地土壤；分离地点：江苏省南京市玄武 32 区；培养基：0002；培养温度：30℃。

ACCC 10669←南京农业大学农业环境微生物菌种保藏中心；原始编号：59；教学与科研；分离源：菜园土壤；分离地点：江苏省南京市玄武 3 区；培养基：0002；培养温度：30℃。

Salmonella enterica （ex Kauffmann and Edwards 1952） Le Minor and Popoff 1987 肠道沙门氏菌

ACCC 01996←中国农业科学院农业资源与农业区划研究所；原始编号：98，18-2；以磷酸三钙、磷矿石作为唯一磷源生长；分离地点：湖北钟祥；培养基：0002；培养温度：30℃。

Serratia entomophila Grimont et al. 1988 嗜虫沙雷氏菌

ACCC 03911←中国农业科学院饲料研究所；原始编号：B407；饲料用纤维素酶、植酸酶、木聚糖酶等的筛选；分离地点：江西鄱阳县；培养基：0002；培养温度：26℃。

ACCC 03916←中国农业科学院饲料研究所；原始编号：B413；饲料用纤维素酶、植酸酶、木聚糖酶等的筛选；分离地点：江西鄱阳县；培养基：0002；培养温度：26℃。

Serratia ficaria Grimont et al. 1981 无花果沙雷氏菌

ACCC 03909←中国农业科学院饲料研究所；原始编号：B404；饲料用纤维素酶、植酸酶、木聚糖酶等的筛选；分离地点：江西鄱阳县；培养基：0002；培养温度：26℃。

Serratia grimesii Grimont et al. 1983 格氏沙雷菌

ACCC 01695←中国农业科学院饲料研究所；原始编号：FRI2007019，B236；饲料用木聚糖酶、葡聚糖酶、蛋白酶、植酸酶等的筛选；草鱼胃肠道微生物多样性生态研究；分离地点：浙江嘉兴鱼塘；培养基：0002；培养温度：37℃。

Serratia marcescens Bizio 1823 粘质沙雷氏菌

ACCC 01274←广东省广州微生物研究所；原始编号：GIMV1.0009，3-B-2；检测生产；分离地点：越南DALAT；培养基：0002；培养温度：30～37℃。

ACCC 03873←中国农业科学院饲料研究所；原始编号：B364；饲料用纤维素酶、植酸酶、木聚糖酶等的筛选；分离地点：江西鄱阳县；培养基：0002；培养温度：26℃。

ACCC 03883←中国农业科学院饲料研究所；原始编号：B375；饲料用纤维素酶、植酸酶、木聚糖酶等的筛选；分离地点：江西鄱阳县；培养基：0002；培养温度：26℃。

ACCC 03884←中国农业科学院饲料研究所；原始编号：B376；饲料用纤维素酶、植酸酶、木聚糖酶等的筛选；分离地点：江西鄱阳县；培养基：0002；培养温度：26℃。

ACCC 03899←中国农业科学院饲料研究所；原始编号：B391；饲料用纤维素酶、植酸酶、木聚糖酶等的筛选；分离地点：江西鄱阳县；培养基：0002；培养温度：26℃。

ACCC 03901←中国农业科学院饲料研究所；原始编号：B395；饲料用纤维素酶、植酸酶、木聚糖酶等的筛选；分离地点：江西鄱阳县；培养基：0002；培养温度：26℃。

ACCC 03904←中国农业科学院饲料研究所；原始编号：B399；饲料用纤维素酶、植酸酶、木聚糖酶等的筛选；分离地点：江西鄱阳县；培养基：0002；培养温度：26℃。

ACCC 10119←中国科学院微生物研究所←辉瑞制药有限公司；＝ATCC 14041＝AS 1.1857；培养基：0002；培养温度：30℃。

ACCC 10120←中国科学院微生物研究所←中科院上海生物化学所；＝AS 1.1652；培养基：0002；培养温度：30℃。

Serratia plymuthica (Lehmann and Neumann 1896) Breed et al. 1948 普利茅斯沙雷氏菌

ACCC 01503←新疆农业科学院微生物研究所；原始编号：XAAS10486，LB116；培养基：0033；培养温度：20℃。

ACCC 02063←新疆农业科学院微生物研究所；原始编号：LB52，XAAS10318；分离地点：新疆布尔津县；培养基：0033；培养温度：20℃。

Serratia sp. 沙雷氏菌

ACCC 01294←广东省广州微生物研究所；原始编号：GIMV1.0057，28-B-1；检测、生产；分离地点：越南 HoChiMinh CanGio；培养基：0002；培养温度：30～37℃。

ACCC 02490←南京农业大学农业环境微生物菌种保藏中心；原始编号：p5-8＋30，NAECC1138；分离地点：江苏南京轿子山；培养基：0033；培养温度：30℃。

Serratia ureilytica Bhadra et al. 2005 解脲沙雷氏菌

ACCC 05534←中国农业科学院农业资源与农业区划研究所；分离源：水稻根内生；分离地点：湖南省祁阳县官山坪；培养基：0973；培养温度：37℃。

ACCC 05535←中国农业科学院农业资源与农业区划研究所；分离源：水稻根内生；分离地点：湖南省祁阳县官山坪；培养基：0973；培养温度：37℃。

ACCC 05611←中国农业科学院农业资源与农业区划研究所；分离源：水稻根内生；分离地点：湖南省祁阳县官山坪；培养基：0973；培养温度：37℃。

Serratia marcescens subsp. *marcescens* Bizio 1823 褪色沙雷氏菌退色亚种（黏质沙雷氏菌，黏质塞氏杆菌，淡化沙雷氏菌）

ACCC 05539←中国农业科学院农业资源与农业区划研究所；分离源：水稻根内生；分离地点：湖南省祁阳县官山坪；培养基：0973；培养温度：37℃。

Shewanella decolorationis Xu et al. 2005 脱色希瓦氏菌

ACCC 01697←中国农业科学院饲料研究所；原始编号：FRI2007083，B240；饲料用木聚糖酶、葡聚糖酶、蛋白酶、植酸酶等的筛选；分离地点：浙江嘉兴鱼塘；培养基：0002；培养温度：37℃。

Shewanella putrefaciens (Lee et al. 1981) MacDonell and Colwell 1986 腐败希瓦氏菌

ACCC 01749←中国农业科学院饲料研究所；原始编号：FRI2007100，B305；饲料用木聚糖酶、葡聚糖酶、蛋白酶、植酸酶等的筛选；分离地点：浙江省；培养基：0002；培养温度：37℃。

Shewanella sp. 希瓦氏菌

ACCC 01702←中国农业科学院饲料研究所；原始编号：FRI2007092，B245；饲料用木聚糖酶、葡聚糖酶、蛋白酶、植酸酶等的筛选；分离地点：浙江嘉兴鱼塘；培养基：0002；培养温度：37℃。

ACCC 11239←中国农业科学院农业资源与区划研究所；原始编号：LBM-15；石油降解；培养基：0033；培养温度：30℃。

Shigella boydii Ewing 1949 鲍氏志贺菌

ACCC 04121←华南农业大学农学院微生物分子遗传实验室；原始编号：D-POG12；分离地点：广东广州市华南农大；培养基：0002；培养温度：30℃。

ACCC 04227←华南农业大学农学院微生物分子遗传实验室；原始编号：N-POG62；培养基：0002；培养温度：30℃。

Shigella sp. 志贺氏菌

ACCC 01690←中国农业科学院饲料研究所；原始编号：FRI2007066，B231；饲料用木聚糖酶、葡聚糖酶、蛋白酶、植酸酶等的筛选；分离地点：海南三亚；培养基：0002；培养温度：37℃。

ACCC 10412←首都师范大学；原始编号：CL11；培养基：0033；培养温度：30℃。

Shinella zoogloeoides An et al. 2006 动胶菌样申氏菌

ACCC 02775←南京农业大学农业环境微生物菌种保藏中心；原始编号：Y7，NAECC1434；在基础盐培养基中两天降解100mg/L的氟铃脲降解率50％；分离地点：江苏省南京市玄武区；培养基：0002；培养温度：30℃。

Sinorhizobium fredii（Scholla and Elkan 1984）Chen et al. 1988 弗氏中华根瘤菌

ACCC 03009←中国农业科学院农业资源与农业区划研究所；原始编号：GD-20-1-4，7090；可以用来研发生产用的生物肥料；分离地点：北京市大兴区；培养基：0065；培养温度：28℃。

ACCC 15061←中国农业科学院土肥所←中国农业科学院油料所；原始编号：马大3；从马桑根瘤中分离，能在大豆上结瘤固氮，YMA培养基上生长速度快，产酸；培养基：0063；培养温度：28～30℃。

ACCC 15067←中国农业科学院土肥所从USDA191自然选育获得，原始编号：191-1；在YMA培养基上生长速度快，并明显产酸，具有较广泛的和较高的共生固氮效果；培养基：0063；培养温度：28～30℃。

ACCC 15068←中国农业科学院土肥所←北京农大植保系←美国（USDA192）；YMA培养基上生长速度快，Keyser等从我国山东分离，产酸；在我国某些栽培大豆品种上有较高的固氮效能；分离地点：山东省；培养基：0063；培养温度：28～30℃。

ACCC 15069←中国农业科学院土肥所←中国农大植保系←美国USDA193（HU15）；YMA培养基上生长速度快，产酸；中国农业科学院土肥所胡济生教授从我国山西土壤分离；能与我国栽培大豆共生固氮；培养基：0063；培养温度：28～30℃。

ACCC 15070←中国农业科学院土肥所←中国农大植保系←美国USDA194；Keyser等从我国河南土壤分离；YMA培养基上生长速度快，产酸，能与我国部分栽培大豆结瘤并固氮；培养基：0063；培养温度：28～30℃。

ACCC 15071←中国农业科学院土肥所←中国农大植保系←美国USDA201；Keyser等从我国河南土壤分离；YMA培养基上生长速度快，产酸，能与我国部分栽培大豆结瘤并固氮；培养基：0063；培养温度：28～30℃。

ACCC 15072←中国农业科学院土肥所←中国农大植保系←美国USDA205；Keyser等从我国河南土壤分离；YMA培养基上生长速度快，产酸，能与我国部分栽培大豆结瘤并固氮；培养基：0063；培养温度：28～30℃。

ACCC 15073←中国农业科学院土肥所←中国农大植保系←美国USDA208；Keyser等从我国河南土壤分离；YMA培养基上生长速度快，产酸，能与我国部分栽培大豆结瘤并固氮；培养基：0063；培养温度：28～30℃。

ACCC 15075←中国农业科学院土肥所←中国农大植保系←美国USDA214；Keyser等从我国河南土壤分离；YMA培养基上生长速度快，产酸，能与我国部分栽培大豆结瘤并固氮；培养基：0063；培养温度：28～30℃。

ACCC 15076←中国农业科学院土肥所←中国农大植保系←美国USDA217；Keyser等从我国河南土壤分离；YMA培养基上生长速度快，产酸，能与我国部分栽培大豆结瘤并固氮；培养基：0063；培养温度：28～30℃。

ACCC 15077←中国农业科学院土肥所←中国农大植保系←美国USDA257；Keyser等从我国山西土壤分离；

　　YMA 培养基上生长速度快，产酸，能与我国部分栽培大豆结瘤并固氮；培养基：0063；培养温度：28～30℃。

ACCC 15082←中国农业科学院土肥所←江苏农学院；原始编号：7501；YMA 培养基上生长速度快，产酸，能与我国部分栽培大豆结瘤固氮；培养基：0063；培养温度：28～30℃。

ACCC 15084←中国农业科学院土肥所←中国农业科学院油料所；原始编号：马大 4；从马桑根瘤中分离；YMA 培养基上生长速度快，产酸，能与我国部分栽培大豆共生固氮；培养基：0063；培养温度：28～30℃。

ACCC 15085←中国农业科学院土肥所；关妙姬从北京昌平小白豆根瘤菌分离（J_1-3）；产酸，能与我国栽培大豆共生固氮；培养基：0063；培养温度：28～30℃。

ACCC 15086←中国农业科学院土肥所；关妙姬从北京昌平充黄豆根瘤分离（J_4-1）；能与我国栽培大豆共生固氮；培养基：0063；培养温度：28～30℃。

ACCC 15087←中国农业科学院土肥所；关妙姬从北京昌平麦豆根瘤分离（J_5-1）；产酸，能与我国栽培大豆共生固氮；培养基：0063；培养温度：28～30℃。

ACCC 15090←中国农业科学院土肥所；关妙姬从山东陵县文丰 7 号大豆根瘤分离（d_2-2）；能与我国栽培大豆共生固氮；培养基：0063；培养温度：28～30℃。

ACCC 15091←中国农业科学院土肥所；关妙姬从山东陵县大粒黑大豆根瘤分离（d_1-2）；能与我国栽培大豆共生固氮；培养基：0063；培养温度：28～30℃。

ACCC 15092←中国农业科学院土肥所；关妙姬从新疆玛纳斯县大粒黑大豆根瘤分离（S_1-1）；能与我国栽培大豆共生固氮；培养基：0063；培养温度：28～30℃。

ACCC 15101←中国农业科学院土肥所；关妙姬从北京昌平充黄 1 号大豆根瘤分离（J24-6）；产酸，能与我国栽培大豆共生固氮；培养基：0063；培养温度：28～30℃。

ACCC 15102←中国农业科学院土肥所；梁绍芬从山东陵县文丰 7 号大豆根瘤分离（d_{22}-12）；能与我国栽培大豆共生固氮；培养基：0063；培养温度：28～30℃。

ACCC 15104←中国农业科学院土肥所；梁绍芬从新疆玛纳斯县黑药豆根瘤分离（S_{22}-2）；产酸，能与我国栽培大豆共生固氮；培养基：0063；培养温度：28～30℃。

ACCC 15105←中国农业科学院土肥所；梁绍芬从宁夏大豆根瘤分离（N3）；能与我国栽培大豆共生固氮；培养基：0063；培养温度：28～30℃。

ACCC 15106←中国农业科学院土肥所；梁绍芬从宁夏大豆根瘤分离（N3）；能与我国栽培大豆共生固氮；培养基：0063；培养温度：28～30℃。

ACCC 15107←中国农业科学院土肥所；梁绍芬从山东陵县土壤分离（d_2-11）；能与我国栽培大豆共生固氮；培养基：0063；培养温度：28～30℃。

ACCC 15108←中国农业科学院土肥所；梁绍芬从山东嘉祥县土壤分离（g_2）；能与我国栽培大豆共生固氮；培养基：0063；培养温度：28～30℃。

ACCC 15109←中国农业科学院土肥所；梁绍芬从山东陵县文丰 7 号大豆根瘤中分离（d_2-14）；能与我国栽培大豆共生固氮；培养基：0063；培养温度：28～30℃。

ACCC 15117←中国农业科学院土肥所；关妙姬从北京昌平小白豆根瘤分离（J_1-2）；能与我国栽培大豆共生固氮；培养基：0063；培养温度：28～30℃。

ACCC 15118←中国农业科学院土肥所；关妙姬从北京昌平小白豆根瘤分离（J_1-4）；能与我国栽培大豆共生固氮；培养基：0063；培养温度：28～30℃。

ACCC 15119←中国农业科学院土肥所；关妙姬从北京昌平冀 8322-113 大豆根瘤分离（J_2-1）；能与我国栽培大豆共生固氮；培养基：0063；培养温度：28～30℃。

ACCC 15120←中国农业科学院土肥所；关妙姬从北京昌平冀 8322-113 大豆根瘤分离（J_2-2）；能与我国栽培大豆共生固氮；培养基：0063；培养温度：28～30℃。

ACCC 15121←中国农业科学院土肥所；关妙姬从北京昌平充黄 1 号大豆根瘤分离（J_4-3）；能与我国栽培大豆共生固氮；培养基：0063；培养温度：28～30℃。

ACCC 15122←中国农业科学院土肥所；关妙姬从北京昌平兖黄 1 号大豆根瘤分离（J_4-5）；能与我国栽培大豆共生固氮；培养基：0063；培养温度：28～30℃。

ACCC 15123←中国农业科学院土肥所；关妙姬从北京昌平麦豆根瘤分离（J_5-2）；能与我国栽培大豆共生固氮；培养基：0063；培养温度：28～30℃。

ACCC 15124←中国农业科学院土肥所；关妙姬从北京昌平麦豆根瘤分离（J_5-4）；能与我国栽培大豆共生固氮；培养基：0063；培养温度：28～30℃。

ACCC 15125←中国农业科学院土肥所；关妙姬从北京昌平麦豆根瘤分离（J_5-5）；能与我国栽培大豆共生固氮；培养基：0063；培养温度：28～30℃。

ACCC 15126←中国农业科学院土肥所；梁绍芬从山东陵县土壤中分离（d_1-2）；能与我国栽培大豆共生固氮；培养基：0063；培养温度：28～30℃。

ACCC 15127←中国农业科学院土肥所；梁绍芬从山东陵县土壤中分离（d_1-15）；能与我国栽培大豆共生固氮；培养基：0063；培养温度：28～30℃。

ACCC 15128←中国农业科学院土肥所；梁绍芬从山东陵县土壤中分离（d_1-16-2）；能与我国栽培大豆共生固氮；培养基：0063；培养温度：28～30℃。

ACCC 15129←中国农业科学院土肥所；梁绍芬从山东陵县土壤中分离（d_1-17）；能与我国栽培大豆共生固氮；培养基：0063；培养温度：28～30℃。

ACCC 15130←中国农业科学院土肥所；梁绍芬从山东陵县土壤中分离（d_1-13）；能与我国栽培大豆共生固氮；培养基：0063；培养温度：28～30℃。

ACCC 15131←中国农业科学院土肥所；梁绍芬从山东陵县土壤中分离（d_2-15）；能与我国栽培大豆共生固氮；培养基：0063；培养温度：28～30℃。

ACCC 15132←中国农业科学院土肥所；梁绍芬从山东陵县土壤中分离（d_2-17）；能与我国栽培大豆共生固氮；培养基：0063；培养温度：28～30℃。

ACCC 15133←中国农业科学院土肥所；姜瑞波从新疆玛纳斯县黑豆根瘤分离（S_1-2）；能与我国栽培大豆共生固氮；培养基：0063；培养温度：28～30℃。

ACCC 15134←中国农业科学院土肥所；姜瑞波从新疆玛纳斯县黑豆根瘤分离（S_1-12）；能与我国栽培大豆共生固氮；培养基：0063；培养温度：28～30℃。

ACCC 15135←中国农业科学院土肥所；姜瑞波从新疆玛纳斯县固阳黑豆根瘤分离（S_2-1）；能与我国栽培大豆共生固氮，产酸；培养基：0063；培养温度：28～30℃。

ACCC 15136←中国农业科学院土肥所；姜瑞波从新疆玛纳斯县固阳黑豆根瘤分离（S_2-4）；能与我国栽培大豆共生固氮，产酸；培养基：0063；培养温度：28～30℃。

ACCC 15137←中国农业科学院土肥所；姜瑞波从新疆玛纳斯县黑豆根瘤分离（S_2-5）；产酸，能与我国栽培大豆共生固氮；培养基：0063；培养温度：28～30℃。

ACCC 15138←中国农业科学院土肥所；姜瑞波从新疆玛纳斯县黑豆根瘤分离（S_2-6）；产酸，能与我国栽培大豆共生固氮；培养基：0063；培养温度：28～30℃。

ACCC 15139←中国农业科学院土肥所；姜瑞波从新疆玛纳斯县黑豆根瘤分离（S_2-11）；产酸，能与我国栽培大豆共生固氮；培养基：0063；培养温度：28～30℃。

ACCC 15140←中国农业科学院土肥所；姜瑞波从新疆玛纳斯县黑豆根瘤分离（S_2-12）；产酸，能与我国栽培大豆共生固氮；培养基：0063；培养温度：28～30℃。

ACCC 15141←中国农业科学院土肥所；姜瑞波等从新疆玛纳斯县黑豆根瘤分离（S_2-13）；产酸，能与我国栽培大豆共生固氮；培养基：0063；培养温度：28～30℃。

ACCC 15142←中国农业科学院土肥所；姜瑞波从新疆玛纳斯县黑豆根瘤分离（S_2-14）；产酸，能与我国栽培大豆共生固氮；培养基：0063；培养温度：28～30℃。

ACCC 15143←中国农业科学院土肥所；姜瑞波从新疆玛纳斯县黑豆根瘤分离（S_2-15）；产酸，能与我国栽培大豆共生固氮；培养基：0063；培养温度：28～30℃。

ACCC 15145←中国农业科学院土肥所；梁绍芬从山东嘉祥县土壤分离（g-11）；能与我国栽培大豆共生固

氮；培养基：0063；培养温度：28～30℃。

ACCC 15146←中国农业科学院土肥所；梁绍芬等从宁夏土壤分离（N2）；能与我国栽培大豆共生固氮；培养基：0063；培养温度：28～30℃。

ACCC 15147←中国农业科学院土肥所←北京农业大学植保系←美国 USDA191；Keyser 等从我国上海采土分离的菌株；产酸，能与我国部分栽培大豆共生固氮；培养基：0063；培养温度：28～30℃。

Sinorhizobium meliloti（Dangeard 1926）De Lajudie et al. 1994 苜蓿中华根瘤菌

ACCC 01528←新疆农业科学院微生物研究所；原始编号：XAAS10063 1.063；分离地点：新疆焉耆博湖；培养基：0476；培养温度：20℃。

ACCC 01531←新疆农业科学院微生物研究所；原始编号：XAAS10074 1.074；分离地点：新疆乌市 109 团；培养基：0476；培养温度：20℃。

ACCC 01533←新疆农业科学院微生物研究所；原始编号：XAAS10083 1.083；分离地点：新疆乌市 109 团；培养基：0476；培养温度：20℃。

ACCC 01536←新疆农业科学院微生物研究所；原始编号：XAAS10100 1.100；分离地点：新疆库尔勒上户谷地；培养基：0476；培养温度：20℃。

ACCC 03094←中国农业科学院农业资源与农业区划研究所；原始编号：GD-12-1-7，7201；可以用来研发生产用的生物肥料；分离地点：北京市朝阳区王四营；培养基：0065；培养温度：28℃。

ACCC 17499←中国农业科学院土肥所←美国 Wisconsin 大学 102F51；与草木樨共生固氮；培养基：0063；培养温度：28～30℃。

ACCC 17500←中国农业科学院土肥所←美国 Wisconsin 大学 104A14（B）；与草木樨共生固氮；培养基：0063；培养温度：28～30℃。

ACCC 17501←中国农业科学院土肥所←美国农业研究中心植物生理研究所（Beltsville Agriculture Research Center Institute of Plant Physiology 3D0a10）；与紫花苜蓿共生固氮；培养基：0063；培养温度：28～30℃。

ACCC 17502←中国农业科学院土肥所←美国农业研究中心植物生理研究所（3d0a18）；与紫花苜蓿和草木樨共生固氮；培养基：0063；培养温度：28～30℃。

ACCC 17503←中国农业科学院土肥所←美国农业研究中心植物生理研究所（草苜樨1083）；与草木樨共生固氮；培养基：0063；培养温度：28～30℃。

ACCC 17504←中国农业科学院土肥所←美国农业研究中心植物生理研究所（苜蓿1068）；与紫花苜蓿共生固氮；培养基：0063；培养温度：28～30℃。

ACCC 17505←中国农业科学院土肥所←美国农业研究中心植物生理研究所（苜蓿1029）；与草木樨共生固氮；培养基：0063；培养温度：28～30℃。

ACCC 17506←中国农业科学院土肥所←阿根廷赠（B36）；与紫花苜蓿共生固氮；培养基：0063；培养温度：28～30℃。

ACCC 17507←中国农业科学院土肥所←阿根廷赠（B310）；与紫花苜蓿共生固氮；培养基：0063；培养温度：28～30℃。

ACCC 17508←中国农业科学院土肥所←阿根廷赠（B322）；与紫花苜蓿共生固氮；培养基：0063；培养温度：28～30℃。

ACCC 17509←中国农业科学院土肥所←新西兰（NZP4008）与紫花苜蓿共生固氮；培养基：0063；培养温度：28～30℃。

ACCC 17510←中国农业科学院土肥所←新西兰（NZP4009）与紫花苜蓿共生固氮；培养基：0063；培养温度：28～30℃。

ACCC 17512←中国农业科学院土肥所；宁国赞、胡济生从山东德州分离；原始编号：CM7302，苜2；与苜蓿、草木樨共生固氮；1982 年开始用于苜蓿大面积接种；培养基：0063；培养温度：28～30℃。

ACCC 17513←中国农业科学院土肥所；宁国赞、胡济生从山东德州分离；原始编号：CM7309，苜9；与苜蓿、草木樨共生固氮；是国内苜蓿根瘤菌剂主要生产用菌；培养基：0063；培养温度：28～30℃。

ACCC 17514←中国农业科学院土肥所←美国根瘤菌公司 104B₄；与苜蓿、草木樨共生固氮；培养基：0063；培养温度：28～30℃。

ACCC 17515←中国农业科学院土肥所←美国根瘤菌公司 102D6；与苜蓿、草木樨共生固氮；培养基：0063；培养温度：28～30℃。

ACCC 17516←中国农业科学院土肥所←北京农业大学植保系（ATCC9930）；模式菌株；培养基：0063；培养温度：28～30℃。

ACCC 17517←中国农业科学院土肥所；宁国赞 1987 年从黑龙江采苜蓿根瘤分离；原始编号：CM87167；与苜蓿共生固氮；培养基：0063；培养温度：28～30℃。

ACCC 17518←中国农业科学院土肥所；宁国赞 1987 年从黑龙江采苜蓿根瘤分离；原始编号：CM87182；与苜蓿共生固氮；培养基：0063；培养温度：28～30℃。

ACCC 17519←中国农业科学院土肥所；刘惠琴 1987 年从黑龙江采苜蓿根瘤分离；原始编号：CM87197；与苜蓿共生固氮；培养基：0063；培养温度：28～30℃。

ACCC 17520←中国农业科学院土肥所；宁国赞 1985 年采瘤分离；原始编号：葫 34；与葫芦巴（Trigomella）共生固氮；培养基：0063；培养温度：28～30℃。

ACCC 17521←中国农业科学院土肥所；宁国赞 1985 年采瘤分离；原始编号：葫 35；与葫芦巴（Trigomella）共生固氮；培养基：0063；培养温度：28～30℃。

ACCC 17522←中国农业科学院土肥所；宁国赞 1985 年采瘤分离；原始编号：葫 36；与葫芦巴（Trigomella）共生固氮；培养基：0063；培养温度：28～30℃。

ACCC 17523←中国农业科学院土肥所；宁国赞 1985 年采瘤分离；原始编号：葫 37；与葫芦巴（Trigomella）共生固氮；培养基：0063；培养温度：28～30℃。

ACCC 17524←中国农业科学院土肥所；宁国赞 1985 年采瘤分离；原始编号：葫 38；与葫芦巴（Trigomella）共生固氮；培养基：0063；培养温度：28～30℃。

ACCC 17525←中国农业科学院土肥所；宁国赞 1985 年从内蒙古清水河采瘤分离；原始编号：CT85152；与扁蓿豆、苜蓿共生固氮；培养基：0063；培养温度：28～30℃。

ACCC 17526←中国农业科学院土肥所；宁国赞 1985 年从内蒙古清水河采瘤分离；原始编号：CT85153；与扁蓿豆、苜蓿共生固氮；培养基：0063；培养温度：28～30℃。

ACCC 17527←中国农业科学院土肥所；黄岩玲 1985 年从内蒙古清水河采瘤分离；原始编号：CT85154；与扁蓿豆、苜蓿共生固氮；培养基：0063；培养温度：28～30℃。

ACCC 17528←中国农业科学院土肥所；黄岩玲 1985 年从内蒙古清水河采瘤分离；原始编号：CT85155；与扁蓿豆、苜蓿共生固氮；培养基：0063；培养温度：28～30℃。

ACCC 17529←中国农业科学院土肥所；宁国赞 1985 年从内蒙古清水河采瘤分离；原始编号：CT85158；与扁蓿豆、苜蓿共生固氮；培养基：0063；培养温度：28～30℃。

ACCC 17530←中国农业科学院土肥所；宁国赞 1985 年从内蒙古清水河采瘤分离；原始编号：CT85159；与扁蓿豆、苜蓿共生固氮；培养基：0063；培养温度：28～30℃。

ACCC 17531←中国农业科学院土肥所；宁国赞 1987 年从黑龙江佳木斯美国苜蓿根瘤分离；与苜蓿共生固氮，2.3％ NaCl 生长；原始编号：129（85f-1-21）；培养基：0063；培养温度：28～30℃。

ACCC 17532←中国农业科学院土肥所；宁国赞 1987 年从黑龙江佳木斯美国苜蓿根瘤分离；与苜蓿共生固氮，2.3％ NaCl 生长；原始编号：132（85f-1-2 4）；培养基：0063；培养温度：28～30℃。

ACCC 17533←中国农业科学院土肥所；宁国赞 1987 年从黑龙江佳木斯美国苜蓿根瘤分离；与苜蓿共生固氮，2.3％ NaCl 生长；原始编号：134（85f-1-3 2）；培养基：0063；培养温度：28～30℃。

ACCC 17534←中国农业科学院土肥所；宁国赞 1987 年从黑龙江佳木斯美国苜蓿根瘤分离；与苜蓿共生固氮，3.48％ NaCl 生长；原始编号：138（85f-1-5 3）；培养基：0063；培养温度：28～30℃。

ACCC 17535←中国农业科学院土肥所；宁国赞 1987 年从黑龙江佳木斯美国苜蓿根瘤分离；与苜蓿共生固氮，3.48％ NaCl 生长；原始编号：143（披斯 3）；培养基：0063；培养温度：28～30℃。

ACCC 17536←中国农业科学院土肥所；白新学 1987 年从黑龙江佳木斯美国苜蓿根瘤分离；与苜蓿共生固

氮，2.9％ NaCl 生长；原始编号：150（披斯 Q）；培养基：0063；培养温度：28～30℃。

ACCC 17537←中国农业科学院土肥所；宁国赞 1987 年从黑龙江佳木斯美国苜蓿根瘤分离；与苜蓿共生固氮，3.48％ NaCl 生长；原始编号：151（披斯 R）；培养基：0063；培养温度：28～30℃。

ACCC 17538←中国农业科学院土肥所；宁国赞 1987 年从黑龙江佳木斯美国苜蓿根瘤分离；与苜蓿共生固氮，2.9％ NaCl 生长；原始编号：152（披斯 t）；培养基：0063；培养温度：28～30℃。

ACCC 17539←中国农业科学院土肥所；宁国赞 1987 年从黑龙江佳木斯美国苜蓿根瘤分离；与苜蓿共生固氮，2.9％ NaCl 生长；原始编号：171（伊鲁玫斯 16）；培养基：0063；培养温度：28～30℃。

ACCC 17540←中国农业科学院土肥所；白新学 1987 年从黑龙江佳木斯美国苜蓿根瘤分离；与苜蓿共生固氮，2.3％ NaCl 生长；原始编号：174（格里姆 2）；培养基：0063；培养温度：28～30℃。

ACCC 17541←中国农业科学院土肥所；宁国赞 1987 年从黑龙江佳木斯美国苜蓿根瘤分离；与苜蓿共生固氮，2.3％ NaCl 生长；原始编号：196（85f-1-5 6）；培养基：0063；培养温度：28～30℃。

ACCC 17542←中国农业科学院土肥所；宁国赞 1987 年分离；与苜蓿共生固氮，2.9％ NaCl 生长；原始编号：46（庆阳 64）；培养基：0063；培养温度：28～30℃。

ACCC 17544←中国农业科学院土肥所；宁国赞 1987 年从新疆大叶苜蓿根瘤分离；与苜蓿共生固氮，2.9％ NaCl 生长；原始编号：6-3；培养基：0063；培养温度：28～30℃。

ACCC 17545←中国农业科学院土肥所；白新学 1987 年从新疆大叶苜蓿根瘤分离；与苜蓿共生固氮，2.9％ NaCl 生长；原始编号：6-5；培养基：0063；培养温度：28～30℃。

ACCC 17546←中国农业科学院土肥所；宁国赞 1987 年从新疆大叶苜蓿根瘤分离；与苜蓿共生固氮，2.9％ NaCl 生长；原始编号：7-0；培养基：0063；培养温度：28～30℃。

ACCC 17547←中国农业科学院土肥所；宁国赞 1987 年从新疆大叶苜蓿根瘤分离；与苜蓿共生固氮，2.9％ NaCl 生长；原始编号：7-1；培养基：0063；培养温度：28～30℃。

ACCC 17548←中国农业科学院土肥所；宁国赞 1987 年从新疆大叶苜蓿根瘤分离；与苜蓿共生固氮，2.9％ NaCl 生长；原始编号：7-5；培养基：0063；培养温度：28～30℃。

ACCC 17549←中国农业科学院土肥所；宁国赞 1987 年从新疆大叶苜蓿根瘤分离；与苜蓿共生固氮，2.9％ NaCl 生长；原始编号：8-1；培养基：0063；培养温度：28～30℃。

ACCC 17550←中国农业科学院土肥所；宁国赞 1987 年从新疆大叶苜蓿根瘤分离；与苜蓿共生固氮，2.9％ NaCl 生长；原始编号：8-5；培养基：0063；培养温度：28～30℃。

ACCC 17551←中国农业科学院土肥所；宁国赞 1987 年从新疆大叶苜蓿根瘤分离；与苜蓿共生固氮，2.9％ NaCl 生长；原始编号：8-7；培养基：0063；培养温度：28～30℃。

ACCC 17552←中国农业科学院土肥所；白新学 1987 年从新疆大叶苜蓿根瘤分离；与苜蓿共生固氮，3.48％ NaCl 生长；原始编号：8-9；培养基：0063；培养温度：28～30℃。

ACCC 17553←中国农业科学院土肥所；宁国赞 1986 年从内蒙古苜蓿根瘤分离；与苜蓿共生固氮；原始编号：CM862；培养基：0063；培养温度：28～30℃。

ACCC 17554←中国农业科学院土肥所；宁国赞 1986 年从内蒙古苜蓿根瘤分离；与苜蓿共生固氮；原始编号：CM863；培养基：0063；培养温度：28～30℃。

ACCC 17555←中国农业科学院土肥所；宁国赞 1987 年从甘肃庆阳苜蓿根瘤分离；与苜蓿共生固氮，2.9％ NaCl 生长；原始编号：18（庆阳 25）；培养基：0063；培养温度：28～30℃。

ACCC 17556←中国农业科学院土肥所；白新学 1987 年从甘肃庆阳苜蓿根瘤分离；与苜蓿共生固氮，2.9％ NaCl 生长；原始编号：25（庆阳 32）；培养基：0063；培养温度：28～30℃。

ACCC 17557←中国农业科学院土肥所；白新学 1987 年从甘肃庆阳苜蓿根瘤分离；与苜蓿共生固氮，2.9％ NaCl 生长；原始编号：33（庆阳 44）；培养基：0063；培养温度：28～30℃。

ACCC 17558←中国农业科学院土肥所；白新学 1987 年从甘肃庆阳苜蓿根瘤分离；与苜蓿共生固氮，3.48％ NaCl 生长；原始编号：50（庆阳 71）；培养基：0063；培养温度：28～30℃。

ACCC 17559←中国农业科学院土肥所；宁国赞 1987 年从甘肃庆阳苜蓿根瘤分离；与苜蓿共生固氮，2.3％ NaCl 生长；原始编号：54（庆阳 5）；培养基：0063；培养温度：28～30℃。

ACCC 17560←中国农业科学院土肥所；宁国赞 1987 年从黑龙江公农一号苜蓿根瘤分离；与苜蓿共生固氮，2.9％ NaCl 生长；原始编号：61（公农 12）；培养基：0063；培养温度：28～30℃。

ACCC 17561←中国农业科学院土肥所；宁国赞 1987 年从黑龙江公农一号苜蓿根瘤分离；与苜蓿共生固氮，2.9％ NaCl 生长；原始编号：65（公农 17）；培养基：0063；培养温度：28～30℃。

ACCC 17562←中国农业科学院土肥所；宁国赞 1987 年从甘肃庆阳苜蓿根瘤分离；与苜蓿共生固氮，3.48％ NaCl 生长；原始编号：79（方山 6）；培养基：0063；培养温度：28～30℃。

ACCC 17563←中国农业科学院土肥所；宁国赞 1990 年从甘肃庆阳草原生态站土著苜蓿根瘤分离；与庆阳苜蓿共生固氮良好，2.9％ NaCl 生长；原始编号：A1；培养基：0063；培养温度：28～30℃。

ACCC 17564←中国农业科学院土肥所；宁国赞 1990 年从甘肃庆阳草原生态站土著苜蓿根瘤分离；与庆阳苜蓿共生固氮良好，2.9％ NaCl 生长；原始编号：A3；培养基：0063；培养温度：28～30℃。

ACCC 17565←中国农业科学院土肥所；宁国赞 1990 年从甘肃庆阳草原生态站土著苜蓿根瘤分离；与庆阳苜蓿共生固氮良好，2.3％ NaCl 生长；原始编号：A4；培养基：0063；培养温度：28～30℃。

ACCC 17566←中国农业科学院土肥所；宁国赞 1990 年从甘肃庆阳草原生态站土著苜蓿根瘤分离；与庆阳苜蓿共生固氮良好，2.3％ NaCl 生长；原始编号：A5；培养基：0063；培养温度：28～30℃。

ACCC 17567←中国农业科学院土肥所；白新学 1990 年从甘肃庆阳草原生态站土著苜蓿根瘤分离；与庆阳苜蓿共生固氮良好，2.3％ NaCl 生长；原始编号：A6；培养基：0063；培养温度：28～30℃。

ACCC 17568←中国农业科学院土肥所；宁国赞 1990 年从甘肃庆阳草原生态站土著苜蓿根瘤分离；与庆阳苜蓿共生固氮良好，3.48％ NaCl 生长；原始编号：A8；培养基：0063；培养温度：28～30℃。

ACCC 17569←中国农业科学院土肥所；宁国赞 1990 年从甘肃庆阳草原试验站土著苜蓿根瘤分离；与庆阳苜蓿共生固氮良好，3.48％ NaCl 生长；原始编号：A9；培养基：0063；培养温度：28～30℃。

ACCC 17570←中国农业科学院土肥所；宁国赞 1990 年从甘肃庆阳草原试验站土著苜蓿根瘤分离；与庆阳苜蓿共生固氮良好，2.3％ NaCl 生长；原始编号：A10；培养基：0063；培养温度：28～30℃。

ACCC 17571←中国农业科学院土肥所；宁国赞 1990 年从甘肃庆阳草原试验站土著苜蓿根瘤分离；与庆阳苜蓿共生固氮良好，2.3％ NaCl 生长；原始编号：A11；培养基：0063；培养温度：28～30℃。

ACCC 17572←中国农业科学院土肥所；宁国赞 1990 年从甘肃庆阳草原试验站土著苜蓿根瘤分离；与庆阳苜蓿共生固氮良好，2.3％ NaCl 生长；原始编号：A12；培养基：0063；培养温度：28～30℃。

ACCC 17573←中国农业科学院土肥所；宁国赞 1990 年从甘肃庆阳草原试验站土著苜蓿根瘤分离；与庆阳苜蓿共生固氮良好，2.3％ NaCl 生长；原始编号：A13；培养基：0063；培养温度：28～30℃。

ACCC 17574←中国农业科学院土肥所；宁国赞 1990 年从甘肃庆阳草原生态站土著苜蓿根瘤分离；与庆阳苜蓿共生固氮良好，3.48％ NaCl 生长；原始编号：A14；培养基：0063；培养温度：28～30℃。

ACCC 17575←中国农业科学院土肥所；白新学 1990 年从甘肃庆阳草原生态站土著苜蓿根瘤分离；与庆阳苜蓿共生固氮良好，3.48％ NaCl 生长；原始编号：A16；培养基：0063；培养温度：28～30℃。

ACCC 17576←中国农业科学院土肥所；宁国赞 1990 年从甘肃庆阳草原生态站土著苜蓿根瘤分离；与庆阳苜蓿共生固氮良好，3.48％ NaCl 生长；原始编号：A17；培养基：0063；培养温度：28～30℃。

ACCC 17577←中国农业科学院土肥所；宁国赞 1990 年从甘肃庆阳草原生态站土著苜蓿根瘤分离；与庆阳苜蓿共生固氮良好，3.48％ NaCl 生长；原始编号：A18；培养基：0063；培养温度：28～30℃。

ACCC 17578←中国农业科学院土肥所；宁国赞 1990 年从甘肃庆阳草原生态站土著苜蓿根瘤分离；与庆阳苜蓿共生固氮良好，3.48％ NaCl 生长；原始编号：A19；培养基：0063；培养温度：28～30℃。

ACCC 17579←中国农业科学院土肥所；宁国赞 1990 年从甘肃庆阳草原生态站土著苜蓿根瘤分离；与庆阳苜蓿共生固氮良好，3.48％ NaCl 生长；原始编号：A20；培养基：0063；培养温度：28～30℃。

ACCC 17580←中国农业科学院土肥所；宁国赞 1990 年从甘肃庆阳草原生态站土著苜蓿根瘤分离；与庆阳苜蓿共生固氮良好，3.48％ NaCl 生长；原始编号：A22；培养基：0063；培养温度：28～30℃。

ACCC 17581←中国农业科学院土肥所；宁国赞 1990 年从甘肃庆阳草原生态站土著苜蓿根瘤分离；与庆阳苜蓿共生固氮良好，3.48％ NaCl 生长；原始编号：A23；培养基：0063；培养温度：28～30℃。

ACCC 17582←中国农业科学院土肥所；白新学 1990 年从甘肃庆阳草原生态站土著苜蓿根瘤分离；与庆阳

苜蓿共生固氮良好，3.48% NaCl 生长；原始编号：A24；培养基：0063；培养温度：28～30℃。

ACCC 17583←中国农业科学院土肥所；宁国赞 1990 年从甘肃庆阳草原生态站土著苜蓿根瘤分离；与庆阳苜蓿共生固氮良好，3.48% NaCl 生长；原始编号：A25；培养基：0063；培养温度：28～30℃。

ACCC 17584←中国农业科学院土肥所；宁国赞 1990 年从甘肃庆阳土桥乡生态治理区庆阳苜蓿根瘤分离；与庆阳苜蓿共生固氮良好，3.48% NaCl 生长；原始编号：B2；培养基：0063；培养温度：28～30℃。

ACCC 17585←中国农业科学院土肥所；宁国赞 1990 年从甘肃庆阳土桥乡生态治理区庆阳苜蓿根瘤分离；与庆阳苜蓿共生固氮良好，3.48% NaCl 生长；原始编号：B2；培养基：0063；培养温度：28～30℃。

ACCC 17586←中国农业科学院土肥所；宁国赞 1990 年从甘肃庆阳土桥乡生态治理区庆阳苜蓿根瘤分离；与庆阳苜蓿共生固氮良好，3.48% NaCl 生长；原始编号：B5；培养基：0063；培养温度：28～30℃。

ACCC 17587←中国农业科学院土肥所；宁国赞 1990 年从甘肃庆阳土桥乡生态治理区庆阳苜蓿根瘤分离；与庆阳苜蓿共生固氮良好，3.48% NaCl 生长；原始编号：B6；培养基：0063；培养温度：28～30℃。

ACCC 17588←中国农业科学院土肥所；宁国赞 1990 年从甘肃庆阳土桥乡生态治理区庆阳苜蓿根瘤分离；与庆阳苜蓿共生固氮良好，3.48% NaCl 生长；原始编号：B7；培养基：0063；培养温度：28～30℃。

ACCC 17589←中国农业科学院土肥所；宁国赞 1990 年从甘肃庆阳土桥乡生态治理区庆阳苜蓿根瘤分离；与庆阳苜蓿共生固氮良好，3.48% NaCl 生长；原始编号：B8；培养基：0063；培养温度：28～30℃。

ACCC 17590←中国农业科学院土肥所；宁国赞 1990 年从甘肃庆阳土桥乡生态治理区庆阳苜蓿根瘤分离；与庆阳苜蓿共生固氮良好，3.48% NaCl 生长；原始编号：B9；培养基：0063；培养温度：28～30℃。

ACCC 17591←中国农业科学院土肥所；宁国赞 1990 年从甘肃庆阳土桥乡生态治理区庆阳苜蓿根瘤分离；与庆阳苜蓿共生固氮良好，3.48% NaCl 生长；原始编号：B10；培养基：0063；培养温度：28～30℃。

ACCC 17592←中国农业科学院土肥所；宁国赞 1990 年从甘肃庆阳土桥乡生态治理区庆阳苜蓿根瘤分离；与庆阳苜蓿共生固氮良好，3.48% NaCl 生长；原始编号：B11；培养基：0063；培养温度：28～30℃。

ACCC 17593←中国农业科学院土肥所；宁国赞 1990 年从甘肃草原实验站草木樨根瘤分离；与苜蓿、草木樨共生固氮良好，3.48% NaCl 生长；原始编号：D3；培养基：0063；培养温度：28～30℃。

ACCC 17594←中国农业科学院土肥所；宁国赞 1990 年从甘肃草原实验站草木樨根瘤分离；与苜蓿、草木樨共生固氮良好，3.48% NaCl 生长；原始编号：D4；培养基：0063；培养温度：28～30℃。

ACCC 17595←中国农业科学院土肥所；宁国赞 1990 年从甘肃草原实验站草木樨根瘤分离；与苜蓿、草木樨共生固氮良好，3.48% NaCl 生长；原始编号：D5；培养基：0063；培养温度：28～30℃。

ACCC 17596←中国农业科学院土肥所；宁国赞 1990 年从甘肃庆阳苜蓿根瘤分离；与苜蓿共生固氮，3.48% NaCl 生长；原始编号：庆3；培养基：0063；培养温度：28～30℃。

ACCC 17597←中国农业科学院土肥所；宁国赞 1990 年从甘肃庆阳苜蓿根瘤分离；与苜蓿共生固氮，3.48% NaCl 生长；原始编号：庆4；培养基：0063；培养温度：28～30℃。

ACCC 17598←中国农业科学院土肥所；白新学 1990 年从甘肃庆阳苜蓿根瘤分离；与苜蓿共生固氮，3.48% NaCl 生长；原始编号：庆6；培养基：0063；培养温度：28～30℃。

ACCC 17599←中国农业科学院土肥所；白新学 1990 年从甘肃庆阳苜蓿根瘤分离；与苜蓿共生固氮，3.48% NaCl 生长；原始编号：庆7；培养基：0063；培养温度：28～30℃。

ACCC 17600←中国农业科学院土肥所；白新学 1990 年从甘肃庆阳苜蓿根瘤分离；与苜蓿共生固氮，3.48% NaCl 生长；原始编号：庆8；培养基：0063；培养温度：28～30℃。

ACCC 17601←中国农业科学院土肥所；宁国赞 1990 年从甘肃庆阳苜蓿根瘤分离；与苜蓿共生固氮，3.48% NaCl 生长；原始编号：庆9；培养基：0063；培养温度：28～30℃。

ACCC 17602←中国农业科学院土肥所；宁国赞 1990 年从甘肃庆阳苜蓿根瘤分离；与苜蓿共生固氮，3.48% NaCl 生长；原始编号：庆10；培养基：0063；培养温度：28～30℃。

ACCC 17603←中国农业科学院土肥所；宁国赞 1990 年从甘肃庆阳苜蓿根瘤分离；与苜蓿共生固氮，3.48% NaCl 生长；原始编号：庆11；培养基：0063；培养温度：28～30℃。

ACCC 17604←中国农业科学院土肥所；宁国赞 1990 年从甘肃庆阳苜蓿根瘤分离；与苜蓿共生固氮，
　　3.48％ NaCl 生长；原始编号：庆 13；培养基：0063；培养温度：28～30℃。
ACCC 17605←中国农业科学院土肥所；白新学 1990 年从甘肃庆阳苜蓿根瘤分离；与苜蓿共生固氮，
　　3.48％ NaCl 生长；原始编号：庆 14；培养基：0063；培养温度：28～30℃。
ACCC 17606←中国农业科学院土肥所；白新学 1990 年从甘肃庆阳苜蓿根瘤分离；与苜蓿共生固氮，
　　3.48％ NaCl 生长；原始编号：庆 15；培养基：0063；培养温度：28～30℃。
ACCC 17607←中国农业科学院土肥所；宁国赞 1990 年从甘肃庆阳苜蓿根瘤分离；与苜蓿共生固氮，
　　3.48％ NaCl 生长；原始编号：庆 16；培养基：0063；培养温度：28～30℃。
ACCC 17608←中国农业科学院土肥所；宁国赞 1990 年从甘肃庆阳苜蓿根瘤分离；与苜蓿共生固氮，
　　3.48％ NaCl 生长；原始编号：庆 17；培养基：0063；培养温度：28～30℃。
ACCC 17609←中国农业科学院土肥所；宁国赞 1990 年从甘肃庆阳苜蓿根瘤分离；与苜蓿共生固氮，
　　3.48％ NaCl 生长；原始编号：庆 18；培养基：0063；培养温度：28～30℃。
ACCC 17610←中国农业科学院土肥所；白新学 1990 年从甘肃庆阳苜蓿根瘤分离；与苜蓿共生固氮，
　　3.48％ NaCl 生长；原始编号：庆 20；培养基：0063；培养温度：28～30℃。
ACCC 17611←中国农业科学院土肥所；宁国赞 1990 年从甘肃庆阳苜蓿根瘤分离；与苜蓿共生固氮，
　　3.48％ NaCl 生长；原始编号：庆 21；培养基：0063；培养温度：28～30℃。
ACCC 17612←中国农业科学院土肥所；宁国赞 1990 年从甘肃庆阳苜蓿根瘤分离；与苜蓿共生固氮，
　　3.48％ NaCl 生长；原始编号：庆 22；培养基：0063；培养温度：28～30℃。
ACCC 17613←中国农业科学院土肥所；白新学；1990 年从甘肃庆阳苜蓿根瘤分离；与苜蓿共生固氮，
　　3.48％ NaCl 生长；原始编号：庆 23；培养基：0063；培养温度：28～30℃。
ACCC 17614←中国农业科学院土肥所；白新学 1990 年从甘肃庆阳苜蓿根瘤分离；与苜蓿共生固氮，
　　3.48％ NaCl 生长；原始编号：庆 24；培养基：0063；培养温度：28～30℃。
ACCC 17615←中国农业科学院土肥所；宁国赞 1990 年从甘肃庆阳苜蓿根瘤分离；与苜蓿共生固氮，
　　3.48％ NaCl 生长；原始编号：庆 25；培养基：0063；培养温度：28～30℃。
ACCC 17616←中国农业科学院土肥所；宁国赞 1990 年从甘肃庆阳苜蓿根瘤分离；与苜蓿共生固氮，
　　3.48％ NaCl 生长；原始编号：庆 26；培养基：0063；培养温度：28～30℃。
ACCC 17617←中国农业科学院土肥所；宁国赞 1990 年从甘肃庆阳澳大利亚苜蓿根瘤分离；与苜蓿共生固
　　氮，3.48％ NaCl 生长；原始编号：SWR；培养基：0063；培养温度：28～30℃。
ACCC 17618←中国农业科学院土肥所；宁国赞 1990 年从甘肃庆阳苜蓿根瘤分离；与苜蓿共生固氮，
　　3.48％ NaCl 生长；原始编号：崇 2；培养基：0063；培养温度：28～30℃。
ACCC 17619←中国农业科学院土肥所；宁国赞 1990 年从甘肃庆阳苜蓿根瘤分离；与苜蓿共生固氮，
　　3.48％ NaCl 生长；原始编号：崇 3；培养基：0063；培养温度：28～30℃。
ACCC 17620←中国农业科学院土肥所；宁国赞 1990 年从甘肃庆阳苜蓿根瘤分离；与苜蓿共生固氮，
　　3.48％ NaCl 生长；原始编号：宁县 1；培养基：0063；培养温度：28～30℃。
ACCC 17621←中国农业科学院土肥所；宁国赞 1990 年从甘肃庆阳苜蓿根瘤分离；与苜蓿共生固氮，
　　3.48％ NaCl 生长；原始编号：环 3；培养基：0063；培养温度：28～30℃。
ACCC 17622←中国农业科学院土肥所；宁国赞 1990 年从甘肃庆阳苜蓿根瘤分离；与苜蓿共生固氮，
　　3.48％ NaCl 生长；原始编号：合水 1；培养基：0063；培养温度：28～30℃。
ACCC 17623←中国农业科学院土肥所；宁国赞 1990 年从甘肃庆阳苜蓿根瘤分离；与苜蓿共生固氮，
　　3.48％ NaCl 生长；原始编号：镇原 1；培养基：0063；培养温度：28～30℃。
ACCC 17624←中国农业科学院土肥所；宁国赞 1990 年从甘肃庆阳苜蓿根瘤分离；与苜蓿共生固氮，
　　3.48％ NaCl 生长；原始编号：灵台；培养基：0063；培养温度：28～30℃。
ACCC 17625←中国农业科学院土肥所；宁国赞 1990 年从甘肃庆阳苜蓿根瘤分离；与苜蓿共生固氮，
　　3.48％ NaCl 生长；原始编号：泾川；培养基：0063；培养温度：28～30℃。
ACCC 17626←中国农业科学院土肥所；宁国赞 1990 年从甘肃庆阳苜蓿根瘤分离；与苜蓿共生固氮，

3.48％ NaCl 生长；原始编号：华亭；培养基：0063；培养温度：28～30℃。

ACCC 17627←中国农业科学院土肥所；宁国赞 1990 年从新疆大叶苜蓿根瘤分离；与苜蓿共生固氮，2.3％
    NaCl 生长；原始编号：5-2；培养基：0063；培养温度：28～30℃。

ACCC 17628←中国农业科学院土肥所；宁国赞 1990 年从新疆大叶苜蓿根瘤分离；与苜蓿共生固氮，2.3％
    NaCl 生长；原始编号：5-3；培养基：0063；培养温度：28～30℃。

ACCC 17629←中国农业科学院土肥所；宁国赞 1990 年从黑龙江肇东苜蓿根瘤分离；与苜蓿共生固氮，
    3.48％ NaCl 生长；原始编号：99（肇东 4）；培养基：0063；培养温度：28～30℃。

ACCC 17630←中国农业科学院土肥所；宁国赞 1990 年从甘肃庆阳苜蓿根瘤分离；与苜蓿共生固氮，
    3.48％ NaCl 生长；原始编号：111（泾川 4）；培养基：0063；培养温度：28～30℃。

ACCC 17631←中国农业科学院土肥所；宁国赞 1990 年从新疆苜蓿根瘤分离；与苜蓿共生固氮；原始编号：
    115（和田 3）；培养基：0063；培养温度：28～30℃。

ACCC 17632←中国农业科学院土肥所；宁国赞 1990 年从甘肃庆阳苜蓿根瘤分离；与苜蓿共生固氮，
    3.48％ NaCl 生长；原始编号：121（宁县 2）；培养基：0063；培养温度：28～30℃。

ACCC 17633←中国农业科学院土肥所；宁国赞 1990 年从甘肃庆阳苜蓿根瘤分离；与苜蓿共生固氮，2.9％
    NaCl 生长；原始编号：123（宁县 2）；培养基：0063；培养温度：28～30℃。

ACCC 17634←中国农业科学院土肥所；宁国赞 1993 年从大庆油田扁蓿豆根瘤分离；与扁蓿豆、紫花苜蓿
    共生固氮，与扁蓿豆结瘤固氮效果最佳，用于苜蓿根瘤菌接种剂生产；原始编号：81（8-1）；培养基：
    0063；培养温度：28～30℃。

ACCC 17635←中国农业科学院土肥所；宁国赞 1993 年从大庆油田扁蓿豆根瘤分离；与扁蓿豆、紫花苜蓿
    共生固氮，与扁蓿豆结瘤固氮效果最佳，用于苜蓿根瘤菌接种剂生产；原始编号：101（10-1）；培养
    基：0063；培养温度：28～30℃。

ACCC 17636←中国农业科学院土肥所；刘惠琴 1993 年从大庆油田扁蓿豆根瘤分离；与扁蓿豆、紫花苜蓿
    共生固氮，与扁蓿豆结瘤固氮效果最佳，用于苜蓿根瘤菌接种剂生产；原始编号：102（10-2）；培养
    基：0063；培养温度：28～30℃。

ACCC 17637←中国农业科学院土肥所；宁国赞 1993 年从大庆油田扁蓿豆根瘤分离；与扁蓿豆、紫花苜蓿
    共生固氮，与扁蓿豆结瘤固氮效果最佳，用于苜蓿根瘤菌接种剂生产；原始编号：103（10-3）；培养
    基：0063；培养温度：28～30℃。

ACCC 17638←中国农业科学院土肥所；宁国赞 1993 年从大庆油田扁蓿豆根瘤分离；与扁蓿豆、紫花苜蓿
    共生固氮，与扁蓿豆结瘤固氮效果最佳，用于苜蓿根瘤菌接种剂生产；原始编号：111（11-1）；培养
    基：0063；培养温度：28～30℃。

ACCC 17639←中国农业科学院土肥所；刘惠琴 1993 年从大庆油田扁蓿豆根瘤分离；与扁蓿豆、紫花苜蓿
    共生固氮，与扁蓿豆结瘤固氮效果最佳，用于苜蓿根瘤菌接种剂生产；原始编号：112（11-2）；培养
    基：0063；培养温度：28～30℃。

ACCC 17640←中国农业科学院土肥所；宁国赞 1993 年从大庆油田扁蓿豆根瘤分离；与扁蓿豆、紫花苜蓿
    共生固氮，与扁蓿豆结瘤固氮效果最佳，用于苜蓿根瘤菌接种剂生产；原始编号：131（13-1）；培养
    基：0063；培养温度：28～30℃。

ACCC 17641←中国农业科学院土肥所；宁国赞 1993 年从大庆油田扁蓿豆根瘤分离；与扁蓿豆、紫花苜蓿
    共生固氮，与扁蓿豆结瘤固氮效果最佳，用于苜蓿根瘤菌接种剂生产；原始编号：132（13-2）；培养
    基：0063；培养温度：28～30℃。

ACCC 17642←中国农业科学院土肥所；宁国赞 1993 年从大庆油田扁蓿豆根瘤分离；与扁蓿豆、紫花苜蓿
    共生固氮，与扁蓿豆结瘤固氮效果最佳，用于苜蓿根瘤菌接种剂生产；原始编号：142（14-2）；培养
    基：0063；培养温度：28～30℃。

ACCC 17643←中国农业科学院土肥所；宁国赞 1993 年从大庆市北部扁蓿豆根瘤分离；与扁蓿豆、紫花苜
    蓿共生固氮，与扁蓿豆结瘤固氮效果最佳，用于苜蓿根瘤菌接种剂生产；原始编号：182（18-2）；培
    养基：0063；培养温度：28～30℃。

ACCC 17644←中国农业科学院土肥所；宁国赞 1993 年从大庆油田扁蓿豆根瘤分离；与扁蓿豆、紫花苜蓿共生固氮，与扁蓿豆结瘤固氮效果最佳，用于苜蓿根瘤菌接种剂生产；原始编号：191（19-1）；培养基：0063；培养温度：28～30℃。

ACCC 17645←中国农业科学院土肥所；宁国赞 1993 年从大庆油田扁蓿豆根瘤分离；与扁蓿豆、紫花苜蓿共生固氮，与扁蓿豆结瘤固氮效果最佳，用于苜蓿根瘤菌接种剂生产；原始编号：192（19-2）；培养基：0063；培养温度：28～30℃。

ACCC 17646←中国农业科学院土肥所；刘惠琴 1993 年从内蒙古锡林浩特北 52km 采样分离；与扁蓿豆、紫花苜蓿共生固氮，与扁蓿豆结瘤固氮效果最佳，用于苜蓿根瘤菌接种剂生产；原始编号：361（36-1）；培养基：0063；培养温度：28～30℃。

ACCC 17647←中国农业科学院土肥所；刘惠琴 1993 年从内蒙古锡林浩特东南 40km 采样分离；与扁蓿豆、紫花苜蓿共生固氮，与扁蓿豆结瘤固氮效果最佳，用于苜蓿根瘤菌接种剂生产；原始编号：381（38-1）；培养基：0063；培养温度：28～30℃。

ACCC 17648←中国农业科学院土肥所；刘惠琴 1993 年从内蒙古锡林浩特东南 40km 采样分离；与扁蓿豆、紫花苜蓿共生固氮，与"草原一号"结瘤固氮效果最佳，用于苜蓿根瘤菌接种剂生产；原始编号：382（38-2）；培养基：0063；培养温度：28～30℃。

ACCC 17649←中国农业科学院土肥所；马晓彤 1993 年从内蒙古锡林浩特生态站采样分离；与扁蓿豆、紫花苜蓿共生固氮，与扁蓿豆结瘤固氮效果最佳，用于苜蓿根瘤菌接种剂生产；原始编号：491（49-1）；培养基：0063；培养温度：28～30℃。

ACCC 17650←中国农业科学院土肥所；刘惠琴 1993 年从内蒙古锡林浩特生态站采样分离；与扁蓿豆、紫花苜蓿共生固氮，与扁蓿豆结瘤固氮效果最佳，用于苜蓿根瘤菌接种剂生产；原始编号：531（53-1）；培养基：0063；培养温度：28～30℃。

ACCC 17651←中国农业科学院土肥所；马晓彤 1993 年从内蒙古锡林浩特生态站采样分离；与扁蓿豆、紫花苜蓿共生固氮，与扁蓿豆结瘤固氮效果最佳，用于苜蓿根瘤菌接种剂生产；原始编号：561（56-1）；培养基：0063；培养温度：28～30℃。

ACCC 17652←中国农业科学院土肥所；刘惠琴 1993 年从内蒙古锡林浩特生态站采样分离；与扁蓿豆、紫花苜蓿共生固氮，与扁蓿豆结瘤固氮效果最佳，用于苜蓿根瘤菌接种剂生产；原始编号：562（56-2）；培养基：0063；培养温度：28～30℃。

ACCC 17653←中国农业科学院土肥所；刘惠琴 1993 年从内蒙古锡林浩特生态站采样分离；与扁蓿豆、紫花苜蓿共生固氮，与扁蓿豆结瘤固氮效果最佳，用于苜蓿根瘤菌接种剂生产；原始编号：563（56-3）；培养基：0063；培养温度：28～30℃。

ACCC 17654←中国农业科学院土肥所；马晓彤 1993 年从内蒙古锡林浩特生态站采样分离；与扁蓿豆、紫花苜蓿共生固氮，与扁蓿豆结瘤固氮效果最佳，用于苜蓿根瘤菌接种剂生产；原始编号：591（59-1）；培养基：0063；培养温度：28～30℃。

ACCC 17655←中国农业科学院土肥所；马晓彤 1993 年从内蒙古锡林浩特生态站采样分离；与扁蓿豆、紫花苜蓿共生固氮，其中与晋南苜蓿结瘤固氮效果最佳；原始编号：593（59-3）；培养基：0063；培养温度：28～30℃。

ACCC 17656←中国农业科学院土肥所；刘惠琴 1993 年从内蒙古锡林浩特生态站采样分离；与扁蓿豆、紫花苜蓿共生固氮，与扁蓿豆结瘤固氮效果最佳，用于苜蓿根瘤菌接种剂生产；原始编号：601（60-1）；培养基：0063；培养温度：28～30℃。

ACCC 17657←中国农业科学院土肥所；马晓彤 1993 年从内蒙古锡林浩特生态站分离；与扁蓿豆、紫花苜蓿共生固氮，与草原一号苜蓿结瘤固氮效果最佳；原始编号：602（60-2）；培养基：0063；培养温度：28～30℃。

ACCC 17658←中国农业科学院土肥所；刘惠琴 1993 年从内蒙古锡林浩特生态站分离；与扁蓿豆、紫花苜蓿共生固氮，与扁蓿豆结瘤固氮效果最佳，用于苜蓿根瘤菌接种剂生产；原始编号：641（64-1）；培养基：0063；培养温度：28～30℃。

ACCC 17659←中国农业科学院土肥所；刘惠琴 1993 年从内蒙古锡林浩特生态站分离；与扁蓿豆、紫花苜蓿共生固氮，其中与新疆大叶苜蓿结瘤固氮效果最佳，用于苜蓿根瘤菌接种剂生产；原始编号：644（64-4）；培养基：0063；培养温度：28～30℃。

ACCC 17660←中国农业科学院土肥所；宁国赞 1993 年从内蒙古锡林浩特森林采样、分离；与扁蓿豆、紫花苜蓿共生固氮，与扁蓿豆结瘤固氮效果最佳，用于苜蓿根瘤菌接种剂生产；原始编号：721（72-1）；培养基：0063；培养温度：28～30℃。

ACCC 17662←中国农业科学院土肥所；宁国赞 1993 年从内蒙古锡林浩特 25km 处采样、分离；与扁蓿豆、紫花苜蓿共生固氮，与草原一号苜蓿结瘤固氮效果最佳；原始编号：832（83-2）；培养基：0063；培养温度：28～30℃。

ACCC 17663←中国农业科学院土肥所；宁国赞 1993 年从黑龙江北大荒处采样、分离；与扁蓿豆、紫花苜蓿共生固氮，与晋南苜蓿结瘤固氮效果最佳；原始编号：853（85-3）；培养基：0063；培养温度：28～30℃。

ACCC 17665←中国农业科学院土肥所；宁国赞 1993 年从内蒙古锡林浩特西 54km 处采样、分离；与扁蓿豆、紫花苜蓿共生固氮，与晋南苜蓿结瘤固氮效果最佳，用于苜蓿根瘤菌接种剂生产；原始编号：881（88-1）；培养基：0063；培养温度：28～30℃。

ACCC 17666←中国农业科学院土肥所；宁国赞 1993 年从黑龙江漠河采样、分离；与扁蓿豆、紫花苜蓿共生固氮，与晋南苜蓿结瘤固氮效果最佳，用于苜蓿根瘤菌接种剂生产；原始编号：962（96-2）；培养基：0063；培养温度：28～30℃。

ACCC 17667←中国农业科学院土肥所；刘惠琴 1993 年从黑龙江北大荒处采样、分离；与扁蓿豆、紫花苜蓿共生固氮，与晋南苜蓿结瘤固氮效果最佳，用于苜蓿根瘤菌接种剂生产；原始编号：963（96-3）；培养基：0063；培养温度：28～30℃。

ACCC 17668←中国农业科学院土肥所；刘惠琴 1993 年从黑龙江漠河采样、分离；与扁蓿豆、紫花苜蓿共生固氮，与新疆大叶苜蓿结瘤固氮效果最佳，用于苜蓿根瘤菌接种剂生产；原始编号：964（96-4）；培养基：0063；培养温度：28～30℃。

ACCC 17670←中国农业科学院土肥所；宁国赞 1990 年从甘肃庆阳土桥乡生态治理区采样、分离；与庆阳苜蓿结瘤固氮效果良好，3.48％NaCl 生长；原始编号：B12；培养基：0063；培养温度：28～30℃。

ACCC 17671←中国农业科学院土肥所；宁国赞 1990 年从甘肃庆阳土桥乡生态治理区采样、分离；与庆阳苜蓿结瘤固氮效果良好，3.48％NaCl 生长；原始编号：B13；培养基：0063；培养温度：28～30℃。

ACCC 17672←中国农业科学院土肥所；宁国赞 1990 年从甘肃庆阳土桥乡生态治理区采样、分离；与庆阳苜蓿结瘤固氮效果良好，3.48％NaCl 生长；原始编号：B14；培养基：0063；培养温度：28～30℃。

ACCC 17673←中国农业科学院土肥所；宁国赞 1993 年从甘肃草原实验站采样、分离；与苜蓿、草木樨结瘤固氮效果良好，3.48％NaCl 生长；原始编号：D3；培养基：0063；培养温度：28～30℃。

ACCC 17674←中国农业科学院土肥所；马晓彤从山东潍坊采样、分离；与苜蓿结瘤固氮效果很好，专利菌株，微生物肥料生产用菌；原始编号：201；培养基：0063；培养温度：28～30℃。

ACCC 17675←中国农业科学院土肥所；马晓彤从山东潍坊采样、分离；与苜蓿结瘤固氮效果很好，微生物肥料生产用菌；原始编号：202；培养基：0063；培养温度：28～30℃。

ACCC 17676←中国农业科学院土肥所；马晓彤从山东潍坊采样、分离；与苜蓿结瘤固氮效果很好，微生物肥料生产用菌；原始编号：203；培养基：0063；培养温度：28～30℃。

ACCC 14488←中国农业科学院资源区划所←西北农林科技大学；分离地点：甘肃成县骆驼刺；原始编号：CCNWGS0006；培养基：0063；培养温度：28～30℃。

ACCC 14489←中国农业科学院资源区划所←西北农林科技大学；分离地点：甘肃成县白香草木樨；原始编号：CCNWGS0007；培养基：0063；培养温度：28～30℃。

ACCC 14490←中国农业科学院资源区划所←西北农林科技大学；分离地点：陕西凤县三叉镇白香草木樨；原始编号：CCNWSX0007；培养基：0063；培养温度：28～30℃。

ACCC 14491←中国农业科学院资源区划所←西北农林科技大学；分离地点：甘肃成县白香草木樨；原始编

号：CCNWGS0008；培养基：0063；培养温度：28～30℃。

ACCC 14492←中国农业科学院资源区划所←西北农林科技大学；分离地点：陕西凤县三叉镇白香草木樨；
　　原始编号：CCNWSX0008；培养基：0063；培养温度：28～30℃。

ACCC 14493←中国农业科学院资源区划所←西北农林科技大学；分离地点：陕西凤县三叉镇白香草木樨；
　　原始编号：CCNWSX0009；培养基：0063；培养温度：28～30℃。

ACCC 14494←中国农业科学院资源区划所←西北农林科技大学；分离地点：甘肃成县白香草木樨；原始编
　　号：CCNWGS0009；培养基：0063；培养温度：28～30℃。

ACCC 14495←中国农业科学院资源区划所←西北农林科技大学；分离地点：陕西凤县三叉镇白香草木樨；
　　原始编号：CCNWSX0010；培养基：0063；培养温度：28～30℃。

ACCC 14496←中国农业科学院资源区划所←西北农林科技大学；分离地点：宁夏平罗草木樨；原始编号：
　　CCNWNX0010；培养基：0063；培养温度：28～30℃。

ACCC 14497←中国农业科学院资源区划所←西北农林科技大学；分离地点：宁夏平罗草木樨；原始编号：
　　CCNWNX0016；培养基：0063；培养温度：28～30℃。

ACCC 14498←中国农业科学院资源区划所←西北农林科技大学；分离地点：宁夏银川细齿草木樨；原始编
　　号：CCNWNX0024；培养基：0063；培养温度：28～30℃。

ACCC 14499←中国农业科学院资源区划所←西北农林科技大学；分离地点：宁夏中卫细齿草木樨；原始编
　　号：CCNWNX0032；培养基：0063；培养温度：28～30℃。

ACCC 14500←中国农业科学院资源区划所←西北农林科技大学；分离地点：宁夏中卫细齿草木樨；原始编
　　号：CCNWNX0035；培养基：0063；培养温度：28～30℃。

ACCC 14501←中国农业科学院资源区划所←西北农林科技大学；分离地点：陕西杨凌刺槐；原始编号：
　　CCNWSX0055，NWYC120；培养基：0063；培养温度：28～30℃。

ACCC 14506←中国农业科学院资源区划所←西北农林科技大学；分离地点：陕西杨凌刺槐；原始编号：
　　CCNWSX0060，NWYC139；培养基：0063；培养温度：28～30℃。

ACCC 14566←中国农业科学院资源区划所←西北农林科技大学；分离地点：陕西凤县唐藏镇草木樨；原始
　　编号：CCNWSX0003 3；培养基：0063；培养温度：28～30℃。

ACCC 14567←中国农业科学院资源区划所←西北农林科技大学；分离地点：陕西凤县唐藏镇草木樨；原始
　　编号：CCNWSX0004-1；培养基：0063；培养温度：28～30℃。

ACCC 14568←中国农业科学院资源区划所←西北农林科技大学；分离地点：宁夏隆德草木樨；原始编号：
　　CCNWNX0004-1；培养基：0063；培养温度：28～30℃。

ACCC 14569←中国农业科学院资源区划所←西北农林科技大学；分离地点：甘肃成县白香草木樨；原始编
　　号：CCNWGS0004-2；培养基：0063；培养温度：28～30℃。

ACCC 14570←中国农业科学院资源区划所←西北农林科技大学；分离地点：陕西凤县唐藏镇草木樨；原始
　　编号：CCNWSX0005-1；培养基：0063；培养温度：28～30℃。

ACCC 14571←中国农业科学院资源区划所←西北农林科技大学；分离地点：甘肃成县白香草木樨；原始编
　　号：CCNWGS0005-1；培养基：0063；培养温度：28～30℃。

ACCC 14572←中国农业科学院资源区划所←西北农林科技大学；分离地点：甘肃成县白香草木樨；原始编
　　号：CCNWGS0005-2；培养基：0063；培养温度：28～30℃。

ACCC 14573←中国农业科学院资源区划所←西北农林科技大学；分离地点：宁夏平罗草木樨；原始编号：
　　CCNWNX0009-2；培养基：0063；培养温度：28～30℃。

ACCC 14574←中国农业科学院资源区划所←西北农林科技大学；分离地点：宁夏平罗草木樨；原始编号：
　　CCNWNX0013-2；培养基：0063；培养温度：28～30℃。

ACCC 14575←中国农业科学院资源区划所←西北农林科技大学；分离地点：宁夏平罗草木樨；原始编号：
　　CCNWNX0013-2；培养基：0063；培养温度：28～30℃。

ACCC 14576←中国农业科学院资源区划所←西北农林科技大学；分离地点：宁夏平罗草木樨；原始编号：
　　CCNWNX0015-1；培养基：0063；培养温度：28～30℃。

ACCC 14577←中国农业科学院资源区划所←西北农林科技大学；分离地点：宁夏平罗草木樨；原始编号：
　　CCNWNX0017-1；培养基：0063；培养温度：28～30℃。

ACCC 14578←中国农业科学院资源区划所←西北农林科技大学；分离地点：宁夏银川细齿草木樨；原始编
　　号：CCNWNX0023-1；培养基：0063；培养温度：28～30℃。

ACCC 14579←中国农业科学院资源区划所←西北农林科技大学；分离地点：宁夏银川细齿草木樨；原始编
　　号：CCNWNX0025-1；培养基：0063；培养温度：28～30℃。

ACCC 14580←中国农业科学院资源区划所←西北农林科技大学；分离地点：宁夏银川细齿草木樨；原始编
　　号：CCNWNX0026-1；培养基：0063；培养温度：28～30℃。

ACCC 14581←中国农业科学院资源区划所←西北农林科技大学；分离地点：宁夏中卫细齿草木樨；原始编
　　号：CCNWNX0033-1；培养基：0063；培养温度：28～30℃。

ACCC 14582←中国农业科学院资源区划所←西北农林科技大学；分离地点：宁夏中卫细齿草木樨；原始编
　　号：CCNWNX0033-2；培养基：0063；培养温度：28～30℃。

ACCC 14583←中国农业科学院资源区划所←西北农林科技大学；分离地点：宁夏中卫细齿草木樨；原始编
　　号：CCNWNX0034-1；培养基：0063；培养温度：28～30℃。

ACCC 14584←中国农业科学院资源区划所←西北农林科技大学；分离地点：宁夏中卫细齿草木樨；原始编
　　号：CCNWNX0036-1；培养基：0063；培养温度：28～30℃。

ACCC 14768←中国农业科学院资源区划所←中国农业大学；分离地点：河北广布野豌豆根瘤；原始编号：
　　CCBAU 05115；与广布野豌豆结瘤固氮；培养基：0063；培养温度：28～30℃。

ACCC 14878←中国农业科学院资源区划所←中国农业大学；分离地点：甘肃救荒野豌豆根瘤；原始编号：
　　CCBAU 73038，G087；与救荒野豌豆结瘤固氮；培养基：0063；培养温度：28～30℃。

ACCC 14882←中国农业科学院资源区划所←中国农业大学；分离地点：青海窄叶叶野豌豆根瘤；原始编
　　号：CCBAU 81054，QH347；与窄叶叶野豌豆结瘤固氮；培养基：0063；培养温度：28～30℃。

ACCC 14884←中国农业科学院资源区划所←中国农业大学；分离地点：青海歪头菜根瘤；原始编号：
　　CCBAU 81002；与歪头菜结瘤固氮；培养基：0063；培养温度：28～30℃。

ACCC 14889←中国农业科学院资源区划所←中国农业大学；分离地点：青海窄叶叶野豌豆根瘤；原始编
　　号：CCBAU 81090，QH462；与窄叶叶野豌豆结瘤固氮；培养基：0063；培养温度：28～30℃。

ACCC 15892←中国农业科学院资源区划所←中国农业大学；分离地点：达孜黄花苜蓿根瘤；原始编号：
　　CCBAU85088；与黄花苜蓿结瘤固氮；培养基：0063；培养温度：28～30℃。

ACCC 15893←中国农业科学院资源区划所←中国农业大学；分离地点：达孜黄花苜蓿根瘤；原始编号：
　　CCBAU85089；与黄花苜蓿结瘤固氮；培养基：0063；培养温度：28～30℃。

ACCC 15894←中国农业科学院资源区划所←中国农业大学；分离地点：林周黄花苜蓿根瘤；原始编号：
　　CCBAU85090；与黄花苜蓿结瘤固氮；培养基：0063；培养温度：28～30℃。

ACCC 15895←中国农业科学院资源区划所←中国农业大学；分离地点：林周黄花草木樨根瘤；原始编号：
　　CCBAU85092；与黄花草木樨结瘤固氮；培养基：0063；培养温度：28～30℃。

ACCC 15896←中国农业科学院资源区划所←中国农业大学；分离地点：林周藏青葫芦巴根瘤；原始编号：
　　CCBAU85097；与藏青葫芦巴结瘤固氮；培养基：0063；培养温度：28～30℃。

ACCC 15897←中国农业科学院资源区划所←中国农业大学；分离地点：林周藏青葫芦巴根瘤；原始编号：
　　CCBAU85098；与藏青葫芦巴结瘤固氮；培养基：0063；培养温度：28～30℃。

ACCC 15898←中国农业科学院资源区划所←中国农业大学；分离地点：林周根瘤；原始编号：
　　CCBAU85100；与结瘤固氮；培养基：0063；培养温度：28～30℃。

ACCC 15899←中国农业科学院资源区划所←中国农业大学；分离地点：林周黄花苜蓿根瘤；原始编号：
　　CCBAU85104；与黄花苜蓿结瘤固氮；培养基：0063；培养温度：28～30℃。

ACCC 15900←中国农业科学院资源区划所←中国农业大学；分离地点：贡嘎黄花苜蓿根瘤；原始编号：
　　CCBAU85105；与黄花苜蓿结瘤固氮；培养基：0063；培养温度：28～30℃。

ACCC 15901←中国农业科学院资源区划所←中国农业大学；分离地点：贡嘎白花草木樨根瘤；原始编号：

CCBAU85108；与白花草木樨结瘤固氮；培养基：0063；培养温度：28～30℃。

ACCC 15902←中国农业科学院资源区划所←中国农业大学；分离地点：日喀则紫花苜蓿根瘤；原始编号：CCBAU85109；与紫花苜蓿结瘤固氮；培养基：0063；培养温度：28～30℃。

ACCC 15903←中国农业科学院资源区划所←中国农业大学；分离地点：日喀则紫花苜蓿根瘤；原始编号：CCBAU85111；与紫花苜蓿结瘤固氮；培养基：0063；培养温度：28～30℃。

ACCC 15905←中国农业科学院资源区划所←中国农业大学；分离地点：贡嘎根瘤；原始编号：CCBAU85115；与结瘤固氮；培养基：0063；培养温度：28～30℃。

ACCC 15906←中国农业科学院资源区划所←中国农业大学；分离地点：日喀则黄花草木樨根瘤；原始编号：CCBAU85116；与黄花草木樨结瘤固氮；培养基：0063；培养温度：28～30℃。

ACCC 15907←中国农业科学院资源区划所←中国农业大学；分离地点：贡嘎黄花草木樨根瘤；原始编号：CCBAU85117；与黄花草木樨结瘤固氮；培养基：0063；培养温度：28～30℃。

ACCC 15908←中国农业科学院资源区划所←中国农业大学；分离地点：贡嘎黄花草木樨根瘤；原始编号：CCBAU85118；与黄花草木樨结瘤固氮；培养基：0063；培养温度：28～30℃。

ACCC 15909←中国农业科学院资源区划所←中国农业大学；分离地点：日喀则藏青葫芦巴根瘤；原始编号：CCBAU85121；与藏青葫芦巴结瘤固氮；培养基：0063；培养温度：28～30℃。

ACCC 15910←中国农业科学院资源区划所←中国农业大学；分离地点：林周黄花苜蓿根瘤；原始编号：CCBAU85123；与黄花苜蓿结瘤固氮；培养基：0063；培养温度：28～30℃。

ACCC 15911←中国农业科学院资源区划所←中国农业大学；分离地点：林周黄花苜蓿根瘤；原始编号：CCBAU85128；与黄花苜蓿结瘤固氮；培养基：0063；培养温度：28～30℃。

ACCC 15912←中国农业科学院资源区划所←中国农业大学；分离地点：贡嘎白花草木樨根瘤；原始编号：CCBAU85129；与白花草木樨结瘤固氮；培养基：0063；培养温度：28～30℃。

ACCC 15913←中国农业科学院资源区划所←中国农业大学；分离地点：达孜黄花苜蓿根瘤；原始编号：CCBAU85130；与黄花苜蓿结瘤固氮；培养基：0063；培养温度：28～30℃。

ACCC 15915←中国农业科学院资源区划所←中国农业大学；分离地点：曲水黄花苜蓿根瘤；原始编号：CCBAU85132；与黄花苜蓿结瘤固氮；培养基：0063；培养温度：28～30℃。

ACCC 15916←中国农业科学院资源区划所←中国农业大学；分离地点：贡嘎黄花苜蓿根瘤；原始编号：CCBAU85135；与黄花苜蓿结瘤固氮；培养基：0063；培养温度：28～30℃。

ACCC 15917←中国农业科学院资源区划所←中国农业大学；分离地点：曲水黄花苜蓿根瘤；原始编号：CCBAU85136；与黄花苜蓿结瘤固氮；培养基：0063；培养温度：28～30℃。

ACCC 15918←中国农业科学院资源区划所←中国农业大学；分离地点：贡嘎黄花苜蓿根瘤；原始编号：CCBAU85137；与黄花苜蓿结瘤固氮；培养基：0063；培养温度：28～30℃。

Sinorhizobium morelense Wang et al. 2002 莫雷洛斯中华根瘤菌

ACCC 03256←中国农业科学院农业资源与农业区划研究所；原始编号：GD-B-CL1-1-3；可以用来研发生产用的生物肥料；培养基：0065；培养温度：28℃。

ACCC 03259←中国农业科学院农业资源与农业区划研究所；原始编号：GD-B-CL1-1-3；可以用来研发生产用的生物肥料；培养基：0065；培养温度：28℃。

Sinorhizobium sp. 中华根瘤菌

ACCC 01722←中国农业科学院饲料研究所；原始编号：FRI2007026 B269；饲料用木聚糖酶、葡聚糖酶、蛋白酶、植酸酶等的筛选；分离地点：浙江省；培养基：0002；培养温度：37℃。

ACCC 01044←中国农业科学院农业资源与农业区划研究所；原始编号：GD-6-1-2；具有生产固氮生物肥料潜力；分离地点：北京市朝阳区黑庄户；培养基：0065；培养温度：28℃。

ACCC 01089←中国农业科学院农业资源与农业区划研究所；原始编号：GD-28-1-4；具有生产固氮生物肥料潜力；分离地点：北京顺义；培养基：0065；培养温度：28℃。

ACCC 01759←中国农业科学院农业资源与农业区划研究所；原始编号：H23；分离地点：河北省唐山市滦南县；培养基：0063；培养温度：30℃。

ACCC 01770←首都师范大学；原始编号：90-3-44；分离地点：河北省唐山市滦南县；培养基：0063；培养温度：28℃。

ACCC 01771←首都师范大学；原始编号：90-3-36；分离地点：河北省唐山市滦南县；培养基：0063；培养温度：28℃。

ACCC 01772←中国农业科学院农业资源与农业区划研究所；原始编号：90-3-47-1；培养基：0063；培养温度：30℃。

ACCC 01773←中国农业科学院农业资源与农业区划研究所；原始编号：90-3-47-2；分离地点：河北省唐山市滦南县；培养基：0063；培养温度：30℃。

ACCC 01774←中国农业科学院农业资源与农业区划研究所；原始编号：90-3-49；分离地点：河北省唐山市滦南县；培养基：0063；培养温度：30℃。

ACCC 01796←首都师范大学；原始编号：N90-3-26；分离地点：河北省唐山市滦南县；培养基：0063；培养温度：28℃。

ACCC 01797←首都师范大学；原始编号：N90-3-55；分离地点：河北省唐山市滦南县；培养基：0063；培养温度：28℃。

ACCC 01798←首都师范大学；原始编号：N90-3-58；分离地点：河北省唐山市滦南县；培养基：0063；培养温度：28℃。

ACCC 01799←首都师范大学；原始编号：N90-3-56；培养基：0063；培养温度：28℃。

ACCC 10860←首都师范大学；原始编号：J3-14；培养基：0063；培养温度：30℃。

ACCC 11706←南京农业大学农业环境微生物菌种保藏中心；原始编号：XLL-6 NAECC0805；在无机盐培养基中以辛硫磷为唯一碳源培养，6天内可在固体培养基上形成透明的水解圈；分离源：土壤；分离地点：山东省淄博市博山区；培养基：MM培养；培养温度：30℃。

ACCC 11707←南京农业大学农业环境微生物菌种保藏中心；原始编号：XLL-7 NAECC0806；在无机盐培养基中以辛硫磷为唯一碳源培养，6天内可在固体培养基上形成透明的水解圈；分离源：土壤；分离地点：山东省淄博市博山区；培养基：MM培养；培养温度：30℃。

Sphingobacterium kitahiroshimense **Matsuyama et al. 2008** 北广岛鞘氨醇杆菌

ACCC 03882←中国农业科学院饲料研究所；原始编号：B374；饲料用纤维素酶、植酸酶、木聚糖酶等的筛选；分离地点：江西鄱阳县；培养基：0002；培养温度：26℃。

ACCC 03888←中国农业科学院饲料研究所；原始编号：B380；饲料用纤维素酶、植酸酶、木聚糖酶等的筛选；分离地点：江西鄱阳县；培养基：0002；培养温度：26℃。

Sphingobacterium multivorum （**Holmes et al. 1981**）**Yabuuchi et al. 1983** 多食鞘氨醇杆菌

ACCC 01087←中国农业科学院农业资源与农业区划研究所；原始编号：FX2H-1-5；具有处理富营养水体和养殖废水潜力；分离地点：北京市农业科学院试验地；培养基：0002；培养温度：28℃。

ACCC 02849←南京农业大学农业环境微生物菌种保藏中心；原始编号：QMT3-2，NAECC1734；在无机盐培养基中以20mg/L的炔螨特为唯一碳源培养，5天内降解率90%以上；分离地点：江苏省徐州市；培养基：0033；培养温度：30℃。

Sphingobacterium siyangense **Liu et al. 2008** 泗阳鞘氨醇杆菌

ACCC 02987←中国农业科学院农业资源与农业区划研究所；原始编号：GD-62-1-3，7063；可以用来研发生产用的生物肥料；分离地点：内蒙古牙克石；培养基：0065；培养温度：28℃。

Sphingobacterium sp 鞘氨醇杆菌

ACCC 05410←南京农业大学农业环境微生物菌种保藏中心；原始编号：LQY-18；分离地点：江苏扬州；培养基：0033；培养温度：30℃。

ACCC 11801←南京农业大学农业环境微生物菌种保藏中心；原始编号：4H3 NAECC01010；在无机盐培养基中添加100mg/L的4-氯苯甲酸，降解率达50%；分离源：土壤；分离地点：江西余江；培养基：0971；培养温度：30℃。

ACCC 02646←南京农业大学农业环境微生物菌种保藏中心；原始编号：DDB，NAECC1232；在无机盐培养基中以 100mg/L 敌百虫为唯一碳源培养，24h 内对敌百虫降解率大于 90％，同时能高效降解敌敌畏；分离地点：江苏省南通市；培养基：0002；培养温度：30℃。

ACCC 02885←南京农业大学农业环境微生物菌种保藏中心；原始编号：PTWY-1，NAECC1713；以萘为唯一碳源生长，24h 内对 5mg/L 萘降解率 98％；分离地点：山东省潍坊市一炼油厂；培养基：0002；培养温度：28℃。

Sphingobium xenophagum （Stolz et al. 2000）Pal et al. 2006 食异源物鞘氨醇菌

ACCC 10187^T←DSMZ；=DSM 6383；培养基：0002；培养温度：30℃。

Sphingobium yanoikuyae （Yabuuchi et al. 1990）Takeuchi et al. 2001 矢野鞘氨醇菌

ACCC 01065←中国农业科学院农业资源与农业区划研究所；原始编号：GD-29-2-2；具有生产生物肥料潜力；分离地点：北京顺义；培养基：0002；培养温度：28℃。

Sphingomonas asaccharolytica Takeuchi et al. 1995 不解糖氨醇单胞菌

ACCC 01071←中国农业科学院农业资源与农业区划研究所；原始编号：GDJ-26-1-1；具有生产生物肥料潜力；分离地点：河北高碑店市；培养基：0002；培养温度：28℃。

Sphingomonas azotifigens Xie and Yokota 2006 固氮鞘氨醇单胞菌

ACCC 03008←中国农业科学院农业资源与农业区划研究所；原始编号：GD-54-2-3，7087；可以用来研发生产用的生物肥料；分离地点：内蒙古太仆旗；培养基：0065；培养温度：28℃。

ACCC 05581←中国农业科学院农业资源与农业区划研究所；分离源：水稻根内生；分离地点：湖南省祁阳县官山坪；培养基：0908；培养温度：37℃。

Sphingomonas chlorophenolica Nohynek et al. 1996 氯酚鞘氨醇单胞菌

ACCC 02578←南京农业大学农业环境微生物菌种保藏中心；原始编号：F15，NAECC1194；在无机盐培养基中降解 100mg/L 呋喃丹，降解率为 100％，且能继续降解呋喃酚，降解率为 100％；分离地点：江苏省徐州市；培养基：0033；培养温度：28℃。

Sphingomonas melonis Buonaurio et al. 2002 瓜类鞘氨醇单胞菌

ACCC 05564←中国农业科学院农业资源与农业区划研究所；分离源：水稻根内生；分离地点：湖南省祁阳县官山坪；培养基：0908；培养温度：37℃。

Sphingomonas paucimobilis （Holmes et al. 1977）Yabuuchi et al. 1990 少动鞘氨醇单胞菌

ACCC 01119←中国农业科学院农业资源与农业区划研究所；原始编号：Zn-14-2；具有用作耐重金属基因资源潜力；分离地点：北京市高碑店污水厂；培养基：0002；培养温度：28℃。

ACCC 01139←中国农业科学院农业资源与农业区划研究所；原始编号：Zn-14-1；具有用作耐重金属基因资源潜力；分离地点：北京市高碑店污水厂；培养基：0002；培养温度：28℃。

ACCC 01990←中国农业科学院农业资源与农业区划研究所；原始编号：63，59；以萘、蒽、芴作为唯一碳源生长；分离地点：大庆油田；培养基：0002；培养温度：30℃。

Sphingomonas pseudosanguinis Kempfer et al. 2007 伪血鞘氨醇单胞菌

ACCC 03026←中国农业科学院农业资源与农业区划研究所；原始编号：GD-75-1-2，7111；可以用来研发生产用的生物肥料；分离地点：新疆；培养基：0065；培养温度：28℃。

Sphingomonas sp. 鞘氨醇单胞菌

ACCC 01037←中国农业科学院农业资源与农业区划研究所；原始编号：GD-27-1-3；具有生产生物肥料潜力；分离地点：河北省高碑店市；培养基：0002；培养温度：28℃。

ACCC 01989←中国农业科学院农业资源与农业区划研究所；原始编号：46，72-2-3；以萘、蒽、芴作为唯一碳源生长；分离地点：大庆油田；培养基：0002；培养温度：30℃。

ACCC 02848←南京农业大学农业环境微生物菌种保藏中心；原始编号：LF-2，NAECC1733；在无机盐培养基中以 50mg/L 的邻苯二酚为唯一碳源培养，3 天内降解率大于 90％；分离地点：江苏省徐州市；培养基：0033；培养温度：30℃。

ACCC 10052←福建农业科学院土肥所；原始编号：F90；联合固氮；分离源：水稻根际土壤；培养基：

0002；培养温度：28～30℃。

ACCC 11686←南京农业大学农业环境微生物菌种保藏中心；原始编号：P610-1 NAECC0769；可以在含 3 000mg/L的普施特的无机盐培养基中生长；分离源：土壤；分离地点：苏州；培养基：0971；培养温度：30℃。

ACCC 11700←南京农业大学农业环境微生物菌种保藏中心；原始编号：BCL23-2 NAECC0793；在无机盐培养基中以 50mg/L 的吡虫啉为唯一碳源培养，6 天内吡虫啉降解率 30％左右；分离源：土壤；分离地点：山东省淄博市临淄区山；培养基：0033；培养温度：30℃。

ACCC 11703←南京农业大学农业环境微生物菌种保藏中心；原始编号：BCL98 NAECC0798；在 1/10LB培养基中以 50mg/L 的吡虫啉为唯一碳源培养，6 天内吡虫啉降解率 30％左右；分离源：土壤；分离地点：江苏省南京市玄武区；培养基：0033；培养温度：30℃。

Sphingobium xenophagum （Stolz et al. 2000） Pal et al. 2006 食异源物鞘氨醇菌

ACCC 01684←中国农业科学院饲料研究所；原始编号：FRI2007058 B222；饲料用植酸酶等的筛选；分离地点：海南三亚；培养基：0002；培养温度：37℃。

ACCC 02638←南京农业大学农业环境微生物菌种保藏中心；原始编号：F1-1，NAECC1219；能于 30h、48h 内降解浓度为 100mg/L 萘，降解率为 90％，萘为唯一碳源（无机盐培养基）；分离地点：山东东营；培养基：0033；培养温度：30℃。

Sphingobium yanoikuyae （ Yabuuchi et al. 1990） Takeuchi et al. 2001 矢野鞘氨醇菌

ACCC 01034←中国农业科学院农业资源与农业区划研究所；原始编号：GD-5-2-1；具有生产生物肥料潜力；分离地点：河北省高碑店市；培养基：0002；培养温度：28℃。

ACCC 02544←南京农业大学农业环境微生物菌种保藏中心；原始编号：BMA-3，NAECC1037；在无机盐培养基中以 50mg/L 4-氯苯甲酸为唯一碳源培养，24h 内对 4-氯苯甲酸降解率约为 45％；分离地点：江苏省南京市；培养基：0033；培养温度：28℃。

Sphingopyxis sp. 鞘氨醇盒菌

ACCC 02884←南京农业大学农业环境微生物菌种保藏中心；原始编号：PHP-5，NAECC1712；在无机盐培养基中以 100mg/L 的对硝基苯酚为唯一碳源培养，7d 内对 100mg/L 的对硝基苯酚降解率 97％；分离地点：江苏省泰兴市一污水处；培养基：0002；培养温度：28℃。

Sphingosinicella microcystinivorans Maruyama et al. 2006 食微囊藻素鞘氨醇胞菌

ACCC 02532←南京农业大学农业环境微生物菌种保藏中心；原始编号：CBFR-1，NAECC1206；在无机盐培养基中添加 1％LB 情况下，3d 对 20mg/L 西维因降解率 46.5％；对 100mg/L 呋喃丹和速灭威降解率 20％～25％，降解过程中有红色中间代谢产物产生。最适生长温度为 28；分离地点：江苏宜兴市丁蜀镇菜园；培养基：0002；培养温度：28℃。

Sporolactobacillus inulinus （Kitahara and Suzuki 1963） Kitahara and Lai 1967 菊糖乳芽胞杆菌

ACCC 10175^T←DSMZ←K. Kitahara，EU；＝DSM 20348＝ATCC 15538＝JCM 6014；培养基：0006；培养温度：30℃。

Sporolactobacillus nakayamae Yanagida et al. 1997 中山乳芽胞杆菌中山亚种

ACCC 10176^T← DSMZ←F. Yanagida；＝DSM 11696＝JCM 3514；培养基：0446；培养温度：30℃。

Sporolactobacillus terrae Yanagida et al. 1997 土乳芽胞杆菌

ACCC 10177^T←DSMZ←F. Yanagida；M-116. Rhizosphere；＝DSM 11697＝JCM 3516；培养基：0446；培养温度：30℃。

Staphylococcus arlettae Schleifer et al. 1985 阿尔莱特葡萄球菌

ACCC 04229←广东省广州微生物研究所；原始编号：4229；腐化植物秆；分离源：腐化植物秆；分离地点：广东佛山；培养基：0002；培养温度：30℃。

ACCC 04241←广东省广州微生物研究所；原始编号：1.126；培养基：0002；培养温度：30℃。

Staphylococcus aureus Rosenbach 1884 金黄色葡萄球菌

ACCC 02863←南京农业大学农业环境微生物菌种保藏中心；原始编号：GN-2，NAECC1240；耐受 10％的
　　NaCl；分离地点：江苏省南京市高淳县；培养基：0002；培养温度：30℃。

ACCC 01009←热作院；培养基：0002；培养温度：28℃。

ACCC 01010←热作院；培养基：0002；培养温度：28℃。

ACCC 01011←热作院；培养基：0002；培养温度：28℃。

ACCC 01012←热作院；培养基：0002；培养温度：28℃。

ACCC 01013←热作院；培养基：0002；培养温度：28℃。

ACCC 10499^T←ATCC；＝ATCC 12600＝NCTC 8532＝IAM 12544＝R. Hugh 2605；培养基：0002；培养
　　温度：37℃。

Staphylococcus carnosus Schleifer and Fischer 1982 肉葡萄球菌

ACCC 01657←广东省广州微生物研究所；原始编号：GIMT1.044；分离地点：广东广州；培养基：0002；
　　培养温度：30℃。

Staphylococcus cohnii Schleifer and Kloos 1975 科氏葡萄球菌

ACCC 01106←中国农业科学院农业资源与农业区划研究所；原始编号：Zn-16-1；具有用作耐重金属基因
　　资源潜力；分离地点：北京市大兴区电镀厂；培养基：0002；培养温度：28℃。

ACCC 04174←华南农业大学农学院微生物分子遗传实验室；原始编号：GYW；培养基：0002；培养温
　　度：30℃。

Staphylococcus cohnii subsp. *cohnii* Schleifer and Kloos 1975 科氏葡萄球菌科氏亚种

ACCC 10211^T←DSMZ←K. H. Schleifer←W. E. Kloos, GH 137. Human skin（615）；＝DSM20260＝ATCC
　　29974，CCM 2736；Taxonomy/description（615，1300，1334）. Murein：A11.2（615）. Teichoic
　　acid：glycerol（615）；分离源：人类皮肤；培养基：0033；培养温度：37℃。

Staphylococcus condimenti Probst et al. 1998 调料葡萄球菌

ACCC 01653←广东省广州微生物研究所；原始编号：GIMT1.066 生产；分离地点：广东广州；培养基：
　　0002；培养温度：37℃。

Staphylococcus epidermidis（Winslow and Winslow 1908）Evans 1916 表皮葡萄球菌

ACCC 02725←南京农业大学农业环境微生物菌种保藏中心；原始编号：CGL-R2，NAECC1380；可以在含
　　800mg/L 草甘膦的无机盐培养基中生长；分离地点：江苏省苏州市吴中区宝；培养基：0002；培养温
　　度：30℃。

ACCC 02742←南京农业大学农业环境微生物菌种保藏中心；原始编号：Ts13，NAECC1256；分离地点：
　　乌鲁木齐新疆农业大学；培养基：0033；培养温度：30℃。

ACCC 02744←南京农业大学农业环境微生物菌种保藏中心；原始编号：TS5，NAECC1258；分离地点：江
　　苏省南京市；培养基：0033；培养温度：30℃。

ACCC ACCC02242←广东省广州微生物研究所；原始编号：2kk；分离地点：广东广州；培养基：0002；
　　培养温度：30℃。

Staphylococcus equorum Schleifer et al. 1985 马葡萄球菌（马胃葡萄球菌）

ACCC 02546←南京农业大学农业环境微生物菌种保藏中心；原始编号：T2411，NAECC1103；在无机盐培
　　养基中以 5mg/L 土霉素为唯一碳源培养，3 天内土霉素降解率大于 40％；分离地点：江苏省赣榆县河
　　蟹育苗；培养基：0033；培养温度：30℃。

ACCC 02799←南京农业大学农业环境微生物菌种保藏中心；原始编号：ST261，NAECC1744；耐盐细菌，
　　在 10％NaCl 培养基中可生长；分离地点：江苏省连云港市新浦区；培养基：0033；培养温度：30℃。

Staphylococcus gallinarum Devriese et al. 1983 鸡葡萄球菌

ACCC 02636←南京农业大学农业环境微生物菌种保藏中心；原始编号：NT-S，NAECC1173；耐受 10％的
　　NaCl；分离地点：江苏省南京市玄武区；培养基：0002；培养温度：30℃。

ACCC 02785←南京农业大学农业环境微生物菌种保藏中心；原始编号：S10-1，NAECC1330；在 LB 培养
基中能耐受 10％NaCl 浓度；分离地点：江苏省南京玄武区卫岗菜市场；培养基：0002；培养温
度：30℃。

ACCC 02868←南京农业大学农业环境微生物菌种保藏中心；原始编号：NY-4，NAECC1246；耐受 10％的
NaCl；分离地点：江苏省南京市玄武区；培养基：0002；培养温度：30℃。

Staphylococcus hominis Kloos and Schleifer 1975 人型葡萄球菌

ACCC 01654←广东省广州微生物研究所；原始编号：GIMT1.079；分离地点：广东广州；培养基：0002；
培养温度：37℃。

Staphylococcus pasteuri Chesneau et al. 1993 巴氏葡萄球菌

ACCC 01682←中国农业科学院饲料研究所；原始编号：FRI2007056 B220；饲料用植酸酶等的筛选；分离
地点：海南三亚；培养基：0002；培养温度：37℃。

Staphylococcus sciuri Kloos et al. 1976 腐生葡萄球菌

ACCC 02687←南京农业大学农业环境微生物菌种保藏中心；原始编号：D10，NAECC1267；可以在含
1 000mg/L绿磺隆无机盐培养基中生长；分离地点：黑龙江省齐齐哈尔市富拉尔基区培养基：0002；
培养温度：30℃。

Staphylococcus sciuri Kloos et al. 1976 松鼠葡萄球菌

ACCC 02633←南京农业大学农业环境微生物菌种保藏中心；原始编号：NT-7，NAECC1170；耐受 10％的
NaCl；分离地点：南京市玄武区；培养基：0002；培养温度：30℃。

ACCC 02675←南京农业大学农业环境微生物菌种保藏中心；原始编号：HD2，NAECC1183；在 10％NaCl
培养基上能够生长；分离地点：江苏南京菜市场；培养基：0002；培养温度：30℃。

ACCC 02855←南京农业大学农业环境微生物菌种保藏中心；原始编号：WS2，NAECC1296；在 10％NaCl
培养基上能够生长；分离地点：江苏南京友谊河；培养基：0002；培养温度：30℃。

ACCC 02865←南京农业大学农业环境微生物菌种保藏中心；原始编号：GN-7，NAECC1242；耐受 10％的
NaCl；分离地点：江苏省南京市高淳县；培养基：0002；培养温度：30℃。

Staphylococcus sp. 葡萄球菌

ACCC 01272←广东省广州微生物研究所；原始编号：GIMV1.0007，2-B-3；检测生产；分离地点：越南
DALAT；培养基：0002；培养温度：30～37℃。

ACCC 01306←湖北省生物农药工程研究中心；原始编号：IEDA 00556，wa-8064；产生代谢产物具有抑菌
活性；分离地点：湖北省；培养基：0012；培养温度：28℃。

ACCC 02746←南京农业大学农业环境微生物菌种保藏中心；原始编号：TS7；分离地点：江苏省南京市；
培养基：0033；培养温度：30℃。

ACCC 02852←南京农业大学农业环境微生物菌种保藏中心；原始编号：SY7，NAECC1293；在 10％NaCl
培养基上能够生长；分离地点：江苏南京菜市场；培养基：0002；培养温度：30℃。

ACCC 10409←首都师范大学；原始编号：HZ4；培养基：0033；培养温度：30℃。

ACCC 10682←南京农业大学农业环境微生物菌种保藏中心；原始编号：IV8；教学 科研；分离源：草坪表
层 1～5cm 土壤；分离地点：江苏省南京市玄武 32 区；培养基：0002；培养温度：30℃。

ACCC 11843←南京农业大学农业环境微生物菌种保藏中心；原始编号：M208-2 NAECC1095；在无机盐培
养基中以 5mg/L孔雀石绿为碳源与1/6LB共代谢培养，2 天内孔雀石绿降解率大于 90％；分离源：市
售水产体表；分离地点：江苏省连云港市场；培养基：0033；培养温度：30℃。

ACCC 11846←南京农业大学农业环境微生物菌种保藏中心；原始编号：M241 NAECC1098；在无机盐培养
基中以 5mg/L孔雀石绿为碳源与1/6LB共代谢培养，2 天内孔雀石绿降解率大于 90％；分离源：市售
水产品体表；分离地点：江苏省连云港鱼市场；培养基：0033；培养温度：30℃。

Staphylococcus warneri Kloos and Schleifer 1975 沃氏葡萄球菌

ACCC 02520←南京农业大学农业环境微生物菌种保藏中心；原始编号：NaCl-3，NAECC1707；在含 12％
NaCl 的 LB 固体培养基上可以生长，在含 12％NaCl 的 LB 液体培养基中可以生长；分离地点：河南洛

阳绿野农药厂土；培养基：0002；培养温度：28℃。

ACCC 02701←南京农业大学农业环境微生物菌种保藏中心；原始编号：bnan-6，NAECC1552；能于 30℃、
48h 降解约 500mg/L 苯胺，降解率为 90%，苯胺为唯一碳源（无机盐培养基）；分离地点：南京市江
心洲污水处理；培养基：0002；培养温度：30℃。

Staphylococcus xylosus Schleifer and Kloos 1975 木糖葡萄球菌

ACCC 02637←南京农业大学农业环境微生物菌种保藏中心；原始编号：NT-W，NAECC1174；耐受 10%
的 NaCl；分离地点：南京市玄武区；培养基：0002；培养温度：30℃。

ACCC 02869←南京农业大学农业环境微生物菌种保藏中心；原始编号：NY-5，NAECC1247；耐受 10%的
NaCl；分离地点：南京市玄武区；培养基：0002；培养温度：30℃。

Stenotrophomonas acidaminiphila Assih et al. 2002 嗜酸寡养单胞菌

ACCC 02817←南京农业大学农业环境微生物菌种保藏中心；原始编号：D3，NAECC1362；在基础盐培养
基中 7 天降解 100mg/L 2,4-二氯苯氧乙酸降解率为 90%；分离地点：山东省泰安市；培养基：0002；
培养温度：30℃。

ACCC 03255←中国农业科学院农业资源与农业区划研究所；原始编号：BaP-21-3；可以用来研发农田土壤
及环境修复微生物制剂；培养基：0002；培养温度：28℃。

Stenotrophomonas maltophilia （Hugh 1981）Palleroni and Bradbury 199 嗜麦芽糖寡养单
胞菌

ACCC 012173←新疆农业科学院微生物研究所；原始编号：XJAA10311，LB27；培养基：0033；培养温
度：20～25℃。

ACCC 01701←中国农业科学院饲料研究所；原始编号：FRI2007002 B244；饲料用植酸酶等的筛选；分离
地点：浙江嘉兴鱼塘；培养基：0002；培养温度：37℃。

ACCC 02614←南京农业大学农业环境微生物菌种保藏中心；原始编号：Lm-610，NAECC0768；可以在含
5 000mg/L 绿嘧磺隆无机盐培养基中生长；分离地点：江苏省南京市；培养基：0033；培养温
度：30℃。

ACCC 02617←南京农业大学农业环境微生物菌种保藏中心；原始编号：bhl-8，NAECC0765；可以在含
5 000mg/L 苄磺隆的无机盐培养基中生长；分离地点：江苏常熟；培养基：0033；培养温度：30℃。

ACCC 03080←中国农业科学院农业资源与农业区划研究所；原始编号：GD-CK2-1-2，7186；可以用来研
发生产用的生物肥料；分离地点：北京试验地；培养基：0065；培养温度：28℃。

ACCC 03925←中国农业科学院饲料研究所；原始编号：B422；饲料用纤维素酶、植酸酶、木聚糖酶等的筛
选；分离地点：江西鄱阳县；培养基：0002；培养温度：26℃。

ACCC 03943←中国农业科学院饲料研究所；原始编号：B440；饲料用纤维素酶、植酸酶、木聚糖酶等的筛
选；分离地点：江西鄱阳县；培养基：0002；培养温度：26℃。

ACCC 03944←中国农业科学院饲料研究所；原始编号：B441；饲料用纤维素酶、植酸酶、木聚糖酶等的筛
选；分离地点：江西鄱阳县；培养基：0002；培养温度：26℃。

ACCC 04149←华南农业大学农学院微生物分子遗传实验室；原始编号：J022；培养基：0003；培养温
度：30℃。

ACCC 04151←华南农业大学农学院微生物分子遗传实验室；原始编号：LL2；分离地点：广东广州市华南
农大；培养基：0003；培养温度：30℃。

ACCC 04239←广东省广州微生物研究所；原始编号：1.119；培养基：0002；培养温度：30℃。

ACCC 10525ᵀ←CGMCC←JCM；= ATCC 13637 = MDB strain BS 1640 = NCIB 9203 = NCPPB 1974 =
NCTC10257＝NRC729＝R. Y. Stanier 67＝RH 1168＝JCM1975＝AS1.1788；培养基：0002；培养温
度：30℃。

ACCC 11242←中国农业科学院农业资源与区划研究所；原始编号：LBM-92；石油降解；培养基：0033；
培养温度：30℃。

ACCC 11246←中国农业科学院农业资源与区划研究所；原始编号：LBM-203；培养基：0033；培养温

度：30℃。

Stenotrophomonas nitritireducens Finkmann et al. 2000 还原亚硝酸盐寡养单胞菌

ACCC 10184^T←DSMZ；＝DSM 12575＝ATCC BAA-12；Denitrification, N2O production；分离源：labora-
　　tory scale biofilter；培养基：0002；培养温度：30℃。

ACCC 01284 寡养单胞菌 _Stenotrophomonas_ sp.←广东省广州微生物研究所；原始编号：GIMV1.0041，13-
　　B-2；检测、生产；分离地点：越南 DALAT；培养基：0002；培养温度：30～37℃。

ACCC 02516←南京农业大学农业环境微生物菌种保藏中心；原始编号：JNW12，NAECC0991；在无机盐
　　培养基中添加 100mg/L 的甲萘威，降解率达 30%；分离地点：江苏省南京市玄武区；培养基：0033；
　　培养温度：30℃。

ACCC 02537←南京农业大学农业环境微生物菌种保藏中心；原始编号：M244，NAECC1099；在无机盐培
　　养基中以 3mg/L 孔雀石绿为唯一碳源培养，3 天内孔雀石绿降解率大于 70%；分离地点：江苏省赣榆
　　县河蟹育苗；培养基：0033；培养温度：30℃。

ACCC 02782←南京农业大学农业环境微生物菌种保藏中心；原始编号：SMSP，NAECC1738；在无机盐培
　　养基中以 100mg/L 杀螟硫磷为唯一碳源培养，3 天内降解率大于 90%；分离地点：江苏省徐州市；培
　　养基：0002；培养温度：30℃。

ACCC 10678←南京农业大学农业环境微生物菌种保藏中心；原始编号：JJF-2-1；分离源：草坪表层 1～
　　5cm 土壤、污水处理厂门口表层 1～5cm 土壤；分离地点：江苏省南京市江宁区 2；培养基：0002；培
　　养温度：30℃。

ACCC 11669←南京农业大学农业环境微生物菌种保藏中心；原始编号：Na8-3，NAECC0719；分离源：淤
　　泥；分离地点：山东东营；培养基：0033；培养温度：30℃。

ACCC 11675←南京农业大学农业环境微生物菌种保藏中心；原始编号：MO1，NAECC0738；成膜菌；分
　　离源：土壤；分离地点：江苏南京；培养基：0971；培养温度：30℃。

ACCC 11677←南京农业大学农业环境微生物菌种保藏中心；原始编号：MO3，NAECC0740；成膜菌；分
　　离源：土壤；分离地点：江苏南京；培养基：0971；培养温度：30℃。

ACCC 11694←南京农业大学农业环境微生物菌种保藏中心；原始编号：BMC，NAECC0779；3 天内完全
　　降解 100mg/L 苯氧基苯甲醇；分离源：污泥；分离地点：江苏江宁铜山第一农药厂；培养基：0033；
　　培养温度：30℃。

ACCC 11714←南京农业大学农业环境微生物菌种保藏中心；原始编号：FG6，NAECC0819；在无机盐培
　　养基中降解 100mg/L 呋喃丹，降解率为 30%；分离源：污泥；分离地点：江苏省南京第一农药厂；培
　　养基：0033；培养温度：30℃。

ACCC 11751←南京农业大学农业环境微生物菌种保藏中心；原始编号：BJS3，NAECC0952；在无机盐培
　　养基中添加 100mg/L 苯甲酸，降解率达 40% 左右；分离源：土壤；分离地点：江苏省南京市卫岗菜
　　园；培养基：0033；培养温度：30℃。

ACCC 11772←南京农业大学农业环境微生物菌种保藏中心；原始编号：BSL2C，NAECC0979；在无机盐
　　培养基中添加 100mg/L 苯甲酸，降解率达 40% 左右；分离源：土壤；分离地点：江苏省南京市卫岗菜
　　园；培养基：0033；培养温度：30℃。

ACCC 11778←南京农业大学农业环境微生物菌种保藏中心；原始编号：DB1，NAECC0984；在无机盐培
　　养基中添加 100mg/L 敌稗，降解率达 30%～50%；分离源：土壤；培养基：0971；培养温度：30℃。

ACCC 11792←南京农业大学农业环境微生物菌种保藏中心；原始编号：SMW4，NAECC01000；在无机盐
　　培养基中添加 100mg/L 速灭威，降解率达 30%～50%；分离源：土壤；培养基：0971；培养温
　　度：30℃。

ACCC 11796←南京农业大学农业环境微生物菌种保藏中心；原始编号：YBC7，NAECC01005；在无机盐
　　培养基中添加 100mg/L 异丙醇，降解率达 30%～50%；分离源：土壤；培养基：0971；培养温
　　度：30℃。

ACCC 11798←南京农业大学农业环境微生物菌种保藏中心；原始编号：YBC10，NAECC01007；在无机盐

培养基中添加 100mg/L 异丙醇，降解率达 30%～50%；分离源：土壤；培养基：0971；培养温度：30℃。

***Stigmatella aurantiaca* Berkeley and Curtis 1875 橙色标桩菌**

ACCC 10209^T←DSMZ← H. Reichenbach，HR 1，（Sg a8）；＝DSM1035；Formation of fruiting bodies；分离源：腐朽的木头；培养基：757；培养温度：30℃。

***Streptococcus equi* subsp. *zooepidemicus*（*ex* Frost and Englebrecht 1936）Farrow and Collins 1985 马链球菌兽瘟亚种（马链球菌动物传染病亚种）**

ACCC 01483←广东省广州微生物研究所；原始编号：GIMT 1.004 YTX-1；培养基：0002；培养温度：37℃。

***Streptococcus lactis*（Lister 1873）Lohnis 1909 乳酸链球菌**

ACCC 10652←中国农业科学院土壤肥料研究所←轻工业食品发酵研究所；＝IFFI 6018；用于制小干酪；培养基：0006；培养温度：30℃。

***Streptococcus thermophilus* Orla-Jensen 1919 嗜热链球菌**

ACCC 10213^T←DSMZ←NCDO← P. M. F. Shattock；＝DSM20617＝ATCC 19258，NCDO 573，NCIB 8510；分离源：消毒牛奶；培养基：0033；培养温度：37℃。

ACCC 10651←中国农业科学院土壤肥料研究所←轻工业食品发酵研究所；＝IFFI 6038；培养基：0006；培养温度：50-63℃。

***Thalassobacillus* sp. 深海芽胞杆菌属**

ACCC 05404←云南大学微生物研究所；原始编号：YIM A2；培养基：28；培养温度：30℃。

***Thiobacillus thioparus* Beijerinck 1904 产硫硫杆菌**

ACCC 10288^T←ATCC；培养基：0033；培养温度：26℃。

***Tistrella mobilis* Shi et al. 2003 运动替斯崔纳菌**

ACCC 02810←南京农业大学农业环境微生物菌种保藏中心；原始编号：f-1-2；在基础盐加 30mg/L 萘的培养基中接种，3 天的降解率可达 75%；分离地点：中原油田采油三厂；培养基：0002；培养温度：28℃。

***Ureibacillus thermosphaericus*（Andersson et al. 1996）Fortina et al. 2001 嗜热球形脲芽胞杆菌**

ACCC 10258^T←DSM← M. Salkinoja-Salonen，University of Helsinki；＝DSM 10633；培养基：0462；培养温度：55℃。

***Vagococcus fluvialis* Collins et al. 1990 河流漫游球菌**

ACCC 02765←南京农业大学农业环境微生物菌种保藏中心；原始编号：P1-8，NAECC1714；可以以苯酚为唯一碳源生长，在 3 天的时间内可以降解100mg/L 苯酚90%；分离地点：江苏徐州新宜农药厂；培养基：0002；培养温度：30℃。

***Variovorax paradoxus*（Davis 1969）Willems et al. 1991 争论贪噬菌**

ACCC 03075←中国农业科学院农业资源与农业区划研究所；原始编号：GD-B-CL2-1-3，7179；可以用来研发生产用的生物肥料；分离地点：北京试验地；培养基：0065；培养温度：28℃。

***Vibrio alginolyticus*（Miyamoto et al. 1961）Sakazaki 1968 溶藻弧菌**

ACCC 02676←南京农业大学农业环境微生物菌种保藏中心；原始编号：HS1，NAECC1184；在 10%NaCl 培养基上能够生长；分离地点：山东青岛海滨；培养基：0002；培养温度：30℃。

***Vibrio* sp. 弧菌**

ACCC 02859←南京农业大学农业环境微生物菌种保藏中心；原始编号：HS2，NAECC1315；在 10%NaCl 培养基上能够生长；分离地点：山东青岛海滨；培养基：0002；培养温度：30℃。

ACCC 02860←南京农业大学农业环境微生物菌种保藏中心；原始编号：HS3，NAECC1316；在 10%NaCl 培养基上能够生长；分离地点：山东青岛海滨；培养基：0002；培养温度：30℃。

Virgibacillus halodenitrificans（Denariaz et al. 1989）Yoon et al. 2004 盐脱氮枝芽胞杆菌

ACCC 02788←南京农业大学农业环境微生物菌种保藏中心；原始编号：T10-3，NAECC1334；在 LB 培养
　　基中能耐受 10%NaCl 浓度；分离地点：河北沧州市沧县菜地；培养基：0002；培养温度：30℃。

ACCC 02857←南京农业大学农业环境微生物菌种保藏中心；原始编号：YY5，NAECC1298；在 10%NaCl
　　培养基上能够生长；分离地点：江苏连云港盐场；培养基：0002；培养温度：30℃。

ACCC 10233^T←DSMZ；＝ATCC 49067＝DSM 10037；培养基：0002；培养温度：30℃。

Virgibacillus marismortui（Arahal et al. 1999）Heyrman et al. 2003 死海枝芽胞杆菌

ACCC 02632←南京农业大学农业环境微生物菌种保藏中心；原始编号：NT-6，NAECC1169；耐受 10%的
　　NaCl；分离地点：江苏南京市玄武区；培养基：0002；培养温度：30℃。

ACCC 02768←南京农业大学农业环境微生物菌种保藏中心；原始编号：NH5，NAECC1718；可以耐受
　　12%的 Nacl；分离地点：河北省石家庄市井陉县；培养基：0033；培养温度：30℃。

ACCC 10598 南京农业大学；NAECC0001；原始编号：I15；研究教学；分离源：土壤；分离地点：江苏省
　　南京市玄武区；培养基：0002；培养温度：30℃。

Virgibacillus pantothenticus（Proom and Knight 1950）Heyndrickx et al. 1990 泛酸枝芽胞
杆菌

ACCC 10208^T← DSMZ← ATCC←R. E. Gordon←N. R. Smith，B 21←H. Proom，CN 3028；＝DSM 26＝
　　ATCC 14576＝CCM 2049＝LMG 7129＝NCIB 8775＝NCTC 8162；培养基：0266；培养温度：30℃。

ACCC 10518←DSMZ← J. Legall，Univ. Georgia，USA；＝DSM 10037＝ATCC 49067；培养基：0461；培
　　养温度：30℃。

Virgibacillus picturae Heyrman et al. 2003 壁画枝芽胞杆菌

ACCC 02080←新疆农业科学院微生物研究所；原始编号：SB9，XAAS10344；分离地点：新疆吐鲁番；培
　　养基：0033；培养温度：20～30℃。

ACCC 10260^T ← DSM ← D. Janssens，LMG；mccs2171 ← J. Heyrman，Univ. Ghent，Belgium；＝
　　DSM14867＝LMG 19492；培养基：0444；培养温度：28℃。

Virgibacillus sp. 枝芽胞菌

ACCC 02686←南京农业大学农业环境微生物菌种保藏中心；原始编号：ny10，NAECC1266；耐受 10%的
　　NaCl；分离地点：江苏苏州市相城区望亭；培养基：0002；培养温度：30℃。

ACCC 10664←南京农业大学农业环境微生物菌种保藏中心；原始编号：IV9；教学 科研；分离源：菜园土
　　表层 1～5cm 土壤；分离地点：江苏省南京市玄武 32 区；培养基：0002；培养温度：30℃。

ACCC 10670←南京农业大学农业环境微生物菌种保藏中心；原始编号：23；分离源：菜园土壤；分离地
　　点：江苏省南京市玄武 32 区；培养基：0002；培养温度：30℃。

ACCC 10672←南京农业大学农业环境微生物菌种保藏中心；原始编号：I121；研究教学；分离源：草坪表
　　层 1～5cm 土壤；分离地点：江苏省南京市玄武 32 区；培养基：0002；培养温度：30℃。

ACCC 10689←南京农业大学农业环境微生物菌种保藏中心；原始编号：I6；分离源：菜园土表层 1～5cm
　　土壤；分离地点：江苏省南京市玄武 3 区；培养基：0002；培养温度：30℃。

Vogesella perlucida Chou et al. 2008 透明福格斯氏菌

ACCC 05522←中国农业科学院农业资源与农业区划研究所；分离源：水稻根内生；分离地点：湖南省祁阳
　　县官山坪；培养基：0441；培养温度：37℃。

Wautersiella falsenii Kempfer et al. 2006 法氏沃氏黄杆菌

ACCC 01651←广东省广州微生物研究所；原始编号：GIMT1.070；分离地点：广东佛山；培养基：0002；
　　培养温度：30℃。

Weissella minor（Kandler et al. 1983）Collins et al. 1994 微小威斯杆菌

ACCC 10170←中国农业科学院土肥所←中国农业大学资环学院原始编号：农大 2；青贮饲料；培养基：
　　0006；培养温度：37℃。

ACCC 10281^T←DSMZ←I. G. Abo-Elnaga；＝DSM 20014＝ATCC 35412；原始编号：3；分离源：milking machine slime；培养基：0006；培养温度：30℃。

Xanthobacter autotrophicus （Baumgarten et al. 1974）Wiegel et al. 1978 自养黄色杆菌

ACCC 10201^T←DSMZ←IMG（*Corynebacterium autotrophicum*）←D. Siebert，7C；＝DSM432＝ATCC 35674；分离源：黑色污泥（black pool sludge）；培养基：0002；培养温度：30℃。

ACCC 10478^T←ATCC←DSM←D. Siebert 7C；＝ATCC 35674＝DSM 432；培养基：0002；培养温度：30℃。

Xanthobacter flavus Malik and Claus 1979 黄黄色杆菌

ACCC 10195^T←DSMZ←J. R. Postgate←Kalininskaya，301（*Mycobacterium flavum*）；＝DSM338＝ATCC 35867，IFO 14759，NBRC 14759，NCIB 10071；固氮（147，634）. Nutrition（635，1620）；分离源：turf podsol soil；培养基：0002；培养温度：30℃。

Xanthomonas campestris （Pammel 1895）Dowson 1939 野油菜黄单胞菌 （甘蓝黑腐病黄单胞菌，野油菜杆菌）

ACCC 10048←中国农业科学院植物保护研究所；＝ACCC 12053；原始编号：5；用于石油脱蜡，产黄原胶；分离源：油菜发病花梗；分离地点：湖北省；培养基：0002；培养温度：30℃。

ACCC 10049←中国农业科学院植物保护研究所；原始编号：8；用于石油脱蜡，产黄原胶；分离源：油菜发病花梗；分离地点：湖北省；培养基：0033；培养温度：25℃。

ACCC 10491^T←ATCC←NCPPB←E. Billing；＝ATCC 33193＝NCPPB 528＝ICMP 13＝LMG 568＝PDDCC 13；培养基：0001；培养温度：27℃。

Xanthomonas maltophilia （Hugh 1981）Swings et al. 1983 嗜麦芽黄单胞菌

ACCC 04216←华南农业大学农学院微生物分子遗传实验室；原始编号：2；培养基：0002；培养温度：30℃。

ACCC 04183←华南农业大学农学院微生物分子遗传实验室；原始编号：YG801；培养基：0002；培养温度：30℃。

Xanthomonas oryzae （*ex* Ishiyama 1922）Swings et al. 1990 稻黄单胞菌稻条斑致病菌

ACCC 05509←上海交通大学农业与生物学院；原始编号：RS105；水稻条斑病致病菌，模式株；分离地点：江苏；培养基：0002；培养温度：30℃。

Xanthomonas oryzae pv. *oryzae* 稻黄单胞菌稻白叶枯致病变种

ACCC 03530 海南热作院；原始编号：CATAS EPPI2114；分离地点：海南三亚南滨；培养基：0409；培养温度：25～28℃。

Xanthomonas sp. 黄单胞菌

ACCC 11705←南京农业大学农业环境微生物菌种保藏中心；原始编号：XLL-1 NAECC0804；在无机盐培养基中以辛硫磷为唯一碳源培养，6 天内可在固体培养基上形成透明的水解圈；分离源：土壤；分离地点：山东省淄博市博山农区；培养基：0033；培养温度：30℃。

Xanthomonas translucens （*ex* Jones et al. 1917）Vauterin et al. 1995 半透明黄单胞菌

ACCC 01728←中国农业科学院饲料研究所；原始编号：FRI2007025 B275；饲料用木聚糖酶、葡聚糖酶、蛋白酶、植酸酶等的筛选；分离地点：浙江省；培养基：0002；培养温度：37℃。

Xanthomonas translucens （*ex* Jones et al. 1917）Vauterin et al. 1995 透明黄单胞菌

ACCC 04152←华南农业大学农学院微生物分子遗传实验室；原始编号：LS1；分离地点：广东广州市华南农大；培养基：0003；培养温度：30℃。

Xenorhabdus nematophila corrig. （Poinar and Thomas 1965）Thomas and Poinar 1979 嗜线虫致病杆菌

ACCC 10487^T←ATCC；＝ATCC 19061；培养基：0002；培养温度：26℃。

***Zoogloea* sp. 动胶菌**

ACCC 10684←南京农业大学农业环境微生物菌种保藏中心；原始编号：P；用于降解二氯苯氧乙酸；分离
　　源：草坪表层 1～5cm 土壤、污水处理厂门口表层 1～5cm 土壤；分离地点：江苏省南京市江宁 2 区；
　　培养基：0002；培养温度：30℃。

***Zymomonas mobilis*（Lindner 1928）De Ley and Swings 1976 运动发酵单胞菌**

ACCC 10166←广东省广州微生物研究所←ATCC＝ATCC 29191；培养基：0002；培养温度：30℃。

ACCC 11020←中国农业科学院土肥所←中国食品发酵所← NRRL；＝NRRL B-12526。＝IFFI10225；可以
　　从葡萄糖产生乙醇，兼性厌氧；培养基：0033；培养温度：30℃。

三、放　线　菌
（Actinomycets）

***Actinocorallia* sp. 珊瑚状放线菌**

ACCC 40635←湖北省生物农药工程研究中心；原始编号：IEDA 00509，wa-8155；产生代谢产物具有抑菌
活性；分离地点：湖北省；培养基：0012；培养温度：68℃。

ACCC 40890←湖北省生物农药工程研究中心；原始编号：IEDA 00665，wa-8085；产生代谢产物具有抑菌
活性；分离地点：广东；培养基：0012；培养温度：28℃。

***Actinokineospora riparia* Hasegawa 1988 岸栖放线动孢菌**

ACCC 41070^T←DSMZ；＝DSM 49499＝IFO 14541＝C-39612＝JCM 7471＝NRRL B-16433；分离源：土壤；
分离地点：Ado River，Shiga Pre；培养基：0449；培养温度：28℃。

***Actinomadura carminata* Gauze et al. 1973 洋红马杜拉放线菌**

ACCC 41425←湖北省生物农药工程研究中心；原始编号：HBERC 00679；代谢产物具有弱的抗细菌活性；
分离源：土壤；分离地点：湖南石门；培养基：0027；培养温度：28℃。

***Actinomadura cremea* Preobrazhenskaya et al. 1975 乳脂色马杜拉放线菌**

ACCC 40605；←湖北省生物农药工程研究中心；原始编号：IEDA 00536，wa-8074；产生代谢产物具有抑
菌活性；分离地点：湖北省；培养基：0012；培养温度：41℃。

ACCC 40612；←湖北省生物农药工程研究中心；原始编号：IEDA 00503，wa-8094；产生代谢产物具有抑
菌活性；分离地点：四川省；培养基：0012；培养温度：46℃。

ACCC 41368←湖北省生物农药工程研究中心；原始编号：HBERC 00701；培养基：0027；培养温
度：28℃。

ACCC 41392←湖北省生物农药工程研究中心；原始编号：HBERC 00676；分离源：土壤；分离地点：湖
南石门；培养基：0027；培养温度：28℃。

ACCC 41435←湖北省生物农药工程研究中心；原始编号：HBERC 00761；代谢产物具有抗真菌活性；分
离源：土壤；分离地点：四川峨眉山；培养基：0027；培养温度：28℃。

***Actinomadura longispora* Preobrazhenskaya and Sveshnikova 1974 长孢马杜拉放线菌**

ACCC 40591←湖北省生物农药工程研究中心；原始编号：IEDA 00571，wa-8021；产生代谢产物具有抑菌
活性；分离地点：四川省；培养基：0012；培养温度：32℃。

***Actinomadura* sp. 马杜拉放线菌**

ACCC 40611←湖北省生物农药工程研究中心；原始编号：IEDA 00522，wa-8088；产生代谢产物具有抑菌
活性；分离地点：湖北省；培养基：0012；培养温度：45℃。

ACCC 40671←湖北省生物农药工程研究中心；原始编号：HBERC 00420，wa-00749；代谢产物具有抗菌
活性；分离源：土壤；分离地点：江苏吴江；培养基：0027；培养温度：28℃。

ACCC 40673←湖北省生物农药工程研究中心；原始编号：HBERC 00412，wa-00925；代谢产物具有抗菌
活性；分离源：土壤；分离地点：河南 安阳；培养基：0027；培养温度：28℃。

ACCC 40678←湖北省生物农药工程研究中心；原始编号：HBERC 00220，wa-00954；代谢产物具有抗菌
活性；分离源：土壤；分离地点：湖北天门；培养基：0027；培养温度：28℃。

ACCC 40680←湖北省生物农药工程研究中心；原始编号：HBERC 00074，wa-03030；代谢产物具有抗菌
活性；分离源：土壤；分离地点：湖北武汉；培养基：0027；培养温度：28℃。

ACCC 40681←湖北省生物农药工程研究中心；原始编号：HBERC 00117，wa-04159；代谢产物具有抗菌
活性；分离源：土壤；分离地点：河南桐柏；培养基：0027；培养温度：28℃。

ACCC 40695←湖北省生物农药工程研究中心；原始编号：HBERC 00270，wa-05123；代谢产物具有抗菌

活性；分离源：土壤；分离地点：河南伏牛山；培养基：0012；培养温度：28℃。

ACCC 40700←湖北省生物农药工程研究中心；原始编号：HBERC 00276，wa-05166；代谢产物具有抗菌
　　活性；分离源：土壤；分离地点：河南伏牛山；培养基：0012；培养温度：28℃。

ACCC 40707←湖北省生物农药工程研究中心；原始编号：HBERC 00287，wa-05268；代谢产物具有抗菌
　　活性；分离源：土壤；分离地点：河南伏牛山；培养基：0012；培养温度：28℃。

ACCC 40713←湖北省生物农药工程研究中心；原始编号：HBERC 00422，wa-05316；代谢产物具有抗菌
　　活性；分离源：土壤；分离地点：江苏昆山；培养基：0027；培养温度：28℃。

ACCC 40714←湖北省生物农药工程研究中心；原始编号：HBERC 00298，wa-05322；代谢产物具有抗菌
　　活性；分离源：土壤；分离地点：河南伏牛山；培养基：0027；培养温度：28℃。

ACCC 40727←湖北省生物农药工程研究中心；原始编号：HBERC 00319，wa-05545；代谢产物具有抗菌
　　活性；分离源：土壤；分离地点：河南伏牛山；培养基：0027；培养温度：28℃。

ACCC 40769←湖北省生物农药工程研究中心；原始编号：HBERC 00392，wa-10267；代谢产物具有抗菌
　　活性；分离源：土壤；分离地点：河南洛阳；培养基：0027；培养温度：28℃。

ACCC 40947←湖北省生物农药工程研究中心；原始编号：HBERC 00064，wa-04678；代谢产物具有抗真
　　菌活性；分离源：叶渣；分离地点：四川峨眉山；培养基：0027；培养温度：28℃。

ACCC 40972←湖北省生物农药工程研究中心；原始编号：HBERC 00119，wa-03121；代谢产物具有抗菌
　　活性；分离源：土壤；分离地点：湖北武汉；培养基：0027；培养温度：28℃。

ACCC 40978←湖北省生物农药工程研究中心；原始编号：HBERC 00172，wa-03280；代谢产物具有抗细
　　菌活性；分离源：土壤；分离地点：湖北武汉；培养基：0027；培养温度：28℃。

ACCC 41007←湖北省生物农药工程研究中心；原始编号：HBERC 00437，wa-03911；代谢产物具有抗真
　　菌活性；分离源：土壤；分离地点：河南伏牛山；培养基：0027；培养温度：28℃。

ACCC 41371←湖北省生物农药工程研究中心；原始编号：HBERC 00682；分离源：土壤；分离地点：湖
　　南石门；培养基：0027；培养温度：28℃。

ACCC 41400←湖北省生物农药工程研究中心；原始编号：HBERC 00675；分离源：土壤；分离地点：湖
　　南石门；培养基：0027；培养温度：28℃。

ACCC 41410←湖北省生物农药工程研究中心；原始编号：HBERC 00704；代谢产物具有弱的抗细菌活性；
　　分离源：土壤；分离地点：湖南瓶颈山；培养基：0027；培养温度：28℃。

ACCC 41411←湖北省生物农药工程研究中心；原始编号：HBERC 00845；代谢产物具有抗细菌活性；分
　　离源：土壤；分离地点：四川峨眉山；培养基：0027；培养温度：28℃。

ACCC 41413←湖北省生物农药工程研究中心；原始编号：HBERC 00690；代谢产物具有弱的抗细菌活性；
　　分离源：土壤；分离地点：湖南瓶颈山；培养基：0027；培养温度：28℃。

ACCC 41535←湖北省生物农药工程研究中心；原始编号：HBERC 00843；培养基：0027；培养温
　　度：28℃。

ACCC 40675←湖北省生物农药工程研究中心；原始编号：HBERC 00221，wa-00927；代谢产物具有抗菌
　　活性；分离源：土壤；分离地点：湖北天门；培养基：0012；培养温度：28℃。

ACCC 40497←湖北省生物农药工程研究中心；原始编号：HBERC 00175，wa-01436；代谢产物具有抗菌
　　活性；分离源：土壤；分离地点：江西婺源；培养基：0012；培养温度：28℃。

Actinoplanes missouriensis Couch 1963 密苏里游动放线菌

ACCC 40107^{T}←美国典型物保藏中心；培养基：0012；培养温度：28～30℃。

ACCC 40122←中国科学院微生物研究所；＝AS 4.1158；生产新霉素和弗氏菌素；培养基：0012；培养温
　　度：28～30℃。

Actinoplanes philippinensis Couch 1950 菲律宾游动链霉菌

ACCC 40178^{T}←ATCC；＝ATCC12427；培养基：0012；培养温度：28℃。

Actinoplanes sp. 游动放线菌

ACCC 41870←西北农林科技大学；原始编号：H6；CCNWHQ0070；培养基：0012；培养温度：28℃。

***Actinosporangium* sp. 孢囊放线菌**

ACCC 40691←湖北省生物农药工程研究中心；原始编号：HBERC 00266，wa-05113；代谢产物具有抗菌活性；分离源：土壤；分离地点：河南伏牛山；培养基：0012；培养温度：28℃。

ACCC 40740←湖北省生物农药工程研究中心；原始编号：HBERC 00353，wa-05701；代谢产物具有抗菌活性；分离源：土壤；分离地点：河南伏牛山；培养基：0012；培养温度：28℃。

ACCC 41336←湖北省生物农药工程研究中心；原始编号：HBERC 00812；分离源：土壤；分离地点：青海共和；培养基：0027；培养温度：28℃。

ACCC 41424←湖北省生物农药工程研究中心；原始编号：HBERC 00689；代谢产物具有弱的抗细菌活性；分离源：土壤；分离地点：湖南瓶颈山；培养基：0027；培养温度：28℃。

ACCC 41427←湖北省生物农药工程研究中心；原始编号：HBERC 00794；代谢产物具有抗真菌活性；分离源：土壤；分离地点：福建福州；培养基：0027；培养温度：28℃。

ACCC 41443←湖北省生物农药工程研究中心；原始编号：HBERC 00775；代谢产物具有抗真菌活性；分离源：土壤；分离地点：青海共和；培养基：0027；培养温度：28℃。

ACCC 41521←湖北省生物农药工程研究中心；原始编号：HBERC 00851；培养基：0027；培养温度：28℃。

ACCC 41542←湖北省生物农药工程研究中心；原始编号：HBERC 00813；分离源：土壤；分离地点：青海共和；培养基：0027；培养温度：28℃。

***Amycolatopsis coloradensis* Labeda 1995 科罗拉多拟无枝酸菌**

ACCC 40791←新疆农业科学院微生物研究所；原始编号：XAAS20064，2-3-5；分离源：土壤样品；分离地点：新疆吐鲁番；培养基：0039；培养温度：20℃。

***Amycolatopsis orientalis*（Pittenger and Brigham 1956）Lechevalier et al. 1986 东方拟无枝酸菌**

ACCC 40175T←ATCC←EB Shirling←R. Pittenger M-43-05865；＝ATCC 19795＝ISP 5040＝CBS 547.68＝IFO 12806＝IMET 7653＝M-43-05865＝NRRL 2450＝RIA 1074；培养基：0455；培养温度：26℃。

***Dactylosporangium aurantiacum* Thiemann et al. 1967 橘橙指孢囊菌**

ACCC 40816←湖北省生物农药工程研究中心；原始编号：IEDA 00588 wa-8160；产生代谢产物具有抑菌活性；分离地点：河北省；培养基：0012；培养温度：28℃。

***Dactylosporangium* sp. 指孢囊菌**

ACCC 40426←湖北省生物农药工程研究中心；原始编号：HBERC 00001，wa-02128；产生代谢产物具有抗菌活性；分离源：土壤；分离地点：湖北鄂州；培养基：0012；培养温度：28℃。

ACCC 40654←湖北省生物农药工程研究中心；原始编号：IEDA 00559，wa-8199；产生代谢产物具有抑菌活性；分离地点：四川省；培养基：0012；培养温度：84℃。

ACCC 40661←湖北省生物农药工程研究中心；原始编号：HBERC 00236，wa-00332；代谢产物具有抗菌活性；分离源：土壤；分离地点：湖北武汉；培养基：0027；培养温度：28℃。

***Kribbella* sp. 克里布所菌**

ACCC 40834←湖北省生物农药工程研究中心；原始编号：IEDA 00606，wa-7485；产生代谢产物具有抑菌活性；分离地点：北京市；培养基：0012；培养温度：28℃。

***Lechevalieria aerocolonigenes*（Labeda 1986）Labeda et al. 2001 产气列契瓦尼尔氏菌**

ACCC 41054T←DSMZ← E. B. Shirling, ISP（*Streptomyces aerocolonigenes*）← R. Shinobu；Produces restriction endonuclease NaeI；培养基：0455；培养温度：30℃。

***Microbispora bispora*（Henssen 1957）Lechevalier 1965 双孢小双孢菌**

ACCC 40679←湖北省生物农药工程研究中心；原始编号：HBERC 00410，wa-00968；代谢产物具有抗菌活性；分离源：土壤；分离地点：江西九江；培养基：0012；培养温度：28℃。

***Microbispora rosea* Nonomura and Ohara 1957 玫瑰小双孢菌**

ACCC 40176←ATCC；＝ATCC12950＝DSM 43839＝CBS 189.57＝CBS 307.61＝IAM 0114＝IFO 14044＝

IFO 3559＝MRU 3757＝JCM 3006＝KCC A-0006＝NCIB 9560＝RIA 477＝RIA 763；培养基：39；培养温度：26℃。

ACCC 40991←湖北省生物农药工程研究中心；原始编号：HBERC 00229, wa-03712；代谢产物具有抗菌活性；分离源：土壤；分离地点：湖北武汉；培养基：0027；培养温度：28℃。

ACCC 41063^T←KCC（Microbispora thermodiastatica）← H. Nonomura, FYU M2-59；＝DSM43166＝ATCC 27098，CBS 799.70，KCC A-0110；Type strain of Microbispora thermodiastatica. Degrades phydroxybenzoate；分离源：土壤；培养基：0012；培养温度：37℃。

Microbispora rosea subsp. *rosea* Nonomura and Ohara 1957 玫瑰小双孢菌玫瑰亚种

ACCC 41069^T←dsmz←JCM← KCC←；＝DSM 43839＝ATCC 12950＝CBS 189.57＝CBS 307.61＝IAM 0114＝IFO 14044＝IFO 3559＝IMRU 3757＝JCM 3006＝KCC A-0006＝NBRC 14044＝NBRC 3559＝NCIB 9560＝RIA 477＝RIA 763；原始编号：FYU M-20；分离源：花园土；培养基：0449；培养温度：30℃。

Microbispora sp. 小双孢菌

ACCC 40484←湖北省生物农药工程研究中心；原始编号：HBERC 00128, wa-02877；具抗菌活性，产生溶菌酶；分离源：泥土；分离地点：湖北武汉；培养基：0012；培养温度：28℃。

ACCC 40493←湖北省生物农药工程研究中心；原始编号：HBERC 00138, wa-01097；代谢产物具有抗菌活性；分离源：土壤；分离地点：江西婺源；培养基：0012；培养温度：28℃。

ACCC 40682←湖北省生物农药工程研究中心；原始编号：HBERC 00252, wa-05019；代谢产物具有抗菌活性；分离源：土壤；分离地点：四川峨眉山；培养基：0027；培养温度：28℃。

ACCC 40701←湖北省生物农药工程研究中心；原始编号：HBERC 00280, wa-05180；代谢产物具有抗菌活性；分离源：土壤；分离地点：四川峨眉山；培养基：0012；培养温度：28℃。

ACCC 40990←湖北省生物农药工程研究中心；原始编号：HBERC 00228, wa-03705；代谢产物具有抗菌活性；分离源：土壤；分离地点：湖北武汉；培养基：0027；培养温度：28℃。

ACCC 41011←湖北省生物农药工程研究中心；原始编号：HBERC 00441, wa-03733；代谢产物具有抗真菌活性；分离源：土壤；分离地点：河南伏牛山；培养基：0027；培养温度：28℃。

Microellobosporia sp. 小荚孢囊菌

ACCC 40674←湖北省生物农药工程研究中心；原始编号：HBERC 00413, wa-00926；代谢产物具有抗菌活性；分离源：土壤；分离地点：河南安阳；培养基：0012；培养温度：28℃。

Micromonospora aurantiaca Sveshnikova et al. 1969 橘橙小单孢菌

ACCC 40621←湖北省生物农药工程研究中心；原始编号：IEDA 00507, wa-8121；产生代谢产物有抑菌活性；分离地点：江苏省；培养基：0012；培养温度：55℃。

ACCC 40857←湖北省生物农药工程研究中心；原始编号：IEDA 00629, wa-8117；产生代谢产物有抑菌活性；分离地点：四川省；培养基：0012；培养温度：28℃。

ACCC 41101←湖北省生物农药工程研究中心；原始编号：HBERC 00486, wa-10732；代谢产物具有抗细菌活性；分离源：土壤；分离地点：青海省青海湖；培养基：0027；培养温度：28℃。

ACCC 41102←湖北省生物农药工程研究中心；原始编号：HBERC 00487, wa-10733；代谢产物具有抗细菌活性；分离源：土壤；分离地点：青海省青海湖；培养基：0027；培养温度：28℃。

ACCC 41115←湖北省生物农药工程研究中心；原始编号：HBERC 00500, wa-10821；代谢产物具有弱抗真菌活性；分离源：土壤；分离地点：青海省青海湖；培养基：0027；培养温度：28℃。

ACCC 41406←湖北省生物农药工程研究中心；原始编号：HBERC 00655；代谢产物无抗菌活性，仅作分类研究之用；分离源：土壤；分离地点：湖南石门；培养基：0027；培养温度：28℃。

ACCC 41430←湖北省生物农药工程研究中心；原始编号：HBERC 00774；代谢产物具抗真菌活性；分离源：土壤；分离地点：青海省青海湖；培养基：0027；培养温度：28℃。

Micromonospora brunnea Sveshnikova et al. 1969 浅褐小单孢菌

ACCC 41122←湖北省生物农药工程研究中心；原始编号：HBERC 00507, wa-10850；代谢产物具有弱的抗细菌活性；分离源：土壤；分离地点：青海省青海湖；培养基：0027；培养温度：28℃。

Micromonospora carbonacea Luedemann and Brodsky 1965 炭样小单孢菌

ACCC 40980←湖北省生物农药工程研究中心；原始编号：HBERC 00174，wa-03385；代谢产物具有抗细菌活性；分离源：土壤；分离地点：湖北武汉；培养基：0027；培养温度：28℃。

ACCC 41059^T←DSMZ← KCC←NRRL←Schering AG←A. Woyciesjes；＝DSM43168＝ATCC 27114，JCM 3139，KCC A-0139，NRRL 2972；DNA sequence data. Produces everninomicins；分离源：土壤；培养基：0455；培养温度：30℃。

ACCC 41458←湖北省生物农药工程研究中心；原始编号：HBERC 00765；代谢产物具抗真菌活性；分离源：土壤；分离地点：湖北樊城；培养基：0027；培养温度：28℃。

Micromonospora chalcea（Foulerton 1905）Oerskov 1923 青铜小单孢菌

ACCC 40173←ATCC；＝ATCC 12452；培养基：0455；培养温度：26.0℃。

ACCC 40996←湖北省生物农药工程研究中心；原始编号：HBERC 00318，wa-03764；代谢产物有抗细菌活性；分离源：土壤；分离地点：湖北武汉；培养基：0027；培养温度：28℃。

ACCC 41048^T←DSMZ←JCM←KCC←KY 11072←ATCC←RTCT，T-1124；＝DSM43895＝ATCC 21561，IFO 12988，JCM 3197，KCC A-0197，NBRC 12988；Produces restriction endonuclease MizI, antibiotic complex（U. S. Pat. 3，767，793），juvenimycin；分离源：土壤；培养基：0455；培养温度：28℃。

ACCC 41119←湖北省生物农药工程研究中心；原始编号：HBERC 00504，wa-10836；代谢产物有抗菌活性；分离源：土壤；分离地点：青海省青海湖；培养基：0027；培养温度：28℃。

Micromonospora echinospora Luedemann and Brodsky 1964 棘孢小单孢菌

ACCC 40602←湖北省生物农药工程研究中心；原始编号：IEDA 00505，wa-8060；产生代谢产物有抑菌活性；分离地点：江苏省；培养基：0012；培养温度：40℃。

ACCC 40615←湖北省生物农药工程研究中心；原始编号：IEDA 00532，wa-8097；产生代谢产物有抑菌活性；分离地点：河南省；培养基：0012；培养温度：49℃。

ACCC 40815←湖北省生物农药工程研究中心；原始编号：IEDA 00587，wa-8170；产生代谢产物有抑菌活性；分离地点：河北省；培养基：0012；培养温度：28℃。

ACCC 40817←湖北省生物农药工程研究中心；原始编号：IEDA 00589，wa-8103；产生代谢产物有抑菌活性；分离地点：云南省；培养基：0012；培养温度：28℃。

ACCC 40840←湖北省生物农药工程研究中心；原始编号：IEDA 00612，wa-8037；产生代谢产物有抑菌活性；分离地点：北京市；培养基：0012；培养温度：28℃。

ACCC 40892←湖北省生物农药工程研究中心；原始编号：IEDA 00667，wa-8132；产生代谢产物有抑菌活性；分离地点：福建；培养基：0012；培养温度：28℃。

ACCC 40893←湖北省生物农药工程研究中心；原始编号：IEDA 00668，wa-071；产生代谢产物有抑菌活性；分离地点：山西；培养基：0012；培养温度：28℃。

ACCC 41116←湖北省生物农药工程研究中心；原始编号：HBERC 00501，wa-10822；代谢产物具有弱的抗细菌活性；分离源：土壤；分离地点：青海省青海湖；培养基：0027；培养温度：28℃。

ACCC 41337←湖北省生物农药工程研究中心；原始编号：HBERC 00681；分离源：土壤；分离地点：青海省青海湖；培养基：0027；培养温度：28℃。

ACCC 41399←湖北省生物农药工程研究中心；原始编号：HBERC 00667；培养基：0027；培养温度：28℃。

ACCC 40140←广东省广州微生物研究所←中国科学院微生物研究所；GIM4.56；产庆大霉素；培养基：0012；培养温度：28℃。

ACCC 40141←广东省广州微生物研究所←中国科学院微生物研究所；＝GIM 4.58；原始编号：抗生素NG3-8；培养基：0012；培养温度：28℃。

ACCC 40163←广东省广州微生物研究所；＝GIM4.60；原始编号：ZC；培养基：0012；培养温度：28℃。

ACCC 41097←湖北省生物农药工程研究中心；原始编号：HBERC 00481，wa-10685；代谢产物具抗菌活性，可抑制细菌；分离源：土壤；分离地点：青海省青海湖；培养基：0027；培养温度：28℃。

ACCC 41118 绛红小单孢菌←湖北省生物农药工程研究中心；原始编号：HBERC 00503，wa-10835；代谢产物具有抗菌活性；分离源：土壤；分离地点：青海省青海湖；培养基：0027；培养温度：28℃。

ACCC 41450←湖北省生物农药工程研究中心；原始编号：HBERC 00706；代谢产物无抗菌活性，仅作分类研究之用；分离源：土壤；分离地点：湖南壶瓶山南镇；培养基：0027；培养温度：28℃。

Micromonospora echinospora subsp. *purpurea* 刺孢小单孢菌绛红变种

ACCC 40139←广东省广州微生物研究所←中国科学院微生物研究所；GIM4.1＝CGMCC 4.890；培养基：0012；培养温度：28℃。

Micromonospora fulviviridis Kroppenstedt et al. 2005 暗黄绿小单孢菌

ACCC 41354←湖北省生物农药工程研究中心；原始编号：HBERC 00754；分离源：土壤；分离地点：河南伏牛山；培养基：0027；培养温度：28℃。

ACCC 41106←湖北省生物农药工程研究中心；原始编号：HBERC 00491，wa-10782；代谢产物具有抗细菌活性；分离源：土壤；分离地点：青海省青海湖；培养基：0027；培养温度：28℃。

Micromonospora halophytica Weinstein et al. 1968 嗜盐小单孢菌

ACCC 40786←新疆农业科学院微生物研究所；原始编号：XAAS20053，1-5-6；分离源：土壤样品；分离地点：新疆吐鲁番；培养基：0039；培养温度：20℃。

Micromonospora purpureochromogenes （Waksman and Curtis 1916） Luedemann 1971 绛红产色小单孢菌

ACCC 40819←湖北省生物农药工程研究中心；原始编号：IEDA 00591 wa-8141；产生代谢产物具有抑菌活性；分离地点：云南省；培养基：0012；培养温度：28℃。

ACCC 40975←湖北省生物农药工程研究中心；原始编号：HBERC 00169，wa-03268；代谢产物具有抗细菌活性；分离源：土壤；分离地点：湖北武汉；培养基：0027；培养温度：28℃。

ACCC 41096←湖北省生物农药工程研究中心；原始编号：HBERC 00480，wa-10682；代谢产物无抗菌或杀虫活性；分离源：土壤；分离地点：青海省青海湖；培养基：0027；培养温度：28℃。

ACCC 41120←湖北省生物农药工程研究中心；原始编号：HBERC 00505，wa-10838；代谢产物不具有生物活性；分离源：土壤；分离地点：青海省青海湖；培养基：0027；培养温度：28℃。

ACCC 41446←湖北省生物农药工程研究中心；原始编号：HBERC 795；代谢产物具有抗真菌活性；分离源：土壤；分离地点：河南卢氏五里川；培养基：0027；培养温度：28℃。

Micromonospora rosaria （ex Wagman et al. 1972） Horan and Brodsky 1986 酒红小单孢菌

ACCC 41335←湖北省生物农药工程研究中心；原始编号：HBERC 00705；培养基：0027；培养温度：28℃。

Micromonospora sagamiensis Kroppenstedt et al. 2005 相模原小单孢菌

ACCC 41123←湖北省生物农药工程研究中心；原始编号：HBERC 00508，wa-10859；代谢产物具有弱的抗细菌活性；分离源：土壤；分离地点：青海省青海湖；培养基：0027；培养温度：28℃。

Micromonospora sp. 小单孢菌

ACCC 40447←湖北省生物农药工程研究中心；原始编号：HBERC 00023，wa-00428；具抗真菌作用；分离源：土壤；分离地点：浙江遂昌；培养基：0012；培养温度：28℃。

ACCC 40485←湖北省生物农药工程研究中心；原始编号：HBERC 00129，wa-02962；代谢产物具有抗菌活性；分离源：土壤；分离地点：湖北武汉；培养基：0012；培养温度：28℃。

ACCC 40489←湖北省生物农药工程研究中心；原始编号：HBERC 00134，wa-02925；代谢产物具有抗菌活性；分离源：土壤；分离地点：湖北武汉；培养基：0012；培养温度：28℃。

ACCC 40523←湖北省生物农药工程研究中心；原始编号：HBERC 00407，wa-00179；代谢产物具有抗菌活性；分离源：土壤；分离地点：湖北安陆；培养基：0012；培养温度：28℃。

ACCC 40595←湖北省生物农药工程研究中心；原始编号：IEDA 00526，wa-8043；产生代谢产物具有抑菌活性；分离地点：江苏省；培养基：0012；培养温度：34℃。

ACCC 40596←湖北省生物农药工程研究中心；原始编号：IEDA 00550，wa-8047；产生代谢产物具有抑菌
活性；分离地点：四川省；培养基：0012；培养温度：35℃。

ACCC 40598←湖北省生物农药工程研究中心；原始编号：IEDA 00518，wa-8050；产生代谢产物具有抑菌
活性；分离地点：河南省；培养基：0012；培养温度：37℃。

ACCC 40616←湖北省生物农药工程研究中心；原始编号：IEDA 00552，wa-8098；产生代谢产物具有抑菌
活性；分离地点：四川省；培养基：0012；培养温度：50℃。

ACCC 40617←湖北省生物农药工程研究中心；原始编号：IEDA 00504，wa-8101；产生代谢产物具有抑菌
活性；分离地点：安徽省；培养基：0012；培养温度：51℃。

ACCC 40619←湖北省生物农药工程研究中心；原始编号：IEDA 00521，wa-8104；产生代谢产物具有抑菌
活性；分离地点：江西省；培养基：0012；培养温度：53℃。

ACCC 40629←湖北省生物农药工程研究中心；原始编号：IEDA 00548，wa-8133；产生代谢产物具有抑菌
活性；分离地点：安徽省；培养基：0012；培养温度：63℃。

ACCC 40641←湖北省生物农药工程研究中心；原始编号：IEDA 00501，wa-8173；产生代谢产物具有抑菌
活性；分离地点：河南省；培养基：0012；培养温度：73℃。

ACCC 40653←湖北省生物农药工程研究中心；原始编号：IEDA 00493，wa-8195；产生代谢产物具有抑菌
活性；分离地点：江苏省；培养基：0012；培养温度：83℃。

ACCC 40656←湖北省生物农药工程研究中心；原始编号：HBERC 00406，wa-00076；产生代谢产物具有
抗菌活性；分离地点：湖北安陆；培养基：0027；培养温度：86℃。

ACCC 40658←湖北省生物农药工程研究中心；原始编号：HBERC 00193，wa-00198；产生代谢产物具有
抗菌活性；分离源：叶渣；分离地点：湖北鄂州；培养基：0012；培养温度：88℃。

ACCC 40666←湖北省生物农药工程研究中心；原始编号：HBERC 00244，wa-00620；产生代谢产物具有
抗菌活性；分离源：土壤；分离地点：湖北宜昌；培养基：0012；培养温度：28℃。

ACCC 40668←湖北省生物农药工程研究中心；原始编号：HBERC 00246，wa-00685；产生代谢产物具有
抗菌活性；分离源：土壤；分离地点：湖北宜昌；培养基：0012；培养温度：28℃。

ACCC 40669←湖北省生物农药工程研究中心；原始编号：HBERC 00248，wa-00695；产生代谢产物具有
抗菌活性；分离源：土壤；分离地点：湖北武汉；培养基：0012；培养温度：28℃。

ACCC 40677←湖北省生物农药工程研究中心；原始编号：HBERC 00188，wa-00940；产生代谢产物具有
抗菌活性；分离源：土壤；分离地点：湖北鄂州；培养基：0012；培养温度：28℃。

ACCC 40686←湖北省生物农药工程研究中心；原始编号：HBERC 00258，wa-05053；代谢产物具有抗菌
活性；分离源：土壤；分离地点：四川峨眉山；培养基：0027；培养温度：28℃。

ACCC 40687←湖北省生物农药工程研究中心；原始编号：HBERC 00259，wa-05054；代谢产物具有抗菌
活性；分离源：土壤；分离地点：四川峨眉山；培养基：0012；培养温度：28℃。

ACCC 40688←湖北省生物农药工程研究中心；原始编号：HBERC 00260，wa-05055；代谢产物具有抗菌
活性；分离源：土壤；分离地点：四川峨眉山；培养基：0012；培养温度：28℃。

ACCC 40689←湖北省生物农药工程研究中心；原始编号：HBERC 00262，wa-05074；代谢产物具有抗菌
活性；分离源：土壤；分离地点：四川峨眉山；培养基：0027；培养温度：28℃。

ACCC 40690←湖北省生物农药工程研究中心；原始编号：HBERC 00263，wa-05093；代谢产物具有抗菌
活性；分离源：土壤；分离地点：四川峨眉山；培养基：0027；培养温度：28℃。

ACCC 40696←湖北省生物农药工程研究中心；原始编号：HBERC 00271，wa-05129；代谢产物具有抗菌
活性；分离源：土壤；分离地点：河南伏牛山；培养基：0027；培养温度：28℃。

ACCC 40702←湖北省生物农药工程研究中心；原始编号：HBERC 00279，wa-05200；代谢产物具有抗菌
活性；分离源：土壤；分离地点：湖北武汉；培养基：0027；培养温度：28℃。

ACCC 40705←湖北省生物农药工程研究中心；原始编号：HBERC 00284，wa-05262；代谢产物具有抗菌
活性；分离源：土壤；分离地点：河南伏牛山；培养基：0012；培养温度：28℃。

ACCC 40708←湖北省生物农药工程研究中心；原始编号：HBERC 00290，wa-05277；代谢产物具有抗菌活性；分离源：土壤；分离地点：河南伏牛山；培养基：0027；培养温度：28℃。

ACCC 40711←湖北省生物农药工程研究中心；原始编号：HBERC 00296，wa-05307；代谢产物具有抗菌活性；分离源：土壤；分离地点：河南伏牛山；培养基：0012；培养温度：28℃。

ACCC 40717←湖北省生物农药工程研究中心；原始编号：HBERC 00304，wa-05355；代谢产物具有抗菌活性；分离源：土壤；分离地点：河南伏牛山；培养基：0027；培养温度：28℃。

ACCC 40718←湖北省生物农药工程研究中心；原始编号：HBERC 00305，wa-05356；代谢产物具有抗菌活性；分离源：土壤；分离地点：河南伏牛山；培养基：0027；培养温度：28℃。

ACCC 40721←湖北省生物农药工程研究中心；原始编号：HBERC 00300，wa-05373；代谢产物具有抗菌活性；分离源：土壤；分离地点：河南灵宝；培养基：0027；培养温度：28℃。

ACCC 40722←湖北省生物农药工程研究中心；原始编号：HBERC 00309，wa-05504；代谢产物具有抗菌活性；分离源：土壤；分离地点：四川峨眉山；培养基：0012；培养温度：28℃。

ACCC 40739←湖北省生物农药工程研究中心；原始编号：HBERC 00352，wa-05700；代谢产物具有抗菌活性；分离源：土壤；分离地点：河南伏牛山；培养基：0012；培养温度：28℃。

ACCC 40742←湖北省生物农药工程研究中心；原始编号：HBERC 00344，wa-05726；代谢产物具有抗菌活性；分离源：土壤；分离地点：河南伏牛山；培养基：0012；培养温度：28℃。

ACCC 40750←湖北省生物农药工程研究中心；原始编号：HBERC 00356，wa-05854；代谢产物具有抗菌活性；分离源：土壤；分离地点：四川峨眉山；培养基：0027；培养温度：28℃。

ACCC 40756←湖北省生物农药工程研究中心；原始编号：HBERC 00373，wa-05947；代谢产物具有抗菌活性；分离源：土壤；分离地点：湖北嘉鱼；培养基：0027；培养温度：28℃。

ACCC 40759←湖北省生物农药工程研究中心；原始编号：HBERC 00387，wa-06120；代谢产物具有抗菌活性；分离源：土壤；分离地点：四川峨眉山；培养基：37；培养温度：28℃。

ACCC 40770←湖北省生物农药工程研究中心；原始编号：HBERC 00393，wa-10268；代谢产物具有抗菌活性；分离源：土壤；分离地点：福建福州；培养基：0012；培养温度：28℃。

ACCC 40818←湖北省生物农药工程研究中心；原始编号：IEDA 00590，wa-8138；产生代谢产物具有抑菌活性；分离地点：云南省；培养基：0012；培养温度：28℃。

ACCC 40824←湖北省生物农药工程研究中心；原始编号：IEDA 00596，wa-7489；产生代谢产物具有抑菌活性；分离地点：北京市；培养基：0012；培养温度：28℃。

ACCC 40839←湖北省生物农药工程研究中心；原始编号：IEDA 00611，wa-8019；产生代谢产物具有抑菌活性；分离地点：河北省；培养基：0012；培养温度：28℃。

ACCC 40856←湖北省生物农药工程研究中心；原始编号：IEDA 00628，wa-8113；产生代谢产物具有抑菌活性；分离地点：广西省；培养基：0012；培养温度：28℃。

ACCC 40863←湖北省生物农药工程研究中心；原始编号：IEDA 00635，wa-8035；产生代谢产物具有抑菌活性；分离地点：云南省；培养基：0012；培养温度：28℃。

ACCC 40897←湖北省生物农药工程研究中心；原始编号：IEDA 00672，wa-8038；产生代谢产物具有抑菌活性；分离地点：山西；培养基：0012；培养温度：28℃。

ACCC 40898←湖北省生物农药工程研究中心；原始编号：IEDA 00673，wa-8002；产生代谢产物具有抑菌活性；分离地点：福建；培养基：0012；培养温度：28℃。

ACCC 40900←湖北省生物农药工程研究中心；原始编号：IEDA 00675，wa-8194；产生代谢产物具有抑菌活性；分离地点：广东；培养基：0012；培养温度：28℃。

ACCC 40954←湖北省生物农药工程研究中心；原始编号：HBERC 00071，wa-10866；代谢产物具有弱的抗真菌活性；分离源：土壤；分离地点：青海省青海湖；培养基：0027；培养温度：28℃。

ACCC 40956←湖北省生物农药工程研究中心；原始编号：HBERC 00073，wa-10877；代谢产物不具有抗菌活性；分离源：土壤；分离地点：青海省青海湖；培养基：0027；培养温度：28℃。

ACCC 40982←湖北省生物农药工程研究中心；原始编号：HBERC 00216，wa-03386；代谢产物具有抗菌

活性；分离源：土壤；分离地点：湖北武汉；培养基：0027；培养温度：28℃。

ACCC 41013←湖北省生物农药工程研究中心；原始编号：HBERC 00443，wa-03789；代谢产物具有抗真
　　菌活性；分离源：土壤；分离地点：湖北武汉；培养基：0027；培养温度：28℃。

ACCC 41079←湖北省生物农药工程研究中心；原始编号：HBERC 00463，wa-10515；代谢产物具有抗真
　　菌活性；分离源：土壤；分离地点：青海湟中；培养基：0027；培养温度：28℃。

ACCC 41080←湖北省生物农药工程研究中心；原始编号：HBERC 00464，wa-10535；代谢产物具有抗真
　　菌活性；分离源：土壤；分离地点：青海湟中；培养基：0027；培养温度：28℃。

ACCC 41081←湖北省生物农药工程研究中心；原始编号：HBERC 00465，wa-10536；代谢产物具有抗真
　　菌活性；分离源：土壤；分离地点：青海湟中；培养基：0027；培养温度：28℃。

ACCC 41082←湖北省生物农药工程研究中心；原始编号：HBERC 00466，wa-10539；代谢产物具有抗真
　　菌活性；分离源：土壤；分离地点：青海湟中；培养基：0027；培养温度：28℃。

ACCC 41085←湖北省生物农药工程研究中心；原始编号：HBERC 00469，wa-10576；代谢产物具有抗真
　　菌活性；分离源：土壤；分离地点：青海湟源；培养基：0027；培养温度：28℃。

ACCC 41089←湖北省生物农药工程研究中心；原始编号：HBERC 00473，wa-10612；代谢产物具有抗真
　　菌活性；分离源：土壤；分离地点：青海省青海湖；培养基：0027；培养温度：28℃。

ACCC 41110←湖北省生物农药工程研究中心；原始编号：HBERC 00495，wa-10793；代谢产物具有弱的
　　抗细菌活性；分离源：土壤；分离地点：青海省青海湖；培养基：0027；培养温度：28℃。

ACCC 41331←湖北省生物农药工程研究中心；原始编号：HBERC 00680；分离源：土壤；分离地点：湖
　　南石门；培养基：0027；培养温度：28℃。

ACCC 41334←湖北省生物农药工程研究中心；原始编号：HBERC 00660；分离源：土壤；分离地点：湖
　　南石门；培养基：0027；培养温度：28℃。

ACCC 41339←湖北省生物农药工程研究中心；原始编号：HBERC 00740；分离源：土壤；分离地点：湖
　　南壶瓶山；培养基：0027；培养温度：28℃。

ACCC 41346←湖北省生物农药工程研究中心；原始编号：HBERC 00647；分离源：土壤；分离地点：湖
　　南壶瓶山；培养基：0027；培养温度：28℃。

ACCC 41349←湖北省生物农药工程研究中心；原始编号：HBERC 00844；分离源：土壤；分离地点：四
　　川峨眉山；培养基：0027；培养温度：28℃。

ACCC 41361←湖北省生物农药工程研究中心；原始编号：HBERC 00809；分离源：土壤；分离地点：青
　　海西宁；培养基：0027；培养温度：28℃。

ACCC 41364←湖北省生物农药工程研究中心；原始编号：HBERC 00799；分离源：土壤；分离地点：河
　　南西峡；培养基：0027；培养温度：28℃。

ACCC 41414←湖北省生物农药工程研究中心；原始编号：HBERC 00674；代谢产物无抗菌活性，仅作分
　　类研究之用；分离源：土壤；分离地点：湖南石门；培养基：0027；培养温度：28℃。

ACCC 41445←湖北省生物农药工程研究中心；原始编号：HBERC 783；代谢产物具有抗真菌活性；分离
　　源：土壤；分离地点：新疆阿尔苏地区；培养基：0027；培养温度：28℃。

ACCC 41460←湖北省生物农药工程研究中心；原始编号：HBERC 00752；代谢产物具有杀虫活性；分离
　　源：土壤；分离地点：四川洪雅；培养基：0027；培养温度：28℃。

ACCC 40955←湖北省生物农药工程研究中心；原始编号：HBERC 00072，wa-10873；代谢产物不具有抗
　　菌活性；分离源：土壤；分离地点：青海省青海湖；培养基：0027；培养温度：28℃。

ACCC 41088←湖北省生物农药工程研究中心；原始编号：HBERC 00472，wa-10609；代谢产物具有抗真
　　菌活性；分离源：土壤；分离地点：青海省青海湖边；培养基：0027；培养温度：28℃。

ACCC 41098←湖北省生物农药工程研究中心；原始编号：HBERC 00483，wa-10691；代谢产物具有抗真
　　菌活性，对少数细菌也有作用；分离源：土壤；分离地点：青海省青海湖；培养基：0027；培养温
　　度：28℃。

ACCC 41108←湖北省生物农药工程研究中心；原始编号：HBERC 00493，wa-10784；代谢产物具有弱的

抗细菌活性；分离源：土壤；分离地点：青海省青海湖；培养基：0027；培养温度：28℃。

ACCC 41111←湖北省生物农药工程研究中心；原始编号：HBERC 00496, wa-10708；代谢产物具有弱的
抗细菌活性；分离源：土壤；分离地点：青海省青海湖；培养基：0027；培养温度：28℃。

ACCC 41114←湖北省生物农药工程研究中心；原始编号：HBERC 00499, wa-10820；代谢产物具有弱抗
真菌活性；分离源：土壤；分离地点：青海省青海湖；培养基：0027；培养温度：28℃。

ACCC 41228←中国热带农业科学院环境与资源保护研究所；原始编号：CATAS EPPI2241；分离源：海南
大枫子根际土壤1～2cm处；分离地点：海南省儋州市；培养基：0012；培养温度：28℃。

ACCC 41229←中国热带农业科学院环境与资源保护研究所；原始编号：CATAS EPPI2242；分离源：海南
大枫子根际土壤1～2cm处；分离地点：海南省儋州市；培养基：0012；培养温度：28℃。

ACCC 41230←中国热带农业科学院环境与资源保护研究所；原始编号：CATAS EPPI2243；分离源：海南
大枫子根际土壤1～2cm处；分离地点：海南省儋州市；培养基：0012；培养温度：28℃。

ACCC 41231←中国热带农业科学院环境与资源保护研究所；原始编号：CATAS EPPI2244；分离源：海南
大枫子根际土壤1～2cm处；分离地点：海南省儋州市；培养基：0012；培养温度：28℃。

ACCC 41232←中国热带农业科学院环境与资源保护研究所；原始编号：CATAS EPPI2245；分离源：海南
大枫子根际土壤1～2cm处；分离地点：海南省儋州市；培养基：0012；培养温度：28℃。

ACCC 41233←中国热带农业科学院环境与资源保护研究所；原始编号：CATAS EPPI2246；分离源：海南
大枫子根际土壤1～2cm处；分离地点：海南省儋州市；培养基：0012；培养温度：28℃。

Micropolyspor sp. 小多孢菌

ACCC 40517←湖北省生物农药工程研究中心；原始编号：HBERC 00162, wa-03335；代谢产物具有抗菌
活性；分离源：土壤；分离地点：四川洪雅；培养基：0012 培养温度：28℃。

ACCC 40478←湖北省生物农药工程研究中心；原始编号：HBERC 00122, wa-00987；代谢产物具有抗菌
活性；分离源：土壤；分离地点：江西瑞昌；培养基：0012 培养温度：28℃。

ACCC 40459←湖北省生物农药工程研究中心；原始编号：HBERC 00089, wa-03202；代谢产物具有抗菌
活性；分离源：土壤；分离地点：四川洪雅；培养基：0012 培养温度：28℃。

ACCC 40475←湖北省生物农药工程研究中心；原始编号：HBERC 00115, wa-00749；代谢产物具有抗菌
活性；分离源：土壤；分离地点：四川洪雅；培养基：0012 培养温度：28℃。

ACCC 40498←湖北省生物农药工程研究中心；原始编号：HBERC 00143, wa-01430；代谢产物具有抗菌
作用；分离源：土壤；分离地点：江西婺源；培养基：0012 培养温度：28℃。

ACCC 40505←湖北省生物农药工程研究中心；原始编号：HBERC 00150, wa-01315；代谢产物具有抗菌
活性；分离源：土壤；分离地点：浙江开化；培养基：0012 培养温度：28℃。

ACCC 40507←湖北省生物农药工程研究中心；原始编号：HBERC 00152, wa-01486；代谢产物具有抗菌
活性；分离源：土壤；分离地点：江西婺源；培养基：0012 培养温度：28℃。

ACCC 40514←湖北省生物农药工程研究中心；原始编号：HBERC 00159, wa-01395；代谢产物具有抗菌
作用；分离源：土壤；分离地点：福建蒲城；培养基：0012 培养温度：28℃。

ACCC 40697←湖北省生物农药工程研究中心；原始编号：HBERC 00273, wa-05145；代谢产物具有抗菌
活性；分离源：土壤；分离地点：河南伏牛山；培养基：0012 培养温度：28℃。

ACCC 41084←湖北省生物农药工程研究中心；原始编号：HBERC 00468, wa-10573；代谢产物具有抗真
菌活性；分离源：土壤；分离地点：青海湟源；培养基：0027；培养温度：28℃。

Microtetraspora glauca Thiemann et al. 1968 青色小四孢菌

ACCC 40924←湖北省生物农药工程研究中心；原始编号：HBERC 00037, wa-02101；代谢产物具有弱的
抗真菌活性；分离源：水底沉积物；分离地点：湖北鄂州；培养基：0027；培养温度：28℃。

Microtetraspora niveoalba Nonomura and Ohara 1971 雪白小四孢菌

ACCC 40992←湖北省生物农药工程研究中心；原始编号：HBERC 00234, wa-03720；代谢产物具有抗菌
活性；分离源：土壤；分离地点：湖北武汉；培养基：0027；培养温度：28℃。

Microtetraspore sp. 小四孢菌

ACCC 40435←湖北省生物农药工程研究中心；原始编号：HBERC 00011，wa-02292；具抗菌活性；分离源：土壤；分离地点：江西浮梁；培养基：0012；培养温度：28℃。

Mycobacterium sp. 分枝杆菌

ACCC 40642←湖北省生物农药工程研究中心；原始编号：IEDA 00542，wa-8174；产生代谢产物具有抑菌活性；分离地点：安徽省；培养基：0012；培养温度：74℃。

ACCC 40716←湖北省生物农药工程研究中心；原始编号：HBERC 00294，wa-05331；代谢产物具有抗菌活性；分离源：土壤；分离地点：河南三门峡；培养基：0012；培养温度：28℃。

ACCC 41095←湖北省生物农药工程研究中心；原始编号：HBERC 00479，wa-10679；代谢产物不具生物活性；分离源：土壤；分离地点：青海省青海湖；培养基：0027；培养温度：28℃。

Myxococcus fulvus（Cohn 1875）Jahn 1911 微红黄色黏球菌（橙色黏球菌）

ACCC 41068←dsmz←H. Reichenbach；＝DSM 434；原始编号：Mx f2；Produces restriction endonucleases；培养基：0455；培养温度：30℃。

Nocardia coralline（Bergey et al.）Waksman and Henrici 珊瑚色诺卡氏菌

ACCC 40100←中国科学院微生物研究所；＝AS 4.1037；工业污水净化（氧化丙烯腈）；培养基：0012；培养温度：28℃。

ACCC 40101←中国科学院微生物研究所；＝AS 4.1038；工业污水净化；培养基：0012；培养温度：28℃。

Nocardia farcinica Trevisan 1889 鼻疽诺卡氏菌

ACCC 41418←湖北省生物农药工程研究中心；原始编号：HBERC 00668；代谢产物具有弱的抗细菌活性；分离源：土壤；分离地点：湖南瓶颈山；培养基：0027；培养温度：28℃。

Nocardia ignorata Yassin et al. 2001 未知诺卡氏菌

ACCC 40911←新疆农业科学院微生物研究所；原始编号：XAAS20071，NA27；分离源：土壤；分离地点：新疆吐鲁番；培养基：0039；培养温度：20℃。

Nocardia sp. 诺卡氏菌

ACCC 40038←中科院微生物研究所；＝AS4.1008 培养基：0012；培养温度：28～30℃。

ACCC 40470←湖北省生物农药工程研究中心；原始编号：HBERC 00108，wa-02343；代谢产物具有抗菌活性；分离源：土壤；分离地点：湖北武汉；培养基：0012；培养温度：28℃。

ACCC 40597←湖北省生物农药工程研究中心；原始编号：IEDA 00565，wa-8048；产生代谢产物具有抑菌活性；分离地点：安徽省；培养基：0012；培养温度：36℃。

ACCC 40599←湖北省生物农药工程研究中心；原始编号：IEDA 00561，wa-8051；产生代谢产物具有抑菌活性；分离地点：江苏省；培养基：0012；培养温度：38℃。

ACCC 40614←湖北省生物农药工程研究中心；原始编号：IEDA 00554，wa-8096；产生代谢产物具有抑菌活性；分离地点：江西省；培养基：0012；培养温度：48℃。

ACCC 40627←湖北省生物农药工程研究中心；原始编号：IEDA 00494，wa-8130；产生代谢产物具有抑菌活性；分离地点：安徽省；培养基：0012；培养温度：61℃。

ACCC 40628←湖北省生物农药工程研究中心；原始编号：IEDA 00516，wa-8131；产生代谢产物具有抑菌活性；分离地点：江苏省；培养基：0012；培养温度：62℃。

ACCC 40632←湖北省生物农药工程研究中心；原始编号：IEDA 00539，wa-8146；产生代谢产物具有抑菌活性；分离地点：安徽省；培养基：0012；培养温度：66℃。

ACCC 40633←湖北省生物农药工程研究中心；原始编号：IEDA 00496，wa-8151；产生代谢产物具有抑菌活性；分离地点：四川省；培养基：0012；培养温度：67℃。

ACCC 40637←湖北省生物农药工程研究中心；原始编号：IEDA 00495，wa-8162；产生代谢产物具有抑菌活性；分离地点：四川省；培养基：0012；培养温度：70℃。

ACCC 40638←湖北省生物农药工程研究中心；原始编号：IEDA 00500，wa-8163；产生代谢产物具有抑菌活性；分离地点：江西省；培养基：0012；培养温度：71℃。

ACCC 40820←湖北省生物农药工程研究中心；原始编号：IEDA 00592，wa-8065；产生代谢产物具有抑菌活性；分离地点：河北省；培养基：0012；培养温度：28℃。

ACCC 40821←湖北省生物农药工程研究中心；原始编号：IEDA 00593，wa-7486；产生代谢产物具有抑菌活性；分离地点：广西省；培养基：0012；培养温度：28℃。

ACCC 40823←湖北省生物农药工程研究中心；原始编号：IEDA 00595，wa-8034；产生代谢产物具有抑菌活性；分离地点：北京市；培养基：0012；培养温度：28℃。

ACCC 40836←湖北省生物农药工程研究中心；原始编号：IEDA 00608，wa-8112；产生代谢产物具有抑菌活性；分离地点：河北省；培养基：0012；培养温度：28℃。

ACCC 40837←湖北省生物农药工程研究中心；原始编号：IEDA 00609，wa-8036；产生代谢产物具有抑菌活性；分离地点：云南省；培养基：0012；培养温度：28℃。

ACCC 40899←湖北省生物农药工程研究中心；原始编号：IEDA 00674，wa-8033；产生代谢产物具有抑菌活性；分离地点：福建；培养基：0012；培养温度：28℃。

ACCC 41087←湖北省生物农药工程研究中心；原始编号：HBERC 00471，wa-10601；代谢产物具有抗真菌活性；分离源：土壤；分离地点：青海湟源；培养基：0027；培养温度：28℃。

ACCC 41366←湖北省生物农药工程研究中心；原始编号：HBERC 00737；分离源：土壤；分离地点：青海省青海湖；培养基：0027；培养温度：28℃。

ACCC 41386←湖北省生物农药工程研究中心；原始编号：HBERC 00725；分离源：土壤；分离地点：湖南壶瓶山南镇；培养基：0027；培养温度：28℃。

ACCC 41409←湖北省生物农药工程研究中心；原始编号：HBERC 00641；代谢产物具有弱的抗细菌活性；分离源：土壤；分离地点：湖南瓶颈山；培养基：0027；培养温度：28℃。

ACCC 41416←湖北省生物农药工程研究中心；原始编号：HBERC 00657698；代谢产物具有弱的抗细菌活性；分离源：土壤；分离地点：湖南瓶颈山；培养基：0027；培养温度：28℃。

ACCC 41420←湖北省生物农药工程研究中心；原始编号：HBERC 00672；代谢产物具有弱的抗细菌活性；分离源：土壤；分离地点：湖南瓶颈山；培养基：0027；培养温度：28℃。

ACCC 41457←湖北省生物农药工程研究中心；原始编号：HBERC 00739；代谢产物具有抗真菌活性；分离源：土壤；分离地点：湖南壶瓶山；培养基：0027；培养温度：28℃。

ACCC 41462←湖北省生物农药工程研究中心；原始编号：HBERC 00719；代谢产物具有弱的抗细菌活性；分离源：土壤；分离地点：湖南壶瓶山南镇；培养基：0027；培养温度：28℃。

ACCC 41467←湖北省生物农药工程研究中心；原始编号：HBERC 00718；代谢产物具有弱的抗细菌活性；分离源：土壤；分离地点：湖南壶瓶山南镇；培养基：0027；培养温度：28℃。

ACCC 41522←湖北省生物农药工程研究中心；原始编号：HBERC 00846；培养基：0027；培养温度：28℃。

Nocardioides albus Prauser 1976 白色类诺卡氏菌

ACCC 40174^T←ATCC；←ATCC＝ATCC 27980＝IMET 7807；培养基：0455；培养温度：26℃。

ACCC 41020←DSMZ←IMET←H. Prauser, 652-48；＝DSM 43109＝ATCC 27980＝CCM 2712＝IMET 7807＝JCM 3185＝NCIB 11454；Produces xanthine dehydrogenase（Jpn. Pat. 61，170，386）；分离源：Soil, lavender field；Hungary, peninsula Tihany；培养基：0455；培养温度：28℃。

Nocardioides simplex （Jensen 1934）O'Donnell et al. 1983 简单类诺卡氏菌

ACCC 10205^T←DSMZ←NCIB←NCTC←H. L. Jensen（Corynebacterium simplex）；＝DSM20130＝ATCC 6946，CCM 1652，DSM 776，IAM 1660，IMET 10368，NCIB 8929，NCTC 4215；Produces 3-keto Δ1，4 steroids（U. S. Pat. 3，010，876），5′-nucleotides by cell-culture on hydrocarbons and subsequent degradation of intracellular RNA at alkaline pH（U. S. Pat. 3，652，395），pregnadienes（U. S. Pat. 2，837，464），7-cyano steroids（U. S. Pat. 3，050，534）；分离源：土壤；培养基：0441；培养温度：30℃。

Nocardiopsis dassonvillei （Brocq-Rousseau 1904）Meyer 1976 达氏拟诺卡氏菌

ACCC 40177^T←ATCC←RE Gordon←P. Thibault；＝ATCC 23218＝IMRU 509＝NCTC 10488；培养基：

0455；培养温度：26℃。

***Nocardiopsis* sp. 拟诺卡氏菌**

ACCC 40495←湖北省生物农药工程研究中心；原始编号：HBERC 00140，wa-01280；代谢产物具有抗菌
活性；分离源：土壤；分离地点：浙江开化；培养基：0012；培养温度：28℃。

***Nonomuraea* sp. 野野村氏菌**

ACCC 40588←湖北省生物农药工程研究中心；原始编号：IEDA 00555，wa-8011；产生代谢产物具有抑菌
活性；分离地点：江西省；培养基：0012；培养温度：29℃。

ACCC 40589←湖北省生物农药工程研究中心；原始编号：IEDA 00558，wa-8013；产生代谢产物具有抑菌
活性；分离地点：四川省；培养基：0012；培养温度：30℃。

ACCC 40590←湖北省生物农药工程研究中心；原始编号：IEDA 00570，wa-8020；产生代谢产物具有抑菌
活性；分离地点：湖北省；培养基：0012；培养温度：31℃。

ACCC 40592←湖北省生物农药工程研究中心；原始编号：IEDA 00566，wa-8024；产生代谢产物具有抑菌
活性；分离地点：江苏省；培养基：0012；培养温度：33℃。

ACCC 40623←湖北省生物农药工程研究中心；原始编号：IEDA 00512，wa-8124；产生代谢产物具有抑菌
活性；分离地点：湖北省；培养基：0012；培养温度：57℃。

ACCC 40624←湖北省生物农药工程研究中心；原始编号：IEDA 00525，wa-8125；产生代谢产物具有抑菌
活性；分离地点：江苏省；培养基：0012；培养温度：58℃。

ACCC 40631←湖北省生物农药工程研究中心；原始编号：IEDA 00547，wa-8135；产生代谢产物具有抑菌
活性；分离地点：河南省；培养基：0012；培养温度：65℃。

ACCC 40636←湖北省生物农药工程研究中心；原始编号：IEDA 00537，wa-8158；产生代谢产物具有抑菌
活性；分离地点：四川省；培养基：0012；培养温度：69℃。

ACCC 40651←湖北省生物农药工程研究中心；原始编号：IEDA 00567，wa-8191；产生代谢产物具有抑菌
活性；分离地点：江苏省；培养基：0012；培养温度：81℃。

ACCC 40652←湖北省生物农药工程研究中心；原始编号：IEDA 00560，wa-8193；产生代谢产物具有抑菌
活性；分离地点：四川省；培养基：0012；培养温度：82℃。

ACCC 40830←湖北省生物农药工程研究中心；原始编号：IEDA 00602，wa-7482；产生代谢产物具有抑菌
活性；分离地点：云南省；培养基：0012；培养温度：28℃。

***Nonomuraea fastidiosa corrig*. （Soina et al. 1975）Zhang et al. 1998 寡养野野村氏菌**

ACCC 41546←湖北省生物农药工程研究中心；原始编号：HBERC 00708；培养基：0027；培养温
度：28℃。

***Promicromonospora citrea* Krasil'nikov et al. 1961 柠檬原小单孢菌**

ACCC 41049^T←DSMZ← H. Prauser，623-3；＝DSM43875＝IMET 7261；分离源：soil，meadow；培养基：
0765；培养温度：30℃。

***Promicromonospora* sp. 原小单孢菌**

ACCC 40645←湖北省生物农药工程研究中心；原始编号：IEDA 00517，wa-8179；产生代谢产物具有抑菌
活性；分离地点：河南省；培养基：0012；培养温度：30℃。

***Pseudonocardia* sp. 假诺卡氏菌**

ACCC 40622←湖北省生物农药工程研究中心；原始编号：IEDA 00544，wa-8123；产生代谢产物具有抑菌
活性；分离地点：湖北省；培养基：0012；培养温度：30℃。

ACCC 40832←湖北省生物农药工程研究中心；原始编号：IEDA 00604，wa-7484；产生代谢产物具有抑菌
活性；分离地点：北京市；培养基：0012；培养温度：28℃。

***Pseudonocardia thermophila* Henssen 1957 嗜热假诺卡氏菌**

ACCC 40104←中国科学院微生物研究所←日本东京科研化学有限公司；＝AS 4.1051＝KCC A-0032；培养
基：0012；培养温度：40℃。

ACCC 40171^T←ATCC；＝ATCC 19285；培养基：456；培养温度：50℃。

Saccharococcus thermophilus Nystrand 1984 嗜热糖球菌

ACCC 41071^T←dsmz←CCM←R. Nystrand；＝DSM 4749＝ATCC 43125＝CCM 3586；原始编号：657；分离源：Beet sugar extraction；培养基：441；培养温度：65℃。

Saccharomonospora glauca Greiner-Mai et al. 1988 青色糖单孢菌

ACCC 41055^T←DSMZ←H. J. Kutzner，K62（Saccharomonospora viridis）；＝DSM43769＝IFO 14831，JCM 7444，NBRC 14831；降解纤维素；分离源：composted garbage；培养基：0455；培养温度：37℃。

Saccharopolyspora erythraea（Waksman 1923）Labeda 1987 红色糖多孢菌

ACCC 40137←中国农业科学院土肥所←中国医学科学院抗生素研究所；＝AS 4.0198；原始编号：A-5；产红霉素；培养基：0012；培养温度：30℃。

Saccharopolyspora hirsuta subsp. hirsuta Lacey and Goodfellow 1975 披发糖多孢菌披发亚种

ACCC 41027^T←DSMZ← M. Goodfellow，N 745；＝DSM43463＝AS 4.1704，ATCC 27875，CBS 420.74，DSM 43402，IFO 13919，IMET 9709，IMRU 1558，JCM 3170，KCC A-0170，NBRC 13919，NCIB 11079，NRRL B-5792；Produces KA-5685（aminoglycoside antibiotic）；分离源：甘蔗蔗渣；培养基：0455；培养温度：30℃。

Saccharopolyspora rectivirgula（Krasil'nikov and Agre 1964）Korn-Wendisch et al. 1989 直杆糖多孢菌

ACCC 41060^T ← DSMZ ← N. S. Agre，INMI，683（Micropolyspora rectivirgula）；＝DSM43747＝ATCC 33515，INMI 683，KCC A-0057，VKM Ac-810；分离源：土壤；培养基：0455；培养温度：55℃。

Spirillospora albida Couch 1963 微白螺孢菌

ACCC 41062^T←DSMZ← KCC← H. Lechevalier← ATCC←J. N. Couch，UNCC，1030← A. W. Nielsen；＝DSM43034＝ATCC 15331，CBS 291.64，IFO 12248，KCC A-0041，NBRC 12248；分离源：土壤；培养基：0455；培养温度：28℃。

Streptomyces abikoensis（Umezawa et al. 1951）Witt and Stackebrandt 1991 阿布拉链霉菌

ACCC 40560←中国热带农业科学院环境与资源保护研究所；原始编号：CATAS EPPIS0046，JFA-068；分离源：土壤表层5～10cm处；分离地点：海南省儋州市王五镇；培养基：0012；培养温度：28℃。

Streptomyces aburaviensis Nishimura et al. 1957 油日链霉菌（阿布拉链霉菌）

ACCC 40243←中国农业科学院环发所药物工程研究室；原始编号：289-21；分离源：土壤；分离地点：河北；培养基：0012；培养温度：30℃。

Streptomyces achromogenes Okami and Umezawa 1953 不产色链霉菌

ACCC 40989←湖北省生物农药工程研究中心；原始编号：HBERC 00227，wa-03610；代谢产物具有抗菌活性；分离源：土壤；分离地点：湖北武汉；培养基：0027；培养温度：28℃。

Streptomyces achromogenes subsp. achromogenes Okami and Umezawa 1953 不产色链霉菌不产色亚种

ACCC 41018^T ← DSMZ ← E. B. Shirling，ISP ← Y. Okami，Z-4-1；＝DSM40028＝ATCC 12767，ATCC 19719，CBS 458.68，IFO 12735，ISP 5028，JCM 4121，NBRC 12735，RIA 1000 Produces restriction endonuclease SacI and SacII，achromoviromycin，sarcidin；分离地点：公园土壤；培养基：0455；培养温度：28℃。

"Streptomyces ahygroscopicus" Yan et al. 不吸水链霉菌

ACCC 40539←中国热带农业科学院环境与资源保护研究所；原始编号：CATAS EPPIS0024，JFA-023；分离源：土壤表层5～10cm处；分离地点：海南省三亚市；培养基：0012；培养温度：28℃。

ACCC 40553←中国热带农业科学院环境与资源保护研究所；原始编号：CATAS EPPIS0039，JFA-055；分离源：土壤表层5～10cm处；分离地点：海南省昌江县；培养基：0012；培养温度：28℃。

ACCC 40844←湖北省生物农药工程研究中心；原始编号：IEDA 00616，CH96-102；产生代谢产物具有抑菌活性；分离地点：广西省；培养基：0012；培养温度：28℃。

ACCC 40865←湖北省生物农药工程研究中心；原始编号：IEDA 00637，9686；产生代谢产物具有抑菌活性；分离地点：云南省；培养基：0012；培养温度：28℃。

ACCC 40921←湖北省生物农药工程研究中心；原始编号：HBERC 00034，wa-01779；代谢产物具有抗结核杆菌活性；分离源：土壤；分离地点：江西浮梁；培养基：0027；培养温度：28℃。

ACCC 40941←湖北省生物农药工程研究中心；原始编号：HBERC 00058，wa-04134；代谢产物具有抗菌活性；分离源：土壤；分离地点：河南桐柏；培养基：0027；培养温度：28℃。

ACCC 40945←湖北省生物农药工程研究中心；原始编号：HBERC 00062，wa-04476；代谢产物具有抗真菌及杀虫活性；分离源：土壤；分离地点：四川峨眉山；培养基：0027；培养温度：28℃。

"*Streptomyces ahygroscopicus* var. *gongzhulinggensis*" 吸水链霉菌公主岭变种

ACCC 40076←吉林农业科学院植保所；原始编号：769；用于预防谷子白粉病；分离源：土壤；分离地点：吉林省公主岭；培养基：0012；培养温度：28℃。

Streptomyces alanosinicus Thiemann and Beretta 1966 丙氨菌素链霉菌

ACCC 41017[T]←DSMZ；＝DSM 40606 ATCC 15710，CBS 348.69，CBS 794.72，IFO 13493，ISP 5606，NBRC 13493，RIA 1454；Produces alanosine（an anti-tumor，anti-viral and anti-fungal antibiotic）（U. S. Pat. 3，676，490）；培养基：0455；培养温度：28℃。

Streptomyces albaduncus Tsukiura et al. 1964 白丘链霉菌

ACCC 41045[T]←DSMZ←E. B. Shirling，ISP←ATCC←Bristol Labs. ←Bristol-Banyu Res. Inst. ，1324；＝DSM40478＝ATCC 14698，CBS 698.72，IFO 13397，ISP 5478，JCM 4715，KCC S-0715，NBRC 13397，RIA 1358；Taxonomy/description（1300，10413）. Produces chrysomycin M＋V（U. S. Pat. 3，265，588），chrysomycin M＋V and danomycin（U. S. Pat. 3，265，588）. Degrades caoutchouc，natural rubber；培养基：0455；培养温度：30℃。

Streptomyces albidoflavus （Rossi Doria 1891） Waksman and Henrici 1948 白钩链霉菌（白丘链霉菌）

ACCC 40142←广东省广州微生物研究所←中国科学院微生物研究所；＝GIM4.3＝CGMCC 4.252；产庆大霉素；培养基：0012；培养温度：28℃。

ACCC 40169←ATCC←EB Shirling←CBS←J. Duche；＝ATCC 25422＝ISP 5455＝CBS 920.69＝CBS416. 34＝ETH 10209＝IFO 13010＝IMRU 850＝KCC S-0466＝NRRL B-1271＝RIA 1202；培养基：0455；培养温度：26℃。

ACCC 40170←首都师范大学；培养基：0012；培养温度：28℃。

Streptosporangium albidum Furumai et al. 1968 微白链孢囊菌

ACCC 41353←湖北省生物农药工程研究中心；原始编号：HBERC 00804；分离源：土壤；分离地点：青海省青海湖；培养基：0027；培养温度：28℃。

"*Streptomyces albocyaneus*" （Krasil'nikov et al. ） Yan et al. 白蓝链霉菌

ACCC 40132←中国农业科学院土肥所←中国科学院微生物研究所；＝AS 4.63；抑制芽胞杆菌、纤维素上生长好；培养基：0012；培养温度：30℃。

Streptomyces alboflavus （Waksman and Curtis 1916） Waksman and Henrici 1948；白黄链霉菌

ACCC 40444←湖北省生物农药工程研究中心；原始编号：HBERC 00020，wa-02770；具抗真菌作用；分离源：土壤；分离地点：浙江遂昌；培养基：0012；培养温度：28℃。

ACCC 40483←湖北省生物农药工程研究中心；原始编号：HBERC 00127，wa-02644；具抗真菌作用；分离源：土壤；分离地点：浙江开化；培养基：0012；培养温度：28℃。

ACCC 41003←湖北省生物农药工程研究中心；原始编号：HBERC 00432，wa-03893；代谢产物具有抗细菌活性；分离源：土壤；分离地点：湖北武汉；培养基：0027；培养温度：28℃。

ACCC 41121←湖北省生物农药工程研究中心；原始编号：HBERC 00506，wa-10847；代谢产物具有弱的抗细菌活性；分离源：土壤；分离地点：青海省青海湖；培养基：0027；培养温度：28℃。

ACCC 41365←湖北省生物农药工程研究中心；原始编号：HBERC 00780；分离源：土壤；分离地点：庐山；培养基：0027；培养温度：28℃。

ACCC 41382←湖北省生物农药工程研究中心；原始编号：HBERC 00686；培养基：0027；培养温度：28℃。

Streptomyces albogriseolus Benedict et al. 1954 白浅灰链霉菌

ACCC 40001^T←CGMCC←ATCC←EB Shirling←T. Pridham 7-A←R Benedict；=ATCC 23875=BCRC 12230=CBS 614.68=CIP 104424=CIP 104428=DSM 40003=HUT 6045=IFO 12834=IFO 3413=IFO 3709=ISP 5003=JCM 4616=KCTC 9675=MTCC 2524=NBRC 12834=NBRC 3413=NBRC 3709=NCIMB 9604=NRRL B-1305=RIA 1101=VKM Ac-1200；培养基：0455；培养温度：26℃。

Streptomyces albolongus Tsukiura et al. 1964 白长链霉菌

ACCC 41083←湖北省生物农药工程研究中心；原始编号：HBERC 00467，wa-10543；代谢产物具有抗真菌活性；分离源：土壤；分离地点：青海湟源；培养基：0027；培养温度：28℃。

ACCC 40728←湖北省生物农药工程研究中心；原始编号：HBERC 00321，wa-05567；代谢产物具有抗菌活性；分离源：土壤；分离地点：河南伏牛山；培养基：0012；培养温度：28℃。

ACCC 41369←湖北省生物农药工程研究中心；原始编号：HBERC 00640；分离源：土壤；分离地点：湖南壶瓶山；培养基：0027；培养温度：28℃。

Streptomyces albospinus Wang et al. 1966 白刺链霉菌

ACCC 41439←湖北省生物农药工程研究中心；原始编号：HBERC 00766；代谢产物具有抗真菌活性；分离源：土壤；分离地点：河南邓州；培养基：0027；培养温度：28℃。

Streptomyces albosporeus（Krainsky 1914）Waksman and Henrici 1948 白孢链霉菌

ACCC 40559←中国热带农业科学院环境与资源保护研究所；原始编号：CATAS EPPIS0045，JFA-066；分离源：土壤表层 5～10cm 处；分离地点：海南省儋州市王五镇 57 区；培养基：0012；培养温度：28℃。

ACCC 41075←湖北省生物农药工程研究中心；原始编号：HBERC 00452，wa-06162；代谢产物具有弱的抗细菌活性；分离源：土壤；分离地点：湖北咸宁；培养基：0027；培养温度：28℃。

Streptomyces albosporeus subsp. *labilomyceticus* Okami et al. 1963 白孢链霉菌易毁霉素亚种

ACCC 40246←中国农业科学院环发所药物工程研究室；原始编号：H21；分离源：土壤；分离地点：北京；培养基：0012；培养温度：30℃。

Streptomyces albus（Rossi Doria 1891）Waksman and Henrici 1943 白色链霉菌

ACCC 40165←广东省广州微生物研究所；=GIM4.2=CGMCC4.1；培养基：0012；培养温度：28℃。

ACCC 40191←中国农业科学院环发所药物工程研究室；原始编号：112；分离源：土壤；分离地点：广西；培养基：0012；培养温度：30℃。

ACCC 40212←中国农业科学院环发所药物工程研究室；原始编号：272-12-80；分离地点：云南；培养基：0012；培养温度：30℃。

ACCC 40481←湖北省生物农药工程研究中心；原始编号：HBERC 00125，wa-04359；具一定抗菌作用；分离源：土壤；分离地点：四川洪雅；培养基：0012；培养温度：28℃。

ACCC 41407←湖北省生物农药工程研究中心；原始编号：HBERC 00836；代谢产物具有弱的抗细菌活性；分离源：土壤；分离地点：江西景德镇；培养基：0027；培养温度：28℃。

ACCC 41437←湖北省生物农药工程研究中心；原始编号：HBERC 00788；代谢产物具有杀草活性；分离源：土壤；分离地点：浙江龙游；培养基：0027；培养温度：28℃。

ACCC 41464←湖北省生物农药工程研究中心；原始编号：HBERC 00791；代谢产物具有弱的抗细菌及抗真菌活性；分离源：土壤；分离地点：四川峨眉山；培养基：0027；培养温度：28℃。

ACCC 41501←中国农业科学院土肥所←中国科学院微生物研究所←医科院抗生素所←俄罗斯-7-N3V7；=AS 4.188；原始编号：俄罗斯-7=N3V7；培养基：0012；培养温度：30℃。

ACCC 41502←中国农业科学院土肥所←中国科学院微生物研究所←卫生部药品生物制品检定所←波兰 3004；＝AS 4.1；培养基：0012；培养温度：30℃。

***Streptomyces albus* subsp. *albus*（Rossi Doria 1891）Waksman and Henrici 1943 白色链霉菌 白色亚种**

ACCC 40002←中国科学院微生物研究所；＝AS 4.566；培养基：0012；培养温度：28～30℃。

***Streptomyces almquistii*（Duché 1934）Pridham et al. 1958 阿木氏链霉菌**

ACCC 40344←中国农业科学院环发所药物工程研究室；原始编号：3059；产生代谢产物具有抑菌活性；分 离地点：北京市；培养基：0012；培养温度：28℃。

ACCC 41470←湖北省生物农药工程研究中心；原始编号：HBERC 00792；代谢产物具有弱的抗细菌活性； 分离源：土壤；分离地点：福建福州；培养基：0027；培养温度：28℃。

***Streptomyces amakusaensis* Nagatsu et al. 1963 天草岛链霉菌（天草链霉菌）**

ACCC 41058^T←DSMZ← E. B. Shirling, ISP←S. Suzuki IPCR 10-101，＝DSM40219＝ATCC 23876，CBS 615.68，IFO 12835，ISP 5219，JCM 4617，NBRC 12835，RIA 1163；Produces tuberin. Degrades ben- zoate（7280）；分离源：土壤；培养基：0455；培养温度：30℃。

***Streptomyces ambofaciens* Pinnert-Sindico 1954 产二素链霉菌**

ACCC 40133←中国农业科学院土肥所←中国科学院微生物研究所；＝AS 4.782；产生螺旋霉素、刚果霉 素，淀粉水解强，纤维素上生长好，培养基：0012；培养温度：30℃。

***Streptomyces aminophilus* Foster 1961 嗜氨基链霉菌**

ACCC 41352←湖北省生物农药工程研究中心；原始编号：HBERC 00654；分离源：土壤；分离地点：湖 南石门；培养基：0027；培养温度：28℃。

***Streptomyces antibioticus*（Waksman and Woodruff 1941）Waksman and Henrici 1948 抗生链 霉菌**

ACCC 40003←中国科学院微生物研究所；＝AS 4.189；产生放线菌素甲；培养基：0012；培养温度： 28～30℃。

ACCC 40070←中国科学院微生物研究所←美国典型培养物保藏中心；＝AS 4.567＝ATCC 10382；产生放 线菌素 A.B；培养基：0012；培养温度：28～30℃。

ACCC 4014←广东省广州微生物研究所←中国科学院微生物研究所；培养基：0012；培养温度：28℃。

ACCC 40249←中国农业科学院环发所药物工程研究室；原始编号：206-16-105；分离源：土壤；分离地点： 广西；培养基：0012；培养温度：30℃。

ACCC 40406←中国农业科学院环发所药物工程研究室；原始编号：1022-257；产生代谢产物具有抑菌活 性；分离地点：河北省；培养基：0012；培养温度：28℃。

ACCC 40436←湖北省生物农药工程研究中心；原始编号：HBERC 00012，wa-02769；具抗菌活性；分离 源：草本根际；分离地点：浙江遂昌；培养基：0012；培养温度：28℃。

ACCC 41028^T←DSMZ← E. B. Shirling, ISP←IMRU；＝DSM40234＝ATCC 23879，ATCC 8663，CBS 659.68，ETH 9875，IFO 12838，IMRU 3435，ISP 5234，NBRC 12838，RIA 1174；Produces actino- mycin X（B）；分离源：土壤；培养基：0455；培养温度：30℃。

ACCC 41370←湖北省生物农药工程研究中心；原始编号：HBERC 00790；分离源：土壤；分离地点：湖 南娄底；培养基：0027；培养温度：28℃。

***Streptomyces anulatus*（Beijerinck 1912）Waksman 1953 圆环链霉菌**

ACCC 40785←新疆农业科学院微生物研究所；原始编号：XAAS20056，1-5-5；分离源：土壤样品；分离 地点：新疆吐鲁番；培养基：0039；培养温度：20℃。

***Streptomyces argenteolus* Tresner et al. 1961 银样链霉菌**

ACCC 40838←湖北省生物农药工程研究中心；原始编号：IEDA 00610 wa-8114；产生代谢产物具有抑菌活 性；分离地点：河北省；培养基：0012；培养温度：28℃。

Streptomyces armeniacus （Kalakoutskii and Kusnetsov 1964） Wellington and Williams 1981 阿美尼亚链霉菌

ACCC 41033^T←DSMZ← L. Ettlinger, LBG←R. Hütter, ETH, 32694←V. D. Kuznetsov, RIA, 26A-3；＝DSM43125＝ATCC 15676，CBS 559.75，IFO 12555，IMET 9250，JCM 3070，KCC A-0070，LBG A 3125，NBRC 12555，NCIMB 10179，RIA 807，VKM Ac-905 Taxonomy/description（1300，2230，2231）；分离源：土壤；培养基：0455；培养温度：30℃。

Streptomyces anulatus （Beijerinck 1912） Waksman 1953 圆环圈链霉菌

ACCC 41356←湖北省生物农药工程研究中心；原始编号：HBERC 00700；分离源：土壤；分离地点：湖南壶瓶山；培养基：0027；培养温度：28℃。

ACCC 41456←湖北省生物农药工程研究中心；原始编号：HBERC 00797；代谢产物具有杀虫活性；分离源：土壤；分离地点：河南卢氏五里川；培养基：0027；培养温度：28℃。

Streptomyces asterosporus （ex Krasil'nikov 1970） Preobrazhenskaya 1986 星孢链霉菌

ACCC 40259←中国农业科学院环发所药物工程研究室；原始编号：3485；产生代谢产物具有抑菌活性；分离地点：河北省；培养基：0012；培养温度：30℃。

Streptomyces atroolivaceus （Preobrazhenskaya et al. 1957） Pridham et al. 1958 暗黑橄榄链霉菌

ACCC 40225←中国农业科学院环发所药物工程研究室；原始编号：2440；分离源：土壤；分离地点：北京；培养基：0012；培养温度：28℃。

Streptomyces atrovirens （ex Preobrazhenskaya et al. 1971） Preobrazhenskaya and Terekhova 1986 暗黑微绿链霉菌

ACCC 40763←湖北省生物农药工程研究中心；原始编号：HBERC 00404，wa-07629；代谢产物具有抗菌活性；分离源：土壤；分离地点：河南伏牛山区；培养基：0012；培养温度：28℃。

ACCC 40977←湖北省生物农药工程研究中心；原始编号：HBERC 00171，wa-03274；代谢产物具有抗真菌活性；分离源：土壤；分离地点：湖北武汉；培养基：0027；培养温度：28℃。

Streptomyces aurantiacus （Rossi Doria 1891） Waksman 1953 橘橙链霉菌

ACCC 40121←中国科学院微生物研究所；＝AS 4.191；培养基：0012；培养温度：28~30℃。

ACCC 40194 中国农业科学院环发所药物工程研究室；原始编号：3472；分离源：土壤；分离地点：北京；培养基：0012；培养温度：30℃。

Streptomyces aureochrogmoenes Yan et al. 金产色链霉菌

ACCC 40043←中国科学院微生物研究所；＝AS 4.115；培养基：0012；培养温度：28~30℃。

ACCC 40048←中国科学院微生物研究所；＝AS 4.909；原始编号：抗菌素组 1496-1；产多氧霉素，抗水稻纹枯病；培养基：0012；培养温度：28~30℃。

ACCC 40049←中国科学院微生物研究所；＝AS 4.910；原始编号：抗菌素组 1496-2；产多氧霉素，抗水稻纹枯病；培养基：0012；培养温度：28~30℃。

ACCC 40050←中国科学院微生物研究所；＝AS 4.896；原始编号：抗菌素组 1496-3；产多氧霉素，抗水稻纹枯病；培养基：0012；培养温度：28~30℃。

Streptomyces aureofaciens Duggar 1948 金霉素链霉菌

ACCC 40004←中国科学院微生物研究所；＝AS 4.184；产生金霉素（Aureomycin）；培养基：0012；培养温度：28~30℃。

ACCC 40090←中国科学院微生物研究所←天津制药厂 7304；＝AS 4.1041；产金霉素；培养基：0012；培养温度：28℃。

ACCC 40281←中国农业科学院环发所药物工程研究室；原始编号：3001；产生代谢产物具有抑菌活性；分离地点：四川省；培养基：0012；培养温度：28℃。

ACCC 40409←中国农业科学院环发所药物工程研究室；＝NRRL 2858；原始编号：3001①；产生代谢产物具有抑菌活性；分离地点：四川省；培养基：0012；培养温度：28℃。

ACCC 41046^T←DSMZ← E. B. Shirling, ISP←E. Backus, Lederle Labs., A-377; ＝DSM40127＝ATCC 10762, ATCC 23884, CBS 664.68, IFO 12594, IFO 12843, ISP 5127, JCM 4008, NBRC 12594, NBRC 12843, NRRL 2209, RIA 1129; Produces aureomycin（U. S. Pat. 2, 482, 055）, chlortetracy-cline, tetracycline（U. S. Pat. 3, 053, 740）; 分离源: 土壤; 培养基: 0455; 培养温度: 30℃。

Streptomyces aureorectus（ex Taig et al. 1969）Taig and Solovieva 1986 金直丝链霉菌

ACCC 40943←湖北省生物农药工程研究中心; 原始编号: HBERC 00060, wa-04287; 代谢产物具有抗真菌及杀虫活性; 分离源: 土壤; 分离地点: 四川洪雅; 培养基: 0027; 培养温度: 28℃。

Streptomyces aureus Manfio et al. 2003 金色链霉菌

ACCC 40231←中国农业科学院环发所药物工程研究室; 原始编号: 北抗; 分离源: 土壤; 分离地点: 河北; 培养基: 0012; 培养温度: 30℃。

ACCC 40237←中国农业科学院环发所药物工程研究室; 原始编号: 4638②; 分离源: 土壤; 分离地点: 河北; 培养基: 0012; 培养温度: 28℃。

ACCC 40853←湖北省生物农药工程研究中心; 原始编号: IEDA 00625, 2-0470-31; 产生代谢产物具有抑菌活性; 分离地点: 北京市; 培养基: 0012; 培养温度: 28℃。

ACCC 40861←湖北省生物农药工程研究中心; 原始编号: IEDA 00633, 2500; 产生代谢产物具有抑菌活性; 分离地点: 北京市; 培养基: 0012; 培养温度: 28℃。

ACCC 40884←湖北省生物农药工程研究中心; 原始编号: IEDA 00656, 3698; 产生代谢产物具有抑菌活性; 分离地点: 广西省; 培养基: 0012; 培养温度: 28℃。

ACCC 41503←中国农业科学院土肥所←中国科学院微生物研究所; ＝AS 4.770; 原始编号: 3733; 培养基: 0012; 培养温度: 30℃。

Streptomyces avermitilis（ex Burg et al. 1979）Kim and Goodfellow 2002 阿维链霉菌

ACCC 40167←广东省广州微生物研究所; ＝GIM4.35; 培养基: 0012; 培养温度: 28℃。

ACCC 40168←山东聊城; 原始编号: AVG; 培养基: 0012; 培养温度: 28℃。

ACCC 05461^T←1ATCC←NRRL←Merck & Co., Inc. MA-4680; produces avermectin avermectins produces avermectin B（1）a C-076 produces C-076 and derivatives; 培养基: 33; 培养温度: 26℃。

Streptomyces azureus Kelly et al. 1959 远青链霉菌

ACCC 41066^T←dsmz← E. B. Shirling, ISP← W. H. Trejo, Squibb Inst. Med. Rcs.; ＝DSM 40106＝ATCC 14921＝CBS 467.68＝ETH 28555＝IFO 12744＝ISP 5106＝JCM 4217＝JCM 4564＝NBRC 12744＝RIA 1009; 原始编号: SC-2364; Produces thiostrepton（U. S. Pat. 2, 982, 689）; 培养基: 0455; 培养温度: 28℃。

Streptomyces badius（Kudrina 1957）Pridham et al. 1958 栗褐链霉菌

ACCC 40005←中国科学院微生物研究所; ＝AS 4.389; 培养基: 0012; 培养温度: 28～30℃。

ACCC 40172←ATCC←Univ. Idaho←M. B. Phelan; ＝ATCC 39117; 培养基: 0455; 培养温度: 26℃。

ACCC 41112←湖北省生物农药工程研究中心; 原始编号: HBERC 00497, wa-10713; 代谢产物具有弱的抗细菌活性; 分离源: 土壤; 分离地点: 青海省青海湖; 培养基: 0027; 培养温度: 28℃。

Streptomyces bellus Margalith and Beretta 1960 美丽链霉菌

ACCC 40649←湖北省生物农药工程研究中心; 原始编号: IEDA 00557, wa-8186; 产生代谢产物具有抑菌活性; 分离地点: 湖北省; 培养基: 0012; 培养温度: 79℃。

ACCC 40942←湖北省生物农药工程研究中心; 原始编号: HBERC 00059, wa-04260; 代谢产物具有抗菌活性; 分离源: 土壤; 分离地点: 河南桐柏; 培养基: 0027; 培养温度: 28℃。

ACCC 41367←湖北省生物农药工程研究中心; 原始编号: HBERC 00729, wa-14698; 代谢产物具有弱的抗真菌活性; 分离源: 土壤; 分离地点: 河南桐柏; 培养基: 0027; 培养温度: 27℃。

Streptomyces bikiniensis Johnstone and Waksman 1947 比基尼链霉菌

ACCC 40099←中国科学院微生物研究所; ＝AS 4.12; 培养基: 0012; 培养温度: 25～28℃。

Streptomyces biverticillatus (Preobrazhenskaya 1957) **Witt and Stackebrandt 1991** 双轮丝链霉菌

ACCC 40006←中国科学院微生物研究所；＝AS 4.794；抑制阳性细菌部分酵母和丝状真菌；培养基：0012；培养温度：28～30℃。

Streptomyces bottropensis **Waksman 1961** 波卓链霉菌

ACCC 41512←湖北省生物农药工程研究中心；原始编号：HBERC 00828；培养基：0027；培养温度：28℃。

Streptomyces bungoensis **Eguchi et al. 1993** 丰后链霉菌

ACCC 40282←中国农业科学院环发所药物工程研究室；原始编号：3061；产生代谢产物具有抑菌活性；分离地点：广西省；培养基：0012；培养温度：28℃。

ACCC 40285←中国农业科学院环发所药物工程研究室；原始编号：3402；产生代谢产物具有抑菌活性；分离地点：云南省；培养基：0012；培养温度：28℃。

ACCC 40286←中国农业科学院环发所药物工程研究室；原始编号：3854①；产生代谢产物具有抑菌活性；分离地点：北京市；培养基：0012；培养温度：28℃。

ACCC 40312←中国农业科学院环发所药物工程研究室；原始编号：3063；产生代谢产物具有抑菌活性；分离地点：四川省；培养基：0012；培养温度：28℃。

ACCC 40345←中国农业科学院环发所药物工程研究室；原始编号：3060；产生代谢产物具有抑菌活性；分离地点：四川省；培养基：0012；培养温度：28℃。

Streptomyces cacaoi (Waksman 1932) **Waksman and Henrici 1948** 可可链霉菌

ACCC 41412←湖北省生物农药工程研究中心；原始编号：HBERC 00746；代谢产物具有杀虫活性；分离源：土壤；分离地点：湖北鄂州；培养基：0027；培养温度：28℃。

Streptomyces caeruleus (Baldacci 1944) **Pridham et al. 1958** 青蓝链霉菌

ACCC 40315←中国农业科学院环发所药物工程研究室；原始编号：3484；产生代谢产物具有抑菌活性；分离地点：云南省；培养基：0012；培养温度：28℃。

Streptomyces calvus **Backus et al. 1957** 秃裸链霉菌

ACCC 40264←中国农业科学院环发所药物工程研究室；原始编号：3086；产生代谢产物具有抑菌活性；培养基：0012；培养温度：28℃。

ACCC 40279←中国农业科学院环发所药物工程研究室；原始编号：3194；产生代谢产物具有抑菌活性；分离地点：四川省；培养基：0012；培养温度：28℃。

ACCC 40296←中国农业科学院环发所药物工程研究室；原始编号：3095；产生代谢产物具有抑菌活性；分离地点：广西省；培养基：0012；培养温度：28℃。

ACCC 41451←湖北省生物农药工程研究中心；原始编号：HBERC 00743；代谢产物具有杀虫活性；分离源：土壤；分离地点：浙江龙游；培养基：0027；培养温度：28℃。

Streptomyces candidus (ex Krasil'nikov 1941) **Sveshnikova 1986** 纯白链霉菌

ACCC 40962←湖北省生物农药工程研究中心；原始编号：HBERC 00085，wa-03593；代谢产物具有抗菌活性；分离源：土壤；分离地点：江西九江；培养基：0027；培养温度：28℃。

ACCC 40967←湖北省生物农药工程研究中心；原始编号：HBERC 00104，wa-03901；代谢产物具有弱的抗菌活性；分离源：土壤；分离地点：河南伏牛山；培养基：0027；培养温度：28℃。

ACCC 40985←湖北省生物农药工程研究中心；原始编号：HBERC 00223，wa-03467；代谢产物具有抗细菌活性；分离源：土壤；分离地点：湖北武汉；培养基：0027；培养温度：28℃。

ACCC 40987←湖北省生物农药工程研究中心；原始编号：HBERC 00225，wa-03586；代谢产物具有抗菌活性；分离源：土壤；分离地点：湖北武汉；培养基：0027；培养温度：28℃。

ACCC 41009←湖北省生物农药工程研究中心；原始编号：HBERC 00439，wa-03959；代谢产物具有抗真菌活性；分离源：土壤；分离地点：河南伏牛山；培养基：0027；培养温度：28℃。

ACCC 41103←湖北省生物农药工程研究中心；原始编号：HBERC 00488，wa-10744；代谢产物具有抗真菌活性；分离源：土壤；分离地点：青海省青海湖；培养基：0027；培养温度：28℃。

ACCC 41109←湖北省生物农药工程研究中心；原始编号：HBERC 00494，wa-10786；代谢产物具有弱的抗细菌活性；分离源：土壤；分离地点：青海省青海湖；培养基：0027；培养温度：28℃。

ACCC 40999←湖北省生物农药工程研究中心；原始编号：HBERC 00351，wa-05699；代谢产物具有抗菌活性；分离源：土壤；分离地点：河南伏牛山；培养基：0027；培养温度：28℃。

Streptomyces caniferus (ex Krasil'nikov 1970) Preobrazhenskaya 1986 生暗灰链霉菌

ACCC 40271←中国农业科学院环发所药物工程研究室；原始编号：农4；产生代谢产物具有抑菌活性；分离地点：云南省；培养基：0012；培养温度：28℃。

ACCC 40425←中国农业科学院环发所药物工程研究室；产生代谢产物具有抑菌活性；分离地点：云南省；培养基：0012；培养温度：28℃。

Streptomyces canus Heinemann et al. 1953 暗灰链霉菌

ACCC 40781←新疆农业科学院微生物研究所；原始编号：XAAS20063，1-4-2；分离源：土壤样品；分离地点：新疆吐鲁番；培养基：0039；培养温度：20℃。

ACCC 40794←新疆农业科学院微生物研究所；原始编号：XAAS20052，1-3；分离源：土壤样品；分离地点：新疆吐鲁番；培养基：0039；培养温度：20℃。

ACCC 41543←湖北省生物农药工程研究中心；原始编号：HBERC 00811；分离源：土壤；分离地点：青海境内；培养基：0027；培养温度：28℃。

Streptomyces capillispiralis Mertz and Higgens 1982 微管螺旋链霉菌

ACCC 40260←中国农业科学院环发所药物工程研究室；原始编号：3482；产生代谢产物具有抑菌活性；分离地点：云南省；培养基：0012；培养温度：30℃。

ACCC 40309←中国农业科学院环发所药物工程研究室；原始编号：3491；产生代谢产物具有抑菌活性；分离地点：河北省；培养基：0012；培养温度：28℃。

ACCC 40385←中国农业科学院环发所药物工程研究室；产生代谢产物具有抑菌活性；分离地点：河北省；培养基：0012；培养温度：28℃。

Streptomyces catenulae Davisson and Finlay 1961 小串链霉菌

ACCC 41039←DSMZ← E. B. Shirling, ISP← J. Routien, 6563；Produces neomycins E＋F（＝catenulin＝paromomycin I，II），pepsinostreptin（U. S. Pat. 3，907，764）；培养基：0455；培养温度：30℃。

Streptomyces cavourensis Skarbek and Brady 1978 卡伍尔链霉菌

ACCC 40184←中国农业科学院环发所药物工程研究室；原始编号：10386；分离源：土壤；分离地点：云南；培养基：0012；培养温度：30℃。

ACCC 40197←中国农业科学院环发所药物工程研究室；原始编号：B30；分离地点：云南；培养基：0012；培养温度：30℃。

Streptomyces cellulosae (Krainsky 1914) Waksman and Henrici 1948 纤维素链霉菌

ACCC 40229←中国农业科学院环发所药物工程研究室；原始编号：2246；分离源：土壤；分离地点：广西；培养基：0012；培养温度：30℃。

ACCC 40131←中国农业科学院土肥所←中国科学院微生物研究所；＝AS 4.437；产生链霉菌素和放线菌素，淀粉水解强，纤维素上生长好；培养基：0002；培养温度：30℃。

Streptomyces champavatii Uma and Narasimha Rao 1959 昌帕瓦特链霉菌

ACCC 40801←新疆农业科学院微生物研究所；原始编号：XAAS20049，2.049；分离源：土壤样品；分离地点：新疆吐鲁番；培养基：0039；培养温度：30℃。

Streptomyces chartreusis Leach et al. 1953 教酒链霉菌

ACCC 40787←新疆农业科学院微生物研究所；原始编号：XAAS20057，1-6-2；分离源：土壤样品；分离地点：新疆吐鲁番；培养基：0039；培养温度：20℃。

ACCC 41044^T←dsmz←E. B. Shirling, ISP←NRRL←Upjohn Comp. , UC 2012; =DSM 40085=ATCC
14922=ATCC 19738=CBS 476. 68=IFO 12753=ISP 5085=JCM 4570=NBRC 12753=NRRL 2287=
RIA 1018; roduces aminoacyclase (U. S. Pat. 4, 699, 879); 培养基: 0012; 培养温度: 28℃。

Streptomyces chibaensis Suzuki et al. 1958 千叶链霉菌

ACCC 41388←湖北省生物农药工程研究中心; 原始编号: HBERC 00699; 分离源: 土壤; 分离地点: 湖
南壶瓶山南镇; 培养基: 0027; 培养温度: 28℃。

Streptomyces chromofuscus (Preobrazhenskaya et al. 1957) Pridham et al. 1958 色褐链霉菌

ACCC 40670←湖北省生物农药工程研究中心; 原始编号: HBERC 00421, wa-00713; 代谢产物具有抗菌
活性; 分离源: 土壤; 分离地点: 江苏吴江; 培养基: 0027; 培养温度: 28℃。

ACCC 40936←湖北省生物农药工程研究中心; 原始编号: HBERC 00053, wa-03875; 代谢产物具有弱抗
菌活性; 分离源: 土壤; 分离地点: 河南伏牛山; 培养基: 0027; 培养温度: 28℃。

ACCC 40983←湖北省生物农药工程研究中心; 原始编号: HBERC 00219, wa-03392; 代谢产物具有抗真
菌活性; 分离源: 土壤; 分离地点: 湖北武汉; 培养基: 0027; 培养温度: 28℃。

ACCC 41344←湖北省生物农药工程研究中心; 原始编号: HBERC 00650; 培养基: 0027; 培养温
度: 28℃。

"*Streptomyces chromogenes*" (Lachner-Sandoval) Yan et al. 产色链霉菌

ACCC 40102←中国科学院微生物研究所; =AS 4.273; 培养基: 0012; 培养温度: 25~28℃。

ACCC 40976←湖北省生物农药工程研究中心; 原始编号: HBERC 00170, wa-03271; 代谢产物具有抗真
菌活性; 分离源: 土壤; 分离地点: 湖北武汉; 培养基: 0027; 培养温度: 28℃。

ACCC 41395←湖北省生物农药工程研究中心; 原始编号: HBERC 00695; 分离源: 土壤; 分离地点: 湖
南壶瓶山南镇; 培养基: 0027; 培养温度: 28℃。

ACCC 41473←湖北省生物农药工程研究中心; 原始编号: HBERC 00773; 代谢产物具有抗细菌、抗真菌
活性; 分离源: 土壤; 分离地点: 青海省青海湖边; 培养基: 0027; 培养温度: 28℃。

ACCC 41531←湖北省生物农药工程研究中心; 原始编号: HBERC 00822; 培养基: 0027; 培养温
度: 28℃。

Streptomyces chrysomallus Lindenbein 1952 金羊毛链霉菌

ACCC 40871←湖北省生物农药工程研究中心; 原始编号: IEDA 00643, 3032; 产生代谢产物具有抑菌活
性; 分离地点: 云南省; 培养基: 0012; 培养温度: 28℃。

Streptomyces cinerochromogenes Miyairi et al. 1966 产灰色链霉菌

ACCC 41350←湖北省生物农药工程研究中心; 原始编号: HBERC 00853; 分离源: 土壤; 分离地点: 河
南伏牛山; 培养基: 0027; 培养温度: 28℃。

"*Streptomyces cinereogrieus*" (Krainsky and Krasil'nikov) Yan et al. 烬灰链霉菌

ACCC 40007←中国科学院微生物研究所; AS4. 360; 抑制阳性细菌; 培养基: 0012; 培养温度: 28℃。

ACCC 40125←中国科学院微生物研究所; =AS 4.360; 能抑制阳性细菌、阴性细菌及丝状真菌; 培养基:
0012; 培养温度: 28~30℃。

ACCC 40008←中国科学院微生物研究所; =AS 4.302; 培养基: 0012; 培养温度: 28~30℃。

ACCC 40545←中国热带农业科学院环境与资源保护研究所; 原始编号: CATAS EPPIS0030, JFA-037; 分
离源: 土壤表层5~10cm处; 分离地点: 海南省昌江县; 培养基: 0012; 培养温度: 28℃。

ACCC 40549←中国热带农业科学院环境与资源保护研究所; 原始编号: CATAS EPPIS0035, JFA-046; 分
离源: 土壤表层5~10cm处; 分离地点: 海南省昌江县; 培养基: 0012; 培养温度: 28℃。

ACCC 40566←中国热带农业科学院环境与资源保护研究所; 原始编号: CATAS EPPIS0051, JFA-091; 分
离源: 土壤表层5~10cm处; 分离地点: 海南省昌江县; 培养基: 0012; 培养温度: 28℃。

Streptomyces cinereohygroscopicus 淡紫灰吸水链霉菌

ACCC 40567←中国热带农业科学院环境与资源保护研究所; 原始编号: CATAS EPPIS0052, JFA-092; 分
离源: 土壤表层5~10cm处; 分离地点: 海南省三亚市; 培养基: 0012; 培养温度: 28℃。

ACCC 40568←中国热带农业科学院环境与资源保护研究所；原始编号：CATAS EPPIS0053，JFA-093；分离源：土壤表层5～10cm处；分离地点：海南省三亚市；培养基：0012；培养温度：28℃。

ACCC 40490←湖北省生物农药工程研究中心；原始编号：HBERC 00135，wa-04463；产生抗菌酶；分离源：土壤；分离地点：四川峨眉山；培养基：0012；培养温度：28℃。

Streptomyces cinnamonensis Okami 1952 肉桂（地）链霉菌

ACCC 40879←湖北省生物农药工程研究中心；原始编号：IEDA 00651，KT316-857；产生代谢产物具有抑菌活性；分离地点：四川省；培养基：0012；培养温度：28℃。

Streptomyces cirratus Koshiyama et al. 1963 卷须链霉菌

ACCC 40219←中国农业科学院环发所药物工程研究室；分离源：土壤；分离地点：云南；培养基：0012；培养温度：30℃。

Streptomyces clavifer（Millard and Burr 1926）Waksman 1953 钉斑链霉菌

ACCC 40845←湖北省生物农药工程研究中心；原始编号：IEDA 00617 D41-254；产生代谢产物具有抑菌活性；分离地点：河北省；培养基：0012；培养温度：28℃。

ACCC 40904←湖北省生物农药工程研究中心；原始编号：IEDA 00679，Q4-254；产生代谢产物具有抑菌活性；分离地点：山西；培养基：0012；培养温度：28℃。

Streptomyces coelicolor（Müller 1908）Waksman and Henrici 1948 天蓝色链霉菌

ACCC 40009←中国科学院微生物研究所；＝AS 4.240；产生石蕊杀菌素和链丝兰素，抑制阳性细菌；培养基：0012；培养温度：28～30℃。

ACCC 40144←广东省广州微生物研究所←中国科学院微生物研究所；＝GIM4.10＝CGMCC 4.242；培养基：0012；培养温度：28℃。

ACCC 40145←广东省广州微生物研究所←中国科学院微生物研究所；＝GIM4.11＝CGMCC 4.262；培养基：0012；培养温度：28℃。

ACCC 40550←中国热带农业科学院环境与资源保护研究所；原始编号：CATAS EPPIS0036，JFA-047；分离源：土壤表层5～10cm处；分离地点：海南省昌江县；培养基：0012；培养温度：28℃。

ACCC 41092←湖北省生物农药工程研究中心；原始编号：HBERC 00476，wa-10629；代谢产物具有抗真菌活性；分离源：土壤；分离地点：青海省青海湖；培养基：0027；培养温度：28℃。

ACCC 41094←湖北省生物农药工程研究中心；原始编号：HBERC 00478，wa-10648；代谢产物具有抗真菌活性；分离源：土壤；分离地点：青海省青海湖；培养基：0027；培养温度：28℃。

Streptomyces coeruleofuscus（Preobrazhenskaya 1957）Pridham et al. 1958 天蓝褐链霉菌

ACCC 41355←湖北省生物农药工程研究中心；原始编号：HBERC 00829；分离源：土壤；分离地点：湖南娄底；培养基：0027；培养温度：28℃。

ACCC 40968←湖北省生物农药工程研究中心；原始编号：HBERC 00105，wa-03950；代谢产物具有弱的抗菌活性；分离源：土壤；分离地点：河南伏牛山；培养基：0027；培养温度：28℃。

ACCC 41426←湖北省生物农药工程研究中心；原始编号：HBERC 00670；代谢产物具有弱的抗细菌活性；分离源：土壤；分离地点：湖南瓶颈山；培养基：0027；培养温度：28℃。

ACCC 40010←中国农业科学院土壤肥料研究所；原始编号：H75-2；能防治烟草赤星病，对阳性细菌、白色假丝酵母无作用；分离地点：海南省；培养基：0012；培养温度：28～30℃。

Streptomyces collinus Lindenbein 1952 丘链霉菌

ACCC 40437←湖北省生物农药工程研究中心；原始编号：HBERC 00013，wa-02773；具抗细菌作用；分离源：土壤；分离地点：浙江遂昌；培养基：0012；培养温度：28℃。

Streptomyces corchorusii Ahmad and Bhuiyan 1958 黄麻链霉菌

ACCC 40405←中国农业科学院环发所药物工程研究室；原始编号：088-68-1；产生代谢产物具有抑菌活性；分离地点：河北省；培养基：0012；培养温度：28℃。

ACCC 40843←湖北省生物农药工程研究中心；原始编号：IEDA 00615 579②-1；产生代谢产物具有抑菌活性；分离地点：云南省；培养基：0012；培养温度：28℃。

ACCC 41519←湖北省生物农药工程研究中心；原始编号：HBERC 00805；培养基：0027；培养温度：28℃。

"*Streptomyces culicidicus*" Yan et al. 灭蚊链霉菌

ACCC 40146←广东省广州微生物研究所←上海植生所；培养基：0012；培养温度：28℃。

ACCC 40166←广东省广州微生物研究所；＝GIM4.35；培养基：0012；培养温度：28℃。

ACCC 41132←广东省广州微生物研究所←上海植生所；原始编号：GIM4.12 MIK4.1；杀蚊虫幼虫；分离源：土壤；分离地点：广州；培养基：0012；培养温度：25～28℃。

Streptomyces cyaneofuscatus（Kudrina 1957）Pridham et al. 1958 蓝微褐链霉菌

ACCC 40939←湖北省生物农药工程研究中心；原始编号：HBERC 00056，wa-10864；代谢产物具有弱的抗细菌活性；分离源：土壤；分离地点：青海省青海湖；培养基：0027；培养温度：28℃。

Streptomyces cyaneus（Krasil'nikov 1941）Waksman 1953 蓝色链霉菌

ACCC 40784←新疆农业科学院微生物研究所；原始编号：XAAS20066，1-5-3；分离源：土壤样品；分离地点：新疆吐鲁番；培养基：0039；培养温度：20℃。

ACCC 40789←新疆农业科学院微生物研究所；原始编号：XAAS20059，1-6-4；分离源：土壤样品；分离地点：新疆吐鲁番；培养基：0039；培养温度：20℃。

ACCC 40790←新疆农业科学院微生物研究所；原始编号：XAAS20065，2-3-1；分离源：土壤样品；分离地点：新疆吐鲁番；培养基：0039；培养温度：20℃。

Streptomyces cylindrosporus（Krasil'nikov）Waksman 柱形孢链霉菌

ACCC 41001←湖北省生物农药工程研究中心；原始编号：HBERC 00425，wa-03851；代谢产物具有抗真菌活性；分离源：土壤；分离地点：湖北武汉；培养基：0027；培养温度：28℃。

ACCC 41362←湖北省生物农药工程研究中心；原始编号：HBERC 00759；培养基：0027；培养温度：28℃。

ACCC 41374←湖北省生物农药工程研究中心；原始编号：HBERC 00642；培养基：0027；培养温度：28℃。

Streptomyces diastaticus（Krainsky 1914）Waksman and Henrici 1948 淀粉酶链霉菌

ACCC 40291←中国农业科学院环发所药物工程研究室；原始编号：3082；产生代谢产物具有抑菌活性；分离地点：北京市；培养基：0012；培养温度：28℃。

Streptomyces diastatochromogenes（Krainsky 1914）Waksman and Henrici 1948 淀粉酶产色链霉菌

ACCC 40850←湖北省生物农药工程研究中心；原始编号：IEDA 00622 275；产生代谢产物具有抑菌活性；分离地点：云南省；培养基：0012；培养温度：28℃。

ACCC 40925←湖北省生物农药工程研究中心；原始编号：HBERC 00038，wa-02258；代谢产物具有抗真菌及杀虫活性；分离源：水底沉积物；分离地点：湖北鄂州；培养基：0027；培养温度：28℃。

ACCC 40926←湖北省生物农药工程研究中心；原始编号：HBERC 00039，wa-02347；代谢产物具有抗菌活性；分离源：水底沉积物；分离地点：湖北鄂州；培养基：0027；培养温度：28℃。

ACCC 41379←湖北省生物农药工程研究中心；原始编号：HBERC 00669；培养基：0027；培养温度：28℃。

Streptomyces ehimensis corrig.（Shibata et al. 1954）Witt and Stackebrandt 1991 爱媛链轮丝菌

ACCC 40969←湖北省生物农药工程研究中心；原始编号：HBERC 00111，wa-03976；代谢产物具有弱的抗菌活性；分离源：土壤；分离地点：河南伏牛山；培养基：0027；培养温度：28℃。

Streptomyces erythraeus（Waksman 1923）Waksman and Henrici 1948 红霉素链霉菌

ACCC 40147←广东省广州微生物研究所←中国科学院微生物研究所；＝GIM4.13＝CGMCC 4.894；培养基：0012；培养温度：28℃。

Streptomyces exfoliatus （Waksman and Curtis 1916） Waksman and Henrici 1948 脱叶链霉菌

ACCC 41136←广东省广州微生物研究所←上海植生所；原始编号：GIMV13-A-5 分离源：土壤；分离地点：越南；培养基：13；培养温度：25～28℃。

ACCC 40509←湖北省生物农药工程研究中心；原始编号：HBERC 00154，wa-01866；代谢产物具有抗菌活性；分离源：土壤；分离地点：福建蒲城；培养基：0012；培养温度：28℃。

Streptomyces fimbriatus （Millard and Burr 1926） Waksman and Lechevalier 1953 镶边链霉菌

ACCC 40841←湖北省生物农药工程研究中心；原始编号：IEDA 00613 EM-1；产生代谢产物具有抑菌活性；分离地点：北京市；培养基：0012；培养温度：28℃。

Streptomyces fimicarius （Duché 1934） Waksman and Henrici 1948 粪生链霉菌

ACCC 40195←中国农业科学院环发所药物工程研究室；原始编号：14189；分离地点：河北；培养基：0012；培养温度：30℃。

ACCC 40451←湖北省生物农药工程研究中心；原始编号：HBERC 00030，wa-03721；代谢产物具有抗菌活性；分离源：土壤；分离地点：湖北武汉；培养基：0012；培养温度：28℃。

Streptomyces flaveolus （Waksman 1923） Waksman and Henrici 1948 浅黄链霉菌

ACCC 40822←湖北省生物农药工程研究中心；原始编号：IEDA 00594，wa-8031；产生代谢产物具有抑菌活性；分离地点：广西省；培养基：0012；培养温度：28℃。

Streptomyces flaveolus* var. *rectus 浅黄链霉菌直丝变种

ACCC 40228←中国农业科学院环发所药物工程研究室；原始编号：14113；分离源：土壤；分离地点：河北；培养基：0012；培养温度：28℃。

Streptomyces flavidofuscus Preobrazhenskaya 1986 黄棕色链霉菌

ACCC 40908←新疆农业科学院微生物研究所；原始编号：XAAS20058，2.058；分离源：土壤；分离地点：新疆吐鲁番；培养基：0012；培养温度：30℃。

Streptomyces flavidofuscus Preobrazhenskaya 1986 微黄褐链霉菌

ACCC 40914←新疆农业科学院微生物研究所；原始编号：XAAS20075，A158；分离源：土壤；分离地点：新疆吐鲁番；培养基：0305；培养温度：20℃。

"*Streptomyces flavorectus*" （Ruan et al. ） Yan et al. 黄直链霉菌

ACCC 40046←JCM4897T←KCC S-0897←CGMCC；=AS 4.747=HUT 6205=IFO 13672=NBRC 13672；培养基：0012；培养温度：28～30℃。

ACCC 40981←湖北省生物农药工程研究中心；原始编号：HBERC 00207，wa-05283；代谢产物具有抗细菌活性；分离源：土壤；分离地点：河南伏牛山；培养基：0027；培养温度：28℃。

ACCC 41074←湖北省生物农药工程研究中心；原始编号：HBERC 00451，wa-06137；代谢产物具有弱的抗细菌活性；分离源：土壤；分离地点：湖北咸宁；培养基：0027；培养温度：28℃。

ACCC 41113←湖北省生物农药工程研究中心；原始编号：HBERC 00498，wa-10705；代谢产物具有抗细菌、真菌活性；分离源：土壤；分离地点：青海省青海湖；培养基：0027；培养温度：28℃。

ACCC 41387←湖北省生物农药工程研究中心；原始编号：HBERC 00664；分离源：土壤；分离地点：湖南壶瓶山南镇；培养基：0027；培养温度：28℃。

ACCC 41476←湖北省生物农药工程研究中心；原始编号：HBERC 00755；代谢产物具有杀虫及抗细菌活性；分离源：土壤；分离地点：河南伏牛山；培养基：0027；培养温度：28℃。

ACCC 41526←湖北省生物农药工程研究中心；原始编号：HBERC 00721；培养基：0027；培养温度：28℃。

Streptomyces flavoviridis （ex Preobrazhenskaya et al. ） Preobrazhenskaya 1986 黄绿链霉菌

ACCC 40011←中科院微生物研究所；=AS4.536；培养基：0012；培养温度：28～30℃。

ACCC 40393←中国农业科学院环发所药物工程研究室；原始编号：4622；产生代谢产物具有抑菌活性；分

离地点：四川省；培养基：0012；培养温度：28℃。

ACCC 40851←湖北省生物农药工程研究中心；原始编号：IEDA 00623，3013；产生代谢产物具有抑菌活性；分离地点：北京市；培养基：0012；培养温度：28℃。

Streptomyces fradiae（Waksman and Curtis 1916）Waksman and Henrici 1948 弗氏链霉菌

ACCC 40012^T←JCM 4133T←KCC S-0133←K. Tubaki←T. Yamaguchi（IAM 0083）←M. Kuroya←IMR；=ATCC 10745=ATCC 19760=BCRC 12196=CBS 498.68=CCM 3174=CECT 3197=DSM 40063=HUT 6095=IFM 1030=IFO 12773=IFO 3439=IFO 3718=IMET 42051=IMI 061202=ISP 5063=JCM 4579=KCTC 9760=MTCC 321=NBRC 12773=NBRC 3439=NBRC 3718=NCIMB 11005=NCIMB 8233；培养基：0012；培养温度：26℃。

ACCC 40124←中国科学院微生物研究所；=AS 4.24；产生新霉素和弗氏菌素；培养基：0012；培养温度：28～30℃。

ACCC 40809←新疆农业科学院微生物研究所；原始编号：XAAS20017，2.017；分离源：土壤样品；分离地点：新疆吐鲁番；培养基：0039；培养温度：30℃。

ACCC 40811←新疆农业科学院微生物研究所；原始编号：XAAS20046，2.046；分离源：土壤样品；分离地点：新疆吐鲁番；培养基：0039；培养温度：30℃。

ACCC 40876←湖北省生物农药工程研究中心；原始编号：IEDA 00648，高密；产生代谢产物具有抑菌活性；分离地点：河北省；培养基：0012；培养温度：28℃。

ACCC 41086←湖北省生物农药工程研究中心；原始编号：HBERC 00470，wa-10600；代谢产物具有抗真菌活性；分离源：土壤；分离地点：青海湟源；培养基：0027；培养温度：28℃。

Streptomyces fragilis Anderson et al. 1956 脆弱链霉菌

ACCC 40915←新疆农业科学院微生物研究所；原始编号：XAAS20076，A382；分离源：土壤；分离地点：新疆吐鲁番；培养基：0039；培养温度：30℃。

ACCC 03947←中国农业科学院饲料研究所；原始编号：B461；饲料用纤维素酶、植酸酶、木聚糖酶等的筛选；分离地点：江西鄱阳县；培养基：0002；培养温度：26℃。

Streptomyces fulvissimus（Jensen 1930）Waksman and Henrici 1948 极暗黄链霉菌

ACCC 40910←新疆农业科学院微生物研究所；原始编号：XAAS20069，2-2；分离源：土壤；分离地点：新疆吐鲁番；培养基：0039；培养温度：32℃。

ACCC 41107←湖北省生物农药工程研究中心；原始编号：HBERC 00492，wa-10783；代谢产物具有抗真菌活性；分离源：土壤；分离地点：青海省青海湖；培养基：0027；培养温度：28℃。

"*Streptomyces fulvoviridis*"（Kuchaeva et al.）Pridaham et al. 暗黄绿链霉菌

ACCC 41431←湖北省生物农药工程研究中心；原始编号：HBERC 00730；代谢产物具有弱的抗细菌活性；分离源：土壤；分离地点：湖南壶瓶山；培养基：0027；培养温度：28℃。

Streptomyces fumosus 烟色链霉菌海南变种

ACCC 40530←中国热带农业科学院环境与资源保护研究所；原始编号：CATASEPPIS0004，JFA-005；分离源：土壤表层5～10cm处；分离地点：海南省三亚市；培养基：0012；培养温度：28℃。

ACCC 40662←湖北省生物农药工程研究中心；原始编号：HBERC 00237，wa-00360；代谢产物具有抗菌活性；分离源：土壤；分离地点：湖北天门；培养基：0012；培养温度：28℃。

ACCC 41004←湖北省生物农药工程研究中心；原始编号：HBERC 00434，wa-03907；代谢产物具有抗真菌活性；分离源：土壤；分离地点：湖北武汉；培养基：0027；培养温度：28℃。

ACCC 41008←湖北省生物农药工程研究中心；原始编号：HBERC 00438，wa-03947；代谢产物具有抗真菌活性；分离源：土壤；分离地点：河南伏牛山；培养基：0027；培养温度：28℃。

Streptomyces galbus Frommer 1959 鲜黄链霉菌

ACCC 40211←中国农业科学院环发所药物工程研究室；原始编号：14253；分离源：土壤；分离地点：广西；培养基：0012；培养温度：30℃。

Streptomyces glaucescens （Preobrazhenskaya 1957）Pridham et al. 1958 淡青链霉菌

ACCC 40934←湖北省生物农药工程研究中心；原始编号：HBERC 00051，wa-03162；代谢产物具有抗真菌活性；分离源：土壤；分离地点：湖北鄂州；培养基：0027；培养温度：28℃。

"*Streptomyces glaucohygroscopicus*" Yan and Deng 青色吸水链霉菌

ACCC 40013←中国科学院微生物研究所；＝AS 4.305；培养基：0012；培养温度：28℃。

Streptomyces glaucus （ex Lehmann and Schutze 1912）Agre and Preobrazhenskaya 1986 淡灰链霉菌

ACCC 40148←广东省广州微生物研究所←中国科学院微生物研究所；＝GIM4.13＝CGMCC 4.645；培养基：0012；培养温度：28℃。

ACCC 40149←广东省广州微生物研究所←中国科学院微生物研究所；＝GIM4.16＝CGMCC 4.724；培养基：0012；培养温度：28℃。

ACCC 40150←广东省广州微生物研究所←中国科学院微生物研究所；＝GIM4.17＝CGMCC 4.743；培养基：0012；培养温度：28℃。

ACCC 40151←广东省广州微生物研究所；＝GIM4.40；原始编号：m4.6；培养基：0012；培养温度：28℃。

ACCC 41459←湖北省生物农药工程研究中心；原始编号：HBERC 00738；代谢产物具抗真菌活性；分离源：土壤；分离地点：湖南壶瓶山；培养基：0027；培养温度：28℃。

Streptomyces globisporus （Krasil'nikov 1941）Waksman 1953 球孢链霉菌

ACCC 40014←湖北农科所植保系；原始编号：878；是属于杀子束菌素-曲古霉素—杀假丝菌素组的 7 烯大环内脂类抗菌素；分离源：棉田土壤；分离地点：武昌；培养基：0012；培养温度：28～30℃。

ACCC 40039←中国科学院微生物研究所；＝AS 4.92；原始编号：3-380；分离源：土壤；分离地点：北京郊区；培养基：0012；培养温度：28～30℃。

ACCC 40152←广东省广州微生物研究所；＝CGMCC 4.744；培养基：0012；培养温度：28℃。

ACCC 40153←广东省广州微生物研究所；＝CGMCC 4.52；培养基：0012；培养温度：28℃。

ACCC 40154←广东省广州微生物研究所；＝GIM4.54＝CGMCC 4.90；培养基：0012；培养温度：28℃。

ACCC 40655←湖北省生物农药工程研究中心；原始编号：HBERC 00194，wa-00036；代谢产物具有抗菌活性；分离地点：湖北鄂州，河南洛阳；培养基：0012；培养温度：85℃。

"*Streptomyces glomerachromogenes*" Yan and Zhang 球团产色链霉菌

ACCC 40207←中国农业科学院环发所药物工程研究室；原始编号：14478；分离源：土壤；分离地点：云南；培养基：0012；培养温度：30℃。

ACCC 41417←湖北省生物农药工程研究中心；原始编号：HBERC 00671；代谢产物具有弱的抗细菌活性；分离源：土壤；分离地点：湖南瓶颈山；培养基：0027；培养温度：28℃。

Streptomyces goshikiensis Niida 1966 高化链霉菌

ACCC 40835←湖北省生物农药工程研究中心；原始编号：IEDA 00607，wa-8107；产生代谢产物具有抑菌活性；分离地点：河北省；培养基：0012；培养温度：28℃。

Streptomyces gougerotii （Duché 1934）Waksman and Henrici 1948 古热罗氏链霉菌

ACCC 40799←新疆农业科学院微生物研究所；原始编号：XAAS20028，2.028；分离源：土壤样品；分离地点：新疆吐鲁番；培养基：0039；培养温度：30℃。

Streptomyces graminearus Preobrazhenskaya 1986 草链霉菌

ACCC 40187←中国农业科学院环发所药物工程研究室；原始编号：2；分离地点：云南；培养基：0012；培养温度：30℃。

ACCC 40214←中国农业科学院环发所药物工程研究室；原始编号：14393；分离源：土壤；分离地点：云南；培养基：0012；培养温度：30℃。

ACCC 41398←湖北省生物农药工程研究中心；原始编号：HBERC 00687；分离源：土壤；分离地点：湖

南壶瓶山南镇；培养基：0027；培养温度：28℃。

ACCC 41402←湖北省生物农药工程研究中心；原始编号：HBERC 00694；分离源：土壤；分离地点：湖南壶瓶山南镇；培养基：0027；培养温度：28℃。

ACCC 40201←中国农业科学院环发所药物工程研究室；原始编号：71R-34；分离源：土壤；分离地点：四川；培养基：0012；培养温度：30℃。

Streptomyces griseoaurantiacus（Krasil'nikov and Yuan 1965）Pridham 1970 灰橙链霉菌

ACCC 40872←湖北省生物农药工程研究中心；原始编号：IEDA 00644，3606；产生代谢产物具有抑菌活性；分离地点：四川省；培养基：0012；培养温度：28℃。

Streptomyces griseocarneus（Benedict et al. 1950）Witt and Stackebrandt 1991 灰肉链霉菌

ACCC 41047 ← DSMZ ← JCM ← KCC ← IFO ← Y. Okami, 1101-A5. ［IMC S-0603；IPV 2254］；= DSM41678＝ATCC 29818, DSM 41500, IFO 13861, JCM 5010, KCC S-1010；Produces alboverticillin（Japan Pat. 10，997）；分离源：土壤；培养基：0455；培养温度：30℃。

Streptomyces griseochromogenes Fukunaga 1955 灰色产色链霉菌

ACCC 40037←中国科学院微生物研究所；＝AS 4.892；产灭瘟素（miewensu）；培养基：0012；培养温度：28～30℃。

ACCC 41019^{T}←DSMZ；DSM 40499 ATCC 14511，CBS 714.72，IFO 13413，ISP 5499，JCM 4039，JCM 4764，NBRC 13413，RIA 1374；Produces blasticidin A，B，C，blasticidin S，cytomycin（U. S. Pat. 3，183，153），toyokamycine. Transformation of benzodiazepine compounds（U. S. Pat. 3，806，418）；培养基：0455；培养温度：28℃。

Streptomyces griseoflavus（Krainsky 1914）Waksman and Henrici 1948 灰黄链霉菌

ACCC 40301←中国农业科学院环发所药物工程研究室；原始编号：3486；产生代谢产物具有抑菌活性；分离地点：四川省；培养基：0012；培养温度：28℃。

ACCC 40827←湖北省生物农药工程研究中心；原始编号：IEDA 00599 wa-7488；产生代谢产物具有抑菌活性；分离地点：云南省；培养基：0012；培养温度：28℃。

ACCC 41338←湖北省生物农药工程研究中心；原始编号：HBERC 00770；培养基：0027；培养温度：28℃。

Streptomyces griseofuscus Sakamoto et al. 1962 灰褐链霉菌

ACCC 40533←中国热带农业科学院环境与资源保护研究所；原始编号：CATASEPPIS0007，JFA-010；分离源：土壤表层5～10cm处；分离地点：海南省文昌市；培养基：0012；培养温度：28℃。

ACCC 4054←中国热带农业科学院环境与资源保护研究所；原始编号：CATAS EPPIS0025，JFA-029；分离源：土壤表层5～10cm处；分离地点：海南省儋州市；培养基：0012；培养温度：28℃。

ACCC 40558←中国热带农业科学院环境与资源保护研究所；原始编号：CATAS EPPIS0044，JFA-064；分离源：土壤表层 5～10cm 处；分离地点：海南省儋州市王五镇 57 区；培养基：0012；培养温度：28℃。

Streptomyces griseolus（Waksman 1923）Waksman and Henrici 1948 浅灰链霉菌

ACCC 40227←中国农业科学院环发所药物工程研究室；原始编号：2421；分离源：土壤；分离地点：河北；培养基：0012；培养温度：30℃。

ACCC 40852←湖北省生物农药工程研究中心；原始编号：IEDA 00624，3068；产生代谢产物具有抑菌活性；分离地点：广西省；培养基：0012；培养温度：28℃。

ACCC 40867←湖北省生物农药工程研究中心；原始编号：IEDA 00639，4559；产生代谢产物具有抑菌活性；分离地点：广西省；培养基：0012；培养温度：28℃。

ACCC 41442←湖北省生物农药工程研究中心；原始编号：HBERC 00762；代谢产物具有抗真菌活性；分离源：土壤；分离地点：四川峨眉山；培养基：0027；培养温度：28℃。

"*Streptomyces griseolus* subsp. *hangzhouensis*" Yan and Fang 浅灰链霉菌杭州变种

ACCC 40075←浙江农业科学院；原始编号：S26；产杀蚜素，对蚜虫、红蜘蛛及某些鳞翅目幼虫毒杀作用很强；培养基：0012；培养温度：28～30℃。

"*Streptomyces griseomacrosporus*"（Yan）Yan et al. 灰色大孢链霉菌

ACCC 40726←湖北省生物农药工程研究中心；原始编号：HBERC00315，wa-05521；代谢产物具有抗菌活
性；分离源：土壤；分离地点：四川峨眉山；培养基：0012；培养温度：28℃。

Streptomyces griseoplanus Backus et al. 1957 灰平链霉菌

ACCC 40546←中国热带农业科学院环境与资源保护研究所；原始编号：CATAS EPPIS0031，JFA-040；分
离源：土壤表层 5～10cm 处；分离地点：海南省昌江县；培养基：0012；培养温度：28℃。

ACCC 40551←中国热带农业科学院环境与资源保护研究所；原始编号：CATAS EPPIS0037，JFA-052；分
离源：土壤表层 5～10cm 处；分离地点：海南省儋州市王五镇 57 区；培养基：0012；培养温
度：28℃。

ACCC 40561←中国热带农业科学院环境与资源保护研究所；原始编号：CATAS EPPIS0047，JFA-080；分
离源：土壤表层 5～10cm 处；分离地点：海南省儋州市王五镇 57 区；培养基：0012；培养温
度：28℃。

Streptomyces griseorubens（Preobrazhenskaya et al. 1957）Pridham et al. 1958 灰变红链霉菌

ACCC 40779←新疆农业科学院微生物研究所；原始编号：XAAS20034，2.034；分离源：土壤样品；分离
地点：新疆吐鲁番；培养基：GYM；培养温度：20℃。

Streptomyces griseorubiginosus（Ryabova and Preobrazhenskaya 1957）Pridham et al. 1958 灰锈赤链霉菌

ACCC 40421←中国农业科学院环发所药物工程研究室；原始编号：B-22；产生代谢产物具有抑菌活性；分
离地点：河北省；培养基：0012；培养温度：28℃。

ACCC 41438←湖北省生物农药工程研究中心；原始编号：HBERC 007776；代谢产物具有抗细菌及抗真菌
活性；分离源：土壤；分离地点：青海西宁；培养基：0027；培养温度：28℃。

"*Streptomyces griseosegmentosus*"（Yan）Yan et al. 灰色裂孢链霉菌

ACCC 40532←中国热带农业科学院环境与资源保护研究所；原始编号：CATASEPPIS0006，JFA-007；分
离源：土壤表层 5～10cm 处；分离地点：海南省文昌市；培养基：0012；培养温度：28℃。

ACCC 40979←湖北省生物农药工程研究中心；原始编号：HBERC 00173，wa-03370；代谢产物具有抗细
菌活性；分离源：土壤；分离地点：湖北武汉；培养基：0027；培养温度：28℃。

Streptomyces griseosporeus Niida and Ogasawara 1960 灰孢链霉菌

ACCC 40864←湖北省生物农药工程研究中心；原始编号：IEDA 00636，289D21；产生代谢产物具有抑菌
活性；分离地点：河北省；培养基：0012；培养温度：28℃。

Streptomyces griseostramineus（Preobrazhenskaya et al. 1957）Pridham et al. 1958 灰草黄链霉菌

ACCC 40923←湖北省生物农药工程研究中心；原始编号：HBERC 00036，wa-01813；代谢产物具有弱的
抗细菌活性；分离源：土壤；分离地点：福建蒲城；培养基：0027；培养温度：28℃。

Streptomyces griseoviridis Anderson et al. 1956 灰绿链霉菌

ACCC 41544←湖北省生物农药工程研究中心；原始编号：HBERC 00814；培养基：0027；培养温
度：28℃。

Streptomyces griseus（Krainsky 1914）Waksman and Henrici 1948 灰色链霉菌

ACCC 40103←中国科学院微生物研究所；＝AS 4.18；培养基：0012；培养温度：25～28℃。

ACCC 40120←中国科学院微生物研究所；原始编号：11371；能抑制阳性细菌、阴性细菌及丝状真菌；培
养基：0012；培养温度：28～30℃。

ACCC 40138←中国农业科学院土肥所←卫生部生物药品检定所；＝AS 4.29；3325；培养基：0012；培养
温度：30℃。

ACCC 40155←广东省广州微生物研究所；＝GIM4.19＝CGMCC 4.139；培养基：0012；培养温度：28℃。

ACCC 40156←广东省广州微生物研究所；＝GIM4.20＝CGMCC 4.35；培养基：0012；培养温度：28℃。

ACCC 40226←中国农业科学院环发所药物工程研究室；原始编号：2273；分离源：土壤；分离地点：四川；培养基：0012；培养温度：30℃。

ACCC 40306←中国农业科学院环发所药物工程研究室；原始编号：3196；产生代谢产物具有抑菌活性；分离地点：河北省；培养基：0012；培养温度：28℃。

ACCC 40487←湖北省生物农药工程研究中心；原始编号：HBERC 00132，wa-03590；具抗菌作用；分离源：树皮；分离地点：湖北武汉；培养基：0012；培养温度：28℃。

ACCC 40527←中国热带农业科学院环境与资源保护研究所；原始编号：CATAS EPPIS0001，JFA-001；分离源：土壤表层5~10cm处；分离地点：海南省儋州市王五镇；培养基：0012；培养温度：28℃。

ACCC 40854←湖北省生物农药工程研究中心；原始编号：IEDA 00626，57-P20；产生代谢产物具有抑菌活性；分离地点：河北省；培养基：0012；培养温度：28℃。

ACCC 40858←湖北省生物农药工程研究中心；原始编号：IEDA 00630，HF-207；产生代谢产物具有抑菌活性；分离地点：河北省；培养基：0012；培养温度：28℃。

Streptomyces hiroshimensis (Shinobu 1955) Witt and Stackebrandt 1991

ACCC 41035[T]←DSMZ←E. B. Shirling，ISP；＝ATCC 19807＝CBS 560.68＝IFO 12817＝ISP 5039＝JCM 4103＝KCC S-0103＝KCC S-0607，NBRC 12817＝NRRL B-1993＝RIA 1087＝RIA 552；Anti-bacterial and anti-fungal activity；分离源：土壤；培养基：0012；培养温度：30℃。

Streptomyces humidus Nakazawa and Shibata 1956 湿链霉菌抗瘤变种

ACCC 40277←中国农业科学院环发所药物工程研究室；原始编号：3016①；产生代谢产物具有抑菌活性；分离地点：河北省；培养基：0012；培养温度：28℃。

ACCC 05597←中国农业科学院农业资源与农业区划研究所；分离源：水稻根内生；分离地点：湖南省祁阳县官山坪；培养基：0002；培养温度：37℃。

Streptomyces hygroscopicus (Jensen 1931) Waksman and Henrici 1948 吸水链霉菌

ACCC 40157←广东省广州微生物研究所；＝GIM4.21＝CGMCC 4.557；培养基：0012；培养温度：28℃。

ACCC 40158←广东省广州微生物研究所；＝GIM4.22＝CGMCC 4.555；培养基：0012；培养温度：28℃。

ACCC 40164←广东省广州微生物研究所；＝GIM4.50；培养基：0012；培养温度：28℃。

ACCC 40417←中国农业科学院环发所药物工程研究室；原始编号：579②-2；产生代谢产物具有抑菌活性；分离地点：河北省；培养基：0012；培养温度：28℃。

ACCC 40473←湖北省生物农药工程研究中心；原始编号：HBERC 00113，wa-01173；代谢产物具有抗菌活性；分离源：土壤；分离地点：浙江开化；培养基：0012；培养温度：28℃。

ACCC 40535←中国热带农业科学院环境与资源保护研究所；原始编号：CATASEPPIS0009，JFA-016；分离源：土壤表层5~10cm处；分离地点：海南省文昌市；培养基：0012；培养温度：28℃。

ACCC 40547←中国热带农业科学院环境与资源保护研究所；原始编号：CATAS EPPIS0032，JFA-041；分离源：土壤表层5~10cm处；分离地点：海南省昌江县；培养基：0012；培养温度：28℃。

ACCC 40552←中国热带农业科学院环境与资源保护研究所；原始编号：CATAS EPPIS0038，JFA-054；分离源：土壤表层5~10cm处；分离地点：海南省三亚市；培养基：0012；培养温度：28℃。

ACCC 40869←湖北省生物农药工程研究中心；原始编号：IEDA 00641，N4-127；产生代谢产物具有抑菌活性；分离地点：北京市；培养基：0012；培养温度：28℃。

ACCC 40882←湖北省生物农药工程研究中心；原始编号：IEDA 00654，KT84-408-1；产生代谢产物具有抑菌活性；分离地点：北京市；培养基：0012；培养温度：28℃。

ACCC 40887←湖北省生物农药工程研究中心；原始编号：IEDA 00660，P14-127-1；产生代谢产物具有抑菌活性；分离地点：河北省；培养基：0012；培养温度：28℃。

ACCC 41508←中国农业科学院土肥所←中国科学院微生物研究所←浙江农业科学院植保所5；＝AS 4.940；对水稻纹枯病有效；培养基：0002；培养温度：28℃。

ACCC 41133←广东省广州微生物研究所←上海植生所；原始编号：GIM4.50 MIK4.16；研究对防治水稻

纹枯病有效；分离源：土壤；分离地点：广东广州；培养基：0012；培养温度：25～28℃。

***Streptomyces hygroscopicus* subsp. *jinggangensis* Yan et al. 吸水链霉菌井岗变种**

ACCC 40051←中国农业科学院原子能利用研究所←浙江宜兴生物农药厂；产生井岗霉素防治水稻纹枯病；
培养基：0012；培养温度：28～30℃。

ACCC 40064←武汉工业微生物研究所；原始编号：C079；分离源：TH82 多次自然分离诱变获得；培养
基：0012；培养温度：28～30℃。

***Streptomyces hygroscopicus* subsp. *violaceus*（Yan and Deng）Yan et al. 吸水链霉菌紫色
变种**

ACCC 40034←中国科学院微生物研究所；＝AS 4.298；原始编号：放线菌组 21-164；模式菌株；培养基：
0012；培养温度：28～30℃。

ACCC 41525←湖北省生物农药工程研究中心；原始编号：HBERC 00834；培养基：0027；培养温
度：28℃。

***Streptomyces hygroscopicus* subsp. *yingchengensis* Yan and Ruan 吸水链霉菌应城变种**

ACCC 40036←华中农业大学微生物室；原始编号：5102-6F5；产 5102-1，5102-2-1，5102-3 等素，其中
5102-1 号素和日本 Volidamycin 或我国的井岗霉素相似。对水稻纹枯病，稻小球菌核病，棉花立枯病
有特效；培养基：0012；培养温度：28～30℃。

ACCC 40053←华中农业大学微生物教研组；原始编号：UA-10-69F；分离源：菌株 5102-6 诱变而得；培养
基：0012；培养温度：28～30℃。

"*Streptomyces hygroscopicus* subsp. *griseus*" Li 吸水链霉菌灰色变种

ACCC 40541←中国热带农业科学院环境与资源保护研究所；原始编号：CATAS EPPIS0026，JFA-030；分
离源：土壤表层 5～10cm 处；分离地点：海南省昌江县；培养基：0012；培养温度：28℃。

***Streptomyces hygroscopicus*（Jensen 1931）Waksman and Henrici 1948，刺孢吸水链霉菌**

ACCC 40015←华南亚热带作物研究所；原始编号：245；产正放线酮，可防治多种作物病害；分离源：土
壤；分离地点：海南岛；培养基：0012；培养温度：28～30℃。

ACCC 40016←中国农业科学院土壤肥料研究所；原始编号：SF104；产正放线酮；培养基：0012；培养温
度：28～30℃。

ACCC 40017←中国农业科学院植物保护研究所；原始编号：C-227；产正放线酮，可防治多种植物真菌病
害；分离源：SF104 经氮芥和紫外光复合处理新得菌株；培养基：0012；培养温度：28～30℃。

ACCC 40018←中国农业科学院土壤肥料研究所；原始编号：UV002；产正放线酮，可防治多种植物真菌病
害；分离源：由 SF104 经紫外光照射处理得菌株；培养基：0012；培养温度：28～30℃。

ACCC 40019←中国农业科学院土壤肥料研究所；1283；产正放线酮，G57 可防治多种植物真菌病害；培养
基：0012；培养温度：28～30℃。

ACCC 40052←中国农业科学院土壤肥料研究所；原始编号：F32；产正放线酮，可防治多种植物真菌病害；
分离源：SF104 人工诱变菌株；培养基：0012；培养温度：28～30℃。

ACCC 40071←中国农业科学院土壤肥料研究所；原始编号：γ-38；产正放线酮，可防治多种植物真菌病
害；分离源：SF104 经 γ 射线处理所得菌株；培养基：0012；培养温度：28～30℃。

ACCC 40542←中国热带农业科学院环境与资源保护研究所；原始编号：CATAS EPPIS0027，JFA-031；分
离源：土壤表层 5～10cm 处；分离地点：海南省昌江县；培养基：0012；培养温度：28℃。

ACCC 40543←中国热带农业科学院环境与资源保护研究所；原始编号：CATAS EPPIS0028，JFA-032；分
离源：土壤表层 5～10cm 处；分离地点：海南省三亚市；培养基：0012；培养温度：28℃。

***Streptomyces hygroscopicus*（Jensen 1931）Waksman and Henrici 1948，刺孢吸水链霉菌昆
明变种**

ACCC 40020←中国农业科学院土肥所←云南植物研究所 S-10；＝AS 4.1004；培养基：0012；培养温度：
28～30℃。

***Streptomyces hygrospinocus* var. *beigingenis* Tao et al. 刺孢吸水链霉菌北京变种**

ACCC 40068←中国农业科学院土壤肥料研究所；原始编号：TF120-N；产碱性水溶性核苷类抗菌素；分离源：由 TF120-N 自然分离的菌株；培养基：0012；培养温度：28～30℃。

ACCC 40033←中国农业科学院土肥所 TF120；培养基：0012；培养温度：28～30℃。

ACCC 40073 刺孢吸水链霉菌北京变种←中国农业科学院土壤肥料研究所；原始编号：TF120-6；产碱性水溶性核苷类抗菌素；分离源：由 TF120 复壮的菌株；培养基：0012；培养温度：28～30℃。

ACCC 40074 刺孢吸水链霉菌北京变种←中国农业科学院土壤肥料研究所；原始编号：120-13F2；产碱性水溶性核苷类抗菌素；分离源：由 TF120 复壮的菌株；培养基：0012；培养温度：28～30℃。

***Streptomyces intermedius*（Krüger 1904）Waksman 1953 中间型链霉菌**

ACCC 41372←湖北省生物农药工程研究中心；原始编号：HBERC 00665；培养基：0027；培养温度：28℃。

***Streptomyces inusitatus* Hasegawa et al. 1978 不寻常链霉菌**

ACCC 40849←湖北省生物农药工程研究中心；原始编号：IEDA 00621 11076M＋；产生代谢产物具有抑菌活性；分离地点：广西省；培养基：0012；培养温度：28℃。

***Streptomyces jingyangensis* Tao et al. 泾阳链霉菌**

ACCC 40021←中国农业大学；5406；产细胞分裂素和抗菌素类物质，用于抗生素肥生产；分离源：土壤；分离地点：陕西泾阳；培养基：0012；培养温度：28～30℃。

ACCC 40022←中国农业大学；产生刺激素和抗菌素；分离源：土壤；分离地点：山西运城；培养基：0012；培养温度：28～30℃。

ACCC 40023←中国农业科学院原子能所；原始编号：5406U2、G4；5406 的诱变菌株可生产抗生素菌肥；培养基：0012；培养温度：28～30℃。

ACCC 40040←中国农业科学院原子能所；原始编号：5406 红外；可生产抗生菌肥料；分离源：经红外线处理后获得的菌株；培养基：0012；培养温度：28～30℃。

ACCC 40041←中国农业科学院原子能研究所；原始编号：5406-1-1；5406 自然选育产孢量多的菌株；培养基：0012；培养温度：28～30℃。

ACCC 40042←中国科学院原子能所；原始编号：5406-C060；抗生菌肥料；分离源：5406 经 Co60 诱变处理后的菌株；培养基：0012；培养温度：28～30℃。

ACCC 40056←中国农业科学院原子能研究所；原始编号：F358；培养基：0012；培养温度：28～30℃。

ACCC 40057←中国农业科学院原子能研究所；原始编号：A94；产生刺激素和抗生素；培养基：0012；培养温度：28～30℃。

ACCC 40058←中国农业科学院原子能研究所；原始编号：103；产生长刺激素和抗生素；培养基：0012；培养温度：28～30℃。

ACCC 40059←中国农业科学院原子能研究所；原始编号：103A2；产生长刺激素和抗生素；培养基：0012；培养温度：28～30℃。

ACCC 40065←中国农业科学院植物保护研究所；原始编号：508；培养基：0012；培养温度：28～30℃。

ACCC 40066←中国农业科学院植物保护研究所；原始编号：219；培养基：0012；培养温度：28～30℃。

ACCC 40067←中国农业科学院原子能研究所；原始编号：259；培养基：0012；培养温度：28～30℃。

ACCC 40081←中国农业大学；原始编号：5406 光 1；培养基：0012；培养温度：28～30℃。

ACCC 40082←中国农业大学；原始编号：5406 光 2；培养基：0012；培养温度：28～30℃。

ACCC 40083←中国农业大学；原始编号：5406 光 3；培养基：0012；培养温度：28～30℃。

ACCC 40084←中国农业大学；原始编号：5406 光 4；培养基：0012；培养温度：28～30℃。

ACCC 40085←中国农业大学；原始编号：5406 光 2；培养基：0012；培养温度：28℃。

ACCC 40087←中国农业大学；原始编号：5406 光（5）；培养基：0012；培养温度：28℃。

ACCC 40126←中国农业科学院原子能研究所；产生激素和抗菌素，形成孢子较多，易变粉红色，可用于生产抗生菌肥料；培养基：0012；培养温度：28～30℃。

ACCC 40127←中国农业科学院原子能研究所；产生激素和抗菌素，可用于生产抗生菌肥料；培养基：
　　0012；培养温度：28～30℃。

Streptomyces laurentii Trejo et al. 1979 劳伦链霉菌

ACCC 02572←南京农业大学农业环境微生物菌种保藏中心；原始编号：CAH3，NAECC1210；能于 30h 水
　　解几丁质，酶活达 126.79U；分离地点：浙江；培养基：0012；培养温度：30℃。

Streptomyces lavendulae（Waksman and Curtis 1916）Waksman and Henrici 1948 浅紫灰链霉菌

ACCC 41471←湖北省生物农药工程研究中心；原始编号：HBERC 00731；代谢产物具有弱的抗细菌活性；
　　分离源：土壤；分离地点：湖南壶瓶山南镇；培养基：0027；培养温度：28℃。

ACCC 40160←广东省广州微生物研究所；＝GIM4.23＝CGMCC 4.583；培养基：0012；培养温度：28℃。

ACCC 40161←广东省广州微生物研究所；＝GIM4.24＝CGMCC 4.201；培养基：0012；培养温度：28℃。

ACCC 40182←中国农业科学院环发所药物工程研究室；原始编号：12763；分离地点：北京；培养基：
　　0012；培养温度：30℃。

ACCC 40210←中国农业科学院环发所药物工程研究室；原始编号：14250；分离地点：四川；培养基：
　　0012；培养温度：30℃。

ACCC 40248←中国农业科学院环发所药物工程研究室；原始编号：2241；分离源：土壤；分离地点：云
　　南；培养基：0012；培养温度：30℃。

ACCC 40643←湖北省生物农药工程研究中心；原始编号：IEDA 00543，wa-8175；产生代谢产物具有抑菌
　　活性；分离地点：安徽省；培养基：0012；培养温度：75℃。

ACCC 40647←湖北省生物农药工程研究中心；原始编号：IEDA 00553，wa-8183；产生代谢产物具有抑菌
　　活性；分离地点：湖北省；培养基：0012；培养温度：78℃。

ACCC 40749←湖北省生物农药工程研究中心；原始编号：HBERC 00355，wa-05835；代谢产物具有抗菌
　　活性；分离源：土壤；分离地点：河南灵宝；培养基：0012；培养温度：28℃。

ACCC 40780←新疆农业科学院微生物研究所；原始编号：XAAS20040，2.040；分离源：土壤样品；分离
　　地点：新疆吐鲁番；培养基：0039；培养温度：20℃。

ACCC 40800←新疆农业科学院微生物研究所；原始编号：XAAS20043，2.043；分离源：土壤样品；分离
　　地点：新疆吐鲁番；培养基：0039；培养温度：30℃。

ACCC 40804←新疆农业科学院微生物研究所；原始编号：XAAS20060，2.060；分离源：土壤样品；分离
　　地点：新疆吐鲁番；培养基：0305；培养温度：30℃。

ACCC 40808←新疆农业科学院微生物研究所；原始编号：XAAS20024，2.024；分离源：土壤样品；分离
　　地点：新疆吐鲁番；培养基：GYM；培养温度：30℃。

ACCC 40812←新疆农业科学院微生物研究所；原始编号：XAAS20063，2.063；分离源：土壤样品；分离
　　地点：新疆吐鲁番；培养基：0039；培养温度：30℃。

ACCC 40873←湖北省生物农药工程研究中心；原始编号：IEDA 00645，A131；产生代谢产物具有抑菌活
　　性；分离地点：广西省；培养基：0012；培养温度：28℃。

ACCC 41396←湖北省生物农药工程研究中心；原始编号：HBERC 00651；培养基：0027；培养温度：28℃。

ACCC 41419←湖北省生物农药工程研究中心；原始编号：HBERC 00697；代谢产物具有弱的抗细菌活性；
　　分离源：土壤；分离地点：湖南瓶颈山；培养基：0027；培养温度：28℃。

ACCC 40024←中国科学院微生物研究所；＝AS 4.415；培养基：0012；培养温度：28～30℃。

ACCC 40529←中国热带农业科学院环境与资源保护研究所；原始编号：CATASEPPIS0003，JFA-004；分
　　离源：土壤表层 5～10cm 处；分离地点：海南省三亚市；培养基：0012；培养温度：28℃。

ACCC 40536←中国热带农业科学院环境与资源保护研究所；原始编号：CATASEPPIS0010，JFA-017；分
　　离源：土壤表层 5～10cm 处；分离地点：海南省文昌市；培养基：0012；培养温度：28℃。

ACCC 40223←中国农业科学院环发所药物工程研究室；原始编号：2401；分离源：土壤；分离地点：云
　　南；培养基：0012；培养温度：25℃。

ACCC 40205←中国农业科学院环发所药物工程研究室；原始编号：14357；分离源：土壤；分离地点：四川；培养基：0012；培养温度：30℃。

Streptomyces lavendulae subsp. *grasserius*（Kuchaeva et al. 1961）Pridham 1970 淡紫灰链霉菌淡青变种

ACCC 40424←中国农业科学院环发所药物工程研究室；原始编号：H2；产生代谢产物具有抑菌活性；分离地点：云南省；培养基：0012；培养温度：28℃。

ACCC 05546←中国农业科学院农业资源与农业区划研究所；分离源：水稻根内生；分离地点：湖南省祁阳县官山坪；培养基：0973；培养温度：37℃。

ACCC 05612←中国农业科学院农业资源与农业区划研究所；分离源：水稻根内生；分离地点：湖南省祁阳县官山坪；培养基：0973；培养温度：37℃。

Streptomyces litmocidini（Ryabova and Preobrazhenskaya 1957）Pridham et al. 1958 石蕊杀菌素链霉菌

ACCC 40242←中国农业科学院环发所药物工程研究室；原始编号：779；分离源：土壤；分离地点：河北；培养基：0012；培养温度：30℃。

Streptomyces longisporoflavus Waksman 1953 黄色长孢链霉菌

ACCC 40199←中国农业科学院环发所药物工程研究室；原始编号：2-0429-28；分离地点：北京；培养基：0012；培养温度：30℃。

ACCC 40313←中国农业科学院环发所药物工程研究室；原始编号：3036；产生代谢产物具有抑菌活性；分离地点：云南省；培养基：0012；培养温度：28℃。

ACCC 40314←中国农业科学院环发所药物工程研究室；原始编号：3030；产生代谢产物具有抑菌活性；分离地点：河北省；培养基：0012；培养温度：28℃。

ACCC 40937←湖北省生物农药工程研究中心；原始编号：HBERC 00054，wa-97；代谢产物具有弱的抗真菌活性；分离源：土壤；分离地点：河南伏牛山；培养基：0027；培养温度：28℃。

ACCC 41345←湖北省生物农药工程研究中心；原始编号：HBERC 00810；分离源：土壤；分离地点：青海境内；培养基：0027；培养温度：28℃。

ACCC 40025←中国科学院微生物研究所；＝AS 4.529；抑制阳性细菌；培养基：0012；培养温度：28～30℃。

Streptomyces longispororuber Waksman 1953 红色长孢链霉菌

ACCC 40233←中国农业科学院环发所药物工程研究室；原始编号：2-0658-48；分离源：土壤；分离地点：云南；培养基：0012；培养温度：30℃。

Streptomyces longisporus（Krasil'nikov 1941）Waksman 1953 长孢链霉菌

ACCC 40218←中国农业科学院环发所药物工程研究室；原始编号：132-H2505；分离源：土壤；分离地点：四川；培养基：0012；培养温度：30℃。

ACCC 40734←湖北省生物农药工程研究中心；原始编号：HBERC 00329，wa-05616；代谢产物具有抗菌活性；分离源：土壤；分离地点：河南伏牛山；培养基：0012；培养温度：28℃。

ACCC 40826←湖北省生物农药工程研究中心；原始编号：IEDA 00598 wa-8109；产生代谢产物具有抑菌活性；分离地点：河北省；培养基：0012；培养温度：28℃。

Streptomyces lusitanus Villax 1963 葡萄牙链霉菌

ACCC 40664←湖北省生物农药工程研究中心；原始编号：HBERC 00182，wa-00526；代谢产物具有抗菌活性；分离源：叶渣；分离地点：湖北武汉；培养基：0012；培养温度：28℃。

ACCC 41064[T]←DSMZ←E. B. Shirling, ISP←NCIB←I. Villax；＝DSM40568＝ATCC 15842，ATCC 27444，CBS 765.72，IFO 13464，ISP 5568，JCM 4785，KCC S-0785，NBRC 13464，NCIB 9585，RIA 1425；Production of 7-chlortetracycline and tetracycline（U. S. Pat. 3, 401, 088）；培养基：0455；培养温度：28℃。

Streptomyces luteogriseus **Schmitz et al. 1964 藤黄灰链霉菌**

ACCC 41537←湖北省生物农药工程研究中心；原始编号：HBERC 00817；培养基：0027；培养温度：28℃。

Streptomyces macrosporus （**ex Krasil'nikov et al. 1968**）**Goodfellow et al. 1988 大孢子链霉菌**

ACCC 40270←中国农业科学院环发所药物工程研究室；原始编号：3459；产生代谢产物具有抑菌活性；分离地点：四川省；培养基：0012；培养温度：28℃。

ACCC 40288←中国农业科学院环发所药物工程研究室；原始编号：3187；产生代谢产物具有抑菌活性；分离地点：河北省；培养基：0012；培养温度：28℃。

ACCC 40310←中国农业科学院环发所药物工程研究室；原始编号：3450；产生代谢产物具有抑菌活性；分离地点：河北省；培养基：0012；培养温度：28℃。

ACCC 40329←中国农业科学院环发所药物工程研究室；原始编号：52；产生代谢产物具有抑菌活性；分离地点：云南省；培养基：0012；培养温度：28℃。

ACCC 40402←中国农业科学院环发所药物工程研究室；原始编号：Q192；产生代谢产物具有抑菌活性；分离地点：河北省；培养基：0012；培养温度：28℃。

ACCC 41093←湖北省生物农药工程研究中心；原始编号：HBERC 00477，wa-10647；代谢产物具有抗真菌活性；分离源：土壤；分离地点：青海省青海湖；培养基：0027；培养温度：28℃。

Streptomyces matensis **Margalith et al. 1959 马特链霉菌**

ACCC 40280←中国农业科学院环发所药物工程研究室；原始编号：3162；产生代谢产物具有抑菌活性；分离地点：云南省；培养基：0012；培养温度：28℃。

Streptomyces mediolani **Arcamone et al. 1969 梅久兰链霉菌**

ACCC 41441←湖北省生物农药工程研究中心；原始编号：HBERC 00723；代谢产物具有弱的抗细菌活性；分离源：土壤；分离地点：湖南壶瓶山；培养基：0027；培养温度：28℃。

Streptomyces megasporus （**ex Krasil'nikov et al. 1968**）**Agre 1986 巨孢链霉菌**

ACCC 41393←湖北省生物农药工程研究中心；原始编号：HBERC 00661；分离源：土壤；分离地点：湖南石门；培养基：0027；培养温度：28℃。

ACCC 41475←湖北省生物农药工程研究中心；原始编号：HBERC 00798；代谢产物具有抗菌及杀虫活性；分离源：土壤；分离地点：河南西硖；培养基：0027；培养温度：28℃。

Streptomyces michiganensis **Corbaz et al. 1957 密执安链霉菌**

ACCC 41513←湖北省生物农药工程研究中心；原始编号：HBERC 00756；培养基：0027；培养温度：28℃。

Streptomyces microaureus **小金色链霉菌**

ACCC 40060←中国科学院微生物研究所←上海农药厂；＝AS 4.1057；产生春雷霉素，防治水稻稻瘟病；培养基：0012；培养温度：28～30℃。

Streptomyces microflavus （**Krainsky 1914**）**Waksman and Henrici 1948 细黄链霉菌**

ACCC 40027←中国科学院微生物研究所；＝AS 4.262；抑制阳性和阴性细菌及酵母及丝状真菌；培养基：0012；培养温度：28～30℃。

ACCC 40775←新疆农业科学院微生物研究所；原始编号：XAAS20002，2.002；分离源：土壤样品；分离地点：新疆吐鲁番；培养基：0039；培养温度：30℃。

ACCC 40776←新疆农业科学院微生物研究所；原始编号：XAAS20011，2.011；分离源：土壤样品；分离地点：新疆吐鲁番；培养基：0305；培养温度：30℃。

ACCC 40795←新疆农业科学院微生物研究所；原始编号：XAAS20008，2.008；分离源：土壤样品；分离地点：新疆吐鲁番；培养基：0039；培养温度：30℃。

ACCC 40796←新疆农业科学院微生物研究所；原始编号：XAAS20013，2.013；分离源：土壤样品；分离地点：新疆吐鲁番；培养基：0039；培养温度：30℃。

ACCC 40802←新疆农业科学院微生物研究所；原始编号：XAAS20056，2.056；分离源：土壤样品；分离地点：新疆吐鲁番；培养基：0039；培养温度：30℃。

ACCC 40803←新疆农业科学院微生物研究所；原始编号：XAAS20059，2.059；分离源：土壤样品；分离地点：新疆吐鲁番；培养基：0305；培养温度：30℃。

ACCC 40906←新疆农业科学院微生物研究所；原始编号：XAAS20004，2.004；分离源：土壤；分离地点：新疆吐鲁番；培养基：0039；培养温度：30℃。

ACCC 40909←新疆农业科学院微生物研究所；原始编号：XAAS20003，2.003；分离源：土壤；分离地点：新疆吐鲁番；培养基：0012；培养温度：31℃。

ACCC 41134←广东省广州微生物研究所←上海植生所；原始编号：GIM4.52 5406；分离源：土壤；分离地点：广东广州；培养基：0012；培养温度：25～28℃。

Streptomyces minutiscleroticus（Thirumalachar 1965）Pridham 1970 细小菌核链霉菌

ACCC 41053^T←DSMZ← E. B. Shirling, ISP←M. J. Thirumalachar, HACC；=DSM40301=ATCC 17757，CBS 662.72，HACC 147，IFO 13361，ISP 5301，NBRC 13361，RIA 1322，RIA 885；Subjective synonym：Chainia minutisclerotica. Produces aburamycin，antibiotic M5-18903；培养基：0455；培养温度：30℃。

Streptomyces mirabilis Ruschmann 1952 奇异链霉菌

ACCC 40970←湖北省生物农药工程研究中心；原始编号：HBERC 00111，wa-03040；代谢产物具有抗菌活性；分离源：土壤；分离地点：湖北武汉；培养基：0027；培养温度：28℃。

Streptomyces misakiensis Nakamura 1961 三泽链霉菌

ACCC 40833←湖北省生物农药工程研究中心；原始编号：IEDA 00605 wa-8108；产生代谢产物具有抑菌活性；分离地点：广西省；培养基：0012；培养温度：28℃。

ACCC 40862←湖北省生物农药工程研究中心；原始编号：IEDA 00634，14465；产生代谢产物具有抑菌活性；分离地点：广西省；培养基：0012；培养温度：28℃。

Streptomyces narbonensis Corbaz et al. 1955 那波链霉菌

ACCC 40196←中国农业科学院环发所药物工程研究室；原始编号：28E-943；分离地点：云南；培养基：0012；培养温度：30℃。

ACCC 40471←湖北省生物农药工程研究中心；原始编号：HBERC 00109，wa-02388；具有抗菌作用；分离源：土壤；分离地点：湖北武汉；培养基：0012；培养温度：28℃。

ACCC 41341←湖北省生物农药工程研究中心；原始编号：HBERC 00849；分离源：土壤；分离地点：河南伏牛山；培养基：0027；培养温度：28℃。

ACCC 41461←湖北省生物农药工程研究中心；原始编号：HBERC 00782；代谢产物具有抗细菌活性；分离源：土壤；分离地点：青海省青海湖；培养基：0027；培养温度：28℃。

Streptomyces niger（Thirumalachar 1955）Goodfellow et al. 1986 黑色链霉菌

ACCC 40917←湖北省生物农药工程研究中心；原始编号：HBERC 00027，wa-00961；代谢产物具有抗菌活性，产杀结核菌素；分离源：水草下稀泥；分离地点：浙江遂昌；培养基：0027；培养温度：28℃。

ACCC 41036^T← dsmz←KCC← IFO← E. B. Shirling, ISP← M. J. Thirumalachar；= ATCC 17756=CBS 230.65=CBS 663.72=DSM 40302=HACC 146=IFO 13362=IFO 13902，ISP 5302=JCM 3158=KCC A-0158=NBRC 13362=NBRC 13902=NCIMB 10992=NRRL B-3857=RIA 1323=VKM Ac-1736；Degrades benzoate，4-hydroxybenzoate；分离源：土壤；培养基：0012；培养温度：30℃。

Streptomyces niveus Smith et al. 1956 雪白链霉菌

ACCC 40188←中国农业科学院环发所药物工程研究室；原始编号：10377；分离地点：四川；培养基：0012；培养温度：30℃。

Streptomyces nogalater Bhuyan and Dietz 1966 黑胡桃链霉菌

ACCC 40613←湖北省生物农药工程研究中心；原始编号：IEDA 00520，wa-8095；产生代谢产物具有抑菌活性；分离地点：河南省；培养基：0012；培养温度：47℃。

Streptomyces nojiriensis Ishida et al. 1967 野尻链霉菌

ACCC 40600←湖北省生物农药工程研究中心；原始编号：IEDA 00519，wa-8054；产生代谢产物具有抑菌
活性；分离地点：河南省；培养基：0012；培养温度：39℃。

Streptomyces noursei Brown et al. 1953 诺尔斯链霉菌

ACCC 40029←中国科学院微生物研究所；＝AS 4.214；产生抗真菌的制霉菌素（Nystatin）；培养基：
0012；培养温度：28～30℃。

ACCC 41478←湖北省生物农药工程研究中心；原始编号：wa-11885；代谢产物具有弱的抗细菌活性；分离
源：土壤；分离地点：青海西宁；培养基：0027；培养温度：28℃。

Streptomyces ochraceiscleroticus Pridham 1970 赭黄菌核链霉菌

ACCC 41051^T←DSMZ← E. B. Shirling, ISP← ATCC← V. D. Kuznetsov, RIA, 10A-30；＝DSM40594＝
ATCC 15814，CBS 168.62，CBS 784.72，DSM 43155，IFO 13483，ISP 5594，JCM 3048，JCM 4801，
KCC A-0048，KCC S-0801，NBRC 13483，RIA 1444，RIA 710；Taxonomy/description (1300). Ob-
jective synonym Chainia ochracea. Degrades benzoate, 4-hydroxybenzoate (7280)；培养基：0455；培养
温度：30℃。

Streptomyces olivaceiscleroticus Pridham 1970 橄榄色菌核链霉菌

ACCC 41022^T ← DSMZ ← E. B. Shirling, ISP ← ATCC ← H. A. Lechevalier, IMRU ← M. J. Thirumala；＝
DSM40595＝ATCC 15722，CBS 785.72，IMRU 3751，ISP 5595，JCM 3045，JCM 4805，RIA 1445；
Degrades benzoate, p-hydroxybenzoate (7280)；分离源：土壤；培养基：0455；培养温度：30℃。

**Streptomyces olivaceoviridis（Preobrazhenskaya and Ryabova 1957）Pridham et al. 1958 橄榄
绿链霉菌**

ACCC 40866←湖北省生物农药工程研究中心；原始编号：IEDA 00638，3476①；产生代谢产物具有抑菌
活性；分离地点：北京市；培养基：0012；培养温度：28℃。

Streptomyces olivaceus（Waksman 1923）Waksman and Henrici 1948 橄榄色链霉菌

ACCC 40097←中国科学院微生物研究所；＝AS 4.215；培养基：0012；培养温度：25～28℃。

ACCC 40290←中国农业科学院环发所药物工程研究室；原始编号：3093；产生代谢产物具有抑菌活性；分
离地点：北京市；培养基：0012；培养温度：28℃。

ACCC 40304←中国农业科学院环发所药物工程研究室；原始编号：3174；产生代谢产物具有抑菌活性；分
离地点：云南省；培养基：0012；培养温度：28℃。

ACCC 40480←湖北省生物农药工程研究中心；原始编号：HBERC 00124，wa-03999；代谢产物具有抗菌
活性；分离源：土壤；分离地点：河南伏牛山；培养基：0012；培养温度：28℃。

ACCC 40868←湖北省生物农药工程研究中心；原始编号：IEDA 00640，3131；产生代谢产物具有抑菌活
性；分离地点：北京市；培养基：0012；培养温度：28℃。

**Streptomyces olivochromogenes（Waksman 1923）Waksman and Henrici 1948 橄榄产色链
霉菌**

ACCC 40848←湖北省生物农药工程研究中心；原始编号：IEDA 00620 3604；产生代谢产物具有抑菌活性；
分离地点：北京市；培养基：0012；培养温度：28℃。

ACCC 41472←湖北省生物农药工程研究中心；原始编号：HBERC 00716；代谢产物具有弱的抗细菌活性；
分离源：土壤；分离地点：湖南壶瓶山南镇；培养基：0027；培养温度：28℃。

Streptomyces omiyaensis Umezawa and Okami 1950 大宫链霉菌

ACCC 41360←湖北省生物农药工程研究中心；原始编号：HBERC 00854；分离源：土壤；培养基：0027；
培养温度：28℃。

Streptomyces parvulus corrig. Waksman and Gregory 1954 微小链霉菌

ACCC 40030←中国科学院微生物研究所；＝AS 4.776；产放线菌素 D（Actinomycin D）；培养基：0012；
培养温度：28～30℃。

Streptomyces parvulus corrig. Waksman and Gregory 1954 小小链霉菌

ACCC 41077←湖北省生物农药工程研究中心；原始编号：HBERC 00458，wa-06376；代谢产物具有抗真菌活性；分离源：土壤；分离地点：湖北咸宁；培养基：0027；培养温度：28℃。

Streptomyces parvus（Krainsky 1914）Waksman and Henrici 1948 小链霉菌

ACCC 40305←中国农业科学院环发所药物工程研究室；原始编号：3182；产生代谢产物具有抑菌活性；分离地点：河北省；培养基：0012；培养温度：28℃。

Streptomyces phaeochromogenes（Conn 1917）Waksman 1957 暗产色链霉菌

ACCC 41533←湖北省生物农药工程研究中心；原始编号：HBERC 00821；培养基：0027；培养温度：28℃。

ACCC 40092←中国科学院微生物研究所←医科院抗菌素所；＝AS 4.219；原始编号：A-101；培养基：0012；培养温度：28℃。

ACCC 40093^T←ATCC；＝ATCC 3338＝ATCC 23945＝BUCSAV 17＝BUCSAV 4＝CBS 929.68＝ETH 14851＝ETH 20197＝IFO 12898＝ISP 5073＝NCIB 8505＝RIA 1119；培养基：0455；培养温度：28℃。

ACCC 40105←中国科学院微生物研究所；＝AS 4.612；培养基：0012；培养温度：25～28℃。

Streptomyces pluricolorescens Okami and Umezawa 1961 浅多色链霉菌

ACCC 40825←湖北省生物农药工程研究中心；原始编号：IEDA 00597，wa-7487；产生代谢产物具有抑菌活性；分离地点：河北省；培养基：0012；培养温度：28℃。

Streptomyces praecox（Millard and Burr 1926）Waksman 1953 早期链霉菌

ACCC 40855←湖北省生物农药工程研究中心；原始编号：IEDA 00627，7271；产生代谢产物具有抑菌活性；分离地点：北京市；培养基：0012；培养温度：28℃。

Streptomyces prunicolor（Ryabova and Preobrazhenskaya 1957）Pridham et al. 1958 李色链霉菌

ACCC 40295←中国农业科学院环发所药物工程研究室；原始编号：3446；产生代谢产物具有抑菌活性；分离地点：北京市；培养基：0012；培养温度：28℃。

ACCC 40298←中国农业科学院环发所药物工程研究室；原始编号：3474；产生代谢产物具有抑菌活性；分离地点：四川省；培养基：0012；培养温度：28℃。

Streptomyces pseudogriseolus Okami and Umezawa 1955 假浅灰链霉菌

ACCC 40875←湖北省生物农药工程研究中心；原始编号：IEDA 00647，02；产生代谢产物具有抑菌活性；分离地点：四川省；培养基：0012；培养温度：28℃。

ACCC 40889←湖北省生物农药工程研究中心；原始编号：IEDA 00664，wa-7481；产生代谢产物具有抑菌活性；分离地点：北京市；培养基：0012；培养温度：28℃。

ACCC 41032^T ← DSMZ ← NRRL ← Upjohn Comp；＝DSM921＝NRRL 3985；Produces lincomycin（U. S. Pat. 3，726，766）；培养基：0455；培养温度：30℃。

Streptomyces purpurascens Lindenbein 1952 浅绛红链霉菌

ACCC 40335←中国农业科学院环发所药物工程研究室；原始编号：696；产生代谢产物具有抑菌活性；分离地点：四川省；培养基：0012；培养温度：28℃。

Streptomyces purpurogeneiscleroticus Pridham 1970（Approved Lists 1980）成紫菌核链霉菌（成紫硬块链霉菌）

ACCC 41026^T ← DSMZ ← KCC ← V. D. Kuznetsov, RIA ← Hindustan Antibiotics Ltd. ，HACC 186；＝DSM43156＝ATCC 19348, CBS 409.66, CBS 659.72, DSM 40271, IFO 13001, IFO 13358, IFO 13903, ISP 5271, JCM 3080, JCM 3103, JCM 4818, KCC A-0103, KCC S-0818, NBRC 13001, NBRC 13358, NBRC 13903, NCIB 10981, NRRL B-2952, RIA 1319, RIA 886；Degrades benzoate, 3-hydroxybenzoate, 4-hydroxybenzoate（7280）；分离源：土壤；培养基：0455；培养温度：30℃。

Streptomyces rectiviolaceus （ex Artamonova） Sveshnikova 1986 直丝紫链霉菌

ACCC 40958←湖北省生物农药工程研究中心；原始编号：HBERC 00077，wa-03210；代谢产物不具有抗菌活性；分离源：土壤；分离地点：湖北鄂州；培养基：0027；培养温度：28℃。

Streptomyces resistomycificus Lindenbein 1952 拒霉素链霉菌

ACCC 40185←中国农业科学院环发所药物工程研究室；原始编号：12203；分离源：土壤；分离地点：云南；培养基：0012；培养温度：30℃。

Streptomyces rimosus Sobin et al. 1953 龟裂链霉菌

ACCC 40031←中国农业科学院土壤肥料研究所；原始编号：1013；产生四烯类抗菌素，能防治棉花苗期病害，可作抗生菌肥料的形式施用于土壤；培养基：0012；培养温度：28～30℃。

ACCC 40063←北京东北旺土霉素厂；产四环素（Rimocidin）；培养基：0012；培养温度：28～30℃。

ACCC 40079←吉林省农业科学院土肥所微生物室；原始编号：2.282；培养基：0012；培养温度：28℃。

ACCC 40453←湖北省生物农药工程研究中心；原始编号：HBERC 00031，wa-03858；代谢产物具有抗菌活性；分离源：土壤；分离地点：河南伏牛山；培养基：0012；培养温度：28℃。

ACCC 40519←湖北省生物农药工程研究中心；原始编号：HBERC 00164，wa-03185；具抗真菌作用；分离源：垃圾；分离地点：湖北武汉；培养基：0012；培养温度：28℃。

Streptomyces rimosus subsp. *rimosus* Sobin et al. 1953 龟裂链霉菌龟裂亚种

ACCC 41052[T] ← DSMZ ← E. B. Shirling，ISP ← J. B. Routien，Chas. Pfizer & Co.，Inc.，FD 10326；＝DSM40260＝ATCC 10970，ATCC 23955，CBS 437.51，CBS 938.68，CUB 205，DSM 41132，IFO 12907，IMRU 3558，ISP 5260，JCM 4073，JCM 4667，NBRC 12907，NCIMB 8229，NRRL 2234，RIA 1185，RIA 606；Produces oxytetracycline，rimocidin；培养基：0455；培养温度：30℃。

Streptomyces rishiriensis Kawaguchi et al. 1965 利尻链霉菌

ACCC 41520←湖北省生物农药工程研究中心；原始编号：HBERC 00801；培养基：0027；培养温度：28℃。

ACCC 40224 娄彻氏链霉菌 Streptomyces rochei←中国农业科学院环发所药物工程研究室；原始编号：2214；分离源：土壤；分离地点：四川；培养基：0012；培养温度：30℃。

Streptomyces rochei Berger et al. 1953 娄彻氏链霉菌

ACCC 41042[T] ← DSMZ ← E. B. Shirling，ISP ← J. Berger，Hoffman-La Roche，Inc.，X 15. ETH 134；＝DSM40231＝ATCC 10739，ATCC 19245，ATCC 23956，CBS 224.46，CBS 939.68，CUB 519，IFO 12908，IMET 41386，IMRU 3602，ISP 5231，JCM 4074，JCM 4668，KCC S-0074，KCC S-0668，NBRC 12908，NRRL 3533，NRRL B-1559，NRRL B-2410，PSA 83，RIA 1171I；Produces borrelidin；分离源：土壤；培养基：0455；培养温度：30℃。

ACCC 41433←湖北省生物农药工程研究中心；原始编号：HBERC 00757；代谢产物具有杀虫活性；分离源：土壤；分离地点：武汉江夏五里界；培养基：0027；培养温度：28℃。

Streptomyces roseofulvus （Preobrazhenskaya 1957） Pridham et al. 1958 玫瑰黄链霉菌

ACCC 40399←中国农业科学院环发所药物工程研究室；原始编号：7272；产生代谢产物具有抑菌活性；分离地点：广西省；培养基：0012；培养温度：28℃。

ACCC 40400←中国农业科学院环发所药物工程研究室；原始编号：7273；产生代谢产物具有抑菌活性；分离地点：云南省；培养基：0012；培养温度：28℃。

ACCC 40415 玫瑰黄链霉菌←中国农业科学院环发所药物工程研究室；原始编号：5346 梅花；产生代谢产物具有抑菌活性；分离地点：云南省；培养基：0012；培养温度：28℃。

ACCC 40416 玫瑰黄链霉菌←中国农业科学院环发所药物工程研究室；原始编号：5346；产生代谢产物具有抑菌活性；分离地点：北京市；培养基：0012；培养温度：28℃。

ACCC 40859 玫瑰暗黄链霉菌←湖北省生物农药工程研究中心；原始编号：IEDA 00631，4641；产生代谢产物具有抑菌活性；分离地点：云南省；培养基：0012；培养温度：28℃。

Streptomyces roseolus （Preobrazhenskaya and Sveshnikova 1957） Pridham et al. 1958 浅玫瑰
链霉菌

ACCC 41090←湖北省生物农药工程研究中心；原始编号：HBERC 00474，wa-10615；代谢产物具有抗真
菌活性；分离源：土壤；分离地点：青海省青海湖；培养基：0027；培养温度：28℃。

Streptomyces roseosporus Falco de Morais and Dália Maia 1961 玫瑰孢链霉菌

ACCC 40179←中国农业科学院土壤肥料研究所；培养基：0012；培养温度：28℃。

Streptomyces roseoviolaceus （Sveshnikova 1957） Pridham et al. 1958 玫瑰紫链霉菌

ACCC 40797←新疆农业科学院微生物研究所；原始编号：XAAS20020，2.020；分离源：土壤样品；分离
地点：新疆吐鲁番；培养基：GYM；培养温度：30℃。

Streptomyces rubiginosohelvolus （Kudrina 1957） Pridham et al. 1958 锈赤蜡黄链霉菌

ACCC 05543←中国农业科学院农业资源与农业区划研究所；分离源：水稻根内生；分离地点：湖南省祁阳
县官山坪；培养基：0973；培养温度：37℃。

Streptomyces rutgersensis （Waksman and Curtis 1916） Waksman and Henrici 1948 鲁地链霉
菌

ACCC 41429←湖北省生物农药工程研究中心；原始编号：HBERC 00751；代谢产物具有抗真菌活性；分
离源：土壤；分离地点：河南桐柏；培养基：0027；培养温度：28℃。

ACCC 41504←中国农业科学院土肥所←中国科学院微生物研究所；＝AS 4.280；原始编号：S5582；培养
基：0012；培养温度：30℃。

ACCC 41505←中国农业科学院土肥所←中国科学院微生物研究所；＝AS 4.281；原始编号：S5610；培养
基：0012；培养温度：30℃。

ACCC 41415←湖北省生物农药工程研究中心；原始编号：HBERC 00698；代谢产物具有弱的抗细菌活性；
分离源：土壤；分离地点：湖南瓶颈山；培养基：0027；培养温度：28℃。

Streptomyces sanglieri Manfio et al. 2003 桑格利娜氏链霉菌

ACCC 40783←新疆农业科学院微生物研究所；原始编号：XAAS20062，1-5-2；分离源：土壤样品；分离
地点：新疆吐鲁番；培养基：0039；培养温度：20℃。

Streptomyces scabiei corrig. （ex Thaxter 1891） Lambert and Loria 1989 疮痂病链霉菌

ACCC 40330←中国农业科学院环发所药物工程研究室；原始编号：92；产生代谢产物具有抑菌活性；分离
地点：广西省；培养基：0012；培养温度：28℃。

ACCC 41024^T←DSMZ←D. H. Lambert，RL-34←R. Loria；＝DSM41658＝ATCC 49173，JCM 7914；分类/
描述（5892，6075）；分离源：马铃薯疤；培养基：0455；培养温度：30℃。

Streptomyces sclerotialus Pridham 1970 菌核链霉菌

ACCC 41040^T DSM 43032 ATCC 15721，CBS 167.62，CBS 657.72，DSM 40269，IFO 12246，IFO 13356，
IFO 13904，IMRU 3750，ISP 5269，JCM 3039，JCM 4828，KCC A-0039，KCC S-0828，NBRC
13904，RIA 1317；Degrades benzoate；分离源：土壤；培养基：0455；培养温度：30℃。

Streptomyces setonii （Millard and Burr 1926） Waksman 1953 西唐氏链霉菌

ACCC 40262←中国农业科学院环发所药物工程研究室；原始编号：3004；产生代谢产物具有抑菌活性；分
离地点：云南省；培养基：0012；培养温度：30℃。

ACCC 40265←中国农业科学院环发所药物工程研究室；原始编号：3400；产生代谢产物具有抑菌活性；分
离地点：北京市；培养基：0012；培养温度：28℃。

ACCC 40299←中国农业科学院环发所药物工程研究室；原始编号：3465；产生代谢产物具有抑菌活性；分
离地点：广西省；培养基：0012；培养温度：28℃。

Streptomyces showdoensis Nishimura et al. 1964 晓多链霉菌

ACCC 40200←中国农业科学院环发所药物工程研究室；原始编号：CH66-226；分离源：土壤；分离地点：
广西；培养基：0012；培养温度：30℃。

ACCC 40878←湖北省生物农药工程研究中心；原始编号：IEDA 00650，C1917；产生代谢产物具有抑菌活性；分离地点：河北省；培养基：0012；培养温度：28℃。

Streptomyces sindenensis Nakazawa and Fujii 1957 仙台链霉菌

ACCC 40275←中国农业科学院环发所药物工程研究室；原始编号：344I-130；产生代谢产物具有抑菌活性；分离地点：广西省；培养基：0012；培养温度：28℃。

Streptomyces sioyaensis Nishimura et al. 1961 盐屋链霉菌

ACCC 40222←中国农业科学院环发所药物工程研究室；原始编号：626；分离源：土壤；分离地点：四川；培养基：0012；培养温度：28℃。

Streptomyces sp. 链霉菌

ACCC 40044←中国农业科学院土壤肥料研究所；原始编号：516；培养基：0012；培养温度：28～30℃。

ACCC 40045←原始编号：A-1；产抗真菌抗生素；培养基：0012；培养温度：28～30℃。

ACCC 40047←中国农业科学院土壤肥料研究所；原始编号：A81；产抗真菌抗生素；培养基：0012；培养温度：28～30℃。

ACCC 40069←中国农业科学院土壤肥料研究所；产抗真菌抗生素；培养基：0012；培养温度：28～30℃。

ACCC 40072←中国农业科学院土壤肥料研究所；原始编号：73；产抗真菌抗生素；培养基：0012；培养温度：28℃。

ACCC 40088←中国农业科学院土壤肥料研究所；产抗真菌抗生素；培养基：0012；培养温度：28℃。

ACCC 40134←德国微生物及细胞系保藏中心（DSMZ）；＝DSM 40511；产生蛎灰菌素（属美加霉素类群），抗 G＋细菌；培养基：0012；培养温度：30℃。

ACCC 40180←中国农业科学院环发所药物工程研究室；原始编号：1448；分离源：土壤；分离地点：河北；培养基：0012；培养温度：30℃。

ACCC 40181←中国农业科学院环发所药物工程研究室；原始编号：12590；分离地点：北京；培养基：0012；培养温度：30℃。

ACCC 40202←中国农业科学院环发所药物工程研究室；原始编号：2-0500-38；分离源：土壤；分离地点：河北；培养基：0012；培养温度：30℃。

ACCC 40234←中国农业科学院环发所药物工程研究室；原始编号：222-0-14；分离源：土壤；分离地点：广西；培养基：0012；培养温度：30℃。

ACCC 40257←中国农业科学院环发所药物工程研究室；原始编号：3176；产生代谢产物具有抑菌活性；分离地点：河北省；培养基：0012；培养温度：30℃。

ACCC 40258←中国农业科学院环发所药物工程研究室；原始编号：3113；产生代谢产物具有抑菌活性；分离地点：云南省；培养基：0012；培养温度：30℃。

ACCC 40261←中国农业科学院环发所药物工程研究室；原始编号：3037；分离地点：云南省；培养基：0012；培养温度：30℃。

ACCC 40263←中国农业科学院环发所药物工程研究室；原始编号：303X；产生代谢产物具有抑菌活性；分离地点：四川省；培养基：0012；培养温度：28℃。

ACCC 40266←中国农业科学院环发所药物工程研究室；原始编号：3416；产生代谢产物具有抑菌活性；分离地点：四川省；培养基：0012；培养温度：28℃。

ACCC 40267←中国农业科学院环发所药物工程研究室；原始编号：3860；产生代谢产物具有抑菌活性；分离地点：云南省；培养基：0012；培养温度：28℃。

ACCC 40268←中国农业科学院环发所药物工程研究室；原始编号：3493；产生代谢产物具有抑菌活性；分离地点：北京市；培养基：0012；培养温度：28℃。

ACCC 40269←中国农业科学院环发所药物工程研究室；原始编号：3024；产生代谢产物具有抑菌活性；分离地点：云南省；培养基：0012；培养温度：28℃。

ACCC 40273←中国农业科学院环发所药物工程研究室；原始编号：3045；产生代谢产物具有抑菌活性；分离地点：云南省；培养基：0012；培养温度：28℃。

ACCC 40274←中国农业科学院环发所药物工程研究室；原始编号：3443；产生代谢产物具有抑菌活性；分
　　离地点：北京市；培养基：0012；培养温度：28℃。
ACCC 40278←中国农业科学院环发所药物工程研究室；原始编号：3481；产生代谢产物具有抑菌活性；分
　　离地点：云南省；培养基：0012；培养温度：28℃。
ACCC 40283←中国农业科学院环发所药物工程研究室；原始编号：3161；产生代谢产物具有抑菌活性；分
　　离地点：云南省；培养基：0012；培养温度：28℃。
ACCC 40287←中国农业科学院环发所药物工程研究室；原始编号：3150；产生代谢产物具有抑菌活性；分
　　离地点：云南省；培养基：0012；培养温度：28℃。
ACCC 40289←中国农业科学院环发所药物工程研究室；原始编号：3469；产生代谢产物具有抑菌活性；分
　　离地点：云南省；培养基：0012；培养温度：28℃。
ACCC 40293←中国农业科学院环发所药物工程研究室；原始编号：3876；产生代谢产物具有抑菌活性；分
　　离地点：北京市；培养基：0012；培养温度：28℃。
ACCC 40297←中国农业科学院环发所药物工程研究室；原始编号：3193；产生代谢产物具有抑菌活性；分
　　离地点：四川省；培养基：0012；培养温度：28℃。
ACCC 40302←中国农业科学院环发所药物工程研究室；原始编号：303；产生代谢产物具有抑菌活性；分
　　离地点：北京市；培养基：0012；培养温度：28℃。
ACCC 40307←中国农业科学院环发所药物工程研究室；原始编号：3090；产生代谢产物具有抑菌活性；分
　　离地点：广西省；培养基：0012；培养温度：28℃。
ACCC 40311←中国农业科学院环发所药物工程研究室；原始编号：3489；产生代谢产物具有抑菌活性；分
　　离地点：北京市；培养基：0012；培养温度：28℃。
ACCC 40326←中国农业科学院环发所药物工程研究室；原始编号：3；产生代谢产物具有抑菌活性；分离
　　地点：广西省；培养基：0012；培养温度：28℃。
ACCC 40327←中国农业科学院环发所药物工程研究室；原始编号：4；产生代谢产物具有抑菌活性；分离
　　地点：广西省；培养基：0012；培养温度：28℃。
ACCC 40328←中国农业科学院环发所药物工程研究室；原始编号：41；产生代谢产物具有抑菌活性；分离
　　地点：云南省；培养基：0012；培养温度：28℃。
ACCC 40331←中国农业科学院环发所药物工程研究室；原始编号：111；产生代谢产物具有抑菌活性；分
　　离地点：广西省；培养基：0012；培养温度：28℃。
ACCC 40333←中国农业科学院环发所药物工程研究室；原始编号：303；产生代谢产物具有抑菌活性；分
　　离地点：北京市；培养基：0012；培养温度：28℃。
ACCC 40334←中国农业科学院环发所药物工程研究室；原始编号：445；产生代谢产物具有抑菌活性；分
　　离地点：北京市；培养基：0012；培养温度：28℃。
ACCC 40336←中国农业科学院环发所药物工程研究室；原始编号：1496；产生代谢产物具有抑菌活性；分
　　离地点：四川省；培养基：0012；培养温度：28℃。
ACCC 40361←中国农业科学院环发所药物工程研究室；原始编号：3179；产生代谢产物具有抑菌活性；分
　　离地点：广西省；培养基：0012；培养温度：28℃。
ACCC 40369←中国农业科学院环发所药物工程研究室；原始编号：3416；产生代谢产物具有抑菌活性；分
　　离地点：四川省；培养基：0012；培养温度：28℃。
ACCC 40378←中国农业科学院环发所药物工程研究室；原始编号：3474；产生代谢产物具有抑菌活性；分
　　离地点：四川省；培养基：0012；培养温度：28℃。
ACCC 40384←中国农业科学院环发所药物工程研究室；原始编号：3489；产生代谢产物具有抑菌活性；分
　　离地点：北京市；培养基：0012；培养温度：28℃。
ACCC 40386←中国农业科学院环发所药物工程研究室；原始编号：3493；产生代谢产物具有抑菌活性；分
　　离地点：北京市；培养基：0012；培养温度：28℃。
ACCC 40387←中国农业科学院环发所药物工程研究室；原始编号：3647；产生代谢产物具有抑菌活性；分

离地点：四川省；培养基：0012；培养温度：28℃。

ACCC 40388←中国农业科学院环发所药物工程研究室；原始编号：3717；产生代谢产物具有抑菌活性；分离地点：云南省；培养基：0012；培养温度：28℃。

ACCC 40390←中国农业科学院环发所药物工程研究室；原始编号：3860；产生代谢产物具有抑菌活性；分离地点：云南省；培养基：0012；培养温度：28℃。

ACCC 40396←中国农业科学院环发所药物工程研究室；原始编号：5323；产生代谢产物具有抑菌活性；分离地点：四川省；培养基：0012；培养温度：28℃。

ACCC 40397←中国农业科学院环发所药物工程研究室；原始编号：5343；产生代谢产物具有抑菌活性；分离地点：河北省；培养基：0012；培养温度：28℃。

ACCC 40401←中国农业科学院环发所药物工程研究室；原始编号：303X；产生代谢产物具有抑菌活性；分离地点：四川省；培养基：0012；培养温度：28℃。

ACCC 40410←中国农业科学院环发所药物工程研究室；原始编号：32（1）；产生代谢产物具有抑菌活性；分离地点：广西省；培养基：0012；培养温度：28℃。

ACCC 40411←中国农业科学院环发所药物工程研究室；产生代谢产物具有抑菌活性；分离地点：河北省；培养基：0012；培养温度：28℃。

ACCC 40413←中国农业科学院环发所药物工程研究室；原始编号：432-1282；产生代谢产物具有抑菌活性；分离地点：云南省；培养基：0012；培养温度：28℃。

ACCC 40414←中国农业科学院环发所药物工程研究室；原始编号：5340①；产生代谢产物具有抑菌活性；分离地点：北京市；培养基：0012；培养温度：28℃。

ACCC 40418←中国农业科学院环发所药物工程研究室；原始编号：Feb-81；产生代谢产物具有抑菌活性；分离地点：河北省；培养基：0012；培养温度：28℃。

ACCC 40419←中国农业科学院环发所药物工程研究室；原始编号：85甘103；产生代谢产物具有抑菌活性；分离地点：云南省；培养基：0012；培养温度：28℃。

ACCC 40420←中国农业科学院环发所药物工程研究室；原始编号：B-19；产生代谢产物具有抑菌活性；分离地点：云南省；培养基：0012；培养温度：28℃。

ACCC 40422←中国农业科学院环发所药物工程研究室；原始编号：C19-17；产生代谢产物具有抑菌活性；分离地点：北京市；培养基：0012；培养温度：28℃。

ACCC 40423←中国农业科学院环发所药物工程研究室；原始编号：CH71-21；产生代谢产物具有抑菌活性；分离地点：四川省；培养基：0012；培养温度：28℃。

ACCC 40432←湖北省生物农药工程研究中心；原始编号：HBERC 00007，wa-01651；具有抗真菌作用；分离源：土壤；分离地点：江西浮梁；培养基：0012；培养温度：28℃。

ACCC 40433←湖北省生物农药工程研究中心；原始编号：HBERC 00008，wa-01656；具有抗真菌作用；分离源：土壤；分离地点：江西浮梁；培养基：0012；培养温度：28℃。

ACCC 40434←湖北省生物农药工程研究中心；原始编号：HBERC 00010，wa-01883；分离源：土壤；分离地点：江西浮梁；培养基：0012；培养温度：28℃。

ACCC 40438←湖北省生物农药工程研究中心；原始编号：HBERC 00014，wa-02931；具有抗真菌作用；分离源：土壤；分离地点：湖北武汉；培养基：0012；培养温度：28℃。

ACCC 40440←湖北省生物农药工程研究中心；原始编号：HBERC 00016，wa-00716；代谢产物具有抗菌活性；分离源：土壤；分离地点：浙江遂昌；培养基：0012；培养温度：28℃。

ACCC 40441←湖北省生物农药工程研究中心；原始编号：HBERC 00017，wa-00995；代谢产物具有抗菌活性；分离源：土壤；分离地点：浙江龙游；培养基：0012；培养温度：28℃。

ACCC 40443←湖北省生物农药工程研究中心；原始编号：HBERC 00019，wa-02767；具有抗真菌作用；分离源：草本根际；分离地点：浙江遂昌；培养基：0012；培养温度：28℃。

ACCC 40445←湖北省生物农药工程研究中心；原始编号：HBERC 00021，wa-02921；代谢产物具有抗菌活性；分离源：土壤；分离地点：湖北武汉；培养基：0012；培养温度：28℃。

ACCC 40454←湖北省生物农药工程研究中心；原始编号：HBERC 00080, wa-02159；代谢产物具有抗菌活性；分离源：土壤；分离地点：湖北武汉；培养基：0012；培养温度：28℃。

ACCC 40460←湖北省生物农药工程研究中心；原始编号：HBERC 00091, wa-03518；具有一定杀虫活性；分离源：土壤；分离地点：湖北武汉；培养基：0012；培养温度：28℃。

ACCC 40462←湖北省生物农药工程研究中心；原始编号：HBERC 00093, wa-03699；代谢产物具有抗菌活性；分离源：土壤；分离地点：湖北武汉；培养基：0012；培养温度：28℃。

ACCC 40463←湖北省生物农药工程研究中心；原始编号：HBERC 00094, wa-03876；代谢产物具有抗菌活性；分离源：土壤；分离地点：河南伏牛山；培养基：0012；培养温度：28℃。

ACCC 40464←湖北省生物农药工程研究中心；原始编号：HBERC 00095, wa-03934；代谢产物具有抗菌活性；分离源：土壤；分离地点：河南伏牛山；培养基：0012；培养温度：28℃。

ACCC 40467←湖北省生物农药工程研究中心；原始编号：HBERC 00102, wa-02005；具有抗菌作用；分离源：土壤；分离地点：浙江龙游；培养基：0012；培养温度：28℃。

ACCC 40468←湖北省生物农药工程研究中心；原始编号：HBERC 00106, wa-02179；具有抗菌作用；分离源：土壤；分离地点：湖北鄂州；培养基：0012；培养温度：28℃。

ACCC 40469←湖北省生物农药工程研究中心；原始编号：HBERC 00107, wa-02249；具有抗菌作用；分离源：土壤；分离地点：湖北鄂州；培养基：0012；培养温度：28℃。

ACCC 40472←湖北省生物农药工程研究中心；原始编号：HBERC 00110, wa-03948；具有抗菌活性；分离源：土壤；分离地点：河南伏牛山区；培养基：0012；培养温度：28℃。

ACCC 40474←湖北省生物农药工程研究中心；原始编号：HBERC 00114, wa-01968；具有抗真菌作用；分离源：土壤；分离地点：江西浮梁；培养基：0012；培养温度：28℃。

ACCC 40479←湖北省生物农药工程研究中心；原始编号：HBERC 00123, wa-01519；具有抗真菌作用；分离源：土壤；分离地点：浙江遂昌；培养基：0012；培养温度：28℃。

ACCC 40488←湖北省生物农药工程研究中心；原始编号：HBERC 00133, wa-03158；代谢产物具有抗菌活性；分离源：土壤；分离地点：湖北武汉；培养基：0012；培养温度：28℃。

ACCC 40491←湖北省生物农药工程研究中心；原始编号：HBERC 00136, wa-01220；代谢产物具有抗菌活性；分离源：土壤；分离地点：浙江开化；培养基：0012；培养温度：28℃。

ACCC 40496←湖北省生物农药工程研究中心；原始编号：HBERC 00141, wa-01454；代谢产物具有抗菌作用；分离源：土壤；分离地点：江西婺源；培养基：0012；培养温度：28℃。

ACCC 40500←湖北省生物农药工程研究中心；原始编号：HBERC 00145, wa-01429；代谢产物具有抗菌活性；分离源：土壤；分离地点：江西婺源；培养基：0012；培养温度：28℃。

ACCC 40502←湖北省生物农药工程研究中心；原始编号：HBERC 00147, wa-01582；具有杀虫活性；分离源：土壤；分离地点：江西浮梁；培养基：0012；培养温度：28℃。

ACCC 40503←湖北省生物农药工程研究中心；原始编号：HBERC 00148, wa-01602；具有杀虫活性；分离源：土壤；分离地点：江西浮梁；培养基：0012；培养温度：28℃。

ACCC 40504←湖北省生物农药工程研究中心；原始编号：HBERC 00149, wa-01391；代谢产物具有抗菌活性；分离源：土壤；分离地点：福建蒲城；培养基：0012；培养温度：28℃。

ACCC 40506←湖北省生物农药工程研究中心；原始编号：HBERC 00151, wa-01304；代谢产物具有抗菌活性；分离源：土壤；分离地点：浙江开化；培养基：0012；培养温度：28℃。

ACCC 40508←湖北省生物农药工程研究中心；原始编号：HBERC 00153, wa-01084；代谢产物具有抗菌作用；分离源：土壤；分离地点：江西婺源；培养基：0012；培养温度：28℃。

ACCC 40521←湖北省生物农药工程研究中心；原始编号：HBERC 00166, wa-03574；代谢产物具有抗菌作用；分离源：土壤；分离地点：湖北武汉；培养基：0012；培养温度：28℃。

ACCC 40524←湖北省生物农药工程研究中心；原始编号：HBERC 00180, wa-01521；代谢产物具有抗菌活性；分离源：土壤；分离地点：浙江遂昌；培养基：0012；培养温度：28℃。

ACCC 40528←中国热带农业科学院环境与资源保护研究所；原始编号：CATAS EPPIS0002, JFA-003；分离源：土壤表层 5～10cm 处；分离地点：海南省儋州市王五镇；培养基：0012；培养温度：28℃。

ACCC 40531←中国热带农业科学院环境与资源保护研究所；原始编号：CATASEPPIS0005，JFA-006；分离源：土壤表层 5～10cm 处；分离地点：海南省三亚市；培养基：0012；培养温度：28℃。

ACCC 40538←中国热带农业科学院环境与资源保护研究所；原始编号：CATAS EPPIS0023，JFA-022；分离源：土壤表层 5～10cm 处；分离地点：海南省儋州市王五镇 57 区；培养基：0012；培养温度：28℃。

ACCC 40562←中国热带农业科学院环境与资源保护研究所；原始编号：CATAS EPPIS0048，JFA-083；分离源：土壤表层 5～10cm 处；分离地点：海南省儋州市王五镇 57 区；培养基：0012；培养温度：28℃。

ACCC 40563←中国热带农业科学院环境与资源保护研究所；原始编号：CATAS EPPIS0049，JFA-088；分离源：土壤表层 5～10cm 处；分离地点：海南省儋州市王五镇 57 区；培养基：0012；培养温度：28℃。

ACCC 40571←中国热带农业科学院环境与资源保护研究所；原始编号：CATAS EPPIS0056，JFA-069；分离源：土壤表层 5～10cm 处；分离地点：海南省昌江县；培养基：0012；培养温度：28℃。

ACCC 40572←中国热带农业科学院环境与资源保护研究所；原始编号：CATAS EPPIS0057，JFA-070；分离源：土壤表层 5～10cm 处；分离地点：海南省三亚市；培养基：0012；培养温度：28℃。

ACCC 40573←中国热带农业科学院环境与资源保护研究所；原始编号：CATAS EPPIS0058，JFA-105；分离源：土壤表层 5～10cm 处；分离地点：海南省文昌市；培养基：0012；培养温度：28℃。

ACCC 40574←中国热带农业科学院环境与资源保护研究所；原始编号：CATAS EPPIS0059，JFA-059；分离源：土壤表层 5～10cm 处；分离地点：海南省儋州市王五镇 57 区；培养基：0012；培养温度：28℃。

ACCC 40608←湖北省生物农药工程研究中心；原始编号：IEDA 00498，wa-8084；产生代谢产物具有抑菌活性；分离地点：江西省；培养基：0012；培养温度：44℃。

ACCC 40618←湖北省生物农药工程研究中心；原始编号：IEDA 00508，wa-8102；产生代谢产物具有抑菌活性；分离地点：四川省；培养基：0012；培养温度：52℃。

ACCC 40650←湖北省生物农药工程研究中心；原始编号：IEDA 00506，wa-8188；产生代谢产物具有抑菌活性；分离地点：安徽省；培养基：0012；培养温度：80℃。

ACCC 40657←湖北省生物农药工程研究中心；原始编号：HBERC 00424，wa-00177；代谢产物具有抗菌活性；分离地点：湖北武汉；培养基：0027；培养温度：87℃。

ACCC 40659←湖北省生物农药工程研究中心；原始编号：HBERC 00192，wa-00265；代谢产物具有抗菌活性；分离源：土壤；分离地点：湖北鄂州；培养基：0012；培养温度：89℃。

ACCC 40660←湖北省生物农药工程研究中心；原始编号：HBERC 00235，wa-00307；代谢产物具有抗菌活性；分离源：土壤；分离地点：湖北鄂州；培养基：0012；培养温度：90℃。

ACCC 40665←湖北省生物农药工程研究中心；原始编号：HBERC 00243，wa-00611；代谢产物具有抗菌活性；分离源：土壤；分离地点：湖北汉川；培养基：0012；培养温度：28℃。

ACCC 40667←湖北省生物农药工程研究中心；原始编号：HBERC 00245，wa-00670；代谢产物具有抗菌活性；分离源：土壤；分离地点：湖北宜昌；培养基：0012；培养温度：28℃。

ACCC 40692←湖北省生物农药工程研究中心；原始编号：HBERC 00267，wa-05116；代谢产物具有抗菌活性；分离源：土壤；分离地点：河南伏牛山；培养基：0012；培养温度：28℃。

ACCC 40693←湖北省生物农药工程研究中心；原始编号：HBERC 00268，wa-05119；代谢产物具有抗菌活性；分离源：土壤；分离地点：河南伏牛山；培养基：0012；培养温度：28℃。

ACCC 40698←湖北省生物农药工程研究中心；原始编号：HBERC 00274，wa-05159；代谢产物具有抗菌活性；分离源：土壤；分离地点：河南伏牛山；培养基：0012；培养温度：28℃。

ACCC 40699←湖北省生物农药工程研究中心；原始编号：HBERC 00275，wa-05161；代谢产物具有抗菌活性；分离源：土壤；分离地点：河南伏牛山；培养基：0012；培养温度：28℃。

ACCC 40703←湖北省生物农药工程研究中心；原始编号：HBERC 00282，wa-05253；代谢产物具有抗菌活性；分离源：土壤；分离地点：河南伏牛山；培养基：0027；培养温度：28℃。

ACCC 40704←湖北省生物农药工程研究中心；原始编号：HBERC 00283，wa-05256；代谢产物具有抗菌活性；分离源：土壤；分离地点：河南伏牛山；培养基：0012；培养温度：28℃。

ACCC 40709←湖北省生物农药工程研究中心；原始编号：HBERC 00291，wa-05280；代谢产物具有抗菌活性；分离源：土壤；分离地点：河南伏牛山；培养基：0012；培养温度：28℃。

ACCC 40710←湖北省生物农药工程研究中心；原始编号：HBERC 00293，wa-05295；代谢产物具有抗菌活性；分离源：土壤；分离地点：河南伏牛山；培养基：0012；培养温度：28℃。

ACCC 40720←湖北省生物农药工程研究中心；原始编号：HBERC00299，wa-05365；代谢产物具有抗菌活性；分离源：土壤；分离地点：江苏江阴；培养基：0012；培养温度：28℃。

ACCC 40724←湖北省生物农药工程研究中心；原始编号：HBERC00313，wa-05519；代谢产物具有抗菌活性；分离源：土壤；分离地点：四川峨眉山；培养基：0012；培养温度：28℃。

ACCC 40725←湖北省生物农药工程研究中心；原始编号：HBERC00314，wa-05520；代谢产物具有抗菌活性；分离源：土壤；分离地点：四川峨眉山；培养基：0012；培养温度：28℃。

ACCC 40729←湖北省生物农药工程研究中心；原始编号：HBERC00322，wa-05572；代谢产物具有抗菌活性；分离源：土壤；分离地点：河南伏牛山；培养基：0012；培养温度：28℃。

ACCC 40730←湖北省生物农药工程研究中心；原始编号：HBERC00323，wa-05573；代谢产物具有抗菌活性；分离源：土壤；分离地点：河南伏牛山；培养基：0012；培养温度：28℃。

ACCC 40731←湖北省生物农药工程研究中心；原始编号：HBERC00324，wa-05575；代谢产物具有抗菌活性；分离源：土壤；分离地点：河南伏牛山；培养基：0027；培养温度：28℃。

ACCC 40733←湖北省生物农药工程研究中心；原始编号：HBERC 00328，wa-05609；代谢产物具有抗菌活性；分离源：土壤；分离地点：河南伏牛山；培养基：0012；培养温度：28℃。

ACCC 40735←湖北省生物农药工程研究中心；原始编号：HBERC 00332，wa-05640；代谢产物具有抗菌活性；分离源：土壤；分离地点：河南伏牛山；培养基：0012；培养温度：28℃。

ACCC 40736←湖北省生物农药工程研究中心；原始编号：HBERC 00333，wa-05663；代谢产物具有抗菌活性；分离源：土壤；分离地点：河南伏牛山；培养基：0012；培养温度：28℃。

ACCC 40737←湖北省生物农药工程研究中心；原始编号：HBERC 00335，wa-05680；代谢产物具有抗菌活性；分离源：土壤；分离地点：河南伏牛山；培养基：0012；培养温度：28℃。

ACCC 40741←湖北省生物农药工程研究中心；原始编号：HBERC 00341，wa-05704；代谢产物具有抗菌活性；分离源：土壤；分离地点：河南伏牛山；培养基：0012；培养温度：28℃。

ACCC 40743←湖北省生物农药工程研究中心；原始编号：HBERC00345，wa-05765；代谢产物具有抗菌活性；分离源：土壤；分离地点：河南伏牛山；培养基：0012；培养温度：28℃。

ACCC 40744←湖北省生物农药工程研究中心；原始编号：HBERC00347，wa-05773；代谢产物具有抗菌活性；分离源：土壤；分离地点：河南伏牛山；培养基：0012；培养温度：28℃。

ACCC 40745←湖北省生物农药工程研究中心；原始编号：HBERC00348，wa-05789；代谢产物具有抗菌活性；分离源：土壤；分离地点：河南伏牛山；培养基：0012；培养温度：28℃。

ACCC 40746←湖北省生物农药工程研究中心；原始编号：HBERC00338，wa-05825；代谢产物具有抗菌活性；分离源：土壤；分离地点：河南灵宝；培养基：0012；培养温度：28℃。

ACCC 40747←湖北省生物农药工程研究中心；原始编号：HBERC 00428，wa-05827；代谢产物具有抗菌活性；分离源：土壤；分离地点：河南灵宝；培养基：0027；培养温度：28℃。

ACCC 40748←湖北省生物农药工程研究中心；原始编号：HBERC 00397，wa-05832；代谢产物具有抗菌活性；分离源：土壤；分离地点：湖北武汉；培养基：0027；培养温度：28℃。

ACCC 40752←湖北省生物农药工程研究中心；原始编号：HBERC 00360，wa-05861；代谢产物具有抗菌活性；分离源：土壤；分离地点：四川峨眉山；培养基：0012；培养温度：28℃。

ACCC 40755←湖北省生物农药工程研究中心；原始编号：HBERC 00368，wa-05894；代谢产物具有抗菌

活性；分离源：土壤；分离地点：湖北咸宁；培养基：0012；培养温度：28℃。

ACCC 40757←湖北省生物农药工程研究中心；原始编号：HBERC 00381，wa-05991；代谢产物具有抗菌活性；分离源：土壤；分离地点：四川峨眉山；培养基：0012；培养温度：28℃。

ACCC 40758←湖北省生物农药工程研究中心；原始编号：HBERC 00382，wa-05992；代谢产物具有抗菌活性；分离源：土壤；分离地点：四川峨眉山；培养基：0012；培养温度：28℃。

ACCC 40761←湖北省生物农药工程研究中心；原始编号：HBERC 00390，wa-06159；代谢产物具有抗菌活性；分离源：土壤；分离地点：福建福州；培养基：0012；培养温度：28℃。

ACCC 40762←湖北省生物农药工程研究中心；原始编号：HBERC 00391，wa-06175；代谢产物具有抗菌活性；分离源：土壤；分离地点：福建福州；培养基：0012；培养温度：28℃。

ACCC 40764←湖北省生物农药工程研究中心；原始编号：HBERC 00401，wa-07672；代谢产物具有抗菌活性；分离源：土壤；分离地点：河南洛阳；培养基：0012；培养温度：28℃。

ACCC 40765←湖北省生物农药工程研究中心；原始编号：HBERC 00402，wa-07673；代谢产物具有抗菌活性；分离源：土壤；分离地点：河南伏牛山区；培养基：0012；培养温度：28℃。

ACCC 40766←湖北省生物农药工程研究中心；原始编号：HBERC 00403，wa-07691；代谢产物具有抗菌活性；分离源：土壤；分离地点：河南伏牛山区；培养基：0012；培养温度：28℃。

ACCC 40842←湖北省生物农药工程研究中心；原始编号：IEDA 00614 KT374-1296；产生代谢产物具有抑菌活性；分离地点：广西省；培养基：0012；培养温度：28℃。

ACCC 40847←湖北省生物农药工程研究中心；原始编号：IEDA 00619 3834②；产生代谢产物具有抑菌活性；分离地点：北京市；培养基：0012；培养温度：28℃。

ACCC 40877←湖北省生物农药工程研究中心；原始编号：IEDA 00649，N57-166；产生代谢产物具有抑菌活性；分离地点：北京市；培养基：0012；培养温度：28℃。

ACCC 40901←湖北省生物农药工程研究中心；原始编号：IEDA 00676，wa-7483；产生代谢产物具有抑菌活性；分离地点：广东；培养基：0012；培养温度：28℃。

ACCC 40902←湖北省生物农药工程研究中心；原始编号：IEDA 00677，wa-7490；产生代谢产物具有抑菌活性；分离地点：河北；培养基：0012；培养温度：28℃。

ACCC 40949←湖北省生物农药工程研究中心；原始编号：HBERC 00066，wa-01356；代谢产物具有抗细菌活性；分离源：土壤；分离地点：浙江龙游；培养基：0027；培养温度：28℃。

ACCC 40950←湖北省生物农药工程研究中心；原始编号：HBERC 00067，wa-01809；代谢产物具有抗细菌活性；分离源：土壤；分离地点：福建蒲城；培养基：0027；培养温度：28℃。

ACCC 40951←湖北省生物农药工程研究中心；原始编号：HBERC 00068，wa-03007；代谢产物具有抗真菌活性；分离源：土壤；分离地点：湖北鄂州；培养基：0027；培养温度：28℃。

ACCC 40952←湖北省生物农药工程研究中心；原始编号：HBERC 00069，wa-03034；代谢产物具有抗真菌活性；分离源：土壤；分离地点：湖北鄂州；培养基：0027；培养温度：28℃。

ACCC 40959←湖北省生物农药工程研究中心；原始编号：HBERC 00078，wa-03245；代谢产物不具有抗菌活性；分离源：土壤；分离地点：福建蒲城；培养基：0027；培养温度：28℃。

ACCC 40961←湖北省生物农药工程研究中心；原始编号：HBERC 00082，wa-03499；代谢产物具有抗菌活性；分离源：土壤；分离地点：河南伏牛山；培养基：0027；培养温度：28℃。

ACCC 40974←湖北省生物农药工程研究中心；原始编号：HBERC 00168，wa-03221；代谢产物具有抗菌活性；分离源：土壤；分离地点：湖北武汉；培养基：0027；培养温度：28℃。

ACCC 40993←湖北省生物农药工程研究中心；原始编号：HBERC 00247，wa-03722；代谢产物具有抗菌活性；分离源：土壤；分离地点：湖北武汉；培养基：0027；培养温度：28℃。

ACCC 41014←湖北省生物农药工程研究中心；原始编号：HBERC 00449，wa-05599；代谢产物具有杀虫及抗真菌活性；分离源：土壤；分离地点：河南伏牛山；培养基：0027；培养温度：28℃。

ACCC 41076←湖北省生物农药工程研究中心；原始编号：HBERC 00457，wa-06368；代谢产物具有抗真菌活性；分离源：土壤；分离地点：湖北咸宁；培养基：0027；培养温度：28℃。

ACCC 41208←中国热带农业科学院环境与资源保护研究所；原始编号：CATAS EPPI2221；分离源：龙血树根际土壤1～2cm处；分离地点：海南省儋州市；培养基：0012；培养温度：28℃。

ACCC 41209←中国热带农业科学院环境与资源保护研究所；原始编号：CATAS EPPI2222；分离源：龙血树根际土壤1～2cm处；分离地点：海南省儋州市；培养基：0012；培养温度：28℃。

ACCC 41210←中国热带农业科学院环境与资源保护研究所；原始编号：CATAS EPPI2223；分离源：龙血树根际土壤1～2cm处；分离地点：海南省儋州市；培养基：0012；培养温度：28℃。

ACCC 41211←中国热带农业科学院环境与资源保护研究所；原始编号：CATAS EPPI2224；分离源：龙血树根际土壤1～2cm处；分离地点：海南省儋州市；培养基：0012；培养温度：28℃。

ACCC 41212←中国热带农业科学院环境与资源保护研究所；原始编号：CATAS EPPI2225；分离源：龙血树根际土壤1～2cm处；分离地点：海南省儋州市；培养基：0012；培养温度：28℃。

ACCC 41213←中国热带农业科学院环境与资源保护研究所；原始编号：CATAS EPPI2226；分离源：龙血树根际土壤1～2cm处；分离地点：海南省儋州市；培养基：0012；培养温度：28℃。

ACCC 41214←中国热带农业科学院环境与资源保护研究所；原始编号：CATAS EPPI2227；分离源：龙血树根际土壤1～2cm处；分离地点：海南省儋州市；培养基：0012；培养温度：28℃。

ACCC 41215←中国热带农业科学院环境与资源保护研究所；原始编号：CATAS EPPI2228；分离源：龙血树根际土壤1～2cm处；分离地点：海南省儋州市；培养基：0012；培养温度：28℃。

ACCC 41216←中国热带农业科学院环境与资源保护研究所；原始编号：CATAS EPPI2229；分离源：龙血树根际土壤1～2cm处；分离地点：海南省儋州市；培养基：0012；培养温度：28℃。

ACCC 41217←中国热带农业科学院环境与资源保护研究所；原始编号：CATAS EPPI2230；分离源：龙血树根际土壤1～2cm处；分离地点：海南省儋州市；培养基：0012；培养温度：28℃。

ACCC 41218←中国热带农业科学院环境与资源保护研究所；原始编号：CATAS EPPI2231；分离源：龙血树根际土壤1～2cm处；分离地点：海南省儋州市；培养基：0012；培养温度：28℃。

ACCC 41219←中国热带农业科学院环境与资源保护研究所；原始编号：CATAS EPPI2232；分离源：龙血树根际土壤1～2cm处；分离地点：海南省儋州市；培养基：0012；培养温度：28℃。

ACCC 41220←中国热带农业科学院环境与资源保护研究所；原始编号：CATAS EPPI2233；分离源：龙血树根际土壤1～2cm处；分离地点：海南省儋州市；培养基：0012；培养温度：28℃。

ACCC 41221←中国热带农业科学院环境与资源保护研究所；原始编号：CATAS EPPI2234；分离源：龙血树根际土壤1～2cm处；分离地点：海南省儋州市；培养基：0012；培养温度：28℃。

ACCC 41222←中国热带农业科学院环境与资源保护研究所；原始编号：CATAS EPPI2235；分离源：龙血树根际土壤1～2cm处；分离地点：海南省儋州市；培养基：0012；培养温度：28℃。

ACCC 41223←中国热带农业科学院环境与资源保护研究所；原始编号：CATAS EPPI2236；分离源：龙血树根际土壤1～2cm处；分离地点：海南省儋州市；培养基：0012；培养温度：28℃。

ACCC 41224←中国热带农业科学院环境与资源保护研究所；原始编号：CATAS EPPI2237；分离源：龙血树根际土壤1～2cm处；分离地点：海南省儋州市；培养基：0012；培养温度：28℃。

ACCC 41225←中国热带农业科学院环境与资源保护研究所；原始编号：CATAS EPPI2238；分离源：龙血树根际土壤1～2cm处；分离地点：海南省儋州市；培养基：0012；培养温度：28℃。

ACCC 41226←中国热带农业科学院环境与资源保护研究所；原始编号：CATAS EPPI2239；分离源：龙血树根际土壤1～2cm处；分离地点：海南省儋州市；培养基：0012；培养温度：28℃。

ACCC 41227←中国热带农业科学院环境与资源保护研究所；原始编号：CATAS EPPI2240；分离源：龙血树根际土壤1～2cm处；分离地点：海南省儋州市；培养基：0012；培养温度：28℃。

ACCC 41234←中国热带农业科学院环境与资源保护研究所；原始编号：CATAS EPPI2246；分离源：海南大枫子根际土壤1～2cm处；分离地点：海南省儋州市；培养基：0012；培养温度：28℃。

ACCC 41235←中国热带农业科学院环境与资源保护研究所；原始编号：CATAS EPPI2248；分离源：海南大枫子根际土壤1～2cm处；分离地点：海南省儋州市；培养基：0012；培养温度：28℃。

ACCC 41236←中国热带农业科学院环境与资源保护研究所；原始编号：CATAS EPPI2249；分离源：海南

大枫子根际土壤1~2cm处；分离地点：海南省儋州市；培养基：0012；培养温度：28℃。

ACCC 41237←中国热带农业科学院环境与资源保护研究所；原始编号：CATAS EPPI2250；分离源：海南
　　大枫子根际土壤1~2cm处；分离地点：海南省儋州市；培养基：0012；培养温度：28℃。

ACCC 41238←中国热带农业科学院环境与资源保护研究所；原始编号：CATAS EPPI2251；分离源：海南
　　大枫子根际土壤1~2cm处；分离地点：海南省儋州市；培养基：0012；培养温度：28℃。

ACCC 41239←中国热带农业科学院环境与资源保护研究所；原始编号：CATAS EPPI2252；分离源：海南
　　大枫子根际土壤1~2cm处；分离地点：海南省儋州市；培养基：0012；培养温度：28℃。

ACCC 41240←中国热带农业科学院环境与资源保护研究所；原始编号：CATAS EPPI2253；分离源：海南
　　大枫子根际土壤1~2cm处；分离地点：海南省儋州市；培养基：0012；培养温度：28℃。

ACCC 41241←中国热带农业科学院环境与资源保护研究所；原始编号：CATAS EPPI2254；分离源：海南
　　大枫子根际土壤1~2cm处；分离地点：海南省儋州市；培养基：0012；培养温度：28℃。

ACCC 41242←中国热带农业科学院环境与资源保护研究所；原始编号：CATAS EPPI2255；分离源：海南
　　大枫子根际土壤1~2cm处；分离地点：海南省儋州市；培养基：0012；培养温度：28℃。

ACCC 41243←中国热带农业科学院环境与资源保护研究所；原始编号：CATAS EPPI2256；分离源：龙血
　　树根际土壤1~2cm处；分离地点：海南省儋州市；培养基：0012；培养温度：28℃。

ACCC 41244←中国热带农业科学院环境与资源保护研究所；原始编号：CATAS EPPI2257；分离源：龙血
　　树根际土壤1~2cm处；分离地点：海南省儋州市；培养基：0012；培养温度：28℃。

ACCC 41245←中国热带农业科学院环境与资源保护研究所；原始编号：CATAS EPPI2258；分离源：龙血
　　树根际土壤1~2cm处；分离地点：海南省儋州市；培养基：0012；培养温度：28℃。

ACCC 41246←中国热带农业科学院环境与资源保护研究所；原始编号：CATAS EPPI2259；分离源：龙血
　　树根际土壤1~2cm处；分离地点：海南省儋州市；培养基：0012；培养温度：28℃。

ACCC 41247←中国热带农业科学院环境与资源保护研究所；原始编号：CATAS EPPI2260；分离源：大叶
　　山棟根际土壤1~2cm处；分离地点：海南省儋州市；培养基：0012；培养温度：28℃。

ACCC 41248←中国热带农业科学院环境与资源保护研究所；原始编号：CATAS EPPI2261；分离源：大叶
　　山棟根际土壤1~2cm处；分离地点：海南省儋州市；培养基：0012；培养温度：28℃。

ACCC 41249←中国热带农业科学院环境与资源保护研究所；原始编号：CATAS EPPI2262；分离源：大叶
　　山棟根际土壤1~2cm处；分离地点：海南省儋州市；培养基：0012；培养温度：28℃。

ACCC 41250←中国热带农业科学院环境与资源保护研究所；原始编号：CATAS EPPI2263；分离源：盾叶
　　鸡蛋花根际土壤1~2cm处；分离地点：海南省儋州市；培养基：0012；培养温度：28℃。

ACCC 41251←中国热带农业科学院环境与资源保护研究所；原始编号：CATAS EPPI2264；分离源：海芒
　　果根际土壤1~2cm处；分离地点：海南省儋州市；培养基：0012；培养温度：28℃。

ACCC 41258←中国热带农业科学院环境与资源保护研究所；原始编号：CATAS EPPI2121；分离源：土
　　壤；分离地点：海南省五指山；培养基：0012；培养温度：28℃。

ACCC 41259←中国热带农业科学院环境与资源保护研究所；原始编号：CATAS EPPI2122；分离源：土
　　壤；分离地点：海南省五指山；培养基：0012；培养温度：28℃。

ACCC 41260←中国热带农业科学院环境与资源保护研究所；原始编号：CATAS EPPI2123；分离源：土
　　壤；分离地点：海南省五指山；培养基：0012；培养温度：28℃。

ACCC 41261←中国热带农业科学院环境与资源保护研究所；原始编号：CATAS EPPI2124；分离源：土
　　壤；分离地点：海南省五指山；培养基：0012；培养温度：28℃。

ACCC 41262←中国热带农业科学院环境与资源保护研究所；原始编号：CATAS EPPI2125；分离源：土
　　壤；分离地点：海南省五指山；培养基：0012；培养温度：28℃。

ACCC 41263←中国热带农业科学院环境与资源保护研究所；原始编号：CATAS EPPI2126；分离源：土
　　壤；分离地点：海南省五指山；培养基：0012；培养温度：28℃。

ACCC 41264←中国热带农业科学院环境与资源保护研究所；原始编号：CATAS EPPI2127；分离源：土
　　壤；分离地点：海南省五指山；培养基：0012；培养温度：28℃。

ACCC 41265←中国热带农业科学院环境与资源保护研究所；原始编号：CATAS EPPI2129；分离源：土壤；分离地点：海南省五指山；培养基：0012；培养温度：28℃。

ACCC 41266←中国热带农业科学院环境与资源保护研究所；原始编号：CATAS EPPI2130；分离源：土壤；分离地点：海南省五指山；培养基：0012；培养温度：28℃。

ACCC 41267←中国热带农业科学院环境与资源保护研究所；原始编号：CATAS EPPI2131；分离源：土壤；分离地点：海南省五指山；培养基：0012；培养温度：28℃。

ACCC 41268←中国热带农业科学院环境与资源保护研究所；原始编号：CATAS EPPI2132；分离源：土壤；分离地点：海南省五指山；培养基：0012；培养温度：28℃。

ACCC 41269←中国热带农业科学院环境与资源保护研究所；原始编号：CATAS EPPI2133；分离源：土壤；分离地点：海南省五指山；培养基：0012；培养温度：28℃。

ACCC 41270←中国热带农业科学院环境与资源保护研究所；原始编号：CATAS EPPI2134；分离源：土壤；分离地点：海南省五指山；培养基：0012；培养温度：28℃。

ACCC 41271←中国热带农业科学院环境与资源保护研究所；原始编号：CATAS EPPI2136；分离源：土壤；分离地点：海南省五指山；培养基：0012；培养温度：28℃。

ACCC 41272←中国热带农业科学院环境与资源保护研究所；原始编号：CATAS EPPI2137；分离源：土壤；分离地点：海南省五指山；培养基：0012；培养温度：28℃。

ACCC 41273←中国热带农业科学院环境与资源保护研究所；原始编号：CATAS EPPI2138；分离源：土壤；分离地点：海南省五指山；培养基：0012；培养温度：28℃。

ACCC 41274←中国热带农业科学院环境与资源保护研究所；原始编号：CATAS EPPI2139；分离源：土壤；分离地点：海南省五指山；培养基：0012；培养温度：28℃。

ACCC 41329←湖北省生物农药工程研究中心；原始编号：HBERC 00838；分离源：土壤；分离地点：浙江龙游；培养基：0027；培养温度：28℃。

ACCC 41391←湖北省生物农药工程研究中心；原始编号：HBERC 00658；培养基：0027；培养温度：28℃。

ACCC 41440←湖北省生物农药工程研究中心；原始编号：HBERC 00766；代谢产物具有抗细菌、抗真菌活性；分离源：土壤；分离地点：江西庐山；培养基：0027；培养温度：28℃。

ACCC 41449←湖北省生物农药工程研究中心；原始编号：HBERC 00722；代谢产物具有弱的抗细菌活性；分离源：土壤；分离地点：湖南壶瓶山南镇；培养基：0027；培养温度：28℃。

ACCC 41454←湖北省生物农药工程研究中心；原始编号：HBERC 00781；代谢产物具有抗细菌、抗真菌活性；分离源：土壤；分离地点：青海省青海湖；培养基：0027；培养温度：28℃。

ACCC 41465←湖北省生物农药工程研究中心；原始编号：HBERC 00748；代谢产物具有杀虫活性；分离源：土壤；分离地点：河南伏牛山；培养基：0027；培养温度：28℃。

ACCC 41469←湖北省生物农药工程研究中心；原始编号：HBERC 00786；代谢产物具有杀虫活性；分离源：土壤；分离地点：新疆阿克苏地区；培养基：0027；培养温度：28℃。

ACCC 41516←湖北省生物农药工程研究中心；原始编号：HBERC 00850；培养基：0027；培养温度：28℃。

ACCC 41524←湖北省生物农药工程研究中心；原始编号：HBERC 00826；培养基：0027；培养温度：28℃。

ACCC 41527←湖北省生物农药工程研究中心；原始编号：HBERC 00789；培养基：0027；培养温度：28℃。

ACCC 41871←西北农林科技大学；原始编号：K42，CCNWHQ0016；培养基：0012；培养温度：28℃。

ACCC 40477←湖北省生物农药工程研究中心；代谢产物具有抗菌活性；分离源：土壤；分离地点：江西景德镇；培养基：0012；培养温度：28℃。

ACCC 40448←湖北省生物农药工程研究中心；原始编号：HBERC 00024，wa-00982；具抗真菌作用；分离源：土壤；分离地点：江西遂昌；培养基：0012；培养温度：28℃。

ACCC 40429←湖北省生物农药工程研究中心；原始编号：HBERC 00004，wa-01567；具抗菌作用；分离源：土壤；分离地点：江西浮梁；培养基：0012；培养温度：28℃。

ACCC 02621←南京农业大学农业环境微生物菌种保藏中心；原始编号：SD3，NAECC0632；分离地点：江苏南京；培养基：0012；培养温度：30℃。

ACCC 02622←南京农业大学农业环境微生物菌种保藏中心；原始编号：SDd，NAECC0639；分离地点：江苏南京；培养基：0012；培养温度：30℃。

Streptomyces sparsogenes Owen et al. 1963 稀产链霉菌

ACCC 40217←中国农业科学院环发所药物工程研究室；原始编号：14386；分离源：土壤；分离地点：云南；培养基：0012；培养温度：30℃。

Streptomyces spectabilis Mason et al. 1961 壮观链霉菌

ACCC 41404←湖北省生物农药工程研究中心；原始编号：HBERC 00643；代谢产物具有较好的抗细菌、真菌及杀虫活性；分离源：土壤；分离地点：湖南石门；培养基：0027；培养温度：28℃。

Streptomyces spheroides Wallick et al. 1956 类球形链霉菌

ACCC 41333←湖北省生物农药工程研究中心；分离源：土壤；分离地点：湖北樊城；培养基：0027；培养温度：28℃。

Streptomyces spiroverticillatus Shinobu 1958 螺旋轮生链霉菌

ACCC 40788←新疆农业科学院微生物研究所；原始编号：XAAS20058，1-6-3；分离源：土壤样品；分离地点：新疆吐鲁番；培养基：0039；培养温度：20℃。

Streptomyces subrutilus Arai et al. 1964 亚鲜红链霉菌

ACCC 40798←新疆农业科学院微生物研究所；原始编号：XAAS20025，2.025；分离源：土壤样品；分离地点：新疆吐鲁番；培养基：0455；培养温度：30℃。

Streptomyces tanashiensis Hata et al. 1952 田无链霉菌

ACCC 41506←中国农业科学院土肥所←中国科学院微生物研究所←医科院抗生素所；＝AS 4.638；原始编号：A304；培养基：0012；培养温度：30℃。

Streptomyces tateyamensis Khan et al. 2010 馆山链霉菌

ACCC 40501←湖北省生物农药工程研究中心；原始编号：HBERC 00146，wa-01359；代谢产物具有抗菌活性；分离源：土壤；分离地点：浙江龙游；培养基：0012；培养温度：28℃。

Streptomyces tauricus （ex Ivanitskaya et al. 1966）Sveshnikova 1986 公牛链霉菌

ACCC 40813←湖北省生物农药工程研究中心；原始编号：IEDA 00585 wa-8053；产生代谢产物具有抑菌活性；分离地点：云南省；培养基：0012；培养温度：28℃。

ACCC 40894←湖北省生物农药工程研究中心；原始编号：IEDA 00669，wa-8177；产生代谢产物具有抑菌活性；分离地点：内蒙古；培养基：0012；培养温度：28℃。

Streptomyces thermovulgaris Henssen 1957 热普通链霉菌

ACCC 41056^T ← DSMZ← E. B. Shirling, ISP ← A. Henssen, R-10；＝DSM40444＝ATCC 19284，CBS 276.66，CBS 643.69，IFO 13089，IFO 16607，ISP 5444，KCC S-0240，KCC S-0520，NBRC 13089，NBRC 16607，RIA 1281；分离源：fresh cow manure；培养基：0455；培养温度：37℃。

Streptomyces toxytricini （Preobrazhenskaya and Sveshnikova 1957）Pridham et al. 1958 毒三素链霉菌

ACCC 41038^T ←DSMZ← E. B. Shirling, ISP←T. P. Preobrazhenskaya, INA；＝DSM40178＝ATCC 19813，CBS 566.68，IFO 12823，INA 13887/54，ISP 5178，KCC S-0421，NBRC 12823，RIA 1093；培养基：0455；培养温度：30℃。

Streptomyces tubercidicus Nakamura 1961 杀结核链霉菌

ACCC 40916←湖北省生物农药工程研究中心；原始编号：HBERC 00009，wa-00818；代谢产物具有抗菌活性，产杀结核菌素；分离源：水底沉积物；分离地点：江西婺源；培养基：0012；培养温度：28℃。

Streptomyces umbrinus （**Sveshnikova 1957**）**Pridham et al. 1958 赭褐链霉菌**

ACCC 40377←中国农业科学院环发所药物工程研究室；原始编号：3471；产生代谢产物具有抑菌活性；分
离地点：四川省；培养基：0012；培养温度：28℃。

ACCC 41029[T] ← dsmz ← E. B. Shirling，ISP ← G. F. Gauze INA； ＝ ATCC 19929 ＝ ATCC 25503 ＝ CBS
645. 69＝IFO 13091＝INA 1703，ISP 5278＝NBRC 13091＝RIA 1283；Degrades benzoate，4-hydroxy-
benzoate；分离源：土壤；培养基：0012；培养温度：30℃。

Streptomyces variabilis （**Preobrazhenskaya et al. 1957**）**Pridham et al. 1958 变异链霉菌**

ACCC 41023[T]←DSMZ← NRRL←Upjohn Comp.，UC 5484 （Streptomyces variabilis chemovar. liniabi； ＝
DSM923＝ NRRL 5618；Produces lincomycin （U. S. Pat. 3，812，014）；分离源：土壤；培养基：
0455；培养温度：30℃。

Streptomyces venezuelae **Ehrlich et al. 1948 委内瑞拉链霉菌**

ACCC 40098←中国科学院微生物研究所；＝AS 4.223；产氯霉素；培养基：0012；培养温度：25～28℃。

ACCC 40810←广东省广州微生物研究所；原始编号：GIMT 4.001 FJF-1；分离源：土壤；分离地点：广东
广州；培养基：0015；培养温度：25～28℃。

ACCC 41034[T] ← DSMZ← E. B. Shirling，ISP←L. Anderson，Park Davies & Co.，PD 04745←P. R； ＝
DSM40230＝ATCC 10712，ATCC 25508，CBS 650. 69，DSM 41109，IFO 12595，IFO 13096，IMET
41356，IMRU 3534，IMRU 3625，ISP 5230，JCM 4526，KCC S-0526，NBRC 12595，NBRC 13096，
NRRL B-2277，RIA 1288，VKM Ac-589；Produces chloramphenicol，jadomycin B；分离源：热带土
壤；培养基：0455；培养温度：30℃。

Streptomyces vinaceus **Jones 1952 酒红链霉菌**

ACCC 40276←中国农业科学院环发所药物工程研究室；原始编号：3177；产生代谢产物具有抑菌活性；分
离地点：河北省；培养基：0012；培养温度：28℃。

ACCC 40294←中国农业科学院环发所药物工程研究室；原始编号：3451；产生代谢产物具有抑菌活性；分
离地点：河北省；培养基：0012；培养温度：28℃。

ACCC 40874←湖北省生物农药工程研究中心；原始编号：IEDA 00646，3452；产生代谢产物具有抑菌活
性；分离地点：河北省；培养基：0012；培养温度：28℃。

Streptomyces violaceochromogenes （**Ryabova and Preobrazhenskaya 1957**）**Pridham 1970 紫
产色链霉菌**

ACCC 40860←湖北省生物农药工程研究中心；原始编号：IEDA 00632，305；产生代谢产物具有抑菌活
性；分离地点：北京市；培养基：0012；培养温度：28℃。

Streptomyces violaceorectus （**Ryabova and Preobrazhenskaya 1957**）**Pridham et al. 1958 紫色
直丝链霉菌**

ACCC 40032←中国科学院微生物研究所；＝AS 4.393；抑制阳性细菌和丝状真菌；培养基：0012；培养温
度：28～30℃。

ACCC 40935←湖北省生物农药工程研究中心；原始编号：HBERC 00052，wa-03348；代谢产物具有抗真
菌活性；分离源：土壤；分离地点：湖北鄂州；培养基：0027；培养温度：28℃。

ACCC 41532←湖北省生物农药工程研究中心；原始编号：HBERC 00830；培养基：0027；培养温
度：28℃。

Streptomyces violaceoruber （**Waksman and Curtis 1916**）**Pridham 1970 紫红链霉菌**

ACCC 41377←湖北省生物农药工程研究中心；原始编号：HBERC 00696；分离源：土壤；分离地点：湖
南壶瓶山南镇；培养基：0027；培养温度：28℃。

Streptomyces violaceus （**Rossi Doria 1891**）**Waksman 1953 紫色链霉菌**

ACCC 40986←湖北省生物农药工程研究中心；原始编号：HBERC 00224，wa-03469；代谢产物具有抗菌
活性；分离源：土壤；分离地点：湖北武汉；培养基：0027；培养温度：28℃。

ACCC 41091←湖北省生物农药工程研究中心；原始编号：HBERC 00475，wa-10617；代谢产物具有抗真菌活性；分离源：土壤；分离地点：青海省青海湖；培养基：0027；培养温度：28℃。

ACCC 41351←湖北省生物农药工程研究中心；原始编号：HBERC 00649；分离源：土壤；分离地点：湖南壶瓶山；培养基：0027；培养温度：28℃。

ACCC 41536←湖北省生物农药工程研究中心；原始编号：HBERC 00827；培养基：0027；培养温度：28℃。

Streptomyces violens（Kalakoutskii and Krasil'nikov 1960）Goodfellow et al. 1987 呈紫色链霉菌

ACCC 41025^T←DSM；＝DSM 40597＝ATCC 15898，CBS 451.65，CBS 787.72，IFO 12557，IFO 13486，IMET 43407，ISP 5597，JCM 3072，JCM 4852，NBRC 12557，NBRC 13486，NRRL B-3484，RIA 1447，RIA 565；Degrades 4-hydroxybenzoate；培养基：0455；培养温度：30℃。

Streptomyces viridochromogenes（Krainsky 1914）Waksman and Henrici 1948 绿产色链霉菌

ACCC 41507←湖北省生物农药工程研究中心；原始编号：HBERC 00728；培养基：0027；培养温度：28℃。

Streptomyces virginiae Grundy et al. 1952 弗吉尼亚链霉菌

ACCC 40094←中国科学院微生物研究所←中国医学科学院抗生素研究所；＝AS 4.638；原始编号：A-313；培养基：0012；培养温度：28～30℃。

ACCC 40768←湖北省生物农药工程研究中心；原始编号：HBERC 00177，wa-07867；代谢产物具有抗菌活性；分离源：土壤；分离地点：河南小浪底；培养基：0012；培养温度：28℃。

ACCC 41135←广东省广州微生物研究所←上海植生所；原始编号：GIMV12-A-1；分离源：土壤；分离地点：越南；培养基：13；培养温度：25～28℃。

Streptomyces viridochromogenes（Krainsky 1914）Waksman and Henrici 1948 绿色产色链霉菌

ACCC 41050^T←DSMZ← E. B. Shirling，ISP←W. H. Trejo，Squibb & Sons←NRRL←CBS；＝DSM40110＝ATCC 14920，CBS 648.72，ETH 9523，IFO 13347，ISP 5110，NBRC 13347，NRRL B-1511，RIA 1308；培养基：0455；培养温度：30℃。

ACCC 41389←湖北省生物农药工程研究中心；原始编号：HBERC 00648；培养基：0027；培养温度：28℃。

Streptomyces viridodiastaticus（Baldacci et al. 1955）Pridham et al. 1958 绿淀粉酶链霉菌

ACCC 40777←新疆农业科学院微生物研究所；原始编号：XAAS20012，2.012；分离源：土壤样品；分离地点：新疆吐鲁番；培养基：0039；培养温度：20℃。

Streptomyces wedmorensis（ex Milard and Burr 1926）Preobrazhenskaya 1986 威德摩尔链霉菌

ACCC 40676←湖北省生物农药工程研究中心；原始编号：HBERC 00189，wa-00936；代谢产物具有抗菌活性；分离源：土壤；分离地点：湖北鄂州；培养基：0012；培养温度：28℃。

ACCC 40965←湖北省生物农药工程研究中心；原始编号：HBERC 00100，wa-03735；代谢产物具有抗菌活性；分离源：土壤；分离地点：湖北鄂州；培养基：0027；培养温度：28℃。

ACCC 40966←湖北省生物农药工程研究中心；原始编号：HBERC 00101，wa-03774；代谢产物具有抗菌活性；分离源：土壤；分离地点：四川峨眉山；培养基：0027；培养温度：28℃。

ACCC 41447←湖北省生物农药工程研究中心；原始编号：HBERC 00735；代谢产物具有弱的抗细菌活性；分离源：土壤；分离地点：湖南壶瓶山南镇；培养基：0027；培养温度：28℃。

Streptomyces werraensis Wallho user et al. 1964 韦腊链霉菌

ACCC 40300←中国农业科学院环发所药物工程研究室；原始编号：3854；产生代谢物具有抑菌活性；分离地点：四川省；培养基：0012；培养温度：28℃。

Streptomyces xanthochromogenes **Arishima et al. 1956 黄质产色链霉菌**

ACCC 40220←中国农业科学院环发所药物工程研究室；原始编号：14450；分离源：土壤；分离地点：广
    西；培养基：0012；培养温度：30℃。

ACCC 40241←中国农业科学院环发所药物工程研究室；分离源：土壤；分离地点：河北；培养基：0012；
    培养温度：30℃。

ACCC 41378←湖北省生物农药工程研究中心；原始编号：HBERC 00666；分离源：土壤；分离地点：湖
    南壶瓶山；培养基：0027；培养温度：28℃。

Streptomyces xanthocidicus **Asahi et al. 1966 杀黄菌素链霉菌**

ACCC 40778←新疆农业科学院微生物研究所；原始编号：XAAS20026，2.026；分离源：土壤样品；分离
    地点：新疆吐鲁番；培养基：0305；培养温度：20℃。

Streptomyces xanthophaeus **Lindenbein 1952 黄暗色链霉菌**

ACCC 40828←湖北省生物农药工程研究中心；原始编号：IEDA 00600 wa-8110；产生代谢产物具有抑菌活
    性；分离地点：云南省；培养基：0012；培养温度：28℃。

ACCC 05599←中国农业科学院农业资源与农业区划研究所；分离源：水稻根内生；分离地点：湖南省祁阳
    县官山坪；培养基：0002；培养温度：37℃。

Streptosporangium album **Nonomura and Ohara 1960 白色链孢囊菌**

ACCC 40719←湖北省生物农药工程研究中心；原始编号：HBERC00306，wa-05358；代谢产物具有抗菌活
    性；分离源：土壤；分离地点：河南伏牛山；培养基：0027；培养温度：28℃。

ACCC 40971←湖北省生物农药工程研究中心；原始编号：HBERC 00118，wa-03068；代谢产物具有抗菌
    活性；分离源：土壤；分离地点：湖北武汉；培养基：0027；培养温度：28℃。

ACCC 41517←湖北省生物农药工程研究中心；原始编号：HBERC 00842；培养基：0027；培养温
    度：28℃。

Streptosporangium roseum **Couch 1955 玫瑰链孢囊菌**

ACCC 41031^T←DSMZ←KCC←K. Tubaki，N I 9100←J. N. Couch，UNCC 27 B；＝DSM43021＝ATCC
    12428，CBS 313.56，IAM 14294，IFO 3776，JCM 3005，KCC A-0005，NBRC 3776，NCIB 10171，
    NRRL B-2505，RIA 470；蔬菜花园土壤；培养基：0455；培养温度：30℃。

Streptosporangium **sp. 链孢囊菌**

ACCC 40461←湖北省生物农药工程研究中心；原始编号：HBERC 00092，wa-03576；代谢产物具有抗菌
    活性；分离源：土壤；分离地点：湖北武汉；培养基：0012；培养温度：28℃。

ACCC 40607←湖北省生物农药工程研究中心；原始编号：IEDA 00545，wa-8083；产生代谢产物具有抑菌
    活性；分离地点：湖北省；培养基：0012；培养温度：43℃。

ACCC 40639←湖北省生物农药工程研究中心；原始编号：IEDA 00497，wa-8166；产生代谢产物具有抑菌
    活性；分离地点：湖北省；培养基：0012；培养温度：72℃。

ACCC 40683←湖北省生物农药工程研究中心；原始编号：HBERC 00255，wa-05045；代谢产物具有抗菌
    活性；分离源：土壤；分离地点：四川峨眉山；培养基：0027；培养温度：28℃。

ACCC 40685←湖北省生物农药工程研究中心；原始编号：HBERC 00257，wa-05052；代谢产物具有抗菌
    活性；分离源：土壤；分离地点：四川峨眉山；培养基：0027；培养温度：28℃。

ACCC 40694←湖北省生物农药工程研究中心；原始编号：HBERC 00269，wa-05122；代谢产物具有抗菌
    活性；分离源：土壤；分离地点：河南伏牛山；培养基：0012；培养温度：28℃。

ACCC 40723←湖北省生物农药工程研究中心；原始编号：HBERC00310，wa-05505；代谢产物具有抗菌活
    性；分离源：土壤；分离地点：四川峨眉山；培养基：0012；培养温度：28℃。

ACCC 40732←湖北省生物农药工程研究中心；原始编号：HBERC 00326，wa-05596；代谢产物具有抗菌
    活性；分离源：土壤；分离地点：河南伏牛山；培养基：0012；培养温度：28℃。

ACCC 40751←湖北省生物农药工程研究中心；原始编号：HBERC 00358，wa-05858；代谢产物具有抗菌
    活性；分离源：土壤；分离地点：四川峨眉山；培养基：0012；培养温度：28℃。

ACCC 40754←湖北省生物农药工程研究中心；原始编号：HBERC 00363，wa-05875；代谢产物具有抗菌活性；分离源：土壤；分离地点：湖北嘉鱼；培养基：0012；培养温度：28℃。

ACCC 40760←湖北省生物农药工程研究中心；原始编号：HBERC 00389，wa-06153；代谢产物具有抗菌活性；分离源：土壤；分离地点：福建福州；培养基：0027；培养温度：28℃。

ACCC 40771←湖北省生物农药工程研究中心；原始编号：HBERC 00394，wa-10269；代谢产物具有抗菌活性；分离源：土壤；分离地点：福建福州；培养基：0012；培养温度：28℃。

ACCC 40772←湖北省生物农药工程研究中心；原始编号：HBERC 00395，wa-10270；代谢产物具有抗菌活性；分离源：土壤；分离地点：福建福州；培养基：0012；培养温度：28℃。

ACCC 40997←湖北省生物农药工程研究中心；原始编号：HBERC 00325，wa-03839；代谢产物具有抗细菌活性；分离源：土壤；分离地点：河南伏牛山；培养基：0027；培养温度：28℃。

ACCC 40998←湖北省生物农药工程研究中心；原始编号：HBERC 00346，wa-03846；代谢产物具有抗菌活性；分离源：土壤；分离地点：河南伏牛山；培养基：0027；培养温度：28℃。

ACCC 41000←湖北省生物农药工程研究中心；原始编号：HBERC 00398，wa-03914；代谢产物具有抗真菌活性；分离源：土壤；分离地点：河南伏牛山；培养基：0027；培养温度：28℃。

ACCC 41002←湖北省生物农药工程研究中心；原始编号：HBERC 00431，wa-03877；代谢产物具有抗菌活性；分离源：土壤；分离地点：湖北武汉；培养基：0027；培养温度：28℃。

ACCC 41006←湖北省生物农药工程研究中心；原始编号：HBERC 00436，wa-03910；代谢产物具有抗真菌活性；分离源：土壤；分离地点：河南伏牛山；培养基：0027；培养温度：28℃。

ACCC 41358←湖北省生物农药工程研究中心；原始编号：HBERC 00656；分离源：土壤；分离地点：青海省青海湖；培养基：0027；培养温度：28℃。

ACCC 41408←湖北省生物农药工程研究中心；原始编号：HBERC 00745；代谢产物具有杀虫及抗真菌活性；分离源：土壤；分离地点：青海省青海湖；培养基：0027；培养温度：28℃。

ACCC 41468←湖北省生物农药工程研究中心；原始编号：HBERC 00742；代谢产物具有抗真菌活性；分离源：土壤；分离地点：湖南壶瓶山南镇；培养基：0027；培养温度：28℃。

ACCC 41474←湖北省生物农药工程研究中心；原始编号：HBERC 00733；代谢产物具有弱的抗细菌活性；分离源：土壤；分离地点：湖南壶瓶山；培养基：0027；培养温度：28℃。

Streptosporangium violaceochromogenes Kawamoto et al. 1975 紫产色链孢囊菌

ACCC 40831←湖北省生物农药工程研究中心；原始编号：IEDA 00603 wa-8111；产生代谢产物具有抑菌活性；分离地点：河北省；培养基：0012；培养温度：28℃。

Streptoverticillium sp. 链轮枝菌

ACCC 40439←湖北省生物农药工程研究中心；原始编号：HBERC 00015，wa-00168；具抗菌活性；分离源：土壤；分离地点：浙江开化；培养基：0012；培养温度：28℃。

ACCC 40442←湖北省生物农药工程研究中心；原始编号：HBERC 00018，wa-01342；代谢产物具有抗菌作用；分离源：土壤；分离地点：江西婺源；培养基：0012；培养温度：28℃。

ACCC 40446←湖北省生物农药工程研究中心；原始编号：HBERC 00022，wa-02982；代谢产物具有抗菌活性；分离源：土壤；分离地点：湖北武汉；培养基：0012；培养温度：28℃。

ACCC 40450←湖北省生物农药工程研究中心；原始编号：HBERC 00026，wa-01683；具抗真菌作用；分离源：土壤；分离地点：江西浮梁；培养基：0012；培养温度：28℃。

ACCC 40452←湖北省生物农药工程研究中心；原始编号：HBERC 00031，wa-03832；代谢产物具有抗菌活性；分离源：土壤；分离地点：河南南阳；培养基：0012；培养温度：28℃。

ACCC 40455←湖北省生物农药工程研究中心；原始编号：HBERC 00084，wa-02945；代谢产物具有抗菌活性；分离源：土壤；分离地点：湖北武汉；培养基：0012；培养温度：28℃。

ACCC 40456←湖北省生物农药工程研究中心；原始编号：HBERC 00086，wa-02973；代谢产物具有抗菌活性；分离源：土壤；分离地点：湖北武汉；培养基：0012；培养温度：28℃。

ACCC 40457←湖北省生物农药工程研究中心；原始编号：HBERC 00087，wa-03136；代谢产物具有抗菌

活性；分离源：土壤；分离地点：湖北武汉；培养基：0012；培养温度：28℃。

ACCC 40458←湖北省生物农药工程研究中心；原始编号：HBERC 00088，wa-03156；代谢产物具有抗菌
活性；分离源：土壤；分离地点：湖北武汉；培养基：0012；培养温度：28℃。

ACCC 40465←湖北省生物农药工程研究中心；原始编号：HBERC 00096，wa-04116；代谢产物具有抗菌
活性；分离源：土壤；分离地点：河南桐柏；培养基：0012；培养温度：28℃。

ACCC 40466←湖北省生物农药工程研究中心；原始编号：HBERC 00098，wa-00391；代谢产物具有抗菌
活性；分离源：土壤；分离地点：浙江遂昌；培养基：0012；培养温度：28℃。

ACCC 40492←湖北省生物农药工程研究中心；原始编号：HBERC 00137，wa-01498；代谢产物具有抗菌
活性；分离源：叶渣类；分离地点：浙江遂昌；培养基：0012；培养温度：28℃。

ACCC 40499←湖北省生物农药工程研究中心；原始编号：HBERC 00144，wa-01497；代谢产物具有抗菌
活性；分离源：渣类；分离地点：浙江遂昌；培养基：0012；培养温度：28℃。

ACCC 40510←湖北省生物农药工程研究中心；原始编号：HBERC 00155，wa-01414；代谢产物具有抗菌
活性；分离源：土壤；分离地点：福建蒲城；培养基：0012；培养温度：28℃。

ACCC 40511←湖北省生物农药工程研究中心；原始编号：HBERC 00156，wa-01208；代谢产物具有抗菌
活性；分离源：土壤；分离地点：浙江开化；培养基：0012；培养温度：28℃。

ACCC 40512←湖北省生物农药工程研究中心；原始编号：HBERC 00157，wa-01537；代谢产物具有抗菌
作用；分离源：土壤；分离地点：浙江遂昌；培养基：0012；培养温度：28℃。

ACCC 40513←湖北省生物农药工程研究中心；原始编号：HBERC 00158，wa-01321；代谢产物具有抗菌
活性；分离源：土壤；分离地点：江西婺源；培养基：0012；培养温度：28℃。

ACCC 40515←湖北省生物农药工程研究中心；原始编号：HBERC 00160，wa-01362；代谢产物具有抗菌
作用；分离源：土壤；分离地点：福建蒲城；培养基：0012；培养温度：28℃。

ACCC 40516←湖北省生物农药工程研究中心；原始编号：HBERC 00161，wa-03346；代谢产物具有抗菌
作用；分离源：土壤；分离地点：四川洪雅；培养基：0012；培养温度：28℃。

ACCC 40712←湖北省生物农药工程研究中心；原始编号：HBERC 00297，wa-05313；代谢产物具有抗菌
活性；分离源：土壤；分离地点：河南伏牛山；培养基：0012；培养温度：28℃。

ACCC 40715 链轮枝菌属←湖北省生物农药工程研究中心；原始编号：HBERC 00307，wa-05327；代谢产
物具有抗菌活性；分离源：土壤；分离地点：河南伏牛山；培养基：0012；培养温度：28℃。

ACCC 40476←湖北省生物农药工程研究中心；代谢产物具有抗菌活性；分离源：土壤；分离地点：江西婺
源；培养基：0012；培养温度：28℃。

ACCC 40520←湖北省生物农药工程研究中心；原始编号：HBERC 00165，wa-03572；代谢产物具有抗菌
活性；分离源：土壤；分离地点：湖北武汉；培养基：0012；培养温度：28℃。

Thermoactinomyces vulgaris **Tsilinsky 1899 普通高温放线杆菌（普通小单孢菌）**

ACCC 41061^T←DSMZ← E. Küster, MVD←D. M. Webley, D←D. Erikson. Compost；=DSM43016＝ATCC
43649，CBS 505.77，CUB 250，IFO 13606，JCM 3162，KCC A-0162，NBRC 13606；分离源：com-
post；培养基：0455；50℃。

Thermomonospora curvata **Henssen 1957 弯曲高温单孢菌**

ACCC 41067^T←dsmz←JCM←A. Henssen；=43183＝ATCC 19995＝CBS 141.67＝IAM 14296＝IMET 9551＝
JCM 3096＝KCC A-0096＝NCIMB 10081；原始编号：B9；Degrades cellulose；分离源：秸秆；培养基：
0012；45℃。

Thermomonspora **sp. 高温单孢菌**

ACCC 41252←中国热带农业科学院环境与资源保护研究所；原始编号：CATAS EPPI2265；分离源：龙血
树根际土壤1~2cm处；分离地点：海南省儋州市；培养基：0012；培养温度：28℃。

ACCC 41253←中国热带农业科学院环境与资源保护研究所；原始编号：CATAS EPPI2266；分离源：龙血
树根际土壤1~2cm处；分离地点：海南省儋州市；培养基：0012；培养温度：28℃。

ACCC 41254←中国热带农业科学院环境与资源保护研究所；原始编号：CATAS EPPI2267；分离源：龙血

树根际土壤 1～2cm 处；分离地点：海南省儋州市；培养基：0012；培养温度：28℃。

ACCC 41255←中国热带农业科学院环境与资源保护研究所；原始编号：CATAS EPPI2268；分离源：槟榔根际土壤 1～2cm 处；分离地点：海南省儋州市；培养基：0012；培养温度：28℃。

ACCC 41256←中国热带农业科学院环境与资源保护研究所；原始编号：CATAS EPPI2269；分离源：海南大枫子根际土壤 1～2cm 处；分离地点：海南省儋州市；培养基：0012；培养温度：28℃。

ACCC 41257←中国热带农业科学院环境与资源保护研究所；原始编号：CATAS EPPI2270；分离源：海南大枫子根际土壤 1～2cm 处；分离地点：海南省儋州市；培养基：0012；培养温度：28℃。

四、酵 母 菌
（Yeasts）

Ambrosiozyma monospora（Saito）van der Walt 单孢虫道酵母

ACCC 20333←中国农业科学院土肥所←荷兰真菌研究所 CBS2554；分离源：椰树分泌物；模式菌株；培养基：0181；培养温度：25～28℃。

Ambrosiozyma platypodis（Baker & Kreger-van Rij）Van der Walt 扁平虫道酵母

ACCC 20324←中国农业科学院土肥所←荷兰真菌研究所 CBS4111；分离源：昆虫；模式菌株；培养基：0181；培养温度：25～28℃。

Ashbya gossypii（Ashby & Nowell）Guilliermond 棉阿舒囊霉

ACCC 20001←中国农业科学院土肥所←中国科学院微生物研究所 AS2.475；产核黄素；培养基：0013；培养温度：25～28℃。

ACCC 20113←中国农业科学院土肥所←中国科学院微生物研究所 AS2.1176；产核黄素；培养基：0013；培养温度：25～28℃。

Brettanomyces anomalus Custers 异型酒香酵母

ACCC 20234←中国农业科学院土肥所←轻工部食品所 IFFI 1464，美国 ATCC 引进；用于酒精发酵；培养基：0077；培养温度：28～30℃。

Brettanomyces intermedius（Krumbholz & Tauachanoff）van der Walt & Kerken 间型酒香酵母

ACCC 20233←中国农业科学院土肥所←轻工部食品所 IFFI 1716；用于酿酒生香；培养基：0077；培养温度：28～30℃。

Brettanomyces sp. 酒香酵母

ACCC 21122←中国农业科学院土肥所←山东农业大学 SDAUMCC 200001；原始编号：ZB-296。生产单细胞蛋白；分离源：啤酒渣；培养基：0013；培养温度：25～28℃。

Candida albicans（Robin）Berkhout 白假丝酵母

ACCC 20002←中国农业科学院土肥所←中国科学院微生物研究所 AS2.538；培养基：0013；培养温度：25～28℃。

ACCC 20100←中国农业科学院土肥所←中国科学院微生物研究所 AS2.538；培养基：0013；培养温度：25～28℃。

Candida cylindracea Koichi Yamada & Machida ex S. A. Meyer. & Yarrow 柱状假丝酵母

ACCC 20339←中国农业科学院土肥所←荷兰真菌研究所＝CBS 6330；脂肪酶产生菌；分离自土壤；培养基：0206；培养温度：25～28℃。

Candida guilliermondii（Castellani）Langeron & Guerra 季也蒙假丝酵母

ACCC 20232←中国农业科学院土肥所←轻工食品研究所周元懿分离 IFFI 1274；用于生香；培养基：0077；培养温度：28～30℃。

Candida humicola（Daszewska）Diddens & Lodder 土生假丝酵母（有性阶段为土生隐球酵母 *Cyptococcus humicolus*）

ACCC 20112←中国农业科学院土肥所←美国典型培养物中心 ATCC36992；用于生产赖氨酸；培养基：0013 或 0072；培养温度：25～28℃。

Candida inconspicus（Lodder & Kreger）S. A. Meyer & Yarrow 平常假丝酵母

ACCC 21254←广东省广州微生物研究所菌种组 GIMT2.016；培养基：0013；培养温度：25℃。

Candida kefyr （Beijer.） **van Uden & Bukley. 乳酒假丝酵母**

ACCC 20254←中国农业科学院土肥所←中国科学院微生物研究所 AS2.68；发酵乳糖酵母；培养基：0013；
培养温度：25～28℃。

ACCC 20278←中国农业科学院土肥所←广东省微生物研究所 GIM2.112←中国科学院微生物研究所
AS2.68；培养基：0013；培养温度：25～28℃。

ACCC 21275←广东省广州微生物研究所菌种组 GIMY0015；分离源：未脱脂牛奶；用于奶酪和乳酒的酿
造；培养基：0013；培养温度：25～28℃。

Candida krusei （Castellani） **Berkhout 克鲁斯假丝酵母**

ACCC 20196←中国农业科学院土肥所←郑州嵩山制药厂←轻工部食品发酵所 IFFI 1722；发酵法生产甘油；
培养基：0013；培养温度：25～28℃。

ACCC 20197←中国农业科学院土肥所←郑州嵩山制药厂←轻工部食品发酵所 IFFI 1684；用于酒精生产、
发酵法生产甘油；培养基：0013；培养温度：25～28℃。

ACCC 21057←中国农业科学院饲料所 avcY11←中国科学院微生物研究所 AS2.1182；原始编号：生香酵母
菌 18 号；高温产酯酵母，高温生香酵母；培养基：0013；培养温度：25～28℃。

Candida kruisii **Meyer & Yarrow 克鲁伊假丝酵母**

ACCC 20269←中国农业科学院土肥所←中国科学院微生物研究所 AS2.1707←荷兰真菌研究所 CBS 7864；
培养基：0013；培养温度：25～28℃。

Candida lambica （Lindner & Genoud） **van Uden & Buckley 郎必可假丝酵母**

ACCC 20159←中国农业科学院土肥所←中国科学院微生物研究所（生香酵母菌 18 号）AS2.1182；高温产
酯酵母；培养基：0013；培养温度：25～28℃。

ACCC 20267←中国农业科学院土肥所←云南大学微生物发酵重点实验室←中国科学院微生物研究所
AS2.1182；培养基：0013；培养温度：25～28℃。

Candida lipolytica （Harrison） **Diddens & Lodder 解脂假丝酵母**

ACCC 20101←中国农业科学院土肥所←中国科学院微生物研究所 AS2.1207；石油脱蜡，以烷烃生产 α-酮
戊二酸，培养基：0013；培养温度：25～28℃。

ACCC 20140←中国农业科学院土肥所←中国科学院微生物研究所 AS2.1398；烷烃代谢产脂肪酸；培养基：
0013；培养温度：25～28℃。

ACCC 21262←广东省广州微生物研究所菌种组 GIMY0002；分离源：石油；用于石油脱蜡；培养基：
0013；培养温度：28℃。

Candida lipolytica **var.** ***lipolytica*** **Diddens & Lodder 解脂假丝酵母解脂变种**

ACCC 20245←中国农业科学院土肥所←上海工业微生物研究所←轻工部食品发酵所 IFFI 1670；用于石油
发酵产柠檬酸；培养基：0013；培养温度：28～30℃。

Candida lusitaniae **van Uden & do Carmo-Sousa 葡萄牙假丝酵母**

ACCC 20201←中国农业科学院土肥所←郑州嵩山制药厂←轻工部食品发酵所 IFFI1461；用葡萄糖、纤维二
糖产酒精；培养基：0013；培养温度：25～28℃。

ACCC 21288←广东省广州微生物研究所 GIMY0029；分离源：葡萄糖、纤维糖发酵液。利用葡萄糖、纤维
糖发酵生产酒精；培养基：0013；培养温度：25～28℃。

ACCC 21338←新疆农业科学院微生物研究所 XAAS30036；分离源：沙质土；用于乙醇发酵；培养基：
0181；培养温度：30℃。

ACCC 21339←新疆农业科学院微生物研究所 XAAS30037；分离源：沙质土；用于乙醇发酵；培养基：
0181；培养温度：30℃。

ACCC 21343←新疆农业科学院微生物研究所 XAAS30041；分离源：沙质土；用于乙醇发酵；培养基：
0181；培养温度：30℃。

ACCC 21344←新疆农业科学院微生物研究所 XAAS30042；分离源：沙质土；用于乙醇发酵；培养基：
0181；培养温度：30℃。

ACCC 21345←新疆农业科学院微生物研究所 XAAS30043；分离源：沙质土；用于乙醇发酵；培养基：0181；培养温度：30℃。

Candida macedoniensis （Castellani & Chalmers） Berkhout 马其顿假丝酵母

ACCC 20277←中国农业科学院土肥所←广东省微生物研究所 GIM2.111←中国科学院微生物研究所 AS2.1504；培养基：0013；培养温度：25～28℃。

Candida maltosa Komagata et al. 麦芽糖假丝酵母

ACCC 20327←中国农业科学院土肥所←荷兰真菌研究所 CBS5611；模式菌株；培养基：0436；培养温度：25～28℃。

Candida parapsilosis （Ashford） Langeron & Talice 近平滑假丝酵母

ACCC 20221←中国农业科学院土肥所←中国科学院微生物研究所 AS2.590←美国威斯康辛大学；原始编号：1257；用戊糖水解液制造饲料酵母。产色氨酸；培养基：0013；培养温度：25～28℃。

ACCC 20313←中国农业科学院土肥所←荷兰真菌研究所 CBS604；模式菌株；培养基：0436；培养温度：25～28℃。

ACCC 21282←广东省广州微生物研究所菌种组 GIMY0022；分离源：石油；用戊糖水解液生产饲料酵母，产色氨酸；培养基：0013；培养温度：25～28℃。

Candida quercitrusa S. A. Meyer & Phaff 桔假丝酵母

ACCC 21239←广东省广州微生物研究所 GIMT2.010；分离源：土壤；培养基：0013；培养温度：25～28℃。

Candida rugosa （Anderson） Diddens & Lodder 皱褶假丝酵母

ACCC 20280←中国农业科学院土肥所←广东省微生物研究所 GIM2.5←中国科学院微生物研究所 AS2.511，石油发酵生产反丁烯二酸；培养基：0013；培养温度：25～28℃。

ACCC 21263←广东省广州微生物研究所菌种组 GIMY0003；分离源：石油；用于石油发酵生产丁烯二酸；培养基：0013；培养温度：28℃。

Candida sake （Saito & Ota） van Uden & H. R. Buckley 清酒假丝酵母

ACCC 21355←新疆农业科学院微生物研究所 XAAS30054；分离源：泥水；用于污水处理；培养基：0181；培养温度：20℃。

ACCC 21357←新疆农业科学院微生物研究所 XAAS30056 分离源：泥水；用于污水处理；培养基：0181；培养温度：20℃。

ACCC 21363←新疆农业科学院微生物研究所 XAAS30062；分离源：泥水；用于污水处理；培养基：0181；培养温度：20℃。

ACCC 21370←新疆农业科学院微生物研究所 XAAS30069；分离源：泥水；用于污水处理；培养基：0181；培养温度：20℃。

Candida shehatae var. *shehatae* Buckley & van Uden 休哈塔假丝酵母休哈塔亚种

ACCC 20335←中国农业科学院土肥所←荷兰真菌研究所 CBS5813；模式菌株；培养基：0436；培养温度：25～28℃。

Candida sp. 假丝酵母

ACCC 20121←中国农业科学院土肥所←中国科学院微生物研究所 AS2.625；培养基：0013；培养温度：25～28℃。

ACCC 21131←中国农业科学院土肥所←山东农业大学 SDAUMCC 200010；原始编号：ZB-393；发酵果汁产酸产气，采集地：北京汇源果汁公司；分离源：汇源果汁污染样品；培养基：0013；培养温度：25～28℃。

ACCC 21134←中国农业科学院土肥所←山东农业大学 SDAUMCC 200013；原始编号：ZB-303；产单细胞蛋白，采集地：山东泰安；分离源：食品；培养基：0013；培养温度：25～28℃。

ACCC 21143←中国农业科学院土肥所←山东农业大学 SDAUMCC 200022；原始编号：ZB-429；采集地：

山东泰安；分离源：土壤；培养基：0013；培养温度：25～28℃。

ACCC 21150←中国农业科学院饲料所 FRI 2006150；原始编号：Y48；采集地：海南三亚；分离源：鱼肠
　　胃；培养基：0013；培养温度：30℃。

Candida tropicalis （Castellani） Berkhout 热带假丝酵母

ACCC 20004←中国农业科学院土肥所←中国科学院微生物研究所 AS2.637；饲料酵母。微生物学报，17
　　（3）：231-238，1977；培养基：0013 或 0072；培养温度：25～28℃。

ACCC 20005←中国农业科学院土肥所←中国科学院微生物研究所 AS2.1397；用烷烃生产饲料酵母；培养
　　基：0013；培养温度：25～28℃。

ACCC 20006←中国农业科学院土肥所←中国科学院微生物研究所 AS2.564；水解液发酵用菌；培养基：
　　0013；培养温度：25～28℃。

ACCC 20141←中国农业科学院土肥所←中国科学院微生物研究所 AS2.637；饲料酵母；微生物学报，17
　　（3）：231-238，1977；培养基：0013；培养温度：25～28℃。

ACCC 20148←中国农业科学院土肥所←中国科学院微生物研究所；培养基：0013；培养温度：25～28℃。

ACCC 20153←中国农业科学院土肥所←中国科学院微生物研究所 AS2.564；水解液发酵用菌；培养基：
　　0013；培养温度：25～28℃。

ACCC 20198←中国农业科学院土肥所←郑州嵩山制药厂←轻工部食品发酵所 IFFI 1316；同化五碳糖；培
　　养基：0013；培养温度：25～28℃。

ACCC 20199←中国农业科学院土肥所←郑州嵩山制药厂←轻工部食品发酵所 IFFI 1463；同化五碳糖；培
　　养基：0013；培养温度：25～28℃。

ACCC 20230←中国农业科学院土肥所←轻工食品研究所 IFFI 1463，美国引进；利用五碳糖，亚硫酸废液
　　培养酵母；培养基：0077；培养温度：28～30℃。

ACCC 20274←中国农业科学院土肥所←上海水产大学←中国科学院微生物研究所 AS2.637，饲料酵母；培
　　养基：0013；培养温度：25～28℃。

ACCC 20275←中国农业科学院土肥所←上海水产大学←中国科学院微生物研究所 AS2.587，饲料酵母，蛋
　　白质含量较高；培养基：0013；培养温度：25～28℃。

ACCC 21052←中国农业科学院饲料所 avcY2←北京营养源所；培养基：0013；培养温度：25～28℃。

ACCC 21145←中国农业科学院土肥所←山东农业大学 SDAUMCC 200024；原始编号：ZB-430；采集地：
　　山东泰安，分离源：土壤；培养基：0013；培养温度：25～28℃。

ACCC 21161←中国农业科学院饲料所 FRI 2006120；原始编号：Y67；采集地：海南三亚；分离源：鱼肠
　　胃；培养基：0013；培养温度：25～28℃。

ACCC 21256←广东省广州微生物研究所检测组 GIMJC001；分离源：南海海水；培养基：0014；培养温
　　度：28℃。

ACCC 21264←广东省广州微生物研究所菌种组 GIMY0004；分离源：土壤；用于制成酵母膏和提取麦角固
　　醇；培养基：0013；培养温度：35℃。

ACCC 21290←广东省广州微生物研究所菌种组 GIMF2.147；分离源：土壤；用 L-烷烃生产饲料酵母；培
　　养基：0013；培养温度：25～28℃。

Candida utilis （Henneberg） Lodder & Kreger-van Rij 产朊假丝酵母

ACCC 20059←中国农业科学院土肥所←中国科学院微生物研究所 AS2.1180←莫斯科大学；饲料酵母。培
　　养基：0013；培养温度：25～28℃。

ACCC 20060←中国农业科学院土肥所←中国科学院微生物研究所 AS2.281；饲料酵母；微生物学报，6
　　（2）：161～181，1958；培养基：0013；培养温度：25～28℃。

ACCC 20102←中国农业科学院土肥所←中国科学院微生物研究所 AS2.281；饲料酵母；培养基：0013；培
　　养温度：25～28℃。

ACCC 21055←中国农业科学院饲料所 avcY6←北京营养源所←中国科学院微生物研究所 AS2.1180；饲料
　　酵母；培养基：0013；培养温度：25～28℃。

ACCC 21283←广东省广州微生物研究所菌种组 GIMY0023；分离源：饲料；饲料酵母；培养基：0013；培养温度：25～28℃。

Candida valida （Leverle）van Uden & Berkley 粗状假丝酵母

ACCC 20231←中国农业科学院土肥所←轻工部食品发酵 IFFI 1444←北京啤酒厂；产脂肪酶；培养基：0077；培养温度：28～30℃。

Candida versatilis （Etchells & Bell）Meyer & Yarrow 皱状假丝酵母

ACCC 20318←中国农业科学院土肥所←荷兰真菌研究所 CBS1752；模式菌株；培养基：0436；培养温度：25～28℃。

Candida vini （J. N. Vallot ex Desm.）Uden & H. R. Buckley ex S. A. Meyer & Ahearn 葡萄酒假丝酵母

ACCC 21151←中国农业科学院饲料所 FRI 2006109；原始编号：Y49；采集地：海南三亚；分离源：鱼肠胃；培养基：0013；培养温度：25～28℃。

Candida viswanathii T. S. Viswan. & H. S. Randhawa ex R. S. Sandhu & H. S. Randhawa 维斯假丝酵母

ACCC 20340←中国农业科学院土肥所←荷兰真菌研究所 CBS 7889；脂肪酶产生菌；分离自植物油；培养基：0206；培养温度：25～28℃。

Candida zeylanoides （Cast.）Langer. & Guerra 涎沐假丝酵母

ACCC 21365←新疆农业科学院微生物研究所 XAAS30064；分离源：泥水；用于污水处理；培养基：0181；培养温度：20℃。

Clavispora lusitaniae Rodrigues de Miranda 葡萄牙棒孢酵母

ACCC 20325←中国农业科学院土肥所←荷兰真菌研究所 CBS4413；模式菌株；培养基：0436；培养温度：25～28℃。

Crebrothecium ashbyii （Guilliermond）Routein＝***Eremothecium ashbyii*** Guilliermond 阿舒多囊霉＝阿舒假囊酵母

ACCC 20013←中国农业科学院土肥所←中国科学院微生物研究所 AS2.481；核黄素（V_2）产生菌；培养基：0013；培养温度：25～28℃。

ACCC 20014←中国农业科学院土肥所←中国科学院微生物研究所 AS2.482；V_{B2} 产生菌；培养基：0013；培养温度：25～28℃。

ACCC 20061←中国农业科学院土肥所←中国科学院微生物研究所 AS2.481；培养基：0013；培养温度：25～28℃。

ACCC 20062←中国农业科学院土肥所←中国科学院微生物研究所 AS2.482；培养基：0013；培养温度：25～28℃。

ACCC 20169←中国农业科学院土肥所分离 68-2；维酶素生产菌；培养基：0013；培养温度：25～28℃。

ACCC 20170←中国农业科学院土肥所分离 63；维酶素生产菌；培养基：0013；培养温度：25～28℃。

ACCC 20171←中国农业科学院土肥所分离 68-2（A_1）；维酶素生产菌；培养基：0013；培养温度：25～28℃。

ACCC 20172←中国农业科学院土肥所分离 68-2（A_2）；维酶素生产菌；培养基：0013；培养温度：25～28℃。

ACCC 20173←中国农业科学院土肥所分离 68-2（A_3）；维酶素生产菌；培养基：0013；培养温度：25～28℃。

ACCC 20174←中国农业科学院土肥所分离 68-2（A_4）；维酶素生产菌；培养基：0013；培养温度：25～28℃。

ACCC 20175←中国农业科学院土肥所分离 68-2（A_5）；维酶素生产菌；培养基：0013；培养温度：25～28℃。

ACCC 20176←中国农业科学院土肥所分离 68-2（A_7）；维酶素生产菌；培养基：0013；培养温度：25～28℃。

ACCC 20177←中国农业科学院土肥所分离 68-2（A_8）；维酶素生产菌；培养基：0013；培养温度：25～28℃。

ACCC 20178←中国农业科学院土肥所分离 68-2（A_9）；维酶素生产菌；培养基：0013；培养温度：25～28℃。

ACCC 20179←中国农业科学院土肥所分离 68-2（A_{10}）；维酶素生产菌；培养基：0013；培养温度：25～28℃。

ACCC 20180←中国农业科学院土肥所分离 63（B1）；维酶素生产菌；培养基：0013；培养温度：25～28℃。

ACCC 20181←中国农业科学院土肥所分离 63（B2）；维酶素生产菌；培养基：0013；培养温度：25～28℃。

ACCC 20182←中国农业科学院土肥所分离 63（B3）；维酶素生产菌；培养基：0013；培养温度：25～28℃。

ACCC 20183←中国农业科学院土肥所分离 63（B4）；维酶素生产菌；培养基：0013；培养温度：25～28℃。

ACCC 20184←中国农业科学院土肥所分离 63（B5）；维酶素生产菌；培养基：0013；培养温度：25～28℃。

ACCC 20185←中国农业科学院土肥所分离 63（B6）；维酶素生产菌；培养基：0013；培养温度：25～28℃。

ACCC 20186←中国农业科学院土肥所分离 2067（1）；维酶素生产菌；培养基：0013；培养温度：25～28℃。

ACCC 20187←中国农业科学院土肥所分离 2067（2）；维酶素生产菌；培养基：0013；培养温度：25～28℃。

ACCC 20188←中国农业科学院土肥所分离 2067（3）；维酶素生产菌；培养基：0013；培养温度：25～28℃。

ACCC 20189←中国农业科学院土肥所分离 2067（4）；维酶素生产菌；培养基：0013；培养温度：25～28℃。

ACCC 20190←中国农业科学院土肥所分离 2067（5）；维酶素生产菌；培养基：0013；培养温度：25～28℃。

ACCC 20191←中国农业科学院土肥所分离 2067（6）；维酶素生产菌；培养基：0013；培养温度：25～28℃。

ACCC 20210←中国农业科学院土肥所←中国科学院生物物理所 78-5；维酶素生产菌；培养基：0013；培养温度：25～28℃。

ACCC 20211←中国农业科学院土肥所←中国科学院生物物理所 78-2；维酶素生产菌；培养基：0013；培养温度：25～28℃。

Cryptococcus albidus (Saito) Skinn. 浅白隐球酵母

ACCC 21341←新疆农业科学院微生物研究所 XAAS30039；分离源：沙质土；用于乙醇发酵；培养基：0181；培养温度：30℃。

ACCC 21360←新疆农业科学院微生物研究所 XAAS30059；分离源：泥水；用于污水处理；培养基：0181；培养温度：20℃。

Cryptococcus flavus (Saito) Phaff & Fell 黄隐球酵母

ACCC 21244←南京农业大学；原始编号：WH；分离源：土壤；磺酰脲类除草剂抗性菌株；培养基：0014；培养温度：28℃。

Cryptococcus humicolus (Daszewska) Golubev 土生隐球酵母

（无性阶段为土生假丝酵母 *Candida humicola* (Daszewska) Diddens et Lodder）

ACCC 20248←中国农业科学院土肥所←美国典型培养物中心 ATCC36992；用于生产赖氨酸；培养基：
　　0013；培养温度：26℃。

ACCC 20312←中国农业科学院土肥所←荷兰真菌研究所 CBS571；模式菌株；培养基：0436；培养温度：
　　25～28℃。

Cryptococcus laurentii （Kufferath） Skinner 罗伦隐球酵母

ACCC 20007←中国农业科学院土肥所←中国科学院微生物研究所 AS2.114←黄海化学工业研究社，黄海
　　114；培养基：0013 或 0072；培养温度：25～28℃。

ACCC 20131←中国农业科学院土肥所←中国科学院微生物 AS2.114；培养基：0013；培养温度：
　　25～28℃。

ACCC 20309←中国农业科学院土肥所←荷兰真菌研究所 CBS139；模式菌株；培养基：0014；培养温度：
　　25～28℃。

ACCC 21257←广东省广州微生物研究所检测组 GIMJC002；培养基：0014；培养温度：28℃。

Cryptococcus neoformans （Sanfelice） Vuillemin 新型隐球酵母

ACCC 20337←中国农业科学院土肥所←美国典型培养物中心 ATCC32719；模式菌株；培养基：0435；培
　　养温度：26℃。

Cystofilobasidium infirmominiatum

ACCC 21376←新疆农业科学院微生物研究所 XAAS30075；分离源：泥水；用于污水处理；培养基：0181；
　　培养温度：20℃。

ACCC 21377←新疆农业科学院微生物研究所 XAAS30076；分离源：泥水；用于污水处理；培养基：0181；
　　培养温度：20℃。

ACCC 21378←新疆农业科学院微生物研究所 XAAS30077；分离源：泥水；用于污水处理；培养基：0181；
　　培养温度：20℃。

ACCC 21379←新疆农业科学院微生物研究所 XAAS30078；分离源：泥水；用于污水处理；培养基：0181；
　　培养温度：20℃。

ACCC 21380←新疆农业科学院微生物研究所 XAAS30079；分离源：泥水；用于污水处理；培养基：0181；
　　培养温度：20℃。

ACCC 21381←新疆农业科学院微生物研究所 XAAS30080；分离源：泥水；用于污水处理；培养基：0181；
　　培养温度：20℃。

ACCC 21385←新疆农业科学院微生物研究所 XAAS30086。分离源：泥水；用于污水处理；培养基：0181；
　　培养温度：20℃。

Debaryomyces hansenii （Zopf） Lodder & Kreger-van Rij 汉逊德巴利酵母

ACCC 20010←中国农业科学院土肥所←中国科学院微生物研究所 AS2.45←东北科学研究所大连分所，大
　　连 Y52；培养基：0013 或 0072；培养温度：25～28℃。

ACCC 20104←中国农业科学院土肥所←中国科学院微生物研究所 AS2.45；培养基：0013；培养温度：
　　25～28℃。

ACCC 21350←新疆农业科学院微生物研究所 XAAS30048；分离源：泥水；用于污水处理；培养基：0181；
　　培养温度：20℃。

ACCC 21352←新疆农业科学院微生物研究所 XAAS30051；分离源：泥水；用于污水处理；培养基：0181；
　　培养温度：20℃。

ACCC 21354←新疆农业科学院微生物研究所 XAAS30053；分离源：泥水；用于污水处理；培养基：0181；
　　培养温度：20℃。

ACCC 21366←新疆农业科学院微生物研究所 XAAS30065；分离源：泥水；用于污水处理；培养基：0181；
　　培养温度：20℃。

ACCC 21384←新疆农业科学院微生物研究所 XAAS30085；分离源：泥水；用于污水处理；培养基：0181；
　　培养温度：20℃。

Debaryomyces hansenii (Zopf) Lodder & Kreger-van Rij var. *hansenii* 汉逊德巴利酵母汉逊变种

ACCC 21065←中国农业科学院饲料所 avcY33←中国科学院微生物研究所 AS2.1193。饲料酵母；培养基：0013；培养温度：25～28℃。

Debaryomyces kloeckeri Guilliermond & Péju 克洛德巴利酵母

ACCC 20008←中国农业科学院土肥所←中国科学院微生物研究所 AS2.33←东北科学研究所大连分所，大连 Y38；培养基：0013 或 0072；培养温度：25～28℃。

ACCC 20009←中国农业科学院土肥所←中国科学院微生物研究所 AS2.34←东北科学研究所大连分所，大连 Y39；培养基：0013 或 0072；培养温度：25～28℃。

ACCC 20129←中国农业科学院土肥所←中国科学院微生物研究所 AS2.33；培养基：0013；培养温度：25～28℃。

ACCC 20130←中国农业科学院土肥所←中国科学院微生物研究所 AS2.34；培养基：0013；培养温度：25～28℃。

Debaryomyces occidentalis var. *occidentalis* (Klöcker) Kurtzman & Robnett 西洋德巴利酵母

ACCC 20304←中国农业科学院土肥所←荷兰真菌研究所 CBS819；模式菌株；培养基：0436；培养温度：25～28℃。

Debaryomyces sp. 德巴利酵母

ACCC 20011←中国农业科学院土肥所←中国科学院微生物研究所 AS2.473；培养基：0013；培养温度：25～28℃。

Dekkera anomala Smith & van Grinsven 异型德克酵母

ACCC 20302←中国农业科学院土肥所←荷兰真菌研究所 CBS77；模式菌株；分离源：啤酒；培养基：0436；培养温度：25～28℃。

Dekkera bruxellensis van der Walt 布鲁塞尔德克酵母

ACCC 20301←中国农业科学院土肥所←荷兰真菌研究所 CBS73；分离源：葡萄汁；培养基：0436；培养温度：25～28℃。

ACCC 20306←中国农业科学院土肥所←荷兰真菌研究所 CBS4914；分离源：茶-啤酒；模式菌株；培养基：0436；培养温度：25～28℃。

Dekkera sp. 德克酵母属

ACCC 21130←中国农业科学院土肥所←山东农业大学 SDAUMCC 200009；原始编号：ZB-290；产香味，采集地：山东济南；分离源：白酒窖泥；培养基：0013；培养温度：25～28℃。

Endomyces fibuligera 扣囊内孢霉

ACCC 21180←广东省广州微生物研究所菌种组 GIM2.118；培养基：0013；培养温度：25～28℃。

ACCC 21276←广东省广州微生物研究所 GIMY0016；分离源：食品；产葡萄糖淀粉酶；培养基：0013；培养温度：25～28℃。

Endomycopsis fibuligera (Lindner) Dekker = *Saccharomycopsis fibuligera* (Linder) Klöcker 扣囊拟内孢霉＝扣囊复膜孢酵母

ACCC 20015←中国农业科学院土肥所←中国科学院微生物研究所 AS2.1145；抗生素测定菌；培养基：0013；培养温度：25～28℃。

ACCC 20154←中国农业科学院土肥所←中国科学院微生物研究所 AS2.1145；分离源：北京迎春花；培养基：0013；培养温度：25～28℃。

ACCC 21056←中国农业科学院饲料所 avcY10←北京营养源研究所；培养基：0013；培养温度：25～28℃。

ACCC 21062←中国农业科学院饲料所 avcY23。饲料酵母；培养基：0013；培养温度：25～28℃。

Filobasidiella neoformans Kwon-Chung 新型小丝担类酵母

ACCC 21347←新疆农业科学院微生物研究所 XAAS30045；分离源：泥水；用于污水处理；培养基：0181；

培养温度：30℃。

Geotrichum candidum Link ex Person 白地霉

ACCC 20016←中国农业科学院土肥所←中国科学院微生物研究所 AS2.361←东北科学研究所大连分所，大
连 M26；产甘露醇脱氢酶；饲料酵母；培养基：0013；培养温度：25～28℃。

ACCC 20142←中国农业科学院土肥所←中国科学院微生物研究所 AS2.361。饲料酵母；培养基：0013；培
养温度：25～28℃。

ACCC 20281←中国农业科学院土肥所←广东省微生物研究所 GIM2.69；原始编号：顺糖 2 号；饲料酵母；
培养基：0013；培养温度：25～28℃。

ACCC 21142←中国农业科学院土肥所←山东农业大学 SDAUMCC 200021；原始编号：ZB-427；采集地：
山东泰安；分离源：土壤；培养基：0013；培养温度：25～28℃。

ACCC 21169←中国农业科学院土肥所←北京联合大学；培养基：0013；培养温度：25～28℃。

ACCC 21170←中国农业科学院植保所 SM1020；原始编号：29 (24-1-1)；采集地：云南省马关县；分离
源：啤酒渣；培养基：0014；培养温度：25～28℃。

ACCC 21171←新疆农业科学院微生物研究所 XAAS40129；原始编号：SF49；采集地：新疆吐鲁番；分离
源：土壤；培养基：0014；培养温度：25～28℃。

Geotrichum robustum Fang et al. 健强地霉

ACCC 20017←中国农业科学院土肥所←中国科学院微生物研究所 AS2.621←中国科学院上海生物化学研究
所；模式菌株；培养基：0013；培养温度：25～28℃。

ACCC 20235←中国农业科学院土肥所←轻工部食品所 IFFI 1256，美国引进。产油脂；培养基：0077；培
养温度：28～30℃。

Hanseniaspora sp. Zik. 有孢汉逊酵母

ACCC 21133←中国农业科学院土肥所←山东农业大学 SDAUMCC 200012；原始编号：ZB-291；采集地：
山东济南；分离源：葡萄；培养基：0013；培养温度：25～28℃。

Hanseniaspora uvarum (Niehaus) El-Tabey Shehata et al. 葡萄酒有孢汉逊酵母

ACCC 20310←中国农业科学院土肥所←荷兰真菌研究所 CBS314；模式菌株；培养基：0436；培养温度：
25～28℃。

ACCC 20331←中国农业科学院土肥所←荷兰真菌研究所 CBS104；培养基：0436；培养温度：25～28℃。

Hansenula anomala (Hansen) H. & Sydow 异常汉逊酵母

ACCC 20018←中国农业科学院土肥所←中国科学院微生物研究所 AS2.300←东北科学研究所大连分所，大
连 Y290；产酯生香酵母；培养基：0013 或 0072；培养温度：25～28℃。

ACCC 20103←中国农业科学院土肥所←中国科学院微生物研究所 AS2.300；提高酒的含酯量，生香味；培
养基：0013；培养温度：25～28℃。

ACCC 20192←中国农业科学院土肥所←轻工部食品发酵所 IFFI 1645；啤酒酿造（北啤 2 号）；培养基：
0013；培养温度：25～28℃。

ACCC 20193←中国农业科学院土肥所←轻工部食品发酵所 IFFI 1646；啤酒酿造（北啤 4 号）；培养基：
0013；培养温度：25～28℃。

ACCC 20247←中国农业科学院土肥所←农业科学院生防所全赞华捐赠；原始编号：Y401；用于产酯生香；
培养基：0013；培养温度：28℃。

ACCC 21265←广东省广州微生物研究所菌种组 GIMY0005；分离源：酒曲；产酯、提高酒的含酯量；培养
基：0013；培养温度：28℃。

Hansenula arabitolgenes Fang 产阿拉伯糖醇汉逊酵母

ACCC 20205←中国农业科学院土肥所←中国科学院微生物研究所 AS2.887；模式菌株。耐高渗透压、生产
甘油及阿拉伯糖醇；培养基：0013；培养温度：25～28℃。

Hansenula jadinii (A. & Sartory, Weill & Meyer) Wickerham 杰丁汉逊酵母

ACCC 20019←中国农业科学院土肥所←中国科学院微生物研究所 AS2.1393←日本大坂发酵研究所

IFO0989；培养基：0013 或 0072；培养温度：25～28℃。

Hansenula saturnus (Klocker) H. & Sydow 土星汉逊酵母

ACCC 20020←中国农业科学院土肥所←中国科学院微生物研究所 AS2.303←东北科学研究所大连分所，大连 Y293；培养基：0013；培养温度：25～28℃。

ACCC 20133←中国农业科学院土肥所←中国科学院微生物研究所 AS2.303；培养基：0013；培养温度：25～28℃。

Hansenula sp. H. & P. Syd. 汉逊酵母

ACCC 21128←中国农业科学院土肥所←山东农业大学 SDAUMCC 200007；原始编号：ZB-305；产香味物质，采集地：山东泰安；分离源：白酒窖泥；培养基：0013；培养温度：25～28℃。

ACCC 21129←中国农业科学院土肥所←山东农业大学 SDAUMCC 200008；原始编号：ZB-289；产香味物质，采集地：山东曲阜；分离源：白酒窖泥；培养基：0013；培养温度：25～28℃。

Kloeckera apiculata (Reess emend. Klocker) Janke 柠檬形克勒克酵母

ACCC 20021←中国农业科学院土肥所←中国科学院微生物研究所 AS2.193←黄海化学工业研究社，黄海197；分离源：葡萄；培养基：0013 或 0072；培养温度：25～28℃。

ACCC 20022←中国农业科学院土肥所←中国科学院微生物研究所 AS2.197←北京农业大学；分离源：蜜枣；培养基：0013；培养温度：25～28℃。

ACCC 20023←中国农业科学院土肥所←中国科学院微生物研究所 AS2.711；培养基：0013；培养温度：25～28℃。

ACCC 20132←中国农业科学院土肥所←中国科学院微生物研究所 AS2.193；培养基：0013；培养温度：25～28℃。

ACCC 20137←中国农业科学院土肥所←中国科学院微生物研究所 AS2.711；培养基：0013；培养温度：25～28℃。

ACCC 20220←中国农业科学院土肥所←中国科学院微生物研究所 AS2.197；培养基：0013；培养温度：25～28℃。

Kloeckera sp. Janke 克勒克酵母

ACCC 21123←中国农业科学院土肥所←山东农业大学 SDAUMCC 200002；原始编号：ZB-298；生产单细胞蛋白；分离源：白酒糟；培养基：0013；培养温度：25～28℃。

Kluyveromyces delphensis (van der Walt & Tscheuschn.) van der Walt 德地克鲁维酵母

ACCC 21165←广东省广州微生物研究所 GIMT 2.001；原始编号：HNJ-1；采集地：广东广州；分离源：阔叶林土壤；培养基：0013；培养温度：25～28℃。

Kluyceromyces marxianus (Hansen) van der Walt 马克斯克鲁维酵母

ACCC 20314←中国农业科学院土肥所←荷兰真菌研究所 CBS607；模式菌株；培养基：0436；培养温度：25～28℃。

ACCC 21190←广东省广州微生物研究所 GIM2.99←广东食品发酵研究所；食用酵母；培养基：0013；培养温度：25～28℃。

Lipomyces kononenkoae Nieuwd. et al. 橘林油脂酵母

ACCC 20236←中国农业科学院土肥所←轻工部食品发酵所 IFFI 1714←上海工业微生物研究所；用于产油脂；培养基：0077；培养温度：28～30℃。

Lipomyces lipofer Lodder & Kreger-van Rij ex Slooff 产油油脂酵母

ACCC 20305←中国农业科学院土肥所←荷兰真菌研究所 CBS944；模式菌株；培养基：0181；0436；培养温度：25～28℃。

Lipomyces starkeyi Lodder & Kreger-van Rij 斯达油脂酵母

ACCC 20024←中国农业科学院土肥所←中国科学院微生物研究所 AS2.1390←东京大学应用微生物研究所；培养基：0013 或 0072；培养温度：25～28℃。

ACCC 20342←中国农业科学院土肥所←荷兰真菌研究所 CBS 1807；模式菌株；分离自土壤；培养基：0206；培养温度：25～28℃。

ACCC 21148←中国农业科学院土肥所←山东农业大学 SDAUMCC 200027；原始编号：ZB-431；采集地：山东泰安；分离源：土壤；培养基：0013；培养温度：25～28℃。

Lodderomyces elongisporus（Recca & Mrak）Van der Walt 长孢洛德酵母

ACCC 20322←中国农业科学院土肥所←荷兰真菌研究所 CBS2605；模式菌株；分离源：浓缩的橘子汁；培养基：0436；培养温度：25～28℃。

Metschnikowia pulche Pitt & Miller 美极梅奇酵母

ACCC 21063←中国农业科学院饲料所 avcY24←中国科学院微生物研究所 AS2.492；培养基：0013；培养温度：25～28℃。

Mrakia nivalis（Fell et al.）Y. Yamada & Komagata 雪地木拉克酵母

ACCC 21348←新疆农业科学院微生物研究所 XAAS30046；分离源：泥水；用于污水处理；培养基：0181；培养温度：30℃。

ACCC 21351←新疆农业科学院微生物研究所 XAAS30049；分离源：泥水；用于污水处理；培养基：0181；培养温度：20℃。

ACCC 21359←新疆农业科学院微生物研究所 XAAS30058；分离源：泥水；用于污水处理；培养基：0181；培养温度：20℃。

ACCC 21364←新疆农业科学院微生物研究所 XAAS30063；分离源：泥水；用于污水处理；培养基：0181；培养温度：20℃。

ACCC 21367←新疆农业科学院微生物研究所 XAAS30066；分离源：泥水；用于污水处理；培养基：0181；培养温度：20℃。

ACCC 21369←新疆农业科学院微生物研究所 XAAS30068；分离源：泥水；用于污水处理；培养基：0181；培养温度：20℃。

ACCC 21386←新疆农业科学院微生物研究所 XAAS30087；分离源：泥水；用于污水处理；培养基：0181；培养温度：20℃。

Mrakia sp. 木拉克酵母

ACCC 21158←中国农业科学院饲料所 FRI 2006116；原始编号：Y62；采集地：新疆吐鲁番；分离源：哈密瓜；培养基：0013；培养温度：25～28℃。

ACCC 21159←中国农业科学院饲料所 FRI 2006117；原始编号：Y63；采集地：新疆吐鲁番；分离源：哈密瓜；培养基：0013；培养温度：25～28℃。

ACCC 21160←中国农业科学院饲料所 FRI 2006118；原始编号：Y66；采集地：新疆吐鲁番；分离源：哈密瓜；培养基：0013；培养温度：25～28℃。

Pachysolen tannophilus Boidin & Adzet 嗜鞣质菅囊酵母

ACCC 20323←中国农业科学院土肥所←荷兰真菌研究所 CBS4044；产乙醇；模式菌株；培养基：0436；培养温度：25～28℃。

ACCC 20338←中国农业科学院土肥所←美国典型培养物中心 ATCC32691；发酵木糖生产酒精；培养基：0436；培养温度：25～28℃。

Pichia anomala（E. C. Hansen）Kurtzman 异常毕赤酵母

ACCC 21337←新疆农业科学院微生物研究所 XAAS30035；分离源：沙质土；用于乙醇发酵；培养基：0181；培养温度：30℃。

ACCC 21346←新疆农业科学院微生物研究所 XAAS30044；分离源：沙质土；用于乙醇发酵；培养基：0181；培养温度：30℃。

Pichia canadensis（Wick.）Kurtzman 加拿大毕赤酵母

ACCC 21152←中国农业科学院饲料所 FRI 2006110；原始编号：Y54；＝CGMCC 2.1481；培养基：0013；培养温度：25～28℃。

Pichia caribbica （Saito） Bai 卡利比克毕赤酵母

ACCC 21245←南京农业大学；原始编号：WB；分离源：土壤；磺酰脲类除草剂抗性菌株；培养基：0014；
培养温度：28℃。

Pichia farinosa （Lindner） Hansen 粉状毕赤酵母

ACCC 20025←中国农业科学院土肥所←中国科学院微生物研究所 AS2.86←东北科学研究所大连分所，大
连 Y118；培养基：0013；培养温度：25～28℃。

ACCC 20026←中国农业科学院土肥所←中国科学院微生物研究所 AS2.802；培养基：0013；培养温度：
25～28℃。

ACCC 20136←中国农业科学院土肥所←中国科学院微生物研究所 AS2.705；培养基：0013；培养温度：
25～28℃。

ACCC 20268←中国农业科学院土肥所←中国科学院微生物研究所 AS2.803；分离源：酒药；培养基：
0013；培养温度：25～28℃。

ACCC 21153←中国农业科学院饲料所 FRI 2006111；原始编号：Y55；采集地：海南三亚；分离源：鱼肠
胃；培养基：0013；培养温度：25～28℃。

ACCC 21279←广东省广州微生物研究所菌种组 GIMY0018；分离源：白酒糟；用于酿造白酒；培养基：
0013；培养温度：28～30℃。

Pichia fermentans Lodder 发酵毕赤酵母

ACCC 20319←中国农业科学院土肥所←荷兰真菌研究所 CBS1876；分离源：啤酒；模式菌株；培养基：
0436；培养温度：25～28℃。

Pichia guilliermondii Wickerham 季也蒙毕赤酵母

ACCC 20311←中国农业科学院土肥所←荷兰真菌研究所 CBS566；模式菌株；培养基：0436；培养温度：
25～28℃。

ACCC 20320←中国农业科学院土肥所←荷兰真菌研究所 CBS2021；产核黄素和柠檬酸；培养基：0436；培
养温度：25～28℃。

ACCC 21242←南京农业大学，原始编号：EQ；分离源：土壤；磺酰脲类除草剂抗性菌株；培养基：0014；
培养温度：28℃。

Pichia hangzhouana X. H. Lu & M. X. Li 杭州毕赤酵母

ACCC 21156←中国农业科学院饲料所 FRI 2006114，原始编号：Y60。＝CGMCC 2.1531；培养基：0013；
培养温度：25～28℃。

Pichia jadinii （Wickerham） Kurtzman 杰丁毕赤酵母

ACCC 20315←中国农业科学院土肥所←荷兰真菌研究所 CBS621；模式菌株；采集地：酵母工厂；培养基：
0436；培养温度：25～28℃。

ACCC 20332←中国农业科学院土肥所←荷兰真菌研究所 CBS841；模式菌株；培养基：0436；培养温度：
25～28℃。

Pichia kluyveri Bedford 克鲁维毕赤酵母

ACCC 21154←中国农业科学院饲料所 FRI 2006112，原始编号：Y56。＝CGMCC 2.2055；培养基：0013；
培养温度：25～28℃。

Pichia membranaefaciens Hansen 膜醭毕赤酵母

ACCC 20027←中国农业科学院土肥所←中国科学院微生物研究所 AS2.89←东北科学研究所大连分所，大
连 Y121；培养基：0013 或 0072；培养温度：25～28℃。

ACCC 20105←中国农业科学院土肥所←中国科学院微生物研究所 AS2.1039；原始编号：M451；分离源：
茅台酒醅；培养基：0013；培养温度：25～28℃。

ACCC 20308←中国农业科学院土肥所←荷兰真菌研究所 CBS107；模式菌株；培养基：0436；培养温度：
25～28℃。

ACCC 21374←新疆农业科学院微生物研究所 XAAS30073；分离源：泥水；用于污水处理；培养基：0181；
培养温度：20℃。

Pichia ohmeri （Etchells & T. A. Bell） Kreger 奥默毕赤酵母

ACCC 21155←中国农业科学院饲料所 FRI 2006113，原始编号：Y56。＝CGMCC 2.1789；培养基：0013；
培养温度：25～28℃。

Pichia pastoris （Guillierm.） Phaff 巴斯德毕赤酵母

ACCC 21018←中国农业科学院饲料所 FRI 3303，原始编号：PIC9-BD5063-39；分泌、表达 α-淀粉酶；培养
基：0097；培养温度：25～28℃。

ACCC 21019←中国农业科学院饲料所 FRI 3304，原始编号：PIC9-BD5063-AGA；分泌、表达 α-淀粉酶；
培养基：0097；培养温度：25～28℃。

ACCC 21020←中国农业科学院饲料所 FRI 3307，原始编号：PIC9H-BD5063-AOX-S；分泌、表达 α-淀粉
酶；培养基：0097；培养温度：25～28℃。

ACCC 21021←中国农业科学院饲料所 FRI 3308，原始编号：PIC9H-BD5063-AOX-L；分泌、表达 α-淀粉
酶；培养基：0097；培养温度：25～28℃。

ACCC 21071←中国农业科学院饲料所 FRI 2006201，原始编号：GS-PLA-19；分泌、表达生产磷脂酶；培
养基：0013；培养温度：25～28℃。

ACCC 21072←中国农业科学院饲料所 FRI 2006202，原始编号：GS-PLA-20；分泌、表达生产磷脂酶；培
养基：0013；培养温度：25～28℃。

ACCC 21073←中国农业科学院饲料所 FRI 2006203，原始编号：GS-PLA-21；分泌、表达生产磷脂酶；培
养基：0013；培养温度：25～28℃。

ACCC 21074←中国农业科学院饲料所 FRI 2006204，原始编号：GS-PLA-32；分泌、表达生产磷脂酶；培
养基：0013；培养温度：25～28℃。

ACCC 21075←中国农业科学院饲料所 FRI 2006205，原始编号：GS-PLA-40；分泌、表达生产磷脂酶；培
养基：0013；培养温度：25～28℃。

ACCC 21076←中国农业科学院饲料所 FRI 2006206，原始编号：GS-PLA-41；分泌、表达生产磷脂酶；培
养基：0013；培养温度：25～28℃。

ACCC 21077←中国农业科学院饲料所 FRI 2006207，原始编号：GS-PLA-52；分泌、表达生产磷脂酶；培
养基：0013；培养温度：25～28℃。

ACCC 21078←中国农业科学院饲料所 FRI 2006208，原始编号：GS-PLA-57；分泌、表达生产磷脂酶；培
养基：0013；培养温度：25～28℃。

ACCC 21079←中国农业科学院饲料所 FRI 2006209，原始编号：GS-PLA-60；分泌、表达生产磷脂酶；培
养基：0013；培养温度：25～28℃。

ACCC 21080←中国农业科学院饲料所 FRI 2006210，原始编号：GS-PLA-65；分泌、表达生产磷脂酶；培
养基：0013；培养温度：25～28℃。

ACCC 21081←中国农业科学院饲料所 FRI 2006211，原始编号：GS-PLA-66；分泌、表达生产磷脂酶；培
养基：0013；培养温度：25～28℃。

ACCC 21082←中国农业科学院饲料所 FRI 2006212，原始编号：GS-PLA-79；分泌、表达生产磷脂酶；培
养基：0013；培养温度：25～28℃。

ACCC 21083←中国农业科学院饲料所 FRI 2006213，原始编号：GS-PLA-87；分泌、表达生产磷脂酶；培
养基：0013；培养温度：25～28℃。

ACCC 21084←中国农业科学院饲料所 FRI 2006214，原始编号：GS-PLAS-9；分泌、表达生产磷脂酶；培
养基：0013；培养温度：25～28℃。

ACCC 21085←中国农业科学院饲料所 FRI 2006215，原始编号：GS-PLAS-8；分泌、表达生产磷脂酶；培
养基：0013；培养温度：25～28℃。

ACCC 21086←中国农业科学院饲料所 FRI 2006216，原始编号：GS-PLAS-31；分泌、表达生产磷脂酶；培

养基：0013；培养温度：25～28℃。

ACCC 21087←中国农业科学院饲料所 FRI 2006217，原始编号：GS-PLAS-47；分泌、表达生产磷脂酶；培养基：0013；培养温度：25～28℃。

ACCC 21088←中国农业科学院饲料所 FRI 2006218，原始编号：GS-PLAS-55；分泌、表达生产磷脂酶；培养基：0013；培养温度：25～28℃。

ACCC 21089←中国农业科学院饲料所 FRI 2006219，原始编号：GS-PLAS-56；分泌、表达生产磷脂酶；培养基：0013；培养温度：25～28℃。

ACCC 21090←中国农业科学院饲料所 FRI 2006220，原始编号：GS-PLAS-62；分泌、表达生产磷脂酶；培养基：0013；培养温度：25～28℃。

ACCC 21091←中国农业科学院饲料所 FRI 2006221，原始编号：GS-PLAS-69；分泌、表达生产磷脂酶；培养基：0013；培养温度：25～28℃。

ACCC 21092←中国农业科学院饲料所 FRI 2006222，原始编号：GS-PLAS-71；分泌、表达生产磷脂酶；培养基：0013；培养温度：25～28℃。

ACCC 21093←中国农业科学院饲料所 FRI 2006223，原始编号：GS-PLAS-79；分泌、表达生产磷脂酶；培养基：0013；培养温度：25～28℃。

ACCC 21094←中国农业科学院饲料所 FRI 2006224，原始编号：GS-PLAS-83；分泌、表达生产磷脂酶；培养基：0013；培养温度：25～28℃。

ACCC 21095←中国农业科学院饲料所 FRI 2006225，原始编号：GS-PLAS-85；分泌、表达生产磷脂酶；培养基：0013；培养温度：25～28℃。

ACCC 21096←中国农业科学院饲料所 FRI 2006226，原始编号：GS-PLAS-89；分泌、表达生产磷脂酶；培养基：0013；培养温度：25～28℃。

ACCC 21097←中国农业科学院饲料所 FRI 2006227，原始编号：GS-PLAS-90；分泌、表达生产磷脂酶；培养基：0013；培养温度：25～28℃。

ACCC 21098←中国农业科学院饲料所 FRI 2006228，原始编号：GS-PLAS-94；分泌、表达生产磷脂酶；培养基：0013；培养温度：25～28℃。

ACCC 21099←中国农业科学院饲料所 FRI 2006229，原始编号：GS-PLAS-95；分泌、表达生产磷脂酶；培养基：0013；培养温度：25～28℃。

ACCC 21100←中国农业科学院饲料所 FRI 2006230，原始编号：GS-PLAS-100；分泌、表达生产磷脂酶；培养基：0013；培养温度：25～28℃。

ACCC 21101←中国农业科学院饲料所 FRI 2006231，原始编号：GS-GLU-4；分泌、表达生产葡聚糖酶；培养基：0013；培养温度：25～28℃。

ACCC 21102←中国农业科学院饲料所 FRI 2006232，原始编号：GS-GLU-6；分泌、表达生产葡聚糖酶；培养基：0013；培养温度：25～28℃。

ACCC 21103←中国农业科学院饲料所 FRI 2006233，原始编号：GS-GLU-26；分泌、表达生产葡聚糖酶；培养基：0013；培养温度：25～28℃。

ACCC 21104←中国农业科学院饲料所 FRI 2006234，原始编号：GS-GLU-29；分泌、表达生产葡聚糖酶；培养基：0013；培养温度：25～28℃。

ACCC 21105←中国农业科学院饲料所 FRI 2006235，原始编号：GS-GLU-30；分泌、表达生产葡聚糖酶；培养基：0013；培养温度：25～28℃。

ACCC 21106←中国农业科学院饲料所 FRI 2006236，原始编号：GS-GLU-34；分泌、表达生产葡聚糖酶；培养基：0013；培养温度：25～28℃。

ACCC 21107←中国农业科学院饲料所 FRI 2006237，原始编号：GS-GLU-35；分泌、表达生产葡聚糖酶；培养基：0013；培养温度：25～28℃。

ACCC 21108←中国农业科学院饲料所 FRI 2006238，原始编号：GS-GLU-36；分泌、表达生产葡聚糖酶；培养基：0013；培养温度：25～28℃。

ACCC 21109←中国农业科学院饲料所 FRI 2006239，原始编号：GS-GLU-38；分泌、表达生产葡聚糖酶；培养基：0013；培养温度：25～28℃。

ACCC 21110←中国农业科学院饲料所 FRI 2006240，原始编号：GS-GLU-39；分泌、表达生产葡聚糖酶；培养基：0013；培养温度：25～28℃。

ACCC 21111←中国农业科学院饲料所 FRI 2006241，原始编号：GS-GLU-40；分泌、表达生产葡聚糖酶；培养基：0013；培养温度：25～28℃。

ACCC 21112←中国农业科学院饲料所 FRI 2006242，原始编号：GS-GLU-42；分泌、表达生产葡聚糖酶；培养基：0013；培养温度：25～28℃。

ACCC 21113←中国农业科学院饲料所 FRI 2006243，原始编号：GS-GLU-43；分泌、表达生产葡聚糖酶；培养基：0013；培养温度：25～28℃。

ACCC 21114←中国农业科学院饲料所 FRI 2006244，原始编号：GS-GLU-45；分泌、表达生产葡聚糖酶；培养基：0013；培养温度：25～28℃。

ACCC 21115←中国农业科学院饲料所 FRI 2006245，原始编号：GS-GLU-47；分泌、表达生产葡聚糖酶；培养基：0013；培养温度：25～28℃。

ACCC 21116←中国农业科学院饲料所 FRI 2006246，原始编号：GS-GLU-53；分泌、表达生产葡聚糖酶；培养基：0013；培养温度：25～28℃。

ACCC 21117←中国农业科学院饲料所 FRI 2006247，原始编号：GS-GLU-54；分泌、表达生产葡聚糖酶；培养基：0013；培养温度：25～28℃。

ACCC 21118←中国农业科学院饲料所 FRI 2006248，原始编号：GS-GLU-67；分泌、表达生产葡聚糖酶；培养基：0013；培养温度：25～28℃。

ACCC 21119←中国农业科学院饲料所 FRI 2006249，原始编号：GS-GLU-84；分泌、表达生产葡聚糖酶；培养基：0013；培养温度：25～28℃。

ACCC 21120←中国农业科学院饲料所 FRI 2006250，原始编号：GS-GLU-89；分泌、表达生产葡聚糖酶；培养基：0013；培养温度：25～28℃。

ACCC 21121←中国农业科学院饲料所 FRI 2006251，原始编号：GS-GLU-80；分泌、表达生产葡聚糖酶；培养基：0013；培养温度：25～28℃。

ACCC 21194←中国农业科学院饲料所 FRI2007154；高效表达、分泌、生产脂肪酶；培养基：0013；培养温度：30℃。

ACCC 21195←中国农业科学院饲料所 FRI2007155；高效表达、分泌、生产脂肪酶；培养基：0013；培养温度：30℃。

ACCC 21196←中国农业科学院饲料所 FRI2007156；高效表达、分泌、生产脂肪酶；培养基：0013；培养温度：30℃。

ACCC 21197←中国农业科学院饲料所 FRI2007157；高效表达、分泌、生产脂肪酶；培养基：0013；培养温度：30℃。

ACCC 21198←中国农业科学院饲料所 FRI2007158；高效表达、分泌、生产脂肪酶；培养基：0013；培养温度：30℃。

ACCC 21199←中国农业科学院饲料所 FRI2007159；高效表达、分泌、生产脂肪酶；培养基：0013；培养温度：30℃。

ACCC 21200←中国农业科学院饲料所 FRI2007160；高效表达、分泌、生产脂肪酶；培养基：0013；培养温度：30℃。

ACCC 21201←中国农业科学院饲料所 FRI2007161；高效表达、分泌、生产脂肪酶；培养基：0013；培养温度：30℃。

ACCC 21202←中国农业科学院饲料所 FRI2007162；高效表达、分泌、生产脂肪酶；培养基：0013；培养温度：30℃。

ACCC 21203←中国农业科学院饲料所 FRI2007163；高效表达、分泌、生产脂肪酶；培养基：0013；培养温度：30℃。

ACCC 21204←中国农业科学院饲料所 FRI2007164；高效表达、分泌、生产脂肪酶；培养基：0013；培养
温度：30℃。

ACCC 21205←中国农业科学院饲料所 FRI2007165；高效表达、分泌、生产脂肪酶；培养基：0013；培养
温度：30℃。

ACCC 21206←中国农业科学院饲料所 FRI2007166；高效表达、分泌、生产脂肪酶；培养基：0013；培养
温度：30℃。

ACCC 21207←中国农业科学院饲料所 FRI2007167；高效表达、分泌、生产脂肪酶；培养基：0013；培养
温度：30℃。

ACCC 21208←中国农业科学院饲料所 FRI2007168；高效表达、分泌、生产脂肪酶；培养基：0013；培养
温度：30℃。

ACCC 21209←中国农业科学院饲料所 FRI2007169；高效表达、分泌、生产脂肪酶；培养基：0013；培养
温度：30℃。

ACCC 21210←中国农业科学院饲料所 FRI2007170；高效表达、分泌、生产脂肪酶；培养基：0013；培养
温度：30℃。

ACCC 21211←中国农业科学院饲料所 FRI2007171；高效表达、分泌、生产木聚糖酶；培养基：0013；培
养温度：30℃。

ACCC 21212←中国农业科学院饲料所 FRI2007172；高效表达、分泌、生产木聚糖酶；培养基：0013；培
养温度：30℃。

ACCC 21213←中国农业科学院饲料所 FRI2007173；高效表达、分泌、生产木聚糖酶；培养基：0013；培
养温度：30℃。

ACCC 21214←中国农业科学院饲料所 FRI2007174；高效表达、分泌、生产木聚糖酶；培养基：0013；培
养温度：30℃。

ACCC 21215←中国农业科学院饲料所 FRI2007175；高效表达、分泌、生产木聚糖酶；培养基：0013；培
养温度：30℃。

ACCC 21216←中国农业科学院饲料所 FRI2007176；高效表达、分泌、生产木聚糖酶；培养基：0013；培
养温度：30℃。

ACCC 21217←中国农业科学院饲料所 FRI2007177；高效表达、分泌、生产木聚糖酶；培养基：0013；培
养温度：30℃。

ACCC 21218←中国农业科学院饲料所 FRI2007178；高效表达、分泌、生产木聚糖酶；培养基：0013；培
养温度：30℃。

ACCC 21219←中国农业科学院饲料所 FRI2007179；高效表达、分泌、生产木聚糖酶；培养基：0013；培
养温度：30℃。

ACCC 21220←中国农业科学院饲料所 FRI2007180；高效表达、分泌、生产木聚糖酶；培养基：0013；培
养温度：30℃。

ACCC 21221←中国农业科学院饲料所 FRI2007181；高效表达、分泌、生产木聚糖酶；培养基：0013；培
养温度：30℃。

ACCC 21222←中国农业科学院饲料所 FRI2007182；高效表达、分泌、生产木聚糖酶；培养基：0013；培
养温度：30℃。

ACCC 21223←中国农业科学院饲料所 FRI2007183；高效表达、分泌、生产木聚糖酶；培养基：0013；培
养温度：30℃。

ACCC 21224←中国农业科学院饲料所 FRI2007184；高效表达、分泌、生产甘露聚糖酶；培养基：0013；
培养温度：30℃。

ACCC 21225←中国农业科学院饲料所 FRI2007185；高效表达、分泌、生产甘露聚糖酶；培养基：0013；
培养温度：30℃。

ACCC 21226←中国农业科学院饲料所 FRI2007186；高效表达、分泌、生产甘露聚糖酶；培养基：0013；培养温度：30℃。

ACCC 21227←中国农业科学院饲料所 FRI2007187；高效表达、分泌、生产甘露聚糖酶；培养基：0013；培养温度：30℃。

ACCC 21228←中国农业科学院饲料所 FRI2007188；高效表达、分泌、生产甘露聚糖酶；培养基：0013；培养温度：30℃。

ACCC 21229←中国农业科学院饲料所 FRI2007189；高效表达、分泌、生产 β-半乳糖苷酶；培养基：0013；培养温度：30℃。

ACCC 21230←中国农业科学院饲料所 FRI2007190；高效表达、分泌、生产 β-半乳糖苷酶；培养基：0013；培养温度：30℃。

ACCC 21231←中国农业科学院饲料所 FRI2007191；高效表达、分泌、生产 β-半乳糖苷酶；培养基：0013；培养温度：30℃。

ACCC 21232←中国农业科学院饲料所 FRI2007192；高效表达、分泌、生产 β-半乳糖苷酶；培养基：0013；培养温度：30℃。

ACCC 21233←中国农业科学院饲料所 FRI2007193；高效表达、分泌、生产 β-半乳糖苷酶；培养基：0013；培养温度：30℃。

ACCC 21234←中国农业科学院饲料所 FRI2007151；高效表达、分泌、生产脂肪酶；培养基：0013；培养温度：30℃。

ACCC 21235←中国农业科学院饲料所 FRI2007152；高效表达、分泌、生产脂肪酶；培养基：0013；培养温度：30℃。

ACCC 21236←中国农业科学院饲料所 FRI2007153；高效表达、分泌、生产脂肪酶；培养基：0013；培养温度：30℃。

ACCC 21237←中国农业科学院生物技术所←Invitrogen 公司。酵母菌 KM71，BBRI00361；用于高效表达外源蛋白，尤其是表达有重要生物学活性的蛋白；培养基：0206；培养温度：30℃。

ACCC 21238←中国农业科学院生物技术所←Invitrogen 公司。酵母菌 GS115，BBRI00362；用于高效表达外源蛋白，尤其是表达有重要生物学活性的蛋白；培养基：0206；培养温度：30℃。

ACCC 21260←中国农业科学院生物技术所 BRIL00479。His4 缺陷型；培养基：0033；培养温度：30℃。

ACCC 21261←中国农业科学院生物技术所 BRIL00490。His4 缺陷型；培养基：0033；培养温度：30℃。

ACCC 21291←中国农业科学院饲料所 FRI2008101；分泌、表达生产木聚糖酶；培养基：0013；培养温度：30℃。

ACCC 21292←中国农业科学院饲料所 FRI2008102；分泌、表达生产木聚糖酶；培养基：0013；培养温度：30℃。

ACCC 21293←中国农业科学院饲料所 FRI2008103；分泌、表达生产木聚糖酶；培养基：0013；培养温度：30℃。

ACCC 21294←中国农业科学院饲料所 FRI2008104；分泌、表达生产木聚糖酶；培养基：0013；培养温度：30℃。

ACCC 21295←中国农业科学院饲料所 FRI2008105；分泌、表达生产木聚糖酶；培养基：0013；培养温度：30℃。

ACCC 21296←中国农业科学院饲料所 FRI2008106；分泌、表达生产木聚糖酶；培养基：0013；培养温度：30℃。

ACCC 21297←中国农业科学院饲料所 FRI2008107；分泌、表达生产木聚糖酶；培养基：0013；培养温度：30℃。

ACCC 21298←中国农业科学院饲料所 FRI2008108；分泌、表达生产木聚糖酶；培养基：0013；培养温度：30℃。

ACCC 21299←中国农业科学院饲料所 FRI2008109；分泌、表达生产木聚糖酶；培养基：0013；培养温度：30℃。

ACCC 21300←中国农业科学院饲料所 FRI2008110；分泌、表达生产木聚糖酶；培养基：0013；培养温
度：30℃。

ACCC 21301←中国农业科学院饲料所 FRI2008111；分泌、表达生产木聚糖酶；培养基：0013；培养温
度：30℃。

ACCC 21302←中国农业科学院饲料所 FRI2008112；分泌、表达生产植酸酶；培养基：0013；培养温
度：30℃。

ACCC 21303←中国农业科学院饲料所 FRI2008113；分泌、表达生产植酸酶；培养基：0013；培养温
度：30℃。

ACCC 21304←中国农业科学院饲料所 FRI2008114；分泌、表达生产植酸酶；培养基：0013；培养温
度：30℃。

ACCC 21305←中国农业科学院饲料所 FRI2008115；分泌、表达生产植酸酶；培养基：0013；培养温
度：30℃。

ACCC 21306←中国农业科学院饲料所 FRI2008116；分泌、表达生产植酸酶；培养基：0013；培养温
度：30℃。

ACCC 21307←中国农业科学院饲料所 FRI2008117；分泌、表达生产植酸酶；培养基：0013；培养温
度：30℃。

ACCC 21308←中国农业科学院饲料所 FRI2008118；分泌、表达生产地衣多糖酶；培养基：0013；培养温
度：30℃。

ACCC 21309←中国农业科学院饲料所 FRI2008119；分泌、表达生产地衣多糖酶；培养基：0013；培养温
度：30℃。

ACCC 21310←中国农业科学院饲料所 FRI2008120；分泌、表达生产地衣多糖酶；培养基：0013；培养温
度：30℃。

ACCC 21311←中国农业科学院饲料所 FRI2008121；分泌、表达生产地衣多糖酶；培养基：0013；培养温
度：30℃。

ACCC 21312←中国农业科学院饲料所 FRI2008122；分泌、表达生产地衣多糖酶；培养基：0013；培养温
度：30℃。

ACCC 21313←中国农业科学院饲料所 FRI2008123；分泌、表达生产地衣多糖酶；培养基：0013；培养温
度：30℃。

ACCC 21314←中国农业科学院饲料所 FRI2008124；分泌、表达生产地衣多糖酶；培养基：0013；培养温
度：30℃。

ACCC 21315←中国农业科学院饲料所 FRI2008125；分泌、表达生产地衣多糖酶；培养基：0013；培养温
度：30℃。

ACCC 21316←中国农业科学院饲料所 FRI2008126；分泌、表达生产地衣多糖酶；培养基：0013；培养温
度：30℃。

ACCC 21317←中国农业科学院饲料所 FRI2008127；分泌、表达生产地衣多糖酶；培养基：0013；培养温
度：30℃。

ACCC 21318←中国农业科学院饲料所 FRI2008128；分泌、表达生产地衣多糖酶；培养基：0013；培养温
度：30℃。

ACCC 21319←中国农业科学院饲料所 FRI2008129；分泌、表达生产地衣多糖酶；培养基：0013；培养温
度：30℃。

ACCC 21320←中国农业科学院饲料所 FRI2008130；分泌、表达生产地衣多糖酶；培养基：0013；培养温
度：30℃。

ACCC 21321←中国农业科学院饲料所 FRI2008131；分泌、表达生产地衣多糖酶；培养基：0013；培养温
度：30℃。

ACCC 21322←中国农业科学院饲料所 FRI2008133；分泌、表达生产地衣多糖酶；培养基：0013；培养温度：30℃。

ACCC 21323←中国农业科学院饲料所 FRI2008134；分泌、表达生产地衣多糖酶；培养基：0013；培养温度：30℃。

ACCC 21324←中国农业科学院饲料所 FRI2008135；分泌、表达生产地衣多糖酶；培养基：0013；培养温度：30℃。

ACCC 21325←中国农业科学院饲料所 FRI2008136；分泌、表达生产植酸酶；培养基：0013；培养温度：30℃。

ACCC 21326←中国农业科学院饲料所 FRI2008137；分泌、表达生产抗菌肽；培养基：0013；培养温度：30℃。

ACCC 21327←中国农业科学院饲料所 FRI2008138；分泌、表达生产抗菌肽；培养基：0013；培养温度：30℃。

ACCC 21328←中国农业科学院饲料所 FRI2008139；分泌、表达生产植酸酶；培养基：0013；培养温度：30℃。

ACCC 21329←中国农业科学院饲料所 FRI2008140；分泌、表达生产植酸酶；培养基：0013；培养温度：30℃。

ACCC 21330←中国农业科学院饲料所 FRI2008141；分泌、表达生产肌醇单磷酸酶；培养基：0013；培养温度：30℃。

ACCC 21331←中国农业科学院饲料所 FRI2008142；分泌、表达生产植酸酶；培养基：0013；培养温度：30℃。

ACCC 21332←中国农业科学院饲料所 FRI2008145；分泌、表达生产植酸酶；培养基：0013；培养温度：30℃。

ACCC 21333←中国农业科学院饲料所 FRI2008146；分泌、表达生产抗菌肽；培养基：0013；培养温度：30℃。

ACCC 21334←中国农业科学院饲料所 FRI2008147；分泌、表达生产抗菌肽；培养基：0013；培养温度：30℃。

ACCC 21335←中国农业科学院饲料所 FRI2008148；分泌、表达生产抗菌肽；培养基：0013；培养温度：30℃。

ACCC 21336←中国农业科学院饲料所 FRI2008150；分泌、表达生产抗菌肽；培养基：0013；培养温度：30℃。

Pichia sp. Hansen 毕赤酵母

ACCC 21000←中国农业科学院饲料所，原始编号：FRI 2011；培养基：0097；培养温度：25～28℃。

ACCC 21001←中国农业科学院饲料所，原始编号：FRI 2030；培养基：0097；培养温度：25～28℃。

ACCC 21002←中国农业科学院饲料所，原始编号：FRI 2031；培养基：0097；培养温度：25～28℃。

ACCC 21003←中国农业科学院饲料所，原始编号：FRI 2052；培养基：0097；培养温度：25～28℃。

ACCC 21004←中国农业科学院饲料所，原始编号：FRI 2058；培养基：0097；培养温度：25～28℃。

ACCC 21005←中国农业科学院饲料所，原始编号：FRI 2061；培养基：0097；培养温度：25～28℃。

ACCC 21006←中国农业科学院饲料所，原始编号：FRI 2062；培养基：0097；培养温度：25～28℃。

ACCC 21007←中国农业科学院饲料所，原始编号：FRI 2064；培养基：0097；培养温度：25～28℃。

ACCC 21008←中国农业科学院饲料所，原始编号：FRI 7104；发酵生产木聚糖酶；培养基：0097；培养温度：25～28℃。

ACCC 21009←中国农业科学院饲料所，原始编号：FRI 7105；发酵生产木聚糖酶；培养基：0097；培养温度：25～28℃。

ACCC 21010←中国农业科学院饲料所，原始编号：FRI 7106；发酵生产木聚糖酶；培养基：0097；培养温度：25～28℃。

ACCC 21011←中国农业科学院饲料所，原始编号：FRI 7107；发酵生产木聚糖酶；培养基：0097；培养温
度：25～28℃。

ACCC 21012←中国农业科学院饲料所，原始编号：FRI 7108；发酵生产木聚糖酶；培养基：0097；培养温
度：25～28℃。

ACCC 21013←中国农业科学院饲料所，原始编号：FRI 1003；携带耐热植酸酶基因；培养基：0097；培养
温度：25～28℃。

ACCC 21014←中国农业科学院饲料所，原始编号：FRI 1005；携带耐热植酸酶基因；培养基：0097；培养
温度：25～28℃。

ACCC 21015←中国农业科学院饲料所，原始编号：FRI 1019；携带耐热植酸酶基因；培养基：0097；培养
温度：25～28℃。

ACCC 21016←中国农业科学院饲料所，原始编号：FRI 1027；携带耐热植酸酶基因；培养基：0097；培养
温度：25～28℃。

ACCC 21017←中国农业科学院饲料所，原始编号：FRI 1069；携带木聚糖酶基因；培养基：0097；培养温
度：25～28℃。

ACCC 21022←中国农业科学院饲料所，原始编号：FRI 6056；表达脂肪酶；培养基：0097；培养温度：
25～28℃。

ACCC 21023←中国农业科学院饲料所，原始编号：FRI 6057；表达脂肪酶；培养基：0097；培养温度：
25～28℃。

ACCC 21024←中国农业科学院饲料所，原始编号：FRI 6058；表达脂肪酶；培养基：0097；培养温度：
25～28℃。

ACCC 21025←中国农业科学院饲料所，原始编号：FRI 6059；表达脂肪酶；培养基：0097；培养温度：
25～28℃。

ACCC 21026←中国农业科学院饲料所，原始编号：FRI 7209；生产饲料用植酸酶；培养基：0097；培养温
度：25～28℃。

ACCC 21027←中国农业科学院饲料所，原始编号：FRI 7210；生产饲料用植酸酶；培养基：0097；培养温
度：25～28℃。

ACCC 21028←中国农业科学院饲料所，原始编号：FRI 7221；发酵生产植酸酶；培养基：0097；培养温
度：25～28℃。

ACCC 21029←中国农业科学院饲料所，原始编号：FRI 7222；发酵生产植酸酶；培养基：0097；培养温
度：25～28℃。

ACCC 21030←中国农业科学院饲料所，原始编号：FRI 7223；发酵生产植酸酶；培养基：0097；培养温
度：25～28℃。

ACCC 21031←中国农业科学院饲料所，原始编号：FRI 7224；发酵生产植酸酶；培养基：0097；培养温
度：25～28℃。

ACCC 21032←中国农业科学院饲料所，原始编号：FRI 7225；发酵生产植酸酶；培养基：0097；培养温
度：25～28℃。

ACCC 21033←中国农业科学院饲料所，原始编号：FRI 7226；发酵生产植酸酶；培养基：0097；培养温
度：25～28℃。

ACCC 21034←中国农业科学院饲料所，原始编号：FRI 7227；发酵生产植酸酶；培养基：0097；培养温
度：25～28℃。

ACCC 21035←中国农业科学院饲料所，原始编号：FRI 7228；发酵生产植酸酶；培养基：0097；培养温
度：25～28℃。

ACCC 21036←中国农业科学院饲料所，原始编号：FRI 7229；发酵生产植酸酶；培养基：0097；培养温
度：25～28℃。

ACCC 21037←中国农业科学院饲料所，原始编号：FRI 7230；发酵生产植酸酶；培养基：0097；培养温

度：25～28℃。

ACCC 21038←中国农业科学院饲料所，原始编号：FRI 7241；发酵生产植酸酶；培养基：0097；培养温度：25～28℃。

ACCC 21039←中国农业科学院饲料所，原始编号：FRI 7242；发酵生产植酸酶；培养基：0097；培养温度：25～28℃。

ACCC 21040←中国农业科学院饲料所，原始编号：FRI 9011；生产饲料用植酸酶；培养基：0097；培养温度：25～28℃。

ACCC 21041←中国农业科学院饲料所，原始编号：FRI 5027；表达甘露聚糖酶；培养基：0097；培养温度：25～28℃。

ACCC 21042←中国农业科学院饲料所，原始编号：FRI 5028；表达甘露聚糖酶；培养基：0097；培养温度：25～28℃。

ACCC 21043←中国农业科学院饲料所，原始编号：FRI 5029；表达甘露聚糖酶；培养基：0097；培养温度：25～28℃。

ACCC 21044←中国农业科学院饲料所，原始编号：FRI 5030；表达甘露聚糖酶；培养基：0097；培养温度：25～28℃。

ACCC 21045←中国农业科学院饲料所，原始编号：FRI 5031；表达甘露聚糖酶；培养基：0097；培养温度：25～28℃。

ACCC 21046←中国农业科学院饲料所，原始编号：FRI 5032；表达甘露聚糖酶；培养基：0097；培养温度：25～28℃。

ACCC 21047←中国农业科学院饲料所，原始编号：FRI 5033；表达甘露聚糖酶；培养基：0097；培养温度：25～28℃。

ACCC 21048←中国农业科学院饲料所，原始编号：FRI 5034；表达甘露聚糖酶；培养基：0097；培养温度：25～28℃。

ACCC 21049←中国农业科学院饲料所，原始编号：FRI 5035；表达甘露聚糖酶；培养基：0097；培养温度：25～28℃。

ACCC 21050←中国农业科学院饲料所，原始编号：FRI 5036；表达甘露聚糖酶；培养基：0097；培养温度：25～28℃。

ACCC 21051←中国农业科学院饲料所，原始编号：FRI 5037；表达甘露聚糖酶；培养基：0097；培养温度：25～28℃。

ACCC 21168←广东省广州微生物研究所 GIMT 2.005；原始编号：J-3；采集地：广东广州杨康生物公司；分离源：微生物肥料；培养基：0013；培养温度：25～28℃。

Rhodosporidium toruloides Banno 红冬孢酵母

ACCC 20341←中国农业科学院土肥所←荷兰真菌研究所 CBS 14；分离自木质纸浆；培养基：0206；培养温度：25～28℃。

ACCC 21167←广东省广州微生物研究所 GIMT 2.004；原始编号：J-1；采集地：广东广州；分离源：植物根系土壤。产类胡萝卜素色素；培养基：0013；培养温度：25～28℃。

Rhodotorula aurantiaca (Saito) Lodder 橙黄红酵母

ACCC 20029←中国农业科学院土肥所←中国科学院微生物研究所 AS2.280←东北科学研究所大连分所，大连 Y256；用于生产胞外蛋白；培养基：0013；培养温度：25～28℃。

ACCC 20156←中国农业科学院土肥所←中国科学院微生物研究所 AS2.280；培养基：0013；培养温度：25～28℃。

ACCC 21157←中国农业科学院饲料所 FRI 2006115；原始编号：Y61；采集地：海南三亚；分离源：海水；培养基：0013；培养温度：25～28℃。

Rhodotorula glutinis (Fresenius) Harrison 黏红酵母

ACCC 20030←中国农业科学院土肥所←中国科学院微生物研究所 AS2.499←美国。产苯丙氨酸；培养基：

0013；培养温度：25～28℃。

ACCC 20125←中国农业科学院土肥所←中国科学院微生物研究所 AS2.499；培养基：0013；培养温度：25～28℃。

ACCC 20270←中国农业科学院土肥所←中国科学院微生物研究所 AS2.1146←南京师范大学；用于制造人造肉；培养基：0013；培养温度：25～28℃。

ACCC 21146←中国农业科学院土肥所←山东农业大学 SDAUMCC 200025；原始编号：深红 Y；采集地：山东泰安；分离源：土壤；培养基：0013；培养温度：25～28℃。

ACCC 21149←中国农业科学院土肥所←山东农业大学 SDAUMCC 200028；原始编号：红 Y；采集地：山东泰安；分离源：土壤；培养基：0013；培养温度：25～28℃。

ACCC 21163←中国农业科学院饲料所 FRI 2006122；原始编号：Y69；采集地：海南三亚；分离源：鱼肠胃；培养基：0013；培养温度：25～28℃。

ACCC 21253←广东省广州微生物研究所菌种组 GIMT2.015；培养基：0013；培养温度：25℃。

ACCC 21284←广东省广州微生物研究所 GIMY0024；分离源：食品。产苯丙氨酸；培养基：0013；培养温度：25～28℃。

Rhodotorula graminis di Menna 牧草红酵母

ACCC 20334←中国农业科学院土肥所←荷兰真菌研究所 CBS2826；模式菌株；培养基：0014；培养温度：25～28℃。

Rhodotorula minuta (Saito) Harrison 小红酵母

ACCC 20282←中国农业科学院土肥所←广东省微生物研究所 GIM2.29←中国科学院微生物研究所 AS2.640；西凤酒曲中分离；培养基：0013；培养温度：25～28℃。

ACCC 21258←广东省广州微生物研究所检测组 GIMJC003；培养基：0014；培养温度：28℃。

ACCC 21172←新疆农业科学院微生物研究所；原始编号：LF67-3；采集地：哈巴河；分离源：土壤；培养基：0181；培养温度：20℃。

Rhodotorula mucilaginosa (A. Jörg.) F. C. Harrison 胶红酵母

ACCC 21164←中国农业科学院饲料所 FRI 2006123；原始编号：Y70；采集地：海南三亚；分离源：鱼肠胃；培养基：0013；培养温度：25～28℃。

ACCC 21174←广东省广州微生物研究所 GIMT 2.008；分离源：土壤；培养基：0013；培养温度：25～28℃。

ACCC 21192←中国农业大学路鹏、李国学等捐赠；原始编号：MO3；分离源：土壤；培养基：0013，培养温度：27～35℃。

ACCC 21241←南京农业大学，原始编号：SQ；分离源：土壤。磺酰脲类除草剂抗性菌株；培养基：0014；培养温度：28℃。

ACCC 21243←南京农业大学，原始编号：WW；分离源：土壤。磺酰脲类除草剂抗性菌株；培养基：0014；培养温度：28℃。

ACCC 21259←广东省广州微生物研究所检测组 GIMJC004；分离源：食品；培养基：0014；培养温度：28℃。

ACCC 21372←新疆农业科学院微生物研究所 XAAS30071；分离源：泥水；用于污水处理；培养基：0181；培养温度：20℃。

Rhodotorula rubra (Demme) Lodder 深红酵母

ACCC 20031←中国农业科学院土肥所←中国科学院微生物研究所 AS2.282←东北科学研究所大连分所，大连 Y260；培养基：0013；培养温度：25～28℃。

ACCC 20252←中国农业科学院土肥所←中国科学院微生物研究所 AS2.530←波兰微生物研究所克利分所；利用木材废液发酵产酒精；培养基：0013；培养温度：25～28℃。

ACCC 21285←广东省广州微生物研究所菌种组 GIMY0025；分离源：废水；利用废水生产酒精培养基：0013；培养温度：25～28℃。

Rhodotorula sp. 红酵母

ACCC 20123←中国农业科学院土肥所←中国科学院微生物研究所；培养基：0013；培养温度：25～28℃。

Saccharomyces bayanus Saccardo 贝酵母

ACCC 20200←中国农业科学院土肥所←轻工部食品发酵所 IFFI 1408；用于酿造白葡萄酒，耐酒精 18％；培养基：0013；培养温度：25～28℃。

ACCC 21281←广东省广州微生物研究所菌种组 GIMY0020；分离源：白葡萄酒；用于酿造白葡萄酒，耐酒精 18％；培养基：0013；培养温度：28～30℃。

Saccharomyces carlsbergensis Hansen 卡尔斯伯酵母

ACCC 20032←中国农业科学院土肥所←中国科学院微生物研究所 AS2.500；培养基：0013；培养温度：25～28℃。

ACCC 20033←中国农业科学院土肥所←中国科学院微生物研究所 AS2.604；培养基：0013；培养温度：25～28℃。

ACCC 20106←中国农业科学院土肥所←中国科学院微生物研究所 AS2.604；培养基：0013；培养温度：25～28℃。

ACCC 20134←中国农业科学院土肥所←中国科学院微生物研究所 AS2.500；培养基：0013；培养温度：25～28℃。

ACCC 20138←中国农业科学院土肥所←中国科学院微生物研究所 AS2.162；酒类用酵母；培养基：0013；培养温度：25～28℃。

ACCC 20166←中国农业科学院土肥所←河南汴京啤酒厂；啤酒生产（下层酵母）；培养基：0013；培养温度：25～28℃。

ACCC 21178←广东省广州微生物研究所 GIM2.76；分离源：酒曲；培养基：0013；培养温度：25～28℃。

ACCC 21266←广东省广州微生物研究所菌种组 GIMY0006；分离源：酒曲。啤酒酵母；培养基：0013；培养温度：25℃。

Saccharomyces cerevisiae Meyen ex Hansen 酿酒酵母

ACCC 20034←中国农业科学院土肥所←沈阳农学院；作抗菌素效价测定的指示菌；培养基：0013；培养温度：25～28℃。

ACCC 20035←中国农业科学院土肥所←上海光华啤酒厂；作抗菌素效价测定指示菌；培养基：0013 或 0072；培养温度：25～28℃。

ACCC 20036←中国农业科学院土肥所←北京首都啤酒厂；作抗菌素效价测定指示菌；培养基：0013 或 0072；培养温度：25～28℃。

ACCC 20037←中国农业科学院土肥所←中国科学院微生物研究所 AS2.126←黄海化学工业研究社，黄海 126；培养基：0013；培养温度：25～28℃。

ACCC 20038←中国农业科学院土肥所←中国科学院微生物研究所 AS2.128←黄海化学工业研究社，黄海 128；培养基：0013；培养温度：25～28℃。

ACCC 20039←中国农业科学院土肥所←中国科学院微生物研究所 AS2.241←东北科学研究所大连分所，大连 Y201；培养基：0013；培养温度：25～28℃。

ACCC 20040←中国农业科学院土肥所←中国科学院微生物研究所 AS2.399；培养基：13；培养温度：25～28℃。

ACCC 20042←中国农业科学院土肥所←中国科学院微生物研究所 AS2.1392←上海工农酒厂，工农 501。糯米黄酒酵母；培养基：0013；培养温度：25～28℃。

ACCC 20063←中国农业科学院土肥所←轻工部食品发酵所 IFFI 1346；酿葡萄酒、啤酒和其他果酒；培养基：0013；培养温度：25～28℃。

ACCC 20064←中国农业科学院土肥所←轻工部食品发酵所 IFFI 1363；酿葡萄酒、啤酒和其他果酒；培养基：0013；培养温度：25～28℃。

ACCC 20065←中国农业科学院土肥所←轻工部食品发酵所 IFFI 1450←日本引进；酿干白葡萄酒；培养基：

0013；培养温度：25～28℃。

ACCC 20107←中国农业科学院土肥所←中国科学院微生物研究所 AS2.109←黄海化学工业研究社；原始编号：黄海 109；强发酵淀粉糖化液成酒精及白酒，适于酿造干白葡萄酒；培养基：0013；培养温度：25～28℃。

ACCC 20143←中国农业科学院土肥所←沈阳农学院；作抗生素效价测定指示菌；培养基：0013；培养温度：25～28℃。

ACCC 20144←中国农业科学院土肥所←上海光华啤酒厂；作抗生素效价测定指示菌；培养基：0013；培养温度：25～28℃。

ACCC 20145←中国农业科学院土肥所←北京首都啤酒厂；作抗菌素效价测定指示菌；培养基：0013；培养温度：25～28℃。

ACCC 20157←中国农业科学院土肥所←中国科学院微生物研究所 AS2.399；糖化淀粉液制酒精；培养基：0013；培养温度：25～28℃。

ACCC 20158←中国农业科学院土肥所←中国科学院微生物研究所 AS2.1392；培养基：0013；培养温度：25～28℃。

ACCC 20160←中国农业科学院土肥所←中国科学院微生物研究所 AS2.631←上海轻工业研究所←德国，原始编号：NO.74；培养基：0013；培养温度：25～28℃。

ACCC 20161←中国农业科学院土肥所←中国科学院微生物研究所 AS2.982←前苏联←法国 Ephrussi 实验室；培养基：0013；培养温度：25～28℃。

ACCC 20162←中国农业科学院土肥所←中国科学院微生物研究所 AS2.1←东北科学研究所大连分所，大连 Y1。法国阿维来酵母；培养基：0013；培养温度：25～28℃。

ACCC 20165←中国农业科学院土肥所←中国科学院微生物研究所；AS2.4←东北科学研究所大连分所，大连 Y4。啤酒酵母（英国啤酒厂）；培养基：0013；培养温度：25～28℃。

ACCC 20167←中国农业科学院土肥所←郑州食品总厂；啤酒生产用菌；培养基：0013；培养温度：25～28℃。

ACCC 20168←中国农业科学院土肥所←郑州食品总厂；开封啤酒厂生产优质啤酒用菌（西德啤酒酵母）；培养基：0013；培养温度：25～28℃。

ACCC 20203←中国农业科学院土肥所←北京农业大学 2.606；培养基：0013；培养温度：25～28℃。

ACCC 20219←中国农业科学院土肥所←中国科学院微生物研究所 AS2.374←兰州工业实验所；原始编号：L1212，酒精酵母；培养基：0013；培养温度：25～28℃。

ACCC 20237←中国农业科学院土肥所←轻工部食品发酵所 IFFI 1338←上海酵母厂←民主德国引进；用于麦角甾醇的生物合成；培养基：0077；培养温度：28～30℃。

ACCC 20251←中国农业科学院土肥所←中国科学院微生物研究所 AS2.536←前苏联；可以利用废水中的亚硫酸盐和水解的木质产生酒精；培养基：0013 或 0072；培养温度：25～28℃。

ACCC 20276←中国农业科学院土肥所←上海水产大学；培养基：0013；培养温度：25～28℃。

ACCC 20279←中国农业科学院土肥所←广东省微生物研究所 GIM2.4←中国科学院微生物研究所 AS2.1195；培养基：0013；培养温度：25～28℃。

ACCC 20283←中国农业科学院土肥所←广东省微生物研究所 GIM2.43←中国科学院微生物研究所 AS2.1190；用于甘蔗糖蜜生产罗母酒；利用亚硫酸钠法进行甘油发酵；培养基：0013；培养温度：25～28℃。

ACCC 20284←中国农业科学院土肥所←广东省微生物研究所 GIM2.113；原始编号：古巴 2 号；培养基：0013；培养温度：25～28℃。

ACCC 20286←中国农业科学院土肥所←广东省微生物研究所 GIM2.51←中国科学院微生物研究所 AS2.156，用于酿造葡萄酒；培养基：0013；培养温度：25～28℃。

ACCC 20289←中国农业科学院土肥所←广东省微生物研究所 GIM2.60←中国科学院微生物研究所 AS2.434，葡萄酒酵母，耐高温达 55℃；培养基：0013；培养温度：25～28℃。

ACCC 20317←中国农业科学院土肥所←荷兰真菌研究所 CBS1171；模式菌株；分离源：啤酒；培养基：0436；培养温度：25～28℃。

ACCC 21053←中国农业科学院饲料所；avcY2←北京营养源研究所←中国科学院微生物研究所 AS2.558；用于面包发酵；培养基：0013；培养温度：25～28℃。

ACCC 21054←中国农业科学院饲料所；avcY5←北京营养源研究所←中国科学院微生物研究所 AS2.1396；用于生产啤酒；培养基：0013；培养温度：25～28℃。

ACCC 21058←中国农业科学院饲料所 avcY14；培养基：0013；培养温度：25～28℃。

ACCC 21059←中国农业科学院饲料所 avcY15；培养基：0013；培养温度：25～28℃。

ACCC 21060←中国农业科学院饲料所 avcY17；培养基：0013；培养温度：25～28℃。

ACCC 21064←中国农业科学院饲料所 avcY28；培养基：0013；培养温度：25～28℃。

ACCC 21069←中国农业科学院饲料所 avcY41；原始编号：YJ1，产酒；培养基：0013；培养温度：25～28℃。

ACCC 21070←中国农业科学院饲料所 avcY42；原始编号：JY001；培养基：0013；培养温度：25～28℃。

ACCC 21135←中国农业科学院土肥所←山东农业大学 SDAUMCC 200014；原始编号：DOM-4；采集地：山东泰安；分离源：啤酒糟；培养基：0013；培养温度：25～28℃。

ACCC 21136←中国农业科学院土肥所←山东农业大学 SDAUMCC 200015；原始编号：SDAU YCr5；采集地：山东泰安；分离源：土壤；培养基：0013；培养温度：25～28℃。

ACCC 21137←中国农业科学院土肥所←山东农业大学 SDAUMCC 200016；原始编号：SDAU YCr15；采集地：山东泰安；分离源：土壤；培养基：0013；培养温度：25～28℃。

ACCC 21138←中国农业科学院土肥所←山东农业大学 SDAUMCC 200017；原始编号：SDAU YCr20；采集地：山东泰安；分离源：土壤；培养基：0013；培养温度：25～28℃。

ACCC 21139←中国农业科学院土肥所←山东农业大学 SDAUMCC 200018；原始编号：SDAU YCu1；采集地：山东泰安；分离源：土壤；培养基：0013；培养温度：25～28℃。

ACCC 21140←中国农业科学院土肥所←山东农业大学 SDAUMCC 200019；原始编号：SDAU YCu3；采集地：山东泰安；分离源：土壤；培养基：0013；培养温度：25～28℃。

ACCC 21141←中国农业科学院土肥所←山东农业大学 SDAUMCC 200020；原始编号：SDAU YCu8；采集地：山东泰安；分离源：土壤；培养基：0013；培养温度：25～28℃。

ACCC 21144←中国农业科学院土肥所←山东农业大学 SDAUMCC 200023；原始编号：ZB-428；采集地：山东泰安；分离源：土壤；培养基：0013；培养温度：25～28℃。

ACCC 21162←中国农业科学院饲料所 FRI 2006121；原始编号：Y68。=CGMCC 2.118；培养基：0013；培养温度：25～28℃。

ACCC 21166←广东省广州微生物研究所 GIMT 2.002；原始编号：SCY1；采集地：广东清远；分离源：松树林土壤；培养基：0013；培养温度：25～28℃。

ACCC 21175←新疆农业科学院微生物研究所 XAAS30028；分离源：土壤；培养基：0181；培养温度：30℃。

ACCC 21177←新疆农业科学院微生物研究所 XAAS30034；分离源：土壤；培养基：0181；培养温度：30℃。

ACCC 21179←广东省广州微生物研究所 GIM2.110；分离源：啤酒；培养基：0013；培养温度：25～28℃。

ACCC 21181←广东省广州微生物研究所 GIM2.84←广东甘蔗研究所；分离源：酒糟；培养基：0013；培养温度：25～28℃。

ACCC 21182←广东省广州微生物研究所 GIM2.86；分离源：肥料；培养基：0013；培养温度：25～28℃。

ACCC 21183←广东省广州微生物研究所 GIM2.89←上海华东化工学院；分离源：水果；培养基：0013；培养温度：25～28℃。

ACCC 21184←广东省广州微生物研究所 GIM2.102←广东食品发酵工业研究所；分离源：水果；培养基：0013；培养温度：25～28℃。

ACCC 21185←广东省广州微生物研究所 GIM2.103←广东食品发酵工业研究所；分离源：酒曲；培养基：
　　0013；培养温度：25～28℃。

ACCC 21186←广东省广州微生物研究所 GIM2.117←江门生物科技开发中心；培养基：0013；培养温度：
　　25～28℃。

ACCC 21187←广东省广州微生物研究所 GIM2.124；分离源：食品；培养基：0013；培养温度：25～28℃。

ACCC 21240←中国农业科学院土肥所；产酒精高；培养基：0013；培养温度：30℃。

ACCC 21246←中国农业科学院麻类研究所 IBFC W0644；原始编号：酵母-Y2；用于麻类脱胶、草类制浆；
　　培养基：0013；培养温度：30℃。

ACCC 21247←中国农业科学院麻类研究所 IBFC W0645；原始编号：酵母-Y7；用于麻类脱胶、草类制浆；
　　培养基：0013；培养温度：30℃。

ACCC 21248←中国农业科学院麻类研究所 IBFC W0646；原始编号：酵母-Y11；用于麻类脱胶、草类制浆；
　　培养基：0013；培养温度：30℃。

ACCC 21249←中国农业科学院麻类研究所 IBFC W0647；原始编号：酵母-Y15；用于麻类脱胶、草类制浆；
　　培养基：0013；培养温度：30℃。

ACCC 21250←中国农业科学院麻类研究所 IBFC W0648；原始编号：酵母-Y19；用于麻类脱胶、草类制浆；
　　培养基：0013；培养温度：30℃。

ACCC 21251←广东省广州微生物研究所菌种组 GIMT2.011；培养基：0013；培养温度：25℃。

ACCC 21252←广东省广州微生物研究所菌种组 GIMT2.012；培养基：0013；培养温度：25℃。

ACCC 21267←广东省广州微生物研究所菌种组 GIMY0007；分离源：酒糟。强发酵淀粉糖化液、酒精及白
　　酒酵母；培养基：0013；培养温度：30℃。

ACCC 21268←广东省广州微生物研究所 GIMY0008；分离源：酒糟；橡子糖化液发酵用菌；培养基：
　　0013；培养温度：30℃。

ACCC 21277←广东省广州微生物研究所 GIMY0017；分离源：酒糟；培养基：0013；培养温度：
　　25～28℃。

ACCC 21278←广东省广州微生物研究所菌种组；原始编号：Y-17；分离源：面包酵母粉；培养基：0013；
　　培养温度：28～30℃。

ACCC 21280←广东省广州微生物研究所 GIMY0019；分离源：酒糟；用于白酒生产；培养基：0013；培养
　　温度：25～28℃。

ACCC 21287←广东省广州微生物研究所 GIMY0028；分离源：酒糟；用于酒精发酵；培养基：0013；培养
　　温度：25～28℃。

ACCC 21340←新疆农业科学院微生物研究所 XAAS30038；分离源：沙质土；用于乙醇发酵；培养基：
　　0181；培养温度：30℃。

Saccharomyces cerevisiae var. *ellipsoideus*（Hansen）Dekker 椭圆酿酒酵母

ACCC 20043←中国农业科学院土肥所←中国科学院微生物研究所 AS2.607；培养基：0013 或 0072；培养
　　温度：25～28℃。

ACCC 20108←中国农业科学院土肥所←中国科学院微生物研究所 AS2.612←通化葡萄酒厂；分离源：葡
　　萄；原始编号：通化 2 号；葡萄酒生产用菌；培养基：0013；培养温度：25～28℃。

ACCC 20109←中国农业科学院土肥所←中国科学院微生物研究所 AS2.541←南阳酒精厂；橡子糖化液发酵
　　用菌；培养基：0013；培养温度：25～28℃。

ACCC 20120←中国农业科学院土肥所←中国科学院微生物研究所 AS2.3←东北科学研究所大连分所，大连
　　Y3；啤酒酵母（英国啤酒厂）；培养基：0013；培养温度：25～28℃。

ACCC 20139←中国农业科学院土肥所←中国科学院微生物研究所 AS2.607←南阳酒精厂，南阳 6 号；橡子
　　原料酿酒；培养基：0013；培养温度：25～28℃。

ACCC 20149←中国农业科学院土肥所←中国科学院微生物研究所 AS2.606←南阳酒精厂，南阳 5 号；橡子
　　原料酿酒；培养基：0013；培养温度：25～28℃。

ACCC 20155←中国农业科学院土肥所←中国科学院微生物研究所 AS2.611；高温型水果酒酵母；培养基：
　　0013；培养温度：25～28℃。

ACCC 20163←中国农业科学院土肥所←中国科学院微生物研究所 AS2.2←东北科学研究所大连分所，大连
　　Y2；啤酒酵母；培养基：0013；培养温度：25～28℃。

ACCC 20164←中国农业科学院土肥所←中国科学院微生物研究所 AS2.3←东北科学研究所大连分所，大连
　　Y3；啤酒酵母；培养基：0013；培养温度：25～28℃。

ACCC 21188←广东省广州微生物研究所 GIM2.82←广东甘蔗研究所；分离源：酒曲；培养基：0013；培养
　　温度：25～28℃。

ACCC 21189←广东省广州微生物研究所 GIM2.83←广东甘蔗研究所；分离源：酒曲；培养基：0013；培养
　　温度：25～28℃。

ACCC 21274←广东省广州微生物研究所 GIMY0014；分离源：酒曲；清酒酵母；培养基：0013；培养温
　　度：30℃。

Saccharomyces diastaticus Andrews，Gilliland & van der Walt 糖化酵母

ACCC 20204←中国农业科学院土肥所←轻工部食品发酵所 IFFI 1752；引自美国；培养基：0013；培养温
　　度：25～28℃。

Saccharomyces kluyveri Phaff，M. W. Mill. & Shifrine 克鲁维酵母

ACCC 21191←中国农业大学路鹏、李国学等捐赠；原始编号：MO2；分离源：土壤；培养基：0013；
　　27～35℃。

Saccharomyces pastori（Guillier.）Lodder & van Rij 巴斯德酵母

ACCC 20124←中国农业科学院土肥所←中国科学院微生物研究所；培养基：0013；培养温度：25～28℃。

Saccharomyces rouxii Boutroux 鲁酵母

ACCC 20238←中国农业科学院土肥所←轻工部食品发酵所 IFFI 1378。耐高渗透压，制酱油较好；培养基：
　　0077；培养温度：28～30℃。

ACCC 20287←中国农业科学院土肥所←广东省微生物研究所 GIM2.54←中国科学院微生物研究所；原始
　　编号：AS2.181，酱油酵母；培养基：0013；培养温度：25～28℃。

ACCC 20288←中国农业科学院土肥所←广东省微生物研究所 GIM2.56←中国科学院微生物研究所；原始
　　编号：AS2.371，甜酱酵母；培养基：0013；培养温度：25～28℃。

ACCC 21270←广东省广州微生物研究所菌种组；原始编号：GIMY0010；分离源：酱油；培养基：0013；
　　培养温度：28℃。

Saccharomyces sake Yabe 清酒酵母

ACCC 20045←中国农业科学院土肥所←上海第三制药厂；作抗菌素效价测定指示菌；培养基：0013；培养
　　温度：25～28℃。

ACCC 20146←中国农业科学院土肥所←上海第三制药厂；作抗菌素效价测定指示菌；培养基：0013；培养
　　温度：25～28℃。

ACCC 20246←中国农业科学院土肥所←农业科学院生防所全赞华捐赠；作抗菌素效价测定指示菌；培养
　　基：0013；培养温度：25～28℃。

Saccharomyces sp. 酵母

ACCC 20122←中国农业科学院土肥所←中国科学院微生物研究所；原始编号：AS2.227；培养基：0013；
　　培养温度：25～28℃。

ACCC 21124←中国农业科学院土肥所←山东农业大学 SDAUMCC 200003；原始编号：ZB-306；生产单细
　　胞蛋白；分离源：酵引；培养基：0013；培养温度：25～28℃。

ACCC 21125←中国农业科学院土肥所←山东农业大学 SDAUMCC 200004；原始编号：ZB-307；生产单细
　　胞蛋白；分离源：酵引；培养基：0013；培养温度：25～28℃。

ACCC 21126←中国农业科学院土肥所←山东农业大学 SDAUMCC 200005；原始编号：ZB-292；啤酒发酵；
　　分离源：啤酒渣；培养基：0013；培养温度：25～28℃。

ACCC 21127←中国农业科学院土肥所←山东农业大学 SDAUMCC 200006；原始编号：ZB-304；生产单细
胞蛋白；分离源：腐败食品；培养基：0013；培养温度：25～28℃。

ACCC 21132←中国农业科学院土肥所←山东农业大学 SDAUMCC 200011；原始编号：ZB-318；产酒精；
分离源：酒糟；培养基：0013；培养温度：25～28℃。

Saccharomyces uvarum Beijerinck 葡萄汁酵母

ACCC 20202←中国农业科学院土肥所←轻工部食品发酵所 IFFI 1032，金培松分离；酿造黄酒；培养基：
0013；培养温度：25～28℃。

Saccharomyces willianus Sacc. 威尔酵母

ACCC 21271←广东省广州微生物研究所菌种组 GIMY0011；分离源：亚硫酸盐废液；利用亚硫酸盐废液酒
精发酵；培养基：0013；培养温度：28℃。

Saccharomycodes ludwigii Hansen 路德类酵母

ACCC 20044←中国农业科学院土肥所←中国科学院微生物研究所 AS2.243←东北科学研究所大连分所，大
连 Y204；培养基：0013 或 0082；培养温度：25～28℃。

ACCC 20336←中国农业科学院土肥所←荷兰真菌研究所 CBS821；模式菌株；培养基：0436；培养温度：
25～28℃。

Saccharomycopsis lipolytica （Wicherham et al. ）Yarrow 解脂复膜孢酵母

ACCC 20239←中国农业科学院土肥所←轻工部食品发酵所 IFFI1459←美国典型培养物中心 ATCC20237；
以石油为原料发酵柠檬酸；培养基：0077；培养温度：25～28℃。

ACCC 20240←中国农业科学院土肥所←轻工部食品发酵所 IFFI1460←美国典型培养物中心 ATCC20461；
以石油为原料发酵柠檬酸；培养基：0077；培养温度：25～28℃。

Schizosaccharomyces octosporus Beijerinck 八孢裂殖酵母

ACCC 20046←中国农业科学院土肥所←中国科学院微生物研究所 AS2.1148←前苏联；原始编号：8-2；培
养基：0013 或 0072；培养温度：25～28℃。

Schizosaccharomyces pombe Lindner 粟酒裂殖酵母

ACCC 20047←中国农业科学院土肥所←中国科学院微生物研究所 AS2.214←东北科学研究所大连分所，大
连 Y161；培养基：0013 或 0072；培养温度：25～28℃。

ACCC 20048←中国农业科学院土肥所←中国科学院微生物研究所 AS2.247；培养基：0013 或 0072；培养
温度：25～28℃。

ACCC 20150←中国农业科学院土肥所←中国科学院微生物研究所 AS2.214；培养基：0013 或 0072；培养
温度：25～28℃。

ACCC 20249←中国农业科学院土肥所←中国科学院微生物研究所 AS2.1043；原始编号：M366；分离自茅
台酒醅中；培养基：0013 或 0072；培养温度：25～28℃。

Schwanniomyces occidentalis Klocker 许旺酵母

ACCC 20194←中国农业科学院土肥所←轻工部食品发酵所 IFFI 1763←美国典型培养物中心 ATCC26074。
糖化淀粉；培养基：0013；培养温度：25～28℃。

ACCC 20195←中国农业科学院土肥所←轻工部食品发酵所 IFFI 1764←美国典型培养物中心 ATCC26077。
糖化淀粉；培养基：0013；培养温度：25～28℃。

Sporopachydermia lactativora Rodrigues de Miranda 乳状原孢酵母

ACCC 20307←中国农业科学院土肥所←荷兰真菌研究所 CBS5771；模式菌株；分离源：海水；培养基：
0436；培养温度：25～28℃。

ACCC 20329←中国农业科学院土肥所←荷兰真菌研究所 CBS6192；模式菌株；分离自人的口腔；培养基：
0436；培养温度：25～28℃。

Sporobolomyces roseus Kluyver & van Niel 粉红掷孢酵母

ACCC 20049←中国农业科学院土肥所←中国科学院微生物研究所 AS2.618；培养基：0013 或 0072；培养

温度：25～28℃。

ACCC 20050←中国农业科学院土肥所←中国科学院微生物研究所 AS2.619；分离源：空气；产生物素；培养基：0013；培养温度：25～28℃。

ACCC 20250←中国农业科学院土肥所←中国科学院微生物研究所 AS2.1036；分离源：分离自未出厂的茅台酒醅中；培养基：0013 或 0072；培养温度：25～28℃。

Sporobolomyces salmonicolor （Fischer & Brebeck）Kluyver & van Niel 赭色掷孢酵母

ACCC 20051←中国农业科学院土肥所←中国科学院微生物研究所 AS2.261←东北科学研究所大连分所，大连 Y231；培养基：0013 或 0072；培养温度：25～28℃。

ACCC 20115←中国农业科学院土肥所←中国科学院微生物研究所 AS2.261；培养基：0013 或 0072；培养温度：25～28℃。

Stephanaascus ciferrii Smith et al. 西弗冠孢酵母

ACCC 20326←中国农业科学院土肥所←荷兰真菌研究所 CBS5295；培养基：0436；培养温度：25～28℃。

ACCC 20330←中国农业科学院土肥所←荷兰真菌研究所 CBS6699；分离源：土壤；培养基：0436；培养温度：25～28℃。

Torulaspora delbrueckii （Lindner）Lindner 戴尔布有孢圆酵母

ACCC 20285←中国农业科学院土肥所←广东省微生物研究所 GIM2.49←中国科学院微生物研究所 AS2.286；培养基：0013；培养温度：25～28℃。

Torulaspora pretoriensis （van der Walt & Tscheuschner）van der Walt & Johannsen 有孢圆酵母

ACCC 20321←中国农业科学院土肥所←荷兰真菌研究所 CBS2187；分离源：土壤；培养基：0436；培养温度：25～28℃。

Torulopsis bombicola Rosa & Lachance 球拟酵母

ACCC 20343←中国农业科学院土肥所←荷兰真菌研究所 CBS 6009；模式菌株；分离源：蜂蜜；培养基：0206；培养温度：25～28℃。

Torulopsis candida （Saito）Lodder 白球拟酵母

ACCC 20052←中国农业科学院土肥所←中国科学院微生物研究所 AS2.270←东北科学研究所大连分所，大连 Y241；饲料酵母；培养基：0013 或 0072；培养温度：25～28℃。

ACCC 20110←中国农业科学院土肥所←中国科学院微生物研究所 AS2.270；培养基：0013；培养温度：25～28℃。

Torulopsis famta （Harrison）Lodder & van Rij 无名球拟酵母

ACCC 20053←中国农业科学院土肥所←中国科学院微生物研究所 AS2.685；培养基：0013 或 62；培养温度：25～28℃。

Torulopsis globosa （Olson & Hammer）Lodder & van Rij 圆球拟酵母

ACCC 20111←中国农业科学院土肥所←中国科学院微生物研究所 AS2.202；培养基：0013；培养温度：25～28℃。

Trichosporon akiyoshidainum

ACCC 21353←新疆农业科学院微生物研究所 XAAS30052；分离源：泥水；用于污水处理；培养基：0181；培养温度：20℃。

ACCC 21358←新疆农业科学院微生物研究所 XAAS30057；分离源：泥水；用于污水处理；培养基：0181；培养温度：20℃。

ACCC 21362←新疆农业科学院微生物研究所 XAAS30061；分离源：泥水；用于污水处理；培养基：0181；培养温度：20℃。

Trichosporon aquatile 水栖丝孢酵母

ACCC 21193←中国农业大学路鹏、李国学等捐赠；原始编号：MO4；分离源：土壤；培养基：0013，

27～35℃。

Trichosporon asahii Akagi 阿萨希丝孢酵母

ACCC 21289←广东省广州微生物研究所菌种组 GIMT2.017；分离源：酱油。酱油生产；培养基：0013；
培养温度：25～28℃。

Trichosporon behrendii Lodder & Kreger-van Rij 贝雷丝孢酵母

ACCC 20055←中国农业科学院土肥所←中国科学院微生物研究所 AS2.1193。能利用淀粉、米糠培养后有
酒香味，生米糠发酵后牲畜爱吃；培养基：0013；培养温度：25～28℃。

ACCC 20222←中国农业科学院土肥所←中国科学院微生物研究所 AS2.1193；培养基：0013；培养温度：
25～28℃。

Trichosporon capitatum Diddens & Lodder 头状丝孢酵母

ACCC 20056←中国农业科学院土肥所←中国科学院微生物研究所 AS2.1385←兰州大学；原始编号：3512。
产脂肪酶；培养基：0013；培养温度：25～28℃。

ACCC 20127←中国农业科学院土肥所←中国科学院微生物研究所 AS2.1385。产脂肪酶；培养基：0013；
培养温度：25～28℃。

Trichosporon cutaneum （de Beurm et al.） Ota 皮状丝孢酵母

ACCC 20057←中国农业科学院土肥所←中国科学院微生物研究所 AS2.1107；培养基：0013；培养温度：
25～28℃。

ACCC 20119←中国农业科学院土肥所←中国科学院微生物研究所 AS2.571←前苏联；原始编号：paca6；
油脂酵母，含油 30％；培养基：0013；培养温度：25～28℃。

ACCC 20241←中国农业科学院土肥所←轻工部食品发酵所 IFFI 1545←锦西炼油厂；作饲料用，石油脱蜡；
培养基：0077；培养温度：25～28℃。

ACCC 20253←中国农业科学院土肥所←中国科学院微生物研究所 AS2.570←前苏联；利用水解液及废液培
养食用及饲料酵母；培养基：0014；培养温度：25～28℃。

ACCC 20271←中国农业科学院土肥所←中国科学院微生物研究所 AS2.1374←杭州炼油厂；用于石油脱蜡；
培养基：0013；培养温度：25～28℃。

ACCC 21272←广东省广州微生物研究所菌种组 GIMY0012；分离源：造纸水解废液；培养基：0013；培养
温度：28℃。

ACCC 21273←广东省广州微生物研究所菌种组 GIMY0013；分离源：造纸水解废液；培养基：0013；培养
温度：28℃。

Trishosporon fermentans Diddens & Lodder 发酵丝孢酵母

ACCC 20243←中国农业科学院土肥所←轻工部发酵所 IFFI 1368←前苏联，油脂酵母；培养基：0077；培
养温度：28～30℃。

Trichosporon laibachii （Windisch） E. Guého & M. T. Sm. 赖巴克丝孢酵母

ACCC 21382←新疆农业科学院微生物研究所 XAAS30083；分离源：泥水；用于污水处理；培养基：0181；
培养温度：20℃。

Trichosporon lignicola 木生丝孢酵母

ACCC 21371←新疆农业科学院微生物研究所 XAAS30070；分离源：泥水；用于污水处理；培养基：0181；
培养温度：20℃。

Trichosporon pullullans （Lindn.） Didd. & Lodd. 茁芽丝孢酵母

ACCC 21342←新疆农业科学院微生物研究所 XAAS30040；分离源：沙质土；用于乙醇发酵；培养基：
0181；培养温度：30℃。

ACCC 21349←新疆农业科学院微生物研究所 XAAS30047；分离源：泥水；用于污水处理；培养基：0181；
培养温度：30℃。

ACCC 21368←新疆农业科学院微生物研究所 XAAS30067；分离源：泥水；用于污水处理；培养基：0181；

培养温度：20℃。

ACCC 21373←新疆农业科学院微生物研究所 XAAS30072；分离源：泥水；用于污水处理；培养基：0181；
培养温度：20℃。

ACCC 21375←新疆农业科学院微生物研究所 XAAS30074；分离源：泥水；用于污水处理；培养基：0181；
培养温度：20℃。

ACCC 21383←新疆农业科学院微生物研究所 XAAS30084；分离源：泥水；用于污水处理；培养基：0181；
培养温度：20℃。

Trichosporon sp. 丝孢酵母

ACCC 21147←中国农业科学院土肥所←山东农业大学 SDAUMCC 200026；原始编号：ZB-434；采集地：
山东泰安；分离源：土壤；培养基：0013；培养温度：25～28℃。

Wickerhamia fluorescens（Soneda）Soneda 荧光威克酵母

ACCC 20058←中国农业科学院土肥所←中国科学院微生物研究所 AS2.1388←东京大学应用微生物研究所；
模式菌株；培养基：0013；培养温度：25～28℃。

ACCC 20147←中国农业科学院土肥所←中国科学院微生物所 AS2.1388。培养基 0013，25～28℃。

Williopsis californica（Lodder）Krassilnikov 加利福尼亚拟威尔酵母

ACCC 21356←新疆农业科学院微生物研究所 XAAS30055；分离源：泥水；用于污水处理；培养基：0181；
培养温度：20℃。

Yarrowia lipolytica（Wickerham et al.）van der Walt & von Arx 解脂耶罗威亚酵母

ACCC 20242←中国农业科学院土肥所←轻工部食品研究所 IFFI1778，由美国引进；培养基：0313；培养温
度：24℃。

ACCC 20328←中国农业科学院土肥所←荷兰真菌研究所 CBS6124；模式菌株；分离源：加工玉米；培养
基：0181；0436；培养温度：25～28℃。

ACCC 21173←广东省广州微生物研究所 GIMT 2.009；分离源：果酒；发酵生产酒；培养基：0013；培养
温度：25～28℃。

ACCC 21176←新疆农业科学院微生物研究所 XAAS30033；原始编号：AB24；分离源：土壤；培养基：
0181；培养温度：30℃。

Zygosaccharomyces bailii（Lindner）Guilliermond 拜赖接合酵母

ACCC 20303←中国农业科学院土肥所←荷兰真菌研究所 CBS680；模式菌株；培养基：0436；培养温度：
25～28℃。

Zygosaccharomyces pseudorouxii 假鲁氏接合酵母

ACCC 21255←广东省广州微生物研究所菌种组 GIMFM3；培养基：0013；培养温度：28℃。

Zygosaccharomyces rouxii（Boutroux）Yarrow 鲁氏接合酵母

ACCC 20316←中国农业科学院土肥所←荷兰真菌研究所 CBS732；模式菌株；分离源：浓缩的发酵黑葡萄
汁；培养基：0436；培养温度：25～28℃。

ACCC 21269←广东省广州微生物研究所菌种组 GIMY0009；分离源：酱油发酵液；培养基：0013；培养温
度：28℃。

ACCC 21286←广东省广州微生物研究所菌种组 GIMY0027；分离源：酱油发酵液。发酵酱油；培养基：
0013；培养温度：25～28℃。

五、丝 状 真 菌
（Filamentous Fungi）

***Absidia blakesleeana* Lendner 布氏犁头霉**

ACCC 30510←中国农业科学院土肥所←荷兰真菌研究所 CBS100.28；模式菌株；分离源：巴西坚果；培养
基：0014；培养温度：25～28℃。

***Absidia cuneospora* Orr & Plunkett 楔孢犁头霉**

ACCC 30512←中国农业科学院土肥所←荷兰真菌研究所 CBS101.59；模式菌株；分离自砂型土壤；培养
基：0014；培养温度：25～28℃。

***Absidia psychrophila* Hesseltine & Ellis 喜寒犁头霉**

ACCC 30546←中国农业科学院土肥所←荷兰真菌研究所 CBS128.68；模式菌株；培养基：0014，培养温
度：14℃。

***Acremonium strictum* W. Gams 点枝顶孢**

ACCC 30554←中国农业科学院土肥所←美国典型物培养中心 ATCC48379；用于液化淀粉、纤维素、明胶；
培养基：0014；培养温度：26℃。

ACCC 36977←中国热作院环植所←华南农大环植学院；分离自海南省热带植物园山地土壤；培养基：
0014；培养温度：28℃。

ACCC 36978←中国热作院环植所←华南农大环植学院；分离自海南儋州橡胶林土壤；培养基：0014；培养
温度：20℃。

***Acrophialophora levis* Samson & Mahmoud 光滑端梗孢**

ACCC 30555←中国农业科学院土肥所←美国典型物培养中心 ATCC48380；用于液化淀粉、纤维素、明胶；
培养基：0014，培养温度：40℃。

***Acrophialophora nainiana* Edward 奈恩端梗孢**

ACCC 30511←中国农业科学院土肥所←荷兰真菌研究所 CBS100.60；模式菌株；分离自农场土壤；培养
基：0014；培养温度：25～28℃。

***Actinomucor elegans* （Eidam） Benjamin & Hesseltine 雅致放射毛霉**

ACCC 30393←中国农业科学院土肥所←中国科学院微生物研究所 AS2.778；分离源：分离自豆腐乳；培养
基：0014；培养温度：25～28℃。

ACCC 30923←中国农业科学院饲料所 FRI2006079；原始编号：F118；采集地：海南三亚；分离源：土壤；
培养基：0014；培养温度：25～28℃。

ACCC 32312←广东省广州微生物研究所菌种组 GIMF-1；原始编号：F-1；培养基：0014；培养温
度：25℃。

ACCC 32313←广东省广州微生物研究所菌种组 GIMF-2；原始编号：F-2；培养基：0014；培养温
度：25℃。

ACCC 32324←广东省广州微生物研究所菌种组 GIMF-13；原始编号：F-13。腐乳生产菌；培养基：0014；
培养温度：25℃。

***Alternaria alternata* （Fries） Keissler 链格孢**

ACCC 30560←中国农业科学院土肥所←美国典型物培养中心 ATCC42012；分离源：落叶；用于降解纤维
素；培养基：0014，培养温度：24～30℃。

ACCC 30561←中国农业科学院土肥所←美国典型物培养中心 ATCC52170；用于降解纤维素；培养基：
0014；培养温度：24℃。

ACCC 30925←中国农业科学院饲料所 FRI2006081；原始编号：F120；采集地：海南三亚；分离源：植物根部土壤；培养基：0014；培养温度：25～28℃。

ACCC 30945←中国农业科学院饲料所 FRI2006101；原始编号：F140；采集地：海南三亚；分离源：植物根部土壤；培养基：0014；培养温度：25～28℃。

ACCC 36130←中国农业科学院蔬菜花卉所；分离自河南郑州梨树黑斑病叶片；培养基：0014；培养温度：25℃。

ACCC 36970←中国热作院环植所；分离自湖北武汉草莓黑斑病病斑；培养基：0014；培养温度：28℃。

ACCC 37607←中国热作院环植所；分离自海南儋州丘陵细辛黑斑病病组织；培养基：0014；培养温度：28℃。

ACCC 38000←西北农林科技大学；分离自陕西扶风苹果霉心病果实；培养基：0014；培养温度：25℃。

Alternaria bokurai Miura 束梗链格孢 （梨黑斑病菌）

ACCC 30001←中国农业科学院土肥所；病原菌；培养基：0014；培养温度：24～28℃。

ACCC 30318←中国农业科学院土肥所；病原菌；培养基：0015；培养温度：25～28℃。

Alternaria brassicicola （Schwein.） Wiltshire 芸薹生链格孢

ACCC 37290←中国农业科学院蔬菜花卉所；分离自北京海淀温室甘蓝黑斑病叶片；培养基：0014；培养温度：25℃。

ACCC 37296←中国农业科学院蔬菜花卉所；分离自北京海淀温室菜薹黑斑病叶片；培养基：0014；培养温度：25℃。

ACCC 37430←中国农业科学院蔬菜花卉所；分离自河北张家口萝卜黑斑病叶片；培养基：0014；培养温度：25℃。

ACCC 37449←中国农业科学院蔬菜花卉所；分离自北京大兴甘蓝黑斑病叶片；培养基：0014；培养温度：25℃。

Alternaria cucumerina （Ellis & Everh.） J. A. Elliott 瓜链格孢

ACCC 37429←中国农业科学院蔬菜花卉所；分离自北京顺义南瓜黑斑病叶片；培养基：0014；培养温度：25℃。

Alternaria gaisen Nagano ex Hara 梨黑斑链格孢

ACCC 36429←中国农业科学院蔬菜所←中国农业科学院郑州果树所；分离自河南郑州梨黑斑病叶片；培养基：0014；培养温度：25℃。

Alternaria longipes （Ellis & Everh.） E. W. Mason 长柄链格孢 （烟草赤星病菌）

ACCC 30002←中国农业科学院土肥所←山东烟草研究所；病原菌；培养基：0014；培养温度：24～28℃。

ACCC 30324←中国农业科学院土肥所←中国农业科学院原子能所 3.02←山东烟草研究所；病原菌；培养基：0014；培养温度：24～28℃。

Alternaria mali Roberts 苹果链格孢

ACCC 30003←中国农业科学院土肥所；苹果轮斑病菌；培养基：0014；培养温度：24～28℃。

ACCC 30080←中国农业科学院土肥所；苹果黑斑病菌；培养基：0014；培养温度：25～28℃。

ACCC 37394←中国农业科学院果树所；分离自苹果斑点落叶病叶片；培养基：0014；培养温度：25℃。

ACCC 37395←中国农业科学院果树所；分离自苹果斑点落叶病叶片；培养基：0014；培养温度：25℃。

Alternaria polytricha （Cooke） E. G. Simmons 多毛链格孢

ACCC 37409←中国农业科学院蔬菜花卉所；分离自北京顺义温室茄子叶斑病叶片；培养基：0014；培养温度：25℃。

Alternaria porri （Ellis） Cif. 葱链格孢 （葱紫斑病菌）

ACCC 36111←中国农业科学院蔬菜花卉所；分离自北京顺义大葱紫斑病叶片；培养基：0014；培养温度：25℃。

Alternaria solani Sorauer 茄链格孢 （番茄早疫病菌）

ACCC 36023←中国农业科学院蔬菜花卉所；分离自山东济南蔬菜温室番茄早疫病叶片；培养基：0014；培

养温度：25℃。

***Alternaria tenuissima* （Kunze） Wiltshire 细极链格孢**

ACCC 31826←新疆农业科学院微生物研究所 XAAS40083；原始编号：F97；采集地：新疆一号冰川；分离源：土壤；培养基：0014；培养温度：25～28℃。

ACCC 31834←新疆农业科学院微生物研究所 XAAS40070；原始编号：F81；采集地：新疆一号冰川；分离源：土壤；培养基：0014；培养温度：25～28℃。

ACCC 31847←新疆农业科学院微生物研究所 XAAS40041；原始编号：F29；采集地：新疆一号冰川；分离源：土壤；培养基：0014；培养温度：25～28℃。

ACCC 37286←中国农业科学院蔬菜花卉所；分离自北京丰台菊花黑斑病叶片；培养基：0014；培养温度：25℃。

ACCC 37410←中国农业科学院蔬菜花卉所；分离自北京昌平马铃薯黑斑病叶片；培养基：0014；培养温度：25℃。

***Alternaria zinniae* M. B. Ellis 百日菊链格孢 （百日草黑斑病菌）**

ACCC 36115←中国农业科学院蔬菜花卉所；分离自北京海淀百日草黑斑病叶片；培养基：0014；培养温度：25～28℃。

Ambomucor seriatoinflatus

ACCC 31857←新疆农业科学院微生物研究所 XAAS40167；原始编号：LF31；分离自一号冰川的土壤样品；培养基：0014；培养温度：20℃。

***Amylomyces rouxii* Calmette 鲁氏淀粉霉**

ACCC 30535←中国农业科学院土肥所←荷兰真菌研究所 CBS438.76；分离源：甜味发酵糯米；培养基：0014；培养温度：25～28℃。

***Arthoderma corniculatum* （Takashio & De Vroey） Weitzman et al. 小角状节皮菌**

ACCC 30525←中国农业科学院土肥所←荷兰真菌研究所 CBS364.81；模式菌株；分离自土壤；培养基：0014；培养温度：25～28℃。

ACCC 30526←中国农业科学院土肥所←荷兰真菌研究所 CBS365.81；培养基：0014；培养温度：25～28℃。

***Arthoderma cuniculi* Dawson 穴形节皮菌**

ACCC 30531←中国农业科学院土肥所←荷兰真菌研究所 CBS492.71；模式菌株；培养基：0014；培养温度：24℃。

ACCC 30532←中国农业科学院土肥所←荷兰真菌研究所 CBS495.71；模式菌株；培养基：0014；培养温度：24℃。

***Arthoderma tuberculatum* Kuehn 肿状节皮菌**

ACCC 30529←中国农业科学院土肥所←荷兰真菌研究所 CBS473.77；模式菌株；培养基：0014；培养温度：25～28℃。

***Arthrinium sacchari* （Speg.） M. B. Ellis 糖节孢霉**

ACCC 37186←山东农业大学；分离自西藏日喀则土壤；培养基：0014；培养温度：25℃。

ACCC 37189←山东农业大学；分离自西藏康马土壤；培养基：0014；培养温度：25℃。

***Arthrobotrys javanica* （Rifai & R. C. Cooke） Jarowaja 爪哇节丛孢**

ACCC 32129←中国农业科学院植保所 SM1134；原始编号：118 （858）；分离自大田土壤；培养基：0014；培养温度：25℃。

ACCC 37133←中国农业科学院植保所；分离自土壤；培养基：0014；培养温度：25℃。

***Arthrobotrys robusta* Duddington 强力节丛孢**

ACCC 32126←中国农业科学院植保所 SM1106；原始编号：044 （244）；分离自菜地土壤；培养基：0014；培养温度：25℃。

Arthrobotrys superba Corda 多孢节丛孢

ACCC 31528←中国农业科学院植保所 SM3001；采集地：黑龙江牡丹江；分离源：土壤；培养基：0014；
　　培养温度：25～28℃。

ACCC 31529←中国农业科学院植保所 SM3002；采集地：黑龙江五大连池；分离源：土壤；培养基：0014；
　　培养温度：25～28℃。

ACCC 31530←中国农业科学院植保所 SM3003；采集地：黑龙江克山；分离源：土壤；培养基：0014；培
　　养温度：25～28℃。

ACCC 31531←中国农业科学院植保所 SM3004；采集地：黑龙江农科院；分离源：土壤；培养基：0014；
　　培养温度：25～28℃。

Aschersonia aleyrodis Webber 粉虱座壳孢

ACCC 32139←福建农林大学生物农药教育部重点实验室 BCBKL 0079；原始编号：2154；可作为生物农药
　　用于防治粉虱、蚧壳虫等；培养基：0014；培养温度：26℃。

ACCC 32151←福建农林大学生物农药教育部重点实验室 BCBKL 0095；原始编号：430；可作为生物农药
　　用于防治粉虱、蚧壳虫等；培养基：0014；培养温度：26℃。

Aschersonia goldiana Sacc. & Ellis 戈尔德座壳孢

ACCC 32142←福建农林大学生物农药教育部重点实验室 BCBKL 0083；原始编号：343；可作为生物农药
　　用于防治粉虱、蚧壳虫等；培养基：0014；培养温度：26℃。

ACCC 32143←福建农林大学生物农药教育部重点实验室 BCBKL 0084；原始编号：431；可作为生物农药
　　用于防治粉虱、蚧壳虫等；培养基：0014；培养温度：26℃。

Aschersonia sp. 座壳孢

ACCC 32131←福建农林大学生物农药与化学生物学教育部重点实验室 BCBKL 0064；原始编号：CA-21；
　　可作为生物农药用于防治粉虱、蚧壳虫等；培养基：0014；培养温度：26℃。

ACCC 32132←福建农林大学生物农药与化学生物学教育部重点实验室 BCBKL 0065；原始编号：2396；可
　　作为生物农药用于防治粉虱、蚧壳虫等；培养基：0014；培养温度：26℃。

ACCC 32133←福建农林大学生物农药与化学生物学教育部重点实验室 BCBKL 0073；原始编号：Wys36；
　　可作为生物农药用于防治粉虱、蚧壳虫等；培养基：0014；培养温度：26℃。

ACCC 32134←福建农林大学生物农药与化学生物学教育部重点实验室 BCBKL 0074；原始编号：Jos83；可
　　作为生物农药用于防治粉虱、蚧壳虫等；培养基：0014；培养温度：26℃。

ACCC 32135←福建农林大学生物农药与化学生物学教育部重点实验室 BCBKL 0075；原始编号：Wys40；
　　可作为生物农药用于防治粉虱、蚧壳虫等；培养基：0014；培养温度：26℃。

ACCC 32138←福建农林大学生物农药与化学生物学教育部重点实验室 BCBKL 0078；原始编号：Jos89；可
　　作为生物农药用于防治粉虱、蚧壳虫等；培养基：0014；培养温度：26℃。

ACCC 32140←福建农林大学生物农药与化学生物学教育部重点实验室 BCBKL 0080；原始编号：Jos70；可
　　作为生物农药用于防治粉虱、蚧壳虫等；培养基：0014；培养温度：26℃。

ACCC 32141←福建农林大学生物农药与化学生物学教育部重点实验室 BCBKL 0081；原始编号：2356；可
　　作为生物农药用于防治粉虱、蚧壳虫等；培养基：0014；培养温度：26℃。

ACCC 32144←福建农林大学生物农药与化学生物学教育部重点实验室 BCBKL 0086；原始编号：Wys46；
　　可作为生物农药用于防治粉虱、蚧壳虫等；培养基：0014；培养温度：26℃。

ACCC 32152←福建农林大学生物农药教育部重点实验室 BCBKL 0096；原始编号：Wys42；可作为生物农
　　药用于防治粉虱、蚧壳虫等；培养基：0014；培养温度：26℃。

ACCC 32153←福建农林大学生物农药教育部重点实验室 BCBKL 0097；原始编号：Wys43；可作为生物农
　　药用于防治粉虱、蚧壳虫等；培养基：0014；培养温度：26℃。

ACCC 32154←福建农林大学生物农药教育部重点实验室 BCBKL 0098；原始编号：Jos009；可作为生物农
　　药用于防治粉虱、蚧壳虫等；培养基：0014；培养温度：26℃。

ACCC 32155←福建农林大学生物农药教育部重点实验室 BCBKL 0099；原始编号：Wys7；可作为生物农药

用于防治粉虱、蚧壳虫等；培养基：0014；培养温度：26℃。

ACCC 32156←福建农林大学生物农药教育部重点实验室 BCBKL 0100；原始编号：Wys29；可作为生物农药用于防治粉虱、蚧壳虫等；培养基：0014；培养温度：26℃。

Aschersonia turbinate Berk. 锥形座壳孢

ACCC 32137←福建农林大学生物农药与化学生物学教育部重点实验室 BCBKL 0077；原始编号：1030；可作为生物农药用于防治粉虱、蚧壳虫等；培养基：0014；培养温度：26℃。

Ascochyta citrullina (Chester) C. O. Smith 西瓜壳二孢 （瓜类蔓枯病菌）

ACCC 36440←中国农业科学院蔬菜花卉所；分离自山东济南温室甜瓜蔓枯病叶片；培养基：0014；培养温度：25℃。

ACCC 37027←中国农业科学院蔬菜花卉所；分离自北京昌平温室黄瓜蔓枯病叶片；培养基：0014；培养温度：25℃。

ACCC 37028←中国农业科学院蔬菜花卉所；分离自北京昌平苦瓜蔓枯病叶片；培养基：0014；培养温度：25℃。

ACCC 37029←中国农业科学院蔬菜花卉所；分离自北京昌平丝瓜蔓枯病叶片；培养基：0014；培养温度：25℃。

ACCC 37030←中国农业科学院蔬菜花卉所；分离自北京昌平冬瓜蔓枯病叶片；培养基：0014；培养温度：25℃。

ACCC 37312←中国农业科学院蔬菜花卉所；分离自河北永清甜瓜蔓枯病茎；培养基：0014；培养温度：25℃。

ACCC 37313←中国农业科学院蔬菜花卉所；分离自河北廊坊广阳甜瓜蔓枯病茎；培养基：0014；培养温度：25℃。

ACCC 37314←中国农业科学院蔬菜花卉所；分离自河北廊坊广阳甜瓜蔓枯病叶片；培养基：0014；培养温度：25℃。

ACCC 37315←中国农业科学院蔬菜花卉所；分离自河北廊坊广阳甜瓜蔓枯病茎；培养基：0014；培养温度：25℃。

ACCC 37316←中国农业科学院蔬菜花卉所；分离自山东寿光丝瓜蔓枯病叶片；培养基：0014；培养温度：25℃。

ACCC 37326←中国农业科学院蔬菜花卉所；分离自山东寿光黄瓜蔓枯病叶片；培养基：0014；培养温度：25℃。

ACCC 37327←中国农业科学院蔬菜花卉所；分离自山东寿光黄瓜蔓枯病叶片；培养基：0014；培养温度：25℃。

ACCC 37420←中国农业科学院蔬菜花卉所；分离自北京大兴丝瓜蔓枯病叶片；培养基：0014；培养温度：25℃。

ACCC 37425←中国农业科学院蔬菜花卉所；分离自北京海淀温室南瓜蔓枯病果实；培养基：0014；培养温度：25℃。

ACCC 37433←中国农业科学院蔬菜花卉所；分离自山东寿光温室苦瓜蔓枯病果实；培养基：0014；培养温度：25℃。

ACCC 37437←中国农业科学院蔬菜花卉所；分离自山东寿光温室黄瓜蔓枯病叶片；培养基：0014；培养温度：25℃。

ACCC 37442←中国农业科学院蔬菜花卉所；分离自北京昌平瓠子蔓枯病叶片；培养基：0014；培养温度：25℃。

ACCC 37443←中国农业科学院蔬菜花卉所；分离自北京昌平葫芦蔓枯病叶片；培养基：0014；培养温度：25℃。

Aspergillus aculeatus Iizuka 棘孢曲霉

ACCC 30577←中国农业科学院土肥所←德国 DSMZ 中心；＝DSM 63261；产多聚半乳糖醛酸酶；培养基：

0014；培养温度：25~28℃。

Aspergillus asperescens Stolk 糙孢曲霉

ACCC 30578←中国农业科学院土肥所←德国 DSMZ 中心；＝DSM 871；模式菌株；分离自土壤，产腐殖菌素；培养基：0014；培养温度：25~28℃。

Aspergillus avenaceus Smith 燕麦曲霉

ACCC 30544←中国农业科学院土肥所←荷兰真菌研究所 CBS109.46；模式菌株；分离源：豌豆种子；培养基：0014；培养温度：25~28℃。

Aspergillus awamori Nakazawa 泡盛曲霉

ACCC 30156←中国农业科学院土肥所←轻工部食品发酵所 IFFI 2298；以淀粉原料发酵柠檬酸；培养基：0015；培养温度：28~30℃。

ACCC 30368←中国农业科学院土肥所←中国科学院微生物研究所 AS3.350←黄海化学工业研究所；原始编号：黄海350；产酸性蛋白酶；培养基：0015；培养温度：25~28℃。

ACCC 30438←中国农业科学院土肥所←中国科学院微生物研究所 AS3.939←前苏联；柠檬酸深层发酵菌；培养基：0014；培养温度：25~28℃。

ACCC 30477←中国农业科学院土肥所←中国科学院微生物研究所 AS3.2783。产糖化酶、果胶酶、柠檬酸；培养基：0014；培养温度：25~28℃。

ACCC 31815←新疆农业科学院微生物研究所 XAAS40110；原始编号：SF23；采集地：新疆一号冰川；分离源：土壤；培养基：0014；培养温度：25~28℃。

ACCC 32263←广东省广州微生物研究所菌种组 GIMT3.042；培养基：0014；培养温度：25℃。

ACCC 32314←广东省广州微生物研究所菌种组 GIMF-3；原始编号：F-3；酿酒生产菌；培养基：0014；培养温度：25℃。

ACCC 32315←广东省广州微生物研究所菌种组 GIMF-4；原始编号：F-4；产酸性蛋白酶、果胶酶；培养温度：25℃。

ACCC 32316←广东省广州微生物研究所菌种组 GIMF-5；原始编号：F-5；酱油糖化菌；培养基：0014；培养温度：25℃。

ACCC 32317←广东省广州微生物研究所菌种组 GIMF-6；原始编号：F-6；酒精糖化菌；培养基：0014；培养温度：25℃。

ACCC 32415←广东省广州微生物研究所菌种组 GIMT3.051；分离自阔叶林土壤；培养基：0014；培养温度：25℃。

Aspergillus caesiellus Saito 浅蓝灰曲霉

ACCC 32302←中国热带农业科学院环境与植保所 EPPI2710←海南大学农学院；原始编号：U6；分离自美登木根际土壤；培养基：0014；培养温度：28℃。

Aspergillus caespitosus Raper & Thom 丛簇曲霉

ACCC 30513←中国农业科学院土肥所←荷兰真菌研究所 CBS103.45；模式菌株；分离自土壤；培养基：0014；培养温度：25~28℃。

ACCC 31867←新疆农业科学院微生物研究所 XAAS40109；原始编号：SF22；分离自新疆吐鲁番的土壤样品；培养基：0014；培养温度：20℃。

ACCC 31868←新疆农业科学院微生物研究所 XAAS40103；原始编号：SF16；分离自新疆吐鲁番的土壤样品；培养基：0014；培养温度：20℃。

Aspergillus candidus Link 亮白曲霉

ACCC 30347←中国农业科学院土肥所郭好礼从饲料中分离；原始编号：19-白；培养基：0014；培养温度：25~28℃。

ACCC 30349←中国农业科学院土肥郭好礼从饲料中分离；原始编号：18-1-2；培养基：0014；培养温度：25~28℃。

ACCC 31947←广东省广州微生物研究所菌种组 GIM3.258；分离自广州市的农地土壤；培养基：0014；培

养温度：25～28℃。

ACCC 32318←广东省广州微生物研究所菌种组 GIMF-7；原始编号：F-7；酿酒生产菌；培养基：0014；培养温度：25℃。

Aspergillus carbonarius (Bainier) Thom 炭黑曲霉

ACCC 30157←中国农业科学院土肥所←轻工部食品发酵所 IFFI 2301，以淀粉原料发酵柠檬酸；培养基：0015；培养温度：28～30℃。

ACCC 32187←中国热带农业科学院环境与植保所 EPPI2303←华南热带农业大学农学院；原始编号：QZ-24；分离自海南省儋州市品质所南药资源圃土壤；培养基：0014；培养温度：28℃。

ACCC 32275←中国热带农业科学院环境与植保所 EPPI2679←海南大学农学院；原始编号：D3；分离自大叶山棟根际土壤；培养基：0014；培养温度：28℃。

ACCC 32319←广东省广州微生物研究所菌种组 GIMF-8；原始编号：F-8；柠檬酸生产菌；培养基：0014；培养温度：25℃。

ACCC 32320←广东省广州微生物研究所菌种组 GIMF-9；原始编号：F-9；柠檬酸生产菌；培养基：0014；培养温度：25℃。

Aspergillus clavatus Desmazieres 棒曲霉

ACCC 30579←中国农业科学院土肥所←德国 DSMZ 中心；=DSM 816；模式菌株，产青霉素；培养基：0014；培养温度：25～28℃。

ACCC 30783←中国农业科学院土肥所←中国农业科学院饲料所；原始编号：avcF90；产糖化酶；培养基：0014；培养温度：25～28℃。

ACCC 32185←中国热带农业科学院环境与植保所 EPPI2300←华南热带农业大学农学院；原始编号：QZ-05；分离自海南省儋州市品质所南药资源圃土壤；培养基：0014；培养温度：28℃。

ACCC 32266←广东省广州微生物研究所菌种组 GIMFM1；分离自造纸腐浆；培养基：0014；培养温度：25℃。

ACCC 32268←中国热带农业科学院环境与植保所 EPPI2671←海南大学农学院；原始编号：308201；分离自海南大学农学院甘蔗根际土壤；培养基：0014；培养温度：28℃。

ACCC 32270←中国热带农业科学院环境与植保所 EPPI2673←海南大学农学院；原始编号：B-3；分离自海南大学农学院菠萝蜜根际土壤；培养基：0014；培养温度：28℃。

ACCC 32271←中国热带农业科学院环境与植保所 EPPI2674←海南大学农学院；原始编号：B-4；分离自海南大学农学院菠萝蜜根际土壤；培养基：0014；培养温度：28℃。

ACCC 32294←中国热带农业科学院环境与植保所 EPPI2700←海南大学农学院；原始编号：J31；分离自见血封喉根际土壤；培养基：0014；培养温度：28℃。

ACCC 32308←中国热带农业科学院环境与植保所 EPPI2717←海南大学农学院；原始编号：XY3；分离自海南儋州那大汽修厂附近土壤；培养基：0014；培养温度：28℃。

Aspergillus cremeus Kwon & Fenn. 淡黄曲霉

ACCC 32191←中国热带农业科学院环境与植保所 EPPI2312←华南热带农业大学农学院；原始编号：XJ-06；分离自香蕉资源圃土壤。产纤维素酶；培养基：0014；培养温度：28℃。

Aspergillus deflectus Fenn. & Raper 弯头曲霉

ACCC 32300←中国热带农业科学院环境与植保所 EPPI2707←海南大学农学院；原始编号：M9；分离自芒果根际土壤；培养基：0014；培养温度：28℃。

Aspergillus ficuum (Reichardt) Hennings 无花果曲霉

ACCC 30158←中国农业科学院土肥所←轻工部食品发酵所 IFFI 2305，以淀粉原料发酵柠檬酸；培养基：0002 或 0013 或 0015；培养温度：28～30℃。

ACCC 30360←中国农业科学院土肥所郭好礼分离；培养基：0015；培养温度：28～30℃。

ACCC 30366←中国农业科学院土肥所←中国科学院微生物研究所 AS3.324←黄海 324，产淀粉酶和单宁酶。培养基：0015；培养温度：25～28℃。

Aspergillus flavipes (Bain. & Sart.) Thom & Church 黄柄曲霉

ACCC 32366←中国农业科学院资源区划所；原始编号：ES-11-1；培养基：0014；培养温度：25～28℃。

Aspergillus flavus Link 黄曲霉

ACCC 30321←中国农业科学院土肥所←中国科学院微生物研究所 AS3.3554，分解果胶；培养基：0015；培养温度：25～28℃。

ACCC 30899←中国农业科学院蔬菜花卉研究所 IVF116←聊城大学；原始编号：MH06110903；采集地：山东省聊城市东昌府区；分离源：棉花；培养基：0014；培养温度：25～28℃。

ACCC 30939←中国农业科学院饲料所 FRI2006095；原始编号：F134；采集地：海南三亚；分离源：水稻种子；培养基：0014；培养温度：25～28℃。

ACCC 31913←广东省广州微生物研究所菌种组 GIM T3.022；分离自广州市的农田土壤；培养基：0014；培养温度：25℃。

ACCC 32184←中国热带农业科学院环境与植保所 EPPI2299←华南热带农业大学农学院；原始编号：QZ-02；分离自海南省儋州市品质所南药资源圃土壤；培养基：0014；培养温度：28℃。

Aspergillus foetidus (Nakazawa) Thom & Raper 臭曲霉

ACCC 30126←中国农业科学院土肥所←中国科学院微生物研究所 AS3.73，糖化酶产生菌；培养基：0015；培养温度：25～28℃。

ACCC 30128←中国农业科学院土肥所←中国科学院微生物研究所 AS3.4325←美国威斯康辛大学；糖化酶产生菌；培养基：0015；培养温度：25～28℃。

ACCC 30580←中国农业科学院土肥所←德国 DSMZ 中心；原始编号：DSM 734；利用淀粉废液，产淀粉酶和柠檬酸；培养基：0014；培养温度：25～28℃。

ACCC 31550←新疆农业科学院微生物研究所 XAAS40125；原始编号：SF45；采集地：新疆吐鲁番；分离源：土壤；培养基：0014；培养温度：25～28℃。

ACCC 31552←新疆农业科学院微生物研究所 XAAS40091；原始编号：SF2；采集地：新疆吐鲁番；分离源：土壤；培养基：0014；培养温度：25～28℃。

Aspergillus fumigatus Fresenius 烟曲霉

ACCC 30367←中国农业科学院土肥所←中国科学院微生物研究所 AS3.3572，分解纤维素；培养基：0015；培养温度：25～28℃。

ACCC 30556←中国农业科学院土肥所←美国典型物培养中心 ATCC52171；纤维素降解菌；培养基：0014；培养温度：24℃。

ACCC 30797←中国农业科学院土肥所←中国农业科学院饲料所；原始编号：avcF54。＝ATCC 34625，产植酸酶；培养基：0015；培养温度：25～28℃。

ACCC 30956←广东省广州微生物研究所 GIM N1；原始编号：HKZ；采集地：广东广州；分离源：土壤；培养基：0014；培养温度：25～28℃。

ACCC 31542←新疆农业科学院微生物研究所 XAAS40086；原始编号：F103；采集地：新疆一号冰川；分离源：土壤；培养基：0014；培养温度：25～28℃。

ACCC 31551←新疆农业科学院微生物研究所 XAAS40122；原始编号：SF41；采集地：新疆吐鲁番；分离源：土壤；培养基：0014；培养温度：25～28℃。

ACCC 31554←新疆农业科学院微生物研究所 XAAS40032；原始编号：F11-2；采集地：新疆一号冰川；分离源：土壤；培养基：0014；培养温度：25～28℃。

ACCC 31562←新疆农业科学院微生物研究所 XAAS40081；原始编号：F92-2；采集地：新疆一号冰川；分离源：土壤；培养基：0014；培养温度：25～28℃。

ACCC 31563←新疆农业科学院微生物研究所 XAAS40087；原始编号：F104；采集地：新疆一号冰川；分离源：土壤；培养基：0014；培养温度：25～28℃。

ACCC 31828←新疆农业科学院微生物研究所 XAAS40080；原始编号：F92-1；采集地：新疆一号冰川；分离源：土壤；培养基：0014；培养温度：25～28℃。

ACCC 31841←新疆农业科学院微生物研究所 XAAS40053；原始编号：F55；采集地：新疆吐鲁番；分离源：土壤；培养基：0014；培养温度：25～28℃。

ACCC 32265←广东省广州微生物研究所菌种组 GIMT3.045；培养基：0014；培养温度：25℃。

ACCC 32267←广东省广州微生物研究所菌种组 GIMFM2；分离自造纸腐浆；培养基：0014；培养温度：25℃。

ACCC 32326←广东省广州微生物研究所菌种组 GIMF-15；原始编号：F-15；分解纤维素；培养基：0014；培养温度：25℃。

ACCC 32367←中国农业科学院资源区划所；原始编号：Ef-2-1；培养基：0014；培养温度：25～28℃。

ACCC 32416←广东省广州微生物研究所菌种组 GIMT3.052；分离自阔叶林土壤。分解纤维素；培养基：0014；培养温度：25℃。

Aspergillus glaucus Link 灰绿曲霉

ACCC 30903←中国农业科学院蔬菜花卉研究所 IVF121；原始编号：PGQM060918；采集地：北京市大兴区榆垡镇西黄垡村；分离源：平菇培养料；培养基：0014；培养温度：25～28℃。

ACCC 32196←中国热带农业科学院环境与植保所 EPPI2398←华南热带农业大学农学院；原始编号：33f01；分离自海口茶叶市场的砖茶块；培养基：0014；培养温度：28℃。

ACCC 32197←中国热带农业科学院环境与植保所 EPPI2399←华南热带农业大学农学院；原始编号：33f03；分离自海口茶叶市场的砖茶块；培养基：0014；培养温度：28℃。

ACCC 32198←中国热带农业科学院环境与植保所 EPPI2400←华南热带农业大学农学院；原始编号：Qf11；分离自海口茶叶市场的砖茶块；培养基：0014；培养温度：28℃。

ACCC 32199←中国热带农业科学院环境与植保所 EPPI2401←华南热带农业大学农学院；原始编号：Kf01；分离自海口茶叶市场的砖茶块；培养基：0014；培养温度：28℃。

ACCC 32200←中国热带农业科学院环境与植保所 EPPI2402←华南热带农业大学农学院；原始编号：Ff06；分离自海口茶叶市场的砖茶块；培养基：0014；培养温度：28℃。

ACCC 32201←中国热带农业科学院环境与植保所 EPPI2403←华南热带农业大学农学院；原始编号：Qf32；分离自海口茶叶市场的砖茶块；培养基：0014；培养温度：28℃。

ACCC 32247←中国农业科学院环发所 IEDAF3315；原始编号：PF-14；培养基：0436；培养温度：28℃。

Aspergillus granulosus Raper & Fenn. 粒落曲霉

ACCC 32285←中国热带农业科学院环境与植保所 EPPI2689←海南大学农学院；原始编号：GH1；分离自海南儋州那大汽修厂附近土壤；培养基：0014；培养温度：28℃。

Aspergillus heyangensis Z. T. Qi et al. 合阳曲霉

ACCC 32297←中国热带农业科学院环境与植保所 EPPI2704←海南大学农学院；原始编号：M1；分离自芒果根际土壤；培养基：0014；培养温度：28℃。

Aspergillus japonicus Saito 日本曲霉

ACCC 30581←中国农业科学院土肥所←德国 DSMZ 中心；＝DSM 2345；产羟苯乙烯酸酯酶、胶质裂解酶；培养基：0014；培养温度：25～28℃。

ACCC 31514←中国热带农业科学院环境与植物保护研究所；原始编号：4；采集地：海南省兴隆县热带植物园；分离源：麦冬叶片；培养基：0014；培养温度：25～28℃。

ACCC 32192←中国热带农业科学院环境与植保所 EPPI2313←华南热带农业大学农学院；原始编号：XRZ-03；分离自海南省儋州市品质所南药资源圃土壤；培养基：0014；培养温度：28℃。

ACCC 32365←中国农业科学院资源区划所；原始编号：ES-1-4；培养基：0014；培养温度：25～28℃。

Aspergillus nidulans（Eidam）Winter 构巢曲霉

ACCC 30469←中国农业科学院土肥所←广东省微生物研究所 GIM3.394←中国科学院微生物研究所 AS3.3916；分离源：发霉小米；培养基：0014；培养温度：25～28℃。

Aspergillus niger van Tiegh. 黑曲霉

ACCC 30005←中国农业科学院土肥所←中国农业科学院原子能所；抗生素测定菌；培养基：0014；培养温

度：24～28℃。

ACCC 30117←中国农业科学院土肥所诱变分离←中国科学院微生物研究所 AS3.4309，在酒精、白酒、酶法制葡萄糖，异构酶制糖等工业上广泛应用；培养基：0015；培养温度：25～28℃。

ACCC 30132←中国农业科学院土肥所从禹城酒厂曲中分离。糖化菌；培养基：0015；培养温度：25～28℃。

ACCC 30134←中国农业科学院土肥所←中国科学院微生物研究所 AS3.1858，淀粉糖化菌；培养基：0015；培养温度：25～28℃。

ACCC 30159←中国农业科学院土肥所←轻工部食品发酵所 IFFI 2225，甜菜废糖蜜为原料生产柠檬酸；培养基：0015；培养温度：29～31℃。

ACCC 30160←中国农业科学院土肥所←轻工部食品发酵所 IFFI 2160，柠檬酸深层发酵用菌；培养基：0015；培养温度：28～30℃。

ACCC 30161←中国农业科学院土肥所←轻工部食品发酵所 IFFI 2315，以淀粉原料生产柠檬酸；培养基：0076；培养温度：29～31℃。

ACCC 30162←中国农业科学院土肥所←轻工部食品发酵所 IFFI 2318，甘蔗糖蜜原料浅盘发酵柠檬酸；培养基：0015 或 0084；培养温度：29～31℃。

ACCC 30171←中国农业科学院土肥所郭好礼分离诱变，糖化酶产量高；培养基：0015；培养温度：25～28℃。

ACCC 30172←中国农业科学院土肥所←中国农业科学院原子能所；糖化酶产量高；培养基：0015；培养温度：25～28℃。

ACCC 30173←中国农业科学院土肥所郭好礼从废液中分离，野生型；培养基：0015；培养温度：25～28℃。

ACCC 30176←中国农业科学院土肥所←中国科学院微生物研究所 AS3.739←食品工业部←德国；原始编号：Nr15；柠檬酸深层发酵菌；培养基：0015；培养温度：25～28℃。

ACCC 30177←中国农业科学院土肥所←中国科学院微生物研究所 AS3.879←上海科学研究所；葡萄糖酸钙和柠檬酸生产菌；培养基：0015；培养温度：25～28℃。

ACCC 30333←中国农业科学院土肥所郭好礼选育，糖化酶生产菌株；培养基：0014；培养温度：25～28℃。

ACCC 30362←中国农业科学院土肥所←新疆科协程远赠；糖化酶生产菌；培养基：0014；培养温度：25～28℃。

ACCC 30390←中国农业科学院土肥所←河南省科学院刘庆品赠；是 AS3.4309 的诱变株；液体深层发酵法生产糖化酶的生产用菌；培养基：0015，培养温度：30～32℃。

ACCC 30391←中国农业科学院土肥所←河南省科学院刘庆品赠；是 AS3.4309 的诱变株；液体深层发酵法生产糖化酶的生产用菌；培养基：0015，培养温度：30～32℃。

ACCC 30439←中国农业科学院土肥所←中国科学院微生物研究所 AS3.879←上海科学研究所；原始编号：2087；分离源：柑橘；培养基：0014；培养温度：25～28℃。

ACCC 30470←中国农业科学院土肥所←中国科学院微生物研究所 AS3.315←黄海化学工业研究社；原始编号：黄海 315。产丹宁酶；培养基：0014；培养温度：25～28℃。

ACCC 30557←中国农业科学院土肥所←美国典型物培养中心 ATCC52172，纤维素降解菌；培养基：0014；培养温度：24℃。

ACCC 30582←中国农业科学院土肥所←德国 DSMZ 中心；＝DSM 821，产柠檬酸、葡糖酸、降解类固醇；培养基：0014；培养温度：25～28℃。

ACCC 30583←中国农业科学院土肥所←德国 DSMZ 中心；＝DSM 11167；分离自石油污染土壤，降解 PAH、萘等；培养基：0014；培养温度：25～28℃。

ACCC 30784←中国农业科学院土肥所←中国农业科学院饲料所；原始编号：avcF67，产糖化酶，培养基：0014；培养温度：25～28℃。

ACCC 30785←中国农业科学院土肥所←中国农业科学院饲料所；原始编号：avcF85，产植酸酶；培养基：0014；培养温度：25～28℃。

ACCC 30786←中国农业科学院土肥所←中国农业科学院饲料所；原始编号：avcF86，产纤维素酶和蛋白酶；培养基：0014；培养温度：25～28℃。

ACCC 30787←中国农业科学院土肥所←中国农业科学院饲料所；原始编号：avcF89；产蛋白酶；培养基：0014；培养温度：25～28℃。

ACCC 30936←中国农业科学院饲料所 FRI2006092；原始编号：F131；采集地：海南三亚；分离源：水稻种子；培养基：0014；培养温度：25～28℃。

ACCC 30959←中国农业科学院土肥所←山东农业大学 SDAUMCC 300012；原始编号：ZB-325；培养基：0014；培养温度：25～28℃。

ACCC 31494←中国农业科学院土肥所←山东农业大学 SDAUMCC 300007；原始编号：ZB-338；采集地：山东济南；分离源：单胃动物粪便。产植酸酶、纤维素酶、蛋白酶；培养基：0014；培养温度：25～28℃。

ACCC 31495←中国农业科学院土肥所←山东农业大学 SDAUMCC 300008；原始编号：ZB-339；培养基：0014；培养温度：25～28℃。

ACCC 31496←中国农业科学院土肥所←山东农业大学 SDAUMCC 300009；原始编号：ZB-341；培养基：0014；培养温度：25～28℃。

ACCC 31497←中国农业科学院土肥所←山东农业大学 SDAUMCC 300010；原始编号：ZB-342；培养基：0014；培养温度：25～28℃。

ACCC 31498←中国农业科学院土肥所←山东农业大学 SDAUMCC 300011；原始编号：ZB-343；培养基：0014；培养温度：25～28℃。

ACCC 31499←中国农业科学院土肥所←山东农业大学 SDAUMCC 300013；原始编号：ZB-323；培养基：0014；培养温度：25～28℃。

ACCC 31500←中国农业科学院土肥所←山东农业大学 SDAUMCC 300014；原始编号：ZB-324；培养基：0014；培养温度：25～28℃。

ACCC 31501←中国农业科学院土肥所←山东农业大学 SDAUMCC 300015；原始编号：WXJ-1；培养基：0014；培养温度：25～28℃。

ACCC 31502←中国农业科学院土肥所←山东农业大学 SDAUMCC 300016；原始编号：WXJ-2；培养基：0014；培养温度：25～28℃。

ACCC 31503←中国农业科学院土肥所←山东农业大学 SDAUMCC 300017；原始编号：WXJ-3；培养基：0014；培养温度：25～28℃。

ACCC 31504←中国农业科学院土肥所←山东农业大学 SDAUMCC 300018；原始编号：WXJ-4；培养基：0014；培养温度：25～28℃。

ACCC 31511←中国农业科学院土肥所←山东农业大学 SDAUMCC 300056；原始编号：DOM-3；培养基：0014；培养温度：25～28℃。

ACCC 31524←中国热带农业科学院环境与植物保护研究所；培养基：0014；培养温度：25～28℃。

ACCC 31541←新疆农业科学院微生物研究所 XAAS40059；原始编号：F64；采集地：新疆一号冰川；分离源：土壤；培养基：0014；培养温度：25～28℃。

ACCC 31547←新疆农业科学院微生物研究所 XAAS40107；原始编号：SF20；采集地：新疆吐鲁番；分离源：土壤；培养基：0014；培养温度：25～28℃。

ACCC 31566←新疆农业科学院微生物研究所 XAAS40135；原始编号：SF55；采集地：新疆吐鲁番；分离源：土壤；培养基：0014；培养温度：25～28℃。

ACCC 31597←新疆农业科学院微生物研究所 XAAS40175；原始编号：LF47；采集地：新疆吐鲁番；分离源：土壤；培养基：0014；培养温度：25～28℃。

ACCC 31819←新疆农业科学院微生物研究所 XAAS40098；原始编号：SF10；采集地：新疆吐鲁番；分离

源：土壤；培养基：0014；培养温度：25～28℃。

ACCC 31829←新疆农业科学院微生物研究所 XAAS40079；原始编号：F91；采集地：新疆一号冰川；分离
源：土壤；培养基：0014；培养温度：25～28℃。

ACCC 31830←新疆农业科学院微生物研究所 XAAS40078；原始编号：F90；采集地：新疆一号冰川；分离
源：土壤；培养基：0014；培养温度：25～28℃。

ACCC 31838←新疆农业科学院微生物研究所 XAAS40061；原始编号：F67；采集地：新疆吐鲁番；分离
源：土壤；培养基：0014；培养温度：25～28℃。

ACCC 31839←新疆农业科学院微生物研究所 XAAS40058；原始编号：F64；采集地：新疆吐鲁番；分离
源：土壤；培养基：0014；培养温度：25～28℃。

ACCC 31856←新疆农业科学院微生物研究所 XAAS40174；原始编号：LF44；采集地：一号冰川的土壤样
品；培养基：0014；培养温度：20℃。

ACCC 31861←新疆农业科学院微生物研究所 XAAS40146；原始编号：SF67；采集地：新疆吐鲁番的土壤
样品；培养基：0014；培养温度：20℃。

ACCC 31863←新疆农业科学院微生物研究所 XAAS40143；原始编号：SF64；采集地：新疆吐鲁番的土壤
样品；培养基：0014；培养温度：20℃。

ACCC 31866←新疆农业科学院微生物研究所 XAAS40111；原始编号：SF24；采集地：新疆吐鲁番的土壤
样品；培养基：0014；培养温度：20℃。

ACCC 31871←新疆农业科学院微生物研究所 XAAS40093；原始编号：SF4；采集地：新疆吐鲁番的土壤样
品；培养基：0014；培养温度：20℃。

ACCC 31875←新疆农业科学院微生物研究所 XAAS40060；原始编号：F66；采集地：一号冰川的土壤样
品；培养基：0014；培养温度：20℃。

ACCC 31876←新疆农业科学院微生物研究所 XAAS40057；原始编号：F63；采集地：一号冰川的土壤样
品；培养基：0014；培养温度：20℃。

ACCC 31941←新疆农业科学院微生物研究所 XAAS40131；原始编号：SF51；采集地：一号冰川的土壤样
品；培养基：0014；培养温度：20℃。

ACCC 32181←中国热带农业科学院环境与植保所 EPPI2291←华南热带农业大学农学院；原始编号：XY-
04；分离自海南省热带农业大学校园土壤；培养基：0014；培养温度：28℃。

ACCC 32259←中国热带农业科学院环境与植保所；分离自海南儋州农学院基地；培养基：0014；培养温
度：28℃。

ACCC 32260←中国热带农业科学院环境与植保所；分离自海南大学儋州校区南药圃；培养基：0014；培养
温度：28℃。

ACCC 32306←中国热带农业科学院环境与植保所 EPPI2714←海南大学农学院；原始编号：XH17；分离自
海南儋州那大汽修厂附近土壤；培养基：0014；培养温度：28℃。

ACCC 32327←广东省广州微生物研究所菌种组 GIMF-16；原始编号：F-16。产酸性蛋白酶；培养基：
0014；培养温度：25℃。

ACCC 32413←广东省广州微生物研究所菌种组 GIMT3.046；分离自酱油；培养基：0014；培养温
度：25℃。

Aspergillus neoglaber Kozak. 新平滑曲霉

ACCC 32277←中国热带农业科学院环境与植保所 EPPI2681←海南大学农学院；原始编号：D3-4；分离自
海南儋州那大汽修厂附近土壤；培养基：0014；培养温度：28℃。

Aspergillus niveus Blochwitz 雪白曲霉

ACCC 30514←中国农业科学院土肥所←荷兰真菌研究所 CBS115.27；培养基：0014；培养温度：
25～28℃。

ACCC 31835←新疆农业科学院微生物研究所 XAAS40068；原始编号：F78；采集地：新疆一号冰川；分离
源：土壤；培养基：0014；培养温度：25～28℃。

ACCC 32272←中国热带农业科学院环境与植保所 EPPI2675←海南大学农学院；原始编号：B-2；分离自槟榔根际土壤；培养基：0014；培养温度：28℃。

ACCC 32281←中国热带农业科学院环境与植保所 EPPI2685←海南大学农学院；原始编号：D7-3；分离自海南儋州那大汽修厂附近土壤；培养基：0014；培养温度：28℃。

Aspergillus ochraceus Wilhelm 赭曲霉

ACCC 30471←中国农业科学院土肥所←中国科学院微生物研究所 AS3.3876；分离源：霉纸；培养基：0014；培养温度：25～28℃。

ACCC 31594←新疆农业科学院微生物研究所 XAAS40188；原始编号：SF33；采集地：新疆吐鲁番；分离源：土壤；培养基：0014；培养温度：25～28℃。

ACCC 32452←中国农业科学院环发所 IEDAF1580；原始编号：SM-4F2；培养基：0436；培养温度：28℃。

Aspergillus ornatus Raper et al. 华丽曲霉

ACCC 32189←中国热带农业科学院环境与植保所 EPPI2310←华南热带农业大学农学院；原始编号：XJ-08；分离自香蕉资源圃土壤；培养基：0014；培养温度：28℃。

Aspergillus oryzae （Ahlburg）Cohn 米曲霉

ACCC 30155←中国农业科学院土肥所←上海市酿造科学研究所 3042，酱油生产菌；培养基：0015；培养温度：25～28℃。

ACCC 30163←中国农业科学院土肥所←轻工部食品发酵所（上海工微所）IFFI 2336，曲酸生产用菌；培养基：0077 或 0084；培养温度：28～32℃。

ACCC 30322←中国农业科学院土肥所←中国农业科学院饲料所李淑敏赠；原始编号：F501，酱油制曲；培养基：0014；培养温度：25～28℃。

ACCC 30323←中国农业科学院土肥所←中国农业科学院饲料所李淑敏赠；原始编号：F504，酱油制曲；培养基：0014；培养温度：25～28℃。

ACCC 30415←中国农业科学院土肥所←云南大学微生物发酵重点实验室←中国科学院微生物研究所 AS3.951。产蛋白酶；培养基：0014；培养温度：25～28℃。

ACCC 30466←中国农业科学院土肥所←轻工部食品发酵所 IFFI 2022←金培松赠；用于酱油制曲；培养基：0014；培养温度：25～28℃。

ACCC 30467←中国农业科学院土肥所←上海水产大学；原始编号：米 336；培养基：0014；培养温度：25～28℃。

ACCC 30468←中国农业科学院土肥所←上海水产大学；原始编号：米丁；培养基：0014；培养温度：25～28℃。

ACCC 30472←中国农业科学院土肥所←中国科学院微生物研究所 AS3.384；培养基：0014；培养温度：25～28℃。

ACCC 30473←中国农业科学院土肥所←中国科学院微生物研究所 AS3.800；产糖化酶；培养基：0014；培养温度：25～28℃。

ACCC 30474←中国农业科学院土肥所←广东省微生物研究所 GIM3.31←中国科学院微生物研究所 AS3.951←上海酿造研究所 3042。产蛋白酶；培养基：0014；培养温度：25～28℃。

ACCC 30584←中国农业科学院土肥所←德国 DSMZ 中心；原始编号：DSM 1863，利用玉米生产乙醇；培养基：0014；培养温度：25～28℃。

ACCC 30788←中国农业科学院土肥所←中国农业科学院饲料所；原始编号：avcF33；分离自酒厂废水，能利用淀粉；培养基：0014；培养温度：25～28℃。

ACCC 30789←中国农业科学院土肥所←中国农业科学院饲料所；原始编号：avcF62；用于饼粕发酵；培养基：0014；培养温度：25～28℃。

ACCC 30790←中国农业科学院土肥所←中国农业科学院饲料所；原始编号：avcF99。＝ATCC 20423；产酸性乳糖酶；培养基：0014；培养温度：25～28℃。

ACCC 31491←中国农业科学院土肥所←山东农业大学 SDAUMCC 300004；原始编号：ZB-373；采集地：

山东济南；分离源：霉变玉米。产蛋白酶、纤维素酶；培养基：0014；培养温度：25～28℃。

ACCC 31492←中国农业科学院土肥所←山东农业大学 SDAUMCC 300005；原始编号：ZB-355；采集地：山东泰安；分离源：霉变饲料。产中性蛋白酶；培养基：0014；培养温度：25～28℃。

ACCC 31493←中国农业科学院土肥所←山东农业大学 SDAUMCC 300006；原始编号：ZB-356；采集地：山东泰山；分离源：腐朽秸秆。产纤维素酶；培养基：0014；培养温度：25～28℃。

ACCC 32322←广东省广州微生物研究所菌种组 GIMF-11；原始编号：F-11。曲酸生产菌；培养基：0014；培养温度：25℃。

Aspergillus parasiticus Speare 寄生曲霉

ACCC 30915←中国农业科学院饲料所 FRI2006071；原始编号：F110。＝CGMCC 3.124；培养基：0014；培养温度：25～28℃。

Aspergillus phoenicis (Corda) Thom 海枣曲霉

ACCC 30164←中国农业科学院土肥所←轻工部食品发酵所（上海工微所）IFFI 2300，糖蜜原料发酵柠檬酸；培养基：0015 或 0077 或 0088；培养温度：25℃。

ACCC 32328←广东省广州微生物研究所菌种组 GIMF-19；原始编号：F-19。以糖蜜原料发酵产柠檬酸；培养基：0014；培养温度：25℃。

Aspergillus proliferans Smith 多育曲霉

ACCC 30913←中国农业科学院饲料所 FRI2006069；原始编号：F107；采集地：新疆吐鲁番；分离源：土壤；培养基：0014；培养温度：25～28℃。

Aspergillus restrictus Smith 局限曲霉

ACCC 32179←中国热带农业科学院环境与植保所 EPPI2288←华南热带农业大学农学院；原始编号：LY-01；分离自海南省儋州市品质所南药资源圃的土壤；培养基：0014；培养温度：28℃。

ACCC 32190←中国热带农业科学院环境与植保所 EPPI2311←华南热带农业大学农学院；原始编号：XJ-02；分离自香蕉资源圃土壤；培养基：0014；培养温度：28℃。

ACCC 32269←中国热带农业科学院环境与植保所 EPPI2672←海南大学农学院；原始编号：B-1；分离自海南大学农学院菠萝蜜根际土壤；培养基：0014；培养温度：28℃。

Aspergillus rugulosus Thom & Raper 皱褶曲霉

ACCC 30517←中国农业科学院土肥所←荷兰真菌研究所 CBS133.60；分离自土壤；培养基：0014；培养温度：25～28℃。

Aspergillus sojae Sakaguchi & Yamada 酱油曲霉

ACCC 30475←中国农业科学院土肥所←中国科学院微生物研究所 AS3.495←兰州工业试验所；原始编号：L102；分离源：酱油；培养基：0014；培养温度：25～28℃。

ACCC 30550←中国农业科学院土肥所←美国典型物培养中心 ATCC42251；模式菌株；分离源：酱油的曲子；培养基：0014；培养温度：24℃。

Aspergillus sp. 曲霉

ACCC 31527←中国农业科学院环发所 IEDAF3199；原始编号：3199＝CE0710101；采集地：北京植物园樱桃沟；分离源：土壤；培养基：0014；培养温度：25～28℃。

ACCC 31903←中国农业科学院环发所 IEDAF3140；原始编号：CE-HB-021；分离自河北遵化广野的土壤；培养基：0014；培养温度：28℃。

Aspergillus sparsus Raper & Thom 稀疏曲霉

ACCC 32186←中国热带农业科学院环境与植保所 EPPI2302←华南热带农业大学农学院；原始编号：QZ-23；分离自海南省儋州市品质所南药资源圃土壤；培养基：0014；培养温度：28℃。

Aspergillus sydowii (Bain. & Sart.) Thom & Church 聚多曲霉

ACCC 30938←中国农业科学院饲料所 FRI2006094；原始编号：F133；采集地：海南三亚；分离源：水稻种子；培养基：0014；培养温度：25～28℃。

ACCC 31548←新疆农业科学院微生物研究所 XAAS40096；原始编号：SF8；采集地：新疆吐鲁番；分离源：土壤；培养基：0014；培养温度：25～28℃。

ACCC 31814←新疆农业科学院微生物研究所 XAAS40114；原始编号：SF27；采集地：新疆吐鲁番；分离源：土壤；培养基：0014；培养温度：25～28℃。

ACCC 31820←新疆农业科学院微生物研究所 XAAS40095；原始编号：SF6；采集地：新疆吐鲁番；分离源：土壤；培养基：0014；培养温度：25～28℃。

Aspergillus tamarii Kita 溜曲霉

ACCC 30585←中国农业科学院土肥所←德国 DSMZ 中心；原始编号：DSM 11167；分离自绝缘塑料；培养基：0014；培养温度：25～28℃。

Aspergillus terreus Thom 土曲霉

ACCC 30476←中国农业科学院土肥所←中国科学院微生物研究所 AS3.2811←上海溶剂厂。产甲叉丁二酸；培养基：0014；培养温度：25～28℃。

ACCC 30558←中国农业科学院土肥所←美国典型物培养中心 ATCC42025；纤维素降解菌；培养基：0014；培养温度：24℃。

ACCC 30586←中国农业科学院土肥所←德国 DSMZ 中心；原始编号：DSM 5770；产甲叉丁二酸；培养基：0014；培养温度：25～28℃。

ACCC 31543←新疆农业科学院微生物研究所 XAAS40072；原始编号：F83；采集地：新疆一号冰川；分离源：土壤；培养基：0014；培养温度：25～28℃。

ACCC 31549←新疆农业科学院微生物研究所 XAAS40110；原始编号：SF23；采集地：新疆吐鲁番；分离源：土壤；培养基：0014；培养温度：25～28℃。

ACCC 31555←新疆农业科学院微生物研究所 XAAS40035；原始编号：F17-1；采集地：新疆吐鲁番；分离源：土壤；培养基：0014；培养温度：25～28℃。

ACCC 31556←新疆农业科学院微生物研究所 XAAS40037；原始编号：F22；采集地：新疆一号冰川；分离源：土壤；培养基：0014；培养温度：25～28℃。

ACCC 31558←新疆农业科学院微生物研究所 XAAS40044；原始编号：F35；采集地：新疆一号冰川；分离源：土壤；培养基：0014；培养温度：25～28℃。

ACCC 31560←新疆农业科学院微生物研究所 XAAS40064；原始编号：F72；采集地：新疆吐鲁番；分离源：土壤；培养基：0014；培养温度：25～28℃。

ACCC 31567←新疆农业科学院微生物研究所 XAAS40139；原始编号：SF60；采集地：新疆吐鲁番；分离源：土壤；培养基：0014；培养温度：25～28℃。

ACCC 31811←新疆农业科学院微生物研究所 XAAS40119；原始编号：SF34；采集地：新疆一号冰川；分离源：土壤；培养基：0014；培养温度：25～28℃。

ACCC 31827←新疆农业科学院微生物研究所 XAAS40082；原始编号：F93；采集地：新疆吐鲁番；分离源：土壤；培养基：0014；培养温度：25～28℃。

ACCC 31829←新疆农业科学院微生物研究所 XAAS40079；原始编号：F91；采集地：新疆一号冰川；分离源：土壤；培养基：0014；培养温度：25～28℃。

ACCC 31832←新疆农业科学院微生物研究所 XAAS40027；原始编号：F2；采集地：新疆一号冰川；分离源：土壤；培养基：0014；培养温度：25～28℃。

ACCC 31833←新疆农业科学院微生物研究所 XAAS40072；原始编号：F83；采集地：新疆吐鲁番；分离源：土壤；培养基：0014；培养温度：25～28℃。

ACCC 31842←新疆农业科学院微生物研究所 XAAS40051；原始编号：F51；采集地：新疆一号冰川；分离源：土壤；培养基：0014；培养温度：25～28℃。

ACCC 31843←新疆农业科学院微生物研究所 XAAS40049；原始编号：F42；采集地：新疆一号冰川；分离源：土壤；培养基：0014；培养温度：25～28℃。

ACCC 31844←新疆农业科学院微生物研究所 XAAS40047；原始编号：F39；采集地：新疆吐鲁番；分离

源：土壤；培养基：0014；培养温度：25～28℃。

ACCC 31845←新疆农业科学院微生物研究所 XAAS40043；原始编号：F32；采集地：新疆一号冰川；分离源：土壤；培养基：0014；培养温度：25～28℃。

ACCC 31846←新疆农业科学院微生物研究所 XAAS40042；原始编号：F30；采集地：新疆一号冰川；分离源：土壤；培养基：0014；培养温度：25～28℃。

ACCC 31849←新疆农业科学院微生物研究所 XAAS40036；原始编号：F21；采集地：新疆一号冰川；分离源：土壤；培养基：0014；培养温度：25～28℃。

ACCC 31860←新疆农业科学院微生物研究所 XAAS40148；原始编号：SF69；分离自一号冰川的土壤样品；培养基：0014；培养温度：20℃。

ACCC 31870←新疆农业科学院微生物研究所 XAAS40097；原始编号：SF9；分离自新疆吐鲁番的土壤样品；培养基：0014；培养温度：20℃。

ACCC 31872←新疆农业科学院微生物研究所 XAAS40077；原始编号：F87；分离自一号冰川的土壤样品；培养基：0014；培养温度：20℃。

ACCC 31873←新疆农业科学院微生物研究所 XAAS40076；原始编号：F86；分离自一号冰川的土壤样品；培养基：0014；培养温度：20℃。

ACCC 31874←新疆农业科学院微生物研究所 XAAS40045；原始编号：F37；分离自一号冰川的土壤样品；培养基：0014；培养温度：20℃。

ACCC 31877←新疆农业科学院微生物研究所 XAAS40057；原始编号：F49；分离自一号冰川的土壤样品；培养基：0014；培养温度：20℃。

ACCC 31878←新疆农业科学院微生物研究所 XAAS40040；原始编号：F27；分离自一号冰川的土壤样品；培养基：0014；培养温度：20℃。

ACCC 31879←新疆农业科学院微生物研究所 XAAS40033；原始编号：F13；分离自一号冰川的土壤样品；培养基：0014；培养温度：20℃。

ACCC 31880←新疆农业科学院微生物研究所 XAAS40071；原始编号：F82；分离自一号冰川的土壤样品；培养基：0014；培养温度：20℃。

ACCC 32472←新疆农业科学院微生物研究所 XAAS40249；原始编号：GF6-2；分离自新疆南疆地区沙土；培养基：0014；培养温度：20℃。

Aspergillus tubingensis （Schober） Mosseray 塔宾曲霉

ACCC 30165←中国农业科学院土肥所←轻工部食品发酵所（上海工微所）IFFI 2302，以废糖蜜为原料生产柠檬酸；培养基：0015；培养温度：28～30℃。

ACCC 32163←广东省广州微生物研究所 GIMV3-M-1；分离自越南原始林的土壤；培养基：0014；培养温度：25℃。

ACCC 32214←中国工业微生物中心 CICC2126；糖化酶产生菌，分解果胶；培养基：0014；培养温度：25～28℃。

ACCC 32407←广东省广州微生物研究所菌种组 GIMF-54；原始编号：F-54；以废糖蜜为原料生产柠檬酸；培养基：0014；培养温度：25℃。

Aspergillus usamii Sakaguchi et al. 宇佐美曲霉

ACCC 30122←中国农业科学院土肥所←中国科学院微生物研究所 AS3.758，酒精、白酒等的糖化菌；培养基：0015；培养温度：25～28℃。

ACCC 30186←中国农业科学院土肥所分离，柠檬酸产生菌，产酸量同 G_2B_8；培养基：0015；培养温度：25～28℃。

ACCC 30339←中国农业科学院土肥所←轻工部食品发酵所 IFFI 2378←上海工微所。变异株，产酸性蛋白酶；培养基：0077；培养温度：28～30℃。

ACCC 30340←中国农业科学院土肥所←轻工部食品发酵所 IFFI 2418←无锡酶制剂厂。变异种 B1，产酸性蛋白酶；培养基：0077；培养温度：28～30℃。

Aspergillus versicolor （Vuillemin） Tiraboschi 杂色曲霉

ACCC 30559←中国农业科学院土肥所←美国典型物培养中心 ATCC52173。纤维素降解菌；培养基：0014；
    培养温度：24℃。

ACCC 31944←中国农业科学院蔬菜花卉研究所 XAAS40197；原始编号：AB9；分离自吐鲁番的土壤样品；
    培养基：0014；培养温度：20℃。

ACCC 31948←广东省广州微生物研究所菌种组 GIM3.257；分离自广州市的农地土壤；培养基：0014；培
    养温度：25～28℃。

ACCC 32160←广东省广州微生物研究所 GIMT3.027；分离自广州的果园土壤；培养基：0014；培养温
    度：25℃。

ACCC 32292←中国热带农业科学院环境与植保所 EPPI2697←海南大学农学院；原始编号：H6；分离自海
    南儋州那大汽修厂附近土壤；培养基：0014；培养温度：28℃。

ACCC 32457←新疆农业科学院微生物研究所 XAAS40217；原始编号：AF35-1；分离自新疆南疆地区胡杨
    林沙土；培养基：0014；培养温度：20℃。

ACCC 32463←新疆农业科学院微生物研究所 XAAS40236；原始编号：AF5-2；分离自新疆南疆地区沙土；
    培养基：0014；培养温度：20℃。

Aspergillus wentii Wehmer 温特曲霉

ACCC 30916←中国农业科学院饲料所 FRI2006072；原始编号：F111；采集地：海南三亚；分离源：土壤；
    培养基：0014；培养温度：25～28℃。

Aspergillus westerdijkiae Frisvad & Samson

ACCC 32458←新疆农业科学院微生物研究所 XAAS40230；原始编号：AF36-2；分离自新疆南疆地区胡杨
    林沙土；培养基：0014；培养温度：20℃。

Aureobasidium pullulans （de Bary） Arnaud 出芽短梗霉（黑酵母）

ACCC 30142←中国农业科学院土肥所←中国科学院微生物研究所 AS3.933，产多糖；培养基：0014；培养
    温度：25～28℃。

ACCC 30143←中国农业科学院土肥所←中国科学院微生物研究所 AS3.2756，产多糖；培养基：0014；培
    养温度：25～28℃。

ACCC 30144←中国农业科学院土肥所←中国科学院微生物研究所 AS3.837，产多糖；培养基：0014；培养
    温度：25～28℃。

ACCC 30356←中国农业科学院土肥所←中国农业科学院研究生院里景伟、张英赠；产真菌多糖。张英硕士
    论文；培养基：0015；培养温度：28～30℃。

ACCC 30478←中国农业科学院土肥所←广东省微生物研究所 GIM3.384←中国科学院微生物研究所
    AS3.3984。腐蚀油漆；培养基：0014；培养温度：25～28℃。

ACCC 32466←新疆农业科学院微生物研究所 XAAS40239；原始编号：AF7-5-1；分离自新疆南疆地区沙
    土；培养基：0014；培养温度：20℃。

Backusella circina Ellis & Hesseltine 螺旋巴克斯霉

ACCC 30515←中国农业科学院土肥所←荷兰真菌研究所；原始编号：CBS128.70；模式菌株；分离自带有
    地衣的土壤；培养基：0014；培养温度：25～28℃。

ACCC 30516←中国农业科学院土肥所←荷兰真菌研究所；原始编号：CBS129.70；模式菌株；分离自土
    壤；培养基：0014；培养温度：25～28℃。

Beauveria aranearum （Petch） von Arx 蜘蛛白僵菌

ACCC 30838←中国农业科学院环发所；原始编号：1058-2；采集地：北京；培养基：0014；培养温度：
    25～28℃。

Beauveria bassiana （Bals.-Criv.） Vuill. 球孢白僵菌

ACCC 30006←中国农业科学院土肥所←吉林农业科学院植保所；生物防治；培养基：0014，培养温度：
    24～28℃。

ACCC 30107←中国农业科学院土肥所←湖南农业科学院植保所；分离自水稻害虫（白僵菌 A），生物防治；培养基：0014；培养温度：24～28℃。

ACCC 30108←中国农业科学院土肥所←湖南农业科学院植保所；分离自水稻害虫（白僵菌 E），生物防治；培养基：0014；培养温度：24～28℃。

ACCC 30109←中国农业科学院土肥所←湖南农业科学院植保所；分离自水稻害虫（白僵菌 F），生物防治；培养基：0014；培养温度：24～28℃。

ACCC 30110←中国农业科学院土肥所←吉林农业科学院植保所；生物防治；培养基：0014，培养温度：24～28℃。

ACCC 30111←中国农业科学院土肥所←吉林农业科学院植保所（白僵菌 9），生物防治；培养基：0014；培养温度：24～28℃。

ACCC 30112←中国农业科学院土肥所←吉林农业科学院植保所（白僵菌 18），生物防治；培养基：0014；培养温度：24～28℃。

ACCC 30113←中国农业科学院土肥所←吉林农业科学院植保所（白僵菌 B_4），生物防治；培养基：0014；培养温度：24～28℃。

ACCC 30702←中国农业科学院环发所 IBC1189；原始编号：稻水象甲；分离自感病的稻水象甲；培养基：0014；培养温度：25～28℃。

ACCC 30703←中国农业科学院环发所 IBC1191；原始编号：天津白蛾；分离自感病的六星黑点豹蠹蛾；培养基：0014；培养温度：25～28℃。

ACCC 30704←中国农业科学院环发所 IBC1199；原始编号：白星；分离自感病的白星花金龟；培养基：0014；培养温度：25～28℃。

ACCC 30705←中国农业科学院环发所 IBC1203；原始编号：Cd 松；分离自感病的马尾松毛虫；培养基：0014；培养温度：25～28℃。

ACCC 30706←中国农业科学院环发所 IBC1206；原始编号：滁州叶蝉；分离自感病的茶小绿叶蝉；培养基：0014；培养温度：25～28℃。

ACCC 30707←中国农业科学院环发所 IBC1207；原始编号：1106-18；分离自菲律宾感病的水稻叶蝉；培养基：0014；培养温度：25～28℃。

ACCC 30708←中国农业科学院环发所 IBC1043；原始编号：88-2；分离自感病的桃小食心虫；培养基：0014；培养温度：25～28℃。

ACCC 30709←中国农业科学院环发所 IBC1133；原始编号：0145；培养基：0014；培养温度：25～28℃。

ACCC 30710←中国农业科学院环发所 IBC1072；原始编号：30112；分离自感病的大豆食心虫；培养基：0014；培养温度：25～28℃。

ACCC 30711←中国农业科学院环发所 IBC1107；原始编号：0118；分离自感病的褐飞虱；培养基：0014；培养温度：25～28℃。

ACCC 30712←中国农业科学院环发所 IBC1223；原始编号：HB047；培养基：0014；培养温度：25～28℃。

ACCC 30713←中国农业科学院环发所 IBC1225；原始编号：D5-100-3；分离自感病的蛴螬；培养基：0014；培养温度：25～28℃。

ACCC 30714←中国农业科学院环发所 IBC1227；原始编号：ARS886；培养基：0014；培养温度：25～28℃。

ACCC 30715←中国农业科学院环发所 IBC1228；原始编号：ARS730；培养基：0014；培养温度：25～28℃。

ACCC 30716←中国农业科学院环发所 IBC1229；原始编号：ARS149；培养基：0014；培养温度：25～28℃。

ACCC 30717←中国农业科学院环发所 IBC1230；原始编号：ARS1017；培养基：0014；培养温度：25～28℃。

ACCC 30718←中国农业科学院环发所 IBC1053；原始编号：B-4；分离自感病的椿象；培养基：0014；培

养温度：25～28℃。

ACCC 30719←中国农业科学院环发所 IBC1220；原始编号：337；分离自感病的马尾松毛虫；培养基：
0014；培养温度：25～28℃。

ACCC 30720←中国农业科学院环发所 IBC1213；原始编号：HHR14；培养基：0014；培养温度：
25～28℃。

ACCC 30721←中国农业科学院环发所 IBC1209；原始编号：HLD-15；分离自海南乐东的荷兰豆田土壤；
培养基：0014；培养温度：25～28℃。

ACCC 30722←中国农业科学院环发所 IBC1212；原始编号：HQH-6；培养基：0014；培养温度：
25～28℃。

ACCC 30723←中国农业科学院环发所 IBC1210；原始编号：HLD13；培养基：0014；培养温度：
25～28℃。

ACCC 30724←中国农业科学院环发所 IBC1214；原始编号：HSY-10；培养基：0014；培养温度：
25～28℃。

ACCC 30725←中国农业科学院环发所 IBC1062；原始编号：S61-2；培养基：0014；培养温度：25～28℃。

ACCC 30726←中国农业科学院环发所 IBC1115；原始编号：S0199；分离自感病的油松毛虫；培养基：
0014；培养温度：25～28℃。

ACCC 30727←中国农业科学院环发所 IBC1013；原始编号：87-3；分离自感病的桃小食心虫；培养基：
0014；培养温度：25～28℃。

ACCC 30728←中国农业科学院环发所 IBC1064；原始编号：S068；培养基：0014；培养温度：25～28℃。

ACCC 30729←中国农业科学院环发所 IBC1216；原始编号：S0136；培养基：0014；培养温度：25～28℃。

ACCC 30730←中国农业科学院环发所 IBC1218；原始编号：S0173-2；培养基：0014；培养温度：
25～28℃。

ACCC 30731←中国农业科学院环发所 IBC1219；原始编号：S78-2-1；分离自感病的桃小食心虫；培养基：
0014；培养温度：25～28℃。

ACCC 30732←中国农业科学院环发所 IBC1215；原始编号：S0115-2；培养基：0014；培养温度：
25～28℃。

ACCC 30733←中国农业科学院环发所 IBC1029；原始编号：93-1；分离自感病的桃小食心虫；培养基：
0014；培养温度：25～28℃。

ACCC 30734←中国农业科学院环发所 IBC1001；原始编号：92-4；分离自感病的桃小食心虫；培养基：
0014；培养温度：25～28℃。

ACCC 30735←中国农业科学院环发所 IBC1002；原始编号：32-1；分离自感病的桃小食心虫；培养基：
0014；培养温度：25～28℃。

ACCC 30736←中国农业科学院环发所 IBC1003；原始编号：70-1；分离自感病的桃小食心虫；培养基：
0014；培养温度：25～28℃。

ACCC 30737←中国农业科学院环发所 IBC1004；原始编号：46-1；分离自感病的桃小食心虫；培养基：
0014；培养温度：25～28℃。

ACCC 30738←中国农业科学院环发所 IBC1005；原始编号：78-1；分离自感病的桃小食心虫；培养基：
0014；培养温度：25～28℃。

ACCC 30739←中国农业科学院环发所 IBC1006；原始编号：96-1；分离自感病的桃小食心虫；培养基：
0014；培养温度：25～28℃。

ACCC 30740←中国农业科学院环发所 IBC1008；原始编号：37-1；分离自感病的桃小食心虫；培养基：
0014；培养温度：25～28℃。

ACCC 30741←中国农业科学院环发所 IBC1014；原始编号：11-4；分离自感病的桃小食心虫；培养基：
0014；培养温度：25～28℃。

ACCC 30742←中国农业科学院环发所 IBC1017；原始编号：32-1；分离自感病的桃小食心虫；培养基：

0014；培养温度：25～28℃。

ACCC 30743←中国农业科学院环发所 IBC1249；分离自感病的暗黑鳃金龟；培养基：0014；培养温度：25～28℃。

ACCC 30744←中国农业科学院环发所 IBC1025；原始编号：28；培养基：0014；培养温度：25～28℃。

ACCC 30745←中国农业科学院环发所 IBC1031；原始编号：S-15；培养基：0014；培养温度：25～28℃。

ACCC 30746←中国农业科学院环发所 IBC1032；原始编号：7-1；分离自感病的桃小食心虫；培养基：0014；培养温度：25～28℃。

ACCC 30747←中国农业科学院环发所 IBC1033；原始编号：μ-15；分离自感病的蛴螬；培养基：0014；培养温度：25～28℃。

ACCC 30748←中国农业科学院环发所 IBC1035；原始编号：YJB1；培养基：0014；培养温度：25～28℃。

ACCC 30749←中国农业科学院环发所 IBC1038；原始编号：μ-23；分离自感病的蛴螬；培养基：0014；培养温度：25～28℃。

ACCC 30750←中国农业科学院环发所 IBC1039；原始编号：51；培养基：0014；培养温度：25～28℃。

ACCC 30751←中国农业科学院环发所 IBC1040；原始编号：59；培养基：0014；培养温度：25～28℃。

ACCC 30752←中国农业科学院环发所 IBC1050；原始编号：49；分离自感病的桃小食心虫；培养基：0014；培养温度：25～28℃。

ACCC 30753←中国农业科学院环发所 IBC1051；原始编号：48-3；分离自感病的桃小食心虫；培养基：0014；培养温度：25～28℃。

ACCC 30754←中国农业科学院环发所 IBC1084；原始编号：G11-2；培养基：0014；培养温度：25～28℃。

ACCC 30755←中国农业科学院环发所 IBC1054；原始编号：22♯；分离自感病的茉莉莎黑金龟；培养基：0014；培养温度：25～28℃。

ACCC 30756←中国农业科学院环发所 IBC1056；原始编号：56-1；分离自感病的桃小食心虫；培养基：0014；培养温度：25～28℃。

ACCC 30757←中国农业科学院环发所 IBC1060；原始编号：沧州；分离自感病的蛴螬；培养基：0014；培养温度：25～28℃。

ACCC 30758←中国农业科学院环发所 IBC1046；原始编号：56-1；分离自感病的桃小食心虫；培养基：0014；培养温度：25～28℃。

ACCC 30759←中国农业科学院环发所 IBC1057；原始编号：24-1；分离自感病的茉莉莎黑金龟；培养基：0014；培养温度：25～28℃。

ACCC 30760←中国农业科学院环发所 IBC1061；原始编号：35-2；分离自感病的桃小食心虫；培养基：0014；培养温度：25～28℃。

ACCC 30762←中国农业科学院环发所 IBC1052；原始编号：61-2；培养基：0014；培养温度：25～28℃。

ACCC 30763←中国农业科学院环发所 IBC1066；原始编号：VP13；培养基：0014；培养温度：25～28℃。

ACCC 30764←中国农业科学院环发所 IBC1069；原始编号：U08；分离自感病的蛴螬；培养基：0014；培养温度：25～28℃。

ACCC 30765←中国农业科学院环发所 IBC1073；原始编号：52；分离自感病的蛴螬；培养基：0014；培养温度：25～28℃。

ACCC 30766←中国农业科学院环发所 IBC1075；原始编号：G5-2-3-1；培养基：0014；培养温度：25～28℃。

ACCC 30767←中国农业科学院环发所 IBC1076；原始编号：Y22-1-1；培养基：0014；培养温度：25～28℃。

ACCC 30768←中国农业科学院环发所 IBC1077；原始编号：Y22-1；培养基：0014；培养温度：25～28℃。

ACCC 30769←中国农业科学院环发所 IBC1078；原始编号：Y25-3-2-2；培养基：0014；培养温度：25～28℃。

ACCC 30770←中国农业科学院环发所 IBC1079；原始编号：Y25-3-1；培养基：0014；培养温度：

25～28℃。

ACCC 30771←中国农业科学院环发所 IBC1080；原始编号：Y18-1-1；培养基：0014；培养温度：
25～28℃。

ACCC 30772←中国农业科学院环发所 IBC1081；原始编号：G13-2-2；培养基：0014；培养温度：
25～28℃。

ACCC 30773←中国农业科学院环发所 IBC1083；原始编号：G12-2-3-1；培养基：0014；培养温度：
25～28℃。

ACCC 30774←中国农业科学院环发所 IBC1086；原始编号：G8-2-2；培养基：0014；培养温度：25～28℃。

ACCC 30775←中国农业科学院环发所 IBC1089；原始编号：G5-3-2；培养基：0014；培养温度：25～28℃。

ACCC 30776←中国农业科学院环发所 IBC1090；原始编号：G4-3-1；培养基：0014；培养温度：25～28℃。

ACCC 30777←中国农业科学院环发所 IBC1091；原始编号：G3-2-2；培养基：0014；培养温度：25～28℃。

ACCC 30778←中国农业科学院环发所 IBC1092；原始编号：YP3；培养基：0014；培养温度：25～28℃。

ACCC 30779←中国农业科学院环发所 IBC1105；原始编号：皖9号；分离自感病的松毛虫；培养基：
0014；培养温度：25～28℃。

ACCC 30780←中国农业科学院环发所 IBC1109；原始编号：单菌落；分离自感病的油松毛虫；培养基：
0014；培养温度：25～28℃。

ACCC 30781←中国农业科学院环发所 IBC1114；原始编号：SU2；培养基：0014；培养温度：25～28℃。

ACCC 30782←中国农业科学院环发所 IBC1117；原始编号：L2501；培养基：0014；培养温度：25～28℃。

ACCC 30801←中国农业科学院环发所；原始编号：1258；采集地：北京；培养基：0014；培养温度：
25～28℃。

ACCC 30802←中国农业科学院环发所；原始编号：1190复；采集地：北京；分离源：感病昆虫；培养基：
0014；培养温度：25～28℃。

ACCC 30803←中国农业科学院环发所；原始编号：1110；采集地：辽宁；分离源：感病油松毛虫；培养
基：0014；培养温度：25～28℃。

ACCC 30804←中国农业科学院环发所；原始编号：1259；采集地：北京；分离源：感病昆虫；培养基：
0014；培养温度：25～28℃。

ACCC 30805←中国农业科学院环发所；原始编号：1186；采集地：贵州；分离源：感病昆虫；培养基：
0014；培养温度：25～28℃。

ACCC 30806←中国农业科学院环发所；原始编号：1185＝G7-2-2；分离源：感病昆虫；培养基：0014；培
养温度：25～28℃。

ACCC 30807←中国农业科学院环发所；原始编号：1024-2＝1024；采集地：北京；培养基：0014；培养温
度：25～28℃。

ACCC 30808←中国农业科学院环发所；原始编号：2002＝G9-2-1；采集地：贵州；分离源：土壤；培养
基：0014；培养温度：25～28℃。

ACCC 30809←中国农业科学院环发所；原始编号：1030＝60-1；分离自感病的桃小食心虫；培养基：
0014；培养温度：25～28℃。

ACCC 30810←中国农业科学院环发所；原始编号：1145＝s113-2-2；采集地：北京；培养基：0014；培养
温度：25～28℃。

ACCC 30811←中国农业科学院环发所；原始编号：1260＝LUC3（B）；采集地：北京；培养基：0014；培
养温度：25～28℃。

ACCC 30812←中国农业科学院环发所；原始编号：1133-2；采集地：北京；分离源：土壤；培养基：
0014；培养温度：25～28℃。

ACCC 30813←中国农业科学院环发所；原始编号：1341＝T2；培养基：0014；培养温度：25～28℃。

ACCC 30814←中国农业科学院环发所；原始编号：1221-2；采集地：北京；培养基：0014；培养温度：
25～28℃。

ACCC 30815←中国农业科学院环发所；原始编号：1107-2＝1107；采集地：菲律宾；分离源：感病的褐飞虱；培养基：0014；培养温度：25～28℃。

ACCC 30816←中国农业科学院环发所；原始编号：1237-2＝1237；采集地：北京；培养基：0014；培养温度：25～28℃。

ACCC 30817←中国农业科学院环发所；原始编号：1019-2；采集地：北京；分离源：感病的暗黑金龟子；培养基：0014；培养温度：25～28℃。

ACCC 30818←中国农业科学院环发所；原始编号：1204-2；采集地：北京；培养基：0014；培养温度：25～28℃。

ACCC 30819←中国农业科学院环发所；原始编号：1211-2；采集地：北京；培养基：0014；培养温度：25～28℃。

ACCC 30820←中国农业科学院环发所；原始编号：1094-2＝1094；采集地：云南大理蝴蝶泉；分离源：蝴蝶蛹；培养基：0014；培养温度：25～28℃。

ACCC 30821←中国农业科学院环发所；原始编号：1203-2；采集地：北京；分离源：感病昆虫；培养基：0014；培养温度：25～28℃。

ACCC 30822←中国农业科学院环发所；原始编号：1029；分离源：桃小食心虫；培养基：0014；培养温度：25～28℃。

ACCC 30823←中国农业科学院环发所；原始编号：3075；培养基：0014；培养温度：25～28℃。

ACCC 30825←中国农业科学院环发所；原始编号：1127（分）；采集地：山西；分离源：土壤；培养基：0014；培养温度：25～28℃。

ACCC 30826←中国农业科学院环发所；原始编号：1340＝Bb 白星；分离源：感病的白星鳃金龟；培养基：0014；培养温度：25～28℃。

ACCC 30827←中国农业科学院环发所；原始编号：1108；采集地：菲律宾；分离源：感病的褐飞虱；培养基：0014；培养温度：25～28℃。

ACCC 30828←中国农业科学院环发所；原始编号：1239＝54-2；分离源：桃小食心虫虫尸；培养基：0014；培养温度：25～28℃。

ACCC 30829←中国农业科学院环发所；采集地：新疆库尔勒；分离源：果树土壤；培养基：0014；培养温度：25～28℃。

ACCC 30830←中国农业科学院环发所；原始编号：1094＝YDB4；采集地：云南大理；分离源：蝴蝶蛹；培养基：0014；培养温度：25～28℃。

ACCC 30831←中国农业科学院环发所；原始编号：天牛，采集地：四川；分离源：感病天牛；培养基：0014；培养温度：25～28℃。

ACCC 30832←中国农业科学院环发所；原始编号：ARS730；培养基：0014；培养温度：25～28℃。

ACCC 30842←中国农业科学院环发所 IEDA F1371；原始编号：XS-004；采集地：北京香山退谷口；分离源：感病大蜡螟；培养基：0014；培养温度：25～28℃。

ACCC 30843←中国农业科学院环发所 IEDA F1372；原始编号：SD-005；采集地：山东东营；分离源：感病大蜡螟；培养基：0014；培养温度：25～28℃。

ACCC 30844←中国农业科学院环发所 IEDA F1373；原始编号：XS-006；采集地：北京香山樱桃沟；分离源：感病大蜡螟；培养基：0014；培养温度：25～28℃。

ACCC 30845←中国农业科学院环发所 IEDA F1374；原始编号：SD-007；采集地：山东东营；分离源：感病大蜡螟；培养基：0014；培养温度：25～28℃。

ACCC 30846←中国农业科学院环发所 IEDA F1375；原始编号：SX-008；采集地：山西侯城李修村西瓜地；分离源：感病大蜡螟；培养基：0014；培养温度：25～28℃。

ACCC 30847←中国农业科学院环发所 IEDA F1378；原始编号：SD-010；采集地：山东东营；分离源：感病大蜡螟；培养基：0014；培养温度：25～28℃。

ACCC 30848←中国农业科学院环发所 IEDA F1379；原始编号：SD-011；采集地：山东东营棉田；分离源：

感病大蜡螟；培养基：0014；培养温度：25～28℃。

ACCC 30849←中国农业科学院环发所 IEDA F1380；原始编号：SD-012；采集地：山东东营；分离源：感病大蜡螟；培养基：0014；培养温度：25～28℃。

ACCC 30850←中国农业科学院环发所 IEDA F1382；原始编号：SD-014；采集地：山东东营；分离源：感病大蜡螟；培养基：0014；培养温度：25～28℃。

ACCC 30851←中国农业科学院环发所 IEDA F1383；原始编号：SX-015；采集地：山西侯城李修村西瓜地；分离源：感病大蜡螟；培养基：0014；培养温度：25～28℃。

ACCC 30852←中国农业科学院环发所 IEDA F1384；原始编号：SD-016；采集地：山东东营；分离源：感病大蜡螟；培养基：0014；培养温度：25～28℃。

ACCC 30853←中国农业科学院环发所 IEDA F1385；原始编号：SD-017；采集地：山东东营；分离源：感病大蜡螟；培养基：0014；培养温度：25～28℃。

ACCC 30854←中国农业科学院环发所 IEDA F1387；原始编号：SD-019；采集地：山东东营；分离源：感病大蜡螟；培养基：0014；培养温度：25～28℃。

ACCC 30855←中国农业科学院环发所 IEDA F1388；原始编号：SX-020；采集地：山西侯城李修村西瓜地；分离源：感病大蜡螟；培养基：0014；培养温度：25～28℃。

ACCC 30856←中国农业科学院环发所 IEDA F1389；原始编号：SX-015；采集地：山西侯城李修村西瓜地；分离源：感病大蜡螟；培养基：0014；培养温度：25～28℃。

ACCC 30857←中国农业科学院环发所 IEDA F1390；原始编号：SX-020；采集地：山西侯城李修村西瓜地；分离源：感病大蜡螟；培养基：0014；培养温度：25～28℃。

ACCC 30858←中国农业科学院环发所 IEDA F1391；原始编号：SD-012；采集地：山东东营；分离源：感病大蜡螟；培养基：0014；培养温度：25～28℃。

ACCC 30859←中国农业科学院环发所 IEDA F1392；原始编号：SX-021；采集地：山西太谷；分离源：感病金龟子；培养基：0014；培养温度：25～28℃。

ACCC 30860←中国农业科学院环发所 IEDA F1393；原始编号：SX-021；采集地：山西太谷；分离源：感病金龟子；培养基：0014；培养温度：25～28℃。

ACCC 30861←中国农业科学院环发所 IEDA F1394；原始编号：SD-016；采集地：山东东营；分离源：感病大蜡螟；培养基：0014；培养温度：25～28℃。

ACCC 30862←中国农业科学院环发所 IEDA F1395；原始编号：DX-003-1；采集地：北京大兴东枣林村玉米地；分离源：感病大蜡螟；培养基：0014；培养温度：25～28℃。

ACCC 30863←中国农业科学院环发所 IEDA F1396；原始编号：DX-007-1；采集地：北京大兴东枣林村大白菜地；分离源：感病大蜡螟；培养基：0014；培养温度：25～28℃。

ACCC 30864←中国农业科学院环发所 IEDA F1397；原始编号：HLJ-008-1；采集地：吉林长白山大峡谷；分离源：感病大蜡螟；培养基：0014；培养温度：25～28℃。

ACCC 30865←中国农业科学院环发所 IEDA F1398；原始编号：DX-002-3；采集地：北京大兴东枣林村梨树地；分离源：感病大蜡螟；培养基：0014；培养温度：25～28℃。

ACCC 30866←中国农业科学院环发所 IEDA F1399；原始编号：DX-001-1；采集地：北京大兴东枣林村桃树地；分离源：感病大蜡螟；培养基：0014；培养温度：25～28℃。

ACCC 30867←中国农业科学院环发所 IEDA F1402；原始编号：DX-002-4；采集地：北京大兴东枣林村梨树地；分离源：感病大蜡螟；培养基：0014；培养温度：25～28℃。

ACCC 30868←中国农业科学院环发所 IEDA F1403；原始编号：DX-005；采集地：北京大兴东枣林村茄子地；分离源：感病大蜡螟；培养基：0014；培养温度：25～28℃。

ACCC 30869←中国农业科学院环发所 IEDA F1404；原始编号：DX-006-1；采集地：北京大兴东枣林村菜花地；分离源：感病大蜡螟；培养基：0014；培养温度：25～28℃。

ACCC 30870←中国农业科学院环发所 IEDA F1406；原始编号：DX-007-1；采集地：北京大兴东枣林村大白菜地；分离源：感病大蜡螟；培养基：0014；培养温度：25～28℃。

ACCC 30871←中国农业科学院环发所 IEDA F1407；原始编号：DX-002-3；采集地：北京大兴东枣林村梨树地；分离源：感病大蜡螟；培养基：0014；培养温度：25～28℃。

ACCC 30872←中国农业科学院环发所 IEDA F1408；原始编号：DX-005-1；采集地：北京大兴东枣林村茄子地；分离源：感病大蜡螟；培养基：0014；培养温度：25～28℃。

ACCC 30873←中国农业科学院环发所 IEDA F1409；原始编号：HLJ-008-1；采集地：吉林长白山次生林；分离源：感病大蜡螟；培养基：0014；培养温度：25～28℃。

ACCC 30874←中国农业科学院环发所 IEDA F1413；原始编号：LN-032-2；采集地：辽宁白旗；分离源：感病大蜡螟；培养基：0014；培养温度：25～28℃。

ACCC 30875←中国农业科学院环发所 IEDA F1414；原始编号：LN-031；采集地：辽宁同兴草地；分离源：感病大蜡螟；培养基：0014；培养温度：25～28℃。

ACCC 30877←中国农业科学院环发所 IEDA F1416；原始编号：DX-001-3；采集地：北京大兴东枣林村桃树地；分离源：感病大蜡螟；培养基：0014；培养温度：25～28℃。

ACCC 30878←中国农业科学院环发所 IEDA F1417；原始编号：DX-003-2；采集地：北京大兴东枣林村玉米地；分离源：感病大蜡螟；培养基：0014；培养温度：25～28℃。

ACCC 30879←中国农业科学院环发所 IEDA F1418；原始编号：DX-004；采集地：北京大兴东枣林村番茄地；分离源：感病大蜡螟；培养基：0014；培养温度：25～28℃。

ACCC 30880←中国农业科学院环发所 IEDA F1420；原始编号：BJC-023；采集地：北京中国农业科学院温室大棚菜花地；分离源：感病大蜡螟；培养基：0014；培养温度：25～28℃。

ACCC 30881←中国农业科学院环发所 IEDA F1421；原始编号：LN-031；采集地：辽宁同兴草地；分离源：感病大蜡螟；培养基：0014；培养温度：25～28℃。

ACCC 30882←中国农业科学院环发所 IEDA F1423；原始编号：LN-033；采集地：辽宁同兴毛豆地；分离源：感病大蜡螟；培养基：0014；培养温度：25～28℃。

ACCC 30883←中国农业科学院环发所 IEDA F1424；原始编号：BJP-026；采集地：北京北海公园；分离源：感病大蜡螟；培养基：0014；培养温度：25～28℃。

ACCC 30884←中国农业科学院环发所 IEDA F1425；原始编号：LN-030；采集地：辽宁同兴草莓地；分离源：感病大蜡螟；培养基：0014；培养温度：25～28℃。

ACCC 30885←中国农业科学院环发所 IEDA F1428；原始编号：GX-036-1；采集地：辽宁同兴草莓地；分离源：感病大蜡螟；培养基：0014；培养温度：25～28℃。

ACCC 30886←中国农业科学院环发所 IEDA F1429；原始编号：LN-034；采集地：辽宁白旗白菜地；分离源：感病大蜡螟；培养基：0014；培养温度：25～28℃。

ACCC 30887←中国农业科学院环发所 IEDA F1430；原始编号：BJP-026-1；采集地：北京北海公园；分离源：感病大蜡螟；培养基：0014；培养温度：25～28℃。

ACCC 30888←中国农业科学院环发所 IEDA F1431；原始编号：BJS-039；采集地：北京农业职业学院桃树地；分离源：感病大蜡螟；培养基：0014；培养温度：25～28℃。

ACCC 30889←中国农业科学院环发所 IEDA F1432；原始编号：BJS-040-2；采集地：北京农业职业学院空心菜地；分离源：感病大蜡螟；培养基：0014；培养温度：25～28℃。

ACCC 30890←中国农业科学院环发所 IEDA F1433；原始编号：BJS-043；采集地：北京农业职业学院梨树地；分离源：感病大蜡螟；培养基：0014；培养温度：25～28℃。

ACCC 30891←中国农业科学院环发所 IEDA F1434；原始编号：LN-034-2；采集地：辽宁白旗白菜地；分离源：感病大蜡螟；培养基：0014；培养温度：25～28℃。

ACCC 30892←中国农业科学院环发所 IEDA F1435；原始编号：BJS-039；采集地：北京农业职业学院桃树地；分离源：感病大蜡螟；培养基：0014；培养温度：25～28℃。

ACCC 30893←中国农业科学院环发所 IEDA F1437；原始编号：DX-002-1；采集地：北京大兴东枣林村梨树地；分离源：感病大蜡螟；培养基：0014；培养温度：25～28℃。

ACCC 30894←中国农业科学院环发所 IEDA F1438；原始编号：BJS-042；采集地：北京农业职业学院草

地；分离源：感病大蜡螟；培养基：0014；培养温度：25～28℃。

ACCC 30895←中国农业科学院环发所 IEDA F1439；原始编号：DX-002-2；采集地：北京大兴东枣林村梨树地；分离源：感病大蜡螟；培养基：0014；培养温度：25～28℃。

ACCC 30896←中国农业科学院环发所 IEDA F1440；原始编号：BJS-043-2；采集地：北京大兴东枣林村梨树地；分离源：感病大蜡螟；培养基：0014；培养温度：25～28℃。

ACCC 30897←中国农业科学院环发所 IEDA F1441；原始编号：BJP-026-2；采集地：北京北海公园；分离源：感病大蜡螟；培养基：0014；培养温度：25～28℃。

ACCC 31906←中国农业科学院环发所 IEDAF1441；原始编号：LN-001；分离自辽宁丹东同兴草霉地的大蜡螟；培养基：0014；培养温度：28℃。

ACCC 31907←中国农业科学院环发所 IEDAF1442；原始编号：LN-003；分离自辽宁丹东山边基地的大蜡螟；培养基：0014；培养温度：28℃。

ACCC 31908←中国农业科学院环发所 IEDAF1443；原始编号：LN-007；分离自山西太古番茄地的大蜡螟；培养基：0014；培养温度：28℃。

ACCC 31971←中国农业科学院环发所 IEDAF1445；原始编号：SD07018；分离自山东济南市原子能所毛豆试验地的大蜡螟；培养基：0436；培养温度：27℃。

ACCC 31972←中国农业科学院环发所 IEDAF1446；原始编号：HN07001；分离自河南花生地的大蜡螟；培养基：0436；培养温度：27℃。

ACCC 31973←中国农业科学院环发所 IEDAF1448；原始编号：Jx07001-2；分离自江西井冈山的大蜡螟；培养基：0436；培养温度：27℃。

ACCC 31974←中国农业科学院环发所 IEDAF1449；原始编号：LN07015；分离自辽宁丹东同兴大豆地的大蜡螟；培养基：0436；培养温度：27℃。

ACCC 31975←中国农业科学院环发所 IEDAF1450；原始编号：LN07016；分离自辽宁丹东凤城草莓地的大蜡螟；培养基：0436；培养温度：27℃。

ACCC 31976←中国农业科学院环发所 IEDAF1451；原始编号：HB07010；分离自河北遵化广野小麦地的大蜡螟；培养基：0436；培养温度：27℃。

ACCC 31977←中国农业科学院环发所 IEDAF1452；原始编号：HB07013；分离自河北遵化广野花生地的大蜡螟；培养基：0436；培养温度：27℃。

ACCC 31978←中国农业科学院环发所 IEDAF1453；原始编号：SD07019；分离自山东济南市原子能所辣椒试验地的大蜡螟；培养基：0436；培养温度：27℃。

ACCC 31979←中国农业科学院环发所 IEDAF1456；原始编号：JX07002-1；分离自江西井冈山牛吼江竹子根下的大蜡螟；培养基：0436；培养温度：27℃。

ACCC 31993←中国农业科学院环发所 IEDAF1507；原始编号：1507；分离自北京植物园樱桃沟的大蜡螟；培养基：0436；培养温度：28℃。

ACCC 31995←中国农业科学院环发所 IEDAF1052；原始编号：1502；分离自北京植物园的飞蛾；培养基：0436；培养温度：28℃。

ACCC 31996←中国农业科学院环发所 IEDAF3149；原始编号：1503；分离自北京植物园的大蜡螟；培养基：0436；培养温度：28℃。

ACCC 31998←中国农业科学院环发所 IEDAF1505；原始编号：1505；分离自北京植物园山桃树下的大蜡螟；培养基：0436；培养温度：28℃。

ACCC 32002←福建农林大学生物农药与化学生物学教育部重点实验室 BCBKL 0094；原始编号：BJJ；分离自黑龙江的玉米螟，可作为生物农药防治植物害虫；培养基：0014；培养温度：26℃。

ACCC 32008←中国农业科学院环境发所 IEDAF1444；原始编号：LN07012；分离自辽宁丹东汤山城的大蜡螟；培养基：0436；培养温度：28℃。

ACCC 32215←中国农业科学院环发所 IEDAF1506；原始编号：M010800；分离自新疆伊犁马铃薯甲虫；培养基：0436；培养温度：28℃。

ACCC 32216←中国农业科学院环发所 IEDAF1507；原始编号：M010801；分离自新疆伊犁马铃薯甲虫；培养基：0436；培养温度：28℃。

ACCC 32217←中国农业科学院环发所 IEDAF1508；原始编号：M010802；分离自新疆伊犁马铃薯甲虫；培养基：0436；培养温度：28℃。

ACCC 32218←中国农业科学院环发所 IEDAF1509；原始编号：M010803；分离自新疆伊犁马铃薯甲虫；培养基：0436；培养温度：28℃。

ACCC 32219←中国农业科学院环发所 IEDAF1510；原始编号：M010804；分离自新疆伊犁马铃薯甲虫；培养基：0436；培养温度：28℃。

ACCC 32220←中国农业科学院环发所 IEDAF1511；原始编号：M010805；分离自新疆伊犁马铃薯甲虫；培养基：0436；培养温度：28℃。

ACCC 32221←中国农业科学院环发所 IEDAF1512；原始编号：M010806；分离自新疆伊犁马铃薯甲虫；培养基：0436；培养温度：28℃。

ACCC 32222←中国农业科学院环发所 IEDAF1513；原始编号：M010807；分离自新疆伊犁马铃薯甲虫；培养基：0436；培养温度：28℃。

ACCC 32223←中国农业科学院环发所 IEDAF1514；原始编号：M010808；分离自新疆伊犁马铃薯甲虫；培养基：0436；培养温度：28℃。

ACCC 32224←中国农业科学院环发所 IEDAF1515；原始编号：M020809；分离自新疆伊犁马铃薯甲虫；培养基：0436；培养温度：28℃。

ACCC 32225←中国农业科学院环发所 IEDAF1516；原始编号：M020810；分离自新疆伊犁马铃薯甲虫；培养基：0436；培养温度：28℃。

ACCC 32226←中国农业科学院环发所 IEDAF1517；原始编号：M020811；分离自新疆伊犁马铃薯甲虫；培养基：0436；培养温度：28℃。

ACCC 32227←中国农业科学院环发所 IEDAF1518；原始编号：M020812；分离自新疆伊犁马铃薯甲虫；培养基：0436；培养温度：28℃。

ACCC 32228←中国农业科学院环发所 IEDAF1519；原始编号：M020813；分离自新疆伊犁马铃薯甲虫；培养基：0436；培养温度：28℃。

ACCC 32229←中国农业科学院环发所 IEDAF1520；原始编号：M020814；分离自新疆伊犁马铃薯甲虫；培养基：0436；培养温度：28℃。

ACCC 32230←中国农业科学院环发所 IEDAF1521；原始编号：M020815；分离自新疆伊犁马铃薯甲虫；培养基：0436；培养温度：28℃。

ACCC 32231←中国农业科学院环发所 IEDAF1522；原始编号：M020816；分离自新疆伊犁马铃薯甲虫；培养基：0436；培养温度：28℃。

ACCC 32234←中国农业科学院环发所 IEDAF1523；原始编号：M130817；分离自新疆伊犁马铃薯甲虫；培养基：0436；培养温度：28℃。

ACCC 32235←中国农业科学院环发所 IEDAF1524；原始编号：M130818；分离自新疆伊犁马铃薯甲虫；培养基：0436；培养温度：28℃。

ACCC 32236←中国农业科学院环发所 IEDAF1525；原始编号：M130819；分离自新疆伊犁马铃薯甲虫；培养基：0436；培养温度：28℃。

ACCC 32237←中国农业科学院环发所 IEDAF1526；原始编号：M130820；分离自新疆伊犁马铃薯甲虫；培养基：0436；培养温度：28℃。

ACCC 32238←中国农业科学院环发所 IEDAF1527；原始编号：M120821；分离自新疆伊犁马铃薯甲虫；培养基：0436；培养温度：28℃。

ACCC 32239←中国农业科学院环发所 IEDAF1528；原始编号：M120822；分离自新疆伊犁马铃薯甲虫；培养基：0436；培养温度：28℃。

ACCC 32240←中国农业科学院环发所 IEDAF1529；原始编号：M120823；分离自新疆伊犁马铃薯甲虫；培

养基：0436；培养温度：28℃。

ACCC 32241←中国农业科学院环发所 IEDAF1530；原始编号：M120824；分离自新疆伊犁马铃薯甲虫；培养基：0436；培养温度：28℃。

ACCC 32406←广东省广州微生物研究所菌种组 GIMF-53；原始编号：F-53。生物防治；培养基：0014；培养温度：25℃。

ACCC 32418←中国农业科学院环发所 IEDAF1533；原始编号：M080951；分离自新疆阜康玉米螟僵虫；培养基：0436；培养温度：28℃。

ACCC 32419←中国农业科学院环发所 IEDAF1534；原始编号：M080952；分离自新疆阜康玉米螟僵虫；培养基：0436；培养温度：28℃。

ACCC 32420←中国农业科学院环发所 IEDAF1535；原始编号：M080953；分离自新疆阜康玉米螟僵虫；培养基：0436；培养温度：28℃。

ACCC 32421←中国农业科学院环发所 IEDAF1536；原始编号：M080941；分离自新疆阜康玉米螟僵虫；培养基：0436；培养温度：28℃。

ACCC 32422←中国农业科学院环发所 IEDAF1537；原始编号：M080942；分离自新疆阜康玉米螟僵虫；培养基：0436；培养温度：28℃。

ACCC 32423←中国农业科学院环发所 IEDAF1538；原始编号：M080921；分离自新疆阜康玉米螟僵虫；培养基：0436；培养温度：28℃。

ACCC 32432←中国农业科学院环发所 IEDAF1559；原始编号：M0810222；分离自新疆伊犁马铃薯甲虫；培养基：0436；培养温度：28℃。

ACCC 32433←中国农业科学院环发所 IEDAF1560；原始编号：M0810291；分离自新疆伊犁马铃薯甲虫；培养基：0436；培养温度：28℃。

ACCC 32434←中国农业科学院环发所 IEDAF1561；原始编号：M0810292；分离自新疆伊犁马铃薯甲虫；培养基：0436；培养温度：28℃。

ACCC 32435←中国农业科学院环发所 IEDAF1562；原始编号：M0810223；分离自新疆伊犁马铃薯甲虫；培养基：0436；培养温度：28℃。

ACCC 32436←中国农业科学院环发所 IEDAF1564；原始编号：M0810411；分离自新疆昌吉马铃薯甲虫；培养基：0436；培养温度：28℃。

ACCC 32437←中国农业科学院环发所 IEDAF1565；原始编号：M0810412；分离自新疆昌吉马铃薯甲虫；培养基：0436；培养温度：28℃。

ACCC 32438←中国农业科学院环发所 IEDAF1566；原始编号：M0810311；分离自新疆昌吉马铃薯甲虫；培养基：0436；培养温度：28℃。

ACCC 32439←中国农业科学院环发所 IEDAF1567；原始编号：M0810312；分离自新疆伊犁马铃薯甲虫；培养基：0436；培养温度：28℃。

ACCC 32440←中国农业科学院环发所 IEDAF1568；原始编号：M0810201；分离自新疆伊犁马铃薯甲虫；培养基：0436；培养温度：28℃。

ACCC 32441←中国农业科学院环发所 IEDAF1569；原始编号：M0810202；分离自新疆伊犁马铃薯甲虫；培养基：0436；培养温度：28℃。

ACCC 32442←中国农业科学院环发所 IEDAF1570；原始编号：M0810141；分离自新疆伊犁马铃薯甲虫；培养基：0436；培养温度：28℃。

ACCC 32443←中国农业科学院环发所 IEDAF1571；原始编号：M0810211；分离自新疆伊犁马铃薯甲虫；培养基：0436；培养温度：28℃。

ACCC 32444←中国农业科学院环发所 IEDAF1572；原始编号：M0810142；分离自新疆伊犁马铃薯甲虫；培养基：0436；培养温度：28℃。

ACCC 32445←中国农业科学院环发所 IEDAF1573；原始编号：M0810212；分离自新疆伊犁马铃薯甲虫；培养基：0436；培养温度：28℃。

ACCC 32446←中国农业科学院环发所 IEDAF1574；原始编号：M0810111；分离自新疆伊犁马铃薯甲虫；
　　培养基：0436；培养温度：28℃。

ACCC 32447←中国农业科学院环发所 IEDAF1575；原始编号：M0810112；分离自新疆伊犁马铃薯甲虫；
　　培养基：0436；培养温度：28℃。

ACCC 32448←中国农业科学院环发所 IEDAF1576；原始编号：M0810321；分离自新疆伊犁马铃薯甲虫；
　　培养基：0436；培养温度：28℃。

ACCC 32449←中国农业科学院环发所 IEDAF1577；原始编号：M0810322；分离自新疆伊犁马铃薯甲虫；
　　培养基：0436；培养温度：28℃。

ACCC 32450←中国农业科学院环发所 IEDAF1578；原始编号：M0810213；分离自新疆伊犁马铃薯甲虫；
　　培养基：0436；培养温度：28℃。

ACCC 32451←中国农业科学院环发所 IEDAF1579；原始编号：M0810143；分离自新疆伊犁马铃薯甲虫；
　　培养基：0436；培养温度：28℃。

ACCC 32453←中国农业科学院环发所 IEDAF1581；原始编号：M0810252；分离自新疆伊犁马铃薯甲虫；
　　培养基：0436；培养温度：28℃。

ACCC 32454←中国农业科学院环发所 IEDAF1514；原始编号：M0810253；分离自新疆伊犁马铃薯甲虫；
　　培养基：0436；培养温度：28℃。

ACCC 37737←贵州大学；分离自贵州花溪小地老虎病体；培养基：0424；培养温度：25℃。

ACCC 37778←贵州大学；分离自河南信阳马鞍山螳螂病体；培养基：0424；培养温度：25℃。

ACCC 37785←贵州大学；分离自河南信阳震雷山昆虫病体；培养基：0424；培养温度：25℃。

Beauveria brongniartii（Sacc.）Petch 卵孢白僵菌

ACCC 30290←中国农业科学院土肥所郭好礼分离，生物防治；培养基：0015；培养温度：25~28℃。

ACCC 30761←中国农业科学院环发所 IBC1063；原始编号：于15；培养基：0014；培养温度：25~28℃。

ACCC 32431←中国农业科学院环发所 IEDAF1558；原始编号：M0810221；分离自新疆伊犁马铃薯甲虫；
　　培养基：0436；培养温度：28℃。

Beauveria sp. 白僵菌

ACCC 30824←中国农业科学院环发所；原始编号：TJ036；采集地：天津；培养基：0014；培养温度：
　　25~28℃。

ACCC 30835←中国农业科学院环发所；原始编号：3062＝BJ4；培养基：0014；培养温度：25~28℃。

ACCC 30839←中国农业科学院环发所；原始编号：3069；培养基：0014；培养温度：25~28℃。

Beauveria velata Samson & Evans 粘孢白僵菌

ACCC 30836←中国农业科学院环发所；原始编号：1222-2；采集地：北京；培养基：0014；培养温度：
　　25~28℃。

ACCC 30837←中国农业科学院环发所；原始编号：1074＝G5-2-3-2；采集地：贵州；分离源：土壤；培养
　　基：0014；培养温度：25~28℃。

ACCC 30876←中国农业科学院环发所 IEDA F1415；原始编号：DX-001-2；采集地：北京大兴东枣林村桃
　　树地；分离源：感病大蜡螟；培养基：0014；培养温度：25~28℃。

Bipolaris eleusines Alcorn & R. G. Shivas 蟋蟀草平脐蠕孢

ACCC 30957←广东省广州微生物研究所 GIM T3.003；原始编号：ZD0075；采集地：广东广州；分离源：
　　土壤；培养基：0014；培养温度：25~28℃。

ACCC 38035←西北农林科技大学；分离自陕西杨凌牛筋草叶斑病病斑；培养基：0014；培养温度：25℃。

Bipolaris australiensis（M. B. Ellis）Tsuda & Ueyama 澳大利亚平脐蠕孢

ACCC 30568←中国农业科学院土肥所←美国典型物培养中心 ATCC42022；纤维素降解菌；培养基：0014；
　　培养温度：24℃。

Bipolaris hawaiiensis（M. B. Ellis）J. Y. Uchida & Aragaki 夏威夷平脐蠕孢

ACCC 36512←中国农业科学院资源区划所←山东农大；分离自四川广元公园内禾本科植物叶片；培养基：

0014；培养温度：18～22℃。

Bipolaris maydis（Y. Nisik. & C. Miyake）Shoemaker 玉蜀黍平脐蠕孢（玉米小斑病菌）

ACCC 30009←中国农业科学院土肥所；病原菌；培养基：0014；培养温度：24～28℃。

ACCC 30138←中国农业科学院土肥所←中国科学院微生物研究所 AS3.3119；培养基：0015；培养温度：25～28℃。

ACCC 36265←中国农业科学院资源区划所；分离自河北廊坊玉米小斑病叶片；培养基：0014，培养温度：23℃。

Bipolaris sorokiniana（Sacc.）Shoemaker 麦根腐平脐蠕孢

ACCC 30010←中国农业科学院植保所；分离自小麦根腐病病组织；培养基：0014，培养温度：24～28℃。

ACCC 36514←中国农业科学院资源区划所←山东农大；分离自甘肃兰州试验草坪禾本科植物叶片；培养基：0014；培养温度：18～22℃。

ACCC 36515←中国农业科学院资源区划所←山东农大；分离自甘肃山丹胡麻叶片；培养基：0014；培养温度：18～22℃。

ACCC 36516←中国农业科学院资源区划所←山东农大；分离自山东泰安狗尾草叶斑、根腐；培养基：0014；培养温度：18～22℃。

ACCC 36517←中国农业科学院资源区划所←山东农大；分离自内蒙古呼和浩特禾本科植物叶片；培养基：0014；培养温度：18～22℃。

ACCC 36524←中国农业科学院资源区划所←山东农大；分离自陕西宝鸡植物园玉兰叶片；培养基：0014；培养温度：18～22℃。

ACCC 36525←中国农业科学院资源区划所←山东农大；分离自山东泰安冰草叶斑；培养基：0014；培养温度：18～22℃。

ACCC 36526←中国农业科学院资源区划所←山东农大；分离自青海西宁珍珠梅叶斑；培养基：0014；培养温度：18～22℃。

ACCC 36527←中国农业科学院资源区划所←山东农大；分离自宁夏银川锦葵叶斑；培养基：0014；培养温度：18～22℃。

ACCC 36528←中国农业科学院资源区划所←山东农大；分离自宁夏银川碱草叶斑、根腐；培养基：0014；培养温度：18～22℃。

ACCC 36529←中国农业科学院资源区划所←山东农大；分离自内蒙古呼和浩特小麦根腐叶斑病叶片；培养基：0014；培养温度：18～22℃。

ACCC 36530←中国农业科学院资源区划所←山东农大；分离自青海德令哈番茄叶片；培养基：0014；培养温度：18～22℃。

ACCC 36533←中国农业科学院资源区划所←山东农大；分离自甘肃张掖玉米叶斑；培养基：0014；培养温度：18～22℃。

ACCC 36534←中国农业科学院资源区划所←山东农大；分离自甘肃张掖蚕豆叶斑、黑斑；培养基：0014；培养温度：18～22℃。

ACCC 36536←中国农业科学院资源区划所←山东农大；分离自山东泰安鹅观草叶斑；培养基：0014；培养温度：18～22℃。

ACCC 36537←中国农业科学院资源区划所←山东农大；分离自甘肃张掖莴苣叶片；培养基：0014；培养温度：18～22℃。

ACCC 36538←中国农业科学院资源区划所←山东农大；分离自新疆乌鲁木齐野生似灯心草科植物叶片；培养基：0014；培养温度：18～22℃。

ACCC 36539←中国农业科学院资源区划所←山东农大；分离自新疆乌鲁木齐毛白杨叶片；培养基：0014；培养温度：18～22℃。

ACCC 36540←中国农业科学院资源区划所←山东农大；分离自甘肃敦煌榆树叶片；培养基：0014；培养温度：18～22℃。

ACCC 36541←中国农业科学院资源区划所←山东农大；分离自甘肃张掖紫苜蓿叶片；培养基：0014；培养温度：18～22℃。

ACCC 36543←中国农业科学院资源区划所←山东农大；分离自福建厦门公园凤尾竹叶斑；培养基：0014；培养温度：18～22℃。

ACCC 36546←中国农业科学院资源区划所←山东农大；分离自山东泰安紫藤叶斑；培养基：0014；培养温度：18～22℃。

ACCC 36655←中国农业科学院资源区划所←山东农大；分离自甘肃敦煌菜豆叶片；培养基：0014；培养温度：18～22℃。

ACCC 36664←中国农业科学院资源区划所←山东农大；分离自甘肃张掖向日葵叶片；培养基：0014；培养温度：18～22℃。

ACCC 36716←中国农业科学院资源区划所←山东农大；分离自宁夏银川啤酒花叶斑；培养基：0014；培养温度：18～22℃。

ACCC 36718←中国农业科学院资源区划所←山东农大；分离自福建厦门植物园蔷薇科植物叶斑；培养基：0014；培养温度：18～22℃。

ACCC 36726←中国农业科学院资源区划所←山东农大；分离自甘肃张掖豌豆叶片；培养基：0014；培养温度：18～22℃。

ACCC 36790←中国农业科学院资源区划所←山东农大；分离自甘肃敦煌花池野生冰草叶片；培养基：0014；培养温度：18～22℃。

ACCC 36805←中国农业科学院资源区划所；分离自北京海淀小麦变褐麦粒；培养基：0014，培养温度：23℃。

Bipolaris spicifera （Bainier） Subram. 穗状平脐蠕孢

ACCC 36501←中国农业科学院资源区划所←山东农大；分离自上海莘庄玉米叶斑；培养基：0014；培养温度：18～22℃。

ACCC 36502←中国农业科学院资源区划所←山东农大；分离自山东泰安酢浆草叶斑；培养基：0014；培养温度：18～22℃。

ACCC 36503←中国农业科学院资源区划所←山东农大；分离自江西南昌公园内紫藤叶斑；培养基：0014；培养温度：18～22℃。

ACCC 36504←中国农业科学院资源区划所←山东农大；分离自上海莘庄美人蕉叶斑；培养基：0014；培养温度：18～22℃。

ACCC 36505←中国农业科学院资源区划所←山东农大；分离自新疆乌鲁木齐植物园野牛草叶斑、枯茎；培养基：0014；培养温度：18～22℃。

ACCC 36506←中国农业科学院资源区划所←山东农大；分离自甘肃山丹萎陵菜叶斑；培养基：0014；培养温度：18～22℃。

ACCC 36507←中国农业科学院资源区划所←山东农大；分离自新疆乌鲁木齐植物园匍匐剪股颖枯枝、叶斑叶片；培养基：0014；培养温度：18～22℃。

ACCC 36509←中国农业科学院资源区划所←山东农大；分离自安徽合肥植物园玉兰叶斑；培养基：0014；培养温度：18～22℃。

ACCC 36510←中国农业科学院资源区划所←山东农大；分离自福建厦门植物园罗汉松叶斑；培养基：0014；培养温度：18～22℃。

Blakeslea sp. 布拉霉

ACCC 30917←中国农业科学院饲料所 FRI2006073；原始编号：F112。＝CGMCC 3.4656；培养基：0014；培养温度：25～28℃。

Botryosphaeria dothidea （Moug.） Ces. & De Not. 葡萄座腔菌 （苹果干腐病菌）

ACCC 36164←中国农业科学院植保所←河南农大植保学院；分离自河南郑州苹果干腐病病组织；培养基：0014；培养温度：27℃。

ACCC 38018←西北农林科技大学；分离自陕西杨凌杨树溃疡病病组织；培养基：0014；培养温度：25℃。
ACCC 38020←西北农林科技大学；分离自陕西白水苹果轮纹病病组织；培养基：0014；培养温度：25℃。
ACCC 38023←西北农林科技大学；分离自陕西武功桃树流胶病病组织；培养基：0014；培养温度：25℃。
ACCC 38024←西北农林科技大学；分离自陕西临潼石榴干腐病病组织；培养基：0014；培养温度：25℃。
ACCC 38025←西北农林科技大学；分离自陕西韩城核桃枝枯病病组织；培养基：0014；培养温度：25℃。
ACCC 38026←西北农林科技大学；分离自陕西乾县梨轮纹病病组织；培养基：0014；培养温度：25℃。
ACCC 38027←西北农林科技大学；分离自陕西杨凌柳树溃疡病病组织；培养基：0014；培养温度：25℃。

Botryosphaeria obtusa（Schwein.）Shoemaker 钝葡萄座腔菌

ACCC 38021←西北农林科技大学；分离自陕西韩城苹果黑腐病病组织；培养基：0014；培养温度：25℃。

Botrytis cinerea Pers. ex Fr. 灰葡萄孢

ACCC 30091←中国农业科学院土肥所←中国农业科学院蔬菜花卉研究所植病室，番茄灰霉病菌；培养基：0014；培养温度：25～28℃。
ACCC 30387←中国农业科学院土肥所←北京市农林科学院李兴红赠；分离自番茄；番茄灰霉病菌；培养基：0014；培养温度：25～28℃。
ACCC 30455←中国农业科学院土肥所；培养基：0014；培养温度：25～28℃。
ACCC 36027←中国农业科学院蔬菜花卉所；分离自辽宁抚顺蔬菜温室番茄灰霉病果实；培养基：0014；培养温度：25℃。
ACCC 36028←中国农业科学院蔬菜花卉所；分离自北京昌平蔬菜温室番茄灰霉病果实；培养基：0014；培养温度：25℃。
ACCC 36029←中国农业科学院蔬菜花卉所；分离自辽宁大连蔬菜温室番茄灰霉病果实；培养基：0014；培养温度：25℃。
ACCC 36035←中国农业科学院蔬菜花卉所；分离自北京昌平蔬菜温室番茄灰霉病果实；培养基：0014；培养温度：25℃。
ACCC 36036←中国农业科学院蔬菜花卉所；分离自辽宁抚顺蔬菜温室番茄灰霉病果实；培养基：0014；培养温度：25℃。
ACCC 36037←中国农业科学院蔬菜花卉所；分离自辽宁抚顺蔬菜温室番茄灰霉病果实；培养基：0014；培养温度：25℃。
ACCC 36041←中国农业科学院蔬菜花卉所；分离自北京昌平蔬菜温室黄瓜灰霉病叶片；培养基：0014；培养温度：25℃。
ACCC 36042←中国农业科学院蔬菜花卉所；分离自北京昌平蔬菜温室黄瓜灰霉病叶片；培养基：0014；培养温度：25℃。
ACCC 36044←中国农业科学院蔬菜花卉所；分离自辽宁抚顺蔬菜温室苣荬菜灰霉病叶片；培养基：0014；培养温度：25℃。
ACCC 36045←中国农业科学院蔬菜花卉所；分离自辽宁抚顺蔬菜温室苣荬菜灰霉病叶片；培养基：0014；培养温度：25℃。
ACCC 36046←中国农业科学院蔬菜花卉所；分离自辽宁北宁蔬菜温室茄子灰霉病果实；培养基：0014；培养温度：25℃。
ACCC 36047←中国农业科学院蔬菜花卉所；分离自山东寿光日光温室茄子灰霉病果实；培养基：0014；培养温度：25℃。
ACCC 36049←中国农业科学院蔬菜花卉所；分离自山东寿光日光温室芸豆灰霉病豆荚；培养基：0014；培养温度：25℃。
ACCC 36050←中国农业科学院蔬菜花卉所；分离自北京昌平蔬菜温室紫背天葵灰霉病；培养基：0014；培养温度：25℃。
ACCC 36052←中国农业科学院蔬菜花卉所；分离自北京昌平蔬菜温室茴香灰霉病茎；培养基：0014；培养温度：25℃。

ACCC 36054←中国农业科学院蔬菜花卉所；分离自北京昌平蔬菜温室西葫芦灰霉病果实；培养基：0014；培养温度：25℃。

ACCC 36055←中国农业科学院蔬菜花卉所；分离自北京昌平蔬菜温室甜瓜灰霉病果实；培养基：0014；培养温度：25℃。

ACCC 36056←中国农业科学院蔬菜花卉所；分离自山东寿光日光温室尖椒灰霉病果实；培养基：0014；培养温度：25℃。

ACCC 36057←中国农业科学院蔬菜花卉所；分离自北京昌平蔬菜温室生菜灰霉病叶片；培养基：0014；培养温度：25℃。

ACCC 36058←中国农业科学院蔬菜花卉所；分离自山东寿光温室桃灰霉病果实；培养基：0014；培养温度：25℃。

ACCC 36059←中国农业科学院蔬菜花卉所；分离自辽宁大连蔬菜温室非洲菊灰霉病叶片；培养基：0014；培养温度：25℃。

ACCC 36257←中国农业科学院资源区划所←北京农林科学院植环所；分离自北京延庆葡萄灰霉病果穗；培养基：0014；培养温度：20℃。

ACCC 36258←中国农业科学院资源区划所←北京农林科学院植环所；分离自北京延庆茄子灰霉病果柄；培养基：0014；培养温度：20℃。

ACCC 36259←中国农业科学院资源区划所←北京农林科学院植环所；分离自北京密云番茄灰霉病叶柄；培养基：0014；培养温度：20℃。

ACCC 36427←中国农业科学院蔬菜花卉所；分离自北京昌平温室天竺葵灰霉病土壤样品；培养基：0014；培养温度：25℃。

ACCC 36445←中国农业科学院蔬菜花卉所；分离自北京昌平温室辣椒灰霉病叶片；培养基：0014；培养温度：25℃。

ACCC 36449←中国农业科学院蔬菜花卉所；分离自北京昌平温室黄瓜灰霉病叶片；培养基：0014；培养温度：25℃。

ACCC 36481←中国农业科学院蔬菜花卉所；分离自山东寿光菜豆灰霉病叶片；培养基：0014；培养温度：25℃。

ACCC 37273←中国农业科学院蔬菜花卉所；分离自北京海淀油桃灰霉病果实；培养基：0014；培养温度：25℃。

ACCC 37339←中国农业科学院蔬菜花卉所；分离自北京昌平菜豆灰霉病叶片；培养基：0014；培养温度：25℃。

ACCC 37341←中国农业科学院蔬菜花卉所；分离自北京大兴番茄灰霉病叶片；培养基：0014；培养温度：25℃。

ACCC 37342←中国农业科学院蔬菜花卉所；分离自北京顺义番茄灰霉病果柄；培养基：0014；培养温度：25℃。

ACCC 37343←中国农业科学院蔬菜花卉所；分离自北京顺义番茄灰霉病果柄；培养基：0014；培养温度：25℃。

ACCC 37345←中国农业科学院蔬菜花卉所；分离自山东寿光番茄灰霉病叶片；培养基：0014；培养温度：25℃。

ACCC 37351←中国农业科学院蔬菜花卉所；分离自山东寿光辣椒灰霉病果实；培养基：0014；培养温度：25℃。

ACCC 37354←中国农业科学院蔬菜花卉所；分离自山东寿光辣椒灰霉病果实；培养基：0014；培养温度：25℃。

ACCC 37358←中国农业科学院蔬菜花卉所；分离自北京昌平茄子灰霉病叶片；培养基：0014；培养温度：25℃。

ACCC 37360←中国农业科学院蔬菜花卉所；分离自山东寿光茄子灰霉病茎；培养基：0014；培养温

度：25℃。

ACCC 37361←中国农业科学院蔬菜花卉所；分离自北京昌平萝卜灰霉病叶片；培养基：0014；培养温度：25℃。

ACCC 37362←中国农业科学院蔬菜花卉所；分离自山东寿光南瓜灰霉病叶片；培养基：0014；培养温度：25℃。

ACCC 37366←中国农业科学院蔬菜花卉所；分离自北京顺义西葫芦灰霉病叶片；培养基：0014；培养温度：25℃。

ACCC 37367←中国农业科学院蔬菜花卉所；分离自北京昌平油麦菜灰霉病叶片；培养基：0014；培养温度：25℃。

ACCC 37368←中国农业科学院蔬菜花卉所；分离自北京大兴油麦菜灰霉病叶片；培养基：0014；培养温度：25℃。

Botrytis porri Buchwald 大蒜盲种葡萄孢

ACCC 30382←中国农业科学院土肥所←云南农业大学植物病理重点实验室 MHYAU03802；分离自云南屏边的葱中；在培养基0014上很少形成孢子；在韭叶-琼脂培养基上形成孢子；培养温度：20～25℃。

Botrytis sp. 葡萄孢

ACCC 30384←中国农业科学院土肥所←云南农业大学植物病理重点实验室 DTZJ0407，病原菌；培养基：0015；培养温度：25～28℃。

Brachysporium phragmitis Miyake 芦苇短蠕孢霉

ACCC 30375←中国农业科学院土肥所←云南农业大学植物病理重点实验室 DTZJ0228，土壤真菌，寄生于芦苇，引起长条形叶斑病；培养基：0014；培养温度：26℃。

Byssochlamys fulva Olliver & Smith 纯黄丝衣霉

ACCC 30519←中国农业科学院土肥所←荷兰真菌研究所 CBS146.48；模式菌株；分离自罐装水果；培养基：0014；培养温度：30℃。

Cephalosporium acremonium Corda 顶头孢霉

ACCC 30118←中国农业科学院土肥所←中国科学院微生物研究所 AS3.4008；培养基：0014；培养温度：25～28℃。

Cephalosporium sp. 头孢霉

ACCC 30146←中国农业科学院土肥所；培养基：0014；培养温度：25～28℃。

Cephalosporium zezemonum 玉米头孢霉

ACCC 30081←中国农业科学院土肥所；培养基：0014；培养温度：25～28℃。

Cercospora amorphophalli Henn. 魔芋尾孢

ACCC 37518←中国热作院环植所；分离自广东徐闻魔芋灰斑病病组织；培养基：0014；培养温度：28℃。

Cercospora pulcherrimae Tharp 一品红尾孢（一品红褐斑病菌）

ACCC 36103←中国农业科学院蔬菜花卉所；分离自北京大兴一品红褐斑病叶片；培养基：0014；培养温度：25～28℃。

Cercospora beticola Sacc. 甜菜生尾孢

ACCC 30082←中国农业科学院土肥所；甜菜褐斑病菌；培养基：0014；培养温度：25～28℃。

Ceriporiopsis subvermispora (Pilát) Gilb. & Ryvarden 虫拟蜡菌

ACCC 31512←中国农业科学院土肥所←中国农业科学院麻类所 IBFC W0427←印度引进；原始编号：C1；分离源：腐烂木材；用于红麻制浆；培养基：0014；培养温度：25～28℃。

ACCC 31513←中国农业科学院土肥所←中国农业科学院麻类所 IBFC W0428←印度引进；原始编号：C3；分离源：腐烂木材；用于红麻制浆；培养基：0014；培养温度：25～28℃。

ACCC 32475←中国农业科学院麻类所 IBFC W0949；原始编号：FS3；分离源：腐烂木材；用于红麻制浆；培养基：0014；培养温度：30℃。

ACCC 32476←中国农业科学院麻类研究所 IBFC W1035；原始编号：FT0806；分离源：腐烂木材；用于红麻制浆；培养基：0014；培养温度：30℃。

Chaetomium globosum Kunze ex Fries 球毛壳

ACCC 30351←中国农业科学院土肥所郭好礼选育；原始编号：17-1-15；用于生产饲料；培养基：0014；培养温度：25～28℃。

ACCC 30370←中国农业科学院土肥所←云南农业大学植物病理重点实验室 DTZJ 0374；存在于各类森林土壤中，能使纤维类的工业制品发霉，引起木材软化，有一定的拮抗活性；培养基：0014；培养温度：20～25℃。

ACCC 30565←中国农业科学院土肥所←美国典型物培养中心 ATCC36703；分离自棉纱；纤维素降解菌；真菌拮抗试验用菌；培养基：0014；培养温度：24℃。

ACCC 30566←中国农业科学院土肥所←美国典型物培养中心 ATCC42026；纤维素降解菌；培养基：0014；培养温度：24℃。

ACCC 30943←中国农业科学院饲料所 FRI2006099；原始编号：F138；采集地：海南三亚；分离源：油菜；培养基：0014；培养温度：25～28℃。

ACCC 30949←中国农业科学院饲料所 FRI2006105；原始编号：F145；采集地：海南三亚；分离源：油菜；培养基：0014；培养温度：25～28℃。

ACCC 31816←新疆农业科学院微生物研究所 XAAS40108；原始编号：SF21；采集地：新疆吐鲁番；分离源：土壤；培养基：0014；培养温度：25～28℃。

Chaetomium indicum Corda 印度毛壳

ACCC 30562←中国农业科学院土肥所←美国典型物培养中心 ATCC36704。纤维素降解菌；真菌拮抗试验用菌；培养基：0014；培养温度：24℃。

ACCC 30563←中国农业科学院土肥所←美国典型物培养中心 ATCC48386；分离自城市废弃物；液化纤维素、蔗糖；培养基：0014；培养温度：26℃。

Chaetomium sp. 毛壳

ACCC 30948←中国农业科学院饲料所 FRI2006104；原始编号：F144；采集地：海南三亚；分离源：油菜；培养基：0014；培养温度：25～28℃。

Chaetomium spinosum Chivers 刺毛壳

ACCC 30564←中国农业科学院土肥所←美国典型物培养中心 ATCC48389；分离自城市废弃物。液化淀粉、纤维素、明胶；培养基：0014；培养温度：26℃。

Chaetomium succineum Ames 琥珀色毛壳

ACCC 30944←中国农业科学院饲料所 FRI2006100；原始编号：F139；采集地：海南三亚；分离源：油菜；培养基：0014；培养温度：25～28℃。

Choanephora cucurbitarum（Berk. ex Rav.）Thaxt. 瓜笄霉

ACCC 30083←中国农业科学院土肥所；棉褐腐病菌；培养基：0014；培养温度：25～28℃。

Chrysosporium indicum（H. S. Randhawa & R. S. Sandhu）Garg 印度金孢

ACCC 37724←贵州大学；分离自山西吉县土壤；培养基：0014；培养温度：25℃。

Chrysosporium tropicum J. W. Carmich. 热带金孢

ACCC 37725←贵州大学；分离自青海格尔木土壤；培养基：0014，培养温度：30～35℃。

Circinellaum minor Lendner 小卷霉

ACCC 31553←新疆农业科学院微生物研究所 XAAS40115；原始编号：SF28；采集地：新疆吐鲁番；分离源：土壤；培养基：0014；培养温度：25～28℃。

Circinellaum umbellate van Tieghem & Le Monnier 伞形卷霉

ACCC 30350←中国农业科学院土肥所；原始编号：12-1-8，用于生产饲料；培养基：0014；培养温度：25～28℃。

Cladosporium aphidis Theumen 蚜虫枝孢

ACCC 30378←中国农业科学院土肥所←云南农业大学植物病理重点实验室 MHYAU07819。蚜虫生防菌，病蚜虫变黑，干腐，体表灰黑色霉层，可以作多种蚜虫生防菌。培养基：0014；培养温度：25～28℃。

Cladosporium cladosporioides (Fresen.) G. A. de Vries 枝状枝孢

ACCC 30952←中国农业科学院饲料所 FRI2006108；原始编号：F148；采集地：海南三亚；分离源：鱼肠胃；培养基：0014；培养温度：25～28℃。

ACCC 37214←中国农业科学院资源区划所；分离自北京海淀黄瓜下部茎，内生菌；培养基：0014；培养温度：25℃。

ACCC 37215←中国农业科学院资源区划所；分离自北京大兴丝瓜根，内生菌；培养基：0014；培养温度：25℃。

Cladosporium colocasiae Saw. 芋枝孢

ACCC 31928←广东省广州微生物研究所菌种组 GIMV41-M-2；分离自越南的原始林土壤；培养基：0014；培养温度：25℃。

Cladosporium cucumerinum Ellis & Arthur 瓜枝孢（黄瓜黑星病菌）

ACCC 36060←中国农业科学院蔬菜花卉所；分离自山东济南温室黄瓜黑星病果实；培养基：0014；培养温度：25℃。

ACCC 36062←中国农业科学院蔬菜花卉所；分离自辽宁大连蔬菜温室甜瓜黑星病叶片；培养基：0014；培养温度：25℃。

ACCC 37043←中国农业科学院蔬菜花卉所；分离自山东寿光丝瓜黑星病叶片；培养基：0014；培养温度：25℃。

Cladosporium delicatulum Cooke 皱枝孢

ACCC 30379←中国农业科学院土肥所←云南农业大学植物病理重点实验室 MHYA07864，植物弱寄生菌，纤维分解菌；培养基：0014；培养温度：20～25℃。

Cladosporium fulvum Cooke 黄枝孢（番茄叶霉病菌）

ACCC 36018←中国农业科学院植保所；分离自山东临清番茄叶霉病病组织；培养基：0014；培养温度：25℃。

ACCC 36437←中国农业科学院蔬菜所←山东农业科学院；分离自山东济南温室番茄叶霉病叶片；培养基：0014；培养温度：25℃。

ACCC 36438←中国农业科学院蔬菜花卉所；分离自北京海淀温室番茄叶霉病叶片；培养基：0014；培养温度：25℃。

ACCC 37293←中国农业科学院蔬菜花卉所；分离自北京昌平樱桃番茄叶霉病叶片；培养基：0014；培养温度：25℃。

ACCC 37294←中国农业科学院蔬菜花卉所；分离自山东寿光番茄叶霉病叶片；培养基：0014；培养温度：25℃。

ACCC 37445←中国农业科学院蔬菜花卉所；分离自山东寿光温室番茄叶霉病叶片；培养基：0014；培养温度：25℃。

Cladosporium herbarum (Pers.) Link 草本枝孢

ACCC 31564←新疆农业科学院微生物研究所 XAAS40089；原始编号：F108-2；采集地：新疆一号冰川；分离源：土壤；培养基：0014；培养温度：25～28℃。

ACCC 31592←新疆农业科学院微生物研究所 XAAS40193；原始编号：LF42-3；采集地：新疆一号冰川；分离源：土壤；培养基：0014；培养温度：25～28℃。

ACCC 32329←广东省广州微生物研究所菌种组 GIMF-21；原始编号：F-21。除光学仪器外的防霉试验菌株；培养基：0014；培养温度：25℃。

Cladosporium obtectum Rabenh. 覆盖枝孢

ACCC 37287←中国农业科学院蔬菜花卉所；分离自北京昌平人参果叶霉病叶片；培养基：0014；培养温

度：25℃。

Cladosporium paeoniae Pass. 牡丹枝孢 （牡丹叶霉病菌）

ACCC 36063←中国农业科学院蔬菜花卉所；分离自北京海淀花卉温室牡丹褐斑病（红斑病）叶片；培养
基：0014；培养温度：20～25℃。

ACCC 36064←中国农业科学院蔬菜花卉所；分离自北京海淀花卉设施温室芍药红斑病叶片；培养基：
0014；培养温度：20℃。

ACCC 36187←中国农业科学院植保所←河南农大植保学院；分离自河南郑州牡丹枝孢叶斑病叶片；培养
基：0017；培养温度：27℃。

Cladosporium sp. 枝孢霉

ACCC 30383←中国农业科学院土肥所←云南农业大学植物病理重点实验室，病原菌；培养基：0015；培养
温度：25～28℃。

Cladosporium stercorarium Corda 牛粪枝孢

ACCC 30381←中国农业科学院土肥所←云南农业大学植物病理重点实验室 MHYAU07860，C1815。纤维
分解菌；培养基：0014；培养温度：20～25℃。

Cladosporium stercoris Spegazzini 粪生枝孢

ACCC 30380←中国农业科学院土肥所←云南农业大学植物病理重点实验室 MHYAU07858，C1561。纤维
分解菌；培养基：0014；培养温度：20～25℃。

Clathrospora diplospora

ACCC 32158←中国农业科学院饲料所 FRI2007200；原始编号：F152；分离自海南三亚的鱼肠胃，用于海
水鱼肠胃微生物生态研究以及饲料用酶的筛选；培养基：0014；培养温度：25℃。

Claviceps purpurea （Fr.） Tul. 麦角菌

ACCC 36987←中国热作院环植所；分离自福建龙岩小池镇国道边荒地鹅观草病麦角；培养基：0014；培养
温度：28℃。

ACCC 36988←中国热作院环植所；分离自福建龙岩小池镇国道边荒地鹅观草病麦角；培养基：0014；培养
温度：28℃。

ACCC 36989←中国热作院环植所；分离自福建龙岩小池镇荒坡地鹅观草病麦角；培养基：0014；培养温
度：28℃。

ACCC 36990←中国热作院环植所；分离自广西桂林漓江边无芒雀麦病麦角；培养基：0014；培养温
度：28℃。

ACCC 36991←中国热作院环植所；分离自广西桂林漓江边无芒雀麦病麦角；培养基：0014；培养温
度：28℃。

ACCC 36992←中国热作院环植所；分离自广西桂林漓江边无芒雀麦病麦角；培养基：0014；培养温
度：28℃。

ACCC 36993←中国热作院环植所；分离自福建漳州杂树林边缘燕麦草病麦角；培养基：0014；培养温
度：28℃。

ACCC 36994←中国热作院环植所；分离自福建漳州杂树林边缘燕麦草病麦角；培养基：0014；培养温
度：28℃。

ACCC 36995←中国热作院环植所；分离自福建漳州龙江江堤燕麦草病麦角；培养基：0014；培养温
度：28℃。

ACCC 36996←中国热作院环植所；分离自福建龙岩小池镇国道边荒地白顶早熟禾病麦角；培养基：0014；
培养温度：28℃。

ACCC 36997←中国热作院环植所；分离自福建龙岩小池镇国道边荒地白顶早熟禾病麦角；培养基：0014；
培养温度：28℃。

ACCC 36998←中国热作院环植所；分离自福建龙岩小池镇荒坡地白顶早熟禾病麦角；培养基：0014；培养
温度：28℃。

ACCC 36999←中国热作院环植所；分离自福建龙岩小池镇荒坡地无芒雀麦病麦角；培养基：0014；培养温
度：28℃。

ACCC 37000←中国热作院环植所；分离自福建龙岩小池镇荒坡地无芒雀麦病麦角；培养基：0014；培养温
度：28℃。

ACCC 37001←中国热作院环植所；分离自福建龙岩小池镇国道边无芒雀麦病麦角；培养基：0014；培养温
度：28℃。

ACCC 37002←中国热作院环植所；分离自福建龙岩小池镇国道边斜坡苇状羊茅病麦角；培养基：0014；培
养温度：28℃。

ACCC 37003←中国热作院环植所；分离自福建龙岩小池镇路边斜坡苇状羊茅病麦角；培养基：0014；培养
温度：28℃。

ACCC 37004←中国热作院环植所；分离自福建龙岩小池镇路边斜坡苇状羊茅病麦角；培养基：0014；培养
温度：28℃。

ACCC 37005←中国热作院环植所；分离自福建龙岩小池镇国道边斜坡佛子茅病麦角；培养基：0014；培养
温度：28℃。

ACCC 37006←中国热作院环植所；分离自福建龙岩小池镇国道边斜坡佛子茅病麦角；培养基：0014；培养
温度：28℃。

ACCC 37007←中国热作院环植所；分离自福建龙岩小池镇海滩湿地佛子茅病麦角；培养基：0014；培养温
度：28℃。

ACCC 37008←中国热作院环植所；分离自福建漳州杂树林边缘鹅观草病麦角；培养基：0014；培养温
度：28℃。

ACCC 37009←中国热作院环植所；分离自福建漳州杂树林边缘鹅观草病麦角；培养基：0014；培养温
度：28℃。

ACCC 37010←中国热作院环植所；分离自福建漳州杂树林鹅观草病麦角；培养基：0014；培养温
度：28℃。

ACCC 37011←中国热作院环植所；分离自福建漳州杂树林白顶早熟禾病麦角；培养基：0014；培养温
度：28℃。

ACCC 37012←中国热作院环植所；分离自福建漳州杂树林白顶早熟禾病麦角；培养基：0014；培养温
度：28℃。

ACCC 37013←中国热作院环植所；分离自福建漳州杂树林边缘白顶早熟禾病麦角；培养基：0014；培养温
度：28℃。

ACCC 37014←中国热作院环植所；分离自广西桂林漓江边燕麦草病麦角；培养基：0014；培养温
度：28℃。

ACCC 37015←中国热作院环植所；分离自广西桂林漓江边燕麦草病麦角；培养基：0014；培养温
度：28℃。

ACCC 37016←中国热作院环植所；分离自广西桂林漓江边燕麦草病麦角；培养基：0014；培养温
度：28℃。

ACCC 37017←中国热作院环植所；分离自广西桂林漓江边佛子茅病麦角；培养基：0014；培养温
度：28℃。

ACCC 37018←中国热作院环植所；分离自广西桂林漓江边佛子茅病麦角；培养基：0014；培养温
度：28℃。

ACCC 37019←中国热作院环植所；分离自广西桂林漓江边佛子茅病麦角；培养基：0014；培养温
度：28℃。

Cochliobolus sativus（Ito & Kuribayashi）Drechsler ex Dastur 禾旋孢腔菌（小麦根腐病菌）

ACCC 30139←中国农业科学院土肥所←中国科学院微生物研究所 AS3.2881，病原菌；培养基：0014；培
养温度：25～28℃。

Colletotrichum agaves Cavara 龙舌兰炭疽菌（剑麻炭疽菌）

ACCC 30011←中国农业科学院土肥所←广西热带作物研究所；病原菌；培养基：0014，培养温度：24～28℃。

Colletotrichum arecae Syd. & P. Syd. 槟榔炭疽菌

ACCC 37598←中国热作院环植所；分离自海南儋州丘陵槟榔炭疽病病斑；培养基：0014；培养温度：28℃。

Colletotrichum capsici（Syd.）Butler & Bisby 辣椒炭疽菌

ACCC 31218←中国热带农业科学院环境与植物保护研究所；采集地：海南省；分离源：菜椒果实；培养基：0014；培养温度：25～28℃。

ACCC 36172←中国农业科学院植保所←河南农大植保学院；分离自河南郑州烟草低头黑病病组织；培养基：0014；培养温度：28℃。

ACCC 37044←中国农业科学院蔬菜花卉所；分离自北京昌平茄子炭疽病茎；培养基：0014；培养温度：25℃。

ACCC 37045←中国农业科学院蔬菜花卉所；分离自北京大兴南瓜炭疽病叶片；培养基：0014；培养温度：25℃。

ACCC 37046←中国农业科学院蔬菜花卉所；分离自北京顺义茄子炭疽病叶片；培养基：0014；培养温度：25℃。

ACCC 37049←中国农业科学院蔬菜花卉所；分离自北京昌平辣椒炭疽病叶片；培养基：0014；培养温度：25℃。

ACCC 37050←中国农业科学院蔬菜花卉所；分离自北京顺义辣椒炭疽病果实；培养基：0014；培养温度：25℃。

ACCC 37419←中国农业科学院蔬菜花卉所；分离自北京大兴丝瓜炭疽病叶片；培养基：0014；培养温度：25℃。

ACCC 37431←中国农业科学院蔬菜花卉所；分离自北京顺义辣椒炭疽病果实；培养基：0014；培养温度：25℃。

ACCC 37448←中国农业科学院蔬菜花卉所；分离自北京大兴番茄炭疽病果实；培养基：0014；培养温度：25℃。

ACCC 37463←中国农业科学院蔬菜花卉所；分离自北京海淀牡丹炭疽病叶片；培养基：0014；培养温度：25℃。

ACCC 37623←中国热作院环植所；分离自海南儋州五彩椒炭疽病病组织；培养基：0014；培养温度：28℃。

Colletotrichum coccodes（Wallr.）S. Hughes 毛核炭疽菌（山茶花炭疽菌）

ACCC 36067←中国农业科学院蔬菜花卉所；分离自北京海淀花卉设施温室山茶花炭疽病叶片；培养基：0014；培养温度：20℃。

ACCC 38033←西北农林科技大学；分离自陕西杨凌辣椒炭疽病病组织；培养基：0014；培养温度：25℃。

Colletotrichum dematium（Pers.）Grove 束状炭疽菌

ACCC 30405←中国农业科学院土肥所。烟草低头黑病菌，病原菌；培养基：0014；培养温度：24～28℃。

ACCC 37048←中国农业科学院蔬菜花卉所；分离自北京大兴花生炭疽病叶片；培养基：0014；培养温度：25℃。

ACCC 37440←中国农业科学院蔬菜花卉所；分离自北京大兴花生炭疽病叶片；培养基：0014；培养温度：25℃。

Colletotrichum gloeosporioides（Penz.）Penz. & Sacc. 胶胞炭疽菌

ACCC 30012←中国农业科学院土肥所←海南岛热带作物研究所；橡胶炭疽病菌。病原菌；培养基：0014；培养温度：24～28℃。

ACCC 31200←中国热带农业科学院环境与植物保护研究所；原始编号：两院A；采集地：海南儋州；分离

源：芒果果实；培养基：0014；培养温度：25～28℃。

ACCC 31201←中国热带农业科学院环境与植物保护研究所；原始编号：两院 1；采集地：海南儋州；分离源：芒果果实；培养基：0014；培养温度：25～28℃。

ACCC 31202←中国热带农业科学院环境与植物保护研究所；原始编号：两院 2；采集地：海南儋州；分离源：芒果果实；培养基：0014；培养温度：25～28℃。

ACCC 31203←中国热带农业科学院环境与植物保护研究所；原始编号：万宁 1；采集地：海南万宁；分离源：芒果果实；培养基：0014；培养温度：25～28℃。

ACCC 31204←中国热带农业科学院环境与植物保护研究所；原始编号：万宁 2；采集地：海南万宁；分离源：芒果果实；培养基：0014；培养温度：25～28℃。

ACCC 31205←中国热带农业科学院环境与植物保护研究所；原始编号：白沙 1；采集地：海南白沙；分离源：芒果果实；培养基：0014；培养温度：25～28℃。

ACCC 31206←中国热带农业科学院环境与植物保护研究所；原始编号：白沙 2；采集地：海南白沙；分离源：芒果果实；培养基：0014；培养温度：25～28℃。

ACCC 31207←中国热带农业科学院环境与植物保护研究所；原始编号：乐东 1；采集地：海南乐东；分离源：芒果果实；培养基：0014；培养温度：25～28℃。

ACCC 31208←中国热带农业科学院环境与植物保护研究所；原始编号：乐东 2；采集地：海南乐东；分离源：芒果果实；培养基：0014；培养温度：25～28℃。

ACCC 31209←中国热带农业科学院环境与植物保护研究所；原始编号：琼海；采集地：海南琼海；分离源：芒果果实；培养基：0014；培养温度：25～28℃。

ACCC 31210←中国热带农业科学院环境与植物保护研究所；原始编号：东方 1；采集地点：海南东方；分离源：芒果果实；培养基：0014；培养温度：25～28℃。

ACCC 31211←中国热带农业科学院环境与植物保护研究所；原始编号：东方 2；采集地：海南东方；分离源：芒果果实；培养基：0014；培养温度：25～28℃。

ACCC 31212←中国热带农业科学院环境与植物保护研究所；原始编号：三亚 1；采集地：海南三亚；分离源：芒果果实；培养基：0014；培养温度：25～28℃。

ACCC 31213←中国热带农业科学院环境与植物保护研究所；原始编号：三亚抗；采集地：海南三亚；分离源：芒果果实；培养基：0014；培养温度：25～28℃。

ACCC 31214←中国热带农业科学院环境与植物保护研究所；原始编号：海口；采集地：海南海口；分离源：芒果果实；培养基：0014；培养温度：25～28℃。

ACCC 31215←中国热带农业科学院环境与植物保护研究所；原始编号：保亭；采集地：海南保亭；分离源：芒果果实；培养基：0014；培养温度：25～28℃。

ACCC 31216←中国热带农业科学院环境与植物保护研究所；原始编号：海南省五指山；采集地：海南五指山；分离源：芒果果实；培养基：0014；培养温度：25～28℃。

ACCC 31217←中国热带农业科学院环境与植物保护研究所；原始编号：湛江；采集地：广东湛江；分离源：芒果果实；培养基：0014；培养温度：25～28℃。

ACCC 31219←中国热带农业科学院环境与植物保护研究所；原始编号：26；采集地：海南省；分离源：芒果果实；培养基：0014；培养温度：25～28℃。

ACCC 31220←中国热带农业科学院环境与植物保护研究所；原始编号：37；采集地：海南省；分离源：芒果果实；培养基：0014；培养温度：25～28℃。

ACCC 31221←中国热带农业科学院环境与植物保护研究所；原始编号：HR4；采集地：海南省；分离源：芒果果实；培养基：0014；培养温度：25～28℃。

ACCC 31222←中国热带农业科学院环境与植物保护研究所；原始编号：HR31；采集地：海南省；分离源：芒果果实；培养基：0014；培养温度：25～28℃。

ACCC 31223←中国热带农业科学院环境与植物保护研究所；采集地：海南省；分离源：芒果果实；培养基：0014；培养温度：25～28℃。

ACCC 31224←中国热带农业科学院环境与植物保护研究所；原始编号：HS28；采集地：海南省；分离源：芒果果实；培养基：0014；培养温度：25～28℃。

ACCC 31225←中国热带农业科学院环境与植物保护研究所；原始编号：21；采集地：广东湛江；分离源：芒果果实；培养基：0014；培养温度：25～28℃。

ACCC 31226←中国热带农业科学院环境与植物保护研究所；原始编号：22；采集地：广东湛江；分离源：芒果果实；培养基：0014；培养温度：25～28℃。

ACCC 31227←中国热带农业科学院环境与植物保护研究所；原始编号：34；采集地：广东湛江；分离源：芒果果实；培养基：0014；培养温度：25～28℃。

ACCC 31228←中国热带农业科学院环境与植物保护研究所；原始编号：ZR7'；采集地：广东湛江；分离源：芒果果实；培养基：0014；培养温度：25～28℃。

ACCC 31229←中国热带农业科学院环境与植物保护研究所；原始编号：ZR13'；采集地：广东湛江；分离源：芒果果实；培养基：0014；培养温度：25～28℃。

ACCC 31230←中国热带农业科学院环境与植物保护研究所；原始编号：ZR27；采集地：广东湛江；分离源：芒果果实；培养基：0014；培养温度：25～28℃。

ACCC 31231←中国热带农业科学院环境与植物保护研究所；原始编号：ZR64；采集地：广东湛江；分离源：芒果果实；培养基：0014；培养温度：25～28℃。

ACCC 31232←中国热带农业科学院环境与植物保护研究所；原始编号：ZR75；采集地：广东湛江；分离源：芒果果实；培养基：0014；培养温度：25～28℃。

ACCC 31233←中国热带农业科学院环境与植物保护研究所；原始编号：ZS；采集地：广东湛江；分离源：芒果果实；培养基：0014；培养温度：25～28℃。

ACCC 31234←中国热带农业科学院环境与植物保护研究所；原始编号：DR10；采集地：海南省；分离源：芒果果实；培养基：0014；培养温度：25～28℃。

ACCC 31235←中国热带农业科学院环境与植物保护研究所；原始编号：DR11；采集地：海南省；分离源：芒果果实；培养基：0014；培养温度：25～28℃。

ACCC 31236←中国热带农业科学院环境与植物保护研究所；原始编号：DR14；采集地：海南省；分离源：芒果果实；培养基：0014；培养温度：25～28℃。

ACCC 31237←中国热带农业科学院环境与植物保护研究所；原始编号：DS3；采集地：海南省；分离源：芒果果实；培养基：0014；培养温度：25～28℃。

ACCC 31238←中国热带农业科学院环境与植物保护研究所；原始编号：DS31；采集地：海南省；分离源：芒果果实；培养基：0014；培养温度：25～28℃。

ACCC 31239←中国热带农业科学院环境与植物保护研究所；原始编号：DS42；采集地：海南省；分离源：芒果果实；培养基：0014；培养温度：25～28℃。

ACCC 31240←中国热带农业科学院环境与植物保护研究所；原始编号：DS75；采集地：海南省；分离源：芒果果实；培养基：0014；培养温度：25～28℃。

ACCC 31241←中国热带农业科学院环境与植物保护研究所；原始编号：DS83；采集地：海南省；分离源：芒果果实；培养基：0014；培养温度：25～28℃。

ACCC 31242←中国热带农业科学院环境与植物保护研究所；原始编号：DSj；采集地：海南省；分离源：芒果果实；培养基：0014；培养温度：25～28℃。

ACCC 36096←中国农业科学院蔬菜花卉所；分离自北京顺义巴西木炭疽病叶片；培养基：0014；培养温度：25～28℃。

ACCC 36099←中国农业科学院蔬菜花卉所；分离自北京海淀月季炭疽病叶片；培养基：0014；培养温度：25～28℃。

ACCC 36158←中国热作院环植所；分离自海南五指山五指山杨桃叶斑病叶片；培养基：0014；培养温度：28℃。

ACCC 36185←中国农业科学院植保所←河南农大植保学院；分离自河南郑州丁香炭疽病病组织；培养基：

0017；培养温度：25℃。

ACCC 36193←中国农业科学院植保所←河南农大植保学院；分离自河南郑州山茱萸炭疽病病组织；培养基：0017；培养温度：25℃。

ACCC 36417←中国农业科学院蔬菜花卉所；分离自北京顺义温室橡皮树炭疽病叶片；培养基：0014；培养温度：25℃。

ACCC 36418←中国农业科学院蔬菜花卉所；分离自北京海淀温室山茶炭疽病叶片；培养基：0014；培养温度：25℃。

ACCC 36420←中国农业科学院蔬菜花卉所；分离自北京海淀肉桂炭疽病叶片；培养基：0014；培养温度：25℃。

ACCC 36425←中国农业科学院蔬菜花卉所；分离自北京顺义温室凤梨炭疽病叶片；培养基：0014；培养温度：25℃。

ACCC 36483←中国热作院环植所←华南农大环植学院；分离自海南儋州油梨炭疽病病组织；培养基：0014；培养温度：28℃。

ACCC 36814←中国热作院环植所←华南农大环植学院；分离自海南儋州芒果炭疽病病组织；培养基：0014；培养温度：28℃。

ACCC 36824←中国热作院环植所←华南农大环植学院；分离自海南万宁丘陵槟榔炭疽病病斑；培养基：0014；培养温度：28℃。

ACCC 37472←中国农业科学院蔬菜花卉所；分离自湖北宜昌辣椒炭疽病果实；培养基：0014；培养温度：25℃。

ACCC 37523←中国热作院环植所；分离自广东徐闻银边沿阶草炭疽病病组织；培养基：0014；培养温度：28℃。

ACCC 37525←中国热作院环植所；分离自广东徐闻荔枝炭疽病病组织；培养基：0014；培养温度：28℃。

ACCC 37549←中国热作院环植所；分离自海南海口麦冬炭疽菌病组织；培养基：0014；培养温度：28℃。

ACCC 37556←中国热作院环植所；分离自广东广州越秀麦冬炭疽病病组织；培养基：0014；培养温度：28℃。

Colletotrichum hibisci Pollacci 木槿炭疽菌（红麻炭疽菌）

ACCC 30326←中国农业科学院土肥所。病原菌；培养基：0015；培养温度：25～28℃。

Colletotrichum higginsianum Sacc. 希金斯炭疽菌（白菜炭疽菌）

ACCC 37053←中国农业科学院蔬菜花卉所；分离自河北张家口白菜炭疽病叶片；培养基：0014；培养温度：25℃。

Colletotrichum lindemuthianum（Sacc. & Magnus）Briosi & Cavara 菜豆炭疽菌

ACCC 36434←中国农业科学院蔬菜花卉所；分离自北京海淀温室菜豆炭疽病叶片；培养基：0014；培养温度：25℃。

Colletotrichum musae（Berk. & Curt.）Arx 香蕉炭疽菌

ACCC 31244←中国热带农业科学院环境与植物保护研究所；原始编号：白沙01；采集地：海南白沙；分离源：香蕉果实；培养基：0014；培养温度：25～28℃。

ACCC 31245←中国热带农业科学院环境与植物保护研究所；原始编号：白沙2；采集地：海南白沙；分离源：香蕉果实；培养基：0014；培养温度：25～28℃。

ACCC 31246←中国热带农业科学院环境与植物保护研究所；原始编号：白沙3；采集地：海南白沙；分离源：香蕉果实；培养基：0014；培养温度：25～28℃。

ACCC 31247←中国热带农业科学院环境与植物保护研究所；原始编号：白沙4；采集地：海南白沙；分离源：香蕉果实；培养基：0014；培养温度：25～28℃。

ACCC 31248←中国热带农业科学院环境与植物保护研究所；原始编号：品质1；采集地：海南儋州；分离源：香蕉果实；培养基：0014；培养温度：25～28℃。

ACCC 31249←中国热带农业科学院环境与植物保护研究所；原始编号：品质2；采集地：海南儋州；分离

源：香蕉果实；培养基：0014；培养温度：25～28℃。

ACCC 31250←中国热带农业科学院环境与植物保护研究所；原始编号：品质 3；采集地：海南儋州；分离源：香蕉果实；培养基：0014；培养温度：25～28℃。

ACCC 31251←中国热带农业科学院环境与植物保护研究所；原始编号：澄迈 1；采集地：海南澄迈；分离源：香蕉果实；培养基：0014；培养温度：25～28℃。

ACCC 31252←中国热带农业科学院环境与植物保护研究所；原始编号：澄迈 2；采集地：海南澄迈；分离源：香蕉果实；培养基：0014；培养温度：25～28℃。

ACCC 31253←中国热带农业科学院环境与植物保护研究所；原始编号：中坦 2；采集地：广东中山；分离源：香蕉果实；培养基：0014；培养温度：25～28℃。

ACCC 31254←中国热带农业科学院环境与植物保护研究所；原始编号：中坦 3；采集地：广东中山；分离源：香蕉果实；培养基：0014；培养温度：25～28℃。

ACCC 31255←中国热带农业科学院环境与植物保护研究所；原始编号：排砂 1；采集地：云南红河；分离源：香蕉果实；培养基：0014；培养温度：25～28℃。

ACCC 31256←中国热带农业科学院环境与植物保护研究所；原始编号：排砂 2；采集地：云南红河；分离源：香蕉果实；培养基：0014；培养温度：25～28℃。

ACCC 31257←中国热带农业科学院环境与植物保护研究所；原始编号：排砂 3；采集地：云南红河；分离源：香蕉果实；培养基：0014；培养温度：25～28℃。

ACCC 31258←中国热带农业科学院环境与植物保护研究所；原始编号：沙口；采集地：云南红河；分离源：香蕉果实；培养基：0014；培养温度：25～28℃。

ACCC 31259←中国热带农业科学院环境与植物保护研究所；原始编号：沙口 3；采集地：云南红河；分离源：香蕉果实；培养基：0014；培养温度：25～28℃。

ACCC 31260←中国热带农业科学院环境与植物保护研究所；原始编号：沙口 4；采集地：云南红河；分离源：香蕉果实；培养基：0014；培养温度：25～28℃。

ACCC 31261←中国热带农业科学院环境与植物保护研究所；原始编号：地龙 01；采集地：云南红河；分离源：香蕉果实；培养基：0014；培养温度：25～28℃。

ACCC 31262←中国热带农业科学院环境与植物保护研究所；原始编号：隆安；采集地：广西南宁；分离源：香蕉果实；培养基：0014；培养温度：25～28℃。

ACCC 31263←中国热带农业科学院环境与植物保护研究所；原始编号：隆安 1；采集地：广西南宁；分离源：香蕉果实；培养基：0014；培养温度：25～28℃。

ACCC 31264←中国热带农业科学院环境与植物保护研究所；原始编号：隆安 2；采集地：广西南宁；分离源：香蕉果实；培养基：0014；培养温度：25～28℃。

ACCC 31265←中国热带农业科学院环境与植物保护研究所；原始编号：隆安 3；采集地：广西南宁；分离源：香蕉果实；培养基：0014；培养温度：25～28℃。

ACCC 31266←中国热带农业科学院环境与植物保护研究所；原始编号：田东 1；采集地：广西百色；分离源：香蕉果实；培养基：0014；培养温度：25～28℃。

ACCC 31267←中国热带农业科学院环境与植物保护研究所；原始编号：灵山 2；采集地：广西钦州；分离源：香蕉果实；培养基：0014；培养温度：25～28℃。

ACCC 31268←中国热带农业科学院环境与植物保护研究所；原始编号：灵山 3；采集地：广西钦州；分离源：香蕉果实；培养基：0014；培养温度：25～28℃。

ACCC 31269←中国热带农业科学院环境与植物保护研究所；原始编号：儋州 1；采集地：海南儋州；分离源：香蕉果实；培养基：0014；培养温度：25～28℃。

ACCC 31270←中国热带农业科学院环境与植物保护研究所；原始编号：徐闻 1；采集地：广东湛江；分离源：香蕉果实；培养基：0014；培养温度：25～28℃。

Colletotrichum orbiculare （Berk. & Mont.） Arx 瓜炭疽菌

ACCC 30016←中国农业科学院土肥所。病原菌；培养基：0014；培养温度：24～28℃。

ACCC 30311←中国农业科学院土肥所。病原菌；培养基：0015；培养温度：25～28℃。

ACCC 31243←中国热带农业科学院环境与植物保护研究所；原始编号：老城西瓜茎 3；采集地：海南省；分离源：西瓜茎；培养基：0014；培养温度：25～28℃。

ACCC 36065←中国农业科学院蔬菜花卉所；分离自北京海淀蔬菜温室黄瓜炭疽病叶片；培养基：0014；培养温度：22～24℃。

ACCC 36948←广东省广州微生物研究所；分离自广东广州亚麻炭疽病土壤；培养基：0014；培养温度：25℃。

ACCC 37042←中国农业科学院蔬菜花卉所；分离自北京大兴丝瓜炭疽病叶片；培养基：0014；培养温度：25℃。

Colletotrichum panacicola Uyeda & Tkimoto 人参炭疽菌

ACCC 30017←中国农业科学院土肥所。病原菌；培养基：0014；培养温度：24～28℃。

Colletotrichum papayae Henn. 番木瓜炭疽菌

ACCC 36363←中国热作院环植所；分离自海南儋州丘陵番木瓜炭疽病病组织；培养基：0014；培养温度：28℃。

Colletotrichum sp. 葡萄炭疽菌

ACCC 36264←中国农业科学院资源区划所←辽宁兴城果树所；分离自葡萄炭疽病病组织；培养基：0014；培养温度：25℃。

Colletotrichum tabacum Böning 烟草炭疽菌

ACCC 36167←中国农业科学院植保所←河南农大植保学院；分离自河南郑州烟草炭疽病病组织；培养基：0014；培养温度：30℃。

Colletotrichum truncatum (Schwein.) Andrus & W. D. Moore 平头炭疽菌

ACCC 36322←中国热作院环植所；分离自海南澄迈丘陵地豇豆炭疽病病组织；培养基：0014；培养温度：28℃。

ACCC 36436←中国农业科学院蔬菜花卉所；分离自北京大兴豇豆炭疽病叶片；培养基：0014；培养温度：25℃。

ACCC 37040←中国农业科学院蔬菜花卉所；分离自北京顺义豇豆炭疽病果实；培养基：0014；培养温度：25℃。

ACCC 37065←中国农业科学院蔬菜花卉所；分离自北京顺义大豆炭疽病果实；培养基：0014；培养温度：25℃。

ACCC 37397←中国农业科学院蔬菜花卉所；分离自北京顺义大豆炭疽病果实；培养基：0014；培养温度：25℃。

ACCC 37521←中国热作院环植所；分离自广东徐闻花生炭疽病病组织；培养基：0014；培养温度：28℃。

ACCC 38031←西北农林科技大学；分离自陕西杨凌板蓝根炭疽病病组织；培养基：0014；培养温度：25℃。

Coniella granati (Sacc.) Petr. & Syd. 颗粒垫壳孢 (石榴干腐病菌)

ACCC 38028←西北农林科技大学；分离自甘肃临洮石榴干腐病病组织；培养基：0014；培养温度：25℃。

Conidiobolus megalotocus Drechsler 大耳霉

ACCC 30502←中国农业科学院土肥所←荷兰真菌研究所 CBS139.57；模式菌株；培养基：0014；培养温度：25～28℃。

Coniothyrium diplodiella (Speg.) Sacc. 白腐盾壳霉

ACCC 30088←中国农业科学院土肥所；葡萄白腐病菌；培养基：0014；培养温度：25～28℃。

ACCC 36140←中国农业科学院蔬菜花卉所；分离自辽宁兴城葡萄大棚葡萄白腐病穗轴；培养基：0014；培养温度：25～28℃。

Coniothyrium fuckelii Sacc. 蔷薇盾壳霉

ACCC 36408←中国农业科学院蔬菜花卉所；分离自北京顺义温室玫瑰枝枯病枝条；培养基：0014；培养温

度：25℃。

Copromyces octosporus Jeng & J. C. Krug 八孢粪生菌

ACCC 30509←中国农业科学院土肥所←荷兰真菌研究所 CBS386.78；模式菌株；分离地点：山羊粪；培养基：0014；培养温度：25～28℃。

Corynascus kuwaitiensis Z. U. Khan & Suhail Ahmad

ACCC 32460←新疆农业科学院微生物研究所 XAAS40233；原始编号：AF27-1；分离自新疆南疆地区沙土；培养基：0014；培养温度：20℃。

Corynascus sepedonium (Emmons) von Arx. 瘤孢棒囊孢壳

ACCC 30551←中国农业科学院土肥所←美国典型物培养中心 ATCC9787，模式菌株；培养基：0014；培养温度：24℃。

Corynespora cassiicola (Berk. & M. A. Curtis) C. T. Wei 山扁豆生棒孢

ACCC 37081←中国农业科学院蔬菜花卉所；分离自丁香棒孢叶斑病病斑；培养基：0014；培养温度：25℃。

ACCC 37266←中国农业科学院蔬菜花卉所；分离自北京大兴一串红棒孢叶斑病叶片；培养基：0014；培养温度：25℃。

ACCC 37552←中国热作院环植所；分离自海南儋州烟草叶斑病病组织；培养基：0014；培养温度：28℃。

ACCC 37618←中国热作院环植所；分离自海南儋州黄瓜褐斑病病组织；培养基：0014；培养温度：28℃。

Corynespora mazei Güssow 多主棒孢

ACCC 36107←中国农业科学院蔬菜花卉所；分离自北京大兴蔬菜大棚番茄叶斑病叶片；培养基：0014；培养温度：25℃。

ACCC 36451←中国农业科学院蔬菜花卉所；分离自山东寿光温室苦瓜褐斑病果实；培养基：0014；培养温度：25℃。

ACCC 36458←中国农业科学院蔬菜花卉所；分离自河北廊坊温室黄瓜褐斑病叶片；培养基：0014；培养温度：25℃。

ACCC 37021←中国农业科学院蔬菜花卉所；分离自山东寿光黄瓜褐斑病叶片；培养基：0014；培养温度：25℃。

ACCC 37022←中国农业科学院蔬菜花卉所；分离自北京顺义黄瓜褐斑病叶片；培养基：0014；培养温度：25℃。

ACCC 37023←中国农业科学院蔬菜花卉所；分离自山东寿光菜豆靶斑病叶片；培养基：0014；培养温度：25℃。

ACCC 37024←中国农业科学院蔬菜花卉所；分离自北京顺义温室番茄叶斑病叶片；培养基：0014；培养温度：25℃。

ACCC 37025←中国农业科学院蔬菜花卉所；分离自北京大兴温室番茄叶斑病叶片；培养基：0014；培养温度：25℃。

ACCC 37052←中国农业科学院蔬菜花卉所；分离自北京海淀温室黄瓜褐斑病叶片；培养基：0014；培养温度：25℃。

ACCC 37069←中国农业科学院蔬菜花卉所；分离自山东寿光温室黄瓜褐斑病叶片；培养基：0014；培养温度：25℃。

ACCC 37328←中国农业科学院蔬菜花卉所；分离自北京海淀温室番茄叶斑病叶片；培养基：0014；培养温度：25℃。

ACCC 37329←中国农业科学院蔬菜花卉所；分离自山东寿光黄瓜褐斑病叶片；培养基：0014；培养温度：25℃。

ACCC 37330←中国农业科学院蔬菜花卉所；分离自山东寿光黄瓜褐斑病叶片；培养基：0014；培养温度：25℃。

ACCC 37331←中国农业科学院蔬菜花卉所；分离自山东寿光黄瓜褐斑病叶片；培养基：0014；培养温

度：25℃。

ACCC 37332←中国农业科学院蔬菜花卉所；分离自山东寿光黄瓜褐斑病叶片；培养基：0014；培养温度：25℃。

ACCC 37333←中国农业科学院蔬菜花卉所；分离自山东泰安岱岳黄瓜褐斑病叶片；培养基：0014；培养温度：25℃。

ACCC 37334←中国农业科学院蔬菜花卉所；分离自山东泰安岱岳黄瓜褐斑病叶片；培养基：0014；培养温度：25℃。

ACCC 37335←中国农业科学院蔬菜花卉所；分离自陕西绥德黄瓜褐斑病叶片；培养基：0014；培养温度：25℃。

ACCC 37336←中国农业科学院蔬菜花卉所；分离自北京海淀温室黄瓜褐斑病叶片；培养基：0014；培养温度：25℃。

ACCC 37439←中国农业科学院蔬菜花卉所；分离自山东寿光温室黄瓜褐斑病叶片；培养基：0014；培养温度：25℃。

ACCC 37446←中国农业科学院蔬菜花卉所；分离自北京大兴温室番茄叶斑病叶片；培养基：0014；培养温度：25℃。

ACCC 37447←中国农业科学院蔬菜花卉所；分离自北京顺义温室番茄叶斑病叶片；培养基：0014；培养温度：25℃。

ACCC 37457←中国农业科学院蔬菜花卉所；分离自山东寿光温室黄瓜褐斑病叶片；培养基：0014；培养温度：25℃。

Cunninghamella echinuata （Thaxt.） Thaxt. ex Blakeslee 刺孢小壳银汉霉

ACCC 30369←中国农业科学院土肥所←云南农业大学植物病理重点实验室 DTZJ 0239。土壤真菌，有寄生性，可寄生在南瓜花上；培养基：0014；培养温度：26℃。

ACCC 31576←新疆农业科学院微生物研究所 XAAS40158；原始编号：LF14；采集地：新疆一号冰川；分离源：土壤；培养基：0014；培养温度：25～28℃。

Cunninghamella elegans Lendn. 雅致小克汉银霉

ACCC 31921←广东省广州微生物研究所菌种组 GIMV19-M-1；分离自越南的原始林土壤；培养基：0014；培养温度：25℃。

Curvularia brachyspora Boedijn 短孢弯孢

ACCC 36801←中国农业科学院资源区划所←山东农大；培养基：0014，培养温度：23℃。

Curvularia clavata B. L. Jain 棒弯孢

ACCC 36554←中国农业科学院资源区划所←山东农大；分离自陕西安康狗尾草叶片；培养基：0014；培养温度：25℃。

ACCC 36555←中国农业科学院资源区划所←山东农大；分离自甘肃山丹田边鹅冠草枯枝叶叶片；培养基：0014；培养温度：25℃。

ACCC 36556←中国农业科学院资源区划所←山东农大；分离自山东泰安植物叶片；培养基：0014；培养温度：25℃。

ACCC 36557←中国农业科学院资源区划所←山东农大；分离自甘肃山丹菜田生菜叶斑；培养基：0014；培养温度：25℃。

Curvularia comoriensis Bouriquet & Jauffret ex M. B. Ellis 科摩罗弯孢

ACCC 36657←中国农业科学院资源区划所←山东农大；分离自植物叶片；培养基：0014；培养温度：18～22℃。

Curvularia cylindrica M. Zhang & T. Y. Zhang 柱弯孢

ACCC 36559←中国农业科学院资源区划所←山东农大；分离自新疆乌鲁木齐大葱叶片；培养基：0014；培养温度：25℃。

Curvularia cymbopogonis （C. W. Dodge） J. W. Groves & Skolko 香茅弯孢

ACCC 36560←中国农业科学院资源区划所←山东农大；分离自河南南阳虎尾草叶斑；培养基：0014；培养温度：25℃。

ACCC 37831←山东农业大学；培养基：0014；培养温度：25℃。

ACCC 37832←山东农业大学；培养基：0014；培养温度：25℃。

Curvularia eragrostidis （Henn.） J. A. Mey. 画眉草弯孢

ACCC 36562←中国农业科学院资源区划所←山东农大；分离自广西南宁药用植物园灯心草叶片；培养基：0014；培养温度：25℃。

ACCC 36565←中国农业科学院资源区划所←山东农大；分离自植物叶片；培养基：0014；培养温度：25℃。

ACCC 36760←中国农业科学院资源区划所←山东农大；分离自植物叶片；培养基：0014；培养温度：18～22℃。

Curvularia geniculata （Tracy & Earle） Boedijn 膝曲弯孢

ACCC 37547←中国热作院环植所；分离自海南儋州丘陵稗草弯孢霉叶斑病病斑；培养基：0014；培养温度：28℃。

Curvularia inaequalis （Shear） Boedijn 不等弯孢

ACCC 36567←中国农业科学院资源区划所←山东农大；分离自新疆乌鲁木齐植物园葡萄剪股颖枯枝、叶斑叶片；培养基：0014；培养温度：25℃。

ACCC 37833←山东农业大学；培养基：0014；培养温度：25℃。

ACCC 37834←山东农业大学；培养基：0014；培养温度：25℃。

ACCC 37835←山东农业大学；培养基：0014；培养温度：25℃。

ACCC 37836←山东农业大学；培养基：0014；培养温度：25℃。

ACCC 37837←山东农业大学；培养基：0014；培养温度：25℃。

ACCC 37838←山东农业大学；培养基：0014；培养温度：25℃。

ACCC 37839←山东农业大学；培养基：0014；培养温度：25℃。

Curvularia intermedia Boedijn 间型弯孢

ACCC 36569←中国农业科学院资源区划所←山东农大；分离自北京中科院植物园蒲公英叶片；培养基：0014；培养温度：25℃。

ACCC 37217←中国农业科学院资源区划所；分离自北京大兴丝瓜上部茎；培养基：0014；培养温度：25℃。

ACCC 37840←山东农业大学；培养基：0014；培养温度：25℃。

ACCC 37841←山东农业大学；培养基：0014；培养温度：25℃。

ACCC 37842←山东农业大学；培养基：0014；培养温度：25℃。

ACCC 37843←山东农业大学；培养基：0014；培养温度：25℃。

Curvularia interseminata （Berk. & Ravenel） J. C. Gilman 土壤弯孢

ACCC 36570←中国农业科学院资源区划所←山东农大；分离自宁夏银川碱草叶斑、根腐；培养基：0014；培养温度：25℃。

Curvularia lunata （Wakker） Boedijn 新月弯孢

ACCC 30567←中国农业科学院土肥所←美国典型物培养中心 ATCC42011；分离自落叶。纤维素降解菌；培养基：0014；培养温度：30℃。

ACCC 36358←中国热作院环植所；分离自海南儋州丘陵菠萝叶褐斑病病斑；培养基：0014；培养温度：28℃。

ACCC 36572←中国农业科学院资源区划所←山东农大；分离自广西桂林公园胶树叶片；培养基：0014；培养温度：25℃。

ACCC 36573←中国农业科学院资源区划所←山东农大；分离自宁夏银川草地早熟禾叶斑；培养基：0014；

培养温度：25℃。

ACCC 36574←中国农业科学院资源区划所←山东农大；分离自江西庐山植物园禾本科植物叶斑；培养基：0014；培养温度：25℃。

ACCC 36575←中国农业科学院资源区划所←山东农大；分离自浙江杭州春玉米叶斑；培养基：0014；培养温度：25℃。

ACCC 36576←中国农业科学院资源区划所←山东农大；分离自上海莘庄绿豆叶斑；培养基：0014；培养温度：25℃。

ACCC 36577←中国农业科学院资源区划所←山东农大；分离自江苏无锡菜地玉米叶斑；培养基：0014；培养温度：25℃。

ACCC 36578←中国农业科学院资源区划所←山东农大；分离自新疆农业科学院农田大斑叶片；培养基：0014；培养温度：25℃。

ACCC 36579←中国农业科学院资源区划所←山东农大；分离自内蒙古呼和浩特小檗叶斑；培养基：0014；培养温度：25℃。

ACCC 36580←中国农业科学院资源区划所←山东农大；分离自内蒙古呼和浩特槭树叶斑；培养基：0014；培养温度：25℃。

ACCC 36581←中国农业科学院资源区划所←山东农大；分离自甘肃张掖玉米叶斑；培养基：0014；培养温度：25℃。

ACCC 36582←中国农业科学院资源区划所←山东农大；分离自新疆乌鲁木齐植物园新疆小叶白蜡叶斑；培养基：0014；培养温度：25℃。

ACCC 36584←中国农业科学院资源区划所←山东农大；分离自甘肃敦煌玉米叶斑；培养基：0014；培养温度：25℃。

ACCC 36656←中国农业科学院资源区划所←山东农大；分离自无花果叶片；培养基：0014；培养温度：18～22℃。

ACCC 36659←中国农业科学院资源区划所←山东农大；分离自广玉兰叶片；培养基：0014；培养温度：18～22℃。

ACCC 36660←中国农业科学院资源区划所←山东农大；分离自旱金莲叶片；培养基：0014；培养温度：18～22℃。

ACCC 36665←中国农业科学院资源区划所←山东农大；分离自山药叶片；培养基：0014；培养温度：18～22℃。

ACCC 36669←中国农业科学院资源区划所←山东农大；分离自榆叶片；培养基：0014；培养温度：18～22℃。

ACCC 36673←中国农业科学院资源区划所←山东农大；分离自龟背竹叶片；培养基：0014；培养温度：18～22℃。

ACCC 36675←中国农业科学院资源区划所←山东农大；分离自江西庐山鹅冠草叶斑；培养基：0014；培养温度：18～22℃。

ACCC 36686←中国农业科学院资源区划所←山东农大；分离自柿树叶片；培养基：0014；培养温度：18～22℃。

ACCC 36687←中国农业科学院资源区划所←山东农大；分离自淡竹叶叶片；培养基：0014；培养温度：18～22℃。

ACCC 36690←中国农业科学院资源区划所←山东农大；分离自竹叶片；培养基：0014；培养温度：18～22℃。

ACCC 36740←中国农业科学院资源区划所←山东农大；分离自陕西安康稗草叶片；培养基：0014；培养温度：18～22℃。

ACCC 36762←中国农业科学院资源区划所←山东农大；分离自植物叶片；培养基：0014；培养温度：18～22℃。

ACCC 37526←中国热作院环植所；分离自广东徐闻玉米弯孢叶斑病病斑；培养基：0014；培养温度：28℃。

ACCC 37535←中国热作院环植所；分离自海南儋州丘陵狗牙根叶斑病病斑；培养基：0014；培养温度：28℃。

ACCC 37537←中国热作院环植所；分离自海南儋州薏苡弯孢叶斑病病组织；培养基：0014；培养温度：28℃。

ACCC 37844←山东农业大学；培养基：0014；培养温度：25℃。

ACCC 37845←山东农业大学；培养基：0014；培养温度：25℃。

ACCC 37846←山东农业大学；培养基：0014；培养温度：25℃。

Curvularia oryzae Bugnic. 稻弯孢

ACCC 36586←中国农业科学院资源区划所←山东农大；分离自广东广州香附子叶斑；培养基：0014；培养温度：25℃。

Curvularia pallescens Boedijn 苍白弯孢

ACCC 36587←中国农业科学院资源区划所←山东农大；分离自山东泰安多年生黑麦草叶片；培养基：0014；培养温度：25℃。

Curvularia pseudorobusta Meng Zhang & T. Y. Zhang 拟粗壮弯孢

ACCC 36590←中国农业科学院资源区划所←山东农大；分离自广西北海海滨禾本科杂草叶片；培养基：0014；培养温度：25℃。

Curvularia senegalensis (Speg.) Subram. 塞内加尔弯孢

ACCC 36591←中国农业科学院资源区划所←山东农大；分离自新疆阿勒泰玫瑰叶斑；培养基：0014；培养温度：25℃。

ACCC 36592←中国农业科学院资源区划所←山东农大；分离自新疆阿勒泰番薯叶片；培养基：0014；培养温度：25℃。

Curvularia trifolii (Kauffman) Boedijn 三叶草弯孢

ACCC 36682←中国农业科学院资源区划所←山东农大；分离自吉林敦化车轴草叶片；培养基：0014；培养温度：18~22℃。

Curvularia trifolii f. sp. *gladioli* Parmelee & Luttr. 三叶草弯孢唐菖蒲专化型

ACCC 36599←中国农业科学院资源区划所←山东农大；分离自江西农大唐菖蒲叶斑；培养基：0014；培养温度：25℃。

Cylindrocarpon destructans (Zinssm.) Scholten 毁灭柱孢

ACCC 36219←中国农业科学院植保所；分离自云南砚山三七苗圃三七根腐病病块根；培养基：0014；培养温度：20℃。

ACCC 36225←中国农业科学院植保所；分离自云南文山三七种植园三七根腐病病块根；培养基：0014；培养温度：25℃。

ACCC 36226←中国农业科学院植保所；分离自云南文山三七种植园三七根腐病病块根；培养基：0014；培养温度：20℃。

ACCC 36256←中国农业科学院植保所；分离自云南文山三七种植园三七根腐病病块根；培养基：0014；培养温度：25℃。

Cylindrocarpon didymum (Harting) Wollenw. 双生柱孢

ACCC 36218←中国农业科学院植保所；分离自云南砚山三七苗圃三七黄腐病病块根；培养基：0014；培养温度：20℃。

ACCC 36220←中国农业科学院植保所；分离自云南砚山三七种植园三七黄腐病病块根；培养基：0014；培养温度：20℃。

Cylindrocarpon sp. 柱孢

ACCC 30950←中国农业科学院饲料所 FRI2006106；原始编号：F146；采集地：海南三亚；分离源：花，

培养基：0014；培养温度：25～28℃。

Daldinia concentrica（Bolt.）Ces. & de Not. 黑轮层炭壳菌

ACCC 30958←广东省广州微生物研究所 GIM 5.287；原始编号：HMIGD21613；采集地：阳春鹅凰嶂红花潭；分离源：子实体。药用；培养基：0014；培养温度：25～28℃。

Doratomyces microsporus（Sacc.）F. J. Morton & G. Sm. 小孢矛束霉

ACCC 37148←山东农业大学；分离自西藏隆子土壤；培养基：0014；培养温度：25℃。

ACCC 37161←山东农业大学；分离自西藏措美土壤；培养基：0014；培养温度：25℃。

ACCC 37165←山东农业大学；分离自西藏措美土壤；培养基：0014；培养温度：25℃。

ACCC 37174←山东农业大学；分离自西藏仁布土壤；培养基：0014；培养温度：25℃。

ACCC 37201←山东农业大学；分离自青海兴海土壤；培养基：0014；培养温度：25℃。

ACCC 37847←山东农业大学；培养基：0014；培养温度：25℃。

ACCC 37848←山东农业大学；培养基：0014；培养温度：25℃。

ACCC 37849←山东农业大学；培养基：0014；培养温度：25℃。

ACCC 37850←山东农业大学；培养基：0014；培养温度：25℃。

ACCC 37851←山东农业大学；培养基：0014；培养温度：25℃。

ACCC 37852←山东农业大学；培养基：0014；培养温度：25℃。

ACCC 37853←山东农业大学；培养基：0014；培养温度：25℃。

ACCC 37854←山东农业大学；培养基：0014；培养温度：25℃。

Doratomyces nanus（Ehrenb.）F. J. Morton & G. Sm. 第九矛束霉

ACCC 37138←山东农业大学；分离自西藏乃东土壤；培养基：0014；培养温度：25℃。

ACCC 37143←山东农业大学；分离自西藏隆子土壤；培养基：0014；培养温度：25℃。

ACCC 37149←山东农业大学；分离自西藏隆子土壤；培养基：0014；培养温度：25℃。

ACCC 37156←山东农业大学；分离自西藏错那土壤；培养基：0014；培养温度：25℃。

ACCC 37237←山东农业大学；分离自西藏措美土壤；培养基：0014；培养温度：25℃。

ACCC 37244←山东农业大学；分离自西藏仁布土壤；培养基：0014；培养温度：25℃。

ACCC 37246←山东农业大学；分离自西藏日喀则土壤；培养基：0014；培养温度：25℃。

ACCC 37248←山东农业大学；分离自西藏亚东土壤；培养基：0014；培养温度：25℃。

ACCC 37249←山东农业大学；分离自西藏亚东土壤；培养基：0014；培养温度：25℃。

ACCC 37253←山东农业大学；分离自西藏亚东土壤；培养基：0014；培养温度：25℃。

Emericella dentata（Sandhu）Horie 皱折裸胞壳

ACCC 31559←新疆农业科学院微生物研究所 XAAS40052；原始编号：F53；采集地：新疆吐鲁番；分离源：土壤；培养基：0014；培养温度：25～28℃。

ACCC 31809←新疆农业科学院微生物研究所 XAAS40121；原始编号：SF40；采集地：新疆吐鲁番；分离源：土壤；培养基：0014；培养温度：25～28℃。

ACCC 31818←新疆农业科学院微生物研究所 XAAS40100；原始编号：SF13；采集地：新疆吐鲁番；分离源：土壤；培养基：0014；培养温度：25～28℃。

ACCC 31859←新疆农业科学院微生物研究所 XAAS40149；原始编号：SF70；分离自新疆吐鲁番的土壤样品；培养基：0014；培养温度：20℃。

Emericella nidulans（Eidam）Vuill. 构巢裸胞壳

ACCC 31825←新疆农业科学院微生物研究所 XAAS40084；原始编号：F98；采集地：新疆吐鲁番；分离源：土壤；培养温度：25～28℃。

ACCC 31836←新疆农业科学院微生物研究所 XAAS40063；原始编号：F70-2；采集地：新疆吐鲁番；分离源：土壤；培养基：0014；培养温度：25～28℃。

ACCC 31837←新疆农业科学院微生物研究所 XAAS40062；原始编号：F70-2；采集地：新疆吐鲁番；分离

源：土壤；培养基：0014；培养温度：25～28℃。

ACCC 31840←新疆农业科学院微生物研究所 XAAS40055；原始编号：F59；采集地：新疆吐鲁番；分离源：土壤；培养基：0014；培养温度：25～28℃。

Emericella quadrilineata（Thom & Raper）C. R. Benj. 四脊裸胞壳

ACCC 31557←新疆农业科学院微生物研究所 XAAS40038；原始编号：F23；采集地：新疆一号冰川；分离源：土壤；培养基：0014；培养温度：25～28℃。

ACCC 31810←新疆农业科学院微生物研究所 XAAS40120；原始编号：SF35；采集地：新疆一号冰川；分离源：土壤；培养基：0014；培养温度：25～28℃。

ACCC 31851←新疆农业科学院微生物研究所 XAAS40031；原始编号：F10；采集地：新疆一号冰川；分离源：土壤；培养基：0014；培养温度：25～28℃。

ACCC 31852←新疆农业科学院微生物研究所 XAAS40030；原始编号：F9；采集地：新疆一号冰川；分离源：土壤；培养基：0014；培养温度：25～28℃。

ACCC 31853←新疆农业科学院微生物研究所 XAAS40029；原始编号：F8；采集地：新疆一号冰川；分离源：土壤；培养基：0014；培养温度：25～28℃。

Emericella rugulosa（Thom & Raper）C. R. Benj. 褶皱裸胞壳

ACCC 31817←新疆农业科学院微生物研究所 XAAS40101；原始编号：SF14；采集地：新疆吐鲁番；分离源：土壤；培养基：0014；培养温度：25～28℃。

ACCC 31824←新疆农业科学院微生物研究所 XAAS40085；原始编号：F102；采集地：新疆吐鲁番；分离源：土壤；培养基：0014；培养温度：25～28℃。

ACCC 31848←新疆农业科学院微生物研究所 XAAS40039；原始编号：F25；采集地：新疆一号冰川；分离源：土壤；培养基：0014；培养温度：25～28℃。

Emericella variecolor Berk. & Broome 异冠裸胞壳

ACCC 31544←新疆农业科学院微生物研究所 XAAS40056；原始编号：F60；采集地：新疆一号冰川；分离源：土壤；培养基：0014；培养温度：25～28℃。

ACCC 31545←新疆农业科学院微生物研究所 XAAS40046；原始编号：F38；采集地：新疆一号冰川；分离源：土壤；培养基：0014；培养温度：25～28℃。

ACCC 31546←新疆农业科学院微生物研究所 XAAS40130；原始编号：SF50；采集地：新疆吐鲁番；分离源：土壤；培养基：0014；培养温度：25～28℃。

ACCC 32279←中国热带农业科学院环境与植保所 EPPI2683←海南大学农学院；原始编号：D5-1；分离自海南儋州那大汽修厂附近土壤；培养基：0014；培养温度：28℃。

Epicoccum nigrum Link 黑附球霉

ACCC 37856←山东农业大学；培养基：0014；培养温度：25℃。

ACCC 37858←山东农业大学；培养基：0014；培养温度：25℃。

Eupenicillium baarnense（van Beyma）Stolk & Scott 巴恩真青霉

ACCC 30518←中国农业科学院土肥所←荷兰真菌研究所 CBS134.41；分离自土壤；培养基：0014；培养温度：25～28℃。

ACCC 30523←中国农业科学院土肥所←荷兰真菌研究所 CBS315.59；模式菌株；培养基：0014；培养温度：25～28℃。

Eupenicillium javanicum（van Beyan）Stolk & Scott 爪哇真青霉

ACCC 30403←中国农业科学院土肥所←中国科学院微生物研究所；分离自广西土壤；培养基：0015；培养温度：25～28℃。

ACCC 31912←广东省广州微生物研究所菌种组 GIM T3.021；分离自广州市白云区的农田土壤；培养基：0014；培养温度：25℃。

Eurotium amstelodami L. Mangin 阿姆斯特丹散囊菌

ACCC 30935←中国农业科学院饲料所 FRI2006091；原始编号：F130。=CGMCC 3.4059；培养基：0014；

培养温度：25～28℃。

Eurotium chevalieri L. Mangin 谢瓦散囊菌

ACCC 31812←新疆农业科学院微生物研究所 XAAS40117；原始编号：SF32；采集地：新疆吐鲁番；分离源：土壤；培养基：0014；培养温度：25～28℃。

ACCC 31813←新疆农业科学院微生物研究所 XAAS40116；原始编号：SF31；采集地：新疆吐鲁番；分离源：土壤；培养基：0014；培养温度：25～28℃。

Eurotium cristatum（Raper & Fennell）Malloch & Cain 冠突散囊菌

ACCC 32202←中国热带农业科学院环境与植保所 EPPI2368←华南热带农业大学农学院；原始编号：C426；分离自海口茶叶市场的青砖茶茶块；培养基：0014；培养温度：28℃。

ACCC 32203←中国热带农业科学院环境与植保所 EPPI2369←华南热带农业大学农学院；原始编号：C428；分离自海口茶叶市场的金尖砖茶茶块；培养基：0014；培养温度：28℃。

ACCC 32204←中国热带农业科学院环境与植保所 EPPI2370←华南热带农业大学农学院；原始编号：C429；分离自海口茶叶市场的金尖砖茶茶块；培养基：0014；培养温度：28℃。

ACCC 32205←中国热带农业科学院环境与植保所 EPPI2371←华南热带农业大学农学院；原始编号：C436；分离自海口茶叶市场的黑砖茶茶块；培养基：0014；培养温度：28℃。

ACCC 32206←中国热带农业科学院环境与植保所 EPPI2372←华南热带农业大学农学院；原始编号：C438；分离自海口茶叶市场的黑砖茶茶块；培养基：0014；培养温度：28℃。

ACCC 32207←中国热带农业科学院环境与植保所 EPPI2373←华南热带农业大学农学院；原始编号：C443；分离自海口茶叶市场的米砖茶茶块；培养基：0014；培养温度：28℃。

Eurotium fimicola H. Z. Kong & Z. T. Qi 粪生散囊菌

ACCC 30934←中国农业科学院饲料所 FRI2006090；原始编号：F129；采集地：海南三亚；分离源：猪粪；培养基：0014；培养温度：25～28℃。

Eurotium herbariorum（F. H. Wigg.）Link 蜡叶散囊菌

ACCC 32159←广东省广州微生物研究所 GIMT3.026；分离自广州的果园土壤；培养基：0014；培养温度：25℃。

Eurotium repens de Bary 匍匐散囊菌

ACCC 32208←中国热带农业科学院环境与植保所 EPPI2374←华南热带农业大学农学院；原始编号：Fer01；分离自海口茶叶市场的茯砖茶茶块；培养基：0014；培养温度：28℃。

ACCC 32209←中国热带农业科学院环境与植保所 EPPI2375←华南热带农业大学农学院；原始编号：Fer22；分离自海口茶叶市场的茯砖茶茶块；培养基：0014；培养温度：28℃。

ACCC 32210←中国热带农业科学院环境与植保所 EPPI2376←华南热带农业大学农学院；原始编号：Ker01；分离自海口茶叶市场的康砖茶茶块；培养基：0014；培养温度：28℃。

ACCC 32211←中国热带农业科学院环境与植保所 EPPI2377←华南热带农业大学农学院；原始编号：Ker14；分离自海口茶叶市场的康砖茶茶块；培养基：0014；培养温度：28℃。

ACCC 32212←中国热带农业科学院环境与植保所 EPPI2378←华南热带农业大学农学院；原始编号：Qer06；分离自海口茶叶市场的青砖茶茶块；培养基：0014；培养温度：28℃。

ACCC 32213←中国热带农业科学院环境与植保所 EPPI2379←华南热带农业大学农学院；原始编号：Qer12；分离自海口茶叶市场的青砖茶茶块；培养基：0014；培养温度：28℃。

Exserohilum fusiforme Alcorn 梭形凸脐蠕孢

ACCC 36602←中国农业科学院资源区划所←山东农大；分离自四川广元水边芨草叶斑；培养基：0014；培养温度：24℃。

ACCC 37859←山东农业大学；培养基：0014；培养温度：25℃。

Exserohilum pedicellatum（A. W. Henry）K. J. Leonard & Suggs 小柄凸脐蠕孢

ACCC 37860←山东农业大学；培养基：0014；培养温度：25℃。

ACCC 37861←山东农业大学；培养基：0014；培养温度：25℃。

***Exserohilum phragmatis* W. P. Wu 芦苇凸脐蠕孢**

ACCC 36751←中国农业科学院资源区划所←山东农大；分离自河南郑州大田高粱叶斑、死叶；培养基：0014；培养温度：18～22℃。

***Exserohilum rostratum* (Drechsler) K. J. Leonard & Suggs 嘴突凸脐蠕孢**

ACCC 36618←中国农业科学院资源区划所←山东农大；分离自北京香山草坪虮子草叶斑、枯鞘；培养基：0014；培养温度：24℃。

ACCC 36621←中国农业科学院资源区划所←山东农大；分离自河南郑州大田玉米叶片；培养基：0014；培养温度：24℃。

ACCC 36624←中国农业科学院资源区划所←山东农大；分离自河南郑州田埂高粱叶斑、叶枯病组织；培养基：0014；培养温度：24℃。

ACCC 36625←中国农业科学院资源区划所←山东农大；分离自江苏南京湖边枯死禾本科草坪草叶片；培养基：0014；培养温度：24℃。

ACCC 36633←中国农业科学院资源区划所←山东农大；分离自内蒙古包头禾本科植物叶斑；培养基：0014；培养温度：24℃。

ACCC 36640←中国农业科学院资源区划所←山东农大；分离自甘肃张掖紫花苜蓿叶斑；培养基：0014；培养温度：24℃。

ACCC 36667←中国农业科学院资源区划所←山东农大；分离自浙江杭州芦苇叶斑；培养基：0014；培养温度：18～22℃。

ACCC 36709←中国农业科学院资源区划所←山东农大；分离自山东沂水山坡疑似铺地黍叶片；培养基：0014；培养温度：18～22℃。

ACCC 37218←中国农业科学院资源区划所；分离自北京大兴西瓜下部茎，内生菌；培养基：0014；培养温度：25℃。

ACCC 37219←中国农业科学院资源区划所；分离自北京大兴丝瓜下部茎，内生菌；培养基：0014；培养温度：25℃。

***Exserohilum turcicum* (Pass.) K. J. Leonard & Suggs 大斑凸脐蠕孢（玉米大斑病菌）**

ACCC 30085←中国农业科学院土肥所；玉米大斑病菌；培养基：0014；培养温度：25～28℃。

ACCC 36266←中国农业科学院资源区划所；分离自河北廊坊玉米大斑病叶片；培养基：0014，培养温度：23℃。

***Fusariella atrovirens* (Berk.) Sacc. 暗绿小镰孢**

ACCC 37134←山东农业大学；分离自西藏乃东土壤；培养基：0014；培养温度：25℃。

ACCC 37180←山东农业大学；分离自西藏仁布土壤；培养基：0014；培养温度：25℃。

***Fusariella obstipa* (Pollack) S. Hughes 柄小镰孢**

ACCC 37869←山东农业大学；培养基：0014；培养温度：25℃。

***Fusarium annuum* Leonian 辣椒镰孢**

ACCC 37372←中国农业科学院蔬菜花卉所；分离自北京昌平辣椒枯萎病茎；培养基：0014；培养温度：25℃。

***Fusarium argillaceum* (Fr.) Sacc. 白垩色镰孢**

ACCC 30063←中国农业科学院土肥所←中国科学院微生物研究所 AS3.707；培养基：0014；培养温度：25～28℃。

***Fusarium avenaceum* (Fr.) Sacc. 燕麦镰孢**

ACCC 30065←中国农业科学院土肥所←中国科学院微生物研究所 AS3.709；培养基：0014；培养温度：25～28℃。

***Fusarium cerealis* Cooke 谷类镰孢**

ACCC 32253←中国农业科学院饲料所孟昆←JCM9874；培养基：0014；培养温度：25～28℃。

Fusarium culmorum （W. G. Smith） Sacc. 黄色镰孢

ACCC 32249←中国农业科学院饲料所孟昆←DSM1094；培养基：0014；培养温度：25～28℃。

Fusarium equiseti （Corda） Sacc. 木贼镰孢

ACCC 38029←西北农林科技大学；分离自陕西杨凌向日葵；培养基：0014；培养温度：25℃。

Fusarium graminearum Schwabe 禾谷镰孢 （参见 *Gibberella zeae*）

ACCC 30068←中国农业科学院土肥所←中国科学院微生物研究所 AS3.712；培养基：0014；培养温度：25～28℃。

ACCC 32250←中国农业科学院饲料所孟昆←DSM1095；培养基：0014；培养温度：25～28℃。

ACCC 32251←中国农业科学院饲料所孟昆←DSM1096；培养基：0014；培养温度：25～28℃。

ACCC 32252←中国农业科学院饲料所孟昆←DSM4529；培养基：0014；培养温度：25～28℃。

Fusarium incarnatum （Desm. ） Sacc.

ACCC 31942←新疆农业科学院微生物研究所 XAAS40134；原始编号：SF54；分离自一号冰川的土壤样品；培养基：0014；培养温度：20℃。

Fusarium lactis Pirotta & Riboni 乳酸镰孢

ACCC 30070←中国农业科学院土肥所←中国科学院微生物研究所 AS3.714；培养基：0014；培养温度：25～28℃。

Fusarium lateritium Nees 砖红镰孢

ACCC 30023←中国农业科学院植保所 3.019←华南农学院植保系；分离自桑芽枯病病组织；培养基：0014；培养温度：24～28℃。

ACCC 30071←中国农业科学院土肥所←中国科学院微生物研究所 AS3.715；培养基：0014；培养温度：25～28℃。

Fusarium moniliforme Sheldon 串珠镰孢 （稻恶苗病菌）

ACCC 30133←中国农业科学院土肥所；诱变选育，产赤霉素；培养基：0014；培养温度：25～28℃。

ACCC 30174←中国农业科学院土肥所←中国农业科学院原子能所 （4303），产赤霉素；培养基：0014；培养温度：25～28℃。

ACCC 30175←中国农业科学院土肥所←中国农业科学院原子能所←中国科学院微生物研究所 AS3.752，产赤霉素；培养基：0014；培养温度：25～28℃。

ACCC 30325←中国农业科学院土肥所；郭好礼选育，赤霉素生产用菌；培养基：0014；培养温度：25～28℃。

ACCC 30331←中国农业科学院土肥所←中国农业科学院植保所林德昕赠。产赤霉素；培养基：0014；培养温度：25～28℃。

ACCC 30334←中国农业科学院土肥所；郭好礼选育，赤霉素生产用菌 （产量高）；培养基：0014；培养温度：25～28℃。

Fusarium nivale （Fr. ） Cesati 雪腐镰孢

ACCC 30074←中国农业科学院土肥所←中国科学院微生物研究所 AS3.718；培养基：0014；培养温度：25～28℃。

Fusarium orthoceras Appel & Wollenweber 直喙镰孢

ACCC 30075←中国农业科学院土肥所←中国科学院微生物研究所 AS3.719；培养基：0014；培养温度：25～28℃。

Fusarium oxysporum Schltdl. 尖镰孢

ACCC 30069←中国农业科学院土肥所←中国科学院微生物研究所 AS3.713；培养基：0014；培养温度：25～28℃。

ACCC 30076←中国农业科学院土肥所←中国科学院微生物研究所 AS3.720；培养基：0014；培养温度：25～28℃。

ACCC 30373←中国农业科学院土肥所←云南农业大学植物病理重点实验室，DTZJ0212；土壤真菌，重要病原物，引起多种植物萎蔫病；生活能力极强，可在土壤无限期生活，有较强的纤维素酶和果胶酶的产生能力；培养基：0014；培养温度：25～28℃。

ACCC 30927←中国农业科学院饲料所 FRI2006083；原始编号：F122；采集地：海南三亚；分离源：水稻；培养基：0014；培养温度：25～28℃。

ACCC 31915←广东省广州微生物研究所菌种组 GIMV4-M-2；分离自越南的原始林土壤；培养基：0014；培养温度：25℃。

ACCC 32258←中国科学院微生物研究所 AS3.3633；培养基：0014；培养温度：25～28℃。

ACCC 32261←广东省广州微生物研究所菌种组 GIMT3.033；培养基：0014；培养温度：25℃。

ACCC 36102←中国农业科学院蔬菜花卉所；分离自河南郑州温室甜瓜枯萎病瓜蔓；培养基：0014；培养温度：25℃。

ACCC 36173←中国农业科学院植保所←河南农大植保学院；分离自河南郑州甜瓜枯萎病病组织；培养基：0014；培养温度：25℃。

ACCC 36464←中国农业科学院蔬菜花卉所；分离自山东寿光大蒜腐烂病鳞茎；培养基：0014；培养温度：25℃。

ACCC 36465←中国农业科学院蔬菜花卉所；分离自北京顺义番茄枯萎病根；培养基：0014；培养温度：25℃。

ACCC 36466←中国农业科学院蔬菜花卉所；分离自北京顺义黄瓜枯萎病根；培养基：0014；培养温度：25℃。

ACCC 36468←中国农业科学院蔬菜花卉所；分离自山东寿光黄瓜枯萎病根；培养基：0014；培养温度：25℃。

ACCC 36472←中国农业科学院蔬菜花卉所；分离自北京昌平辣椒根腐病根；培养基：0014；培养温度：25℃。

ACCC 36473←中国农业科学院蔬菜花卉所；分离自山东寿光温室茄子根腐病根；培养基：0014；培养温度：25℃。

ACCC 36474←中国农业科学院蔬菜花卉所；分离自山东寿光温室黄瓜枯萎病根；培养基：0014；培养温度：25℃。

ACCC 36475←中国农业科学院蔬菜花卉所；分离自山东寿光温室黄瓜枯萎病根；培养基：0014；培养温度：25℃。

ACCC 36477←中国农业科学院蔬菜花卉所；分离自山东寿光温室甜瓜枯萎病根；培养基：0014；培养温度：25℃。

ACCC 36478←中国农业科学院蔬菜花卉所；分离自山东寿光温室黄瓜镰刀菌果实黄斑病叶片；培养基：0014；培养温度：25℃。

ACCC 36933←福建农林大学；分离自黄瓜枯萎病病组织；培养基：0014；培养温度：26℃。

ACCC 37064←中国农业科学院蔬菜花卉所；分离自北京昌平菜豆枯萎病根部；培养基：0014；培养温度：25℃。

ACCC 37262←中国农业科学院蔬菜花卉所；分离自北京海淀百合根腐病根；培养基：0014；培养温度：25℃。

ACCC 37279←中国农业科学院蔬菜花卉所；分离自北京昌平百合根腐病根；培养基：0014；培养温度：25℃。

ACCC 37371←中国农业科学院蔬菜花卉所；分离自河北永清冬瓜枯萎病茎；培养基：0014；培养温度：25℃。

ACCC 37375←中国农业科学院蔬菜花卉所；分离自河北永清冬瓜枯萎病茎；培养基：0014；培养温度：25℃。

ACCC 37376←中国农业科学院蔬菜花卉所；分离自河北永清冬瓜枯萎病茎；培养基：0014；培养温

度：25℃。

ACCC 37377←中国农业科学院蔬菜花卉所；分离自河北廊坊冬瓜枯萎病茎；培养基：0014；培养温度：25℃。

ACCC 37404←中国农业科学院蔬菜花卉所；分离自河北廊坊温室人参果枯萎病茎；培养基：0014；培养温度：25℃。

Fusarium oxysporum f. sp. avocado 油梨尖镰孢（油梨苗枯萎病菌）

ACCC 31345←中国热带农业科学院；原始编号：FS2；采集地：海南省；分离源：油梨苗茎；培养基：0014；培养温度：25～28℃。

ACCC 31346←中国热带农业科学院；原始编号：FS10；采集地：海南省；分离源：油梨苗茎；培养基：0014；培养温度：25～28℃。

ACCC 31347←中国热带农业科学院；原始编号：FS3；采集地：海南省；分离源：油梨苗茎；培养基：0014；培养温度：25～28℃。

ACCC 31348←中国热带农业科学院；原始编号：FS4；采集地：海南省；分离源：油梨苗茎；培养基：0014；培养温度：25～28℃。

ACCC 31349←中国热带农业科学院；原始编号：FS1；采集地：海南省；分离源：油梨苗茎；培养基：0014；培养温度：25～28℃。

Fusarium oxysporum f. sp. capsicum 尖镰孢辣椒专化型（辣椒枯萎病菌）

ACCC 31339←中国热带农业科学院；原始编号：LF30；采集地：海南省；分离源：辣椒茎；培养基：0014；培养温度：25～28℃。

ACCC 31340←中国热带农业科学院；原始编号：LF28；采集地：海南省；分离源：辣椒茎；培养基：0014；培养温度：25～28℃。

ACCC 31341←中国热带农业科学院；原始编号：LF25；采集地：海南省；分离源：辣椒茎；培养基：0014；培养温度：25～28℃。

ACCC 31342←中国热带农业科学院；原始编号：LF9914；采集地：海南省；分离源：辣椒茎；培养基：0014；培养温度：25～28℃。

ACCC 31343←中国热带农业科学院；原始编号：LF9915；采集地：海南省；分离源：辣椒茎；培养基：0014；培养温度：25～28℃。

ACCC 31344←中国热带农业科学院；原始编号：LF9913；采集地：海南省；分离源：辣椒茎；培养基：0014；培养温度：25～28℃。

Fusarium oxysporum f. sp. cubense W. C. Snyder & H. N. Hansen 尖镰孢古巴专化型（香蕉枯萎病菌）

ACCC 31271←中国热带农业科学院环境与植物保护研究所；原始编号：FOC-1；采集地：海南省东方市抱扳镇；分离源：香蕉假茎维管束；培养基：0014；培养温度：25～28℃。

ACCC 31272←中国热带农业科学院环境与植物保护研究所；原始编号：FOC-6；采集地：海南省东方市大田镇；分离源：香蕉假茎维管束；培养基：0014；培养温度：25～28℃。

ACCC 31273←中国热带农业科学院环境与植物保护研究所；原始编号：FOC-11；采集地：海南省儋州八一农场；分离源：香蕉假茎维管束；培养基：0014；培养温度：25～28℃。

ACCC 31274←中国热带农业科学院环境与植物保护研究所；原始编号：FOC-15；采集地：海南省东方市零公里；分离源：香蕉假茎维管束；培养基：0014；培养温度：25～28℃。

ACCC 31275←中国热带农业科学院环境与植物保护研究所；原始编号：FOC-7；采集地：海南省昌江县霸王岭；分离源：香蕉假茎维管束；培养基：0014；培养温度：25～28℃。

ACCC 31276←中国热带农业科学院环境与植物保护研究所；原始编号：FOC-13；采集地：海南省白沙县邦溪镇；分离源：香蕉假茎维管束；培养基：0014；培养温度：25～28℃。

ACCC 31277←中国热带农业科学院环境与植物保护研究所；原始编号：FOC-5；采集地：海南省三亚市；分离源：香蕉假茎维管束；培养基：0014；培养温度：25～28℃。

ACCC 31278←中国热带农业科学院环境与植物保护研究所；原始编号：FOC-8；采集地：海南省儋州市两院；分离源：香蕉假茎维管束；培养基：0014；培养温度：25～28℃。

ACCC 31279←中国热带农业科学院环境与植物保护研究所；原始编号：FOC-16；采集地：海南省琼山市甲子镇；分离源：香蕉假茎维管束；培养基：0014；培养温度：25～28℃。

ACCC 31280←中国热带农业科学院环境与植物保护研究所；原始编号：FOC-17；采集地：海南省琼山市谭文镇；分离源：香蕉假茎维管束；培养基：0014；培养温度：25～28℃。

ACCC 31281←中国热带农业科学院环境与植物保护研究所；原始编号：FOC-19；采集地：海南省海口市美兰镇；分离源：香蕉假茎维管束；培养基：0014；培养温度：25～28℃。

ACCC 31282←中国热带农业科学院环境与植物保护研究所；原始编号：FOC-28；采集地：海南省三亚市凤凰镇；分离源：香蕉假茎维管束；培养基：0014；培养温度：25～28℃。

ACCC 31283←中国热带农业科学院环境与植物保护研究所；原始编号：FOC-31；采集地：海南省三亚市凤凰镇；分离源：香蕉假茎维管束；培养基：0014；培养温度：25～28℃。

ACCC 31284←中国热带农业科学院环境与植物保护研究所；原始编号：FOC-24；采集地：海南省昌江县波兰沟；分离源：香蕉假茎维管束；培养基：0014；培养温度：25～28℃。

ACCC 31285←中国热带农业科学院环境与植物保护研究所；原始编号：FOC-36；采集地：海南省澄迈县大唐；分离源：香蕉假茎维管束；培养基：0014；培养温度：25～28℃。

ACCC 31286←中国热带农业科学院环境与植物保护研究所；原始编号：FOC-37；采集地：海南省海口市美兰镇；分离源：香蕉假茎维管束；培养基：0014；培养温度：25～28℃。

ACCC 36368←中国热作院环植所；分离自海南乐东粉蕉地粉蕉病假茎；培养基：0014；培养温度：25℃。

ACCC 36369←中国热作院环植所；分离自海南乐东香蕉地香蕉病假茎；培养基：0014；培养温度：25℃。

ACCC 36817←中国热作院环植所；分离自海南三亚香蕉；培养基：0014；培养温度：28℃。

ACCC 37950←广东省农业科学院果树所；分离自广东东莞香蕉枯萎病假茎；培养基：0014；培养温度：28℃。

ACCC 37951←广东省农业科学院果树所；分离自广东东莞香蕉枯萎病假茎；培养基：0014；培养温度：28℃。

ACCC 37952←广东省农业科学院果树所；分离自广东东莞香蕉枯萎病假茎；培养基：0014；培养温度：28℃。

ACCC 37953←广东省农业科学院果树所；分离自广东东莞香蕉枯萎病假茎；培养基：0014；培养温度：28℃。

ACCC 37954←广东省农业科学院果树所；分离自广东东莞香蕉枯萎病假茎；培养基：0014；培养温度：28℃。

ACCC 37955←广东省农业科学院果树所；分离自广东东莞香蕉枯萎病假茎；培养基：0014；培养温度：28℃。

ACCC 37956←广东省农业科学院果树所；分离自广东东莞香蕉枯萎病假茎；培养基：0014；培养温度：28℃。

ACCC 37957←广东省农业科学院果树所；分离自广东东莞香蕉枯萎病假茎；培养基：0014；培养温度：28℃。

ACCC 37958←广东省农业科学院果树所；分离自广东东莞香蕉枯萎病假茎；培养基：0014；培养温度：28℃。

ACCC 37959←广东省农业科学院果树所；分离自广东东莞香蕉枯萎病假茎；培养基：0014；培养温度：28℃。

ACCC 37960←广东省农业科学院果树所；分离自福建漳州香蕉枯萎病区香蕉枯萎病假茎；培养基：0014；培养温度：28℃。

ACCC 37961←广东省农业科学院果树所；分离自福建漳州香蕉枯萎病区香蕉枯萎病假茎；培养基：0014；
　　培养温度：28℃。

ACCC 37962←广东省农业科学院果树所；分离自福建漳州香蕉枯萎病区香蕉枯萎病假茎；培养基：0014；
　　培养温度：28℃。

ACCC 37963←广东省农业科学院果树所；分离自广东顺德香蕉枯萎病区香蕉枯萎病假茎；培养基：0014；
　　培养温度：28℃。

ACCC 37964←广东省农业科学院果树所；分离自广东惠州香蕉枯萎病区香蕉枯萎病假茎；培养基：0014；
　　培养温度：28℃。

ACCC 37965←广东省农业科学院果树所；分离自广东云浮香蕉枯萎病区香蕉枯萎病假茎；培养基：0014；
　　培养温度：28℃。

ACCC 37966←广东省农业科学院果树所；分离自广东湛江香蕉枯萎病区香蕉枯萎病假茎；培养基：0014；
　　培养温度：28℃。

ACCC 37967←广东省农业科学院果树所；分离自广东中山香蕉枯萎病区香蕉枯萎病假茎；培养基：0014；
　　培养温度：28℃。

ACCC 37968←广东省农业科学院果树所；分离自广东中山香蕉枯萎病区香蕉枯萎病假茎；培养基：0014；
　　培养温度：28℃。

ACCC 37969←广东省农业科学院果树所；分离自广东番禺香蕉枯萎病区香蕉枯萎病假茎；培养基：0014；
　　培养温度：28℃。

ACCC 37970←广东省农业科学院果树所；分离自广东高州香蕉枯萎病区香蕉枯萎病假茎；培养基：0014；
　　培养温度：28℃。

ACCC 37971←广东省农业科学院果树所；分离自广东广州南沙香蕉枯萎病区香蕉枯萎病假茎；培养基：
　　0014；培养温度：28℃。

ACCC 37972←广东省农业科学院果树所；分离自广东番禺香蕉枯萎病区香蕉枯萎病假茎；培养基：0014；
　　培养温度：28℃。

ACCC 37973←广东省农业科学院果树所；分离自广东番禺香蕉枯萎病区香蕉枯萎病假茎；培养基：0014；
　　培养温度：28℃。

ACCC 37974←广东省农业科学院果树所；分离自广东广州南沙香蕉枯萎病区香蕉枯萎病假茎；培养基：
　　0014；培养温度：28℃。

ACCC 37975←广东省农业科学院果树所；分离自广东信宜香蕉枯萎病区香蕉枯萎病假茎；培养基：0014；
　　培养温度：28℃。

ACCC 37976←广东省农业科学院果树所；分离自广西浦北香蕉枯萎病区香蕉枯萎病假茎；培养基：0014；
　　培养温度：28℃。

ACCC 37977←广东省农业科学院果树所；分离自广西南宁香蕉枯萎病区香蕉枯萎病假茎；培养基：0014；
　　培养温度：28℃。

ACCC 37978←广东省农业科学院果树所；分离自广西武鸣香蕉枯萎病区香蕉枯萎病假茎；培养基：0014；
　　培养温度：28℃。

ACCC 37979←广东省农业科学院果树所；分离自广西南宁香蕉枯萎病区香蕉枯萎病假茎；培养基：0014；
　　培养温度：28℃。

ACCC 37980←广东省农业科学院果树所；分离自海南儋州香蕉枯萎病区香蕉枯萎病假茎；培养基：0014；
　　培养温度：28℃。

ACCC 37981←广东省农业科学院果树所；分离自海南昌江香蕉枯萎病区香蕉枯萎病假茎；培养基：0014；
　　培养温度：28℃。

ACCC 37982←广东省农业科学院果树所；分离自海南文昌香蕉枯萎病区香蕉枯萎病假茎；培养基：0014；
　　培养温度：28℃。

ACCC 37983←广东省农业科学院果树所；分离自海南万宁香蕉枯萎病区香蕉枯萎病假茎；培养基：0014；

培养温度：28℃。

ACCC 37984←广东省农业科学院果树所；分离自海南三亚香蕉枯萎病区香蕉枯萎病假茎；培养基：0014；
培养温度：28℃。

ACCC 37985←广东省农业科学院果树所；分离自广东番禺香蕉枯萎病区香蕉枯萎病假茎；培养基：0014；
培养温度：28℃。

ACCC 37986←广东省农业科学院果树所；分离自广东番禺香蕉枯萎病区香蕉枯萎病假茎；培养基：0014；
培养温度：28℃。

ACCC 37987←广东省农业科学院果树所；分离自广东番禺香蕉枯萎病区香蕉枯萎病假茎；培养基：0014；
培养温度：28℃。

ACCC 37988←广东省农业科学院果树所；分离自广东番禺香蕉枯萎病区香蕉枯萎病假茎；培养基：0014；
培养温度：28℃。

ACCC 37989←广东省农业科学院果树所；分离自广东番禺香蕉枯萎病区香蕉枯萎病假茎；培养基：0014；
培养温度：28℃。

ACCC 37990←广东省农业科学院果树所；分离自广东番禺香蕉枯萎病区粉蕉枯萎病假茎；培养基：0014；
培养温度：28℃。

ACCC 37991←广东省农业科学院果树所；分离自广东番禺香蕉枯萎病区粉蕉枯萎病假茎；培养基：0014；
培养温度：28℃。

ACCC 37992←广东省农业科学院果树所；分离自广东番禺香蕉枯萎病区粉蕉枯萎病假茎；培养基：0014；
培养温度：28℃。

ACCC 37993←广东省农业科学院果树所；分离自广东番禺香蕉枯萎病区粉蕉枯萎病假茎；培养基：0014；
培养温度：28℃。

ACCC 37994←广东省农业科学院果树所；分离自云南河口州香蕉枯萎病区香蕉枯萎病假茎；培养基：
0014；培养温度：28℃。

ACCC 37995←广东省农业科学院果树所；分离自云南昆明香蕉枯萎病区香蕉枯萎病假茎；培养基：0014；
培养温度：28℃。

ACCC 37996←广东省农业科学院果树所；分离自广东广州南沙香蕉枯萎病区大蕉枯萎病假茎；培养基：
0014；培养温度：28℃。

ACCC 37997←广东省农业科学院果树所；分离自广东广州南沙香蕉枯萎病区大蕉枯萎病假茎；培养基：
0014；培养温度：28℃。

Fusarium oxysporum f. sp. _cucumerinum_ J. H. Owen 尖镰孢黄瓜专化型（黄瓜枯萎病菌）

ACCC 30220←中国农业科学院植保所 CIPP1012；分离自北京黄瓜枯萎病病组织，生测用；培养基：0015；
培养温度：24～28℃。

ACCC 30442←中国农业科学院土肥所←中国农业科学院蔬菜花卉研究所植病室；培养基：0014；培养温
度：25～28℃。

ACCC 36966←中国热作院环植所；分离自海南儋州黄瓜枯萎病病组织；培养基：0014；培养温度：28℃。

ACCC 37374←中国农业科学院蔬菜花卉所；分离自安徽灵璧黄瓜枯萎病病茎；培养基：0014；培养温
度：25℃。

ACCC 37438←中国农业科学院蔬菜花卉所；分离自北京海淀温室黄瓜枯萎病病茎；培养基：0014；培养温
度：25℃。

Fusarium oxysporum f. sp. _niveum_ W. C. Snyder & H. N. Hansen 尖镰孢西瓜专化型（西瓜枯萎病菌）

ACCC 30024←中国农业科学院土肥所；病原菌；培养基：0014；培养温度：24～28℃。

ACCC 31352←中国热带农业科学院；原始编号：92CF6-1；采集地：海南省；分离源：西瓜茎；培养基：
0014；培养温度：25～28℃。

ACCC 31353←中国热带农业科学院；原始编号：920014；采集地：海南省；分离源：西瓜茎；培养基：

0014；培养温度：25～28℃。

ACCC 31354←中国热带农业科学院；原始编号：92FJTPG1；采集地：海南省；分离源：西瓜茎；培养基：0014；培养温度：25～28℃。

ACCC 31355←中国热带农业科学院；原始编号：92CF5-14；采集地：海南省；分离源：西瓜茎；培养基：0014；培养温度：25～28℃。

ACCC 31356←中国热带农业科学院；原始编号：920034S；采集地：海南省；分离源：西瓜茎；培养基：0014；培养温度：25～28℃。

ACCC 31357←中国热带农业科学院；原始编号：920026；采集地：海南省；分离源：西瓜茎；培养基：0014；培养温度：25～28℃。

ACCC 31358←中国热带农业科学院；原始编号：920001D；采集地：海南省；分离源：西瓜茎；培养基：0014；培养温度：25～28℃。

ACCC 31359←中国热带农业科学院；原始编号：92CF5-3B；采集地：海南省；分离源：西瓜茎；培养基：0014；培养温度：25～28℃。

ACCC 31360←中国热带农业科学院；原始编号：920009-1；采集地：海南省；分离源：西瓜茎；培养基：0014；培养温度：25～28℃。

ACCC 31361←中国热带农业科学院；原始编号：92CF5-3A；采集地：海南省；分离源：西瓜茎；培养基：0014；培养温度：25～28℃。

ACCC 31362←中国热带农业科学院；原始编号：92CF5-9；采集地：海南省；分离源：西瓜茎；培养基：0014；培养温度：25～28℃。

ACCC 31363←中国热带农业科学院；原始编号：9200022；采集地：海南省；分离源：西瓜茎；培养基：0014；培养温度：25～28℃。

ACCC 31364←中国热带农业科学院；原始编号：9200013；采集地：海南省；分离源：西瓜茎；培养基：0014；培养温度：25～28℃。

ACCC 31365←中国热带农业科学院；原始编号：920008；采集地：海南省；分离源：西瓜茎；培养基：0014；培养温度：25～28℃。

ACCC 31366←中国热带农业科学院；原始编号：92CFJT-1；采集地：海南省；分离源：西瓜茎；培养基：0014；培养温度：25～28℃。

ACCC 31367←中国热带农业科学院；原始编号：92PFR；采集地：海南省；分离源：西瓜茎；培养基：0014；培养温度：25～28℃。

ACCC 31368←中国热带农业科学院；原始编号：920035；采集地：海南省；分离源：西瓜茎；培养基：0014；培养温度：25～28℃。

ACCC 31369←中国热带农业科学院；原始编号：920017；采集地：海南省；分离源：西瓜茎；培养基：0014；培养温度：25～28℃。

ACCC 31370←中国热带农业科学院；原始编号：92FACEA；采集地：海南省；分离源：西瓜茎；培养基：0014；培养温度：25～28℃。

ACCC 31371←中国热带农业科学院；原始编号：92CF6-4；采集地：海南省；分离源：西瓜茎；培养基：0014；培养温度：25～28℃。

ACCC 31372←中国热带农业科学院；原始编号：92RuBER；采集地：海南省；分离源：西瓜茎；培养基：0014；培养温度：25～28℃。

ACCC 31373←中国热带农业科学院；原始编号：920016；采集地：海南省；分离源：西瓜茎；培养基：0014；培养温度：25～28℃。

ACCC 31374←中国热带农业科学院；原始编号：92FJP5-1；采集地：海南省；分离源：西瓜茎；培养基：0014；培养温度：25～28℃。

ACCC 31375←中国热带农业科学院；原始编号：92007-2；采集地：海南省；分离源：西瓜茎；培养基：0014；培养温度：25～28℃。

ACCC 31377←中国热带农业科学院；原始编号：920028；采集地：海南省；分离源：西瓜茎；培养基：0014；培养温度：25～28℃。

ACCC 31379←中国热带农业科学院；原始编号：92PFR1；采集地：海南省；分离源：西瓜茎；培养基：0014；培养温度：25～28℃。

ACCC 31380←中国热带农业科学院；原始编号：920047；采集地：海南省；分离源：西瓜茎；培养基：0014；培养温度：25～28℃。

ACCC 31381←中国热带农业科学院；原始编号：940802；采集地：海南省；分离源：西瓜茎；培养基：0014；培养温度：25～28℃。

ACCC 31382←中国热带农业科学院；原始编号：940347A；采集地：海南省；分离源：西瓜茎；培养基：0014；培养温度：25～28℃。

ACCC 31383←中国热带农业科学院；原始编号：940345；采集地：海南省；分离源：西瓜茎；培养基：0014；培养温度：25～28℃。

ACCC 31384←中国热带农业科学院；原始编号：9403181；采集地：海南省；分离源：西瓜茎；培养基：0014；培养温度：25～28℃。

ACCC 31385←中国热带农业科学院；原始编号：940328SP1；采集地：海南省；分离源：西瓜茎；培养基：0014；培养温度：25～28℃。

ACCC 31386←中国热带农业科学院；原始编号：940344R1；采集地：海南省；分离源：西瓜茎；培养基：0014；培养温度：25～28℃。

ACCC 31387←中国热带农业科学院；原始编号：9403123；采集地：海南省；分离源：西瓜茎；培养基：0014；培养温度：25～28℃。

ACCC 31388←中国热带农业科学院；原始编号：9403302；采集地：海南省；分离源：西瓜茎；培养基：0014；培养温度：25～28℃。

ACCC 31389←中国热带农业科学院；原始编号：940344S1；采集地：海南省；分离源：西瓜茎；培养基：0014；培养温度：25～28℃。

ACCC 31390←中国热带农业科学院；原始编号：940345S2；采集地：海南省；分离源：西瓜茎；培养基：0014；培养温度：25～28℃。

ACCC 31391←中国热带农业科学院；原始编号：940720SP3；采集地：海南省；分离源：西瓜茎；培养基：0014；培养温度：25～28℃。

ACCC 31392←中国热带农业科学院；原始编号：940328SP2；采集地：海南省；分离源：西瓜茎；培养基：0014；培养温度：25～28℃。

ACCC 31393←中国热带农业科学院；原始编号：940720SP4；采集地：海南省；分离源：西瓜茎；培养基：0014；培养温度：25～28℃。

ACCC 31394←中国热带农业科学院；原始编号：9403481；采集地：海南省；分离源：西瓜茎；培养基：0014；培养温度：25～28℃。

ACCC 36071←中国农业科学院蔬菜花卉所；分离自山东济南蔬菜温室西瓜枯萎病茎蔓；培养基：0014；培养温度：25℃。

ACCC 36116←中国农业科学院蔬菜花卉所；分离自河南郑州温室西瓜枯萎病瓜蔓；培养基：0014；培养温度：25℃。

ACCC 36175←中国农业科学院植保所←河南农大植保学院；分离自河南郑州西瓜枯萎病病组织；培养基：0014；培养温度：25℃。

ACCC 36261←中国农业科学院资源区划所←北京农林科学院植环所；分离自北京大兴西瓜枯萎病病秧；培养基：0014；培养温度：28℃。

ACCC 36367←中国热作院环植所；分离自海南东方西瓜地西瓜枯萎病病根；培养基：0014；培养温度：25℃。

***Fusarium oxysporum* f. sp. *piperis* Q. S. Cheo & P. K. Chi** 尖镰孢胡椒专化型（胡椒枯萎病菌）

ACCC 31322←中国热带农业科学院；原始编号：PyF1；采集地：海南省；分离源：胡椒茎；培养基：

0014；培养温度：25～28℃。

ACCC 31323←中国热带农业科学院；原始编号：PyF10；采集地：海南省；分离源：胡椒茎；培养基：
0014；培养温度：25～28℃。

ACCC 31324←中国热带农业科学院；原始编号：PyF13；采集地：海南省；分离源：胡椒茎；培养基：
0014；培养温度：25～28℃。

ACCC 31325←中国热带农业科学院；原始编号：PyF14；采集地：海南省；分离源：胡椒茎；培养基：
0014；培养温度：25～28℃。

ACCC 31326←中国热带农业科学院；原始编号：PyF16；采集地：海南省；分离源：胡椒茎；培养基：
0014；培养温度：25～28℃。

ACCC 31327←中国热带农业科学院；原始编号：PyF17；采集地：海南省；分离源：胡椒茎；培养基：
0014；培养温度：25～28℃。

ACCC 31328←中国热带农业科学院；原始编号：PyF18；采集地：海南省；分离源：胡椒茎；培养基：
0014；培养温度：25～28℃。

ACCC 31329←中国热带农业科学院；原始编号：PyF2；采集地：海南省；分离源：胡椒茎；培养基：
0014；培养温度：25～28℃。

ACCC 31330←中国热带农业科学院；原始编号：PyF20；采集地：海南省；分离源：胡椒茎；培养基：
0014；培养温度：25～28℃。

ACCC 31331←中国热带农业科学院；原始编号：PyF21；采集地：海南省；分离源：胡椒茎；培养基：
0014；培养温度：25～28℃。

ACCC 31332←中国热带农业科学院；原始编号：PyF22；采集地：海南省；分离源：胡椒茎；培养基：
0014；培养温度：25～28℃。

ACCC 31333←中国热带农业科学院；原始编号：PyF23；采集地：海南省；分离源：胡椒茎；培养基：
0014；培养温度：25～28℃。

ACCC 31334←中国热带农业科学院；原始编号：PyF24；采集地：海南省；分离源：胡椒茎；培养基：
0014；培养温度：25～28℃。

ACCC 31335←中国热带农业科学院；原始编号：PyF25；采集地：海南省；分离源：胡椒茎；培养基：
0014；培养温度：25～28℃。

ACCC 31336←中国热带农业科学院；原始编号：PyF26；采集地：海南省；分离源：胡椒茎；培养基：
0014；培养温度：25～28℃。

ACCC 31337←中国热带农业科学院；原始编号：PyF3；采集地：海南省；分离源：胡椒茎；培养基：
0014；培养温度：25～28℃。

ACCC 31338←中国热带农业科学院；原始编号：PyF7；采集地：海南省；分离源：胡椒茎；培养基：
0014；培养温度：25～28℃。

Fusarium oxysporum f. sp. pisi W. C. Snyder & H. N. Hansen 尖镰孢豌豆专化型（豌豆枯萎病菌）

ACCC 31037←中国农业科学院植保所；分离自北京豌豆枯萎病病组织；培养基：0066；培养温度：
25～28℃。

Fusarium oxysporum f. sp. vanillae Gordon 尖镰孢香草兰专化型（香草兰根疾病菌）

ACCC 31306←中国热带农业科学院；原始编号：Fx72；采集地：海南省；分离源：香草兰根；培养基：
0014；培养温度：25～28℃。

ACCC 31307←中国热带农业科学院；原始编号：Fx31；采集地：海南省；分离源：香草兰根；培养基：
0014；培养温度：25～28℃。

ACCC 31308←中国热带农业科学院；原始编号：Fx101；采集地：海南省；分离源：香草兰根；培养基：
0014；培养温度：25～28℃。

ACCC 31309←中国热带农业科学院；原始编号：Fx35；采集地：海南省；分离源：香草兰根；培养基：

0014；培养温度：25～28℃。

ACCC 31310←中国热带农业科学院；原始编号：Fx283；采集地：海南省；分离源：香草兰根；培养基：0014；培养温度：25～28℃。

ACCC 31311←中国热带农业科学院；原始编号：Fx102；采集地：海南省；分离源：香草兰根；培养基：0014；培养温度：25～28℃。

ACCC 31312←中国热带农业科学院；原始编号：Fx84；采集地：海南省；分离源：香草兰根；培养基：0014；培养温度：25～28℃。

ACCC 31313←中国热带农业科学院；原始编号：屯昌达美根疾；采集地：海南省；分离源：香草兰根；培养基：0014；培养温度：25～28℃。

ACCC 31314←中国热带农业科学院；原始编号：洪涛坡根疾；采集地：海南省；分离源：香草兰根；培养基：0014；培养温度：25～28℃。

ACCC 31315←中国热带农业科学院；原始编号：VF991；采集地：海南省；分离源：香草兰根；培养基：0014；培养温度：25～28℃。

ACCC 31316←中国热带农业科学院；原始编号：VF997；采集地：海南省；分离源：香草兰根；培养基：0014；培养温度：25～28℃。

ACCC 31317←中国热带农业科学院；原始编号：VF9903；采集地：海南省；分离源：香草兰根；培养基：0014；培养温度：25～28℃。

ACCC 31318←中国热带农业科学院；原始编号：VF993；采集地：海南省；分离源：香草兰根；培养基：0014；培养温度：25～28℃。

ACCC 31319←中国热带农业科学院；原始编号：VF995；采集地：海南省；分离源：香草兰根；培养基：0014；培养温度：25～28℃。

ACCC 31320←中国热带农业科学院；原始编号：VF9906；采集地：海南省；分离源：香草兰根；培养基：0014；培养温度：25～28℃。

ACCC 31321←中国热带农业科学院；原始编号：VF9908；采集地：海南省；分离源：香草兰根；培养基：0014；培养温度：25～28℃。

ACCC 31350←中国热带农业科学院；原始编号：92Fx4R；采集地：海南省；分离源：香草兰根；培养基：0014；培养温度：25～28℃。

ACCC 31351←中国热带农业科学院；原始编号：92Fx4R；采集地：海南省；分离源：香草兰根；培养基：0014；培养温度：25～28℃。

Fusarium oxyporum f. sp. *vasinfectum*（Atkinson）Snyder et Hansen 尖镰孢萎蔫专化型（棉花枯萎病菌）

ACCC 30026←中国农业科学院土肥所；病原菌；培养基：0014；培养温度：24～28℃。

ACCC 30222←中国农业科学院植保所 99-4←西北农大，生理小种 7 号；分离自浙江慈溪棉花枯萎病茎秆；培养基：0015；培养温度：24～28℃。

ACCC 30234←中国农业科学院植保所 8013-8←西北农大，生理小种 8 号；分离自湖北新洲棉花枯萎病茎秆；培养基：0015；培养温度：24～28℃。

ACCC 30236←中国农业科学院植保所 109-1←西北农大，生理小种 8 号；分离自湖北麻城棉花枯萎病茎秆；培养基：0015；培养温度：24～28℃。

ACCC 30239←中国农业科学院植保所 88-04←西北农大，生理小种 8 号；分离自棉花枯萎病茎秆；培养基：0015；培养温度：24～28℃。

ACCC 31038←中国农业科学院植保所；生理小种 7 号；分离自湖北新州棉花枯萎病茎秆；培养基：0014；培养温度：24～28℃。

ACCC 31039←中国农业科学院植保所；生理小种 8 号；分离自湖北新州棉花枯萎病茎秆；培养基：0014；培养温度：24～28℃。

ACCC 36001←中国农业科学院植保所；生理小种 7 号；分离自河南新乡棉花枯萎病茎秆；培养基：0014；

培养温度：25℃。

ACCC 36002←中国农业科学院植保所；生理小种 7 号；分离自四川蓬溪棉花枯萎病茎秆；培养基：0014；
培养温度：25℃。

ACCC 36003←中国农业科学院植保所；生理小种 7 号；分离自河北石家庄棉花枯萎病茎秆；培养基：
0014；培养温度：25℃。

ACCC 36004←中国农业科学院植保所；生理小种 7 号；分离自云南大理棉花枯萎病茎秆；培养基：0014；
培养温度：25℃。

ACCC 36005←中国农业科学院植保所；生理小种 7 号；分离自河南安阳棉花枯萎病茎秆；培养基：0014；
培养温度：25℃。

ACCC 36006←中国农业科学院植保所；生理小种 7 号；分离自山西太原棉花枯萎病茎秆；培养基：0014；
培养温度：25℃。

ACCC 36007←中国农业科学院植保所；生理小种 7 号；分离自河北保定棉花枯萎病茎秆；培养基：0014；
培养温度：25℃。

ACCC 36008←中国农业科学院植保所；生理小种 7 号；分离自新疆吐鲁番棉花枯萎病茎秆；培养基：
0014；培养温度：25℃。

ACCC 36401←中国农业科学院植保所←江苏农业科学院植保所；分离自江苏南京棉花枯萎病茎秆；培养
基：0014；培养温度：25℃。

ACCC 36879←中国农业科学院植保所←新疆石河子大学农学院植病室；分离自新疆疏勒老植棉区棉花枯萎
病茎秆；培养基：0014；培养温度：25℃。

ACCC 36880←中国农业科学院植保所←新疆石河子大学农学院植病室，生理小种 7 号；分离自新疆农 7 师
123 团棉花枯萎病茎秆；培养基：0014；培养温度：25℃。

ACCC 36881←中国农业科学院植保所←新疆石河子大学农学院植病室，生理小种 7 号；分离自新疆石河子
棉花枯萎病茎秆；培养基：0014；培养温度：25℃。

ACCC 36882←中国农业科学院植保所←新疆石河子大学农学院植病室，生理小种 7 号；分离自新疆喀什地
区农三师 48 团棉花枯萎病茎秆；培养基：0014；培养温度：25℃。

ACCC 36883←中国农业科学院植保所←新疆石河子大学农学院植病室，生理小种 7 号；分离自新疆石河子
棉花枯萎病茎秆；培养基：0014；培养温度：25℃。

ACCC 36884←中国农业科学院植保所←新疆石河子大学农学院植病室，生理小种 7 号；分离自新疆石河子
棉花枯萎病茎秆；培养基：0014；培养温度：25℃。

ACCC 36885←中国农业科学院植保所←新疆石河子大学农学院植病室，生理小种 7 号；分离自新疆英吉沙
棉花枯萎病茎秆；培养基：0014；培养温度：25℃。

ACCC 36886←中国农业科学院植保所←新疆石河子大学农学院植病室，生理小种 7 号；分离自新疆博乐棉
花枯萎病茎秆；培养基：0014；培养温度：25℃。

ACCC 36887←中国农业科学院植保所←新疆石河子大学农学院植病室，生理小种 7 号；分离自新疆南疆棉
花枯萎病茎秆；培养基：0014；培养温度：25℃。

ACCC 36888←中国农业科学院植保所←新疆石河子大学农学院植病室，生理小种 7 号；分离自新疆石河子
棉花枯萎病茎秆；培养基：0014；培养温度：25℃。

ACCC 36889←中国农业科学院植保所←新疆石河子大学农学院植病室，生理小种 7 号；分离自新疆叶城棉
花枯萎病茎秆；培养基：0014；培养温度：25℃。

ACCC 36890←中国农业科学院植保所←新疆石河子大学农学院植病室，生理小种 7 号；分离自新疆伽师棉
花枯萎病茎秆；培养基：0014；培养温度：25℃。

ACCC 36891←中国农业科学院植保所←新疆石河子大学农学院植病室，生理小种 7 号；分离自新疆和田棉
花枯萎病茎秆；培养基：0014；培养温度：25℃。

ACCC 36892←中国农业科学院植保所←新疆石河子大学农学院植病室，生理小种 7 号；分离自新疆阿拉尔
棉花枯萎病茎秆；培养基：0014；培养温度：25℃。

ACCC 36893←中国农业科学院植保所←新疆石河子大学农学院植病室，生理小种 7 号；分离自新疆喀什地区农三师 45 团棉花枯萎病茎秆；培养基：0014；培养温度：25℃。

ACCC 36894←中国农业科学院植保所←新疆石河子大学农学院植病室，生理小种 7 号；分离自新疆石河子棉花枯萎病茎秆；培养基：0014；培养温度：25℃。

ACCC 36895←中国农业科学院植保所←新疆石河子大学农学院植病室，生理小种 7 号；分离自新疆农三师棉花枯萎病茎秆；培养基：0014；培养温度：25℃。

ACCC 36951←中国农业科学院植保所←新疆石河子大学农学院植病室；分离自新疆沙湾老植棉区棉花枯萎病茎秆；培养基：0014；培养温度：25℃。

ACCC 37714←中国农业科学院植保所←江苏农业科学院植保所；分离自江苏南京棉花枯萎病茎秆；培养基：0014；培养温度：25℃。

Fusarium oxysporum var. *aurantiacum* （Link） Wollenw. 金黄尖镰孢

ACCC 37373←中国农业科学院蔬菜花卉所；分离自山东寿光苦瓜枯萎病茎；培养基：0014；培养温度：25℃。

Fusarium reticulatum Mont. 网状镰孢

ACCC 30064←中国农业科学院土肥所←中国科学院微生物研究所 AS3.708；培养基：0014；培养温度：25～28℃。

ACCC 30077←中国农业科学院土肥所←中国科学院微生物研究所 AS3.721；培养基：0014；培养温度：25～28℃。

Fusarium sambucinum Fuckel 接骨木镰孢

ACCC 30078←中国农业科学院土肥所←中国科学院微生物研究所 AS3.722；培养基：0014；培养温度：25～28℃。

Fusarium semitectum Berk. & Rav. 半裸镰孢

ACCC 31945←广东省广州微生物研究所菌种组 GIMT 3.014；分离自广州市的农田土壤；培养基：0014；培养温度：25℃。

Fusarium solani （Mart.） Sacc. 腐皮镰孢

ACCC 30119←中国农业科学院土肥所←中国科学院微生物研究所 AS3.1792；培养基：0014；培养温度：25～28℃。

ACCC 31287←中国热带农业科学院；原始编号：F1；采集地：广东湛江；分离源：西番莲茎；培养基：0014；培养温度：25～28℃。

ACCC 31288←中国热带农业科学院；原始编号：F10；采集地：海南省；分离源：西番莲茎；培养基：0014；培养温度：25～28℃。

ACCC 31289←中国热带农业科学院；原始编号：F14；采集地：海南省；分离源：西番莲茎；培养基：0014；培养温度：25～28℃。

ACCC 31290←中国热带农业科学院；原始编号：F16；采集地：海南省；分离源：西番莲茎；培养基：0014；培养温度：25～28℃。

ACCC 31291←中国热带农业科学院；原始编号：F18；采集地：海南省；分离源：西番莲茎；培养基：0014；培养温度：25～28℃。

ACCC 31292←中国热带农业科学院；原始编号：F19；采集地：海南省；分离源：西番莲茎；培养基：0014；培养温度：25～28℃。

ACCC 31293←中国热带农业科学院；原始编号：F20；采集地：海南省；分离源：西番莲茎；培养基：0014；培养温度：25～28℃。

ACCC 31294←中国热带农业科学院；原始编号：F23；采集地：海南省；分离源：西番莲茎；培养基：0014；培养温度：25～28℃。

ACCC 31295←中国热带农业科学院；原始编号：F24；采集地：海南省；分离源：西番莲茎；培养基：0014；培养温度：25～28℃。

ACCC 31296←中国热带农业科学院；原始编号：F25；采集地：海南省；分离源：西番莲茎；培养基：0014；培养温度：25～28℃。

ACCC 31297←中国热带农业科学院；原始编号：F26；采集地：海南省；分离源：西番莲茎；培养基：0014；培养温度：25～28℃。

ACCC 31298←中国热带农业科学院；原始编号：F27；采集地：海南省；分离源：西番莲茎；培养基：0014；培养温度：25～28℃。

ACCC 31299←中国热带农业科学院；原始编号：F30；采集地：海南省；分离源：西番莲茎；培养基：0014；培养温度：25～28℃。

ACCC 31300←中国热带农业科学院；原始编号：F31；采集地：海南省；分离源：西番莲茎；培养基：0014；培养温度：25～28℃。

ACCC 31301←中国热带农业科学院；原始编号：F35；采集地：海南省；分离源：西番莲茎；培养基：0014；培养温度：25～28℃。

ACCC 31302←中国热带农业科学院；原始编号：F39；采集地：海南省；分离源：西番莲茎；培养基：0014；培养温度：25～28℃。

ACCC 31303←中国热带农业科学院；原始编号：F42；采集地：海南省；分离源：西番莲茎；培养基：0014；培养温度：25～28℃。

ACCC 31304←中国热带农业科学院；原始编号：F9；采集地：海南省；分离源：西番莲茎；培养基：0014；培养温度：25～28℃。

ACCC 31305←中国热带农业科学院；原始编号：F998；采集地：海南省；分离源：西番莲茎；培养基：0014；培养温度：25～28℃。

ACCC 36223←中国农业科学院植保所；分离自云南砚山三七种植园三七根腐病块根病组织；培养基：0014；培养温度：25℃。

ACCC 36224←中国农业科学院植保所；分离自云南砚山三七种植园三七根腐病块根病组织；培养基：0014；培养温度：25℃。

ACCC 36232←中国农业科学院植保所；分离自云南马关三七种植园三七根腐病块根病组织；培养基：0014；培养温度：25℃。

ACCC 36234←中国农业科学院植保所；分离自云南文山三七种植园三七根腐病块根病组织；培养基：0014；培养温度：25℃。

ACCC 36235←中国农业科学院植保所；分离自云南文山三七种植园三七根腐病块根病组织；培养基：0014；培养温度：25℃。

ACCC 36236←中国农业科学院植保所；分离自云南文山三七种植园三七根腐病块根病组织；培养基：0014；培养温度：25℃。

ACCC 36241←中国农业科学院植保所；分离自山东济南大豆根腐病病组织；培养基：0014；培养温度：26℃。

ACCC 36471←中国农业科学院蔬菜花卉所；分离自北京大兴温室辣椒根腐病根；培养基：0014；培养温度：25℃。

ACCC 37119←中国农业科学院植保所；分离自河北保定黄芪病茎；培养基：0014；培养温度：25℃。

ACCC 37121←中国农业科学院植保所；分离自北京怀柔西洋参根腐病根；培养基：0014；培养温度：25℃。

ACCC 37127←中国农业科学院植保所；分离自河北安国黄芪根腐病病根；培养基：0014；培养温度：25℃。

ACCC 37280←中国农业科学院蔬菜花卉所；分离自北京昌平百合球茎腐烂病球茎；培养基：0014；培养温度：25℃。

Fusarium solani var. *marttii* Wollenweber 腐皮镰孢马特变种

ACCC 30120←中国农业科学院土肥所←中国科学院微生物研究所 AS3.3639，植物病原菌；培养基：0014；

培养温度：25～28℃。

Gibberella fujikuroi（Saw.）Wollenw. 藤仓赤霉

ACCC 30941←中国农业科学院饲料所 FRI2006097；原始编号：F136；采集地：海南三亚；分离源：水稻；
　　培养基：0014；培养温度：25～28℃。

Gibberella thapsina Klittich，J. F. Leslie，P. E. Nelson & Marasas

ACCC 38038←西北农林科技大学；分离自陕西苦瓜果腐病果实；培养基：0014；培养温度：25℃。

Gibberella zeae（Schw.）Petch 玉蜀黍赤霉（麦类赤霉病菌）

ACCC 31053←中国农业科学院植保所 GzSX1；分离自陕西杨凌小麦赤霉病穗，用于品种材料抗性鉴定；培
　　养基：0014；培养温度：25℃。

ACCC 31054←中国农业科学院植保所 GzSH1；分离自上海小麦赤霉病病穗，用于品种材料抗性鉴定；培
　　养基：0014；培养温度：25℃。

ACCC 31055←中国农业科学院植保所 GzJS6；分离自江苏张家港妙桥小麦赤霉病病穗，用于品种材料抗性
　　鉴定；培养基：0014；培养温度：25℃。

ACCC 31056←中国农业科学院植保所 GzJS5；分离自江苏张家港杨舍镇小麦赤霉病病穗，用于品种材料抗
　　性鉴定；培养基：0014；培养温度：25℃。

ACCC 31057←中国农业科学院植保所 GzJS4←江苏农业科学院植保所；分离自江苏太仓小麦赤霉病穗，
　　用于品种材料抗性鉴定；培养基：0014；培养温度：25℃。

ACCC 31058←中国农业科学院植保所 GzJS3←江苏农业科学院植保所；分离自江苏大丰小麦赤霉病病穗，
　　用于品种材料抗性鉴定；培养基：0014；培养温度：25℃。

ACCC 31059←中国农业科学院植保所 GzJS2←江苏农业科学院植保所；分离自江苏常熟小麦赤霉病病穗，
　　用于品种材料抗性鉴定；培养基：0014；培养温度：25℃。

ACCC 31060←中国农业科学院植保所 GzJS1←江苏农业科学院植保所；分离自江苏海门小麦赤霉病病穗，
　　用于品种材料抗性鉴定；培养基：0014；培养温度：25℃。

ACCC 36269←中国农业科学院植保所；分离自江苏张家港小麦赤霉病病穗；培养基：0014；培养温
　　度：25℃。

ACCC 36270←中国农业科学院植保所；分离自江苏张家港小麦赤霉病病穗；培养基：0014；培养温
　　度：25℃。

ACCC 36271←中国农业科学院植保所；分离自江苏张家港小麦赤霉病病穗；培养基：0014；培养温
　　度：25℃。

ACCC 36272←中国农业科学院植保所；分离自江苏张家港小麦赤霉病病穗；培养基：0014；培养温
　　度：25℃。

ACCC 36273←中国农业科学院植保所；分离自江苏张家港小麦赤霉病病穗；培养基：0014；培养温
　　度：25℃。

ACCC 36274←中国农业科学院植保所；分离自江苏张家港小麦赤霉病病穗；培养基：0014；培养温
　　度：25℃。

ACCC 36275←中国农业科学院植保所；分离自江苏张家港小麦赤霉病病穗；培养基：0014；培养温
　　度：25℃。

ACCC 36276←中国农业科学院植保所；分离自江苏张家港小麦赤霉病病穗；培养基：0014；培养温
　　度：25℃。

ACCC 36277←中国农业科学院植保所；分离自江苏张家港小麦赤霉病病穗；培养基：0014；培养温
　　度：25℃。

ACCC 37115←中国农业科学院植保所；分离自甘肃兰州小麦赤霉病病穗；培养基：0014；培养温
　　度：25℃。

Gilbertella hainanensis Cheng & Hu 海南吉尔霉

ACCC 30918←中国农业科学院饲料所 FRI2006072；原始编号：F113；采集地：海南三亚；分离源：猪粪；

培养基：0014；培养温度：25～28℃。

Gliocladium catenulatum Gilm. & Abbott 链状黏帚霉

ACCC 31537←中国农业科学院植保所 SM3011；原始编号：YES-1-3；采集地：云南峨山；分离源：土壤；
培养基：0014；培养温度：25～28℃。

ACCC 31538←中国农业科学院植保所 SM3012；原始编号：SHW-2-1；采集地：陕西津城；分离源：土壤；
培养基：0014；培养温度：25～28℃。

ACCC 32487←中国农业科学院植保所李世东赠送←ATCC 62195；采集地：美国伊利诺斯州；培养基：
0014；培养温度：28℃。

ACCC 32488←中国农业科学院植保所李世东赠送←ATCC 52622；分离自古巴土壤；培养基：0014；培养
温度：28℃。

Gliocladium nigrovirens van Beyma 黑色黏帚霉

ACCC 31539←中国农业科学院植保所 SM3013；原始编号：BD-2-1；采集地：北京大兴；分离源：土壤；
培养基：0014；培养温度：25～28℃。

ACCC 31540←中国农业科学院植保所 SM3014；原始编号：SHW-3-1；采集地：陕西临渭；分离源：土壤；
培养基：0014；培养温度：25～28℃。

Gliocladium roseum （Link）Bain. 粉红黏帚霉

ACCC 31535←中国农业科学院植保所 SM3009；原始编号：GL-1-1；采集地：甘肃安宁；分离源：土壤；
培养基：0014；培养温度：25～28℃。

ACCC 31536←中国农业科学院植保所 SM3010；原始编号：SDT-10-1；采集地：山西大同；分离源：土
壤；培养基：0014；培养温度：25～28℃。

ACCC 32486←中国农业科学院植保所李世东赠送←ATCC 46475；分离自美国阿肯色州大豆根际线虫；培
养基：0014；培养温度：28℃。

Gliocladium virens Mill. 绿黏帚霉

ACCC 31534←中国农业科学院植保所 SM3008；原始编号：GW-3-1；采集地：甘肃凉州；分离源：土壤；
培养基：0014；培养温度：25～28℃。

Gliocladium viride Matruchot 绿色黏帚霉

ACCC 31917←广东省广州微生物研究所菌种组 GIMV10-M-2；分离自越南的原始林土壤；培养基：0014；
培养温度：25℃。

Gliomastix murorum var. *polychrome* （Beyma）Dickinson 墙黏鞭菌

ACCC 30569←中国农业科学院土肥所←美国典型物培养中心 ATCC48396；分离自城市废弃物。液化淀粉、
纤维素、明胶和果胶；培养基：0014；培养温度：26℃。

Gloeosporium album Osterw 白盘长孢

ACCC 30329←中国农业科学院土肥所；病原菌；培养基：0015；培养温度：25～28℃。

Gloeosporium sp. 盘长孢 （鲁保一号）

ACCC 30129←中国农业科学院土肥所←山东农业科学院 （鲁保一号），防治菟丝子草害；培养基：0014；
培养温度：24～28℃。

Glomerella cingulata （Stonem.）Spauld. & Schrenk 围小丛壳 （苹果苦腐病菌）

ACCC 30319←中国农业科学院土肥所；病原菌；培养基：0015；培养温度：25～28℃。

ACCC 30328←中国农业科学院土肥所；病原菌；培养基：0015；培养温度：25～28℃。

Glomerella gossypii （Southw.）Edg 棉小丛壳

ACCC 30135←中国农业科学院土肥所←中国科学院微生物研究所 AS3.2870，病原菌；培养基：0014；培
养温度：24～28℃。

Gongronella butleri （Lendner）Peyronel & Dal Vesco 卵形孢球托霉

ACCC 32168←广东省广州微生物研究所 GIMV10-M-1；分离自越南原始林的土壤；培养基：0014；培养温

度：25℃。

Gonytrichum macrocladium （Sacc.） S. Hughes 巨枝膝梗孢

ACCC 37870←山东农业大学；培养基：0014；培养温度：25℃。
ACCC 37871←山东农业大学；培养基：0014；培养温度：25℃。
ACCC 37872←山东农业大学；培养基：0014；培养温度：25℃。
ACCC 37873←山东农业大学；培养基：0014；培养温度：25℃。
ACCC 37874←山东农业大学；培养基：0014；培养温度：25℃。
ACCC 37875←山东农业大学；培养基：0014；培养温度：25℃。
ACCC 37876←山东农业大学；培养基：0014；培养温度：25℃。
ACCC 37141←山东农业大学；分离自西藏扎囊土壤；培养基：0014；培养温度：25℃。
ACCC 37153←山东农业大学；分离自西藏日当土壤；培养基：0014；培养温度：25℃。
ACCC 37157←山东农业大学；分离自西藏错那土壤；培养基：0014；培养温度：25℃。
ACCC 37170←山东农业大学；分离自西藏措美土壤；培养基：0014；培养温度：25℃。
ACCC 37171←山东农业大学；分离自西藏措美土壤；培养基：0014；培养温度：25℃。
ACCC 37176←山东农业大学；分离自西藏仁布土壤；培养基：0014；培养温度：25℃。
ACCC 37181←山东农业大学；分离自西藏日喀则土壤；培养基：0014；培养温度：25℃。
ACCC 37183←山东农业大学；分离自西藏日喀则土壤；培养基：0014；培养温度：25℃。
ACCC 37188←山东农业大学；分离自西藏康马土壤；培养基：0014；培养温度：25℃。
ACCC 37256←山东农业大学；分离自西藏聂拉木土壤；培养基：0014；培养温度：25℃。

Graphium rhodophaeum Sacc. & Trotter 红头金追束霉

ACCC 32311←中国热带农业科学院环境与植保所 EPPI2720←海南大学农学院；原始编号：Z4；分离自马钱子根际土壤；培养基：0014；培养温度：28℃。

Humicola fuscoatra Traaen 棕黑腐质霉

ACCC 37877←山东农业大学；培养基：0014；培养温度：25℃。
ACCC 37878←山东农业大学；培养基：0014；培养温度：25℃。
ACCC 37879←山东农业大学；培养基：0014；培养温度：25℃。
ACCC 37880←山东农业大学；培养基：0014；培养温度：25℃。
ACCC 37881←山东农业大学；培养基：0014；培养温度：25℃。
ACCC 37882←山东农业大学；培养基：0014；培养温度：25℃。

Hypocrea jecorina Berk. & Broome 红褐肉座菌

ACCC 32161←广东省广州微生物研究所 GIMT3.028；分离自广州的树林土壤；培养基：0014；培养温度：25℃。

Isaria cateniannulata （Z. Q. Liang） Samson & Hywel-Jones 环链棒束孢

ACCC 37760←贵州大学；分离自贵州茂兰自然保护区昆虫；培养基：0014；培养温度：25℃。
ACCC 37761←贵州大学；分离自云南昆明西山公园昆虫；培养基：0014；培养温度：25℃。
ACCC 37767←贵州大学；分离自云南昆明西山公园昆虫；培养基：0014；培养温度：25℃。
ACCC 37768←贵州大学；分离自贵州贵阳森林公园昆虫；培养基：0014；培养温度：25℃。
ACCC 37769←贵州大学；分离自云南昆明西山公园昆虫；培养基：0014；培养温度：25℃。
ACCC 37777←贵州大学；分离自河南信阳震雷山黄刺蛾；培养基：0424；培养温度：25℃。
ACCC 37782←贵州大学；分离自河南信阳震雷山蛹；培养基：0424；培养温度：25℃。
ACCC 37783←贵州大学；分离自河南信阳震雷山袋蛾；培养基：0424；培养温度：25℃。
ACCC 37784←贵州大学；分离自河南信阳震雷山蛹；培养基：0424；培养温度：25℃。
ACCC 37793←贵州大学；分离自河南信阳震雷山鳞翅目昆虫；培养基：0424；培养温度：25℃。
ACCC 37794←贵州大学；分离自河南信阳震雷山鳞翅目昆虫；培养基：0424；培养温度：25℃。
ACCC 37797←贵州大学；分离自河南信阳震雷山茧；培养基：0424；培养温度：25℃。

ACCC 37802←贵州大学；分离自河南信阳贤山鳞翅目昆虫；培养基：0424；培养温度：25℃。

ACCC 37804←贵州大学；分离自河南信阳贤山钻蛀性；培养基：0424；培养温度：25℃。

ACCC 37808←贵州大学；分离自河南信阳贤山钻蛀性昆虫；培养基：0424；培养温度：25℃。

ACCC 37810←贵州大学；分离自河南信阳贤山钻蛀性昆虫；培养基：0424；培养温度：25℃。

ACCC 37811←贵州大学；分离自河南信阳贤山钻蛀性昆虫；培养基：0424；培养温度：25℃。

ACCC 37812←贵州大学；分离自河南信阳贤山蛹；培养基：0424；培养温度：25℃。

ACCC 37813←贵州大学；分离自河南信阳贤山昆虫；培养基：0424；培养温度：25℃。

ACCC 37815←贵州大学；分离自河南信阳贤山蛹；培养基：0424；培养温度：25℃。

ACCC 37818←贵州大学；分离自河南信阳贤山钻蛀性昆虫；培养基：0424；培养温度：25℃。

ACCC 37819←贵州大学；分离自河南信阳贤山昆虫；培养基：0424；培养温度：25℃。

Isaria cateniobliqua (Z. Q. Liang) Samson & Hywel-Jones 斜链棒束孢

ACCC 37764←贵州大学；分离自贵州贵阳森林公园昆虫；培养基：0014；培养温度：25℃。

ACCC 37765←贵州大学；分离自贵州贵阳森林公园昆虫；培养基：0014；培养温度：25℃。

ACCC 37766←贵州大学；分离自贵州贵阳森林公园昆虫；培养基：0014；培养温度：25℃。

ACCC 37773←贵州大学；分离自贵州贵阳森林公园昆虫；培养基：0014；培养温度：25℃。

ACCC 37807←贵州大学；分离自河南信阳贤山象甲；培养基：0424；培养温度：25℃。

Isaria cicadae Miq. 蝉棒束孢

ACCC 37759←贵州大学；分离自贵州贵阳森林公园昆虫；培养基：0014；培养温度：25℃。

ACCC 37770←贵州大学；分离自贵州贵阳森林公园昆虫；培养基：0014；培养温度：25℃。

ACCC 37774←贵州大学；分离自贵州贵阳森林公园昆虫；培养基：0014；培养温度：25℃。

Isaria farinosa (Holmsk.) Fr. 粉质棒束孢

ACCC 37731←贵州大学；分离自四川康定蝙蝠蛾幼虫；培养基：0014；培养温度：25℃。

ACCC 37732←贵州大学；分离自四川康定蝙蝠蛾幼虫；培养基：0014；培养温度：25℃。

ACCC 37771←贵州大学；分离自云南昆明西山公园昆虫；培养基：0014；培养温度：25℃。

ACCC 37776←贵州大学；分离自河南信阳震雷山鳞翅目幼虫；培养基：0424；培养温度：25℃。

ACCC 37786←贵州大学；分离自河南信阳震雷山昆虫；培养基：0424；培养温度：25℃。

ACCC 37788←贵州大学；分离自河南信阳震雷山螳螂；培养基：0424；培养温度：25℃。

ACCC 37791←贵州大学；分离自河南信阳震雷山蛹；培养基：0424；培养温度：25℃。

ACCC 37795←贵州大学；分离自河南信阳震雷山鳞翅目昆虫；培养基：0424；培养温度：25℃。

ACCC 37798←贵州大学；分离自河南信阳贤山昆虫；培养基：0424；培养温度：25℃。

ACCC 37799←贵州大学；分离自河南信阳贤山昆虫；培养基：0424；培养温度：25℃。

ACCC 37801←贵州大学；分离自河南信阳贤山蛹；培养基：0424；培养温度：25℃。

ACCC 37803←贵州大学；分离自河南信阳贤山昆虫；培养基：0424；培养温度：25℃。

ACCC 37809←贵州大学；分离自河南信阳贤山昆虫；培养基：0424；培养温度：25℃。

Isaria fumosorosea Wize 玫烟色棒束孢

ACCC 37775←贵州大学；分离自河南信阳鸡公山鳞翅目幼虫；培养基：0424；培养温度：25℃。

ACCC 37814←贵州大学；分离自河南信阳贤山昆虫；培养基：0424；培养温度：25℃。

Isaria tenuipes Peck 细脚棒束孢

ACCC 37718←贵州大学；分离自昆明西山蛹；培养基：0015；培养温度：25℃。

ACCC 37719←贵州大学；分离自四川瓦屋山蛹；培养基：0015；培养温度：25℃。

ACCC 37720←贵州大学；分离自贵州森林公园蛹；培养基：0015；培养温度：25℃。

ACCC 37721←贵州大学；分离自昆明西山蛹；培养基：0015；培养温度：25℃。

ACCC 37722←贵州大学；分离自贵州森林公园蛹；培养基：0015；培养温度：25℃。

ACCC 37726←贵州大学；分离自贵州梵净山蛹；培养基：0015；培养温度：25℃。

ACCC 37779←贵州大学；分离自河南信阳马鞍山未知蛹；培养基：0424；培养温度：25℃。

ACCC 37780←贵州大学；分离自河南信阳震雷山蛹；培养基：0424；培养温度：25℃。
ACCC 37781←贵州大学；分离自河南信阳震雷山蛹；培养基：0424；培养温度：25℃。
ACCC 37787←贵州大学；分离自河南信阳震雷山蛹；培养基：0424；培养温度：25℃。
ACCC 37789←贵州大学；分离自河南信阳震雷山鞘翅目；培养基：0424；培养温度：25℃。
ACCC 37790←贵州大学；分离自河南信阳震雷山蛹；培养基：0424；培养温度：25℃。
ACCC 37796←贵州大学；分离自河南信阳震雷山鳞翅目昆虫；培养基：0424；培养温度：25℃。
ACCC 37800←贵州大学；分离自河南信阳贤山昆虫；培养基：0421；培养温度：25℃。
ACCC 37805←贵州大学；分离自河南信阳贤山蛹；培养基：0424；培养温度：25℃。
ACCC 37806←贵州大学；分离自河南信阳贤山钻蛀性；培养基：0424；培养温度：25℃。
ACCC 37816←贵州大学；分离自河南信阳贤山钻蛀性昆虫；培养基：0424；培养温度：25℃。
ACCC 37820←贵州大学；分离自河南信阳贤山鳞翅目幼虫；培养基：0424；培养温度：25℃。
ACCC 37821←贵州大学；分离自河南信阳贤山蛹；培养基：0424；培养温度：25℃。
ACCC 37822←贵州大学；分离自河南信阳贤山蛹；培养基：0424；培养温度：25℃。
ACCC 37823←贵州大学；分离自河南信阳震雷山蛹；培养基：0424；培养温度：25℃。
ACCC 37824←贵州大学；分离自河南信阳震雷山蛹；培养基：0424；培养温度：25℃。

Mariannaea pruinosa Z. Q. Liang 粉被马利娅霉
ACCC 30799←中国农业科学院环发所；原始编号：3063＝BJ36；采集地：北京；分离源：感染昆虫；培养基：0014；培养温度：25～28℃。

Metarhizium album Petch 白色绿僵菌
ACCC 30198←中国农业科学院土肥所←从美国 NRRL 引进；原始编号：20421。生物防治用菌；培养基：0014；培养温度：25～28℃。

Metarhizium anisopliae（Metschn.）Sorok. 金龟子绿僵菌
ACCC 30101←中国农业科学院土肥所←中国科学院微生物研究所 AS3.3675←陕西榆林地区治沙所，从白杨透翅蛾幼虫上分离；用于防玉米螟、金龟子、透翅蛾等；培养基：0014；培养温度：24～28℃。
ACCC 30102←中国农业科学院土肥所←中国科学院微生物研究所 AS3.3676，昆虫生物防治；培养基：0014；培养温度：24～28℃。
ACCC 30103←中国农业科学院土肥所←中国科学院微生物研究所 AS3.3486，昆虫生物防治；培养基：0014；培养温度：24～28℃。
ACCC 30104←中国农业科学院土肥所←轻工部甘蔗糖业研究所；防治鞘翅目、同翅目害虫。真菌学报，5（3）：177-184，1986；培养基：0014；培养温度：24～28℃。
ACCC 30131←中国农业科学院土肥所←安徽农学院林学系李增智赠；引自美国 Boyce Thompson Institute，RS455。康乃尔大学杨普生研究所昆虫病理室分离自菲律宾褐稻虱（*Nilaparvata Iugena*），防治松毛虫，安徽农学院学报；培养基：0014；培养温度：24～28℃。
ACCC 30337←中国农业科学院土肥所←贵州农学院植保系刘作易赠送；原始编号：Ma9951。生物防治；培养基：0014；培养温度：25～28℃。
ACCC 30338←中国农业科学院土肥所←贵州农学院植保系刘作易赠送；原始编号：Ma9952。生物防治；培养基：0014；培养温度：25～28℃。
ACCC 30479←中国农业科学院土肥所←广东省微生物研究所 GIM3.71←中科院武汉病毒所；用于防治农业病虫害；培养基：0014；培养温度：25～28℃。
ACCC 30798←中国农业科学院环发所；原始编号：2001＝M452；采集地：北京；分离源：感病金龟子；培养基：0014；培养温度：25～28℃。
ACCC 30961←广东省广州微生物研究所 GIMT 3.011；原始编号：M-2；采集地：广东广州；分离源：土壤；培养基：0014；培养温度：25～28℃。
ACCC 31515←中国热带农业科学院环境与植物保护研究所；原始编号：8-5-a23；采集地：海南省乐东县尖峰岭国家森林公园；分离源：树林表层土壤；用于害虫生物防治；培养基：0014；培养温度：

25～28℃。

ACCC 31516←中国热带农业科学院环境与植物保护研究所；原始编号：8-5-a11；采集地：海南省乐东县尖
峰岭国家森林公园；分离源：树林表层土壤；用于害虫生物防治；培养基：0014；培养温度：
25～28℃。

ACCC 31517←中国热带农业科学院环境与植物保护研究所；原始编号：8-8da；采集地：海南省乐东县尖
峰岭国家森林公园；分离源：树林表层土壤；用于害虫生物防治；培养基：0014；培养温度：
25～28℃。

ACCC 31518←中国热带农业科学院环境与植物保护研究所；原始编号：8-8-3；采集地：海南省乐东县尖
峰岭国家森林公园；分离源：树林表层土壤；用于害虫生物防治；培养基：0014；培养温度：
25～28℃。

ACCC 31519←中国热带农业科学院环境与植物保护研究所；原始编号：8-9-5；采集地：海南省乐东县尖
峰岭国家森林公园；分离源：树林表层土壤；用于害虫生物防治；培养基：0014；培养温度：
25～28℃。

ACCC 31520←中国热带农业科学院环境与植物保护研究所；原始编号：8-9-4；采集地：海南省乐东县尖
峰岭国家森林公园；分离源：树林表层土壤；用于害虫生物防治；培养基：0014；培养温度：
25～28℃。

ACCC 31521←中国热带农业科学院环境与植物保护研究所；原始编号：8-5-a1；采集地：海南省乐东县尖
峰岭国家森林公园；分离源：树林表层土壤；用于害虫生物防治；培养基：0014；培养温度：
25～28℃。

ACCC 31522←中国热带农业科学院环境与植物保护研究所；原始编号：8-5-a22；采集地：海南省乐东县尖
峰岭国家森林公园；分离源：树林表层土壤；用于害虫生物防治；培养基：0014；培养温度：
25～28℃。

ACCC 32242←中国农业科学院环发所 IEDAF1531；原始编号：M110825；分离自新疆伊犁马铃薯甲虫；培
养基：0436；培养温度：28℃。

ACCC 32243←中国农业科学院环发所 IEDAF1532；原始编号：M110826；分离自新疆伊犁马铃薯甲虫；培
养基：0436；培养温度：28℃。

ACCC 32332←广东省广州微生物研究所菌种组 GIMF-24；原始编号：F-24。生物防治；培养基：0014；培
养温度：25℃。

ACCC 32333←广东省广州微生物研究所菌种组 GIMF-25；原始编号：F-25。防治松毛虫；培养基：0014；
培养温度：25℃。

ACCC 32335←广东省广州微生物研究所菌种组 GIMF-27；原始编号：F-27。防治鞘翅目、同翅目害虫；培
养基：0014；培养温度：25℃。

ACCC 32473←新疆农业科学院微生物研究所 XAAS40253；原始编号：GF3-2；分离自新疆南疆地区棉田边
沙土；培养基：0014；培养温度：20℃。

ACCC 32474←新疆农业科学院微生物研究所 XAAS40254；原始编号：GF3-5；分离自新疆南疆地区棉田边
沙土；培养基：0014；培养温度：20℃。

Metarhizium anisopliae var. *anisopliae*（Metschn.）Sorok. 金龟子绿僵菌原变种

ACCC 30194←中国农业科学院土肥所←从美国 NRRL 引进；原始编号：13969，用于生物防治；培养基：
0014；培养温度：25～28℃。

Metarhizium brunneum Petch 褐色绿僵菌

ACCC 30200←中国农业科学院土肥所←从美国 NRRL 引进；原始编号：1944，生物防治用菌；培养基：
0014；培养温度：25～28℃。

Metarhizium cylindrosporae Chen & Guo 柱孢绿僵菌

ACCC 30114←中国农业科学院土肥所←中国科学院微生物研究所；生物防治用；真菌学报，5（3）：177-
184，1986；培养基：0014；培养温度：24～28℃。

Metarhizium flavoviride Gams 黄绿绿僵菌

ACCC 30196←中国农业科学院土肥所←从美国 NRRL 引进；原始编号：13971。生物防治用菌；培养基：0014；培养温度：25～28℃。

ACCC 30199←中国农业科学院土肥所←从美国 NRRL 引进；原始编号：20422。生物防治用菌；培养基：0014；培养温度：25～28℃。

ACCC 30335←中国农业科学院土肥所←贵州农学院植保系刘作易赠送；原始编号：Mf1877。生物防治用菌；培养基：0014；培养温度：25～28℃。

Metarhizium flavoviride var. *minus* Rombach 黄绿绿僵菌小孢变种

ACCC 30130←中国农业科学院土肥所←中国科学院微生物研究所；生物防治用菌；培养基：0014；培养温度：24～28℃。

Metarhizium guizhouense Chen & Guo 贵州绿僵菌

ACCC 30115←中国农业科学院土肥所←贵州农学院微生物教研组赠；原始编号：2902，生物防治用菌；真菌学报，5（3）：177-184，1986；培养基：0014；培养温度：24～28℃。

Metarhizium iadini Chen，Guo & Zhou 翠绿绿僵菌

ACCC 30124←中国农业科学院土肥所←贵州省农业科学院植保所（分离自犁虎），生物防治用菌；培养基：0014；培养温度：24～28℃。

Metarhizium majarosporae＝*Metarhizium anisopliae* var. *majus* 大孢绿僵菌＝金龟子绿僵菌大孢变种

ACCC 30187←中国农业科学院土肥所←北京林业大学武觐文赠送，生物防治用菌；培养基：0014；培养温度：25～28℃。

ACCC 30195←中国农业科学院土肥所←从美国 NRRL 引进；原始编号：13970。生物防治用菌；培养基：0014；培养温度：25～28℃。

ACCC 30336←中国农业科学院土肥所←贵州农学院植保系刘作易赠送；原始编号：Mm1041，生物防治；培养基：0014；培养温度：25～28℃。

Metarhizium pingshaense Chen & Guo 平沙绿僵菌

ACCC 30105←中国农业科学院土肥所←广东国营平沙华侨农场（分离自金龟子幼虫），防治鞘翅目、同翅目的幼虫及成虫；培养基：0014；培养温度：24～28℃。

Metarhizium sp. 绿僵菌

ACCC 30116←中国农业科学院土肥所←贵州农学院微生物教研室；原始编号：3305；用于生物防治；培养基：0014；培养温度：25～28℃。

ACCC 30123←中国农业科学院土肥所←贵州农学院微生物教研室；原始编号：3201；用于生物防治；培养基：0014；培养温度：25～28℃。

ACCC 30188←中国农业科学院土肥所←北京林业大学武觐文赠送；分离自蝉，用于生物防治；培养基：0014；培养温度：25～28℃。

ACCC 30189←中国农业科学院土肥所←北京林业大学武觐文赠送；分离自松毛虫，用于生物防治；培养基：0014；培养温度：25～28℃。

Monacrosporium eudermata（Drechsler）Subram. 厚皮单顶孢

ACCC 32127←中国农业科学院植保所 SM1109；原始编号：047（254）；分离自湖南宁乡菜地土壤；培养基：0014；培养温度：25℃。

ACCC 32128←中国农业科学院植保所 SM1110；原始编号：096（764）；分离自菜地土壤；培养基：0014；培养温度：25℃。

Monascus anka Nakazawa & Sato 红曲

ACCC 30192←中国农业科学院土肥所←江苏农业科学院土肥所黄隆广赠；生产降脂片；培养基：0015；培养温度：25～28℃。

ACCC 30341←中国农业科学院土肥所←轻工部食品发酵所 IFF1 5004←无锡锡惠豆腐厂；用于生产红曲米；培养基：0077；培养温度：28~30℃。

ACCC 30342←中国农业科学院土肥所←轻工部食品发酵所 IFF1 5013；用于生产红色素；培养基：0077；培养温度：28~30℃。

ACCC 30343←中国农业科学院土肥所←轻工部食品发酵所 IFF1 5023←苏州食品厂 3972-Na；用于生产红色素；培养基：0077；培养温度：28~30℃。

ACCC 30344←中国农业科学院土肥所←轻工部食品发酵所 IFF1 5031←四川省食品发酵设计院 3.532；用于生产红色素；培养基：0077；培养温度：28~30℃。

ACCC 30345←中国农业科学院土肥所←轻工部食品发酵所 IFF1 5032←上海工微所；用于生产红色素；培养基：0077；培养温度：28~30℃。

ACCC 32339←广东省广州微生物研究所菌种组 GIMF-31；原始编号：F-31。生产红曲米；培养基：0014；培养温度：25℃。

ACCC 32405←广东省广州微生物研究所菌种组 GIMF-51；原始编号：F-51；用于生产红色素；培养基：0014；培养温度：25℃。

Monascus pilosus Satô ex Hawksworth & Pitt 丛毛红曲

ACCC 30504←中国农业科学院土肥所←荷兰真菌研究所 CBS286.34；模式菌株；分离源：高粱的发酵粒；培养基：0014；培养温度：25~28℃。

Monascus purpureus Went 紫红曲

ACCC 30140←中国农业科学院土肥所；分离源：发酵米粒；培养基：0013；培养温度：28~30℃。

ACCC 30141←中国农业科学院土肥所←中国科学院微生物研究所 AS3.991；培养基：0013，培养温度：30~35℃。

ACCC 30352←中国农业科学院土肥所←江苏省农业科学院黄隆广赠送。生产红曲米、红色素；培养基：0014；培养温度：25~28℃。

ACCC 30501←中国农业科学院土肥所←荷兰真菌研究所 CBS109.07；模式菌株；培养基：0014；培养温度：25~28℃。

Monilia fructigena Honey 仁果丛梗孢

ACCC 37407←中国农业科学院蔬菜花卉所；分离自北京海淀油桃腐烂病果实；培养基：0014；培养温度：25℃。

ACCC 37478←中国农业科学院蔬菜花卉所；分离自北京海淀桃腐烂病果实；培养基：0014；培养温度：25℃。

Monilinia fructicola (G. Winter) Honey 美澳型核果链核盘菌 (美澳型核果褐腐病菌)

ACCC 36262←中国农业科学院资源区划所←北京农林科学院植环所；分离自北京延庆蟠桃褐腐病果实；培养基：0014；培养温度：25℃。

ACCC 36263←中国农业科学院资源区划所←北京农林科学院植环所；分离自北京延庆李子褐腐病僵果；培养基：0014；培养温度：25℃。

Monilinia laxa (Aderh. & Ruhland) Honey 核果链核盘菌 (核果褐腐病菌)

ACCC 38030←西北农林科技大学；分离自陕西杨凌桃褐腐病病组织；培养基：0014；培养温度：25℃。

Mortierella alpina Peyron. 高山被孢霉

ACCC 31578←新疆农业科学院微生物研究所 XAAS40161；原始编号：LF19；采集地：新疆一号冰川；分离源：土壤；培养基：0014；培养温度：25~28℃。

ACCC 31925←广东省广州微生物研究所菌种组 GIMV37-M-1；分离自越南的原始林土壤；培养基：0014；培养温度：25℃。

ACCC 31929←广东省广州微生物研究所菌种组 GIMV39-M-a；分离自越南的原始林土壤；培养基：0014；培养温度：25℃。

ACCC 31943←新疆农业科学院微生物研究所 XAAS40196；原始编号：AB25；分离自新疆一号冰川的土壤

样品；培养基：0014；培养温度：20℃。

ACCC 31952←广东省广州微生物研究所菌种组 GIMV39-M-a；分离自越南的原始林土壤；培养基：0014；
　　　培养温度：25～28℃。

ACCC 32468←新疆农业科学院微生物研究所 XAAS40244；原始编号：AF29-1；分离自新疆南疆地区杏树
　　　下沙土；培养基：0014；培养温度：20℃。

Mortierella sp. 被孢霉

ACCC 31571←新疆农业科学院微生物研究所 XAAS40152；原始编号：LF4；分离自新疆一号冰川；分离
　　　源：土壤；培养基：0014；培养温度：25～28℃。

Mucor circinelloides van Tiegh. 卷枝毛霉

ACCC 31804←新疆农业科学院微生物研究所 XAAS40136；原始编号：SF56；采集地：新疆吐鲁番；分离
　　　源：土壤；培养基：0014；培养温度：25～28℃。

Mucor flavus Bainier 黄色毛霉

ACCC 30919←中国农业科学院饲料所 FRI2006075；原始编号：F114；采集地：海南三亚；分离源：土壤；
　　　培养基：0014；培养温度：25～28℃。

Mucor gigasporus G. Q. Chen & R. Y. Zheng 巨孢毛霉

ACCC 30922←中国农业科学院饲料所 FRI2006078；原始编号：F117；采集地：海南三亚；分离源：土壤；
　　　培养基：0014；培养温度：25～28℃。

Mucor hiemalis Wehmer 冻土毛霉

ACCC 30924←中国农业科学院饲料所 FRI2006080；原始编号：F119；采集地：新疆天山；分离源：土壤；
　　　培养基：0014；培养温度：25～28℃。

ACCC 31589←新疆农业科学院微生物研究所 XAAS40189；原始编号：LF73；采集地：新疆一号冰川；分
　　　离源：土壤；培养基：0014；培养温度：25～28℃。

ACCC 31591←新疆农业科学院微生物研究所 XAAS40191；原始编号：LF77；采集地：新疆一号冰川；分
　　　离源：土壤；培养基：0014；培养温度：25～28℃。

ACCC 31593←新疆农业科学院微生物研究所 XAAS40192；原始编号：LF78；采集地：新疆一号冰川；分
　　　离源：土壤；培养基：0014；培养温度：25～28℃。

ACCC 31595←新疆农业科学院微生物研究所 XAAS40180；原始编号：LF61；采集地：新疆一号冰川；分
　　　离源：土壤；培养基：0014；培养温度：25～28℃。

Mucor mandshuricus Saito 东北毛霉

ACCC 30920←中国农业科学院饲料所 FRI2006076；原始编号：F115；采集地：海南三亚；分离源：猪粪；
　　　培养基：0014；培养温度：25～28℃。

Mucor mucedo Fresen. 大毛霉

ACCC 37477←中国农业科学院蔬菜花卉所；分离自北京海淀油桃腐烂病果实；培养基：0014；培养温
　　　度：25℃。

Mucor parvisporus Kanouse 小孢毛霉

ACCC 37126←中国农业科学院植保所；分离自河北保定山药病根；培养基：0014；培养温度：25℃。

Mucor prainii Chodat & Nechitsche 普雷恩毛霉

ACCC 32321←广东省广州微生物研究所菌种组 GIMF-10；原始编号：F-10。腐乳生产菌；培养基：0014；
　　　培养温度：25℃。

Mucor pusillus Lindt 微小毛霉

ACCC 30921←中国农业科学院饲料所 FRI2006077；原始编号：F116；采集地：海南三亚；分离源：猪粪；
　　　培养基：0014；培养温度：25～28℃。

Mucor racemosus f. *racemosus* Fresen. 总状毛霉

ACCC 30522←中国农业科学院土肥所←荷兰真菌研究所 CBS260.68；模式菌株；培养基：0014；培养温

度：25～28℃。

Mucor wutungkiao Fang 五通桥毛霉

ACCC 30392←中国农业科学院土肥所←中国科学院微生物研究所 AS3.25；从豆腐乳中分离；培养基：0014；培养温度：15～25℃。

Myceliophthora thermophila（Apinis）van Oorschot 嗜热毁丝霉

ACCC 30571←中国农业科学院土肥所←美国典型物培养中心 ATCC48102，纤维素降解菌；培养基：0014；培养温度：45～60℃。

ACCC 30572←中国农业科学院土肥所←美国典型物培养中心 ATCC48103，纤维素降解菌；培养基：0014；培养温度：45～60℃。

Mycosphaerella fijiensis Johns 斐济球腔菌

ACCC 31400←中国热带农业科学院 catasMF1；原始编号：LSS-1；采集地：海南省儋州市香蕉园；分离源：病斑单胞分离；培养基：0014；培养温度：25～28℃。

ACCC 31401←中国热带农业科学院 catasMF3；原始编号：LSO2；采集地：海南省文昌市香蕉园；分离源：叶片病斑；培养基：0014；培养温度：25～28℃。

ACCC 31402←中国热带农业科学院 catasMF4；原始编号：LSS5；采集地：海南省东方市香蕉园；分离源：病斑单胞分离；培养基：0014；培养温度：25～28℃。

ACCC 31403←中国热带农业科学院 catasMF5；原始编号：LSO1；采集地：海南省澄迈县香蕉园；分离源：叶片病斑；培养基：0014；培养温度：25～28℃。

ACCC 31404←中国热带农业科学院 catasMF6；原始编号：LSO2；采集地：海南省临高县香蕉园；分离源：叶片病斑；培养基：0014；培养温度：25～28℃。

ACCC 31405←中国热带农业科学院 catasMF7；原始编号：LSS4；采集地：海南省琼海市香蕉园；分离源：病斑单胞分离；培养基：0014；培养温度：25～28℃。

ACCC 31406←中国热带农业科学院 catasMF8；原始编号：LSS17；采集地：海南省昌江县香蕉园；分离源：病斑单胞分离；培养基：0014；培养温度：25～28℃。

ACCC 31407←中国热带农业科学院 catasMF9；原始编号：LSS1；采集地：海南省琼山市香蕉园；分离源：病斑单胞分离；培养基：0014；培养温度：25～28℃。

ACCC 31408←中国热带农业科学院 catasMF10；原始编号：LSO7；采集地：海南省三亚市香蕉园；分离源：叶片病斑；培养基：0014；培养温度：25～28℃。

ACCC 31409←中国热带农业科学院 catasMF11；原始编号：LSS3；采集地：海南省白沙县香蕉园；分离源：病斑单胞分离；培养基：0014；培养温度：25～28℃。

Mycovellosiella nattrassii Deighton 灰毛茄菌绒孢（茄子绒斑病菌）

ACCC 36141←中国农业科学院蔬菜花卉所；分离自北京海淀蔬菜温室茄子绒斑病叶片；培养基：0014；培养温度：25℃。

Myrothecium melanosporum Chen 黑球漆斑菌

ACCC 30480←中国农业科学院土肥所←中国科学院微生物研究所 AS3.3665，分解纤维素；培养基：0014；培养温度：25～28℃。

ACCC 30947←中国农业科学院饲料所 FRI2006103；原始编号：F143。＝CGMCC 3.3665；培养基：0014；培养温度：25～28℃。

Myrothecium roridum Tode ex Fries 露湿漆斑菌

ACCC 30481←中国农业科学院土肥所←中国科学院微生物研究所 AS3.3682，纤维素分解菌；培养基：0014；培养温度：25～28℃。

ACCC 37077←中国农业科学院蔬菜花卉所；分离自北京顺义番茄漆腐病叶片；培养基：0014；培养温度：25℃。

ACCC 37097←中国农业科学院蔬菜花卉所；分离自北京大兴温室凤仙花漆斑病叶片；培养基：0014；培养温度：25℃。

ACCC 37098←中国农业科学院蔬菜花卉所；分离自北京顺义矮牵牛漆斑病叶片；培养基：0014；培养温度：25℃。

ACCC 37099←中国农业科学院蔬菜花卉所；分离自北京大兴温室丽格海棠漆斑病叶片；培养基：0014；培养温度：25℃。

ACCC 37100←中国农业科学院蔬菜花卉所；分离自北京大兴温室小灯笼漆斑病叶片；培养基：0014；培养温度：25℃。

ACCC 37101←中国农业科学院蔬菜花卉所；分离自北京顺义温室马蹄莲漆斑病叶片；培养基：0014；培养温度：25℃。

ACCC 37102←中国农业科学院蔬菜花卉所；分离自北京大兴温室红掌漆斑病叶片；培养基：0014；培养温度：25℃。

ACCC 37103←中国农业科学院蔬菜花卉所；分离自北京大兴温室瑞典常春藤漆斑病叶片；培养基：0014；培养温度：25℃。

ACCC 37225←山东农业大学；分离自西藏定日土壤；培养基：0014；培养温度：25℃。

ACCC 37255←山东农业大学；分离自西藏聂拉木土壤；培养基：0014；培养温度：25℃。

Myrothecium sp. 漆斑菌

ACCC 30154←中国农业科学院土肥所←军事医学科学院部队卫生所梁增辉赠送；原始编号：W96，产毒素。微生物通报 14（2），1987；培养基：0014；培养温度：25～28℃。

Myrothecium verrucaria（Alb. & Schw.）Ditmar 疣孢漆斑菌

ACCC 30197←中国农业科学院土肥所←从美国 NRRL 引进；原始编号：13972，生物防治用菌；培养基：0014；培养温度：25～28℃。

ACCC 38039←西北农林科技大学；分离自陕西杨凌花生；培养基：0014；培养温度：25℃。

Neosartorya aureola（Fennell & Raper）Malloch & Cain 浅黄新萨托菌

ACCC 32291←中国热带农业科学院环境与植保所 EPPI2696←海南大学农学院；原始编号：H5；分离自海南儋州那大汽修厂附近土壤；培养基：0014；培养温度：28℃。

Neosartorya fischerri（Wehmer）Malloch & Cain 费希新萨托菌

ACCC 32304←中国热带农业科学院环境与植保所 EPPI2712←海南大学农学院；原始编号：V-1；分离自白菜地土壤；培养基：0014；培养温度：28℃。

Neosartorya glabra（Fennell & Raper）Kozak. 光滑新萨托菌

ACCC 32286←中国热带农业科学院环境与植保所 EPPI2690←海南大学农学院；原始编号：H1；分离自海南儋州那大汽修厂附近土壤；培养基：0014；培养温度：28℃。

ACCC 32299←中国热带农业科学院环境与植保所 EPPI2706←海南大学农学院；原始编号：M4；分离自芒果根际土壤；培养基：0014；培养温度：28℃。

Neosartorya spinosa（Raper & Fennell）Kozak. 刺孢新萨托菌

ACCC 32289←中国热带农业科学院环境与植保所 EPPI2694←海南大学农学院；原始编号：H3；分离自海南儋州那大汽修厂附近土壤；培养基：0014；培养温度：28℃。

Neurospora crassa Shear & Dodge 粗糙脉孢菌

ACCC 32256←中国科学院微生物研究所 AS3.1604；培养基：0014；培养温度：25～28℃。

ACCC 32257←中国科学院微生物研究所 AS3.1602。鸟氨酸缺陷型；培养基：0014；培养温度：25～28℃。

Neurospora intermedia F. L. Tai 间型脉孢菌

ACCC 30499←中国农业科学院土肥所←轻工业部食品发酵研究所 IFFI12003←中国科学院微生物研究所 AS3.591。饲料用菌，产维生素 A；培养基：0014；培养温度：25～28℃。

Neurospora sitophila Shear & Dodge 好食脉孢菌

ACCC 30500←中国农业科学院土肥所←轻工业部食品发酵研究所 IFFI12001←中国科学院微生物研究所 AS3.592；培养基：0014；培养温度：25～28℃。

Neurospora sp. 脉孢菌

ACCC 30361←中国农业科学院土肥所郭好礼从玉米棒生长物中分离；培养基：0015；培养温度：
25～28℃。

Oedocephalum nicotianae Oudemans 烟草珠头霉

ACCC 30503←中国农业科学院土肥所←荷兰真菌研究所 CBS160.74；模式菌株；分离自土壤；培养基：
0014；培养温度：25～28℃。

Paecilomyces farinosus（Dicks.）Brown 粉拟青霉

ACCC 30190←中国农业科学院土肥所←北京林业大学武觐文赠送；原始编号：8601，防治油松毛虫；培养
基：0014；培养温度：25～28℃。

Paecilomyces fumosoroseus（Wize）Brown & Smith 玫烟色拟青霉

ACCC 30444←中国农业科学院土肥所←中国科学院微生物研究所；原始编号：M230-N1074；分离源：柞
蚕寄生蝇，生物防治用菌；培养基：0014；培养温度：25～28℃。

Paecilomyces mandshuricum（Saito）Thom 东北拟青霉

ACCC 30441←中国农业科学院土肥所←中国科学院微生物研究所 AS3.220；培养基：0014；培养温度：
25～28℃。

Paecilomyces heliothis（Charles）Brown & Smith 棉铃虫拟青霉

ACCC 30482←中国农业科学院土肥所←广东省微生物研究所 GIM3.94←中国科学院微生物研究所
AS3.3728；分离源：棉铃虫，生物防治用菌；培养基：0014；培养温度：25～28℃。

Paecilomyces hepialus Chen 蝙蝠蛾拟青霉

ACCC 30355←中国农业科学院土肥所←中国人民解放军 301 医院赠送；培养基：0015；培养温度：
25～28℃。

Paecilomyces lilacinus（Thom）Samson 淡紫拟青霉

ACCC 30620←云南省烟草科学研究院祝明亮赠；原始编号：ZML001；采集地：云南石林；分离源：根结
线虫卵；用作生物防治研究；培养基：0014；培养温度：25～28℃。

ACCC 30621←云南省烟草科学研究院祝明亮赠；原始编号：ZML002；采集地：云南石林；分离源：根结
线虫卵；用作生物防治研究；培养基：0014；培养温度：25～28℃。

ACCC 30622←云南省烟草科学研究院祝明亮赠；原始编号：ZML003；采集地：云南石林；分离源：根结
线虫卵囊；用作生物防治研究；培养基：0014；培养温度：25～28℃。

ACCC 30623←云南省烟草科学研究院祝明亮赠；原始编号：ZML004；采集地：云南石林；分离源：根结
线虫卵囊；用作生物防治研究；培养基：0014；培养温度：25～28℃。

ACCC 30624←云南省烟草科学研究院祝明亮赠；原始编号：ZML005；采集地：云南石林；分离源：根结
线虫卵囊。作生物防治研究；培养基：0014；培养温度：25～28℃。

ACCC 30625←云南省烟草科学研究院祝明亮赠；原始编号：ZML006；采集地：云南石林；分离源：根结
线虫雌虫；用作生物防治研究；培养基：0014；培养温度：25～28℃。

ACCC 30626←云南省烟草科学研究院祝明亮赠；原始编号：ZML007；采集地：云南石林；分离源：根结
线虫雌虫；用作生物防治研究；培养基：0014；培养温度：25～28℃。

ACCC 30627←云南省烟草科学研究院祝明亮赠；原始编号：ZML008；采集地：云南石林；分离源：根结
线虫雌虫；用作生物防治研究；培养基：0014；培养温度：25～28℃。

ACCC 30628←云南省烟草科学研究院祝明亮赠；原始编号：ZML009；采集地：云南石林；分离源：根结
线虫雌虫；用作生物防治研究；培养基：0014；培养温度：25～28℃。

ACCC 30629←云南省烟草科学研究院祝明亮赠；原始编号：ZML010；采集地：云南石林；分离源：根结
线虫雌虫；用作生物防治研究；培养基：0014；培养温度：25～28℃。

ACCC 30630←云南省烟草科学研究院祝明亮赠；原始编号：ZML011；采集地：云南石林；分离源：根结
线虫卵；用作生物防治研究；培养基：0014；培养温度：25～28℃。

ACCC 30631←云南省烟草科学研究院祝明亮赠；原始编号：ZML012；采集地：云南石林；分离源：根结线虫卵；用作生物防治研究；培养基：0014；培养温度：25～28℃。

ACCC 30632←云南省烟草科学研究院祝明亮赠；原始编号：ZML013；采集地：云南石林；分离源：根结线虫卵；用作生物防治研究；培养基：0014；培养温度：25～28℃。

ACCC 30633←云南省烟草科学研究院祝明亮赠；原始编号：ZML014；采集地：云南石林；分离源：根结线虫卵；用作生物防治研究；培养基：0014；培养温度：25～28℃。

ACCC 30634←云南省烟草科学研究院祝明亮赠；原始编号：ZML015；采集地：云南石林；分离源：根结线虫卵；用作生物防治研究；培养基：0014；培养温度：25～28℃。

ACCC 30635←云南省烟草科学研究院祝明亮赠；原始编号：ZML016；采集地：云南石林；分离源：根结线虫卵；用作生物防治研究；培养基：0014；培养温度：25～28℃。

ACCC 30636←云南省烟草科学研究院祝明亮赠；原始编号：ZML017；采集地：云南祥云；分离源：根结线虫卵；用作生物防治研究；培养基：0014；培养温度：25～28℃。

ACCC 30637←云南省烟草科学研究院祝明亮赠；原始编号：ZML018；采集地：云南祥云；分离源：根结线虫卵；用作生物防治研究；培养基：0014；培养温度：25～28℃。

ACCC 30638←云南省烟草科学研究院祝明亮赠；原始编号：ZML019；采集地：云南祥云；分离源：根结线虫卵；用作生物防治研究；培养基：0014；培养温度：25～28℃。

ACCC 30639←云南省烟草科学研究院祝明亮赠；原始编号：ZML020；采集地：云南祥云；分离源：根结线虫雌虫；用作生物防治研究；培养基：0014；培养温度：25～28℃。

ACCC 30640←云南省烟草科学研究院祝明亮赠；原始编号：ZML021；采集地：云南祥云；分离源：根结线虫雌虫；用作生物防治研究；培养基：0014；培养温度：25～28℃。

ACCC 30641←云南省烟草科学研究院祝明亮赠；原始编号：ZML022；采集地：云南祥云；分离源：根结线虫雌虫；用作生物防治研究；培养基：0014；培养温度：25～28℃。

ACCC 30642←云南省烟草科学研究院祝明亮赠；原始编号：ZML023；采集地：云南祥云；分离源：根结线虫卵；用作生物防治研究；培养基：0014；培养温度：25～28℃。

ACCC 30643←云南省烟草科学研究院祝明亮赠；原始编号：ZML024；采集地：云南祥云；分离源：根结线虫卵；用作生物防治研究；培养基：0014；培养温度：25～28℃。

ACCC 30644←云南省烟草科学研究院祝明亮赠；原始编号：ZML025；采集地：云南洱源；分离源：根结线虫卵；用作生物防治研究；培养基：0014；培养温度：25～28℃。

ACCC 30645←云南省烟草科学研究院祝明亮赠；原始编号：ZML026；采集地：云南洱源；分离源：根结线虫雌虫；用作生物防治研究；培养基：0014；培养温度：25～28℃。

ACCC 30646←云南省烟草科学研究院祝明亮赠；原始编号：ZML027；采集地：云南洱源；分离源：根结线虫雌虫；用作生物防治研究；培养基：0014；培养温度：25～28℃。

ACCC 30647←云南省烟草科学研究院祝明亮赠；原始编号：ZML028；采集地：云南饵源；分离源：根结线虫雌虫；用作生物防治研究；培养基：0014；培养温度：25～28℃。

ACCC 30648←云南省烟草科学研究院祝明亮赠；原始编号：ZML029；采集地：云南洱源；分离源：根结线虫卵；用作生物防治研究；培养基：0014；培养温度：25～28℃。

ACCC 30649←云南省烟草科学研究院祝明亮赠；原始编号：ZML0030；采集地：云南洱源；分离源：根结线虫卵；用作生物防治研究；培养基：0014；培养温度：25～28℃。

ACCC 30650←云南省烟草科学研究院祝明亮赠；原始编号：ZML031；采集地：云南弥勒；分离源：根结线虫卵；用作生物防治研究；培养基：0014；培养温度：25～28℃。

ACCC 30651←云南省烟草科学研究院祝明亮赠；原始编号：ZML032；采集地：云南弥勒；分离源：根结线虫卵；用作生物防治研究；培养基：0014；培养温度：25～28℃。

ACCC 30652←云南省烟草科学研究院祝明亮赠；原始编号：ZML033；采集地：云南祥云；分离源：根结线虫卵；用作生物防治研究；培养基：0014；培养温度：25～28℃。

ACCC 30653←云南省烟草科学研究院祝明亮赠；原始编号：ZML034；采集地：云南峨山；分离源：根结

线虫卵；用作生物防治研究；培养基：0014；培养温度：25～28℃。

ACCC 30654←云南省烟草科学研究院祝明亮赠；原始编号：ZML035；采集地：云南峨山；分离源：根结
　　线虫卵；用作生物防治研究；培养基：0014；培养温度：25～28℃。

ACCC 30655←云南省烟草科学研究院祝明亮赠；原始编号：ZML036；采集地：云南峨山；分离源：根结
　　线虫卵；用作生物防治研究；培养基：0014；培养温度：25～28℃。

ACCC 30656←云南省烟草科学研究院祝明亮赠；原始编号：ZML037；采集地：云南峨山；分离源：根结
　　线虫卵；用作生物防治研究；培养基：0014；培养温度：25～28℃。

ACCC 30657←云南省烟草科学研究院祝明亮赠；原始编号：ZML038；采集地：云南峨山；分离源：根结
　　线虫卵；用作生物防治研究；培养基：0014；培养温度：25～28℃。

ACCC 30658←云南省烟草科学研究院祝明亮赠；原始编号：ZML039；采集地：云南峨山；分离源：根结
　　线虫卵；用作生物防治研究；培养基：0014；培养温度：25～28℃。

ACCC 30659←云南省烟草科学研究院祝明亮赠；原始编号：ZML040；采集地：云南峨山；分离源：根结
　　线虫卵；用作生物防治研究；培养基：0014；培养温度：25～28℃。

ACCC 30660←云南省烟草科学研究院祝明亮赠；原始编号：ZML041；采集地：云南峨山；分离源：根结
　　线虫雌虫；用作生物防治研究；培养基：0014培养温度：25～28℃。

ACCC 30661←云南省烟草科学研究院祝明亮赠；原始编号：ZML042；采集地：云南峨山；分离源：根结
　　线虫雌虫；用作生物防治研究；培养基：0014；培养温度：25～28℃。

ACCC 30662←云南省烟草科学研究院祝明亮赠；原始编号：ZML043；采集地：云南峨山；分离源：根结
　　线虫雌虫；用作生物防治研究；培养基：0014；培养温度：25～28℃。

ACCC 30663←云南省烟草科学研究院祝明亮赠；原始编号：ZML044；采集地：云南峨山；分离源：根结
　　线虫雌虫；用作生物防治研究；培养基：0014；培养温度：25～28℃。

ACCC 30664←云南省烟草科学研究院祝明亮赠；原始编号：ZML045；采集地：云南峨山；分离源：根结
　　线虫雌虫；用作生物防治研究；培养基：0014；培养温度：25～28℃。

ACCC 30665←云南省烟草科学研究院祝明亮赠；原始编号：ZML046；采集地：云南峨山；分离源：根结
　　线虫雌虫；用作生物防治研究；培养基：0014；培养温度：25～28℃。

ACCC 30666←云南省烟草科学研究院祝明亮赠；原始编号：ZML047；采集地：云南峨山；分离源：根结
　　线虫雌虫；用作生物防治研究；培养基：0014；培养温度：25～28℃。

ACCC 30667←云南省烟草科学研究院祝明亮赠；原始编号：ZML048；采集地：云南建水；分离源：根结
　　线虫卵；用作生物防治研究；培养基：0014；培养温度：25～28℃。

ACCC 30668←云南省烟草科学研究院祝明亮赠；原始编号：ZML049；采集地：云南建水；分离源：根结
　　线虫卵；用作生物防治研究；培养基：0014；培养温度：25～28℃。

ACCC 30669←云南省烟草科学研究院祝明亮赠；原始编号：ZML050；采集地：云南建水；分离源：根结
　　线虫卵；用作生物防治研究；培养基：0014；培养温度：25～28℃。

ACCC 30670←云南省烟草科学研究院祝明亮赠；原始编号：ZML051；采集地：云南建水；分离源：根结
　　线虫卵；用作生物防治研究；培养基：0014；培养温度：25～28℃。

ACCC 30671←云南省烟草科学研究院祝明亮赠；原始编号：ZML052；采集地：云南建水；分离源：根结
　　线虫雌虫；用作生物防治研究；培养基：0014；培养温度：25～28℃。

ACCC 30672←云南省烟草科学研究院祝明亮赠；原始编号：ZML059；采集地：云南牟定；分离源：根结
　　线虫卵；用作生物防治研究；培养基：0014；培养温度：25～28℃。

ACCC 30673←云南省烟草科学研究院祝明亮赠；原始编号：ZML060；采集地：云南牟定；分离源：根结
　　线虫卵；用作生物防治研究；培养基：0014；培养温度：25～28℃。

ACCC 30674←云南省烟草科学研究院祝明亮赠；原始编号：ZML055；采集地：云南牟定；分离源：根结
　　线虫雌虫；用作生物防治研究；培养基：0014；培养温度：25～28℃。

ACCC 30675←云南省烟草科学研究院祝明亮赠；原始编号：ZML056；采集地：云南牟定；分离源：根结
　　线虫雌虫；用作生物防治研究；培养基：0014；培养温度：25～28℃。

ACCC 30676←云南省烟草科学研究院祝明亮赠；原始编号：ZML063；采集地：云南蒙自；分离源：根结线虫卵；用作生物防治研究；培养基：0014；培养温度：25～28℃。

ACCC 30677←云南省烟草科学研究院祝明亮赠；原始编号：ZML086；采集地：云南；分离源：根结线虫卵；用作生物防治研究；培养基：0014；培养温度：25～28℃。

ACCC 30678←云南省烟草科学研究院祝明亮赠；原始编号：ZML087；采集地：云南；分离源：根结线虫卵；用作生物防治研究；培养基：0014；培养温度：25～28℃。

ACCC 30679←云南省烟草科学研究院祝明亮赠；原始编号：ZML088；采集地：云南；分离源：根结线虫卵；用作生物防治研究；培养基：0014；培养温度：25～28℃。

ACCC 30680←云南省烟草科学研究院祝明亮赠；原始编号：ZML089；采集地：云南；分离源：根结线虫卵；用作生物防治研究；培养基：0014；培养温度：25～28℃。

ACCC 30681←云南省烟草科学研究院祝明亮赠；原始编号：ZML090；采集地：云南；分离源：根结线虫卵；用作生物防治研究；培养基：0014；培养温度：25～28℃。

ACCC 30682←云南省烟草科学研究院祝明亮赠；原始编号：ZML093；采集地：云南；分离源：根结线虫卵；用作生物防治研究；培养基：0014；培养温度：25～28℃。

ACCC 30683←云南省烟草科学研究院祝明亮赠；原始编号：ZML095；采集地：云南；分离源：根结线虫卵；用作生物防治研究；培养基：0014；培养温度：25～28℃。

ACCC 30684←云南省烟草科学研究院祝明亮赠；原始编号：ZML103；采集地：云南；分离源：根结线虫卵；用作生物防治研究；培养基：0014；培养温度：25～28℃。

ACCC 30685←云南省烟草科学研究院祝明亮赠；原始编号：ZML106；采集地：云南；分离源：根结线虫卵；用作生物防治研究；培养基：0014；培养温度：25～28℃。

ACCC 30686←云南省烟草科学研究院祝明亮赠；原始编号：ZML067；采集地：云南昆明；分离源：根结线虫卵；用作生物防治研究；培养基：0014；培养温度：25～28℃。

ACCC 30687←云南省烟草科学研究院祝明亮赠；原始编号：ZML068；采集地：云南昆明；分离源：根结线虫卵；用作生物防治研究；培养基：0014；培养温度：25～28℃。

ACCC 30688←云南省烟草科学研究院祝明亮赠；原始编号：ZML069；采集地：云南蒙自；分离源：根结线虫卵；用作生物防治研究；培养基：0014；培养温度：25～28℃。

ACCC 30689←云南省烟草科学研究院祝明亮赠；原始编号：ZML070；采集地：云南蒙自；分离源：根结线虫卵，用作生物防治研究；培养基：0014；培养温度：25～28℃。

ACCC 30690←云南省烟草科学研究院祝明亮赠；原始编号：ZML084；采集地：云南昆明，根结线虫幼虫诱集；用作生物防治研究；培养基：0014；培养温度：25～28℃。

ACCC 30691←云南省烟草科学研究院祝明亮赠；原始编号：ZML072；采集地：云南石林，蛋白质诱集；用作生物防治研究；培养基：0014；培养温度：25～28℃。

ACCC 30692←云南省烟草科学研究院祝明亮赠；原始编号：ZML073；采集地：云南马龙；分离源：根结线虫幼虫；用作生物防治研究；培养基：0014；培养温度：25～28℃。

ACCC 30693←云南省烟草科学研究院祝明亮赠；原始编号：ZML074；采集地：云南宜良；分离源：根结线虫幼虫；用作生物防治研究；培养基：0014；培养温度：25～28℃。

ACCC 30694←云南省烟草科学研究院祝明亮赠；原始编号：ZML109；采集地：云南；分离源：根结线虫卵；用作生物防治研究；培养基：0014；培养温度：25～28℃。

ACCC 30695←云南省烟草科学研究院祝明亮赠；原始编号：ZML076；采集地：云南建水；分离源：根结线虫幼虫；用作生物防治研究；培养基：0014；培养温度：25～28℃。

ACCC 30696←云南省烟草科学研究院祝明亮赠；原始编号：ZML078；采集地：云南昆明；用作生物防治研究；培养基：0014；培养温度：25～28℃。

ACCC 30697←云南省烟草科学研究院祝明亮赠；原始编号：ZML079；采集地：云南昆明；用作生物防治研究；培养基：0014；培养温度：25～28℃。

ACCC 30698←云南省烟草科学研究院祝明亮赠；原始编号：ZML111；采集地：海南儋州；分离源：根结

线虫卵；用作生物防治研究；培养基：0014；培养温度：25～28℃。

ACCC 30699←云南省烟草科学研究院祝明亮赠；原始编号：ZML081；采集地：云南祥云，根结线虫幼虫诱集；用作生物防治研究；培养基：0014；培养温度：25～28℃。

ACCC 30700←云南省烟草科学研究院祝明亮赠；原始编号：ZML082；采集地：云南维西，根结线虫幼虫诱集；用作生物防治研究；培养基：0014；培养温度：25～28℃。

ACCC 30701←云南省烟草科学研究院祝明亮赠；原始编号：ZML108；采集地：云南通海，蛋白质诱集；用作生物防治研究；培养基：0014；培养温度：25～28℃。

ACCC 31532←中国农业科学院植保所 SM3006；原始编号：HG-47；采集地：河北沽原；分离源：土壤；培养基：0014；培养温度：25～28℃。

ACCC 31533←中国农业科学院植保所 SM3007；原始编号：HG-54；采集地：河北沽原；分离源：土壤；培养基：0014；培养温度：25～28℃。

ACCC 31922←广东省广州微生物研究所菌种组 GIM3.405；分离自广州的农地土壤，防治线虫；培养基：0014；培养温度：25℃。

ACCC 31949←广东省广州微生物研究所菌种组 GIM3.405；分离自广州市的农地土壤；培养基：0014；培养温度：25～28℃。

ACCC 32001←福建农林大学生物农药与化学生物学教育部重点实验室 BCBKL 0063；原始编号：CYS-1；分离自茶叶，可作为生物农药用于杀线虫；培养基：0014；培养温度：26℃。

ACCC 32162←广东省广州微生物研究所 GIMV3-M-2；分离自越南原始林土壤；培养基：0014；培养温度：25℃。

ACCC 32164←广东省广州微生物研究所 GIMV4-M-3；分离自越南原始林土壤；培养基：0014；培养温度：25℃。

ACCC 32165←广东省广州微生物研究所 GIMV4-M-6；分离自越南原始林土壤；培养基：0014；培养温度：25℃。

ACCC 32166←广东省广州微生物研究所 GIMV22-M-8；分离自越南原始林土壤；培养基：0014；培养温度：25℃。

ACCC 32167←广东省广州微生物研究所 GIMV24-M-3a-1；分离自越南原始林土壤；培养基：0014；培养温度：25℃。

ACCC 32368←中国农业科学院资源区划所；原始编号：ES-7-15；培养基：0014；培养温度：25～28℃。

ACCC 32369←中国农业科学院资源区划所；原始编号：ES-10-3；培养基：0014；培养温度：25～28℃。

ACCC 32370←中国农业科学院资源区划所；原始编号：ES-10-6；培养基：0014；培养温度：25～28℃。

ACCC 32371←中国农业科学院资源区划所；原始编号：ES-12-7；培养基：0014；培养温度：25～28℃。

ACCC 32459←新疆农业科学院微生物研究所 XAAS40232；原始编号：AF18-6；分离自新疆南疆地区核桃树下沙土；培养基：0014；培养温度：20℃。

ACCC 32480←中国农业科学院植保所李世东赠送←CBS 431.87；分离自菲律宾昆虫卵；培养基：0014；培养温度：28℃。

ACCC 32481←中国农业科学院植保所李世东赠送←CBS 432.87；分离自秘鲁昆虫卵；培养基：0014；培养温度：28℃。

ACCC 32482←中国农业科学院植保所李世东赠送←CBS 100379；分离自荷兰栀子花根部昆虫卵；培养基：0014；培养温度：28℃。

ACCC 32483←中国农业科学院植保所李世东赠送←ATCC 52200；分离自美国马里兰州核盘菌菌核；培养基：0014；培养温度：28℃。

ACCC 32484←中国农业科学院植保所李世东赠送←ATCC 52623；分离自捷克斯洛伐克土壤；培养基：0014；培养温度：28℃。

ACCC 32485←中国农业科学院植保所李世东赠送←ATCC 62200；分离自美国伊利诺斯州；培养基：0014；培养温度：28℃。

ACCC 37116←中国农业科学院植保所；分离自吉林大豆地土壤；培养基：0014；培养温度：25℃。

***Paecilomyces puntonii*（Vuill.）Nann. 彭氏拟青霉**

ACCC 37733←贵州大学；分离自贵州贵阳土壤；培养基：0014；培养温度：25℃。

***Paecilomyces purpureus* Z. Q. Liang & Y. F. Han 紫拟青霉**

ACCC 37736←贵州大学；分离自贵州森林公园鳞翅目昆虫；培养基：0014；培养温度：25℃。

***Paecilomyces* sp. 拟青霉**

ACCC 30800←中国农业科学院环发所；原始编号：3059＝BJ15；培养基：0014；培养温度：25～28℃。

***Paecilomyces stipitatus* Z. Q. Liang & Y. F. Han 具柄拟青霉**

ACCC 37734←贵州大学；分离自黑龙江哈尔滨土壤；培养基：0014；培养温度：25℃。

ACCC 37735←贵州大学；分离自湖北武汉土壤；培养基：0014；培养温度：25℃。

***Paecilomyces variotii* Bainier 宛氏拟青霉**

ACCC 30147←中国农业科学院土肥所郭好礼；分离自死虫体；培养基：0014；培养温度：25～28℃。

ACCC 30148←中国农业科学院土肥所；培养基：0014；培养温度：25℃。

ACCC 30445←中国农业科学院土肥所←中国科学院微生物研究所；原始编号：M195-N819；分离源：棉铃虫；培养基：0014；培养温度：25～28℃。

ACCC 30446←中国农业科学院土肥所←中国科学院微生物研究所（上海工作站）；原始编号：68.3；培养基：0014；培养温度：25～28℃。

ACCC 32173←中国热带农业科学院环境与植保所 EPPI2275←华南热带农业大学农学院；原始编号：XJ09；分离自海南省热带植物园土壤；培养基：0014；培养温度：28℃。

ACCC 32178←中国热带农业科学院环境与植保所 EPPI2287←华南热带农业大学农学院；原始编号：XJ-04；分离自海南省儋州市西培农场土壤；培养基：0014；培养温度：28℃。

ACCC 32188←中国热带农业科学院环境与植保所 EPPI2305←华南热带农业大学农学院；原始编号：LZ-03；分离自海南省儋州市西庆农场土壤；培养基：0014；培养温度：28℃。

ACCC 32193←中国热带农业科学院环境与植保所 EPPI2314←华南热带农业大学农学院；原始编号：JDH-03；分离自华南热带农业大学校园土壤；培养基：0014；培养温度：28℃。

ACCC 32264←广东省广州微生物研究所菌种组 GIMT3.043；培养基：0014；培养温度：25℃。

ACCC 32282←中国热带农业科学院环境与植保所 EPPI2686←海南大学农学院；原始编号：E11；分离自鸡蛋花根际土壤；培养基：0014；培养温度：28℃。

ACCC 32284←中国热带农业科学院环境与植保所 EPPI2688←海南大学农学院；原始编号：F2；分离自海南儋州那大汽修厂附近土壤；培养基：0014；培养温度：28℃。

***Paecilomyces verticillatus* Z. Q. Liang，Zhu Li & Y. F. Han 轮生拟青霉**

ACCC 37758←贵州大学；分离自贵州贵阳森林公园土壤；培养基：0014；培养温度：25℃。

***Paecilomyces vinaceus* Y. F. Han & Z. Q. Liang 酒红拟青霉**

ACCC 37772←贵州大学；分离自山东烟台土壤；培养基：0014；培养温度：25℃。

***Papulaspora sapidus* 美味丝葚霉**

ACCC 30315←中国农业科学院土肥所←中国农业科学院饲料所李淑敏赠送；原始编号：D100，发酵法生产蛋白质（人造肉）；培养基：0015；培养温度：25～30℃。

***Paraphaeosphaeria recurvifoliae* Hyang B. Lee**

ACCC 37260←中国农业科学院蔬菜花卉所；分离自北京海淀北京植物园剑麻褐疤病叶片；培养基：0014；培养温度：25℃。

***Penicillium aculeatum* Raper & Fennell 棘孢青霉**

ACCC 31953←广东省广州微生物研究所菌种组 GIMV17-M-1b；分离自越南土壤；培养基：0014；培养温度：25～28℃。

ACCC 31954←广东省广州微生物研究所菌种组 GIMV36-M-4a；分离自越南土壤；培养基：0014；培养温

度：25～28℃。

ACCC 32376←中国农业科学院资源区划所；原始编号：ES-6-10；培养基：0014；培养温度：25～28℃。

Penicillium adametzi Zalessky 阿达青霉

ACCC 30937←中国农业科学院饲料所 FRI2006093；原始编号：F132；采集地：海南三亚；分离源：黄瓜；培养基：0014；培养温度：25～28℃。

ACCC 32390←中国农业科学院资源区划所；原始编号：ES-11-4；培养基：0014；培养温度：25～28℃。

ACCC 32394←中国农业科学院资源区划所；原始编号：ES-13-2；培养基：0014；培养温度：25～28℃。

Penicillium aurantiogriseum Dierckx 金灰青霉

ACCC 30394←中国农业科学院土肥所←中国科学院微生物研究所；分离自广西土壤；培养基：0015；培养温度：25～28℃。

ACCC 30933←中国农业科学院饲料所 FRI2006089；原始编号：F128；采集地：海南三亚；分离源：黄瓜；培养基：0014；培养温度：25～28℃。

Penicillium bilaiae Chalabuda 拜赖青霉

ACCC 30440←中国农业科学院土肥所；培养基：0014；培养温度：25～28℃。

Penicillium canescens Sopp 灰色青霉

ACCC 31570←新疆农业科学院微生物研究所 XAAS40151；原始编号：LF1；采集地：新疆一号冰川；分离源：土壤；培养基：0014；培养温度：25～28℃。

ACCC 31599←新疆农业科学院微生物研究所 XAAS40164；原始编号：LF28；采集地：新疆一号冰川；分离源：土壤；培养基：0014；培养温度：25～28℃。

Penicillium chrysogenum Thom 产黄青霉

ACCC 30395←中国农业科学院土肥所←中国科学院微生物研究所；分离自广西土壤；培养基：0015；培养温度：25～28℃。

ACCC 30524←中国农业科学院土肥所←荷兰真菌研究所 CBS355.48；模式菌株；培养基：0014；培养温度：25～28℃。

ACCC 30900←中国农业科学院蔬菜花卉研究所 IVF117；原始编号：XGQM060918；采集地：北京市大兴区榆垡镇西黄垡村；分离源：香菇培养料；培养基：0014；培养温度：25～28℃。

ACCC 31510←中国农业科学院土肥所←山东农业大学 SDAUMCC 300055；原始编号：DOM-2；培养基：0014；培养温度：25～28℃。

ACCC 31561←新疆农业科学院微生物研究所 XAAS40069；原始编号：F80；采集地：新疆一号冰川；分离源：土壤；培养基：0014；培养温度：25～28℃。

ACCC 31568←新疆农业科学院微生物研究所 XAAS40141；原始编号：SF62；采集地：新疆吐鲁番；分离源：土壤；培养基：0014；培养温度：25～28℃。

ACCC 31569←新疆农业科学院微生物研究所 XAAS40142；原始编号：SF63；采集地：新疆吐鲁番；分离源：土壤；培养基：0014；培养温度：25～28℃。

ACCC 31574←新疆农业科学院微生物研究所 XAAS40156；原始编号：LF10；采集地：新疆一号冰川；分离源：土壤；培养基：0014；培养温度：25～28℃。

ACCC 31575←新疆农业科学院微生物研究所 XAAS40157；原始编号：LF13-1；采集地：新疆一号冰川；分离源：土壤；培养基：0014；培养温度：25～28℃。

ACCC 31582←新疆农业科学院微生物研究所 XAAS40171；原始编号：LF38；采集地：新疆一号冰川；分离源：土壤；培养基：0014；培养温度：25～28℃。

ACCC 31588←新疆农业科学院微生物研究所 XAAS40187；原始编号：LF67-2；采集地：新疆一号冰川；分离源：土壤；培养基：0014；培养温度：25～28℃。

ACCC 31862←新疆农业科学院微生物研究所 XAAS40145；原始编号：SF66；分离自新疆吐鲁番的土壤样品；培养基：0014；培养温度：20℃。

ACCC 32009←中国农业科学院环发所 IEDAF3197；原始编号：P0706105；分离自河北遵化广野黄瓜地土

壤；培养基：0436；培养温度：28℃。

ACCC 32175←中国热带农业科学院环境与植保所 EPPI2278←华南热带农业大学农学院；原始编号：
　　XRZ02；分离自海南省热带植物园土壤；培养基：0014；培养温度：28℃。

ACCC 32455←新疆农业科学院微生物研究所 XAAS40210；原始编号：AF36-1；分离自新疆南疆地区沙土；
　　培养基：0014；培养温度：20℃。

ACCC 32456←新疆农业科学院微生物研究所 XAAS40212；原始编号：AF2-2；分离自新疆南疆地区胡杨林
　　沙土；培养基：0014；培养温度：20℃。

ACCC 32461←新疆农业科学院微生物研究所 XAAS40234；原始编号：A9-2；分离自新疆南疆地区棉田边
　　沙土；培养基：0014；培养温度：20℃。

ACCC 32469←新疆农业科学院微生物研究所 XAAS40246；原始编号：AF38-2；分离自新疆南疆地区棉田
　　边沙土；培养基：0014；培养温度：20℃。

Penicillium citreoviride Biourge 黄绿青霉

ACCC 32293←中国热带农业科学院环境与植保所 EPPI2699←海南大学农学院；原始编号：J3；分离自见
　　血封喉根际土壤；培养基：0014；培养温度：28℃。

ACCC 32307←中国热带农业科学院环境与植保所 EPPI2715←海南大学农学院；原始编号：XY1；分离自
　　海南儋州那大汽修厂附近土壤；培养基：0014；培养温度：28℃。

Penicillium citrinum Thom 桔青霉

ACCC 30396←中国农业科学院土肥所←中国科学院微生物研究所；分离自广西土壤；培养基：0015；培养
　　温度：25～28℃。

ACCC 30483←中国农业科学院土肥所←广东省微生物研究所 GIM3.100←中国科学院微生物研究所
　　AS3.2788，产磷酸二酯酸；培养基：0014；培养温度：25～28℃。

ACCC 30484←中国农业科学院土肥所←中国科学院微生物研究所 AS3.2833←上海工业微生物研究所；原
　　始编号：M71；用于降解 RNA（提取核酸）；培养基：0014；培养温度：25～28℃。

ACCC 30485←中国农业科学院土肥所←广东省微生物研究所 GIM3.351←轻工业部食品发酵所 IFFI 4011←
　　上海工业微生物研究所；原始编号：M71；用于酶解肌苷酸，生产磷酸二酯酶及 5′-核苷酸；培养基：
　　0014；培养温度：25～28℃。

ACCC 31565←新疆农业科学院微生物研究所 XAAS40132；原始编号：SF52；采集地：新疆吐鲁番；分离
　　源：土壤；培养基：0014；培养温度：25～28℃。

ACCC 31905←中国农业科学院环发所 IEDAF3146；原始编号：P0706104；分离自河北遵化广野的土壤；
　　培养基：0014；培养温度：28℃。

ACCC 31909←中国农业科学院环发所 IEDAF3147；原始编号：CE-HB-002；分离自河北遵化广野的土壤；
　　培养基：0014；培养温度：28℃。

ACCC 31910←中国农业科学院环发所 IEDAF31448；原始编号：CE-HB-019；分离自河北遵化广野的土壤；
　　培养基：0014；培养温度：28℃。

ACCC 32016←中国农业科学院环发所 IEDAF3187；原始编号：D0711101；分离自北京植物园樱桃沟松树
　　下的土壤；培养基：0436；培养温度：28℃。

ACCC 32295←中国热带农业科学院环境与植保所 EPPI2702←海南大学农学院；原始编号：J5；分离自见
　　血封喉根际土壤；培养基：0014；培养温度：28℃。

ACCC 32323←广东省广州微生物研究所菌种组 GIMF-12；原始编号：F-12。产磷酸二酯酶；培养基：
　　0014；培养温度：25℃。

ACCC 32384←中国农业科学院资源区划所；原始编号：ES-10-4；培养基：0014；培养温度：25～28℃。

Penicillium commune Thom 普通青霉

ACCC 31850←新疆农业科学院微生物研究所 XAAS40188；原始编号：SF16；采集地：新疆吐鲁番；分离
　　源：土壤；培养基：0014；培养温度：25～28℃。

Penicillium crustosum Thom 皮落青霉

ACCC 32462←新疆农业科学院微生物研究所 XAAS40235；原始编号：AF4-3；分离自新疆南疆地区沙土；
    培养基：0014；培养温度：20℃。

ACCC 32464←新疆农业科学院微生物研究所 XAAS40237；原始编号：AF7-3；分离自新疆南疆地区沙土；
    培养基：0014；培养温度：20℃。

ACCC 32465←新疆农业科学院微生物研究所 XAAS40238；原始编号：AF7-4；分离自新疆南疆地区沙土；
    培养基：0014；培养温度：20℃。

Penicillium cyclopium Westling 圆弧青霉

ACCC 30486←中国农业科学院土肥所←广东省微生物研究所 GIM3.248←上海工业微生物研究所；原始编
    号：M208。生产聚糖酶；培养基：0014；培养温度：25～28℃。

ACCC 30487←中国农业科学院土肥所←广东省微生物研究所 GIM3.249←上海工业微生物研究所；原始编
    号：M96←广州电器所。防霉试验菌；培养基：0014；培养温度：25～28℃。

Penicillium decumbens Thom 斜卧青霉

ACCC 32298←中国热带农业科学院环境与植保所 EPPI2705←海南大学农学院；原始编号：M3；分离地
    点：芒果根际土壤；培养基：0014；培养温度：28℃。

ACCC 32417←广东省广州微生物研究所菌种组 GIMT3.053；分离自阔叶林土壤；培养基：0014；培养温
    度：25℃。

Penicillium digitatum Saccardo 指状青霉

ACCC 30389←中国农业科学院土肥所←中国农业科学院生防所张拥华从福建永春芦柑中分离。病原菌，可
    引起柑橘绿霉病；培养基：0013 或 0014；培养温度：25℃。

Penicillium expansum Link 扩展青霉

ACCC 30898←中国农业科学院蔬菜花卉研究所 IVF105←中国农业科学院郑州果树研究所；原始编号：
    L06110105；采集地：河南省郑州市中牟县；分离源：梨果实；培养基：0014；培养温度：25～28℃。

ACCC 30904←中国农业科学院蔬菜花卉研究所 IVF123←中国农业科学院郑州果树研究所；原始编号：
    PT06110104；采集地：河南省郑州市中牟县；分离源：葡萄；培养基：0014；培养温度：25～28℃。

ACCC 32174←中国热带农业科学院环境与植保所 EPPI2276←华南热带农业大学农学院；原始编号：XJ30；
    分离自海南省热带植物园土壤；培养基：0014；培养温度：28℃。

ACCC 36188←中国农业科学院植保所←河南农大植保学院；分离自河南郑州苹果青霉病果实；培养基：
    0017；培养温度：30℃。

Penicillium frequentans Westling 常现青霉

ACCC 31891←中国农业科学院环发所 IEDAF3124；原始编号：P0706101；分离自河北遵化广野的土壤；
    培养基：0014；培养温度：28℃。

ACCC 31893←中国农业科学院环发所 IEDAF3126；原始编号：D605-4-11；分离自辽宁丹东虎山草地的土
    壤；培养基：0014；培养温度：28℃。

ACCC 31897←中国农业科学院环发所 IEDAF3131；原始编号：P0707107；分离自河北遵化广野的土壤；
    培养基：0014；培养温度：28℃。

ACCC 31898←中国农业科学院环发所 IEDAF3134；原始编号：CE-LN-002；分离自辽宁丹东虎山松树的土
    壤；培养基：0014；培养温度：28℃。

ACCC 32013←中国农业科学院环发所 IEDAF3175；原始编号：CE0710106；分离自北京植物园松树下土
    壤；培养基：0436；培养温度：28℃。

ACCC 32171←中国热带农业科学院环境与植保所 EPPI2273←华南热带农业大学农学院；原始编号：
    NDL03；分离自海南省热带植物园土壤；培养基：0014；培养温度：28℃。

ACCC 32172←中国热带农业科学院环境与植保所 EPPI2274←华南热带农业大学农学院；原始编号：
    QZ04；分离自海南省热带植物园土壤；培养基：0014；培养温度：28℃。

ACCC 32180←中国热带农业科学院环境与植保所 EPPI2290←华南热带农业大学农学院；原始编号：XQ-

08；分离自海南省儋州市西庆农场的土壤；培养基：0014；培养温度：28℃。

ACCC 32195←中国热带农业科学院环境与植保所 EPPI2317←华南热带农业大学农学院；原始编号：XY-12；分离自甘蔗资源圃土壤；培养基：0014；培养温度：28℃。

ACCC 32244←中国农业科学院环发所 IEDAF3307；原始编号：PF-8；培养基：436；培养温度：28℃。

ACCC 32245←中国农业科学院环发所 IEDAF3311；原始编号：PF-12；分离自新疆伊犁马铃薯甲虫；培养基：0436；培养温度：28℃。

ACCC 32280←中国热带农业科学院环境与植保所 EPPI2684←海南大学农学院；原始编号：D7-2；分离自海南儋州那大汽修厂附近土壤；培养基：0014；培养温度：28℃。

ACCC 32424←中国农业科学院环发所 IEDAF1541；原始编号：zj080971；培养基：0436；培养温度：28℃。

ACCC 32425←中国农业科学院环发所 IEDAF1542；原始编号：zj080981；培养基：0436；培养温度：28℃。

Penicillium funiculosum Thom 绳状青霉

ACCC 30397←中国农业科学院土肥所←中国科学院微生物研究所；分离自广西土壤；培养基：0015；培养温度：25～28℃。

ACCC 30488←中国农业科学院土肥所←中国科学院微生物研究所 AS3.3875←中科院微生物研究所；原始编号：P88；培养基：0014；培养温度：25～28℃。

ACCC 32287←中国热带农业科学院环境与植保所 EPPI2691←海南大学农学院；原始编号：H10；分离自海南儋州那大汽修厂附近土壤；培养基：0014；培养温度：28℃。

ACCC 32303←中国热带农业科学院环境与植保所 EPPI2711←海南大学农学院；原始编号：U7；分离自美登木根际土壤；培养基：0014；培养温度：28℃。

ACCC 32309←中国热带农业科学院环境与植保所 EPPI2718←海南大学农学院；原始编号：Y1；分离自海南儋州沙田镇水稻根际土壤；培养基：0014；培养温度：28℃。

ACCC 32429←中国农业科学院环发所 IEDAF1550；原始编号：SM-12F4；培养基：0436；培养温度：28℃。

Penicillium glabrum（Wehmer）Westling 光滑青霉

ACCC 30398←中国农业科学院土肥所←中国科学院微生物研究所；分离自广西土壤；培养基：0015；培养温度：25～28℃。

ACCC 32375←中国农业科学院资源区划所；原始编号：ES-6-2；培养基：0014；培养温度：25～28℃。

Penicillium granulatum Bainier 粒状青霉

ACCC 32467←新疆农业科学院微生物研究所 XAAS40243；原始编号：AF22-3；分离自新疆南疆地区沙土；培养基：0014；培养温度：20℃。

Penicillium griseofulvum Dierckx 灰黄青霉

ACCC 32386←中国农业科学院资源区划所；原始编号：ES-10-7；培养基：0014；培养温度：25～28℃。

Penicillium herquei Bainier & Sartory 梅花状青霉

ACCC 31927←广东省广州微生物研究所菌种组 GIMV41-M-1；分离自越南的原始林土壤；培养基：0014；培养温度：25℃。

Penicillium implicatun Biourge 纠缠青霉

ACCC 32276←中国热带农业科学院环境与植保所 EPPI2680←海南大学农学院；原始编号：D3-1；分离自海南儋州那大汽修厂附近土壤；培养基：0014；培养温度：28℃。

Penicillium islandicum Sopp 岛青霉

ACCC 31950←广东省广州微生物研究所菌种组 GIM3.260；分离自广州市的农地土壤；培养基：0014；培养温度：25～28℃。

Penicillium italicum Wehmer 意大利青霉

ACCC 30399←中国农业科学院土肥所←中国科学院微生物研究所；分离自广西土壤；培养基：0015；培养

温度：25～28℃。

ACCC 38012←西北农林科技大学；分离自陕西杨凌苹果霉心病果实；培养基：0014；培养温度：25℃。

Penicillium janthinellum Biourge 微紫青霉

ACCC 30170←中国农业科学院土肥所←中国科学院应用生态研究所王义甫赠送；原始编号：778-1，纤维素酶饲料；培养基：0014；培养温度：30℃。

ACCC 32301←中国热带农业科学院环境与植保所 EPPI2709←海南大学农学院；原始编号：U4；分离自美登木根际土壤；培养基：0014；培养温度：28℃。

ACCC 32377←中国农业科学院资源区划所；原始编号：ES-6-11；培养基：0014；培养温度：25～28℃。

ACCC 32379←中国农业科学院资源区划所；原始编号：ES-7-6；培养基：0014；培养温度：25～28℃。

ACCC 32382←中国农业科学院资源区划所；原始编号：ES-7-11；培养基：0014；培养温度：25～28℃。

ACCC 32389←中国农业科学院资源区划所；原始编号：ES-11-3；培养基：0014；培养温度：25～28℃。

Penicillium lilacinum Thom 淡紫青霉

ACCC 31890←中国农业科学院环发所 IEDAF3120；原始编号：CE-LN-004；分离自辽宁丹东土库的土壤；培养基：0014；培养温度：28℃。

ACCC 31904←中国农业科学院环发所 IEDAF3144；原始编号：CE-HB-014；分离自河北遵化广野的土壤；培养基：0014；培养温度：28℃。

ACCC 31951←广东省广州微生物研究所菌种组 GIM3.259；分离自广州市的农地土壤；培养基：0014；培养温度：25～28℃。

ACCC 32010←中国农业科学院环发所 IEDAF3198；原始编号：P0707104；分离自河北遵化广野黄瓜地土壤；培养基：0436；培养温度：28℃。

ACCC 32183←中国热带农业科学院环境与植保所 EPPI2296←华南热带农业大学农学院；原始编号：XY-15；分离自甘蔗资源圃土壤；培养基：0014；培养温度：28℃。

ACCC 32274←中国热带农业科学院环境与植保所 EPPI2678←海南大学农学院；原始编号：D-1；分离自淮山根际土壤；培养基：0014；培养温度：28℃。

ACCC 32283←中国热带农业科学院环境与植保所 EPPI2687←海南大学农学院；原始编号：E4；分离自鸡蛋花根际土壤；培养基：0014；培养温度：28℃。

ACCC 32288←中国热带农业科学院环境与植保所 EPPI2692←海南大学农学院；原始编号：H12；分离自海南儋州那大汽修厂附近土壤；培养基：0014；培养温度：28℃。

ACCC 32290←中国热带农业科学院环境与植保所 EPPI2695←海南大学农学院；原始编号：H4；分离自海南儋州那大汽修厂附近土壤；培养基：0014；培养温度：28℃。

Penicillium lividum Westling 铅色青霉

ACCC 32169←中国热带农业科学院环境与植保所 EPPI2271←华南热带农业大学农学院；原始编号：LY02；分离自海南省热带植物园土壤；培养基：0014；培养温度：28℃。

Penicillium melinii Thom 梅林青霉

ACCC 31572←新疆农业科学院微生物研究所 XAAS40153；原始编号：LF5；采集地：新疆一号冰川；分离源：土壤；培养基：0014；培养温度：25～28℃。

ACCC 31598←新疆农业科学院微生物研究所 XAAS40165；原始编号：LF29；采集地：新疆吐鲁番；分离源：土壤；培养基：0014；培养温度：25～28℃。

Penicillium montanense M. Chr. & Backus 山地青霉

ACCC 31585←新疆农业科学院微生物研究所 XAAS40181；原始编号：LF62-1；采集地：新疆一号冰川；分离源：土壤；培养基：0014；培养温度：25～28℃。

ACCC 31586←新疆农业科学院微生物研究所 XAAS40182；原始编号：LF62-2；采集地：新疆一号冰川；分离源：土壤；培养基：0014；培养温度：25～28℃。

Penicillium nigricans Bainier ex Thom 黑青霉

ACCC 31896←中国农业科学院环发所 IEDAF3130；原始编号：CE-LN-007；分离自辽宁丹东虎山草地的土

壤；培养基：0014；培养温度：28℃。

ACCC 31991←中国农业科学院环发所 IEDAF3186；原始编号：D071109；分离自辽宁丹东的土壤；培养基：0436；培养温度：28℃。

Penicillium notatum Westlimg 特异青霉

ACCC 30443←中国农业科学院土肥所←轻工部食品发酵所 IFFI4007，产氧化酶；培养基：0014；培养温度：25～28℃。

Penicillium ochraceum （Bain.）Thom 赭色青霉

ACCC 31577←新疆农业科学院微生物研究所 XAAS40160；原始编号：LF17；采集地：新疆一号冰川；分离源：土壤；培养基：0014；培养温度：25～28℃。

Penicillium ochrochloron Biourge 赭绿青霉

ACCC 32380←中国农业科学院资源区划所；原始编号：ES-7-7；培养基：0014；培养温度：25～28℃。

Penicillium olivicolor Pitt 橄榄色青霉

ACCC 30932←中国农业科学院饲料所 FRI2006088；原始编号：F127；采集地：海南三亚；分离源：黄瓜；培养基：0014；培养温度：25～28℃。

Penicillium oxalicum Currie & Thom 草酸青霉

ACCC 30400←中国农业科学院土肥所←中国科学院微生物研究所；分离自广西土壤；培养基：0015；培养温度：25～28℃。

Penicillium persicinum L. Wang et al. 桃色青霉

ACCC 30930←中国农业科学院饲料所 FRI2006086；原始编号：F125；采集地：海南三亚；分离源：黄瓜；培养基：0014；培养温度：25～28℃。

Penicillum pinophilum Hedge. 嗜松青霉

ACCC 32255←中国农业科学院资源区划所；原始编号：ES-12-6；培养基：0014；培养温度：25～28℃。
ACCC 32372←中国农业科学院资源区划所；原始编号：ES-7-4；培养基：0014；培养温度：25～28℃。
ACCC 32373←中国农业科学院资源区划所；原始编号：ES-1-3；培养基：0014；培养温度：25～28℃。
ACCC 32374←中国农业科学院资源区划所；原始编号：ES-2-1；培养基：0014；培养温度：25～28℃。
ACCC 32378←中国农业科学院资源区划所；原始编号：EF-7-4；培养基：0014；培养温度：25～28℃。
ACCC 32381←中国农业科学院资源区划所；原始编号：ES-7-10；培养基：0014；培养温度：25～28℃。
ACCC 32387←中国农业科学院资源区划所；原始编号：ES-10-8；培养基：0014；培养温度：25～28℃。
ACCC 32388←中国农业科学院资源区划所；原始编号：ES-11-2；培养基：0014；培养温度：25～28℃。
ACCC 32393←中国农业科学院资源区划所；原始编号：ES-13-1；培养基：0014；培养温度：25～28℃。
ACCC 32426←中国农业科学院环发所 IEDAF1543；原始编号：SM-10F1；培养基：0436；培养温度：28℃。
ACCC 32470←新疆农业科学院微生物研究所 XAAS40247；原始编号：GF5-1；分离自新疆南疆地区棉田边沙土；培养基：0014；培养温度：20℃。
ACCC 32471←新疆农业科学院微生物研究所 XAAS40248；原始编号：GF6-1；分离自新疆南疆地区棉田边沙土；培养基：0014；培养温度：20℃。

Penicillium polonicum Thom 波兰青霉

ACCC 31573←新疆农业科学院微生物研究所 XAAS40155；原始编号：LF9；采集地：新疆一号冰川；分离源：土壤；培养基：0014；培养温度：25～28℃。
ACCC 31579←新疆农业科学院微生物研究所 XAAS40162；原始编号：LF24-1；采集地：新疆一号冰川；分离源：土壤；培养基：0014；培养温度：25～28℃。
ACCC 31583←新疆农业科学院微生物研究所 XAAS40172；原始编号：LF42-1；采集地：新疆一号冰川；分离源：土壤；培养基：0014；培养温度：25～28℃。
ACCC 31584←新疆农业科学院微生物研究所 XAAS40173；原始编号：LF43；采集地：新疆一号冰川；分

离源：土壤；培养基：0014；培养温度：25～28℃。

Penicillium purpurogenum Stoll 产紫青霉

ACCC 32170←中国热带农业科学院环境与植保所 EPPI2272←华南热带农业大学农学院；原始编号：LY08；分离自海南省热带植物园土壤；培养基：0014；培养温度：28℃。

ACCC 32182←中国热带农业科学院环境与植保所 EPPI2294←华南热带农业大学农学院；原始编号：ST-10；分离自海南省儋州市沙田村橡胶林土壤；培养基：0014；培养温度：28℃。

ACCC 32092←中国热带农业科学院环境与植保所 EPPI2320←华南热带农业大学农学院；原始编号：XRZ-11；分离自海南省热带植物园土壤；培养基：0014；培养温度：28℃。

ACCC 32414←广东省广州微生物研究所菌种组 GIMT3.050；分离自阔叶林土壤；培养基：0014；培养温度：25℃。

Penicillium restrictum Gilman & Abbott 局限青霉

ACCC 30401←中国农业科学院土肥所←中国科学院微生物研究所；分离自广西土壤；培养基：0015；培养温度：25～28℃。

ACCC 31806←中国农业科学院环发所 IEDAF3193；原始编号：3193＝P0707115；分离自河北广野黄瓜地；分离源：土壤；培养基：0014；培养温度：25～28℃。

ACCC 32246←中国农业科学院环发所 IEDAF3309；原始编号：PF-10；培养基：0436；培养温度：28℃。

Penicillium sclerotiorum J. F. H. Beyma 菌核青霉

ACCC 31924←广东省广州微生物研究所菌种组 GIMV15-M-1；分离自越南的原始林土壤；培养基：0014；培养温度：25℃。

Penicillium simplicissimum （Oudemans） Thom 简青霉

ACCC 32391←中国农业科学院资源区划所；原始编号：ES-12-4；培养基：0014；培养温度：25～28℃。

penicillius soppii Zal. 暗边青霉

ACCC 31590←新疆农业科学院微生物研究所 XAAS40190；原始编号：LF74；采集地：新疆吐鲁番；分离源：土壤；培养基：0014；培养温度：25～28℃。

Penicillium sp. 青霉菌

ACCC 30106←中国农业科学院土肥所←湖南农业科学院植保所；培养基：0014；培养温度：24～28℃。

ACCC 30287←中国农业科学院土肥所郭好礼从山东菏泽棉种场堆肥中分离，有一定的纤维分解能力；培养基：0015；培养温度：25～45℃。

ACCC 30348←中国农业科学院土肥所郭好礼；分离源：从饲料中分离；培养基：0015；培养温度：25～28℃。

ACCC 31505←中国农业科学院土肥所←山东农业大学 SDAUMCC 300019；原始编号：ZB-364；采集地：山东泰安；分离源：霉变柑橘；培养基：0014；培养温度：25～28℃。

ACCC 31506←中国农业科学院土肥所←山东农业大学 SDAUMCC 300020；原始编号：ZB-366；采集地：山东泰安；分离源：霉变食品；培养基：0014；培养温度：25～28℃。

ACCC 31507←中国农业科学院土肥所←山东农业大学 SDAUMCC 300021；原始编号：ZB-391；采集地：山东泰安；分离源：麦田耕作土壤；培养基：0014；培养温度：25～28℃。

ACCC 31508←中国农业科学院土肥所←山东农业大学 SDAUMCC 300022；原始编号：ZB-392；采集地：山东泰安；分离源：蔬菜根际土壤；培养基：0014；培养温度：25～28℃。

ACCC 31894←中国农业科学院环发所 IEDAF3127；原始编号：D605-7-11；分离自山西太古番茄地的土壤；培养基：0014；培养温度：28℃。

ACCC 31899←中国农业科学院环发所 IEDAF3135；原始编号：CE-HB-015；分离自河北遵化广野的土壤；培养基：0014；培养温度：28℃。

ACCC 31900←中国农业科学院环发所 IEDAF3137；原始编号：CE-HB-009；分离自河北遵化广野的土壤；培养基：0014；培养温度：28℃。

ACCC 31901←中国农业科学院环发所 IEDAF3138；原始编号：CE-HB-011；分离自河北遵化广野的土壤；

培养基：0014；培养温度：28℃。

ACCC 31902←中国农业科学院环发所 IEDAF3139；原始编号：CE-HB-007；分离自河北遵化广野的土壤；
　　　培养基：0014；培养温度：28℃。

ACCC 31984←中国农业科学院环发所 IEDAF3177；原始编号：CE0710108；分离自北京植物园山桃树下的
　　　土壤；培养基：0436；培养温度：28℃。

ACCC 31985←中国农业科学院环发所 IEDAF3178；原始编号：P0710101；分离自北京植物园松树下的土
　　　壤；培养基：0436；培养温度：28℃。

ACCC 31986←中国农业科学院环发所 IEDAF3181；原始编号：D0710101；分离自北京植物园松树下的土
　　　壤；培养基：0436；培养温度：28℃。

ACCC 31990←中国农业科学院环发所 IEDAF3185；原始编号：D071105；分离自山东寿光韭菜地的土壤；
　　　培养基：0436；培养温度：30℃。

ACCC 31992←中国农业科学院环发所 IEDAF3188；原始编号：D071108；分离自山东寿光韭菜地的土壤；
　　　培养基：0436；培养温度：30℃。

ACCC 32017←中国农业科学院环发所 IEDAF3189；原始编号：D0711101；分离自北京植物园松树下的土
　　　壤；培养基：0436；培养温度：28℃。

ACCC 32392←中国农业科学院资源区划所；原始编号：ES-12-8；培养基：0014；培养温度：25～28℃。

ACCC 32430←中国农业科学院环发所 IEDAF1557；原始编号：SM-5F1；培养基：0436；培养温度：28℃。

Penicillium spinulosum Thom 小刺青霉

ACCC 31858←新疆农业科学院微生物研究所 XAAS40159；原始编号：LF15；分离自新疆一号冰川的土壤
　　　样品；培养基：0014；培养温度：20℃。

Penicillium steckii K. M. Zalessky 岐皱青霉

ACCC 32278←中国热带农业科学院环境与植保所 EPPI2682←海南大学农学院；原始编号：D4-5；分离自
　　　海南儋州那大汽修厂附近土壤；培养基：0014；培养温度：28℃。

Penicillium urticae Bainier 荨麻青霉

ACCC 32409←广东省广州微生物研究所菌种组 GIMF-57；原始编号：F-57；培养基：0014；培养温
　　　度：25℃。

Penicillium variabile Sopp 变幻青霉

ACCC 30402←中国农业科学院土肥所←中国科学院微生物研究所；分离自广西土壤；培养基：15；培养温
　　　度：25～28℃。

Penicillium verruculosun Peyronel 细疣青霉

ACCC 31914←广东省广州微生物研究所菌种组 GIM T3.019；分离自广州市的农田土壤；培养基：0014；
　　　培养温度：25℃。

ACCC 31923←广东省广州微生物研究所菌种组 GIMV7-M-1a；分离自越南的原始林土壤；培养基：0014；
　　　培养温度：25℃。

ACCC 32383←中国农业科学院资源区划所；原始编号：ES-10-2；培养基：0014；培养温度：25～28℃。

ACCC 32385←中国农业科学院资源区划所；原始编号：ES-10-5；培养基：0014；培养温度：25～28℃。

Penicillium viridicatum Westling 鲜绿青霉

ACCC 31587←新疆农业科学院微生物研究所 XAAS40186；原始编号：LF67-1；采集地：新疆吐鲁番；分
　　　离源：土壤；培养基：0014；培养温度：25～28℃。

ACCC 38013←西北农林科技大学；分离自陕西白水苹果霉心病果实；培养基：0014；培养温度：25℃。

Penicillium vulpinum （Cooke & Massee） Seifert & Samson 狐粪青霉

ACCC 37792←贵州大学；分离自河南信阳震雷山粪；培养基：0424；培养温度：25℃。

Penicillium waksmanii Zalessky 瓦克青霉

ACCC 30521←中国农业科学院土肥所←荷兰真菌研究所 CBS230.28；模式菌株；分离自森林土壤；培养

基：0014；培养温度：25～28℃。

Pestalotia rhododendri Guba 杜鹃盘多毛孢

ACCC 30372←中国农业科学院土肥所←云南农业大学植物病理重点实验室 DTZJ 0486。土壤分离菌，寄生于杜鹃花属植物，引起叶斑病；培养基：0014；培养温度：26℃。

Pestalotiopsis adusta（Ellis & Everh.）Steyaert 烟色拟盘多毛孢

ACCC 37470←中国农业科学院蔬菜花卉所；分离自北京海淀矮牵牛烟色拟盘多毛孢叶斑病叶片；培养基：0014；培养温度：25℃。

Pestalotiopsis guepinii（Desm.）Steyaert 茶褐斑拟盘多毛孢

ACCC 36424←中国农业科学院蔬菜花卉所；分离自北京海淀山茶叶斑病叶片；培养基：0014；培养温度：25℃。

ACCC 37466←中国农业科学院蔬菜花卉所；分离自北京海淀月季叶斑病叶片；培养基：0014；培养温度：25℃。

ACCC 37469←中国农业科学院蔬菜花卉所；分离自江苏无锡惠山杜鹃叶斑病叶片；培养基：0014；培养温度：25℃。

Pestalotiopsis longiseta（Speg.）K. Dai & Ts. Kobay. 长刚毛拟盘多毛孢

ACCC 37471←中国农业科学院蔬菜花卉所；分离自江苏海门温室草莓叶斑病叶片；培养基：0014；培养温度：25℃。

Pestalotiopsis palmarum（Cooke）Steyaert 掌状拟盘多毛孢

ACCC 37531←中国热作院环植所；分离自海南海口椰子树灰斑病病斑；培养基：0014；培养温度：28℃。

ACCC 37620←中国热作院环植所；分离自海南海口椰子拟盘多毛孢灰斑病病组织；培养基：0014；培养温度：28℃。

Pestalotiopsis sydowiana（Bresadola）Sutton 赛氏拟盘多毛孢

ACCC 31918←广东省广州微生物研究所菌种组 GIMV14-M-3；分离自越南的阔叶林土壤；培养基：0014；培养温度：25℃。

Pestalotiopsis vismiae（Petr.）J. X. Zhang & T. Xu 韦司梅拟盘多毛孢

ACCC 31920←广东省广州微生物研究所菌种组 GIMV18-M-3；分离自越南的原始林土壤；培养基：0014；培养温度：25℃。

Petromyces alliaceus Malloch & Cain 洋葱石座菌

ACCC 32296←中国热带农业科学院环境与植保所 EPPI2703←海南大学农学院；原始编号：K2；分离自空心菜地土壤；培养基：0014；培养温度：28℃。

Phanerochaete chrysosporium Burdsall 黄孢平革菌

ACCC 30414←中国农业科学院土肥所←广东省微生物研究所 GIM3.383，木质素分解菌；培养基：0014；培养温度：25～28℃。

ACCC 30530←中国农业科学院土肥所←荷兰真菌研究所 CBS481.73，木质素降解菌；模式菌株；培养基：0014；培养温度：25～28℃。

ACCC 30553←中国农业科学院土肥所←美国典型物培养中心 ATCC34541，木质素降解菌；培养基：0014；培养温度：25℃。

ACCC 30942←中国农业科学院饲料所 FRI2006098；原始编号：F137；＝CGMCC 5.776；培养基：0014；培养温度：25～28℃。

ACCC 30953←中国农业科学院麻类所 IBFC W0420；原始编号：P1，从孟加拉引进；分离源：腐烂木材；培养基：0014；培养温度：25～28℃。

ACCC 30954←中国农业科学院麻类所 IBFC W0424；原始编号：P3；采集地：湖南长沙；培养基：0014；培养温度：25～28℃。

ACCC 30955←中国农业科学院麻类所 IBFC W0421；原始编号：P5，从孟加拉引进；分离源：腐烂木材；

培养基：0014；培养温度：25～28℃。

ACCC 32116←中国农业科学院麻类所 IBFC W0724；原始编号：M7-5；分离自中南林业科技大学的土壤，用于红麻制浆；培养基：0014；培养温度：28℃。

ACCC 32117←中国农业科学院麻类所 IBFC W0725；原始编号：M7-6；分离自中南林业科技大学的土壤，用于红麻制浆；培养基：0014；培养温度：28℃。

ACCC 32118←中国农业科学院麻类所 IBFC W0726；原始编号：Y29；分离自中南林业科技大学的土壤，用于红麻制浆；培养基：0014；培养温度：28℃。

ACCC 32119←中国农业科学院麻类所 IBFC W0787；原始编号：D75；分离自中南林业科技大学的土壤，用于红麻制浆；培养基：0014；培养温度：28℃。

ACCC 32120←中国农业科学院麻类所 IBFC W0788；原始编号：K17；分离自中南林业科技大学的土壤，用于红麻制浆；培养基：0014；培养温度：28℃。

ACCC 32121←中国农业科学院麻类所 IBFC W0789；原始编号：K19；分离自中南林业科技大学的土壤，用于红麻制浆；培养基：0014；培养温度：28℃。

ACCC 32122←中国农业科学院麻类所 IBFC W0793；原始编号：K22；分离自中南林业科技大学的土壤，用于红麻制浆；培养基：0014；培养温度：28℃。

ACCC 32123←中国农业科学院麻类所 IBFC W0809；原始编号：W07-4；分离自中南林业科技大学的土壤，用于红麻制浆；培养基：0014；培养温度：28℃。

ACCC 32124←中国农业科学院麻类所 IBFC W0695；原始编号：P11-5；分离自中南林业科技大学的土壤，用于红麻制浆；培养基：0014；培养温度：28℃。

ACCC 32125←中国农业科学院麻类所 IBFC W0696；原始编号：P11-6；分离自中南林业科技大学的土壤，用于红麻制浆；培养基：0014；培养温度：28℃。

ACCC 32404←广东省广州微生物研究所菌种组 GIMF-50；原始编号：F-50。降解木质纤维素；培养基：0014；培养温度：25℃。

ACCC 32477←中国农业科学院麻类研究所 IBFC W0977；原始编号：F0815；分离自腐烂木材；用于红麻制浆，还可以用于麦草、龙须草制浆；培养基：0014；培养温度：30℃。

ACCC 32478←中国农业科学院麻类研究所 IBFC W1007；原始编号：F0817；分离自腐烂木材；用于红麻制浆，还可以用于麦草、龙须草制浆；培养基：0014；培养温度：30℃。

ACCC 32479←中国农业科学院麻类研究所 IBFC W1017；原始编号：F0811；分离自腐烂木材；用于红麻制浆，还可以用于麦草、龙须草制浆；培养基：0014；培养温度：30℃。

Phialomyces macrosporus P. C. Misra & P. H. B. Talbot 大孢瓶梗霉

ACCC 37886←山东农业大学；培养基：0014；培养温度：25℃。

Phialophora fastigiata （Lagerberg & Malin） Conant 帚状瓶霉

ACCC 30574←中国农业科学院土肥所←美国典型物培养中心；原始编号：ATCC34157；分离自云杉。降解纤维素；培养基：0014；培养温度：26℃。

Phialophora hoffmannii （van Beyma） Schol-Schwarz 霍氏瓶霉

ACCC 30575←中国农业科学院土肥所←美国典型物培养中心；原始编号：ATCC34158；分离源：木桩。降解纤维素；培养基：0014；培养温度：26℃。

Phoma betae Frank 甜菜茎点霉

ACCC 30086←中国农业科学院土肥所；甜菜蛇眼病菌；培养基：0014；培养温度：25～28℃。

Phytophthora cactorum （Lebert & Cohn） J. Schröt. 恶疫霉

ACCC 36421←中国农业科学院蔬菜花卉所；分离自河北保定温室草莓疫病土壤样品；培养基：0014；培养温度：25℃。

Phytophthora capsici Leonian 辣椒疫霉

ACCC 37284←中国农业科学院蔬菜花卉所；分离自北京海淀番茄绵疫病果实；培养基：0014；培养温度：25℃。

ACCC 37300←中国农业科学院蔬菜花卉所；分离自山东寿光南瓜疫病茎；培养基：0014；培养温度：25℃。

Phytophthora sojae Kaufm. & Gerd. 大豆疫霉

ACCC 36910←中国农业科学院植保所←新疆石河子大学农学院植病室；分离自新疆石河子大豆疫霉病根茎；培养基：0014；培养温度：25℃。

ACCC 36911←中国农业科学院植保所←新疆石河子大学农学院植病室；分离自新疆石河子大豆疫霉病根茎；培养基：CA；培养温度：25℃。

ACCC 36912←中国农业科学院植保所←新疆石河子大学农学院植病室；分离自新疆石河子大豆疫霉病根茎；培养基：CA；培养温度：25℃。

Pochonia chlamydospora（Goddard）Zare & W. Gams 厚垣孢普可尼亚菌

ACCC 30601←云南省烟草科学研究院；原始编号：ZPC01；采集地：贵州；分离源：线虫；用作生物防治研究；培养基：0014；培养温度：25～28℃。

ACCC 30602←云南省烟草科学研究院；原始编号：ZPC02；采集地：巴西；分离源：线虫；用作生物防治研究；培养基：0014；培养温度：25～28℃。

ACCC 30603←云南省烟草科学研究院；原始编号：ZPC03；采集地：英国；分离源：线虫；用作生物防治研究；培养基：0014；培养温度：25～28℃。

ACCC 30604←云南省烟草科学研究院；原始编号：ZPC04；采集地：意大利；分离源：线虫；用作生物防治研究；培养基：0014；培养温度：25～28℃。

ACCC 30605←云南省烟草科学研究院；原始编号：ZPC05；采集地：葡萄牙；分离源：线虫；用作生物防治研究；培养基：0014；培养温度：25～28℃。

ACCC 30606←云南省烟草科学研究院；原始编号：ZPC06；采集地：西班牙；分离源：线虫；用作生物防治研究；培养基：0014；培养温度：25～28℃。

ACCC 30607←云南省烟草科学研究院；原始编号：ZPC07；采集地：英国；分离源：线虫；用作生物防治研究；培养基：0014；培养温度：25～28℃。

ACCC 30608←云南省烟草科学研究院；原始编号：ZPC08；采集地：英国；分离源：线虫；用作生物防治研究；培养基：0014；培养温度：25～28℃。

ACCC 30609←云南省烟草科学研究院；原始编号：ZPC09；采集地：肯尼亚；分离源：线虫；用作生物防治研究；培养基：0014；培养温度：25～28℃。

ACCC 30610←云南省烟草科学研究院；原始编号：ZPC010；采集地：海南儋州；分离源：线虫；用作生物防治研究；培养基：0014；培养温度：25～28℃。

ACCC 30611←云南省烟草科学研究院；原始编号：ZPC011；采集地：海南三亚；分离源：线虫；用作生物防治研究；培养基：0014；培养温度：25～28℃。

ACCC 30612←云南省烟草科学研究院；原始编号：ZPC012；采集地：北京丰台；分离源：线虫；用作生物防治研究；培养基：0014；培养温度：25～28℃。

ACCC 30613←云南省烟草科学研究院；原始编号：；ZPC013；采集地：海南乐东；分离源：线虫；用作生物防治研究；培养基：0014；培养温度：25～28℃。

ACCC 30614←云南省烟草科学研究院；原始编号：ZPC014；采集地：海南三亚；分离源：线虫；用作生物防治研究；培养基：0014；培养温度：25～28℃。

ACCC 30615←云南省烟草科学研究院；原始编号：ZPC015；采集地：海南乐东；分离源：线虫；用作生物防治研究；培养基：0014；培养温度：25～28℃。

ACCC 30616←云南省烟草科学研究院；原始编号：ZPC016；采集地：海南三亚；分离源：线虫；用作生物防治研究；培养基：0014；培养温度：25～28℃。

ACCC 30617←云南省烟草科学研究院；原始编号：ZPC017；采集地：云南蒙自；分离源：线虫；用作生物防治研究；培养基：0014；培养温度：25～28℃。

ACCC 30618←云南省烟草科学研究院；原始编号：ZPC018；采集地：云南宜良；分离源：线虫；用作生

　　物防治研究；培养基：0014；培养温度：25～28℃。

ACCC 30619←云南省烟草科学研究院；原始编号：ZPC019；采集地：云南石林；分离源：线虫；用作生
　　物防治研究；培养基：0014；培养温度：25～28℃。

Poronia punctata（Linnaeus）Fries 点孔座壳

ACCC 30507←中国农业科学院土肥所←荷兰真菌研究所 CBS459.48；分离源：马粪；培养基：0014；培养
　　温度：25～28℃。

Pseudocercospora lilacis（Desm.）Deighton 丁香假尾孢（丁香褐斑病菌）

ACCC 36100←中国农业科学院蔬菜花卉所；分离自北京海淀丁香假尾孢褐斑病叶片；培养基：0014；培养
　　温度：25～28℃。

Pseudocercospora nymphaeacea（Cooke & Ellis）Deighton 莲假尾孢

ACCC 36101←中国农业科学院蔬菜花卉所；分离自北京顺义睡莲褐斑病叶片；培养基：0014；培养温度：
　　25～28℃。

Pseudogymnoascus roseus Raillo 玫红假裸囊菌

ACCC 31580←新疆农业科学院微生物研究所 XAAS40163；原始编号：LF24-2；采集地：新疆一号冰川；
　　分离源：土壤；培养基：0014；培养温度：25～28℃。

Pyricularia oryzae Cavara 稻梨孢（稻瘟病菌）

ACCC 37631←中国农业科学院植保所←福建农业科学院水稻所；分离自福建上杭水稻稻瘟病穗茎；培养
　　基：0329；培养温度：26℃。

ACCC 37632←中国农业科学院植保所←福建农业科学院水稻所；分离自福建上杭水稻稻瘟病穗茎；培养
　　基：0329；培养温度：26℃。

ACCC 37633←中国农业科学院植保所←福建农业科学院水稻所；分离自福建上杭水稻稻瘟病穗茎；培养
　　基：0329；培养温度：26℃。

ACCC 37634←中国农业科学院植保所←福建农业科学院水稻所；分离自福建上杭水稻稻瘟病穗茎；培养
　　基：0329；培养温度：26℃。

ACCC 37635←中国农业科学院植保所←福建农业科学院水稻所；分离自福建上杭水稻稻瘟病穗茎；培养
　　基：0329；培养温度：26℃。

ACCC 37640←中国农业科学院植保所←福建农业科学院水稻所；分离自福建上杭水稻稻瘟病穗茎；培养
　　基：0329；培养温度：26℃。

ACCC 37641←中国农业科学院植保所←福建农业科学院水稻所；分离自福建上杭水稻稻瘟病穗茎；培养
　　基：0329；培养温度：26℃。

ACCC 37648←中国农业科学院植保所←福建农业科学院水稻所；分离自福建上杭水稻稻瘟病穗茎；培养
　　基：0329；培养温度：26℃。

ACCC 37656←中国农业科学院植保所←福建农业科学院水稻所；分离自福建将乐水稻稻瘟病穗茎；培养
　　基：0329；培养温度：26℃。

ACCC 37657←中国农业科学院植保所←福建农业科学院水稻所；分离自福建将乐水稻稻瘟病穗茎；培养
　　基：0329；培养温度：26℃。

ACCC 37658←中国农业科学院植保所←福建农业科学院水稻所；分离自福建将乐水稻稻瘟病穗茎；培养
　　基：0329；培养温度：26℃。

ACCC 37659←中国农业科学院植保所←福建农业科学院水稻所；分离自福建将乐水稻稻瘟病穗茎；培养
　　基：0329；培养温度：26℃。

ACCC 37660←中国农业科学院植保所←福建农业科学院水稻所；分离自福建将乐水稻稻瘟病穗茎；培养
　　基：0329；培养温度：26℃。

ACCC 37671←中国农业科学院植保所←福建农业科学院水稻所；分离自福建将乐水稻稻瘟病穗茎；培养
　　基：0329；培养温度：26℃。

ACCC 37676←中国农业科学院植保所←福建农业科学院水稻所；分离自福建建瓯水稻稻瘟病穗茎；培养

基：0329；培养温度：26℃。

Pythium acanthicum Drechsler 棘腐霉

ACCC 37387←广西大学农学院；分离自土壤；培养基：0421，培养温度：32℃。

Pythium aphanidermatum（Edson）Fitzp. 瓜果腐霉

ACCC 37299←中国农业科学院蔬菜花卉所；分离自北京顺义黄瓜绵疫病果实；培养基：0014；培养温
度：25℃。

ACCC 37400←中国农业科学院蔬菜花卉所；分离自北京大兴西瓜绵疫病植株；培养基：0014；培养温
度：25℃。

Pythium carolinianum V. D. Matthews 卡地腐霉

ACCC 37412←中国农业科学院蔬菜花卉所；分离自北京海淀温室西瓜疫病植株；培养基：0014；培养温
度：25℃。

Pythium debaryanum R. Hesse 德巴利腐霉

ACCC 37301←中国农业科学院蔬菜花卉所；分离自北京顺义茄子疫病果实；培养基：0014；培养温
度：25℃。

ACCC 37414←中国农业科学院蔬菜花卉所；分离自北京顺义番茄猝倒病茎部；培养基：0014；培养温
度：25℃。

ACCC 37415←中国农业科学院蔬菜花卉所；分离自北京顺义茄子疫病果实；培养基：0014；培养温
度：25℃。

ACCC 37418←中国农业科学院蔬菜花卉所；分离自北京顺义茄子疫病果实；培养基：0014；培养温
度：25℃。

Pythium deliense Meurs 德里腐霉

ACCC 36302←中国热作院环植所；从海南乐东黄瓜地土壤中通过煮草叶饵钓获得；培养基：0431；培养温
度：25℃。

Pythium falciforme G. Q. Yuan & C. Y. Lai 镰雄腐霉

ACCC 37389←广西大学农学院；分离自广西南宁幼苗猝倒病、根腐病菜地土壤；培养基：0421；培养温
度：25℃。

Pythium helicoides Drechsler 旋柄腐霉

ACCC 36294←中国热作院环植所；从海南昌江剑麻地土壤中通过橡胶叶饵钓获得；培养基：0431；培养温
度：25℃。

Pythium indigoferae E. J. Butler 木蓝腐霉

ACCC 37385←广西大学农学院；分离自印度芥菜地土壤；培养基：0421；培养温度：28℃。

Pythium middletonii Sparrow 奇雄腐霉

ACCC 36295←中国热作院环植所；从海南昌江霸王岭自然保护区土壤中通过大麻籽饵钓获得；培养基：
0431；培养温度：25℃。

Pythium spinosum Sawada 刺腐霉

ACCC 37388←广西大学农学院；分离自台湾幼苗猝倒病、根腐病土壤；培养基：0421，培养温度：32℃。

Pythium splendens Hans Braun 华丽腐霉

ACCC 36288←中国热作院环植所；从海南昌江霸王岭油棕苗疫病土壤中草叶饵钓得到；培养基：0431；培
养温度：25℃。

Pythium sylvaticum W. A. Campb. & F. F. Hendrix 森林腐霉

ACCC 36297←中国热作院环植所；从海南海口柚子树下土壤中通过玉米饵钓获得；培养基：0431；培养温
度：25℃。

Pythium torulosum Coker & P. Patt. 肿囊腐霉

ACCC 37390←广西大学农学院；分离自美国黑松幼苗立枯病草坪土壤；培养基：0421；培养温度：25℃。

Pythium ultimum Trow 终极腐霉

ACCC 37382←广西大学农学院；分离自英国荒地土壤；培养基：0421，培养温度：32℃。

ACCC 37386←广西大学农学院；分离自英国土壤；培养基：0421，培养温度：32℃。

Rhizoctonia cerealis E. P. Hoeven 禾谷丝核菌（小麦纹枯病菌）

ACCC 37690←中国农业科学院植保所←江苏农业科学院植保所；分离自江苏大丰小麦纹枯病病组织；培养基：0014；培养温度：25℃。

ACCC 37691←中国农业科学院植保所←江苏农业科学院植保所；分离自江苏南京小麦纹枯病病组织；培养基：0014；培养温度：25℃。

ACCC 37692←中国农业科学院植保所←江苏农业科学院植保所；分离自江苏南京小麦纹枯病病组织；培养基：0014；培养温度：25℃。

ACCC 37694←中国农业科学院植保所←江苏农业科学院植保所；分离自江苏连云港小麦纹枯病病组织；培养基：0014；培养温度：25℃。

ACCC 37695←中国农业科学院植保所←江苏农业科学院植保所；分离自江苏宿迁小麦纹枯病病组织；培养基：0014；培养温度：25℃。

Rhizoctonia solani J. G. Kühn 立枯丝核菌

ACCC 30089←中国农业科学院土肥所；棉花立枯病菌；培养基：0014；培养温度：25～28℃。

ACCC 30332←中国农业科学院土肥所←中国农业科学院生防所王学士赠送，病原菌；培养基：0015；培养温度：24～28℃。

ACCC 30374←中国农业科学院土肥所←云南农业大学植物病理重点实验室 DTZJ0102。土壤真菌，寄生性不强，但寄主范围广，能引起多种植物立枯病，是重要的病原菌；培养基：0014；培养温度：26℃。

ACCC 30456←中国农业科学院土肥所；培养基：0014；培养温度：25～28℃。

ACCC 30951←中国农业科学院饲料所 FRI2006107；原始编号：F147；采集地：海南三亚；分离源：土壤；培养基：0014；培养温度：25～28℃。

ACCC 36076←中国农业科学院蔬菜花卉所；分离自山东济南蔬菜温室黄瓜立枯病茎蔓；培养基：0014；培养温度：25℃。

ACCC 36108←中国农业科学院蔬菜花卉所；分离自北京顺义大棚茴香立枯病茴香茎；培养基：0014；培养温度：25℃。

ACCC 36124←中国农业科学院蔬菜花卉所；分离自北京顺义大棚菠菜根腐病根部；培养基：0014；培养温度：25℃。

ACCC 36246←中国农业科学院植保所；分离自北京海淀水稻纹枯病病组织；培养基：0014；培养温度：25℃。

ACCC 36441←中国农业科学院蔬菜所←山东农业科学院；分离自北京海淀水稻纹枯病叶片；培养基：0014；培养温度：25℃。

ACCC 36457←中国农业科学院蔬菜花卉所；分离自北京昌平甘蓝立枯病叶片；培养基：0014；培养温度：25℃。

ACCC 36949←广东省广州微生物研究所；分离自广东广州棉花立枯病土壤；培养基：0014；培养温度：25℃。

ACCC 37289←中国农业科学院蔬菜花卉所；分离自北京昌平甘蓝立枯病茎基部；培养基：0014；培养温度：25℃。

ACCC 37435←中国农业科学院蔬菜花卉所；分离自北京大兴温室茴香立枯病茎基部；培养基：0014；培养温度：25℃。

ACCC 37444←中国农业科学院蔬菜花卉所；分离自北京昌平温室甘蓝立枯病茎基部；培养基：0014；培养温度：25℃。

ACCC 37615←中国热作院环植所；分离自海南儋州非洲菊幼苗猝倒病病组织；培养基：0014；培养温度：28℃。

Rhizomucor variabilis R. Y. Zheng & G. Q. Chen 多变根毛霉

ACCC 31803←新疆农业科学院微生物研究所 XAAS40137；原始编号：SF57；采集地：新疆吐鲁番；分离源：土壤；培养基：0014；培养温度：25～28℃。

Rhizopus arrhizus Fischer 少根根霉

ACCC 30300←中国农业科学院土肥所←中国科学院微生物研究所 AS3.3457，产延胡索酸；培养基：0014；培养温度：25～28℃。

ACCC 30796←中国农业科学院土肥所←中国农业科学院饲料所；原始编号：avcF82。= CGMCC 3.3030＝ATCC 56017，用于发酵饲料；培养基：0014；培养温度：25～28℃。

ACCC 30946←中国农业科学院饲料所 FRI2006102；原始编号：F142；采集地：海南三亚；分离源：土壤；培养基：0014；培养温度：25～28℃。

ACCC 32305←中国热带农业科学院环境与植保所 EPPI2713←海南大学农学院；原始编号：X1-1；分离自海南儋州那大汽修厂附近土壤；培养基：0014；培养温度：28℃。

ACCC 32399←广东省广州微生物研究所菌种组 GIMF-45；原始编号：F-45。糖化菌；培养基：0014；培养温度：25℃。

Rhizopus chinensis Saito 华根霉

ACCC 30301←中国农业科学院土肥所←中国科学院微生物研究所 AS3.947，产果胶酶；培养基：0014；培养温度：25～28℃。

ACCC 32273←中国热带农业科学院环境与植保所 EPPI2677←海南大学农学院；原始编号：Bt；分离自海南大学农学院菠萝蜜根际土壤；培养基：0014；培养温度：28℃。

ACCC 32334←广东省广州微生物研究所菌种组 GIMF-26；原始编号：F-26。产果胶酶；培养基：0014；培养温度：25℃。

ACCC 32341←广东省广州微生物研究所菌种组 GIMF-33；原始编号：F-33。产糖化酶；培养基：0014；培养温度：25℃。

Rhizopus chlamydosporus Boedijn 厚孢根霉

ACCC 30302←中国农业科学院土肥所←中国科学院微生物研究所 AS3.2674，产延胡索酸；培养基：0014；培养温度：25～28℃。

ACCC 32330←广东省广州微生物研究所菌种组 GIMF-22；原始编号：F-22。产延胡索酸；培养基：0014；培养温度：25℃。

Rhizopus cohnii Berlese & de Toni 科恩根霉

ACCC 30303←中国农业科学院土肥所←中国科学院微生物研究所 AS3.2746。制葡萄糖用菌，产生葡萄糖苷酶。微生物学报，12（2）187-200，1996；培养基：0014；培养温度：25～28℃。

ACCC 32347←广东省广州微生物研究所菌种组 GIMF-39；原始编号：F-39。产生葡萄糖苷酶，产延胡索酸；培养基：0014；培养温度：25℃。

Rhizopus delemar（Boidin）Wehmer & Hanzawa 戴尔根霉

ACCC 30304←中国农业科学院土肥所←中国科学院微生物研究所 AS3.230，产延胡索酸；培养基：0014；培养温度：25～28℃。

ACCC 30489←中国农业科学院土肥所←中国科学院微生物研究所 AS3.818，生产乳酸和延胡索酸；培养基：0014；培养温度：25～28℃。

ACCC 32342←广东省广州微生物研究所菌种组 GIMF-34；原始编号：F-34。产延胡索酸；培养基：0014；培养温度：25℃。

Rhizopus formosensis Nakazawa 台湾根霉

ACCC 30490←中国农业科学院土肥所←广东省微生物研究所 GIM3.195←轻工业部食品发酵研究所 IFFI 3092；用于淀粉糖化、液化；培养基：0014；培养温度：28～30℃。

ACCC 30491←中国农业科学院土肥所←广东省微生物研究所 GIM3.204←中国科学院微生物研究所 AS3.235，生产延胡索酸；培养基：0014；培养温度：25～28℃。

ACCC 32345←广东省广州微生物研究所菌种组 GIMF-37；原始编号：F-37。糖化菌；培养基：0014；培养温度：25℃。

ACCC 32346←广东省广州微生物研究所菌种组 GIMF-38；原始编号：F-38。糖化菌；培养基：0014；培养温度：25℃。

ACCC 32398←广东省广州微生物研究所菌种组 GIMF-44；原始编号：F-44；用于淀粉糖化液化；培养基：0014；培养温度：25℃。

ACCC 32400←广东省广州微生物研究所菌种组 GIMF-46；原始编号：F-46。糖化菌；培养基：0014；培养温度：25℃。

Rhizopus japonicus Vuillemin 日本根霉

ACCC 30127←中国农业科学院土肥所←中国科学院微生物研究所 AS3.868，糖化力强；培养基：0014；培养温度：25～28℃。

ACCC 30305←中国农业科学院土肥所←中国科学院微生物研究所 AS3.852，糖化菌；培养基：0014；培养温度：25～28℃。

ACCC 30492←中国农业科学院土肥所←广东省微生物研究所 GIM3.224←轻工业部食品发酵研究所 IF-FI3027←引自日本东京大学；用于酿酒；培养基：0014；培养温度：25～28℃。

ACCC 30795←中国农业科学院土肥所←中国农业科学院饲料所；原始编号：avcF78；培养基：0014；培养温度：25～28℃。

Rhizopus javanicus Takada 爪哇根霉

ACCC 30493←中国农业科学院土肥所←中国科学院微生物研究所 AS3.273←东北科学研究所大连分所；产延胡索酸、苹果酸；培养基：0014；培养温度：25～28℃。

ACCC 30494←中国农业科学院土肥所←广东省微生物研究所 GIM3.158←轻工业部食品发酵研究所←引自日本，用于酿酒；培养基：0014；培养温度：28～30℃。

ACCC 32396←广东省广州微生物研究所菌种组 GIMF-42；原始编号：F-42。酿酒用菌；培养基：0014；培养温度：25℃。

ACCC 32397←广东省广州微生物研究所菌种组 GIMF-43；原始编号：F-43。糖化菌；培养基：0014；培养温度：25℃。

ACCC 32401←广东省广州微生物研究所菌种组 GIMF-47；原始编号：F-47。糖化菌；培养基：0014；培养温度：25℃。

Rhizopus nigricans Ehrenbery 黑根霉

ACCC 31509←中国农业科学院土肥所←山东农业大学 SDAUMCC 300054；原始编号：DOM-1；培养基：0014；培养温度：25～28℃。

Rhizopus niveus Yamaz. 雪白根霉

ACCC 30495←中国农业科学院土肥所←广东省微生物研究所 GIM3.222←轻工业部食品发酵研究所 IFFI 3051，产糖化酶；培养基：0014；培养温度：25～28℃。

ACCC 32340←广东省广州微生物研究所菌种组 GIMF-32；原始编号：F-32。产糖化酶；培养基：0014；培养温度：25℃。

Rhizopus oligosporus Saito 少孢根霉

ACCC 30496←中国农业科学院土肥所←广东省微生物研究所 GIM3.381←澳大利亚昆士兰大学微生物学系；原始编号：186F；培养基：0014；培养温度：25～28℃。

Rhizopus oryzae Went & Prinsen-Geerligs 米根霉

ACCC 30307←中国农业科学院土肥所←中国科学院微生物研究所 AS3.851；糖化菌，产乳酸；培养基：0014；培养温度：25～28℃。

ACCC 30416←中国农业科学院土肥所←云南大学微生物发酵重点实验室←中国科学院微生物研究所 AS3.866，产糖化酶；培养基：0014；培养温度：25～28℃。

ACCC 30447←中国农业科学院土肥所；培养基：0014；培养温度：25～28℃。

ACCC 30926←中国农业科学院饲料所 FRI2006082；原始编号：F121；采集地：海南三亚；分离源：水稻种子；培养基：0014；培养温度：25～28℃。

ACCC 30929←中国农业科学院饲料所 FRI2006085；原始编号：F124；采集地：海南三亚；分离源：水稻种子；培养基：0014；培养温度：25～28℃。

ACCC 31805←新疆农业科学院微生物研究所 XAAS40133；原始编号：SF53；采集地：新疆吐鲁番；分离源：土壤；培养基：0014；培养温度：25～28℃。

ACCC 31821←新疆农业科学院微生物研究所 XAAS40094；原始编号：SF5；采集地：新疆吐鲁番；分离源：土壤；培养基：0014；培养温度：25～28℃。

ACCC 31823←新疆农业科学院微生物研究所 XAAS40090；原始编号：SF1；采集地：新疆吐鲁番；分离源：土壤；培养基：0014；培养温度：25～28℃。

ACCC 32337←广东省广州微生物研究所菌种组 GIMF-29；原始编号：F-29；糖化菌；培养基：0014；培养温度：25℃。

ACCC 32338←广东省广州微生物研究所菌种组 GIMF-30；原始编号：F-30；糖化菌；培养基：0014；培养温度：25℃。

ACCC 32348←广东省广州微生物研究所菌种组 GIMF-40；原始编号：F-40；产乳酸；培养基：0014；培养温度：25℃。

ACCC 32349←广东省广州微生物研究所菌种组 GIMF-41；原始编号：F-35；产乳酸和糖化酶；培养基：0014；培养温度：25℃。

ACCC 32402←广东省广州微生物研究所菌种组 GIMF-48；原始编号：F-48；用于腐乳生产；培养基：0014；培养温度：25℃。

ACCC 32403←广东省广州微生物研究所菌种组 GIMF-49；原始编号：F-49；产乳酸；培养基：0014；培养温度：25℃。

ACCC 36859←中国热作院环植所；分离自海南海口水果储运箱青枣果腐病果实；培养基：0014；培养温度：28℃。

ACCC 36860←中国热作院环植所；分离自海南海口水果储运箱青枣果腐病果实；培养基：0014；培养温度：28℃。

ACCC 36861←中国热作院环植所；分离自海南海口水果储运箱青枣果腐病果实；培养基：0014；培养温度：28℃。

ACCC 36862←中国热作院环植所；分离自海南海口水果储运箱青枣果腐病果实；培养基：0014；培养温度：28℃。

ACCC 36863←中国热作院环植所；分离自海南海口水果储运箱青枣果腐病果实；培养基：0014；培养温度：28℃。

ACCC 36864←中国热作院环植所；分离自海南海口水果储运箱青枣果腐病果实；培养基：0014；培养温度：28℃。

ACCC 36865←中国热作院环植所；分离自海南海口水果储运箱青枣果腐病果实；培养基：0014；培养温度：28℃。

ACCC 36866←中国热作院环植所；分离自海南海口水果储运箱青枣果腐病果实；培养基：0014；培养温度：28℃。

ACCC 36867←中国热作院环植所；分离自海南海口水果储运箱青枣果腐病果实；培养基：0014；培养温度：28℃。

Rhizopus reflexus Bainier 点头根霉

ACCC 32344←广东省广州微生物研究所菌种组 GIMF-36；原始编号：F-36；产延胡索酸；培养基：0014；培养温度：25℃。

Rhizopus semarangensis Y. Takeda 三宝垄根霉

ACCC 32343←广东省广州微生物研究所菌种组 GIMF-35；原始编号：F-35；糖化菌；培养基：0014；培养

温度：25℃。

Rhizopus stolonifer（Ehrenb.）Vuill. 匍枝根霉

ACCC 30306←中国农业科学院土肥所←中国科学院微生物研究所 AS3.904；培养基：0014；培养温度：25～28℃。

ACCC 30457←中国农业科学院土肥所；葡萄轴腐病菌；培养基：0014；培养温度：25～28℃。

ACCC 36077←中国农业科学院蔬菜花卉所；分离自北京海淀温室飞碟瓜腐烂病果实；培养基：0014；培养温度：25℃。

ACCC 36078←中国农业科学院蔬菜花卉所；分离自北京海淀蔬菜大棚西葫芦腐烂病果实；培养基：0014；培养温度：25℃。

ACCC 36450←中国农业科学院蔬菜花卉所；分离自北京顺义温室西葫芦根霉腐烂病叶片；培养基：0014；培养温度：25℃。

ACCC 36973←中国热作院环植所；分离自海南儋州丘陵菠萝蜜根霉果腐病病组织；培养基：0014；培养温度：28℃。

ACCC 37074←中国农业科学院蔬菜花卉所；分离自山东寿光温室甜椒根霉腐烂病果实；培养基：0014；培养温度：25℃。

ACCC 37282←中国农业科学院蔬菜花卉所；分离自北京海淀桃根霉腐烂病果实；培养基：0014；培养温度：25℃。

ACCC 37295←中国农业科学院蔬菜花卉所；分离自北京昌平西葫芦根霉腐烂病果实；培养基：0014；培养温度：25℃。

ACCC 37474←中国农业科学院蔬菜花卉所；分离自北京海淀桃根霉腐烂病果实；培养基：0014；培养温度：25℃。

ACCC 37475←中国农业科学院蔬菜花卉所；分离自北京海淀温室杏腐烂病果实；培养基：0014；培养温度：25℃。

ACCC 37476←中国农业科学院蔬菜花卉所；分离自北京昌平温室油桃腐烂病果实；培养基：0014；培养温度：25℃。

ACCC 37524←中国热作院环植所；分离自广东徐闻番木瓜软腐病病组织；培养基：0014；培养温度：28℃。

Rhizopus sp. 根霉

ACCC 31523←中国热带农业科学院环境与植物保护研究所；采集地：海南省东方市祥麟基地；分离源：玉米植株；培养基：0014；培养温度：25～28℃。

Scedosporium apiospermum（Saccardo）Castellani & Chalmers 单孢霉

ACCC 30570←中国农业科学院土肥所←美国典型物培养中心 ATCC48398；用于液化淀粉、纤维素、果胶；培养基：0014；培养温度：26℃。

Sclerotinia sclerotiorum（Lib.）de Bary 核盘菌

ACCC 36019←中国农业科学院植保所；分离自油菜菌核病病组织；培养基：0014；培养温度：25℃。

ACCC 36079←中国农业科学院蔬菜花卉所；分离自北京大兴蔬菜温室番茄菌核病果实；培养基：0014；培养温度：25℃。

ACCC 36080←中国农业科学院蔬菜花卉所；分离自北京昌平蔬菜温室菜豆菌核病果实；培养基：0014；培养温度：25℃。

ACCC 36081←中国农业科学院蔬菜花卉所；分离自北京昌平蔬菜温室莴苣菌核病病组织；培养基：0014；培养温度：25℃。

ACCC 36082←中国农业科学院蔬菜花卉所；分离自北京昌平蔬菜温室南瓜菌核病果实；培养基：0014；培养温度：25℃。

ACCC 36083←中国农业科学院蔬菜花卉所；分离自北京昌平蔬菜温室油菜菌核病病组织；培养基：0014；培养温度：25℃。

ACCC 36084←中国农业科学院蔬菜花卉所；分离自北京海淀蔬菜温室西葫芦菌核病叶片；培养基：0014；培养温度：25℃。

ACCC 36085←中国农业科学院蔬菜花卉所；分离自北京昌平蔬菜温室茄子菌核病果实；培养基：0014；培养温度：25℃。

ACCC 36086←中国农业科学院蔬菜花卉所；分离自北京昌平蔬菜温室黄瓜菌核病果实；培养基：0014；培养温度：25℃。

ACCC 36142←中国农业科学院蔬菜花卉所；分离自北京海淀蔬菜温室白菜菌核病叶片；培养基：0014；培养温度：25℃。

ACCC 36169←中国农业科学院植保所←河南农大植保学院；分离自河南郑州油菜菌核病病组织；培养基：0014；培养温度：25℃。

ACCC 36248←中国农业科学院植保所；分离自黑龙江宝清大豆菌核病病组织；培养基：0014；培养温度：25℃。

ACCC 36453←中国农业科学院蔬菜花卉所；分离自北京昌平温室莴苣菌核病根部；培养基：0014；培养温度：25℃。

ACCC 36460←中国农业科学院蔬菜花卉所；分离自北京大兴温室辣椒菌核病叶片；培养基：0014；培养温度：25℃。

ACCC 36462←中国农业科学院蔬菜花卉所；分离自山东寿光温室油菜菌核病叶片；培养基：0014；培养温度：25℃。

ACCC 36480←中国农业科学院蔬菜花卉所；分离自北京昌平生菜菌核病叶片；培养基：0014；培养温度：25℃。

ACCC 36896←中国农业科学院植保所←新疆石河子大学农学院植病室；分离自新疆阿勒泰北屯镇茄子菌核病病组织；培养基：0014；培养温度：25℃。

ACCC 36897←中国农业科学院植保所←新疆石河子大学农学院植病室；分离自新疆伊犁地区农四师 75 团油菜菌核病根茎；培养基：0014；培养温度：25℃。

ACCC 36898←中国农业科学院植保所←新疆石河子大学农学院植病室；分离自新疆塔城向日葵菌核病病组织；培养基：0014；培养温度：25℃。

ACCC 36899←中国农业科学院植保所←新疆石河子大学农学院植病室；分离自新疆阿勒泰地区农十师 183 团向日葵菌核病组织；培养基：0014；培养温度：25℃。

ACCC 36900←中国农业科学院植保所←新疆石河子大学农学院植病室；分离自新疆博乐地区农五师 88 团向日葵菌核病组织；培养基：0014；培养温度：25℃。

ACCC 36901←中国农业科学院植保所←新疆石河子大学农学院植病室；分离自新疆阿勒泰地区农十师 187 团向日葵菌核病组织；培养基：0014；培养温度：25℃。

ACCC 36902←中国农业科学院植保所←新疆石河子大学农学院植病室；分离自新疆农四师 75 团向日葵菌核病病组织；培养基：0014；培养温度：25℃。

ACCC 36903←中国农业科学院植保所←新疆石河子大学农学院植病室；分离自黑龙江农业科学院向日葵菌核病病组织；培养基：0014；培养温度：25℃。

ACCC 36904←中国农业科学院植保所←新疆石河子大学农学院植病室；分离自陕西杨凌油菜菌核病病组织；培养基：0014；培养温度：25℃。

ACCC 36905←中国农业科学院植保所←新疆石河子大学农学院植病室；分离自新疆石河子大豆菌核病根茎；培养基：0014；培养温度：25℃。

ACCC 36906←中国农业科学院植保所←新疆石河子大学农学院植病室；分离自新疆阿勒泰北屯镇向日葵菌核病病组织；培养基：0014；培养温度：25℃。

ACCC 36907←中国农业科学院植保所←新疆石河子大学农学院植病室；分离自新疆阿勒泰北屯镇向日葵菌核病病组织；培养基：0014；培养温度：25℃。

ACCC 36908←中国农业科学院植保所←新疆石河子大学农学院植病室；分离自新疆阿勒泰地区农十师 185

团马铃薯菌核病组织；培养基：0014；培养温度：25℃。

ACCC 36909←中国农业科学院植保所←新疆石河子大学农学院植病室；分离自新疆石河子红花菌核病病组织；培养基：0014；培养温度：25℃。

ACCC 36954←中国农业科学院植保所←新疆石河子大学农学院植病室；分离自新疆阿勒泰北屯镇马铃薯菌核病茎；培养基：0014；培养温度：25℃。

ACCC 36955←中国农业科学院植保所←新疆石河子大学农学院植病室；分离自新疆额敏向日葵菌核病病组织；培养基：0014；培养温度：25℃。

ACCC 36956←中国农业科学院植保所←新疆石河子大学农学院植病室；分离自新疆石河子地区农八师 143 团大豆菌核病病组织；培养基：0014；培养温度：25℃。

ACCC 36957←中国农业科学院植保所←新疆石河子大学农学院植病室；分离自新疆阿勒泰地区农十师 187 团向日葵菌核病病组织；培养基：0014；培养温度：25℃。

ACCC 36958←中国农业科学院植保所←新疆石河子大学农学院植病室；分离自新疆乌鲁木齐向日葵菌核病病组织；培养基：0014；培养温度：25℃。

ACCC 36959←中国农业科学院植保所←新疆石河子大学农学院植病室；分离自新疆阿勒泰北屯镇大豆菌核病根茎部；培养基：0014；培养温度：25℃。

ACCC 36960←中国农业科学院植保所←新疆石河子大学农学院植病室；分离自新疆伊犁地区农四师 79 团向日葵菌核病病组织；培养基：0014；培养温度：25℃。

ACCC 36961←中国农业科学院植保所←新疆石河子大学农学院植病室；分离自新疆阿勒泰北屯镇向日葵菌核病病组织；培养基：0014；培养温度：25℃。

ACCC 37054←中国农业科学院蔬菜花卉所；分离自河北张家口甜椒菌核病茎；培养基：0014；培养温度：25℃。

ACCC 37055←中国农业科学院蔬菜花卉所；分离自河北张家口番茄菌核病茎；培养基：0014；培养温度：25℃。

ACCC 37302←中国农业科学院蔬菜花卉所；分离自山东寿光番茄菌核病果实；培养基：0014；培养温度：25℃。

ACCC 37305←中国农业科学院蔬菜花卉所；分离自山东寿光辣椒菌核病根；培养基：0014；培养温度：25℃。

ACCC 37306←中国农业科学院蔬菜花卉所；分离自山东寿光西瓜菌核病果实；培养基：0014；培养温度：25℃。

ACCC 37308←中国农业科学院蔬菜花卉所；分离自北京昌平西葫芦菌核病果实；培养基：0014；培养温度：25℃。

ACCC 37309←中国农业科学院蔬菜花卉所；分离自北京昌平西葫芦菌核病果实；培养基：0014；培养温度：25℃。

ACCC 37310←中国农业科学院蔬菜花卉所；分离自北京昌平西葫芦菌核病果实；培养基：0014；培养温度：25℃。

ACCC 37311←中国农业科学院蔬菜花卉所；分离自北京昌平油麦菜菌核病叶片；培养基：0014；培养温度：25℃。

ACCC 37459←中国农业科学院蔬菜花卉所；分离自山东寿光温室辣椒菌核病果实；培养基：0014；培养温度：25℃。

ACCC 37700←中国农业科学院植保所←江苏农业科学院植保所；分离自江苏武进油菜菌核病组织；培养基：0014；培养温度：25℃。

ACCC 37701←中国农业科学院植保所←江苏农业科学院植保所；分离自江苏大丰油菜菌核病病组织；培养基：0014；培养温度：25℃。

ACCC 37702←中国农业科学院植保所←江苏农业科学院植保所；分离自江苏高淳油菜菌核病病组织；培养基：0014；培养温度：25℃。

ACCC 37703←中国农业科学院植保所←江苏农业科学院植保所；分离自江苏海安油菜菌核病病组织；培养
基：0014；培养温度：25℃。

ACCC 37704←中国农业科学院植保所←江苏农业科学院植保所；分离自江苏灌云油菜菌核病病组织；培养
基：0014；培养温度：25℃。

ACCC 37705←中国农业科学院植保所←江苏农业科学院植保所；分离自江苏宜兴油菜菌核病病组织；培养
基：0014；培养温度：25℃。

ACCC 37708←中国农业科学院植保所←江苏农业科学院植保所；分离自江苏海安油菜菌核病病组织；培养
基：0014；培养温度：25℃。

Sclerotium rolfsii Sacc. 齐整小核菌

ACCC 36154←中国热作院环植所；分离自海南保亭南茂农场茄子茎；培养基：0014；培养温度：28℃。

Scolecobasidium constrictum E. V. Abbott 隘缩齿梗孢

ACCC 37887←山东农业大学；培养基：0014；培养温度：25℃。

Scolecobasidium terreum E. V. Abbott 土色齿梗孢

ACCC 37889←山东农业大学；培养基：0014；培养温度：25℃。

Scolecobasidium tshawytschae （Doty & D. W. Slater） McGinnis & Ajello 多变齿梗孢

ACCC 37890←山东农业大学；培养基：0014；培养温度：25℃。

ACCC 37891←山东农业大学；培养基：0014；培养温度：25℃。

ACCC 37892←山东农业大学；培养基：0014；培养温度：25℃。

ACCC 37893←山东农业大学；培养基：0014；培养温度：25℃。

Scopulariopsis sp. 帚霉

ACCC 30149←中国农业科学院土肥所←中国科学院微生物研究所 AS3.3986；分离自空气；培养基：0014；
培养温度：25～28℃。

Shiraia bambusicola Henn. 竹黄

ACCC 37738←贵州大学；分离自浙江桐庐竹黄子实体；培养基：0014；培养温度：25℃。

ACCC 37739←贵州大学；分离自浙江桐庐竹黄子实体；培养基：0014；培养温度：25℃。

ACCC 37740←贵州大学；分离自浙江桐庐竹黄子实体；培养基：0014；培养温度：25℃。

ACCC 37741←贵州大学；分离自浙江桐庐竹黄子实体；培养基：0014；培养温度：25℃。

ACCC 37742←贵州大学；分离自浙江桐庐竹黄子实体；培养基：0014；培养温度：25℃。

ACCC 37743←贵州大学；分离自浙江桐庐竹黄子实体；培养基：0014；培养温度：25℃。

ACCC 37744←贵州大学；分离自浙江桐庐竹黄子实体；培养基：0014；培养温度：25℃。

ACCC 37745←贵州大学；分离自浙江桐庐竹黄子实体；培养基：0014；培养温度：25℃。

ACCC 37746←贵州大学；分离自浙江桐庐竹黄子实体；培养基：0014；培养温度：25℃。

ACCC 37747←贵州大学；分离自浙江桐庐竹黄子实体；培养基：0014；培养温度：25℃。

ACCC 37748←贵州大学；分离自浙江桐庐竹黄子实体；培养基：0014；培养温度：25℃。

ACCC 37749←贵州大学；分离自浙江桐庐竹黄子实体；培养基：0014；培养温度：25℃。

ACCC 37751←贵州大学；分离自浙江桐庐竹黄子实体；培养基：0014；培养温度：25℃。

ACCC 37752←贵州大学；分离自浙江桐庐竹黄子实体；培养基：0014；培养温度：25℃。

ACCC 37753←贵州大学；分离自浙江桐庐竹黄子实体；培养基：0014；培养温度：25℃。

ACCC 37754←贵州大学；分离自浙江桐庐竹黄子实体；培养基：0014；培养温度：25℃。

ACCC 37755←贵州大学；分离自浙江桐庐竹黄子实体；培养基：0014；培养温度：25℃。

ACCC 37756←贵州大学；分离自浙江桐庐竹黄子实体；培养基：0014；培养温度：25℃。

ACCC 37757←贵州大学；分离自浙江桐庐竹黄子实体；培养基：0014；培养温度：25℃。

Sphaceloma rosarum （Pass） Jenk 蔷薇痂圆孢霉

ACCC 30376←中国农业科学院土肥所←云南农业大学植物病理实验室 DTZJ 0237；土壤真菌，植物病原
菌；培养基：0014；培养温度：26℃。

Sphaeropsis sapinea （Fr. ）　Dyko　&　B. Sutton 松杉球壳孢

ACCC 38032←西北农林科技大学；分离自陕西杨凌木瓜黑斑病组织；培养基：0014；培养温度：25℃。

Sporotrichum thermophile Apinis 嗜热侧孢霉

ACCC 30346←中国农业科学院土肥所←轻工部食品发酵所 IFFI2441←引自美国；产生纤维素酶；培养基：
0014；培养温度：45℃。

Stachybotrys chartarum （Ehrenb. ）　S. Hughes 纸状葡萄穗霉

ACCC 31807←新疆农业科学院微生物研究所 XAAS40128；原始编号：SF48；采集地：新疆吐鲁番；分离
源：土壤；培养基：0014；培养温度：25～28℃。

ACCC 37144←山东农业大学；分离自西藏隆子土壤；培养基：0421；培养温度：25℃。

ACCC 37146←山东农业大学；分离自西藏隆子土壤；培养基：0421；培养温度：25℃。

ACCC 37168←山东农业大学；分离自西藏措美土壤；培养基：0421；培养温度：25℃。

ACCC 37175←山东农业大学；分离自西藏仁布土壤；培养基：0421；培养温度：25℃。

ACCC 37182←山东农业大学；分离自西藏日喀则土壤；培养基：0421；培养温度：25℃。

ACCC 37230←山东农业大学；分离自西藏隆子土壤；培养基：0421；培养温度：25℃。

ACCC 37235←山东农业大学；分离自西藏措美土壤；培养基：0421；培养温度：25℃。

ACCC 37238←山东农业大学；分离自西藏措美土壤；培养基：0421；培养温度：25℃。

ACCC 37239←山东农业大学；分离自西藏措美土壤；培养基：0421；培养温度：25℃。

ACCC 37241←山东农业大学；分离自西藏措美土壤；培养基：0421；培养温度：25℃。

ACCC 37242←山东农业大学；分离自西藏措美土壤；培养基：0421；培养温度：25℃。

ACCC 37494←新疆农业科学院微生物研究所；分离自新疆阿拉尔沙地沙土样品；培养基：0014；培养温
度：20℃。

Stachybotrys microspora （B. L. Mathur　&　Sankhla）　S. C. Jong　&　E. E. Davis 小孢葡萄穗霉

ACCC 37902←山东农业大学；培养基：0014；培养温度：25℃。

ACCC 37903←山东农业大学；培养基：0014；培养温度：25℃。

ACCC 37904←山东农业大学；培养基：0014；培养温度：25℃。

ACCC 37905←山东农业大学；培养基：0014；培养温度：25℃。

Staphylotrichum coccosporum J. A. Mey.　&　Nicot 大孢圆孢霉

ACCC 37906←山东农业大学；培养基：0014；培养温度：25℃。

ACCC 37907←山东农业大学；培养基：0014；培养温度：25℃。

ACCC 37908←山东农业大学；培养基：0014；培养温度：25℃。

ACCC 37909←山东农业大学；培养基：0014；培养温度：25℃。

ACCC 37910←山东农业大学；培养基：0014；培养温度：25℃。

ACCC 37911←山东农业大学；培养基：0014；培养温度：25℃。

Stemphylium sarciniforme （Cavara）　Wiltshire 束状葡柄霉

ACCC 38036←西北农林科技大学；分离自陕西杨凌三叶草叶斑病病斑；培养基：0014；培养温度：25℃。

Syncephalastrum racemosum （Cohn）　Schroeter 总状共头霉

ACCC 31869←新疆农业科学院微生物研究所 XAAS40102；原始编号：SF15；分离地点：新疆吐鲁番的土
壤样品；培养基：0014；培养温度：20℃。

Taeniolella phialosperma Ts. Watan. 瓶孢小带孢霉

ACCC 37160←山东农业大学；分离自西藏错那土壤；培养基：0014；培养温度：25℃。

ACCC 37233←山东农业大学；分离自西藏错那土壤；培养基：0014；培养温度：25℃。

ACCC 37236←山东农业大学；分离自西藏措美土壤；培养基：0014；培养温度：25℃。

ACCC 37250←山东农业大学；分离自西藏亚东土壤；培养基：0014；培养温度：25℃。

Taifanglania hechuanensis Z. Q. Liang，Y. F. Han 合川戴氏霉

ACCC 37727←贵州大学；分离自重庆合川土壤；培养基：0014，培养温度：35～40℃。

***Taifanglania jiangsuensis* Y. F. Han & Z. Q. Liang 江苏戴氏霉**

ACCC 37729←贵州大学；分离自江苏南通土壤；培养基：0014，培养温度：35～40℃。

***Taifanglania major*（Z. Q. Liang，H. L. Chu & Y. F. Han）Z. Q. Liang，Y. F. Han & H. L. Chu 大孢戴氏霉**

ACCC 37728←贵州大学；分离自河北唐山土壤；培养基：0014，培养温度：35～40℃。

ACCC 37730←贵州大学；分离自云南腾冲土壤；培养基：0014，培养温度：35～40℃。

***Talaromyces brevicompactus* H. Z. Kong 短密篮状菌**

ACCC 30931←中国农业科学院饲料所 FRI2006087；原始编号：F126。=CGMCC 3.4676；培养基：0014；培养温度：25～28℃。

***Talaromyces flavus*（Klöcker）Stolk & Samson 黄色篮状菌**

ACCC 30404←中国农业科学院土肥所←中国科学院微生物研究所；分离自广西土壤；培养基：0015；培养温度：25～28℃。

ACCC 30960←广东省广州微生物研究所 GIMT 3.002；原始编号：S-1；采集地：广东佛山；分离源：土壤；培养基：0014；培养温度：25～28℃。

***Talaromyces stipitatus*（Thom）Benjamin 柄篮状菌**

ACCC 30527←中国农业科学院土肥所←荷兰真菌研究所 CBS375.48；模式菌株；培养基：0014；培养温度：25～28℃。

***Talaromyces thermophilus* Stolk 嗜热篮状菌**

ACCC 30534←中国农业科学院土肥所←荷兰真菌研究所 CBS236.58；模式菌株；培养基：0014；培养温度：25～28℃。

***Talaromyces trachyspermus*（Shear）Stolk & Samson 粗孢篮状菌**

ACCC 31916←广东省广州微生物研究所菌种组 GIMV8-M-1；分离自越南的原始林土壤；培养基：0014；培养温度：25℃。

ACCC 31946←广东省广州微生物研究所菌种组 GIMV8-M-1；分离自越南的原始林土壤；培养基：0014；培养温度：25℃。

***Talaromyces wortmannii*（Klocker）Benjamin 沃氏篮状菌**

ACCC 30528←中国农业科学院土肥所←荷兰真菌研究所 CBS391.48；模式菌株；培养基：0014；培养温度：25～28℃。

***Thamnidium elegans* Link 雅致枝霉**

ACCC 32310←中国热带农业科学院环境与植保所 EPPI2719←海南大学农学院；原始编号：Y2；分离自海南儋州沙田镇水稻根际土壤；培养基：0014；培养温度：28℃。

***Torula herbarum*（Pers.）Link 草色串孢**

ACCC 37227←山东农业大学；分离自西藏乃东土壤；培养基：0014；培养温度：25℃。

ACCC 37231←山东农业大学；分离自西藏错那土壤；培养基：0014；培养温度：25℃。

ACCC 37234←山东农业大学；分离自西藏措美土壤；培养基：0014；培养温度：25℃。

***Trichoderma aggressivum* Samuels & Gams 侵占木霉**

ACCC 32040←中国农业科学院环发所 IEDAF3214←山东农业科学院原子能所；原始编号：T170；分离自山东青岛的土壤；培养基：0014；培养温度：30℃。

ACCC 32055←中国农业科学院环发所 IEDAF3229←山东农业科学院原子能所；原始编号：T255；分离自山东日照的土壤；培养基：0014；培养温度：30℃。

ACCC 32075←中国农业科学院环发所 IEDAF3249←山东农业科学院原子能所；原始编号：9；分离自山东济南的土壤；培养基：0014；培养温度：30℃。

ACCC 32079←中国农业科学院环发所 IEDAF3253←山东农业科学院原子能所；原始编号：61003；分离自山东济南的土壤；培养基：0014；培养温度：30℃。

ACCC 32086←中国农业科学院环发所 IEDAF3260←山东农业科学院原子能所；原始编号：T15；分离自山东济南的土壤；培养基：0014；培养温度：30℃。

ACCC 32111←中国农业科学院环发所 IEDAF3293←山东农业科学院原子能所；原始编号：T281；分离自山东日照的土壤；培养基：0014；培养温度：30℃。

Trichoderma asperellum Samuels, Lieckfeldt & Nirenberg 棘孢木霉

ACCC 30536←中国农业科学院土肥所←荷兰真菌研究所 CBS433.97；模式菌株；培养基：0014；培养温度：25～28℃。

ACCC 32359←中国农业科学院资源区划所；原始编号：ES-7-2；培养基：0014；培养温度：25～28℃。

ACCC 32492←中国农业科学院资源区划所；原始编号：ES-1-2；培养基：0014；培养温度：28℃。

Trichoderma atroviride Bissett 黑绿木霉

ACCC 30153← 中 国 农 业 科 学 院 土 肥 所 ← 从 加 拿 大 引 进；DAOM165773 = ATCC58842 = T65 = ATCC28019＝CBS259.85高温试验中分离；培养基：0014；培养温度：25～30℃。

ACCC 30417←中国农业科学院土肥所←云南大学微生物发酵重点实验室；原始编号：T7-4-2；分解纤维素；培养基：0014；培养温度：25～28℃。

ACCC 30418←中国农业科学院土肥所←云南大学微生物发酵重点实验室；原始编号：Tj8-27-2；分解纤维素；培养基：0014；培养温度：25～28℃。

ACCC 30910←中国农业科学院蔬菜花卉研究所 IVF140；原始编号：TJ-2；采集地：山东济南市郊区；分离源：平菇培养料；培养基：0014；培养温度：25～28℃。

ACCC 31926←广东省广州微生物研究所菌种组 GIMV37-M-2；分离自越南的原始林土壤；培养基：0014；培养温度：25℃。

ACCC 31938←中国农业科学院蔬菜花卉所 IVF242；原始编号：Tm-1；分离自山东济南市郊区平菇培养料；培养基：0014；培养温度：25℃。

ACCC 31963←中国农业科学院环发所 IEDAF3158；原始编号：CE-LN-018；分离自辽宁丹东凤城草莓地的土壤；培养基：0014；培养温度：30℃。

ACCC 31982←中国农业科学院环发所 IEDAF3173；原始编号：CE0710104；分离自北京植物园樱桃沟松树下的土壤；培养基：0014；培养温度：30℃。

ACCC 32350←中国农业科学院资源区划所；原始编号：Ef-1-1；培养基：0014；培养温度：25～28℃。

Trichoderma aureoviride Rifai 黄绿木霉

ACCC 30909←中国农业科学院蔬菜花卉研究所 IVF139；原始编号：TL-8；采集地：山东济南市郊区；分离源：平菇培养料；培养基：0014；培养温度：25～28℃。

ACCC 31937←中国农业科学院蔬菜花卉所 IVF241；原始编号：Tj-11-2；分离自山东济南市郊区平菇培养料；培养基：0014；培养温度：25℃。

ACCC 32248←中国农业科学院资源区划所；原始编号：B；分离自土样；培养基：0014；培养温度：25～28℃。

Trichoderma cerinum Bissett, Kubicek & Szakacs 淡黄木霉

ACCC 32177←中国热带农业科学院环境与植保所 EPPI2282←华南热带农业大学农学院；原始编号：XJ46；分离自海南省热带植物园土壤；培养基：0014；培养温度：28℃。

Trichoderma citrinoviride Bissett 柠檬绿木霉

ACCC 30152←中国农业科学院土肥所←从加拿大引进；DAOM172792＝ATCC58843＝79M-115＝CBS258.85＝T6；培养基：0014；培养温度：24～28℃。

ACCC 30907←中国农业科学院蔬菜花卉研究所 IVF137；原始编号：TY-28；采集地：山东济南市郊区；分离源：平菇培养料；培养基：0014；培养温度：25～28℃。

ACCC 32362←中国农业科学院资源区划所；原始编号：迁 4-3；培养基：0014；培养温度：25～28℃。

ACCC 32363←中国农业科学院资源区划所；原始编号：迁 4-5；培养基：0014；培养温度：25～28℃。

Trichoderma fertile Bissett 顶孢木霉

ACCC 32080←中国农业科学院环发所 IEDAF3254←山东农业科学院原子能所；原始编号：T51；分离自山东寿光的土壤；培养基：0014；培养温度：30℃。

ACCC 32084←中国农业科学院环发所 IEDAF3257←山东农业科学院原子能所；原始编号：T80；分离自山东寿光的土壤；培养基：0014；培养温度：30℃。

ACCC 32089←中国农业科学院环发所 IEDAF3263←山东农业科学院原子能所；原始编号：T49；分离自山东寿光的土壤；培养基：0014；培养温度：30℃。

ACCC 32105←中国农业科学院环发所 IEDAF3279←山东农业科学院原子能所；原始编号：T34；分离自山东济南的土壤；培养基：0014；培养温度：30℃。

Trichoderma hamatum（Bonord.）Bainier 钩状木霉

ACCC 30419←中国农业科学院土肥所←云南大学微生物发酵重点实验室；原始编号：Tj9-22-2；培养基：0014；培养温度：25～28℃。

ACCC 30420←中国农业科学院土肥所←云南大学微生物发酵重点实验室；原始编号：T10-1-3；培养基：0014；培养温度：25～28℃。

ACCC 30421←中国农业科学院土肥所←云南大学微生物发酵重点实验室；原始编号：T10-15-2；培养基：0014；培养温度：25～28℃。

ACCC 30587←中国农业科学院土肥所←德国 DSMZ 中心；＝DSM 63055；分离自土壤；培养基：0014；培养温度：25～28℃。

ACCC 30905←中国农业科学院蔬菜花卉研究所 IVF135；原始编号：TY-12；采集地：山东济南市郊区；分离源：平菇培养料；培养基：0014；培养温度：25～28℃。

ACCC 31939←中国农业科学院蔬菜花卉研究所 IVF243；原始编号：TYP-3；分离自山东济南市郊区平菇培养料；培养基：0014；培养温度：25℃。

ACCC 31999←中国农业科学院环发所 IEDAF3191；原始编号：CE0711105；分离自辽宁丹东蓝莓地的土壤；培养基：0014；培养温度：30℃。

ACCC 32090←中国农业科学院环发所 IEDAF3264←山东农业科学院原子能所；原始编号：63；分离自山东寿光的土壤；培养基：0014；培养温度：30℃。

Trichoderma harzianum Rifai 哈茨木霉

ACCC 30371←中国农业科学院土肥所←云南农业大学植物病理重点实验室 DTZJ0125；土壤真菌；有较强的纤维分解能力；对多种真菌有拮抗作用；是良好的生防菌；培养基：0014；培养温度：26℃。

ACCC 30422←中国农业科学院土肥所←云南大学微生物发酵重点实验室；原始编号：Tj9-1-1；培养基：0014；培养温度：25～28℃。

ACCC 30423←中国农业科学院土肥所←云南大学微生物发酵重点实验室；原始编号：Tj9-23-1；培养基：0014；培养温度：25～28℃。

ACCC 30424←中国农业科学院土肥所←云南大学微生物发酵重点实验室；原始编号：Tj10-10-1；培养基：0014；培养温度：25～28℃。

ACCC 30425←中国农业科学院土肥所←云南大学微生物发酵重点实验室；原始编号：Tj10-16-1；培养基：0014；培养温度：25～28℃。

ACCC 30588←中国农业科学院土肥所←德国 DSMZ 中心；＝DSM 63059；分离自土壤；培养基：0014；培养温度：25～28℃。

ACCC 30596←中国农业科学院土肥所←荷兰 CBS 中心；＝CBS 354.33；分离自土壤；培养基：0014；培养温度：25～28℃。

ACCC 30906←中国农业科学院蔬菜花卉研究所 IVF136；原始编号：TYP-5；采集地：山东济南市郊区；分离源：平菇培养料；培养基：0014；培养温度：25～28℃。

ACCC 31884←中国农业科学院环发所 IEDAF3103；原始编号：CE-JL-004；分离自吉林长白山的土壤；培养基：0014；培养温度：30℃。

ACCC 31959←中国农业科学院环发所 IEDAF3154；原始编号：CE-JX-003；分离自江西井冈山溪波古村的土壤；培养基：0014；培养温度：30℃。

ACCC 31981←中国农业科学院环发所 IEDAF3171；原始编号：CE0710102；分离自北京植物园樱桃沟松树下的土壤；培养基：0014；培养温度：30℃。

ACCC 31989←中国农业科学院环发所 IEDAF3184；原始编号：CE0711103；分离自辽宁丹东蓝莓地的土壤；培养基：0014；培养温度：30℃。

ACCC 31997←中国农业科学院环发所 IEDAF3192；原始编号：CE0711106；分离自辽宁丹东蓝莓地的土壤；培养基：0014；培养温度：30℃。

ACCC 32021←中国农业科学院环发所 IEDAF3287←山东农业科学院原子能所；原始编号：T253；分离自山东日照的土壤；培养基：0014；培养温度：30℃。

ACCC 32024←中国农业科学院环发所 IEDAF3290←山东农业科学院原子能所；原始编号：T276；分离自山东日照的土壤；培养基：0014；培养温度：30℃。

ACCC 32026←中国农业科学院环发所 IEDAF3200←山东农业科学院原子能所；原始编号：T149；分离自山东青岛的土壤；培养基：0014；培养温度：30℃。

ACCC 32030←中国农业科学院环发所 IEDAF3204←山东农业科学院原子能所；原始编号：T155；分离自山东青岛的土壤；培养基：0014；培养温度：30℃。

ACCC 32041←中国农业科学院环发所 IEDAF3215←山东农业科学院原子能所；原始编号：T171；分离自山东青岛的土壤；培养基：0014；培养温度：30℃。

ACCC 32042←中国农业科学院环发所 IEDAF3216←山东农业科学院原子能所；原始编号：T172；分离自山东青岛的土壤；培养基：0014；培养温度：30℃。

ACCC 32056←中国农业科学院环发所 IEDAF3230←山东农业科学院原子能所；原始编号：T256；分离自山东日照的土壤；培养基：0014；培养温度：30℃。

ACCC 32065←中国农业科学院环发所 IEDAF3239←山东农业科学院原子能所；原始编号：T278；分离自山东日照的土壤；培养基：0014；培养温度：30℃。

ACCC 32068←中国农业科学院环发所 IEDAF3242←山东农业科学院原子能所；原始编号：T292；分离自山东日照的土壤；培养基：0014；培养温度：30℃。

ACCC 32069←中国农业科学院环发所 IEDAF3243←山东农业科学院原子能所；原始编号：T305；分离自山东济南的土壤；培养基：0014；培养温度：30℃。

ACCC 32072←中国农业科学院环发所 IEDAF3246←山东农业科学院原子能所；原始编号：T31；分离自山东寿光的土壤；培养基：0014；培养温度：30℃。

ACCC 32074←中国农业科学院环发所 IEDAF3248←山东农业科学院原子能所；原始编号：T46；分离自山东寿光的土壤；培养基：0014；培养温度：30℃。

ACCC 32082←中国农业科学院环发所 IEDAF3256←山东农业科学院原子能所；原始编号：T53；分离自山东寿光的土壤；培养基：0014；培养温度：30℃。

ACCC 32083←中国农业科学院环发所 IEDAF3257←山东农业科学院原子能所；原始编号：T13；分离自山东济南的土壤；培养基：0014；培养温度：30℃。

ACCC 32085←中国农业科学院环发所 IEDAF3259←山东农业科学院原子能所；原始编号：T4；分离自山东济南的土壤；培养基：0014；培养温度：30℃。

ACCC 32088←中国农业科学院环发所 IEDAF3262←山东农业科学院原子能所；原始编号：Tri60604；分离自山东济南的土壤；培养基：0014；培养温度：30℃。

ACCC 32097←中国农业科学院环发所 IEDAF3271←山东农业科学院原子能所；原始编号：T2；分离自山东济南的土壤；培养基：0014；培养温度：30℃。

ACCC 32098←中国农业科学院环发所 IEDAF3272←山东农业科学院原子能所；原始编号：T11；分离自山东济南的土壤；培养基：0014；培养温度：30℃。

ACCC 32103←中国农业科学院环发所 IEDAF3277←山东农业科学院原子能所；原始编号：631013；分离

自山东济南的土壤；培养基：0014；培养温度：30℃。

ACCC 32106←中国农业科学院环发所 IEDAF3280←山东农业科学院原子能所；原始编号：T176；分离自山东青岛的土壤；培养基：0014；培养温度：30℃。

ACCC 32107←中国农业科学院环发所 IEDAF3281←山东农业科学院原子能所；原始编号：T28；分离自山东济南的土壤；培养基：0014；培养温度：30℃。

ACCC 32110←中国农业科学院环发所 IEDAF3292←山东农业科学院原子能所；原始编号：T280；分离自山东日照的土壤；培养基：0014；培养温度：30℃。

ACCC 32351←中国农业科学院资源区划所；原始编号：Ef-2-2；培养基：0014；培养温度：25～28℃。

ACCC 32352←中国农业科学院资源区划所；原始编号：Ef-2-3；培养基：0014；培养温度：25～28℃。

ACCC 32354←中国农业科学院资源区划所；原始编号：Ef-4-1；培养基：0014；培养温度：25～28℃。

ACCC 32355←中国农业科学院资源区划所；原始编号：Ef-4-2；培养基：0014；培养温度：25～28℃。

ACCC 32410←广东省广州微生物研究所菌种组 GIMF-58；原始编号：F-58；土壤真菌；有较强的纤维分解能力；对多种真菌有拮抗作用；是良好的生防菌；培养基：0014；培养温度：25℃。

ACCC 32427←中国农业科学院环发所 IEDAF1545；原始编号：SM-11F4；培养基：0436；培养温度：28℃。

ACCC 32428←中国农业科学院环发所 IEDAF1546；原始编号：SM-12F1；培养基：0436；培养温度：28℃。

Trichoderma koningii Oudem. 康宁木霉

ACCC 30167←中国农业科学院土肥所←轻工部食品发酵所 IFFI 13031←引自西北水土保持生物所；分解纤维素（作饲料）；培养基：0014；培养温度：30℃。

ACCC 30168←中国农业科学院土肥所←轻工部食品发酵所 IFFI 13032←引自上海植生所；产纤维素酶；培养基：0015；培养温度：30℃。

ACCC 30388←中国农业科学院土肥所←山东梁山石棉厂；纤维素酶生产用菌；培养基：0015；培养温度：25～28℃。

ACCC 30426←中国农业科学院土肥所←云南大学微生物发酵重点实验室；原始编号：T6-3-2；培养基：0014；培养温度：25～28℃。

ACCC 30437←中国农业科学院土肥所←云南大学微生物发酵重点实验室；原始编号：T168；培养基：0014；培养温度：25～28℃。

ACCC 30464←中国农业科学院土肥所；产纤维素酶；培养基：0014；培养温度：25～28℃。

ACCC 30589←中国农业科学院土肥所←德国 DSMZ 中心；＝DSM 63060；分离自土壤；培养基：0014；培养温度：25～28℃。

ACCC 30901←中国农业科学院蔬菜花卉研究所 IVF118；原始编号：PGKMM060918；采集地：北京市大兴区榆垡镇西黄垡村；分离源：平菇培养料；培养基：0014；培养温度：25～28℃。

ACCC 31919←广东省广州微生物研究所菌种组 GIMV16-M-1；分离自越南的原始林土壤；培养基：0014；培养温度：25℃。

ACCC 31934←中国农业科学院蔬菜花卉所 IVF238；原始编号：J；分离自山东济南市郊区平菇培养料；培养基：0014；培养温度：25℃。

ACCC 32033←中国农业科学院环发所 IEDAF3207←山东农业科学院原子能所；原始编号：T161；分离自山东青岛的土壤；培养基：0014；培养温度：30℃。

ACCC 32037←中国农业科学院环发所 IEDAF3211←山东农业科学院原子能所；原始编号：T167；分离自山东青岛的土壤；培养基：0014；培养温度：30℃。

ACCC 32051←中国农业科学院环发所 IEDAF3225←山东农业科学院原子能所；原始编号：T198；分离自山东青岛的土壤；培养基：0014；培养温度：30℃。

ACCC 32053←中国农业科学院环发所 IEDAF3227←山东农业科学院原子能所；原始编号：T251；分离自山东青岛的土壤；培养基：0014；培养温度：30℃。

ACCC 32176←中国热带农业科学院环境与植保所 EPPI2281←华南热带农业大学农学院；原始编号：XJ27；
　　分离自海南省热带植物园土壤；培养基：0014；培养温度：28℃。

ACCC 32194←中国热带农业科学院环境与植保所 EPPI2316←华南热带农业大学农学院；原始编号：GZ-
　　19；分离自甘蔗资源圃土壤；培养基：0014；培养温度：28℃。

ACCC 32325←广东省广州微生物研究所菌种组 GIMF-14；原始编号：F-14；产纤维素酶；酿造白酒；培养
　　基：0014；培养温度：25℃。

ACCC 32360←中国农业科学院资源区划所；原始编号：ES-7-3；培养基：0014；培养温度：25～28℃。

ACCC 32411←广东省广州微生物研究所菌种组 GIMT3.038；分离自原始林土壤；产纤维素酶；培养基：
　　0014；培养温度：25℃。

Trichoderma longbrachiatum Rifai 长柄木霉

ACCC 30150←中国农业科学院土肥所←从加拿大引进；DAOM167654 = ATCC13631 = IMI 45548 =
　　T. V. B117，产纤维素酶；培养基：0014；培养温度：24～28℃。

ACCC 30151←中国农业科学院土肥所←从加拿大引进；DAOM167674＝WFPL259A；培养基：0014；培养
　　温度：24～28℃。

ACCC 30427←中国农业科学院土肥所←云南大学微生物发酵重点实验室；原始编号：T10-21-1；培养基：
　　0014；培养温度：25～28℃。

ACCC 30590←中国农业科学院土肥所←德国 DSMZ 中心；＝DSM 768；分离自棉制品，产纤维素酶；培养
　　基：0014；培养温度：25～28℃。

ACCC 30591←中国农业科学院土肥所←德国 DSMZ 中心；＝DSM 769；产纤维素酶和胶质酶；培养基：
　　0014；培养温度：25～28℃。

ACCC 30598←中国农业科学院土肥所←荷兰 CBS 中心；＝CBS 816.68；模式菌株；培养基：0014；培养
　　温度：25～28℃。

ACCC 31831←新疆农业科学院微生物研究所 XAAS40075；原始编号：F85-2；采集地：新疆一号冰川；分
　　离源：土壤；培养基：0014；培养温度：25～28℃。

ACCC 31864←新疆农业科学院微生物研究所 XAAS40127；原始编号：SF47；分离自新疆一号冰川的土壤
　　样品；培养基：0014；培养温度：20℃。

ACCC 31865←新疆农业科学院微生物研究所 XAAS40126；原始编号：SF46；分离自新疆一号冰川的土壤
　　样品；培养基：0014；培养温度：20℃。

ACCC 31885←中国农业科学院环发所 IEDAF3104；原始编号：CE-JL-002；分离自吉林长白山的土壤；培
　　养基：0014；培养温度：30℃。

ACCC 31887←中国农业科学院环发所 IEDAF3106；原始编号：P070418；分离自北京大兴区东枣林村圆白
　　菜地的土壤；降解有机氯；培养基：0014；培养温度：30℃。

ACCC 31888←中国农业科学院环发所 IEDAF3108；原始编号：P070403；分离自北京大兴区东枣林村番茄
　　地的土壤；培养基：0014；培养温度：30℃。

ACCC 31889←中国农业科学院环发所 IEDAF3109；原始编号：P070402；分离自北京大兴区东枣林村圆白
　　菜地的土壤；培养基：0014；培养温度：30℃。

ACCC 31892←中国农业科学院环发所 IEDAF3125；原始编号：D0706102；分离自辽宁丹东虎山草地的土
　　壤。降解毒死蜱；培养基：0014；培养温度：30℃。

ACCC 31933←中国农业科学院蔬菜花卉所 IVF227；原始编号：TJ-15-3；分离自北京大兴区平菇培养料；
　　培养基：0014；培养温度：25℃。

ACCC 31940←中国农业科学院蔬菜花卉研究所 IVF247；原始编号：D；分离自北京房山区平菇培养料；培
　　养基：0014；培养温度：25℃。

ACCC 31956←中国农业科学院环发所 IEDAF3150；原始编号：CE-LN-009；分离自辽宁丹东汤山城的土
　　壤；培养基：0014；培养温度：30℃。

ACCC 31958←中国农业科学院环发所 IEDAF3152；原始编号：CE-LN-011；分离自辽宁丹东宏伟村的土

壤；培养基：0014；培养温度：30℃。

ACCC 31960←中国农业科学院环发所 IEDAF3155；原始编号：P0707120；分离自河北遵化广野花生地的土壤；培养基：0014；培养温度：30℃。

ACCC 31962←中国农业科学院环发所 IEDAF3157；原始编号：CE-LN-016；分离自辽宁丹东凤城草莓地的土壤；培养基：0014；培养温度：30℃。

ACCC 31965←中国农业科学院环发所 IEDAF3160；原始编号：CE-LN-017；分离自辽宁丹东同兴大豆地土壤；培养基：0014；培养温度：30℃。

ACCC 31966←中国农业科学院环发所 IEDAF3161；原始编号：CE-HB-020；分离自河北遵化广野花生地的土壤；培养基：0014；培养温度：30℃。

ACCC 31967←中国农业科学院环发所 IEDAF3164；原始编号：CE0709103；分离自江西井冈山牛吼江竹子根下的土壤；培养基：0014；培养温度：30℃。

ACCC 31970←中国农业科学院环发所 IEDAF3167；原始编号：P0709101；分离自山东济南市原子能所麦子秸秆试验地的土壤；培养基：0014；培养温度：30℃。

ACCC 31980←中国农业科学院环发所 IEDAF3170；原始编号：CE0711104；分离自北京植物园的土壤；培养基：0014；培养温度：30℃。

ACCC 31983←中国农业科学院环发所 IEDAF3176；原始编号：CE0710107；分离自北京植物园的土壤；培养基：0014；培养温度：30℃。

ACCC 31987←中国农业科学院环发所 IEDAF3182；原始编号：CE0711101；分离自北京植物园松树下的土壤；培养基：0014；培养温度：30℃。

ACCC 32003←中国农业科学院环发所 IEDAF3153；原始编号：GY0707102；分离自土壤；培养基：0014；培养温度：30℃。

ACCC 32004←中国农业科学院环发所 IEDAF3162；原始编号：CE0709105；分离自江西井冈山牛吼江竹子根下土壤；培养基：0014；培养温度：30℃。

ACCC 32006←中国农业科学院环发所 IEDAF3168；原始编号：P0711104；分离自北京植物园土壤；培养基：0014；培养温度：30℃。

ACCC 32007←中国农业科学院环发所 IEDAF3169；原始编号：P0707117；分离自河北遵化广野茄子地土壤；培养基：0014；培养温度：30℃。

ACCC 32011←中国农业科学院环境发所 IEDAF3172；原始编号：CE0710103；分离自北京植物园土壤；培养基：0014；培养温度：30℃。

ACCC 32014←中国农业科学院环发所 IEDAF3179；原始编号：CE0710109；分离自江西井冈山玉龙潭的土壤；培养基：0014；培养温度：30℃。

ACCC 32018←中国农业科学院环发所 IEDAF3284←山东农业科学院原子能所；原始编号：T185；分离自山东青岛的土壤；培养基：0014；培养温度：30℃。

ACCC 32019←中国农业科学院环发所 IEDAF3285←山东农业科学院原子能所；原始编号：T187；分离自山东青岛的土壤；培养基：0014；培养温度：30℃。

ACCC 32023←中国农业科学院环发所 IEDAF3289←山东农业科学院原子能所；原始编号：T273；分离自山东日照的土壤；培养基：0014；培养温度：30℃。

ACCC 32025←中国农业科学院环发所 IEDAF3291←山东农业科学院原子能所；原始编号：T279；分离自山东日照的土壤；培养基：0014；培养温度：30℃。

ACCC 32028←中国农业科学院环发所 IEDAF3202←山东农业科学院原子能所；原始编号：T152；分离自山东青岛的土壤；培养基：0014；培养温度：30℃。

ACCC 32034←中国农业科学院环发所 IEDAF3208←山东农业科学院原子能所；原始编号：T162；分离自山东青岛的土壤；培养基：0014；培养温度：30℃。

ACCC 32036←中国农业科学院环发所 IEDAF3210←山东农业科学院原子能所；原始编号：T165；分离自山东青岛的土壤；培养基：0014；培养温度：30℃。

ACCC 32039←中国农业科学院环发所 IEDAF3213←山东农业科学院原子能所；原始编号：T169；分离自山东青岛的土壤；培养基：0014；培养温度：30℃。

ACCC 32044←中国农业科学院环发所 IEDAF3218←山东农业科学院原子能所；原始编号：T174；分离自山东青岛的土壤；培养基：0014；培养温度：30℃。

ACCC 32045←中国农业科学院环发所 IEDAF3219←山东农业科学院原子能所；原始编号：T175；分离自山东青岛的土壤；培养基：0014；培养温度：30℃。

ACCC 32046←中国农业科学院环发所 IEDAF3220←山东农业科学院原子能所；原始编号：T180；分离自山东青岛的土壤；培养基：0014；培养温度：30℃。

ACCC 32047←中国农业科学院环发所 IEDAF3221←山东农业科学院原子能所；原始编号：T186；分离自山东日照的土壤；培养基：0014；培养温度：30℃。

ACCC 32048←中国农业科学院环发所 IEDAF3222←山东农业科学院原子能所；原始编号：T188；分离自山东日照的土壤；培养基：0014；培养温度：30℃。

ACCC 32049←中国农业科学院环发所 IEDAF3223←山东农业科学院原子能所；原始编号：T193；分离自山东日照的土壤；培养基：0014；培养温度：30℃。

ACCC 32054←中国农业科学院环发所 IEDAF3228←山东农业科学院原子能所；原始编号：T254；分离自山东日照的土壤；培养基：0014；培养温度：30℃。

ACCC 32057←中国农业科学院环发所 IEDAF3231←山东农业科学院原子能所；原始编号：T257；分离自山东日照的土壤；培养基：0014；培养温度：30℃。

ACCC 32059←中国农业科学院环发所 IEDAF3233←山东农业科学院原子能所；原始编号：T259；分离自山东日照的土壤；培养基：0014；培养温度：30℃。

ACCC 32060←中国农业科学院环发所 IEDAF3234←山东农业科学院原子能所；原始编号：T260；分离自山东日照的土壤；培养基：0014；培养温度：30℃。

ACCC 32061←中国农业科学院环发所 IEDAF3235←山东农业科学院原子能所；原始编号：T261；分离自山东日照的土壤；培养基：0014；培养温度：30℃。

ACCC 32067←中国农业科学院环发所 IEDAF3241←山东农业科学院原子能所；原始编号：T290；分离自山东日照的土壤；培养基：0014；培养温度：30℃。

ACCC 32071←中国农业科学院环发所 IEDAF3245←山东农业科学院原子能所；原始编号：16；分离自山东济南的土壤；培养基：0014；培养温度：30℃。

ACCC 32073←中国农业科学院环发 IEDAF3247 所←山东农业科学院原子能所；原始编号：T23；分离自山东济南的土壤；培养基：0014；培养温度：30℃。

ACCC 32077←中国农业科学院环发所 IEDAF3251←山东农业科学院原子能所；原始编号：26；分离自山东济南的土壤；培养基：0014；培养温度：30℃。

ACCC 32078←中国农业科学院环发所 IEDAF3252←山东农业科学院原子能所；原始编号：321001；分离自山东济南的土壤；培养基：0014；培养温度：30℃。

ACCC 32081←中国农业科学院环发所 IEDAF3255←山东农业科学院原子能所；原始编号：Tri630812；分离自山东济南的土壤；培养基：0014；培养温度：30℃。

ACCC 32087←中国农业科学院环发所 IEDAF3261←山东农业科学院原子能所；原始编号：Tri0706；分离自山东济南的土壤；培养基：0014；培养温度：30℃。

ACCC 32095←中国农业科学院环发所 IEDAF3269←山东农业科学院原子能所；原始编号：Tri631002；分离自山东济南的土壤；培养基：0014；培养温度：30℃。

ACCC 32096←中国农业科学院环发所 IEDAF3270←山东农业科学院原子能所；原始编号：139；分离自山东济南的土壤；培养基：0014；培养温度：30℃。

ACCC 32099←中国农业科学院环发所 IEDAF3273←山东农业科学院原子能所；原始编号：Tri631014；分离自山东济南的土壤；培养基：0014；培养温度：30℃。

ACCC 32100←中国农业科学院环发所 IEDAF3274←山东农业科学院原子能所；原始编号：631003；分离

自山东济南的土壤；培养基：0014；培养温度：30℃。

ACCC 32101←中国农业科学院环发所 IEDAF3275←山东农业科学院原子能所；原始编号：Tri0707；分离
自山东济南的土壤；培养基：0014；培养温度：30℃。

ACCC 32102←中国农业科学院环发所 IEDAF3276←山东农业科学院原子能所；原始编号：60605；分离自
山东济南的土壤；培养基：0014；培养温度：30℃。

ACCC 32104←中国农业科学院环发所 IEDAF3278←山东农业科学院原子能所；原始编号：61007；分离自
山东济南的土壤；培养基：0014；培养温度：30℃。

ACCC 32108←中国农业科学院环发所 IEDAF3282←山东农业科学院原子能所；原始编号：320803；分离
自山东济南的土壤；培养基：0014；培养温度：30℃。

ACCC 32109←中国农业科学院环发所 IEDAF3283←山东农业科学院原子能所；原始编号：321003；分离
自山东济南的土壤；培养基：0014；培养温度：30℃。

ACCC 32113←中国农业科学院环发所 IEDAF3295←山东农业科学院原子能所；原始编号：T289；分离自
山东日照的土壤；培养基：0014；培养温度：30℃。

ACCC 32114←中国农业科学院环发所 IEDAF3296←山东农业科学院原子能所；原始编号：T295；分离自
山东日照的土壤；培养基：0014；培养温度：30℃。

Trichoderma polysporum （Link） **Rifai** 多孢木霉

ACCC 30431←中国农业科学院土肥所←云南大学微生物发酵重点实验室；原始编号：T10-27-1；培养基：
0014；培养温度：25～28℃。

ACCC 30592←中国农业科学院土肥所←德国 DSMZ 中心；＝DSM 63062；分离自土壤；培养基：0014；培
养温度：25～28℃。

Trichoderma pseudokoningii **Rifai** 拟康氏木霉

ACCC 30497←中国农业科学院土肥所←中科院上海植生所；原始编号：EA3-867；培养基：0014；培养温
度：25～28℃。

ACCC 30599←中国农业科学院土肥所←荷兰 CBS 中心；＝CBS408.81；模式菌株。纤维分解菌；分离自腐
木；培养基：0014；培养温度：25～28℃。

ACCC 30908←中国农业科学院蔬菜花卉研究所 IVF138；原始编号：LTR-2；采集地：山东济南市郊区；
分离源：平菇培养料；培养基：0014；培养温度：25～28℃。

ACCC 30940←中国农业科学院饲料所 FRI2006096；原始编号：F135；采集地：海南三亚；分离源：土壤；
培养基：0014；培养温度：25～28℃。

ACCC 31881←中国农业科学院环发所 IEDAF3100；原始编号：06015；培养基：0014；培养温度：30℃。

ACCC 31886←中国农业科学院环发所 IEDAF3105；原始编号：P070425；分离自北京大兴区东枣林村圆白
菜地的土壤。降解有机氯；培养基：0014；培养温度：30℃。

ACCC 31955←中国农业科学院环发所 IEDAF3149；原始编号：CE-SD-001；分离自山东寿光韭菜地土壤；
培养基：0014；培养温度：30℃。

ACCC 31957←中国农业科学院环发所 IEDAF3151；原始编号：CE-LN-010；分离自辽宁丹东同兴大豆地土
壤；培养基：0014；培养温度：30℃。

ACCC 31968←中国农业科学院环发所 IEDAF3165；原始编号：CE0709101；分离自江西井冈山的土壤；培
养基：0014；培养温度：30℃。

ACCC 31969←中国农业科学院环发所 IEDAF3166；原始编号：D0709102；分离自山东济南市原子能所麦
子秸秆试验地的土壤；培养基：0014；培养温度：30℃。

ACCC 31994←中国农业科学院环发所 IEDAF3196；原始编号：P0707103；分离自河北广野黄瓜地的土壤；
培养基：0436；培养温度：30℃。

ACCC 32005←中国农业科学院环发所 IEDAF3163；原始编号：CE0709104；分离自江西井冈山牛吼江竹子
根下土壤；培养基：0014；培养温度：30℃。

ACCC 32012←中国农业科学院环发所 IEDAF3174；原始编号：P0707102；分离自河北遵化广野黄瓜地土

壤；培养基：0014；培养温度：30℃。

ACCC 32015←中国农业科学院环发所 IEDAF3195；原始编号：P0707114；分离自河北遵化广野黄瓜地土
壤；培养基：0014；培养温度：30℃。

ACCC 32020←中国农业科学院环发所 IEDAF3286←山东农业科学院原子能所；原始编号：T192；分离自
山东日照的土壤；培养基：0014；培养温度：30℃。

ACCC 32022←中国农业科学院环发所 IEDAF3288←山东农业科学院原子能所；原始编号：T266；分离自
山东日照的土壤；培养基：0014；培养温度：30℃；培养基：1430培养温度：35℃。

ACCC 32027←中国农业科学院环发所 IEDAF3201←山东农业科学院原子能所；原始编号：T151；分离自
山东青岛的土壤；培养基：0014；培养温度：30℃。

ACCC 32029←中国农业科学院环发所 IEDAF3203←山东农业科学院原子能所；原始编号：T154；分离自
山东青岛的土壤；培养基：0014；培养温度：30℃。

ACCC 32031←中国农业科学院环发所 IEDAF3205←山东农业科学院原子能所；原始编号：T159；分离自
山东青岛的土壤；培养基：0014；培养温度：30℃。

ACCC 32032←中国农业科学院环发所 IEDAF3206←山东农业科学院原子能所；原始编号：T160；分离自
山东青岛的土壤；培养基：0014；培养温度：30℃。

ACCC 32035←中国农业科学院环发所 IEDAF3209←山东农业科学院原子能所；原始编号：T163；分离自
山东青岛的土壤；培养基：0014；培养温度：30℃。

ACCC 32038←中国农业科学院环发所 IEDAF3212←山东农业科学院原子能所；原始编号：T168；分离自
山东青岛的土壤；培养基：0014；培养温度：30℃。

ACCC 32043←中国农业科学院环发所 IEDAF3217←山东农业科学院原子能所；原始编号：T173；分离自
山东青岛的土壤；培养基：0014；培养温度：30℃。

ACCC 32050←中国农业科学院环发所 IEDAF3224←山东农业科学院原子能所；原始编号：T194；分离自
山东日照的土壤；培养基：0014；培养温度：30℃。

ACCC 32052←中国农业科学院环发所 IEDAF3226←山东农业科学院原子能所；原始编号：T199；分离自
山东日照的土壤；培养基：0014；培养温度：30℃。

ACCC 32058←中国农业科学院环发所 IEDAF3232←山东农业科学院原子能所；原始编号：T258；分离自
山东日照的土壤；培养基：0014；培养温度：30℃。

ACCC 32063←中国农业科学院环发所 IEDAF3237←山东农业科学院原子能所；原始编号：T263；分离自
山东日照的土壤；培养基：0014；培养温度：30℃。

ACCC 32064←中国农业科学院环发所 IEDAF3238←山东农业科学院原子能所；原始编号：T272；分离自
山东日照的土壤；培养基：0014；培养温度：30℃。

ACCC 32066←中国农业科学院环发所 IEDAF3240←山东农业科学院原子能所；原始编号：T287；分离自
山东日照的土壤；培养基：0014；培养温度：30℃。

ACCC 32070←中国农业科学院环发所 IEDAF3244←山东农业科学院原子能所；原始编号：T59；分离自山
东寿光的土壤；培养基：0014；培养温度：30℃。

ACCC 32076←中国农业科学院环发所 IEDAF3250←山东农业科学院原子能所；原始编号：26；分离自山
东济南的土壤；培养基：0014；培养温度：30℃。

ACCC 32091←中国农业科学院环发所 IEDAF3265←山东农业科学院原子能所；原始编号：288；分离自山
东日照的土壤；培养基：0014；培养温度：30℃。

ACCC 32093←中国农业科学院环发所 IEDAF3267←山东农业科学院原子能所；原始编号：195；分离自山
东日照的土壤；培养基：0014；培养温度：30℃。

ACCC 32094←中国农业科学院环发所 IEDAF3268←山东农业科学院原子能所；原始编号：12；分离自山
东济南的土壤；培养基：0014；培养温度：30℃。

ACCC 32112←中国农业科学院环发所 IEDAF3294←山东农业科学院原子能所；原始编号：T282；分离自
山东日照的土壤；培养基：0014；培养温度：30℃。

ACCC 32115←中国农业科学院环发所 IEDAF3297←山东农业科学院原子能所；原始编号：T296；分离自山东日照的土壤；培养基：0014；培养温度：30℃。

ACCC 32232←中国农业科学院环发所 IEDAF3298；原始编号：LN08051；分离自辽宁丹东凤城蓝莓基地的土壤；培养基：0014；培养温度：30℃。

Trichoderma reesei E. G. Simmons 里氏木霉

ACCC 30449←中国农业科学院土肥所；纤维分解菌；培养基：0014；培养温度：25～28℃。

ACCC 30597←中国农业科学院土肥所←荷兰 CBS 中心；＝CBS383.78；模式菌株。纤维分解菌；培养基：0014；培养温度：25～28℃。

ACCC 30911←中国工业微生物菌种中心 CICC 40359；培养基：0014；培养温度：25～28℃。

ACCC 30912←中国工业微生物菌种中心 CICC 40358←上海市工业微生物研究所←ATCC 26921；培养基：0014；培养温度：25～28℃。

ACCC 32254←中国农业科学院资源区划所；分离自黄瓜茎；培养基：0014；培养温度：25～28℃。

ACCC 32412←广东省广州微生物研究所菌种组 GIMT3.039；分离自原始林土壤；产纤维素酶；培养基：0014；培养温度：25℃。

Trichoderma saturnisporum Hammill 土星孢木霉

ACCC 32233←中国农业科学院环发所 IEDAF3299；原始编号：LN08052；分离自辽宁丹东凤城蓝莓基地的土壤；培养基：0014；培养温度：30℃。

Trichoderma sp. 木霉

ACCC 30121←中国农业科学院土肥所←广东，纤维素饲料；培养基：0014；培养温度：24～28℃。

ACCC 30193←中国农业科学院土肥所←江苏省农业科学院土肥所黄隆广赠 12-26，产纤维素酶；培养基：0015；培养温度：25～28℃。

ACCC 30385←中国农业科学院土肥所←武汉，产纤维素酶；培养基：0014；培养温度：24～28℃。

ACCC 30791←中国农业科学院土肥所←中国农业科学院饲料所；编号 avcF45；分离自秸秆，用于分解纤维素；培养基：0014；培养温度：25～28℃。

ACCC 30792←中国农业科学院土肥所←中国农业科学院饲料所；编号 avcF73；＝CGMCC 3.3030；产纤维素酶；培养基：0014；培养温度：25～28℃。

ACCC 31488←中国农业科学院土肥所←山东农业大学 SDAUMCC 300001；原始编号：ZB-346；采集地：山东泰安；分离源：腐败秸秆。产纤维素酶；培养基：0014；培养温度：25～28℃。

ACCC 31489←中国农业科学院土肥所←山东农业大学 SDAUMCC 300002；原始编号：ZB-347；采集地：山东泰安；分离源：腐败秸秆。产纤维素酶；培养基：0014；培养温度：25～28℃。

ACCC 31490←中国农业科学院土肥所←山东农业大学 SDAUMCC 300003；原始编号：ZB-348；采集地：山东泰安；分离源：腐败秸秆。产纤维素酶；培养基：0014；培养温度：25～28℃。

ACCC 31525←中国农业科学院植保所 SM1007；原始编号：8 (4-4)；采集地：云南省砚山县；分离源：土壤；培养基：0014；培养温度：25～28℃。

ACCC 31526←中国农业科学院植保所 SM1008；原始编号：9 (4-5)；采集地：云南省砚山县；分离源：土壤；培养基：0014；培养温度：25～28℃。

ACCC 31895←中国农业科学院环发所 IEDAF3128；原始编号：CE-HB-010；分离自辽宁丹东同兴板栗地的土壤；培养基：0014；培养温度：30℃。

ACCC 32357←中国农业科学院资源区划所；原始编号：ES-3-1；培养基：0014；培养温度：25～28℃。

ACCC 32395←中国农业科学院资源区划所；原始编号：Ef-3-4；培养基：0014；培养温度：25～28℃。

Trichoderma spirale Bissett 螺旋木霉

ACCC 32358←中国农业科学院资源区划所；原始编号：ES-6-7；培养基：0014；培养温度：25～28℃。

ACCC 32364←中国农业科学院资源区划所；原始编号：JZG12-6；培养基：0014；培养温度：25～28℃。

Trichoderma stromaticum Samuels & Pardo-Schulth 子座木霉

ACCC 32062←中国农业科学院环发所 IEDAF3236←山东农业科学院原子能所；原始编号：T262；分离自

山东日照的土壤；培养基：0014；培养温度：30℃。

Trichoderma virens（Miller，Giddens & Foster）Arx 绿木霉

ACCC 30593←中国农业科学院土肥所←德国 DSMZ 中心；＝DSM 1963；分离自土壤，用于降解塑料、真菌抗性试验；培养基：0014；培养温度：25～28℃。

ACCC 30600←中国农业科学院土肥所←荷兰 CBS 中心；＝CBS 249.59；模式菌株；分离自土壤；培养基：0014；培养温度：25～28℃。

ACCC 31932←中国农业科学院蔬菜花卉所 IVF225；原始编号：T2-7；分离自北京房山区平菇培养料；培养基：0014；培养温度：25℃。

ACCC 31936←中国农业科学院蔬菜花卉所 IVF240；原始编号：Tj-5-4；分离自山东济南市郊区平菇培养料；培养基：0014；培养温度：25℃。

ACCC 32353←中国农业科学院资源区划所；原始编号：Ef-3-1；培养基：0014；培养温度：25～28℃。

ACCC 32356←中国农业科学院资源区划所；原始编号：Ef-7-1；培养基：0014；培养温度：25～28℃。

ACCC 32361←中国农业科学院资源区划所；原始编号：ES-11-5；培养基：0014；培养温度：25～28℃。

ACCC 32489←中国农业科学院植保所李世东赠送←ATCC 48179；分离自加拿大白豆核盘菌菌核；培养基：0014；培养温度：28℃。

ACCC 32490←中国农业科学院植保所李世东赠送←ATCC 58676；分离自美国马里兰州核盘菌菌核；培养基：0014；培养温度：28℃。

ACCC 32491←中国农业科学院资源区划所；原始编号：JZG12-1；分离自四川九寨沟土壤；培养基：0014；培养温度：28℃。

ACCC 32493←中国农业科学院资源区划所；原始编号：ES-12-10；培养基：0014；培养温度：28℃。

Trichoderma viride Persoon ex Fries 绿色木霉

ACCC 30048←中国农业科学院土肥所←中国农业科学院原子能所；培养基：0014；培养温度：24～28℃。

ACCC 30062←中国农业科学院土肥所←中国科学院微生物研究所；原始编号：T101；培养基：0014；培养温度：25～28℃。

ACCC 30136←中国农业科学院土肥所←中国科学院微生物研究所 AS3.2942；培养基：0014；培养温度：25～28℃。

ACCC 30166←中国农业科学院土肥所←轻工部食品发酵所 IFFI 13038；引自美国；纤维素水解液生产柠檬酸；培养基：0014；培养温度：25～28℃。

ACCC 30169←中国农业科学院土肥所←轻工部食品发酵所 IFFI 13035；引自上海工微所；产纤维素酶；培养基：0021；培养温度：25～28℃。

ACCC 30206←中国农业科学院土肥所←中国科学院微生物研究所 AS3.3711←广东省微生物研究所←美国 L321；纤维素酶活性高；培养基：0014；培养温度：25～28℃。

ACCC 30386←中国农业科学院土肥所←中国科学院微生物研究所 AS3.2876←广东省甘蔗科学研究所；糖研 37；提高野生植物制酒率；培养基：0014；培养温度：25～28℃。

ACCC 30434←中国农业科学院土肥所←云南大学微生物发酵重点实验室；原始编号：T10-22-1；培养基：0014；培养温度：25～28℃。

ACCC 30435←中国农业科学院土肥所←云南大学微生物发酵重点实验室；原始编号：Tj9-3-2；培养基：0014；培养温度：25～28℃。

ACCC 30436←中国农业科学院土肥所←云南大学微生物发酵重点实验室；原始编号：Tj9-9-3；培养基：0014；培养温度：25～28℃。

ACCC 30552←中国农业科学院土肥所←美国典型物培养中心 ATCC32630；分离源：山毛榉的木桩。降解纤维素；培养基：0014；培养温度：24℃。

ACCC 30498←中国农业科学院土肥所←中国科学院微生物研究所 AS3.2941←广东省微生物研究所；原始编号：W15，产纤维素酶；培养基：0014；培养温度：25～28℃。

ACCC 30465←中国农业科学院土肥所；产纤维素酶；培养基：0014；培养温度：25～28℃。

ACCC 30594←中国农业科学院土肥所←德国 DSMZ 中心；＝DSM 63065；分离自枯树干；培养基：0014；
　　培养温度：25～28℃。

ACCC 30595←中国农业科学院土肥所←荷兰 CBS 中心；＝CBS 433.34；模式菌株；分离自发霉的苹果核；
　　培养基：0014；培养温度：25～28℃。

ACCC 30793←中国农业科学院土肥所←中国农业科学院饲料所←海林酶制剂厂；编号 avcF74。产纤维素
　　酶；培养基：0014；培养温度：25～28℃。

ACCC 30794←中国农业科学院土肥所←中国农业科学院饲料所←海林酶制剂厂；编号 avcF79。产纤维素
　　酶；培养基：0014；培养温度：25～28℃。

ACCC 30902←中国农业科学院蔬菜花卉研究所 IVF120；原始编号：PGLMM060918；采集地：北京市大兴
　　区榆垡镇西黄垡村；分离源：平菇培养料；培养基：0014；培养温度：25～28℃。

ACCC 31882←中国农业科学院环发所 IEDAF3101；原始编号：CE-JL-008；分离自吉林长白山的土壤；培
　　养基：0014；培养温度：30℃。

ACCC 31883←中国农业科学院环发所 IEDAF3102；原始编号：CE-JL-005；分离自吉林长白山的土壤；培
　　养基：0014；培养温度：30℃。

ACCC 31911←广东省广州微生物研究所菌种组 GIM T3.020；分离自广州市白云区的果园土壤；培养基：
　　0014；培养温度：25℃。

ACCC 31930←中国农业科学院蔬菜花卉所 IVF156；原始编号：K；分离自北京大兴区平菇培养料；培养
　　基：0014；培养温度：25℃。

ACCC 31931←中国农业科学院蔬菜花卉所 IVF95；原始编号：Tw-4；分离自北京房山区平菇培养料；培
　　养基：0014；培养温度：25℃。

ACCC 31935←中国农业科学院蔬菜花卉所 IVF239；原始编号：Tj-3-3-4；分离自山东济南市郊区平菇培养
　　料；培养基：0014；培养温度：25℃。

ACCC 31961←中国农业科学院环发所 IEDAF3156；原始编号：CE-SX-004；分离自山西太谷侯城乡葡萄地
　　的土壤；培养基：0014；培养温度：30℃。

ACCC 31964←中国农业科学院环发所 IEDAF3159；原始编号：CE-LN-015；分离自辽宁丹东同兴大豆地土
　　壤；培养基：0014；培养温度：30℃。

ACCC 31988←中国农业科学院环发所 IEDAF3183；原始编号：CE0711102；分离自北京植物园樱桃沟松树
　　下的土壤；培养基：0014；培养温度：30℃。

ACCC 32262←广东省广州微生物研究所菌种组 GIMT3.041；培养基：0014；培养温度：25℃。

ACCC 32331←广东省广州微生物研究所菌种组 GIMF-23；原始编号：F-23；产纤维素酶，用于酿造白酒；
　　培养基：0014；培养温度：25℃。

ACCC 32336←广东省广州微生物研究所菌种组 GIMF-28；原始编号：F-28；产纤维素酶；培养基：0014；
　　培养温度：25℃。

ACCC 32408←广东省广州微生物研究所菌种组 GIMF-56；原始编号：F-56；产纤维素酶；培养基：0014；
　　培养温度：25℃。

Trichothecium roseum （Pers.）Link 粉红单端孢

ACCC 30210←中国农科土肥所；分离自棉花，棉花红粉病菌，生物测定用；培养基：0015；培养温度：
　　24～28℃。

ACCC 30928←中国农业科学院饲料所 FRI2006082；原始编号：F121；采集地：海南三亚；分离源：黄瓜；
　　培养基：0014；培养温度：25～28℃。

ACCC 36087←中国农业科学院蔬菜花卉所；分离自北京昌平黄温室黄瓜红粉病叶片；培养基：0014；培养
　　温度：25℃。

ACCC 36088←中国农业科学院蔬菜花卉所；分离自北京昌平大棚番茄红粉病叶片；培养基：0014；培养温
　　度：25～28℃。

ACCC 36089←中国农业科学院蔬菜花卉所；分离自辽宁大连蔬菜温室苦瓜红粉病叶片；培养基：0014；培

养温度：25℃。

ACCC 36090←中国农业科学院蔬菜花卉所；分离自辽宁大连蔬菜温室甜瓜红粉病叶片；培养基：0014；培养温度：25℃。

ACCC 36170←中国农业科学院植保所←河南农大植保学院；分离自河南郑州棉花红粉病病组织；培养基：0014；培养温度：26℃。

ACCC 36192←中国农业科学院植保所←河南农大植保学院；分离自河南郑州苹果霉心病果实；培养基：0017；培养温度：30℃。

ACCC 36428←中国农业科学院蔬菜所←中国农业科学院郑州果树所；分离自河南郑州苹果霉腐病果实；培养基：0014；培养温度：25℃。

ACCC 36459←中国农业科学院蔬菜花卉所；分离自北京昌平温室黄瓜红粉病叶片；培养基：0014；培养温度：25℃。

ACCC 37297←中国农业科学院蔬菜花卉所；分离自山东泰安岱岳黄瓜红粉病叶片；培养基：0014；培养温度：25℃。

Trichurus dendrocephalus Udagawa 树头毛束霉

ACCC 37919←山东农业大学；培养基：0014；培养温度：25℃。

ACCC 37920←山东农业大学；培养基：0014；培养温度：25℃。

ACCC 37921←山东农业大学；培养基：0014；培养温度：25℃。

ACCC 37922←山东农业大学；培养基：0014；培养温度：25℃。

Trichurus spiralis Hasselbr. 螺旋毛束霉

ACCC 37923←山东农业大学；培养基：0014；培养温度：25℃。

ACCC 37924←山东农业大学；培养基：0014；培养温度：25℃。

ACCC 37925←山东农业大学；培养基：0014；培养温度：25℃。

ACCC 37926←山东农业大学；培养基：0014；培养温度：25℃。

ACCC 37927←山东农业大学；培养基：0014；培养温度：25℃。

Trichurus terrophilus Swift & Povah 喜土毛束霉

ACCC 37928←山东农业大学；培养基：0014；培养温度：25℃。

ACCC 37929←山东农业大学；培养基：0014；培养温度：25℃。

Ulocladium alternariae (Cooke) E. G. Simmons 链格细基格孢

ACCC 37930←山东农业大学；培养基：0014；培养温度：25℃。

Ulocladium atrum Preuss 黑细基格孢

ACCC 37135←山东农业大学；分离自西藏乃东土壤；培养基：0390；培养温度：24℃。

ACCC 37140←山东农业大学；分离自西藏乃东土壤；培养基：0390；培养温度：24℃。

ACCC 37152←山东农业大学；分离自西藏日当土壤；培养基：0390；培养温度：24℃。

ACCC 37154←山东农业大学；分离自西藏隆子土壤；培养基：0390；培养温度：24℃。

ACCC 37159←山东农业大学；分离自西藏错那土壤；培养基：0390；培养温度：24℃。

ACCC 37162←山东农业大学；分离自西藏措美土壤；培养基：0390；培养温度：24℃。

ACCC 37166←山东农业大学；分离自西藏措美土壤；培养基：0390；培养温度：24℃。

ACCC 37169←山东农业大学；分离自西藏措美土壤；培养基：0390；培养温度：24℃。

ACCC 37173←山东农业大学；分离自西藏措美土壤；培养基：0390；培养温度：24℃。

ACCC 37178←山东农业大学；分离自西藏日喀则土壤；培养基：0390；培养温度：24℃。

ACCC 37184←山东农业大学；分离自西藏日喀则土壤；培养基：0390；培养温度：24℃。

ACCC 37185←山东农业大学；分离自西藏日喀则土壤；培养基：0390；培养温度：24℃。

ACCC 37187←山东农业大学；分离自西藏康马土壤；培养基：0390；培养温度：24℃。

ACCC 37190←山东农业大学；分离自西藏康马土壤；培养基：0390；培养温度：24℃。

ACCC 37191←山东农业大学；分离自西藏康马土壤；培养基：0390；培养温度：24℃。

ACCC 37192←山东农业大学；分离自西藏康马土壤；培养基：0390；培养温度：24℃。

ACCC 37194←山东农业大学；分离自西藏聂拉木土壤；培养基：0390；培养温度：24℃。

ACCC 37251←山东农业大学；分离自西藏康马土壤；培养基：0390；培养温度：24℃。

ACCC 37931←山东农业大学；培养基：0014；培养温度：25℃。

ACCC 37932←山东农业大学；培养基：0014；培养温度：25℃。

ACCC 37933←山东农业大学；培养基：0014；培养温度：25℃。

ACCC 37934←山东农业大学；培养基：0014；培养温度：25℃。

ACCC 37935←山东农业大学；培养基：0014；培养温度：25℃。

ACCC 37936←山东农业大学；培养基：0014；培养温度：25℃。

ACCC 37937←山东农业大学；培养基：0014；培养温度：25℃。

Ulocladium consortiale (Thüm.) E. G. Simmons 群生细基格孢

ACCC 37938←山东农业大学；培养基：0014；培养温度：25℃。

ACCC 37939←山东农业大学；培养基：0014；培养温度：25℃。

Ulocladium cucurbitae (Letendre & Roum.) E. G. Simmons 葫芦细基格孢

ACCC 31800←新疆农业科学院微生物研究所 XAAS40150；原始编号：SF73；采集地：新疆吐鲁番；分离源：土壤；培养基：0014；培养温度：25～28℃。

ACCC 31801←新疆农业科学院微生物研究所 XAAS40147；原始编号：SF68；采集地：新疆吐鲁番；分离源：土壤；培养基：0014；培养温度：25～28℃。

ACCC 31802←新疆农业科学院微生物研究所 XAAS40144；原始编号：SF65；采集地：新疆吐鲁番；分离源：土壤；培养基：0014；培养温度：25～28℃。

ACCC 31822←新疆农业科学院微生物研究所 XAAS40092；原始编号：SF3；采集地：新疆吐鲁番；分离源：土壤；培养基：0014；培养温度：25～28℃。

ACCC 37136←山东农业大学；分离自西藏乃东土壤；培养基：0390；培养温度：24℃。

ACCC 37139←山东农业大学；分离自西藏乃东土壤；培养基：0390；培养温度：24℃。

ACCC 37163←山东农业大学；分离自西藏措美土壤；培养基：0390；培养温度：24℃。

ACCC 37167←山东农业大学；分离自西藏措美土壤；培养基：0390；培养温度：24℃。

ACCC 37197←山东农业大学；分离自西藏葛尔土壤；培养基：0390；培养温度：24℃。

ACCC 37198←山东农业大学；分离自西藏林周土壤；培养基：0390；培养温度：24℃。

ACCC 37243←山东农业大学；分离自西藏江孜土壤；培养基：0390；培养温度：24℃。

ACCC 37500←新疆农业科学院微生物研究所；分离自新疆新和荒漠土壤样品；培养基：0014；培养温度：20℃。

ACCC 37912←山东农业大学；培养基：0014；培养温度：25℃。

ACCC 37913←山东农业大学；培养基：0014；培养温度：25℃。

ACCC 37914←山东农业大学；培养基：0014；培养温度：25℃。

ACCC 37915←山东农业大学；培养基：0014；培养温度：25℃。

ACCC 37916←山东农业大学；培养基：0014；培养温度：25℃。

ACCC 37917←山东农业大学；培养基：0014；培养温度：25℃。

ACCC 37918←山东农业大学；培养基：0014；培养温度：25℃。

Ulocladium multiforme E. G. Simmons 多型细基格孢

ACCC 37487←新疆农业科学院微生物研究所；分离自新疆库尔勒土壤样品；培养基：0014；培养温度：20℃。

ACCC 37491←新疆农业科学院微生物研究所；分离自新疆库尔勒土壤样品；培养基：0014；培养温度：20℃。

Ulocladium tuberculatum E. G. Simmons 具疣细基格孢

ACCC 37151←山东农业大学；分离自西藏隆子土壤；培养基：0390；培养温度：24℃。

ACCC 37199←山东农业大学；分离自西藏葛尔土壤；培养基：0390；培养温度：24℃。

Umbelopsis ramanniana（Müller）W. Gams 拉曼伞状霉

ACCC 31581←新疆农业科学院微生物研究所 XAAS40169；原始编号：LF33；采集地：新疆一号冰川；分离源：土壤；培养基：0014；培养温度：25～28℃。

ACCC 31596←新疆农业科学院微生物研究所 XAAS40179；原始编号：LF58；采集地：新疆吐鲁番；分离源：土壤；培养基：0014；培养温度：25～28℃。

ACCC 31854←新疆农业科学院微生物研究所 XAAS40184；原始编号：LF64；分离自新疆一号冰川的土壤样品；培养基：0014；培养温度：20℃。

ACCC 31855←新疆农业科学院微生物研究所 XAAS40183；原始编号：LF63；分离自新疆一号冰川的土壤样品；培养基：0014；培养温度：20℃。

Ustilaginoidea virens（Cooke）Takah. 稻绿核菌（稻曲病菌）

ACCC 36443←中国农业科学院蔬菜花卉所；分离自黑龙江延寿水稻稻曲病稻穗；培养基：0014；培养温度：25℃。

ACCC 36444←中国农业科学院蔬菜花卉所；分离自黑龙江延寿水稻稻曲病稻粒；培养基：0014；培养温度：25℃。

Valsa mali Miyabe & Yamada 苹果黑腐皮壳（苹果树腐烂病菌）

ACCC 30052←中国农业科学院土肥所；病原菌；培养基：0014；培养温度：24～28℃。

Verticillium albo-atrum Reinke & Berthold 黑白轮枝孢

ACCC 30053←中国农业科学院土肥所；病原菌；培养基：0014；培养温度：24～28℃。

ACCC 30054←中国农业科学院土肥所；病原菌；培养基：0014；培养温度：24～28℃。

Verticillium dahliae Kleb. 大丽花轮枝孢

ACCC 30308←中国农业科学院土肥所←中国农业科学院植保所 V6；棉花黄萎病菌；分离自北京地区的棉花；培养基：0014；培养温度：24～28℃。

ACCC 30309←中国农业科学院土肥所←中国农业科学院植保所 V5；棉花黄萎病菌；分离自北京地区的棉花；培养基：0014；培养温度：24～28℃。

ACCC 30097←中国农业科学院土肥所←中国农业科学院蔬菜花卉研究所植病室，茄子黄萎病菌；培养基：0014；培养温度：25～28℃。

ACCC 30458←中国农业科学院土肥所；棉花黄萎病菌；培养基：0014；培养温度：25～28℃。

ACCC 36009←中国农业科学院植保所；分离自山东诸城棉花黄萎病茎秆；培养基：0014；培养温度：25℃。

ACCC 36010←中国农业科学院植保所；分离自山东高唐棉花黄萎病茎秆；培养基：0014；培养温度：25℃。

ACCC 36011←中国农业科学院植保所；分离自河南南阳棉花黄萎病茎秆；培养基：0014；培养温度：25℃。

ACCC 36012←中国农业科学院植保所；分离自山东聊城棉花黄萎病茎秆；培养基：0014；培养温度：25℃。

ACCC 36013←中国农业科学院植保所；分离自河北鸡泽棉花黄萎病茎秆；培养基：0014；培养温度：25℃。

ACCC 36014←中国农业科学院植保所；分离自山东汶上棉花黄萎病茎秆；培养基：0014；培养温度：25℃。

ACCC 36015←中国农业科学院植保所；分离自河南鄢陵棉花黄萎病茎秆；培养基：0014；培养温度：25℃。

ACCC 36016←中国农业科学院植保所；分离自山东郓城棉花黄萎病茎秆；培养基：0014；培养温度：25℃。

ACCC 36017←中国农业科学院植保所；分离自山东临清棉花黄萎病茎秆；培养基：0014；培养温

度：25℃。

ACCC 36091←中国农业科学院蔬菜花卉所；分离自山东济南温室茄子黄萎病茎秆；培养基：0014，
19～24℃。

ACCC 36109←中国农业科学院蔬菜花卉所；分离自北京顺义茄子黄萎病叶片；培养基：0014；培养温
度：25℃。

ACCC 36120←中国农业科学院植保所；分离自江苏常熟棉花地棉花黄萎病茎秆；培养基：0014；培养温
度：25℃。

ACCC 36129←中国农业科学院植保所；分离自江苏常熟棉花地棉花黄萎病茎秆；培养基：0014；培养温
度：25℃。

ACCC 36196←中国农业科学院植保所←英国；分离自英国草莓黄萎病病株；培养基：0017；培养温度：
20～25℃。

ACCC 36197←中国农业科学院植保所；分离自山东高密棉花黄萎病茎秆；培养基：0014；培养温度：
22～25℃。

ACCC 36198←中国农业科学院植保所；北京病圃95菌系；分离自北京海淀病圃棉花黄萎病茎秆；培养基：
0014；培养温度：22～25℃。

ACCC 36202←中国农业科学院植保所；北京农大植保系菌系；分离自北京海淀棉花黄萎病茎秆；培养基：
0014；培养温度：22～25℃。

ACCC 36203←中国农业科学院植保所；分离自安徽东至棉花黄萎病茎秆；培养基：0014；培养温度：
22～25℃。

ACCC 36204←中国农业科学院植保所；分离自河南偃师棉花黄萎病茎秆；培养基：0014；培养温度：
22～25℃。

ACCC 36205←中国农业科学院植保所；河北晋州市周家庄菌系；分离自河北晋州棉花黄萎病茎秆；培养
基：0014；培养温度：22～25℃。

ACCC 36206←中国农业科学院植保所；分离自河南鄢陵棉花黄萎病茎秆；培养基：0014；培养温度：
22～25℃。

ACCC 36207←中国农业科学院植保所；安阳菌核型菌系；分离自河南安阳棉花黄萎病茎秆；培养基：
0014；培养温度：22～25℃。

ACCC 36208←中国农业科学院植保所；分离自山东济南棉花黄萎病茎秆；培养基：0014；培养温度：
22～25℃。

ACCC 36209←中国农业科学院植保所；河北馆陶柴堡村菌系；分离自河北馆陶棉花黄萎病茎秆；培养基：
0014；培养温度：22～25℃。

ACCC 36210←中国农业科学院植保所←江苏省农业科学院植保所；分离自江苏常熟棉花黄萎病茎秆；培养
基：0014；培养温度：25℃。

ACCC 36211←中国农业科学院植保所；河南新乡七里营菌系；分离自河南新乡棉花黄萎病茎秆；培养基：
0014；培养温度：22～25℃。

ACCC 36212←中国农业科学院植保所←江苏省农业科学院植保所；分离自江苏常熟棉花黄萎病茎秆；培养
基：0014；培养温度：25℃。

ACCC 36213←中国农业科学院植保所←江苏省农业科学院植保所；分离自江苏盐城棉花黄萎病茎秆；培养
基：0014；培养温度：25℃。

ACCC 36214←中国农业科学院植保所；分离自山东东平棉花黄萎病茎秆；培养基：0014；培养温度：
22～25℃。

ACCC 36215←中国农业科学院植保所；新疆博乐市农5师菌系；分离自新疆博乐棉花黄萎病茎秆；培养
基：0014；培养温度：22～25℃。

ACCC 36216←中国农业科学院植保所；河北省粮作所菌系；分离自河北石家庄棉花黄萎病茎秆；培养基：
0014，培养温度：22～25℃。

ACCC 36217←中国农业科学院植保所←江苏省农业科学院植保所；分离自江苏大丰棉花黄萎病茎秆；培养基：0014；培养温度：25℃。

ACCC 36370←中国农业科学院植保所←江苏农业科学院植保所；分离自江苏阜宁棉花黄萎病茎秆；培养基：0014；培养温度：25℃。

ACCC 36371←中国农业科学院植保所←江苏农业科学院植保所；分离自江苏灌云棉花黄萎病茎秆；培养基：0014；培养温度：25℃。

ACCC 36372←中国农业科学院植保所←江苏农业科学院植保所；分离自江苏灌云棉花黄萎病茎秆；培养基：0014；培养温度：25℃。

ACCC 36373←中国农业科学院植保所←江苏农业科学院植保所；分离自江苏南京棉花黄萎病茎秆；培养基：0014；培养温度：25℃。

ACCC 36374←中国农业科学院植保所←江苏农业科学院植保所；分离自江苏泗阳棉花黄萎病茎秆；培养基：0014；培养温度：25℃。

ACCC 36375←中国农业科学院植保所←江苏农业科学院植保所；分离自江苏泗阳棉花黄萎病茎秆；培养基：0014；培养温度：25℃。

ACCC 36376←中国农业科学院植保所←江苏农业科学院植保所；分离自江苏泗阳棉花黄萎病茎秆；培养基：0014；培养温度：25℃。

ACCC 36377←中国农业科学院植保所←江苏农业科学院植保所；分离自江苏泗阳棉花黄萎病茎秆；培养基：0014；培养温度：25℃。

ACCC 36378←中国农业科学院植保所←江苏农业科学院植保所；分离自江苏泗阳棉花黄萎病茎秆；培养基：0014；培养温度：25℃。

ACCC 36379←中国农业科学院植保所←江苏农业科学院植保所；分离自江苏盐城棉花黄萎病茎秆；培养基：0014；培养温度：25℃。

ACCC 36380←中国农业科学院植保所←江苏农业科学院植保所；分离自江苏徐州棉花黄萎病茎秆；培养基：0014；培养温度：25℃。

ACCC 36381←中国农业科学院植保所←江苏农业科学院植保所；分离自江苏徐州棉花黄萎病茎秆；培养基：0014；培养温度：25℃。

ACCC 36382←中国农业科学院植保所←江苏农业科学院植保所；分离自江苏徐州棉花黄萎病茎秆；培养基：0014；培养温度：25℃。

ACCC 36383←中国农业科学院植保所←江苏农业科学院植保所；分离自江苏徐州棉花黄萎病茎秆；培养基：0014；培养温度：25℃。

ACCC 36384←中国农业科学院植保所←江苏农业科学院植保所；分离自江苏徐州棉花黄萎病茎秆；培养基：0014；培养温度：25℃。

ACCC 36385←中国农业科学院植保所←江苏农业科学院植保所；分离自江苏盐城棉花黄萎病茎秆；培养基：0014；培养温度：25℃。

ACCC 36386←中国农业科学院植保所←江苏农业科学院植保所；分离自江苏盐城棉花黄萎病茎秆；培养基：0014；培养温度：25℃。

ACCC 36387←中国农业科学院植保所←江苏农业科学院植保所；分离自江苏盐城棉花黄萎病茎秆；培养基：0014；培养温度：25℃。

ACCC 36388←中国农业科学院植保所←江苏农业科学院植保所；分离自江苏盐城棉花黄萎病茎秆；培养基：0014；培养温度：25℃。

ACCC 36389←中国农业科学院植保所←江苏农业科学院植保所；分离自江苏南京棉花黄萎病茎秆；培养基：0014；培养温度：25℃。

ACCC 36390←中国农业科学院植保所←江苏农业科学院植保所；分离自江苏大丰棉花黄萎病茎秆；培养基：0014；培养温度：25℃。

ACCC 36391←中国农业科学院植保所←江苏农业科学院植保所；分离自江苏盐城棉花黄萎病茎秆；培养

基：0014；培养温度：25℃。

ACCC 36392←中国农业科学院植保所←江苏农业科学院植保所；分离自江苏盐城棉花黄萎病茎秆；培养基：0014；培养温度：25℃。

ACCC 36393←中国农业科学院植保所←江苏农业科学院植保所；分离自江苏盐城棉花黄萎病茎秆；培养基：0014；培养温度：25℃。

ACCC 36394←中国农业科学院植保所←江苏农业科学院植保所；分离自江苏通州棉花黄萎病茎秆；培养基：0014；培养温度：25℃。

ACCC 36395←中国农业科学院植保所←江苏农业科学院植保所；分离自江苏常熟茄子黄萎病茎秆；培养基：0014；培养温度：25℃。

ACCC 36396←中国农业科学院植保所←江苏农业科学院植保所；分离自江苏常熟茄子黄萎病茎秆；培养基：0014；培养温度：25℃。

ACCC 36397←中国农业科学院植保所←江苏农业科学院植保所；分离自江苏南京棉花黄萎病茎秆；培养基：0014；培养温度：25℃。

ACCC 36398←中国农业科学院植保所←江苏农业科学院植保所；分离自江苏南京茄子黄萎病茎秆；培养基：0014；培养温度：25℃。

ACCC 36399←中国农业科学院植保所←江苏农业科学院植保所；分离自江苏南京茄子黄萎病茎秆；培养基：0014；培养温度：25℃。

ACCC 36400←中国农业科学院植保所←江苏农业科学院植保所；分离自江苏泗阳棉花黄萎病茎秆；培养基：0014；培养温度：25℃。

ACCC 36463←中国农业科学院蔬菜花卉所；分离自山西长治茄子黄萎病叶片；培养基：0014；培养温度：25℃。

ACCC 36482←中国农业科学院植保所←江苏省农业科学院←南京农大；分离自江苏南通棉田棉花黄萎病茎秆；培养基：0014；培养温度：25℃。

ACCC 36806←中国农业科学院资源区划所←北京市海淀区植物组织培养技术实验室；分离自北京海淀茄子黄萎病叶柄；培养基：0014；培养温度：25℃。

ACCC 36915←中国农业科学院植保所←新疆石河子大学农学院植病室；分离自新疆博乐地区八十三团棉花黄萎病茎秆；培养基：0014；培养温度：25℃。

ACCC 36916←中国农业科学院植保所←新疆石河子大学农学院植病室；分离自新疆阿克苏地区三团棉花黄萎病茎秆；培养基：0014；培养温度：25℃。

ACCC 36917←中国农业科学院植保所←新疆石河子大学农学院植病室；分离自新疆阿克苏地区五团棉花黄萎病茎秆；培养基：0014；培养温度：25℃。

ACCC 36918←中国农业科学院植保所←新疆石河子大学农学院植病室；分离自新疆阿拉尔棉花黄萎病茎秆；培养基：0014；培养温度：25℃。

ACCC 36919←中国农业科学院植保所←新疆石河子大学农学院植病室；分离自新疆阿拉尔棉花黄萎病茎秆；培养基：0014；培养温度：25℃。

ACCC 36920←中国农业科学院植保所←新疆石河子大学农学院植病室；分离自新疆阿克苏地区八团棉花黄萎病茎秆；培养基：0014；培养温度：25℃。

ACCC 36921←中国农业科学院植保所←新疆石河子大学农学院植病室；分离自新疆阿拉尔棉花黄萎病茎秆；培养基：0014；培养温度：25℃。

ACCC 36922←中国农业科学院植保所←新疆石河子大学农学院植病室；分离自新疆阿拉尔棉花黄萎病茎秆；培养基：0014；培养温度：25℃。

ACCC 36923←中国农业科学院植保所←新疆石河子大学农学院植病室；分离自新疆阿克苏棉花黄萎病茎秆；培养基：0014；培养温度：25℃。

ACCC 36924←中国农业科学院植保所←新疆石河子大学农学院植病室；分离自新疆阿拉尔棉花黄萎病茎秆；培养基：0014；培养温度：25℃。

ACCC 36925←中国农业科学院植保所←新疆石河子大学农学院植病室；分离自新疆阿拉尔棉花黄萎病茎
秆；培养基：0014；培养温度：25℃。

ACCC 36926←中国农业科学院植保所←新疆石河子大学农学院植病室；分离自新疆阿克苏地区八团棉花黄
萎病茎秆；培养基：0014；培养温度：25℃。

ACCC 36927←中国农业科学院植保所←新疆石河子大学农学院植病室；分离自新疆石河子棉花黄萎病茎
秆；培养基：0014；培养温度：25℃。

ACCC 36928←中国农业科学院植保所←新疆石河子大学农学院植病室；分离自新疆喀什地区 48 团棉花黄
萎病茎秆；培养基：0014；培养温度：25℃。

ACCC 36931←新疆农业科学院微生物研究所；分离自新疆焉耆棉花黄萎病田土壤；培养基：0014；培养温
度：37℃。

ACCC 36947←广东省广州微生物研究所；分离自广东广州棉花黄萎病田土壤；培养基：0014；培养温
度：25℃。

Verticillium lecanii （Zimm.） Viégas 蜡蚧轮枝菌

ACCC 30840←中国农业科学院环发所；原始编号：3073（古巴）；采集地：古巴；培养基：0014；培养温
度：25~28℃。

ACCC 30841←中国农业科学院环发所；原始编号：3074（古巴）；采集地：古巴；培养基：0014；培养温
度：25~28℃。

ACCC 32145←福建农林大学生物农药教育部重点实验室 BCBKL 0088；原始编号：VL-5；可作为生物农药
用于防治粉虱、蚜虫、蓟马；培养基：0014；培养温度：26℃。

ACCC 32146←福建农林大学生物农药教育部重点实验室 BCBKL 0089；原始编号：VL-15；可作为生物农
药用于防治粉虱、蚜虫、蓟马；培养基：0014；培养温度：26℃。

ACCC 32147←福建农林大学生物农药教育部重点实验室 BCBKL 0090；原始编号：VL-19；可作为生物农
药用于防治粉虱、蚜虫、蓟马；培养基：0014；培养温度：26℃。

ACCC 32148←福建农林大学生物农药教育部重点实验室 BCBKL 0091；原始编号：VL-23；可作为生物农
药用于防治粉虱、蚜虫、蓟马；培养基：0014；培养温度：26℃。

ACCC 32149←福建农林大学生物农药教育部重点实验室 BCBKL 0092；原始编号：VL-US；可作为生物农
药用于防治粉虱、蚜虫、蓟马；培养基：0014；培养温度：26℃。

ACCC 32150←福建农林大学生物农药教育部重点实验室 BCBKL 0093；原始编号：VL-12；可作为生物农
药用于防治粉虱、蚜虫、蓟马；培养基：0014；培养温度：26℃。

Verticillium nigrescens Pethybridge 变黑轮枝菌

ACCC 30573←中国农业科学院土肥所←美国典型物培养中心；原始编号：ATCC48411；分离自废弃物、
液化淀粉、纤维素、明胶和果胶；培养基：0014；培养温度：25℃。

Verticillium sp. 轮枝菌

ACCC 32136←福建农林大学生物农药与化学生物学教育部重点实验室 BCBKL 0076；原始编号：VL-7。可
作为生物农药用于防治粉虱、蚜虫、蓟马；培养基：0014；培养温度：26℃。

Yunnania pemicillata H. Z. Kong 帚状云南霉

ACCC 30914←中国农业科学院饲料所 FRI2006070；原始编号：F109。＝CGMCC 3.4657；培养基：0014；
培养温度：25~28℃。

六、大 型 真 菌
（Mushroom）

Agaricus abruptibulbus Peck 球基蘑菇

ACCC 51315←小兴安岭凉水自然保护区；从野生子实体分离；培养基：0014；培养温度：25℃。

Agaricus arvensis Schaeff. 野蘑菇

ACCC 50578←张金霞采集于香港；培养基：0014；培养温度：25℃。

ACCC 51145←黑龙江应用微生物研究所←贵州农学院；36；培养基：0014；培养温度：25℃。

Agaricus bisporus （J. E. Lange） Imbach 双孢蘑菇

ACCC 50021←厦门罐头厂食用菌室←厦门大学生物系；原始编号：751；培养基：0014；培养温度：25℃。

ACCC 50032←澳大利亚；LM1；培养基：0014；培养温度：25℃。

ACCC 50033←澳大利亚；M13；培养基：0014；培养温度：25℃。

ACCC 50037←上海农业科学院食用菌所；176；培养基：0014；培养温度：25℃。

ACCC 50041←上海农业科学院食用菌所；102-2；培养基：0014；培养温度：25℃。

ACCC 50095←中国农业科学院原子能所；培养基：0014；培养温度：25℃。

ACCC 50107←丰台食用菌菌种厂；培养基：0014；培养温度：25℃。

ACCC 50213←福建农业大学；102-1；培养基：0014；培养温度：25℃。

ACCC 50214←福建农业大学；福4；培养基：0014；培养温度：25℃。

ACCC 50215←福建农业大学；8211；培养基：0014；培养温度：25℃。

ACCC 50216←福建农学院；8213；培养基：0014；培养温度：25℃。

ACCC 50217←福建农业大学；8205；培养基：0014；培养温度：25℃。

ACCC 50218←福建农业大学；8319；培养基：0014；培养温度：25℃。

ACCC 50255←上海农业科学院食用菌所；102-1；培养基：0014；培养温度：25℃。

ACCC 50257←上海食用菌所；111；培养基：0014；培养温度：25℃。

ACCC 50262←华中农大园林系←浙江农大；1号；培养基：0014；培养温度：25℃。

ACCC 50264←华中农业大学园林系；7411；培养基：0014；培养温度：25℃。

ACCC 50298←江苏省微生物研究所；苏锡1号；培养基：0014；培养温度：25℃。

ACCC 50299←中国科学院微生物研究所；AS5.150；培养基：0014；培养温度：25℃。

ACCC 50306←北京市营养源研究所；8308；培养基：0014；培养温度：25℃。

ACCC 50307←北京营养源所；22号；培养基：0014；培养温度：25℃。

ACCC 50442←湖南省食用菌研究所；A8；培养基：0014；培养温度：25℃。

ACCC 50443←湖南省食用菌研究所；A17；培养基：0014；培养温度：25℃。

ACCC 50444←湖南省食用菌研究所；A18；培养基：0014；培养温度：25℃。

ACCC 50551←中国农业大学食用菌实验室←前西德；124-4；培养基：0014；培养温度：25℃。

ACCC 50554←中国农业大学食用菌实验室←前西德；162-1；培养基：0014；培养温度：25℃。

ACCC 50555←北京农业大学；培养基：0014；培养温度：25℃。

ACCC 50612←上海农业科学院食用菌所；U3；培养基：0014；培养温度：25℃。

ACCC 50613←上海农业科学院食用菌所；152；培养基：0014；培养温度：25℃。

ACCC 50658←浙江省奉化市蘑菇生产专业技术协会←福建省蘑菇菌种站；AS2796；培养基：0014；培养温度：25℃。

ACCC 50659←浙江省奉化市蘑菇生产专业技术协会←福建省蘑菇菌种站；AS3003；培养基：0014；培养温度：25℃。

ACCC 50660←浙江省奉化市蘑菇生产专业技术协会←福建省蘑菇菌种站；U3；培养基：0014；培养温度：25℃。

ACCC 50842←浙江省奉化市蘑菇生产专业技术协会；召农1号；培养基：0014；培养温度：25℃；台湾品种。

ACCC 51414←四川省农业科学院食用菌中心；Ag56；培养基：0014；培养温度：25℃。

ACCC 51417←四川省农业科学院食用菌中心；蜜2；培养基：0014；培养温度：25℃。

ACCC 51483←云南昆明云覃科技开发公司；F56培养基：0014；培养温度：25℃。

ACCC 51682←广东省广州微生物研究所；GIM5.354；培养基：0014；培养温度：25℃。

ACCC 51732←广东省广州微生物研究所；GIM5.138；培养基：0014；培养温度：25℃。

ACCC 51733←广东省广州微生物研究所；GIM5.117；培养基：0014；培养温度：25℃。

ACCC 51763←广东省广州微生物研究所；GIM5.120；培养基：0014；培养温度：25℃。

ACCC 51764←广东省广州微生物研究所；GIM5.119；培养基：0014；培养温度：25℃。

ACCC 51813←山东农业大学菌种保藏中心；300071；培养基：0014；培养温度：25℃。

ACCC 51827←广东省广州微生物研究所菌种保藏中心；GIM5.110；培养基：0014；培养温度：25℃。

ACCC 51841←广东省广州微生物研究所菌种保藏中心；GIM5.105；培养基：0014；培养温度：25℃。

ACCC 51870←广东省广州微生物研究所菌种保藏中心；GIM5.116；培养基：0014；培养温度：25℃。

ACCC 51871←广东省广州微生物研究所菌种保藏中心；GIM5.104；培养基：0014；培养温度：25℃。

ACCC 52198←广东省广州微生物研究所；GIM5.492；培养基：0014；培养温度：25℃。

ACCC 52199←广东省广州微生物研究所；GIM5.493；培养基：0014；培养温度：25℃。

ACCC 52327←密云；生-8；培养基：0014；培养温度：25℃。

ACCC 52329←左雪梅从子实体分离；培养基：0014；培养温度：25℃。

ACCC 52330←左雪梅从子实体分离；培养基：0014；培养温度：25℃。

Agaricus bisporus (J. E. Lange) Imbach 双孢蘑菇（褐蘑菇、棕色蘑菇）

ACCC 51579←山东曹县中国菌种超市；培养基：0014；培养温度：25℃。

ACCC 51614←福建农林大学菌物研究中心；948-2；培养基：0014；培养温度：25℃。

ACCC 52040←广东省广州微生物研究所；GIM5.477；培养基：0014；培养温度：25℃。

ACCC 52355←子实体分离；培养基：0014；培养温度：25℃。

Agaricus bitorquis (Quél.) Sacc. 大肥蘑菇

ACCC 50034←澳大利亚；B2/E（奶油菇）；培养基：0014；子实体大。

ACCC 50305←北京营养源所；培养基：0014；培养温度：25℃。

ACCC 50916←河南省农业科学院；新登96；培养基：0014；培养温度：25℃；高温型；子实体大。

Agaricus blagei Murrill 巴氏蘑菇（姬松茸）

ACCC 51127←黑龙江应用微生物研究所←日本；培养基：0014；培养温度：25℃。

ACCC 50654←福建三明真菌所；培养基：0014；培养温度：25℃。

ACCC 52195←广东省广州微生物研究所；GIM5.470；培养基：0014；培养温度：25℃。

ACCC 50993←河南省生物所；培养基：0014；培养温度：25℃。

ACCC 51119←福建南平市农科所；6号；培养基：0014；培养温度：25℃。

ACCC 51148←武汉新宇食用菌研究所；培养基：0014；培养温度：25℃。

ACCC 51237←河南省科学院生物研究所申进文赠；培养基：0014；培养温度：25℃。

ACCC 51240←福建农林大学谢宝贵赠；AbM3；培养基：0014；培养温度：25℃。

ACCC 51241←福建农林大学谢宝贵赠；AbM2；培养基：0014；培养温度：25℃。

ACCC 51242←福建农林大学谢宝贵赠；AbM1；培养基：0014；培养温度：25℃。

ACCC 51392←四川省农业科学院食用菌中心；ab22；培养基：0014；培养温度：25℃。

Agaricus campestris L. 蘑菇

ACCC 51665←采自北京紫竹院公园；培养基：0014；培养温度：25℃。

Agaricus edulis Bull. 美味蘑菇

ACCC 51446←张金霞采集；分离地点：颐和园湖边；自行组织分离；培养基：0014；培养温度：25℃。

ACCC 51471←内蒙古野生采集；X20；培养基：0014；培养温度：25℃。

ACCC 51475←内蒙古野生采集；培养基：0014；培养温度：25℃。

ACCC 51477←内蒙古野生采集；培养基：0014；培养温度：25℃。

Agaricus placomyces Peck 双环林地蘑菇

ACCC 50580←中国农业科学院土肥所；培养基：0014；培养温度：25℃；有剧毒记载。

Agaricus silvaticus Schaeff. 林地蘑菇

ACCC 51656←采自河北丰宁枯杨树干上；培养基：0014；培养温度：25℃。

Agaricus sp. 蘑菇属

ACCC 50566←张金霞采集于香港；培养基：0014；培养温度：25℃。

ACCC 51312←小兴安岭凉水自然保护区野生子实体分离；培养基：0014；培养温度：25℃。

ACCC 51320←小兴安岭凉水自然保护区野生子实体分离；培养基：0014；培养温度：25℃。

ACCC 51421←宁夏贺兰山野点采集；培养基：0014；培养温度：25℃。

ACCC 51751←黑龙江省科学院应用微生物研究所；5L0723；培养基：0014；培养温度：25℃。

Agaricus sp. 大棕菇

ACCC 51013←华中农业大学菌种中心；培养基：0014；培养温度：25℃。

Agaricus sp. 白蘑菇

ACCC 50802；培养基：0014；培养温度：25℃。

ACCC 51014←华中农业大学菌种中心；297；培养基：0014；培养温度：25℃。

ACCC 51015←华中农业大学菌种中心；吕作舟赠199；培养基：0014；培养温度：25℃。

ACCC 51016←华中农业大学菌种中心；吕作舟赠9812；培养基：0014；培养温度：25℃。

ACCC 51017←华中农业大学菌种中心；吕作舟赠299；培养基：0014；培养温度：25℃。

ACCC 51470←内蒙古野生采集伞菇；培养基：0014；培养温度：25℃。

Agaricus sp. 草地菇

ACCC 51750←黑龙江省科学院应用微生物研究所；5L0707；培养基：0014；培养温度：25℃。

Agrocybe cylindracae （DC.） Gillet 柱状田头菇 （茶树菇、杨树菇）

ACCC 51057←福建省三明市真菌研究所；郭美英赠江西；培养基：0014；培养温度：25℃。

ACCC 51059←福建省三明市真菌研究所；郭美英赠江滨；培养基：0014；培养温度：25℃。

ACCC 51065←江西尧九江茶丰9号；培养基：0014；培养温度：25℃。

ACCC 51066←江西尧九江茶9号诱变；培养基：0014；培养温度：25℃。

ACCC 51110←左雪梅从子实体分离；子实体乳白色；耐高温；培养基：0014；培养温度：25℃。

ACCC 51239←福建农林大学；谢宝贵赠；子实体白色；培养基：0014；培养温度：25℃。

ACCC 51561←中国农业科学院农业资源与农业区划研究所古田；培养基：0014；培养温度：25℃。

ACCC 50653←福建三明真菌所；培养基：0014；培养温度：25℃。

ACCC 50895←三明真菌研究所 Ag-3；培养基：0014；培养温度：25℃。

ACCC 50913←农业资源与农业区划研究所；培养基：0014；培养温度：25℃。

ACCC 51058←福建省三明市真菌研究所；郭美英赠台湾；培养基：0014；培养温度：25℃。

ACCC 51166←江苏农业科学院蔬菜所；培养基：0014；培养温度：25℃。

ACCC 51232←中科院微生物研究所；5.250；培养基：0014；培养温度：25℃。

ACCC 51394←四川省农业科学院食用菌中心；Ac1；培养基：0014；培养温度：25℃。

ACCC 51621←南京农业大学；YSG-1；培养基：0014；培养温度：25℃。

ACCC 51640←湖北武汉华中食用菌栽培研究所；培养基：0014；培养温度：25℃。

ACCC 51658←湖北嘉鱼县环宇食用菌研究所；16；培养基：0014；培养温度：25℃。

ACCC 51659←湖北嘉鱼县环宇食用菌研究所；17；培养基：0014；培养温度：25℃。

ACCC 51660←湖北嘉鱼县环宇食用菌研究所；18；培养基：0014；培养温度：25℃。

ACCC 51676←广东省广州微生物研究所；GIM5.359；培养基：0014；培养温度：25℃。

ACCC 51690←广东省广州微生物研究所；GIM5.336；培养基：0014；培养温度：25℃。

ACCC 52035←广东省广州微生物研究所；GIM5.468；培养基：0014；培养温度：25℃。

ACCC 50988←郑美生←福建；培养基：0014；培养温度：25℃。

Agrocybe farinacea Hongo 无环田头菇

ACCC 51582；徐晶采自农业科学院内草坪；培养基：0014；培养温度：25℃。

Aleurodiscus disciformis （DC.）Pat. 厚白盘革菌

ACCC 51194←东北林业大学；9903；培养基：0014；培养温度：25℃。

Amanita muscaria （L.：Fr.）Pers. ex S. F. Gray 毒蝇鹅膏菌

ACCC 51314←小兴安岭凉水自然保护区野生子实体分离；培养基：0014；培养温度：25℃。

Amanita vaginata （Ball. ex Fr.）Quel. 灰鹅膏菌（灰托柄菇、灰托鹅膏菌）

ACCC 51313←小兴安岭凉水自然保护区野生子实体分离；培养基：0014；培养温度：25℃。

Amauroderma rude （Berk.）Torrend 皱盖假芝（血芝）

ACCC 50879←中国科学院微生物研究所；培养基：0014；培养温度：25℃。

ACCC 50880←中国科学院微生物研究所；培养基：0014；培养温度：25℃。

ACCC 52331←中国科学院微生物研究所；5.76；培养基：0014；培养温度：25℃。

Amauroderma rugosum （Blume & T. Nees）Torrend 假芝

ACCC 51236←中科院微生物研究所；AS.5.679；培养基：0014；培养温度：25℃。

ACCC 51706←广东省广州微生物研究所；GIM5.286；培养基：0014；培养温度：25℃。

Amauroderma sp. 血芝

ACCC 51070←辽宁大连理工大学珍稀菌物开发中心；台湾血芝；培养基：0014；培养温度：25℃。

ACCC 51105←华中农业大学植保系台湾血芝；培养基：0014；培养温度：25℃。

ACCC 51327←江苏省农业科学院食用菌研究开发中心；培养基：0014；培养温度：25℃。

Armillaria luteo-virens （Alb. et Schw.：Fr.）Sacc. 黄绿蜜环菌

ACCC 52296←中国农业大学生物学院王贺祥赠；黄蘑菇；培养基：0014；培养温度：25℃。

Armillaria mellea （Vahl）P. Kumm 蜜环菌（榛蘑）

ACCC 50063←浙江微生物研究所←中国科学院微生物研究所；ZM5.30；培养基：0014；培养温度：25℃。

Armillaria sp. 蜜环菌

ACCC 51064←河南栾川科委；曹淑兰赠；培养基：0014；培养温度：25℃。

ACCC 51151←河南栾川科委；曹淑兰赠；234；培养基：0014；培养温度：25℃。

ACCC 51195←陕西宁强真菌研究所；AMP；培养基：0014；培养温度：25℃。

Armillaria luteo-virens （Alb. et Schw.：Fr.）Sacc. 黄绿蜜环菌

ACCC 51497←中国农业大学；QH-2；培养基：0014；培养温度：25℃。

Armillaria mellea （Vahl）P. Kumm 蜜环菌

ACCC 52268←中国农业科学院资划所；YKLAB-0021；培养基：0014；培养温度：25℃。

ACCC 52282←中国农业科学院资划所；01311；培养基：0014；培养温度：25℃。

ACCC 52283←中国农业科学院资划所；01312；培养基：0014；培养温度：25℃。

ACCC 52284←中国农业科学院资划所；01309；培养基：0014；培养温度：25℃。

ACCC 50466←吉林省农业科学院长白山资源所；培养基：0014；培养温度：25℃。

ACCC 50801←香港中文大学生物系←BroedbedrijfMycobank；CMB051；培养基：0014；培养温度：25℃。

ACCC 51143←黑龙江应用微生物研究所←分离鉴定；78136；培养基：0014；培养温度：25℃。

ACCC 51319←小兴安岭带岭自由市场售鲜品组织分离；培养基：0014；培养温度：25℃。

ACCC 51744←黑龙江省科学院应用微生物研究所；5L0598；培养基：0014；培养温度：25℃。

ACCC 52219；张瑞颖采自北京房山区云霞岭乡堂上村；组织分离；08-2；培养基：0014；培养温度：25℃。

ACCC 52220；张瑞颖采自北京房山区云霞岭乡堂上村；组织分离；08-4；培养基：0014；培养温度：25℃。

ACCC 52221；张瑞颖采自北京房山区云霞岭乡堂上村；组织分离；08-10；培养基：0014；培养温度：25℃。

ACCC 52222；张瑞颖采自北京房山区云霞岭乡堂上村；组织分离；08-3；培养基：0014；培养温度：25℃。

ACCC 52223；张瑞颖采自北京房山区云霞岭乡堂上村；组织分离；08-9；培养基：0014；培养温度：25℃。

ACCC 52224；张瑞颖采自北京房山区云霞岭乡堂上村；组织分离；08-8；培养基：0014；培养温度：25℃。

ACCC 52225；张瑞颖采自北京房山区云霞岭乡堂上村；组织分离；08-7；培养基：0014；培养温度：25℃。

ACCC 52226；张瑞颖采自北京房山区云霞岭乡堂上村；组织分离；08-6；培养基：0014；培养温度：25℃。

ACCC 52227；张瑞颖采自北京房山区云霞岭乡堂上村；组织分离；08-1 土地上采；培养基：0014；培养温度：25℃。

ACCC 52228；张瑞颖采自北京房山区云霞岭乡堂上村；组织分离；08-2 土地上采；培养基：0014；培养温度：25℃。

ACCC 52229；张瑞颖采自北京房山区云霞岭乡堂上村；组织分离；08-3（土）；培养基：0014；培养温度：25℃。

ACCC 52230；张瑞颖采自北京房山区云霞岭乡堂上村；组织分离；08-4（土）；培养基：0014；培养温度：25℃。

ACCC 52231；张瑞颖采自北京房山区云霞岭乡堂上村；组织分离；08-5；培养基：0014；培养温度：25℃。

ACCC 52232；张瑞颖采自北京房山区云霞岭乡堂上村；组织分离；08-6；培养基：0014；培养温度：25℃。

Armillaria tabescens（Scop.）Emel 假蜜环菌

ACCC 50883←中国科学院微生物研究所；亮菌；培养基：0014；培养温度：25℃。

ACCC 51415←四川省农业科学院食用菌中心；At01；培养基：0014；培养温度：25℃。

ACCC 52205←中国农业科学院饲料研究所；F160；培养基：0014；培养温度：25℃。

ACCC 52098←会理县采集分离（王波）；ATHL6714；培养基：0014；培养温度：25℃。

ACCC 52099←会理县采集分离（王波）；ATHL6721；培养基：0014；培养温度：25℃。

ACCC 52267←中国农业科学院资划所；ATHL6221；培养基：0014；培养温度：25℃。

ACCC 52269←中国农业科学院资划所；AT91053；培养基：0014；培养温度：25℃。

ACCC 52270←中国农业科学院资划所；ATHL6732；培养基：0014；培养温度：25℃。

ACCC 52271←中国农业科学院资划所；ATHL6714；培养基：0014；培养温度：25℃。

ACCC 52292←中国农业科学院资划所；01095；培养基：0014；培养温度：25℃。

Auricularia auricula-judae（Bull.）Quél. 黑木耳

ACCC 50057←浙江微生物研究所←中国科学院微生物研究所；ZM5.36；培养基：0014；培养温度：25℃。

ACCC 50097←河北省科学院微生物研究所；5 号；培养基：0014；培养温度：25℃。

ACCC 50133←山西省科学院微生物研究所；培养基：0014；培养温度：25℃。

ACCC 50134←中国农业科学院蔬菜花卉所；80C；培养基：0014；培养温度：25℃。

ACCC 50135←中国农业科学院蔬菜花卉所；80E；培养基：0014；培养温度：25℃。

ACCC 50136←中国农业科学院蔬菜花卉所；815；培养基：0014；培养温度：25℃。

ACCC 50137←中国农业科学院蔬菜花卉所；590；培养基：0014；培养温度：25℃。

ACCC 50139←中国农业科学院蔬菜花卉所；培养基：0014；培养温度：25℃。

ACCC 50230←上海食用菌所；沪耳1号；培养基：0014；培养温度：25℃。

ACCC 50239←河北省微生物研究所；河北6号；培养基：0014；培养温度：25℃。

ACCC 50271←黑龙江；黑6；培养基：0014；培养温度：25℃。

ACCC 50308←福建三明真菌所；培养基：0014；培养温度：25℃。

ACCC 50353←浙江庆元县食用菌所；8703；培养基：0014；培养温度：25℃。

ACCC 50354←浙江省庆元食用菌所；8704；培养基：0014；培养温度：25℃。

ACCC 50355←浙江庆元县食用菌所；8707；培养基：0014；培养温度：25℃。

ACCC 50356←浙江省庆元食用菌所；8709；培养基：0014；培养温度：25℃。

ACCC 50366←辽宁省抚顺市外贸公司；860；培养基：0014；培养温度：25℃。

ACCC 50370←陕西省宁强县食用菌研究所；Au27；培养基：0014；段木种型。

ACCC 50371←陕西宁强县食用菌所←湖北房县；511；培养基：0014；段木种型。

ACCC 50373←陕西省宁强县食用菌研究所←浙江；金华19号；培养基：0014；培养温度：25℃；代料段木两用种型。

ACCC 50384←上海农业科学院食用菌所；沪耳2号；培养基：0014；培养温度：25℃；代料种型。

ACCC 50432←湖南省食用菌研究所；草耳6号；培养基：0014；培养温度：25℃；稻草栽培种型。

ACCC 50437←吉林省农业科学院长白山资源所；Au86；培养基：0014；培养温度：25℃；代料段木两用种型。

ACCC 50438←河北农业大学食品系；冀诱1号；培养基：0014；紫外线诱变菌株；代料种型。

ACCC 50504←河北省微生物研究所；6-2；培养基：0014；培养温度：25℃。

ACCC 50505←河北省微生物研究所；冀杂3号；培养基：0014；培养温度：25℃。

ACCC 50506←河北省微生物研究所；5-10-3；培养基：0014；培养温度：25℃。

ACCC 50530←山东金乡←三明；143；培养基：0014；培养温度：25℃。

ACCC 50531←山东金乡←淳安；浙5；培养基：0014；培养温度：25℃。

ACCC 50538←河南省农业科学院土肥所；Au003；培养基：0014；培养温度：25℃；段木种型。

ACCC 50539←河南省农业科学院土肥所；Au013；培养基：0014；段木种型。

ACCC 50629←辽宁朝阳市食用菌研究所；888；培养基：0014；培养温度：25℃。

ACCC 50663←河南农业科学院；Au003；培养基：0014；培养温度：25℃。

ACCC 50665←河南省农业科学院食用菌服务站；Au022；培养基：0014；培养温度：25℃；段木种型。

ACCC 50833←福建农业大学菌草室；Au165；培养基：0014；培养温度：25℃。

ACCC 50834←福建农业大学菌草室；Au7811；培养基：0014；培养温度：25℃。

ACCC 50837←辽宁省农业科学院食用菌技术开发中心；8808；培养基：0014；培养温度：25℃；地栽品种。

ACCC 50854←陕西宁强食用菌所←河南泌阳；y二号；培养基：0014；培养温度：25℃。

ACCC 50855←陕西省宁强县食用菌工作站；Au05；培养基：0014；培养温度：25℃；段木种型。

ACCC 50856←陕西省宁强县食用菌工作站；96-01号；培养基：0014；培养温度：25℃；段木种型。

ACCC 50857←陕西省宁强县食用菌工作站；Au82-4；培养基：0014；培养温度：25℃；段木种型。

ACCC 50859←陕西省宁强县食用菌工作站；秦巴16；培养基：0014；培养温度：25℃；段木种型。

ACCC 50938←上海食用菌研究所菌种厂；沪耳2号；培养基：0014；培养温度：25℃；代料段木两用种；子实体散生；色泽中等；耳片柔软；适于我国南方气候栽培。

ACCC 50939←上海食用菌研究所菌种厂；沪耳3号；培养基：0014；培养温度：25℃；子实体片大、肉厚；腹面黑亮、背面灰色绒毛状；口感脆而不硬；适宜袋料栽培的品种。

ACCC 50955←辽宁省朝阳市食用菌所；998-1；培养基：0014；培养温度：25℃。

ACCC 50956←辽宁省朝阳市食用菌所；998-4；培养基：0014；培养温度：25℃。

ACCC 50958←辽宁省朝阳市食用菌所；998-5；培养基：0014；培养温度：25℃。

ACCC 50972←河南省生物所菌种厂；大光木耳；培养基：0014；培养温度：25℃。

ACCC 50973←河南省生物所菌种厂；雪白木耳；培养基：0014；培养温度：25℃。

ACCC 50974←河南省生物所菌种厂；黑6；培养基：0014；培养温度：25℃。

ACCC 50975←河南省生物所菌种厂；888；培养基：0014；培养温度：25℃。

ACCC 50995←河南省生物研究所菌种厂；沪耳1号；培养基：0014；培养温度：25℃。

ACCC 50996←河南省生物研究所菌种厂；8129；培养基：0014；培养温度：25℃。

ACCC 50998←河南省生物研究所菌种厂；杂交005；培养基：0014；培养温度：25℃。

ACCC 51000←河南省生物研究所菌种厂；沪耳2号；培养基：0014；培养温度：25℃。

ACCC 51001←河南省生物研究所菌种厂；Au110培养基：0014；培养温度：25℃。

ACCC 51002←河南省生物研究所菌种厂；793；培养基：0014；培养温度：25℃。

ACCC 51003←河南省生物研究所菌种厂；590；培养基：0014；培养温度：25℃。

ACCC 51019←华中农业大学菌种中心；吕作舟赠；薛坪10号；培养基：0014；培养温度：25℃。

ACCC 51020←华中农业大学菌种中心；吕作舟赠；H7；培养基：0014；培养温度：25℃。

ACCC 51021←华中农业大学菌种中心；吕作舟赠；901；培养基：0014；培养温度：25℃。

ACCC 51022←华中农业大学菌种中心；吕作舟赠；伏6；培养基：0014；培养温度：25℃。

ACCC 51023←华中农业大学菌种中心；吕作舟赠；793；培养基：0014；黑褐；质优高产；传统优良种；
　　段木种。

ACCC 51024←华中农业大学菌种中心；吕作舟赠；A12；培养基：0014；培养温度：25℃。

ACCC 51025←华中农业大学菌种中心；吕作舟赠；沪耳3号；培养基：0014；培养温度：25℃。

ACCC 51026←华中农业大学菌种中心；吕作舟赠；H10；培养基：0014；培养温度：25℃。

ACCC 51027←华中农业大学菌种中心；吕作舟赠；黄天菊花；培养基：0014；培养温度：25℃；黑褐；出
　　耳快；耳片大；产量高；质优；段木袋料两用种。

ACCC 51028←华中农业大学菌种中心；吕作舟赠；K3；培养基：0014；培养温度：25℃。

ACCC 51043←华中农业大学菌种中心；吕作舟赠；97-1；培养基：0014；培养温度：25℃。

ACCC 51044←华中农业大学菌种中心；吕作舟赠；延10；培养基：0014；培养温度：25℃。

ACCC 51045←华中农业大学菌种中心；吕作舟赠；97-4；培养基：0014；培养温度：25℃。

ACCC 51046←华中农业大学菌种中心；吕作舟赠；黑菊1号；培养基：0014；培养温度：25℃。

ACCC 51047←华中农业大学菌种中心；吕作舟赠；雨优3号；培养基：0014；培养温度：25℃。

ACCC 51048←华中农业大学菌种中心；吕作舟赠；26；培养基：0014；培养温度：25℃。

ACCC 51049←华中农业大学菌种中心；吕作舟赠；9703；培养基：0014；培养温度：25℃。

ACCC 51050←华中农业大学菌种中心；吕作舟赠；97-2；培养基：0014；培养温度：25℃。

ACCC 51051←华中农业大学菌种中心；吕作舟赠；延7；培养基：0014；培养温度：25℃。

ACCC 51082←黑龙江应用微生物研究所；郭砚翠赠；643；培养基：0014；培养温度：25℃。

ACCC 51083←黑龙江应用微生物研究所；郭砚翠赠；天桥岭；培养基：0014；培养温度：25℃。

ACCC 51084←黑龙江应用微生物研究所；郭砚翠赠←延吉；长白7；培养基：0014；培养温度：25℃。

ACCC 51085←黑龙江应用微生物研究所；郭砚翠赠；东宁15；培养基：0014；培养温度：25℃。

ACCC 51086←黑龙江应用微生物研究所；郭砚翠赠←延吉；长城1号；培养基：0014；培养温度：25℃。

ACCC 51087←黑龙江应用微生物研究所；郭砚翠赠；草优1号；培养基：0014；培养温度：25℃。

ACCC 51088←黑龙江应用微生物研究所；郭砚翠赠；Au002；培养基：0014；培养温度：25℃。

ACCC 51089←黑龙江应用微生物研究所；郭砚翠赠；Au004；培养基：0014；培养温度：25℃。

ACCC 51090←黑龙江应用微生物研究所；郭砚翠赠；AuH-5；培养基：0014；培养温度：25℃。

ACCC 51091←黑龙江应用微生物研究所；郭砚翠赠；Au86；培养基：0014；培养温度：25℃。

ACCC 51092←黑龙江应用微生物研究所；郭砚翠赠；8712；培养基：0014；培养温度：25℃。

ACCC 51093←黑龙江应用微生物研究所；郭砚翠赠；8808；培养基：0014；培养温度：25℃。

ACCC 51094←黑龙江应用微生物研究所；郭砚翠赠；88016；培养基：0014；培养温度：25℃。

ACCC 51095←黑龙江应用微生物研究所；郭砚翠赠；9910；培养基：0014；培养温度：25℃。

ACCC 51096←黑龙江应用微生物研究所；郭砚翠赠；9912；培养基：0014；培养温度：25℃。

ACCC 51097←黑龙江应用微生物研究所；郭砚翠赠；9913；培养基：0014；培养温度：25℃。

ACCC 51098←黑龙江应用微生物研究所；郭砚翠赠；9914；培养基：0014；培养温度：25℃。

ACCC 51154←陕西省宁强县食用菌研究所；戴松林赠；RFP8；培养基：0014；培养温度：25℃。

ACCC 51163←陕西省宁强县食用菌研究所；戴松林赠；RF82-4；培养基：0014；培养温度：25℃。

ACCC 51384←四川省农业科学院食用菌中心；王波赠；Au8；培养基：0014；培养温度：25℃。

ACCC 51385←四川省农业科学院食用菌中心；王波赠；Au901；培养基：0014；培养温度：25℃。

ACCC 51386←四川省农业科学院食用菌中心；王波赠；Au129；培养基：0014；培养温度：25℃。

ACCC 51610←安徽雷炳军赠；新科 5 号；单片朵，色黑，肉厚，产量高；培养基：0014；培养温度：25℃。

ACCC 51611←安徽雷炳军赠；新科 8 号；色黑，肉厚，产量高；培养基：0014；培养温度：25℃。

ACCC 51753←黑龙江省科学院应用微生物研究所；5L0667；培养基：0014；培养温度：25℃。

ACCC 51754←黑龙江省科学院应用微生物研究所；5L0666；培养基：0014；培养温度：25℃。

ACCC 51755←黑龙江省科学院应用微生物研究所；5L0618 丰收 2 号；培养基：0014；培养温度：25℃。

ACCC 51756←黑龙江省科学院应用微生物研究所；5L0137；培养基：0014；培养温度：25℃。

ACCC 51757←黑龙江省科学院应用微生物研究所；5L0616；培养基：0014；培养温度：25℃。

ACCC 51758←黑龙江省科学院应用微生物研究所；5L0662；培养基：0014；培养温度：25℃。

ACCC 51759←黑龙江省科学院应用微生物研究所；5L0663（冬梅一号）；培养基：0014；培养温度：25℃。

ACCC 51760←黑龙江省科学院应用微生物研究所；5L0664（菊三）；培养基：0014；培养温度：25℃。

ACCC 51761←黑龙江省科学院应用微生物研究所；5L0093（9809）；培养基：0014；培养温度：25℃。

ACCC 51810←山东农业大学菌种保藏中心；300068；培养基：0014；培养温度：25℃。

ACCC 51811←山东农业大学菌种保藏中心；300069；培养基：0014；培养温度：25℃。

ACCC 51812←山东农业大学菌种保藏中心；300070；培养基：0014；培养温度：25℃。

ACCC 51825←广东省广州微生物研究所菌种保藏中心；GIM5.49；培养基：0014；培养温度：25℃。

ACCC 51835←广东省广州微生物研究所菌种保藏中心；GIM5.171；培养基：0014；培养温度：25℃。

ACCC 51840←广东省广州微生物研究所菌种保藏中心；GIM5.172；培养基：0014；培养温度：25℃。

ACCC 51953←华中农业大学；细耳 887；培养基：0014；培养温度：25℃。

ACCC 51954←华中农业大学；细耳 987；培养基：0014；培养温度：25℃。

ACCC 51955←华中农业大学；C21；培养基：0014；培养温度：25℃。

ACCC 51956←华中农业大学；C22；培养基：0014；培养温度：25℃。

ACCC 51957←华中农业大学；黑耳 9 号；培养基：0014；培养温度：25℃。

ACCC 51958←华中农业大学；地栽 1 号；培养基：0014；培养温度：25℃。

ACCC 51959←华中农业大学；神龙 A8；培养基：0014；培养温度：25℃。

ACCC 52039←广东省广州微生物研究所；GIM5.476；培养基：0014；培养温度：25℃。

ACCC 52170←山东农业大学；30123；培养基：0014；培养温度：25℃。

ACCC 52171←山东农业大学；30124；培养基：0014；培养温度：25℃。

ACCC 52172←山东农业大学；30125；培养基：0014；培养温度：25℃。

ACCC 52197←广东省广州微生物研究所菌种保藏中心；GIM5.488；培养基：0014；培养温度：25℃。

ACCC 52362←中国农业科学院农业资源与农业区划研究所；培养基：0014；培养温度：25℃。

Auricularia delicata（Fr.）Henn. 皱木耳

ACCC 51231←中科院微生物研究所；5.240；培养基：0014；培养温度：25℃。

ACCC 51708←广东省广州微生物研究所；GIM5.177；实体群生或丛生；培养基：0014；培养温度：25℃。

ACCC 51830←广东省广州微生物研究所菌种保藏中心；GIM5.242；培养基：0014；培养温度：25℃。

***Auricularia peltata* Lloyd 盾形木耳**

ACCC 50835←福建农业大学菌草室；835；培养基：0014；培养温度：25℃。

***Auricularia polytricha*（Mont.）Sacc. 毛木耳**

ACCC 50976←河南省生物所菌种厂；紫木耳；培养基：0014；培养温度：25℃。

ACCC 51108←华中农业大学植保系；781；培养基：0014；培养温度：25℃。

ACCC 51379←四川省农业科学院食用菌中心王波赠；AP1；培养基：0014；培养温度：25℃。

ACCC 51380←四川省农业科学院食用菌中心王波赠；AP6；培养基：0014；培养温度：25℃。

ACCC 51381←四川省农业科学院食用菌中心王波赠；AP7；培养基：0014；培养温度：25℃。

ACCC 51382←四川省农业科学院食用菌中心王波赠；琥珀；培养基：0014；培养温度：25℃。

ACCC 51383←四川省农业科学院食用菌中心王波赠；AP159；培养基：0014；培养温度：25℃。

ACCC 51566←江都天达食用菌研究所；99丰；子实体紫红色，朵型大，适合鲜销；培养基：0014；培养温度：25℃。

ACCC 50140←三明真菌研究所；718；培养基：0014；培养温度：25℃。

ACCC 50141←山西微生物研究所；培养基：0014；培养温度：25℃。

ACCC 50142←中国农业科学院蔬菜花卉所；培养基：0014；培养温度：25℃。

ACCC 50231←上海食用菌所；培养基：0014；培养温度：25℃。

ACCC 50269←福建三明真菌所；154；培养基：0014；培养温度：25℃。

ACCC 50359←浙江省庆元食用菌所；培养基：0014；培养温度：25℃。

ACCC 50362←浙江衢州果汁厂；培养基：0014；培养温度：25℃。

ACCC 50385←上海农业科学院食用菌所；Ap-4培养基：0014；培养温度：25℃。

ACCC 50409←河北大学生物系；黄柴木耳；培养基：0014；培养温度：25℃。

ACCC 50433←湖南省食用菌研究所←福建三明真菌所；781；培养基：0014；培养温度：25℃。

ACCC 50620←河北理化研究所；雪白木耳；培养基：0014；培养温度：25℃。

ACCC 50664←河南省农业科学院食用菌服务站；Ap10；培养基：0014；培养温度：25℃。

ACCC 50898←林占喜赠←台湾；AU9343；子实体一般较大；培养基：0014；培养温度：25℃。

ACCC 50971←河南省生物所菌种厂；1号黄背木耳；培养基：0014；培养温度：25℃。

ACCC 50997←河南省生物研究所菌种厂；上海3号；培养基：0014；培养温度：25℃。

ACCC 51752←黑龙江省科学院应用微生物研究所；5L0676；培养基：0014；培养温度：25℃。

ACCC 51834←广东省广州微生物研究所菌种保藏中心；GIM5.173；培养基：0014；培养温度：25℃。

ACCC 51876←广东省广州微生物研究所菌种保藏中心；GIM5.407；培养基：0014；培养温度：25℃。

ACCC 52041←广东省广州微生物研究所；GIM5.487；培养基：0014；培养温度：25℃。

ACCC 52176←山东农业大学；30129；培养基：0014；培养温度：25℃。

ACCC 52177←山东农业大学；30130；培养基：0014；培养温度：25℃。

ACCC 52178←山东农业大学；30131；培养基：0014；培养温度：25℃。

ACCC 52247←中国农业科学院资划所←四川省农业科学院；01083；培养基：0014；培养温度：25℃。

ACCC 52248←中国农业科学院资划所←四川省农业科学院；01085；培养基：0014；培养温度：25℃。

ACCC 52249←中国农业科学院资划所←四川省农业科学院；01086；培养基：0014；培养温度：25℃。

ACCC 52250←中国农业科学院资划所←四川省农业科学院；01087；培养基：0014；培养温度：25℃。

ACCC 52251←中国农业科学院资划所←四川省农业科学院；01088；培养基：0014；培养温度：25℃。

ACCC 52252←中国农业科学院资划所←四川省农业科学院；01090；培养基：0014；培养温度：25℃。

ACCC 52253←中国农业科学院资划所←四川省农业科学院；01091；培养基：0014；培养温度：25℃。

ACCC 52254←中国农业科学院资划所←四川省农业科学院；01092；培养基：0014；培养温度：25℃。

ACCC 52255←中国农业科学院资划所←四川省农业科学院；01093；培养基：0014；培养温度：25℃。

ACCC 52256←中国农业科学院资划所←四川省农业科学院；01096；培养基：0014；培养温度：25℃。
ACCC 52257←中国农业科学院资划所←四川省农业科学院；01101；培养基：0014；培养温度：25℃。
ACCC 52258←中国农业科学院资划所←四川省农业科学院；01102；培养基：0014；培养温度：25℃。
ACCC 52272←中国农业科学院资划所；01098；培养基：0014；培养温度：25℃。
ACCC 52273←中国农业科学院资划所；01097；培养基：0014；培养温度：25℃。
ACCC 52274←中国农业科学院资划所；01103；培养基：0014；培养温度：25℃。
ACCC 52275←中国农业科学院资划所；1082；培养基：0014；培养温度：25℃。
ACCC 52276←中国农业科学院资划所；1089；培养基：0014；培养温度：25℃。
ACCC 52277←中国农业科学院资划所；1099；培养基：0014；培养温度：25℃。
ACCC 52287←中国农业科学院资划所；01093；培养基：0014；培养温度：25℃。
ACCC 52288←中国农业科学院资划所；1216；培养基：0014；培养温度：25℃。
ACCC 52289←中国农业科学院资划所；YA1217；培养基：0014；培养温度：25℃。
ACCC 52291←中国农业科学院资划所；01084；培养基：0014；培养温度：25℃。

Auricularia sp. 大木耳

ACCC 50367←北京农业科学院植保所陈文良赠；培养基：0014；培养温度：25℃。

Auricularia sp. 台耳

ACCC 50999←河南省生物研究所菌种厂；2号；培养基：0014；培养温度：25℃。

Auricularia sp. 血耳

ACCC 51304←华中农大罗信昌赠←华中农大菌种实验中心木耳；培养基：0014；培养温度：25℃。

Bjerkandera adusta（Willd.：Fr.）P. Karst. 黑管孔菌

ACCC 51193←东北林业大学；9842；培养基：0014；培养温度：25℃。

Bjerkandera fumosa（Pers.：Fr.）P. Karst. 亚黑管孔菌

ACCC 51133←黑龙江应用微生物研究所；11；培养基：0014；培养温度：25℃。

Boletellus emodensis（Berk.）Singer 木生条孢牛肝菌

ACCC 50563←中国农业科学院土肥所；培养基：0014；培养温度：25℃。

Boletus chrysenteron Bull. 红绒盖牛肝菌

ACCC 50610←北京林业大学；外生菌根菌；培养基：0014；培养温度：25℃。

Boletus edulis Bull. 美味牛肝菌

ACCC 50559←吉林省农业科学院长白山资源所；培养基：0014；培养温度：25℃。
ACCC 51476←云南昆明郊区采集；培养基：0014；培养温度：25℃。
ACCC 51735←采自武夷山（虎啸岩）路上；武2；培养基：0014；培养温度：25℃。
ACCC 52233←（缺失）；100-897；培养基：0014；培养温度：25℃。

Boletus griseus Frost 灰网柄牛肝菌

ACCC 50564←中国农业科学院土肥所；外生菌根菌；培养基：0014；培养温度：25℃。

Boletus sp. 牛肝菌

ACCC 50328←中国农业科学院土肥所；培养基：0014；培养温度：25℃。
ACCC 50606←北京林业大学；外生菌根菌；培养基：0014；培养温度：25℃。

Calvatia booniana A. H. SM. 西部大秃马勃

ACCC 51416←四川省农业科学院食用菌中心；cb1；培养基：0014；培养温度：25℃。

Calvatia candida（Rostk.）Hollós 白秃马勃

ACCC 51686←广东省广州微生物研究所；GIM5.328；幼时食用、老后药用；培养基：0014；培养温度：25℃。

Calvatia craniiformis（Schwein.）Fr. 头状秃马勃

ACCC 51609←中国农业科学院农业资源与农业区划研究所；培养基：0014；培养温度：25℃。

ACCC 51684←广东省广州微生物研究所；GIM5.325；幼时可食，成熟药用；培养基：0014；培养温度：25℃。

Calvatia cyathiformis （Bosc） Morgan 杯形秃马勃

ACCC 50571←中国农业科学院土肥所；培养基：0014；培养温度：25℃。

Calvatia gigantea （Batsch） Lloyd 大秃马勃

ACCC 51474←北京西山采集；培养基：0014；培养温度：25℃。

Cantharellus cibarius Fr. 鸡油菌

ACCC 50878←中国科学院微生物研究所；外生菌根菌；培养基：0014；培养温度：25℃。

Cantharellus sp. 鸡油菌

ACCC 51072←大连理工大学珍稀菌物开发中心；培养基：0014；培养温度：25℃。

Cerrena unicolor （Bull. : Fr. ） Murrill 单色齿毛菌

ACCC 51176←东北林业大学潘学仁赠；9802；培养基：0014；培养温度：25℃。

Climacocystis borealis （Fr. ） Kotl. & Pouz. 北方梭囊孔菌

ACCC 51172←东北林业大学；9832；培养基：0014；培养温度：25℃。

Clitocybe maxima Bres. 大杯伞

ACCC 51425←江苏农业科学院食用菌研究中心；培养基：0014；培养温度：25℃。

ACCC 51527←中国农业科学院土肥所；可食用，味道鲜美，现人工栽培，是重要栽培食用菌之一；培养基：0014；培养温度：25℃。

ACCC 51615←南京农业大学；Cm-1；子实体为中大型，长柄漏斗状或高脚杯状。菌盖棕黄色至黄白色，菌肉白色，菌柄中生；培养基：0014；培养温度：25℃。

ACCC 51629←左雪梅子实体组织分离；分离地点：台湾；培养基：0014；培养温度：25℃。

ACCC 52037←广东省广州微生物研究所；GIM5.473；培养基：0014；培养温度：25℃。

Clitocybe sp. 杯伞

ACCC 51318←小兴安岭凉水自然保护区野生子实体分离；培养基：0014；培养温度：25℃。

Coprinus comatus （O. F. Müll. ） Pers. 鸡腿菇 （毛头鬼伞）

ACCC 50922←山西运城农校；168；培养基：0014；培养温度：25℃。

ACCC 50400←河北省获鹿县食用菌技术服务站；分离地点：河北获鹿野生子实体组织分离；培养基：0014；培养温度：25℃。

ACCC 50405←中国农业科学院原子能所；培养基：0014；培养温度：25℃。

ACCC 50634←中国农业科学院土肥所；培养基：0014；培养温度：25℃。

ACCC 50877←中国科学院微生物研究所；培养基：0014；培养温度：25℃。

ACCC 50917←大兴区 （航天部育种基地）；培养基：0014；培养温度：25℃。

ACCC 50960←辽宁省朝阳市食用菌所；培养基：0014；培养温度：25℃。

ACCC 51170←江苏农业科学院蔬菜所；白鸡腿菇；培养基：0014；培养温度：25℃。

ACCC 51325←大兴青云店野生左雪梅子实体组织分离；培养基：0014；培养温度：25℃。

ACCC 51393←四川省农业科学院食用菌中心；cc1；培养基：0014；培养温度：25℃。

ACCC 51537←江苏天达食用菌研究所；鸡2004；子实体较大；培养基：0014；培养温度：25℃。

ACCC 51538←江苏天达食用菌研究所；鸡978；子实体较大，浅色；培养基：0014；培养温度：25℃。

ACCC 51560←中国农业科学院农业资源与农业区划研究所；培养基：0014；培养温度：25℃。白色品种。

ACCC 51571←山东曹县中国菌种超市；Cc44；子实体较大；培养基：0014；培养温度：25℃。

ACCC 51572←山东曹县中国菌种超市；Cc77；子实体较大；培养基：0014；培养温度：25℃。

ACCC 51689←广东省广州微生物研究所；GIM5.335；培养基：0014；培养温度：25℃。

ACCC 51742←黑龙江省科学院应用微生物研究所；5L0708；野生；培养基：0014；培养温度：25℃。

ACCC 51770←山东农业大学菌种保藏中心；300023；培养基：0014；培养温度：25℃。

ACCC 51771←山东农业大学菌种保藏中心；300024；培养基：0014；培养温度：25℃。

ACCC 51772←山东农业大学菌种保藏中心；300025；培养基：0014；培养温度：25℃。

ACCC 51773←山东农业大学菌种保藏中心；300026；培养基：0014；培养温度：25℃。

ACCC 51774←山东农业大学菌种保藏中心；300027；培养基：0014；培养温度：25℃。

ACCC 51775←山东农业大学菌种保藏中心；300028；培养基：0014；培养温度：25℃。

ACCC 51770←山东农业大学菌种保藏中心；300023；培养基：0014；培养温度：25℃。

ACCC 51832←广东省广州微生物研究所菌种保藏中心；GIM5.201；培养基：0014；培养温度：25℃。

ACCC 52020←辽宁省微生物科学研究院；8009（小美白）；培养基：0014；培养温度：25℃。

ACCC 52119←山东农业大学；30072；培养基：0014；培养温度：25℃。

ACCC 52120←山东农业大学；30073；培养基：0014；培养温度：25℃。

ACCC 52121←山东农业大学；30074；培养基：0014；培养温度：25℃。

ACCC 52122←山东农业大学；30075；培养基：0014；培养温度：25℃。

ACCC 52164←山东农业大学；30117；培养基：0014；培养温度：25℃。

ACCC 52165←山东农业大学；30118；培养基：0014；培养温度：25℃。

ACCC 52166←山东农业大学；30119；培养基：0014；培养温度：25℃。

ACCC 52167←山东农业大学；30120；培养基：0014；培养温度：25℃。

Coprinus domesticus Fr. 家园鬼伞

ACCC 51606←中国农业科学院农业资源与农业区划研究所；培养基：0014；培养温度：25℃。

Cordyceps cicadicola Teng 蝉花虫草

ACCC 51169←江苏农业科学院蔬菜所；蝉花；培养基：0014；培养温度：25℃。

Cordyceps militaris （L.） Link 蛹虫草

ACCC 50383←吉林省蚕业研究所；培养基：0014；培养温度：25℃。

ACCC 50387←陕西宁强县食用菌工作站；巴秦虫草；培养基：0014；培养温度：25℃。

ACCC 50632←内蒙古赤峰；培养基：0014；培养温度：25℃。

ACCC 50946←农业部陕西食用菌种厂；培养基：0014；培养温度：25℃。

ACCC 50979←河南省生物所菌种厂；培养基：0014；培养温度：25℃。

ACCC 50985←北京市农林科学院植环所；培养基：0014；培养温度：25℃。

ACCC 51534←安徽炀山县天益真菌研究所；培养基：0014；培养温度：25℃。

ACCC 51574←山东曹县中国菌种超市，特长北虫草；培养基：0014；培养温度：25℃。

ACCC 51632←农业科学院饲料所；avcF94；培养基：0014；培养温度：25℃。

ACCC 51762←采自辽宁抚顺哈达乡；培养基：0014；培养温度：25℃。

ACCC 51949←华中农业大学；虫草1号；培养基：0014；培养温度：25℃。

ACCC 51950←华中农业大学；虫草2号；培养基：0014；培养温度：25℃。

ACCC 51951←华中农业大学；虫草3号；培养基：0014；培养温度：25℃。

ACCC 51952←华中农业大学；虫草7号；培养基：0014；培养温度：25℃。

ACCC 52027←广东省广州微生物研究所；GIM5.452；培养基：0014；培养温度：25℃。

ACCC 52028←广东省广州微生物研究所；GIM5.454；培养基：0014；培养温度：25℃。

ACCC 52056←广东省广州微生物研究所；GIM5.453；培养基：0014；培养温度：25℃。

ACCC 52244←中国农业科学院资划所←云南省农业科学院；YAASM-0578；培养基：0014；培养温度：25℃。

ACCC 52245←中国农业科学院资划所←云南省农业科学院；YKLAB-0584；培养基：0014；培养温度：25℃。

ACCC 52303←江苏农业科学院食用菌中心；新选800；培养基：0014；培养温度：25℃。

ACCC 52308←江苏；培养基：0014；培养温度：25℃。

ACCC 52345←北京正术富邦生物科技研究所；培养基：0014；培养温度：25℃。

ACCC 52353←沈阳农业大学土地与环境学院孙军德赠；培养基：0014；培养温度：25℃。

Cordyceps nutans Pat. 垂头虫草（椿象虫草）

ACCC 51885←广东省广州微生物研究所菌种保藏中心；GIM5.403；培养基：0014；培养温度：25℃。

Cordyceps sobolifera（Hill ex Watson）Berk. & Broome 蝉花虫草

ACCC 51947←雷炳军采自安徽；左雪梅组织分离；培养基：0014；培养温度：25℃。

Cordyceps sp. 虫草

ACCC 51159←陕西省宁强县食用菌研究所；戴松林赠；G.S.1♯；培养基：0014；培养温度：25℃。

ACCC 51700←广东省广州微生物研究所；GIM5.268；培养基：0014；培养温度：25℃。

ACCC 51826←广东省广州微生物研究所菌种保藏中心；GIM5.267；培养基：0014；培养温度：25℃。

Cordyceps sinensis（Berk.）G. H. Sung et al. 冬虫夏草

ACCC 50542←浙江长兴制药厂；发酵用菌株；培养基：0014；培养温度：25℃。

ACCC 50560←吉林省农业科学院长白山资源所；培养基：0014；培养温度：25℃。

ACCC 50562←上海市农业科学院食用菌所；0738；培养基：0014；培养温度：25℃。

ACCC 50623←武汉大学；培养基：0014；培养温度：25℃。

Cordyceps sp. 中华虫草

ACCC 51631←中国农业科学院饲料所 avcF80；培养基：0014；培养温度：25℃。

Coriolopsis gallica（Fr.）Ryvarden 拟革盖菌

ACCC 51235←中科院微生物研究所 AS.5.654；培养基：0014；培养温度：25℃。

Coriolopsis sanguinaria（Kl.）Teng 红斑革孔菌

ACCC 51228←中科院微生物研究所；5.50；培养基：0014；培养温度：25℃。

Cortinarius rufo-olivaceus（Pers.）Fr. 紫红丝膜菌

ACCC 51418←宁夏贺兰山野点采集；采集号：1号；培养基：0014；培养温度：25℃。

Cortinarius pseudo-purpurascens Hogo 假紫褐丝膜菌

ACCC 51419←宁夏贺兰山野点采集；采集号：5号；培养基：0014；培养温度：25℃。

Cortinellus sp. 蛋丝膜菌

ACCC 51316←小兴安岭凉水自然保护区野生子实体分离；培养基：0014；培养温度：25℃。

Cyathus stercoreus（Schwein.）De Toni 黑蛋巢菌

ACCC 51654←CBS；培养基：0014；培养温度：25℃。

Daedalea qnercina Fr. 栎迷孔菌

ACCC 51177←东北林业大学；9812；培养基：0014；培养温度：25℃。

Dictyophora duplicata（Bosc）E. Fisch. 短裙竹荪

ACCC 51525←广东省广州微生物研究所；GIM5.58；培养基：0014；培养温度：25℃。

ACCC 51842←广东省广州微生物研究所菌种保藏中心；GIM5.58；培养基：0014；培养温度：25℃。

Dictyophora duplicate var. northeastensis 短裙竹荪东北变种

ACCC 51514←广东省广州微生物研究所；GIM5.59；东北变种；培养基：0014；培养温度：25℃。

ACCC 51821←广东省广州微生物研究所菌种保藏中心；GIM5.59；培养基：0014；培养温度：25℃。

Dictyophora echinovolrata M. Zang et al. 棘托竹荪

ACCC 51820←广东省广州微生物研究所菌种保藏中心；GIM5.60；培养基：0014；培养温度：25℃。

ACCC 51104←华中农业大学植保系；培养基：0014；培养温度：25℃。

ACCC 51511←广东省广州微生物研究所；GIM5.60；培养基：0014；培养温度：25℃。

Dictyophora indusiata（Vent.）Desv. 长裙竹荪

ACCC 50421←东北师大生物系；培养基：0014；培养温度：25℃。

ACCC 50633←中国科学院微生物研究所；AS5.405；培养基：0014；培养温度：25℃。

ACCC 51847←广东省广州微生物研究所菌种保藏中心；GIM5.61；培养基：0014；培养温度：25℃。

Elaphocordyceps ophioglossoides（Ehrh.）G. H. Sung et al. 大团囊虫草

ACCC 51881←广东省广州微生物研究所菌种保藏中心；GIM5.368；培养基：0014；培养温度：25℃。

Favolus arcularius Batsch：Fr. 漏斗大孔菌

ACCC 52102←云南省农业科学院，赵永昌；YKLAB-0060；培养基：0014；培养温度：25℃。

Favolus squamosus（Huds.）Ames 宽鳞大孔菌

ACCC 51523←广东省广州微生物研究所←三明真菌研究所；GIM5.62；培养基：0014；培养温度：25℃。

ACCC 51833←广东省广州微生物研究所菌种保藏中心；GIM5.62；培养基：0014；培养温度：25℃。

Fistulina hepatica（Schaeff.）With. 肝色牛排菌（牛舌菌）

ACCC 50672←上海农业科学院食用菌所←昆明植物所；0177；培养基：0014；培养温度：25℃。

ACCC 50885←中国科学院微生物研究所；培养基：0014；培养温度：25℃。

ACCC 50896←福建三明；培养基：0014；培养温度：25℃。

ACCC 51131←黑龙江应用微生物研究所←福建三明市真菌研究所；5Lg063；培养基：0014；培养温度：25℃。

Flammulina velutipes（Curtis）Singer 毛柄金钱菌（金针菇）

ACCC 50007←中国科学院微生物研究所；淡黄色品种，菌柄和菌盖均为淡黄色；培养基：0014；培养温度：25℃。

ACCC 50062←浙江微生物研究所；ZM5.27；日本品种；培养基：0014；培养温度：25℃。

ACCC 50077←北京市食品研究所←日本；菌盖为淡黄色，菌柄为白色，不易开伞；培养基：0014；培养温度：25℃。

ACCC 50078←北京市食品研究所；子实体为黄色；培养基：0014；培养温度：25℃。

ACCC 50143←中国农业科学院蔬菜花卉所；培养基：0014；培养温度：25℃。

ACCC 50145←陕西省铜川；铜川6号；培养基：0014；培养温度：25℃。

ACCC 50146←陕西省铜川←福建三明真菌研究所；三明1号；培养基：0014；培养温度：25℃。

ACCC 50147←福建三明真菌所；三明3号；培养基：0014；培养温度：25℃。

ACCC 50148←陕西省铜川；铜川2号；培养基：0014；培养温度：25℃。

ACCC 50240←南京农业大学←澳大利亚；FV5；培养基：0014；培养温度：25℃。

ACCC 50241←南京农业大学←澳大利亚；FV2；培养基：0014；培养温度：25℃。

ACCC 50243←南京农业大学←安徽；培养基：0014；培养温度：25℃。

ACCC 50251←上海农业科学院食用菌所；培养基：0014；培养温度：25℃。

ACCC 50296←天津师范大学生物系；8101；培养基：0014；培养温度：25℃。

ACCC 50297←天津师范大学生物系；3号；培养基：0014；培养温度：25℃。

ACCC 50344←山西生物所；130；培养基：0014；培养温度：25℃。

ACCC 50349←浙江省庆元食用菌所；1102；培养基：0014；培养温度：25℃。

ACCC 50350←浙江庆元县食用菌所；11003，三明1号；培养基：0014；培养温度：25℃。

ACCC 50351←浙江省庆元食用菌所；11001；日本菌株；培养基：0014。

ACCC 50390←陕西省宁强县食用菌研究所；培养基：0014；培养温度：25℃。

ACCC 50398←辽宁省外贸公司；1；淡色菌株；培养基：0014；培养温度：25℃。

ACCC 50402←河北省廊坊市食用菌研究所；14号；淡色菌株；培养基：0014；培养温度：25℃。

ACCC 50403←江苏省农业科学院研究所←福建三明真菌所；淡色菌株；培养基：0014；培养温度：25℃。

ACCC 50404←江苏省科学院微生物研究所；培养基：0014；培养温度：25℃。

ACCC 50407←河北大学生物系←四川；培养基：0014；培养温度：25℃。

ACCC 50408←河北生物所←日本；培养基：0014；培养温度：25℃。

ACCC 50412←上海农业科学院食用菌所；SFV9；淡色菌株；培养基：0014；培养温度：25℃。

ACCC 50424←浙江常山微生物总厂；淡色菌株；培养基：0014；培养温度：25℃。

ACCC 50434←湖南省食用菌研究所；白色菌株；培养基：0014；培养温度：25℃。

ACCC 50454←山东师范大学生物系；81；培养基：0014；培养温度：25℃。

ACCC 50455←山东师范大学生物系；85；培养基：0014；培养温度：25℃。

ACCC 50467←中国农业科学院土肥所；白色金针菇；培养基：0014；培养温度：25℃。

ACCC 50479←福建三明真菌所；杂交19；淡色菌株；培养基：0014；培养温度：25℃。

ACCC 50485←河北省廊坊农业技术学校；培养基：0014；培养温度：25℃。

ACCC 50507←河北省微生物研究所；FV088，白色菌株；培养基：0014；培养温度：25℃。

ACCC 50509←中国科学院植物所；30；培养基：0014；培养温度：25℃。

ACCC 50512←河北省微生物研究所；9号；培养基：0014；培养温度：25℃。

ACCC 50525←山东金乡←台湾国森食品研究所；9001；培养基：0014；培养温度：25℃。

ACCC 50526←山东金乡鸡枞菇香菌种厂；沪菌3号；培养基：0014；培养温度：25℃。

ACCC 50527←山东金乡←日本；8909；白色菌株；培养基：0014；培养温度：25℃。

ACCC 50529←山东金乡←昆明；FV8；培养基：0014；培养温度：25℃。

ACCC 50573←山东省沂南县食用菌所；鲁金1号；培养基：0014；培养温度：25℃。

ACCC 50584←山西省农业科学院食用菌研究所←日本；白色菌株；培养基：0014；培养温度：25℃。

ACCC 50599←湖南湘乡市农业局；培养基：0014；培养温度：25℃。

ACCC 50649←中国农业科学院植保所食用菌组；8815；辐射突变菌株；培养基：0014；培养温度：25℃。

ACCC 50650←中国农业科学院植保所食用菌组；8817；辐射突变菌株；培养基：0014；培养温度：25℃。

ACCC 50667←河北省食用菌所←日本引进；1008；白色菌株；培养基：0014；培养温度：25℃。

ACCC 50682←中国农业科学院土肥所；F1-14；白色菌株；培养基：0014；培养温度：25℃。

ACCC 50698←香港中文大学生物系；F1-1；培养基：0014；培养温度：25℃。

ACCC 50699←香港中文大学生物系；F1-3；培养基：0014；培养温度：25℃。

ACCC 50700←香港中文大学生物←泰国；F1-4；培养基：0014；培养温度：25℃。

ACCC 50701←香港中文大学生物系；F1-10；培养基：0014；培养温度：25℃。

ACCC 50755←香港中文大学生物系；F1-5；培养基：0014；培养温度：25℃。

ACCC 50760←香港中文大学生物系←河北微生物研究所←日本；F1-13；培养基：0014；培养温度：25℃。

ACCC 50871←房山组织分离；F高金菇；高温型；培养基：0014；培养温度：25℃。

ACCC 51012←房山组织分离；培养基：0014；培养温度：25℃。

ACCC 51099←黑龙江应用微生物研究所郭砚翠赠←日本；官泽聪，樱花1号；培养基：0014；培养温度：25℃。

ACCC 51428←福建省三明市真菌研究所；杂交13号；培养基：0014；培养温度：25℃。

FACCC 51539←江苏天达食用菌研究所；日本白金；纯白色或乳白色，产量高；培养基：0014；培养温度：25℃。

ACCC 51540←江苏天达食用菌研究所；1193；纯白色或乳白色，出菇整齐，菌柄直；培养基：0014；培养温度：25℃。

ACCC 51541←江苏天达食用菌研究所；上海F-4；纯白色或乳白色，出菇整齐，菌柄直，产量高；培养基：0014；培养温度：25℃。

ACCC 51584←中国农业科学院农业资源与农业区划研究所；白色品种；培养基：0014；培养温度：25℃。

ACCC 51710←广东省广州微生物研究所；GIM5.185；培养基：0014；培养温度：25℃。

ACCC 52179←山东农业大学；30132；培养基：0014；培养温度：25℃。

ACCC 52218←福建；白08；培养基：0014；培养温度：25℃。

ACCC 52367←江苏天达食用菌研究所；培养基：0014；培养温度：25℃。

ACCC 52368←江苏天达食用菌研究所；43；浅黄色；培养基：0014；培养温度：25℃。

ACCC 52369←江苏天达食用菌研究所；玉雪22；培养基：0014；培养温度：25℃。

ACCC 50812←江苏省科学院微生物研究所；苏金6号；淡色菌株；培养基：0014；培养温度：25℃。

ACCC 50813←江苏省科学院微生物研究所；苏金7号；培养基：0014；培养温度：25℃。

ACCC 50814←江苏省科学院微生物研究所；苏金 8 号；培养基：0014；培养温度：25℃。

ACCC 50839←中国农业科学院植保所；48；培养基：0014；培养温度：25℃。

ACCC 50853←陕西省宁强县食用菌工作站；金针菇 1 号；培养基：0014；培养温度：25℃。

ACCC 50862←北京 113 中学；杂交 40，淡色菌株；培养基：0014；培养温度：25℃。

ACCC 50886←河南省农业科学研究院；98-1；子实体白色；培养基：0014；培养温度：25℃。

ACCC 50911←郑美生；子实体白色；培养基：0014；培养温度：25℃。

ACCC 50912←郑美生；T-101；子实体黄色；培养基：0014；培养温度：25℃。

ACCC 51062←福建省三明市真菌研究所；杂交 19；培养基：0014；培养温度：25℃。

ACCC 51355←四川成都省农业科学院食用菌中心王波赠；Fv411；培养基：0014；培养温度：25℃。

ACCC 51356←四川成都省农业科学院食用菌中心王波赠；Fv2；培养基：0014；培养温度：25℃。

ACCC 51357←四川成都省农业科学院食用菌中心王波赠；Fv629；培养基：0014；培养温度：25℃。

ACCC 51542←江苏天达食用菌研究所；江都 18；浅黄色，不易开伞，菇柄为实心，出菇整齐，菌柄直；培养基：0014；培养温度：25℃。

ACCC 51627←南京农业大学；JZG-1；子实体成束生长，肉质柔软有弹性。菌盖中央厚，边缘薄，菌柄较长；培养基：0014；培养温度：25℃。

ACCC 51696←广东省广州微生物研究所；GIM5.290；子实体小。柄细长丛生，有短绒毛，纤维质，纯白色品种；培养基：0014；培养温度：25℃。

ACCC 51716←南京农业大学生命科学学院；2 号；培养基：0014；培养温度：25℃。

ACCC 51792←山东农业大学菌种保藏中心；300045；培养基：0014；培养温度：25℃。

ACCC 51793←山东农业大学菌种保藏中心；300046；培养基：0014；培养温度：25℃。

ACCC 51794←山东农业大学菌种保藏中心；300047；培养基：0014；培养温度：25℃。

ACCC 51795←山东农业大学菌种保藏中心；300048；培养基：0014；培养温度：25℃。

ACCC 51829←广东省广州微生物研究所菌种保藏中心；GIM5.55；培养基：0014；培养温度：25℃。

ACCC 51836←广东省广州微生物研究所菌种保藏中心；GIM5.52；培养基：0014；培养温度：25℃。

ACCC 52043←广东省广州微生物研究所；GIM5.489；培养基：0014；培养温度：25℃。

ACCC 52067←福建郑美生赠；18-1（白）；培养基：0014；培养温度：25℃。

ACCC 52081←福建农林大学菌物研究中心；88；菌盖洁白，小，菌柄坚挺，嫩；培养基：0014；培养温度：25℃。

ACCC 52082←福建农林大学菌物研究中心；8909；菌盖洁白，小，菌柄坚挺，嫩；培养基：0014；培养温度：25℃。

ACCC 52083←福建农林大学菌物研究中心；FL98；菌盖洁白，小，菌柄坚挺，嫩；培养基：0014；培养温度：25℃。

ACCC 52084←福建农林大学菌物研究中心；FL987；菌盖洁白，小，菌柄坚挺，嫩；培养基：0014；培养温度：25℃。

ACCC 52085←福建农林大学菌物研究中心；FLH；菌盖洁白，小，菌柄坚挺，嫩；培养基：0014；培养温度：25℃。

ACCC 52086←福建农林大学菌物研究中心；TK；菌盖洁白，小，菌柄坚挺，嫩；培养基：0014。

ACCC 52087←福建农林大学菌物研究中心；白15；菌盖洁白，小，菌柄坚挺，嫩；培养基：0014；培养温度：25℃。

ACCC 52088←福建农林大学菌物研究中心；白208；菌盖洁白，小，菌柄坚挺，嫩；培养基：0014；培养温度：25℃。

ACCC 52089←福建农林大学菌物研究中心；江山白 FJ；菌盖洁白，小，菌柄坚挺，嫩；培养基：0014；培养温度：25℃。

ACCC 52090←福建农林大学菌物研究中心；杂交白金；菌盖洁白，小，菌柄坚挺，嫩；培养基：0014；培养温度：25℃。

ACCC 52091←福建农林大学菌物研究中心；8203；菌盖浅黄色，顶端黄色，中等大小；菌柄坚挺，嫩；培养基：0014；培养温度：25℃。

ACCC 52093←福建农林大学菌物研究中心；FV908；菌盖浅黄色，顶端黄色，中等大小；菌柄坚挺，嫩；培养基：0014；培养温度：25℃。

ACCC 52094←福建农林大学菌物研究中心；金7；菌盖浅黄色，顶端黄色，中等大小；菌柄坚挺，嫩；培养基：0014；培养温度：25℃。

ACCC 52095←福建农林大学菌物研究中心；金13；菌盖浅黄色，顶端黄色，中等大小；菌柄坚挺，嫩；培养基：0014；培养温度：25℃。

ACCC 52096←福建农林大学菌物研究中心；金杰二号；菌盖浅黄色，顶端黄色，中等大小；菌柄坚挺，嫩；培养基：0014；培养温度：25℃。

ACCC 52123←山东农业大学；30076；培养基：0014；培养温度：25℃。

ACCC 52124←山东农业大学；30077；培养基：0014；培养温度：25℃。

ACCC 52180←山东农业大学；30133；培养基：0014；培养温度：25℃。

ACCC 52181←山东农业大学；30134；培养基：0014；培养温度：25℃。

ACCC 52182←山东农业大学；30135；培养基：0014；培养温度：25℃。

ACCC 52183←山东农业大学；30136；培养基：0014；培养温度：25℃。

Fomes fomentarius (L. : Fr.) Fr. 木蹄层孔菌

ACCC 51139←黑龙江应用微生物研究所←吉林师大生物系抗癌药物研究室；5Lg209；培养基：0014；培养温度：25℃。

ACCC 51608←中国农业科学院农业资源与农业区划研究所；培养基：0014；培养温度：25℃。

Fomes lignosus (Klotzsch) Bres. 木质层孔菌

ACCC 51126←黑龙江应用微生物研究所郭砚翠赠←微生物研究所；5.135，144；培养基：0014；灰管层孔菌。

ACCC 51996←中国农业科学院麻类所；IBFC WO610；培养基：0014；培养温度：25℃。

ACCC 51997←中国农业科学院麻类所；IBFC WO611；培养基：0014；培养温度：25℃。

ACCC 51998←中国农业科学院麻类所；IBFC WO612；培养基：0014；培养温度：25℃。

ACCC 51999←中国农业科学院麻类所；IBFC WO613；培养基：0014；培养温度：25℃。

ACCC 52000←中国农业科学院麻类所；IBFC WO614；培养基：0014；培养温度：25℃。

ACCC 52001←中国农业科学院麻类所；IBFC WO615；培养基：0014；培养温度：25℃。

ACCC 52002←中国农业科学院麻类所；IBFC WO616；培养基：0014；培养温度：25℃。

ACCC 52003←中国农业科学院麻类所；IBFC WO617；培养基：0014；培养温度：25℃。

ACCC 52004←中国农业科学院麻类所；IBFC WO618；培养基：0014；培养温度：25℃。

ACCC 52005←中国农业科学院麻类所；IBFC WO619；培养基：0014；培养温度：25℃。

ACCC 52006←中国农业科学院麻类所；IBFC WO620；培养基：0014；培养温度：25℃。

ACCC 52007←中国农业科学院麻类所；IBFC WO621；培养基：0014；培养温度：25℃。

ACCC 52008←中国农业科学院麻类所；IBFC WO622；培养基：0014；培养温度：25℃。

ACCC 52009←中国农业科学院麻类所；IBFC WO623；培养基：0014；培养温度：25℃。

ACCC 52051←中国农业科学院麻类研究所；IBFC WO732；培养基：0014；培养温度：25℃。

ACCC 52052←中国农业科学院麻类研究所；IBFC WO733；培养基：0014；培养温度：25℃。

ACCC 52316←中国农业科学院麻类研究所；IBFC.WO954；培养基：0014；培养温度：25℃。

ACCC 52317←中国农业科学院麻类研究所；IBFC.WO948；培养基：0014；培养温度：25℃。

ACCC 52322←中国农业科学院麻类研究所；IBFC.WO958；培养基：0014；培养温度：25℃。

ACCC 52323←中国农业科学院麻类研究所；IBFC.WO957；培养基：0014；培养温度：25℃。

Fomitopsis officinalis (Vll. : Fr.) Bondartsev & Singer 苦白蹄

ACCC 50561←吉林省农业科学院长白山资源所；培养基：0014；培养温度：25℃。

Fomitopsis pinicola （Sw. ： Fr. ） **P. Karst.** 松生拟层孔菌（红缘拟层孔菌）

ACCC 51704←广东省广州微生物研究所；GIM5.283；培养基：0014；培养温度：25℃。

ACCC 51867←广东省广州微生物研究所菌种保藏中心；GIM5.283；培养基：0014；培养温度：25℃。

ACCC 52214←中国林业科学研究院森林生态环境与保护研究所；80994；培养基：0014；培养温度：25℃。

Fuscoporia obliqua **Pers. Fr** 桦癌褐孔菌

ACCC 51144←黑龙江应用微生物研究所←东北林业大学；145；培养基：0014；培养温度：25℃。

ACCC 51184←东北林业大学；9826；培养基：0014；培养温度：25℃。

Ganoderma **sp.** 黑芝

ACCC 50881←中国科学院微生物研究所；培养基：0014；培养温度：25℃。

ACCC 51329←江苏省农业科学院食用菌研究开发中心；培养基：0014；培养温度：25℃。

ACCC 52332←安徽雷炳军赠；培养基：0014；培养温度：25℃。

ACCC 51565←江都天达食用菌研究所；菌柄短，菌盖厚，子实体黑色；培养基：0014；培养温度：25℃。

Ganoderma amboinense （Lam. ： Fr. ） **Pat.** 拟鹿角灵芝

ACCC 51578←山东曹县中国菌种超市；菌柄分枝呈鹿角状，子实层不孕，偶见成熟孢子；培养基：0014；培养温度：25℃。

ACCC 51717←南京农业大学生命科学学院；G-8；培养基：0014；培养温度：25℃。

ACCC 52014←安徽雷炳军赠；农大（赤芝）；培养基：0014；培养温度：25℃。

ACCC 52333←子实体分离；培养基：0014；培养温度：25℃。

Ganoderma applanatum （Pers. ） **Pat.** 树舌灵芝

ACCC 51348←中科院微生物研究所；5.429；培养基：0014；培养温度：25℃。

ACCC 51463←中科院微生物研究所；5.151；培养基：0014；培养温度：25℃。

ACCC 51703←广东省广州微生物研究所；GIM5.282；培养基：0014；培养温度：25℃。

ACCC 51868←广东省广州微生物研究所；GIM5.225；平盖灵芝；培养基：0014；培养温度：25℃。

ACCC 51880←广东省广州微生物研究所菌种保藏中心；GIM5.302；培养基：0014；培养温度：25℃。

ACCC 52297←江苏大学；培养基：0014；培养温度：25℃。

ACCC 52103←云南省农业科学院（赵永昌）；YKLAB-0074；培养基：0014；培养温度：25℃。

Ganoderma australe （Fr. ） **Pat.** 南方灵芝

ACCC 51677←广东省广州微生物研究所；GIM5.343；培养基：0014；培养温度：25℃。

ACCC 51695←广东省广州微生物研究所；GIM5.288；引起木材白腐及树木根腐，导致寄生的树木死亡；培养基：0014；培养温度：25℃。

Ganoderma capense （Lloyd） **Teng** 薄树灵芝

ACCC 51229←中科院微生物研究所；5.71；培养基：0014；培养温度：25℃。

Ganoderma gibbosum （Ness） **Pat.** 有柄灵芝

ACCC 51524←广东省广州微生物研究所；GIM5.6；培养基：0014；培养温度：25℃。

Ganoderma lucidum （W. Curtis. ： Fr. ） **P. Karst.** 灵芝

ACCC 50044←上海农业科学院食用菌所；培养基：0014；培养温度：25℃。

ACCC 50059←浙江微生物研究所；ZM5.29；培养基：0014；培养温度：25℃。

ACCC 50088←中国农业科学院土肥所；自行孢子分离的菌株；培养基：0014；培养温度：25℃。

ACCC 50247←中国农业科学院土肥所；培养基：0014；培养温度：25℃。

ACCC 50360←浙江衢州果汁厂；红灵芝-2；培养基：0014；培养温度：25℃。

ACCC 50490←吉林省生物所；培养基：0014；培养温度：25℃。

ACCC 50540←山东金乡鸡枞菇香菌种厂；379；培养基：0014；培养温度：25℃。

ACCC 50577←香港；培养基：0014；培养温度：25℃。

ACCC 50582←陕西汉中市中侨公司←韩国；韩国860；培养基：0014；培养温度：25℃。

ACCC 50605←山东寿光←韩国；培养基：0014；培养温度：25℃。

ACCC 50621←广东省微生物研究所←日本；日本 G4；培养基：0014；培养温度：25℃。

ACCC 50625←浙江省庆元县灵芝生产基地←日本；原木种型；培养基：0014；培养温度：25℃。

ACCC 50695←香港中文大学生物系←康道公司←日本；CMB0313；培养基：0014；培养温度：25℃。

ACCC 50696←香港中文大学生物系←康道公司←日本；CMB0314；培养基：0014；培养温度：25℃。

ACCC 50697←香港中文大学生物系←康道公司←日本；CMB0315；培养基：0014；培养温度：25℃。

ACCC 50818←福建农业大学菌草室←福建三明真菌所；Ga-901；培养基：0014；培养温度：25℃。

ACCC 50819←福建农业大学菌草室←福建三明真菌所；Ga-902；培养基：0014；培养温度：25℃。

ACCC 50832←福建农业大学菌草室；888；培养基：0014；培养温度：25℃。

ACCC 51347←中科院微生物研究所张小青赠；山东灵芝；培养基：0014；培养温度：25℃。

ACCC 51373←四川省农业科学院食用菌中心王波赠；GL6；培养基：0014；培养温度：25℃。

ACCC 51374←四川省农业科学院食用菌中心王波赠；GL8031；培养基：0014；培养温度：25℃。

ACCC 51375←四川省农业科学院食用菌中心王波赠；GL1；培养基：0014；培养温度：25℃。

ACCC 51376←四川省农业科学院食用菌中心王波赠；GL9201；培养基：0014；培养温度：25℃。

ACCC 51427←福建省三明市真菌研究所；信州；培养基：0014；培养温度：25℃。

ACCC 51464←中科院微生物研究所；5.624；培养基：0014；培养温度：25℃。

ACCC 51495←左雪梅组织分离；培养基：0014；培养温度：25℃。

ACCC 51515←广东省广州微生物研究所←中科院微生物研究所；AS5.65；培养基：0014；培养温度：25℃。

ACCC 51562←中国农业科学院农业资源与农业区划研究所；吉林；培养基：0014；培养温度：25℃。

ACCC 51563←江都天达食用菌研究所；美芝；子实体特大，红褐色，产量高；培养基：0014；培养温度：25℃。

ACCC 51564←江都天达食用菌研究所；园艺 6 号；子实体漆红色，菌盖圆整，适合做盆景；培养基：0014；培养温度：25℃。

ACCC 51698←广东省广州微生物研究所；GIM5.259；培养基：0014；培养温度：25℃。

ACCC 51699←广东省广州微生物研究所；GIM5.260；培养基：0014；培养温度：25℃。

ACCC 51718←南京农业大学生命科学学院；G-9；培养基：0014；培养温度：25℃。

ACCC 51719←南京农业大学生命科学学院；G-6；培养基：0014；培养温度：25℃。

ACCC 51720←南京农业大学生命科学学院；G-12；培养基：0014；培养温度：25℃。

ACCC 51722←南京农业大学生命科学学院；G-13；培养基：0014；培养温度：25℃。

ACCC 51723←南京农业大学生命科学学院；G-14；培养基：0014；培养温度：25℃。

ACCC 51724←南京农业大学生命科学学院；G-15；培养基：0014；培养温度：25℃。

ACCC 51725←南京农业大学生命科学学院；G-11；培养基：0014；培养温度：25℃。

ACCC 51726←南京农业大学生命科学学院；G-4；培养基：0014；培养温度：25℃。

ACCC 51743←黑龙江省科学院应用微生物研究所；5L0543；兴安；培养基：0014；培养温度：25℃。

ACCC 51748←黑龙江省科学院应用微生物研究所；5L0446；分离地点：黑龙江省漠河；培养基：0014；培养温度：25℃。

ACCC 51824←广东省广州微生物研究所菌种保藏中心；GIM5.250；培养基：0014；培养温度：25℃。

ACCC 51850←广东省广州微生物研究所菌种保藏中心；GIM5.11；培养基：0014；培养温度：25℃。

ACCC 52125←山东农业大学；30078；培养基：0014；培养温度：25℃。

ACCC 52126←山东农业大学；30079；培养基：0014；培养温度：25℃。

ACCC 52184←山东农业大学；30137；培养基：0014；培养温度：25℃。

ACCC 52185←山东农业大学；30138；培养基：0014；培养温度：25℃。

ACCC 52186←山东农业大学；30139；培养基：0014；培养温度：25℃。

ACCC 52187←山东农业大学；30140；培养基：0014；培养温度：25℃。

ACCC 52246←中国农业科学院资划所←云南省农业科学院；YAASM-0577；培养基：0014；培养温度：25℃。

ACCC 52359←胡清秀；红芝；培养基：0014；培养温度：25℃。

Ganoderma neo-japonicum **Imazeki** 新日本灵芝

ACCC 51234←中科院微生物研究所；AS.5.540；培养基：0014；培养温度：25℃。

Ganoderma sinense **J. D. Zhao et al.** 紫芝

ACCC 51626←南京农业大学；G-2；培养基：0014；培养温度：25℃。

ACCC 51721←南京农业大学生命科学学院；G-16；培养基：0014；培养温度：25℃。

ACCC 50045←上海农业科学院食用菌所；培养基：0014；培养温度：25℃。

ACCC 50468←中国科学院遗传所；培养基：0014；培养温度：25℃。

ACCC 50817←中国科学院微生物研究所；AS 5.69；培养基：0014；培养温度：25℃。

ACCC 51106←华中农业大学植保系；黑芝；培养基：0014；培养温度：25℃。

ACCC 51332←江苏省农业科学院食用菌研究开发中心；培养基：0014；培养温度：25℃。

Ganoderma **sp.** 灵芝

ACCC 50861←陕西宁强食用菌所；赤芝 01；培养基：0014；培养温度：25℃。

ACCC 50872←潘自航赠；密纹厚芝；培养基：0014；培养温度：25℃。

ACCC 51107←华中农业大学植保系；甜芝；培养基：0014；培养温度：25℃。

ACCC 51122←河南栾川科委曹淑兰赠；花边；培养基：0014；培养温度：25℃。

ACCC 51612←中国农业大学生物学院食用菌实验室；日本灵芝；培养基：0014；培养温度：25℃。

ACCC 51613←中国农业大学生物学院食用菌实验室；奇异灵芝；培养基：0014；培养温度：25℃。

ACCC 51984←河南鲁山县丁永立←子实体分离；野生菌芒红色；培养基：0014；培养温度：25℃。

Ganoderma tenus **J. D. Zhao et al.** 密纹灵芝

ACCC 50602←山东师范大学生物系；薄盖泰山灵芝；培养基：0014；培养温度：25℃。

ACCC 50604←山东师范大学生物系；薄盖泰山灵芝；培养基：0014；培养温度：25℃。

Ganoderma tropicum （**Jungh.**） **Bres.** 热带灵芝

ACCC 50884←中国科学院微生物研究所；培养基：0014；培养温度：25℃。

ACCC 52023←广东省广州微生物研究所菌种保藏中心；GIM5.289；培养基：0014；培养温度：25℃。

Ganoderma tsugae **Murrill** 松杉灵芝

ACCC 51625←南京农业大学；G-3；培养基：0014；培养温度：25℃。

Geastrum caespitasum （**Mont.**） **E. Fisch.** 丛生地星

ACCC 51887←广东省广州微生物研究所菌种保藏中心；GIM5.321；培养基：0014；培养温度：25℃。

Gliocladium **sp.** 香灰菌

ACCC 51353←福建古田；培养基：0014；培养温度：25℃。

Gloeophyllum trabeum （**Pers.**） **P. D. Orton** 密褐褶菌

ACCC 51714←广东省广州微生物研究所；GIM5.248；培养基：0014；培养温度：25℃。

Gloeostereum incarnatum **S. Ito & S. Iami** 胶韧革菌 （榆耳）

ACCC 50314←中国农业科学院土肥所；培养基：0014；培养温度：25℃。

ACCC 50363←辽宁省抚顺市特产研究所；1 号；培养基：0014；培养温度：25℃。

ACCC 50364←辽宁省抚顺市特产研究所；2 号；培养基：0014；培养温度：25℃。

ACCC 50365←辽宁省抚顺市面粉厂；培养基：0014；培养温度：25℃。

ACCC 50394←中国农业科学院土肥所；培养基：0014；培养温度：25℃。

ACCC 50395←中国农业科学院土肥所；培养基：0014；培养温度：25℃。

ACCC 50414←江苏常州市蔬菜所←吉林；培养基：0014；培养温度：25℃。

ACCC 50423←东北师范大学生物系；培养基：0014；培养温度：25℃。

ACCC 50448←辽宁本溪师专；G1；培养基：0014；培养温度：25℃。

ACCC 50450←辽宁辽阳市食用菌所；培养基：0014；培养温度：25℃。

ACCC 50469←中国农业科学院土肥所；培养基：0014；培养温度：25℃。

ACCC 50470←中国农业科学院土肥所；培养基：0014；培养温度：25℃。

ACCC 50471←中国农业科学院土肥所；培养基：0014；培养温度：25℃。

ACCC 50472←中国农业科学院土肥所；培养基：0014；培养温度：25℃。

ACCC 50473←中国农业科学院土肥所；培养基：0014；培养温度：25℃。

ACCC 51746←黑龙江省科学院应用微生物研究所；5L0632；培养基：0014；培养温度：25℃。

Gomphidius glutinosus （Schaeff.） Fr. 铆钉菇

ACCC 51531←河北省隆化县蓝旗镇东南沟村采集野生子实体分离；培养基：0014；培养温度：25℃。

ACCC 50329←中国农业科学院资划所；培养基：0014；培养温度：25℃。

ACCC 52010←承德隆化县西阿超乡南山根村；承1；培养基：0014；培养温度：25℃。

ACCC 50607←北京林业大学；外生菌根菌；培养基：0014；培养温度：25℃。

Grifola frondosa （Dicks.：Fr.） Gray 贝叶多孔菌（灰树花）

ACCC 50246←中国农业科学院土肥所；培养基：0014；培养温度：25℃。

ACCC 50289←福建三明真菌所；培养基：0014；培养温度：25℃。

ACCC 50477←山西农业大学；培养基：0014；培养温度：25℃。

ACCC 50640←浙江省庆元食用菌所←日本；151；培养基：0014；培养温度：25℃。

ACCC 50641←浙江省庆元食用菌所←日本；140；培养基：0014；培养温度：25℃。

ACCC 50642←浙江省庆元食用菌所←日本；166；培养基：0014；培养温度：25℃。

ACCC 50651←福建省农业科学院植保所；Gf-3；培养基：0014；培养温度：25℃。

ACCC 50652←福建省农业科学院植保所；Gf-2；培养基：0014；培养温度：25℃。

ACCC 50662←河北省食用菌所；5号；培养基：0014；培养温度：25℃。

ACCC 50674←上海农业科学院食用菌所←台湾；08074；培养基：0014；培养温度：25℃。

ACCC 50688←香港中文大学生物系←澳大利亚；CMB0302；培养基：0014；培养温度：25℃。

ACCC 50689←香港中文大学生物系←华中农业大学植保系；CMB0303；培养基：0014；培养温度：25℃。

ACCC 50717←香港中文大学生物系；CMB0110；培养基：0014；培养温度：25℃。

ACCC 50887←河南省农业科学研究院；培养基：0014；培养温度：25℃。

ACCC 50981←北京市农林科学院植环所←怀柔野生；培养基：0014；培养温度：25℃。

ACCC 50982←北京市农林科学院植环所←浙江庆元；培养基：0014；培养温度：25℃。

ACCC 50989←北京市农林科学院植环所←山东；灰树花；培养基：0014；培养温度：25℃。

ACCC 51100←黑龙江应用微生物研究所郭砚翠赠←日本；官泽聪；日本灰树花；培养基：0014；培养温度：25℃。

ACCC 51616←南京农业大学 HSH-1；子实体肉质，有柄，多分枝，末端生扇形菌盖，重叠成丛。菌盖灰色，边缘薄，内卷；培养基：0014；培养温度：25℃。

ACCC 51979←采自香港；白色；培养基：0014；培养温度：25℃。

ACCC 52174←山东农业大学；30127；培养基：0014；培养温度：25℃。

ACCC 52188←山东农业大学；30141；培养基：0014；培养温度：25℃。

ACCC 52192←广东省广州微生物研究所；GIM5.463；培养基：0014；培养温度：25℃。

ACCC 52201←密云徐祝安赠；美国2；培养基：0014；培养温度：25℃。

ACCC 52202←密云徐祝安赠；培养基：0014；培养温度：25℃。

ACCC 52208←河北迁西灰树花栽培基地；白色；培养基：0014；培养温度：25℃。

ACCC 52310←左雪梅子实体分离；94；培养基：0014；培养温度：25℃。

ACCC 52346←北京正术富邦生物科技研究所；培养基：0014；培养温度：25℃。

ACCC 51335←北京密云徐先生赠；子实体红色；培养基：0014；培养温度：25℃。

ACCC 51806←山东农业大学菌种保藏中心；300064；培养基：0014；培养温度：25℃。

ACCC 51807←山东农业大学菌种保藏中心；300065；培养基：0014；培养温度：25℃。

ACCC 51818←广东省广州微生物研究所菌种保藏中心；GIM5.63；培养基：0014；培养温度：25℃。

Hapalopilus widulans（Fr.）Kars 彩孔菌

ACCC 51134←黑龙江应用微生物研究所←吉林师大生物系抗癌药物研究室；5Lg301154；培养基：0014；培养温度：25℃。

Helvella leucopus Pers. 裂盖马鞍菌

ACCC 51605←中国农业科学院农业资源与农业区划研究所；分离地点：新疆天山；培养基：0014；培养温度：25℃。

Hericium erinaceus（Bull.：Fr.）Pers. 猴头菌

ACCC 50011←中国农业科学院原子能所；培养基：0014；培养温度：25℃。

ACCC 50022←福建三明真菌所；培养基：0014；培养温度：25℃。

ACCC 50043←上海农业科学院食用菌所；培养基：0014；培养温度：25℃。

ACCC 50220←中国农业科学院蔬菜花卉所←浙江常山微生物总厂；培养基：0014；培养温度：25℃。

ACCC 50221←中国农业科学院蔬菜花卉所←上海农业科学院食用菌所；培养基：0014；培养温度：25℃。

ACCC 50222←中国农业科学院蔬菜花卉所；培养基：0014；培养温度：25℃。

ACCC 50227←北京房山区昊天食用菌试验厂；培养基：0014；培养温度：25℃。

ACCC 50268←福建三明真菌所；培养基：0014；培养温度：25℃。

ACCC 50285←黑龙江省外贸公司；培养基：0014；培养温度：25℃。

ACCC 50286←黑龙江省外贸公司；培养基：0014；培养温度：25℃。

ACCC 50325←中国农业科学院原子能所；培养基：0014；培养温度：25℃。

ACCC 50348←山西生物所；大刺猴头88；培养基：0014；培养温度：25℃。

ACCC 50361←浙江常山微生物总厂；常山99；培养基：0014；培养温度：25℃。

ACCC 50378←山西运城农校；细刺猴头87；培养基：0014；培养温度：25℃。

ACCC 50380←山西运城农校；大刺猴头88；培养基：0014；培养温度：25℃。

ACCC 50541←山东金乡鸡黍菇香菌种厂；长刺3号；培养基：0014；培养温度：25℃。

ACCC 50587←山西省农业科学院食用菌研究所；培养基：0014；培养温度：25℃。

ACCC 50670←山西运城农校食用菌室；H92；培养基：0014；培养温度：25℃。

ACCC 51168←江苏农业科学院蔬菜所；猴19；培养基：0014；培养温度：25℃。

ACCC 51349←中科院微生物研究所张小青赠；11.54；培养基：0014；培养温度：25℃。

ACCC 51404←四川省农业科学院食用菌中心；H11；培养基：0014；培养温度：25℃。

ACCC 51405←四川省农业科学院食用菌中心；H16；培养基：0014；培养温度：25℃。

ACCC 51628←南京农业大学；HT-1；子实体块状，菌刺覆盖整个子实体，刺呈圆柱形，子实层生于刺表面；培养基：0014；培养温度：25℃。

ACCC 51628←南京农业大学李顺鹏赠；培养基：0014；培养温度：25℃。

ACCC 51663←湖北嘉鱼县环宇食用菌研究所；8；培养基：0014；培养温度：25℃。

ACCC 51804←山东农业大学菌种保藏中心；300062；培养基：0014；培养温度：25℃。

ACCC 51805←山东农业大学菌种保藏中心；300063；培养基：0014；培养温度：25℃。

ACCC 51815←广东省广州微生物研究所菌种保藏中心；GIM5.65；培养基：0014；培养温度：25℃。

ACCC 51872←广东省广州微生物研究所菌种保藏中心；GIM5.346；培养基：0014；培养温度：25℃。

ACCC 52064←广东省广州微生物研究所；GIM5.497；培养基：0014；培养温度：25℃。

ACCC 52065←广东省广州微生物研究所；GIM5.496；培养基：0014；培养温度：25℃。

ACCC 52173←山东农业大学；30126；培养基：0014；培养温度：25℃。

ACCC 52175←山东农业大学；30128；培养基：0014；培养温度：25℃。

Hohenbuehelia serotina （Schrad. : Fr. ） Singer 亚侧耳

ACCC 50309←吉林和龙县林业局；元蘑；培养基：0014；培养温度：25℃。

ACCC 51276←华中农大罗信昌赠←吉林大学延边农学院←吉林；41；培养基：0014；培养温度：25℃。

Hypholoma fasciculare （Fr. ） P. Kumm. 簇生沿丝菌

ACCC 51767←黑龙江野生子实体组织分离；培养基：0014；培养温度：25℃。

ACCC 51768←黑龙江野生子实体组织分离；培养基：0014；培养温度：25℃。

Hypholoma appendiculatum （Bull. : Fr. ） Quél. 薄花边伞

ACCC 51607←中国农业科学院农业资源与农业区划研究所；春至秋季生于腐木上，丛生，可食；培养基：
    0014；培养温度：25℃。

Hypholoma cinnabarinum Teng 红垂幕菇

ACCC 50569←中国农业科学院土肥所；有毒；培养基：0014；培养温度：25℃。

Hypsizygus marmoreus （Peck） H. E. Bigelow 真姬菇（斑玉蕈，海鲜菇）

ACCC 50474←大连理工大学←日本；培养基：0014；培养温度：25℃。

ACCC 50515←中国科学院遗传所；培养基：0014；培养温度：25℃。

ACCC 50579←中国农业科学院土肥所；培养基：0014；培养温度：25℃。

ACCC 50690←香港中文大学生物系←澳大利亚悉尼大学；CMB0256；培养基：0014；培养温度：25℃。

ACCC 50691←香港中文大学生物系←澳大利亚悉尼大学；CMB0186；培养基：0014；培养温度：25℃。

ACCC 50692←中国农业科学院土肥所；CMB0318；培养基：0014；培养温度：25℃。

ACCC 50718←香港中文大学生物系←日本；CMB0306；培养基：0014；培养温度：25℃。

ACCC 51061←福建省三明市真菌研究所郭美英赠；培养基：0014；培养温度：25℃。

ACCC 51149←武汉新宇食用菌研究所；培养基：0014；培养温度：25℃。

ACCC 51197←深圳工厂化菇厂子实体组织分离；培养基：0014；培养温度：25℃。

ACCC 51350←左雪梅从子实体组织分离；分离地点：上海菜市场；培养基：0014；培养温度：25℃。

ACCC 51478←上海市农业科学院食用菌研究所；培养基：0014；培养温度：25℃。

ACCC 51532←中国农业科学院农业资源与农业区划研究所；蟹味菇；培养基：0014；培养温度：25℃。

ACCC 51533←中国农业科学院农业资源与农业区划研究所；子实体中等至较大，浅色种；培养基：0014；
    培养温度：25℃。

ACCC 51536←中国农业科学院农业资源与农业区划研究所；蟹味菇；子实体中等至较大，浅色种；培养
    基：0014；培养温度：25℃。

ACCC 51583←中国农业科学院农业资源与农业区划研究所；子实体白色；培养基：0014；培养温
    度：25℃。

ACCC 51622←南京农业大学；ZJG-2；子实体丛生，菌盖幼时半球形，边缘内卷后逐渐平展，菌褶近白色；
    与菌柄成圆头状直生，菌柄中生；培养基：0014；培养温度：25℃。

ACCC 51661←湖北嘉鱼县环宇食用菌研究所；子实体白色；培养基：0014；培养温度：25℃。

ACCC 51729←南京农业大学生命科学学院；ZJG-2；培养基：0014；培养温度：25℃。

ACCC 51800←山东农业大学菌种保藏中心；300053；培养基：0014；培养温度：25℃。

ACCC 51819←广东省广州微生物研究所菌种保藏中心；GIM5.95；培养基：0014；培养温度：25℃。

ACCC 51948←子实体组织分离；白色；培养基：0014；培养温度：25℃。

ACCC 52194←广东省广州微生物研究所；GIM5.467；培养基：0014；培养温度：25℃。

Inonotus hispidus （Bull. : Fr. ） P. Karst. 粗毛纤孔菌

ACCC 51192←东北林业大学；9844；培养基：0014；培养温度：25℃。

Lactarius akahatsu Tanako 浅橙红乳菇

ACCC 51422←宁夏贺兰山野点采集；采集号10号；培养基：0014；培养温度：25℃。

Lactarius camphoratus （Bull. ） Fr. 香乳菇

ACCC 50671←上海市农业科学院食用菌所；0222；外生菌根菌；培养基：0014；培养温度：25℃。

Lactarius corrugis Peck 皱盖乳菇

ACCC 51420←宁夏贺兰山野点采集；采集号 8 号；培养基：0014；培养温度：25℃。

Lactarius deliciosus （L.） Gray 松乳菇

ACCC 51577←山东曹县中国菌种超市；培养基：0014；培养温度：25℃。

Lactarius volemus （Fr.） Fr. 多汁乳菇

ACCC 51458←云南昆明野生采集；培养基：0014；培养温度：25℃。

Laetiporus sulphureus （Bull.） Murrill 硫黄菌

ACCC 51200←东北林业大学；9912；培养基：0014；培养温度：25℃。

ACCC 51408←四川成都省农业科学院食用菌中心；LS2；培养基：0014；培养温度：25℃。

ACCC 51879←广东省广州微生物研究所菌种保藏中心；GIM5.416；培养基：0014；培养温度：25℃。

***Leccinum* sp.** 疣柄牛肝耳

ACCC 51307←黑龙江省小兴安岭凉水自然保护区采集子实体分离潘学仁赠；5 号；培养基：0014；培养温度：25℃。

ACCC 51308←黑龙江省小兴安岭凉水自然保护区采集子实体分离潘学仁赠；15 号；培养基：0014；培养温度：25℃。

ACCC 51309←黑龙江省小兴安岭凉水自然保护区采集子实体分离潘学仁赠；14 号；培养基：0014；培养温度：25℃。

Lentinula edodes （Berk.） Pegler 香菇

ACCC 50012←中国农业科学院原子能所←朝鲜；L4；培养基：0014；培养温度：25℃。

ACCC 50023←福建三明真菌所；L-03；中高温型，菌盖较大，抗性较强，发菌快，出菇早，产量高；培养基：0014；培养温度：25℃。

ACCC 50040←上海市农业科学院食用菌所←日本；7402；中低温型；培养基：0014；培养温度：25℃。

ACCC 50054←中国科学院昆明植物所←日本；7405；培养基：0014；培养温度：25℃。

ACCC 50064←浙江微生物研究所；鄂 5 号；培养基：0014；培养温度：25℃。

ACCC 50066←北京市食品研究所←广东省广州微生物研究所；7402；与广东当地品种杂交种；培养基：0014；培养温度：25℃。

ACCC 50086←日本；日本 2 号；培养基：0014；培养温度：25℃。

ACCC 50102←丰台食用菌菌种厂；1303；中温型，菇型好；培养基：0014；培养温度：25℃。

ACCC 50170←中国农业科学院蔬菜花卉所←中国农业大学←日本；日本 7901；栽培用菌株；培养基：0014；培养温度：25℃。

ACCC 50171←中国农业科学院蔬菜花卉所←中国农业大学←日本；79011；中低温型；培养基：0014；培养温度：25℃。

ACCC 50172←中国农业科学院蔬菜花卉所←中国农业大学←日本；79013；中低温型；培养基：0014；培养温度：25℃。

ACCC 50173←中国农业科学院蔬菜花卉所←中国农业大学←日本；79014；中低温型；培养基：0014；培养温度：25℃。

ACCC 50174←中国农业科学院蔬菜花卉所←中国农业大学←日本；79016；高温型菌株；培养基：0014；培养温度：25℃。

ACCC 50175←中国农业科学院蔬菜花卉所←中国农业大学←日本；79017；中高温型菌株；培养基：0014；培养温度：25℃。

ACCC 50176←中国农业科学院蔬菜花卉所←中国农业大学←日本；79020；培养基：0014；培养温度：25℃。

ACCC 50177←中国农业科学院蔬菜花卉所←中国农业大学←日本；79021；中低温型菌株；培养基：0014；培养温度：25℃。

ACCC 50178←中国农业科学院蔬菜花卉所←中国农业大学←日本；79022；中低温型菌株；培养基：0014；

培养温度：25℃。

ACCC 50179←中国农业科学院蔬菜花卉所←中国农业大学←日本；79023；低温型菌株；培养基：0014；培养温度：25℃。

ACCC 50180←中国农业科学院蔬菜花卉所←中国农业大学←日本；79024；中低温型；培养基：0014；培养温度：25℃。

ACCC 50181←中国农业科学院蔬菜花卉所←中国农业大学←日本；79025；高温型；培养基：0014；培养温度：25℃。

ACCC 50182←中国农业科学院蔬菜花卉所←日本；79026；高温型，鲜销种；培养基：0014；培养温度：25℃。

ACCC 50183←中国农业科学院蔬菜花卉所←中国农业大学←日本；79027；低温型；培养基：0014；培养温度：25℃。

ACCC 50184←中国农业科学院蔬菜花卉所←中国农业大学←日本；79028；低温型；培养基：0014；培养温度：25℃。

ACCC 50185←中国农业科学院蔬菜花卉所←中国农业大学←日本；79029；中高温型；培养基：0014；培养温度：25℃。

ACCC 50186←中国农业科学院蔬菜花卉所←中国农业大学←日本；7405；高温型菌株；培养基：0014；培养温度：25℃。

ACCC 50187←中国农业科学院蔬菜花卉所←日本；447；培养基：0014；培养温度：25℃。

ACCC 50188←中国农业科学院蔬菜花卉所←日本；514；中温型菌株；培养基：0014；培养温度：25℃。

ACCC 50189←中国农业科学院蔬菜花卉所←日本；100；培养基：0014；培养温度：25℃。

ACCC 50195←中国农业科学院蔬菜花卉所←日本；101；低温型；培养基：0014；培养温度：25℃。

ACCC 50196←中国农业科学院蔬菜花卉所←日本；128-01；培养基：0014；培养温度：25℃。

ACCC 50197←中国农业科学院蔬菜花卉所←日本；1610；培养基：0014；培养温度：25℃。

ACCC 50198←中国农业科学院蔬菜花卉所←上海农业科学院食用菌所←日本；8001；高温型菌株；培养基：0014；培养温度：25℃。

ACCC 50200←中国农业科学院蔬菜花卉所←日本；日本 465；中高温型菌株；培养基：0014；培养温度：25℃。

ACCC 50201←中国农业科学院蔬菜花卉所←日本；培养基：0014；培养温度：25℃。

ACCC 50202←中国农业科学院蔬菜花卉所；春 2 号；低温型菌株；培养基：0014；培养温度：25℃。

ACCC 50203←中国农业科学院蔬菜花卉所；春秋 2 号；中低温型菌株；培养基：0014；培养温度：25℃。

ACCC 50204←中国农业科学院蔬菜花卉所←南朝鲜；朝鲜香菇；培养基：0014；培养温度：25℃。

ACCC 50205←中国农业科学院蔬菜花卉所←福建三明真菌所；培养基：0014；培养温度：25℃。

ACCC 50206←中国农业科学院蔬菜花卉所←广东省广州微生物研究所；香九；中国菌株，段木种，中温型菌株；培养基：0014；培养温度：25℃。

ACCC 50207←中国农业科学院蔬菜花卉所←上海农业科学院食用菌所；大光；中低温型菌株；培养基：0014；培养温度：25℃。

ACCC 50208←中国农业科学院蔬菜花卉所；三阳 5 号；段木种型菌株；培养基：0014；培养温度：25℃。

LACCC 50209←北京市营养源研究所；该菌株为 465 的组织分离获得；培养基：0014；培养温度：25℃。

ACCC 50280←河南省卢氏县食用菌公司←日本；7401；培养基：0014；培养温度：25℃。

ACCC 50290←北京市海淀区外贸公司；79015；低温型；培养基：0014；培养温度：25℃。

ACCC 50291←北京市海淀区外贸公司；中国菌株；建 B；培养基：0014；培养温度：25℃。

ACCC 50301←福建三明食品发酵研究所；cr-01；培养基：0014；培养温度：25℃。

ACCC 50302←福建省三明市食品工业研究所；Cr-02；代料中广温种型；培养基：0014；培养温度：25℃。

ACCC 50303←福建省三明市食品工业研究所；Cr-09；代料种型；培养基：0014；培养温度：25℃。

ACCC 50304←福建省三明市食品工业研究所；Cr-11；代料种型；培养基：0014；培养温度：25℃。

ACCC 50317←华中农业大学菌种中心吕作舟赠；华香 3 号；培养基：0014；培养温度：25℃。

ACCC 50319←浙江省庆元食用菌所←日本；241；段木种型；培养基：0014；培养温度：25℃。

ACCC 50320←浙江省庆元食用菌所；8210；段木种型；培养基：0014；培养温度：25℃。

ACCC 50321←河南省卢氏县食用菌公司←日本；507；培养基：0014；培养温度：25℃。

ACCC 50322←河南省卢氏县食用菌公司←日本；K3；培养基：0014；培养温度：25℃。

ACCC 50323←河南省卢氏县食用菌公司←日本；101；培养基：0014；培养温度：25℃。

ACCC 50324←河南省卢氏县食用菌公司；25；培养基：0014；培养温度：25℃。

ACCC 50335←河南省卢氏县食用菌公司←日本；日本 W4；培养基：0014；培养温度：25℃。

ACCC 50343←山西生物所；134；培养基：0014；培养温度：25℃。

ACCC 50352←浙江省庆元食用菌所；82-2；代料种型；培养基：0014；培养温度：25℃。

ACCC 50368←陕西省宁强县食用菌研究所←福建古田；886；代料种型；培养基：0014；培养温度：25℃。

ACCC 50369←陕西省宁强县食用菌研究所；8802；代料种型；培养基：0014；培养温度：25℃。

ACCC 50430←湖南省食用菌研究所；793；培养基：0014；培养温度：25℃。

ACCC 50439←湖南省食用菌研究所 L27；培养基：0014；培养温度：25℃。

ACCC 50449←黑龙江牡丹江东三食用菌所；代料地栽品种；培养基：0014；培养温度：25℃。

ACCC 50489←辽宁农业科学院作物所←日本；菌兴 115；培养基：0014；培养温度：25℃。

ACCC 50502←河北省微生物研究所←福建三明真菌所；Cr-63；代料种型；培养基：0014；培养温度：25℃。

ACCC 50516←浙江省庆元县食用菌所；856；短周期早生代料型；培养基：0014；培养温度：25℃。

ACCC 50532←山东金乡←上海；SL-1；代料种型；培养基：0014；培养温度：25℃。

ACCC 50533←山东金乡←上海；SL-2；培养基：0014；培养温度：25℃。

ACCC 50549←中国农业大学食用菌实验室；823；培养基：0014；培养温度：25℃。

ACCC 50550←中国农业大学食用菌实验室；629；培养基：0014；培养温度：25℃。

ACCC 50552←中国农业大学食用菌实验室；638；培养基：0014；培养温度：25℃。

ACCC 50553←中国农业大学食用菌实验室；785；培养基：0014；培养温度：25℃。

ACCC 50557←北京农业大学；073；培养基：0014；培养温度：25℃。

ACCC 50558←北京农业大学；220；培养基：0014；培养温度：25℃。

ACCC 50583←北京燕山区人防栽培的栽培种的继代物；培养基：0014；培养温度：25℃。

ACCC 50595←浙江省庆元食用菌所；241-4；代料种型；培养基：0014。

ACCC 50600←湖南湘乡市农业局；当地野生子实体组织分离；培养基：0014；培养温度：25℃。

ACCC 50624←中国科学院微生物研究所；AS5.560；培养基：0014；培养温度：25℃。

ACCC 50630←福建三明真菌所；L-26；培养基：0014；培养温度：25℃。

ACCC 50635←浙江省庆元食用菌所；342；段木种型；培养基：0014；培养温度：25℃。

ACCC 50636←浙江省庆元食用菌所；9015；断木袋料两用种型，袋料栽培为春栽迟生种；培养基：0014；培养温度：25℃。

ACCC 50637←浙江省庆元食用菌所；9415A；段木种型；培养基：0014；培养温度：25℃。

ACCC 50638←浙江省庆元食用菌所；936；料迟生种型；培养基：0014；培养温度：25℃。

ACCC 50639←浙江省庆元食用菌所；933；代料迟生种型；培养基：0014；培养温度：25℃。

ACCC 50644←浙江省庆元食用菌所；9041；段木种，1990 年引自日本；培养基：0014；培养温度：25℃。

ACCC 50645←中国农业科学院土肥所；Cr-04 组织分离；培养基：0014；培养温度：25℃。

ACCC 50646←中国农业科学院土肥所；山西忻州产出口保鲜菇子实体组织分离，浅色鲜销种；培养基：0014；培养温度：25℃。

ACCC 50666←东方农业公司；66；培养基：0014；培养温度：25℃。

ACCC 50668←河南封丘娄堤栽培场；培养基：0014；培养温度：25℃。

ACCC 50719←香港中文大学生物系←日本；CMB0272；培养基：0014；培养温度：25℃。

ACCC 50720←香港中文大学生物系←日本；CMB0274；培养基：0014；培养温度：25℃。

ACCC 50721←香港中文大学生物系←澳大利亚悉尼大学←日本；CMB0276；培养温度：25℃。

ACCC 50722←香港中文大学生物系←日本；CMB0040；培养基：0014；培养温度：25℃。

ACCC 50723←香港中文大学生物系←日本；CMB0046；培养基：0014；培养温度：25℃。

ACCC 50724←香港中文大学生物系←日本；CMB0055；培养基：0014；培养温度：25℃。

ACCC 50725←香港中文大学生物系←泰国；CMB0031；培养基：0014；培养温度：25℃。

ACCC 50726←香港中文大学生物系←广东省广州微生物研究所；CMB0299；培养基：0014；培养温度：25℃。

ACCC 50727←香港中文大学生物系←广东省广州微生物研究所；CMB0080；中国野生种；培养基：0014；培养温度：25℃。

ACCC 50728←香港中文大学生物系←广东省广州微生物研究所；CMB0081；中国野生种；培养基：0014；培养温度：25℃。

ACCC 50729←香港中文大学生物系←广东省广州微生物研究所；CMB0085；中国野生种；培养基：0014；培养温度：25℃。

ACCC 50730←香港中文大学生物系←广东省广州微生物研究所；CMB0086；中国野生种；培养基：0014；培养温度：25℃。

ACCC 50731←香港中文大学生物系←广东省广州微生物研究所；CMB0087；中国野生种；培养基：0014；培养温度：25℃。

ACCC 50732←香港中文大学生物系←广东省广州微生物研究所；CMB0088；中国野生种；培养基：0014；培养温度：25℃。

ACCC 50733←香港中文大学生物系←广东省广州微生物研究所；CMB0089；单核体，A1B1；培养基：0014；培养温度：25℃。

ACCC 50734←香港中文大学生物系←广东省广州微生物研究所；CMB0095；单核体，A1B1；培养基：0014；培养温度：25℃。

ACCC 50735←香港中文大学生物系←广东省广州微生物研究所；CMB0100；单核体，A6B6；培养基：0014；培养温度：25℃。

ACCC 50736←香港中文大学生物系←广东省广州微生物研究所；Le88；培养基：0014；培养温度：25℃。

ACCC 50737←香港中文大学生物系←广东省广州微生物研究所；CMB0104；单核体，A9B9；培养基：0014；培养温度：25℃。

ACCC 50738←香港中文大学生物系←广东省广州微生物研究所；Le-100；培养基：0014；培养温度：25℃。

ACCC 50739←香港中文大学生物系←微生物研究所；CMB0135；培养基：0014；培养温度：25℃。

ACCC 50740←香港中文大学生物系←广东省广州微生物研究所；CMB0141；中国野生种；培养基：0014；培养温度：25℃。

ACCC 50741←香港中文大学生物系←广东省广州微生物研究所；CMB0150；中国野生种；培养基：0014；培养温度：25℃。

ACCC 50742←香港中文大学生物系←广东省广州微生物研究所；CMB0151；中国野生种；培养基：0014；培养温度：25℃。

ACCC 50743←香港中文大学生物系←广东省广州微生物研究所；CMB0156；中国野生种；培养基：0014；培养温度：25℃。

ACCC 50744←香港中文大学生物系←广东省广州微生物研究所；CMB0287；中国野生种；培养基：0014；培养温度：25℃。

ACCC 50745←香港中文大学生物系←广东省广州微生物研究所；CMB0289；中国野生种；培养基：0014；培养温度：25℃。

ACCC 50746←香港中文大学生物系←福建三明真菌所；CMB0216；培养基：0014；培养温度：25℃。

ACCC 50747←香港中文大学生物系；Le-172；培养基：0014；培养温度：25℃。

ACCC 50748←香港中文大学生物系；Le-180；培养基：0014；培养温度：25℃。

ACCC 50749←香港中文大学生物系←日本；CMB0301；质紧香浓型；培养基：0014；培养温度：25℃。

ACCC 50750←中国农业科学院土肥所；CMB0750；香港 Yaohan 超市购买日本产鲜菇组织分离，质紧浓香型；培养基：0014；培养温度：25℃。

ACCC 50751←中国农业科学院土肥所；Le-199；张金霞从香港超市售日本产鲜菇（600 号）组织分离；培养基：0014；培养温度：25℃。

ACCC 50752←中国农业科学院土肥所；从香港 Yaohan 超市售日本产鲜菇子实体（603）组织分离；培养基：0014；培养温度：25℃。

ACCC 50753←中国农业科学院土肥所；从香港 Yaohan 超市售鲜菇子实体组织分离；培养基：0014；培养温度：25℃。

ACCC 50762←香港中文大学生物系←韩国；培养基：0014；培养温度：25℃。

ACCC 50765←香港中文大学生物系←日本；CMB0028；培养基：0014；培养温度：25℃。

ACCC 50766←香港中文大学生物系←日本；CMB0029；培养基：0014；培养温度：25℃。

ACCC 50767←香港中文大学生物系←广东省广州微生物研究所；CMB0084；中国野生种；培养基：0014；培养温度：25℃。

ACCC 50768←香港中文大学生物系←广东省广州微生物研究所；CMB009；单核体；培养基：0014；培养温度：25℃。

ACCC 50769←香港中文大学生物系←福建三明真菌所；L600；培养基：0014；培养温度：25℃。

ACCC 50770←香港中文大学生物系←福建三明真菌所；L27；培养基：0014；培养温度：25℃。

ACCC 50771←香港中文大学生物系←福建三明真菌所；L-11；培养基：0014；培养温度：25℃。

ACCC 50772←香港中文大学生物系←福建三明真菌所；L507；培养基：0014；培养温度：25℃。

ACCC 50773←香港中文大学；Le-40；培养基：0014；培养温度：25℃。

ACCC 50774←香港中文大学生物系←台湾省；Le-41；培养基：0014；培养温度：25℃。

ACCC 50775←香港中文大学生物系←福建三明真菌所；Cr02；培养基：0014；培养温度：25℃。

ACCC 50776←香港中文大学生物系←福建三明真菌所；8602-M016；单核体，中国野生种 A4B3；培养基：0014；培养温度：25℃。

ACCC 50777←香港中文大学生物系←广东省广州微生物研究所；8603-M016；单核体，中国野生种 A5B6；培养基：0014；培养温度：25℃。

ACCC 50778←香港中文大学生物系←广东省广州微生物研究所；Le-84；单核体，中国野生种 A6B6；培养基：0014；培养温度：25℃。

ACCC 50779←香港中文大学生物系←广东省广州微生物研究所；Le-91；单核体，中国野生种 A10B9；培养基：0014；培养温度：25℃。

ACCC 50780←香港中文大学生物系←广东省广州微生物研究所；Le-94；单核体，中国野生种 A11B12；培养基：0014；培养温度：25℃。

ACCC 50781←香港中文大学生物系←广东省广州微生物研究所；Le-96；单核体，中国野生种 A12B12；培养基：0014；培养温度：25℃。

ACCC 50782←香港中文大学生物系；Le-97；培养基：0014；培养温度：25℃。

ACCC 50783←香港中文大学生物系←广东省广州微生物研究所；Le-114；中国野生种；培养基：0014；培养温度：25℃。

ACCC 50784←香港中文大学生物系←广东省广州微生物研究所；Le123；培养基：0014；培养温度：25℃。

ACCC 50785←香港中文大学生物系←广东省广州微生物研究所；Le-124；培养基：0014；培养温度：25℃。

ACCC 50786←香港中文大学生物系←广东省广州微生物研究所；Le125；野生；培养基：0014；培养温

度：25℃。

ACCC 50787←香港中文大学生物系←福建三明真菌所；Le-161；培养基：0014；培养温度：25℃。

ACCC 50788←香港中文大学生物系←福建三明真菌所；Le-162；培养基：0014；培养温度：25℃。

ACCC 50789←香港中文大学生物系←福建三明真菌所；Le-168；培养基：0014；培养温度：25℃。

ACCC 50790←香港中文大学生物系←福建三明真菌所；Le-169；培养基：0014；培养温度：25℃。

ACCC 50791←香港中文大学生物系←福建三明真菌所；Le-170；培养基：0014；培养温度：25℃。

ACCC 50792←香港中文大学生物系←福建三明真菌所；Le-175；培养基：0014；培养温度：25℃。

ACCC 50793←香港中文大学生物系←福建三明真菌所；Le-179；培养基：0014；培养温度：25℃。

ACCC 50794←香港中文大学生物系←华中农大应用真菌室；Le-189；培养基：0014培养温度：25℃。

ACCC 50803←华中农大应用真菌室；HL-1；培养基：0014；培养温度：25℃。

ACCC 50804←华中农大应用真菌室；HWL-7；培养基：0014；培养温度：25℃。

ACCC 50805←华中农大应用真菌室；HWL-2；培养基：0014；培养温度：25℃。

ACCC 50806←华中农大应用真菌室；HWL-8；培养基：0014；培养温度：25℃。

ACCC 50807←华中农大应用真菌室；HWL-21；培养基：0014；培养温度：25℃。

ACCC 50808←华中农大应用真菌室；HWL-23；培养基：0014；培养温度：25℃。

ACCC 50809←华中农大应用真菌室；HWL-1；培养基：0014；培养温度：25℃。

ACCC 50810←华中农大应用真菌室；HWL-24；培养基：0014；培养温度：25℃。

ACCC 50811←福建福州郊区菇场组织分离；适用于菌草栽培；培养基：0014；培养温度：25℃。

ACCC 50815←辽宁丹东市林科所；1363；地栽品种；培养基：0014；培养温度：25℃。

ACCC 50824←福建农业大学菌草室；Le206；培养基：0014；培养温度：25℃。

ACCC 50825←福建农业大学菌草室；Le214；培养基：0014；培养温度：25℃。

ACCC 50826←福建农业大学菌草室；Le236；代料中温早生品种；培养基：0014；培养温度：25℃。

ACCC 50827←福建农业大学菌草室；Le216；代料中高温中大叶品种；培养基：0014；培养温度：25℃。

ACCC 50828←福建农业大学菌草室；Le087；代料中温早生品种；培养基：0014；培养温度：25℃。

ACCC 50829←福建农业大学菌草室；Le207；代料中温早生品种；培养基：0014；培养温度：25℃。

ACCC 50830←福建农业大学菌草室；Le109；代料中温早生品种；培养基：0014；培养温度：25℃。

ACCC 50840←福建省福州市郊区；培养基：0014；培养温度：25℃。

ACCC 50841←河南省泌阳；秋种冬收，50 天出菇；培养基：0014；培养温度：25℃。

ACCC 50843←福建农业大学；L6581；培养基：0014；培养温度：25℃。

ACCC 50844←陕西省宁强县食用菌工作站戴松林赠；泌香 1 号；培养基：0014；培养温度：25℃。

ACCC 50845←陕西省宁强县食用菌工作站←华中农大；森远 2 号；木种型；培养基：0014；培养温度：25℃。

ACCC 50846←陕西省宁强县食用菌工作站←华中农大；华中农大 L01；代料种型；培养基：0014；培养温度：25℃。

ACCC 50847←陕西省宁强县食用菌工作站←华中农大；华中农大 L02；代料种型；培养基：0014；培养温度：25℃。

ACCC 50848←陕西省宁强县食用菌工作站←华中农大←日本；日本 L121；段木种型；培养基：0014；培养温度：25℃。

ACCC 50849←陕西省宁强县食用菌工作站←福建古田←日本；日本大叶；日本菌株，段木种型，食用、药用；培养基：0014；培养温度：25℃。

ACCC 50850←陕西省宁强县食用菌工作站←陕西师范大学；L-12；段木种型；培养基：0014；培养温度：25℃。

ACCC 50858←陕西省宁强县食用菌工作站←西北农学院；西优 1 号；木种型；培养基：0014；培养温度：25℃。

ACCC 50860←陕西省宁强县食用菌工作站；韩 L-2；段木种型；培养基：0014；培养温度：25℃。

ACCC 50873←遵化市平安镇；刘满春；申香 4 号；高温型香菇；培养基：0014；培养温度：25℃。

ACCC 50901←福建农大菌草研究室；Lc2141 培养基：0014；培养温度：25℃。

ACCC 50902←三明真菌研究所←日本；600；中低温型；培养基：0014；培养温度：25℃。

ACCC 50903←三明真菌研究所←日本；135；中低温型；培养基：0014；培养温度：25℃。

ACCC 50904←三明真菌研究所←日本；241；中低温型；培养基：0014；培养温度：25℃。

ACCC 50905←三明真菌研究所；42；培养基：0014；培养温度：25℃。

ACCC 50906←三明真菌研究所；L18；中高温型；培养基：0014；培养温度：25℃。

ACCC 50907←三明真菌研究所←日本；66；中低温型；培养基：0014；培养温度：25℃。

ACCC 50908←三明真菌研究所；Cr-04；中偏高温型；培养基：0014；培养温度：25℃。

ACCC 50909←三明真菌研究所；闽丰 1 号；中高温型；培养基：0014；培养温度：25℃。

ACCC 50910←三明真菌研究所←日本；日本大叶；培养基：0014；培养温度：25℃。

ACCC 50924←北京市农业科学院环资所；L867；子实体阶段生长最适宜温度 1～18℃。子实体中型，菇朵圆整，菌肉厚，菌柄短，菌盖褐色；培养基：0014；培养温度：25℃。

ACCC 50925←北京市农业科学院环资所；L937；出菇最适宜温度 10～20℃；子实体中型，菌肉厚，菌柄短，中低温型品种，品质好，韧性强，不易开伞，呈浅褐色；培养基：0014；培养温度：25℃。

ACCC 50926←北京市农业科学院环资所；武香 1 号；该品种子实体大叶，菌肉肥厚，菌盖色较深，柄中粗，稍长，其最大的优点是出菇温度高；培养基：0014；培养温度：25℃。

ACCC 50927←北京市农业科学院环资所雨花 3 号；培养基：0014；培养温度：25℃。

ACCC 50933←上海食用菌研究所菌种厂；申香 4 号；出菇温度为 12～26℃，中温偏高，菇形圆整；培养基：0014；培养温度：25℃。

ACCC 50934←上海食用菌研究所菌种厂；申香 5 号；培养基：0014；培养温度：25℃。

ACCC 50935←上海食用菌研究所菌种厂；申香 6 号；中高温型，早熟品种；培养基：0014；培养温度：25℃。

ACCC 50936←上海食用菌研究所菌种厂；申香 2 号；出菇适温 18～28℃，适于代料栽培，菇单生，菇肉厚，不宜开伞，产量高；培养基：0014；培养温度：25℃。

ACCC 50937←上海食用菌研究所菌种厂；939；中低温品种，8～18℃出菇，子实体大型，菌盖肥厚圆整内卷，浅褐至褐色，花菇厚菇比例大，菌柄稍粗，中等长度，适合袋料栽培；培养基：0014；培养温度：25℃。

ACCC 50965←河南省生物所；苏香 2 号；培养基：0014；培养温度：25℃。

ACCC 50966←河南省生物所；9152；培养基：0014；培养温度：25℃。

ACCC 50967←河南省生物所；087；培养基：0014；培养温度：25℃。

ACCC 50968←河南省生物所；苏秀 1 号；培养基：0014；培养温度：25℃。

ACCC 50969←河南省生物所；9601；迟生种，菌种秋冬出；培养基：0014；培养温度：25℃。

ACCC 50970←河南省生物所菌种厂；9015；培养基：0014；培养温度：25℃。

ACCC 50990←郑美生←福建古田；广温 135；培养基：0014；培养温度：25℃。

ACCC 51029←华中农业大学菌种中心吕作舟赠；952；培养基：0014；培养温度：25℃。

ACCC 51030←华中农业大学菌种中心吕作舟赠；闽优 5 号；培养基：0014；培养温度：25℃。

ACCC 51031←华中农业大学菌种中心吕作舟赠；白花 1 号；培养基：0014；培养温度：25℃。

ACCC 51032←华中农业大学菌种中心吕作舟赠；白花 2 号；培养基：0014；培养温度：25℃。

ACCC 51033←华中农业大学菌种中心吕作舟赠；945；培养基：0014；培养温度：25℃。

ACCC 51034←华中农业大学菌种中心吕作舟赠；甲优 1 号；培养基：0014；培养温度：25℃。

ACCC 51035←华中农业大学菌种中心吕作舟赠；903；培养基：0014；培养温度：25℃。

ACCC 51036←华中农业大学菌种中心吕作舟赠；神农 5 号；培养基：0014；培养温度：25℃。

ACCC 51037←华中农业大学菌种中心吕作舟赠；华香 3 号；培养基：0014；培养温度：25℃。

ACCC 51038←华中农业大学菌种中心吕作舟赠；华香 4 号；培养基：0014；培养温度：25℃。

ACCC 51039←华中农业大学菌种中心吕作舟赠；8404；培养基：0014；培养温度：25℃。

ACCC 51040←华中农业大学菌种中心吕作舟赠；T89-1；培养基：0014；培养温度：25℃。

ACCC 51041←华中农业大学菌种中心吕作舟赠；龙优1号；培养基：0014；培养温度：25℃。

ACCC 51042←华中农业大学菌种中心吕作舟赠；9202；培养基：0014；培养温度：25℃。

ACCC 51052←华中农业大学菌种中心吕作舟赠；986；培养基：0014；培养温度：25℃。

ACCC 51101←黑龙江应用微生物研究所郭砚翠赠←东宁大肚川野生；菇木分离，龙香1号；培养基：0014；培养温度：25℃。

ACCC 51102←黑龙江应用微生物研究所郭砚翠赠←日本；官泽聪；日本低温香菇；培养基：0014；培养温度：25℃。

ACCC 51117←福建南平市农科所；103；培养基：0014；培养温度：25℃。

ACCC 51156←陕西省宁强县食用菌研究所戴松林赠；Q*45；培养基：0014；培养温度：25℃。

ACCC 51158←陕西省宁强县食用菌研究所戴松林赠；Q*51；培养基：0014；培养温度：25℃。

ACCC 51160←陕西省宁强县食用菌研究所戴松林赠；8205；培养基：0014；培养温度：25℃。

ACCC 51161←陕西省宁强县食用菌研究所戴松林赠；Q*7；培养基：0014；培养温度：25℃。

ACCC 51201←华中农业大学林芳灿赠；HWL049；培养基：0014；培养温度：25℃。

ACCC 51202←华中农业大学林芳灿赠；HWL028；培养基：0014；培养温度：25℃。

ACCC 51203←华中农业大学林芳灿赠；HWL021；培养基：0014；培养温度：25℃。

ACCC 51204←华中农业大学林芳灿赠；HWL024；培养基：0014；培养温度：25℃。

ACCC 51205←华中农业大学林芳灿赠；HWL087；培养基：0014；培养温度：25℃。

ACCC 51206←华中农业大学林芳灿赠←陕西；SHL039；培养基：0014；培养温度：25℃。

ACCC 51207←华中农业大学林芳灿赠；SHL041；培养基：0014；培养温度：25℃。

ACCC 51208←华中农业大学林芳灿赠←陕西野生；shL021；培养基：0014；培养温度：25℃。

ACCC 51209←华中农业大学林芳灿赠←陕西野生；shL020；培养基：0014；培养温度：25℃。

ACCC 51210←华中农业大学林芳灿赠←陕西野生；shL002；培养基：0014；培养温度：25℃。

ACCC 51211←华中农业大学林芳灿赠←湖南野生；HNL001；培养基：0014；培养温度：25℃。

ACCC 51212←华中农业大学林芳灿赠←湖南野生；HNL002；培养基：0014；培养温度：25℃。

ACCC 51213←华中农业大学林芳灿赠←湖南野生；HNL003；培养基：0014；培养温度：25℃。

ACCC 51214←华中农业大学林芳灿赠←四川野生；SCL002；培养基：0014；培养温度：25℃。

ACCC 51215←华中农业大学林芳灿赠←四川野生；SCL006；培养基：0014；培养温度：25℃。

ACCC 51216←华中农业大学林芳灿赠←四川野生；SCL010；培养基：0014；培养温度：25℃。

ACCC 51217←华中农业大学林芳灿赠←四川野生；SCL022；培养基：0014；培养温度：25℃。

ACCC 51218←华中农业大学林芳灿赠←甘肃野生；GSL046；培养基：0014；培养温度：25℃。

ACCC 51219←华中农业大学林芳灿赠←甘肃野生；GSL054；培养基：0014；培养温度：25℃。

ACCC 51220←华中农业大学林芳灿赠←甘肃野生；GSL057；培养基：0014；培养温度：25℃。

ACCC 51221←华中农业大学林芳灿赠←甘肃野生；GSL059；培养基：0014；培养温度：25℃。

ACCC 51222←华中农业大学林芳灿赠←云南野生；YNL108；培养基：0014；培养温度：25℃。

ACCC 51223←华中农业大学林芳灿赠←云南野生；YNL102；培养基：0014；培养温度：25℃。

ACCC 51224←华中农业大学林芳灿赠←云南野生；YNL013；培养基：0014；培养温度：25℃。

ACCC 51354←浙江庆元食用菌所；庆科20；培养基：0014；培养温度：25℃。

ACCC 51397←四川省农业科学院食用菌中心；L16；培养基：0014；培养温度：25℃。

ACCC 51398←四川省农业科学院食用菌中心；L5；培养基：0014；培养温度：25℃。

ACCC 51399←四川省农业科学院食用菌中心；Scl002；培养基：0014；培养温度：25℃。

ACCC 51400←四川省农业科学院食用菌中心；SCL023；培养基：0014；培养温度：25℃。

ACCC 51401←四川省农业科学院食用菌中心；L290；培养基：0014；培养温度：25℃。

ACCC 51436←福建省三明市真菌研究所；L12；培养基：0014；培养温度：25℃。

ACCC 51437←福建省三明市真菌研究所；L秋2；培养基：0014；培养温度：25℃。

ACCC 51438←福建省三明市真菌研究所；L087；培养基：0014；培养温度：25℃。

ACCC 51439←福建省三明市真菌研究所；L236；培养基：0014；培养温度：25℃。

ACCC 51440←福建省三明市真菌研究所；L2141；培养基：0014；培养温度：25℃。

ACCC 51441←福建省三明市真菌研究所；L2161；培养基：0014；培养温度：25℃。

ACCC 51442←福建省三明市真菌研究所；Cr01；培养基：0014；培养温度：25℃。

ACCC 51443←福建省三明市真菌研究所；L台；培养基：0014；培养温度：25℃。

ACCC 51444←福建省三明市真菌研究所；野生香菇；培养基：0014；培养温度：25℃。

ACCC 51445←福建省三明市真菌研究所；野香1号；培养基：0014；培养温度：25℃。

ACCC 51461←华中农大；培养基：0014；培养温度：25℃。

ACCC 51489←华中农业大学；yN039；培养基：0014；培养温度：25℃。

ACCC 51490←华中农业大学；yN109；培养基：0014；培养温度：25℃。

ACCC 51494←华中农大；香菇2号；培养基：0014；培养温度：25℃。

ACCC 51496←湖北省宜昌市点军正桥边镇高农公司；8404；培养基：0014；培养温度：25℃。

ACCC 51503←云南香格里拉野生采集；培养基：0014；培养温度：25℃。

ACCC 51505←华中农业大学应用真菌室；410-5-丸；培养基：0014；培养温度：25℃。

ACCC 51506←华中农业大学应用真菌室；培养基：0014；培养温度：25℃。

ACCC 51507←华中农业大学应用真菌室；1-SW；培养基：0014；培养温度：25℃。

ACCC 51508←华中农业大学应用真菌室；y607；培养基：0014；培养温度：25℃。

ACCC 51509←华中农业大学应用真菌室；290；培养基：0014；培养温度：25℃。

ACCC 51510←华中农业大学应用真菌室；培养基：0014；培养温度：25℃。

ACCC 51529←浙江庆元；可食用，味道鲜美，可人工栽培，是重要栽培食用菌之一；培养基：0014；培养
温度：25℃。

ACCC 51530←华中农业大学真菌研究室；Y602；培养基：0014；培养温度：25℃。

ACCC 51623←南京农业大学；XG-2；培养基：0014；培养温度：25℃。

ACCC 51624←南京农业大学；XG-2；培养基：0014；培养温度：25℃。

ACCC 51681←广东省广州微生物研究所；GIM5.355；培养基：0014；培养温度：25℃。

ACCC 51707←广东省广州微生物研究所；GIM5.21；培养基：0014；培养温度：25℃。

ACCC 51741←黑龙江省科学院应用微生物研究所；5L0342；培养基：0014；培养温度：25℃。

ACCC 51776←山东农业大学菌种保藏中心；300029；培养基：0014；培养温度：25℃。

ACCC 51777←山东农业大学菌种保藏中心；300030；培养基：0014；培养温度：25℃。

ACCC 51778←山东农业大学菌种保藏中心；300031；培养基：0014；培养温度：25℃。

ACCC 51779←山东农业大学菌种保藏中心；300032；培养基：0014；培养温度：25℃。

ACCC 51780←山东农业大学菌种保藏中心；300033；培养基：0014；培养温度：25℃。

ACCC 51781←山东农业大学菌种保藏中心；300034；培养基：0014；培养温度：25℃。

ACCC 51882←广东省广州微生物研究所菌种保藏中心；GIM5.16；培养基：0014；培养温度：25℃。

ACCC 51883←广东省广州微生物研究所菌种保藏中心；IM5.17；培养基：0014；培养温度：25℃。

ACCC 51884←广东省广州微生物研究所菌种保藏中心；GIM5.18；培养基：0014；培养温度：25℃。

ACCC 51889←中国农业科学院农业资源与农业区划研究所；801；单核，绒毛状，浓密，色白，生长较慢，
A1B2；培养基：0014；培养温度：25℃。

LACCC 51890←中国农业科学院农业资源与农业区划研究所；802；单核，绒毛状，稀疏，色白，生长快，
A2B1；培养基：0014；培养温度：25℃。

ACCC 51891←中国农业科学院农业资源与农业区划研究所；803；单核，绒毛状，浓密，色白，生长较快，
A1B1；培养基：0014；培养温度：25℃。

ACCC 51892←中国农业科学院农业资源与农业区划研究所；804；单核，绒毛状，稀疏，色白，生长快，

A2B2；培养基：0014；培养温度：25℃。

ACCC 51893←中国农业科学院农业资源与农业区划研究所；805；单核，绒毛状，浓密，色白，生长较快，A1B1；培养基：0014；培养温度：25℃。

ACCC 51894←中国农业科学院农业资源与农业区划研究所；806；单核，绒毛状，稀疏，色白，生长较快，A1B2；培养基：0014；培养温度：25℃。

ACCC 51895←中国农业科学院农业资源与农业区划研究所；807；单核，绒毛状，气生丝少，生长很慢，A2B1；培养基：0014；培养温度：25℃。

ACCC 51896←中国农业科学院农业资源与农业区划研究所；808；单核，密集，色白，生长较慢，表面有黄色分泌物，A2B2；培养基：0014；培养温度：25℃。

ACCC 51897←中国农业科学院农业资源与农业区划研究所；809；单核，密集，色白，生长快，A1B2；培养基：0014；培养温度：25℃。

ACCC 51898←中国农业科学院农业资源与农业区划研究所；810；单核，色白，生长较快，A2B1；培养基：0014；培养温度：25℃。

ACCC 51899←中国农业科学院农业资源与农业区划研究所；811；单核，色白，密集，生长较慢，A2B2；培养基：0014；培养温度：25℃。

ACCC 51900←中国农业科学院农业资源与农业区划研究所；812；单核，色白，生长较快，A1B1；培养基：0014；培养温度：25℃。

ACCC 51901←中国农业科学院农业资源与农业区划研究所；813；单核，分泌色素；培养基呈黄褐色，生长慢，A2B2；培养基：0014；培养温度：25℃。

ACCC 51902←中国农业科学院农业资源与农业区划研究所；813；单核，色白，生长快，气生丝多，A2B1；培养基：0014；培养温度：25℃。

ACCC 51903←中国农业科学院农业资源与农业区划研究所；815；单核，色白，生长慢，密集，A1B2；培养基：0014；培养温度：25℃。

ACCC 51904←中国农业科学院农业资源与农业区划研究所；816；单核，色白，生长慢，A1B1；培养基：0014；培养温度：25℃。

ACCC 51905←中国农业科学院农业资源与农业区划研究所；817；极性为 A1B2；培养基：0014；培养温度：25℃。

ACCC 51906←中国农业科学院农业资源与农业区划研究所；818；极性为 A2B1；培养基：0014；培养温度：25℃。

ACCC 51907←中国农业科学院农业资源与农业区划研究所；819；极性为 A1B1；培养基：0014；培养温度：25℃。

ACCC 51908←中国农业科学院农业资源与农业区划研究所；820；极性为 A2B2；培养基：0014；培养温度：25℃。

ACCC 51937←中国农大；931；培养基：0014；培养温度：25℃。

ACCC 51940←河北平泉采；18；培养基：0014；培养温度：25℃。

ACCC 51981←河南鲁山县丁永立←河南西峡县食用菌科研中心；9608；培养基：0014；培养温度：25℃。

ACCC 51982←河南鲁山县丁永立←浙江庆元；庆丰一号；培养基：0014；培养温度：25℃。

ACCC 51983←河南鲁山县丁永立←浙江庆元；日丰 34；培养基：0014；培养温度：25℃。

ACCC 52022←安徽雷炳军赠；低温型；培养基：0014；培养温度：25℃。

ACCC 52059←广东省广州微生物研究所；GIM5.483；培养基：0014；培养温度：25℃。

ACCC 52060←广东省广州微生物研究所；GIM5.484；培养基：0014；培养温度：25℃。

ACCC 52061←广东省广州微生物研究所；GIM5.485；培养基：0014；培养温度：25℃。

ACCC 52062←广东省广州微生物研究所；GIM5.486；培养基：0014；培养温度：25℃。

ACCC 52092←福建农林大学菌物研究中心；培养基：0014；培养温度：25℃。

ACCC 52115←四川省农业科学院（王波）；培养基：0014；培养温度：25℃。

ACCC 52118←中国农业科学院农业资源与农业区划研究所；5；培养基：0014；培养温度：25℃。

ACCC 52139←山东农业大学；30092；培养基：0014；培养温度：25℃。

ACCC 52140←山东农业大学；30093；培养基：0014；培养温度：25℃。

ACCC 52141←山东农业大学；30094；培养基：0014；培养温度：25℃。

ACCC 52142←山东农业大学；30095；培养基：0014；培养温度：25℃。

ACCC 52143←山东农业大学；30096；培养基：0014；培养温度：25℃。

ACCC 52357←子实体组织分离；808；培养基：0014；培养温度：25℃。

Lentinula squarrosulus Mont. 翘鳞香菇

ACCC 51697←广东省广州微生物研究所；GIM5.318；培养基：0014；培养温度：25℃。

Lentinus ciliatus Lév. 粗毛斗菇

ACCC 51521←广东省广州微生物研究所在海南分离；GIM5.197；培养基：0014；培养温度：25℃。

ACCC 51873←广东省广州微生物研究所在海南分离；GIM5.197；培养基：0014；培养温度：25℃。

Lentinus giganteus Berk. 大斗菇（大革耳）

ACCC 51324←福建三明真菌研究所；培养基：0014；培养温度：25℃。

ACCC 51432←福建省三明市真菌研究所；培养基：0014；培养温度：25℃。

ACCC 52031←广东省广州微生物研究所；GIM5.459；培养基：0014；培养温度：25℃。

Lentinus jaranicus Lev. 爪哇香菇

ACCC 51680←广东省广州微生物研究所；GIM5.352；培养基：0014；培养温度：25℃。

ACCC 50259←北京太阳能所；培养基：0014；培养温度：25℃。

Lentinus lepideus （Fr.） Fr. 豹皮香菇

ACCC 50628←南京农业大学资环系；洁丽香菇，幼嫩时可食；培养基：0014；培养温度：25℃。

ACCC 51843←广东省广州微生物研究所菌种保藏中心；GIM5.195；培养基：0014；培养温度：25℃。

Lentinus tigrinus （Bull.） Fr. 虎皮香菇

ACCC 52110←丽水林科所（应国华）；培养基：0014；培养温度：25℃。

ACCC 50627←南京农业大学资环系；漏斗香菇，幼时可食；培养基：0014；培养温度：25℃。

Lenzites betulina （L. : Fr.） Fr. 桦褶孔菌

ACCC 51175←东北林业大学潘学仁赠；9920；培养基：0014；培养温度：25℃。

Lenzites gibbsa 矩褶菌

ACCC 51140←黑龙江应用微生物研究所←吉林师大生物系抗癌药物研究室；5Lg124；培养基：0014；培养温度：25℃。

Lepiota acutesquamosa （Weinm. : Fr.） Gill 锐鳞环柄菇

ACCC 52212←张瑞颖采自路边；培养基：0014；培养温度：25℃。

Lepiota alba （Bres.） Fr. 白环柄菇

ACCC 52100←成都市草地上采集分离（王波）；La6101；培养基：0014；培养温度：25℃。

ACCC 52101←成都市草地上采集分离（王波）；La6102；培养基：0014；培养温度：25℃。

Lepiota excoriatus （Schaeff. : Fr.） Kummer 裂皮环柄菌

ACCC 52113←丽水林科所（应国华）；培养基：0014；培养温度：25℃。

Lepiota naucinus （Fr.） Sing. 粉褶环柄菇

ACCC 50693←香港中文大学←Broedbedrijymycobank；CMB0177；培养基：0014；培养温度：25℃。

Lepiota nuda （Bull.） Cooke 紫丁香蘑

ACCC 50694←香港中文大学←Broedbedrijymycoban；k CMB0172；培养基：0014；培养温度：25℃。

ACCC 51730←南京农业大学生命科学学院；紫丁香菇-1；培养基：0014；培养温度：25℃。

ACCC 51731←南京农业大学生命科学学院；紫丁香菇-2；培养基：0014；培养温度：25℃。

ACCC 51747←黑龙江省科学院应用微生物研究所；5L0576；培养基：0014；培养温度：25℃。

ACCC 52241←中国农业科学院资划所←云南省农业科学院；YAASM-0574；培养基：0014；培养温度：25℃。

Lepista sordida（Schumach.）Singer 花脸香蘑

ACCC 50223←中国农业科学院蔬菜花卉所；培养基：0014；培养温度：25℃。

ACCC 50685←中国农业科学院土肥所；紫晶蘑；卯晓岚鉴定；培养基：0014；培养温度：25℃。

ACCC 51692←广东省广州微生物研究所；GIM5.315；培养基：0014；培养温度：25℃。

ACCC 52235←中国农业科学院资划所←四川省农业科学院；01068；培养基：0014；培养温度：25℃。

ACCC 52236←中国农业科学院资划所←四川省农业科学院；01067；培养基：0014；培养温度：25℃。

ACCC 52237←中国农业科学院资划所←四川省农业科学院；01066；培养基：0014；培养温度：25℃。

ACCC 52238←中国农业科学院资划所←四川省农业科学院；01069；培养基：0014；培养温度：25℃。

ACCC 52260←中国农业科学院资划所←四川省农业科学院；01337；培养基：0014；培养温度：25℃。

ACCC 52290←中国农业科学院资划所；1065；培养基：0014；培养温度：25℃。

Leucocoprinus birnbaumii（Corda）Sing. 黄色白鬼伞

ACCC 51737←采自家庭花盆内；6.9；培养基：0014；培养温度：25℃。

Leucocoprinus bresadolae（Schulzer）Wasser 暗鳞白鬼伞（柏列氏白鬼伞）

ACCC 50572←中国农业科学院土肥所；培养基：0014；培养温度：25℃。

Leucocoprinus sp. 白鬼伞

ACCC 51888←广东省广州微生物研究所菌种保藏中心；GIM5.337；培养基：0014；培养温度：25℃。

Leucopaxillus giganteus（Sowerby）Singer 雷蘑

ACCC 51120←左雪梅采自河北张家口；组织分离；培养基：0014；培养温度：25℃。

ACCC 51230←中科院微生物研究所；5.155；培养基：0014；培养温度：25℃。

Linderia icolumnata（Lloyd）G. H. Cunn 双柱林德氏鬼笔

ACCC 51693←广东省广州微生物研究所；GIM5.319；培养基：0014；培养温度：25℃。

Lycoperdon sperum（Lév.）Speg. 粗皮马勃

ACCC 51685←广东省广州微生物研究所；GIM5.326；培养基：0014；培养温度：25℃。

Lycoperdon fuscum Bonord. 褐皮马勃

ACCC 51459←内蒙古野生采集；培养基：0014；培养温度：25℃。

Lycoperdon perlatum Pers. 网纹马勃

ACCC 51878←广东省广州微生物研究所菌种保藏中心；GIM5.414；培养基：0014；培养温度：25℃。

ACCC 51317←小兴安岭凉水自然保护区野生子实体分离；培养基：0014；培养温度：25℃。

Lycoperdon pusillum Batsch 小马勃

ACCC 51457←内蒙古野生采集；培养基：0014；培养温度：25℃。

Lyophyllum connatum（Schumach.）Singer 银白离褶伞

ACCC 52097←吉林农业大学；培养基：0014；培养温度：25℃。

Lyophyllum decastes（Fr.）Singer 荷叶离褶伞

ACCC 52106←昆明野生子实体组织分离（赵永昌），1；培养基：0014；培养温度：25℃。

ACCC 52107←昆明野生子实体组织分离（赵永昌），2；培养基：0014；培养温度：25℃。

ACCC 52108←昆明野生子实体组织分离（赵永昌），4；培养基：0014；培养温度：25℃。

ACCC 52109←昆明野生子实体组织分离（赵永昌），5；培养基：0014；培养温度：25℃。

Lyophyllum aggregatum（Schaeff.）Kühner 褐离褶伞

ACCC 51502←云南香格里拉野生采集；培养基：0014；培养温度：25℃。

Lyophyllum aggregatum（Schaeff.）Kühner 聚生离褶伞

ACCC 51500←云南香格里拉野生采集；培养基：0014；培养温度：25℃。

ACCC 51501←云南香格里拉野生采集；培养基：0014；培养温度：25℃。

Lyophyllum cinerascens（Bull. et Konr.）Konr. & Maubl. 灰离褶伞

ACCC 51667←河北承德围场县龙头山乡龙头山村；灰离褶伞；培养基：0014；培养温度：25℃。

ACCC 51575←山东曹县中国菌种超市；松毛菇；培养基：0014；培养温度：25℃。

ACCC 51580←山东曹县中国菌种超市；培养基：0014；培养温度：25℃。

ACCC 52280←中国农业科学院资划所；1116；培养基：0014；培养温度：25℃。

ACCC 52293←中国农业科学院资划所；YAASM-1117；培养基：0014；培养温度：25℃。

ACCC 52293←中国农业科学院资划所；1120；培养基：0014；培养温度：25℃。

ACCC 52294←中国农业科学院资划所；YAASM-1117；培养基：0014；培养温度：25℃。

Lyophyllum decastes（Fr.）Singer 荷离褶伞

ACCC 51456←云南野生采集；培养基：0014；培养温度：25℃。

Lyophyllum fumosum（Pers.）P. D. Orton 烟色离褶伞

ACCC 52278←中国农业科学院资划所；1230；培养基：0014；培养温度：25℃。

ACCC 52279←中国农业科学院资划所；1229；培养基：0014；培养温度：25℃。

ACCC 52281←中国农业科学院资划所；1226；培养基：0014；培养温度：25℃。

***Lyophyllum* sp.** 灰离褶伞

ACCC 51492←云南昆明云蕈科技开发公司；块根蘑，丛生口蘑；培养基：0014；培养温度：25℃。

***Lyophyllum* sp.** 白离褶伞

ACCC 51921←中国农业科学院农业资源与农业区划研究所 833；野生子实体分离的双核菌丝，菌丝白，生长较慢；培养基：0014；培养温度：25℃。

ACCC 51922←中国农业科学院农业资源与农业区划研究所 834；野生子实体分离的双核菌丝，菌丝白，生长较慢；培养基：0014；培养温度：25℃。

ACCC 51923←中国农业科学院农业资源与农业区划研究所 835；野生子实体分离的双核菌丝，菌丝白，生长较慢；培养基：0014；培养温度：25℃。

ACCC 51924←中国农业科学院农业资源与农业区划研究所 836；野生子实体分离的双核菌丝，菌丝白，生长较慢；培养基：0014；培养温度：25℃。

ACCC 51925←中国农业科学院农业资源与农业区划研究所 837；野生子实体分离的双核菌丝，菌丝白，生长较慢；培养基：0014；培养温度：25℃。

ACCC 51926←中国农业科学院农业资源与农业区划研究所 838；野生子实体分离的双核菌丝，菌丝白，生长较慢；培养基：0014；培养温度：25℃。

ACCC 51927←中国农业科学院农业资源与农业区划研究所 839；野生子实体分离的双核菌丝，菌丝白，生长较慢；培养基：0014；培养温度：25℃。

ACCC 51928←中国农业科学院农业资源与农业区划研究所 840；野生子实体分离的双核菌丝，菌丝白，生长较慢；培养基：0014；培养温度：25℃。

ACCC 51929←中国农业科学院农业资源与农业区划研究所 841；野生子实体分离的双核菌丝，菌丝白，生长较慢；培养基：0014；培养温度：25℃。

ACCC 51930←中国农业科学院农业资源与农业区划研究所 842；野生子实体分离的双核菌丝，菌丝白，生长较慢；培养基：0014；培养温度：25℃。

ACCC 51931←中国农业科学院农业资源与农业区划研究所 843；野生子实体分离的双核菌丝，菌丝白，生长较慢；培养基：0014；培养温度：25℃。

ACCC 51932←中国农业科学院农业资源与农业区划研究所 844；野生子实体分离的双核菌丝，菌丝白，生长较慢；培养基：0014；培养温度：25℃。

ACCC 52259←中国农业科学院资划所←云南省农业科学院；01338；培养基：0014；培养温度：25℃。

ACCC 52261←中国农业科学院资划所←云南省农业科学院；01341；培养基：0014；培养温度：25℃。

ACCC 52262←中国农业科学院资划所←云南省农业科学院；01339；培养基：0014；培养温度：25℃。

Lyophyllum ulmarium (Bull.) Kühner 榆生离褶伞

ACCC 52239←中国农业科学院资划所←云南省农业科学院；0594；培养基：0014；培养温度：25℃。

Macrolepiota procera (Scop.：Fr.) Singer 高大环柄菇

ACCC 51576←山东曹县中国菌种超市；培养基：0014；培养温度：25℃。

Marasmius oreades (Bolton) Fr. 硬柄小皮伞

ACCC 52111←丽水林科所（应国华）；培养基：0014；培养温度：25℃。

Marasmius androsaceus (L.) Fr. 安络小皮伞

ACCC 50030←浙江桐乡真菌所；有镇痛效用；培养基：0014；培养温度：25℃。

ACCC 51828←广东省广州微生物研究所菌种保藏中心；GIM5.97；培养基：0014；培养温度：25℃。

Marasmius sp. 小皮伞

ACCC 51620←南京农业大学；XPS-1；培养基：0014；培养温度：25℃。

Morchella angusticeps Peck. 黑脉羊肚菌

ACCC 51007←华中农大罗信昌赠←美国 LouHsu，1999 年 12 月赠栽培种；M. a-1；培养基：0014；培养温度：25℃。

ACCC 50536←山东省农业科学院土肥所←河南；培养基：0014；培养温度：25℃。

Morchella conica Pers. 尖顶羊肚菌

ACCC 50537←山东省农业科学院土肥所←上海师范大学菌蕈研究所；培养基：0014；培养温度：25℃。

Morchella crassipes (Vent.) Pers. 粗柄羊肚菌

ACCC 50703←香港中文大学生物系；CMB0058；培养基：0014；培养温度：25℃。

ACCC 50704←香港中文大学生物系；CMB0059；培养基：0014；培养温度：25℃。

Morchella elata Fr. 高羊肚菌

ACCC 50702←香港中文大学生物系；CMB0304；培养基：0014；培养温度：25℃。

ACCC 51831←广东省广州微生物研究所菌种保藏中心；GIM5.68；培养基：0014；培养温度：25℃。

Morchella esculenta (L.) Pers. 羊肚菌

ACCC 50764←香港中文大学生物系←美国；CMB0017；培养基：0014；培养温度：25℃。

ACCC 51009←华中农大罗信昌赠←美国；M. e；培养基：0014；培养温度：25℃。

ACCC 51115←美国伯克莱大学湛漠美教授赠；培养基：0014；培养温度：25℃。

ACCC 51589←中国农业科学院农业资源与农业区划研究所；培养基：0014；培养温度：25℃。

ACCC 51837←广东省广州微生物研究所菌种保藏中心；GIM5.69；培养基：0014；培养温度：25℃。

ACCC 52324←清华大学；Q2-31；培养基：0014；培养温度：25℃。

ACCC 52325←清华大学；培养基：0014；培养温度：25℃。

ACCC 52326←清华大学；QF-30；培养基：0014；培养温度：25℃。

ACCC 52335←中国农业科学院农业资源与农业区划研究所子实体分离；90-18；培养基：0014；培养温度：25℃。

ACCC 52336←中国农业科学院农业资源与农业区划研究所子实体分离；90-21；培养基：0014；培养温度：25℃。

ACCC 52337←中国农业科学院农业资源与农业区划研究所子实体分离；90-27；培养基：0014；培养温度：25℃。

ACCC 52338←中国农业科学院农业资源与农业区划研究所子实体分离；09-42；培养基：0014；培养温度：25℃。

ACCC 52339←中国农业科学院农业资源与农业区划研究所子实体分离；09-43；培养基：0014；培养温度：25℃。

ACCC 52340←中国农业科学院农业资源与农业区划研究所子实体分离；09-44；培养基：0014；培养温度：25℃。

ACCC 52341←中国农业科学院农业资源与农业区划研究所子实体分离；09-46；培养基：0014；培养温度：25℃。

ACCC 52342←中国农业科学院农业资源与农业区划研究所子实体分离；09-53；培养基：0014；培养温度：25℃。

ACCC 52343←中国农业科学院农业资源与农业区划研究所子实体分离；09-48；培养基：0014；培养温度：25℃。

ACCC 52344←中国农业科学院农业资源与农业区划研究所子实体分离；09-49；培养基：0014；培养温度：25℃。

Morchella rotunda (Fr.) Boud. 宽圆羊肚菌

ACCC 50759←香港中文大学生物系；CMB0175；培养基：0014；培养温度：25℃。

Morchella sp. 羊肚菌

ACCC 50647←辽宁放寿乡园田东村9组孙绍旺赠；培养基：0014；培养温度：25℃。

ACCC 50648←辽宁放寿乡园田东村9组孙绍旺赠；培养基：0014；培养温度：25℃。

ACCC 51008←华中农大罗信昌赠←美国LouHsu2000年1月赠；M. a-2；培养基：0014；培养温度：25℃。

ACCC 51010←华中农大罗信昌赠←湖北鹤峰县；M. sp；培养基：0014；培养温度：25℃。

ACCC 51011←华中农大罗信昌赠；M. sp.；培养基：0014；培养温度：25℃。

ACCC 51749←黑龙江省科学院应用微生物研究所；5L0706；培养基：0014；培养温度：25℃。

Mycena dendrobii L. Fan & S. X. Guo 石斛小菇（天麻萌发菌）

ACCC 50928←辽宁朝阳市食用菌所；8104；促进天麻种子萌发效果好；培养基：0014；培养温度：25℃。

ACCC 51124←河南栾川科委曹淑兰赠；8103；培养基：0014；培养温度：25℃。

Mycena osmundicola lange 紫萁小菇（天麻萌发菌）

ACCC 51125←河南栾川科委曹淑兰赠；8104；培养基：0014；培养温度：25℃。

Mycena sp. 小菇（天麻萌发菌）

ACCC 51155←陕西省宁强县食用菌研究所戴松林赠；宁萌01号；培养基：0014；培养温度：25℃。

ACCC 51157←陕西省宁强县食用菌研究所戴松林赠；宁4；培养基：0014；培养温度：25℃。

ACCC 51162←陕西省宁强县食用菌研究所戴松林赠；培养基：0014；培养温度：25℃。

Naematoloma fasciculare (Fr.) P. Karst. 簇生沿丝伞

ACCC 51142←黑龙江应用微生物研究所←野生分离；5Lg5245；培养基：0014；培养温度：25℃。

Nigrofomes castaneus (Imaz.) Teng 厚黑层孔菌

ACCC 51173←东北林业大学潘学仁赠；9829；培养基：0014；培养温度：25℃。

Oudemansiella mucida (Schrad.) Hahn. Lla 白环黏奥德蘑

ACCC 52112←丽水林科所（应国华）；培养基：0014；培养温度：25℃。

Oudemansiella canarii (Jungh.) Hahn. 热带小奥德蘑

ACCC 51130←黑龙江应用微生物研究所←野生分离；5Lg8016；培养基：0014；培养温度：25℃。

Oudemansiella pudens (Pets.) Pegler et Young. Trans. Br 绒奥德蘑

ACCC 51683←广东省微生物研究所 GIM5.323；培养基：0014；培养温度：25℃。

Oudemansiella radicata (Relhan) Singer 长根奥德蘑

ACCC 50053←昆明植物所；培养基：0014；培养温度：25℃。

ACCC 51146←黑龙江应用微生物研究所←贵州农学院；39；培养基：0014；培养温度：25℃。

ACCC 51395←四川省农业科学院食用菌中心；培养基：0014；培养温度：25℃。

ACCC 51701←广东省微生物研究所；GIM5.279；培养基：0014；培养温度：25℃。

ACCC 51712←广东省微生物研究所；GIM5.210；培养基：0014；培养温度：25℃。

ACCC 51848←广东省微生物研究所菌种保藏中心；GIM5.57 培养基：0014；培养温度：25℃。

ACCC 52042←广东省微生物研究所；GIM5.480；培养基：0014；培养温度：25℃。

ACCC 52243←中国农业科学院资划所←云南省农业科学院；01323；培养基：0014；培养温度：25℃。

Oudemansiella sp. 长根菇

ACCC 51053←福建省三明市真菌研究所郭美英赠；培养基：0014；培养温度：25℃。

ACCC 51054←福建省三明市真菌研究所郭美英赠；培养基：0014；培养温度：25℃。

ACCC 52080←福建农林大学菌物研究中心；培养基：0014；培养温度：25℃。

Paecilomyce hepialus Q. T. Chen & R. Q. Dai 蝙蝠蛾拟青霉

ACCC 50677←北京 301 医院；虫草蝙蝠蛾拟青霉；培养基：0014；培养温度：25℃。

ACCC 50930←大庆；虫草；培养基：0014；培养温度：25℃。

Panus brunneipes Corn. 纤毛革耳

ACCC 51691←广东省广州微生物研究所；GIM5.314；培养基：0014；培养温度：25℃。

Panus rudis Fr. 野生革耳

ACCC 51672←广东省广州微生物研究所；GIM5.002；生产（造纸漂白）；培养基：0014；培养温度：25℃。

Paxillus involutus （Batsch）Fr. 卷边网褶菌

ACCC 51311←小兴安岭凉水自然保护区野生子实体分离；网褶孔菌；培养基：0014；培养温度：25℃。

Phaeolus schweinitzii （Fr. : Fr. ）Pat. 松衫暗孔菌（栗褐暗孔菌）

ACCC 50570←中国农业科学院土肥所；培养基：0014；培养温度：25℃。

ACCC 51227←东北林业大学；9856；培养基：0014；培养温度：25℃。

Phallus impudicus L. 白鬼笔（无裙竹荪）

ACCC 51518←广东省广州微生物研究所；GIM5.85；培养基：0014；培养温度：25℃。

ACCC 51666←采自北京紫竹院公园；培养基：0014；培养温度：25℃。

ACCC 51814←广东省广州微生物研究所菌种保藏中心；GIM5.72；培养基：0014；培养温度：25℃。

Phallus rubicundus （Bosc）Fr. 红鬼笔

ACCC 51694←广东省广州微生物研究所；GIM5.320；培养基：0014；培养温度：25℃。

Phellinus igniariu （L. : Fr. ）Quél. sensu lato 火木层孔菌（桑黄）

ACCC 52363←中国医学科学院药用植物研究所；10127；培养基：0014；培养温度：25℃。

ACCC 52364←中国医学科学院药用植物研究所；1041；培养基：0014；培养温度：25℃。

ACCC 51128←黑龙江应用微生物研究所←中科院微生物研究所；5.132；心腐层孔菌；培养基：0014；培养温度：25℃。

ACCC 51328←山西生物研究所；培养基：0014；培养温度：25℃。

ACCC 51638←湖北武汉华中食用菌栽培研究所；培养基：0014；培养温度：25℃。

Phellinus linteus （Berk. & M. A. Curtis）Teng 裂蹄木层孔菌

ACCC 51181←东北林业大学；9823；培养基：0014；培养温度：25℃。

Phellinus lonicericola Parmasto 忍冬木层孔菌

ACCC 51713←广东省广州微生物研究所；GIM5.212；培养基：0014；培养温度：25℃。

Phellinus pini （Brot. : Fr. ）A. Ames 松木层孔菌

ACCC 51186←东北林业大学；9824；培养基：0014；培养温度：25℃。

ACCC 52216←中国林业科学研究院森林生态环境与保护研究所；86363；培养基：0014；培养温度：25℃。

Phellinus pomaceus Pers. ex Gray Quel. 苹果木层孔菌

ACCC 51226←东北林业大学；9828；培养基：0014；培养温度：25℃。

Phellinus robustus （Karst. ）Bourd. et Galz. 稀硬木层孔菌

ACCC 51187←东北林业大学；9827；培养基：0014；培养温度：25℃。

Pholiota adiposa （Batsch）P. Kumm. 多脂鳞伞（黄伞）

ACCC 50588←山西省农业科学院食用菌研究所←日本；培养基：0014；培养温度：25℃。

ACCC 50598←山东莱阳农学院；培养基：0014；培养温度：25℃。

ACCC 50756←香港中文大学；CMB0179；培养基：0014；培养温度：25℃。

ACCC 50882←中国科学院微生物研究所；培养基：0014；培养温度：25℃。

ACCC 51121←左雪梅采自中国农业科学院干枯的树干上；培养基：0014；培养温度：25℃。

ACCC 51406←四川省农业科学院食用菌中心；PA1；培养基：0014；培养温度：25℃。

ACCC 51431←福建省三明市真菌研究所；989；培养基：0014；培养温度：25℃。

ACCC 51655←采自河北丰宁枯杨树干上；黄1；培养基：0014；培养温度：25℃。

ACCC 51657←采自河北丰宁枯杨树干上；黄2；培养基：0014；培养温度：25℃。

ACCC 51664←采自北京紫竹院公园；培养基：0014；培养温度：25℃。

ACCC 51671←采自河北丰宁草原（枯树干上）；培养基：0014；培养温度：25℃。

ACCC 51745←黑龙江省科学院应用微生物研究所；5L0705；培养基：0014；培养温度：25℃。

Pholiota mutabilis (Schaeff.) P. Kumm. 毛柄鳞伞

ACCC 50707←香港中文大学生物系；CMB0178；培养基：0014；培养温度：25℃。

Pholiota ameko (T. Ito) S. Ito & S. Imai 滑子蘑（滑菇）

ACCC 50158←北京市海淀区外贸公司；H-5-3；培养基：0014；培养温度：25℃。

ACCC 50159←北京市海淀区外贸公司；H-1；培养基：0014；培养温度：25℃。

ACCC 50287←黑龙江省外贸公司；H-83；培养基：0014；培养温度：25℃。

ACCC 50288←黑龙江省外贸公司；H-84；培养基：0014；培养温度：25℃。

ACCC 50331←北京市房山区良乡昊天食用菌试验厂；培养基：0014；培养温度：25℃。

ACCC 50346←辽宁抚顺市进出口公司；澳羽2号；培养基：0014；培养温度：25℃。

ACCC 50451←辽宁省沈阳市食用菌所；澳羽3号；培养基：0014；培养温度：25℃。

ACCC 50488←辽宁农业科学院作物所←日本；日本902；培养基：0014；培养温度：25℃。

ACCC 50622←大连理工大学；申-14；培养基：0014；培养温度：25℃。

ACCC 50626←大连理工大学应用真菌研究室；滑新1号；培养基：0014；培养温度：25℃。

ACCC 50643←浙江省庆元食用菌所；912；从当地野生子实体组织分离，短周期种型，食用；培养基：0014；培养温度：25℃。

ACCC 50706←香港中文大学生物系；培养基：0014；培养温度：25℃。

ACCC 50957←辽宁省朝阳市食用菌所；CJ羽-5；培养基：0014；培养温度：25℃。

ACCC 50984←北京市农林科学院植环所；培养基：0014；培养温度：25℃。

ACCC 51075←大连理工大学珍稀菌物开发中心；SB2；低于20℃出菇，单生，极早生种；培养基：0014；培养温度：25℃。

ACCC 51076←大连理工大学珍稀菌物开发中心；C3-1；低于20℃出菇，单生，极早生种；培养基：0014；培养温度：25℃。

ACCC 51077←大连理工大学珍稀菌物开发中心；申14；低于20℃出菇，单生，极早生种；培养基：0014；培养温度：25℃。

ACCC 51078←大连理工大学珍稀菌物开发中心；CTe；低于18℃出菇，丛生，早生种；培养基：0014；培养温度：25℃。

ACCC 51079←大连理工大学珍稀菌物开发中心；S188；低于15℃出菇，丛生，早生种；培养基：0014；培养温度：25℃。

ACCC 51080←大连理工大学珍稀菌物开发中心；申15；低于15℃出菇，丛生，早生种；培养基：0014；培养温度：25℃。

ACCC 51081←大连理工大学珍稀菌物开发中心；新羽2；低于12℃出菇，丛生，晚生种；培养基：0014；培养温度：25℃。

ACCC 51305←华中农业大学菌种试验中心；26；培养基：0014；培养温度：25℃。

ACCC 51306←华中农业大学菌种试验中心；30；培养基：0014；培养温度：25℃。

ACCC 51407←四川省农业科学院食用菌中心；PN200；培养基：0014；培养温度：25℃。

ACCC 51646←河北省武安市何氏食用菌产业中心；弧-3；培养基：0014；培养温度：25℃。

ACCC 51647←河北省武安市何氏食用菌产业中心；早丰112；培养基：0014；培养温度：25℃。

ACCC 51736←河北省平泉西城北路28号；旱生2号；培养基：0014；培养温度：25℃。

ACCC 51845←广东省微生物研究所菌种保藏中心；GIM5.87；培养基：0014；培养温度：25℃。

ACCC 51934←中国农大；澳羽32；培养基：0014；培养温度：25℃。

ACCC 52017←辽宁省微生物科学研究院；c3-1；培养基：0014；培养温度：25℃。

ACCC 52034←广东省广州微生物研究所；GIM5.464；培养基：0014。帽黄伞。

Pholiota quarrosoides （Peck） Sacc. 尖磷黄伞

ACCC 51817←广东省广州微生物研究所菌种保藏中心；GIM5.31；培养基：0014；培养温度：25℃。

Phonliota adiposa （Batsch） P. Kumm. 多脂鳞伞（黄伞）

ACCC 52033←广东省广州微生物研究所；GIM5.461；培养基：0014；培养温度：25℃。

Piptoporus betulinus （Bull.） P. Karst. 桦剥管菌（桦滴孔菌）

ACCC 51191←东北林业大学；9907；培养基：0014；培养温度：25℃。

PACCC 52210←左雪梅采自内蒙古莫尔道嘎白魔岛森木公园；816；培养基：0014；培养温度：25℃。

ACCC 52240←中国农业科学院资划所←吉林农业大学；00793；培养基：0014；培养温度：25℃。

ACCC 51310←小兴安岭凉水自然保护区野生子实体分离；培养基：0014；培养温度：25℃。

Pleurotus abalonus Y. H. Han et al. 鲍鱼侧耳

ACCC 50089←中国农业科学院蔬菜花卉所←中国科学院微生物研究所；AS5.183；培养基：0014；培养温度：25℃。

ACCC 51277←华中农大罗信昌赠←华中农大菌种实验中心←福建；42；培养基：0014；培养温度：25℃。

ACCC 51278←华中农大罗信昌赠←三明真菌研究所福建；43；培养基：0014；培养温度：25℃。

ACCC 52054←广东省广州微生物研究所菌种保藏中心；GIM5.363；培养基：0014；培养温度：25℃。

ACCC 52347←北京正术富邦生物科技研究所；培养基：0014；培养温度：25℃。

Pleurotus citrinopileatus Singer 金顶侧耳（榆黄蘑）

ACCC 50098←中国农业科学院土壤肥料研究所；自行孢子分离菌种；培养基：0014；培养温度：25℃。

ACCC 50284←黑龙江省外贸公司；培养基：0014；培养温度：25℃。

ACCC 50345←辽宁抚顺市进出口公司；培养基：0014；培养温度：25℃。

ACCC 50874←黑龙江应用微生物研究所；培养基：0014；培养温度：25℃。

ACCC 50959←辽宁省朝阳市食用菌所；培养基：0014；培养温度：25℃。

ACCC 51136←黑龙江应用微生物研究所；83520；培养基：0014；培养温度：25℃。

ACCC 51261←华中农大罗信昌赠←华中农大菌种实验中心←东北；26；培养基：0014；培养温度：25℃。

ACCC 51303←华中农大罗信昌赠←吉林大学延边农学院←吉林25；培养基：0014；培养温度：25℃。

ACCC 51846←广东省广州微生物研究所菌种保藏中心；GIM5.77；培养基：0014；培养温度：25℃。

ACCC 51909←中国农业科学院农业资源与农业区划研究所；821；单核，生长较快，气生菌丝多，A1B1；培养基：0014；培养温度：25℃。

ACCC 51910←中国农业科学院农业资源与农业区划研究所；822；单核，生长较快，密实，A2B2；培养基：0014；培养温度：25℃。

ACCC 51911←中国农业科学院农业资源与农业区划研究所；823；单核，生长慢，气生丝少，A2B1；培养基：0014；培养温度：25℃。

ACCC 51912←中国农业科学院农业资源与农业区划研究所；824；单核，生长较快，气生丝多，A2B3；培养基：0014；培养温度：25℃。

ACCC 52015←辽宁省微生物科学研究院；1号；培养基：0014；培养温度：25℃。

ACCC 52030←广东省广州微生物研究所；GIM5.457；培养基：0014；培养温度：25℃。

ACCC 52168←山东农业大学；30121；培养基：0014；培养温度：25℃。

Pleurotus columbinus Quél. 哥伦比亚侧耳

ACCC 50714←香港中文大学；CMB0174；培养基：0014；培养温度：25℃。

ACCC 50715←香港中文大学；CMB0169；培养基：0014；培养温度：25℃。

ACCC 50716←香港中文大学；M-52；培养基：0014；培养温度：25℃。

Pleurotus cornucopiae （Paulet） Rolland 白黄侧耳

ACCC 50234←北京市太阳能利用所←中华全国供销合作总社昆明食用菌所；841；孢子少；培养基：0014；培养温度：25℃。

ACCC 50338←山西生物所；日本小平菇98号；日本菌株；培养基：0014；培养温度：25℃。

ACCC 50499←河北省微生物研究所；冈崎姬菇；培养基：0014；培养温度：25℃。

ACCC 50524←山东金乡←日本；9008；培养基：0014；培养温度：25℃。

ACCC 50940←上海食用菌研究所菌种厂；姬菇品种；培养基：0014；培养温度：25℃。

ACCC 51233←中科院微生物研究所；5.365；培养基：0014；培养温度：25℃。

ACCC 51263←华中农大罗信昌赠←华中农大菌种实验中心←上海；28；培养基：0014；培养温度：25℃。

ACCC 51264←华中农大罗信昌赠←华中农大菌种实验中心←武汉；29；培养基：0014；培养温度：25℃。

ACCC 51265←华中农大罗信昌赠←华中农大菌种实验中心←河北；30；培养基：0014；培养温度：25℃。

ACCC 51266←华中农大罗信昌赠←华中农大菌种实验中心←河北；31；培养基：0014；培养温度：25℃。

ACCC 51369←四川省农业科学院食用菌中心王波赠；P31；培养基：0014；培养温度：25℃。

ACCC 51370←四川省农业科学院食用菌中心王波赠；P33；培养基：0014；培养温度：25℃。

ACCC 51448←CBS；CBS109623；培养基：0014；培养温度：25℃。

ACCC 51455←云南野生采集；培养基：0014；培养温度：25℃。

ACCC 51617←南京农业大学；GG-1；幼菇的菇盖呈灰白色，菌褶菌柄呈白色，菌柄偏生。子实体多为丛生，少为单生；培养基：0014；培养温度：25℃。

ACCC 51808←山东农业大学菌种保藏中心；300066；培养基：0014；培养温度：25℃。

ACCC 51809←山东农业大学菌种保藏中心；300067；培养基：0014；培养温度：25℃。

ACCC 51816←广东省广州微生物研究所菌种保藏中心；GIM5.78；培养基：0014；培养温度：25℃。

ACCC 51941←大兴郑美生赠；姬菇；培养基：0014；培养温度：25℃。

ACCC 52026←广东省广州微生物研究所；GIM5.367；培养基：0014；培养温度：25℃。

ACCC 52077←华中农业大学；姬菇1号；23～26℃培养，35天左右完成发菌，盖小柄长，丛生，蕾多，味美，又名小平菇，适鲜销或盐渍加工；培养基：0014；培养温度：25℃。

ACCC 52312←中国农业科学院农业资源与农业区划研究所；小平菇；培养基：0014；培养温度：25℃。

ACCC 52366←中国农业科学院农业资源与农业区划研究所；培养基：0014；培养温度：25℃。

Pleurotus corticatus （Fr.） P. Kumm. 裂皮侧耳

ACCC 50389←陕西宁强食用菌所；培养基：0014；培养温度：25℃。

ACCC 51822←广东省广州微生物研究所菌种保藏中心；GIM5.80；培养基：0014；培养温度：25℃。

Pleurotus cystidiosus O. K. Mill. 泡囊侧耳

ACCC 50680←香港中文大学生物系；P1-2；培养基：0014；培养温度：25℃。

ACCC 50708←香港中文大学生物系；CMB0312；培养基：0014；培养温度：25℃。

ACCC 50709←香港中文大学生物系；CMB0310；培养基：0014；培养温度：25℃。

ACCC 51823←广东省广州微生物研究所菌种保藏中心；GIM5.81；培养基：0014；培养温度：25℃。

ACCC 50164←中国农业科学院蔬菜花卉所←菲律宾；培养基：0014；培养温度：25℃。

ACCC 50166←中科院微生物研究所；183；L1养；培养基：0014；培养温度：25℃。

ACCC 51279←华中农大罗信昌赠←三明真菌研究所福建；45；培养基：0014；培养温度：25℃。

ACCC 51280←华中农大罗信昌赠←三明真菌研究所福建；46；培养基：0014；培养温度：25℃。

ACCC 51282←华中农大罗信昌赠←三明真菌研究所←台湾省；48；培养基：0014；培养温度：25℃。

ACCC 51449←CBS；CBS100129；培养基：0014；培养温度：25℃。

Pleurotus djamor （Rumph. ） **Boedijn 红侧耳**

ACCC 51447←CBS←ATCC CBS665.85；培养基：0014；培养温度：25℃。

ACCC 51300←华中农大罗信昌赠←德国 Lelley 教授 21；培养基：0014；培养温度：25℃。

Pleurotus dryinus （Pers. ） **P. Kumm 栎平菇**

ACCC 51152←黑龙江应用微生物研究所←三明真菌所；5Lg067；培养基：0014；培养温度：25℃。

Pleurotus eryngii （DC. ） **Quél. 杏鲍菇**

ACCC 51060←福建省三明市真菌研究所郭美英赠；棒化；培养基：0014；培养温度：25℃。

ACCC 51295←华中农大罗信昌赠←法国波尔多大学 Labarere 教授←法国；9；刺芹侧耳；培养基：0014；
    培养温度：25℃。

ACCC 51499←金信；培养基：0014；培养温度：25℃。

ACCC 50757←香港中文大学生物系←法国；CMB0165；培养基：0014；培养温度：25℃。

ACCC 50894←福建三明真菌所←意大利；黑杏鲍菇；培养基：0014；培养温度：25℃。

ACCC 50931←中国农业科学院土肥所；大型菌株；培养基：0014；培养温度：25℃。

ACCC 50961←华中农大应用真菌所罗信昌赠←法国；871103；培养基：0014；培养温度：25℃。

ACCC 50962←华中农大应用真菌所←福建；中低温型；培养基：0014；培养温度：25℃。

ACCC 50980←河南省生物所菌种厂；培养基：0014；培养温度：25℃。

ACCC 51006←河南省生物所；培养基：0014；培养温度：25℃。

ACCC 51055←福建省三明市真菌研究所郭美英赠；法国 2 号；培养基：0014；培养温度：25℃。

ACCC 51056←福建省三明市真菌研究所郭美英赠；1 号；培养基：0014；培养温度：25℃。

ACCC 51069←江西省九江；培养基：0014；培养温度：25℃。

ACCC 51073←大连理工大学珍稀菌物开发中心；HA；培养基：0014；培养温度：25℃。

ACCC 51074←大连理工大学珍稀菌物开发中心；A；培养基：0014；培养温度：25℃。

ACCC 51118←福建南平市农科所；培养基：0014；培养温度：25℃。

ACCC 51153←向华；子实体保龄球状；培养基：0014；培养温度：25℃。

ACCC 51198←北京市农林科院植保环保所陈文良；8 号；培养基：0014；培养温度：25℃。

ACCC 51199←河南省科学院生物研究所 申进文赠；培养基：0014；培养温度：25℃。

ACCC 51296←华中农大罗信昌赠←法国波尔多大学 Labarere 教授←西班牙；10；刺芹侧耳；培养基：
    0014；培养温度：25℃。

ACCC 51302←华中农大罗信昌赠←华中农大菌种实验中心←北京；23；白阿魏菇；培养基：0014。

ACCC 51330←开伞组织分离安利隆生态山庄采；培养基：0014；培养温度：25℃。

ACCC 51331←正常形态子实体组织分离安利隆生态山庄采；培养基：0014；培养温度：25℃。

ACCC 51333←北京超市发超市子实体组织分离；培养基：0014；培养温度：25℃。

ACCC 51336←航天搭载后的组织分离物；来自延庆怀柔；培养基：0014；培养温度：25℃。

ACCC 51337←福建省三明市真菌研究所郭美英赠；3 号；子实体保龄球状；培养基：0014；培养温
    度：25℃。

ACCC 51338←福建省三明市真菌研究所郭美英赠；2 号；培养基：0014；培养温度：25℃。

ACCC 51344←北京玉雪阿魏菇有限公司；鹿茸菇；培养基：0014；培养温度：25℃。

ACCC 51387←四川省农业科学院食用菌中心王波赠；e1；培养基：0014；培养温度：25℃。

ACCC 51388←四川省农业科学院食用菌中心王波赠；Pe3；培养基：0014；培养温度：25℃。

ACCC 51389←四川省农业科学院食用菌中心王波赠；Pe16；培养基：0014；培养温度：25℃。

ACCC 51390←四川省农业科学院食用菌中心王波赠；Pe19；培养基：0014；培养温度：25℃。

ACCC 51391←四川省农业科学院食用菌中心王波赠；Pe528；保龄球状；培养基：0014；培养温度：25℃。

ACCC 51535←中国农业科学院农业资源与农业区划研究所；棒状；培养基：0014；培养温度：25℃。

ACCC 51674←广东省广州微生物研究所；GIM5.356；培养基：0014；培养温度：25℃。

ACCC 51678←广东省广州微生物研究所；GIM5.344；培养基：0014；培养温度：25℃。

ACCC 51796←山东农业大学菌种保藏中心；300049；培养基：0014；培养温度：25℃。

ACCC 51797←山东农业大学菌种保藏中心；300050；培养基：0014；培养温度：25℃。

ACCC 51798←山东农业大学菌种保藏中心；300051；培养基：0014；培养温度：25℃。

ACCC 51799←山东农业大学菌种保藏中心；300052；培养基：0014；培养温度：25℃。

ACCC 51869←广东省广州微生物研究所；GIM5.280；培养基：0014；培养温度：25℃。

ACCC 51980←北京美佳兴业贸易有限公司←福建三明；3号（大粒种）；培养基：0014；培养温度：25℃。

ACCC 52013←小锡山菜子实体分离；711；培养基：0014；培养温度：25℃。

ACCC 52018←辽宁省微生物科学研究院；sx-42；培养基：0014；培养温度：25℃。

ACCC 52036←广东省广州微生物研究所；GIM5.469；培养基：0014；培养温度：25℃。

ACCC 52063←广东省广州微生物研究所；GIM5.491；培养基：0014；培养温度：25℃。

ACCC 52328←密云；杏9；棒状；培养基：0014；培养温度：25℃。

ACCC 52352←中国农业科学院农业资源与农业区划研究所从子实体组织分离；培养基：0014；培养温度：25℃。

Pleurotus eugrammeus（Mont.）Dennis 真线侧耳

ACCC 51512←广东省广州微生物研究所←三明真菌研究所；GIM5.85；培养基：0014；培养温度：25℃。

ACCC 51520←广东省广州微生物研究所←三明真菌研究所；GIM5.74；培养基：0014；培养温度：25℃。

ACCC 51844←广东省广州微生物研究所菌种保藏中心；GIM5.85；培养基：0014；培养温度：25℃。

Pleurotus ferulae（Lanzi）X. L. Mao 阿魏侧耳

ACCC 50656←福建三明真菌所；培养基：0014；培养温度：25℃。

ACCC 50963←华中农大应用真菌所罗信昌赠；培养基：0014；培养温度：25℃。

ACCC 51004←河南省生物研究所菌种厂；子实体掌状；培养基：0014；培养温度：25℃。

ACCC 51435←福建省三明市真菌研究所；15号；培养基：0014；培养温度：25℃。

Pleurotus florida（Block et Tsao）Han 佛罗里达侧耳

ACCC 50020←浙江桐乡真菌研究所←奉北←台湾 DP02；培养基：0014；培养温度：25℃。

ACCC 50035←南京林学院；广温型；培养基：0014；培养温度：25℃。

ACCC 50153←中国农业科学院蔬菜花卉所←荷兰；培养基：0014；培养温度：25℃。

ACCC 50161←中国农业科学院蔬菜花卉所←中国科学院微生物研究所；AS5.184；中蔬10号的亲本；培养基：0014；培养温度：25℃。

ACCC 50165←中国农业科学院蔬菜花卉所；中蔬10号；培养基：0014；培养温度：25℃。

ACCC 50235←江苏常州市蔬菜所；F平菇；培养基：0014；培养温度：25℃。

ACCC 50375←山西运城农校←德国；前西德无孢；无孢子菌株；培养基：0014；培养温度：25℃。

ACCC 50410←石家庄；冀4；培养基：0014；培养温度：25℃。

ACCC 50491←山东莱阳农学院；F3；培养基：0014；培养温度：25℃。

ACCC 50498←河北省微生物研究所；人工诱变无孢菌株；培养基：0014；培养温度：25℃。

ACCC 50534←沈阳市农科所；84；培养基：0014；培养温度：25℃。

ACCC 50535←沈阳市农科所；1012；培养基：0014；培养温度：25℃。

ACCC 50816←江苏省江都；江都792；培养基：0014；培养温度：25℃。

ACCC 51856←广东省广州微生物研究所菌种保藏中心；GIM5.79；培养基：0014；培养温度：25℃。

ACCC 51857←广东省广州微生物研究所菌种保藏中心；GIM5.83；无孢；培养基：0014；培养温度：25℃。

Pleurotus geesteranus 秀珍菇

ACCC 51675←广东省广州微生物研究所；GIM5.358；培养基：0014；培养温度：25℃。

ACCC 52200←中国农大王贺祥赠；培养基：0014；培养温度：25℃。

Pleurotus lampas（Berk.）Sacc. 侧耳

ACCC 51451←CBS；CBS323.29；培养基：0014；培养温度：25℃。

Pleurotus limpidus （Fr.） Sacc. 小白侧耳

ACCC 51864←广东省广州微生物研究所菌种保藏中心；GIM5.389；培养基：0014；培养温度：25℃。

Pleurotus nebrodensis （Inzenga） Quél. 白灵菇

ACCC 51005←陕西食用菌菌种厂；子实体掌状；培养基：0014；培养温度：25℃。

ACCC 51342←北京玉雪阿魏菇有限公司；侧耳形；培养基：0014；培养温度：25℃。

ACCC 51402←四川省农业科学院食用菌中心；Pn622；培养基：0014；培养温度：25℃。

ACCC 51403←四川省农业科学院食用菌中心；Pn4；培养基：0014；培养温度：25℃。

ACCC 52193←广东省广州微生物研究所；GIM5.466；培养基：0014；培养温度：25℃。

ACCC 52193←广东省广州微生物研究所；GIM5.466；培养基：0014；培养温度：25℃。

ACCC 52350←子实体组织分离购于新发地；911；培养基：0014；培养温度：25℃。

ACCC 50869←新疆木垒；606；培养基：0014；培养温度：25℃。

ACCC 50914←新疆木垒；培养基：0014；培养温度：25℃。

ACCC 50929←湖北武汉市新宇食用菌研究所；KW-1；盖肥大，菌柄粗而短，迟熟品种；培养基：0014；
    培养温度：25℃。

ACCC 51326←金信产子实体组织分离；培养基：0014；培养温度：25℃。

ACCC 51343←北京玉雪阿魏菇有限公司；球形；培养基：0014；培养温度：25℃。

ACCC 51465←新疆哈密八一港 14 号天山菌业研究所；天山一号；培养基：0014；培养温度：25℃。

ACCC 51466←新疆哈密八一港 14 号天山菌业研究所；天山二号；培养基：0014；培养温度：25℃。

ACCC 51467←新疆哈密八一港 14 号天山菌业研究所；天山三号；培养基：0014；培养温度：25℃。

ACCC 51484←云南昆明云蕈科技开发公司；培养基：0014；培养温度：25℃。

ACCC 51485←新疆农业大学食用菌教研开发中心；新农 2 号；培养基：0014；培养温度：25℃。

ACCC 51486←新疆农业大学食用菌教研开发中心；新农 4 号；培养基：0014；培养温度：25℃。

ACCC 51498←中国农科院农业资源与农业区划研究所，左雪梅；培养基：0014；培养温度：25℃。

ACCC 51543←江苏天达食用菌研究所；高温型，子实体为手掌形；培养基：0014；培养温度：25℃；

ACCC 51585←中国农业科学院农业资源与农业区划研究所；培养基：0014；培养温度：25℃。

ACCC 51597←中国农业科学院农业资源与农业区划研究所；新疆品种；培养基：0014；培养温度：25℃。

ACCC 51598←中国农业科学院农业资源与农业区划研究所；山西大同品种；培养基：0014；培养温
    度：25℃。

ACCC 51679←广东省广州微生物研究所；GIM5.345；培养基：0014；培养温度：25℃。

ACCC 51702←广东省广州微生物研究所；GIM5.281；纯白色；培养基：0014；培养温度：25℃。

ACCC 51766←子实体组织分离；培养基：0014；培养温度：25℃。

ACCC 51801←山东农业大学菌种保藏中心；300059；培养基：0014；培养温度：25℃。

ACCC 51802←山东农业大学菌种保藏中心；300060；培养基：0014；培养温度：25℃。

ACCC 51803←山东农业大学菌种保藏中心；300061；培养基：0014；培养温度：25℃。

ACCC 51913←中国农业科学院农业资源与农业区划研究所；825；单核，菌丝稀疏，生长较快，气生丝菌
    多，A1B1；培养基：0014；培养温度：25℃。

ACCC 51914←中国农业科学院农业资源与农业区划研究所；826；单核，菌丝浓密，生长较快，气生丝菌
    发达，A2B2；培养基：0014；培养温度：25℃。

ACCC 51915←中国农业科学院农业资源与农业区划研究所；827；单核，菌丝较稀疏，生长较快，气生丝
    菌少，A2B1；培养基：0014；培养温度：25℃。

ACCC 51916←中国农业科学院农业资源与农业区划研究所；828；单核，生长较快，菌丝稀疏，气生丝菌
    多，A1B2；培养基：0014；培养温度：25℃。

ACCC 51917←中国农业科学院农业资源与农业区划研究所；829；单核，色白，生长较快，菌丝密实，气
    生丝菌多，A1B1；培养基：0014；培养温度：25℃。

ACCC 51918←中国农业科学院农业资源与农业区划研究所；830；单核，生长较快，菌丝稀疏，气生丝菌

多，A2B1；培养基：0014；培养温度：25℃。

ACCC 51919←中国农业科学院农业资源与农业区划研究所；831；单核，生长较快，菌丝稀疏，气生丝菌
　　多，A2B2；培养基：0014；培养温度：25℃。

ACCC 51920←中国农业科学院农业资源与农业区划研究所；832；单核，生长较快，菌丝稀疏，气生丝菌
　　多，A1B2；培养基：0014；培养温度：25℃。

ACCC 51935←中国农大；K1；培养基：0014；培养温度：25℃。

ACCC 51936←中国农大；农大80；培养基：0014；培养温度：25℃。

ACCC 52011←遵化，86；高温型；培养基：0014；培养温度：25℃。

ACCC 52189←刘洪利赠；425；培养基：0014；培养温度：25℃。

ACCC 52207←子实体组织分离，7907；培养基：0014；培养温度：25℃。

ACCC 52348←子实体分离购于超市；培养基：0014；培养温度：25℃。

ACCC 52349←子实体分离，樊六生赠；红杏；培养基：0014；培养温度：25℃。

ACCC 52351←子实体组织分离购于新发地；培养基：0014；培养温度：25℃。

Pleurotus ostreatus（Jacq.）Quél. 糙皮侧耳（平菇）

ACCC 50048←昆明植物研究所←香港，侧184；子实体颜色较深；培养基：0014；培养温度：25℃。

ACCC 50050←昆明植物研究所 侧813；高温型；培养基：0014；培养温度：25℃。

ACCC 50060←浙江微生物研究所←上海，ZM5.23；培养基：0014；培养温度：25℃。

ACCC 50075←北京市饲料所；1112；培养基：0014；培养温度：25℃。

ACCC 50128←河北省大名县；中温型品种，子实体丛生，菌柄较短；培养基：0014；培养温度：25℃。

ACCC 50149←中国农业科学院蔬菜花卉所；低温型；培养基：0014；培养温度：25℃。

ACCC 50154←中国农业科学院蔬菜花卉所←上海；低温型；培养基：0014；培养温度：25℃。

ACCC 50156←中国农业科学院蔬菜花卉所←台湾省，WT；低温型；培养基：0014；培养温度：25℃。

ACCC 50160←河北省农业科学院经作所←日本；菌盖为铅灰色，日本菌株；培养基：0014；培养温
　　度：25℃。

ACCC 50163←中国农业科学院蔬菜花卉所←福建农业大学 PL-25；深色，低温型菌株；培养基：0014；培
　　养温度：25℃。

ACCC 50236←江苏省常州市蔬菜所；特白1号，白色突变菌株，低温型；培养基：0014；培养温
　　度：25℃。

ACCC 50276←北京市海淀区外贸公司←黑龙江省土畜产进出口公司；双-原822；日本菌株，低温型，食
　　用；培养基：0014；培养温度：25℃。

ACCC 50277←北京市海淀区外贸公司←黑龙江省土畜产进出口公司；双-原832；日本菌株，低温型，食
　　用；培养基：0014；培养温度：25℃。

ACCC 50278←北京市海淀区外贸公司←黑龙江省土畜产进出口公司；双-原833；日本菌株，低温型，食
　　用；培养基：0014；培养温度：25℃。

ACCC 50279←北京市海淀区外贸公司←黑龙江省土畜产进出口公司；双-原834；日本菌株，低温型，食
　　用；培养基：0014；培养温度：25℃。

ACCC 50313←江苏常州蔬菜所←湖北沙洋农场农科所；自然突变无孢菌株；培养基：0014；培养温
　　度：25℃。

ACCC 50376←山西运城农校←山东泰安，4011；白色菌株，耐高浓度二氧化碳，食用，低温型；培养基：
　　0014；培养温度：25℃。

ACCC 50379←山西运城农校；8405；小平菇；培养基：0014；培养温度：25℃。

ACCC 50500←河北微生物研究所；超低温平菇；培养基：0014；培养温度：25℃。

ACCC 50618←江苏省科学院微生物研究所；野丰118；江苏无锡野生子实体组织分离驯化，食用；培养
　　基：0014；培养温度：25℃。

ACCC 50711←香港中文大学生物系←法国；CMB0010；培养基：0014；培养温度：25℃。

ACCC 50763←香港中文大学生物系←美国纽约州立大学←日本，CMB0010；培养基：0014；培养温度：25℃。

ACCC 50831←福建农业大学菌草室，平菇；培养基：0014；培养温度：25℃。

ACCC 50915←河南省农业科学研究院；新831；高温型，菌盖平展；培养基：0014；培养温度：25℃。

ACCC 50918←山西运城农校；杂18；培养基：0014；培养温度：25℃。

ACCC 50919←山西运城农校；9408；培养基：0014；培养温度：25℃。

ACCC 50920←山西运城农校；95王；培养基：0014；培养温度：25℃。

ACCC 50921←山西运城农校；P86；培养基：0014；培养温度：25℃。

ACCC 51288←华中农大罗信昌赠←德国Lelley教授，1；培养基：0014；培养温度：25℃。

ACCC 51289←华中农大罗信昌赠←日本Nakaya博士←日本，2；培养基：0014；培养温度：25℃。

ACCC 51290←华中农大罗信昌赠←法国波尔多大学Labarere←西班牙，3；培养基：0014；培养温度：25℃。

ACCC 51291←华中农大罗信昌赠←法国波尔多大学Labarere←希腊，4；培养基：0014；培养温度：25℃。

ACCC 51423←江苏农业科学院食用菌研究中心；黑秀珍菇；培养基：0014；培养温度：25℃。

ACCC 51424←江苏农业科学院食用菌研究中心；苏平一号；培养基：0014；培养温度：25℃。

ACCC 51450←CBS，CBS145.22；培养基：0014；培养温度：25℃。

ACCC 51528←中国农业科学院土肥所；野平；可食用，味道鲜美，可人工栽培，是重要栽培食用菌之一；培养基：0014；培养温度：25℃。

ACCC 51544←江苏天达食用菌研究所；广温型，子实体灰黑色，适合玉米芯栽培料；培养基：0014；培养温度：25℃。

ACCC 51545←江苏天达食用菌研究所；澳白；广温型，子实体浅灰色，柄短，产量高；培养基：0014；培养温度：25℃。

ACCC 51546←江苏天达食用菌研究所；特早新丰；广温型，子实体浅灰色，柄短，盖大；培养基：0014；培养温度：25℃。

ACCC 51547←江苏天达食用菌研究所；黑平A3；中低温型，子实体黑色，盖大；培养基：0014；培养温度：25℃。

ACCC 51548←江苏天达食用菌研究所；法白；广温型，子实体灰白色，朵大肉厚；培养基：0014；培养温度：25℃。

ACCC 51549←江苏天达食用菌研究所；高温908；高温型，子实体白色，转潮快；培养基：0014；培养温度：25℃。

ACCC 51550←江苏天达食用菌研究所；江都5178；广温型，子实体灰黑色，肉厚，韧性好，不易碎；培养基：0014；培养温度：25℃。

ACCC 51551←江苏天达食用菌研究所；锡平一号；广温型，子实体灰黑色，菇大肉厚；培养基：0014；培养温度：25℃。

ACCC 51552←江苏天达食用菌研究所；海南2号；高温型，子实体白色，抗病能力强，产量高；培养基：0014；培养温度：25℃。

ACCC 51553←江苏天达食用菌研究所；抗病2号；广温型，子实体深灰色，抗病能力强，产量高；培养基：0014；培养温度：25℃。

ACCC 51554←江苏天达食用菌研究所；太空2号；广温型，子实体深灰色，朵大肉厚，产量高；培养基：0014；培养温度：25℃。

ACCC 51555←江苏天达食用菌研究所；伏原1号；高温型，子实体白色，肉厚柄短，产量高；培养基：0014；培养温度：25℃。

ACCC 51556←江苏天达食用菌研究所；江都20；高温型，子实体浅白色，肉厚柄短，产量高；培养基：0014；培养温度：25℃。

ACCC 51557←江苏天达食用菌研究所；基因2005；高温型，灰色，秀珍菇、姬菇、平菇三用品种；培养基：0014；培养温度：25℃。

ACCC 51567←江都天达食用菌研究所；天达 300；光温型，子实体丛生，浅色；培养基：0014；培养温度：25℃。

ACCC 51568←江都天达食用菌研究所；冠平 1 号；光温型浅色；培养基：0014；培养温度：25℃。

ACCC 51570←中国农业科学院农业资源与农业区划研究所；广温型，子实体浅色，菌盖大；培养基：0014；培养温度：25℃。

ACCC 51573←山东曹县中国菌种超市，黄平；培养基：0014；培养温度：25℃。

ACCC 51618←南京农业大学；PG-2；温度适应范围广，在 8～32℃都能生长；丛生，菌丝乳白色，菌肉厚；培养基：0014；培养温度：25℃。

ACCC 51619←南京农业大学；PG-1；高温型平菇，温度适应范围广，在 8～32℃都能生长；丛生，菌丝乳白色，菌肉厚；培养基：0014；培养温度：25℃。

ACCC 51633←河北石家庄创新食用菌研究所；2015；培养基：0014；培养温度：25℃。

ACCC 51634←河北石家庄创新食用菌研究所；黑丰 268；培养基：0014；培养温度：25℃。

ACCC 51635←河北石家庄创新食用菌研究所；2018；培养基：0014；培养温度：25℃。

ACCC 51636←河北石家庄创新食用菌研究所；2019；培养基：0014；培养温度：25℃。

ACCC 51637←河北石家庄创新食用菌研究所；5526；培养基：0014；培养温度：25℃。

ACCC 51648←河北省武安市何氏食用菌产业中心；2002-4；培养基：0014；培养温度：25℃。

ACCC 51649←河北省武安市何氏食用菌产业中心；2061；培养基：0014；培养温度：25℃。

ACCC 51650←河北省武安市何氏食用菌产业中心；黑 602；培养基：0014；培养温度：25℃。

ACCC 51651←河北省武安市何氏食用菌产业中心；H600；培养基：0014；培养温度：25℃。

ACCC 51652←大兴，39；培养基：0014；培养温度：25℃。

ACCC 51653←固安县牛驼镇林城铺，2016；培养基：0014；培养温度：25℃。

ACCC 51727←南京农业大学生命科学学院，PG3；培养基：0014；培养温度：25℃。

ACCC 51728←南京农业大学生命科学学院，PG4；培养基：0014；培养温度：25℃。

ACCC 51782←山东农业大学菌种保藏中心；300035；培养基：0014；培养温度：25℃。

ACCC 51783←山东农业大学菌种保藏中心；300036；培养基：0014；培养温度：25℃。

ACCC 51784←山东农业大学菌种保藏中心；300037；培养基：0014；培养温度：25℃。

ACCC 51785←山东农业大学菌种保藏中心；300038；培养基：0014；培养温度：25℃。

ACCC 51786←山东农业大学菌种保藏中心；300039；培养基：0014；培养温度：25℃。

ACCC 51787←山东农业大学菌种保藏中心；300040；培养基：0014；培养温度：25℃。

ACCC 51788←山东农业大学菌种保藏中心；300041；培养基：0014；培养温度：25℃。

ACCC 51789←山东农业大学菌种保藏中心；300042；培养基：0014；培养温度：25℃。

ACCC 51790←山东农业大学菌种保藏中心；300043；培养基：0014；培养温度：25℃。

ACCC 51791←山东农业大学；300044；培养基：0014；培养温度：25℃。

ACCC 51851←广东省广州微生物研究所菌种保藏中心；GIM5.34；培养基：0014；培养温度：25℃。

ACCC 51865←中国农业科学院农业资源与农业区划研究所子实体组织分离（褐色）；少孢；培养基：0014；培养温度：25℃。

ACCC 51866←广东省广州微生物研究所菌种保藏中心；白平菇；培养基：0014；培养温度：25℃。

ACCC 51933←大兴，广东 18-1；培养基：0014；培养温度：25℃。

ACCC 51938←中国农大；6；培养基：0014；培养温度：25℃。

ACCC 51939←中国农大；4；培养基：0014；培养温度：25℃。

ACCC 52024←广东省广州微生物研究所菌种保藏中心；GIM5.361；培养基：0014；培养温度：25℃。

ACCC 52045←广东省广州微生物研究所；GIM5.494；培养基：0014；培养温度：25℃。

ACCC 52046←广东省广州微生物研究所；GIM5.495；培养基：0014；培养温度：25℃。

ACCC 52066←子实体分离，615，中高温；培养基：0014；培养温度：25℃。

ACCC 52068←华中农业大学；802；广温出菇，23～26℃培养，35 天左右完成发菌，盖大肉厚，灰黑色，菇形圆整美观，后劲足，丰产性能稳定。生物学效率 150％～280％；培养基：0014；培养温度：25℃。

ACCC 52069←华中农业大学；1011；23～26℃培养，35 天左右完成发菌，菌盖大，优质，产量较高，耐高温；培养基：0014；培养温度：25℃。

ACCC 52070←华中农业大学；AX3；23～26℃培养，35 天左右完成发菌，盖大肉厚，菇形圆整美观；培养基：0014；培养温度：25℃。

ACCC 52071←华中农业大学；川-1；23～26℃培养，35 天左右完成发菌，盖中大，扇形圆整，韧性好，柄短，肉厚高产；培养基：0014；培养温度：25℃。

ACCC 52072←华中农业大学；丰平 5 号；23～26℃培养，35 天左右完成发菌，盖中大，扇形，圆整，肉厚，柄短，韧性好，产量高，传统优良品种；培养基：0014；培养温度：25℃。

ACCC 52073←华中农业大学；华平 2 号；23～26℃培养，35 天左右完成发菌，菌盖大，优质，产量较高，耐高温；培养基：0014；培养温度：25℃。

ACCC 52074←华中农业大学；华平 97-2；23～26℃培养，35 天左右完成发菌，菌盖大，肉厚，抗杂高产，浅色良种，适多种培养料栽培；培养基：0014；培养温度：25℃。

ACCC 52075←华中农业大学；华平 962；23～25℃培养，35 天左右完成发菌，菇形好。生物学效率 100％～200％；培养基：0014；培养温度：25℃。

ACCC 52076←华中农业大学；华平 963-1；23～26℃培养，35 天左右完成发菌，朵大，肉厚，柄较短，抗杂高产，适多种培养料栽培；培养基：0014；培养温度：25℃。

ACCC 52078←华中农业大学；科大杂优；23～26℃培养，35 天左右完成发菌，大朵叠生，盖厚柄短，耐储运，适应性较强，杂交品种；培养基：0014；培养温度：25℃。

ACCC 52079←华中农业大学；雄狮 09；23～26℃培养，35 天左右完成发菌，盖大，扇形，菇形美观，韧性较好，产量高；培养基：0014；培养温度：25℃。

ACCC 52117←华中农业大学；丰抗 90；23～26℃培养，35 天左右完成发菌，盖大肉厚，菇形圆整美观；培养基：0014；培养温度：25℃。

ACCC 52127←山东农业大学；30080；培养基：0014；培养温度：25℃。

ACCC 52128←山东农业大学；30081；培养基：0014；培养温度：25℃。

ACCC 52129←山东农业大学；30082；培养基：0014；培养温度：25℃。

ACCC 52130←山东农业大学；30083；培养基：0014；培养温度：25℃。

ACCC 52131←山东农业大学；30084；培养基：0014；培养温度：25℃。

ACCC 52132←山东农业大学；30085；培养基：0014；培养温度：25℃。

ACCC 52133←山东农业大学；30086；培养基：0014；培养温度：25℃。

ACCC 52134←山东农业大学；30087；培养基：0014；培养温度：25℃。

ACCC 52135←山东农业大学；30088；培养基：0014；培养温度：25℃。

ACCC 52136←山东农业大学；30089；培养基：0014；培养温度：25℃。

ACCC 52137←山东农业大学；30090；培养基：0014；培养温度：25℃。

ACCC 52138←山东农业大学；30091；培养基：0014；培养温度：25℃。

ACCC 52144←山东农业大学；30097；培养基：0014；培养温度：25℃。

ACCC 52145←山东农业大学；30098；培养基：0014；培养温度：25℃。

ACCC 52146←山东农业大学；30099；培养基：0014；培养温度：25℃。

ACCC 52147←山东农业大学；30100；培养基：0014；培养温度：25℃。

ACCC 52148←山东农业大学；30101；培养基：0014；培养温度：25℃。

ACCC 52149←山东农业大学；30102；培养基：0014；培养温度：25℃。

ACCC 52150←山东农业大学；30103；培养基：0014；培养温度：25℃。

ACCC 52151←山东农业大学；30104；培养基：0014；培养温度：25℃。

ACCC 52152←山东农业大学；30105；培养基：0014；培养温度：25℃。

ACCC 52153←山东农业大学；30106；培养基：0014；培养温度：25℃。

ACCC 52154←山东农业大学；30107；培养基：0014；培养温度：25℃。

ACCC 52155←山东农业大学；30108；培养基：0014；培养温度：25℃。

ACCC 52156←山东农业大学；30109；培养基：0014；培养温度：25℃。

ACCC 52157←山东农业大学；30110；培养基：0014；培养温度：25℃。

ACCC 52158←山东农业大学；30111；培养基：0014；培养温度：25℃。

ACCC 52159←山东农业大学；30112；培养基：0014；培养温度：25℃。

ACCC 52160←山东农业大学；30113；培养基：0014；培养温度：25℃。

ACCC 52161←山东农业大学；30114；培养基：0014；培养温度：25℃。

ACCC 52162←山东农业大学；30115；培养基：0014；培养温度：25℃。

ACCC 52163←山东农业大学；30116；培养基：0014；培养温度：25℃。

ACCC 52204←采自北京大兴子实体组织分离，650；培养基：0014；培养温度：25℃。

ACCC 52209←中国农业科学院农业资源与农业区划所 左雪梅分离，7899；培养基：0014；培养温度：25℃。

ACCC 52211←福建，841；培养基：0014；培养温度：25℃。

ACCC 52298←山东寿光食用菌研究所；高平2810；培养基：0014；培养温度：25℃。

ACCC 52300←山东寿光食用菌研究所；新平2005；培养基：0014；培养温度：25℃。

ACCC 52301←山东寿光食用菌研究所；新选800；培养基：0014；培养温度：25℃。

ACCC 52302←山东寿光食用菌研究所；大丰8002；培养基：0014；培养温度：25℃。

ACCC 52305←河北省微生物研究所；世纪3号；培养基：0014；培养温度：25℃。

ACCC 52306←密云，春栽1号；培养基：0014；培养温度：25℃。

ACCC 52307←密云，杂优2号；培养基：0014；培养温度：25℃。

ACCC 52309←北京李彩亮赠；601；培养基：0014；培养温度：25℃。

ACCC 52311←中国农业科学院农业资源与农业区划研究所；小白平菇；培养基：0014；培养温度：25℃。

ACCC 52313，野生；培养基：0014；培养温度：25℃。

ACCC 52334←北京李彩亮赠；602；培养基：0014；培养温度：25℃。

ACCC 52358←郑美生，2；培养基：0014；培养温度：25℃。

ACCC 52361←中国农业科学院农业资源与农业区划研究所，5；培养基：0014；培养温度：25℃。

ACCC 52365←江苏天达食用菌研究所；灰美2号；培养基：0014；培养温度：25℃。

Pleurotus porrigens (Pers.) P. Kumm. 贝形侧耳

ACCC 51519←广东省广州微生物研究所←三明真菌研究所；GIM5.84；培养基：0014；培养温度：25℃。

ACCC 51858←广东省广州微生物研究所菌种保藏中心；GIM5.84；培养基：0014；培养温度：25℃。

Pleurotus pulmonarius (Fr.) Quél. 肺形侧耳（秀珍菇，凤尾菇）

ACCC 50082←美国；ATCC；培养基：0014；培养温度：25℃。

ACCC 50090←四川，侧五；高温型品种，子实体初呈乳白色，后转为淡白色，丛生或单生，菌盖较小，出菇早，生长周期短，转潮快；培养基：0014；培养温度：25℃。

ACCC 50713←香港中文大学生物系←法国；CMB0166；培养基：0014；培养温度：25℃。

ACCC 50892←中国农业科学院农业资源与农业区划研究所，3014；培养基：0014；培养温度：25℃。

ACCC 51297←华中农大罗信昌赠←法国波尔多大学 Labarere 教授←希腊；11；培养基：0014；培养温度：25℃。

ACCC 51298←华中农大罗信昌赠←法国波尔多大学 Labarere 教授←欧洲；12；培养基：0014；培养温度：25℃。

ACCC 51371←四川省农业科学院食用菌中心王波赠；Pg1；秀珍菇；培养基：0014；培养温度：25℃。

ACCC 51372←四川省农业科学院食用菌中心王波赠；Pg2；秀珍菇；培养基：0014；培养温度：25℃。

ACCC 51854←广东省广州微生物研究所菌种保藏中心；GIM5.73；培养基：0014；培养温度：25℃。

ACCC 51943←大兴郑美生赠；培养基：0014；培养温度：25℃。

ACCC 52016←辽宁省微生物科学研究院；高温；培养基：0014；培养温度：25℃。

ACCC 52019←辽宁省微生物科学研究院；日本；培养基：0014；培养温度：25℃。

ACCC 52044←广东省广州微生物研究所；GIM5.490；培养基：0014；培养温度：25℃。

ACCC 52055←广东省广州微生物研究所；GIM5.366；秀珍菇；培养基：0014；培养温度：25℃。

ACCC 52116←福建农林大学谢宝贵赠；plg0014；秀珍菇；培养基：0014；培养温度：25℃。

ACCC 52295←江苏农业科学院食用菌中心；台湾省；培养基：0014；培养温度：25℃。

ACCC 52299←山东寿光食用菌研究所；高温型；培养基：0014；培养温度：25℃。

ACCC 52304←江苏农业科学院食用菌中心；夏秀；培养基：0014；培养温度：25℃。

Pleurotus rhodophyllus **Bres.** 粉褶侧耳

ACCC 51513←广东省广州微生物研究所；GIM5.76；培养基：0014；培养温度：25℃。

ACCC 51855←广东省广州微生物研究所菌种保藏中心；GIM5.76；培养基：0014；培养温度：25℃。

Pleurotus sajor-caju （**Fr.**） **Singer** 凤尾菇

ACCC 50168←中国农业科学院蔬菜花卉所←香港中文大学生物系，P1-27；培养基：0014；培养温度：25℃。

ACCC 50419←北京太阳能所；无孢凤尾菇，人工诱变无孢菌株；培养基：0014；培养温度：25℃。

ACCC 50496←河北省微生物研究所；无孢凤尾菇，人工诱变无孢菌株；培养基：0014；培养温度：25℃。

ACCC 50619←广东省广州微生物研究所；P10；培养基：0014；培养温度：25℃。

ACCC 51271←华中农大罗信昌赠←华中农大菌种实验中心←武汉，36；培养基：0014；培养温度：25℃。

ACCC 51275←华中农大罗信昌赠←华中农大菌种实验中心←武汉，40；培养基：0014；培养温度：25℃。

ACCC 51852←广东省广州微生物研究所菌种保藏中心；GIM5.82；漏斗状侧耳；培养基：0014；培养温度：25℃。

Pleurotus salmoneostramineus **Lj. N. Vassiljeva** 桃红侧耳

ACCC 50836←中国农业科学院土肥所；子实体幼时粉红色，高温型；培养基：0014；培养温度：25℃。

ACCC 50964←华中农大应用真菌所罗信昌赠；中高温型，桃红色；培养基：0014；培养温度：25℃。

ACCC 51301←华中农大罗信昌赠←华中农大菌种实验中心←广西，22；培养基：0014；培养温度：25℃。

ACCC 52029←广东省广州微生物研究所；GIM5.455；培养基：0014；培养温度：25℃。

Pleurotus sapidus （**Schulzer**） **Sacc.** 美味侧耳

ACCC 50099←中国农业科学院土肥所；自行多孢分离；培养基：0014；培养温度：25℃。

ACCC 50121←陕西省生物所；EA38；培养基：0014；培养温度：25℃。

ACCC 50150←中国农业科学院蔬菜花卉所←中国农业大学农大；农大 11；培养基：0014；培养温度：25℃。

ACCC 50151←中国农业科学院蔬菜花卉所←中国科学院微生物研究所；培养基：0014；培养温度：25℃。

ACCC 50152←中国农业科学院蔬菜花卉所←黑龙江省应用微生物研究所；培养基：0014；培养温度：25℃。

ACCC 50155←中国农业科学院蔬菜花卉所←中国科学院微生物研究所；AS5.39；培养基：0014；培养温度：25℃。

ACCC 50162←中国农业科学院蔬菜花卉所←北京海淀外贸公←日本，PL-37A；中温型菌株，日本菌株；培养基：0014；培养温度：25℃。

ACCC 50212←福建农业大学；培养基：0014；培养温度：25℃。

ACCC 50233←江苏常州市蔬菜所；平 6；菌盖深黑色；培养基：0014；培养温度：25℃。

ACCC 50249←河南省生物所；831；低温型菌株，产量不高，产孢量较大，但口感好，味道鲜美；培养基：0014；培养温度：25℃。

ACCC 50274←北京市海淀区外贸公司←日本；北研 H5；培养基：0014；培养温度：25℃。

ACCC 50275←北京市海淀区外贸公司←日本；北研 H2；培养基：0014；培养温度：25℃。

ACCC 50312←河北省徐水县科协；无孢 33；少孢子菌株；培养基：0014；培养温度：25℃。

ACCC 50337←华中农业大学园艺系；园 1；培养基：0014；培养温度：25℃。

ACCC 50428←河南永成食用菌厂←河北省微生物研究所；培养基：0014；培养温度：25℃。

ACCC 50436←吉林省农业科学院长白山资源所；公主岭 1 号；培养基：0014；培养温度：25℃。

ACCC 50497←河北省微生物研究所；无孢紫孢侧耳；培养基：0014；培养温度：25℃。

ACCC 50603←中国农业科学院土肥所；培养基：0014；培养温度：25℃。

Pleurotus sapidus （Schulzer） Sacc. 紫孢侧耳

ACCC 51322←福建省三明市真菌研究所黄年来赠；培养基：0014；培养温度：25℃。

Pleurotus sp. 平菇

ACCC 50116←山西省微生物研究所 8010；培养基：0014；培养温度：25℃。

ACCC 50118←江西省林科所；高温型品种；培养基：0014；培养温度：25℃。

ACCC 50119←江西省林科所；中温型品种；培养基：0014；培养温度：25℃。

ACCC 50120←江西省林科所；低温型品种；培养基：0014；培养温度：25℃。

ACCC 50122←陕西西安农科所 云南白；培养基：0014；培养温度：25℃。

ACCC 50123←陕西西安；平 2；低温型品种；培养基：0014；培养温度：25℃。

ACCC 50124←陕西西安；孢子印紫色，中温型品种；培养基：0014；培养温度：25℃。

ACCC 50125←陕西西安农科所；孢子印紫色；培养基：0014；培养温度：25℃。

ACCC 50126←陕西西安市农科所；菌柄较短；培养基：0014；培养温度：25℃。

ACCC 50127←陕西西安市农科所；低温型；培养基：0014；培养温度：25℃。

ACCC 50129←河北省大名县；低温型品种，子实体是大朵型；培养基：0014；培养温度：25℃。

ACCC 50130←北京房山良乡试验场；子实体为白色；培养基：0014；培养温度：25℃。

ACCC 50157←中国农业科学院蔬菜花卉所；01；中温型；培养基：0014；培养温度：25℃。

ACCC 50228←山东省农业科学院土肥所；P-24；培养基：0014；培养温度：25℃。

ACCC 50229←上海农业科学院食用菌所；001；培养基：0014；培养温度：25℃。

ACCC 50237←河北省微生物研究所；HP-1；野生种，高温型菌株；培养基：0014；培养温度：25℃。

ACCC 50238←江苏常州市蔬菜所←南京师范大学生物系；宁杂 1 号；*P. florida* 和 *P. sapidus* 黑色突变株
　　杂交种；培养基：0014；培养温度：25℃。

ACCC 50250←江苏常州市蔬菜所；常州 2 号；中低温型平菇，幼菇黑褐色，丛生，排列紧凑，单个菇丛较
　　大，菌盖舒展，菌褶灰白色，菌柄米白色，不易碎。该菌株为野生驯化品种；培养基：0014；培养温
　　度：25℃。

ACCC 50272←河北大名县史松林；低温型，黑褐色菌株；培养基：0014；培养温度：25℃。

ACCC 50316←辽宁省本溪市蔬菜公司；姬菇 10 号；培养基：0014；培养温度：25℃。

ACCC 50334←四川剑阁，SZ-P117；黑平菇；培养基：0014；培养温度：25℃。

ACCC 50339←辽宁省抚顺市进出口公司←辽宁省外贸公司 876；日本菌株；培养基：0014；培养温
　　度：25℃。

ACCC 50340←辽宁省外贸公司；日本菌株；培养基：0014；培养温度：25℃。

ACCC 50341←辽宁省抚顺市进出口公司 8603；日本菌株；培养基：0014；培养温度：25℃。

ACCC 50374←山西运城农校；日本菌株；培养基：0014；培养温度：25℃。

ACCC 50377←山西运城农校；云平 21；培养基：0014；培养温度：25℃。

ACCC 50381←山西运城农校；4265；广温耐高温菌株；培养基：0014；培养温度：25℃。

ACCC 50396←北京农业科学院植保所陈文良赠；大白平菇；培养基：0014；培养温度：25℃。

ACCC 50397←辽宁本溪市农科所；大姬菇；培养基：0014；培养温度：25℃。

ACCC 50416←北京市太阳能利用所；苏平 1 号；培养基：0014；培养温度：25℃。

ACCC 50417←山东金乡，P15；培养基：0014；培养温度：25℃。

ACCC 50418←山东金乡，杂 3；培养基：0014；培养温度：25℃。

ACCC 50426←山西运城农校；沔粮杂交 3 号；广温型浅色菌株；培养基：0014；培养温度：25℃。

ACCC 50427←河南永成食用菌厂；青平 1 号；培养基：0014；培养温度：25℃。

ACCC 50429←河北省廊坊市食用菌研究所；前西德 33；广温型，少孢子菌株；培养基：0014；培养温度：25℃。

ACCC 50431←湖南永顺食用菌所；38 号；中高温型；培养基：0014；培养温度：25℃。

ACCC 50452←辽宁省辽阳市食用菌所；1 号；培养基：0014；培养温度：25℃。

ACCC 50475←北京太阳能所；602；培养基：0014；培养温度：25℃。

ACCC 50476←中国农业大学←意大利，亚光 1 号；意大利少孢子菌株；培养基：0014；培养温度：25℃。

ACCC 50484←武汉大学生物研究中心←法国；法国无孢子 3 号；法国无孢子菌株；培养基：0014；培养温度：25℃。

ACCC 50493←河北省微生物研究所；冀微 2 号；培养基：0014；培养温度：25℃。

ACCC 50494←河北省微生物研究所←前西德，前西德 32 号；培养基：0014；培养温度：25℃。

ACCC 50495←河北省微生物研究所；冀农 11；培养基：0014；培养温度：25℃。

ACCC 50508←吉林省生物所真菌室←吉林林学院；9 号；蛟河野生子实体组织分离；培养基：0014；培养温度：25℃。

ACCC 50513←江苏省农业科学院植保所；钟山 2 号；培养基：0014；培养温度：25℃。

ACCC 50514←江苏省农业科学院植保所；苏 F-88；培养基：0014；培养温度：25℃。

ACCC 50518←山东金乡←河北省农业科学院，004；培养基：0014；培养温度：25℃。

ACCC 50519←山东金乡←澳大利亚，P40；培养基：0014；培养温度：25℃。

ACCC 50520←山东金乡←印度，Z0151；培养基：0014；培养温度：25℃。

ACCC 50522←山东金乡←无锡，P46；培养基：0014；培养温度：25℃。

ACCC 50523←山东金乡←澳大利亚，P21；培养基：0014；培养温度：25℃。

ACCC 50544←北京丰台亲本无孢 5 号；北京丰台区草桥菇棚子实体组织分离，亲本无孢 5 号，浅灰色，少孢菌株；培养基：0014；培养温度：25℃。

ACCC 50545←北京丰台亲本 02；北京丰台区草桥菇棚子实体组织分离，亲本 02，浅灰色；培养基：0014；培养温度：25℃。

ACCC 50548←中国农业大学食用菌实验室←前西德，WG-Pl；培养基：0014；培养温度：25℃。

ACCC 50574←山东沂南食用菌所；鲁南 2 号；沂南野生子实体分离驯化；培养基：0014；培养温度：25℃。

ACCC 50575←山东沂南食用菌所←法国；法国 P1-11；培养基：0014；培养温度：25℃。

ACCC 50576←山东沂南食用菌所；鲁南 1 号；沂南野生子实体分离驯化；培养基：0014；培养温度：25℃。

ACCC 50586←山西省农业科学院食用菌研究所←日本，日本 39 号；培养基：0014；培养温度：25℃。

ACCC 50589←山西省农业科学院食用菌研究所；晋平；培养基：0014；培养温度：25℃。

ACCC 50596←河北省食用菌研究所←德国；CCEF89；培养基：0014；培养温度：25℃。

ACCC 50597←山东莱阳农学院，923；培养基：0014；培养温度：25℃。

ACCC 50601←湖南湘乡市农业局；培养基：0014；培养温度：25℃。

ACCC 50611←北京 113 中学←河北省唐山市农科所；灰色，无孢平菇；培养基：0014；培养温度：25℃。

ACCC 50615←南京师范大学生物系；*P. florida* 和 *P. cornucopiae* 杂交种；培养基：0014；培养温度：25℃。

ACCC 50631←河北省微生物研究所；冀 14；培养基：0014；培养温度：25℃。

ACCC 50661←河北省食用菌所；CCEF-2004；培养基：0014；培养温度：25℃。

ACCC 50669←山西运城农业技术学校食用菌室，九华 191；培养基：0014；培养温度：25℃。

ACCC 50675←河北省廊坊，丰收 1 号；培养基：0014；培养温度：25℃。

ACCC 50710←香港中文大学生物系；培养基：0014；培养温度：25℃。

ACCC 50712←香港中文大学；培养基：0014；培养温度：25℃。

ACCC 50758←香港中文大学生物系，P1-51；培养基：0014；培养温度：25℃。

ACCC 50761←香港中文大学生物系，CMB0173；杂交种，食用；培养基：0014；培养温度：25℃。

ACCC 50795←香港中文大学生物系，Pl-7；培养基：0014；培养温度：25℃。

ACCC 50796←香港中文大学生物系，P1-57；培养基：0014；培养温度：25℃。

ACCC 50797←香港中文大学生物系←法国；P1-60；培养基：0014；培养温度：25℃。

ACCC 50798←中国农业科学院农业资源与农业区划研究所，CM-47；培养基：0014；培养温度：25℃。

ACCC 50799←中国农业科学院农业资源与农业区划研究所，CM-44；培养基：0014；培养温度：25℃。

ACCC 50800←中国农业科学院农业资源与农业区划研究所；培养基：0014；培养温度：25℃。

ACCC 50820←福建农业大学菌草室；P928；培养基：0014；培养温度：25℃。

ACCC 50821←福建农业大学菌草室；P1-30；培养基：0014；培养温度：25℃。

ACCC 50822←中国农业科学院土肥所；大叶深灰色低温型菌株；培养基：0014；培养温度：25℃。

ACCC 50823←北京自由市场；培养基：0014；培养温度：25℃。

ACCC 50838←辽宁省农业科学院食用菌技术开发中心；99；广温菌株；培养基：0014；培养温度：25℃。

ACCC 50851←陕西省宁强县食用菌工作站；华中18；培养基：0014；培养温度：25℃。

ACCC 50852←陕西省宁强县食用菌工作站；清丰P3；与50822不拮抗；培养基：0014；培养温度：25℃。

ACCC 50865←河北廊坊，南京1号；培养基：0014；培养温度：25℃。

ACCC 50866←河北廊坊，新农1号；培养基：0014；培养温度：25℃。

ACCC 50867←河北廊坊，廊坊93；深灰色广温菌株；培养基：0014；培养温度：25℃。

ACCC 50868←中国农业科学院农业资源与农业区划研究所，94；乳白色；适宜温度：15～32℃；培养基：0014；培养温度：25℃。

ACCC 50870←中国农业科学院植保所；苏引6号；菌落洁白，舒展，均匀，无黄梢等，子实体乳白色；培养基：0014；培养温度：25℃。

ACCC 50888，3015；培养基：0014；培养温度：25℃。

ACCC 50889，SLE；培养基：0014；培养温度：25℃。

ACCC 50890，P-01；培养基：0014；培养温度：25℃。

ACCC 50891，SL；培养基：0014；培养温度：25℃。

ACCC 50893，波兰商品菇组织分离；培养基：0014；培养温度：25℃。

ACCC 50941←农业部陕西食用菌菌种厂；珍珠菇；培养基：0014；培养温度：25℃。

ACCC 50942←农业部陕西食用菌菌种厂；鲁植一号；丛生，朵大，菇色灰黑，耐长途运输；培养基：0014；培养温度：25℃。

ACCC 50943←农业部陕西食用菌菌种厂；P57；菌落舒展，洁白，均匀，无黄梢和菌皮；培养基：0014；培养温度：25℃。

ACCC 50944←农业部陕西食用菌菌种厂；加拿大7；菌落舒展洁白，无黄梢和菌皮；培养基：0014；培养温度：25℃。

ACCC 50945←农业部陕西食用菌菌种厂；5526；培养基：0014；培养温度：25℃。

ACCC 50947←武汉市新宇食用菌研究所；汉口2号；培养基：0014；培养温度：25℃。

ACCC 50948←北京市农林科学院植环所；农科5号；培养基：0014；培养温度：25℃。

ACCC 50949←北京市农林科学院植环所；k8902；培养基：0014；培养温度：25℃。

ACCC 50950←北京市农林科学院植环所；9301；培养基：0014；培养温度：25℃。

ACCC 50951←北京市农林科学院植环所；平49；培养基：0014；培养温度：25℃。

ACCC 50952←北京市；平421；培养基：0014；培养温度：25℃。

ACCC 50953←北京市农林科学院植环所；杂17；培养基：0014；培养温度：25℃。

ACCC 50954←本院植保所；生命1号；培养基：0014；培养温度：25℃。

ACCC 50983←北京市农林科学院植环所；99；培养基：0014；培养温度：25℃。

ACCC 50986←北京市农林科学院植环所；2019；培养基：0014；培养温度：25℃。

ACCC 50991←郑美生←福建古田，高平 1 号；培养基：0014；培养温度：25℃。

ACCC 50992←郑美生←福建古田，高平 3 号；培养基：0014；培养温度：25℃。

ACCC 50994←山东潍坊野生菇组织分离，姬菇；培养基：0014；培养温度：25℃。

ACCC 51018←华中农业大学菌种中心吕作舟赠；鸡汁菌；培养基：0014；培养温度：25℃。

ACCC 51123←向华，青岛黑；培养基：0014；培养温度：25℃。

ACCC 51267←华中农大罗信昌赠←三明真菌研究所；32；白秀珍菇；培养基：0014；培养温度：25℃。

ACCC 51268←华中农大罗信昌赠←三明真菌研究所；33；奇异侧耳；培养基：0014；培养温度：25℃。

ACCC 51269←华中农大罗信昌赠←三明真菌研究所；34；培养基：0014；培养温度：25℃。

ACCC 51272←华中农大罗信昌赠←华中农大菌种实验中心←武汉，37；培养基：0014；培养温度：25℃。

ACCC 51273←华中农大罗信昌赠←华中农大菌种实验中心←美国，38；加州平菇；培养基：0014；培养温度：25℃。

ACCC 51274←华中农大罗信昌赠←三明真菌研究所←福建，39；培养基：0014；培养温度：25℃。

ACCC 51281←华中农大罗信昌赠←华中农大菌种实验中心←山东，47；威海黑平；培养基：0014；培养温度：25℃。

ACCC 51283←华中农大罗信昌赠←华中农大菌种实验中心←四川，49；侧五；培养基：0014；培养温度：25℃。

ACCC 51284←华中农大罗信昌赠←华中农大菌种实验中心←四川，50；杂 17；培养基：0014；培养温度：25℃。

ACCC 51285←华中农大罗信昌赠←华中农大菌种实验中心←湖南，51；雪白平菇；培养基：0014；培养温度：25℃。

ACCC 51286←华中农大罗信昌赠←华中农大菌种实验中心←福建，52；皑雪平菇；培养基：0014；培养温度：25℃。

ACCC 51287←华中农大罗信昌赠←华中农大菌种实验中心←福建 53；培养基：0014；培养温度：25℃。

ACCC 51292←华中农大罗信昌赠←德国 Lelley 教授，5；培养基：0014；培养温度：25℃。

ACCC 51293←华中农大罗信昌赠←德国 Lelley 教授，6；培养基：0014；培养温度：25℃。

ACCC 51294←华中农大罗信昌赠←德国 Lelley 教授，7；培养基：0014；培养温度：25℃。

ACCC 51339←顺义，江都 71；培养基：0014；培养温度：25℃。

ACCC 51340←顺义，江都 2026；培养基：0014；培养温度：25℃。

ACCC 51358←四川省农业科学院食用菌中心王波赠；科优 1 号；培养基：0014；培养温度：25℃。

ACCC 51359←四川省农业科学院食用菌中心王波赠；P17；培养基：0014；培养温度：25℃。

ACCC 51360←四川省农业科学院食用菌中心王波赠；7317；培养基：0014；培养温度：25℃。

ACCC 51361←四川省农业科学院食用菌中心王波赠；P2-1；培养基：0014；培养温度：25℃。

ACCC 51362←四川省农业科学院食用菌中心王波赠；P42；培养基：0014；培养温度：25℃。

ACCC 51363←四川省农业科学院食用菌中心王波赠；黑平 1 号；培养基：0014；培养温度：25℃。

ACCC 51364←四川省农业科学院食用菌中心王波赠；P82；培养基：0014；培养温度：25℃。

ACCC 51365←四川省农业科学院食用菌中心王波赠；京平；培养基：0014；培养温度：25℃。

ACCC 51366←四川省农业科学院食用菌中心王波赠；PW1；白色；培养基：0014；培养温度：25℃。

ACCC 51367←四川省农业科学院食用菌中心王波赠；PW2；白色；培养基：0014；培养温度：25℃。

ACCC 51368←四川省农业科学院食用菌中心王波赠；PW3；白色；培养基：0014；培养温度：25℃。

ACCC 51504←云南香格里拉野生采集；培养基：0014；培养温度：25℃。

ACCC 51569←河北廊坊农校←韩国；菌盖盖小；培养基：0014；培养温度：25℃。

ACCC 51592←河北廊坊；姬菇品种；培养基：0014；培养温度：25℃。

ACCC 51599←中国农业科学院农业资源与农业区划研究所；姬菇 1 号；姬菇品种；培养基：0014；培养温度：25℃。

ACCC 51600←江苏天达食用菌研究所；春栽 1 号；姬菇品种；培养基；0014；培养温度：25℃。

ACCC 51601←江苏天达食用菌研究所；615；姬菇品种；培养基；0014；培养温度：25℃。

ACCC 51602←江苏天达食用菌研究所；265；姬菇品种；培养基；0014；培养温度：25℃。

ACCC 51603←江苏天达食用菌研究所；台小；姬菇品种；培养基；0014；培养温度：25℃。

ACCC 51604←江苏天达食用菌研究所；650；姬菇品种；培养基；0014；培养温度：25℃。

ACCC 51877←左雪梅组织分离；菌盖灰黑色，菌褶灰白，菌褶较细，整齐，肉厚，广温型；培养基：0014；培养温度：25℃。

ACCC 51942←大兴郑美生赠；双抗；培养基：0014；培养温度：25℃。

ACCC 52021←左雪梅子实体分离，黑色平；培养基：0014；培养温度：25℃。

ACCC 52038←广东省广州微生物研究所；GIM5.474 培养基：0014；培养温度：25℃。

ACCC 52196←广东省广州微生物研究所；GIM5.475 培养基：0014；培养温度：25℃。

Pleurotus sp. 阿魏菇

ACCC 51452←金信食用菌公司；新疆 08 培养基：0014；培养温度：25℃。

ACCC 51453←金信食用菌公司；掌状阿魏 新疆；培养基：0014；培养温度：25℃。

ACCC 51454←金信食用菌公司；掌状阿魏 新疆；培养基：0014；培养温度：25℃。

ACCC 52191←广东省广州微生物研究所 GIM5.445；培养基：0014；培养温度：25℃。

Pleurotus sp. 白阿魏侧耳

ACCC 51109←左雪梅分离，采自郑美生菇棚；开片好，掌形，肉厚，大型；培养基：0014；培养温度：25℃。

ACCC 51067←江西省九江；白灵 1 号；培养基：0014；培养温度：25℃。

ACCC 51068←江西省九江；白灵 2 号；培养基：0014；培养温度：25℃。

ACCC 51341←北京玉雪阿魏菇有限公司；长柄；培养基：0014；培养温度：25℃。

Pleurotus spodoleucus Fr. 灰白侧耳

ACCC 51299←华中农大罗信昌赠←吉林大学延边农学院←吉林，20；培养基：0014；培养温度：25℃。

Pleurotus tuber-regium（Fr.）Fr. 菌核侧耳

ACCC 50657←福建三明真菌所；培养基：0014；培养温度：25℃。

ACCC 51558←山西太原众诚农业科技开发有限公司；虎奶菇；培养基：0014；培养温度：25℃。

Pleurotus ulmarius（Bull.：Fr.）Quél 榆干侧耳

ACCC 51522←广东省广州微生物研究所；GIM5.67；培养基：0014；培养温度：25℃。

ACCC 51874←广东省广州微生物研究所菌种保藏中心；GIM5.67；培养基：0014；培养温度：25℃。

Polyporus alveolaris（DC.）Bondartsev & Singer 大孔菌

ACCC 51346←中科院微生物研究所张小青赠；1452；培养基：0014；培养温度：25℃。

ACCC 52217←中国林业科学研究院森林生态环境与保护研究所；81124；培养基：0014；培养温度：25℃。

Polyporus brumalis（Pers.）Fr. 冬生多孔菌

ACCC 51178←东北林业大学；9810；培养基：0014；培养温度：25℃。

Polyporus giganteus（Pers.）Fr. 亚灰树花（大奇果菌）

ACCC 51482←云南昆明云覃科技开发公司；培养基：0014；培养温度：25℃。

ACCC 51493←云南昆明云覃科技开发公司；大奇果菌；培养基：0014；培养温度：25℃。

Polyporus umbellata（Pers.）Fr. 猪苓多孔菌

ACCC 50673←上海农业科学院食用菌所；0208；培养基：0014；培养温度：25℃。

ACCC 51063←河南栾川科委曹淑兰赠；培养基：0014；培养温度：25℃。

ACCC 51116←中科院微生物研究所；As5.173 培养基：0014；培养温度：25℃。

ACCC 51132←黑龙江应用微生物研究所←野生分离，153；培养基：0014；培养温度：25℃。

ACCC 51487←河南西峡县真菌研究所；培养基：0014；培养温度：25℃。

ACCC 51645←陕西洋县槐树关天麻菌种厂；03-2；培养基：0014；培养温度：25℃。

Poria sp. 绵皮卧孔菌

ACCC 52215←中国林业科学研究院森林生态环境与保护研究所 5608；培养基：0014；培养温度：25℃。

Psathyrella velutina（Pers.）Singer 疣孢脆柄菇

ACCC 50565←中国农业科学院土肥所；采集野生子实体组织分离；培养基：0014；培养温度：25℃。

Pseudotrametes gibbosa（Pers.）Bondartsev & Singer 偏肿拟拴菌

ACCC 51185←东北林业大学；9806；培养基：0014；培养温度：25℃。

Pycnoporus sanguineus（L.：Fr.）Murrill 血红密孔菌

ACCC 51180←东北林业大学；9813；培养基：0014；培养温度：25℃。

Ramaria sp. 珊瑚菌

ACCC 51765←中国农业科学院农业资源与农业区划研究所，从子实体组织分离鹿茸菇；培养基：0014；培养温度：25℃。

Rhodophyllus sp. 赤褶菇

ACCC 50567←中国农业科学院土肥所；采集野生子实体分离；培养基：0014；培养温度 25℃。

Russula sp. 青头菌

ACCC 51196←云南昆明郊区山区野生子实体组织分离；培养基：0014；培养温度：25℃。

Schizophyllum commune Fr. 裂褶菌

ACCC 50875←中国科学院微生物研究所；培养基：0014；培养温度：25℃。

ACCC 51174←东北林业大学；9801；培养基：0014；培养温度：25℃。

ACCC 51516←广东省广州微生物研究所；GIM5.42 培养基：0014；培养温度：25℃。

ACCC 51517←广东省广州微生物研究所；GIM5.43；培养基：0014；培养温度：25℃。

ACCC 51853←广东省广州微生物研究所菌种保藏中心；GIM5.44；培养基：0014；培养温度：25℃。

ACCC 52104←四川省农业科学院（王波），SCHL2；培养基：0014；培养温度：25℃。

ACCC 52105←四川省农业科学院（王波），SC671-1；培养基：0014；培养温度：25℃。

ACCC 52285←中国农业科学院资划所；01917；培养基：0014；培养温度：25℃。

ACCC 52286←中国农业科学院资划所；01918；培养基：0014；培养温度：25℃。

ACCC 52356←子实体组织分离；培养基：0014；培养温度：25℃。

Scleroderma flavidum Ellis & Everh. 黄硬皮马勃

ACCC 50568←中国农业科学院土肥所；采集野生子实体分离，有毒，外生菌根菌；培养基：0014；培养温度：25℃。

Secotium agaricoides（Czern.）Hollos 灰包菇

ACCC 51460←内蒙古野生采集；培养基：0014；培养温度：25℃。

Sparassis crispa（Wulfen）Fr. 绣球菌

ACCC 51488←CBS；培养基：0014；培养温度：25℃。

ACCC 50556←中国农业大学；培养基：0014；培养温度：25℃。

Spongipellis spumeus（Sowerby）Pat. 泡盖绵皮孔菌

ACCC 51183←东北林业大学；9808；培养基：0014；培养温度：25℃。

Steccherinum adustum（Schw.）Banker 烟色齿耳

ACCC 51189←东北林业大学；9850；培养基：0014；培养温度：25℃。

Stereum insigne Bres. 亚大韧革菌

ACCC 51137←黑龙江应用微生物研究所←微生物研究所 5.57，5.57；培养基：0014；培养温度：25℃。

Storbilomyces strobilaceus（Scop.）Berk. 松塔牛肝菌

ACCC 51734←采自武夷山（虎啸岩）路上，武 1；培养基：0014；培养温度：25℃。

ACCC 50581←中国农业科学院土肥所；野生子实体组织分离；培养基：0014；培养温度：25℃。

Stropharia rugoso-annulata **Farl. ex Murrill** 大球盖菇

ACCC 50655←福建三明真菌所；培养基：0014；培养温度：25℃。

ACCC 51164←向华；培养基：0014；培养温度：25℃。

ACCC 51396←四川省农业科学院食用菌中心；培养基：0014；培养温度：25℃。

ACCC 51711←广东省广州微生物研究所；GIM5.205；培养基：0014；培养温度：25℃。

ACCC 52053←广东省广州微生物研究所菌种保藏中心；GIM5.462；培养基：0014；培养温度：25℃。

ACCC 52234←北京通州区；培养基：0014；培养温度：25℃。

Stropharia **sp.** 球盖菇

ACCC 51167←江苏农业科学院蔬菜所；培养基：0014；培养温度：25℃。

Suillus grevillei （**Klotzsch**）**Singer** 厚环乳牛肝菌

ACCC 50608←北京林业大学；落叶树等多种树木外生菌根菌；培养基：0014；培养温度：25℃。

Suillus leteus （**L.：Fr.**）**Gray** 褐环乳牛肝菌

ACCC 50609←北京林业大学；落叶树等多种树木外生菌根菌；培养基：0014；培养温度：25℃。

Taiwanofungus camphoratus （**M. Zhang & C. H. Su**）**Sheng H. Wu et al.** 樟芝

ACCC 52354←沈阳农业大学土地与环境学院孙军德赠；培养基：0014；培养温度：25℃。

ACCC 52360←中科院微生物研究所；（不共享）；培养基：0014；培养温度：25℃。

Terana caeruleum （**Lam.**）**Kuntze** 蓝伏革菌

ACCC 51141←黑龙江应用微生物研究所←微生物研究所；5.22；培养基：0014；培养温度：25℃。

ACCC 51190←东北林业大学；9913；培养基：0014；培养温度：25℃。

Termitomyces albuminosus （**Berk.**）**R. Heim** 鸡枞菌

ACCC 50678←香港中文大学←云南昆明食用菌所；鸡枞；培养基：0014；培养温度：25℃。

ACCC 51409←四川省农业科学院食用菌中心；SCTm200219；培养基：0014；培养温度：25℃。

ACCC 51410←四川省农业科学院食用菌中心；SCTm200229；培养基：0014；培养温度：25℃。

ACCC 51860←广东省广州微生物研究所菌种保藏中心；GIM5.89；培养基：0014；培养温度：25℃。

Termitomyces clypeatus **R. Heim** 尖盾鸡枞菌

ACCC 51412←四川省农业科学院食用菌中心；SCTm200231；培养基：0014；培养温度：25℃。

Termitomyces globulus **R. Heim & Gooss. Font.** 球盖蚁巢伞

ACCC 51687←广东省广州微生物研究所；GIM5.330；培养基：0014；培养温度：25℃。

Termitomyces heimii **Natarajan** 鸡枞

ACCC 51481←云南昆明云蕈科技开发公司；云玉2号；培养基：0014；培养温度：25℃。

Termitomyces microcarpus （**Berk. & Broome**）**R. Heim** 小果鸡枞菌

ACCC 51411←四川省农业科学院食用菌中心；SCTm200240；培养基：0014；培养温度：25℃。

Termitomyces robustus （**Beeli**）**R. Heim** 粗柄鸡枞菌

ACCC 51413←四川省农业科学院食用菌中心；SCTm200243；培养基：0014；培养温度：25℃。

Termitomyces **sp.** 大鸡枞

ACCC 51468←云南野生采集；培养基：0014；培养温度：25℃。

Termitomyces **sp.** 鸡枞

ACCC 51321←昆明郊区山上野生子实体组织分离；培养基：0014；培养温度：25℃。

ACCC 51472←云南野生采集；培养基：0014；培养温度：25℃。

Thelephora ganbajun **Zang** 干巴菌

ACCC 51480←云南昆明云蕈科技开发公司；云峨1号；培养基：0014；培养温度：25℃。

Trametes cinnabarina （**Jacq.**）**Fr.** 朱红栓菌

ACCC 52203←中国农业大学生物学院王贺祥赠；培养基：0014；培养温度：25℃。

Trametes dickinsii Berk. ex Cooke 肉色栓菌

ACCC 51225←东北林业大学；9830；培养基：0014；培养温度：25℃。

Trametes hirsuta （Wulfen）Pilát 毛栓孔菌

ACCC 51673←广东省广州微生物研究所；GIM5.001；培养基：0014；培养温度：25℃。

ACCC 51188←东北林业大学；9820；培养基：0014；培养温度：25℃。

Trametes obstinata Cooke 褐带栓菌

ACCC 51129←黑龙江应用微生物研究所←杏林师大生物系抗癌药物研究室，5Lg（2）；奥德曼丝菌；培养基：0014；培养温度：25℃。

Trametes purpurea 紫带栓菌

ACCC 51135←黑龙江应用微生物研究所；slg300；培养基：0014；培养温度：25℃。

Trametes sanguinea （L.）Lloyd 血红栓菌

ACCC 52320←中国农业科学院麻类研究所；IBFC.W1005；培养基：0014；培养温度：25℃。

Trametes suaveolens （L.）Fr. 香栓菌

ACCC 51179←东北林业大学；9804；培养基：0014；培养温度：25℃。

ACCC 50420←东北师范大学生物系；培养基：0014；培养温度：25℃。

ACCC 52263←中国农业科学院资划所←云南省农业科学院；YMHSM1066；培养基：0014；培养温度：25℃。

ACCC 52264←中国农业科学院资划所←云南省农业科学院；YMHSM1067；培养基：0014；培养温度：25℃。

ACCC 52265←中国农业科学院资划所←云南省农业科学院；YAASM-1068；培养基：0014；培养温度：25℃。

ACCC 52266←中国农业科学院资划所；YAASM-1069；培养基：0014；培养温度：25℃。

Trametes trogii Berk. 毛栓菌

ACCC 51945←采自陶然亭公园，1号；培养基：0014；培养温度：25℃。

ACCC 51946←采自陶然亭公园，2号；培养基：0014；培养温度：25℃。

ACCC 52242←中国农业科学院资划所；01360；培养基：0014；培养温度：25℃。

Trametes versicolor （L.：Fr.）Pilát 云芝栓孔菌（云芝）

ACCC 50435←吉林省农业科学院长白山资源所；培养基：0014；培养温度：25℃。

ACCC 50705←香港中文大学；培养基：0014；培养温度：25℃。

ACCC 51171←东北林业大学；9803；彩绒革盖菌；培养基：0014；培养温度：25℃。

ACCC 51345←中科院微生物研究所；1302；培养基：0014；培养温度：25℃。

ACCC 51709←广东省广州微生物研究所；GIM5.179；培养基：0014；培养温度：25℃。

ACCC 51839←广东省广州微生物研究所菌种保藏中心；GIM5.178；培养基：0014；培养温度：25℃。

ACCC 52169←山东农业大学；30122；培养基：0014；培养温度：25℃。

ACCC 52213←中国林业科学研究院森林生态环境与保护研究所；P60（5336）；培养基：0014；培养温度：25℃。

Tremella aurantia Schwein. 金耳

ACCC 50219←山西生物所；培养基：0014；培养温度：25℃。

ACCC 50347←山西省生物所；培养基：0014；培养温度：25℃。

ACCC 50676←云南微生物研究所；5017；培养基：0014；培养温度：25℃。

ACCC 51479←云南昆明云蕈科技开发公司；云耳1号；培养基：0014；培养温度：25℃。

ACCC 51862←广东省广州微生物研究所菌种保藏中心；GIM5.225；培养基：0014；培养温度：25℃。

Tremella fuciformis Berk. 银耳

ACCC 50546←中国农业科学院土肥所；培养基：0014；培养温度：25℃。

ACCC 51351←福建古田，Tr01；银耳芽孢；培养基：0014；培养温度：25℃。

ACCC 51352←福建古田，Tr21；银耳芽孢；培养基：0014；培养温度：25℃。

ACCC 51863←广东省广州微生物研究所菌种保藏中心；GIM5.231；培养基：0014；培养温度：25℃。

Tricholoma giganteum Massee 巨大口蘑

ACCC 51434←福建省三明市真菌研究所；荆菇；培养基：0014；培养温度：25℃。

Tricholoma gambosum （Fr.） Gillet 香杏口蘑

ACCC 50480←中国农业科学院草原所；培养基：0014；培养温度：25℃。

Tricholoma lobayense R. Heim 洛巴伊口蘑（金福菇）

ACCC 50754←香港；培养基：0014；培养温度：25℃。

ACCC 51150←武汉新宇食用菌研究所；培养基：0014；培养温度：25℃。

ACCC 51238←福建农林大学谢宝贵←闽清，金福菇；培养基：0014；培养温度：25℃。

ACCC 51323←福建三明真菌研究所；培养基：0014；培养温度：25℃。

ACCC 51433←福建省三明市真菌研究所；培养基：0014；培养温度：25℃。

ACCC 52057←广东省广州微生物研究所；GIM5.458；培养基：0014；培养温度：25℃。

Tricholoma matsutake （S. Ito & S. Imai） Singer 松口蘑（松茸）

ACCC 50422←东北师范大学生物系；培养基：0014；培养温度：25℃。

ACCC 50614←南京师范大学生物系；与赤松、黑松、高山松等形成外生菌根，食用，共生菌；培养基：0014；培养温度：25℃。

ACCC 50687←香港中文大学生物系←上海农业科学院食用菌所；635；共生菌；培养基：0014；培养温度：25℃。

ACCC 51071←大连理工大学珍稀菌物开发中心；培养基：0014；培养温度：25℃。

ACCC 51588←中国农业科学院农业资源与农业区划研究所；培养基：0014；培养温度：25℃。

ACCC 51688←广东省广州微生物研究所；GIM5.331；培养基：0014；培养温度：25℃。

Tricholoma populinum J. E. Lange 杨树口蘑

ACCC 51630←河北省涞源县空中草原；培养基：0014；培养温度：25℃。

Tricholoma saponaceum （Fr.） P. Kumm. 皂味口蘑

ACCC 51705←广东省微生物研究所；GIM5.284；培养基：0014；培养温度：25℃。

Tricholoma sordidum （Schumach.） P. Kumm. 紫晶口蘑

ACCC 51138←黑龙江应用微生物研究所←野生分离，321；培养基：0014；培养温度：25℃。

ACCC 51526←广东省微生物研究所；GIM5.88；培养基：0014；培养温度：25℃。

ACCC 51859←广东省微生物研究所菌种保藏中心；GIM5.88；培养基：0014；培养温度：25℃。

Tuber sp. 块菌

ACCC 51103←华中农业大学；共生菌；（不共享）；培养基：0014；培养温度：25℃。

ACCC 51591←山东曹县中国菌种超市；培养基：0014；培养温度：25℃。

Tyromyces albiolus 白干酪菌

ACCC 51182←东北林业大学 9821；培养基：0014；培养温度：25℃。

Tyromyces subcaesius 近蓝灰干酪菌

ACCC 52319←中国农业科学院麻类研究所；IBFC.W1008；培养基：0014；培养温度：25℃。

ACCC 52321←中国农业科学院麻类研究所；IBFC.W1021；培养基：0014；培养温度：25℃。

ACCC 51986←中国农业科学院麻类研究所；IBFC WO598；培养基：0014；培养温度：25℃。

ACCC 51987←中国农业科学院麻类研究所；IBFC WO599；培养基：0014；培养温度：25℃。

ACCC 51988←中国农业科学院麻类研究所；IBFC WO600；培养基：0014；培养温度：25℃。

ACCC 51989←中国农业科学院麻类研究所；IBFC WC601；培养基：0014；培养温度：25℃。

ACCC 51990←中国农业科学院麻类研究所；IBFC WC602；培养基：0014；培养温度：25℃。

ACCC 51991←中国农业科学院麻类研究所；IBFC WC603；培养基：0014；培养温度：25℃。

ACCC 51992←中国农业科学院麻类研究所；IBFC WC604；培养基：0014；培养温度：25℃。

ACCC 51993←中国农业科学院麻类研究所；IBFC WC605；培养基：0014；培养温度：25℃。

ACCC 51994←中国农业科学院麻类研究所；IBFC WO606；培养基：0014；培养温度：25℃。

ACCC 51995←中国农业科学院麻类研究所；IBFC WO609；培养基：0014；培养温度：25℃。

ACCC 52049←中国农业科学院麻类研究所；IBFC WO709；培养基：0014；培养温度：25℃。

ACCC 52050←中国农业科学院麻类研究所；IBFC WO710；培养基：0014；培养温度：25℃。

Tyromyces sp. 干酪菌

ACCC 52314←中国农业科学院麻类研究所；IBFC WO972；培养基：0014；培养温度：25℃。

ACCC 52315←中国农业科学院麻类研究所；IBFC WO955；培养基：0014；培养温度：25℃。

ACCC 52318←中国农业科学院麻类研究所；IBFC W1028；培养基：0014；培养温度：25℃。

Volvariella bombycina (Schaeff.) Singer 银丝草菇

ACCC 50386←陕西省宁强县食用菌研究所；培养基：0014；培养温度：25℃。

ACCC 50446←中国农业大学；培养基：0014；培养温度：25℃。

ACCC 50465←山东省农业科学院土肥所；V35；培养基：0014；培养温度：25℃。

ACCC 50686←中国农业科学院土肥所←香港中文大学生物系，Vo-14；培养基：0014；培养温度：25℃。

ACCC 50897←福建农业大学←广东省广州微生物研究所；V23；培养基：0014；培养温度：25℃。

ACCC 50899←福建三明真菌所；391；培养基：0014；培养温度：25℃。

ACCC 50900←福建三明真菌所；泰国1号；培养基：0014；培养温度：25℃。

ACCC 50977←河南省生物所；低温草菇；培养基：0014；培养温度：25℃。

ACCC 50978←河南省生物所；V34；培养基：0014；培养温度：25℃。

ACCC 51875←广东省广州微生物研究所菌种保藏中心；GIM5.96；培养基：0014；培养温度：25℃。

Volvariella volvacea (Bull.) Singer 草菇

ACCC 50425←北京农业大学；8020；培养基：0014；培养温度：25℃。

ACCC 50440←湖南省食用菌研究所；新泰；培养基：0014；培养温度：25℃。

ACCC 50441←广东省广州微生物研究所；V844；培养基：0014；培养温度：25℃。

ACCC 50447←北京农业大学；农大1-1；培养基：0014；培养温度：25℃。

ACCC 50458←浙江庆元县食用菌所；801-4；培养基：0014；培养温度：25℃。

ACCC 50459←北京农业大学；8411；培养基：0014；培养温度：25℃。

ACCC 50460←北京农业大学；7804-1；培养基：0014；培养温度：25℃。

ACCC 50461←北京农业大学；F2；培养基：0014；培养温度：25℃。

ACCC 50463←北京农业大学；A-238；培养基：0014；培养温度：25℃。

ACCC 50464←山东省农业科学院土肥所←台湾省，台湾草菇；培养基：0014；培养温度：25℃。

ACCC 50543←香港中文大学；V12；培养基：0014；培养温度：25℃。

ACCC 50547←香港中文大学；V41；培养基：0014；培养温度：25℃。

ACCC 50585←山西省农业科学院食用菌所；培养基：0014；培养温度：25℃。

ACCC 50590←河北大学生物工程所；V34；培养基：0014；培养温度：25℃。

ACCC 50591←香港，V54；提取有RIP，小粒，浅色；培养基：0014；培养温度：25℃。

ACCC 50592←香港，V6；培养基：0014；培养温度：25℃。

ACCC 50593←香港，V3；培养基：0014；培养温度：25℃。

ACCC 50594←香港，V30；培养基：0014；培养温度：25℃。

ACCC 50616←香港中文大学；V34；培养基：0014；培养温度：25℃。

ACCC 50617←广东省广州微生物研究所；V906；培养基：0014；培养温度：25℃。

ACCC 50679←香港中文大学；Vo-84；培养基：0014；培养温度：25℃。

ACCC 50681←香港中文大学；Vo-7；培养基：0014；培养温度：25℃。

ACCC 50683←香港中文大学；Vo-42-18；培养基：0014；培养温度：25℃。

ACCC 50684←香港中文大学；Vo-50；培养基：0014；培养温度：25℃。

ACCC 50923←郑美生；T-V-17；培养基：0014；培养温度：25℃。

ACCC 50932←上海农业科学院食用菌所；白草菇；培养基：0014；培养温度：25℃。

ACCC 51111←左雪梅803从子实体组织分离；自郑美生菇房；亲代来自福建；T-803；培养基：0014；培养温度：25℃。

ACCC 51112←左雪梅804从子实体组织分离；自郑美生菇房；亲代来自福建；T-804；培养基：0014；培养温度：25℃。

ACCC 51113←左雪梅805从子实体组织分离；自郑美生菇房；亲代来自福建；T-805；培养基：0014；培养温度：25℃。

ACCC 51114←左雪梅808从子实体组织分离；自郑美生菇房；亲代来自福建；T-808；培养基：0014；培养温度：25℃。

ACCC 51243←福建农林大学；谢宝贵赠；AN106；培养基：0014；培养温度：25℃。

ACCC 51244←福建农林大学；谢宝贵赠；AN146；低产；培养基：0014；培养温度：25℃。

ACCC 51245←福建农林大学；谢宝贵赠；AN31；低产；培养基：0014；培养温度：25℃。

ACCC 51246←福建农林大学；谢宝贵赠；AN26a；低产；培养基：0014；培养温度：25℃。

ACCC 51247←福建农林大学；谢宝贵赠；VF；低产；培养基：0014；培养温度：25℃。

ACCC 51247←华中农大罗信昌赠←福建农林大学；培养基：0014；培养温度：25℃。

ACCC 51248←福建农林大学；谢宝贵赠；AN22；中产；培养基：0014；培养温度：25℃。

ACCC 51249←福建农林大学；谢宝贵赠；H207；不出菇，杂交菌株；培养基：0014；培养温度：25℃。

ACCC 51250←福建农林大学；谢宝贵赠；H230；不出菇，杂交菌株；培养基：0014；培养温度：25℃。

ACCC 51251←福建农林大学；谢宝贵赠；H110；不出菇，杂交菌株；培养基：0014；培养温度：25℃。

ACCC 51252←福建农林大学；谢宝贵赠；H104；高产，杂交菌株；培养基：0014；培养温度：25℃。

ACCC 51253←福建农林大学；谢宝贵赠；h133；高产，杂交菌株；培养基：0014；培养温度：25℃。

ACCC 51254←福建农林大学；谢宝贵赠；h132；高产，杂交菌株；培养基：0014；培养温度：25℃。

ACCC 51255←福建农林大学；谢宝贵赠；h119；低产，杂交菌株；培养基：0014；培养温度：25℃。

ACCC 51256←福建农林大学；谢宝贵赠；h120；低产，杂交菌株；培养基：0014；培养温度：25℃。

ACCC 51257←福建农林大学；谢宝贵赠；h105；低产，杂交菌株；培养基：0014；培养温度：25℃。

ACCC 51258←福建农林大学；谢宝贵赠；h113；低产，杂交菌株；培养基：0014；培养温度：25℃。

ACCC 51259←福建农林大学；谢宝贵赠；h240；低产，杂交菌株；培养基：0014；培养温度：25℃。

ACCC 51260←福建农林大学；谢宝贵赠；AN03；低产，杂交菌株；培养基：0014；培养温度：25℃。

ACCC 51377←四川省农业科学院；食用菌中心王波赠；V53；培养基：0014；培养温度：25℃。

ACCC 51378←四川省农业科学院；食用菌中心王波赠；V233；培养基：0014；培养温度：25℃。

ACCC 51429←福建省三明市真菌研究所；V9；培养基：0014；培养温度：25℃。

ACCC 51430←福建省三明市真菌研究所；V97；培养基：0014；培养温度：25℃。

ACCC 51473←云南野生采集；培养基：0014；培养温度：25℃。

ACCC 51593←中国农业科学院农业资源与农业区划研究所；V0049；培养基：0014；培养温度：25℃。

ACCC 51594←中国农业科学院农业资源与农业区划研究所；V0050；培养基：0014；培养温度：25℃。

ACCC 51595←中国农业科学院农业资源与农业区划研究所；V0051；培养基：0014；培养温度：25℃。

ACCC 51596←中国农业科学院农业资源与农业区划研究所；V0060；培养基：0014；培养温度：25℃。

ACCC 51715←南京农业大学生命科学学院，NAEcc0887；培养基：0014；培养温度：25℃。

ACCC 52025←广东省广州微生物研究所菌种保藏中心；GIM5.365；培养基：0014；培养温度：25℃。

ACCC 52047←广东省微生物研究，GIM5.498；培养基：0014；培养温度：25℃。

ACCC 52048←广东省广州微生物研究所菌种保藏中心；GIM5.499；培养基：0014；培养温度：25℃。

ACCC 52058←广东省广州微生物研究所；GIM5.472；培养基：0014；培养温度：25℃。

ACCC 52206←从子实体组织分离，8516；培养基：0014；培养温度：25℃。

Wolfiporia ocos (Schwein.) Ryvarden & Gilb. 茯苓

ACCC 50478←福建三明真菌所；培养基：0014；培养温度：25℃。

ACCC 50864←中国科学院微生物研究所；AS5.78；培养基：0014；培养温度：25℃。

ACCC 50876←中国科学院微生物研究所；As5.137；培养基：0014；培养温度：25℃。

ACCC 51334←安徽岳西县田头乡下潭村蒋晓恒菌核分离；培养基：0014；培养温度：25℃。

ACCC 51639←湖北武汉华中食用菌栽培研究所；中华茯苓；培养基：0014；培养温度：25℃。

ACCC 51641←湖北武汉华中食用菌栽培研究所；茯苓28；培养基：0014；培养温度：25℃。

ACCC 51642←湖北武汉华中食用菌栽培研究所；86；培养基：0014；培养温度：25℃。

ACCC 51643←陕西洋县槐树关天麻菌种厂；1；培养基：0014；培养温度：25℃。

ACCC 51644←陕西洋县槐树关天麻菌种厂；901；培养基：0014；培养温度：25℃。

ACCC 51861←广东省广州微生物研究所菌种保藏中心；GIM5.99；培养基：0014；培养温度：25℃。

ACCC 51960←华中农业大学←安徽省六安市霍山县；云苓1号；培养基：0014；培养温度：25℃。

ACCC 51961←华中农业大学←贵州省习水县习酒镇食用菌研究中心；GI；培养基：0014；培养温度：25℃。

ACCC 51962←华中农业大学←云南省宝山县；YI（宝山）；培养基：0014；培养温度：25℃。

ACCC 51963←华中农业大学←福建农业大学生命科学院，闽006（21号）；培养基：0014；培养温度：25℃。

ACCC 51964←华中农业大学←四川省食用菌菌种厂；SC；培养基：0014；培养温度：25℃。

ACCC 51965←华中农业大学←湖北中医研究院；同仁堂1号（TT）；培养基：0014；培养温度：25℃。

ACCC 51966←华中农业大学←广东省广州市微生物研究所；GD；培养基：0014；培养温度：25℃。

ACCC 51967←华中农业大学←安徽农业大学；A10；培养基：0014；培养温度：25℃。

ACCC 51968←华中农业大学←陕西省西乡县古城菌研所；靖州28号；培养基：0014；培养温度：25℃。

ACCC 51969←华中农业大学←湖北省英山县陶河乡；Z（Z）；培养基：0014；培养温度：25℃。

ACCC 51970←华中农业大学←黑龙江东北食（药）用真菌研究所；DB；培养基：0014；培养温度：25℃。

ACCC 51971←华中农业大学←采自安徽岳西；岳西；培养基：0014；培养温度：25℃。

ACCC 51972←华中农业大学←安徽农业大学；A9；培养基：0014；培养温度：25℃。

ACCC 51973←华中农业大学←湖北省英山县；I（1）；培养基：0014；培养温度：25℃。

ACCC 51974←华中农业大学←福建三明真菌研究所；901；培养基：0014；培养温度：25℃。

ACCC 51975←华中农业大学←河南西峡县源菌物研究所；茯苓3号；培养基：0014；培养温度：25℃。

ACCC 51976←华中农业大学←陕西洋县天麻研究所；神苓1号（S1）；培养基：0014；培养温度：25℃。

ACCC 51977←华中农业大学←湖北中医研究院←采于安徽野生，PO；培养基：0014；培养温度：25℃。

ACCC 51978←华中农业大学←山东省济宁市光大食用菌研究中心；SD；培养基：0014；培养温度：25℃。

ACCC 51985←华中农业大学←野生，采于安徽←湖北省中医研究所；L；培养基：0014；培养温度：25℃。

Xerocomus rugosellus (Chiu) Tai 长孢绒盖牛肝菌

ACCC 52114←丽水林科所（应国华）；培养基：0014；培养温度：25℃。

Xylaria nigripes (KL.) Sacc 黑柄碳角菌

ACCC 51491←云南昆明云覃科技开发公司；培养基：0014；培养温度：25℃。

七、丛枝菌根真菌
（Arbuscular Mycorrhizal Fungi）

***Acaulospora delicata* Walker, Pfeiffer & Bloss 脆无梗囊霉**

BGC BJ02B←北京市农林科学院植物营养与资源研究所 BGC BJ02B；采集地：北京昌平；分离源：银杏根围土壤；活体共生培养；宿主高粱，培养基质沸石与河沙（1：1），光照 8 000～10 000lx；培养温度：20～30℃。

***Acaulospora mellea* Spain & Schenck 蜜色无梗囊霉**

BGC BJ02A←北京市农林科学院植物营养与资源研究所 BGC BJ02A；采集地：北京昌平；分离源：银杏根围土壤；活体共生培养；宿主高粱，培养基质沸石与河沙（1：1），光照 8 000～10 000lx；培养温度：20～30℃。

***Acaulospora scrobiculata* Trappe 细凹无梗囊霉**

BGC HK02A←北京市农林科学院植物营养与资源研究所 BGC HK02A；采集地：香港；分离源：紫荆花根围土壤；活体共生培养；宿主高粱，培养基质沸石与河沙（1：1），光照 8 000～10 000lx；培养温度：20～30℃。

***Claroideoglomus etunicatum*（W. N. Becker & Gerd.）C. Walker & A. Schüßler（2010）≡ *Glomus etunicatum* Becker & Gerdeman 幼套球囊霉**

BGC GZ03C←北京市农林科学院植物营养与资源研究所 BGC GZ03C；采集地：贵州晴隆；分离源：银杏根围土壤；活体共生培养；宿主高粱，培养基质沸石与河沙（1：1），光照 8 000～10 000lx；培养温度：20～30℃。

BGC GZ04B←北京市农林科学院植物营养与资源研究所 BGC GZ04B；采集地：贵州贵阳；分离源：棕榈根围土壤；活体共生培养；宿主高粱，培养基质沸石与河沙（1：1），光照 8 000～10 000lx；培养温度：20～30℃。

BGC XJ03C←北京市农林科学院植物营养与资源研究所 BGC XJ03C；采集地：新疆阿克苏；分离源：水稻根围土壤；活体共生培养；宿主高粱，培养基质沸石与河沙（1：1），光照 8 000～10 000lx；培养温度：20～30℃。

BGC XJ04B←北京市农林科学院植物营养与资源研究所 BGC XJ04B；采集地：新疆沙湾；分离源：苦豆子根围土壤；活体共生培养；宿主高粱，培养基质沸石与河沙（1：1），光照 8 000～10 000lx；培养温度：20～30℃。

BGC SC01C←北京市农林科学院植物营养与资源研究所 BGC SC01C；采集地：重庆奉节；分离源：丝瓜根围土壤；活体共生培养；宿主高粱，培养基质沸石与河沙（1：1），光照 8 000～10 000lx；培养温度：20～30℃。

BGC NM01B←北京市农林科学院植物营养与资源研究所 BGC NM01B；采集地：内蒙锡盟；分离源：细叶葱根围土壤；活体共生培养；宿主高粱，培养基质沸石与河沙（1：1），光照 8 000～10 000lx；培养温度：20～30℃。

BGC NM02B←北京市农林科学院植物营养与资源研究所 BGC NM02B；采集地：内蒙巴林左旗；分离源：青蒿根围土壤；活体共生培养；宿主高粱，培养基质沸石与河沙（1：1），光照 8 000～10 000lx；培养温度：20～30℃。

BGC XZ03B←北京市农林科学院植物营养与资源研究所 BGC XZ03B；采集地：西藏堆龙德庆；分离源：青稞根围土壤；活体共生培养；宿主高粱，培养基质沸石与河沙（1：1），光照 8 000～10 000lx；培养温度：20～30℃。

BGC HLJ01B←北京市农林科学院植物营养与资源研究所 BGC HLJ01B；采集地：黑龙江哈尔滨；分离源：

黄檗根围土壤；活体共生培养：宿主高粱，培养基质沸石与河沙（1:1），光照 8 000～10 000lx；培养温度：20～30℃。

BGC BJ04C←北京市农林科学院植物营养与资源研究所 BGC BJ04C；采集地：北京平谷；分离源：桃根围土壤；活体共生培养：宿主高粱，培养基质沸石与河沙（1:1），光照 8 000～10 000lx；培养温度：20～30℃。

BGC HEB03←北京市农林科学院植物营养与资源研究所←中国农业大学资源与环境学院 BEG 181；采集地：河北；分离源：棉花根围土壤；活体共生培养：宿主高粱，培养基质沸石与河沙（1:1），光照 8 000～10 000lx；培养温度：20～30℃。

BGC HEB04←北京市农林科学院植物营养与资源研究所←中国农业大学资源与环境学院 BEG 168；采集地：河北；分离源：玉米根围土壤；活体共生培养：宿主高粱，培养基质沸石与河沙（1:1），光照 8 000～10 000lx；培养温度：20～30℃。

BGC HEN02A←北京市农林科学院植物营养与资源研究所 BGC HEN02A；采集地：河南封丘；分离源：玉米根围土壤；活体共生培养：宿主高粱，培养基质沸石与河沙（1:1），光照 8 000～10 000lx；培养温度：20～30℃。

BGC NM03F←北京市农林科学院植物营养与资源研究所 BGC NM03F；采集地：内蒙古鄂尔多斯；分离源：苜蓿根围土壤；活体共生培养：宿主高粱，培养基质沸石与河沙（1:1），光照 8 000～10 000lx；培养温度：20～30℃。

BGC NM04D←北京市农林科学院植物营养与资源研究所 BGC NM04D；采集地：内蒙伊金霍洛旗；分离源：沙打旺根围土壤；活体共生培养：宿主高粱，培养基质沸石与河沙（1:1），光照 8 000～10 000lx；培养温度：20～30℃。

BGC HUN02C←北京市农林科学院植物营养与资源研究所 BGC HUN02C；采集地：湖南桂阳；分离源：狗牙根根围土壤；活体共生培养：宿主高粱，培养基质沸石与河沙（1:1），光照 8 000～10 000lx；培养温度：20～30℃。

BGC HEB07A←北京市农林科学院植物营养与资源研究所 BGC HEB07A；采集地：河北廊坊；分离源：番茄/黄瓜根围土壤；活体共生培养：宿主高粱，培养基质沸石与河沙（1:1），光照 8 000～10 000lx；培养温度：20～30℃。

BGC SD03B←北京市农林科学院植物营养与资源研究所；采集地：山东寿光；分离源：番茄根围土壤；活体共生培养：宿主高粱，培养基质沸石与河沙（1:1），光照 8 000～10 000lx；培养温度：20～30℃。

BGC XJ06C←北京市农林科学院植物营养与资源研究所 BGC XJ06C；采集地：新疆昌吉；分离源：骆驼刺根围土壤；活体共生培养：宿主高粱，培养基质沸石与河沙（1:1），光照 8 000～10 000lx；培养温度：20～30℃。

BGC XJ07B←北京市农林科学院植物营养与资源研究所 BGC XJ07B；采集地：新疆昌吉；分离源：胡杨根围土壤；活体共生培养：宿主高粱，培养基质沸石与河沙（1:1），光照 8 000～10 000lx；培养温度：20～30℃。

BGC XJ08B←北京市农林科学院植物营养与资源研究所 BGC XJ08B；采集地：新疆轮台；分离源：胡杨根围土壤；活体共生培养：宿主高粱，培养基质沸石与河沙（1:1），光照 8 000～10 000lx；培养温度：20～30℃。

Claroideoglomus lamellosum（Dalpé, Koske & Tews）C. Walker & A. Schüßler（2010）≡ *Glomus lamellosum* Dalpé, Koske & Tews 层状球囊霉

BGC NM03E←北京市农林科学院植物营养与资源研究所 BGC NM03E；采集地：内蒙伊金霍洛旗；分离源：苜蓿根围土壤；活体共生培养：宿主高粱，培养基质沸石与河沙（1:1），光照 8 000～10 000lx；培养温度：20～30℃。

BGC XJ08C←北京市农林科学院植物营养与资源研究所 BGC XJ08C；采集地：新疆轮台；胡杨分离源：根围土壤；活体共生培养：宿主高粱，培养基质沸石与河沙（1:1），光照 8 000～10 000lx；培养温度：20～30℃。

Diversispora eburnea （L. J. Kenn. , J. C. Stutz & J. B. Morton） **C. Walker & A. Schüßler** **（2010）** ≡***Glomus eburneum*** **Kennedy, Stutz & Morton 象牙白球囊霉**

BGC HK02C←北京市农林科学院植物营养与资源研究所 BGC HK02C；采集地：香港；分离源：紫荆花根围土壤；活体共生培养：宿主高粱，培养基质沸石与河沙（1∶1），光照 8 000～10 000lx；培养温度：20～30℃。

BGC XJ05B←北京市农林科学院植物营养与资源研究所 BGC XJ05；采集地：新疆轮台；分离源：骆驼刺根围土壤；活体共生培养：宿主高粱，培养基质沸石与河沙（1∶1），光照 8 000～10 000lx；培养温度：20～30℃。

BGC XJ06B←北京市农林科学院植物营养与资源研究所 BGC XJ06B；采集地：新疆昌吉；分离源：骆驼刺根围土壤；活体共生培养：宿主高粱，培养基质沸石与河沙（1∶1），光照 8 000～10 000lx；培养温度：20～30℃。

Diversispora spurca （Pfeiffer, Walker & Bloss） **Walker & Schüessler 黏屑多样孢囊霉**

BGC SD03A←北京市农林科学院植物营养与资源研究所 BGC SD03A；采集地：山东寿光；分离源：番茄根围土壤；活体共生培养：宿主高粱，培养基质沸石与河沙（1∶1），光照 8 000～10 000lx；培养温度：20～30℃。

BGC XJ06E←北京市农林科学院植物营养与资源研究所 BGC XJ06E；采集地：新疆昌吉；分离源：骆驼刺根围土壤；活体共生培养：宿主高粱，培养基质沸石与河沙（1∶1），光照 8 000～10 000lx；培养温度：20～30℃。

BGC XJ08D←北京市农林科学院植物营养与资源研究所 BGC XJ08D；采集地：新疆轮台；分离源：胡杨根围土壤；活体共生培养：宿主高粱，培养基质沸石与河沙（1∶1），光照 8 000～10 000lx；培养温度：20～30℃。

Funneliformis constrictus （Trappe） **C. Walker & A. Schüßler （2010）** ≡***Glomus constrictum*** **Trappe 缩球囊霉**

BGC NM03B←北京市农林科学院植物营养与资源研究所 BGC NM03B；采集地：内蒙伊金霍洛旗；分离源：苜蓿根围土壤；活体共生培养：宿主高粱，培养基质沸石与河沙（1∶1），光照 8 000～10 000lx；培养温度：20～30℃。

Funneliformis coronatus （Giovann. ） **C. Walker & A. Schüßler （2010）** ≡***Glomus coronatum*** **Giovannetti & Salutini 副冠球囊霉**

BGC NM04C←北京市农林科学院植物营养与资源研究所 BGC NM04C；采集地：内蒙古伊金霍洛旗；分离源：沙打旺根围土壤；活体共生培养：宿主高粱，培养基质沸石与河沙（1∶1），光照 8 000～10 000lx；培养温度：20～30℃。

BGC NM06A←北京市农林科学院植物营养与资源研究所 BGC NM06A；采集地：内蒙古鄂尔多斯；分离源：沙蒿根围土壤；活体共生培养：宿主高粱，培养基质沸石与河沙（1∶1），光照 8 000～10 000lx；培养温度：20～30℃。

Funneliformis mosseae （T. H. Nicolson & Gerd. ） **C. Walker & A. Schüßler （2010）** ≡***Glomus mosseae*** **（Nicolson & Gerdemann） Gerdemann & Trappe 摩西球囊霉**

BGC XJ02←北京市农林科学院植物营养与资源研究所 BGC XJ02；采集地：新疆康苏；分离源：土壤；活体共生培养：宿主高粱，培养基质沸石与河沙（1∶1），光照 8 000～10 000lx；培养温度：20～30℃。

BGC XJ03A←北京市农林科学院植物营养与资源研究所 BGC XJ03A；采集地：新疆阿克苏；分离源：水稻根围土壤；活体共生培养：宿主高粱，培养基质沸石与河沙（1∶1），光照 8 000～10 000lx；培养温度：20～30℃。

BGC BJ01←北京市农林科学院植物营养与资源研究所 BGC BJ01；采集地：北京大兴；分离源：葱根围土壤；活体共生培养：宿主高粱，培养基质沸石与河沙（1∶1），光照 8 000～10 000lx；培养温度：20～30℃。

BGC JX01←北京市农林科学院植物营养与资源研究所 BGC JX01；采集地：江西上饶；分离源：桂花根围土壤；活体共生培养：宿主高粱，培养基质沸石与河沙（1∶1），光照 8 000～10 000lx；培养温度：20～30℃。

BGC JX02←北京市农林科学院植物营养与资源研究所 BGC JX02；采集地：江西南昌；分离源：土壤；活体共生培养：宿主高粱，培养基质沸石与河沙（1∶1），光照 8 000～10 000lx；培养温度：20～30℃。

BGC YN01←北京市农林科学院植物营养与资源研究所 BGC YN01；采集地：云南丽江；分离源：玉米根围土壤；活体共生培养：宿主高粱，培养基质沸石与河沙（1∶1），光照 8 000～10 000lx；培养温度：20～30℃。

BGC YN03←北京市农林科学院植物营养与资源研究所 BGC YN03；采集地：云南楚雄；分离源：云南含笑根围土壤；活体共生培养：宿主高粱，培养基质沸石与河沙（1∶1），光照 8 000～10 000lx；培养温度：20～30℃。

BGC YN04←北京市农林科学院植物营养与资源研究所 BGC YN04；采集地：云南楚雄；分离源：兰桉根围土壤；活体共生培养：宿主高粱，培养基质沸石与河沙（1∶1），光照 8 000～10 000lx；培养温度：20～30℃。

BGC YN05←北京市农林科学院植物营养与资源研究所 BGC YN05；采集地：云南楚雄；分离源：芋头根围土壤；活体共生培养：宿主高粱，培养基质沸石与河沙（1∶1），光照 8 000～10 000lx；培养温度：20～30℃。

BGC YN06←北京市农林科学院植物营养与资源研究所 BGC YN06；采集地：云南楚雄；分离源：辣椒根围土壤；活体共生培养：宿主高粱，培养基质沸石与河沙（1∶1），光照 8 000～10 000lx；培养温度：20～30℃。

BGC GZ01A←北京市农林科学院植物营养与资源研究所 BGC GZ01；采集地：贵州毕节；分离源：槐根围土壤；活体共生培养：宿主高粱，培养基质沸石与河沙（1∶1），光照 8 000～10 000lx；培养温度：20～30℃。

BGC GZ02←北京市农林科学院植物营养与资源研究所 BGC GZ02；采集地：贵州贵阳；野葡萄分离源：根围土壤；活体共生培养：宿主高粱，培养基质沸石与河沙（1∶1），光照 8 000～10 000lx；培养温度：20～30℃。

BGC GZ03A←北京市农林科学院植物营养与资源研究所 BGC GZ03A；采集地：贵州晴隆；分离源：银杏根围土壤；活体共生培养：宿主高粱，培养基质沸石与河沙（1∶1），光照 8 000～10 000lx；培养温度：20～30℃。

BGC GZ04A←北京市农林科学院植物营养与资源研究所 BGC GZ04A；采集地：贵州贵阳；分离源：棕榈根围土壤；活体共生培养：宿主高粱，培养基质沸石与河沙（1∶1），光照 8 000～10 000lx；培养温度：20～30℃。

BGC GX01←北京市农林科学院植物营养与资源研究所 BGC GX01；采集地：广西平果；分离源：大豆根围土壤；活体共生培养：宿主高粱，培养基质沸石与河沙（1∶1），光照 8 000～10 000lx；培养温度：20～30℃。

BGC GZ06A←北京市农林科学院植物营养与资源研究所 BGC GZ06A；采集地：贵州毕节；分离源：臭椿根围土壤；活体共生培养：宿主高粱，培养基质沸石与河沙（1∶1），光照 8 000～10 000lx；培养温度：20～30℃。

BGC HUN01A←北京市农林科学院植物营养与资源研究所 BGC HUN01A；采集地：湖南湘大；分离源：杉树根围土壤；活体共生培养：宿主高粱，培养基质沸石与河沙（1∶1），光照 8 000～10 000lx；培养温度：20～30℃。

BGC SC01A←北京市农林科学院植物营养与资源研究所 BGC SC01A；采集地：重庆奉节；分离源：丝瓜根围土壤；活体共生培养：宿主高粱，培养基质沸石与河沙（1∶1），光照 8 000～10 000lx；培养温度：20～30℃。

BGC HUB01A←北京市农林科学院植物营养与资源研究所 BGC HUB01A；采集地：湖北宜昌；分离源：

玉米根围土壤；活体共生培养：宿主高粱，培养基质沸石与河沙（1:1），光照 8 000~10 000lx；培养温度：20~30℃。

BGC NM01A←北京市农林科学院植物营养与资源研究所 BGC NM01A；采集地：内蒙锡盟；分离源：细叶葱根围土壤；活体共生培养：宿主高粱，培养基质沸石与河沙（1:1），光照 8 000~10 000lx；培养温度：20~30℃。

BGC XZ01←北京市农林科学院植物营养与资源研究所 BGC XZ01；采集地：西藏当雄；分离源：黄芪根围土壤；活体共生培养：宿主高粱，培养基质沸石与河沙（1:1），光照 8 000~10 000lx；培养温度：20~30℃。

BGC XZ02A←北京市农林科学院植物营养与资源研究所 BGC XZ02A；采集地：西藏当雄；分离源：藏菠萝花根围土壤；活体共生培养：宿主高粱，培养基质沸石与河沙（1:1），光照 8 000~10 000lx；培养温度：20~30℃。

BGC XZ03A←北京市农林科学院植物营养与资源研究所 BGC XZ03A；采集地：西藏堆龙德庆；分离源：青稞根围土壤；活体共生培养：宿主高粱，培养基质沸石与河沙（1:1），光照 8 000~10 000lx；培养温度：20~30℃。

BGC HK01←北京市农林科学院植物营养与资源研究所 BGC HK01；采集地：香港；分离源：毛竹根围土壤；活体共生培养：宿主高粱，培养基质沸石与河沙（1:1），光照 8 000~10 000lx；培养温度：20~30℃。

BGC NM02A←北京市农林科学院植物营养与资源研究所 BGC NM02A；采集地：内蒙巴林左旗；分离源：青蒿根围土壤；活体共生培养：宿主高粱，培养基质沸石与河沙（1:1），光照 8 000~10 000lx；培养温度：20~30℃。

BGC BJ04A←北京市农林科学院植物营养与资源研究所 BGC BJ04A；采集地：北京平谷；分离源：桃根围土壤；活体共生培养：宿主高粱，培养基质沸石与河沙（1:1），光照 8 000~10 000lx；培养温度：20~30℃。

BGC HEB01←北京市农林科学院植物营养与资源研究所←中国农业大学资源与环境学院 BEG 189；采集地：河北；分离源：土壤；活体共生培养：宿主高粱，培养基质沸石与河沙（1:1），光照 8 000~10 000lx；培养温度：20~30℃。

BGC HEB02←北京市农林科学院植物营养与资源研究所←中国农业大学资源与环境学院 BEG 190；采集地：河北怀来；分离源：玉米根围土壤；活体共生培养：宿主高粱，培养基质沸石与河沙（1:1），光照 8 000~10 000lx；培养温度：20~30℃。

BGC HEB06←北京市农林科学院植物营养与资源研究所←中国农业大学资源与环境学院 BEG 191；河北正定；分离源：白薯根围土壤；活体共生培养：宿主高粱，培养基质沸石与河沙（1:1），光照 8 000~10 000lx；培养温度：20~30℃。

BGC GD01A←北京市农林科学院植物营养与资源研究所 BGC GD01A；采集地：广东韶关；分离源：蜈蚣草根围土壤；活体共生培养：宿主高粱，培养基质沸石与河沙（1:1），光照 8 000~10 000lx；培养温度：20~30℃。

BGC BJ05A←北京市农林科学院植物营养与资源研究所 BGC BJ05A；采集地：北京门头沟；分离源：艾蒿根围土壤；活体共生培养：宿主高粱，培养基质沸石与河沙（1:1），光照 8 000~10 000lx；培养温度：20~30℃。

BGC NM04A←北京市农林科学院植物营养与资源研究所 BGC NM04A；采集地：内蒙伊金霍洛旗；分离源：沙打旺根围土壤；活体共生培养：宿主高粱，培养基质沸石与河沙（1:1），光照 8 000~10 000lx；培养温度：20~30℃。

BGC NM03D←北京市农林科学院植物营养与资源研究所 BGC NM03D；采集地：内蒙伊金霍洛旗；分离源：苜蓿根围土壤；活体共生培养：宿主高粱，培养基质沸石与河沙（1:1），光照 8 000~10 000lx；培养温度：20~30℃。

BGC HK02B←北京市农林科学院植物营养与资源研究所 BGC HK02B；采集地：香港；分离源：紫金花根

围土壤；活体共生培养：宿主高粱，培养基质沸石与河沙（1:1），光照 8 000～10 000lx；培养温度：20～30℃。

BGC HEB07B←北京市农林科学院植物营养与资源研究所 BGC HEB07B；采集地：河北廊坊；分离源：番茄/黄瓜根围土壤；活体共生培养：宿主高粱，培养基质沸石与河沙（1:1），光照 8 000～10 000lx；培养温度：20～30℃。

BGC XJ05A←北京市农林科学院植物营养与资源研究所 BGC XJ05A；采集地：新疆轮台；分离源：骆驼刺根围土壤；活体共生培养：宿主高粱，培养基质沸石与河沙（1:1），光照 8 000～10 000lx；培养温度：20～30℃。

BGC XJ06A←北京市农林科学院植物营养与资源研究所，从根围土壤分离。采集地：新疆昌吉；分离源：骆驼刺根围土壤；活体共生培养：宿主高粱，培养基质沸石与河沙（1:1），光照 8 000～10 000lx；培养温度：20～30℃。

BGC XJ07A←北京市农林科学院植物营养与资源研究所 BGC XJ07A；采集地：新疆昌吉；分离源：胡杨根围土壤；活体共生培养：宿主高粱，培养基质沸石与河沙（1:1），光照 8 000～10 000lx；培养温度：20～30℃。

BGC XJ08A←北京市农林科学院植物营养与资源研究所 BGC XJ08A；采集地：新疆轮台；分离源：胡杨根围土壤；活体共生培养：宿主高粱，培养基质沸石与河沙（1:1），光照 8 000～10 000lx；培养温度：20～30℃。

BGC HUN03B←北京市农林科学院植物营养与资源研究所 BGC XJ08A；采集地：湖南郴州；分离源：鹅观草根围土壤；活体共生培养：宿主高粱，培养基质沸石与河沙（1:1），光照 8 000～10 000lx；培养温度：20～30℃。

Glomus aggregatum （Schenck & Smith）Koske 聚丛球囊霉

BGC BJ05B←北京市农林科学院植物营养与资源研究所 BGC BJ05B；采集地：北京门头沟；分离源：艾蒿根围土壤；活体共生培养：宿主高粱，培养基质沸石与河沙（1:1），光照 8 000～10 000lx；培养温度：20～30℃。

BGC BJ06←北京市农林科学院植物营养与资源研究所 BGC BJ06；采集地：北京门头沟；分离源：豆角花根围土壤；活体共生培养：宿主高粱，培养基质沸石与河沙（1:1），光照 8 000～10 000lx；培养温度：20～30℃。

BGC BJ07←北京市农林科学院植物营养与资源研究所 BGC BJ07；采集地：北京门头沟；分离源：黄花蒿根围土壤；活体共生培养：宿主高粱，培养基质沸石与河沙（1:1），光照 8 000～10 000lx；培养温度：20～30℃。

BGC BJ08←北京市农林科学院植物营养与资源研究所 BGC BJ08；采集地：北京门头沟；分离源：一种菊科植物根围土壤；活体共生培养：宿主高粱，培养基质沸石与河沙（1:1），光照 8 000～10 000lx；培养温度：20～30℃。

BGC NM04E←北京市农林科学院植物营养与资源研究所 BGC NM04E；采集地：内蒙伊金霍洛旗；分离源：沙打旺根围土壤；活体共生培养：宿主高粱，培养基质沸石与河沙（1:1），光照 8 000～10 000lx；培养温度：20～30℃。

BGC NM03G←北京市农林科学院植物营养与资源研究所 BGC NM03G；采集地：内蒙伊金霍洛旗；分离源：苜蓿根围土壤；活体共生培养：宿主高粱，培养基质沸石与河沙（1:1），光照 8 000～10 000lx；培养温度：20～30℃。

BGC HK02D←北京市农林科学院植物营养与资源研究所 BGC HK02D；采集地：香港；分离源：紫金花根围土壤；活体共生培养：宿主高粱，培养基质沸石与河沙（1:1），光照 8 000～10 000lx；培养温度：20～30℃。

BGC HEB07C←北京市农林科学院植物营养与资源研究所 BGC HEB07C；采集地：河北廊坊；分离源：番茄/黄瓜根围土壤；活体共生培养：宿主高粱，培养基质沸石与河沙（1:1），光照 8 000～10 000lx；培养温度：20～30℃。

BGC HUN02D←北京市农林科学院植物营养与资源研究所 BGC HUN02D；采集地：湖南桂阳；分离源：
狗牙根根围土壤；活体共生培养：宿主高粱，培养基质沸石与河沙（1∶1），光照 8 000～10 000lx；
培养温度：20～30℃。

BGC XJ06D←北京市农林科学院植物营养与资源研究所 BGC XJ06D；采集地：新疆昌吉；分离源：骆驼刺
根围土壤；活体共生培养：宿主高粱，培养基质沸石与河沙（1∶1），光照 8 000～10 000lx；培养温
度：20～30℃。

BGC XJ07C←北京市农林科学院植物营养与资源研究所 BGC XJ07C；采集地：新疆昌吉；分离源：胡杨根
围土壤；活体共生培养：宿主高粱，培养基质沸石与河沙（1∶1），光照 8 000～10 000lx；培养温度：
20～30℃。

Glomus macrocarpum Tulasne & Tulasne 大果球囊霉

BGC HUN03A←北京市农林科学院植物营养与资源研究所 BGC HUN03A；采集地：湖南郴州；分离源：
阿拉伯婆婆纳根围土壤；活体共生培养：宿主高粱，培养基质沸石与河沙（1∶1），光照 8 000～
10 000lx；培养温度：20～30℃。

Glomus tortuosum Schenck & Smith 扭形球囊霉

BGC NM03A←北京市农林科学院植物营养与资源研究所 BGC NM03A；采集地：内蒙古鄂尔多斯；分离
源：苜蓿根围土壤；活体共生培养：宿主高粱，培养基质沸石与河沙（1∶1），光照 8 000～10 000lx；
培养温度：20～30℃。

BGC NM05A←北京市农林科学院植物营养与资源研究所 BGC NM05A；采集地：内蒙古鄂尔多斯；分离
源：柠条根围土壤；活体共生培养：宿主高粱，培养基质沸石与河沙（1∶1），光照 8 000～10 000lx；
培养温度：20～30℃。

BGC HEN02B←北京市农林科学院植物营养与资源研究所 BGC HEN02B；采集地：河南封丘；分离源：玉
米根围土壤；活体共生培养：宿主高粱，培养基质沸石与河沙（1∶1），光照 8 000～10 000lx；培养
温度：20～30℃。

Glomus versiforme (Karsten) Berch 地表球囊霉

BGC HUN02B←北京市农林科学院植物营养与资源研究所 BGC HUN02B；采集地：湖南桂阳；分离源：
狗牙根根围土壤；活体共生培养：宿主高粱，培养基质沸石与河沙（1∶1），光照 8 000～10 000lx；
培养温度：20～30℃。

BGC GD01C←北京市农林科学院植物营养与资源研究所 BGC GD01C；采集地：广东韶关；分离源：蜈蚣
草根围土壤；活体共生培养：宿主高粱，培养基质沸石与河沙（1∶1），光照 8 000～10 000lx；培养
温度：20～30℃。

BGC NM04B←北京市农林科学院植物营养与资源研究所 BGC NM04B；采集地：内蒙伊金霍洛旗；分离
源：沙打旺根围土壤；活体共生培养：宿主高粱，培养基质沸石与河沙（1∶1），光照 8 000～10 000
lx；培养温度：20～30℃。

BGC NM03C←北京市农林科学院植物营养与资源研究所 BGC NM03C；采集地：内蒙伊金霍洛旗；分离
源：苜蓿根围土壤；活体共生培养：宿主高粱，培养基质沸石与河沙（1∶1），光照 8 000～10 000lx；
培养温度：20～30℃。

BGC XJ08F←北京市农林科学院植物营养与资源研究所 BGC XJ08F；采集地：新疆轮台；分离源：胡杨根
围土壤；活体共生培养：宿主高粱，培养基质沸石与河沙（1∶1），光照 8 000～10 000lx；培养温度：
20～30℃。

Paraglomus occultum (Walker) Morton & Redecker 隐类球囊霉

BGC BJ04B←北京市农林科学院植物营养与资源研究所 BGC BJ04B；采集地：北京平谷；分离源：桃根围
土壤；活体共生培养：宿主高粱，培养基质沸石与河沙（1∶1），光照 8 000～10 000lx；培养温度：
20～30℃。

Rhizophagus intraradices (N. C. Schenck & G. S. Sm.) C. Walker & A. Schüßler (2010) ≡*Glomus intraradices* Schenck & Smith 根内球囊霉

BGC GZ06B←北京市农林科学院植物营养与资源研究所 BGC GZ06B；采集地：贵州毕节；分离源：臭椿根围土壤；活体共生培养：宿主高粱，培养基质沸石与河沙（1：1），光照 8 000～10 000lx；培养温度：20～30℃。

BGC AH01←北京市农林科学院植物营养与资源研究所 BGC AH01；采集地：安徽铜陵；分离源：茅，狗牙草，双蕙雀稗根围土壤；活体共生培养：宿主高粱，培养基质沸石与河沙（1：1），光照 8 000～10 000lx；培养温度：20～30℃。

BGC HEB05←北京市农林科学院植物营养与资源研究所←中国农业大学资源与环境学院 BEG 193；采集地：河北固安；分离源：洋葱根围土壤；活体共生培养：宿主高粱，培养基质沸石与河沙（1：1），光照 8 000～10 000lx；培养温度：20～30℃。

BGC BJ09←北京市农林科学院植物营养与资源研究所 BGC BJ09；采集地：北京朝来农场；分离源：番茄根围土壤；活体共生培养：宿主高粱，培养基质沸石与河沙（1：1），光照 8 000～10 000lx；培养温度：20～30℃。

BGC HEB07D←北京市农林科学院植物营养与资源研究所 BGC HEB07D；采集地：河北廊坊；分离源：番茄/黄瓜根围土壤；活体共生培养：宿主高粱，培养基质沸石与河沙（1：1），光照 8 000～10 000lx；培养温度：20～30℃。

附录 I：培养基（Media）

0001 醋酸菌培养基

葡萄糖	100.0g	酵母提取物	10.0g
$CaCO_3$	20.0g	琼脂	15.0g
蒸馏水	1.0L	pH6.8	

0002 营养肉汁琼脂

蛋白胨	10.0g	牛肉提取物	3.0g
NaCl	5.0g	琼脂	15.0g
蒸馏水	1.0L	pH7.0	

0003 固氮培养基

KH_2PO_4	0.2g	K_2HPO_4	0.8g
$MgSO_4 \cdot 7H_2O$	0.2g	$CaSO_4 \cdot 2H_2O$	0.1g
$FeCl_3$	微量	$Na_2MoO_4 \cdot 2H_2O$	微量
酵母提取物	0.5g	甘露醇	20.0g
琼脂	15.0g	蒸馏水	1.0L
pH 7.2			

0004 玉米粉培养基 I

玉米粉	5.0g	蛋白胨	0.1g
葡萄糖	1.0g	琼脂	13.0g
蒸馏水	1.0L	自然 pH	

0005 乳酸菌培养基 I

酵母提取物	7.5g	蛋白胨	7.5g
葡萄糖	10.0g	KH_2PO_4	2.0g
番茄汁	100.0ml	Tween80	0.5ml
蒸馏水	900.0ml	pH7.0	

0006 乳酸菌培养基 MRS 培养基

乳酪蛋白胨	10.0g	牛肉提取物	10.0g
酵母提取物	5.0g	葡萄糖	5.0g
乙酸钠	5.0g	柠檬酸二胺	2.0g
Tween 80	1.0g	K_2HPO_4	2.0g
$MgSO_4 \cdot 7H_2O$	0.2g	$MnSO_4 \cdot H_2O$	0.05g
琼脂	15.0g	蒸馏水	1.0L
pH 6.5~6.8			

0007 PYG 培养基

蛋白胨	10.0g	酵母提取物	5.0g
葡萄糖	1.0g	琼脂	15.0g
蒸馏水	1.0L	pH 6.8~7.0	

0008 甘油琼脂

蛋白胨	5.0g	牛肉提取物	3.0g
甘油	20.0g	琼脂	15.0g
蒸馏水	1.0L	pH 7.0~7.2	

0009 根瘤菌培养基－1

酵母提取物	1.0g	甘露醇	10.0g
土壤提取液	200.0 ml	琼脂	15.0g
蒸馏水	800.0ml	pH 7.2	

土壤提取液:

土壤	50.0g	加水	200.0ml

121℃蒸煮 1h,过滤后加水补足到 200.0ml

0010 甘露醇琼脂

酵母提取物	5.0g	蛋白胨	3.0g
甘露醇	25.0g	琼脂	15.0g
蒸馏水	1.0L	pH 7.0	

0011 葡萄糖、天门冬素琼脂培养基

葡萄糖	10.0g	天门冬素	0.5g
K_2HPO_4	0.5g	琼脂	15.0g
蒸馏水	1.0L	pH 7.2～7.4	

0012 高氏合成一号琼脂

可溶性淀粉	20.0g	KNO_3	1.0g
K_2HPO_4	0.5g	$MgSO_4 \cdot 7H_2O$	0.5g
NaCl	0.5g	$FeSO_4$	0.01g
琼脂	15.0g	蒸馏水	1.0L

pH 7.2～7.4

0013 麦芽汁琼脂 I

12 Brix. 麦芽汁	1.0 L	琼脂	15.0 g

自然 pH

0014 PDA 培养基

马铃薯提取液	1.0L	葡萄糖	20.0g
琼脂	15.0g	自然 pH	

马铃薯提取液的制备:

取去皮马铃薯 200.0g,切成小块,加水 1 000.0ml 煮沸 30min,滤去马铃薯块,将滤液补足至 1 000.0ml

0015 Czapek's 琼脂

蔗糖	30.0g	$NaNO_3$	3.0g
$MgSO_4 \cdot 7H_2O$	0.5g	KCl	0.5g
$FeSO_4 \cdot 4H_2O$	0.01g	K_2HPO_4	1.0g
琼脂	15.0g	蒸馏水	1.0L

pH 6.0～6.5

0016 浓糖 Czapek's 琼脂

蔗糖	200.0g	$NaNO_3$	3.0g
$MgSO_4 \cdot 7H_2O$	0.5g	KCl	0.5g
$FeSO_4 \cdot 4H_2O$	0.01g	K_2HPO_4	1.0g
琼脂	15.0g	蒸馏水	1.0L

pH 6.0～6.5

0017 综合 PDA 琼脂

马铃薯提取液	1.0L	葡萄糖	20.0g

KH_2PO_4	3.0g	$MgSO_4 \cdot 7H_2O$	1.5g
维生素 B_1	微量	琼脂	15.0g
pH 6.0			

0018 玉米粉培养基

玉米粉	200.0g	蒸馏水	1.0L
自然 pH			

0019 滤纸培养基

$(NH_4)_2SO_4$	1.0g	KH_2PO_4	1.0g
$MgSO_4 \cdot 7H_2O$	0.7g	NaCl	0.5g
蒸馏水	1.0L	pH 7.0	
每个试管放入一条滤纸（6×1厘米）			

0020 黄豆饼粉培养基

1.0%黄豆饼粉提取液	1.0L	葡萄糖	10.0g
NaCl	2.5g	琼脂	15.0g
自然 pH			

0021 木屑麸皮培养基

木屑（阔叶树）	75.0g	麸皮	25.0g
水	适量	自然 pH	

0022 松木条（屑）培养基

松木屑	75.0g	米糠	23.0g
蔗糖	2.0g	水	适量
自然 pH			

0023 稻草、马粪培养基

干马粪	65.0g	干稻草	35.0g
尿素	0.5g	过磷酸钙	0.7g
硫酸铵	0.3g	石膏粉	1.0g
水	适量	自然 pH	

0024 稻草米糠培养基

干稻草	75.0g	米糠	25.0g
水	适量	自然 pH	

0025 米饭培养基

大米	330.0g	水	1.0L
自然 pH			

0026 滤纸条培养基 2

$(NH_4)_2SO_4$	1.0g	KH_2PO_4	1.0g
$MgSO_4 \cdot 7H_2O$	0.5g	酵母提取物	0.1g
蒸馏水	1.0L	自然 pH	
每个试管放入一条滤纸（7×1厘米）			

0027 YM 琼脂 1

酵母提取物	10.0g	麦芽提取物	10.0g
葡萄糖	4.0g	琼脂	15.0g
蒸馏水	1.0L	pH 7.0	

0028 YP 琼脂

酵母提取物	1.0g	牛肉提取物	1.0g

多胨	2.0g	葡萄糖	10.0g
琼脂	15.0g	蒸馏水	
1.0L	pH 7.0		

0029 GYS 琼脂

葡萄糖	10.0g	酵母提取物	10.0g
可溶性淀粉	10.0g	NaCl	5.0g
$CaCO_3$	3.0g	琼脂	15.0g
蒸馏水	1.0L	pH 7.0	

0030 麸皮培养基 1

麸皮	36.0g	$(NH_4)_2HPO_4$	3.0g
K_2HPO_4	0.2g	$MgSO_4 \cdot 7H_2O$	0.1g
琼脂	15.0g	蒸馏水	1.0 L
pH 7.0			

0031 酵母菌产生子囊孢子培养基

（1）Kleyn 培养其

KH_2PO_4	0.12g	NaCl	0.62g
醋酸钠	5.0g	生物素	20.0μg
K_2HPO_4	0.2g	葡萄糖	0.62g
蛋白胨	2.5g	琼脂	20.0g
微量盐溶液	10.0ml	蒸馏水	1.0L

Traceelementsolution：

$MgSO_4 \cdot 7H_2O$	0.4g	NaCl	0.4g
$CuSO_4 \cdot 5H_2O$	0.002g	$MnSO_4 \cdot 4H_2O$	0.2g
$FeSO_4 \cdot 4H_2O$	0.2g	蒸馏水	100.0ml

（2）Gorodkowa 培养基

葡萄糖	0.1g	NaCl	0.5g
蛋白胨	1.0g	琼脂	2.0g
蒸馏水	100.0ml		

（3）McClary 培养基

葡萄糖	0.1g	酵母汁	0.25g
琼脂	1.5g	KCl	0.18g
醋酸钠	0.82g	蒸馏水	100.0ml

0032 BPY 琼脂

牛肉提取物	5.0g	蛋白胨	10.0g
酵母提取物	5.0g	葡萄糖	5.0g
NaCl	5.0g	琼脂	15.0g
蒸馏水	1.0L	pH 7.0	

0033 LB 培养基

酵母提取物	5.0g	蛋白胨	10.0g
NaCl	10.0g	琼脂	15.0g
蒸馏水	1.0L	pH 7.0	

0034 Penessay 琼脂

牛肉提取物	1.5g	酵母提取物	1.5g
胰蛋白胨	5.0g	葡萄糖	1.0g
NaCl	3.5g	K_2HPO_4	4.8g

KH$_2$PO$_4$	1.32g	琼脂	15.0g
蒸馏水	1.0L	pH 7.2	

0035 血琼脂培养基-1

蒸馏水	900.0mL	脱纤维羊血	100.0mL
基础血	40.0g	pH 7.2	

0036 纤维细菌合成培养基

NaCl	6.0g	MgSO$_4$ · 7H$_2$O	0.1g
KH$_2$PO$_4$	0.5g	CaCl	0.1g
K$_2$HPO$_4$	2.0g	(NH$_4$)$_2$SO$_4$	2.0g
酵母提取物	1.0g	滤纸条	1 片
蒸馏水	1.0L	pH7.0~7.5	

0037 巴氏梭菌合成培养基

葡萄糖	10.0g	酵母提取物	0.1g
蛋白胨	0.1g	KH$_2$PO$_4$	0.5g
K$_2$HPO$_4$	0.5g	MgSO$_4$ · 7H$_2$O	0.2g
NaCl	0.01g	MnSO$_4$	0.01g
FeSO$_4$	0.01g	CaCO$_3$	5.0g
琼脂	15.0g	蒸馏水	1.0L
pH7.0			

0038 ISP-2 培养基

酵母提取物	4.0g	麦芽提取物	10.0g
葡萄糖	4.0g	琼脂	15.0g
蒸馏水	1.0L	pH7.3	

0039 燕麦粉琼脂-1 （ISP-3）

燕麦粉	20.0g	微量盐溶液	1.0ml
琼脂	15.0g	蒸馏水	1.0L
pH7.2			
微量盐溶液：			
FeSO$_4$ · 7H$_2$O	0.1g	MnCl$_2$ · 4H$_2$O	0.1g
ZnSO$_4$ · 7H$_2$O	0.1g	蒸馏水	100.0ml

0040 苹果酸钙琼脂

苹果酸钙	10.0g	甘油	10.0g
K$_2$HPO$_4$	0.05g	NH$_4$Cl	0.5g
琼脂	15.0g	蒸馏水	1.0L
pH7.2			

0041 氧化亚铁硫杆菌培养基

(NH$_4$)$_2$SO$_4$	0.15g	KH$_2$PO$_4$	0.05g
KCl	0.05g	MgSO$_4$ · 7H$_2$O	0.5g
Ca(NO$_3$)$_2$ · 4H$_2$O	0.01g	FeSO$_4$ · 7H$_2$O	50.0g
Distilled water	1.0L	pH2.0	

0042 氧化硫硫杆菌培养基

(NH$_4$)$_2$SO$_4$	0.3g	KH$_2$PO$_4$	3~4.0g
CaCl$_2$ (anhydrous)	0.25g	MgSO$_4$ · 7H$_2$O	0.5g
FeSO$_4$ · 7H$_2$O	0.001g	Distilled water	1.0L

pH 3.5~4

0043 Plasma Substitute Me

蔗糖	130.0g	蛋白胨	2.0g
KH_2PO_4	0.3g	Na_2HPO_4	1.4g
琼脂	15.0g	蒸馏水	1.0L

pH7.0~7.2

0044 脱脂牛奶培养基

脱脂奶粉	100.0g	蒸馏水	1.0L

自然 pH

0045 豌豆琼脂

葡萄糖	10.0g	蛋白胨	5.0g
豌豆提取液（以 NH_2 计每100ml 含 12~14mg）	1.0L	琼脂	15.0g

pH7.2~7.5

0046 GY 琼脂

葡萄糖	10.0g	酵母提取物	10.0g
琼脂	15.0g	蒸馏水	1.0L

pH7.2

0047 大肠杆菌各类噬菌体培养基

酪蛋白胨	10.0g	葡萄糖	1.0g
酵母提取物	5.0g	NaCl	5.0g
琼脂	15.0g	蒸馏水	1.0L

pH7.2

0048 北京棒杆菌各类噬菌体培养基

Beef extract	3.0g	Peptone	5.0g
NaCl	5.0g	Glucose	10.0g
Distilled water	1.0L	pH7.0	

0049 溶源性枯草芽孢杆菌培养基

Peptone	10.0g	NaCl	5.0g
Yeast extract	5.0g	Distilled water	1.0L

pH 7.0

0050 营养肉汁加葡萄糖培养基

Peptone	39.0g	Beef extract	5.0g
Glucose	1.0g	NaCl	5.0g
Distilled water	1.0L	pH7.2	

0051 麦芽汁琼脂-2

15 Brix. 麦芽汁	1.0L	琼脂	15.0g

自然 pH

0052 厌氧肉肝培养基

Beef	250.0g	Liver (ox or sheep)	250.0g
Peptone	10.0g	Glucose	2.0g
NaCl	5.0ml	Liver minces	100.0g
Distilled water	1.0L	pH7.8~8.0	

PREPARATION:

(1) Immerse 250. 0g of minced beef and 250. 0g of liver block into the water for 20～24 hours.

(2) Boil 30～60 min then filtrate by cloth, then add water to make up the filtrate to 1 000. 0ml.

[note] Used for solid medium, agar 18～20. 0g for low layer and 8～10. 0g for uper layer

0053 多蛋白胨牛心汤半固体培养基

Ox heart infusion	1 000. 0 ml	Tryptone	10. 0g
Proteose peptone	2. 5g	Peptone	2. 5g
Glucose	5. 0g	Agar	1. 0g
Na_2HPO_4 (anhyd.)	4. 2g	KH_2PO_4	0. 54g

Dry ox heart pieces suitable amount

PREPARATION：

(1) Mix and dissolve the ingredants in to ox heart infusion. Adjust pH to 7. 6～7. 8. Boil the broth for 10 min. . Fil-trate by paper

(2) Distribute the broth into tubes (each contain-ing liver pieces about 1/2 v/v of the broth)

(3) Covered by paraffin oil, then autoclove at 10. 0 lb for 30 minutes

0054 肉肝胃酶消化汤

Beef	200. 0g	Liver (ox or sheep)	50. 0g
Peptone	10. 0g	Dextrin	10. 0g
HCl	10. 0ml	Pepsin (1：3000)	3. 0g
Distilled water	1. 0L		

PREPARATION：

(1) Put the minced beef and liver into the water, add HCl and pepsin in it, then stir.

(2) Digest the meat at 53～55℃ for 22～24 hours; stir them every hour at the first 10 hours.

(3) Heat the supernatant to 80℃; add peptone; adjust the pH to 7. 6～7. 8; boil for 10 min.

(4) Add dextrin after filtration; distri-bute the broth in tubes; covered by paraffin oil, autoclave at 6. 0lb for 20 min.

[note] Add the rusty iron filings about 1/10 volume of the broth, when used for cultivation of *Clostridium novyi*

0055 烹肉培养基

Beef	500. 0g	Peptone	10. 0g
NaCl	5. 0g	Glucose	10. 0g
Distilled water	1. 0L		

PREPARATION：

(1) immerse the thin and minced beef in cold water and stay for overnight; boil for 40 min. ; filtrate by cloth.

(2) Add the peptone and NaCl in the filtrate; adjust pH to 7. 8～8. 0; boil for 10 min. ; add glucose after filtration.

(3) Distribute into tubes (each tube containing 1/2 beef pieces of the volume of the broth); covered with paraffin oil; autoclave at 8. 0 lb for 30 minutes

0056 马丁氏琼脂

Beef infusion	500. 0ml	Pig stomach digested broth	500. 0ml
Agar	15. 0g	pH7. 0～7. 6	

[note]

(1) Adjust pH7. 6 and add 5. 0％ ～ 10. 0％ fresh sheep blood, when used for cultivation of B. erysipelatos-suis

(2) Adjust pH7. 0 and add 5. 0％～10. 0％ horse serum used for cultivation of Brucella

0057 支原体培养基

Hanks 1.0% casein hydrolyzed liquid	400.0ml	Serum（horse）	160.0ml
Ox heart broth	240.0ml	Yeast extract liquid	16.0ml
1.0% Thallium acetate	8.0ml	Penicillin	200000.0U

PREPARATION：

（1）Ox heart broth：Immerse 1 000.0g of minced heart into 1600.0ml water at 80℃ for 10 min.；Chill it to 45℃ and adjust pH8.2~8.5 with Na_2CO_3，then add pancreatic juice 33.0ml and chloroform 5~10.0ml；Digest it at 45℃ for 3 hours，and stir it half hour interval and adjust pH at same time；Adjust pH to 4~4.5 with HCl，boil for 30 min，filtrate with cloth；Adjust the filtrate pH to 7.8~8.0，boil for 30 min，and filtration by paper；Distribute the broth in to flask，autoclave at 8.0 bl for 20 min.

（2）Yeast extract liquid：Put braking yeast 500.0g into 1 000.0ml of water，full mix and adjust ph to 5.0；Heat to 80℃ for 30 min；After filtration and distribution，autoclave at 8.0 bl for 30 min.

0058 马丁氏肉汤

Beef infusion Broth	500.0ml	Pig Stomach Digested Broth	500.0ml
NaCl	2.5g	pH7.4~7.6	

0059 4.0%甘油琼脂

Beef extract broth	1.0L	Peptone	1.0g
NaCl	5.0g	Glycerol	40.0g
Agar	15.0g	pH7.0~7.2	

0060 沙搏弱氏琼脂

Glucose	40.0g	Peptone	10.0g
Agar	15.0g	Distilled water	1.0L
pH5.6			

0061 配曲拉格耐尼氏培养基

Fresh milk	150.0ml	Potato starch	6.0g
Peptone	1.0g	Potato（whole）	1
Egg	5	Glycerol	12.0ml
1.0% Malachite green	3.0ml		

PREPARATION：

（1）Dice one potato，which striped skin；add milk，peptone and potato starch in a beaker；heat in boiling water bath for 10 min after mixed；pound the potato to paste.

（2）Further heat for 1 hour；add 4 egg liquid，1 egg yolk，the glycerol and malachite green；filtrate through gauze after full mixed.

（3）Distribute into tubes；slant the tubes in a sero-coagulator and sterilize intermittently.

0062 肝汤琼脂

Liver infusion（1:2）	1.0L	Peptone	10.0g
NaCl	5.0g	Agar	15.0g
pH 6.8~7.0			

0063 根瘤菌琼脂-2

Sucrose（or Mannitol）	10.0g	$MgSO_4 \cdot 7H_2O$	0.2g
K_2HPO_4	0.5g	$CaSO_4$	0.2g
NaCl	0.1g	$NaMoO_4$（1.0%）	1.0ml
$MnSO_4$（1.0%）	1.0ml	Yeast extract	1.0g
Iron citrate（1.0%）	1.0ml	Boric acid（1.0%）	1.0ml

| Agar | 15. 0g | Distilled water | 1. 0L |

pH 6. 8~7. 0

0064 根瘤菌琼脂-3

Glycerol	10. 0ml	$K_2HPO_4 \cdot 3H_2O$	0. 5g
NaCl	0. 1g	$CaCO_3$	3. 0g
Yeast extract	1. 0g	$MgSO_4 \cdot 7H_2O$	0. 2g
Agar	15. 0g	Distilled water	1. 0L

pH6. 8~7. 0

0065 固氮菌琼脂

Sucrose or Mannitol	10. 0g	$CaCO_3$	1. 0g
$K_2HPO_4 \cdot 3H_2O$	0. 5g	$MgSO_4 \cdot 7H_2O$	0. 2g
NaCl	0. 2g	Agar	15~20. 0g
Distilled water	1 000. 0ml	pH7. 0~7. 2	

0066 马铃薯、蔗糖琼脂

| Potato infusion | 500. 0ml | Sucrose | 20. 0g |
| Agar | 20. 0g | Distilled water | 500. 0ml |

自然 pH

[note] Stripped and diced potato 1800. 0g, wrap them with cloth and put the pack into 4500. 0ml of water; boil for 10 minutes, then discard the potato dices; autoclave at 15. 0 lb for 20 min. , and store the infusion in refrigerator for usage

0067 钾细菌琼脂

Sucrose	10. 0g	K_2HPO_4	0. 5g
Yeast extract	0. 4g	$MgSO_4 \cdot 7H_2O$	0. 2g
$MgCl_2$	0. 2g	Agar	15. 0g
Distilled water	1. 0L	pH 7. 0~7. 2	

0068 金氏 B 琼脂

Peptone	20. 0g	K_2HPO_4	1. 5g
$MgSO_4 \cdot 7H_2O$	1. 5g	Glycerol	10. 0g
Agar	20. 0g	Distilled water	1. 0L

Adjust pH7. 2 by use of KOH

0069 玉米粉、黄豆饼粉琼脂

Corn meal	20. 0g	Soybean meal	10. 0g
Glucose	20. 0g	NaCl	5. 0g
$(NH_4)_2SO_4$	3. 0g	Agar	15. 0g
Water	1. 0L	pH nature	

[note] Boil corn and soybean meal in water separately; filtrate through gauze; use the filtrate

0070 淀粉琼脂

Soluble starch	10. 0g	$NaNO_3$	1. 0g
$MgCO_3$	1. 0g	K_2HPO_4	0. 3g
NaCl	0. 5g	Agar	20. 0g
Distilled water	1. 0L		

0071 甘油琼脂-2

| Beef infusion | 350. 0ml | Glycerol | 60. 0g |
| Peptone | 10. 0g | Agar | 15. 0g |

Make to 1 000.0ml with nutrient broth; adjust pH to 7.3; autoclave at 15.0 lb for 15 minutes

0072 麦芽膏琼脂

Malt extract	20.0g	Agar	20.0g
Top water	1.0L		

0073 阿氏无氮琼脂

Mannitol	10.0g	K_2HPO_4	0.2g
$MgSO_4 \cdot 7H_2O$	0.2g	NaCl	0.2g
$CaSO_4 \cdot 2H_2O$	0.2g	$CaCO_3$	5.0g
Agar	15.0g	Distilled water	1.0L

0074 淀粉铵琼脂

$(NH_4)_2SO_4$	2.0g	$CaCO_3$	3.0g
K_2HPO_4	1.0g	$MgSO_4 \cdot 7H_2O$	1.0g
NaCl	1.0g	Starch	10.0g
Agar	15.0g	Distilled water	1.0L

pH 7.2~7.4

0075 银耳芽孢培养基

Potato (stripped and diced)	25.0g	Sucrose	20.0g
KH_2PO_4	1.0g	$(NH_4)_2SO_4$	2.0g
Agar	15.0g	Distilled water	1.0L

pH 7.0

[note] Boil the potato in water for 30 minutes; filtrate through gauze; add the ingredients to the filtrate

0076 4° Be' 麦芽汁琼脂

4 Brix. 麦芽汁	1.0 L	琼脂	15.0 g
自然 pH			

0077 5°Be' 麦芽汁琼脂

5 Brix. 麦芽汁	1.0 L	琼脂	15.0 g
自然 pH			

0078 6~8° Be' 麦芽汁琼脂

6~8 Brix. 麦芽汁	1.0 L	琼脂	15.0 g
自然 pH			

0079 6~8° Be' 麦芽汁

8 Brix. 麦芽汁	1.0L	琼脂	15.0 g
自然 pH			

0080 5° Be' 麦芽汁

5 Brix. 麦芽汁	1.0 L	琼脂	15.0 g
pH6.0			

0081 单宁麦芽汁琼脂

5 Brix 麦芽汁	1.0L	单宁	10.0g
琼脂	15.0g	自然 pH	

0082 土茯苓汁麦芽汁琼脂

5 Brix 麦芽汁	40.0 ml	土茯苓汁	60.0 ml
琼脂	1.5g	自然 pH	

0083 5° Be' 麦芽汁-2

5 Brix. Wort	1.0L	Yeast extract	5.0g

| CaCO₃ | 6.0g | 琼脂 | 15.0 g |

pH nature

0084 5° Be' 米曲汁琼脂

| 5 Brix. Koji extract | 1.0 L | 琼脂 | 15.0 g |

pH nature

0085 6～7° Be' 米曲汁琼脂

| 6～7 Brix. Koji extract | 1.0 L | 琼脂 | 15.0 g |

pH nature

0086 饴糖培养基

| 8% Malt sugar solution | 1.0 L | Peptone | 5.0g |
| Agar | 15.0g | pH nature | |

0087 6～7° Be' 饴糖培养基

| 6～7 Brix Malt sugar solution | 1.0 L | Peptone | 5.0g |
| Agar | 15.0g | pH nature | |

0088 10.0%～12.0% 糖蜜培养基

| Molasses | 100.0 g | NH₄NO₃ | 5.0g |
| Agar | 15.0g | Distilled water | 1.0L |

0089 查氏琼脂-2

Glucose	50.0g	NaNO₃	2.0g
MgSO₄·7H₂O	0.5g	K₂HPO₄	1.0g
KCl	0.5g	FeSO₄·4H₂O	0.1g
Agar	15.0g	Distilled water	1.0L

0090 马铃薯汁培养基-1

| Stripped and minced potato | 200.0g | Distilled water | 1.0L |
| Agar | 15.0g | pH nature | |

[note] Boil potato in water for 1hr. filtrate through gauze; add water to the filtrate to make up 1 000.0 ml

0091 马铃薯汁培养基-2

Potato infusion	200.0mL	Glucose	10.0g
Agar	20.0g	pH 6.8	
蒸馏水	800.0mL		

0092 马铃薯汁滤纸培养基

Potato infusion	1 000.0ml	Glucose	10.0g
Agar	25.0g	pH 6.7～6.9	
Filter paper strip			

[note] Sterilize the filter paper strip separately，then put the strip on the slant

0093 滤纸琼脂

Filter paper	15.0g	(NH₄)₂SO₄	0.5g
MgSO₄·7H₂O	0.1g	K₂HPO₄	0.25g
Agar	20.0g	蒸馏水	1.0L

0094 麸皮马铃薯琼脂

| Wheat-Potato infusion | 100.0ml | Sucrose | 2.0g |
| Agar | 2.0g | pH6.0 | |

[note] Boil 5.0g of wheat bran and 20.0g of diced potato in water for5 min. filtrate，add water to the filtrate to make up 100.0ml

0095 营养肉汁、酵母膏、糖类培养基

Beef extract	5.0g	Yeast extract	5.0g
Peptone	10.0g	Glucose	10.0g
Lactose	5.0g	NaCl	5.0g
Agar	20.0g	pH 6.8	
蒸馏水	1.0L		

0096 西红柿汁琼脂

Peptone	10.0g	Glucose	10.0g
Beef extract	10.0g	Yeast extract	5.0g
Tween 80	0.5ml	Tomato juice	200.0ml
Agar	20.0g	Top water	800.0ml

0097 牛肉膏、酵母膏培养基

Beef extract	5.0g	Yeast extract	5.0g
Peptone	5.0g	NaCl	2.5g
Agar	20.0g	pH 7.0	
蒸馏水	1.0L		

0098 牛肉膏果胶培养基-1

Beef extract	10.0g	Peptone	10.0g
Pectin	10.0g	Glucose	5.0g
K_2HPO_4	1.0g	NaCl	3.0g
Agar	20.0g	pH 7.0	
蒸馏水	1.0L		

0099 牛肉膏果胶培养基-2

Beef extract	10.0g	Peptone	5.0g
Pectin	5.0g	K_2HPO_4	1.0g
NaCl	5.0g	Agar	20.0g
pH 7.5		蒸馏水	1.0L

0100 葡萄糖营养琼脂-2

Beef extract	10.0g	Peptone	10.0g
Glucose	10.0g	NaCl	5.0g
Agar	15.0g	Distilled water	1.0L
pH 7.0			

0101 牛肉膏淀粉培养基

Beef extract	20.0g	Peptone	10.0g
Starch	20.0g	Agar	15.0g
Distilled water	1.0L	pH 7.2	

0102 牛肉膏液体石蜡培养基

Beef extract	10.0g	Peptone	10.0g
NaCl	5.0g	Liquid paraffi	Small volume
Agar	15.0g	Distilled water	1.0L
pH 7.0			

0103 BY（牛肉膏酵母膏）培养基

Beefinfusion	1.0L	Peptone	10.0g
NaCl	5.0g	Yeast extract	5.0g
Agar	15.0g	pH 7.0	

0104 心浸液培养基

Heart infusion（Difco 0038)	12.5g	Nutrant broth（Difco 0003)	5.4g
Yeast extract	2.5g	Agar	15.0g
Distilled water	1.0L		

0105 TY 培养基-1

Tryptone	20.0g	Yeast extract	5.0g
$FeCl_3 \cdot 6H_2O$	7.0mg	$MnCl_3 \cdot 4H_2O$	1.0mg
$MgSO_4 \cdot 7H_2O$	15.0mg	Agar	15.0g
Distilled water	1.0L		

[note]：Autoclave at 15.0lb for 15 min.；then adjust pH to 7.3 with sterilized 10.0% KOH；add sterilized fructose 0.5% as carbon source

0106 蜂蜜培养基

Honey	60.0g	Peptone	10.0g
Agar	15.0g	Distilled water	1.0L
pH 6.4～6.6			

0107 柠檬酸铁铵培养基

K_2HPO_4	0.5g	$MgSO_4 \cdot 7H_2O$	0.5g
Iron ammonium citrate	0.5g	Glycerol	20.0g
Citric acid	2.0g	L-glutamic acid	4.0g
Agar	15.0g	Distilled water	1.0L
pH 7.4			

0108 牛肉膏微量元素培养基

Glucose	10.0g	$(NH_4)H_2PO_4$	1.0g
$MgSO_4 \cdot 7H_2O$	0.2g	KCl	0.2g
Beef extract	3.0g	Yeast extract	5.0g
Peptone	5.0g	Agar	15.0g
Trace element	1.0ml	Distilled water	1.0L
pH 7.2			

Trace element solution：

Sodium tartarate	88.0mg	Ammonium molybdenate	37.0mg
$FeCl_2$	97.0mg	$ZnSO_4$	800.0mg
$MnCl_2$	2.0mg	$CaCl_2$	270.0mg
distilled water	1.0L		

0109 血琼脂-2

Beef infusion（1：3)	1.0L	Peptone	10.0g
NaCl	5.0g	Agar	15.0g
Defibrillated sheep blood	50.0ml	pH 7.2～7.4	

0110 巧克力色血琼脂

Beef infusion（1：3)	1.0L	Peptone	10.0g
NaCl	5.0g	Agar	15.0g

Add defibrillated sheep blood at 80~90℃ pH 7.2~7.4

0111 3.5%氯化钠琼脂培养基

Beef infusion (1 : 3)	1.0L	Peptone	10.0g
NaCl	35.0g	Agar	20.0g

pH 7.2~7.4

0112 肝琼脂培养基（布氏菌用）

Pig liver infusion	500.0ml	Distilled water	500.0ml
Peptone	10.0g	NaCl	5.0g
Agar	15.0g	pH6.8~7.0	

0113 含链霉素琼脂培养基

Beef infusion (1 : 3)	1.0L	Peptone	10.0g
NaCl	5.0g	Agar	15.0g
pH 7.2~7.4		链霉素	50.0~100.0mg

0114 柯托夫氏琼脂

Peptone	0.8g	NaCl	1.4g
$NaHCO_3$	20.0mg	KCl	40.0mg
$CaCl_2$	40.0mg	KH_2PO_4	0.24g
Na_2HPO_4	0.88g	Distilled water	1.0L

pH 7.0~7.3

0115 Tepckuu 培养基

Dissolve 0.83g of sodium dibasic phosphate (anhydrous) in 70.0ml distilled water

Dissolve 0.27g of potassium monobasic phosphate in 30.0ml distilled water.

Make to 1.0 L with distilled water

pH7.2

Add 8.0% sterile rabbit blood before use

0116 Hottinger 琼脂

Hottinger digest	1.0L	NaCl	5.0g
Na_2HPO_4	0.2g	Agar	15.0g

pH7.0

[note] Hottinger digest：

Beef	500.0g	Pig pancreas	100.0g
Chloroform	20~25.0ml	Distilled water	1.0L

0117 Loeffler 血清琼脂

Nutrient broth (containing 1.0% glucose) 100.0ml

Sterile horse serum 30.0ml

Sterilize intermittenttly in coagulator and make to slant

0118 Pope 琼脂（保蒲氏培养基）

Pope digest	1.0L	Sodium acetate	5.0g
Solution No. 2	2.0ml	Agar	15.0g

pH7.8~8.0

[note] Pope digest：

Beef	100.0g	Pancreas	2.0g
Acetic acid glacial	12.0ml		

Solution No. 2：

Tobacco	1.15g	1.0% copper sulfate	50.0ml
1.0% MnCl$_2$	15.0ml	1.0% ZnSO$_4$	40.0ml
HCl	30.0ml	Heptanedioic acid	0.075g
Alanine	1.15g	Distilled water	870.0ml

0119 马铃薯甘油琼脂（包疆氏培养基）

Potato glycerol infusion	250.0ml	NaCl	8.5g
Agar	25.0~30.0g	Distilled water	750.0ml
pH nature			

0120 硫乙醇酸钠培养基（厌氧棒状杆菌用）

Yeast extract	5.0g	Peptone	15.0g
L-cyctine	0.5g	NaCl	2.5g
Glucose	5.0g	Na-thioglycerollate	0.5g
Agar	8.0g	Distilled water	1.0L
pH7.0~7.2			

0121 MTS 琼脂（胰酶消化碎肉半流体培养基，厌氧梭菌用）

Meat trypsinized broth	500.0ml	Meat infusion	500.0ml
NaCl	5.0g	Glucose	5.0g
Na-thioglycerollate	0.5g	Crumbled meat	10.0g
Agar	15.0g	pH7.2~7.4	

0122 GC 琼脂

Hottinger digested (containing amino acid 150.0mg/100.0ml) 100.0ml

Glucose	10.0g	NaCl	5.0g
L-cysteine	1.0g	Agar	15.0g
Distilled water	900.0ml	pH6.8~7.2	

[note] Cool to 45℃, 5.0ml of defibrillated blood were added.

0123 Sauton 培养基（苏通综合培养基）

Asparagine	4.0g	Citric acid	2.0g
K$_2$HPO$_4$	0.5g	MgSO$_4$·7H$_2$O	0.5g
Ferric ammonium citrate	0.05g	Glycerol	60.0ml
Distilled water	900.0ml		

0124 蛋黄培养基（土拉菌用）

| Yolk | 60.0ml | Physiological salt solution. | 40.0ml |

Coagulated at 80℃ for 1hour

0125 Lowensten-Jensen 鸡蛋培养基（骆文氏鸡蛋斜面培养基）

Fresh eggs	15~16	Distilled water	375.0ml
2.0% malachite green	10.0ml	KH$_2$PO$_4$	1.5g
MgSO$_4$·7H$_2$O	0.375g	asparagines	2.25g
Glycerol	7.5ml	Potato powder	18.8g

0126 胆汁马铃薯培养基

| Fresh ox bile | 95.0ml | Glycerol | 5.0ml |

Potato block (cylinder)

Preparation：Immerse the popato block in bileglycerol solution at 75℃ for 30 min then put them into tubes.

0127 类鼻疽菌培养基

| Peptone | 10.0g | NaCl | 5.0g |

Beef extract	3.0g	Glycerol	40.0ml
Agar	15.0g	Distilled water	1.0L

pH7.0～7.2

Preparation：Immerse the popato block in bileglycerol solution at 75℃ for 30 min then put them into tubes

0128 半固体碎肉培养基 （厌氧梭菌用）

Meat trypsinized broth	500.0ml	Beef infusion broth	500.0ml
Glucose	5.0g	Gelatin	4.0g
Agar	15.0g	pH 8.2	

Crumbled beef (just the right amount in tube)

0129 胱氨酸血液琼脂培养基 （土拉菌用）

Beef infusion broth	1.0L	Peptone	20.0g
NaCl	5.0g	Cysteine	1.0g
Defibrillated rabbit blood	50.0ml	Glucose	10.0g
Agar	15.0g	pH 7.4～7.6	

0130 3.0％NaCl 脑心琼脂培养基 （副溶血性弧菌用）

Proteose	10.0g	Yeast extract	5.0g
NaCl	30.0g	Na_2HPO_4	2.5g
Brain infusion	400.0ml	Ox infusion	600.0ml

0131 蔗糖培养基 （肠膜状明串珠菌用）

Sucrose	100.0g	Peptone	2.5g
Na_2HPO_4	1.5g	Agar	15.0g
Distilled water	1.0L	pH 7.0～7.2	

0132 Hottinger 血琼脂 （厚金格尔氏溶血琼脂） 鼠疫菌用

Hottinger digest (containing amino nitrogen 2.0mg/ml) 1.0LNaCl			5.0g
Agar	15.0g	pH 7.0	

Cool to 45℃, 10.0ml of 10.0％ blood were added.

[note]：（1）Hottinger digest：see medium 0116.

（2）10.0％ blood (hemolysis)：10.0ml of defibrillated blood add to 90.0ml of distilled water.

0133 猪胃胨半流体培养基 （支原体用）

Acid digest swine stomach broth	500.0ml	NaCl	2.5g
Ox heart infusion	500.0ml	Glucose	10.0g
Argine	2.5g	Agar	4.0g

pH 7.6～7.8

Cool to 45～56℃, then add horse serum 2.0ml, 25.0％ fresh yeast infusion 1.0ml and ammonium citrate 0.25mg/ml and penicillin 200.0ug/ml

0134 麸皮培养基-2 （麦麸琼脂）

Wheat bran	70.0g	Agar	15.0g
Distilled water	1.0L	pH nature	

0135 麸皮培养基-3 （麦麸琼脂）

Wheat bran	30.0g	Agar	15.0g
Distilled water	1.0L	pH nature	

0136 麸皮培养基-4（麦麸琼脂）

Wheat bran	50.0g	$(NH_4)_2HPO_4$	0.05g
Agar	15.0g	Distilled water	1.0L
pH nature			

0137 豌豆琼脂

Glucose	10.0g	$(NH_4)_2SO_4$	10.0g
NaCl	5.0g	Peptone	5.0g
Pea infusion	1.0	LAgar	15.0g
pH 7.0~7.2			

0138 拉氏培养基

Glycerol	15.0ml	Corn steep liquor	2.5g
Peptone	6.0g	NaCl	5.0g
KCl	0.5g	KH_2PO_4	0.3g
$MgSO_4 \cdot 7H_2O$	0.05g	$CuSO_4 \cdot 5H_2O$	0.02g
$FeSO_4 \cdot 7H_2O$	0.015g	$MnSO_4 \cdot 7H_2O$	0.02g
Agar	15.0g	Distilled water	1.0L
pH 7.0			

0139 莫氏培养基

Lactose	15.0g	Corn steep liquor	2.5g
Peptone	5.0g	$MgSO_4 \cdot 7H_2O$	0.05g
KH_2PO_4	0.05g	NaCl	4.0g
$CuSO_4 \cdot 5H_2O$	0.004g	Agar	15.0g
Distilled water	1.0L		

0140 蚕蛹粉培养基

Silkworm chrysalis powder	3.0g	Glucose	10.0g
Soybean cake meal	10.0g	NaCl	2.5g
$CaCO_3$	2.0g	Agar	15.0g
Distilled water	1.0L	pH 7.2~7.4	

0141 牛肉膏蛋白胨培养基

Beef extract	10.0g	Peptone	10.0g
NaCl	5.0g	Agar	15.0g
Distilled water	1.0L	pH7.0~7.2	

0142 葡萄糖蛋白胨培养基

Soybean cake powder	10.0g	Glucose	10.0g
Peptone	3.0g	NaCl	2.5g
$CaCO_3$	2.0g	Agar	15.0g
Distilled water	1.0L		

0143 麸皮培养基

Wheat bran	36.0g	$(NH_4)_2SO_4$	3.0g
K_2HPO_4	0.2g	$MgSO_4 \cdot 7H_2O$	0.1g
Agar	15.0g	Distilled water	1.0L
pH 7.0			

0145 KEKE 培养基

Brain/hearts infusion	1.0L	Nicotinamide adenine	2.0mg

（Difco）   dinucleotide

Hemin   0.01mg   Ager   15.0g

0146 PYE 培养基

植物蛋白胨   5.0g   酵母提取物   2.5g

K_2HPO_4 3.7g KH_2PO_4 1.3g

$MgSO_4 \cdot 7H_2O$ 0.5g   NaCl   1.0g

琼脂   15.0g   蒸馏水   1.0L

pH7.2～7.5

0147 TY 培养基

酪蛋白   5.0g   酵母提取物   3.0g

$CaCl_2 \cdot 6H_2O$ 1.3g   琼脂   15.0g

蒸馏水   1.0L   pH7.0

0148 海水培养基

（1）The artificial sea water（ASW）

NaCl   0.4M $MgSO_4 \cdot 7H_2O$ 0.1M

KCl   0.02M $CaCl_2 \cdot 2H_2O$ 0.02M

（2）The basal medium（BM）

tris（hydroxy methyl）aminomethane（tris）-hydrochloride（pH7.5）

NH_4Cl 50.0mM

$K_2HPO_4 \cdot 3H_2O$ 190.0mM $FeSO_4 \cdot 7H_2O$ 0.33mM

Half strength ASW   0.1mM

（3）Basal medium agar（BMA）

Was prepared by separately sterilizing and then mixing equal volumes of double strength BM add 15.0g agar per liter.

（4）Yeast extract broth（YEB）

Was made by supplementing BM with 5.0g of Difco yeast extract per liter

（5）Yeast extract agar（YEA）

To be prepared by solidifying YEB with 15.0g of Difco Agar per liter

0149 燕麦琼脂-2

燕麦粉   30.0g   琼脂   15.0g

蒸馏水   1.0L

0150 MMN 培养基

Malt extract   3.0g   Glucose   10.0g

Peptone   15.0g $CaCl_2$ 0.05g

$MgSO_4 \cdot 7H_2O$ 0.15g   NaCl   0.025g

$FeCl_3$（1.0%）   1.2ml KH_2PO_4 0.5g

$(NH_4)_2HPO_4$ 0.25g   Viatmin B_1 1.0mg

Agar   15.0g   Distilled water   1.0L

pH 5.5～5.7

0151 PDMA Medium（马铃薯麦芽汁培养基）

Potato infusion（20.0%）500.0ml   Wort（2Be）   500.0ml

Glucose   20.0g   Vitamin B_1 0.05g

Agar   15.0g   pH 5.5～6

0152 MGYC 培养基（蛋氨酸，酵母膏，干酪素培养基）

L-Methionine   0.2g   Glucose   10.0g

Yeast extract	5.0g	Casein (or peptone)	10.0g
Agar	15.0g	Distilled water	1.0L

0153 MCY（Sabouraud）培养基（麦芽糖蛋白胨酵母膏培养基）

Maltose	30.0g	Corn meal	10.0g
Yeast extract	3.0g	Peptone	10.0g
Agar	15.0g	Distilled water	1.0L
pH 6.8			

0154 PPDA 培养基（马铃薯蛋白胨培养基）

Peptone	10.0g	Potato	200.0g
Glucose	20.0g	Agar	15.0g
Distilled water	1.0L	pH 6.5	

0155 BPG 琼脂（牛肉汁蛋白胨柠檬酸钠琼脂）

Beef extract	3.0g	Peptone	8.0g
Sodium citrate	5.0g	Agar	15.0g
Distilled water	1.0L	pH 7.2	

0156 PG 琼脂（蛋白胨葡萄糖培养基）

Peptone	15.0g	Glucose	15.0g
Agar	15.0g	Distilled water	1.0L

0157 酸性 PDA 培养基

马铃薯	200.0g	蔗糖	10.0g
琼脂	20.0g	蒸馏水	1.0L
自然 pH			

0158 YEM 琼脂（酵母膏甘露醇培养基）

Manitol	10.0g	Yeast extract	0.8g
K_2HPO_4	0.5g	NaCl	0.2g
$MgSO_4 \cdot 7H_2O$	0.2g	$CaCO_3$	5.0g
0.5% $NaMoO_4$	4.0ml	0.5% H_3BO_3	4.0ml
Agar	15.0g	Distilled water	1.0L

0159 细菌培养基

蛋白胨	10.0g	牛肉提取物	5.0g
NaCl	5.0g	琼脂	20.0g
蒸馏水	1.0L	pH7.6~7.8	

0160 大豆芽汁培养基（Soyabean Sporuts Broth）

Bean sprouts broth	1.0L	Sucrose	50.0g
Agar	15.0g	pH nature	

[note]：Soybean 100.0g, add water1.0 L, boiling for 30min., filtrate

0161 醋酸杆菌培养基（Acetobacter Medium）

3 Bè 麦芽汁	1.0L	Yeast extract	5.0g
Glucose	20.0g	$MgSO_4 \cdot 7H_2O$	2.0g
K_2HPO_4	3.0g	Agar	15.0g
pH nature			

[note]：After sterilization, add 95.0% ethanol to make the conc. of the ethanol in broth into 2.0%~3.0%.

0162 丙酮丁醇梭菌培养基 (Clostridium Acetobutylcum Medium)

(1) Mixing corn meal and water into paste, putting the paste into boiled water, then boiling and stiring for 1 hr., making it in5.0% concentration, distributing into tubes, autoclave at 1.5kg/cm square for 90 min. for pastification

(2) Inoculation with bacteria spore in sand when cold

(3) After inoculation, putting the tubes in boiling water bath for 1~2 min, for heat treatment

(4) Cooling the tubes in top water immediately

(5) Putting the tubes in vacuum desicator and pumping it to vacuum

(6) Incubation at 37℃ for 3 days, when the surface of the broth floated with soild material and the cloud-like suspended in the lower part of the tube, the cultures are growth well

0163 纤维发酵细菌培养基 (Hemp Fermenting Bacteria Medium)

5°Bè 麦芽汁	1.0L	Peptone	5.0g
(NH$_4$)$_2$HPO$_4$	1.0g	CaCO$_3$ (sterilized)	6.0g
Agar	15.0g	pH 7.0	

0164 EREMOTHECIUM ASHBYII 培养基

Glucose	10.0g	Peptone	10.0g
MgSO$_4$·7H$_2$O	0.15g	KH$_2$PO$_4$	2.0g
Agar	15.0g	Distilled water	1.0L
pH 5.6			

0165 丙酸细菌培养基 (Propionic Bacteria Medium)

Glucose	20.0g	Na$_2$HPO$_4$	1.0g
Lactose	20.0g	MgSO$_4$·7H$_2$O	0.4g
Yeast extract	10.0g	Glycerol	1.0g
Agar	15.0g	Distilled water	1.0L
pH 6.8~7.0			

0166 橄榄色链霉菌培养基 (Streptomyces Olivaceus Medium)

Wheat bran	50.0g	Agar	15.0g
Distilled water	1.0L	pH 7.0	

[note]: Taking 50.0g wheat bran in 1.0 L water, immersing it in water bath at 55~60℃ for 4~5 hours, then boiling for 30 min., making the volume into 1.0 L with water.

0167 明串珠菌培养基 (Leuconotoc Dextranticum Medium)

Sucrose	125.0g	Peptone	4.0g
K$_2$HPO$_4$	0.4g	NaHCO$_3$	1.5g
Manganese chloride	30.0μg1g	Agar	15.0g
Water	1.0L	pH 7.0	

0168 Candida Tropicalis & C. Lipolytica Medium

Urea	3.0g	Corn steep liquor	1.0g
KH$_2$PO$_4$	2.0g	MgSO$_4$·7H$_2$O	1.0g
MnSO$_4$·4H$_2$O	0.02g	FeSO$_4$·7H$_2$O	0.2g
Distilled water	1.0L	pH nature	

[note]: After sterilization, add the sterile paraffin oil

0169 酒明串珠菌培养基 (Leuconostoc Oenos Medium)

Glucose	10.0g	Peptone	10.0g
Yeast extract	5.0g	Tomato juice	250.0ml

$MgSO_4 \cdot 7H_2O$	0.2g	$MnSO_4 \cdot 4H_2O$	0.05g
Distilled water	750.0ml	pH 4.8	

[note]: Each tube distributed the broth 10.0ml, then sterilized. Before inoculation, 0.5ml of 1.0% cysteine phosphate added to each tube.

0170 纸浆发酵细菌培养基 (Paper Pulp Fermented Bacteria Medium)

Peptone	5.0g	Yeast extract	3.0g
Glucose	5.0g	K_2HPO_4	1.0g
NaCl	5.0g	Agar	15.0g
Distilled water	1.0L	pH 8~9	

0171 牛肝浸液培养基 (Beef Liver Infusion Medium)

Diced beef liver	500.0g	Peptone	10.0g
K_2HPO_4	1.0g	Water	1.0L

[note]:

(1) Putting 500.0g of the diced and de-fat beef liver in 1.0 L water, immersed at refrigerator over night, autoclave for 10 min., filtration by suction.

(2) Adding 10.0g of peptone and 1.0g of K_2HPO_4, adjusting pH to 8.0, filtrating with paper, making the volume into 1.0 L.

(3) The beef liver residue retained.

(4) Distributing the broth into tube up to 1.0 in. then adding the beef liver residue in tube up to 2.0 in. (total), and $CaCO_3$ in trace

0172 己酸细菌培养基 (Caproic Acid Bacteria Medium)

Yeast extract	1.0g	Sodium acetate	0.5g
$MgSO_4 \cdot 7H_2O$	0.02g	K_2HPO_4	0.4g
$CaCO_3$	0.5g	$(NH_4)_2SO_4$	0.5g

[note]: After sterilization add ethanol (the total conc. in 2.0%~2.5%)

0173 琼脂碳源培养基 (Agar As Carbon Source Medium)

$NaNO_3$	2.0g	$MgSO_4 \cdot 7H_2O$	0.5g
Yeast extract	2.0g	Agar	15.0g
Tap water	1.0L	pH 7.0	

0174 嗜热脂肪芽孢杆菌培养基-1 (Bacillus Stearothermophilus Medium I)

Yeast extract	10.0g	Tryptose	10.0g
K_2HPO_4	10.0g	$MnSO_4$	0.03g
Agar	15.0g	Distilled water	1.0L
pH 7.0			

0175 嗜热脂肪芽孢杆菌培养基-2 (Bacillus Stearothermophilus Medium II)

Beef extract	10.0g	Peptone	10.0g
Glucose	10.0g	NaCl	5.0g
K_2HPO_4	2.5g	Agar	15.0g
Distilled water	1.0L	1.6% Bromocresol purple	1.0ml

0176 凝结芽孢杆菌培养基 (Bacillus Coagulans Medium)

Yeast extract	5.0g	$MnSO_4$	0.03g
Tryptose	5.0g	K_2HPO_4	5.0g
Agar	15.0g	Distilled water	1.0L
pH 6.2			

0177 节杆菌培养 (Arthrobacter Medium)

Glucose	20.0g	K_2HPO_4	2.0g
Yeast extract	1.5g	$(NH_4)_2HPO_4$	6.0g
$MgSO_4 \cdot 7H_2O$	0.1g	Agar	15.0g
Distilled water	1.0L	pH 7.0~7.2	

0178 Torulopsis Apicola 培养基

Glucose	20.0g	Urea	2.0g
Yeast extract	4.0g	Agar	15.0g
Distilled water	1.0L	pH 4.5	

0179 肌苷产生细菌培养基 (Inosine Produced Bacteria Medium)

Glucose	30.0g	NaCl	3.0g
Peptone	10.0g	Agar	20.0g
Yeast extract	10.0g	Distilled water	1.0L

0180 蜂房哈夫尼菌培养基 (Hafnia Alvei Medium)

Glucose	30.0g	Casein hydrolyzate	30.0g
Agar	15.0g	Distilled water	1.0L

0181 酵母菌培养基 (Yeast Culture Medium)

Yeast extract	3.0g	Malt extract	3.0g
Peptone	5.0g	Glucose	10.0g
Agar	15.0g	Distilled water	1.0L

0182 PY 培养基 (马铃薯浸液，蛋黄培养基) (used for Mycobacterium paratuberculosis)

Potato infusion	1.0L	L-asparagine	10.0g
KH_2PO_4	10.0g	$MgSO_4 \cdot 7H_2O$	0.5g
Ferrum citrate	1.2g	Mycobacillin	1.0g
Glycerol	60.0ml	Tween 80	15.0ml
Agar	15.0g		

0183 鸡血清鸡肉汁培养基 (Chicken Serum and Chicken Broth) (used for Haemophilus para-gallinarum)

Chicken broth	1.0L	Polypeptone	5.0g
Tryptose	5.0g	Glutamate	5.0g
NaCl	5.0g	Agar	15.0g
pH 7.2			

Add 10.0ml of chicken serum and 10.0ml of 25.0% yeastextract before use

0184 PPLO 琼脂 (PPLO Agar) (用于 Haemophilus pleuropneumoniae 大叶性肺炎嗜血杆菌 (胸膜肺炎嗜血杆菌))

PPLO Agar (Difco)	1.0L	pH 7.2	

Add 1.0% NADH solution，10.0ml, yeast extract 2.5g, horse serum 5.0ml and glucose 0.1gwhen the medium cold to 56℃.

0185 改良 Minca 培养基 (Modified Minca Medium) (用于 E. Coli 大肠杆菌，显示 K99 纤毛抗原)

KH_2PO_4	1.36g	Na_2HPO_4	8.0g
Yeast extract	1.0g	Casein peptone	5.0g
Glycerol	50.0ml	trace salt solution	1.0ml
Agar	15.0g	Distilled water	1.0L

Trace salt solution

$MgSO_4 \cdot 7H_2O$	10.0g	$MnCl_2 \cdot 4H_2O$	1.0g
$FeCl_2 \cdot 6H_2O$	0.135g	$CaCl_2 \cdot 2H_2O$	0.4g
Distilled water	1.0L		

0186 FREY 培养基 (FREY's Medium)（used for Mycoplasma gallinarum 鸡枝原体）

Basic solution：

NaCl	2.5g	KCl	0.2g
Na_2HPO_4	0.8g	KH_2PO_4	0.05g
$MgSO_4 \cdot 7H_2O$	0.1g	Casein hydrolysed	2.5g
Glucose	5.0g	De-ionic water	500.0ml

After sterilized，add 60.0ml of sterile pig serum，0.0625g of thallium acetate，1.0g of argininate，50.0ml of 25.0% yeast extract，0.05g of phenol red and 50 units of penicillin. Adjust ph to 7.6~7.7 by 1.0N NaOH.

0187 改良 FREY 培养基 (Modified FREY's Medium)（used for *Mycoplasma gallisepticum* 鸡败血枝原体）

In the formula of Freys medium (0186)，remove the argininate but add 13.0ml of pig serum.

0188 A 62 培养基（used for *Mycoplasma hyopneumoniae* 猪肺炎枝原体）

Hanks casein solution 500.0ml Beef heart infusion 300.0ml Sterile pig serum 200.0ml 25.0% yeast extract 5.0ml

Penicillin 25 units 25.5 Unit Thallium acetate 0.00125g

pH 7.5~7.8 by 1N NaOH

[note]：Prepare the medium aseptically

0189 蚕豆芽浸液培养基 (Bean Speouts Infusion Medium)

Bean sprouts infusion	1.0L	Glucose	50.0g
Agar	15.0g	pH nature	

0190 糖浆培养基 (Molasses Medium)

5 Be Molasses solution	1.0L	Urea	1.0g
Agar	15.0g	pH 5~5.6	

0191 光菝菰根浸液培养基 (Smilax Glabra Root Infusion Medium)

Smilax glabra root infusion	300.0ml	5°Bè wort	700.ml
Agar	15.0g	pH nature	

[note] Add 1.0 L of water into 250.0g of Smilax glabra root in the beaker，boil for 2~3 hours，filtrate and make into 1.0 L.

0192 黑曲霉产孢培养基 (*Aspergillus Niger* Sporogenous Medium)

3°Bè Wort	1.0L	NaCl	30.0g
Agar	15.0g	pH 4~6	

0193 麸皮培养基-6 (Wheat Bran Medium)

5.0% wheat bran infusion	1.0L	$FeSO_4 \cdot 7H_2O$	200.0μg/g
Agar	15.0g	pH 7.0	

0194 龟裂链霉菌培养基 (Streptomyces Rimosus Medium)

Soluble starch	60.0g	NaCl	5.0g
Peanut cake meal	20.0g	KH_2PO	0.1g
Corn steep liquor	5.0g	$CaCO_3$	8.0g
$(NH_4)_2SO_4$	8.0g	Agar	15.0g

Distilled water	1.0L		pH nature

0195 番茄汁培养基 (Tomato Juice Medium)

Yeast extract	7.5g	Peptone	7.5g
Glucose	10.0g	K_2HPO_4	2.0g
Tomato juice	100.0ml	Tween80	0.5ml
$CaCO_3$	10.0g	Agar	15.0g
Distilled water	900.0ml		
pH 7.0			

0196 葡萄汁培养基 (Grape Juice Medium)

Grape juice	500.0ml	Yeast extract	0.5g
Tween80	0.5ml	Distilled water	500.0ml
pH nature			

0197 IFFI No. 100 培养基

Glucose	1.0g	Yeast extract	3.0g
Agar	15.0g	Distilled water	1.0L
pH 7.0			

0198 IFFI No. 111 培养基

Bacto-peptone	10.0g	Bacto-yeast extract	5.0g
NaCl	10.0g	Agar	15.0g
Distilled water	1.0L	pH 7.5	

0199 IFFI No. 112 培养基

Glucose	100.0g	Yeast extract	5.0g
$(NH_4)_2SO_4$	1.0g	KH_2PO_4	1.0g
$MgSO_4 \cdot 7H_2O$	0.5g	Agar	15.0g
Distilled water	1.0L		

0200 综合麦芽汁培养基 (Synthetic Wort Medium)

Potato infusion (20.0%)	900.0ml	$MgSO_4 \cdot 7H_2O$	1.5g
KH_2PO_4	3.0g	Wort	100.0ml
Thamine	tracetrace	Glucose	20.0g
Agar	15.0g	pH 6.0	

0201 综合麦芽糖培养基 (Synthetic Maltose Medium)

20.0% Potato broth	1.0L	Maltose	50.0g
KH_2PO_4	3.0g	$MgSO_4 \cdot 7H_2O$	1.5g
Agar	15.0g	Adjust pH to 5.5 with citric acid.	

0202 葡萄糖牛肉汁桦木屑培养基 (Glucose-Beef Extract-Birch)

Glucose	20.0g	Beef extract	10.0g
Birch sawdust infusion	1.0L	Agar	15.0g
pH natural			

[note] Take 300.0g of birch sawdust into 1.0 L of water, immerse it for 16 hours, then boil for 20 min., filtrate and make the filtrate into 1.0 L.

0203 综合马铃薯酵母膏培养基 (Synthetic Potato-Yeastextract Medium)

20.0% Potato broth	1.0L	Sucrose	10.0g
Glucose	10.0g	KH_2PO_4	3.0g
$MgSO_4 \cdot 7H_2O$	1.5g	Yeast extract	2.0g

Ager	15.0g		pH nature	

0204 黑色素培养基 (Melanin Pigment Medium) (used for isolation of erwinia stewarti)

Yeast extract	1.0g		NaCl	15.0g
Glycerol	30.0ml		1.0% melanin pigment solution	20.0ml
Agar	15.0g		Fungicidin	0.2g
Distilled water	950.0ml			

0205 IVANOV 培养基 (伊凡诺夫培养基)

Ammonium iron citrate	10.0g		$CaCl_2$	0.01g
Na_2SO_4	2.5g		$MgSO_4 \cdot 7H_2O$	0.1g
Sodium cholate	3.0g		K_2HPO_4	2.5g
Glycerol	30.0ml		NaCl	15.0g
Agar	15.0g		Distilled water	1.0L

0206 YPG 培养基

酵母提取物	5.0g		蛋白胨	5.0g
葡萄糖	5.0g		琼脂	15.0g
蒸馏水	1.0L		pH 7.2	

0207 NBY 培养基

Beef extract	8.0g		Yeast extract	2.0g
K_2HPO_4	2.0g		KH_2PO_4	0.5g
Agar	15.0g		Distilled water	1.0L

[note] Add 50.0ml of 10.0% glucose solution and 1.0ml of 1.0M $MgSO_4 \cdot 7H_2O$ solution aseptically after sterilization.

0208 TZC 培养基

Beef extract	5.0g		Glucose	10.0g
Yeast extract	0.5g		Peptone	10.0g
Agar	15.0g		Distilled water	1.0L

After sterilization, add 0.5ml of the 1.0% TZC (2, 3, 5-nitrogen chloride-phenyl-tetrazole) solution to 100.0ml of the medium.

0209 可可培养基

脑心琼脂	1.0L		辅酶Ⅱ	2.0mg
高铁血红素	10.0mg			

0210 R 琼脂

蛋白胨	10.0g		酵母提取物	5.0g
麦芽提取物	5.0g		酪蛋白氨基酸	5.0g
牛肉提取物	2.0g		甘油	2.0g
Tween 80	50.0mg		$MgSO_4 \cdot 7H_2O$	1.0g
琼脂	18.0g		蒸馏水	1.0L
pH7.2				

0211

酪蛋白氨基酸	7.5g		酵母提取物	10.0g
柠檬酸钠	3.0g		$MgSO_4 \cdot 7H_2O$	0.1g
KCl	2.0g		Fe^{2+}	微量
Mn^{2+}	微量		NaCl	200.0g

Na$_2$CO$_3$（单独灭菌）	8.0g	琼脂	15.0g
蒸馏水	1.0L	pH9.5	

0212 CM 培养基

酪蛋白氨基酸	7.5g	酵母提取物	10.0g
柠檬酸钠	3.0g	MgSO$_4$·7H$_2$O	20.0g
KCl	2.0g	Fe^{2+}	10.0mg/kg
NaCl	200.0g	琼脂	15.0g
蒸馏水	1.0L	pH7.2	

0213 血琼脂培养基-2

血琼脂基础培养基	1.0L	脱纤维兔血	50.0ml

0214 血琼脂培养基-3

Trypticase Soy 琼脂	1.0L	脱纤维兔血	50.0ml

0215 GAM 琼脂

GAM 琼脂	74.0g	蒸馏水	1.0L

0216

蛋白胨	10.0g	酵母提取物	10.0g
牛肉提取物	3.0g	NaCl	5.0g
琼脂	15.0g	蒸馏水	1.0L
每个斜面加液体石蜡一滴		pH7.0	

0217 脑心琼脂

心提取物	5.0g	脑提取物	12.5g
胨胨	10.0g	葡萄糖	2.0g
NaCl	5.0 g	Na$_2$HPO$_4$	2.5g
琼脂	15.0g	蒸馏水	1.0L
pH 7.4			

0218 PS 琼脂

蛋白胨	10.0g	蔗糖	20.0g
琼脂	15.0g	蒸馏水	1.0L
pH 7.0			

0219 氨苄青霉素 LB 琼脂

LB 琼脂	1.0L	氨苄青霉素	50.0mg

0220 M9 培养基

Na$_2$HPO$_4$	6.0g	KH$_2$PO$_4$	3.0g
NaCl	0.5g	NH$_4$Cl	1.0g
0.01M CaCl$_2$	10.0ml	1M MgSO$_4$	1.0ml
20.0% Glucose	10.0m	l 硫胺素	1.0mg
氨基酸蛋白水解液	80.0mg	Distilled water	1.0L
pH 7.0			

0221 胰胨-大豆胨琼脂

Trypticase Soy 琼脂	40.0g	蒸馏水	1.0L

0222

蔗糖	15.0g	K$_2$HPO$_4$	0.8g
KH$_2$PO	0.2g	MgSO$_4$·7H$_2$O	0.2g
NaCl	0.2g	CaCl$_2$	0.05g

MnSO₄	0.0005g	FeSO₄	0.025g
钨酸钠	0.0005g	钼酸钠	0.0005g
琼脂	15.0g	蒸馏水	1.0L
自然 pH			

0223 海水 2216 琼脂

海水 2216 琼脂	55.1g	蒸馏水	1.0L
pH7.4			

0224

NaCl	30.0g	K₂HPO₄	3.9g
KH₂PO₄	2.1g	NH₄Cl	5.0g
酵母提取物	5.0g	Tryptone	5.0g
1 M Tris Buffer (pH7.5)	50.0ml	甘油	3.0ml
MgSO₄ · 7H₂O	1.0g	KCl	0.75g
CaCO₃	1.0g	琼脂	15.0g
蒸馏水	1.0L	pH 7.2	

0225

牛肉提取物	5.0g	酵母提取物	1.0g
蛋白胨	5.0g	蔗糖	5.0g
1M MgSO₄ · 7H₂O	2.0ml	琼脂	15.0g
蒸馏水	1.0L	pH 7.0	

0226

蔗糖	5.0g	蛋白胨	5.0g
酵母提取物	1.0g	牛肉提取物	3.0g
琼脂	15.0g	蒸馏水	1.0L
pH 7.0			

0227 四环素 LB 琼脂

LB 琼脂	1.0L	四环素	50.0mg

0228

Trytone	10.0g	酵母提取物	5.0g
葡萄糖	1.0g	维生素 B₁	20.0mg
NaCl	5.0g	琼脂	15.0g
蒸馏水	1.0L		

0229

牛肉提取物	5.0g	酵母提取物	2.0g
蛋白胨	10.0	NaCl	2.0g
Neomycin	5.0mg	琼脂	15.0g
蒸馏水	1.0L	pH 6.8	

0230

酵母提取物	5.0g	蛋白胨	3.0g
甘露醇	25.0g	琼脂	15.0g
蒸馏水	1.0L		

0231

蛋白胨	10.0g	牛肉提取物	10.0g
酵母提取物	5.0g	葡萄糖	5.0g

K_2HPO_4	0.45g	KH_2PO_4	0.33g
NH_4Cl	1.0g	$MgSO_4 \cdot 7H_2O$	0.1g
5.0% L-Cysteine. HCl H_2O solution 10.0ml		0.1% Resazurin solution	1.0ml
5.0% $Na_2S \cdot 9H_2O$ solution	10.0ml	蒸馏水	1.0L
pH 7.5			

0232 3.0%NaCl 营养肉汁琼脂

营养琼脂	1.0L	NaCl	30.0g

0233 双歧杆菌培养基

大豆蛋白胨	5.0g	胰胨	5.0g
酵母粉	10.0g	Glucose	10.0g
Trace salt solution	40.0ml	L-Cysteine-HCl $\cdot$ H_2O	0.5g
0.1%刃天青	1.0ml	Agar	15.0g
Dist. water	1.0L	pH 7.0	
Trace salts solution:			
$CaCl_2$	0.2g	$MgSO_4 \cdot 7H_2O$	0.48g
K_2HPO_4	1.0g	KH_2PO_4	1.0g
$NaHCO_3$	10.0g	NaCl	2.0g
蒸馏水	1.0L	pH 6.5	

0234

蛋白胨	10.0g	酵母提取物	2.0g
水解酪素	2.0g	NaCl	6.0g
葡萄糖	10.0g	琼脂	18.0g
蒸馏水	1.0L	pH 7.2	

0235

蛋白胨	10.0g	酵母提取物	2.0g
水解酪素	2.0g	NaCl	6.0g
琼脂	15.0g	蒸馏水	1.0L
pH 7.2			

0236 CYC 琼脂

Czapek-Dox powder	33.4g	酵母提取物	2.0g
酪蛋白氨基酸	6.0g	琼脂	15.0g
蒸馏水	1.0L	pH 7.2	

0237 碱性 ISP-2 培养基

Medium No. 0038，after autoclaving，adjust pH to 10.0 with sterilized 10.0% Na_2CO_3 solution.

0238

Polypeptone	5.0g	Yeast extract	5.0g
Distilled water	1.0L	$MgSO_4 \cdot 7H_2O$	1.0g
Agar	15.0g	pH 7.0	

0239

Yeast extract	1.0g	Beef extract	1.0g
N-Z amine (type A)	2.0g	Maltose	10.0g
Agar	15.0g	Distilled water	1.0L
pH 7.3			

0240

Glucose	10.0g	L-Asparagine	1.0g
K_2HPO_4	0.5g	Yeast extract	2.0g
Agar	15.0g	Distilled water	1.0L
pH 7.3			

0241 3.0%NaCl R 琼脂

Medium No. 0210	1.0L	NaCl	30.0g

0242

Potato	200.0g	Yeast extract	2.0g
Glucose	20.0g	Distilled water	1.0L
pH 5.6			

0243 改良 Horikoshii 2 培养基

多胨	5.0g	酵母提取物	5.0g
淀粉	10.0g	KH_2PO_4	1.0g
$MgSO_4 \cdot 7H_2O$	0.2g	NaCl	10.0g
琼脂	15.0g	蒸馏水	1.0L
pH 8.0			

0244 PYG 培养基

多胨	5.0g	胰胨	5.0g
酵母提取	10.0g	葡萄糖	10.0g
盐溶液	40.0ml	蒸馏水	960.0ml
琼脂	10.0g	pH 7.2	
盐溶液:			
$CaCl$	0.2g	$MgSO_4 \cdot 7H_2O$	0.4g
K_2HPO_4	1.0g	KH_2PO_4	1.0g
$NaHCO_3$	10.0g	NaCl	12.0g
蒸馏水	1.0L		

0245

酪蛋白氨基酸	7.5g	酵母提取物	10.0g
柠檬酸钠	3.0g	$MgSO_4 \cdot 7H_2O$	20.0g
KCl	2.0g	NaCl	200.0g
Fe^{2+}	0.05g	琼脂	15.0g
蒸馏水	1.0L	pH 7.4	

0246

酪蛋白氨基酸	7.5g	酵母提取物	10.0g
柠檬酸钠	3.0g	$MgSO_4 \cdot 7H_2O$	20.0g
KCl	2.0g	NaCl	150.0g
微量盐溶液	1.0ml	琼脂	15.0g
蒸馏水	1.0L	pH7.5	
微量盐溶液:			
$FeSO_4 \cdot 7H_2O$	0.1g	$MnCl_2 \cdot 4H_2O$	0.1g
$ZnSO_4 \cdot 7H_2O$	0.1g	蒸馏水	100.0ml

0247

酪蛋白氨基酸	7.5g	酵母提取物	10.0g

柠檬酸钠	3.0g	$MgSO_4 \cdot 7H_2O$	20.0g
KCl	2.0g	NaCl	200.0g
微量盐溶液	1.0ml	琼脂	15.0g
蒸馏水	1.0L	pH7.5	
微量盐溶液：			
$FeSO_4 \cdot 7H_2O$	0.1g	$MnCl_2 \cdot 4H_2O$	0.1g
$ZnSO_4 \cdot 7H_2O$	0.1g	蒸馏水	100.0ml

0248 酵母粉、淀粉琼脂-2

可溶性淀粉	15.0g	酵母提取物	4.0g
K_2HPO_4	0.5g	$MgSO_4 \cdot 7H_2O$	0.5g
琼脂	15.0g	蒸馏水	1.0L
pH 7.4			

0249 酵母粉燕麦琼脂

| 燕麦琼脂（0039 号培养基）1.0L | | 酵母提取物 | 1.0g |

0250 6 B 培养基

酵母提取物	5.0g	甘油	50.0g
N-Z amine（Type A）	5.0g	葡萄糖	10.0g
可溶性淀粉	20.0g	$CaCO_3$	1.0g
琼脂	15.0g	蒸馏水	1.0L
自然 pH			

0251 N-Z Amine A 培养基

N-Z amine（Type A）	5.0g	牛肉提取物	1.0g
甘油	80.0ml	琼脂	15.0g
蒸馏水	1.0L	pH 7.0	

0252 硝酸盐燕麦琼脂

燕麦粉	3.0g	KNO_3	0.2g
K_2HPO_4	0.5g	$MgSO_4 \cdot 7H_2O$	0.2g
琼脂	15.0g	蒸馏水	1.0L
pH 7.0			

0253 MGA 琼脂

葡萄糖	2.0gL	天门冬素	1.0g
K_2HPO_4	0.5g	$MgSO_4 \cdot 7H_2O$	0.5g
微量盐溶液	1.0ml	琼脂	15.0g
蒸馏水	1.0L	pH 7.4	
微量盐溶液：			
$FeSO_4 \cdot 7H_2O$	1.0g	$CuSO_4 \cdot 5H_2O$	0.1g
$ZnSO_4 \cdot 7H_2O$	0.1g	蒸馏水	100.0ml

0254

KH_2PO_4	1.0g	KCl	1.0g
NH_4Cl	1.0g	$MgSO_4 \cdot 7H_2O$	0.24g
$CaSO_4 \cdot 2H_2O$	0.17g	NaCl	200.0g
Trace salt solution	1.0ml	谷氨酸钠	1.0g
酵母提取物	5.0g	酪蛋白氨基酸	5.0g
Na_2CO_3（单独灭菌）	5.0g	琼脂	20.0g
蒸馏水	1.0L	pH 7.4	

Tracesalt solution:

$ZnSO_4 \cdot 7H_2O$	0.1g	$MnCl_2 \cdot 4H_2O$	0.03g
H_3BO_3	0.3g	$CoCl_2 \cdot 6H_2O$	0.2g
$CuCl_2 \cdot 2H_2O$	0.01g	$NiCl_2 \cdot 6H_2O$	0.02g
$Na_2MoO_4 \cdot 2H_2O$	0.03g	蒸馏水	1.0L

0255 西红柿培养基

西红柿酱	20.0g	葡萄糖	20.0g
酵母提取物	10.0g	$CoCl_2 \cdot 6H_2O$	5.0mg
琼脂	15.0g	蒸馏水	1.0L
pH 7.2~7.4			

0256

麦芽提取物	1.0g	酵母提取物	1.0g
肝提取物	1.0g	葡萄糖	5.0g
蔗糖	2.0g	琼脂	15.0g
蒸馏水	1.0L	pH 7.0	

0257

山梨糖	20.0g	Yeast extract	3.0g
Peptone	10.0g	$MgSO_4 \cdot 7H_2O$	0.2g
KH_2PO_4	1.0g	$CaCO_3$	1.0g
尿素	1.0g	玉米浆	3.0g
Agar	15.0g	Distilled water	1.0L
pH 7.0~7.2			

0258

Yeast extract	3.0g	peptone	5.0g
glucose	5.0g	Soluble starch	1.5g
Sucrose	5.0g	Beef extract	2.0g
K_2HPO_4	2.0g	NaCl	3.0g
Agar	15.0g	Distilled water	1.0L
pH 6.8			

0259 ATYP 琼脂

KH_2PO_4	1.0g	$CaCl_2$	0.1g
$NaHCO_3$	3.0g	Na-acetate	1.0g
$MgCl_2$	0.5g	NH_4Cl	1.0g
NaCl	1.0g	Trace element solution	1.0ml
Vitamine solution	1.0ml	琥珀酸钠	1.0g
Yeast extract	0.5g	peptone	0.5g
Agar	15.0g	Distilled water	1.0L
pH 6.8			

Trace element solution

$FeCl_2 \cdot 4H_2O$	1.8g	$CoCl_2 \cdot 6H_2O$	0.25g
$NiCl_2 \cdot 6H_2O$	0.01g	$CuCl_2 \cdot 2H_2O$	0.01g
$MnCl_2 \cdot 4H_2O$	0.7g	$ZnCl_2$	0.1g
H_3BO_3	0.5g	$Na_2MoO_4 \cdot 2H_2O$	0.03g
$Na_2SeO_3 \cdot 5H_2O$	0.01g	蒸馏水	1.0L

维生素溶液

生物素	0.1g	烟酸	0.35g
盐酸硫胺素	0.3g	对氨基苯甲酸	0.2g
盐酸吡哆胺	0.1g	泛酸钙	0.1g

0260 烷烃培养基

NH_4NO_3	5.0g	K_2HPO_4	2.5g
$MgSO_4 \cdot 7H_2O$	1.0g	Corn steep liquor	0.1g
Agar	15.0g	Tap water	1.0L
pH 7.0		正烷烃（单独灭菌）	10.0ml

0261 双歧杆菌培养基-2

胰酶水解酪蛋白	10.0g	Meat extract	5.0g
Yeast extract	5.0g	Glucose	10.0g
K_2HPO_4	3.0g	Tween 80	1.0ml
Vitamine C	10.0g	L-cysteime · HCl	0.5g
Agar	15.0g	Distilled water	1.0L
pH 6.8			

0262 M9 无机盐培养基

$10\times$M9 salts	100.0ml	1M $MgSO_4$	1.0ml
0.1M $CaCl_2$	1.0ml	1M Thiamine. HCl · $2H_2O$	1.0ml
Glucose（20.0%）	10.0ml	Proline	20.0mg
Distilled water	900.0ml	pH 7.4	
$10\times$M9 salts：			
Na_2HPO_4	60.0g	KH_2PO_4	30.0g
NH_4Cl	10.0g	NaCl	5.0g
Distilled water	1.0L		

0263 1.0%NaCl 营养肉汁琼脂

Medium No. 0002 with 1.0% NaCl

0264 改良 PYG 培养基

Trypticase peptone	5.0g	Peptone	5.0g
Yeast extract	10.0g	Beef extract	5.0g
Glucose	5.0g	K_2HPO_4	2.0g
Tween80	1.0ml	Resazurin	1.0mg
Salt solution	40.0ml	Haemin solution	10.0ml
Vitamine K_1 solution	0.2ml	Cys. HCl · H_2O	0.5g
Distilled water	950.0ml	pH 7.2	
Salt solution			
$CaCl_2 \cdot 2H_2O$	0.25g	$MgSO_4 \cdot 7H_2O$	0.5g
K_2HPO_4	1.0g	KH_2PO_4	1.0g
$NaHCO_3$	10.0g	NaCl	2.0g
Distilled water	1.0L		
Haemin solution			
氯化血红素	50.0mg	1 M NaOH	1.0ml
蒸馏水	99.0ml		
Vitamine K_1 solution			
维生素 K_1	0.1ml	95.0%乙醇	20.0ml

0265 PY 滤纸培养基

蛋白胨	0.5g	胰酶水解酪素	0.5g
酵母提取物	1.0g	盐溶液 A	10.0ml
盐溶液 B	1.0ml	维生素溶液	10.0ml
L-半胱氨酸	0.5g	刃天青	1.0mg
蒸馏水	1.0L	pH 7.0	

滤纸 1 条/试管

盐溶液 A

KH_2PO_4	20.0g	Na_2HPO_4	30.0g
NH_4Cl	50.0g	$MgSO_4 \cdot 7H_2O$	5.0g
$CaCl_2 \cdot 2H_2O$	10.0g	$FeSO_4 \cdot 7H_2O$	2.0g

蒸馏水 1.0L

盐溶液 B

$MnSO_4 \cdot H_2O$	5.0g	$ZnSO_4 \cdot 7H_2O$	1.0g
$CoCl_2 \cdot 6H_2O$	1.0g	Na_2MoO_4	0.25g
$CuSO_4 \cdot 5H_2O$	1.0g	H_3PO_4	5.0g

蒸馏水 1.0L

维生素溶液：

生物素	0.02mg	叶酸	2.0mg
维生素 B_6	0.1mg	维生素 B	20.05mg
维生素 B_1	0.05mg		

0266 营养琼脂

Peptone（蛋白胨）	5.0g	Meat extract（牛肉膏）	3.0g
Agar（琼脂）	15.0g	Distilled water（水）	1.0L
pH 7.0			

0267

NaCl	80.0g	$MgSO_4 \cdot 7H_2O$	9.5g
KCl	0.5g	$CaCl_2 \cdot 2H_2O$	0.2g
$(NH_4)_2SO_4$	0.1g	KNO_3	0.1g
Yeast extract	1.0g	Hutner s salts	20.0ml
Vitamine solution	1.0ml	Phosphate supplement	20.0ml
Distilled water	960.0ml	pH 8.0	

Hutner s salts：

次氨基三乙酸	10.0g	$CaCl_2 \cdot 2H_2O$	3.335g
$MgSO_4 \cdot 7H_2O$	29.7g	$(NH_4)_2MoO_4$	9.25mg
$FeSO_4 \cdot 7H_2O$	99.0mg	Metals	4450.0ml
蒸馏水	950.0ml		

Metals 44：

Na-EDTA	2.5g	$ZnSO_4 \cdot 7H_2O$	10.95g
$FeSO_4 \cdot 7H_2O$	5.0g	$MnSO_4 \cdot H_2O$	1.54g
$CuSO_4 \cdot 5H_2O$	0.392g	$Co(NO_3)_2 \cdot 6H_2O$	0.248g
$Na_2B_4O_7 \cdot 10H_2O$	0.177g	蒸馏水	1.0L

维生素溶液

维生素 B_{12}	10.0mg	生物素	2.0mg
维生素 B_1	10.0mg		

0268 海水琼脂

Yeast extract	10.0g	Malt extract	4.0g
Glucose	4.0g	Agar	15.0g
Sea water	750.0ml	Distilled water	250.0ml

pH 7.5

Artificial sea water:

NaCl	28.13g	KCl	0.77g
$CaCl_2 \cdot 2H_2O$	1.6g	$MgCl_2 \cdot 6H_2O$	4.8g
$NaHCO_3$	0.11g	$MgSO_4 \cdot 7H_2O$	3.5g
Distilled water	1.0L		

0269 加盐棒杆菌培养基

Casein peptone (tryptic digest)	10.0g	Yeast extract	5.0g
Glucose	5.0g	NaCl	60.0g
Agar	15.0g	Distilled water	1.0L

pH 7.2~7.4

0270

NaCl	81.0g	$MgCl_2 \cdot 6H_2O$	7.0g
$MgSO_4 \cdot 7H_2O$	9.6g	$CaCl_2$	0.36g
KCl	2.0g	$NaHCO_3$	0.06g
NaBr	0.026g	Proteose peptone No.3	5.0g
Yeast extract	10.0g	Glucose	1.0g
Distilled water	1.0L	pH 7.2	

0271 CM₃ 营养琼脂

Beef extract	1.0g	Yeast extract	2.0g
Peptone	5.0g	NaCl	5.0g
Agar	15.0g	Distilled water	1.0L

pH 7.0

0272 MH 培养基

NaCl	60.7g	$MgCl_2 \cdot 6H_2O$	15.0g
$MgSO_4 \cdot 7H_2O$	7.4g	$CaCl_2$	0.27g
KCl	1.5g	$NaHCO_3$	0.045g
NaBr	0.019g	Proteose peptone No.3	5.0g
Yeast extract	10.0g	Glucose	1.0g
Distilled water	1.0L	pH 7.2	

0273 10.0％MH 培养基

NaCl	81.0g	$MgCl_2$	7.0g
$MgSO_4$	9.6g	$CaCl_2$	0.36g
KCl	2.0g	$NaHCO_3$ （单独灭菌）	0.06g
NaBr	0.026g	Proteose peptone No.3	5.0g
Yeast extract	10.0g	Glucose	1.0g
Distilled water	1.0L	pH 7.5	

0274 PYC 培养基

Casein peptone (tryptic digest)	5.0g	Peptone	5.0g
Yeast extract	10.0g	Cellulose	10.0g

| 滤纸条/滤纸浆 | 适量 | Distilled water | 1.0L |
| pH 7.5 | | | |

0275

Salt solution	1.0L	Yeast extract	1.0g
pH 2.0 with 10 N H_2SO_4			
Salt solution：			
$(NH_4)_2SO_4$	1.3g	KH_2PO_4	0.28g
$MgSO_4 \cdot 7H_2O$	0.25g	$CaCl_2 \cdot 2H_2O$	0.07g
$FeCl_3 \cdot 6H_2O$	0.02g	$MnCl_2 \cdot 4H_2O$	1.8mg
$Na_2B_4O_7 \cdot 10H_2O$	4.5mg	$ZnSO_4 \cdot 7H_2O$	0.22mg
$CuCl_2 \cdot 2H_2O$	0.05mg	$NaMoO_4 \cdot 2H_2O$	0.03mg
$VOSO_4 \cdot xH_2O$	0.03mg	$CoSO_4 \cdot 7H_2O$	0.01mg
Distilled water	1.0L	pH 2.0	

0276

KH_2PO_4	3.1g	$(NH_4)_2SO_4$	2.5g
$MgSO_4 \cdot 7H_2O$	0.2g	$CaCl \cdot 2H_2O$	0.25g
$MnCl_2 \cdot 4H_2O$	1.8mg	$Na_2B_4O_7 \cdot 10H_2O$	4.5mg
$ZnSO_4 \cdot 7H_2O$	0.22mg	$CuCl \cdot 2H_2O$	0.05mg
$NaMoO_4 \cdot 2H_2O$	0.03mg	$VOSO_4 \cdot xH_2O$	0.03mg
$CoSO_4 \cdot 7H_2O$	0.01mg	Yeast extract	1.0g
Casamino acids	1.0g	Distilled water	1.0L
pH 4.0~4.2			

0277 GYM 淀粉培养基

Glucose	4.0g	Yeast extract	4.0g
Malt extract	10.0g	$CaCO_3$	2.0g
Soluble starch	20.0g	Agar	15.0g
Distilled water	1.0L	pH 7.2	

0278 BL 琼脂

牛肉提取物	3.0g	胨胨	10.0g
酪蛋白胨	5.0g	植胨	3.0g
酵母提取物	5.0g	肝浸取液	150.0ml
葡萄糖	10.0g	可溶性淀粉	0.5g
溶液 A	10.0ml	溶液 B	5.0ml
Tween 80	1.0g	Agar	15.0g
L-Cys $\cdot$ HCl $\cdot$ H_2O	0.5g	脱纤维马血	50.0ml
蒸馏水	825.0ml	pH 7.2	
盐溶液 A：			
K_2HPO_4	10.0g	KH_2PO_4	10.0g
蒸馏水	1.0L		
盐溶液 B：			
$MgSO_4 \cdot 7H_2O$	4.0g	NaCl	0.2g
$FeSO_4 \cdot 7H_2O$	0.1g	$MnSO_4 \cdot xH_2O$	0.2g
蒸馏水	100.0ml		

0279 硅酸盐细菌培养基

| Sucrose | 5.0g | Na_2HPO_4 | 2.0g |

$MgSO_4 \cdot 7H_2O$	0.5g	$FeCl_3$	0.005g
$CaCO_3$	0.1g	土壤矿物	1.0g
Agar	15.0g	Distilled water	1.0L
pH 7.0~7.2			

0280 BHIY 琼脂

脑心提取物	37.0g	酵母提取物	20.0g
琼脂	15.0g	蒸馏水	1.0L
pH 7.4			

0281

可溶性淀粉	5.0g	KH_2PO_4	0.5g
Trace solution	15.0ml	$NiCl_2 \cdot 6H_2O$	2.0mg
NaCl	20.0g	Artificial sea water	250.0ml
Distilled water	750.0ml	Yeast extract	0.5g
Resazurin	1.0mg	$Na_2S \cdot 9H_2O$	0.5g
pH 6.5			

Artificial sea water：

NaCl	27.7g	$MgSO_4 \cdot 7H_2O$	7.0g
$MgCl_2 \cdot 6H_2O$	5.5g	KCl	0.65g
NaBr	0.1g	H_3BO_3	30.0mg
$SrCl_2 \cdot 6H_2O$	15.0mg	柠檬酸	10.0mg
KI	0.05mg	$CaCl_2 \cdot 2H_2O$	2.25g
Distilled water	1.0L		

Trace element solution：

次氨基三乙酸	1.5g	$MgSO_4 \cdot 7H_2O$	3.0g
$MnSO_4 \cdot 2H_2O$	0.5g	NaCl	1.0g
$FeSO_4 \cdot 7H_2O$	0.1g	$CoSO_4 \cdot 7H_2O$	0.18g
$CaCl_2 \cdot 2H_2O$	0.1g	$ZnSO_4 \cdot 7H_2O$	0.18g
$CuSO_4 \cdot 5H_2O$	0.01g	$KAl(FeSO_4)_2 \cdot 12H_2O$	0.02g
H_3BO_3	0.01g	$Na_2MoO_4 \cdot 2H_2O$	0.01g
$NiCl_2 \cdot 6H_2O$	0.025g	$Na_2SeO_3 \cdot 5H_2O$	0.3mg
Distilled water	1.0		

0282 嗜热厌氧培养基

KH_2PO_4	1.5g	$Na_2HPO_4 \cdot 12H_2O$	4.2g
NH_4Cl	0.5g	$MgCl_2 \cdot 6H_2O$	0.18g
Yeast extract	2.0g	Glucose	8.0g
Vitamin solution	0.5ml	Resazurin (0.1%)	1.0ml
Wolfe s Modified mineral elixir	5.0ml	Reducing solution	40.0ml
蒸馏水	950ml		

维生素溶液：

维生素 B_{12}	1.0mg	生物素	20.0mg
对氨基苯甲酸	50.0mg	烟酸	50.0mg
维生素 B_1	50.0mg	泛酸钙	50.0mg
叶酸	20.0mg	维生素 B_6	100.0mg
硫辛素	50.0mg	维生素 B_2	5.0mg
蒸馏水	500.0ml		

还原性溶液：

NaOH（0.2M）	200.0ml	$Na_2S \cdot 9H_2O$	2.5g
L-半胱氨酸	2.5g		

微量盐溶液：

次氨基三乙酸	1.5g	$MgSO_4 \cdot 7H_2O$	3.0g
$MnSO_4 \cdot 2H_2O$	0.5g	NaCl	1.0g
$FeSO_4 \cdot 7H_2O$	0.1g	$Co(NO_3)_2 \cdot 6H_2O$	0.1g
$CaCl_2 \cdot 2H_2O$	0.1g	$ZnSO_4 \cdot 7H_2O$	0.1g
$CuSO_4 \cdot 5H_2O$	0.01g	KAI（$FeSO_4$）$_2 \cdot 12H_2O$	0.01g
H_3BO_3	0.01g	$Na_2MoO_4 \cdot 2H_2O$	0.01g
$Na_2SeO_3 \cdot 5H_2O$	1.0mg	Distilled water	1.0L

0283

Peptone	10.0g	Yeast extract	5.0g
Liver extract	25.0g	Glucose	3.0g
Glycerol	15.0g	NaCl	3.0g
Distilled water	1.0L	Agar	15.0g
pH 7.0			

0284

Salt base solution	1.0L	Trace minera	10.0ml
Citric acid	5.0mg	yeast extract	1.0g
Peptone	5.0g	Sulfer（Powder）	30.0g
$Na_2S \cdot 9H_2O$	0.5g	Resazurin	1.0mg
pH 6.5			

Salt base solution：

NaCl	13.85g	$MgSO_4 \cdot 7H_2O$	3.5g
$MgCl_2 \cdot 6H_2O$	2.75g	KCl	0.325g
NaBr	0.05g	H_3BO_3	15.0g
$SrCl_2 \cdot 6H_2O$	7.5g	KI	0.05g
$CaCl_2 \cdot 2H_2O$	0.75g	KH_2PO_4	0.5g
（NH_4）$_2Ni$（SO_4）$_2 \cdot 6H_2O$ 2.0g		Distilled water	1.0L

Trace mineral：See medium No. 0282

0285 庖肉培养基

碎牛肉（无脂肪）	500.0g	蒸馏水	1.0L
1MNaOH	25.0ml	蛋白胨	30.0g
酵母提取物	5.0g	K_2HPO_4	5.0g
刃天青	1.0mg	L-半胱氨酸	0.5g
pH 7.0			

0286

Casein peptone（tryptic digest） 10.0g		Yeast extract	5.0g
Na-lactate	10.0g	Agar	15.0g
Distilled water	1.0L	pH 7.0～7.2	

0287 TPY 培养基

Trypticase	10.0g	Phytone	5.0g
Yeast extract	2.5g	Glucose	15.0g
Tween 80	1.0ml	K_2HPO_4	2.0g

MgCl₂ · 6H₂O	0.5g	CaCl₂	0.1g
ZnSO₄ · 7H₂O	0.25g	FeCl₃	trace
L-Cys. HCl	0.5g	Agar	15.0g
Distilled water	1.0L	pH 6.5	

0288 EG medium

Lab-lemco meat extract	2.4g	Proteose peptone No. 3	10.0g
Yeast extract	5.0g	Na₂HPO₄	4.0g
Glucose	1.5g		
Soluble starch	0.5g	L-Cysteine-HCl · H₂O	0.5g
Horse blood	50.0ml	Distilled water	1.0L
pH7.6~7.8			

0289

Peptone	10.0g	Yeast extarct	2.0g
MgSO₄ · 7H₂O	0.5g	Sea water	750.0ml
Distilled water	250.0ml	Agar	15.0g
pH 7.2~7.4			

0290

Peptone	10.0g	Yeast extract	2.0g
MgSO₄ · 7H₂O	1.0g	NaCl	30.0g
Distilled water	1.0L	Agar	15.0g
pH 7.0			

0291

Glucose	1.0g	Trypticase	5.0g
KH₂PO₄	1.0g	Na-acetate	4.0g
Yeast extract	2.0g	n-Valeric acid	0.1ml
Resazurin	1.0mg	Na₂CO₃	4.0g
Cysteine-HCl	0.5g	Distilled water	1.0L
pH 7.0			
Gas atmosphere：100.0% CO2			

0292

Polypeptone	5.0g	Yeast extract	5.0g
Soluble starch	10.0g	K₂HPO₄	1.0g
MgSO₄ · 7H₂O	0.02g	NaCl	100.0g
NaCO₃ （单独灭菌）	10.0g	Agar	15.0g
Distilled water	1.0L		

0293 改良 MB 培养基

NH₄Cl	1.0g	K₂HPO₄ · 3H₂O	0.3g
KH₂PO₄	0.3g	MgCl₂ · 6H₂O	0.5g
NaCl	2.0g	KCl	0.2g
CaCl₂	0.05g	Trace element solution	9.0ml
L-Cysteine. HCl	0.5g	Yeast extract	1.0g
Trptone	2.0g	Soluble starch	10.0g
Distilled water	1.0L	pH 7.5	
Trace element solution：			
次氨基三乙酸	1.5g	MgSO₄ · 7H₂O	3.0g

$MnSO_4 \cdot 2H_2O$	0.5g	NaCl	1.0g
$FeSO_4 \cdot 7H_2O$	0.1g	$Co(SO_4)_2$	0.1g
$CaCl_2 \cdot 2H_2O$	0.1g	$ZnSO_4 \cdot 7H_2O$	0.1g
$CuSO_4 \cdot 5H_2O$	0.01g	$KAl(SO_4)_2$	0.01g
H_3BO_3	0.01g	$Na_2MoO_4 \cdot 2H_2O$	0.01g
Distilled water	1.0L		

0294

大豆蛋白胨	5.0g	酵母提取物	5.0g
葡萄糖	10.0g	K_2HPO_4	1.0g
$MgSO_4 \cdot 7H_2O$	0.2g	NaCl	5.0g
Na_2CO_3（单独灭菌）	10.0g	琼脂	15.0g
蒸馏水	1.0L		

0295 TSSY 培养基

Trypticase peptone	17.0g	Phytone peptone	3.0g
Yeast extract	1.0g	NaCl	30.0g
Agar	2.0g	pH 8.0	

0296 2YT 培养基

Tryptone	16.0g	Yeast extract	10.0g
NaCl	5.0g	Agar	15.0g
Distilled water	1.0L	pH 7.0	

0297 氨苄青霉素 2YT 培养基

2TY 培养基（No. 0296）	1.0L	Ampicillin	100.0mg

0298 Tet-Amp 2YT agar（氨苄青霉素、四环素 2YT 培养基）

2TY 培养基（No. 0296）	1.0L	Tetracycline	25.0mg
Ampicillin	100.0mg		

0299 四环素 2YT 培养基

2TY 培养基（No. 0296）	1.0L	glucose	10.0g
Tetracycline	25.0mg		

0300

KH_2PO_4	0.2g	K_2HPO_4	0.8g
$MgSO_4 \cdot 7H_2O$	0.2g	$CaCl_2$	0.06g
$FeSO_4 \cdot 7H_2O$	0.015g	$Fe_2(SO_4)_3 \cdot 6H_2O$	0.005g
$Na_2MO_4 \cdot 2H_2O$	0.0025g	NaCl	0.2g
CH_3COONH_4	2.2g	Sodium citrate	2.0g
蔗糖	20.0g	Agar	15.0g
Distilld water	1.0L	pH 7.2~7.4	

0301 NZCYM 培养基

Beef extract	5.0g	NZ amine (type A)	5.0g
NaCl	5.0g	Yeast extract	5.0g
$MgSO_4 \cdot 7H_2O$	2.0g	Thymidine	4.0g
Diaminopimelic acid	10.0g	Distill water	1.0L
pH 7.0			

0302 卡那霉素 TY 培养基

胰蛋白胨	8.0g	酵母提取物	5.0g

NaCl	5.0g	卡那霉素	20.0mg
琼脂	15.0g	蒸馏水	1.0L
pH 7.0			

0303

NaNO$_3$	2.0g	KH$_2$PO$_4$	1.0g
MgSO$_4$ · 7H$_2$O	0.5g	Yeast extract	2.0g
Agar	15.0g	Distilled water	1.0L
pH 7.0			

0304 ML 琼脂

Tryptone	10.0g	NaCl	10.0g
Yeast extract	5.0g	Agar	15.0g
Distilled water	1.0L	pH 7.0	

0305 Bennett's 琼脂

Yeast extract	1.0g	Beef extract	1.0g
N-Z amine (type A)	2.0g	Glucose	10.0g
Agar	15.0g	Dist. Water	1.0L
pH 7.3			

0306 有机培养基 79

Glucose	10.0g	Bacto peptone	10.0g
N-Z amine (type A)	2.0g	Yeast extract	2.0g
NaCl	6.0g	Agar	15.0g
Distilled water	1.0L	pH 7.5	

0307 碱性营养琼脂

营养琼脂（No. 0002）1.0L 用倍半碳酸钠溶液调整至 pH9.7
倍半碳酸钠溶液：

| NaHCO$_3$ | 4.2g | 无水 Na$_2$CO$_3$ | 5.3g |
| 蒸馏水 | 100.0ml | | |

0308 紫菜培养基

蛋白胨	10.0g	牛肉提取物	3.0g
酵母提取物	1.0g	NaCl	15.0g
琼脂	15.0g	紫菜浸取液	1.0L
pH 7.2~7.4			

0309

Yeast extract	2.0g	Tryptone	1.0g
Crotonate	10.0ml	MolMineral solution	50.0ml
Trace metal solution	10.0ml	Vitamin solution	5.0ml
NaHCO$_3$	3.5g	Distilled water	940.0ml
Cysteine-sulfide reducing solution 20.0ml		Resazurin	0.001g

Gas atmosphere：80.0％N$_2$ + 20.0％ CO$_2$ pH 7.0~7.5 with NaOH

Mineral solution：

KHPO$_4$	10.0g	MgCl$_2$ · 6H$_2$O	6.6g
NaCl	8.0g	NH$_4$Cl	8.0g
CaCl$_2$ · 2H$_2$O	1.0g	Distilled water	1.0L

Trace metal solution：

| 次氨基三乙酸 | 2.0g | MnSO$_4$ · 2H$_2$O | 1.0g |

Fe (NH$_4$)$_2$(SO$_4$)$_2$ · 6H$_2$O	0.8g	CoCl$_2$ · 6H$_2$O	0.2g
ZnSO$_4$ · 7H$_2$O	0.2g	CuCl$_2$ · 2H$_2$O	0.02g
NiCl$_2$ · 2H$_2$O	0.02g	Na$_2$MoO$_4$ · 2H$_2$O	0.02g
Na$_2$SeO$_4$	0.02g	Na$_2$WO$_4$	0.02g
Distilled water	1.0L	pH 6.0 with KOH	

维生素溶液：

尼克酸	20.0mg	维生素 B$_{12}$	20.0mg
维生素 B$_1$	10.0mg	p-对氨基苯甲酸	10.0mg
维生素 B$_6$	50.0mg	D-泛酸钙	5.0mg
蒸馏水	1.0L		

还原性溶液：

L-半胱氨酸	2.5g	Na$_2$S · 9H$_2$O	2.5g
蒸馏水	100.0ml		

0310 奶粉、酵母粉培养基

脱脂奶粉	100.0g	酵母提取物	10.0g
蒸馏水	1.0L	自然 pH	

0311 察氏酵母培养基（CYA）

NaNO$_3$	3.0g	KH$_2$PO$_4$	1.0g
KCl	0.5g	MgSO$_4$ · 7H$_2$O	0.5g
FeSO$_4$ · 7H$_2$O	0.01g	酵母膏	5.0g
蔗糖	30.0g	琼脂	15.0g
蒸馏水	1.0L		

0312 YM 琼脂

Yeast extract	10.0g	Peptone	20.0g
Glucose	20.0g	Agar	15.0g
Disrilled water	1.0L	pH 7.0	

0313 解脂亚罗酵母培养基

酵母提取物	3.0g	麦芽提取物	3.0g
葡萄糖	10.0g	琼脂	15.0g
蒸馏水	1.0L	自然 pH	

0314 KM 培养基

甘露醇	10.0g	谷氨酸	1.1g
K$_2$HPO$_4$	82.0mg	KH$_2$PO$_4$	68.0mg
CaCl$_2$	39.4mg	硫酸锌	0.29mg
乙二胺四乙酸钠铁	36.8mg	氯化锰	0.49mg
氯化铜	43.0mg	钼酸钠	12.0mg
氯化钴	1.2mg	维生素	B11.0mg
生物素	0.25mg	泛酸钙	1.0mg
琼脂	15.0g	蒸馏水	1.0L
pH 用 1.0M 盐酸调			

0315 麻发酵培养基

5°Bé 麦芽汁	1.0L	蛋白胨	5.0g
(NH$_4$)$_2$HPO$_4$	1.0g	CaCO$_3$	6.0g
琼脂	15.0g	pH 7.0	

0316 日本乳酸菌培养基

牛肉提取物	5.0g	蛋白胨	10.0g
酵母提取物	5.0g	乳糖	5.0g
葡萄糖	10.0g	NaCl	5.0g
琼脂	15.0g	蒸馏水	1.0L
pH			

0317 光合细菌培养基

酵母提取物	3.0g	蛋白胨	3.0g
$MgSO_4 \cdot 7H_2O$	0.5g	$CaCl_2$	0.3g
蒸馏水	1.0L	pH 6.8~7.0	

0318 酵母粉蛋白胨综合 PDA 培养基

马铃薯	200.0g	蛋白胨	2.0g
酵母提取物	5.0g	葡萄糖	20.0g
KH_2PO_4	3.0g	$MgSO_4 \cdot 7H_2O$	1.5g
琼脂	15.0g	蒸馏水	1.0L
自然 pH			

0319 综合 PDAY 培养基

马铃薯	200.0g	酵母提取物	5.0g
葡萄糖	20.0g	KH_2PO_4	3.0g
$MgSO_4 \cdot 7H_2O$	1.5g	琼脂	15.0g
蒸馏水	1.0L	自然 pH	

0320 木屑综合 PDA 培养基

木屑	50.0g	马铃薯	200.0g
葡萄糖	20.0g	KH_2PO_4	3.0g
$MgSO_4 \cdot 7H_2O$	1.5g	琼脂	15.0g
蒸馏水	1.0L	自然 pH	

0321 蛋白胨过量马铃薯培养基

马铃薯	300.0g	蛋白胨	2.0g
葡萄糖	20.0g	KH_2PO_4	3.0g
$MgSO_4 \cdot 7H_2O$	1.5g	琼脂	15.0g
蒸馏水	1.0L	自然 pH	

0322 热带假丝酵母和解脂假丝酵母培养基

$NH_4H_2PO_4$	9.0g	K_2HPO_4	3.0g
NaH_2PO_4	1.0g	$CaCl_2$	1.0mg
$MnSO_4$	1.0mg	$MgSO_4 \cdot 7H_2O$	1.0g
$FeSO_4$	1.0mg	$ZnSO_4$	1.0mg
酵母膏	0.3g	蛋白胨	0.5g
琼脂	15.0g	蒸馏水	1.0L
pH 4.5~5.0			

0323

山梨醇	5.0g	蛋白胨	10.0g
酵母提取物	2.0g	NaCl	2.0g
琼脂	15.0g	蒸馏水	1.0L
pH 7.0			

0324

牛肉提取物	3.0g	蛋白胨	10.0g
草酸	3.0g	NaCl	5.0g
琼脂	15.0g	蒸馏水	1.0L
pH 6.4~6.7			

0325

蛋白胨	10.0g	牛肉提取物	3.0g
NaCl	5.0g	琼脂	20.0g
蒸馏水	1.0L	pH 6.4~6.7	

0326

玉米浆	50.0g	葡萄糖	20.0g
$(NH_4)_2SO_4$	3.0g	$CaCO_3$	20.0g
琼脂	15.0g	蒸馏水	1.0L
pH 6.8~7.0			

0327

KH_2PO_4	1.0g	K_2HPO_4	1.0g
$MgSO_4 \cdot 7H_2O$	0.5g	$MnSO_4 \cdot H_2O$	0.02g
$FeSO_4$	0.05g	尿素	5.0g
酵母提取物	0.2g	羧甲基纤维素钠	5.0g
蒸馏水	1.0L	pH 6.5	

0328

蛋白胨	10.0g	酵母提取物	2.0g
水解酪素	2.0g	NaCl	6.0g
蔗糖	10.0g	琼脂	15.0g
蒸馏水	1.0L	pH 7.2	

0329 酵母粉、淀粉琼脂-1

酵母提取物	2.0g	可溶性淀粉	10.0g
琼脂	15.0g	蒸馏水	1.0L
pH 7.3			

0330 营养肉汁琼脂

蛋白胨	5.0g	牛肉提取物	5.0g
NaCl	5.0g	蔗糖	10.0g
琼脂	15.0g	蒸馏水	1.0L
pH 7.0			

0331 ISP-4 培养基

可溶性淀粉	10.0g	K_2HPO_4	1.0g
$MgSO_4 \cdot 7H_2O$	1.0g	NaCl	1.0g
$(NH_4)_2SO_4$	2.0g	$CaCO_3$	2.0g
微量盐溶液	1.0 ml	琼脂	15.0g
蒸馏水	1.0 L	pH 7.0~7.4	

微量盐溶液:

$FeSO_4 \cdot 7H_2O$	0.1g	$MnCl_2 \cdot 4H_2O$	0.1g
$ZnSO_4 \cdot 7H_2O$	0.1g	蒸馏水	100.0ml

0332

酵母提取物	1.0g	葡萄糖	1.0g
可溶性淀粉	1.0g	$CaCO_3$	1.0g
琼脂	15.0g	蒸馏水	1.0L
pH 7.0~7.2			

0333 乳酸菌培养基 （2）

乳酪蛋白胨	10.0g	牛肉提取物	10.0 g
酵母提取物	5.0g	葡萄糖	5.0g
乙酸钠	5.0g	柠檬酸二胺	2.0g
Tween80	1.0g	K_2HPO_4	2.0g
$MgSO_4 \cdot 7H_2O$	0.2g	$MnSO_4 \cdot H_2O$	0.05g
琼脂	15.0g	蒸馏水	1.0L
pH 6.5~6.8			

0334 淀粉琼脂培养基

可溶性淀粉	60.0g	克硝酸钠	2.0g
$MgSO_4 \cdot 7H_2O$	0.5g	磷酸氢二钾	10.0g
$FeSO_4 \cdot 7H_2O$	0.01g	氯化钾	0.5g
琼脂	15.0g	蒸馏水	1.0L
pH			

0335 普通琼脂

牛肉浸汁	1.0L	蛋白胨	10.0g
NaCl	5.0g	琼脂	20.0~25.0g
pH7.2~7.4			

0336 豆芽汁蔗糖培养基

牛肉浸汁	1.0L	蔗糖	50.0g
琼脂	15.0~20.0g	自然 pH	

豆芽汁的制作：大豆芽 500.0g（刚出芽即可），加水 2 500.0ml，煮沸浓缩至 1 000.0ml，过滤备用

0337 豆芽汁，葡萄糖培养基

豆芽汁	1.0L	葡萄糖	50.0g
琼脂	18.0g	自然 pH	

0338 废糖蜜培养基 Ⅰ

5°Bè 糖蜜	1.0L	尿素	1.0g
琼脂	15.0g	pH 5~5.6	

0339 废糖蜜培养基 Ⅱ

10°Bè 糖蜜	1.0L	尿素	2.0g
琼脂	15.0g	pH 5~5.6	

0340 水解液培养基

水解液（浓度1.5%）	1.0L	硫酸铵	3.3g
磷酸二氢钾	0.63g	琼脂	15.0g
pH 5~6			

0341 土茯苓培养基

土茯苓汁	300.0ml	5°Bè 麦芽汁	700.0ml
琼脂	20.0g	自然 pH	

土茯苓汁的制作：土茯苓 250.0g，加水 1 000.0ml，煮沸 2~3 小时，补充水至 1 000.0ml，过滤备用

0342 红曲培养基

5°Bè 麦芽汁	1 000.0ml	琼脂	15.0～20.0g
pH7.0			

0343 产柠檬酸菌培养基-1

3°Bè 麦芽汁	1.0L	氯化钠	20.0g
琼脂	20.0g	pH 3.0～3.2	

0344 产柠檬酸菌培养基-2

3 °Bè 麦芽汁	1.0L	氯化钠	30.0g
琼脂	20.0g	pH 4～6	

0345 法国 Burgundy 葡萄酒酵母培基

葡萄汁	300.0ml	蒸馏水	700.0ml
琼脂	20.0g	自然 pH	

0346 丙酮丁醇菌培养基

葡萄糖	30.0g	磷酸氢二铵	0.7g
蛋白胨	5.0g	碳酸钙（灭菌）	2.0g
天冬素	1.0g	琼脂	15.0g
蒸馏水	1.0L	pH 7.0	

0347 枯草杆菌培养基-1

麸皮	50.0g	豆饼粉	30.0g

上述成分混合后，加 0.2％氢氧化钠溶液 1.0L，煮沸 1hr，用盐酸中和到 pH7.0，然后加琼脂 2.0％，溶化后，分装灭菌

0348 枯草杆菌培养基-2

蛋白胨	5.0g	牛肉膏	3.0g
水	1.0L	琼脂	15.0g

0349 阿氏假囊酵母（维生素 B2 生产菌）培养基

蛋白胨	10.0g	磷酸二氢钾	2.0g
葡萄糖	10.0g	硫酸镁	0.15g
琼脂	20.0g	蒸馏水	1.0L
pH 5.6			

0350 葡萄球菌培养基

葡萄糖	1.0g	牛肉膏	4.0g
蛋白胨	5.0g	酵母膏	3.0g
琼脂	15.0g	蒸馏水	1.0L
自然 pH			

0351 丙酸菌培养基-2

玉米浆	50.0g	葡萄糖	20.0g
硫酸铵	2.0g	0.1％二氯化钴溶液	4.0ml
磷酸氢二钾	8.0g	琼脂	15.0g
蒸馏水	1.0L	pH 6.8～7.0	

0352 丁酸菌培养基

蔗糖	30.0g	碳酸钙	25.0g
磷酸氢二铵	1.0g	琼脂	15.0g
蒸馏水	1.0L	pH 自然	

0353 SM-N 菌培养基-1

葡萄糖	100.0g	牛肉膏	2.0g
尿素	15.0g	硫酸镁	0.5g
磷酸氢二钾	1.0g	10.0%米曲汁	30.0ml
琼脂	15.0g	蒸馏水	970.0ml

pH 7.2

0354 SM-N 菌培养基-2

葡萄糖	200.0g	硫酸镁	0.5g
尿素	13.0g	蛋白胨	5.0g
磷酸氢二钾	1.0g	10.0%米曲汁	5.0ml
琼脂	15.0g	蒸馏水	1.0L

pH 7.2

0355 放线菌常用培养基

牛肉膏	2.0g	葡萄糖	10.0g
水解干酪	2.0g	酵母膏	1.0g
琼脂	15.0g	蒸馏水	1.0L

pH 7.3

0356 麸皮汁培养基-1

| 5.0%麸皮汁 | 1.0L | 琼脂 | 15.0g |

pH 7.0

0357 麸皮汁培养基-2

| 5.0%麸皮汁 | 1.0L | 硫酸亚铁 | 20.0mg |
| 琼脂 | 15.0g | pH 7.0 | |

0358 麸皮培养基

麸皮	50.0g	葡萄糖	6.0g
酵母提取物	1.0g	琼脂	15.0g
蒸馏水	1.0L	pH 7.0	

0359 产赤霉素菌培养基

蔗糖	20.0g	玉米（或土豆）淀粉	20.0g
磷酸二氢钾	3.0g	硫酸锌	0.3g
硫酸镁	3.0g	氯化铵	3.0g
琼脂	15.0g	蒸馏水	1.0L

pH 6.8

0360 右旋糖酐菌培养基

磷酸氢二钾	0.4g	碳酸氢钠	1.5g
蔗糖	125.0g	氯化锰	3.0mg
蛋白胨	4.0g	琼脂	15.0g
蒸馏水	1.0L	pH 7.0	

0361 大肠杆菌培养基

蛋白胨	6.0g	硫酸镁	0.2g
硫酸亚铁	0.005g	磷酸氢二钾	0.2g
L-天冬素	0.15g	甘油	2.0g
琼脂	15.0g	蒸馏水	1.0L

pH 7.2

0362 植物乳杆菌培养基

酵母提取物	25.0g	葡萄糖	5.0g
无水醋酸钠	5.0g	琼脂	15.0g
蒸馏水	1.0L		

0363 链霉菌培养基

酵母提取物	20.0g	硫酸镁	0.5g
磷酸氢二钾	0.5g	葡萄糖	10.0g
琼脂	15.0g	蒸馏水	1.0L

pH 7.8

0364 假丝酵母培养基

磷酸二氢钾	2.0g	尿素	3.0g
硫酸镁	1.0g	玉米浆	1.0g
硫酸锰	0.02g	硫酸亚铁	0.2g
琼脂	15.0g	蒸馏水	1.0L

pH 自然 (5.5)

接种前加无菌液体石蜡数滴

0365 苏云金杆菌培养基

蛋白胨	8.0g	葡萄糖	10.0g
牛肉膏	3.0g	琼脂	15.0g
蒸馏水	1.0L	pH 7.2~7.4	

0366 (春雷霉素产生菌) 孢子斜面培养基

黄豆饼粉 (热榨)	10.0g	氯化钠	5.0g
蛋白胨	3.0g	碳酸钙	2.0g
甘油	10.0g	琼脂	15.0g
蒸馏水	1.0L	pH 7.0~7.2	

黄豆饼粉加入 10 倍重量的水，用氢氧化钠调节 pH 至 6.8，于 80~85℃加热搅拌 10min，过滤，取用滤液

0367 617 菌 (谷氨酸发酵菌) 培养基

氯化钠	5.0g	牛肉膏	10.0g
蛋白胨	10.0g	琼脂	15.0g
蒸馏水	1.0L	pH 7.2	

0368 葡萄糖酸钙产生菌培养基

硫酸镁	0.1g	碳酸钙	4.0g
葡萄糖	30.0g	蛋白胨	5.0g
磷酸二氢钾	0.12g	磷酸氢二铵	0.23g
琼脂	15.0g	蒸馏水	1.0L

0369 肠膜明串珠菌培养基

磷酸氢二钠	1.4g	蔗糖	100.0g
蛋白胨	2.5g	磷酸二氢钾	0.3g
琼脂	15.0g	蒸馏水	1.0L

pH 7.0~7.2

0370 酒明串珠菌培养基

蛋白胨	10.0g	酵母膏	5.0g
硫酸锰	0.05g	西红柿汁 (V/V)	250.0ml

葡萄糖	10.0g	硫酸镁	0.2g
1.0%（W/V）半胱氨酸盐	50.0ml	琼脂	15.0g
酸磷化物			
蒸馏水	700.0ml	pH 4.8	

0371 罐头食品用标准菌培养基

牛肝（切成小块）	500.0g	蛋白胨	10.0g
磷酸氢二钾	1.0g	自来水	1.0L

新鲜牛肝除去浮皮、脂肪，切碎后取 500.0g 于 1.0 L 水中混合，在冰箱中浸泡过夜。1.05kg/cm 灭菌 10min，通过布氏漏斗过滤分出肉渣。在滤液中加入其它成分，调节 pH 至 8.0，用滤纸过滤，并加水使滤液体积恢复到 1.0 L。每个试管加牛肝渣至 1.5cm，再加牛肝液，总深度为 6.0cm，再加少量碳酸钙

0372 杀螟杆菌培养基

蛋白胨	10.0g	牛肉膏	5.0g
琼脂	15.0g	蒸馏水	1.0L

0373 灰色链霉菌培养基

可溶性淀粉	5.0g	磷酸氢二铵	2.5g
蛋白胨	3.0g	硫酸镁	0.25g
琼脂	15.0g	蒸馏水	1.0L
pH 7.2			

0374 游动放线菌培养基

蔗糖	30.0g	氯化钾	0.5g
硫酸亚铁	0.01g	硝酸钠	2.0g
磷酸氢二钾	1.0g	硫酸镁	0.5g
琼脂	15.0g	蒸馏水	1.0L
pH 7.2～7.4			

0375 酵母菌培养基

葡萄糖	20.0g	酵母膏	4.0g
尿素	2.0g	琼脂	15.0g
蒸馏水	1.0L	pH4.5	

0376 酵母菌培养基

6 °Bé 麦芽汁	1.0L	酵母膏	2.0g
琼脂	15.0g	pH 5～5.2	

0377 酵母菌培养基

葡萄糖	5.0g	蛋白胨	5.0g
酵母膏	3.0g	琼脂	15.0g
蒸馏水	1.0L	pH 6.8	

0378 酵母菌培养基

酵母膏	10.0g	葡萄糖	20.0g
碳酸钙	20.0g	琼脂	15.0g
蒸馏水	1.0L		

0379 细菌培养基

胰蛋白酶	20.0g	酵母膏	5.0g
氯化铁	7.0mg	氯化锰	1.0mg
硫酸镁	15.0mg	蒸馏水	1.0L

灭菌后，用无菌10.0％KOH调pH至7.3，加果糖，（分别灭菌）0.5％作碳源。（胰蛋白酶可用胰蛋白胨代替）

0380 番茄汁琼脂培养基

胰蛋白胨	10.0g	酵母浸膏	10.0g
过滤后的西红柿汁(pH7.0)	200.0ml	琼脂	15.0g
蒸馏水	800.0ml	pH 7.2	

0381 运动发酵单胞菌培养基

葡萄糖	20.0g	酵母提取物	5.0g
蒸馏水	1.0L		

0382 酵母菌培养基

蛋白胨	10.0g	葡萄糖	20.0g
琼脂	15.0g	蒸馏水	1.0L
pH 5.6			

0383 细黄链霉菌培养基

200.0g去皮土豆切碎，加水500.0ml煮沸30min，双层纱布过滤（不要挤压），滤液加水至1.0L，再加蔗糖20.0g，琼脂15.0～20.0g

0384

葡萄糖	1.0g	酵母提取物	3.0g
琼脂	15.0g	蒸馏水	1.0L
pH 7.0			

0385

细菌—蛋白胨	10.0g	细菌—酵母粉	5.0g
NaCl	10.0g	琼脂	20.0g
蒸馏水	1.0L	pH7.5	

0386 （CICC 122-3）

葡萄糖	10.0g	酵母膏	10.0g
K_2HPO_4	0.5g	琼脂	15.0g
蒸馏水	1.0L	pH 7.2～7.4	

0387 3136 澄海根霉培养基

自身糖化米曲汁（浓度为6.5°Bè）	1.0L	琼脂	20.0g
pH 4.5			

0388 3137 全洲根霉培养基

自身糖化米曲汁（浓度为6°Bè）	1.0L	琼脂	20.0g
pH 自然			

0389 谷氨酸菌 （10233～10236） 培养基

蛋白胨	10.0g	牛肉膏	10.0g
氯化钠	5.0g	琼脂	15.0g
蒸馏水	1.0L		

0390 马铃薯，胡萝卜汁培养基

20.0％土豆汁	500.0ml	20.0％胡萝卜汁	500.0ml
琼脂	15.0g	pH 自然	

0391 双歧杆菌培养基

西红柿汁	200.0ml	可溶性淀粉	0.5 g
蛋白胨	15.0g	NaCl	5.0g

酵母提取物	6.0g	吐温 80	1.0g
葡萄糖	20.0g	琼脂	15.0g
水	800.0ml	pH 7.2	

0392 醋酸菌用培养基（培养 CICC 7000）

酵母膏	10.0g	葡萄糖	3.0g
蛋白胨	5.0g	牛肉膏	5.0g
甘油	15.0g	20.0%土豆汁	200.0ml
碳酸钙	10.0g	琼脂	15.0g
水	800.0ml	pH 7.0	
乙醇（灭菌后加入）	20.0ml		

0393（CICC 122-2）

蛋白胨	5.0g	NaCl	5.0g
葡萄糖	10.0g	碳酸钙	0.2g
琼脂	15.0g	蒸馏水	1.0L
pH 7.2~7.4			

0394 用于 11012 号菌培养基

淀粉	20.0g	天门冬酰胺	0.5g
葡萄糖	0.5g	KNO_3	1.0g
K_2HPO_4	0.5g	NaCl	0.5g
$FeSO_4$	0.01g	琼脂	15.0g
蒸馏水	1.0L	pH 7.2~7.4	

0395 红茶菌培养基

红茶叶	10.0g	白糖	100.0g
乳酸	20.0ml	$NH_4H_2PO_4$	5.0g
蒸馏水	1.0L	pH 5.0	

0396 5.0%~10.0%脱纤绵羊血马丁琼脂

马丁肉汤（培养基 0058）1.0L	脱纤绵羊血	50~100.0ml

0397 5.0%~10.0%马血清马丁琼脂

马丁肉汤（培养基 0058）1.0L	马血清	50~100.0ml

0398 20.0% 马血清马丁氏肉汤

马丁肉汤（培养基 0058）1.0L	马血清	200.0ml

0399 10.0% 马血清马丁氏肉汤

马丁肉汤（培养基 0058）1.0L	马血清	100.0ml

0400 改良 Hayflick 培养基

牛心汤	300.0ml	马血清	200.0ml
1.0%水解乳蛋白 Hank 氏液	0.0ml	25.0%酵母浸出液	20.0ml
1/80 醋酸铊	1.0ml	青霉素	200.0U/ml

0401 胰蛋白际琼脂

胰蛋白胨	20.0g	NaCl	5.0g
琼脂	15.0g	蒸馏水	1.0L
pH 6.8~7.0			

0402 根瘤菌 YMA 培养基

KH_2PO_4	0.25g	K_2HPO_4	0.25g
$MgSO_4 \cdot 7H_2O$	0.2g	NaCl	0.1g

酵母提取物	0.8g	甘露醇	10.0g
琼脂	18.0g	蒸馏水	1.0L

pH 7.2

0403 CLA 培养基

康乃馨叶片 3～4 片/皿，琼脂 15.0～20.0g，蒸馏水 1.0L。康乃馨叶片切成 5.0mm×5.0mm，置于干燥箱中，于 45～55℃干燥约 2h。干燥的康乃馨叶片经钴 60 辐射灭菌，备用。将灭菌康乃叶片放入培养皿中，倒入 50℃的水琼脂 15.0～20.0ml。接种于靠近叶片处

0404 缓冲马丁肉汤培养基

马丁肉汤（培养基 0058）1.0L		蛋白胨	20.0g
葡萄糖	2.0g	Na_2HPO_4	1.0g
NaCl	2.0g	$NaHCO_3$	2.0g
琼脂	15.0g	蒸馏水	1.0L

pH 7.0

0405 心肌浸出液葡萄糖培养基（Heart infusion broth with glucose，ATCC 744）

心脏提取液	25.0g	葡萄糖	10.0g
蒸馏水	1.0L		

0406 酪氨酸琼脂

甘油	15.0g	L-酪氨酸	0.5g
L-天冬素	1.0g	K_2HPO_4	0.5g
$MgSO_4 \cdot 7H_2O$	0.5g	NaCl	0.5g
$FeSO_4 \cdot 7H_2O$	0.01g	微量盐溶液	1.0ml
琼脂	15.0g	蒸馏水	1.0L

pH 7.2～7.4

0407 马铃薯块培养基

将马铃薯洗净，去皮，去芽及芽眼，切成斜面状，放置在试管中，在试管底部放少许玻璃珠及水

0408 麦芽汁葡萄糖

麦芽提取物	20.0g	葡萄糖	20.0g
蛋白胨	1.0g	琼脂	15.0g
蒸馏水	1.0L		

pH 7.0

0409 葡萄糖酵母膏牛肉膏（Emerson's）

葡萄糖	10.0g	酵母提取物	10.0g
牛肉提取物	4.0g	蛋白胨	4.0g
NaCl	2.5g	琼脂	15.0g
蒸馏水	1.0L	pH 7.2～7.4	

0410 葡萄糖、天门冬素培养基-2

葡萄糖	10.0g	L-天冬素	1.0g
K_2HPO_4	1.0g	甘油	10.0ml
微量盐溶液	1.0ml	琼脂	15.0g
蒸馏水	1.0L		

pH 7.2

0411 营养肉汁加葡萄糖培养基-3（Waksman's 瓦克斯曼肉膏琼脂）

葡萄糖	10.0g	蛋白胨	5.0g
牛肉提取物	5.0g	NaCl	5.0g

| 琼脂 | 15.0g | 蒸馏水 | 1.0L |

pH 7.2

0412 无机盐淀粉琼脂

可溶性淀粉	10.0g	K_2HPO_4	1.0g
NaCl	1.0g	$(NH_4)_2SO_4$	1.0g
$CaCO_3$	2.0g	微量盐溶液	1.0ml
琼脂	15.0g	蒸馏水	1.0L

pH 7.2

0413 玉米浆斜面

玉米浆	10.0g	葡萄糖	10.0g
可溶性淀粉	15.0g	$(NH_4)_2SO_4$	3.5g
NaCl	5.0g	$CaCO_3$	5.0g
琼脂	15.0g	蒸馏水	1.0L

pH 7.0

0414 甲烷菌培养基

Trypticase	10.0g	Phytone	5.0g
Yeast extract	2.5g	Glucose	15.0g
Tween 80	1.0ml	K_2HPO_4	2.0g
$MgCl_2 \cdot 6H_2O$	0.5g	$CaCl_2$	0.15g
$ZnSO_4 \cdot 7H_2O$	0.25g	$FeCl_3$	trace
L-Cys. HCl	0.5g	Agar	15.0g
Distilled water	1.0L	pH 6.5	

0415

medium 0039 with 0.1% Yeast extract

0416

蛋白胨	10.0g	葡萄糖	1.0g
NaCl	5.0g	0.1M $MgSO_4 \cdot 7H_2O$	10.0ml
0.1M pH7.5 tris buffer	10.0ml	琼脂	15.0g
蒸馏水	1.0L		

0417

酪蛋白胨	10.0g	葡萄糖	1.0g
酵母提取物	1.0g	$CaCl_2$	0.002g
琼脂	15.0g	蒸馏水	1.0L

pH 7.0~7.2

0418

Glucose	20.0g	Corn steep liqur	8.0g
$K_2PO_4 \cdot 3H_2O$	1.0g	$MgSO_4 \cdot 7H_2O$	0.4g
Urea	5.0g	Fe^{2+}	2.0mg/kg
Mn^{2+}	2.0mg/kg	Distilled water	1.0L

pH 7.0

0419 CHA 培养基 （cherry decoction agar）

| Cherry extract | 200.0ml | Distilled water | 800.0ml |
| Agar | 15.0g | | |

Method Sterilize water and agar，add cherry extract and mix well，fill tubes with sterile material and resterilize filled tubes for 5 minutes at 102℃ (0.1 atm)

0420 ACER 培养基 (Acer twig)

Sliced twig of 7.0 or 8.0 cm long

Distilled water per tube 6.0 ml

Sterilization 60 minutes at 120℃ (1 atm)

0421 CMA 培养基 (cornmeal agar ATCC 306)

Corn meal extract	1.0L	Agar	15.0g

Method Dissolve sea salt separately in warm water before adding

0422 SABM 培养基 (bouraud maltose agar)

Neo-pepton (Difco)	10.0g	Maltose	20.0g
KH_2PO_4	1.0g	$MgSO_4 \cdot 7H_2O$	1.0g
Agar (Difco)	20.0g	Distilled water	1 000.0ml

0423 HAY 培养基 (hay-infusion agar ATCC 320)

Hay extract	1.0L	Agar	15.0g

0424 SABG 培养基 (Sabouraud glucose agar)

Neo-pepton (Difco)	10.0g	Glucose	20.0g
KH_2PO_4	1.0g	$MgSO_4 \cdot 7H_2O$	1.0g
Agar (Difco)	20.0g	Distilled water	1 000.0ml

0425 PYE 琼脂 (phytone-yeast extract agar ATCC 135)

Phytone yeast extract agar (BBL)	72.0g	Distilled water	1.0L

0426 X-琼脂 (X-agar)

Cherry extract	110.0ml	PEGS	600.0ml
Oatmeal extract	600.0ml	Agar (Difco)	25.0g
Distilled water	480.0ml		

Method Mix all ingredients, except cherry extract, heat and stir until dissolved, stop heating, add cherry extract and mix well. Sterilization 30 minutes at 110℃ (0.5 atm)

0427 LUP 培养基 (Lupin stem)

Lupin stem (7.0 or 8.0 cm long)		Distilled water	6.0ml

Sterilization 2 times for 60 minutes at 120℃ (1 atm), 24 hours interval

0428 PEGS 培养基 (peptone-glucose-saccharose)

Peptone	10.0g	Glucose	20.0g
Saccharose	10.0g	$MgSO_4 \cdot 7H_2O$	0.5g
K_2HPO_4	1.0g	$Ca(NO_3)_2$	1.0g
Distilled water	1.0L		

Sterilization 30 minutes at 110℃ (0.5 atm)

0429 Barley grain (BAY-G)

0430 Oats Grain (OAT-G)

0431 V8 juice agar

V8 uice	200.0ml	Agar	15.0g
$CaCO_3$	3.0 g	Tap water	0.8L
pH7.2			

0432 Malt extract agar

Malt extract	20.0g	Peptone	1.0 g

Glucose	20.0g	Agar	20.0 g
Distilled water	1.0 L		

Add glucose prior to sterilization. Autoclave at 121℃ for 15 minutes.

0433 Rabbit food agar

Rabbit food (commercial pellets)	25.0 g	Agar	15.0 g
Distilled water	1.0 L		

Boil the rabbit food. Steep for 1/2 hour. Filter through cheesecloth andadd agar to filtrate. Autoclave at 121℃ for 15 minutes.

0434 Malt extract agar

Malt extract	20.0 g	Peptone	5.0 g
Agar	15.0 g	Distilled water	1.0 L

Autoclave at 121℃ for 15 minutes.

0435 YM agar or YM broth

Prepare Yeast Mold Agar (BD 271210) or Yeast Mold Broth (BD 271120) per manufacturer's instructions.

0436 GPYA (glucose-peptone-yeast extract agar)

Glucose	40.0g	Yeast extract	5.0g
Peptone	5.0g	Agar	15.0g

Water1 LSterilize 15 minutes at 110℃ (0.5 atm)

0437 ALICYCLOBACILLUS MEDIUM

Solution A:

$CaCl_2 \cdot 2H_2O$	0.25 g	$MgSO_4 \cdot 7 H_2O$	0.50g
$(NH_4)_2SO_4$	0.20 g	Yeast extract	2.00 g
Glucose	5.00g	KH_2PO_4	3.00 g

Distilled water (for liquid medium) 1 000.00ml

Distilled water (for solid medium) 500.00ml

Adjust pH to 4.0

Solution B:

Trace element sol. SL-6 (see medium 27)　　1.00ml

Trace element solution SL-6:

$ZnSO_4 \cdot 7H_2O$	0.10 g	$MnCl_2 \cdot 4H_2O$	0.03 g
H_3BO_3	0.30g	$CoCl_2 \cdot 6H_2O$	0.20 g
$CuCl_2 \cdot 2H_2O$	0.01g	$Na_2MoO_4 \cdot 2H_2O$	0.03 g
$NiCl_2 \cdot 6H_2O$	0.02 g	Distilled water	1 000.0ml

Solution C:

Agar	15.00 g	Distilled water	500.00 ml

Sterilize separately. For liquid medium combine solution A (with 1 000.0 ml distilled water) and solution B. For solid medium combine solution A (with 500.0ml distilled water), solution B and solution C. For strains of A. cycloheptanicus add 5.0g/l of yeast extract instead of 2.0g/l.

0438 YEAST EXTRACT MINERAL MEDIUM

$Na_2HPO_4 \cdot 12H_2O$	3.50g	$MgSO_4 \cdot 7H_2O$	0.03 g
K_2HPO_4	1.00g	Yeast extract	4.00g
NH_4Cl	0.50g	Agar	15.00g
Distilled water	1 000.00ml	Adjust pH to 7.0~7.2.	

0439 STANDARD I MEDIUM (Merck 7881)

Peptone from meat	7. 8g	Yeast extract	2. 8g
Peptone from caseine	7. 8g	NaCl	5. 6g
D (+) -Glucose	1. 0 g	Distilled water	1 000. 0 ml

Autoclave for 15 min at 121℃. pH of the final medium is 7. 5

0440 BACILLUS " RACEMILACTICUS" MEDIUM

lucose	5. 0g	Peptone	5. 0g
Yeast extract	5. 0g	$CaCO_3$	5. 0g
Agar	15. 0g	Distilled water	1 000. 0ml

Adjust pH to 6. 8.

0441 TRYPTICASE SOY BROTH AGAR

Trypticase Soy Broth	30. 0g	Agar	15. 0 g
Distilled water	1 000. 0 ml	pH 7. 3	

Autoclave at 121℃ for 15 min.

0442 MARINE AGAR

To 1 000. 0 ml "Synthetic sea water" add 5. 0g Bacto Peptone，1. 0g Bacto Yeast extract，and 15. 0g agar. Alternatively medium 0514 may be used.

Synthetic sea water：

NaCl	24. 00g	$MgCl_2 \cdot 6H_2O$	11. 00g
Na_2SO_4	4. 00g	$CaCl_2 \cdot 6H_2O$	2. 00g
KCl	0. 70 g	KBr	0. 10 g
H_3BO_3	0. 03 g	$NaSiO_3 \cdot 9H_2O$	5. 00 mg
$SrCl_2 \cdot 6H2O$	0. 04 g	NaF	3. 00 mg
NH_4NO_3	2. 00 mg	$Fe_3PO_4 \cdot 4H_2O$	1. 00 mg
Distilled water	1 000. 00ml	Adjust pH to 7. 8.	

0444 BACTO MARINE BROTH (DIFCO 2216)

Bacto yeast extract	1. 00 g	Bacto peptone	5. 00 g
Fe (III) citrate	0. 10 g	NaCl	19. 45 g
$MgCl_2$ (dried)	5. 90 g	$NaSO_4$	3. 24 g
$CaCl_2$	1. 80 g	KCl	0. 55 g
Na_2CO_3	0. 16 g	KBr	0. 08 g
$SrCl_2$	34. 00 mg	H_3BO_3	22. 00 mg
Na-silicate	4. 00 mg	NaF	2. 40 mg
$(NH_4)NO_3$	1. 60 mg	Na_2HPO_4	8. 00 mg
Distilled water	1 000. 00 ml		

Final pH should be 7. 6 ± 0. 2 at 25℃. If using the complete medium from Difco add 37. 4 g to 1. 0 litre water.

0445 AMPHIBACILLUS MEDIUM

Glucose	10. 000 g	$MgSO_4 \cdot 7H_2O$	0. 200 g
K_2HPO_4	1. 000 g	$MnSO_4 \cdot 7H_2O$	0. 005 g
NH_4NO_3	2. 000 g	$FeSO4 \cdot 7H2O$	0. 005 g
$CaCl_2 \cdot 2H_2O$	0. 100 g	Yeast extract	3. 000 g
Polypeptone (BBL)	0. 300 g	Agar	15. 000 g
Distilled water	1 000. 0 ml		

After sterilization add sterile 1. 0 M Na-sesquicarbonate solution (1. 0ml in 10. 0ml) to achieve a pH of9. 7

Na-sesquicarbonate solution:

NaHCO$_3$	4. 2g	Na$_2$CO$_3$ (anhydrous)	5. 3g
Distilled water	100. 0ml		

0446 GYP GLUCOSE-YEAST-PEPTONE MEDIUM

Glucose	20. 0g	Yeast extract	10. 0g
Peptone (tryptic)	10. 0g	Na-acetate	10. 0g
Salt solution	5. 0ml	Distilled water	1 000. 0 ml

Salt solution:

MgSO$_4$ • 7H$_2$O	40. 0g	FeSO$_4$ • 7H$_2$O	2. 0g
MnSO$_4$ • 4H$_2$O	2. 0g	NaCl	2. 0g

Distilled water 1 000. 0 ml

For solid media add 10. 0g/l bacteriological agar. Adjust to pH 6. 8. After sterilization of the medium add filter sterilized salt solution.

0447 Azotobacter medium (ATCC medium 240) with 1. 0% sucrose

ATCC Medium 240 (see below) with 1. 0% sucrose

ATCC Medium 240:

K$_2$HPO$_4$	0. 05 g	KH$_2$PO$_4$	0. 15 g
MgSO$_4$ • 7H$_2$O	0. 2 g	CaCl$_2$	0. 02 g
Na$_2$MoO$_4$	0. 002 g	FeCl$_3$	0. 002 g
Distilled water	1. 0 L		

For solid medium, add 1. 5% agar.

Autoclave at 121℃ for 15 minutes.

0448 Spirillum nitrogen-fixing medium

KH$_2$PO$_4$	0. 4 g	CaCl$_2$	0. 02 g
K$_2$HPO$_4$	0. 1 g	FeCl$_3$	0. 01 g
MgSO$_4$ • 7H$_2$O	0. 2 g	Na$_2$MoO$_4$ • 2H$_2$O	0. 002 g
NaCl	0. 1 g	Sodium malate	5. 0 g
Yeast extract	0. 05 g	Distilled water	1. 0 L

Adjust pH to 7. 2~7. 4.

0449 Oatmeal agar

Rolled oats	20. 0 g	Agar	12. 0 g
Trace element solution	1. 0 ml	Distilled water	1 000. 0 ml

Rolled oats are boiled for 20 min and filtered, then add agar. Make up to 1 000. 0 ml. Then trace elements are added:

Trace element solution:

FeSO$_4$ • 7H$_2$O	0. 1 g	ZnSO$_4$ • 7H$_2$O	0. 1 g
MnCl$_2$ • 4H$_2$O	0. 1 g	Distilled water	100. 0 ml

0450 Nutrient agar (DIFCO 0001) with 1. 0% glucose

Peptone	5. 0 g	Meat extract	3. 0 g
Glucose	10. 0g	Agar, if ecessary	15. 0 g
Distilled water	1 000. 0 ml		

Adjust pH to 7. 0. For Bacillus strains the addition of 10. 0 mg MnSO$_4$ x H$_2$O is recommended for sporulation

0451 Trypticase soy agar

Trypticase Soy Broth	30. 0 g	Agar	15. 0 g
Distilled water	1. 0 L		

Autoclave at 121℃ for 15 minutes.

0452 1663 Dilute potato medium

Potato Decoction	100. 0 ml	Peptone	0. 05 g
Glucose	1. 0 g	$Ca(NO_3)_2 \cdot 4H_2O$	0. 05 g
Na_2HPO_4	0. 12 g	Distilled water	990. 0 ml

Adjust medium for final pH 6.8. Autoclave at 121℃ for 15 minutes.

Potato Decoction:

Diced potato	20. 0 g	Distilled water	1. 0 L

Boil for 30 minutes; filter out potato and return volume of liquid to 1. 0 L

0453 Lactobacillus medium 细菌培养基

Trypticase	10. 0 g	Yeast Extract	5. 0 g
Tryptose	3. 0 g	KH_2PO_4	3. 0 g
K_2HPO_4	3. 0 g	Salt Solution R	5. 0 ml
Tween 80	1. 0 ml	Sodium acetate	1. 0 g
L-Cysteine · HCl	200. 0 mg	Glucose	5. 0 g
Distilled water	1. 0L	Agar	20. 0 g

Autoclave at 121℃ for 15 minutes.

Salt Solution R:

$MgSO_4 \cdot 7H_2O$	11. 50 g	$FeSO_4 \cdot 7H_2O$	0. 68 g
$MnSO_4 \cdot 2H_2O$	2. 40 g	Distilled water	100. 0 ml

0454 Yeast mannitol agar

$MgSO_4 \cdot 7H_2O$	0. 2 g	NaCl	0. 1 g
Mannitol	10. 0 g	Wolfe's Mineral Solution	10. 0 ml
Yeast Extract	0. 4 g	Distilled water	1. 0 L
K_2HPO_4	0. 5 g		

Autoclave at 121℃ for 15 minutes.

Wolfe's Mineral Solution:

Available from ATCC as a sterile ready-to-use liquid (Trace Mineral Supplement, catalog no. MD-TMS.)

Nitrilotriacetic acid	1. 5 g	$MgSO_4 \cdot 7H_2O$	3. 0 g
$MnSO_4 \cdot H_2O$	0. 5 g	NaCl	1. 0 g
$FeSO_4 \cdot 7H_2O$	0. 1 g	$CoCl_2 \cdot 6H_2O$	0. 1 g
$CaCl_2$	0. 1 g	$ZnSO_4 \cdot 7H_2O$	0. 1 g
$CuSO_4 \cdot 5H_2O$	0. 01 g	$AlK(SO_4)_2 \cdot 12H_2O$	0. 01 g
H_3BO_3	0. 01 g	$Na_2MoO_4 \cdot 2H_2O$	0. 01 g
Distilled water	1. 0 L		

Add nitrilotriacetic acid to approximately 500.0ml of water and adjust to pH 6.5 with KOH to dissolve the compound. Bring volume to 1. 0 L with remaining water and add remaining compounds one at a time.

0455 GYM STREPTOMYCES MEDIUM

Glucose	4. 0 g	Malt extract	10. 0 g
Yeast extract	4. 0 g	$CaCO_3$	2. 0 g

Agarl	12.0 g	Distilled water	1 000.0 ml

Adjust pH to 7.2 with KOH before adding agar (use pH-indicator paper). Delete $CaCO_3$ if liquid medium is used.

0456 Emerson agar

Beef extract	4.0 g	Yeast extract	1.0 g
Peptone	4.0 g	Dextrose	10.0 g
NaCl	2.5 g	Distilled water	1.0 L

Adjust to pH 7.0+/−0.1. Autoclave at 121℃ for 15 minutes.

0457 SOIL EXTRACT MEDIUM

Sterilize 400.0 g of air-dried garden soil (with high content of organic matter) in 1 000.0 ml tap water for one hour at 121℃. Allow it to sediment for a few hours at room temperature. Centrifuge the supernatant. Add 15.0 g agar per 1 000.0 ml to the clear supernatant solution thus obtained. Adjust pH to 6.8~7.0 and sterilize.

0458 NUTRIENT-benzoate AGAR

Peptone	5.0 g	yeast extract	4.0 g
Meat extract	3.0 g	benzoate	2.0 g
Agar (if necessary)	15.0 g	Distilled water	1 000.0 ml

0459 NUTRIENT-soil extract AGAR

Peptone	5.0 g	soil extract	500.0 ml
Meat extract	3.0 g	yeast extract	3.0 g
Agar (if necessary)	15.0 g	Distilled water	1 000.0 ml

0460 ALKALINE NUTRIENT AGAR

Peptone	5.0 g	Meat extract	3.0 g
NaCl	50.0g	Agar (if necessary)	15.0 g
Distilled water	900.0 ml		

After sterilization add sterile 1.0 M Na-sesquicarbonate solution (1.0 ml in 10.0 ml) to achieve a pH of 9.7.

Na-sesquicarbonate solution:

NaHCO₃	4.2 g	Na_2CO_3 anhydrous	5.3 g
Distilled water	100.0 ml		

0461

Peptone	5.0 g	soil extract	500.0 ml
Meat extract	3.0 g	NaCl	50.0g
Agar, if necessary	15.0 g	Distilled water	1 000.0 ml

0462 MODIFIED TRYPTICASE SOY BROTH AGAR

Trypticase Soy Broth	30.0 g	Soil extract	500.0ml
Agar	15.0 g	Distilled water	1 000.0 ml

pH 7.3

Autoclave at 121℃ for 15 min

0463 Ashby 氏自生固氮培养基

甘露醇	10.0~20.0g	硫酸镁 （MgSO₄ · 7H₂O）	0.2g
硫酸钙 （CaSO₄ · 2H₂O)	0.1g	磷酸二氢钾 （KH₂PO₄）	0.2g
氯化钠 （NaCl）	0.2g	碳酸钙 （CaCO₃）	5.0g
琼脂	15.0~20.0g	蒸馏水 （清彻的	1 000.0ml

自来水也可）

0464 大豆根瘤菌培养基

甘露醇	10.0～20.0g	磷酸二氢钾（KH_2PO_4）	0.5g
氯化钠（NaCl）	0.2g	硫酸镁（$MgSO_4 \cdot 7H_2O$）	0.2g
硫酸钙（$CaSO_4 \cdot 2H_2O$）	0.1g	碳酸钙（$CaCO_3$）	1.0g
酵母液（10：100）	100.0ml	琼脂	18.0～20.0g
清彻的自来水	900.0ml		

0465 豆汁合成培养基

豆 汁	1 000ml	$MgSO_4 \cdot 7H_2O$	0.5g
KH_2PO_4	1.0g	$(NH_4)_2SO_4$	0.5g
可溶性淀粉	20.0g	琼脂	18.0～20.0g

pH6.0～5.5

牛肉汁培养基（与 0002 号培养基相同）

牛肉汁	100.0ml	蛋白胨	1.0g
氯化钠	0.5g	琼脂	1.5～2.0g

混合加热熔解，一个大气压灭菌 20min。

0466 裴多罗夫自生固氮菌培养基

甘露醇（或葡萄糖）	20.0g	磷酸氢钙（$CaHPO_4$）	0.3g
磷酸氢二钾（K_2HPO_4）	0.5g	硫酸镁（$MgSO_4$）	0.3g
硫酸钾（K_2SO_4）	0.2g	氯化钠（NaCl）	0.5g
碳酸钙（$CaCO_3$）	5.0g	氯化高铁（$FeCl_3$）	0.2g
硼酸（H_3BO_3）	0.005g	硫酸锰（$MnSO_4$）	0.005g
硫酸锌（$ZnSO_4$）	0.002g	硫酸铝 $Al_2(SO_4)_3$	0.003g
钼酸铵（$NH_4)_2MoO_4$	0.005g	蒸馏水	1.0L

如制成固体培养基，另加琼脂 18.0～20.0g.

固氮菌适应 pH7.2—7.4。

牛肉膏蛋白胨培养基（与 0002 号培养基相似，建议采用 0002 号培养基）

牛肉膏	1.0g	蛋白胨	1.0g
氯化钠	0.5g	自来水	100.0ml

0467 海水营养琼脂 Nutrient agar in sea water

酵母提取物	3.0g	蛋白胨	5.0g
琼脂	15.0g	过滤海水	1.0L

0468 营养琼脂 Nutrient agar ＋ fresh water

酵母提取物	3.0g	蛋白胨	5.0g
琼脂	15.0g	蒸馏水	1.0L

0469 0.5X 海水营养琼脂 0.5X Nutrient Agar in seawater

酵母提取物	1.5g	蛋白胨	2.5g
琼脂	15.0g	过滤海水	1.0L

0470 BG11 海洋蓝细菌培养基 Medium BG11 for Marine Cyanobacteria

NaCl	10.0g	$NaNO_3$	1.5g
$MgSO_4 \cdot 7H_2O$	0.075g	K_2HPO_4	0.04g
$CaCl_2 \cdot 2H_2O$	0.036g	Na_2CO_3	0.02g
柠檬酸	6.0mg	柠檬酸铁铵	6.0mg
EDTA-Na_2	1.0mg	Vitamin B_{12} 溶液	0.1L
微量元素混合液 A5	0.001L	琼脂	10.0g

| 蒸馏水 | 0.9L | pH7.1+ 0.2 | |

微量元素混合液 A5 配方

H_3BO_3	2.86g	$MnCl_2 \cdot 4H_2O$	1.81g
$Na_2MoO_4 \cdot 2H_2O$	0.39g	$ZnSO_4 \cdot 7H_2O$	0.222g
$CuSO_4 \cdot 5H_2O$	0.079g	$Co(NO_3)_2 \cdot 6H_2O$	0.04g
蒸馏水	1.0L		

Vitamin B_{12} 溶液：

| Vitamin B_{12} | 1.0ug | 蒸馏水 | 1.0L |

无菌滤膜过滤

用蒸馏水配制，其中 Vitamin B_{12} 以及微量元素溶液单独配，并在临用前加入。Vitamin B_{12} 和微量元素溶液经 $0.22\mu M$ 孔径的滤膜过滤灭菌，其余溶液121℃高压灭菌20min。

0471 2216E

蛋白胨	5.0g	酵母膏	1.0g
牛肉膏	1.0g	$FePO_4$	0.01g
琼脂	16.0g	过滤海水	1.0L

pH7.4～7.6

0472 HLB

酵母提取物	5.0g	蛋白胨	10.0g
NaCl	30.0g	琼脂	15.0g
蒸馏水	1.0L	pH7.0	

0473 A1 培养基

淀粉	10.0g	酵母膏	4.0g
蛋白胨	2.0g	琼脂	18.0g
34.0‰人工海水	1.0L		

0474 人工海水培养基（MMC）

柴油（或正16烷等烷烃类碳源）	1.0g	NaCl	24.0g
NH_4NO_3	1.0g	KCl	0.7g
KH_2PO_4	2.0g	Na_2HPO_4	3.0g
$MgSO_4 \cdot 7H_2O$	7.0g	琼脂	15.0g
蒸馏水	1.0L	pH7.6	

微量元素配方：

$CaCl_2$	0.02mg	$FeCl_3 \cdot 6H_2O$	0.5mg
$CuSO_4$	0.005mg	$MnCl_2 \cdot 4H_2O$	0.005mg
$ZnSO_4 \cdot 7H_2O$	0.1mg	蒸馏水	1.0L

用蒸馏水配制。其中 7.0g/L $MgSO_4.7H_2O$ 以及微量元素单独配，并在临用前加入。微量元素溶液经 $0.22\mu M$ 孔径的滤膜过滤灭菌，其余溶液121℃高压灭菌20min

0475 改良 PDA 培养基

马铃薯提取液	1.0L	酵母膏	1.0g
蛋白胨	3.0g	葡萄糖	15.0g
琼脂	17.0g		

马铃薯提取液的制备：

取去皮马铃薯200.0g，切成小块，加海水1 000.0ml煮沸30min，滤去马铃薯块，将滤液补足至1 000.0ml

0476 YMA（配置 1.0L）

K_2HPO_4	0.5g	NaCl	0.2g
$MgSO_4 \cdot 7H_2O$	0.2g	$CaSO_4 \cdot 2H_2O$	0.1g
$CaCO_3 \cdot 2H_2O$	1.0g	维生素 B_1+B_2	微量
酵母汁	100.0ml	甘露醇	10.0g
琼脂	18.0g	pH7.8	

0.8 个压 30min

0477 YMA＋土（配置 300.0ml）

K_2HPO_4	0.15g	NaCl	0.06g
$MgSO_4 \cdot 7H_2O$	0.06g	$CaSO_4 \cdot 2H_2O$	0.03g
$CaCO_3 \cdot 2H_2O$	0.3g	维生素 B_1+B_2	微量
酵母汁	30.0ml	甘露醇	3.0g
土壤浸提液	60.0ml	琼脂	5.4g

pH7.80.8 个压 30min

0478 YMA＋甘（配置 300.0ml）

K_2HPO_4	0.15g	NaCl	0.06g
$MgSO_4 \cdot 7H_2O$	0.06g	$CaSO_4 \cdot 2H_2O$	0.03g
$CaCO_3 \cdot 2H_2O$	0.3g	维生素 B_1+B_2	微量
酵母汁	30.0ml	甘露醇	3.0g
土壤浸提液	60.0ml	甘油	4.5ml
琼脂	5.4g	pH7.8	

0.8 个压 30 分钟

0479 YMA＋Na（葡萄糖酸钠）（配置 200.0ml）

K_2HPO_4	0.1g	NaCl	0.04g
$MgSO_4 \cdot 7H_2O$	0.04g	$CaSO_4 \cdot 2H_2O$	0.02g
$CaCO_3 \cdot 2H_2O$	0.2g	维生素 B_1+B_2	微量
酵母汁	20.0ml	葡萄糖酸钠	2.0g
琼脂	3.6g	pH7.8	

0.8 个压 30min

0480 固氮螺菌培养基（200.0ml）

K_2HPO_4	0.1g	NaCl	0.02g
$MgSO_4 \cdot 7H_2O$	0.04g	琥珀酸	1.0g
KOH	0.8g	$MnSO_4 \cdot H_2O$	0.002g
Na_2MoO_4	0.0004g	$CaCl_2$	0.004g
$FeSO_4 \cdot 7H_2O$	0.002g	指示剂 BTB（溴麝香草酚蓝）	0.4ml
琼脂	3.6g	pH6.8	

注：指示剂 BTB 配成 0.5％BTB 乙醇溶液，一个大气压灭菌 20min

0481 阿须贝培养基（配 500.0ml）

KH_2PO_4	0.1g	NaCl	0.1g
$MgSO_4 \cdot 7H_2O$	0.1g	$CaSO_4 \cdot 2H_2O$	0.05g
$CaCO_3$	2.5g	土壤液	100.0ml
甘露醇	10.0g	琼脂	9.0g

pH7.2～7.4

一个大气压灭菌 20 分钟

0482 CM-M1 （适用菌：瘤胃甲烷短杆菌、史氏甲烷短杆菌、沃氏甲烷嗜热杆菌、嗜热自养甲烷杆菌、嗜热甲酸甲烷杆菌、亨氏甲烷螺菌、甲酸甲烷杆菌、布氏甲烷杆菌）

KH_2PO_4	0.50g	$MgSO_4 \cdot 7H_2O$	0.40g
NaCl	0.40g	$CaCl_2 \cdot 2H_2O$	0.40g
$FeSO_4 \cdot 7H_2O$	0.002g	NH_4Cl	0.40g
微量元素溶液（SL-10）	0.001L	污泥浸提液	50.00g
甲酸钠	2.00g	$NaHCO_3$	4.00g
刃天青	0.001g	$Cysteine-HCl \cdot H_2O$	0.50g
$Na_2S \cdot 9H_2O$	0.50g	乙酸钠	1.00g
蒸馏水	0.94L	酵母膏	1.00g
微量元素溶液 SL-10：			
HCl（25%；7.7 M）	0.01L	$FeCl_2 \cdot 4H_2O$	1.50g
$ZnCl_2$	70.00mg	$MnCl_2 \cdot 4H_2O$	100.00mg
H_3BO_3	6.00mg	$CoCl_2 \cdot 6H_2O$	190.00mg
$CuCl_2 \cdot 2H_2O$	2.00mg	$NiCl_2 \cdot 6H_2O$	24.00mg
$Na_2MoO_4 \cdot 2H_2O$	36.00mg	无菌水	0.99L

0483 CM-M2 （适用菌：热自养甲烷球菌、沃氏甲烷球菌、巴氏甲烷八叠球菌、马氏甲烷八叠球菌、嗜热甲烷八叠球菌、蟑螂甲烷微球菌、詹氏甲烷球菌、联合甲烷鬃毛菌）

KCl	0.335g	$MgCl_2 \cdot 6H_2O$	4.00g
$MgSO_4 \cdot 7H_2O$	3.45g	NH_4Cl	0.25g
$CaCl_2 \cdot 2H_2O$	0.14g	K_2HPO_4	0.14g
微量元素溶液	0.01L	蒸馏水	1.00L
$Fe(NH_4)_2(SO_4)_2 \cdot 7H_2O$	2.00mg	$NaHCO_3$	5.00g
刃天青	0.001g	$Cysteine-HCl \cdot H_2O$	0.50g
$Na_2S \cdot 9H_2O$	0.50g	维生素溶液	0.01L
NaCl	18.00g		
微量元素溶液			
$N(CH_2COOH)_3$	4.5g	$FeCl_2 \cdot 4H_2O$	0.4g
$MnCl_2 \cdot 4H_2O$	0.1g	$CoCl_2 \cdot 6H_2O$	0.12g
$AlK(SO_4)_2$	0.01g	$ZnCl_2$	0.1g
NaCl	1.0g	$CaCl_2$	0.02g
Na_2MoO_4	0.01g	H_3BO_3	0.01g
蒸馏水	1.0L		
复合维生素溶液			
生物素（biotin）	2.0g	盐酸吡哆醇（Pyridoxin HCl）	1.0g
硫胺素（Thiamine HCl）	5.0g	D—泛酸钙（D—Calcuin	5.0g
蒸馏水	1.0L	pantothenate）	
硫辛酸（Thiocticacid）	5.0g	叶酸（Folic acid）	2.0g
核黄素（Riboflavin）	5.0g	Nicotinic acid	5.0g
维生素 B_{12}	0.1g	对氨基苯磺酸	5.0g
		（P-aminobenzic acid）	

0484 CM-M3 （适用菌：解纤维素热厌氧杆菌、解糖热解纤维素菌属）

NH_4Cl	0.90g	$MgCl_2 \cdot 6H_2O$	0.40g
K_2HPO_4	1.50g	酵母膏	1.00g
微量元素溶液	1.00ml	纤维素/纤维二糖	1.00g

蒸馏水	1.00L	NaCl	0.90g
KH$_2$PO$_4$	0.75g	Trypticase	2.00g
FeCl$_3$ · 6 H$_2$O	2.50mg	刃天青	0.50mg
Cysteine-HCl · H$_2$O	0.75g	pH7.2	
微量元素溶液			
N(CH$_2$COOH)$_3$	4.5g	FeCl$_2$ · 4 H$_2$O	0.4g
MnCl$_2$ · 4H$_2$O	0.1g	CoCl$_2$ · 6H$_2$O	0.12g
AlK(SO$_4$)$_2$	0.01g	ZnCl$_2$	0.1g
NaCl	1.0g	CaCl$_2$	0.02g
Na$_2$MoO$_4$	0.01g	H$_3$BO$_3$	0.01g
蒸馏水	1.0L		

0485 CM-M4（适用菌：热纤梭菌）**Clostridium thermocellum**（Medium 255）

KH$_2$PO$_4$	0.50g	尿素	2.00g
CaCl$_2$ · 2H$_2$O	0.05g	Morpholinopropane sulfonic acid	
			10.00g
刃天青	0.001g	葡萄糖	5.00g
蒸馏水	1.00L	K$_2$HPO$_4$ · 3 H$_2$O	1.00g
MgCl$_2$ · 6 H$_2$O	0.50g	FeSO$_4$ · 7 H$_2$O	1.25mg
酵母膏	6.00g	Cysteine-HCl · H$_2$O	1.00g
pH7.2			

0486 CM-M5（适用菌：万尼氏红微菌）

酵母膏	0.20g	N(CH$_2$COOH)$_3$	0.50g
Fe (III) citrate solution	5.00ml	MgSO$_4$ · 7 H$_2$O	0.40g
(0.1% in H$_2$O)			
NH$_4$Cl	0.40g	VB$_{12}$ (10 mg in 100 ml H$_2$O)	0.40ml
微量元素 SL-6	1.00ml	pH5.7	
Na$_2$-succinate	1.00g	KH$_2$PO$_4$	0.50g
NaCl	0.40g	CaCl$_2$ · 2 H$_2$O	0.05g
蒸馏水	1.05L		
微量元素溶液 SL-6：			
ZnSO$_4$ · 7 H$_2$O	0.01g	MnCl$_2$ · 4 H$_2$O	0.03g
H$_3$BO$_3$	0.30g	CoCl$_2$ · 6 H$_2$O	0.20g
CuCl$_2$ · 2 H$_2$O	0.01g	NiCl$_2$ · 6 H$_2$O	0.02g
Na$_2$MoO$_4$ · 2 H$_2$O	0.03g	蒸馏水	1.0L

0487 CM-M6（适用菌：度光红螺菌）

酵母膏	0.30g	Na$_2$-succinate	1.00g
Fe (III) citrate solution	5.00ml	KH$_2$PO	0.50g
(0.1% in H$_2$O)			
NaCl	0.40g	CaCl$_2$ · 2 H$_2$O	0.05g
VB$_{12}$ (10 mg in 100 ml H$_2$O)	0.40ml	蒸馏水	1.05L
pH 6.8		乙醇	0.50ml
(NH$_4$) -acetate	0.50g	MgSO$_4$ · 7 H$_2$O	0.40g
NH$_4$Cl	0.40g	微量元素 SL-6	1.00ml

0488 CM-M7（适用菌：巴氏梭菌）

葡萄糖	20.0g	酵母膏	10.0g
$CaCO_3$	20.0g	Agar	17.0g
蒸馏水 1.0L			

0489 CM-M8（适用菌：拜氏梭菌）Clostridium beijerinckii 1739（Medium 411）

干马铃薯片 40.0g	或鲜马铃薯片 200.0g	Cysteine-HCl $\cdot$ H_2O	0.5g
葡萄糖	6.0g	刃天青	1.0mg
蒸馏水	1.0L	$CaCO_3$	2.0g

0490 CM-M9（适用菌：瘤胃双歧杆菌、长双歧杆菌）

胳蛋白胨	10.0g	酵母膏	5.0g
葡萄糖	10.0g	$MgSO_4 \cdot 7 H_2O$	0.2g
Tween80	1.0ml	盐溶液（see below）	40.0ml
蒸馏水	950.0ml	肉侵出液	5.0g
Bacto Soytone	5.0g	K_2HPO_4	2.0g
$MnSO_4 \cdot H_2O$	0.05g	NaCl	5.0g
刃天青（25.0 mg/100.0ml）4.0ml			

盐溶液：

$CaCl_2 \cdot 2H_2O$	0.25g	$MgSO_4 \cdot 7H_2O$	0.50g
K_2HPO_4	1.00g	蒸馏水	1.00L
NaCl	2.00g	$NaHCO_3$	10.00g
KH_2PO_4	1.00g		

0491 CM-M11（适用菌：乙醇嗜热厌氧菌）

胳蛋白胨	10.00g	蔗糖	10.00g
Na_2SO_3	0.20g	刃天青	1.00mg
蒸馏水	1.00L	$Na_2S_2O_3 \cdot 5H_2O$	0.08g
酵母膏	2.00g	$FeSO_4 \cdot 7H_2O$	0.20g
pH6.8~7.8			

0492 CM-M12（适用菌：变异棒杆菌）

胳蛋白胨	10.00g	葡萄糖	5.00g
琼脂	5.00g	蒸馏水	1.00L
NaCl	5.00g	酵母膏	5.00g
pH7.2~7.4			

0493 CM-M13（适用菌：热硫化氢热厌氧杆菌）

KH_2PO_4	1.50g	NH_4Cl	0.50g
CaCl	0.05g	蒸馏水	1.00L
$Na_2HPO_4 \cdot 12H_2O$	4.20g	$MgCl_2$	0.18g
微量元素	5.00ml		

微量元素溶液：

$N(CH_2COOH)_3$	4.5g	$FeCl_2 \cdot 4 H_2O$	0.4g
$MnCl_2 \cdot 4H_2O$	0.1g	$CoCl_2 \cdot 6H_2O$	0.12g
$AlK(SO_4)_2$	0.01g	$ZnCl_2$	0.1g
NaCl	1.0g	$CaCl_2$	0.02g
Na_2MoO_4	0.01g	H_3BO_3	0.01g
蒸馏水	1.0L		

0494 CM-M14（适用菌：夹膜红细菌、类球红细菌）

酵母膏	0.30g	Na$_2$-succinate	1.00g
Fe（III）citrate solution（0.1% in H$_2$O）5.00ml		KH$_2$PO$_4$	0.50g
NaCl	0.40g	CaCl$_2$ · 2 H$_2$O	0.05g
VB$_{12}$（10 mg in 100 ml H$_2$O）0.40ml		蒸馏水 1.0	5L
pH	6.8	乙醇	0.50ml
（NH$_4$）-acetate	0.50g	MgSO$_4$ · 7 H$_2$O	0.40g
NH$_4$Cl	0.40g	微量元素 SL-6	1.00ml

0495 CM-M15（适用菌：微变冢村氏菌）

葡萄糖	4.0g	CaCO$_3$	2.0g
琼脂	12.0g	蒸馏水	1.0L
麦芽膏	10.0g	酵母膏	4.0g

0496 CM-M16（适用菌：冢村氏菌）

胳蛋白胨	5.00g	土壤侵出液	0.15L
蒸馏水	0.85L	牛肉侵出液	3.00g
甘油	20.00g		

0497 SNA（synthetic low nutrient agar）

葡萄糖	0.2g	蔗糖	0.2g
KCl	0.5g	蒸馏水	1.0L
琼脂	23.0g	1MNaOH	0.6ml
KH$_2$PO$_4$	1.0g	KNO$_3$	1.0g
MgSO$_4$ · 7H$_2$O	0.5g		

0498（CICC125）

葡萄糖	5.0g	无水醋酸钠	5.0g
蛋白胨	5.0g	酵母膏	5.0g
无机盐 A	0.25ml	无机盐 B	0.5ml
胱氨酸	0.5g	琼脂	20.0g
pH6.8~7.0		15 磅 20min 灭菌	
蒸馏水	1.0L		

无机盐 A：

K$_2$HPO$_4$	2.5g	KH$_2$PO$_4$	2.5g
H$_2$O	250.0ml		

无机盐 B：

MgSO$_4$.7H$_2$O	10.0g	FeSO$_4$	0.5g
MnSO$_4$.4H$_2$O	0.5g	H$_2$O	500.0ml

0499（CICC126）

胰胨	20.0g	酵母膏	5.0g
FeCl$_3$ · 6H$_2$O	7.0mg	MnCl$_2$	1.0mg
MgSO$_4$ · 7H$_2$O	15.0mg	蒸馏水	1.0L

121℃/15min 灭菌后再用无菌 10.0%KOH 调节 pH7.3，加果糖（分开灭菌）0.5%作碳源

0500（CICC127）

西红柿汁	0.4L	葡萄糖	10.0g
盐溶液 A	5.0ml	盐溶液 B	5.0ml
酵母膏	10.0g	碳酸钙	20.0g
蒸馏水	0.6L	琼脂	20.0g

pH6.9，15 磅 15min 灭菌

盐溶液 A：

K_2HPO_4	2.5g	KH_2PO_4	2.5g
蒸馏水	250.0ml		

盐溶液 B：

$MgSO_4 \cdot 7H_2O$	10.0g	$FeSO_4$	5.0g
NaCl	5.0g	$MnSO_4 \cdot 4H_2O$	5.0g
蒸馏水	250.0ml		

0501（CICC128）

酵母膏	10.0g	碳酸钙	20.0g
葡萄糖	10.0g	琼脂	20.0g
pH7.0		蒸馏水	1.0L
15 磅 15min 灭菌		pH7.0	

0502（CICC129）

葡萄糖	20.0g	牛肉膏	3.0g
酵母膏	5.0g	玉米条	5.0g
蛋白胨	5.0g	$MgSO_4 \cdot 7H_2O$	2.0g
琼脂	20.0g	蒸馏水	1.0L
15 磅 15min 灭菌		pH7.0	

0503（CICC130）

脱脂奶粉	100.0g	土豆汁（20.0%）	0.1L
酵母膏（进口试剂）	5.0g	蒸馏水	1.0L
10 磅 15min 灭菌			

0504（CICC131）

蛋白胨	5.0g	酵母膏	5.0g
K_2HPO_4	1.0g	$MgSO_4 \cdot 7H_2O$	0.2g
可溶性淀粉	10.0g	琼脂	15.0g
蒸馏水	0.9L		

10.0% Na_2CO_3 100.0ml 灭菌后，加入上述已灭菌的培养基中，再分装试管

0505（CICC132）

蛋白胨	10.0g	牛肉膏	5.0g
酵母膏	12.5g	玉米条	7.0ml
脱脂奶粉	20.0g	NaCl	5.0g
K_2HPO_4	5.0g	$MgSO_4 \cdot 7H_2O$	1.0g
琼脂	20.0g	蒸馏水	1.0L
pH7.0			

0506（CICC133）

蛋白胨	5.0g	葡萄糖	1.0g
酵母膏	5.0g	K_2HPO_4	1.0g
琼脂	20.0g	蒸馏水	1.0L
pH7.0			

0507（CICC134）

葡萄糖	10.0g	酵母膏	1.0g
蛋白胨	1.0g	尿素	2.0g
$MgSO_4 \cdot 7H_2O$	1.0g	琼脂	20.0g

| 蒸馏水 | 1.0L | pH6.7~7.0 | |

0508 (CICC135)

40.0%土豆汁	50.0ml	猪肝汁	15.0ml
酵母膏	0.3g	牛肉膏	0.5g
葡萄糖	0.5g	甘油	1.5g
琼脂	2.0g	蒸馏水	0.1L
pH7.0			

猪肝汁

25.0克新鲜猪肝切碎，加150.0ml水，微沸30s，过滤，滤液用水定溶至150.0ml

0509 (CICC136)

麦芽膏	20.0g	葡萄糖	20.0g
蛋白胨	1.0g	琼脂	20.0g
蒸馏水	1.0L	自然pH值	

啤酒厂取来浓麦芽汁10.0ml=1.0g麦芽膏

0512 R2A

Yeast extract	0.5g	Proteose peptone	0.5g
Casamino acids	0.5g	Glucose	0.5g
Soluble starch	0.5g	Na-pyruvate	0.3g
K_2HPO_4	0.3g	$MgSO_4.7H_2O$	0.05g
Agar	15.0g	Distilled water	1.0L

0513 YPD 培养基

酵母粉	10.0g	葡萄糖	20.0g
蛋白胨	20.0g	琼脂	20.0g
海水	1.0L		

0514

黄豆芽汁	100.0g	蔗糖	30.0g
$MgSO_4 \cdot 7H_2O$	0.5g	KH_2PO_4	0.5g
琼脂	20.0g	蒸馏水	1.0L
pH7.0~7.2			

0515

葡萄糖	30.0~50.0g	蛋白胨	8.0~10.0g
KH_2PO_4	0.1g	$MgSO_4 \cdot 7H_2O$	0.5g
琼脂	20.0g	蒸馏水	1.0L
pH6.5			

0516 YM (Yeast Malt Agar)

酵母膏	3.0g	麦芽膏	3.0g
蛋白胨	5.0g	琼脂	20.0g
蒸馏水	1.0L	pH6.8	

0517 (ISP 4)

可溶性淀粉	10.0g	K_2HPO_4	1.0g
$MgSO_4 \cdot 7H_2O$	1.0g	NaCl	1.0g
$(NH_4)_2SO_4$	2.0g	$CaCO_3$	2.0g
$FeSO_4 \cdot 7H_2O$	0.001g	$MnCl_2 \cdot 7H_2O$	0.001g
琼脂	20.0g	蒸馏水	1.0L

pH7.2±0.2

0518

葡萄糖	10.0g	酵母膏	1.0g
牛肉膏	1.0g	胰蛋白胨	2.0g
琼脂	20.0g	蒸馏水	1.0L
pH7.2			

0519

蛋白胨	2.0g	酵母膏	2.0g
蔗糖	150.0g	KH_2PO_4	2.0g
$(NH_4)_2SO_4$	2.0g	$MgSO_4 \cdot 7H_2O$	2.0g
琼脂	20.0g	蒸馏水	1.0L
pH7.0			

0520 (Trypton Soy Agar)

胰蛋白胨	17.0g	大豆胨	3.0g
葡萄糖	2.5g	NaCl	5.0g
K_2HPO_4	2.5g	琼脂	20.0g
蒸馏水	1.0L	pH7.0	

0521

牛肉膏	3.0g	酵母膏	5.0g
琼脂	20.0g	蒸馏水	1.0L
pH7.2			

0522

牛肉膏	3.0g	酵母膏	5.0g
琼脂	20.0g	蒸馏水	1.0L
二氨基庚二酸 (终浓度)	50.0μg/ml	pH7.2	

0523

胰蛋白胨	10.0g	酵母膏	5.0g
NaCl	5.0g	琼脂	20.0g
蒸馏水	1.0L	氨苄青霉素 (终浓度)	50.0μg/ml
pH7.2			

0524 Marine 琼脂 2216 (ATCC 2)

蛋白胨	5.0g	酵母膏	1.0g
柠檬酸铁	0.1g	NaCl	19.45g
$MgCl_2$	8.8g	Na_2SO_4	3.24g
$CaCl_2$	1.8g	KCl	0.55g
$NaHCO_3$	0.16g	溴化钾	0.08g
氯化锶	0.034g	硼酸	0.022g
硅酸钠	0.004g	氟化钠	0.0024g
NH_4NO_3	0.0016g	Na_2HPO_4	0.008g
琼脂	15.0g	蒸馏水	1.0L
pH7.6±0.2			

0525

胰蛋白胨	10.0g	酵母膏	5.0g
NaCl	5.0g	琼脂	20.0g

| 蒸馏水 | 1.0L | pH7.0～7.5 | |

0526 （缺少兔血的用量）兔血琼脂 （ATCC 4）

牛心（取其浸液）	500.0g	胰蛋白胨（Tryptose）	10.0g
NaCl	5.0g	琼脂	15.0g
蒸馏水	1.0L	pH6.8±0.2	

0527 孢子形成培养基 （ATCC 5）

酵母膏	1.0g	牛肉膏	1.0g
胰蛋白示	2.0g	$FeSO_4$	微量
葡萄糖	10.0g	琼脂	15.0g
蒸馏水	1.0L	pH7.2	

0528

KH_2PO_4	1.1g	K_2HPO_4	3.9g
柠檬酸三钠	1.0g	$MgSO_4 \cdot 7H_2O$	0.2g
KNO_3	1.7g	微量元素溶液	1.0ml
琼脂	20.0g	蒸馏水	1.0L
pH7.1			

微量元素溶液

$CuSO_4$	40.0mg	$CoCl_2$	12.0mg
H_3BO_4	200.0mg	$ZnSO_4 \cdot 7H_2O$	200.0mg
$MgCl_2$	40.0mg	$Na_2M_0O_4$	47.0mg
$FeCl_3$	6.0mg	$FeSO_4$	250.0mg
$CaCl_2$	1 100.0mg	$(VO)_2(SO_4)_2$ （硫酸氧钒）	26.0mg
$Ni(NO_3)_2$ （硝酸镍）	2.0mg	$CdSO_4$ （硫酸镉）	4.4mg
H_2O	1.0L		

0529

甘油	10.0ml	谷氨酸钠	0.5g
$NaNO_3$	0.8g	K_2HPO_4	0.5g
$FeSO_4 \cdot H_2O$	0.01g	琼脂	20.0g
蒸馏水	1.0L	pH7.2～7.6	

0530

培养基 0022 补加氨苄青霉素终浓度至 $30.0\mu g/ml$、四环素终浓度至 $30.0\mu g/ml$。

0531

培养基 0022 补加四环素终浓度至 $10.0\mu g/ml$

0532

培养基 0004 补加葡萄糖 10.0g

0533 Trypticase Soy Agar （ATCC 18）

| Trypticase Soy Broth | 30.0g | 琼脂 | 15.0g |
| 蒸馏水 | 1.0L | | |

0534

蔗糖	20.0g	水解酪蛋白	25.0mg
酵母膏	25.0mg	NH_4NO_3	1.2g
K_2HPO_4	2.5g	$MgSO_4 \cdot 7H_2O$	50.0mg
琼脂	20.0g	蒸馏水	1.0L
pH7.0			

0535 S P（ATCC 432）

棉子糖	1.0g	蔗糖	1.0g
半乳糖	1.0g	可溶性淀粉	5.0g
水解酪蛋白	2.5g	$MgSO_4 \cdot 7H_2O$	0.5g
K_2HPO_4	0.25g	琼脂	20.0g
蒸馏水	1.0L	pH 自然	

0536

可溶性淀粉	50.0g	玉米浆	20.0g
棉子饼	5.0g	酵母膏	5.0g
K_2HPO_4	1.0g	$MnSO_4 \cdot 7H_2O$	0.5g
$CaCl_2$	0.1g	琼脂	20.0g
蒸馏水	1.0L	pH7.0	

0537

山梨醇	25.0g	蛋白胨	10.0g
酵母膏	10.0g	$CaCO_3$	2.0g
琼脂	20.0g	蒸馏水	1.0L
pH7.0			

0538 胰酪胨大豆酵母浸膏琼脂（TSA-YE）

胰蛋白胨	15.5g	大豆蛋白胨	5.0g
NaCl	5.0g	酵母膏	6.5g
琼脂	15.0g	蒸馏水	1.0L
pH7.3			

0539

胰蛋白胨	25.0g	NaCl	6.0g
酵母膏	10.0g	葡萄糖	1.0g
1M Tris-HCl	20.0ml	二氨基庚二酸（1.0%）	10.0ml
腺嘌呤（1.0%）	10.0ml	琼脂	20.0g
蒸馏水	1.0L	四环素（终浓度）	$10.0\mu g/ml$
pH7.0			

0540（ATCC 20）

蛋白胨	5.0g	酵母膏	15.0g
K_2HPO_4	3.0g	葡萄糖	2.0g
琼脂	20.0g	蒸馏水	1.0L
pH7.3～7.5			

0541 YT（Yeast Tryptone Agar）

蛋白胨	10.0g	酵母膏	5.0g
NaCl	5.0g	葡萄糖	1.0g
琼脂	20.0g	蒸馏水	1.0L
pH7.0			

0542 硫醇（Thiol）培养基（ATCC 49）

酵母膏	5.0g	葡萄糖	1.0g
NaCl	5.0g	硫醇复合物	8.0g
琼脂	1.0g	p-氨基苯甲酸	0.05g
胨蛋白胨（Proteose	10.0g	$pH7.1\pm0.2$	

Peptone No. 3，Difco)

0543

山梨醇	25.0g	甘油	5.0g
蛋白胨	10.0g	酵母膏	10.0g
CaCO$_3$	2.0g	琼脂	20.0g
蒸馏水	1.0L	pH7.0	

0544

酵母膏	0.01g	甘露醇	10.0g
K$_2$HPO$_4$	40.5g	MgSO$_4$·7H$_2$O	0.2g
NaCl	0.2g	琼脂	20.0g
蒸馏水	1.0L	pH7.2	

0545 根瘤菌（Rhizobium）培养基（ATCC 111）

土壤浸汁（见0191号培养基）200.0g		酵母膏	1.0g
甘露（糖）醇	10.0g	琼脂	15.0g
蒸馏水	800.0ml	pH7.2	

0546

H$_3$PO$_4$（1.1M）	16.0ml	K$_2$SO$_4$	1.0g
MgSO$_4$·7H$_2$O	0.9g	(NH$_4$)$_2$SO$_4$	2.5g
葡萄糖	10.0g	琼脂	20.0g
微量元素溶液＋生物素	0.5ml	蒸馏水	1.0L
pH6.0～6.5			

微量元素溶液＋生物素：

FeCl$_3$·6H$_2$O	9.6g	CaSO$_4$·5H$_2$O	3.6g
MnSO$_4$·4H$_2$O	30.0g	ZnSO$_4$·7H$_2$O	38.0g
生物素	0.5g	蒸馏水	1.0L

0547

胰蛋白胨	10.0g	酵母膏	5.0g
NaCl	10.0g	葡萄糖	2.0g
琼脂	20.0g	蒸馏水	1.0L
氨苄青霉素（终浓度）	50.0μg/ml	pH7.5	

0548

葡萄糖	60.0g	酵母粉	5.0g
NaHCO$_3$	3.0g	NaAc	5.0g
FeSO$_4$	0.01g	MnCl$_2$	0.01g
KH$_2$PO$_4$	10.0g	琼脂	20.0g
蒸馏水	1.0L	pH6.8～8.0	

0549 Czapek's Dox 琼脂培养基（ATCC 134）

Czapek's Dox Broth	35.0g	琼脂	15.0g
蒸馏水	1.0L		

0550 MG/L

蛋白胨	5.0g	甘露醇	5.0g
谷氨酸钠	1.15g	生物素	0.0001g
KH$_2$PO$_4$	0.25g	NaCl	0.1g
MgSO$_4$·7H$_2$O	0.1g	酵母膏	2.5g

琼脂	20.0g	蒸馏水	1.0L
氯霉素（终浓度）	50.0μg/ml	pH7.0	

0551 EclB Broth

蛋白胨	10.0g	酵母膏	5.0g
NaCl	5.0g	琼脂	20.0g
氨苄青霉素（终浓度）	300.0μg/ml	蒸馏水	1.0L
pH7.0			

0552

酵母膏	15.0g	K_2HPO_4	6.0g
海藻糖	2.0g	琼脂	20.0g
蒸馏水	1.0L	pH7.2~7.4	

0553 Harrold's M40Y（ATCC 319）

麦芽膏	20.0g	酵母膏	5.0g
蔗糖	400.0g	琼脂	20.0g
蒸馏水	1.0L		

0554 Oatmeal Aga

琼脂	5.0g	蒸馏水	500.0ml
加热溶化			
速溶燕麦粉	40.0g	蒸馏水	250.0ml

加热熔化后与琼脂混合，终体积为 1 000.0ml

pH7.2

0555 A-II

蛋白胨	10.0g	牛肉膏	5.0g
酵母膏	5.0g	NaCl	2.5g
琼脂	20.0g	蒸馏水	1.0L
pH7.2			

0556 PSA（Potato Sucrose Agar）

土豆	200.0g	蔗糖	20.0g
蒸馏水	1.0L	琼脂	20.0g
pH6.0~6.5			

0557

葡萄糖	10.0g	蛋白胨	5.0g
酵母膏	3.0g	麦芽汁	3.0g
K_2HPO_4	2.0g	$MgSO_4 \cdot 7H_2O$	0.2g
$FeSO_4 \cdot 7H_2O$	2.5mg	$CaCl_2 \cdot 2H_2O$	12.5mg
$ZnSO_4 \cdot 7H_2O$	2.5mg	$MnSO_4 \cdot 3H_2O$	2.5mg
$(NH_4)_2SO_4$	1.0g	琼脂	20.0g
蒸馏水	1.0L	pH7.2	

0558 Mueller-Hinton 培养基

牛肉膏	300.0g	水解酪蛋白	17.5g
可溶性淀粉	1.5g	琼脂	20.0g
磺胺嘧啶（终浓度）	100.0μg/ml	蒸馏水	1.0L
氨苄青霉素（终浓度）	100.0μg/ml	pH7.3~7.4	
土豆葡萄糖琼脂（PDA）（ATCC 336）			

| 土豆 | 300.0g | 葡萄糖 | 20.0g |
| 琼脂 | 15.0g | 蒸馏水 | 1.0L |

将切好的土豆丁放入 500.0ml 水中充分煮沸，用多层纱布过滤，然后滤液加水定容到 1 000.0ml

0559 马铃薯牛肉汁培养基

| 麦芽糖 | 20.0g | 牛肉膏 | 5.0g |
| 蛋白胨 | 3.0g | 马铃薯 | 200.0g |

pH7.0～7.2

ISP2

酵母膏	4.0g	麦芽汁	10.0g
葡萄糖	4.0g	琼脂	20.0g
蒸馏水	1.0L	pH7.0	

BHI (Brain Heart Infusion)

牛脑	200.0g	牛心浸出汁	250.0g
蛋白胨	10.0g	葡萄糖	2.0g
NaCl	5.0g	琼脂	20.0g
蒸馏水	1.0L	pH7.0±0.2	

0560

葡萄糖	30.0g	蛋白胨	15.0g
麦芽汁	10.0g	酵母膏	10.0g
NaCl	8.0g	NaAc	5.0g
琼脂	20.0g	蒸馏水	1.0L
pH7.0			

0561

蛋白胨	5.0g	酵母膏	2.5g
葡萄糖	10.0g	琼脂	20.0g
蒸馏水	1.0L	pH5.0	

0562 (ATCC 337)

培养基 0066 补加入 0.5% 的酵母膏

0563

牛肉膏	3.0g	蛋白胨	5.0g
酵母膏	5.0g	琼脂	15.0g
自来水	1.0L	pH7.2	

0564

H_3PO_4	1.0g	K_2SO_4	0.83g
Na_2SO_4	0.18g	$MgSO_4 \cdot 7H_2O$	0.36g
$CaCO_3$	0.04g	$(NH_4)_2SO_4$	0.05g
柠檬酸	0.15g	微量元素溶液	80ul
琼脂	20.0g	蒸馏水	1.0L
pH6.8			

微量元素溶液

H_3BO_3	0.05g	KI	0.01g
$MnSO_4 \cdot 4H_2O$	0.04g	$ZnSO_4 \cdot 7H_2O$	0.04g
$(NH_4)_6MO_7O_2$	0.02g		

0565 $(NH_4)_6MO_7O_2$

| 蛋白胨 | 10.0g | 酵母膏 | 1.0g |

蔗糖	10.0g	$MgSO_4 \cdot 7H_2O$	0.5g
KH_2PO_4	1.0g	琼脂	20.0g
蒸馏水	1.0L	pH6.5	

0566

牛肉膏	5.0g	蛋白胨	10.0g
酵母膏	5.0g	NaCl	1.5g
琼脂	20.0g	蒸馏水	1.0L
pH7.0			

0567

麦芽汁	1.5g	酵母膏	1.5g
蛋白胨	5.0g	葡萄糖	1.0g
NaCl	3.5g	K_2HPO_4	3.68g
KH_2PO_4	1.32g	琼脂	20.0g
蒸馏水	1.0L	pH6.8～7.0	

0568

酵母膏	3.0g	麦芽膏	3.0g
蛋白胨	5.0g	葡萄糖	10.0g
琼脂	20.0g	蒸馏水	1.0L
pH6.2			

0569

牛肉膏	3.0g	蛋白胨	10.0g
酵母膏	3.0g	山梨糖	5.0g
$MgSO_4 \cdot 7H_2O$	2.0g	琼脂	20.0g
蒸馏水	1.0L	pH6.7	

0570

培养基 0022 补加链霉素终浓度为 $100.0\mu g/ml$

0571

培养基 0022 补加卡那霉素终浓度至 $50.0\mu g/ml$

0572

牛肉膏	1.5g	酵母膏	1.5g
蛋白胨	5.0g	葡萄糖	1.0g
NaCl	3.5g	K_2HPO_4	3.68g
KH_2PO_4	1.32g	pH6.8	

0573

葡萄糖	10.0g	水解酪蛋白	2.0g
牛肉膏	1.0g	酵母膏	1.0g
琼脂	20.0g	蒸馏水	1.0L
pH6.2			

0574

牛肉膏	3.0g	胰蛋白胨	5.0g
酵母膏	5.0g	葡萄糖	1.0g
可溶性淀粉	24.0g	苹果酸	4.0g
琼脂	20.0g	蒸馏水	1.0L
pH6.5			

0575

Cerelose	5.0g	马铃薯	20.0g
大豆粉	15.0g	酵母膏	2.5g
CaCO$_3$	1.0g	琼脂	20.0g
蒸馏水	1.0L	pH6.5	

0576

葡萄糖	20.0g	大豆粉	15.0g
玉米浆	10.0g	CaCO$_3$	2.0g
琼脂	20.0g	蒸馏水	1.0L
pH6.5			

0577 YPG〔Yeast Peptone Glucose〕

酵母膏	10.0g	蛋白胨	20.0g
葡萄糖	20.0g	琼脂	20.0g
蒸馏水	1.0L	pH7.0	

0578 兔食琼脂培养基〔ATCC 340〕

兔食（商店出售）	25.0g	琼脂	15.0g
蒸馏水	1.0L		

煮沸兔食，并浸泡 1/2h，用多层纱布过滤，加琼脂于滤液中

0579 Spizizen 土豆琼脂〔ATCC 423〕

200.0g 去皮土豆切成小块于 1 000.0ml 自来水中煮沸 1h，用细棉布过滤。加进 5.0mg MnSO$_4$，pH 调至 6.8，用自来水定容至 1 000.0ml。加进 15.0g 琼脂，溶化，分装并灭菌

0580

胎牛血清	167.0ml	蛋白胨	8.3g
NaCl	4.8g	马铃薯汁	416.0ml
琼脂	20.0g	蒸馏水	1.0L
pH7.4			

0581 土豆浸汁加无机盐培养基〔ATCC 470〕

土豆	200.0g	MnSO$_4$ ·.5H$_2$O	0.02g
MgSO$_4$ · 7H$_2$O	0.4g	ZnSO$_4$ · 7H$_2$O	0.03g
CuSO$_4$ · 5H$_2$0	0.01g	FeSO$_4$ · 7H$_2$O	0.01g
CaCl$_2$ · 2H$_2$O	0.1g	K$_2$HPO$_4$	0.5g

称取 200.0g 去皮块状土豆，加入 1 000.0ml 蒸馏水煮沸 30min，多层纱布加入以上成分，溶解后定容至 1 000.0ml

0582

葡萄糖	30.0g	蛋白胨	15.0g
牛肉膏	10.0g	酵母膏	10.0g
NaCl	8.0g	NaAc	5.0g
琼脂	20.0g	蒸馏水	1.0L
pH7.0			

0583 无机盐淀粉琼脂培养基〔ATCC 527〕

可溶性淀粉	10.0g	K$_2$HPO$_4$	1.0g
MgSO$_4$	1.0g	NaCl	1.0g
（NH$_4$）$_2$SO$_4$	2.0g	CaCO$_3$	2.0g
FeSO$_4$ · 7H$_2$O	0.001g	MnCl$_2$ · 7H$_2$O	0.001g

$ZnSO_4 \cdot 7H_2O$	0.001g	琼脂	20.0g
pH7.2±0.2			

0584

$(NH_4)_2SO_4$	3.0g	KCl	0.1g
K_2HPO_4	0.5g	$MgSO_4 \cdot 7H_2O$	0.5g
$Ca(NO_3)_2$	30.0g	pH1.0	

0585

$(NH_4)_2SO_4$	3.0g	K_2HPO_4	0.5g
$Ca(NO_3)_2$	0.01g	KCl	0.1g
$MgSO_4 \cdot 7H_2O$	0.5g	$FeSO_4 \cdot 7H_2O$	44.22g
H_2SO_4 （12N）	28.0ml	pH0.9	

0586

葡萄糖	10.0g	可溶性淀粉	20.0g
水解酪蛋白	5.0g	酵母膏	5.0g
$CaCO_3$	1.0g	琼脂	20.0g
蒸馏水	1.0L	pH7.0	

0587（AS125）

新鲜鸡蛋	15～16	蒸馏水	375.0ml
2.0%孔雀（石）绿	10.0ml	KH_2PO_4	1.5g
$MgSO_4 \cdot 7H_2O$	0.375g	天冬酰胺	2.25g
甘油	7.5ml	土豆粉	18.8g

0588

麦芽汁	20.0ml	酵母膏	2.0g
蛋白胨	1.0g	葡萄糖	4.0g
琼脂	20.0g	蒸馏水	1.0L
pH6.5			

0589

胰蛋白胨	10.0g	酵母膏	5.0g
NaCl	10.0g	水解酪蛋白	1.0g/L
琼脂	20.0g	蒸馏水	1.0L
氨苄青霉素（终浓度）	100.0μg/m	pH7.0	

0590

胰蛋白胨	10.0g	酵母膏	5.0g
NaCl	10.0g	水解酪蛋白	1.0g
琼脂	20.0g	蒸馏水	1.0L
pH7.0±0.2			

0591 燕麦片（Oatmeal）琼脂培养基（ATCC 551）

燕麦片	60.0g	琼脂	12.5g
蒸馏水	1.0L	pH6.0±0.2	

将燕麦片加入 600.0ml 水中，制成匀浆，加热至 45～50℃，然后加入已溶化琼脂的另 400.0ml 水，121℃灭菌 90min

0592

酵母膏	3.0g	麦芽汁	3.0g
蛋白胨	5.0g	甘油	10.0g

琼脂	20.0g	蒸馏水	1.0L
pH7.2			

0593 细菌培养基 (ATCC 573)

$(NH_4)_2SO_4$	1.3g	KH_2PO_4	0.37g
$MgSO_4 \cdot 7H_2O$	0.25g	$CaCl_2 \cdot 2H_2O$	0.07g
$FeCl_3$	0.02g	葡萄糖	1.0g
酵母膏	1.0g	蒸馏水	1.0L

用 $10.0NH_2SO_4$ 调 pH 至 4.0。若配制固体培养基,为增强上述溶液的强度,pH 需调至 3.5,琼脂水溶液浓度为 40.0g/L。两者分别高压灭菌,冷却至约 50℃,无菌操作将两种溶液等体积混合,这一过程可避免琼脂被酸水解

0594

胰蛋白胨	10.0g	酵母膏	5.0g
二氨基庚二酸 (终浓度)	50.0μg/ml	NaCl	10.0g
氨苄青霉素 (终浓度)	10.0μg/ml	胸腺嘧啶 (终浓度)	10.0μg/ml
琼脂	20.0g	蒸馏水	1.0L
pH7.0			

0595

胰蛋白胨	10.0g	酵母膏	5.0g
NaCl	5.0g	葡萄糖	1.0g
琼脂	20.0g	蒸馏水	1.0L
pH7.0			

0596

胰蛋白胨	10.0g	酵母膏	5.0g
NaCl	5.0g	葡萄糖	1.0g
琼脂	20.0g	蒸馏水	1.0L
氨苄青霉素 (终浓度)	50.0μg/ml	pH7.0	

0597

胰蛋白胨	10.0g	酵母膏	5.0g
NaCl	5.0g	葡萄糖	1.0g
琼脂	20.0g	蒸馏水	1.0L
四环素 (终浓度)	12.0μg/ml	pH7.0	

0598

牛肉膏	3.0g	蛋白胨	5.0g
NaCl	5.0g	琼脂	20.0g
蒸馏水	1.0L	pH7.0	

0599 YMPG

酵母膏	3.0g	麦芽汁	3.0g
蛋白胨	5.0g	葡萄糖	10.0g
$FeSO_4 \cdot 7H_2O$	0.1g	琼脂	20.0g
蒸馏水	1.0L	pH6.8	

灭菌:110℃,35min

0600

蛋白胨	10.0g	牛肉膏	5.0g
酵母膏	5.0g	NaCl	2.5g

| 琼脂 | 20.0g | 蒸馏水 | 1.0L |

pH7.2

0601

胰蛋白胨	10.0g	酵母膏	5.0g
NaCl	10.0g	新霉素（终浓度）	$10.0\mu g/ml$
蒸馏水	1.0L	琼脂	20.0g

pH7.0

0602

葡萄糖	10.0g	可溶性淀粉	20.0g
酵母膏	5.0g	水解酪蛋白	5.0g
$CaCO_3$	1.0g	琼脂	20.0g
蒸馏水	1.0L	pH7.2	

0603

麦芽糖	10.0g	酵母膏	1.0g
牛肉膏	1.0g	琼脂	20.0g
蒸馏水	1.0L	pH7.3	

0604 TGYM 培养基（ATCC 679）

胰蛋白胨	5.0g	葡萄糖	1.0g
酵母膏	3.0g	DL-蛋氨酸（DL-Methionine）	0.5g
蒸馏水	1.0L		

0605 TYG 培养基（ATCC 741）

胰蛋白胨	3.0g	酵母膏	3.0g
葡萄糖	3.0g	K_2HPO_4	1.0g
琼脂	20.0g	蒸馏水	1.0L

pH7.4

0606

麦芽汁	58.0g	蛋白胨	10.0g
酵母膏	5.0g	NaCl	2.5g
琼脂	20.0g	蒸馏水	1.0L

pH7.2

0607 M9

Na_2HPO_4	12.8g	KH_2PO_4	3.0g
NaCl	0.5g	NH_4Cl	1.0g
葡萄糖（单独灭菌）	10.0g	维生素 B_1（单独灭菌）	$1.0\mu g/ml$

pH 自然

0608

黄豆粉	50.0g	酵母膏	0.4g
K_2PO_4	0.5g	$MgCl_2$	0.2g
NaCl	0.2g	$CaCO_3$	2.5g
琼脂	20.0g	蒸馏水	1.0L

pH7.0～8.0

0609

| 大豆胨肉汤 | 30.0g | 酵母膏 | 3.0g |
| 葡萄糖 | 5.0g | 麦芽糖 | 4.0g |

| MgSO₄·7H₂O | 2.0g | 琼脂 | 20.0g |
| 蒸馏水 | 1.0L | pH 自然 | |

0610

葡萄糖	10.0g	蛋白胨	5.0g
酵母膏	5.0g	K₂HPO₄	1.0g
MgSO₄·7H₂O	0.2g	琼脂	20.0g
蒸馏水	1.0L	pH10.0	

0611

酵母膏	1.0g	可溶性淀粉	10.0g
琼脂	20.0g	蒸馏水	1.0L
pH7.0			

0612

胰蛋白胨	10.0g	酵母膏	5.0g
二氨基庚二酸（终浓度）	50.0μg/ml	NaCl	10.0g
琼脂	20.0 g	蒸馏水	1.0L
pH7.0			

0613

培养基 0022 补加氯霉素终浓度为 50.0μg/ml

0614

培养基 0022 补加卡那霉素终浓度为 20.0μg/ml

| 琼脂 | 20.0g | 蒸馏水 | 1.0L |
| pH7.0 | | | |

0615

异丁腈	1.5g	糊精	5.0g
K₂HPO₄	2.0 g	NaCl	1.0g
MgSO₄·7H₂O	0.2 g	琼脂	20.0g
蒸馏水	1.0 L	pH 7.0	

0616

胰蛋白胨	16.0g	酵母膏	10.0g
NaCl	5.0g	琼脂	20.0g
氨苄青霉素（终浓度）	50μg/ml	蒸馏水	1.0L
pH7.0			

0617

黄豆粉	10.0g	酵母膏	0.4g
甘露醇	5.0g	NaCl	0.2g
K₂HPO₄	0.5g	H₃BO₃	10.0mg/kg
CaCO₃	5.0g	MgSO₄·7H₂O	0.2g
NaM₀O₄	10.0mg/kg	琼脂	20.0g
蒸馏水	1.0L	pH6.8~7.2	

0618 Oatmeal Agar

琼脂	5.0g	蒸馏水	500.0ml
加热熔化			
速溶燕麦粉	40.0g	蒸馏水	250.0ml

加热熔化后与琼脂液混合加水至 1 000.0ml

pH 5.8

0619 V8 Juice Agar（ATCC 343）

V-8 果汁	200.0ml	$CaCO_3$	3.0g
琼脂	20.0g	蒸馏水	1.0 L
pH5.8			
牛肉膏	5.0g	蛋白胨	10.0g
酵母膏	5.0g	NaCl	2.5g
pH7.2			

0620 Czapek-Dox Agar（ATCC 312）

$NaNO_3$	3.0g	K_2HPO_4	1.0g
$MgSO_4 \cdot 7H_2O$	0.5g	KCl	0.5g
$FeSO_4 \cdot 7H_2O$	0.01g	蔗糖（单独灭菌）	30.0g
琼脂	20.0g	蒸馏水	1.0L
pH5.6			

0621

培养基0022补加氨苄青霉素终浓度至$100.0\mu g/ml$

0622 GC 培养基（ATCC 814）

A 液

GC 琼脂培养基	36.0g	琼脂	5.0g
（BBL 11275）			
蒸馏水	500.0ml		

B 液

干燥的牛血红蛋白	10.0g	蒸馏水	500.0ml
（BBL 11871）			

Iso Vitale X（BBL 11876）10.0ml

方法：1. A 液121℃，高压灭菌20min，冷却至50℃

2. 血红蛋白溶解在500.0ml蒸馏水中，121℃，高压灭菌20min。冷却到50℃后，无菌操作将此液与A 液充分混合。

3. 遵照包装上的操作说明水解（水合）Iso Vitale X，无菌操作加入培养基中，充分混合。

0623 固氮螺菌培养基（ATCC 838）

KH_2PO_4	0.4g	K_2HPO_4	0.1g
$MgSO_4 \cdot 7H_2O$	0.2g	NaCl	0.1g
$CaCl_2$	0.02g	$FeCl_3$	0.01g
$NaM_0O_4 \cdot 2H_2O$	0.002g	苹果酸钠（Na malate）	5.0g
酵母膏	0.05g	蒸馏水	1.0L
pH7.2～7.4			

0624 BG-11

$NaNO_3$	1.5g	K_2HPO_4	0.04g
$MgSO_4 \cdot 7 H_2O$	0.075g	$CaCl_2 \cdot 2H_2O$	0.036g
Na_2CO_3	0.02g	柠檬酸	0.006g
柠檬酸铁	0.006g	微量元素溶液 A	51.0ml
氨苄青霉素（终浓度）	$50.0\mu g/ml$	蒸馏水	1.0L
琼脂	20.0g	pH7.1	
微量元素溶液 A			
H_3BO_3	2.86g	$MnCl_2 \cdot 4 H_2O$	1.81g

ZnSO₄	0.222g	Na₂MoO₄	0.39g
CuSO₄·5H₂O	0.079g	Co(NO₃)₂·6H₂O	49.4g

0625（Marine Agar）

蛋白胨	5.0g	酵母膏	1.0g
柠檬酸铁	0.1g	NaCl	19.45g
MgSO₄·7H₂O	5.9g	Na₂SO₄	3.24g
KCl	0.55g	CaCl₂	1.8g
NaHCO₃	0.16g	KI	0.08g
微量元素溶液	10.0ml	pH7.0～7.6	

微量元素溶液：

氯化锶	0.034g	H₃BO₄	0.022g
硅酸钠	0.004g	NaCl	0.0024g
NaNO₃	0.0016g	NaHPO₄	0.008g
蒸馏水	1.0L		

0626（Yeast Starch Agar）

酵母膏	2.0g	可溶性淀粉	10.0g
琼脂	20.0g	蒸馏水	1.0L
pH7.2～7.4			

0627

胰蛋白胨	10.0g	牛肉膏	10.0g
酵母膏	5.0g	糊精	20.0g
吐温80	1.0g	柠檬酸铵	2.0g
NaAc	5.0g	MgSO₄·7H₂O	0.1g
MnSO₄	0.05g	Na₂HPO₄	2.0g
琼脂	20.0g	蒸馏水	1.0L
pH6.5			

0628

葡萄糖	100.0g	土豆	30.0g
豆饼粉	20.0g	棉饼粉	20.0g
CaCO₃	2.0g	琼脂	20.0g
蒸馏水	1.0L	pH6.8	

0629 GYMC

葡萄糖	4.0g	酵母膏	2.0g
麦芽汁	20.0g	CaCO₃	1.5g
琼脂	20.0g	蒸馏水	1.0L
pH6.8～7.0			

0630

脱脂奶粉	100.0g	乳糖	30.0g
酵母膏	5.0g	琼脂	20.0g
蒸馏水	1.0L	pH7.0	

0631 LCSB

乳糖	15.0g	玉米浆	5.0g
蛋白胨	5.0g	NaCl	4.0g
MgSO₄·7H₂O	0.5g	KH₂PO₄	0.6g
FeCl₃·6H₂O	0.005g	CuSO₄·5H₂O	0.002g

琼脂	20.0g	蒸馏水	1.0L
相对湿度	65.0%	pH4.8	

0632 葡萄糖-酵母膏琼脂（ATCC 846）

酵母膏	5.0g	蛋白胨	1.0g
KH_2SO_4	1.0g	NaCl	1.0g
琼脂	20.0g	蒸馏水	950.0ml
pH6.8			

补加 50.0ml 10.0% 葡萄糖（葡萄糖溶液单独过滤灭菌）

0633 尿酸（Uric Acid）琼脂（ATCC894）

$Na_2HPO_4 \cdot 12H_2O$	9.0g	KH_2PO_4	1.5g
$MgSO_4 \cdot 7H_2O$	0.2g	柠檬酸铁铵（绿色）	1.2g
$CaCl_2$	20.0mg	$MnCl_2 \cdot 4H_2O$	1.0mg
Trypticase Soy Broth (BBL 11768) 3.0g		尿酸	4.0g
琼脂	20.0g	蒸馏水	1.0L
pH7.2			

0634 增强梭菌生长的培养基（ATCC 1053）

胰蛋白胨	10.0g	牛肉膏	10.0g
酵母膏	3.0g	葡萄糖	5.0g
NaCl	5.0g	可溶性淀粉	1.0g
半胱氨酸盐酸盐	0.5g	醋酸钠	3.0g
琼脂	15.0g	蒸馏水	1.0L
pH6.8±0.2			

0635

酵母膏	1.0g	蛋白胨	10.0g
牛肉膏	3.0g	葡萄糖	5.0g
NaCl	5.0g	琼脂	20.0g
氨苄青霉素（终浓度）	50.0μg/ml	蒸馏水	1.0L
pH7.0			

0636

培养基 0022 补加氨苄青霉素终浓度至 20.0μg/ml

0637 酵母膏-甘露（糖）醇琼脂（ATCC 1205）

K_2HPO_4	0.5g	$MgSO_4 \cdot 7H_2O$	0.2g
NaCl	0.1g	甘露（糖）醇	10.0g
酵母膏	0.4g	蒸馏水	1.0L

0638

甘油	10.0g	蛋白胨	5.0g
酵母膏	3.0g	麦芽汁	3.0g
琼脂	20.0g	蒸馏水	1.0L
pH6.8			

0639 LC 培养基

胰蛋白胨	10.0g	酵母膏	5.0g
NaCl	5.0g	咖啡因	10.0g
琼脂	20.0g	蒸馏水	1.0L
pH6.7			

0640

咖啡因	5.0g	NH_4NO_3	3.0g
K_2HPO_2	5.0g	琼脂	20.0g
蒸馏水	1.0L	pH7.0	

0641

酵母膏	10.0g	蛋白胨	5.0g
葡萄糖	100.0g	琼脂	20.0g
蒸馏水	1.0L	pH5.5	

0642 Tomato Dextrin Agar（ATCC 965）

番茄汁	20.0g	糊精	20.0g
酵母膏	10.0g	$CoCl_2 \cdot 6H_2O$	5.0g
琼脂	20.0g	蒸馏水	1.0L
pH7.2~7.4			

0643 嗜热菌无机盐溶液（ATCC 1554）

$FeSO_4$	1.0mg	$MgSO_4 \cdot 7H_2O$	200.0mg
Na_2HPO_4	210.0mg	NaH_2PO_4	90.0mg
KCl	40.0mg	$CaCl_2$	15.0mg
$NaNO_3$	0.25g	NH_4Cl	0.25g
微量元素溶液 10.0ml n-Heptadecane（C17）0.1%（v/v）		蒸馏水	1.0L
微量元素溶液：			
$CuSO_4 \cdot 5H_2O$	500.0mcg	H_3BO_3	1.0mg
$MnSO_4 \cdot 5H_2O$	7.0mcg	$ZnSO_4 \cdot 7H_2O$	7.0mg
MoO_3	1.0mg	$CoSO_4 \cdot 7H_2O$	18.0mcg
蒸馏水	1.0L		

0644

甘油	10.0ml	蛋白胨	20.0g
酵母膏	15.0g	K_2HPO_4	1.5g
$MgSO_4 \cdot 7H_2O$	1.5g	琼脂	20.0g
蒸馏水	1.0L	pH6.5	

0645

蛋白胨	7.5g	葡萄糖	1.0g
KH_2PO_4	3.4g	K_2HPO_4	4.35g
盐溶液	5.0ml	$CaCl_2$	5.0ml
pH 自然			
盐溶液	100.0ml		
$MgSO_4 \cdot 7H_2O$	2.46g	$MnSO_4 \cdot H_2O$	0.04g
$ZnSO_4 \cdot 7H_2O$	0.28g	$FeSO_4 \cdot 2H_2O$	0.4g
$CaCl_2 \cdot 2H_2O$	3.66g		

0646

蛋白胨	3.5g	酵母膏	3.0g
麦芽汁	40.0g	KH_2PO_4	2.0g
$(NH_4)_2SO_4$	1.0g	$MgSO_4$	1.0g
琼脂	20.0g	蒸馏水	1.0L
pH5.2			

0647 （ATCC 805）

酵母膏	1.0g	K_2HPO_4	0.7g
$MgSO_4 \cdot 7H_2O$	1.0g	甘露糖醇	5.0g
KH_2PO_4	0.1g	蒸馏水	1.0L
琼脂	20.0g	pH7.4	

0648

Tripticase Soy Broth	600.0ml	酵母膏	60.0g
葡萄糖	80.0g	麦芽糖	70.0g
$MgSO_4 \cdot 7H_2O$	20.0g	琼脂	20.0g
蒸馏水	1.0L	pH7.0	

0649 PSA

马铃薯	200.0g	蔗糖	20.0g
琼脂	20.0g	蒸馏水	1.0L
pH5.6			

0650

酵母膏	5.0g	KH_2PO_4	33.0mM
$K_2HPO_4 \cdot 3H_2O$	6.0mM	$(NH_4)_2SO_4$	45.0mM
$MgCl_2 \cdot 6H_2O$	1.0mM	$CaCl_2 \cdot 2H_2O$	1.0mM
葡萄糖	5.0g	琼脂	20.0g
蒸馏水	1.0L	pH4.5	

0651

牛肉膏	5.0g	蛋白胨	10.0g
酵母膏	5.0g	NaCl	5.0g
葡萄糖	5.0g	氨苄青霉素（终浓度）	$5.0\mu g/ml$
pH7.0			

0652

酵母膏	7.5g	蛋白胨	7.5g
葡萄糖	10.0g	西红柿汁	100.0ml
KH_2PO_4	2.0g	琼脂	20.0g
蒸馏水	1.0L	pH7.0	

0653

葡萄糖	10.0g	水解酪蛋白	2.0g
牛肉膏	10.0g	酵母膏	10.0g
琼脂	20.0g	蒸馏水	1.0L
pH7.0			

0654

马铃薯	200.0g	葡萄糖	10～30.0g
KH_2PO_4	2～5.0g	$MgSO_4 \cdot 7H_2O$	1～3.0g
琼脂	20.0g	蒸馏水	1.0L
pH5.5～7.5			

0655

V-8 果汁	200.0ml	$CaCO_3$	3.0g
土豆 *	20.0g	胡萝卜	20.0g
琼脂	20.0g	蒸馏水	1.0L

pH5.8

0656 Todd-Hewitt Medium

牛心脏	500.0g	蛋白胨	20.0g
葡萄糖	2.0g	NaCl	2.0g
Na_2HPO_4	0.4g	Na_2CO_3	2.5g
琼脂	20.0g	蒸馏水	1.0L

pH7.8

0657

蛋白胨	10.0g	牛肉膏	10.0g
NaCl	5.0g	琼脂	20.0g
蒸馏水	1.0L	pH7.0～7.2	

0658

胰蛋白胨	5.0g	酵母膏	5.0g
可溶性淀粉	10.0g	牛肉膏	3.0g
葡萄糖	2.0g	$CaCO_3$	2.0g
琼脂	20.0g	蒸馏水	1.0L

pH7.2

0659

玉米醪 *	60.0g	琼脂	20.0g
蒸馏水	1.0L	pH 自然	

＊6.0%的玉米粉加 10.0%的冷水调匀后沸水煮 1h，126℃灭菌 90min。

0660

葡萄糖	20.0g	玉米浆	1.0g
酵母膏	0.5g	土豆 *	200.0g
黄豆芽 *	50.0g	KH_2PO_4	1.0g
$MgSO_4$	0.5g	琼脂	20.0g
蒸馏水	1.0L	pH 自然	

＊ 土豆：2 000.0g削皮土豆和 50.0g 黄豆芽加水 1.0L，煮沸 20min，用纱布过滤后再加其它成分，最后补加水至 1 000.0ml。

0661

玉米粉	12.0g	大豆粉	8.0g
蔗糖	10.0g	K_2HPO_4	1.2g
$CaCO_3$	1.0g	琼脂	20.0g
蒸馏水	1.0L	pH7.0	

0662

蛋白胨	3.0g	酵母膏	3.0g
麦芽汁	3.0g	KH_2PO_4	1.5g
$(NH_4)_2SO_4$	1.0g	$MgSO_4 \cdot 7H_2O$	1.0g
琼脂	20.0g	蒸馏水	1.0L

pH6.0～6.5

0663 MSK

脱脂奶粉	100.0g	琼脂	20.0g
蒸馏水	1.0L	酵母膏	1.0g

pH6.9

0664

葡萄糖	30.0g	酵母膏	5.0g
蛋白胨	5.0g	$CaCO_3$	30.0g
琼脂	20.0g	蒸馏水	1.0L

土豆葡萄糖琼脂培养基（AS 14）（见 0014）

土豆 *	500.0g	葡萄糖	20.0g
琼脂	20.0g		

* 称取 500.0g 土豆，去皮切成丁，立即加入 1 000.0ml 水，充分煮沸，用棉布过滤。滤液用水定容至 1 000.0ml，再加入其它成分。

高压灭菌：115℃，20min。

0665

葡萄糖	10.0g	蛋白胨	5.0g
KH_2PO_4	1.0g	$MgSO_4 \cdot 7H_2O$	0.5g
琼脂	20.0g	蒸馏水	1.0L
pH6.0			
蛋白胨	10.0g	牛肉膏	10.0g
NaCl	5.0g	琼脂	20.0g
蒸馏水	1.0L	pH7.0～7.2	

0666

胰蛋白胨	10.0g	酵母膏	5.0g
NaCl	10.0g	葡萄糖	1.0g
琼脂	20.0g	蒸馏水	1.0 L
pH7.0			

0667 PCA（ATCC 343）

土豆 *	20.0g	胡萝卜	20.0g
琼脂	20.0g	蒸馏水	1.0L
pH5.8			

0668（Mueller-Hinton Agar）

牛肉膏	300.0g	水解酪蛋白	17.5g
淀粉	1.5g	磺胺嘧啶（终浓度）	$50.0\mu g/ml$
琼脂	20.0g	蒸馏水	1.0L
氨苄青霉素（终浓度）	$50.0\mu g/ml$	pH7.2	

0669

葡萄糖	20.0g	玉米浆	8.0g
$K_3PO_4 \cdot 3H_2O$	1.0g	$MgSO_4 \cdot 7H_2O$	0.4g
尿素（Urea）	5.0g	Fe^{2+}，Mn^{2+}	分别 2.0mg/kg
蒸馏水	1.0L	pH7.0	

0670 营养肉汤和葡萄糖培养基（AS 100）

蛋白胨	10.0g	葡萄糖	10.0g
NaCl	5.0g	琼脂	15.0～20.0g
蒸馏水	1.0L	牛肉膏	10.0g
pH7.0			

0671

胰蛋白胨	17.0g	大豆胨	3.0g

葡萄糖	2.5g	NaCl	5.0g
K$_2$HPO$_4$	2.5g	蒸馏水	1.0L
琼脂	20.0g	pH7.0	

0672 尿囊素无机盐培养基 (DSM 6)

KH$_2$PO$_4$	0.2g	MgSO$_4$·7H$_2$O	0.5g
CaCl$_2$·2H$_2$O	0.05g	FeSO$_4$·7H$_2$O	0.01g
MnSO$_4$·H$_2$O	1.0mg	尿囊素 (Allanton)	20.0g
琼脂	15.0g	K$_2$HPO$_4$	0.8g
蒸馏水	1.0L		

0673 碱性营养琼脂培养基 (DSM 31)

| 蛋白胨 | 5.0g | 牛肉膏 | 3.0g |
| 琼脂 | 20.0g | 蒸馏水 | 1.0L |

灭菌后，加入无菌的 1M Na-Sesquicarbonate 溶液 (1:10v/v)，至 pH9.7。

Na-Sesquicarbonate 溶液：

| NaHCO$_3$ | 4.2g | Na$_2$CO$_3$ | 5.3g |
| 蒸馏水 | 1.0L | | |

0674

培养基 0022 补加四环素终浓度至 10.0μg/ml

0675

酵母膏	3.0g	麦芽汁	3.0g
蛋白胨	5.0g	葡萄糖	10.0g
琼脂	20.0g	蒸馏水	1.0L
pH7.0			

0676

酵母膏	10.0g	蛋白胨	20.0g
葡萄糖	20.0g	琼脂	20.0g
蒸馏水	1.0L	G418 (终浓度)	500.0mg/ml
pH5.6			

0677 Trypticase Soy 琼脂培养基 (DSM 220)

酪蛋白胨 (Peptone from casein)	5.0g	NaCl	5.0g
豆粉蛋白胨 (Peptone from soymeal)	5.0g	琼脂	15.0g
蒸馏水	1.0L	pH7.3	

0678

胰蛋白胨	15.0g	大豆胨	5.0g
NaCl	5.0g	琼脂	20.0g
蒸馏水	1.0L	pH7.3±0.2	

0679 (IFO 203)

蛋白胨	10.0g	酵母膏	5.0g
肝浸出液*	25.0g	葡萄糖	3.0g
甘油 (Glycerol)	15.0g	NaCl	3.0g
琼脂	20.0g	蒸馏水定容	1.0L
pH7.2			

0680

葡萄糖	10.0g	蛋白胨	5.0g
KH_2PO_4	1.0g	$MgSO_4 \cdot 7H_2O$	0.5g
琼脂	20.0g	蒸馏水	1.0L
pH6.0			

0681

胰蛋白胨	5.0g	酵母膏	5.0g
葡萄糖	5.0g	豆糊精	10.0g
琼脂	20.0g	蒸馏水	1.0L
pH5.8			

0682

婴儿燕麦粉	60.0g	酵母膏	2.5g
K_2HPO_4	1.0g	Czapek Mineral stock*	5.0ml
琼脂	20.0g	蒸馏水	1.0L
pH7.3			

＊Czapek's Mineral stock：

KCl	10.0g	$MgSO_4 \cdot 7H_2O$	10.0g
$FeSO_4 \cdot 7H_2O$	0.2g	蒸馏水	98.0ml
浓盐酸	2.0ml		

0683（IFO 231）

酵母膏	1.0g	牛肉膏	1.0g
NZ-Amine NZ-胺	2.0g	麦芽糖（Maltose）	10.0g
琼脂	20.0g	蒸馏水	1.0L
pH7.3			

＊ Sheffield Chemical Co., San Ramon, CA 94583, USA or wako Pure Chemical Ind. Ltd., Osaka, Japan.

0684

蛋白胨	8.0g	酵母膏	4.0g
NaCl	3.0g	蒸馏水	1.0L
pH7.0			

0685

酵母浸汁	2.0g	水解乳蛋白	2.5g
$MgCl_2 \cdot 6H_2O$	30.0g	NaCl	250.0g
蒸馏水	1.0L	pH6.0～6.5	

0686 胰酪胨大豆酵母浸膏琼脂（TSA-YE）

胰蛋白胨	15.5g	大豆蛋白胨	5.0g
NaCl	5.0g	酵母膏	6.5g
琼脂	15.0g	蒸馏水	1.0L
pH7.3±0.2			

0687

牛肉膏	5.0g	酵母膏	5.0g
蛋白胨	10.0g	葡萄糖	10.0g
乳糖	5.0g	NaCl	5.0g
琼脂	20.0g	蒸馏水	1.0L

pH6.8

0688

胰蛋白胨	15.0g	大豆蛋白胨	5.0g
葡萄糖	2.5g	NaCl	5.0g
K_2HPO_4	2.5g	蒸馏水	1.0L
pH7.3			

0689

Na_2HPO_4	12.8g	KH_2PO_4	3.0g
NaCl	0.5g	NH_4Cl	1.0g
葡萄糖（20.0%）	20.0ml/L	甘油	2.0g
琼脂	20.0g	蒸馏水	1.0L
pH 自然			

0690

NaCl	5.0g	$MgSO_4$	0.2g
$NH_4H_2PO_4$	1.0g	K_2HPO_4	1.0g
藻酸钠（Sodium alginate）	2.5g	酵母膏	0.1g
蒸馏水	1.0L	pH6.5～7.0	

0691

蛋白胨	5.0g	酵母膏	3.0g
麦芽汁	3.0g	葡萄糖	10.0g
琼脂	20.0g	蒸馏水	1.0L
pH5.6			

0692 MRS

蛋白胨	10.0g	牛肉膏	10.0g
酵母膏	5.0g	葡萄糖	10.0g
琼脂	20.0g	蒸馏水	1.0L
pH6.5			

0693

培养基 0022 补氨苄青霉素终浓度至 25.0μg/ml

0694（SE M）

蔗糖	10.0g	K_2HPO_4	0.5g
$MgSO_4 \cdot 7H_2O$	0.2g	$MgCl_2$	0.2g
$CaCO_3$	1.0g	酵母膏	0.4g
琼脂	20.0g	蒸馏水	1.0L
pH7.0～7.2			

注：用无水 $MgSO_4$ 量减半

0695（无氮 M）

酵母膏	1.0g	土壤浸汁液	200.0ml
琼脂	20.0g	蒸馏水	800.0ml
甘露醇	10.0g	pH7.2	

土壤浸汁液制法：取沃土 50.0g 加水 200.0ml，15 磅灭菌 1h，过滤取滤液，加水到 200.0ml。

0696

蛋白胨	3.0g	酵母膏	3.0g
麦芽汁	3.0g	KH_2PO_4	1.5g

$(NH_4)_2SO_4$	1.0g	$MgSO_4 \cdot 7H_2O$	1.0g
琼脂	20.0g	蒸馏水	1.0L
pH6.0~6.5			

0697 M17

胰蛋白胨	50.0g	大豆胨	50.0g
牛肉膏	50.0g	酵母膏	25.0g
抗坏血酸	5.0g	$MgSO_4 \cdot 7H_2O$	2.5g
蔗糖	10.0g	β-磷酸甘油二钠	190.0g
琼脂	20.0g	蒸馏水	1.0L
pH6.9			

0698

甘油	10.0g	蛋白胨	5.0g
酵母膏	3.0g	麦芽汁	3.0g
琼脂	20.0g	蒸馏水	1.0L
pH6.5			

0699

牛肉膏	8.0g	酵母膏	4.0g
葡萄糖	18.5g	K_2HPO_4	2.0g
多乙氧基醚	1.0g	NaAc	3.0g
柠檬酸铵	2.0g	$MgSO_4 \cdot 7H_2O$	0.2g
$MnSO_4$	0.05g	琼脂	20.0g
蒸馏水	1.0L	pH6.2	

0700

酵母膏	4.0g	麦芽汁	10.0g
葡萄糖	4.0g	琼脂	20.0g
蒸馏水	1.0L	pH7.3	

0701

牛心脏*	500.0g	胰蛋白胨	10.0g
NaCl	5.0g	琼脂	20.0g
蒸馏水	1.0L	pH7.4	

＊将新鲜牛心切成小块，加水煮沸 30min，用布过滤，取滤液再加入其他组分。

0702

酵母膏	2.0g	NH_4Cl	4.0g
KH_2PO_4	1.0g	K_2HPO_4	1.0g
$MgSO_4 \cdot 7H_2O$	00.5g	葡萄糖	10.0g
琼脂	20.0g	蒸馏水	1.0L
pH6.0			

0703（乳酸钠 M）

乳酸钠	10.0g	K_2HPO_4	1.67g
$MgSO_4 \cdot 7H_2O$	0.1g	KH_2PO_4	0.87g
NaCl	0.05g	$CaCl_2$	40.0mg
$FeCl_3$	4.0mg	酵母膏	1.0g
琼脂	20.0g	蒸馏水	1.0L
pH6.8			

0704

胰蛋白胨	16.0g	酵母膏	10.0g
NaCl	5.0g	琼脂	20.0g
氨苄青霉素（终浓度）	100.0μg/ml	蒸馏水	1.0L
pH7.0			

0705

蛋白胨	10.0g	牛肉膏	5.0g
NaCl	0.5g	葡萄糖	10.0g
琼脂	20.0g	蒸馏水	1.0L
pH6.7			

0706

蛋白胨	10.0g	牛肉膏	10.0g
葡萄糖	1.0g	NaCl	5.0g
琼脂	20.0g	蒸馏水	1.0L
pH7.0~7.2			

0707

蔗糖	20.0g	酵母膏	0.5g
$MgSO_4 \cdot 7H_2O$	0.5g	KH_2PO_4	0.2g
K_2HPO_4	0.01g	NaCl	0.01g
$CaCO_3$	5.0g	$FeSO_4$	0.015g
Na_2MoO_4	0.005g	琼脂	20.0g
蒸馏水	1.0L	pH7.7	

0708

葡萄糖	10.0g	蛋白胨	5.0g
酵母膏	5.0g	K_2HPO_4	1.0g
$MgSO_4 \cdot 7H_2O$	0.2g	琼脂	20.0g
蒸馏水	1.0L	pH10.0（用 Na_2CO_3 调）	

0709

葡萄糖	3.0g	酵母粉	5.0g
蛋白胨	5.0g	$CaCO_3$	7.5g
琼脂	20.0g	蒸馏水	1.0L
pH7.0			

0710

山梨糖	15.0g	葡萄糖	2.0g
玉米浆	3.0g	酵母粉	3.0g
尿素	4.0g	KH_2PO_4	5.0g
$MgSO_4 \cdot 7H_2O$	0.2g	$CaCO_3$	4.0g
琼脂	20.0g	蒸馏水	1.0L
pH6.8~7.0			

0711

蛋白胨	10.0g	牛肉膏	3.0g
NaCl	5.0g	K_2HPO_4	2.0g
琼脂	20.0g	蒸馏水	1.0L
pH7.2~7.4			

0712

胰蛋白胨	0.5~5.0g	酵母膏	0.5g
牛肉膏	0.2g	NaAc	0.2g
琼脂	20.0g	蒸馏水	1.0L
pH7.2~7.4			

0713

玉米粉 *	50.0g	蛋白胨	1.0g
葡萄糖	10.0g	琼脂	20.0g
自来水	1.0L	pH 自然	

*将玉米粉与水调成乳浊液，15 磅灭菌 30min，用布过滤，滤液中加入其他成分，溶化后分装入试管。15 磅灭菌 30min。

0714 RCVBN

苹果酸	4.0g	$(NH_4)_2SO_4$	1.0g
$MgSO_4 \cdot 7 H_2O$	120.0mg	$CaCl_2 \cdot 2H_2O$	75.0mg
磷酸缓冲液（钾盐）	10.0m	MNA2EDTA	20.0mg
生物素	15μg	维生素 B1	1.0mg
微量元素溶液 *	1.0ml		
*微量元素溶液：			
HBO_3	0.7g	$MnSO_4 \cdot . H_2O$	398.0mg
$ZnSO_4 \cdot 7H_2O$	60.0mg	$NaMoO \cdot 2H_2O$	188.0mg
$Ca(NO_3)_2 \cdot 3H_2O$	10.0mg	NaCl	3.0g
蒸馏水	250.0ml		

0715

蛋白胨	10.0g	牛肉膏	10.0g
葡萄糖	1.0g	NaCl	5.0g
琼脂	20.0g	蒸馏水	1.0L
pH7.0~7.2			

0716

K_2HPO_4	1.6g	NaH_2PO_4	1.0g
$(NH_4)_2SO_4$	1.5g	NaCl	3.0g
$CaCl_2 \cdot 2H_2O$	0.1g	$MgSO_4 \cdot 7 H_2O$	0.3g
$FeCl_2 \cdot 6H_2O$	6.0mg	胰蛋白胨	1.0g
酵母膏	1.0g	微量元素溶液 *	1.0ml
维生素 *	1.0ml	Resazurin（1mg/ml）	1.0ml
$NaHCO_3$	1.0g	半胱氨酸	0.5g
琼脂	20.0g	蒸馏水	1.0L
*微量元素溶液	1.0ml	* *维生素	1.0ml
pH6.0			
*微量元素溶液：			
$MnCl_2 \cdot 4H_2O$	1.0g	$CoCl_2 \cdot 6H_2O$	1.0g
$WiCl_2 \cdot 6H_2O$	0.5g	$ZnCl_2$	0.5g
$CuSO_4$	0.5g	H_3BO_4	0.2g
$Na_2MoO_4 \cdot 2H_2O$	0.1g	$Na_2SeO_3 \cdot 5H_2O$	0.1g
$VoSO_4 \cdot 5H_2O$	0.03g	H_2O	1.0L

* *生物素/维生素 B_1：

Biotin/VitaminH	0.2g	叶酸	0.2g
吡哆醇	1.0g	硫胺素	0.5g
核黄素	0.5g	烟酸	0.5g
对氨基苯甲酸	0.5g	泛酸	0.5g
维生素 B_1	20.01g	硫辛酸	0.5g
蒸馏水	1.0L		

0717

淀粉	20.0g	$(NH_4)_2SO_4$	2.0g
NaCl	1.0g	$CaCO_3$	3.0g
KH_2PO_4	4.0g	$MgSO_4 \cdot 7H_2O$	1.0g
琼脂	20.0g	蒸馏水	1.0L

pH 7.4

MRS (DSM 11)

水解酪蛋白	10.0g	酵母膏	5.0g
葡萄糖	20.0g	吐温 80	1.0g
柠檬酸铵	2.0g	K_2HPO_4	2.0g
NaAc	2.0g	$MgSO_4 \cdot 7H_2O$	0.2g
$MnSO_4$	0.05g	琼脂	20.0g
蒸馏水	1.0L	pH 6.2~6.5	

0718

$(NH_4)_2SO_4$	3.0g	KCl	0.1g
K_2HPO_4	0.5g	$MgSO_4 \cdot 7H_2O$	0.5g
$Ca(NO_3)_2$	0.01g	蒸馏水	1.0L

pH2.0

0719 ISP5 (IFO 265)

L-天门冬氨酸	1.0g	甘油	10.0g
K_2HPO_4	1.0g	*微量元素溶液	1.0ml
琼脂	20.0g	蒸馏水	1.0L

pH7.2

*微量元素溶液：

| $FeSO_2 \cdot 7H_2O$ | 0.1g | $MnCl_2 \cdot 4H_2O$ | 0.1g |
| $ZnSO_4 \cdot 7H_2O$ | 0.1g | 蒸馏水 | 1.0L |

0720

蛋白胨	10.0g	牛肉膏	10.0g
NaCl	10.0g	葡萄糖	20.0g
琼脂	20.0g	蒸馏水	1.0L

pH7.0

0721

蛋白胨	15.0g	大豆胨	5.0g
葡萄糖	2.5g	NaCl	5.0g
K_2HPO_4	2.5g	蒸馏水	1.0L

pH7.3

0722

| 牛肉膏 | 3.0g | 蛋白胨 | 5.0g |
| 酵母膏 | 5.0g | 琼脂 | 20.0g |

自来水	1.0L	pH7.2	

0723 （AS 125）

新鲜鸡蛋	15～16	蒸馏水	375.0ml
2.0%孔雀（石）绿	10.0ml	KH_2PO_4	1.5g
$MgSO_4 \cdot 7H_2O$	0.375g	天冬酰胺	2.25g
甘油	7.5ml	土豆粉	18.8g

0724

牛肉膏	2.0g	蛋白胨	6.0g
NaCl	5.0g	葡萄糖	5.0g
琼脂	20.0g	pH7.2	

0725

NaCl	5.0g	$MgSO_4 \cdot 7H_2O$	0.2g
$NH_4H_2PO_4$	1.0g	K_2HPO_4	1.0g
褐藻酸钠	2.5g	酵母膏	0.1g
琼脂	20.0g	蒸馏水	1.0L
pH6.5～7.0			

0726 羧甲基纤维素酵母培养基 *

羧甲基纤维素	15.0g	酵母浸膏	1.0g
$MgSO_4 \cdot 7H_2O$	0.5g	KH_2PO_4	1.0g
琼脂	20.0g	蒸馏水	1.0L

* 各成分依次溶于水中，121℃灭菌15min

0727 （ATCC 464）

蛋白胨	5.0g	胰蛋白胨	5.0g
酵母膏	5.0g	葡萄糖	5.0g
琼脂	20.0g	蒸馏水	1.0L

0728 （IFFI 8 M）

麦芽汁 5·Be' 或麦芽浸膏	3.0g	酵母膏	5.0g
$CaCO_3$	6.0g	蒸馏水	1.0L
琼脂	20.0g	pH 自然	

0729

玉米粉 *	40.0g	土豆汁	200.0g
琼脂	15.0g	蒸馏水	1.0L

* 玉米粉放入水中，在58℃（切勿超过60℃）中浸1h，滤纸过滤，加入琼脂

0730

蔗糖	50.0g	蛋白胨	10.0g
KH_2PO_4	3.0g	$MgSO_4$	3.0g
琼脂	20.0g	蒸馏水	1.0L
pH6.0～6.2			

0731

NaCl	6.0g	$MgSO_4 \cdot 7H_2O$	0.1g
K_2HPO_4	2.0g	KH_2PO_4	0.5g
$CaCl_2$	0.1g	$(NH_4)_2SO_4$	2.0g
羧甲基纤维素	20.0g	酵母膏	1.0g
琼脂	20.0g	蒸馏水	1.0L

pH7.5

0732（ATCC 654）

土壤浸汁－蛋白胨牛肉膏培养基

蛋白胨	5.0g	牛肉膏	3.0g
琼脂	15.0g	土壤浸汁 *	0.1L

pH7.0

土壤浸汁：

取干燥去杂石的土壤 400.0g 加入 960.0ml 自来水中。121℃高压灭菌 1h，到达压力后，至少保压 30min。棉布初滤，再用滤纸过滤。再次灭菌 121℃，20min。滤液用于配制培养基

0733（AS 95）

牛肉膏	5.0g	酵母膏	5.0g
蛋白胨	10.0g	葡萄糖	10.0g
乳糖	5.0g	NaCl	5.0g
琼脂	20.0g	蒸馏水	1.0L

pH6.8

0734

酵母膏	0.1g	褐藻酸钠	2.5g
NaCl	5.0g	$MgSO_4$	0.2g
$NH_4H_2PO_4$	1.0g	K_2HPO_4	1.0g
蒸馏水	1.0L	pH6.5～7.0	

0735

牛肉膏	3.0g	蛋白胨	5.0g
酵母膏	5.0g	琼脂	15.0g
蒸馏水	1.0L	pH7.2	

0736

干甜菜渣（20 目）	1.5g	尿素	0.12g
KH_2PO_4	0.07g	$MgSO_4 \cdot 7H_2O$	0.03g
蒸馏水	30.0ml	pH6.0	

0737（Oxoid CM3）

Lab-Lemco' beef extract	1.0g	酵母膏	2.0g
蛋白胨	5.0g	NaCl	5.0g
琼脂	15.0g	蒸馏水	1.0L

pH7.4

0738

培养基 0004pH 调至 5.6

0739

蛋白胨	5.0g	酵母膏	1.0g
$FePO_4$	0.01g	琼脂	15.0g
陈海水	1.0L	pH7.6～7.8	

0740

酵母膏	4.0g	麦芽膏	10.0g
葡萄糖	4.0g	琼脂	20.g
蒸馏水	1.0L	pH7.3	

0741

酵母膏	3.0g	麦芽汁	3.0g
蛋白胨	5.0g	琼脂	20.0g
蒸馏水	1.0L	pH10.0	

0742

酵母膏	3.0g	麦芽汁	3.0g
蛋白胨	5.0g	琼脂	20.0g
蒸馏水	1.0L	pH9	

0743

酵母膏	1.0g	牛肉膏	1.0g
N. Z Amine type A *	2.0g	Maltose	10.0g
琼脂	20.0g	蒸馏水	1.0L
pH7.3			

0744

蛋白胨	3.0g	酵母膏	5.0g
NaCl	5.0g	$MgSO_4$	2.4g
麦芽糖（20.0%）	10.0ml	蒸馏水	1.0L
pH7.0			

0745

NH_4NO_3	2.0 g	NaAc	2.0g
酵母膏	0.5g	蛋白胨	0.5g
葡萄糖	0.2g	蔗糖	0.2g
土豆浸出粉	0.5g	pH7.4～7.5	
琼脂	16.0g	海水 1.0L	

0746 己酸菌培养基（CICC 138）（SICC0008）

醋酸钠	5.0g	磷酸氢二钾	0.4g
硫酸镁	0.2g	硫酸铵	0.5g
酵母膏	5.0g	乙醇	20.0g
碳酸钙	1.0%	琼脂	20.0g
蒸馏水	1.0L	乙醇灭菌后加入	

0747 乳酸菌培养基-II（CICC 139）（SICC0011）

蛋白胨	10.0g	牛肉膏	10.0g
酵母膏	5.0g	葡萄糖	10.0g
番茄汁	20.0ml	吐温 80	0.5g
琼脂	20.0g	蒸馏水	800.0ml
pH5.4（0.4M 醋酸钠缓冲液或醋酸调节）			

0748 紫云英根瘤菌培养基（CICC 140）（SICC0018）

豆芽汁	200.0ml	蔗糖	10.0g
磷酸氢二钾	0.5g	碳酸钙	3.0g
硫酸镁	0.2g	氯化钠	0.1g
琼脂	20.0g	蒸馏水	800.0mL

0749 淀粉酶培养基（CICC 141）（SICC0019）

蛋白胨	5.0g	葡萄糖	5.0g
酵母膏	3.0g	氯化钠	5.0g

磷酸氢二钠	1.0g	pH8.0	
琼脂	20.0g	蒸馏水	1.0L

0750 蛋白酶培养基 （CICC 142）（SICC0020）

牛肉膏	5.0g	蛋白胨	10.0g
氯化钠	5.0g	pH7～7.2	
琼脂	20.0g	蒸馏水	1.0L

0751 枯草杆菌培养基 （CICC 143）（SICC0023）

牛肉膏	10.0g	蛋白胨	5.0g
磷酸氢二钾	1.0g	果胶	5.0g
氯化钠	3.0g	pH7.5	
琼脂	20.0g	蒸馏水	1.0L

0752 赖氨酸培养基 （CICC 144）（SICC0026）

葡萄糖	5.0g	蛋白胨	10.0g
氯化钠	5.0g	牛肉膏	10.0g
蒸馏水	1.0L	琼脂	20.0g
pH7.2			

0753 丁酸菌培养基 （CICC 145）（SICC0028）

葡萄糖	30.0	碳酸钙	30.0g
蛋白胨	10.0g	牛肉膏	6.0g
硫酸铵	0.9g	硫酸镁	0.3g
氯化钠	0.5g	硫酸亚铁	0.1g
蒸馏水	1.0L	琼脂	20.0g
pH 自然			

0754 丙酸菌培养基 （CICC 146）（SICC0030）

葡萄糖	10.0g	乳酸钠	20.0g
酵母膏	5.0g	硫酸镁	0.2g
磷酸氢二钾	1.0g	蒸馏水	1.0L
琼脂	18～20.0g	pH 自然	1.0L

0755 甘油酵母培养基 （CICC 147）（SICC0035）

葡萄糖	200.0g	尿素	2.0g
酵母膏	4.0g	蒸馏水	1.0L
琼脂	20.0g	pH4.5	

0756 纤维素酶培养基 （CICC 148）（SICC0048）

6^0Bx 麦芽汁	100.0ml	纤维素粉	2.0g
琼脂	2.0g		

0757 VY/2 AGAR

Baker's yeast	5.00g	$CaCl_2 \cdot 2H_2O$	1.36g
Vitamin B_{12}	0.50mg	Agar (Difco)	15.00g
Distilled water	1.00L		

Sterilize vitamin B_{12} separately by filtration. Prepare and store yeast cells as autoclaved stocksuspension （5.0g baker's yeast/100.0ml distilled water，adjust pH to 6.5 and autoclave）. Adjust pH of medium to 7.2 with KOH before，and after autoclaving and cooling to 50℃ （use pH-indicator paper）.

0758 C/10 MEDIUM

Casitone	3.00g	$CaCl_2 \cdot 2 H_2O$	1.36g

Agar	15.00g	Distilled water	1.00L

Adjust pH to 7.2 before adding agar.

0759 CORYNEBACTERIUM AGAR

Casein peptone, tryptic digest10.0g

Yeast extract	5.0g	Glucose	5.0g
NaCl	5.0g	Agar	15.00g
Distilled water	1.00L	Adjust pH to 7.2~7.4.	

0760 CZAPEK PEPTONE AGAR

Sucrose	30.00g	$NaNO_3$	3.00g
K_2HPO_4	1.00g	$MgSO_4 \cdot 7 H_2O$	0.50g
KCl	0.50g	$FeSO_4 \cdot 7 H_2O$	0.01g
Yeast extract	2.00g	Peptone	5.00g
Agar	15.00g	Distilled water	1.00L

Adjust pH to 7.3

0761 GLUCONOBACTER OXYDANS MEDIUM

Glucose	100.0g	Yeast extract	10.0g
$CaCO_3$	20.0g	Agar	15.0g
Distilled water	1.00L	Adjust pH to 6.8	

0762 BEIJERINCKIA MEDIUM

Glucose	10.0g	K_2HPO_4	0.8g
KH_2PO_4	0.2g	$MgSO_4 \cdot 7H_2O$	0.1g
$FeSO_4 \cdot 7H_2O$	20.0mg	$MnSO_4 \cdot 6 H_2O$	2.0mg
$ZnSO_4 \cdot 6 H_2O$	5.0mg	$CuSO_4 \cdot 6 H_2O$	4.0mg
$Na_2MoO_4 \cdot 2 H_2O$	5.0mg	Agar15.0g	
Distilled water	950.0ml		

Adjust pH to 6.5. Sterilize glucose separately (10.0g in 50.0ml H_2O) and mix after cooling.

0763 BACILLUS THERMOGLUCOSIDASIUS MEDIUM

Soluble starch	10.0g	Peptone	5.0g
Meat extract	3.0g	Yeast extract	3.0g
KH_2PO_4	3.0g	Agar	30.0g
Distilled water	1.0L	Adjust final pH to 7.0.	

0764 YPM MEDIUM

Yeast extract	5.0g	Peptone	3.0g
Mannitol	25.0g	Agar	12.0g
Distilled water	1.0L	pH not adjusted.	

0765 ORGANIC MEDIUM 79

Dextrose	10.0g	Peptone	10.0g
Casein peptone	2.0g	Yeast extract	2.0g
NaCl	6.0g	Agar	15.0g
Distilled water	1.0L	Adjust pH to 7.8	

0766 TS AGAR

Tryptone	5.0g	Beef extract	3.0g
Glucose	1.0g	Sucrose	5.0g
Agar	15.0g	Distilled water	1.0L

Adjust pH to 7.0

0767 MINERAL MEDIUM (BRUNNER)

Na$_2$HPO$_4$	2.44g	KH$_2$PO$_4$	1.52g
(NH$_4$)$_2$SO$_4$	0.50g	MgSO$_4$ · 7 H$_2$O	0.20g
CaCl$_2$ · 2 H$_2$O	0.05g	Distilled water	1.00L

Adjust pH to 6.9.

Trace element sol. SL-4 (see medium 14) 10.00ml

Rehydrate and cultivate lyophilized cells in complex medium (e.g. medium 0001 or 0220). After this reactivation, cultivate in mineral medium 0457 with the appropriate carbon source.

0768 CASO AGAR (Merck 105458)

Peptone from casein	15.0g	Peptone from soymeal	5.0g
NaCl	5.0g	Agar	15.0g
Distilled water	1.0L	Adjust pH to 7.3.	

Medium is identical with Tryptone Soya Agar (Oxoid Cm131)

0769 THERMUS THERMOPHILUS MEDIUM

Yeast extract	4.0g	Polypeptone	8.0g
NaCl	2.0g	Distilled water	1.0L

Adjust pH to 7.0

0770 XLD 琼脂 (CICC 174)

酵母浸粉	3.0g	L 赖氨酸	5.0g
D-木糖	3.75g	乳糖	7.5g
蔗糖	7.5g	氯化钠	5.0g
酚红	0.08g	硫代硫酸钠	6.8g
柠檬酸铁铵	0.8g	去氧胆酸钠	1.0g
琼脂	13.0~15.0g	蒸馏水	1.0L

pH7.4

0771 WS 琼脂 (CICC 175)

胨胨	12.0g	牛肉膏	3.0g
氯化钠	5.0g	乳糖	12.0g
蔗糖	12.0g	十二烷基硫酸钠	2.0g
琼脂	13.0~15.0g	Andrade 指示剂	20.0ml
0.4%溴麝香草酚蓝溶液	16.0ml	甲液	20.0ml
蒸馏水	1.0L	pH7.0	

注：Andrade 指示剂：

酸性复红	0.5g (1mol/L)	氢氧化钠	16.0ml
蒸馏水	100.0ml		

注：甲液成分：

硫代硫酸钠	34.0g	柠檬酸铁铵	4.0g
蒸馏水	100.0ml		

0772 亚硫酸铋琼脂 (BS) (CICC 176)

蛋白胨	10.0g	牛肉膏	5.0g
葡萄糖	5.0g	硫酸亚铁	0.3g
磷酸氢二钠	4.0g	煌绿	0.025g
柠檬酸铋铵	2.0g	亚硫酸钠	6.0g
琼脂	13.0~15.0g	蒸馏水	1.0L

pH7.5

0773 庆大霉素琼脂 (CICC 177)

蛋白胨	10.0g	牛肉膏	3.0g
无水亚硫酸钠	3.0g	柠檬酸钠	10.0g
氯化钠	5.0g	蔗糖	10.0g
琼脂	13.0~15.0g	蒸馏水	1.0L
双抗液	2.0ml	0.5%亚碲酸钾溶液	1.0ml

注: 双抗液, 98.0ml 灭菌蒸馏水中加入庆大霉素 (25 000.0u/ml) 1.0ml

多粘菌素 B 或 E (300 000.0u/ml)　1.0ml

pH8.4

0774 TCBS 琼脂 (CICC 178)

酵母浸膏	5.0g	蛋白胨	10.0g
柠檬酸钠	10.0g	硫代硫酸钠	10.0g
牛胆盐	8.0g	蔗糖	20.0g
柠檬酸铁	1.0g	琼脂	13.0~15.0g
溴麝香草酚蓝	0.04g	麝香草酚蓝	0.04g
蒸馏水	1.0L	pH8.6	

0775 改良 Camp-BAP 培养基 (CICC 179)

胰蛋白胨	10.0g	蛋白胨	10.0g
葡萄糖	1.0g	酵母浸膏	2.0g
氯化钠	5.0g	焦亚硫酸钠	0.1g
琼脂	13.0~15.0g	蒸馏水	1.0L
硫乙醇酸钠	1.5g	万古霉素	10.0mg

多粘菌素 B 2 500 国际单位, 两性霉素 B 2.0mg

头孢霉素	15.0mg	脱纤维羊血	50.0ml

pH7.0

0776 结晶紫中性红胆盐葡萄糖琼脂 (VRBGA) (CICC 180)

酵母抽取物	3.0g	蛋白胨	7.0g
氯化钠	5.0g	3 号胆盐	1.5g
葡萄糖	10.0g	中性红	0.03g
结晶紫	0.002g	琼脂	13.0~15.0g
蒸馏水	1.0L	pH7.4	

0777 改良 Mc Bride 琼脂 (MMA) (CICC 181)

胰蛋白胨	5.0g	多价胨	5.0g
牛肉膏	3.0g	葡萄糖	1.0g
氯化钠	5.0g	磷酸氢二钠	1.0g
苯乙醇	2.5ml	无水干氨酸	10.0g
氯化锂	0.5g	琼脂	13.0~15.0g
蒸馏水	1.0L	pH7.2~7.4	

0778 十六烷三甲基溴化铵培养基 (CICC 182)

牛肉膏	3.0g	蛋白胨	10.0g
氯化钠	5.0g	十六烷三甲基溴化铵	0.3g
琼脂	13.0~15.0g	蒸馏水	1.0L

pH7.4~7.6

0779 乙酰胺培养基 (CICC 183)

乙酰胺	10.0g	氯化钠	5.0g
无水磷酸氢二钾	1.39g	无水磷酸二氢钾	0.73g
硫酸镁 ($MgSO_4 \cdot 7H_2O$)	0.5g	酚红	0.012g
琼脂	13.0～15.0g	蒸馏水	1.0L
pH7.2			

0780 CIN-1 培养基 (CICC 184)

胰蛋白胨	20.0g	酵母浸膏	2.0g
甘露醇	20.0g	氯化钠	1.0g
去氧胆酸钠	2.0g	硫酸镁 ($MgSO_4 \cdot 7H_2O$)	0.01g
琼脂	13.0～15.0g	蒸馏水	950.0ml
中性红 (3.0mg/ml)	10.0ml	结晶紫 (0.1mg/ml)	10.0ml
头孢菌素 (1.5mg/ml)	10.0ml	新生霉素 (0.25mg/ml)	10.0ml
10.0%氯化锶溶液	10.0ml	pH7.5	

0781 改良 Y 培养基 (CICC 185)

蛋白胨	15.0g	氯化钠	5.0g
乳糖	10.0g	草酸钠	2.0g
去氧胆酸钠	6.0g	三号胆盐	5.0g
丙酮酸钠	2.0g	孟加拉红	40.0mg
水解酪蛋白	5.0g	琼脂	13.0～15.0g
蒸馏水	1.0L	pH7.4	

0782 甘露醇卵磷脂多粘菌素琼脂 (MYP) (CICC 186)

蛋白胨	10.0g	牛肉膏	1.0g
甘露醇	10.0g	氯化钠	10.0g
琼脂	13.0～15.0g	蒸馏水	1.0L
0.2%酚红溶液	13.0ml	50.0%卵黄液	50.0ml
多粘菌素 B100 国际单位/ml		pH7.4	

0783 山梨醇麦康凯琼脂 (SMAC) (CICC 187)

蛋白胨	17.0g	胨胨	3.0g
猪胆盐	5.0g	氯化钠	5.0g
琼脂	13.0～15.0g	蒸馏水	1.0L
山梨醇	10.0g	0.01%结晶紫水溶液	10.0ml
0.5%中性红水溶液	5.0ml	亚碲酸钾	2.5mg
头孢克肟	0.05mg	pH7.2	

0784 戈登氏菌培养基 (CICC 149)

葡萄糖	10.0g	NH_4Cl	2.0g
KH_2PO_4	2.44g	Na_2HPO_4	5.57g
$MgCl_2$	0.2g	$CaCl_2$	0.04g
$FeCl_3 \cdot 7H2O$	0.04g	$MnCl_2 \cdot 4H_2O$	0.008g
$ZnCl_2$	0.001g	$CoCl_2 \cdot 6H_2O$	0.004g
$AlCl_3 \cdot 6H_2O$	0.001g	$CuCl_2 \cdot 2H_2O$	0.001g
H_3BO_3	0.001g	$NaMoO_4 \cdot 2H_2O$	0.001g
无菌水	1.0L	pH7.0	

0785 Brain Heart Infusion Broth (CICC 150) (ATCC44)

beef heart (infusion from 250.0g) 5.0g/L

calf brains (infusion from 200.0g) 12.5g/L

disodium hydrogen phosphate 2.5g/L

D（+）-glucose2.0g/Lpeptone 10.0g/L

sodium chlorid5.0g/L pH7.4±0.2（37 ℃）

0786（ATCC260）（CICC 151）

Trypticase soy agar with defibrinated sheep blood

Trypticase peptone	15.0g	Phytone peptone	5.0g
NaCl	5.0g	Agar	15.0g
蒸馏水	1.0L		

Prepare Trypticase Soy Agar Autoclave at 121℃ for 15 minutes. Cool sterilized medium to 50℃ Aseptically add 50.0 ml of roomtemperature defibrinated sheep blood. Gently mix and dispense as required。

0787（ATCC1053）（CICC 152）

Reinforced Clostridial Agar

Meat extract	10.0g	peptone	5.0g
yeast extract	3.0g	D（+）glucose	5.0g
Starch	1.0g	sodium chloride	5.0g
sodium acetate	3.0g	L-cysteinium chloride	0.5g
agar-agar	0.5g		

Dissolve 33.0g/litre, dispense into test tubes, autoclave (15 min at 121 ℃). Cool，if required add 0.02 g Polymyxin B/litre in form of an aqueous solution andmix.

pH：6.8± 0.2 at 25 ℃.

0788（CICC 153）（ATCC1490）

不含脂肪的碎牛肉	500.0g	1.0mol/L NaOH	25.0ml
去离子水	1.0L		

将三者混合搅拌煮沸，冷却至室温，撇去表面脂肪，过滤，保留肉粒和滤出液。将滤出液用去离子水补足至 1.0L 在此滤液中加入：

胰蛋白胨（BD 211921）	30.0g	酵母提取物	5.0g
K_2HPO_4	5.0.g	0.025％刃天青	4.0ml
琼脂	20.0g		

煮沸，于 80.0％ N_2，10.0％ H_2 和 10.0％ CO_2 条件下冷却至室温，然后加入：

L-半胱氨（HC）	0.5g	血晶素溶液	10.0ml
维他命 K1 溶液	0.2ml		

将此培养基 pH 调至 7.0，在同样的气体厌氧条件下吸取 7.0ml 含肉粒的培养基至试管中（1 份肉比 5 份液体）。

维他命 K1 溶液：

维他命 K1	0.15ml	95.0％乙醇	30.0ml

贮存于棕色瓶中，放置在冰箱中保存 1 个月。

血晶素溶液：

血晶素	50.0mg	1.0mol/L NaOH	1.0ml

去离子水补足至 100.0ml，121℃湿热灭菌 15min

0789（CICC 154）（DSMZ11）

Casein peptone ，tryptic digest	10.00g	Meat extract	10.00g
Yeast extract	5.00g	Glucose	20.00g
Tween 80	1.00g	K_2HPO_4	2.00g
Na-acetate	5.00g	$(NH_4)_2$ citrate	2.00g

MgSO$_4$ · 7 H$_2$O	0.20g	MnSO$_4$ · H$_2$O	0.05g
Distilled water	1.0L	Adjust pH to 6.2~6.5	

0790 (CICC 155) (DSMZ53)

Casein peptone, tryptic digest 10.0g		Yeast extract	5.0g
Glucose	5.0g	NaCl	5.0g
Agar	15.0g	Distilled water	1.0L
Adjust pH to 7.2~7.4.			

0791 (CICC 156) (DSMZ58)

Casein peptone, tryptic digest 10.0g		Yeast extract	5.0g
Meat extract	5.0g	Bacto Soytone	5.0g
Glucose	10.0g	K$_2$HPO$_4$	2.0g
MgSO$_4$ · 7 H$_2$O	0.2g	MnSO$_4$ · H$_2$O	0.05g
Tween 80	1.0ml	NaCl	5.0g
Salt solution (see below) 4.0ml		Resazurin (25.0 mg/100.0ml)	
			4.0ml
Distilled water	950.0ml		

The cysteine are added after the medium has been boiled and cooled under CO$_2$. Adjust pH to 6.8 using 8.0 N NaOH. Distribute under N$_2$ and autoclave

Salt solution:

CaCl$_2$ · 2 H$_2$O	0.25g	MgSO$_4$ · 7 H$_2$O	0.50g
K$_2$HPO$_4$	1.00g	KH$_2$PO$_4$	1.00g
NaHCO$_3$	10.00g	NaCl	2.00g
Distilled water	1.0L		

0792 (CICC 157) (DSMZ659)

Casein peptone	5.00g	Soya peptone	5.00g
Meat extract	5.00g	Yeast extract	2.50g
Ascorbic acid0.	50.0g	MgSO$_4$ · 7 H$_2$O	0.25g
Na2-β-glycerolphosphate 9.50g		Distilled water	1.0L

After autoclaving add a lactose solution (sterilized by filtration) up to a concentration of 8.0 g/l, and 1.2 ml 1M CaCl$_2$ x 2 H$_2$O. Adjust pH to 7.15±0.05.

0793 (CICC 158) (DSMZ695)

Peptone	2.0g	Soytone	1.0g
Yeast extract	1.0g	Proteose peptone	1.0g
5.0%Fe (III) citrate	2.0ml	Artificial seawater	700.0ml
Distilled water	300.0ml	pH 7.5	

0794 (CICC 159) (JCM13)

Lab-lemco meat extract (Oxoid) 3.0g

Proteose peptone No. 3 (Difco) 10.0g

Liver extract (see below) 150.0ml

5.0%L-Cysteine · HCl · H$_2$O solution 10.0ml

Trypticase peptone (BBL)5.0g		Phytone (BBL)	3.0g
Yeast extract (Difco)	5.0g	Glucose	10.0g
Solution A (see below)	10.0ml	Solution B (see below)	5.0ml
Tween 80	1.0g	Bacto agar (Difco)	15.0g
Horse blood	50.0ml	Distilled water	825.0ml

Soluble starch	0. 5g	Adjust pH to 7. 2.	

To prepare liver extract, put 10. 0g liver powder in 170. 0ml water, keep at 50 to 60℃ for 1 hr, boil for 5 min, adjust pH to 7. 2 and filter.

Solution A:

K_2HPO_4	10. 0g	KH_2PO_4	10. 0g
Distilled water	100. 0ml		

Solution B

$MgSO_4 \cdot 7 H_2O$	4. 0g	NaCl	0. 2g
$FeSO_4 \cdot 7H_2O$	0. 2g	$MnSO_4 \cdot H_2O$	0. 2g
Distilled water	100. 0ml		

0795 (CICC 160) (JCM14)

Lab-lemco meat extract (Oxoid) 2. 4g		Na_2HPO_4	4. 0g
YProteose peptone No. 3 (Difco) 10. 0g		east extract (Difco)	5. 0g
Glucose	1. 5g	Soluble starch	0. 5g
L-Cystine	0. 2g	Agar	15. 0g
L-Cysteine · HCl · H₂O 0. 5g		Horse blood	50. 0g
Distilled water	1. 0L		

Add L-cystine to 50. 0ml of 1N HCl and mix thoroughly. Add remaining components and bring volume to 950. 0ml. Adjust pH to 7. 6~7. 8. After autoclaving and then cooling to 50℃, aseptically add 50. 0 ml of horse blood. Mix thoroughly and pour into sterile petri dishes or distribute into sterile tubes.

0796 (CICC 161) (JCM19)

Casein peptone, tryptic digest 10. 0g		Meat extract	5. 0g
Yeast extract	5. 0g	Glucose	10. 0g
K_2HPO_4	3. 0g	Tween 80	1. 0ml
Distilled water	1. 0L	Adjust pH to 6. 8	

After sterilization, aseptically add solutions of sodium ascorbate and L-cysteine · HCl to final concentration of 1. 0% and 0. 05%, respectively. Heat medium not freshly prepared in a steamer for 10 min before addition of the reducing substances.

0797 (CICC 162) (JCM84)

GAM broth (Nissui)	59. 0g	Agar	2. 0g
Distilled water	1. 0L		

0798 (CICC 163) (NBRC803)

Polypepton	5. 0g	Lactose	2. 0g
Yeast extract	5. 0g	Glucose	5. 0g
Tween 80	0. 5ml	$MgSO_4 \cdot 7 H_2O$	1. 0g
Distilled water	1. 0L	Agar (if needed)	15. 0g

Adjust pH to 6. 5~6. 8.

0799 (CICC 164) (NBRC873)

Skim milk	100. 0g	Tomato juice	100. 0ml
Yeast extract	5. 0g	Distilled water	1. 0L

Autoclave at 121℃ for 15 minutes. Filter canned tomatoes through paper. Leave overnight at 10℃. Adjust pH to 7. 0.

0800 (CICC 165) (NBRC875)

M17 Broth (OXOID)	37. 25g	Distilled water	950. 0ml

After sterilization by autoclaving at 121℃ for 15 min. , aseptically add 50. 0ml of sterile lactose solutions

（10.0% w/v）.

0801 YEPD 培养基 （CICC 166）

酵母膏	1.0g	蛋白胨	2.0g
葡萄糖	2.0g	蒸馏水	100.0ml
121℃灭菌 20min		pH6.0	

0802 改良 MRS 培养基 （CICC 167）

蛋白胨	10.0g	牛肉膏	10.0g
酵母粉	5.0g	K_2HPO_4	1.0g
柠檬酸三胺	2.0g	Tween 80	1.0ml
乙酸钠	5.0g	$MgSO_4 \cdot 7H_2O$	0.5g
$MnSO_4 \cdot H_2O$	0.25g	葡萄糖	20.0g
加水至	1L	pH6.2～6.6	
115℃灭菌 20min			

0803 （CICC 168）

葡萄糖（玉米糖化液）	4.0g	蛋白胨	2.0g
酵母膏	1.0g	KH_2PO_4	0.1g
$(NH_4)_2SO_4$	0.5g	蒸馏水	100.0ml
115℃灭菌 20min		pH6.2～6.6	

0804 （CICC 169）

聚丙烯酰胺	1.0g	葡萄糖	12.0g
酵母粉	5.0g	尿素	10.0g
KH_2PO_4	0.5g	NaCl	0.5g
$MgSO_4$	0.5g	蒸馏水	100.0ml
pH8.0			

0805 沙门菌、志贺菌属琼脂 （SS） （CICC 170）

牛肉膏	5.0g	胨胨	5.0g
三号胆盐	3.5g	琼脂	13～15.0g
蒸馏水	1.0L	乳糖	10.0g
柠檬酸钠	8.5g	硫代硫酸钠	8.5g
10.0%柠檬酸铁溶液	10.0ml	1.0%中性红溶液	2.5ml
0.1%煌绿溶液	0.33ml	pH7.0	

0806 HE 琼脂 （CICC 171）

胨胨	12.0g	牛肉膏	3.0g
乳糖	12.0g	蔗糖	12.0g
水杨素	2.0g	胆盐	20.0g
氯化钠	5.0g	琼脂	13.0～15.0g
蒸馏水	1.0L	0.4%溴麝香草酚蓝溶液	16.0ml
Andrade 指示剂	20.0ml	甲液	20.0ml
乙液	20.0ml	pH7.5	

注：甲液成分，

硫代硫酸钠	34.0g	柠檬酸铁铵	4.0g
蒸馏水	100.0ml		

乙液成分，

去氧胆酸钠	10.0g	蒸馏水	100.0ml

Andrade 指示剂：

酸性复红	0.5g（1.0mol/L）	氢氧化钠	16.0ml
蒸馏水	100.0ml		

0807 麦康凯琼脂 （MAC） （CICC 172）

蛋白胨	17.0g	胨胨	3.0g
胆盐	5.0g	氯化钠	5.0g
琼脂	13.0~15.0g	蒸馏水	1.0L
乳糖	10.0g	0.01%结晶紫水溶液	10.0ml
0.5%中性红水溶液	5.0ml	pH7.2	

0808 伊红美蓝琼脂 （EMB） （CICC 173）

蛋白胨	10.0g	乳糖	10.0g
磷酸氢二钾	2.0g	琼脂	13.0~15.0g
2.0%伊红 Y 溶液	20.0ml	0.65%美蓝溶液	10.0ml
蒸馏水	1.0L	pH7.1	

0809 醋酸菌培养基-II （CICC 137） （SICC0009）

豆芽汁	20.0ml	葡萄糖	1.0g
碳酸钙	2.0g	乙醇	2.0g
琼脂	2.0g	蒸馏水	100.0ml
乙醇灭菌后加入			

0810 PYGA

Pentone	3.0g	Yeast extract	5.0g
Glycerol	10.0ml	DW	1.0L
pH7.2			

0811 GPY＋2.0%NaCl

酵母提取物	5.0g	蛋白胨	5.0g
葡萄糖	5.0g	Nacl	20.0g
琼脂	15.0g	蒸馏水	1.0L
pH7.2			

0812 CM0311＋ 2.0%NaCl

$NaNO_3$	3.0g	KH_2PO_4	1.0g
KCl	0.5g	$MgSO_4 \cdot 7H_2O$	0.5g
$FeSO_4 \cdot 7H_2O$	0.01g	NaCl	20.0g
蔗糖	30.0g	琼脂	15.0g
蒸馏水	1.0L		

0813

$(NH_4)_2SO_4$	3.0g	$Na_2SO_4 \cdot 10H_2O$	3.2g
KCl	0.1g	K_2HPO_4	0.05g
$MgSO_4 \cdot 7H_2O$	0.5g	$Ca(NO_3)_2$	0.01g
S^0	5.0g		
Trace elements *			
Yeast extract	0.2g	Distilled water	1.0L
pH2.5 （with H_2SO_4）			

autoclaved separately at 105℃ for 20 min

* Trace elements （filter-sterilized）：

$FeCl_3 \cdot 6H_2O$	11.0mg	$CuSO_4 \cdot 5H_2O$	0.5mg
HBO_3	2.0mg	$MnSO_4 \cdot H_2O$	2.0mg

$Na_2MoO_4 \cdot 2H_2O$	0.8mg	$CoCl_2 \cdot 6H_2O$	0.6mg
$ZnSO_4 \cdot 7H_2O$	0.9mg	Na_2SeO_4	0.1mg
Distilled water	1.0L		

0814

$(NH_4)_2SO_4$	2.0g	$MgSO_4 \cdot 7H_2O$	0.3g
KH_2PO_4	0.25g	KCl	0.10g
$FeSO_4 \cdot 7H_2O$	30.0g	Yeast extract	0.2g
Distilled water	1.0L	pH1.6 (with sulfuric acid)	

0815

$(NH_4)_2SO_4$	1.5g	$MgSO_4 \cdot 7H_2O$	0.25g
KH_2PO_4	0.25g	$FeSO_4 \cdot 7H_2O$	30.0g
Yeast extract	0.2g	Distilled water	1.0L
pH1.5 (with sulfuric acid)			

0816

$(NH_4)_2SO_4$	1.5g	$MgSO_4 \cdot 7H_2O$	0.25g
KH_2PO_4	0.25g	$FeSO_4 \cdot 7H_2O$	30.0g
Yeast extract	0.2g	Distilled water	1.0L
pH1.7 (with sulfuric acid)			

0817

$(NH_4)_2SO_4$	1.5g	$MgSO_4 \cdot 7H_2O$	0.25g
KH_2PO_4	0.25g	S^0	5.0g
Yeast extract	0.2g	Distilled water	1.0L
pH2.5 (with H_2SO_4)			

0818

$(NH_4)_2SO_4$	1.5g	$MgSO_4 \cdot 7H_2O$	0.25g
KH_2PO_4	0.25g	S^0	5.0g
Yeast extract	0.2g	Distilled water	1.0L
pH1.5 (with sulfuric acid)			

0819

$(NH_4)_2SO_4$	1.5g	$MgSO_4 \cdot 7H_2O$	0.25g
KH_2PO_4	0.25g	$FeSO_4 \cdot 7H_2O$	30.0g
Yeast extract	0.2g	Distilled water	1.0L
pH2.5 (with H_2SO_4)			

0827 丙酸杆菌培养基

胰酪胨	15.0g	L-胱氨酸	0.5g
酵母浸膏	5.0g	巯乙醇酸钠	0.5g
葡萄糖	5.0g	琼脂	0.7g
氯化钠	2.5g	刃天青	0.001g
蒸馏水	1.0L		

0828 胰大豆蛋白胨琼脂加去纤维羊血培养基

按说明书准备胰大豆蛋白胨琼脂培养基（BD 236950），121℃灭15min，将培养基冷却至50℃，无菌条件下加入5.0%的去纤维羊血，轻轻的混匀后使用。

0829 茂原链霉菌培养基

酵母膏	4.0g	麦芽膏	10.0g

葡萄糖	4.0g	蒸馏水	1.0L
琼脂	20.0g	pH7.3	

0830 赖氨酸培养基

蛋白胨	10.0g	肉膏	10.0g
NaCl	5.0g	$MgSO_4 \cdot 7H_2O$	0.5g
亮氨酸	0.34g	葡萄糖	5.0g
琼脂	15.0g	蒸馏水	1.0L
pH 7.0			

0831 细菌培养基

蛋白胨	5.0g	牛肉膏	2.5g
葡萄糖	1.0g	精制酚	1.0g
K_2HPO_4	1.0g	$MgSO_4 \cdot 7H_2O$	0.2g
$CaCl_2$	0.1g	琼脂	15.0g
蒸馏水	1.0L	pH 7.0	

0832 无氮琼脂培养基

甘露醇或蔗糖	10.0g	$CaSO_4 \cdot 2H_2O$	0.1g
K_2HPO_4	0.2g	$CaCO_3$	5.0g
$MgSO_4 \cdot 7H_2O$	0.2g	NaCl	0.2g
琼脂	14.0g	蒸馏水	1.0L

0833 固氮培养基

KH_2PO_4	0.2g	K_2HPO_4	0.8g
NaCl	0.1g	$MgSO_4 \cdot 7H_2O$	0.2g
$FeCl_3$	0.02g	VB_1	0.03g
$CaSO_4$	0.02g	钼酸钠	0.003g
葡萄糖	10.0g	苹果酸	3.0g
酵母膏	3.0g	柠檬酸钠	3.0g
琥珀酸钠	4.0g	琼脂粉	15.0g
蒸馏水	1.0L	pH 6.7~7.0	

0834 淀粉培养基

牛肉膏	10.0g	蛋白胨	10.0g
NaCl	5.0g	淀粉	10.0g
葡萄糖	10.0g	琼脂	15.0g
磷酸氢二钾	1.0g	蒸馏水	1.0L
pH 7.2			

0835 食用菌培养基

马铃薯提取液	1.0L	蔗糖	20.0g
$MgSO_4 \cdot 7H_2O$	1.5g	KH_2PO_4	1.0g
酵母膏	2.0g	蛋白胨	3.0g
VB_1 微量琼脂	15.0g	pH 6.0	

0836 红曲培养基

5Brix. 麦芽汁	1.0L	琼脂粉	15.0g

0837 醋酸菌培养基

豆芽汁	200.0ml	葡萄糖	10.0g
碳酸钙	20.0g	乙醇	20.0ml

| 琼脂粉 | 14.0g | 蒸馏水定容至 1L | |

乙醇：杀菌后加入

豆芽汁：称取 20.0g 黄豆芽，洗净放入 100.0ml 蒸馏水中，煮沸 30min，过滤，滤液补足 100.0ml，则得豆芽汁

0838 果胶培养基（2）

牛肉膏	10.0g	蛋白胨	5.0g
果胶	5.0g	磷酸氢二钾	1.0g
氯化钠	3.0g	琼脂	13.0g
蒸馏水	1.0L	pH 7.5	

0839 乳酸杆菌培养基

蛋白胨	5.0g	牛肉膏	5.0g
胰蛋白胨	10.0g	酵母粉	5.0g
葡萄糖	10.0g	吐温 80	1.0g
K_2HPO_4	2.0g	乙酸钠	5.0g
柠檬酸氢二铵	2.0g	$ZnSO_4 \cdot 7H_2O$	0.25g
$MgSO_4 \cdot 7H_2O$	0.1g	蒸馏水	1.0L
pH 6.2~6.4			

0840 乳酸球菌培养基

酪蛋白胨	20.0g	酵母浸出粉	5.0g
明胶	2.5g	葡萄糖	5.0g
蔗糖	5.0g	乳糖	5.0g
吐温－80	1.0ml	NaCl	4.0g
乙酸钠	1.5g	抗坏血酸	0.5g
蒸馏水	1.0L	调酸度至 pH6.8	
0.1MPa 灭菌 20min 备用			

0841 营养肉汁琼脂

蛋白胨	5.0g	牛肉膏	10.0g
酵母膏	5.0g	葡萄糖	5.0g
NaCl	5.0g	琼脂	15.0g
蒸馏水	1.0L	pH7.2	

0842 M17

胰蛋白胨	5.0g	大豆蛋白胨	5.0g
牛肉膏	5.0g	酵母膏	2.5g
抗坏血酸	0.5g	硫酸镁	0.25g
β-甘油磷酸二钠	19.0g	蒸馏水	1 000.0ml
pH 7.0			

0843 改良 TJA 培养基

番茄汁	50.0ml	酵母膏	5.0g
牛肉膏	1.0g	葡萄糖	2.0g
乳糖	20.0g	乙酸钠	5.0g
磷酸氢二钾	2.0g	吐温 80	1.0 ml
H_2O	1 000.0ml	pH6.6~7.0	

0844 双歧杆菌培养基

| 蛋白胨 | 10.0g | 牛肉膏 | 10.0g |
| 酵母膏 | 5.0g | K_2HPO_4 | 2.0g |

柠檬酸三铵	2.0g	乙酸钠	5.0g
葡萄糖	20.0g	吐温 80	1.0mL
$MgSO_4 \cdot 7H_2O$	0.58g	$MnSO_4 \cdot H_2O$	0.25g
H_2O	1 000.0ml	玉米浆	4.0g
半胱氨酸盐酸盐	0.3g	pH 6.4~6.6	

0845 改良 TPY 培养基

胰酶水解酪蛋白	12.0g	多胨	3.0g
大豆蛋白胨	5.0g	葡萄糖	5.0g
聚果新糖	5.0g	酵母浸出粉	5.0g
吐温 80	1.0g	L-半胱氨酸盐酸	0.5g
牛肝浸液	200.0ml	西红柿汁	100.0ml
混合盐溶液	10.0ml	加蒸馏水至 1 000.0ml	

0846 M_{17} 培养基

多聚蛋白胨（或胰蛋白胨）	5.0g	植物蛋白胨	5.0g
牛肉膏	5.0g	酵母膏	2.5g
β-磷酸甘油二钠	19.0g	抗坏血酸	0.5g
$MgSO_4 \cdot 7H_2O$	0.25g	乳糖	5.0g
琼脂	15.0g	pH7.1	
蒸馏水	1 000.0ml		

0847 胰蛋白胨大豆琼脂（TSA）Tryptone Soya Agar

胰蛋白胨	15.0g	大豆胨	5.0g
氯化钠	5.0g	琼脂	13.0 g
蒸馏水	1.0L	pH7.3±0.2	

0848 绿脓杆菌色素测定培养基 King Medium A

蛋白胨	20.0g	氯化镁	1.4g
硫酸钾	10.0g	琼脂	14.0g
蒸馏水	1.0L	pH7.4	

0849 异 Vc 钠培养基

葡萄糖	1.0g	磷酸氢二钾	0.6g
磷酸二氢钾	0.3g	硫酸镁	0.02g
玉米浆	0.3g	氯化钠	0.05g
蛋白胨	0.5g	蒸馏水	1 000.0ml
琼脂	2.0g	pH 6.7~7.0	

0850 谷氨酸培养基

蛋白胨	1.0g	牛肉膏	1.0g
氯化钠	0.5g	葡萄糖	0.1g
pH 6.8~7.0		琼脂	2.0g
蒸馏水	100.0ml		

0851 固氮菌培养基（I）

蔗糖	1.0g	磷酸氢二钾	0.02g
氯化钠	0.02g	硫酸镁	0.02g
硫酸钙	0.01g	碳酸钙	0.5g
琼脂	2.0g	蒸馏水	100.0ml

0852 赖氨酸培养基（Ⅰ）

葡萄糖	0.5g	蛋白胨	1.0g
氯化钠	0.25g	酵母膏	0.5g
蒸馏水	100.0ml	琼脂	2.0g
pH 7～7.2			

0853 脱胶菌培养基

酵母膏	0.5g	蛋白胨	0.5g
氯化钠	0.25g	果胶	0.5g
磷酸氢二铵	0.1g	蒸馏水	100.0ml
琼脂	2.0g	pH 8.5	

0854 SL 培养基（Rogosadeng 等 1953）

酪朊水解物（Trypticase)	10.0g	酵母提取物	5.0g
柠檬酸二铵	2.0g	醋酸钠	25.0g
硫酸锰	0.15g	硫酸镁	0.58g
葡萄糖	20.0g	土温 80	1.0 ml
磷酸二氢钾	6.0g	七水硫酸亚铁	0.03g
蒸馏水	1 000.0ml	琼脂	15.0g
冰醋酸调 pH 至 5.4。			

0855 糖蜜柠檬酸菌培养基

糖蜜 25Brix	100. ml	硝酸铵	0.15g
pH 5.0		琼脂	2.0g

0856 枯草芽孢杆菌培养基（Ⅳ）

葡萄糖	1.0g	蛋白胨	1.0g
酵母膏	0.5g	氯化钠	0.5g
琼脂	1.5～ 2.0g	pH 自然 37℃培养	
蒸馏水	100.0ml		

0857 醋酸杆菌培养基

D-山梨醇	8.3g	酵母浸粉	2.0g
硫酸铵	0.5g	硫酸镁	0.05g
磷酸氢二钾	0.2g	琼脂粉	1.5g
pH 5.5～5.6用 1.0mol/L 的 HCl 调 pH		蒸馏水	100.0ml

0858 丁酸菌培养基（Ⅲ）

胰蛋白胨	2.0g	牛肉浸膏	1.0g
酵母膏	0.6g	葡萄糖	0.4g
磷酸氢二钾	0.2g	磷酸二氢钾	0.1g
硫酸镁	0.04g	氯化钙	0.02g
硫酸亚铁	0.01g	盐酸半胱氨酸.HCL	0.05g
pH 7.2～7.4		蒸馏水	100.0ml

0859 曲酸培养基（SICC0071）

麸皮米曲混合液	100.0ml	葡萄糖	4.0g
酵母膏	0.05g	蒸馏水	100.0ml
pH6.5			

［注］麸皮米曲混合液的制备：25.0g 麸皮加 17Brix 米曲汁配制成 10Brix 的混合液

0860 Castenholz TYE 培养基

Mix aseptically 5 parts double strength Castenholz Salts (see below) with one part 1.0% TYE (see below) and 4 parts distilled water. Final pH of complete medium should be 7.6.

Castenholz Salts，2×：

Nitrilotriacetic acid	0.2g	Nitsch's Trace Elements (see below)	2.0ml
FeCl$_3$ solution (0.03%)	2.0ml	CaSO$_4$.2H$_2$O	0.12g
MgSO$_4$.2H$_2$O	0.2g	NaCl	0.016g
KNO$_3$	0.21g	NaNO$_3$	1.4g
Na$_2$HPO$_4$	0.22g	Agar (if needed)	30.0g

Adjust pH to 8.2.

Nitsch's Trace Elements：

H$_2$SO$_4$	0.5ml	MnSO$_4$	2.2g
ZnSO$_4$.7H$_2$O	0.5g	H$_3$BO$_3$	0.5g
CuSO$_4$.5H$_2$O	0.016g	Na$_2$MoO$_4$.2H$_2$O	0.025g
CoCl$_2$.6H$_2$O	0.046	Distilled water	1.0L

1.0%TYE：

Tryptone (BD 211705) 10.0g；Yeast extract 10.0g；Distilled water 1.0L.

0861 假单胞菌培养基

酵母膏	2.5g	胰蛋白胨	5.0g
脱脂奶粉	1.0g	葡萄糖	1.0g
琼脂	16.0g	水	1 000.0ml
pH6.9		121℃ 灭菌 15 分钟	

0862

酵母粉	4.0g	聚蛋白胨	8.0g
NaCl	2.0g	去离子水	1 000.0ml
调 pH 到 7.0			

00863

可溶性淀粉	2.0g	蛋白胨	2.5g
NaCl	0.5g	蒸馏水	100.0ml
琼脂	2.0g	pH 7.2	
15 磅 15min 灭菌			

0896

酵母粉	10.0g	99.5%酒精 *	15.0ml
乙酸钠	7.5g	(NH$_4$)$_2$SO$_4$ · 7H$_2$O	0.25g
CaCl$_2$ · 2H$_2$O	0.01g	巯基乙酸钠	0.5g
FeSO$_4$ (0.02M)	2.5ml	Na$_2$MoO$_4$ (0.01M)	1.0ml
MnSO$_4$ (0.01M)	1.0ml	磷酸钾缓冲液 (0.02M，pH7.0)	980.0ml
琼脂（如果需要）	15.0g		
* 过滤除菌后加入			

0900 麦芽糖－班尼特琼脂

酵母粉	1.0g	牛肉膏	1.0g
酶水解酪素	2.0g	麦芽糖	10.0g
蒸馏水	1.0L	琼脂	20.0g

pH7.3

0908 R2A

酵母粉	0.5g	蛋白胨	0.5g
酪蛋白氨基酸	0.5g	葡萄糖	0.5g
可溶淀粉	0.5g	丙酮酸钠	0.3g
磷酸氢二钾	0.3g	硫酸镁	0.05g
环脂	20.0g	水	1 000.0ml

pH7.0

0956

溶液 A：

琼脂	5.0g	GC 基础琼脂（BD228950）	36.0g
蒸馏水	500.0ml		

溶液 B：

脱水牛血红蛋白（BD211275）10.0g		蒸馏水	500.0ml

溶液 C：

IsoVitaleX（BD 211876）10.0ml

将溶液 A 和溶液 B 在 121℃条件下分开灭菌 15min。冷却至 50℃。无菌条件下将 B 加入溶液 A 中，混匀。按说明书要求将 IsoVitaleX 水化，无菌条件下加入培养基中，混匀。

＊ GC 基础琼脂（BD228950）

胰酪胨	7.5g	动物组织胃酶消解物	7.5g
玉米淀粉	1.0ml	磷酸氢二钾	4.0g
磷酸二氢钾	1.0g	氯化钠	5.0g
琼脂	10.0g		

0957 嗜盐菌培养基

酸水解酪蛋白	7.5g	酵母浸出物	10.0g
柠檬酸三钠	3.0g	$MgSO_4 \cdot 7H_2O$	20.0g
KCl	2.0g	$FeSO_4 \cdot 7H_2O$	0.01g
NaCl	120.0g	蒸馏水	1 000.0mL

pH 7.5～8.0

0958 厌氧液体培养基

蛋白胨	15.0g	酵母粉	5.0g
大豆胨	5.0g	牛肉粉	5.0g
葡萄糖	5.0g	氯化钠	5.0g
可溶性淀粉	3.0g	半胱氨酸	0.5g
磷酸二氢钾	2.5g	氯化血红素	0.005g
维生素 K1	0.001g	pH7.2～7.4	

0959 改良 MRS

酪胨	10.0g	牛肉粉	8.0g
酵母粉	4.0 g	葡萄糖	20.0 g
硫酸镁	0.2 g	乙酸钠	5.0 g
柠檬酸三铵	2.0 g	磷酸氢二钾	2.0 g
硫酸锰	0.05 g	吐温 80	1.0 g
蒸馏水	1 000.0ml	pH6.2±0.2	

0960 强化梭菌培养

酵母粉	3.0 g	牛肉粉	10.0 g

葡萄糖	5.0 g	胰脒胨	10.0 g
氯化钠	5.0 g	可溶性淀粉	1.0 g
胱氨酸盐酸盐	0.5 g	醋酸钠	3.0 g
琼脂	0.5 g	pH6.8±0.2	

0961 TCBS 培养基 (Thiosulfate Citrate Bile Salts Sucros)

酪蛋白胨 (Peptone from casein)	5.0g	肉蛋白胨 (Peptone from meat)	5.0g
酵母膏/酵母浸出粉 (Yeast extract)	5.0g	柠檬酸钠 (sodium citrate)	10.0g
硫代硫酸钠 (sodium thiosulfate)	10.0g	牛胆汁 (ox bile)	5.0g
胆酸钠 (sodium cholate)	3.0g	蔗糖 (sucrose)	20.0g
氯化钠 (sodium chloride)	10.0g	铁 (Ⅲ) 柠檬酸 (iron (Ⅲ) citrate)	1.0g
麝香草酚蓝 (thymol blue)	0.04g	溴麝香草酚蓝 (bromothymol blue)	0.04g
琼脂 (agar)	14.0g	蒸馏水 (Distilled water)	1 000.0 ml

pH8.6 ± 0.2

115℃灭菌 30 min

0962

胰化 (蛋白) 胨 (Tryptone)	5.0g	酵母膏/酵母浸出粉 (Yeast extract)	2.5g
葡萄糖 (Dextrose)	1.0g	琼脂 (Agar)	15.0g
蒸馏水 (Distilled water)	1 000.0ml	pH7.0	

115℃灭菌 30 min

0963

酵母膏/酵母浸出粉 (Yeast extract)	5.0g	天门冬酰胺	1.0g
甘油	10.0g	磷酸氢二钾 (K_2HPO_4)	1.0g
硝酸钾 (KNO_3)	5.0g	氯化镁 ($MgCl_2$)	3.0g
氯化钠 (NaCl)	10.0g	氯化钾 (KCl)	10.0g
蒸馏水 (illed water)	1 000.0ml	pH7.0~7.5	

121℃灭菌 20 min

0964

葡萄糖	30.0g	硝酸铵	1.0g
酵母粉	0.5g	蛋白胨	1.0g
磷酸二氢钾	0.5g	过滤海水	1 000.0ml
pH7.5		115℃灭菌 30 min	

0965

硝酸铵	1.0g	磷酸二氢钾	0.5g
卡拉胶	1.0g	过滤海水	1 000.0ml
pH7.4		115℃灭菌 30 min	

0966

硝酸铵	1.0g	磷酸二氢钾	0.5g
甲壳多糖 (几丁质)	1.0g	过滤海水	1 000.0ml

pH7.4   115℃灭菌 30 min

0967

磷酸氢二钾（KH₂PO₄） 0.45g   Medium 0001   1.0L

十二水磷酸氢二钠（Na₂HPO₄×12H₂O）2.39g   pH6.8

121℃灭菌 20 min

Medium 0001 成分如下：

牛肉浸汁（Lab-Lemco' beef extract）0.45g   蛋白胨（Peptone）   5.0g

酵母膏/酵母浸出粉（Yeast extract）2.0g   氯化钠（NaCl）   5.0g

琼脂（Agar）   15.0g   蒸馏水（Distilled water）   1.0L

pH7.4   121℃灭菌 20 min

0968

蛋白胨   2.0g   酵母粉   0.5g

淀粉   0.25g   葡萄糖   0.25g

乙酸钠   0.2g   柠檬酸钠   0.2g

115℃灭菌 30min

灭菌后补加无菌的磷酸氢二钾（10.0g/L，pH6.7）10.0ml 及过滤除菌的七水硫酸亚铁（0.4g/
L）1.0ml。

0969

A 液

酵母膏/酵母浸出粉   1.0g   胰化（蛋白）胨（Tryptone）   5.0g

（Yeast extract）

Casein Acid   5.0g   牛肉浸汁（Beef Extract）   5.0g

磷酸二铁（Fe₂PO₄）   0.01g   磷酸氢二钾（K₂HPO₄）   1.0g

硝酸铵（NH₄NO₃）   1.0g   二水钨酸钠（Na₂WO₄   0.1mg
                                                ×2H₂O）

五水硒酸钠（Na₂SeO₃   0.1mg   流水氯化镍（NiCl₂   7.5mg
×5H₂O）   ×6H₂O）

E 液   985.0mL   pH6.5

B 液（Vitamin Mixture）

烟酸（Niacin）   10.0mg   生物素（Biotin）   4.0mg

泛酸钙（Pantothenate）10.0mg   硫辛酸（Lipoic acid）   10.0mg

叶酸（Folic acid）   4.0mg   硫胺(Thiamine,维生素 B₁)   10.0mg

对氨基苯甲酸   10.0mg   核黄素（Riboflavin，维生素 B₂）10.0mg

（p-Aminobenzoic acid

吡（Pyridoxine,   10.0mg   钴胺素（Cobalamin，维生素 B₁₂）10.0mg

维生素 B₆）

蒸馏水   1 000.0ml   0.22μm   滤膜过滤除菌

C 液（Wolfe's trace minerals）

氨基三乙酸   1.5g   七水硫酸镁（MgSO₄·7H₂O） 3.0g

（Nitrilotriacetic acid）

二水硫酸锰   0.5g   氯化钠（NaCl）   1.0g

（MnSO₄·2H₂O）

七水硫酸亚铁   0.1g   氯化钴（CoCl₂）   0.1g

（FeSO₄·7H₂O）

二水氯化钙   0.1g   硫酸锌（ZnSO₄）   0.1g

（$CaCl_2 \cdot 2H_2O$）

五水硫酸铜	0.01g	硫酸铝钾（$AlK(SO_4)_2$）	0.01g
（$CuSO_4 \cdot 5H_2O$）			
硼酸（H_3BO_3）	0.1g	二水钼酸钠（$Na_2MoO_4 \cdot 2H_2O$）	0.01g
蒸馏水	1 000.0ml	0.22μm 滤膜过滤除菌	

D 液（除氧剂，100×）

二水半胱氨酸盐酸盐（Cysteine-HCl×H_2O）	25.0 g	刃天青（Resazurin）	100.0mg
九水硫化钠（$Na_2S \times 9H_2O$）	25.0g	蒸馏水	1 000.0ml

121℃高压灭菌 20min

E 液（Atificial seawater 人工海水）

氯化钠（NaCl）	20.0g	六水氯化镁（$MgCl_2 \times 6H_2O$）	3.0g
七水硫酸镁（$MgSO_4 \times 7H_2O$）	6.0g	硫酸铵（$(NH_4)_2SO_4$）	1.0g
碳酸氢钠（$NaHCO_3$）	0.2g	二水氯化钙（$CaCl_2 \times 2H_2O$）	0.3g
氯化钾（KCl）	0.5g	磷酸二氢钾（KH_2PO_4）	0.42g
溴化钠（NaBr）	0.05g	氯化锶（$SrCl \times 6H_2O$）	0.02g
柠檬酸铁铵（Fe（NH_4）citrate)	0.01g	蒸馏水	1 000.0ml

121℃灭菌 20min

全培养基配置方法：A 液 121℃灭菌后，补加 B 液 10.0ml，C 液 5.0ml，如果进行厌氧培养，A 液在配置时需要补入 D 液，然后加 E 液至 985.0ml。

0970 嗜盐四联球菌培养基

酪胨	10.0g	牛肉粉	8.0g
酵母粉	4.0g	葡萄糖	20.0g
硫酸镁	0.2g	乙酸钠	5.0g
柠檬酸三铵	2.0g	磷酸氢二钾	2.0g
硫酸锰	0.05g	吐温 80	1.0g
NaCl	58.5g	蒸馏水	1 000.0ml

pH6.2±0.2。（即：MRS 培养基＋1mol/L NaCl。）

0971 A1 培养基

NH_4NO_3	1.00g	$MgSO_4 7H_2O$	0.10g
$(NH_4)_2SO_4$	0.5g	KH_2PO_4	0.50g
NaCl	0.50g	K_2HPO_4	1.50g
水	1 000.0ml	pH7.0	

0972 Heterotrophic medium for *Hydrogenomonas*

KH_2PO_4	0.2g	$MgSO_4$	0.1g
Sodium citrate $2H_2O$	0.5g	Sodium acetate $3H_2O$	0.3g
Sodium succinate $6H_2O$	2.0g	Sodium glutamate	1.0g
Agar	15.0g	Tryptose	5.0g
Yeast extract	1.0g	Corn starch	2.0g
Distilled water	1.0L	Adjust pH to 6.8~7.2.	

Autoclave 15 minutes at 121℃.

0973 A3 培养基

KNO_3	2.0g	$MgSO_4 . 7H_2PO$	2.0g

K₂HPO₄	0.5g	酒石酸钾钠	20.0g
琼脂	20.0g		

0974 A4 培养基

NH₄Cl	0.535g	KH₂PO₄	0.054g
KCl	0.074g	MgSO₄.7H₂O	0.049g
CaCl₂.2H₂O	0.147g	NaCl	0.584g
0.05%甲酚红溶液	1.0ml	微量元素液	1.0ml
琼脂	20.0g		

pH7.0~8.0 最适 7.8 用 0.5g CaCO₃ 或 11.9g HEPES 调

1001 2216L 培养基

乙酸钠	1.0g	蛋白胨	10.0g
酵母粉	2.0g	普通肉汁	0.5g
柠檬酸三钠	0.5g	硝酸铵	0.2g
过滤海水	1.0L	pH7.5~7.6	
琼脂粉	15.0g/L	磷酸二氢钾	0.5g/L

121℃高压灭菌 30min

注：磷酸二氢钾灭菌后加入，母液 100.0g/L，灭菌后，每升培养基加 5.0ml

1002 高铬培养基

可溶性淀粉	20.0g	KNO₃	1.0g
K₂HPO₄	0.5g	MgSO₄.7H₂O	0.5g
NaCl	0.5g	FeSO₄.7H₂O	0.5g
琼脂	16.0g	陈海水	1 000.0ml

pH7.2~7.4 灭菌 121℃20 min（50.0mg/kg 无菌重铬酸钾）

1003 S1 培养基

淀粉	10.0g	酵母提取物	4.0g
蛋白胨	2.0g	陈海水	1.0L
pH7.0		琼脂粉	20.0g

121℃高压灭菌 30min

1004 HMP 基础培养基

NaAc	2.46g	(NH₄)₂SO₄	1.32g
KH₂PO₄	1.0g	MgSO₄	0.2g
CaCl₂ · 2H₂O	0.1g	酵母浸出物	0.1g
FeSO₄ · 7H₂O	30.0mg	CoCl₂ · 6H₂O	0.25mg
CuSO₄ · 5H₂O	1.0mg	MnSO₄ · 4H₂O	2.0mg
ZnSO₄ · 7H₂O	0.2mg	Na₂MoO₄ · 2H₂O	1.3mg
NaCl	30.0g	H₂O	1 000.0ml
pH7.0			

嗜盐嗜碱种类是在上述培养基中添加不同浓度的 NaCl 和调整 pH 不同的培养基。紫色硫细菌和绿色硫细菌种类需要在上述基础培养基中添加不同浓度的硫化物 1~2.0mmol/L 和充 CO₂ 充至饱和.

1005 胰酪胨大豆酵母浸膏肉汤 （TSB-YE）

胰胨	17.0g	多价胨	3.0g
酵母膏粉	6.0g	氯化钠	5.0g
磷酸氢二钾	2.5g	葡萄糖	2.5g
蒸馏水	1 000.0mL	最终 pH7.3±0.2	

1006 改良罗氏培养基

谷氨酸钠	7.2g	磷酸二氢钾	2.4g
硫酸镁	0.24g	柠檬酸镁	0.6g
甘油	12.0ml	蒸馏水	600.0ml
马铃薯淀粉	30.0g	全卵液	1 000.0ml
2.0%孔雀绿	20.0ml		

制备法：各盐类成分溶解后，加马铃薯淀粉，混匀，沸水锅内煮沸 30～40min（其间不时摇动，防凝块），呈糊状，待冷后，加入经消毒纱布过滤的新鲜全卵液 1 000.0ml，混匀。加 2.0%孔雀绿 20.0ml，混匀。

1007 酵母菌霉菌琼脂

麦芽浸粉	3.0g	酵母粉	3.0g
葡萄糖	10.0g	琼脂	20.0g

pH 值 6.0～6.4

1008 番茄汁肉汤

胰蛋白胨	10.0g	酵母粉	10.0g
番茄汁（过滤）(pH 7.0)	200.0ml	蒸馏水	1 000.0ml
pH 值	7.2		

1009 布氏肉汤

胰蛋白胨	10.0g	蛋白胨	10.0g
葡萄糖	1.0g	酵母浸膏	2.0g
氯化钠	5.0g	亚硫酸氢钠（$NaHSO_3$）	0.1g
蒸馏水	1 000.0ml		

将各成分溶于蒸馏水中。121℃高压灭菌 15min。最终 pH7.0

FBP 浓原液：

硫酸亚铁（$FeSO_4$）	2.5g	焦亚硫酸钠（$Na_2S_2O_5$）	2.5g
丙酮酸钠（sodium pyruvate）	2.5g		

将各成分溶于 100.0ml 蒸馏水中经 0.20μm 滤膜过滤除菌存于 4℃。每 100.0ml 经灭菌的基础液中加 1.0ml，混匀

（注：如实验需要可加入 1 号抗生素液和 2 号抗生素液）

1 号抗生素溶液：

万古霉素　　　　　　0.75g

三甲氧苄氨嘧啶乳酸盐（trimethoprimlactate）0.38g

多粘菌素 B 250 000 IU 将各成分溶于 500.0ml 蒸馏水中，经 0.20μm 滤膜过滤除菌。每 100.0ml 经灭菌的基础液中加 1.0ml。

2 号抗生素溶液：

利福平（rifampicin）	0.2g	三甲氧苄氨嘧啶乳酸盐	0.2g
多粘菌素 B	200 000IU	放线菌酮（actidione）	2.0g

将各成分置 200.0ml 容量瓶中，加入 95.0%乙醇 50.0ml，振摇使溶解，加入蒸馏水至 200.0ml。过滤除菌，每 100.0ml 经高压灭菌的基础液中加 1.0ml

附录 II: 菌种拉丁学名索引

菌种名称	页码

菌种名称	页码

菌种名称	页码

菌种名称   页码

附录 III：菌株编号索引

菌株号	菌种名称	页数
00619	*Methanothermobacter thermophilus*(Laurinavichus et al. 1990)Boone 2002	6
00620	*Methanothermobacter thermophilus*(Laurinavichus et al. 1990)Boone 2002	6
00621	*Methanothermobacter thermophilus*(Laurinavichus et al. 1990)Boone 2002	6
00622	*Methanothermobacter thermophilus*(Laurinavichus et al. 1990)Boone 2002	6
00623	*Methanothermobacter thermophilus*(Laurinavichus et al. 1990)Boone 2002	6
00624	*Methanothermobacter thermophilus*(Laurinavichus et al. 1990)Boone 2002	6
00625	*Methanothermobacter thermophilus*(Laurinavichus et al. 1990)Boone 2002	6
00626	*Methanothermobacter thermophilus*(Laurinavichus et al. 1990)Boone 2002	6
00628ᵀ	*Methanocalculus pumilus* Mori et al. 2000	6
00629	*Methanocalculus pumilus* Mori et al. 2000	6
00630	*Methanocalculus pumilus* Mori et al. 2000	6
00631	*Methanocalculus pumilus* Mori et al. 2000	6
00632	*Methanocalculus pumilus* Mori et al. 2000	6
00633ᵀ	*Methanothermococcus thermolithotrophicus*(Huber et al. 1984)Whitman 2002	6
00634	*Methanothermococcus thermolithotrophicus*(Huber et al. 1984)Whitman 2002	7
00635	*Methanothermococcus thermolithotrophicus*(Huber et al. 1984)Whitman 2002	7
00636	*Methanothermococcus thermolithotrophicus*(Huber et al. 1984)Whitman 2002	7
00637	*Methanothermococcus thermolithotrophicus*(Huber et al. 1984)Whitman 2002	7
00638ᵀ	*Methanosarcina lacustris* Simankova et al. 2002	7
00639	*Methanosarcina lacustris* Simankova et al. 2002	7
00640	*Methanosarcina lacustris* Simankova et al. 2002	7
00641	*Methanosarcina lacustris* Simankova et al. 2002	7
00642	*Methanosarcina lacustris* Simankova et al. 2002	7
00644ᵀ	*Methanothermobacter thermoflexus*(Kotelnikova et al. 1994)Boone 2002	7
00645	*Methanothermobacter thermoflexus*(Kotelnikova et al. 1994)Boone 2002	7
00646	*Methanothermobacter thermoflexus*(Kotelnikova et al. 1994)Boone 2002	7
00647	*Methanothermobacter thermoflexus*(Kotelnikova et al. 1994)Boone 2002	7
00648	*Methanothermobacter thermoflexus*(Kotelnikova et al. 1994)Boone 2002	7
00678ᵀ	*Methanococcoides burtonii* Franzmann et al. 1993	7
00679	*Methanococcoides burtonii* Franzmann et al. 1993	7
00680	*Methanococcoides burtonii* Franzmann et al. 1993	7
00681	*Methanococcoides burtonii* Franzmann et al. 1993	7
00682	*Methanococcoides burtonii* Franzmann et al. 1993	7
00683ᵀ	*Methanosphaera stadtmaniae* Miller and Wolin 1985	7
00684	*Methanosphaera stadtmaniae* Miller and Wolin 1985	8
00685	*Methanosphaera stadtmaniae* Miller and Wolin 1985	8
00686	*Methanosphaera stadtmaniae* Miller and Wolin 1985	8
00687	*Methanosphaera stadtmaniae* Miller and Wolin 1985	8
00688ᵀ	*Methanocorpusculum labreanum* Zhao et al. 1989	8
00689	*Methanocorpusculum labreanum* Zhao et al. 1989	8
00690	*Methanocorpusculum labreanum* Zhao et al. 1989	8
00691	*Methanocorpusculum labreanum* Zhao et al. 1989	8
00692	*Methanocorpusculum labreanum* Zhao et al. 1989	8
00693ᵀ	*Methanofollis aquaemaris* Lai and Chen 2001	8
00694	*Methanofollis aquaemaris* Lai and Chen 2001	8
00695	*Methanofollis aquaemaris* Lai and Chen 2001	8
00696	*Methanofollis aquaemaris* Lai and Chen 2001	8
00697	*Methanofollis aquaemaris* Lai and Chen 2001	8
10110	*Acetobacter aceti*(Pasteur 1864)Beijerinck 1898	9
10111	*Acetobacter aceti*(Pasteur 1864)Beijerinck 1898	9
10112	*Acetobacter pasteurianus*(Hansen 1879)Beijerinck and Folpmers 1916	9
10181	*Acetobacter pasteurianus*(Hansen 1879)Beijerinck and Folpmers 1916	9
10600	*Acetobacter pasteurianus* subsp. *lovaniensis*(Frateur 1950)De Ley and Frateur 1974	9
02588	*Achromobacter insolitus* Coenye et al. 2003	9
02179	*Achromobacter piechaudii*(Kiredjian et al. 1986)Yabuuchi et al. 1998	9

菌株号	菌种名称	页数
11828	*Acinetobacter* sp.	15
11850	*Acinetobacter* sp.	15
11855	*Acinetobacter* sp.	15
05537	*Acinetobacter tandoii* Carr et al. 2003	15
02551	*Acinetobacter ursingii* Nemec et al. 2001	15
01980	*Actinobacterium* sp.	15
02512	*Aerococcus* sp.	15
01510	*Aerococcus viridans* Williams et al. 1953	15
05469ᵀ	*Aeromicrobium alkaliterrae* Yoon et al. 2005	15
05473ᵀ	*Aeromicrobium erythreum* Miller et al. 1991	15
05471ᵀ	*Aeromicrobium fastidiosum* (Collins and Stackebrandt 1989) Tamura and Yokota 1994	15
05474ᵀ	*Aeromicrobium flavum* Tang et al. 2008	15
05470ᵀ	*Aeromicrobium ponti* Lee and Lee 2008	16
01290	*Aeromicrobium* sp.	16
05472	*Aeromicrobium tamlense* Lee and Kim 2007	16
01748	*Aeromonas hydrophila* (Chester 1901) Stanier 1943	16
10482	*Aeromonas hydrophila* (Chester 1901) Stanier 1943	16
05531	*Aeromonas media* Allen et al. 1983	16
02494	*Aeromonas* sp.	16
02498	*Aeromonas* sp.	16
02501	*Aeromonas* sp.	16
02816	*Aeromonas* sp.	16
10852	*Aeromonas* sp.	16
11609	*Aeromonas* sp.	16
11613	*Aeromonas* sp.	16
11625	*Aeromonas* sp.	16
01747	*Aeromonas veronii* Hickman-Brenner et al. 1988	16
05570	*Aeromonas veronii* Hickman-Brenner et al. 1988	16
05533	*Aeromonas punctata* subsp. *caviae* (Scherago 1936) Schubert 1964	16
10056	*Agrobacterium radiobacter* (Beijerinck and van Delden 1902) Conn 1942	17
10058	*Agrobacterium radiobacter* (Beijerinck and van Delden 1902) Conn 1942	17
10502ᵀ	*Agrobacterium radiobacter* (Beijerinck and van Delden 1902) Conn 1942	17
02525	*Agrobacterium radiobacter* (Beijerinck and van Delden 1902) Conn 1942	17
10060	*Agrobacterium rhizogenes* (Riker et al. 1930) Conn 1942	17
01800	*Agrobacterium* sp.	17
01801	*Agrobacterium* sp.	17
01802	*Agrobacterium* sp.	17
02778	*Agrobacterium* sp.	17
10083	*Agrobacterium* sp.	17
11806	*Agrobacterium* sp.	17
11808	*Agrobacterium* sp.	17
01023	*Agrobacterium tumefaciens* (Smith and Townsend 1907) Conn 1942	17
01029	*Agrobacterium tumefaciens* (Smith and Townsend 1907) Conn 1942	17
01129	*Agrobacterium tumefaciens* (Smith and Townsend 1907) Conn 1942	17
01523	*Agrobacterium tumefaciens* (Smith and Townsend 1907) Conn 1942	17
01524	*Agrobacterium tumefaciens* (Smith and Townsend 1907) Conn 1942	17
01527	*Agrobacterium tumefaciens* (Smith and Townsend 1907) Conn 1942	17
01530	*Agrobacterium tumefaciens* (Smith and Townsend 1907) Conn 1942	17
01532	*Agrobacterium tumefaciens* (Smith and Townsend 1907) Conn 1942	17
01535	*Agrobacterium tumefaciens* (Smith and Townsend 1907) Conn 1942	18
01537	*Agrobacterium tumefaciens* (Smith and Townsend 1907) Conn 1942	18
01556	*Agrobacterium tumefaciens* (Smith and Townsend 1907) Conn 1942	18
01557	*Agrobacterium tumefaciens* (Smith and Townsend 1907) Conn 1942	18
01558	*Agrobacterium tumefaciens* (Smith and Townsend 1907) Conn 1942	18
01723	*Agrobacterium tumefaciens* (Smith and Townsend 1907) Conn 1942	18

菌株号	菌种名称	页数
10238^T	*Bacillus pseudomycoides* Nakamura 1998	42
10283^T	*Bacillus psychrodurans* Abd El-Rahman et al. 2002	42
01504	*Bacillus psychrosaccharolyticus* (*ex* Larkin and Stokes 1967) Priest et al. 1989	42
01518	*Bacillus psychrosaccharolyticus* (*ex* Larkin and Stokes 1967) Priest et al. 1989	42
02054	*Bacillus psychrosaccharolyticus* (*ex* Larkin and Stokes 1967) Priest et al. 1989	42
02831	*Bacillus pumilus* Meyer and Gottheil 1901	42
01171	*Bacillus pumilus* Meyer and Gottheil 1901	42
01176	*Bacillus pumilus* Meyer and Gottheil 1901	42
01177	*Bacillus pumilus* Meyer and Gottheil 1901	42
01184	*Bacillus pumilus* Meyer and Gottheil 1901	42
01189	*Bacillus pumilus* Meyer and Gottheil 1901	42
01264	*Bacillus pumilus* Meyer and Gottheil 1901	42
01265	*Bacillus pumilus* Meyer and Gottheil 1901	42
01545	*Bacillus pumilus* Meyer and Gottheil 1901	42
01660	*Bacillus pumilus* Meyer and Gottheil 1901	42
01671	*Bacillus pumilus* Meyer and Gottheil 1901	42
01672	*Bacillus pumilus* Meyer and Gottheil 1901	42
01736	*Bacillus pumilus* Meyer and Gottheil 1901	43
01741	*Bacillus pumilus* Meyer and Gottheil 1901	43
01743	*Bacillus pumilus* Meyer and Gottheil 1901	43
02296	*Bacillus pumilus* Meyer and Gottheil 1901	43
02648	*Bacillus pumilus* Meyer and Gottheil 1901	43
02715	*Bacillus pumilus* Meyer and Gottheil 1901	43
02749	*Bacillus pumilus* Meyer and Gottheil 1901	43
02750	*Bacillus pumilus* Meyer and Gottheil 1901	43
02757	*Bacillus pumilus* Meyer and Gottheil 1901	43
02759	*Bacillus pumilus* Meyer and Gottheil 1901	43
02800	*Bacillus pumilus* Meyer and Gottheil 1901	43
02801	*Bacillus pumilus* Meyer and Gottheil 1901	43
02802	*Bacillus pumilus* Meyer and Gottheil 1901	43
02804	*Bacillus pumilus* Meyer and Gottheil 1901	43
02822	*Bacillus pumilus* Meyer and Gottheil 1901	43
03377	*Bacillus pumilus* Meyer and Gottheil 1901	43
03379	*Bacillus pumilus* Meyer and Gottheil 1901	43
03385	*Bacillus pumilus* Meyer and Gottheil 1901	43
03394	*Bacillus pumilus* Meyer and Gottheil 1901	43
03395	*Bacillus pumilus* Meyer and Gottheil 1901	43
03402	*Bacillus pumilus* Meyer and Gottheil 1901	44
03405	*Bacillus pumilus* Meyer and Gottheil 1901	44
03410	*Bacillus pumilus* Meyer and Gottheil 1901	44
03413	*Bacillus pumilus* Meyer and Gottheil 1901	44
03414	*Bacillus pumilus* Meyer and Gottheil 1901	44
03438	*Bacillus pumilus* Meyer and Gottheil 1901	44
03446	*Bacillus pumilus* Meyer and Gottheil 1901	44
03448	*Bacillus pumilus* Meyer and Gottheil 1901	44
03449	*Bacillus pumilus* Meyer and Gottheil 1901	44
03450	*Bacillus pumilus* Meyer and Gottheil 1901	44
03452	*Bacillus pumilus* Meyer and Gottheil 1901	44
03456	*Bacillus pumilus* Meyer and Gottheil 1901	44
03458	*Bacillus pumilus* Meyer and Gottheil 1901	44
03462	*Bacillus pumilus* Meyer and Gottheil 1901	44
03472	*Bacillus pumilus* Meyer and Gottheil 1901	44
03476	*Bacillus pumilus* Meyer and Gottheil 1901	44
03490	*Bacillus pumilus* Meyer and Gottheil 1901	44
03500	*Bacillus pumilus* Meyer and Gottheil 1901	44

菌株号	菌种名称	页数
03502	*Bacillus pumilus* Meyer and Gottheil 1901	44
03504	*Bacillus pumilus* Meyer and Gottheil 1901	44
03547	*Bacillus pumilus* Meyer and Gottheil 1901	44
03548	*Bacillus pumilus* Meyer and Gottheil 1901	44
03552	*Bacillus pumilus* Meyer and Gottheil 1901	45
03561	*Bacillus pumilus* Meyer and Gottheil 1901	45
03562	*Bacillus pumilus* Meyer and Gottheil 1901	45
03576	*Bacillus pumilus* Meyer and Gottheil 1901	45
03589	*Bacillus pumilus* Meyer and Gottheil 1901	45
03603	*Bacillus pumilus* Meyer and Gottheil 1901	45
04290	*Bacillus pumilus* Meyer and Gottheil 1901	45
04292	*Bacillus pumilus* Meyer and Gottheil 1901	45
04297	*Bacillus pumilus* Meyer and Gottheil 1901	45
04300	*Bacillus pumilus* Meyer and Gottheil 1901	45
04301	*Bacillus pumilus* Meyer and Gottheil 1901	45
04305	*Bacillus pumilus* Meyer and Gottheil 1901	45
04306	*Bacillus pumilus* Meyer and Gottheil 1901	45
04309	*Bacillus pumilus* Meyer and Gottheil 1901	45
10113	*Bacillus pumilus* Meyer and Gottheil 1901	45
10239[T]	*Bacillus pumilus* Meyer and Gottheil 1901	45
10387	*Bacillus pumilus* Meyer and Gottheil 1901	45
10416	*Bacillus pumilus* Meyer and Gottheil 1901	45
10615	*Bacillus pumilus* Meyer and Gottheil 1901	45
10697	*Bacillus pumilus* Meyer and Gottheil 1901	45
10702	*Bacillus pumilus* Meyer and Gottheil 1901	45
10729	*Bacillus pumilus* Meyer and Gottheil 1901	45
11083	*Bacillus pumilus* Meyer and Gottheil 1901	45
11651	*Bacillus pumilus* Meyer and Gottheil 1901	46
04180	*Bacillus pumilus* Meyer and Gottheil 1901	46
10200[T]	*Bacillus silvestris* Rheims et al. 1999	46
01137	*Bacillus simplex* (*ex* Meyer and Gottheil 1901) Priest et al. 1989	46
01215	*Bacillus simplex* (*ex* Meyer and Gottheil 1901) Priest et al. 1989	46
01760	*Bacillus simplex* (*ex* Meyer and Gottheil 1901) Priest et al. 1989	46
01769	*Bacillus simplex* (*ex* Meyer and Gottheil 1901) Priest et al. 1989	46
01999	*Bacillus simplex* (*ex* Meyer and Gottheil 1901) Priest et al. 1989	46
02007	*Bacillus simplex* (*ex* Meyer and Gottheil 1901) Priest et al. 1989	46
02051	*Bacillus simplex* (*ex* Meyer and Gottheil 1901) Priest et al. 1989	46
02301	*Bacillus simplex* (*ex* Meyer and Gottheil 1901) Priest et al. 1989	46
10240[T]	*Bacillus smithii* Nakamura et al. 1988	46
03011	*Bacillus sonorensis* Palmisano et al. 2001	46
01738	*Bacillus* sp.	46
01042	*Bacillus* sp.	46
01051	*Bacillus* sp.	46
01076	*Bacillus* sp.	46
01082	*Bacillus* sp.	46
01083	*Bacillus* sp.	46
01088	*Bacillus* sp.	46
01099	*Bacillus* sp.	47
01103	*Bacillus* sp.	47
01108	*Bacillus* sp.	47
01117	*Bacillus* sp.	47
01135	*Bacillus* sp.	47
01143	*Bacillus* sp.	47
01147	*Bacillus* sp.	47
01153	*Bacillus* sp.	47

菌株号	菌种名称	页数
11698	*Bacillus* sp.	50
11699	*Bacillus* sp.	50
11709	*Bacillus* sp.	50
11719	*Bacillus* sp.	50
11720	*Bacillus* sp.	50
11721	*Bacillus* sp.	50
11722	*Bacillus* sp.	50
11723	*Bacillus* sp.	50
11724	*Bacillus* sp.	50
11725	*Bacillus* sp.	50
11726	*Bacillus* sp.	50
11727	*Bacillus* sp.	50
11728	*Bacillus* sp.	50
11729	*Bacillus* sp.	50
11730	*Bacillus* sp.	50
11731	*Bacillus* sp.	50
11732	*Bacillus* sp.	50
11733	*Bacillus* sp.	50
11734	*Bacillus* sp.	50
11735	*Bacillus* sp.	50
11736	*Bacillus* sp.	50
11737	*Bacillus* sp.	51
11738	*Bacillus* sp.	51
11739	*Bacillus* sp.	51
11740	*Bacillus* sp.	51
11741	*Bacillus* sp.	51
11742	*Bacillus* sp.	51
11743	*Bacillus* sp.	51
11744	*Bacillus* sp.	51
11745	*Bacillus* sp.	51
11746	*Bacillus* sp.	51
11747	*Bacillus* sp.	51
11748	*Bacillus* sp.	51
11788	*Bacillus* sp.	51
11794	*Bacillus* sp.	51
11795	*Bacillus* sp.	51
03545	*Bacillus sphaericus* Meyer and Neide 1904	51
03546	*Bacillus sphaericus* Meyer and Neide 1904	51
03601	*Bacillus sphaericus* Meyer and Neide 1904	51
02228	*Bacillus sphaericus* Meyer and Neide 1904	51
01116	*Bacillus sphaericus* Meyer and Neide 1904	51
01307	*Bacillus sphaericus* Meyer and Neide 1904	51
04266	*Bacillus sphaericus* Meyer and Neide 1904	51
10241[T]	*Bacillus sphaericus* Meyer and Neide 1904	52
11096	*Bacillus sphaericus* Meyer and Neide 1904	52
01746	*Bacillus subtilis* (Ehrenberg 1835) Cohn 1872	52
01031	*Bacillus subtilis* (Ehrenberg 1835) Cohn 1872	52
01055	*Bacillus subtilis* (Ehrenberg 1835) Cohn 1872	52
01101	*Bacillus subtilis* (Ehrenberg 1835) Cohn 1872	52
01170	*Bacillus subtilis* (Ehrenberg 1835) Cohn 1872	52
01175	*Bacillus subtilis* (Ehrenberg 1835) Cohn 1872	52
01178	*Bacillus subtilis* (Ehrenberg 1835) Cohn 1872	52
01179	*Bacillus subtilis* (Ehrenberg 1835) Cohn 1872	52
01181	*Bacillus subtilis* (Ehrenberg 1835) Cohn 1872	52
01182	*Bacillus subtilis* (Ehrenberg 1835) Cohn 1872	52

菌株号	菌种名称	页数
03488	*Bacillus subtilis*(Ehrenberg 1835)Cohn 1872	54
03489	*Bacillus subtilis*(Ehrenberg 1835)Cohn 1872	55
03494	*Bacillus subtilis*(Ehrenberg 1835)Cohn 1872	55
03496	*Bacillus subtilis*(Ehrenberg 1835)Cohn 1872	55
03507	*Bacillus subtilis*(Ehrenberg 1835)Cohn 1872	55
03511	*Bacillus subtilis*(Ehrenberg 1835)Cohn 1872	55
03549	*Bacillus subtilis*(Ehrenberg 1835)Cohn 1872	55
03550	*Bacillus subtilis*(Ehrenberg 1835)Cohn 1872	55
03551	*Bacillus subtilis*(Ehrenberg 1835)Cohn 1872	55
03555	*Bacillus subtilis*(Ehrenberg 1835)Cohn 1872	55
03560	*Bacillus subtilis*(Ehrenberg 1835)Cohn 1872	55
03566	*Bacillus subtilis*(Ehrenberg 1835)Cohn 1872	55
03569	*Bacillus subtilis*(Ehrenberg 1835)Cohn 1872	55
03580	*Bacillus subtilis*(Ehrenberg 1835)Cohn 1872	55
04254	*Bacillus subtilis*(Ehrenberg 1835)Cohn 1872	55
04265	*Bacillus subtilis*(Ehrenberg 1835)Cohn 1872	55
04269	*Bacillus subtilis*(Ehrenberg 1835)Cohn 1872	55
04295	*Bacillus subtilis*(Ehrenberg 1835)Cohn 1872	55
04303	*Bacillus subtilis*(Ehrenberg 1835)Cohn 1872	55
10114	*Bacillus subtilis*(Ehrenberg 1835)Cohn 1872	55
10115	*Bacillus subtilis*(Ehrenberg 1835)Cohn 1872	55
10116	*Bacillus subtilis*(Ehrenberg 1835)Cohn 1872	55
10118	*Bacillus subtilis*(Ehrenberg 1835)Cohn 1872	55
10124	*Bacillus subtilis*(Ehrenberg 1835)Cohn 1872	55
10125	*Bacillus subtilis*(Ehrenberg 1835)Cohn 1872	56
10126	*Bacillus subtilis*(Ehrenberg 1835)Cohn 1872	56
10127	*Bacillus subtilis*(Ehrenberg 1835)Cohn 1872	56
10128	*Bacillus subtilis*(Ehrenberg 1835)Cohn 1872	56
10129	*Bacillus subtilis*(Ehrenberg 1835)Cohn 1872	56
10147	*Bacillus subtilis*(Ehrenberg 1835)Cohn 1872	56
10148	*Bacillus subtilis*(Ehrenberg 1835)Cohn 1872	56
10149	*Bacillus subtilis*(Ehrenberg 1835)Cohn 1872	56
10157	*Bacillus subtilis*(Ehrenberg 1835)Cohn 1872	56
10167	*Bacillus subtilis*(Ehrenberg 1835)Cohn 1872	56
10242[T]	*Bacillus subtilis*(Ehrenberg 1835)Cohn 1872	56
10243[T]	*Bacillus subtilis*(Ehrenberg 1835)Cohn 1872	56
10270	*Bacillus subtilis*(Ehrenberg 1835)Cohn 1872	56
10271	*Bacillus subtilis*(Ehrenberg 1835)Cohn 1872	56
10388	*Bacillus subtilis*(Ehrenberg 1835)Cohn 1872	56
10475	*Bacillus subtilis*(Ehrenberg 1835)Cohn 1872	56
10616	*Bacillus subtilis*(Ehrenberg 1835)Cohn 1872	56
10617	*Bacillus subtilis*(Ehrenberg 1835)Cohn 1872	56
10618	*Bacillus subtilis*(Ehrenberg 1835)Cohn 1872	56
10619	*Bacillus subtilis*(Ehrenberg 1835)Cohn 1872	56
10622	*Bacillus subtilis*(Ehrenberg 1835)Cohn 1872	56
10623	*Bacillus subtilis*(Ehrenberg 1835)Cohn 1872	56
10624	*Bacillus subtilis*(Ehrenberg 1835)Cohn 1872	56
10625	*Bacillus subtilis*(Ehrenberg 1835)Cohn 1872	56
10626	*Bacillus subtilis*(Ehrenberg 1835)Cohn 1872	56
10627	*Bacillus subtilis*(Ehrenberg 1835)Cohn 1872	56
10628	*Bacillus subtilis*(Ehrenberg 1835)Cohn 1872	57
10629	*Bacillus subtilis*(Ehrenberg 1835)Cohn 1872	57
10630	*Bacillus subtilis*(Ehrenberg 1835)Cohn 1872	57
10632	*Bacillus subtilis*(Ehrenberg 1835)Cohn 1872	57
10633	*Bacillus subtilis*(Ehrenberg 1835)Cohn 1872	57

菌株号	菌种名称	页数
01008	*Bacillus thuringiensis* Berliner 1915	59
01202	*Bacillus thuringiensis* Berliner 1915	59
01204	*Bacillus thuringiensis* Berliner 1915	59
01205	*Bacillus thuringiensis* Berliner 1915	59
01206	*Bacillus thuringiensis* Berliner 1915	59
01207	*Bacillus thuringiensis* Berliner 1915	59
01208	*Bacillus thuringiensis* Berliner 1915	59
01209	*Bacillus thuringiensis* Berliner 1915	59
01210	*Bacillus thuringiensis* Berliner 1915	59
01211	*Bacillus thuringiensis* Berliner 1915	59
01213	*Bacillus thuringiensis* Berliner 1915	59
01218	*Bacillus thuringiensis* Berliner 1915	59
01219	*Bacillus thuringiensis* Berliner 1915	59
01222	*Bacillus thuringiensis* Berliner 1915	59
01223	*Bacillus thuringiensis* Berliner 1915	59
01225	*Bacillus thuringiensis* Berliner 1915	60
01226	*Bacillus thuringiensis* Berliner 1915	60
01227	*Bacillus thuringiensis* Berliner 1915	60
01230	*Bacillus thuringiensis* Berliner 1915	60
01240	*Bacillus thuringiensis* Berliner 1915	60
01243	*Bacillus thuringiensis* Berliner 1915	60
01248	*Bacillus thuringiensis* Berliner 1915	60
01250	*Bacillus thuringiensis* Berliner 1915	60
01251	*Bacillus thuringiensis* Berliner 1915	60
01252	*Bacillus thuringiensis* Berliner 1915	60
01475	*Bacillus thuringiensis* Berliner 1915	60
01476	*Bacillus thuringiensis* Berliner 1915	60
01477	*Bacillus thuringiensis* Berliner 1915	60
01478	*Bacillus thuringiensis* Berliner 1915	60
01479	*Bacillus thuringiensis* Berliner 1915	60
01480	*Bacillus thuringiensis* Berliner 1915	60
01481	*Bacillus thuringiensis* Berliner 1915	60
01497	*Bacillus thuringiensis* Berliner 1915	60
01498	*Bacillus thuringiensis* Berliner 1915	60
01559	*Bacillus thuringiensis* Berliner 1915	60
01560	*Bacillus thuringiensis* Berliner 1915	60
01561	*Bacillus thuringiensis* Berliner 1915	60
01562	*Bacillus thuringiensis* Berliner 1915	60
01563	*Bacillus thuringiensis* Berliner 1915	61
01564	*Bacillus thuringiensis* Berliner 1915	61
01565	*Bacillus thuringiensis* Berliner 1915	61
01566	*Bacillus thuringiensis* Berliner 1915	61
01567	*Bacillus thuringiensis* Berliner 1915	61
01568	*Bacillus thuringiensis* Berliner 1915	61
01569	*Bacillus thuringiensis* Berliner 1915	61
01570	*Bacillus thuringiensis* Berliner 1915	61
01571	*Bacillus thuringiensis* Berliner 1915	61
01572	*Bacillus thuringiensis* Berliner 1915	61
01573	*Bacillus thuringiensis* Berliner 1915	61
01574	*Bacillus thuringiensis* Berliner 1915	61
01575	*Bacillus thuringiensis* Berliner 1915	61
01576	*Bacillus thuringiensis* Berliner 1915	61
01577	*Bacillus thuringiensis* Berliner 1915	61
01578	*Bacillus thuringiensis* Berliner 1915	61
01579	*Bacillus thuringiensis* Berliner 1915	61

菌株号	菌种名称	页数
01580	*Bacillus thuringiensis* Berliner 1915	61
01581	*Bacillus thuringiensis* Berliner 1915	61
01582	*Bacillus thuringiensis* Berliner 1915	61
01583	*Bacillus thuringiensis* Berliner 1915	61
01584	*Bacillus thuringiensis* Berliner 1915	61
01585	*Bacillus thuringiensis* Berliner 1915	62
01586	*Bacillus thuringiensis* Berliner 1915	62
01587	*Bacillus thuringiensis* Berliner 1915	62
01588	*Bacillus thuringiensis* Berliner 1915	62
01589	*Bacillus thuringiensis* Berliner 1915	62
01590	*Bacillus thuringiensis* Berliner 1915	62
01591	*Bacillus thuringiensis* Berliner 1915	62
01592	*Bacillus thuringiensis* Berliner 1915	62
01593	*Bacillus thuringiensis* Berliner 1915	62
01594	*Bacillus thuringiensis* Berliner 1915	62
01595	*Bacillus thuringiensis* Berliner 1915	62
01596	*Bacillus thuringiensis* Berliner 1915	62
01597	*Bacillus thuringiensis* Berliner 1915	62
01598	*Bacillus thuringiensis* Berliner 1915	62
01599	*Bacillus thuringiensis* Berliner 1915	62
01600	*Bacillus thuringiensis* Berliner 1915	62
01601	*Bacillus thuringiensis* Berliner 1915	62
01602	*Bacillus thuringiensis* Berliner 1915	62
01603	*Bacillus thuringiensis* Berliner 1915	62
01604	*Bacillus thuringiensis* Berliner 1915	62
01605	*Bacillus thuringiensis* Berliner 1915	62
01606	*Bacillus thuringiensis* Berliner 1915	62
01607	*Bacillus thuringiensis* Berliner 1915	62
01739	*Bacillus thuringiensis* Berliner 1915	63
01807	*Bacillus thuringiensis* Berliner 1915	63
01808	*Bacillus thuringiensis* Berliner 1915	63
01809	*Bacillus thuringiensis* Berliner 1915	63
01810	*Bacillus thuringiensis* Berliner 1915	63
01811	*Bacillus thuringiensis* Berliner 1915	63
01812	*Bacillus thuringiensis* Berliner 1915	63
01813	*Bacillus thuringiensis* Berliner 1915	63
01814	*Bacillus thuringiensis* Berliner 1915	63
01815	*Bacillus thuringiensis* Berliner 1915	63
01816	*Bacillus thuringiensis* Berliner 1915	63
01817	*Bacillus thuringiensis* Berliner 1915	63
01818	*Bacillus thuringiensis* Berliner 1915	63
01819	*Bacillus thuringiensis* Berliner 1915	63
01820	*Bacillus thuringiensis* Berliner 1915	63
01821	*Bacillus thuringiensis* Berliner 1915	63
01822	*Bacillus thuringiensis* Berliner 1915	63
01823	*Bacillus thuringiensis* Berliner 1915	63
01824	*Bacillus thuringiensis* Berliner 1915	63
01825	*Bacillus thuringiensis* Berliner 1915	63
01826	*Bacillus thuringiensis* Berliner 1915	63
01827	*Bacillus thuringiensis* Berliner 1915	63
01828	*Bacillus thuringiensis* Berliner 1915	64
01829	*Bacillus thuringiensis* Berliner 1915	64
01830	*Bacillus thuringiensis* Berliner 1915	64
01831	*Bacillus thuringiensis* Berliner 1915	64
01832	*Bacillus thuringiensis* Berliner 1915	64

菌株号	菌种名称	页数
01833	*Bacillus thuringiensis* Berliner 1915	64
01834	*Bacillus thuringiensis* Berliner 1915	64
01835	*Bacillus thuringiensis* Berliner 1915	64
01836	*Bacillus thuringiensis* Berliner 1915	64
01837	*Bacillus thuringiensis* Berliner 1915	64
01838	*Bacillus thuringiensis* Berliner 1915	64
01839	*Bacillus thuringiensis* Berliner 1915	64
01840	*Bacillus thuringiensis* Berliner 1915	64
01841	*Bacillus thuringiensis* Berliner 1915	64
01842	*Bacillus thuringiensis* Berliner 1915	64
01843	*Bacillus thuringiensis* Berliner 1915	64
01844	*Bacillus thuringiensis* Berliner 1915	64
01845	*Bacillus thuringiensis* Berliner 1915	64
01846	*Bacillus thuringiensis* Berliner 1915	64
01847	*Bacillus thuringiensis* Berliner 1915	64
01848	*Bacillus thuringiensis* Berliner 1915	64
01849	*Bacillus thuringiensis* Berliner 1915	64
01850	*Bacillus thuringiensis* Berliner 1915	64
01954	*Bacillus thuringiensis* Berliner 1915	65
02000	*Bacillus thuringiensis* Berliner 1915	65
02003	*Bacillus thuringiensis* Berliner 1915	65
02004	*Bacillus thuringiensis* Berliner 1915	65
02009	*Bacillus thuringiensis* Berliner 1915	65
02010	*Bacillus thuringiensis* Berliner 1915	65
02015	*Bacillus thuringiensis* Berliner 1915	65
02016	*Bacillus thuringiensis* Berliner 1915	65
02017	*Bacillus thuringiensis* Berliner 1915	65
02018	*Bacillus thuringiensis* Berliner 1915	65
02019	*Bacillus thuringiensis* Berliner 1915	65
02020	*Bacillus thuringiensis* Berliner 1915	65
02021	*Bacillus thuringiensis* Berliner 1915	65
02022	*Bacillus thuringiensis* Berliner 1915	65
02023	*Bacillus thuringiensis* Berliner 1915	65
02024	*Bacillus thuringiensis* Berliner 1915	65
02025	*Bacillus thuringiensis* Berliner 1915	65
02026	*Bacillus thuringiensis* Berliner 1915	65
02027	*Bacillus thuringiensis* Berliner 1915	65
02028	*Bacillus thuringiensis* Berliner 1915	65
02029	*Bacillus thuringiensis* Berliner 1915	65
02030	*Bacillus thuringiensis* Berliner 1915	65
02031	*Bacillus thuringiensis* Berliner 1915	66
02032	*Bacillus thuringiensis* Berliner 1915	66
02033	*Bacillus thuringiensis* Berliner 1915	66
02034	*Bacillus thuringiensis* Berliner 1915	66
02035	*Bacillus thuringiensis* Berliner 1915	66
02036	*Bacillus thuringiensis* Berliner 1915	66
02037	*Bacillus thuringiensis* Berliner 1915	66
02038	*Bacillus thuringiensis* Berliner 1915	66
02039	*Bacillus thuringiensis* Berliner 1915	66
02040	*Bacillus thuringiensis* Berliner 1915	66
02304	*Bacillus thuringiensis* Berliner 1915	66
02305	*Bacillus thuringiensis* Berliner 1915	66
02306	*Bacillus thuringiensis* Berliner 1915	66
02307	*Bacillus thuringiensis* Berliner 1915	66
02308	*Bacillus thuringiensis* Berliner 1915	66

菌株号	菌种名称	页数
02413	*Bacillus thuringiensis* Berliner 1915	69
02414	*Bacillus thuringiensis* Berliner 1915	69
02415	*Bacillus thuringiensis* Berliner 1915	69
02416	*Bacillus thuringiensis* Berliner 1915	69
02417	*Bacillus thuringiensis* Berliner 1915	69
02418	*Bacillus thuringiensis* Berliner 1915	69
02419	*Bacillus thuringiensis* Berliner 1915	69
02420	*Bacillus thuringiensis* Berliner 1915	69
02421	*Bacillus thuringiensis* Berliner 1915	69
02422	*Bacillus thuringiensis* Berliner 1915	69
02423	*Bacillus thuringiensis* Berliner 1915	69
02424	*Bacillus thuringiensis* Berliner 1915	69
02426	*Bacillus thuringiensis* Berliner 1915	69
02427	*Bacillus thuringiensis* Berliner 1915	69
02428	*Bacillus thuringiensis* Berliner 1915	69
02429	*Bacillus thuringiensis* Berliner 1915	69
02430	*Bacillus thuringiensis* Berliner 1915	69
02431	*Bacillus thuringiensis* Berliner 1915	69
02432	*Bacillus thuringiensis* Berliner 1915	69
02433	*Bacillus thuringiensis* Berliner 1915	69
02434	*Bacillus thuringiensis* Berliner 1915	70
02435	*Bacillus thuringiensis* Berliner 1915	70
02436	*Bacillus thuringiensis* Berliner 1915	70
02437	*Bacillus thuringiensis* Berliner 1915	70
02438	*Bacillus thuringiensis* Berliner 1915	70
02439	*Bacillus thuringiensis* Berliner 1915	70
02440	*Bacillus thuringiensis* Berliner 1915	70
02441	*Bacillus thuringiensis* Berliner 1915	70
02442	*Bacillus thuringiensis* Berliner 1915	70
02443	*Bacillus thuringiensis* Berliner 1915	70
02444	*Bacillus thuringiensis* Berliner 1915	70
02445	*Bacillus thuringiensis* Berliner 1915	70
02446	*Bacillus thuringiensis* Berliner 1915	70
02447	*Bacillus thuringiensis* Berliner 1915	70
02448	*Bacillus thuringiensis* Berliner 1915	70
02449	*Bacillus thuringiensis* Berliner 1915	70
02450	*Bacillus thuringiensis* Berliner 1915	70
02451	*Bacillus thuringiensis* Berliner 1915	70
02452	*Bacillus thuringiensis* Berliner 1915	70
02453	*Bacillus thuringiensis* Berliner 1915	70
02454	*Bacillus thuringiensis* Berliner 1915	70
02455	*Bacillus thuringiensis* Berliner 1915	70
02456	*Bacillus thuringiensis* Berliner 1915	70
02457	*Bacillus thuringiensis* Berliner 1915	71
02458	*Bacillus thuringiensis* Berliner 1915	71
02459	*Bacillus thuringiensis* Berliner 1915	71
02460	*Bacillus thuringiensis* Berliner 1915	71
02461	*Bacillus thuringiensis* Berliner 1915	71
02462	*Bacillus thuringiensis* Berliner 1915	71
02463	*Bacillus thuringiensis* Berliner 1915	71
02464	*Bacillus thuringiensis* Berliner 1915	71
02465	*Bacillus thuringiensis* Berliner 1915	71
02466	*Bacillus thuringiensis* Berliner 1915	71
02467	*Bacillus thuringiensis* Berliner 1915	71
02468	*Bacillus thuringiensis* Berliner 1915	71

菌株号	菌种名称	页数
03645	*Bacillus thuringiensis* Berliner 1915	74
03646	*Bacillus thuringiensis* Berliner 1915	74
03647	*Bacillus thuringiensis* Berliner 1915	74
03648	*Bacillus thuringiensis* Berliner 1915	74
03649	*Bacillus thuringiensis* Berliner 1915	74
03650	*Bacillus thuringiensis* Berliner 1915	74
03651	*Bacillus thuringiensis* Berliner 1915	74
03652	*Bacillus thuringiensis* Berliner 1915	74
03653	*Bacillus thuringiensis* Berliner 1915	74
03654	*Bacillus thuringiensis* Berliner 1915	74
03655	*Bacillus thuringiensis* Berliner 1915	74
03656	*Bacillus thuringiensis* Berliner 1915	74
03657	*Bacillus thuringiensis* Berliner 1915	74
03658	*Bacillus thuringiensis* Berliner 1915	74
03770	*Bacillus thuringiensis* Berliner 1915	74
03771	*Bacillus thuringiensis* Berliner 1915	74
03772	*Bacillus thuringiensis* Berliner 1915	74
03773	*Bacillus thuringiensis* Berliner 1915	74
03774	*Bacillus thuringiensis* Berliner 1915	74
03775	*Bacillus thuringiensis* Berliner 1915	74
03776	*Bacillus thuringiensis* Berliner 1915	74
03777	*Bacillus thuringiensis* Berliner 1915	74
03778	*Bacillus thuringiensis* Berliner 1915	74
03779	*Bacillus thuringiensis* Berliner 1915	74
03780	*Bacillus thuringiensis* Berliner 1915	74
03781	*Bacillus thuringiensis* Berliner 1915	74
03782	*Bacillus thuringiensis* Berliner 1915	74
03783	*Bacillus thuringiensis* Berliner 1915	74
03784	*Bacillus thuringiensis* Berliner 1915	74
03785	*Bacillus thuringiensis* Berliner 1915	74
03786	*Bacillus thuringiensis* Berliner 1915	74
03787	*Bacillus thuringiensis* Berliner 1915	75
03788	*Bacillus thuringiensis* Berliner 1915	75
03789	*Bacillus thuringiensis* Berliner 1915	75
03790	*Bacillus thuringiensis* Berliner 1915	75
03791	*Bacillus thuringiensis* Berliner 1915	75
03792	*Bacillus thuringiensis* Berliner 1915	75
03793	*Bacillus thuringiensis* Berliner 1915	75
03794	*Bacillus thuringiensis* Berliner 1915	75
03795	*Bacillus thuringiensis* Berliner 1915	75
03796	*Bacillus thuringiensis* Berliner 1915	75
03797	*Bacillus thuringiensis* Berliner 1915	75
03798	*Bacillus thuringiensis* Berliner 1915	75
03799	*Bacillus thuringiensis* Berliner 1915	75
03800	*Bacillus thuringiensis* Berliner 1915	75
03801	*Bacillus thuringiensis* Berliner 1915	75
03802	*Bacillus thuringiensis* Berliner 1915	75
03803	*Bacillus thuringiensis* Berliner 1915	75
03804	*Bacillus thuringiensis* Berliner 1915	75
03805	*Bacillus thuringiensis* Berliner 1915	75
03806	*Bacillus thuringiensis* Berliner 1915	75
03807	*Bacillus thuringiensis* Berliner 1915	75
03808	*Bacillus thuringiensis* Berliner 1915	75
03809	*Bacillus thuringiensis* Berliner 1915	75
03810	*Bacillus thuringiensis* Berliner 1915	75

菌株号	菌种名称	页数
03867	*Bacillus thuringiensis* Berliner 1915	77
03868	*Bacillus thuringiensis* Berliner 1915	77
03869	*Bacillus thuringiensis* Berliner 1915	77
04255	*Bacillus thuringiensis* Berliner 1915	77
04256	*Bacillus thuringiensis* Berliner 1915	77
04308	*Bacillus thuringiensis* Berliner 1915	77
04311	*Bacillus thuringiensis* Berliner 1915	77
04317	*Bacillus thuringiensis* Berliner 1915	77
04322	*Bacillus thuringiensis* Berliner 1915	77
10020	*Bacillus thuringiensis* Berliner 1915	77
10074	*Bacillus thuringiensis* Berliner 1915	77
10322	*Bacillus thuringiensis* Berliner 1915	77
10323	*Bacillus thuringiensis* Berliner 1915	77
10324	*Bacillus thuringiensis* Berliner 1915	77
10325[T]	*Bacillus thuringiensis* Berliner 1915	77
11156	*Bacillus thuringiensis* Berliner 1915	77
11157	*Bacillus thuringiensis* Berliner 1915	77
11158	*Bacillus thuringiensis* Berliner 1915	77
11159	*Bacillus thuringiensis* Berliner 1915	77
11160	*Bacillus thuringiensis* Berliner 1915	77
11161	*Bacillus thuringiensis* Berliner 1915	78
11162	*Bacillus thuringiensis* Berliner 1915	78
11163	*Bacillus thuringiensis* Berliner 1915	78
11173	*Bacillus thuringiensis* Berliner 1915	78
11174	*Bacillus thuringiensis* Berliner 1915	78
11182	*Bacillus thuringiensis* Berliner 1915	78
11184	*Bacillus thuringiensis* Berliner 1915	78
11190	*Bacillus thuringiensis* Berliner 1915	78
11191	*Bacillus thuringiensis* Berliner 1915	78
11193	*Bacillus thuringiensis* Berliner 1915	78
11194	*Bacillus thuringiensis* Berliner 1915	78
11195	*Bacillus thuringiensis* Berliner 1915	78
11197	*Bacillus thuringiensis* Berliner 1915	78
11201	*Bacillus thuringiensis* Berliner 1915	78
11211	*Bacillus thuringiensis* Berliner 1915	78
10016	*Bacillus thuringienis* subsp. *aisawai*	78
10018	*Bacillus thuringiensis* subsp. *alesti*	78
10065	*Bacillus thuringiensis* subsp. *alesti*	78
10301	*Bacillus thuringiensis* subsp. *canadensis*	78
10302	*Bacillus thuringiensis* subsp. *colmeri*	78
10303	*Bacillus thuringiensis* subsp. *dakota*	78
10304	*Bacillus thuringiensis* subsp. *darmstadiensis*	78
10023	*Bacillus thuringiensis* subsp. *Dendrolimus*	79
10062	*Bacillus thuringiensis* subsp. *Dendrolimus*	79
10024	*Bacillus thuringiensis* subsp. *entomocidus*	79
10025	*Bacillus thuringiensis* subsp. *finitimus*	79
10026	*Bacillus thuringiensis* subsp. *galleriae*	79
10027	*Bacillus thuringiensis* subsp. *galleriae*	79
10028	*Bacillus thuringiensis* subsp. *galleriae*	79
10029	*Bacillus thuringiensis* subsp. *galleriae*	79
10030	*Bacillus thuringiensis* subsp. *galleriae*	79
10061	*Bacillus thuringiensis* subsp. *galleriae*	79
10067	*Bacillus thuringiensis* subsp. *galleriae*	79
10068	*Bacillus thuringiensis* subsp. *galleriae*	79
10069	*Bacillus thuringiensis* subsp. *galleriae*	79

菌株号	菌种名称	页数
15081	*Bradyrhizobium japonicum* (Kirchner) Jordan 1982	84
15083	*Bradyrhizobium japonicum* (Kirchner) Jordan 1982	84
15093	*Bradyrhizobium japonicum* (Kirchner) Jordan 1982	84
15095	*Bradyrhizobium japonicum* (Kirchner) Jordan 1982	84
15096	*Bradyrhizobium japonicum* (Kirchner) Jordan 1982	84
15097	*Bradyrhizobium japonicum* (Kirchner) Jordan 1982	84
15150	*Bradyrhizobium japonicum* (Kirchner) Jordan 1982	84
15151	*Bradyrhizobium japonicum* (Kirchner) Jordan 1982	84
15152	*Bradyrhizobium japonicum* (Kirchner) Jordan 1982	84
15153	*Bradyrhizobium japonicum* (Kirchner) Jordan 1982	84
15154	*Bradyrhizobium japonicum* (Kirchner) Jordan 1982	84
15155	*Bradyrhizobium japonicum* (Kirchner) Jordan 1982	84
15156	*Bradyrhizobium japonicum* (Kirchner) Jordan 1982	85
15157	*Bradyrhizobium japonicum* (Kirchner) Jordan 1982	85
15158	*Bradyrhizobium japonicum* (Kirchner) Jordan 1982	85
15159	*Bradyrhizobium japonicum* (Kirchner) Jordan 1982	85
15160	*Bradyrhizobium japonicum* (Kirchner) Jordan 1982	85
15161	*Bradyrhizobium japonicum* (Kirchner) Jordan 1982	85
15162	*Bradyrhizobium japonicum* (Kirchner) Jordan 1982	85
15163	*Bradyrhizobium japonicum* (Kirchner) Jordan 1982	85
15164	*Bradyrhizobium japonicum* (Kirchner) Jordan 1982	85
15165	*Bradyrhizobium japonicum* (Kirchner) Jordan 1982	85
15166	*Bradyrhizobium japonicum* (Kirchner) Jordan 1982	85
15167	*Bradyrhizobium japonicum* (Kirchner) Jordan 1982	85
15168	*Bradyrhizobium japonicum* (Kirchner) Jordan 1982	85
15169	*Bradyrhizobium japonicum* (Kirchner) Jordan 1982	85
15170	*Bradyrhizobium japonicum* (Kirchner) Jordan 1982	85
15171	*Bradyrhizobium japonicum* (Kirchner) Jordan 1982	85
15172	*Bradyrhizobium japonicum* (Kirchner) Jordan 1982	85
15173	*Bradyrhizobium japonicum* (Kirchner) Jordan 1982	86
15174	*Bradyrhizobium japonicum* (Kirchner) Jordan 1982	86
15175	*Bradyrhizobium japonicum* (Kirchner) Jordan 1982	86
15176	*Bradyrhizobium japonicum* (Kirchner) Jordan 1982	86
15177	*Bradyrhizobium japonicum* (Kirchner) Jordan 1982	86
15178	*Bradyrhizobium japonicum* (Kirchner) Jordan 1982	86
15179	*Bradyrhizobium japonicum* (Kirchner) Jordan 1982	86
15180	*Bradyrhizobium japonicum* (Kirchner) Jordan 1982	86
15181	*Bradyrhizobium japonicum* (Kirchner) Jordan 1982	86
15182	*Bradyrhizobium japonicum* (Kirchner) Jordan 1982	86
15183	*Bradyrhizobium japonicum* (Kirchner) Jordan 1982	86
15184	*Bradyrhizobium japonicum* (Kirchner) Jordan 1982	86
15185	*Bradyrhizobium japonicum* (Kirchner) Jordan 1982	86
15186	*Bradyrhizobium japonicum* (Kirchner) Jordan 1982	86
15187	*Bradyrhizobium japonicum* (Kirchner) Jordan 1982	86
15188	*Bradyrhizobium japonicum* (Kirchner) Jordan 1982	87
15189	*Bradyrhizobium japonicum* (Kirchner) Jordan 1982	87
15190	*Bradyrhizobium japonicum* (Kirchner) Jordan 1982	87
15191	*Bradyrhizobium japonicum* (Kirchner) Jordan 1982	87
15192	*Bradyrhizobium japonicum* (Kirchner) Jordan 1982	87
15193	*Bradyrhizobium japonicum* (Kirchner) Jordan 1982	87
15194	*Bradyrhizobium japonicum* (Kirchner) Jordan 1982	87
15195	*Bradyrhizobium japonicum* (Kirchner) Jordan 1982	87
15196	*Bradyrhizobium japonicum* (Kirchner) Jordan 1982	87
15197	*Bradyrhizobium japonicum* (Kirchner) Jordan 1982	87
15198	*Bradyrhizobium japonicum* (Kirchner) Jordan 1982	87

菌株号	菌种名称	页数
15199	*Bradyrhizobium japonicum* (Kirchner) Jordan 1982	87
15200	*Bradyrhizobium japonicum* (Kirchner) Jordan 1982	87
15201	*Bradyrhizobium japonicum* (Kirchner) Jordan 1982	87
15202	*Bradyrhizobium japonicum* (Kirchner) Jordan 1982	87
15203	*Bradyrhizobium japonicum* (Kirchner) Jordan 1982	88
15204	*Bradyrhizobium japonicum* (Kirchner) Jordan 1982	88
15205	*Bradyrhizobium japonicum* (Kirchner) Jordan 1982	88
15206	*Bradyrhizobium japonicum* (Kirchner) Jordan 1982	88
15207	*Bradyrhizobium japonicum* (Kirchner) Jordan 1982	88
15208	*Bradyrhizobium japonicum* (Kirchner) Jordan 1982	88
15209	*Bradyrhizobium japonicum* (Kirchner) Jordan 1982	88
15210	*Bradyrhizobium japonicum* (Kirchner) Jordan 1982	88
15211	*Bradyrhizobium japonicum* (Kirchner) Jordan 1982	88
15212	*Bradyrhizobium japonicum* (Kirchner) Jordan 1982	88
15213	*Bradyrhizobium japonicum* (Kirchner) Jordan 1982	88
15214	*Bradyrhizobium japonicum* (Kirchner) Jordan 1982	88
15215	*Bradyrhizobium japonicum* (Kirchner) Jordan 1982	88
15216	*Bradyrhizobium japonicum* (Kirchner) Jordan 1982	88
15217	*Bradyrhizobium japonicum* (Kirchner) Jordan 1982	88
15218	*Bradyrhizobium japonicum* (Kirchner) Jordan 1982	88
15219	*Bradyrhizobium japonicum* (Kirchner) Jordan 1982	89
15220	*Bradyrhizobium japonicum* (Kirchner) Jordan 1982	89
15221	*Bradyrhizobium japonicum* (Kirchner) Jordan 1982	89
15222	*Bradyrhizobium japonicum* (Kirchner) Jordan 1982	89
15223	*Bradyrhizobium japonicum* (Kirchner) Jordan 1982	89
15224	*Bradyrhizobium japonicum* (Kirchner) Jordan 1982	89
15225	*Bradyrhizobium japonicum* (Kirchner) Jordan 1982	89
15226	*Bradyrhizobium japonicum* (Kirchner) Jordan 1982	89
15227	*Bradyrhizobium japonicum* (Kirchner) Jordan 1982	89
15228	*Bradyrhizobium japonicum* (Kirchner) Jordan 1982	89
15229	*Bradyrhizobium japonicum* (Kirchner) Jordan 1982	89
15230	*Bradyrhizobium japonicum* (Kirchner) Jordan 1982	89
15231	*Bradyrhizobium japonicum* (Kirchner) Jordan 1982	89
15232	*Bradyrhizobium japonicum* (Kirchner) Jordan 1982	89
15233	*Bradyrhizobium japonicum* (Kirchner) Jordan 1982	89
15234	*Bradyrhizobium japonicum* (Kirchner) Jordan 1982	90
15235	*Bradyrhizobium japonicum* (Kirchner) Jordan 1982	90
15236	*Bradyrhizobium japonicum* (Kirchner) Jordan 1982	90
15237	*Bradyrhizobium japonicum* (Kirchner) Jordan 1982	90
15238	*Bradyrhizobium japonicum* (Kirchner) Jordan 1982	90
15239	*Bradyrhizobium japonicum* (Kirchner) Jordan 1982	90
15240	*Bradyrhizobium japonicum* (Kirchner) Jordan 1982	90
15241	*Bradyrhizobium japonicum* (Kirchner) Jordan 1982	90
15242	*Bradyrhizobium japonicum* (Kirchner) Jordan 1982	90
15243	*Bradyrhizobium japonicum* (Kirchner) Jordan 1982	90
15244	*Bradyrhizobium japonicum* (Kirchner) Jordan 1982	90
15245	*Bradyrhizobium japonicum* (Kirchner) Jordan 1982	90
15246	*Bradyrhizobium japonicum* (Kirchner) Jordan 1982	90
15247	*Bradyrhizobium japonicum* (Kirchner) Jordan 1982	90
15248	*Bradyrhizobium japonicum* (Kirchner) Jordan 1982	90
15249	*Bradyrhizobium japonicum* (Kirchner) Jordan 1982	90
15250	*Bradyrhizobium japonicum* (Kirchner) Jordan 1982	91
15251	*Bradyrhizobium japonicum* (Kirchner) Jordan 1982	91
15252	*Bradyrhizobium japonicum* (Kirchner) Jordan 1982	91
15601	*Bradyrhizobium japonicum* (Kirchner) Jordan 1982	91

菌株号	菌种名称	页数
15603	*Bradyrhizobium japonicum* (Kirchner) Jordan 1982	91
15604	*Bradyrhizobium japonicum* (Kirchner) Jordan 1982	91
15605	*Bradyrhizobium japonicum* (Kirchner) Jordan 1982	91
15606	*Bradyrhizobium japonicum* (Kirchner) Jordan 1982	91
15607	*Bradyrhizobium japonicum* (Kirchner) Jordan 1982	91
15608	*Bradyrhizobium japonicum* (Kirchner) Jordan 1982	91
15609	*Bradyrhizobium japonicum* (Kirchner) Jordan 1982	91
15610	*Bradyrhizobium japonicum* (Kirchner) Jordan 1982	91
15611	*Bradyrhizobium japonicum* (Kirchner) Jordan 1982	91
14010	*Bradyrhizobium* sp.	91
14033	*Bradyrhizobium* sp.	91
14035	*Bradyrhizobium* sp.	91
14046	*Bradyrhizobium* sp.	91
14055	*Bradyrhizobium* sp.	91
14062	*Bradyrhizobium* sp.	91
14063	*Bradyrhizobium* sp.	91
14064	*Bradyrhizobium* sp.	91
14065	*Bradyrhizobium* sp.	92
14066	*Bradyrhizobium* sp.	92
14067	*Bradyrhizobium* sp.	92
14068	*Bradyrhizobium* sp.	92
14069	*Bradyrhizobium* sp.	92
14070	*Bradyrhizobium* sp.	92
14071	*Bradyrhizobium* sp.	92
14072	*Bradyrhizobium* sp.	92
14073	*Bradyrhizobium* sp.	92
14074	*Bradyrhizobium* sp.	92
14075	*Bradyrhizobium* sp.	92
14076	*Bradyrhizobium* sp.	92
14077	*Bradyrhizobium* sp.	92
14078	*Bradyrhizobium* sp.	92
14079	*Bradyrhizobium* sp.	92
14080	*Bradyrhizobium* sp.	92
14081	*Bradyrhizobium* sp.	92
14082	*Bradyrhizobium* sp.	92
14084	*Bradyrhizobium* sp.	92
14086	*Bradyrhizobium* sp.	92
14087	*Bradyrhizobium* sp.	92
14088	*Bradyrhizobium* sp.	92
14089	*Bradyrhizobium* sp.	92
14090	*Bradyrhizobium* sp.	93
14091	*Bradyrhizobium* sp.	93
14092	*Bradyrhizobium* sp.	93
14093	*Bradyrhizobium* sp.	93
14094	*Bradyrhizobium* sp.	93
14095	*Bradyrhizobium* sp.	93
14096	*Bradyrhizobium* sp.	93
14097	*Bradyrhizobium* sp.	93
14098	*Bradyrhizobium* sp.	93
14099	*Bradyrhizobium* sp.	93
14100	*Bradyrhizobium* sp.	93
14101	*Bradyrhizobium* sp.	93
14102	*Bradyrhizobium* sp.	93
14103	*Bradyrhizobium* sp.	93
14104	*Bradyrhizobium* sp.	93

菌株号	菌种名称	页数
14105	*Bradyrhizobium* sp.	93
14106	*Bradyrhizobium* sp.	93
14107	*Bradyrhizobium* sp.	93
14108	*Bradyrhizobium* sp.	93
14109	*Bradyrhizobium* sp.	93
14110	*Bradyrhizobium* sp.	93
14111	*Bradyrhizobium* sp.	93
14113	*Bradyrhizobium* sp.	94
14114	*Bradyrhizobium* sp.	94
14115	*Bradyrhizobium* sp.	94
14116	*Bradyrhizobium* sp.	94
14117	*Bradyrhizobium* sp.	94
14118	*Bradyrhizobium* sp.	94
14120	*Bradyrhizobium* sp.	94
14121	*Bradyrhizobium* sp.	94
14125	*Bradyrhizobium* sp.	94
14131	*Bradyrhizobium* sp.	94
14132	*Bradyrhizobium* sp.	94
14133	*Bradyrhizobium* sp.	94
14134	*Bradyrhizobium* sp.	94
14150	*Bradyrhizobium* sp.	94
14151	*Bradyrhizobium* sp.	94
14152	*Bradyrhizobium* sp.	94
14160	*Bradyrhizobium* sp.	94
14161	*Bradyrhizobium* sp.	94
14162	*Bradyrhizobium* sp.	94
14163	*Bradyrhizobium* sp.	94
14164	*Bradyrhizobium* sp.	94
14165	*Bradyrhizobium* sp.	94
14180	*Bradyrhizobium* sp.	94
14181	*Bradyrhizobium* sp.	95
14182	*Bradyrhizobium* sp.	95
14183	*Bradyrhizobium* sp.	95
14190	*Bradyrhizobium* sp.	95
14191	*Bradyrhizobium* sp.	95
14200	*Bradyrhizobium* sp.	95
14201	*Bradyrhizobium* sp.	95
14202	*Bradyrhizobium* sp.	95
14203	*Bradyrhizobium* sp.	95
14204	*Bradyrhizobium* sp.	95
14205	*Bradyrhizobium* sp.	95
14206	*Bradyrhizobium* sp.	95
14207	*Bradyrhizobium* sp.	95
14208	*Bradyrhizobium* sp.	95
14209	*Bradyrhizobium* sp.	95
14210	*Bradyrhizobium* sp.	95
14211	*Bradyrhizobium* sp.	95
14212	*Bradyrhizobium* sp.	95
14213	*Bradyrhizobium* sp.	95
14214	*Bradyrhizobium* sp.	95
14215	*Bradyrhizobium* sp.	95
14216	*Bradyrhizobium* sp.	95
03016	*Brevibacillus agri* (Nakamura 1993) Shida et al. 1996	96
03587	*Brevibacillus agri* (Nakamura 1993) Shida et al. 1996	96
10247[T]	*Brevibacillus agri* (Nakamura 1993) Shida et al. 1996	96

菌株号	菌种名称	页数
10732	*Brevibacillus agri* (Nakamura 1993) Shida et al. 1996	96
04176	*Brevibacillus agri* (Nakamura 1993) Shida et al. 1996	96
02014	*Brevibacillus borstelensis* (Shida et al. 1995) Shida et al. 1996	96
03387	*Brevibacillus brevis* (Migula 1900) Shida et al. 1996	96
03389	*Brevibacillus brevis* (Migula 1900) Shida et al. 1996	96
03401	*Brevibacillus brevis* (Migula 1900) Shida et al. 1996	96
03407	*Brevibacillus brevis* (Migula 1900) Shida et al. 1996	96
03418	*Brevibacillus brevis* (Migula 1900) Shida et al. 1996	96
10121	*Brevibacillus brevis* (Migula 1900) Shida et al. 1996	96
10248[T]	*Brevibacillus brevis* (Migula 1900) Shida et al. 1996	96
10659	*Brevibacillus brevis* (Migula 1900) Shida et al. 1996	96
10687	*Brevibacillus brevis* (Migula 1900) Shida et al. 1996	96
03062	*Brevibacillus choshinensis* (Takagi et al. 1993) Shida et al. 1996	96
03102	*Brevibacillus choshinensis* (Takagi et al. 1993) Shida et al. 1996	96
03023	*Brevibacillus formosus* (Shida et al. 1995) Shida et al. 1996	96
03261	*Brevibacillus formosus* (Shida et al. 1995) Shida et al. 1996	96
01282	*Brevibacillus laterosporus* (Laubach 1916) Shida et al. 1996	96
05440	*Brevibacillus laterosporus* (Laubach 1916) Shida et al. 1996	97
10249[T]	*Brevibacillus laterosporus* (Laubach 1916) Shida et al. 1996	97
10274	*Brevibacillus laterosporus* (Laubach 1916) Shida et al. 1996	97
10275	*Brevibacillus laterosporus* (Laubach 1916) Shida et al. 1996	97
11079	*Brevibacillus laterosporus* (Laubach 1916) Shida et al. 1996	97
01662	*Brevibacillus parabrevis* (Takagi et al. 1993) Shida et al. 1996	97
02972	*Brevibacillus parabrevis* (Takagi et al. 1993) Shida et al. 1996	97
02644	*Brevibacillus* sp.	97
11684	*Brevibacillus* sp.	97
11833	*Brevibacillus* sp.	97
04258	*Brevibacterium ammoniagenes* (Cooke and Keith 1927) Breed 1953	97
04259	*Brevibacterium ammoniagenes* (Cooke and Keith 1927) Breed 1953	97
10519[T]	*Brevibacterium casei* Collins et al. 1983	97
02655	*Brevibacterium epidermidis* Collins et al. 1983	97
02703	*Brevibacterium epidermidis* Collins et al. 1983	97
02826	*Brevibacterium epidermidis* Collins et al. 1983	97
02050	*Brevibacterium halotolerans* Delaporte and Sasson 1967	97
10508[T]	*Brevibacterium linens* (Wolff 1910) Breed 1953	98
02679	*Brevibacterium* sp.	98
11680	*Brevibacterium* sp.	98
11775	*Brevibacterium* sp.	98
01712	*Brevundimonas aurantiaca* (*ex* Poindexter 1964) Abraham et al. 1999	98
01725	*Brevundimonas aurantiaca* (*ex* Poindexter 1964) Abraham et al. 1999	98
01726	*Brevundimonas aurantiaca* (*ex* Poindexter 1964) Abraham et al. 1999	98
01652	*Brevundimonas diminuta* (Leifson and Hugh 1954) Segers et al. 1994	98
10507[T]	*Brevundimonas diminuta* (Leifson and Hugh 1954) Segers et al. 1994	98
10520	*Brevundimonas diminuta* (Leifson and Hugh 1954) Segers et al. 1994	98
03017	*Brevundimonas kwangchunensis* Yoon et al. 2006	98
03084	*Brevundimonas kwangchunensis* Yoon et al. 2006	98
03246	*Brevundimonas kwangchunensis* Yoon et al. 2006	98
11640	*Brevundimonas* sp.	98
01062	*Brevundimonas vesicularis* (Büsing et al. 1953) Segers et al. 1994	98
01095	*Brevundimonas vesicularis* (Büsing et al. 1953) Segers et al. 1994	98
01683	*Brevundimonas vesicularis* (Büsing et al. 1953) Segers et al. 1994	98
01688	*Brevundimonas vesicularis* (Büsing et al. 1953) Segers et al. 1994	99
03870	*Brochothrix thermosphacta* (McLean and Sulzbacher 1953) Sneath and Jones 1976	99
03872	*Brochothrix thermosphacta* (McLean and Sulzbacher 1953) Sneath and Jones 1976	99
03917	*Brochothrix thermosphacta* (McLean and Sulzbacher 1953) Sneath and Jones 1976	99

菌株号	菌种名称	页数
01068	*Burkholderia cepacia* (Palleroni and Holmes 1981) Yabuuchi et al. 1993	99
02947	*Burkholderia cepacia* (Palleroni and Holmes 1981) Yabuuchi et al. 1993	99
04111	*Burkholderia cepacia* (Palleroni and Holmes 1981) Yabuuchi et al. 1993	99
04112	*Burkholderia cepacia* (Palleroni and Holmes 1981) Yabuuchi et al. 1993	99
04150	*Burkholderia cepacia* (Palleroni and Holmes 1981) Yabuuchi et al. 1993	99
10044	*Burkholderia cepacia* (Palleroni and Holmes 1981) Yabuuchi et al. 1993	99
04173	*Burkholderia cepacia* (Palleroni and Holmes 1981) Yabuuchi et al. 1993	99
04205	*Burkholderia cepacia* (Palleroni and Holmes 1981) Yabuuchi et al. 1993	99
04221	*Burkholderia cepacia* (Palleroni and Holmes 1981) Yabuuchi et al. 1993	99
04222	*Burkholderia cepacia* (Palleroni and Holmes 1981) Yabuuchi et al. 1993	99
10506^T	*Burkholderia cepacia* (Palleroni and Holmes 1981) Yabuuchi et al. 1993	99
10521	*Burkholderia pickettii* (Ralston et al. 1973) Yabuuchi et al. 1993	99
01168	*Burkholderia* sp.	99
01169	*Burkholderia* sp.	99
11819	*Burkholderia* sp.	99
10477^T	*Buttiauxella agrestis* Ferragut et al. 1982	99
10293^T	*Catenococcus thiocycli* corrig. Sorokin 1994	100
03136	*Caulobacter fusiformis* Poindexter 1964	100
02982	*Caulobacter henricii* Poindexter 1964	100
10527^T	*Cellulomonas biazotea* (Kellerman et al. 1913) Bergey et al. 1923	100
04313	*Cellulomonas flavigena* (Kellerman and McBeth 1912) Bergey et al. 1923	100
10485^T	*Cellulomonas flavigena* (Kellerman and McBeth 1912) Bergey et al. 1923	100
11055	*Cellulomonas flavigena* (Kellerman and McBeth 1912) Bergey et al. 1923	100
11614	*Cellulomonas* sp.	100
11097^T	*Cellulomonas uda* (Kellerman et al. 1913) Bergey et al. 1923	100
01019	*Cellulosimicrobium cellulans* (Metcalf and Brown 1957) Schumann et al. 2001	100
02877	*Cellulosimicrobium* sp.	100
02993	*Chitinophaga ginsengisegetis* Lee et al. 2007	100
03099	*Chitinophaga ginsengisegetis* Lee et al. 2007	100
03106	*Chitinophaga ginsengisegetis* Lee et al. 2007	100
05528	*Chromobacterium haemolyticum* Han et al. 2008	100
05566	*Chromobacterium haemolyticum* Han et al. 2008	101
02805	*Chromohalobacter israelensis* (Huval et al. 1996) Arahal et al. 2001	101
02832	*Chromohalobacter israelensis* (Huval et al. 1996) Arahal et al. 2001	101
03431	*Chryseobacterium gleum* (Holmes et al. 1984) Vandamme et al. 1994	101
05573	*Chryseobacterium taeanense* Park et al. 2006	101
11754	*Chryseobacterium* sp.	101
02207	*Chryseobacterium* sp.	101
04154	*Citrobacter amalonaticus* (Young et al. 1971) Brenner and Farmer 1982	101
03417	*Citrobacter freundii* (Braak 1928) Werkman and Gillen 1932	101
03442	*Citrobacter freundii* (Braak 1928) Werkman and Gillen 1932	101
03445	*Citrobacter freundii* (Braak 1928) Werkman and Gillen 1932	101
04280	*Citrobacter freundii* (Braak 1928) Werkman and Gillen 1932	101
05411	*Citrobacter freundii* (Braak 1928) Werkman and Gillen 1932	101
10490^T	*Citrobacter freundii* (Braak 1928) Werkman and Gillen 1932	101
02187	*Citrobacter* sp.	101
04188	*Citrobacter amalonaticus* (Young et al. 1971) Brenner and Farmer 1982	101
04223	*Citrobacter amalonaticus* (Young et al. 1971) Brenner and Farmer 1982	101
04224	*Citrobacter amalonaticus* (Young et al. 1971) Brenner and Farmer 1982	101
04226	*Citrobacter amalonaticus* (Young et al. 1971) Brenner and Farmer 1982	102
01233	*Clavibacter michiganensis* corrig. (Smith 1910) Davis et al. 1984	102
11117	*Clostridium acetobutylicum* McCoy et al. 192	102
03374	*Clostridium clostridioforme* Corrig. (Burri and Ankersmit 1906) Kaneuchi et al. 1976	102
03382	*Clostridium clostridioforme* Corrig. (Burri and Ankersmit 1906) Kaneuchi et al. 1976	102
03384	*Clostridium clostridioforme* Corrig. (Burri and Ankersmit 1906) Kaneuchi et al. 1976	102

菌株号	菌种名称	页数
10141	*Escherichia coli* (Migula 1895) Castellani and Chalmers 1919	113
10142	*Escherichia coli* (Migula 1895) Castellani and Chalmers 1919	113
10143	*Escherichia coli* (Migula 1895) Castellani and Chalmers 1919	113
10144	*Escherichia coli* (Migula 1895) Castellani and Chalmers 1919	113
10145	*Escherichia coli* (Migula 1895) Castellani and Chalmers 1919	113
10196	*Escherichia coli* (Migula 1895) Castellani and Chalmers 1919	113
10326	*Escherichia coli* (Migula 1895) Castellani and Chalmers 1919	113
10327	*Escherichia coli* (Migula 1895) Castellani and Chalmers 1919	113
10328	*Escherichia coli* (Migula 1895) Castellani and Chalmers 1919	113
10329	*Escherichia coli* (Migula 1895) Castellani and Chalmers 1919	113
10330	*Escherichia coli* (Migula 1895) Castellani and Chalmers 1919	113
10331	*Escherichia coli* (Migula 1895) Castellani and Chalmers 1919	113
10332	*Escherichia coli* (Migula 1895) Castellani and Chalmers 1919	113
10333	*Escherichia coli* (Migula 1895) Castellani and Chalmers 1919	114
10334	*Escherichia coli* (Migula 1895) Castellani and Chalmers 1919	114
10335	*Escherichia coli* (Migula 1895) Castellani and Chalmers 1919	114
10336	*Escherichia coli* (Migula 1895) Castellani and Chalmers 1919	114
10337	*Escherichia coli* (Migula 1895) Castellani and Chalmers 1919	114
10338	*Escherichia coli* (Migula 1895) Castellani and Chalmers 1919	114
10339	*Escherichia coli* (Migula 1895) Castellani and Chalmers 1919	114
10340	*Escherichia coli* (Migula 1895) Castellani and Chalmers 1919	114
10341	*Escherichia coli* (Migula 1895) Castellani and Chalmers 1919	114
10342	*Escherichia coli* (Migula 1895) Castellani and Chalmers 1919	114
10343	*Escherichia coli* (Migula 1895) Castellani and Chalmers 1919	114
10344	*Escherichia coli* (Migula 1895) Castellani and Chalmers 1919	114
10345	*Escherichia coli* (Migula 1895) Castellani and Chalmers 1919	114
10346	*Escherichia coli* (Migula 1895) Castellani and Chalmers 1919	114
10347	*Escherichia coli* (Migula 1895) Castellani and Chalmers 1919	114
10348	*Escherichia coli* (Migula 1895) Castellani and Chalmers 1919	114
10349	*Escherichia coli* (Migula 1895) Castellani and Chalmers 1919	114
10350	*Escherichia coli* (Migula 1895) Castellani and Chalmers 1919	114
10351	*Escherichia coli* (Migula 1895) Castellani and Chalmers 1919	114
10352	*Escherichia coli* (Migula 1895) Castellani and Chalmers 1919	114
10353	*Escherichia coli* (Migula 1895) Castellani and Chalmers 1919	114
10354	*Escherichia coli* (Migula 1895) Castellani and Chalmers 1919	114
10355	*Escherichia coli* (Migula 1895) Castellani and Chalmers 1919	114
10356	*Escherichia coli* (Migula 1895) Castellani and Chalmers 1919	115
10357	*Escherichia coli* (Migula 1895) Castellani and Chalmers 1919	115
10358	*Escherichia coli* (Migula 1895) Castellani and Chalmers 1919	115
10359	*Escherichia coli* (Migula 1895) Castellani and Chalmers 1919	115
10360	*Escherichia coli* (Migula 1895) Castellani and Chalmers 1919	115
10361	*Escherichia coli* (Migula 1895) Castellani and Chalmers 1919	115
10362	*Escherichia coli* (Migula 1895) Castellani and Chalmers 1919	115
10363	*Escherichia coli* (Migula 1895) Castellani and Chalmers 1919	115
10364	*Escherichia coli* (Migula 1895) Castellani and Chalmers 1919	115
10365	*Escherichia coli* (Migula 1895) Castellani and Chalmers 1919	115
10503[T]	*Escherichia coli* (Migula 1895) Castellani and Chalmers 1919	115
01733	*Escherichia hermannii* Brenner et al. 1983	115
02158	*Escherichia hermannii* Brenner et al. 1983	115
02183	*Escherichia hermannii* Brenner et al. 1983	115
02184	*Escherichia hermannii* Brenner et al. 1983	115
02180	*Escherichia* sp.	115
02565[T]	*Exiguobacterium acetylicum* (Levine and Soppeland 1926) Farrow et al. 1994	115
02561[T]	*Exiguobacterium antarcticum* Frühling et al. 2002	115
02560[T]	*Exiguobacterium aurantiacum* Collins et al. 1984	115

菌株号	菌种名称	页数
01680	*Macrococcus caseolyticus* (Schleifer et al. 1982) Kloos et al. 1998 48:871	128
01681	*Macrococcus caseolyticus* (Schleifer et al. 1982) Kloos et al. 1998 48:871	128
10690	*Marinococcus halophilus* (Novitsky and Kushner 1976) Hao et al. 1985	128
10662	*Marinococcus halophilus* (Novitsky and Kushner 1976) Hao et al. 1985	128
10667	*Marinococcus halophilus* (Novitsky and Kushner 1976) Hao et al. 1985	128
14517	*Mesorhizobium albiziae* Wang et al. 2007	128
14549	*Mesorhizobium albiziae* Wang et al. 2007	128
14550	*Mesorhizobium albiziae* Wang et al. 2007	128
14551	*Mesorhizobium albiziae* Wang et al. 2007	128
14552	*Mesorhizobium albiziae* Wang et al. 2007	128
14553	*Mesorhizobium albiziae* Wang et al. 2007	128
14554	*Mesorhizobium albiziae* Wang et al. 2007	128
14555	*Mesorhizobium albiziae* Wang et al. 2007	128
14556	*Mesorhizobium albiziae* Wang et al. 2007	128
14557	*Mesorhizobium albiziae* Wang et al. 2007	128
14558	*Mesorhizobium albiziae* Wang et al. 2007	128
14559	*Mesorhizobium albiziae* Wang et al. 2007	128
14560	*Mesorhizobium albiziae* Wang et al. 2007	128
14561	*Mesorhizobium albiziae* Wang et al. 2007	129
14562	*Mesorhizobium albiziae* Wang et al. 2007	129
14563	*Mesorhizobium albiziae* Wang et al. 2007	129
14564	*Mesorhizobium albiziae* Wang et al. 2007	129
14585	*Mesorhizobium albiziae* Wang et al. 2007	129
14587	*Mesorhizobium albiziae* Wang et al. 2007	129
14520	*Mesorhizobium albiziae* Wang et al. 2007	129
14523	*Mesorhizobium albiziae* Wang et al. 2007	129
14524	*Mesorhizobium albiziae* Wang et al. 2007	129
14526	*Mesorhizobium albiziae* Wang et al. 2007	129
14528	*Mesorhizobium albiziae* Wang et al. 2007	129
14529	*Mesorhizobium albiziae* Wang et al. 2007	129
14539	*Mesorhizobium albiziae* Wang et al. 2007	129
03111	*Mesorhizobium amorphae* Wang et al. 1999	129
19660	*Mesorhizobium amorphae* Wang et al. 1999	129
19661	*Mesorhizobium amorphae* Wang et al. 1999	129
19662	*Mesorhizobium amorphae* Wang et al. 1999	129
19663	*Mesorhizobium amorphae* Wang et al. 1999	129
19664	*Mesorhizobium amorphae* Wang et al. 1999	129
19665	*Mesorhizobium amorphae* Wang et al. 1999	129
19666	*Mesorhizobium amorphae* Wang et al. 1999	129
19667	*Mesorhizobium amorphae* Wang et al. 1999	129
19668	*Mesorhizobium amorphae* Wang et al. 1999	130
19669	*Mesorhizobium amorphae* Wang et al. 1999	130
19670	*Mesorhizobium amorphae* Wang et al. 1999	130
19671	*Mesorhizobium amorphae* Wang et al. 1999	130
19672	*Mesorhizobium amorphae* Wang et al. 1999	130
19673	*Mesorhizobium amorphae* Wang et al. 1999	130
19674	*Mesorhizobium amorphae* Wang et al. 1999	130
19675	*Mesorhizobium amorphae* Wang et al. 1999	130
19676	*Mesorhizobium amorphae* Wang et al. 1999	130
19677	*Mesorhizobium amorphae* Wang et al. 1999	130
14237	*Mesorhizobium amorphae* Wang et al. 1999	130
14238	*Mesorhizobium amorphae* Wang et al. 1999	130
14239	*Mesorhizobium amorphae* Wang et al. 1999	130
14240	*Mesorhizobium amorphae* Wang et al. 1999	130
14241	*Mesorhizobium amorphae* Wang et al. 1999	130

菌株号	菌种名称	页数
18110	*Mesorhizobium loti*(Jarvis et al. 1982)Jarvis et al. 1997	133
19581	*Mesorhizobium loti*(Jarvis et al. 1982)Jarvis et al. 1997	133
18201	*Mesorhizobium loti*(Jarvis et al. 1982)Jarvis et al. 1997	133
18202	*Mesorhizobium loti*(Jarvis et al. 1982)Jarvis et al. 1997	133
18203	*Mesorhizobium loti*(Jarvis et al. 1982)Jarvis et al. 1997	133
19580	*Mesorhizobium loti*(Jarvis et al. 1982)Jarvis et al. 1997	133
19582	*Mesorhizobium loti*(Jarvis et al. 1982)Jarvis et al. 1997	133
14251	*Mesorhizobium loti*(Jarvis et al. 1982)Jarvis et al. 1997	133
14253	*Mesorhizobium loti*(Jarvis et al. 1982)Jarvis et al. 1997	133
14254	*Mesorhizobium loti*(Jarvis et al. 1982)Jarvis et al. 1997	133
14255	*Mesorhizobium loti*(Jarvis et al. 1982)Jarvis et al. 1997	133
14256	*Mesorhizobium loti*(Jarvis et al. 1982)Jarvis et al. 1997	133
14259	*Mesorhizobium loti*(Jarvis et al. 1982)Jarvis et al. 1997	133
14220	*Mesorhizobium mediterraneum*(Nour et al. 1995)Jarvis et al. 1997	133
14221	*Mesorhizobium mediterraneum*(Nour et al. 1995)Jarvis et al. 1997	133
14222	*Mesorhizobium mediterraneum*(Nour et al. 1995)Jarvis et al. 1997	133
14228	*Mesorhizobium mediterraneum*(Nour et al. 1995)Jarvis et al. 1997	133
14229	*Mesorhizobium mediterraneum*(Nour et al. 1995)Jarvis et al. 1997	133
14231	*Mesorhizobium mediterraneum*(Nour et al. 1995)Jarvis et al. 1997	133
14233	*Mesorhizobium mediterraneum*(Nour et al. 1995)Jarvis et al. 1997	134
14234	*Mesorhizobium mediterraneum*(Nour et al. 1995)Jarvis et al. 1997	134
14335	*Mesorhizobium mediterraneum*(Nour et al. 1995)Jarvis et al. 1997	134
14344	*Mesorhizobium mediterraneum*(Nour et al. 1995)Jarvis et al. 1997	134
14345	*Mesorhizobium mediterraneum*(Nour et al. 1995)Jarvis et al. 1997	134
14351	*Mesorhizobium mediterraneum*(Nour et al. 1995)Jarvis et al. 1997	134
14374	*Mesorhizobium mediterraneum*(Nour et al. 1995)Jarvis et al. 1997	134
14381	*Mesorhizobium mediterraneum*(Nour et al. 1995)Jarvis et al. 1997	134
14391	*Mesorhizobium mediterraneum*(Nour et al. 1995)Jarvis et al. 1997	134
14393	*Mesorhizobium mediterraneum*(Nour et al. 1995)Jarvis et al. 1997	134
14503	*Mesorhizobium mediterraneum*(Nour et al. 1995)Jarvis et al. 1997	134
14505	*Mesorhizobium mediterraneum*(Nour et al. 1995)Jarvis et al. 1997	134
14507	*Mesorhizobium mediterraneum*(Nour et al. 1995)Jarvis et al. 1997	134
14508	*Mesorhizobium mediterraneum*(Nour et al. 1995)Jarvis et al. 1997	134
14509	*Mesorhizobium mediterraneum*(Nour et al. 1995)Jarvis et al. 1997	134
14510	*Mesorhizobium mediterraneum*(Nour et al. 1995)Jarvis et al. 1997	134
14511	*Mesorhizobium mediterraneum*(Nour et al. 1995)Jarvis et al. 1997	134
14512	*Mesorhizobium mediterraneum*(Nour et al. 1995)Jarvis et al. 1997	134
14513	*Mesorhizobium mediterraneum*(Nour et al. 1995)Jarvis et al. 1997	134
14514	*Mesorhizobium mediterraneum*(Nour et al. 1995)Jarvis et al. 1997	134
14515	*Mesorhizobium mediterraneum*(Nour et al. 1995)Jarvis et al. 1997	134
14516	*Mesorhizobium mediterraneum*(Nour et al. 1995)Jarvis et al. 1997	134
14518	*Mesorhizobium mediterraneum*(Nour et al. 1995)Jarvis et al. 1997	135
14519	*Mesorhizobium mediterraneum*(Nour et al. 1995)Jarvis et al. 1997	135
14521	*Mesorhizobium mediterraneum*(Nour et al. 1995)Jarvis et al. 1997	135
14522	*Mesorhizobium mediterraneum*(Nour et al. 1995)Jarvis et al. 1997	135
14525	*Mesorhizobium mediterraneum*(Nour et al. 1995)Jarvis et al. 1997	135
14527	*Mesorhizobium mediterraneum*(Nour et al. 1995)Jarvis et al. 1997	135
14531	*Mesorhizobium mediterraneum*(Nour et al. 1995)Jarvis et al. 1997	135
14533	*Mesorhizobium mediterraneum*(Nour et al. 1995)Jarvis et al. 1997	135
14534	*Mesorhizobium mediterraneum*(Nour et al. 1995)Jarvis et al. 1997	135
14538	*Mesorhizobium mediterraneum*(Nour et al. 1995)Jarvis et al. 1997	135
14540	*Mesorhizobium mediterraneum*(Nour et al. 1995)Jarvis et al. 1997	135
14541	*Mesorhizobium mediterraneum*(Nour et al. 1995)Jarvis et al. 1997	135
14542	*Mesorhizobium mediterraneum*(Nour et al. 1995)Jarvis et al. 1997	135
14543	*Mesorhizobium mediterraneum*(Nour et al. 1995)Jarvis et al. 1997	135

菌株号	菌种名称	页数
14544	*Mesorhizobium mediterraneum*（Nour et al. 1995）Jarvis et al. 1997	135
14586	*Mesorhizobium mediterraneum*（Nour et al. 1995）Jarvis et al. 1997	135
14230	*Mesorhizobium temperatum* Gao et al. 2004	135
14236	*Mesorhizobium temperatum* Gao et al. 2004	135
15879	*Mesorhizobium temperatum* Gao et al. 2004	135
15883	*Mesorhizobium temperatum* Gao et al. 2004	135
15886	*Mesorhizobium temperatum* Gao et al. 2004	135
15887	*Mesorhizobium temperatum* Gao et al. 2004	135
15889	*Mesorhizobium temperatum* Gao et al. 2004	136
15890	*Mesorhizobium temperatum* Gao et al. 2004	136
15891	*Mesorhizobium temperatum* Gao et al. 2004	136
14246	*Mesorhizobium tianshanense*（Chen et al. 1995）Jarvis et al. 1997	136
14248	*Mesorhizobium tianshanense*（Chen et al. 1995）Jarvis et al. 1997	136
14263	*Mesorhizobium tianshanense*（Chen et al. 1995）Jarvis et al. 1997	136
14266	*Mesorhizobium tianshanense*（Chen et al. 1995）Jarvis et al. 1997	136
14267	*Mesorhizobium tianshanense*（Chen et al. 1995）Jarvis et al. 1997	136
14270	*Mesorhizobium tianshanense*（Chen et al. 1995）Jarvis et al. 1997	136
14273	*Mesorhizobium tianshanense*（Chen et al. 1995）Jarvis et al. 1997	136
14274	*Mesorhizobium tianshanense*（Chen et al. 1995）Jarvis et al. 1997	136
14279	*Mesorhizobium tianshanense*（Chen et al. 1995）Jarvis et al. 1997	136
14280	*Mesorhizobium tianshanense*（Chen et al. 1995）Jarvis et al. 1997	136
14281	*Mesorhizobium tianshanense*（Chen et al. 1995）Jarvis et al. 1997	136
14282	*Mesorhizobium tianshanense*（Chen et al. 1995）Jarvis et al. 1997	136
14283	*Mesorhizobium tianshanense*（Chen et al. 1995）Jarvis et al. 1997	136
14284	*Mesorhizobium tianshanense*（Chen et al. 1995）Jarvis et al. 1997	136
14285	*Mesorhizobium tianshanense*（Chen et al. 1995）Jarvis et al. 1997	136
14286	*Mesorhizobium tianshanense*（Chen et al. 1995）Jarvis et al. 1997	136
14287	*Mesorhizobium tianshanense*（Chen et al. 1995）Jarvis et al. 1997	136
14288	*Mesorhizobium tianshanense*（Chen et al. 1995）Jarvis et al. 1997	136
14289	*Mesorhizobium tianshanense*（Chen et al. 1995）Jarvis et al. 1997	136
14290	*Mesorhizobium tianshanense*（Chen et al. 1995）Jarvis et al. 1997	137
14291	*Mesorhizobium tianshanense*（Chen et al. 1995）Jarvis et al. 1997	137
14292	*Mesorhizobium tianshanense*（Chen et al. 1995）Jarvis et al. 1997	137
14293	*Mesorhizobium tianshanense*（Chen et al. 1995）Jarvis et al. 1997	137
14294	*Mesorhizobium tianshanense*（Chen et al. 1995）Jarvis et al. 1997	137
14295	*Mesorhizobium tianshanense*（Chen et al. 1995）Jarvis et al. 1997	137
14296	*Mesorhizobium tianshanense*（Chen et al. 1995）Jarvis et al. 1997	137
14297	*Mesorhizobium tianshanense*（Chen et al. 1995）Jarvis et al. 1997	137
14298	*Mesorhizobium tianshanense*（Chen et al. 1995）Jarvis et al. 1997	137
14301	*Mesorhizobium tianshanense*（Chen et al. 1995）Jarvis et al. 1997	137
14302	*Mesorhizobium tianshanense*（Chen et al. 1995）Jarvis et al. 1997	137
14303	*Mesorhizobium tianshanense*（Chen et al. 1995）Jarvis et al. 1997	137
14304	*Mesorhizobium tianshanense*（Chen et al. 1995）Jarvis et al. 1997	137
14305	*Mesorhizobium tianshanense*（Chen et al. 1995）Jarvis et al. 1997	137
14306	*Mesorhizobium tianshanense*（Chen et al. 1995）Jarvis et al. 1997	137
14307	*Mesorhizobium tianshanense*（Chen et al. 1995）Jarvis et al. 1997	137
14309	*Mesorhizobium tianshanense*（Chen et al. 1995）Jarvis et al. 1997	137
14311	*Mesorhizobium tianshanense*（Chen et al. 1995）Jarvis et al. 1997	137
14312	*Mesorhizobium tianshanense*（Chen et al. 1995）Jarvis et al. 1997	137
14313	*Mesorhizobium tianshanense*（Chen et al. 1995）Jarvis et al. 1997	137
14315	*Mesorhizobium tianshanense*（Chen et al. 1995）Jarvis et al. 1997	137
14316	*Mesorhizobium tianshanense*（Chen et al. 1995）Jarvis et al. 1997	137
14317	*Mesorhizobium tianshanense*（Chen et al. 1995）Jarvis et al. 1997	137
14318	*Mesorhizobium tianshanense*（Chen et al. 1995）Jarvis et al. 1997	138
14319	*Mesorhizobium tianshanense*（Chen et al. 1995）Jarvis et al. 1997	138

菌株号	菌种名称	页数
02736	*Oceanobacillus picturae*(Heyrman et al. 2003)Lee et al. 2006	146
02743	*Oceanobacillus* sp.	146
10661	*Oceanobacillus* sp.	146
02178	*Ochrobactrum anthropi* Holmes et al. 1988	146
02181	*Ochrobactrum anthropi* Holmes et al. 1988	146
02185	*Ochrobactrum anthropi* Holmes et al. 1988	146
02968	*Ochrobactrum intermedium* Velasco et al. 1998	146
02997	*Ochrobactrum intermedium* Velasco et al. 1998	146
03010	*Ochrobactrum intermedium* Velasco et al. 1998	146
03020	*Ochrobactrum intermedium* Velasco et al. 1998	146
03039	*Ochrobactrum intermedium* Velasco et al. 1998	146
03046	*Ochrobactrum intermedium* Velasco et al. 1998	146
03053	*Ochrobactrum intermedium* Velasco et al. 1998	146
03058	*Ochrobactrum intermedium* Velasco et al. 1998	146
03061	*Ochrobactrum intermedium* Velasco et al. 1998	146
03070	*Ochrobactrum intermedium* Velasco et al. 1998	147
03077	*Ochrobactrum intermedium* Velasco et al. 1998	147
03083	*Ochrobactrum intermedium* Velasco et al. 1998	147
03109	*Ochrobactrum intermedium* Velasco et al. 1998	147
03121	*Ochrobactrum intermedium* Velasco et al. 1998	147
03238	*Ochrobactrum intermedium* Velasco et al. 1998	147
03257	*Ochrobactrum intermedium* Velasco et al. 1998	147
03126	*Ochrobactrum lupini* Trujillo et al. 2006	147
02164	*Ochrobactrum* sp.	147
02690	*Ochrobactrum* sp.	147
02691	*Ochrobactrum* sp.	147
02720	*Ochrobactrum* sp.	147
10085	*Ochrobactrum* sp.	147
11245	*Ochrobactrum* sp.	147
11750	*Ochrobactrum* sp.	147
11771	*Ochrobactrum* sp.	147
11802	*Ochrobactrum* sp.	147
02753	*Ochrobactrum tritici* Lebuhn et al. 2000	147
05417	*Oxalicibacterium* sp.	148
02961	*Paenibacillus agarexedens*(*ex* Wieringa 1941)Uetanabaro et al. 2003	148
03028	*Paenibacillus agarexedens*(*ex* Wieringa 1941)Uetanabaro et al. 2003	148
03048	*Paenibacillus agarexedens*(*ex* Wieringa 1941)Uetanabaro et al. 2003	148
03060	*Paenibacillus agarexedens*(*ex* Wieringa 1941)Uetanabaro et al. 2003	148
03068	*Paenibacillus agarexedens*(*ex* Wieringa 1941)Uetanabaro et al. 2003	148
03095	*Paenibacillus agarexedens*(*ex* Wieringa 1941)Uetanabaro et al. 2003	148
03137	*Paenibacillus agarexedens*(*ex* Wieringa 1941)Uetanabaro et al. 2003	148
03139	*Paenibacillus agarexedens*(*ex* Wieringa 1941)Uetanabaro et al. 2003	148
03239	*Paenibacillus agarexedens*(*ex* Wieringa 1941)Uetanabaro et al. 2003	148
01519	*Paenibacillus agaridevorans* Uetanabaro et al. 2003	148
02967	*Paenibacillus alginolyticus*(Nakamura 1987)Shida et al.	148
02937	*Paenibacillus alkaliterrae* Yoon et al. 2005	148
10186[T]	*Paenibacillus alvei*(Cheshire and Cheyne 1885)Ash et al. 1994	148
01256	*Paenibacillus amylolyticus*(Nakamura 1984)Ash et al. 1994	148
02012	*Paenibacillus amylolyticus*(Nakamura 1984)Ash et al. 1994	148
03124	*Paenibacillus amylolyticus*(Nakamura 1984)Ash et al. 1994	148
01969	*Paenibacillus amylolyticus*(Nakamura 1984)Ash et al. 1994	148
01970	*Paenibacillus amylolyticus*(Nakamura 1984)Ash et al. 1994	148
01971	*Paenibacillus amylolyticus*(Nakamura 1984)Ash et al. 1994	149
01972	*Paenibacillus amylolyticus*(Nakamura 1984)Ash et al. 1994	149
02065	*Paenibacillus antarcticus* Montes et al. 2004	149

菌株号	菌种名称	页数
10193^T	*Paenibacillus apiarius* (*ex* Katznelson 1955) Nakamura 1996	149
10250^T	*Paenibacillus azoreducens* Meehan et al. 2001	149
03135	*Paenibacillus azotofixans* (Seldin et al. 1984) Ash et al. 1994 45；197	149
10251^T	*Paenibacillus azotofixans* (Seldin et al. 1984) Ash et al. 1994 45；197	149
11008	*Paenibacillus azotofixans* (Seldin et al. 1984) Ash et al. 1994 45；197	149
05515	*Paenibacillus barcinonensis* Sánchez et al. 2005	149
05532	*Paenibacillus barcinonensis* Sánchez et al. 2005	149
03243	*Paenibacillus barengoltzii* Osman et al. 2006	149
03066	*Paenibacillus daejeonensis* Lee et al. 2002	149
03114	*Paenibacillus daejeonensis* Lee et al. 2002	149
03090	*Paenibacillus forsythiae* Ma and Chen 2008	149
03004	*Paenibacillus glycanilyticus* Dasman et al. 2002	149
03014	*Paenibacillus glycanilyticus* Dasman et al. 2002	149
03103	*Paenibacillus glycanilyticus* Dasman et al. 2002	149
03122	*Paenibacillus glycanilyticus* Dasman et al. 2002	149
03092	*Paenibacillus graminis* Berge et al. 2002	149
02965	*Paenibacillus humicus* Vaz-Moreira et al. 2007	150
02984	*Paenibacillus humicus* Vaz-Moreira et al. 2007	150
02995	*Paenibacillus humicus* Vaz-Moreira et al. 2007	150
03078	*Paenibacillus humicus* Vaz-Moreira et al. 2007	150
03082	*Paenibacillus humicus* Vaz-Moreira et al. 2007	150
03101	*Paenibacillus humicus* Vaz-Moreira et al. 2007	150
03128	*Paenibacillus humicus* Vaz-Moreira et al. 2007	150
03240	*Paenibacillus humicus* Vaz-Moreira et al. 2007	150
03259	*Paenibacillus humicus* Vaz-Moreira et al. 2007	150
02978	*Paenibacillus kobensis* (Kanzawa et al. 1995) Shida et al. 1997	150
03000	*Paenibacillus kobensis* (Kanzawa et al. 1995) Shida et al. 1997	150
03112	*Paenibacillus kobensis* (Kanzawa et al. 1995) Shida et al. 1997	150
11115	*Paenibacillus macerans* (Schardinger 1905) Ash et al. 1994	150
05443	*Paenibacillus macquariensis* (Marshall and Ohye 1966) Ash et al. 1994	150
10273	*Paenibacillus pabuli* (Nakamura 1984) Ash et al. 1994	150
01974	*Paenibacillus pabuli* (Nakamura 1984) Ash et al. 1994	150
01520	*Paenibacillus panacisoli* Ten et al. 2006	150
02989	*Paenibacillus panacisoli* Ten et al. 2006	150
01499	*Paenibacillus peoriae* (Montefusco et al. 1993) Heyndrickx et al. 1996	150
03152	*Paenibacillus polymyxa* (Prazmowski 1880) Ash et al. 1994	151
03153	*Paenibacillus polymyxa* (Prazmowski 1880) Ash et al. 1994	151
03178	*Paenibacillus polymyxa* (Prazmowski 1880) Ash et al. 1994	151
03179	*Paenibacillus polymyxa* (Prazmowski 1880) Ash et al. 1994	151
03180	*Paenibacillus polymyxa* (Prazmowski 1880) Ash et al. 1994	151
03211	*Paenibacillus polymyxa* (Prazmowski 1880) Ash et al. 1994	151
03212	*Paenibacillus polymyxa* (Prazmowski 1880) Ash et al. 1994	151
03213	*Paenibacillus polymyxa* (Prazmowski 1880) Ash et al. 1994	151
03219	*Paenibacillus polymyxa* (Prazmowski 1880) Ash et al. 1994	151
01043	*Paenibacillus polymyxa* (Prazmowski 1880) Ash et al. 1994	151
01529	*Paenibacillus polymyxa* (Prazmowski 1880) Ash et al. 1994	151
01539	*Paenibacillus polymyxa* (Prazmowski 1880) Ash et al. 1994	151
01542	*Paenibacillus polymyxa* (Prazmowski 1880) Ash et al. 1994	151
01543	*Paenibacillus polymyxa* (Prazmowski 1880) Ash et al. 1994	151
01544	*Paenibacillus polymyxa* (Prazmowski 1880) Ash et al. 1994	151
02239	*Paenibacillus polymyxa* (Prazmowski 1880) Ash et al. 1994	151
03043	*Paenibacillus polymyxa* (Prazmowski 1880) Ash et al. 1994	151
03064	*Paenibacillus polymyxa* (Prazmowski 1880) Ash et al. 1994	151
03134	*Paenibacillus polymyxa* (Prazmowski 1880) Ash et al. 1994	151
03145	*Paenibacillus polymyxa* (Prazmowski 1880) Ash et al. 1994	151

菌株号	菌种名称	页数
03608	*Paenibacillus polymyxa* (Prazmowski 1880) Ash et al. 1994	154
05445	*Paenibacillus polymyxa* (Prazmowski 1880) Ash et al. 1994	154
10122	*Paenibacillus polymyxa* (Prazmowski 1880) Ash et al. 1994	154
10252^T	*Paenibacillus polymyxa* (Prazmowski 1880) Ash et al. 1994	154
10267	*Paenibacillus polymyxa* (Prazmowski 1880) Ash et al. 1994	154
10369	*Paenibacillus polymyxa* (Prazmowski 1880) Ash et al. 1994	154
10447	*Paenibacillus polymyxa* (Prazmowski 1880) Ash et al. 1994	154
10679	*Paenibacillus polymyxa* (Prazmowski 1880) Ash et al. 1994	154
10694	*Paenibacillus polymyxa* (Prazmowski 1880) Ash et al. 1994	154
10725	*Paenibacillus polymyxa* (Prazmowski 1880) Ash et al. 1994	154
10728	*Paenibacillus polymyxa* (Prazmowski 1880) Ash et al. 1994	154
10730	*Paenibacillus polymyxa* (Prazmowski 1880) Ash et al. 1994	154
10731	*Paenibacillus polymyxa* (Prazmowski 1880) Ash et al. 1994	154
10733	*Paenibacillus polymyxa* (Prazmowski 1880) Ash et al. 1994	154
10734	*Paenibacillus polymyxa* (Prazmowski 1880) Ash et al. 1994	154
10736	*Paenibacillus polymyxa* (Prazmowski 1880) Ash et al. 1994	154
10739	*Paenibacillus polymyxa* (Prazmowski 1880) Ash et al. 1994	155
10740	*Paenibacillus polymyxa* (Prazmowski 1880) Ash et al. 1994	155
10750	*Paenibacillus polymyxa* (Prazmowski 1880) Ash et al. 1994	155
10751	*Paenibacillus polymyxa* (Prazmowski 1880) Ash et al. 1994	155
10753	*Paenibacillus polymyxa* (Prazmowski 1880) Ash et al. 1994	155
10755	*Paenibacillus polymyxa* (Prazmowski 1880) Ash et al. 1994	155
10760	*Paenibacillus polymyxa* (Prazmowski 1880) Ash et al. 1994	155
11116	*Paenibacillus polymyxa* (Prazmowski 1880) Ash et al. 1994	155
05436	*Paenibacillus pulvifaciens* (Nakamura 1984) Ash et al. 1994	155
01093	*Paenibacillus sabinae* Ma et al. 2007	155
01125	*Paenibacillus sabinae* Ma et al. 2007	155
02942	*Paenibacillus sabinae* Ma et al. 2007	155
02957	*Paenibacillus sabinae* Ma et al. 2007	155
02969	*Paenibacillus sabinae* Ma et al. 2007	155
02977	*Paenibacillus sabinae* Ma et al. 2007	155
02986	*Paenibacillus sabinae* Ma et al. 2007	155
02998	*Paenibacillus sabinae* Ma et al. 2007	155
03006	*Paenibacillus sabinae* Ma et al. 2007	155
03007	*Paenibacillus sabinae* Ma et al. 2007	155
03030	*Paenibacillus sabinae* Ma et al. 2007	155
03035	*Paenibacillus sabinae* Ma et al. 2007	155
03072	*Paenibacillus sabinae* Ma et al. 2007	155
03086	*Paenibacillus sabinae* Ma et al. 2007	156
01084	*Paenibacillus* sp.	156
01105	*Paenibacillus* sp.	156
01155	*Paenibacillus* sp.	156
01764	*Paenibacillus* sp.	156
01973	*Paenibacillus* sp.	156
02186	*Paenibacillus* sp.	156
05615	*Paenibacillus* sp.	156
10695	*Paenibacillus* sp.	156
10698	*Paenibacillus* sp.	156
10756	*Paenibacillus* sp.	156
11611	*Paenibacillus* sp.	156
10718	*Paenibacillus* sp.	156
11046	*Paenibacillus* sp.	156
11623	*Paenibacillus* sp.	156
02959	*Paenibacillus stellifer* Suominen et al. 2003	156
03237	*Paenibacillus thailandensis* Khianngam et al. 2009	156

菌株号	菌种名称	页数
01070	*Pseudomonas* sp.	171
01096	*Pseudomonas* sp.	171
01104	*Pseudomonas* sp.	171
01107	*Pseudomonas* sp.	171
01110	*Pseudomonas* sp.	171
01124	*Pseudomonas* sp.	171
01134	*Pseudomonas* sp.	171
01156	*Pseudomonas* sp.	171
01163	*Pseudomonas* sp.	171
01164	*Pseudomonas* sp.	171
01165	*Pseudomonas* sp.	171
01166	*Pseudomonas* sp.	171
01234	*Pseudomonas* sp.	171
01246	*Pseudomonas* sp.	171
01276	*Pseudomonas* sp.	171
01278	*Pseudomonas* sp.	171
01279	*Pseudomonas* sp.	171
01300	*Pseudomonas* sp.	171
01763	*Pseudomonas* sp.	171
01803	*Pseudomonas* sp.	171
01985	*Pseudomonas* sp.	171
01986	*Pseudomonas* sp.	171
02162	*Pseudomonas* sp.	171
02167	*Pseudomonas* sp.	172
02168	*Pseudomonas* sp.	172
02169	*Pseudomonas* sp.	172
02171	*Pseudomonas* sp.	172
02172	*Pseudomonas* sp.	172
02491	*Pseudomonas* sp.	172
02493	*Pseudomonas* sp.	172
02497	*Pseudomonas* sp.	172
02499	*Pseudomonas* sp.	172
02500	*Pseudomonas* sp.	172
02502	*Pseudomonas* sp.	172
02506	*Pseudomonas* sp.	172
02509	*Pseudomonas* sp.	172
02510	*Pseudomonas* sp.	172
02545	*Pseudomonas* sp.	172
02548	*Pseudomonas* sp.	172
02549	*Pseudomonas* sp.	172
02552	*Pseudomonas* sp.	172
02568	*Pseudomonas* sp.	172
02570	*Pseudomonas* sp.	173
02613	*Pseudomonas* sp.	173
02619	*Pseudomonas* sp.	173
02627	*Pseudomonas* sp.	173
02652	*Pseudomonas* sp.	173
02683	*Pseudomonas* sp.	173
02692	*Pseudomonas* sp.	173
02697	*Pseudomonas* sp.	173
02702	*Pseudomonas* sp.	173
02723	*Pseudomonas* sp.	173
02734	*Pseudomonas* sp.	173
02763	*Pseudomonas* sp.	173
02771	*Pseudomonas* sp.	173

菌株号	菌种名称	页数
14362	*Rhizobium gallicum* Amarger et al. 1997	185
14363	*Rhizobium gallicum* Amarger et al. 1997	185
14364	*Rhizobium gallicum* Amarger et al. 1997	185
14365	*Rhizobium gallicum* Amarger et al. 1997	185
14382	*Rhizobium gallicum* Amarger et al. 1997	186
14384	*Rhizobium gallicum* Amarger et al. 1997	186
14385	*Rhizobium gallicum* Amarger et al. 1997	186
14386	*Rhizobium gallicum* Amarger et al. 1997	186
14388	*Rhizobium gallicum* Amarger et al. 1997	186
14389	*Rhizobium gallicum* Amarger et al. 1997	186
14390	*Rhizobium gallicum* Amarger et al. 1997	186
14771	*Rhizobium gallicum* Amarger et al. 1997	186
14850	*Rhizobium gallicum* Amarger et al. 1997	186
14851	*Rhizobium gallicum* Amarger et al. 1997	186
14853	*Rhizobium gallicum* Amarger et al. 1997	186
14866	*Rhizobium gallicum* Amarger et al. 1997	186
19010	*Rhizobium galegae* Lindstrom 1989	186
14227	*Rhizobium galegae* Lindstrom 1989	186
14357	*Rhizobium galegae* Lindstrom 1989	186
14358	*Rhizobium galegae* Lindstrom 1989	186
02940	*Rhizobium giardinii* Amarger et al. 1997	186
02952	*Rhizobium giardinii* Amarger et al. 1997	186
02980	*Rhizobium giardinii* Amarger et al. 1997	186
03001	*Rhizobium giardinii* Amarger et al. 1997	186
01538	*Rhizobium huautlense* Wang et al. 1998	186
10292	*Rhizobium loti* Jarvis et al. 1982	187
16001	*Rhizobium leguminosarum* (Frank 1879) Frank 1889	187
16004	*Rhizobium leguminosarum* (Frank 1879) Frank 1889	187
16010	*Rhizobium leguminosarum* (Frank 1879) Frank 1889	187
16017	*Rhizobium leguminosarum* (Frank 1879) Frank 1889	187
16042	*Rhizobium leguminosarum* (Frank 1879) Frank 1889	187
16050	*Rhizobium leguminosarum* (Frank 1879) Frank 1889	187
16053	*Rhizobium leguminosarum* (Frank 1879) Frank 1889	187
16054	*Rhizobium leguminosarum* (Frank 1879) Frank 1889	187
16058	*Rhizobium leguminosarum* (Frank 1879) Frank 1889	187
16059	*Rhizobium leguminosarum* (Frank 1879) Frank 1889	187
16063	*Rhizobium leguminosarum* (Frank 1879) Frank 1889	187
16064	*Rhizobium leguminosarum* (Frank 1879) Frank 1889	187
16067	*Rhizobium leguminosarum* (Frank 1879) Frank 1889	187
16068	*Rhizobium leguminosarum* (Frank 1879) Frank 1889	187
16069	*Rhizobium leguminosarum* (Frank 1879) Frank 1889	187
16072	*Rhizobium leguminosarum* (Frank 1879) Frank 1889	187
16073	*Rhizobium leguminosarum* (Frank 1879) Frank 1889	187
16074	*Rhizobium leguminosarum* (Frank 1879) Frank 1889	187
16075	*Rhizobium leguminosarum* (Frank 1879) Frank 1889	187
16076	*Rhizobium leguminosarum* (Frank 1879) Frank 1889	187
16077	*Rhizobium leguminosarum* (Frank 1879) Frank 1889	187
16078	*Rhizobium leguminosarum* (Frank 1879) Frank 1889	188
16079	*Rhizobium leguminosarum* (Frank 1879) Frank 1889	188
16080	*Rhizobium leguminosarum* (Frank 1879) Frank 1889	188
16081	*Rhizobium leguminosarum* (Frank 1879) Frank 1889	188
16082	*Rhizobium leguminosarum* (Frank 1879) Frank 1889	188
16501	*Rhizobium leguminosarum* (Frank 1879) Frank 1889	188
16502	*Rhizobium leguminosarum* (Frank 1879) Frank 1889	188
16505	*Rhizobium leguminosarum* (Frank 1879) Frank 1889	188

菌株号	菌种名称	页数
16509	*Rhizobium leguminosarum* (Frank 1879) Frank 1889	188
16110	*Rhizobium leguminosarum* (Frank 1879) Frank 1889	188
16101	*Rhizobium leguminosarum* (Frank 1879) Frank 1889	188
16102	*Rhizobium leguminosarum* (Frank 1879) Frank 1889	188
16103	*Rhizobium leguminosarum* (Frank 1879) Frank 1889	188
16104	*Rhizobium leguminosarum* (Frank 1879) Frank 1889	188
16105	*Rhizobium leguminosarum* (Frank 1879) Frank 1889	188
16106	*Rhizobium leguminosarum* (Frank 1879) Frank 1889	188
16107	*Rhizobium leguminosarum* (Frank 1879) Frank 1889	188
16108	*Rhizobium leguminosarum* (Frank 1879) Frank 1889	188
14232	*Rhizobium leguminosarum* (Frank 1879) Frank 1889	188
14235	*Rhizobium leguminosarum* (Frank 1879) Frank 1889	188
14337	*Rhizobium leguminosarum* (Frank 1879) Frank 1889	188
14338	*Rhizobium leguminosarum* (Frank 1879) Frank 1889	188
14545	*Rhizobium leguminosarum* (Frank 1879) Frank 1889	189
14546	*Rhizobium leguminosarum* (Frank 1879) Frank 1889	189
14547	*Rhizobium leguminosarum* (Frank 1879) Frank 1889	189
14548	*Rhizobium leguminosarum* (Frank 1879) Frank 1889	189
14742	*Rhizobium leguminosarum* (Frank 1879) Frank 1889	189
14743	*Rhizobium leguminosarum* (Frank 1879) Frank 1889	189
14744	*Rhizobium leguminosarum* (Frank 1879) Frank 1889	189
14745	*Rhizobium leguminosarum* (Frank 1879) Frank 1889	189
14746	*Rhizobium leguminosarum* (Frank 1879) Frank 1889	189
14747	*Rhizobium leguminosarum* (Frank 1879) Frank 1889	189
14748	*Rhizobium leguminosarum* (Frank 1879) Frank 1889	189
14749	*Rhizobium leguminosarum* (Frank 1879) Frank 1889	189
14752	*Rhizobium leguminosarum* (Frank 1879) Frank 1889	189
14753	*Rhizobium leguminosarum* (Frank 1879) Frank 1889	189
14754	*Rhizobium leguminosarum* (Frank 1879) Frank 1889	189
14757	*Rhizobium leguminosarum* (Frank 1879) Frank 1889	189
14758	*Rhizobium leguminosarum* (Frank 1879) Frank 1889	189
14759	*Rhizobium leguminosarum* (Frank 1879) Frank 1889	189
14760	*Rhizobium leguminosarum* (Frank 1879) Frank 1889	189
14761	*Rhizobium leguminosarum* (Frank 1879) Frank 1889	189
14763	*Rhizobium leguminosarum* (Frank 1879) Frank 1889	189
14764	*Rhizobium leguminosarum* (Frank 1879) Frank 1889	189
14765	*Rhizobium leguminosarum* (Frank 1879) Frank 1889	189
14766	*Rhizobium leguminosarum* (Frank 1879) Frank 1889	190
14767	*Rhizobium leguminosarum* (Frank 1879) Frank 1889	190
14773	*Rhizobium leguminosarum* (Frank 1879) Frank 1889	190
14774	*Rhizobium leguminosarum* (Frank 1879) Frank 1889	190
14775	*Rhizobium leguminosarum* (Frank 1879) Frank 1889	190
14776	*Rhizobium leguminosarum* (Frank 1879) Frank 1889	190
14778	*Rhizobium leguminosarum* (Frank 1879) Frank 1889	190
14779	*Rhizobium leguminosarum* (Frank 1879) Frank 1889	190
14780	*Rhizobium leguminosarum* (Frank 1879) Frank 1889	190
14781	*Rhizobium leguminosarum* (Frank 1879) Frank 1889	190
14782	*Rhizobium leguminosarum* (Frank 1879) Frank 1889	190
14785	*Rhizobium leguminosarum* (Frank 1879) Frank 1889	190
14786	*Rhizobium leguminosarum* (Frank 1879) Frank 1889	190
14787	*Rhizobium leguminosarum* (Frank 1879) Frank 1889	190
14788	*Rhizobium leguminosarum* (Frank 1879) Frank 1889	190
14789	*Rhizobium leguminosarum* (Frank 1879) Frank 1889	190
14790	*Rhizobium leguminosarum* (Frank 1879) Frank 1889	190
14791	*Rhizobium leguminosarum* (Frank 1879) Frank 1889	190

菌株号	菌种名称	页数
14792	*Rhizobium leguminosarum* (Frank 1879) Frank 1889	190
14793	*Rhizobium leguminosarum* (Frank 1879) Frank 1889	190
14796	*Rhizobium leguminosarum* (Frank 1879) Frank 1889	190
14797	*Rhizobium leguminosarum* (Frank 1879) Frank 1889	190
14798	*Rhizobium leguminosarum* (Frank 1879) Frank 1889	191
14799	*Rhizobium leguminosarum* (Frank 1879) Frank 1889	191
14804	*Rhizobium leguminosarum* (Frank 1879) Frank 1889	191
14805	*Rhizobium leguminosarum* (Frank 1879) Frank 1889	191
14806	*Rhizobium leguminosarum* (Frank 1879) Frank 1889	191
14807	*Rhizobium leguminosarum* (Frank 1879) Frank 1889	191
14808	*Rhizobium leguminosarum* (Frank 1879) Frank 1889	191
14811	*Rhizobium leguminosarum* (Frank 1879) Frank 1889	191
14814	*Rhizobium leguminosarum* (Frank 1879) Frank 1889	191
14815	*Rhizobium leguminosarum* (Frank 1879) Frank 1889	191
14817	*Rhizobium leguminosarum* (Frank 1879) Frank 1889	191
14819	*Rhizobium leguminosarum* (Frank 1879) Frank 1889	191
14820	*Rhizobium leguminosarum* (Frank 1879) Frank 1889	191
14821	*Rhizobium leguminosarum* (Frank 1879) Frank 1889	191
14822	*Rhizobium leguminosarum* (Frank 1879) Frank 1889	191
14826	*Rhizobium leguminosarum* (Frank 1879) Frank 1889	191
14828	*Rhizobium leguminosarum* (Frank 1879) Frank 1889	191
14831	*Rhizobium leguminosarum* (Frank 1879) Frank 1889	191
14832	*Rhizobium leguminosarum* (Frank 1879) Frank 1889	191
14835	*Rhizobium leguminosarum* (Frank 1879) Frank 1889	191
14836	*Rhizobium leguminosarum* (Frank 1879) Frank 1889	191
14838	*Rhizobium leguminosarum* (Frank 1879) Frank 1889	191
14839	*Rhizobium leguminosarum* (Frank 1879) Frank 1889	191
14840	*Rhizobium leguminosarum* (Frank 1879) Frank 1889	192
14842	*Rhizobium leguminosarum* (Frank 1879) Frank 1889	192
14844	*Rhizobium leguminosarum* (Frank 1879) Frank 1889	192
14848	*Rhizobium leguminosarum* (Frank 1879) Frank 1889	192
14852	*Rhizobium leguminosarum* (Frank 1879) Frank 1889	192
14854	*Rhizobium leguminosarum* (Frank 1879) Frank 1889	192
14855	*Rhizobium leguminosarum* (Frank 1879) Frank 1889	192
14856	*Rhizobium leguminosarum* (Frank 1879) Frank 1889	192
14857	*Rhizobium leguminosarum* (Frank 1879) Frank 1889	192
14858	*Rhizobium leguminosarum* (Frank 1879) Frank 1889	192
14859	*Rhizobium leguminosarum* (Frank 1879) Frank 1889	192
14860	*Rhizobium leguminosarum* (Frank 1879) Frank 1889	192
14861	*Rhizobium leguminosarum* (Frank 1879) Frank 1889	192
14862	*Rhizobium leguminosarum* (Frank 1879) Frank 1889	192
14863	*Rhizobium leguminosarum* (Frank 1879) Frank 1889	192
14864	*Rhizobium leguminosarum* (Frank 1879) Frank 1889	192
14865	*Rhizobium leguminosarum* (Frank 1879) Frank 1889	192
14867	*Rhizobium leguminosarum* (Frank 1879) Frank 1889	192
14868	*Rhizobium leguminosarum* (Frank 1879) Frank 1889	192
14870	*Rhizobium leguminosarum* (Frank 1879) Frank 1889	192
14871	*Rhizobium leguminosarum* (Frank 1879) Frank 1889	192
14872	*Rhizobium leguminosarum* (Frank 1879) Frank 1889	192
14873	*Rhizobium leguminosarum* (Frank 1879) Frank 1889	193
14874	*Rhizobium leguminosarum* (Frank 1879) Frank 1889	193
14875	*Rhizobium leguminosarum* (Frank 1879) Frank 1889	193
14876	*Rhizobium leguminosarum* (Frank 1879) Frank 1889	193
14877	*Rhizobium leguminosarum* (Frank 1879) Frank 1889	193
14879	*Rhizobium leguminosarum* (Frank 1879) Frank 1889	193

菌株号	菌种名称	页数
14880	*Rhizobium leguminosarum* (Frank 1879) Frank 1889	193
14883	*Rhizobium leguminosarum* (Frank 1879) Frank 1889	193
14885	*Rhizobium leguminosarum* (Frank 1879) Frank 1889	193
14886	*Rhizobium leguminosarum* (Frank 1879) Frank 1889	193
14887	*Rhizobium leguminosarum* (Frank 1879) Frank 1889	193
14888	*Rhizobium leguminosarum* (Frank 1879) Frank 1889	193
14890	*Rhizobium leguminosarum* (Frank 1879) Frank 1889	193
15854	*Rhizobium leguminosarum* (Frank 1879) Frank 1889	193
15857	*Rhizobium leguminosarum* (Frank 1879) Frank 1889	193
15861	*Rhizobium leguminosarum* (Frank 1879) Frank 1889	193
15862	*Rhizobium leguminosarum* (Frank 1879) Frank 1889	193
15863	*Rhizobium leguminosarum* (Frank 1879) Frank 1889	193
15868	*Rhizobium leguminosarum* (Frank 1879) Frank 1889	193
15870	*Rhizobium leguminosarum* (Frank 1879) Frank 1889	193
15873	*Rhizobium leguminosarum* (Frank 1879) Frank 1889	193
18001	*Rhizobium leguminosarum* (Frank 1879) Frank 1889 *bv. trifolii*	193
18002	*Rhizobium leguminosarum* (Frank 1879) Frank 1889 *bv. trifolii*	194
18003	*Rhizobium leguminosarum* (Frank 1879) Frank 1889 *bv. trifolii*	194
18004	*Rhizobium leguminosarum* (Frank 1879) Frank 1889 *bv. trifolii*	194
18005	*Rhizobium leguminosarum* (Frank 1879) Frank 1889 *bv. trifolii*	194
18006	*Rhizobium leguminosarum* (Frank 1879) Frank 1889 *bv. trifolii*	194
18007	*Rhizobium leguminosarum* (Frank 1879) Frank 1889 *bv. trifolii*	194
18008	*Rhizobium leguminosarum* (Frank 1879) Frank 1889 *bv. trifolii*	194
18009	*Rhizobium leguminosarum* (Frank 1879) Frank 1889 *bv. trifolii*	194
18010	*Rhizobium leguminosarum* (Frank 1879) Frank 1889 *bv. trifolii*	194
18011	*Rhizobium leguminosarum* (Frank 1879) Frank 1889 *bv. trifolii*	194
18012	*Rhizobium leguminosarum* (Frank 1879) Frank 1889 *bv. trifolii*	194
18013	*Rhizobium leguminosarum* (Frank 1879) Frank 1889 *bv. trifolii*	194
18014	*Rhizobium leguminosarum* (Frank 1879) Frank 1889 *bv. trifolii*	194
18015	*Rhizobium leguminosarum* (Frank 1879) Frank 1889 *bv. trifolii*	194
18016	*Rhizobium leguminosarum* (Frank 1879) Frank 1889 *bv. trifolii*	194
18017	*Rhizobium leguminosarum* (Frank 1879) Frank 1889 *bv. trifolii*	194
18018	*Rhizobium leguminosarum* (Frank 1879) Frank 1889 *bv. trifolii*	194
18019	*Rhizobium leguminosarum* (Frank 1879) Frank 1889 *bv. trifolii*	194
19030	*Rhizobium* sp	195
19031	*Rhizobium* sp	195
19032	*Rhizobium* sp	195
19033	*Rhizobium* sp	195
19034	*Rhizobium* sp	195
19035	*Rhizobium* sp	195
19020	*Rhizobium* sp.	195
19021	*Rhizobium* sp.	195
19022	*Rhizobium* sp.	195
19023	*Rhizobium* sp.	195
19024	*Rhizobium* sp.	195
19025	*Rhizobium* sp.	195
19026	*Rhizobium* sp.	195
19640	*Rhizobium* sp.	195
19641	*Rhizobium* sp.	195
19642	*Rhizobium* sp.	195
19643	*Rhizobium* sp.	195
19644	*Rhizobium* sp.	195
19645	*Rhizobium* sp.	195
19646	*Rhizobium* sp.	195
19647	*Rhizobium* sp.	195

菌株号	菌种名称	页数
15117	*Sinorhizobium fredii* (Scholla and Elkan 1984) Chen et al. 1988	204
15118	*Sinorhizobium fredii* (Scholla and Elkan 1984) Chen et al. 1988	204
15119	*Sinorhizobium fredii* (Scholla and Elkan 1984) Chen et al. 1988	204
15120	*Sinorhizobium fredii* (Scholla and Elkan 1984) Chen et al. 1988	204
15121	*Sinorhizobium fredii* (Scholla and Elkan 1984) Chen et al. 1988	204
15122	*Sinorhizobium fredii* (Scholla and Elkan 1984) Chen et al. 1988	205
15123	*Sinorhizobium fredii* (Scholla and Elkan 1984) Chen et al. 1988	205
15124	*Sinorhizobium fredii* (Scholla and Elkan 1984) Chen et al. 1988	205
15125	*Sinorhizobium fredii* (Scholla and Elkan 1984) Chen et al. 1988	205
15126	*Sinorhizobium fredii* (Scholla and Elkan 1984) Chen et al. 1988	205
15127	*Sinorhizobium fredii* (Scholla and Elkan 1984) Chen et al. 1988	205
15128	*Sinorhizobium fredii* (Scholla and Elkan 1984) Chen et al. 1988	205
15129	*Sinorhizobium fredii* (Scholla and Elkan 1984) Chen et al. 1988	205
15130	*Sinorhizobium fredii* (Scholla and Elkan 1984) Chen et al. 1988	205
15131	*Sinorhizobium fredii* (Scholla and Elkan 1984) Chen et al. 1988	205
15132	*Sinorhizobium fredii* (Scholla and Elkan 1984) Chen et al. 1988	205
15133	*Sinorhizobium fredii* (Scholla and Elkan 1984) Chen et al. 1988	205
15134	*Sinorhizobium fredii* (Scholla and Elkan 1984) Chen et al. 1988	205
15135	*Sinorhizobium fredii* (Scholla and Elkan 1984) Chen et al. 1988	205
15136	*Sinorhizobium fredii* (Scholla and Elkan 1984) Chen et al. 1988	205
15137	*Sinorhizobium fredii* (Scholla and Elkan 1984) Chen et al. 1988	205
15138	*Sinorhizobium fredii* (Scholla and Elkan 1984) Chen et al. 1988	205
15139	*Sinorhizobium fredii* (Scholla and Elkan 1984) Chen et al. 1988	205
15140	*Sinorhizobium fredii* (Scholla and Elkan 1984) Chen et al. 1988	205
15141	*Sinorhizobium fredii* (Scholla and Elkan 1984) Chen et al. 1988	205
15142	*Sinorhizobium fredii* (Scholla and Elkan 1984) Chen et al. 1988	205
15143	*Sinorhizobium fredii* (Scholla and Elkan 1984) Chen et al. 1988	205
15145	*Sinorhizobium fredii* (Scholla and Elkan 1984) Chen et al. 1988	205
15146	*Sinorhizobium fredii* (Scholla and Elkan 1984) Chen et al. 1988	206
15147	*Sinorhizobium fredii* (Scholla and Elkan 1984) Chen et al. 1988	206
01528	*Sinorhizobium meliloti* (Dangeard 1926) De Lajudie et al. 1994	206
01531	*Sinorhizobium meliloti* (Dangeard 1926) De Lajudie et al. 1994	206
01533	*Sinorhizobium meliloti* (Dangeard 1926) De Lajudie et al. 1994	206
01536	*Sinorhizobium meliloti* (Dangeard 1926) De Lajudie et al. 1994	206
03094	*Sinorhizobium meliloti* (Dangeard 1926) De Lajudie et al. 1994	206
17499	*Sinorhizobium meliloti* (Dangeard 1926) De Lajudie et al. 1994	206
17500	*Sinorhizobium meliloti* (Dangeard 1926) De Lajudie et al. 1994	206
17501	*Sinorhizobium meliloti* (Dangeard 1926) De Lajudie et al. 1994	206
17502	*Sinorhizobium meliloti* (Dangeard 1926) De Lajudie et al. 1994	206
17503	*Sinorhizobium meliloti* (Dangeard 1926) De Lajudie et al. 1994	206
17504	*Sinorhizobium meliloti* (Dangeard 1926) De Lajudie et al. 1994	206
17505	*Sinorhizobium meliloti* (Dangeard 1926) De Lajudie et al. 1994	206
17506	*Sinorhizobium meliloti* (Dangeard 1926) De Lajudie et al. 1994	206
17507	*Sinorhizobium meliloti* (Dangeard 1926) De Lajudie et al. 1994	206
17508	*Sinorhizobium meliloti* (Dangeard 1926) De Lajudie et al. 1994	206
17509	*Sinorhizobium meliloti* (Dangeard 1926) De Lajudie et al. 1994	206
17510	*Sinorhizobium meliloti* (Dangeard 1926) De Lajudie et al. 1994	206
17512	*Sinorhizobium meliloti* (Dangeard 1926) De Lajudie et al. 1994	206
17513	*Sinorhizobium meliloti* (Dangeard 1926) De Lajudie et al. 1994	206
17514	*Sinorhizobium meliloti* (Dangeard 1926) De Lajudie et al. 1994	207
17515	*Sinorhizobium meliloti* (Dangeard 1926) De Lajudie et al. 1994	207
17516	*Sinorhizobium meliloti* (Dangeard 1926) De Lajudie et al. 1994	207
17517	*Sinorhizobium meliloti* (Dangeard 1926) De Lajudie et al. 1994	207
17518	*Sinorhizobium meliloti* (Dangeard 1926) De Lajudie et al. 1994	207
17519	*Sinorhizobium meliloti* (Dangeard 1926) De Lajudie et al. 1994	207

菌株号	菌种名称	页数
17520	*Sinorhizobium meliloti*(Dangeard 1926)De Lajudie et al. 1994	207
17521	*Sinorhizobium meliloti*(Dangeard 1926)De Lajudie et al. 1994	207
17522	*Sinorhizobium meliloti*(Dangeard 1926)De Lajudie et al. 1994	207
17523	*Sinorhizobium meliloti*(Dangeard 1926)De Lajudie et al. 1994	207
17524	*Sinorhizobium meliloti*(Dangeard 1926)De Lajudie et al. 1994	207
17525	*Sinorhizobium meliloti*(Dangeard 1926)De Lajudie et al. 1994	207
17526	*Sinorhizobium meliloti*(Dangeard 1926)De Lajudie et al. 1994	207
17527	*Sinorhizobium meliloti*(Dangeard 1926)De Lajudie et al. 1994	207
17528	*Sinorhizobium meliloti*(Dangeard 1926)De Lajudie et al. 1994	207
17529	*Sinorhizobium meliloti*(Dangeard 1926)De Lajudie et al. 1994	207
17530	*Sinorhizobium meliloti*(Dangeard 1926)De Lajudie et al. 1994	207
17531	*Sinorhizobium meliloti*(Dangeard 1926)De Lajudie et al. 1994	207
17532	*Sinorhizobium meliloti*(Dangeard 1926)De Lajudie et al. 1994	207
17533	*Sinorhizobium meliloti*(Dangeard 1926)De Lajudie et al. 1994	207
17534	*Sinorhizobium meliloti*(Dangeard 1926)De Lajudie et al. 1994	207
17535	*Sinorhizobium meliloti*(Dangeard 1926)De Lajudie et al. 1994	207
17536	*Sinorhizobium meliloti*(Dangeard 1926)De Lajudie et al. 1994	207
17537	*Sinorhizobium meliloti*(Dangeard 1926)De Lajudie et al. 1994	208
17538	*Sinorhizobium meliloti*(Dangeard 1926)De Lajudie et al. 1994	208
17539	*Sinorhizobium meliloti*(Dangeard 1926)De Lajudie et al. 1994	208
17540	*Sinorhizobium meliloti*(Dangeard 1926)De Lajudie et al. 1994	208
17541	*Sinorhizobium meliloti*(Dangeard 1926)De Lajudie et al. 1994	208
17542	*Sinorhizobium meliloti*(Dangeard 1926)De Lajudie et al. 1994	208
17544	*Sinorhizobium meliloti*(Dangeard 1926)De Lajudie et al. 1994	208
17545	*Sinorhizobium meliloti*(Dangeard 1926)De Lajudie et al. 1994	208
17546	*Sinorhizobium meliloti*(Dangeard 1926)De Lajudie et al. 1994	208
17547	*Sinorhizobium meliloti*(Dangeard 1926)De Lajudie et al. 1994	208
17548	*Sinorhizobium meliloti*(Dangeard 1926)De Lajudie et al. 1994	208
17549	*Sinorhizobium meliloti*(Dangeard 1926)De Lajudie et al. 1994	208
17550	*Sinorhizobium meliloti*(Dangeard 1926)De Lajudie et al. 1994	208
17551	*Sinorhizobium meliloti*(Dangeard 1926)De Lajudie et al. 1994	208
17552	*Sinorhizobium meliloti*(Dangeard 1926)De Lajudie et al. 1994	208
17553	*Sinorhizobium meliloti*(Dangeard 1926)De Lajudie et al. 1994	208
17554	*Sinorhizobium meliloti*(Dangeard 1926)De Lajudie et al. 1994	208
17555	*Sinorhizobium meliloti*(Dangeard 1926)De Lajudie et al. 1994	208
17556	*Sinorhizobium meliloti*(Dangeard 1926)De Lajudie et al. 1994	208
17557	*Sinorhizobium meliloti*(Dangeard 1926)De Lajudie et al. 1994	208
17558	*Sinorhizobium meliloti*(Dangeard 1926)De Lajudie et al. 1994	208
17559	*Sinorhizobium meliloti*(Dangeard 1926)De Lajudie et al. 1994	208
17560	*Sinorhizobium meliloti*(Dangeard 1926)De Lajudie et al. 1994	209
17561	*Sinorhizobium meliloti*(Dangeard 1926)De Lajudie et al. 1994	209
17562	*Sinorhizobium meliloti*(Dangeard 1926)De Lajudie et al. 1994	209
17563	*Sinorhizobium meliloti*(Dangeard 1926)De Lajudie et al. 1994	209
17564	*Sinorhizobium meliloti*(Dangeard 1926)De Lajudie et al. 1994	209
17565	*Sinorhizobium meliloti*(Dangeard 1926)De Lajudie et al. 1994	209
17566	*Sinorhizobium meliloti*(Dangeard 1926)De Lajudie et al. 1994	209
17567	*Sinorhizobium meliloti*(Dangeard 1926)De Lajudie et al. 1994	209
17568	*Sinorhizobium meliloti*(Dangeard 1926)De Lajudie et al. 1994	209
17569	*Sinorhizobium meliloti*(Dangeard 1926)De Lajudie et al. 1994	209
17570	*Sinorhizobium meliloti*(Dangeard 1926)De Lajudie et al. 1994	209
17571	*Sinorhizobium meliloti*(Dangeard 1926)De Lajudie et al. 1994	209
17572	*Sinorhizobium meliloti*(Dangeard 1926)De Lajudie et al. 1994	209
17573	*Sinorhizobium meliloti*(Dangeard 1926)De Lajudie et al. 1994	209
17574	*Sinorhizobium meliloti*(Dangeard 1926)De Lajudie et al. 1994	209
17575	*Sinorhizobium meliloti*(Dangeard 1926)De Lajudie et al. 1994	209

菌株号	菌种名称	页数
17576	*Sinorhizobium meliloti* (Dangeard 1926) De Lajudie et al. 1994	209
17577	*Sinorhizobium meliloti* (Dangeard 1926) De Lajudie et al. 1994	209
17578	*Sinorhizobium meliloti* (Dangeard 1926) De Lajudie et al. 1994	209
17579	*Sinorhizobium meliloti* (Dangeard 1926) De Lajudie et al. 1994	209
17580	*Sinorhizobium meliloti* (Dangeard 1926) De Lajudie et al. 1994	209
17581	*Sinorhizobium meliloti* (Dangeard 1926) De Lajudie et al. 1994	209
17582	*Sinorhizobium meliloti* (Dangeard 1926) De Lajudie et al. 1994	209
17583	*Sinorhizobium meliloti* (Dangeard 1926) De Lajudie et al. 1994	210
17584	*Sinorhizobium meliloti* (Dangeard 1926) De Lajudie et al. 1994	210
17585	*Sinorhizobium meliloti* (Dangeard 1926) De Lajudie et al. 1994	210
17586	*Sinorhizobium meliloti* (Dangeard 1926) De Lajudie et al. 1994	210
17587	*Sinorhizobium meliloti* (Dangeard 1926) De Lajudie et al. 1994	210
17588	*Sinorhizobium meliloti* (Dangeard 1926) De Lajudie et al. 1994	210
17589	*Sinorhizobium meliloti* (Dangeard 1926) De Lajudie et al. 1994	210
17590	*Sinorhizobium meliloti* (Dangeard 1926) De Lajudie et al. 1994	210
17591	*Sinorhizobium meliloti* (Dangeard 1926) De Lajudie et al. 1994	210
17592	*Sinorhizobium meliloti* (Dangeard 1926) De Lajudie et al. 1994	210
17593	*Sinorhizobium meliloti* (Dangeard 1926) De Lajudie et al. 1994	210
17594	*Sinorhizobium meliloti* (Dangeard 1926) De Lajudie et al. 1994	210
17595	*Sinorhizobium meliloti* (Dangeard 1926) De Lajudie et al. 1994	210
17596	*Sinorhizobium meliloti* (Dangeard 1926) De Lajudie et al. 1994	210
17597	*Sinorhizobium meliloti* (Dangeard 1926) De Lajudie et al. 1994	210
17598	*Sinorhizobium meliloti* (Dangeard 1926) De Lajudie et al. 1994	210
17599	*Sinorhizobium meliloti* (Dangeard 1926) De Lajudie et al. 1994	210
17600	*Sinorhizobium meliloti* (Dangeard 1926) De Lajudie et al. 1994	210
17601	*Sinorhizobium meliloti* (Dangeard 1926) De Lajudie et al. 1994	210
17602	*Sinorhizobium meliloti* (Dangeard 1926) De Lajudie et al. 1994	210
17603	*Sinorhizobium meliloti* (Dangeard 1926) De Lajudie et al. 1994	210
17604	*Sinorhizobium meliloti* (Dangeard 1926) De Lajudie et al. 1994	211
17605	*Sinorhizobium meliloti* (Dangeard 1926) De Lajudie et al. 1994	211
17606	*Sinorhizobium meliloti* (Dangeard 1926) De Lajudie et al. 1994	211
17607	*Sinorhizobium meliloti* (Dangeard 1926) De Lajudie et al. 1994	211
17608	*Sinorhizobium meliloti* (Dangeard 1926) De Lajudie et al. 1994	211
17609	*Sinorhizobium meliloti* (Dangeard 1926) De Lajudie et al. 1994	211
17610	*Sinorhizobium meliloti* (Dangeard 1926) De Lajudie et al. 1994	211
17611	*Sinorhizobium meliloti* (Dangeard 1926) De Lajudie et al. 1994	211
17612	*Sinorhizobium meliloti* (Dangeard 1926) De Lajudie et al. 1994	211
17613	*Sinorhizobium meliloti* (Dangeard 1926) De Lajudie et al. 1994	211
17614	*Sinorhizobium meliloti* (Dangeard 1926) De Lajudie et al. 1994	211
17615	*Sinorhizobium meliloti* (Dangeard 1926) De Lajudie et al. 1994	211
17616	*Sinorhizobium meliloti* (Dangeard 1926) De Lajudie et al. 1994	211
17617	*Sinorhizobium meliloti* (Dangeard 1926) De Lajudie et al. 1994	211
17618	*Sinorhizobium meliloti* (Dangeard 1926) De Lajudie et al. 1994	211
17619	*Sinorhizobium meliloti* (Dangeard 1926) De Lajudie et al. 1994	211
17620	*Sinorhizobium meliloti* (Dangeard 1926) De Lajudie et al. 1994	211
17621	*Sinorhizobium meliloti* (Dangeard 1926) De Lajudie et al. 1994	211
17622	*Sinorhizobium meliloti* (Dangeard 1926) De Lajudie et al. 1994	211
17623	*Sinorhizobium meliloti* (Dangeard 1926) De Lajudie et al. 1994	211
17624	*Sinorhizobium meliloti* (Dangeard 1926) De Lajudie et al. 1994	211
17625	*Sinorhizobium meliloti* (Dangeard 1926) De Lajudie et al. 1994	211
17626	*Sinorhizobium meliloti* (Dangeard 1926) De Lajudie et al. 1994	211
17627	*Sinorhizobium meliloti* (Dangeard 1926) De Lajudie et al. 1994	212
17628	*Sinorhizobium meliloti* (Dangeard 1926) De Lajudie et al. 1994	212
17629	*Sinorhizobium meliloti* (Dangeard 1926) De Lajudie et al. 1994	212
17630	*Sinorhizobium meliloti* (Dangeard 1926) De Lajudie et al. 1994	212

菌株号	菌种名称	页数
14500	*Sinorhizobium meliloti* (Dangeard 1926) De Lajudie et al. 1994	215
14501	*Sinorhizobium meliloti* (Dangeard 1926) De Lajudie et al. 1994	215
14506	*Sinorhizobium meliloti* (Dangeard 1926) De Lajudie et al. 1994	215
14566	*Sinorhizobium meliloti* (Dangeard 1926) De Lajudie et al. 1994	215
14567	*Sinorhizobium meliloti* (Dangeard 1926) De Lajudie et al. 1994	215
14568	*Sinorhizobium meliloti* (Dangeard 1926) De Lajudie et al. 1994	215
14569	*Sinorhizobium meliloti* (Dangeard 1926) De Lajudie et al. 1994	215
14570	*Sinorhizobium meliloti* (Dangeard 1926) De Lajudie et al. 1994	215
14571	*Sinorhizobium meliloti* (Dangeard 1926) De Lajudie et al. 1994	215
14572	*Sinorhizobium meliloti* (Dangeard 1926) De Lajudie et al. 1994	215
14573	*Sinorhizobium meliloti* (Dangeard 1926) De Lajudie et al. 1994	215
14574	*Sinorhizobium meliloti* (Dangeard 1926) De Lajudie et al. 1994	215
14575	*Sinorhizobium meliloti* (Dangeard 1926) De Lajudie et al. 1994	215
14576	*Sinorhizobium meliloti* (Dangeard 1926) De Lajudie et al. 1994	215
14577	*Sinorhizobium meliloti* (Dangeard 1926) De Lajudie et al. 1994	216
14578	*Sinorhizobium meliloti* (Dangeard 1926) De Lajudie et al. 1994	216
14579	*Sinorhizobium meliloti* (Dangeard 1926) De Lajudie et al. 1994	216
14580	*Sinorhizobium meliloti* (Dangeard 1926) De Lajudie et al. 1994	216
14581	*Sinorhizobium meliloti* (Dangeard 1926) De Lajudie et al. 1994	216
14582	*Sinorhizobium meliloti* (Dangeard 1926) De Lajudie et al. 1994	216
14583	*Sinorhizobium meliloti* (Dangeard 1926) De Lajudie et al. 1994	216
14584	*Sinorhizobium meliloti* (Dangeard 1926) De Lajudie et al. 1994	216
14768	*Sinorhizobium meliloti* (Dangeard 1926) De Lajudie et al. 1994	216
14878	*Sinorhizobium meliloti* (Dangeard 1926) De Lajudie et al. 1994	216
14882	*Sinorhizobium meliloti* (Dangeard 1926) De Lajudie et al. 1994	216
14884	*Sinorhizobium meliloti* (Dangeard 1926) De Lajudie et al. 1994	216
14889	*Sinorhizobium meliloti* (Dangeard 1926) De Lajudie et al. 1994	216
15892	*Sinorhizobium meliloti* (Dangeard 1926) De Lajudie et al. 1994	216
15893	*Sinorhizobium meliloti* (Dangeard 1926) De Lajudie et al. 1994	216
15894	*Sinorhizobium meliloti* (Dangeard 1926) De Lajudie et al. 1994	216
15895	*Sinorhizobium meliloti* (Dangeard 1926) De Lajudie et al. 1994	216
15896	*Sinorhizobium meliloti* (Dangeard 1926) De Lajudie et al. 1994	216
15897	*Sinorhizobium meliloti* (Dangeard 1926) De Lajudie et al. 1994	216
15898	*Sinorhizobium meliloti* (Dangeard 1926) De Lajudie et al. 1994	216
15899	*Sinorhizobium meliloti* (Dangeard 1926) De Lajudie et al. 1994	216
15900	*Sinorhizobium meliloti* (Dangeard 1926) De Lajudie et al. 1994	216
15901	*Sinorhizobium meliloti* (Dangeard 1926) De Lajudie et al. 1994	216
15902	*Sinorhizobium meliloti* (Dangeard 1926) De Lajudie et al. 1994	217
15903	*Sinorhizobium meliloti* (Dangeard 1926) De Lajudie et al. 1994	217
15905	*Sinorhizobium meliloti* (Dangeard 1926) De Lajudie et al. 1994	217
15906	*Sinorhizobium meliloti* (Dangeard 1926) De Lajudie et al. 1994	217
15907	*Sinorhizobium meliloti* (Dangeard 1926) De Lajudie et al. 1994	217
15908	*Sinorhizobium meliloti* (Dangeard 1926) De Lajudie et al. 1994	217
15909	*Sinorhizobium meliloti* (Dangeard 1926) De Lajudie et al. 1994	217
15910	*Sinorhizobium meliloti* (Dangeard 1926) De Lajudie et al. 1994	217
15911	*Sinorhizobium meliloti* (Dangeard 1926) De Lajudie et al. 1994	217
15912	*Sinorhizobium meliloti* (Dangeard 1926) De Lajudie et al. 1994	217
15913	*Sinorhizobium meliloti* (Dangeard 1926) De Lajudie et al. 1994	217
15915	*Sinorhizobium meliloti* (Dangeard 1926) De Lajudie et al. 1994	217
15916	*Sinorhizobium meliloti* (Dangeard 1926) De Lajudie et al. 1994	217
15917	*Sinorhizobium meliloti* (Dangeard 1926) De Lajudie et al. 1994	217
15918	*Sinorhizobium meliloti* (Dangeard 1926) De Lajudie et al. 1994	217
03256	*Sinorhizobium morelense* Wang et al. 2002	217
03259	*Sinorhizobium morelense* Wang et al. 2002	217
01722	*Sinorhizobium* sp.	217

菌株号	菌种名称	页数
04216	*Xanthomonas maltophilia* (Hugh 1981) Swings et al. 1983	227
04183	*Xanthomonas maltophilia* (Hugh 1981) Swings et al. 1983	227
05509	*Xanthomonas oryzae* (*ex* Ishiyama 1922) Swings et al. 1990	227
03530	*Xanthomonas oryzae* pv. *oryzae*	227
11705	*Xanthomonas* sp.	227
01728	*Xanthomonas translucens* (*ex* Jones et al. 1917) Vauterin et al. 1995	227
04152	*Xanthomonas translucens* (*ex* Jones et al. 1917) Vauterin et al. 1995	227
10487^T	*Xenorhabdus nematophila* corrig. (Poinar and Thomas 1965) Thomas and Poinar 1979	227
10684	*Zoogloea* sp.	228
10166	*Zymomonas mobilis* (Lindner 1928) De Ley and Swings 1976	228
11020	*Zymomonas mobilis* (Lindner 1928) De Ley and Swings 1976	228
40635	*Actinocorallia* sp.	229
40890	*Actinocorallia* sp.	229
41070^T	*Actinokineospora riparia* Hasegawa 1988	229
41425	*Actinomadura carminata* Gauze et al. 1973	229
40605	*Actinomadura cremea* Preobrazhenskaya et al. 1975	229
40612	*Actinomadura cremea* Preobrazhenskaya et al. 1975	229
41368	*Actinomadura cremea* Preobrazhenskaya et al. 1975	229
41392	*Actinomadura cremea* Preobrazhenskaya et al. 1975	229
41435	*Actinomadura cremea* Preobrazhenskaya et al. 1975	229
40591	*Actinomadura longispora* Preobrazhenskaya and Sveshnikova 1974	229
40611	*Actinomadura* sp.	229
40671	*Actinomadura* sp.	229
40673	*Actinomadura* sp.	229
40678	*Actinomadura* sp.	229
40680	*Actinomadura* sp.	229
40681	*Actinomadura* sp.	229
40695	*Actinomadura* sp.	229
40700	*Actinomadura* sp.	230
40707	*Actinomadura* sp.	230
40713	*Actinomadura* sp.	230
40714	*Actinomadura* sp.	230
40727	*Actinomadura* sp.	230
40769	*Actinomadura* sp.	230
40947	*Actinomadura* sp.	230
40972	*Actinomadura* sp.	230
40978	*Actinomadura* sp.	230
41007	*Actinomadura* sp.	230
41371	*Actinomadura* sp.	230
41400	*Actinomadura* sp.	230
41410	*Actinomadura* sp.	230
41411	*Actinomadura* sp.	230
41413	*Actinomadura* sp.	230
41535	*Actinomadura* sp.	230
40675	*Actinomadura* sp.	230
40497	*Actinomadura* sp.	230
40107^T	*Actinoplanes missouriensis* Couch 1963	230
40122	*Actinoplanes missouriensis* Couch 1963	230
40178^T	*Actinoplanes philippinensis* Couch 1950	230
41870	*Actinoplanes* sp.	230
40691	*Actinosporangium* sp.	231
40740	*Actinosporangium* sp.	231
41336	*Actinosporangium* sp.	231
41424	*Actinosporangium* sp.	231
41427	*Actinosporangium* sp.	231

菌株号	菌种名称	页数
41354	*Micromonospora fulviviridis* Kroppenstedt et al. 2005	234
41106	*Micromonospora fulviviridis* Kroppenstedt et al. 2005	234
40786	*Micromonospora halophytica* Weinstein et al. 1968	234
40819	*Micromonospora purpureochromogenes* (Waksman and Curtis 1916) Luedemann 1971	234
40975	*Micromonospora purpureochromogenes* (Waksman and Curtis 1916) Luedemann 1971	234
41096	*Micromonospora purpureochromogenes* (Waksman and Curtis 1916) Luedemann 1971	234
41120	*Micromonospora purpureochromogenes* (Waksman and Curtis 1916) Luedemann 1971	234
41446	*Micromonospora purpureochromogenes* (Waksman and Curtis 1916) Luedemann 1971	234
41335	*Micromonospora rosaria* (ex Wagman et al. 1972) Horan and Brodsky 1986	234
41123	*Micromonospora sagamiensis* Kroppenstedt et al. 2005	234
40447	*Micromonospora* sp.	234
40485	*Micromonospora* sp.	234
40489	*Micromonospora* sp.	234
40523	*Micromonospora* sp.	234
40595	*Micromonospora* sp.	234
40596	*Micromonospora* sp.	235
40598	*Micromonospora* sp.	235
40616	*Micromonospora* sp.	235
40617	*Micromonospora* sp.	235
40619	*Micromonospora* sp.	235
40629	*Micromonospora* sp.	235
40641	*Micromonospora* sp.	235
40653	*Micromonospora* sp.	235
40656	*Micromonospora* sp.	235
40658	*Micromonospora* sp.	235
40666	*Micromonospora* sp.	235
40668	*Micromonospora* sp.	235
40669	*Micromonospora* sp.	235
40677	*Micromonospora* sp.	235
40686	*Micromonospora* sp.	235
40687	*Micromonospora* sp.	235
40688	*Micromonospora* sp.	235
40689	*Micromonospora* sp.	235
40690	*Micromonospora* sp.	235
40696	*Micromonospora* sp.	235
40702	*Micromonospora* sp.	235
40705	*Micromonospora* sp.	235
40708	*Micromonospora* sp.	236
40711	*Micromonospora* sp.	236
40717	*Micromonospora* sp.	236
40718	*Micromonospora* sp.	236
40721	*Micromonospora* sp.	236
40722	*Micromonospora* sp.	236
40739	*Micromonospora* sp.	236
40742	*Micromonospora* sp.	236
40750	*Micromonospora* sp.	236
40756	*Micromonospora* sp.	236
40759	*Micromonospora* sp.	236
40770	*Micromonospora* sp.	236
40818	*Micromonospora* sp.	236
40824	*Micromonospora* sp.	236
40839	*Micromonospora* sp.	236
40856	*Micromonospora* sp.	236
40863	*Micromonospora* sp.	236
40897	*Micromonospora* sp.	236

菌株号	菌种名称	页数
40911	*Nocardia ignorata* Yassin et al. 2001	239
40038	*Nocardia* sp.	239
40470	*Nocardia* sp.	239
40597	*Nocardia* sp.	239
40599	*Nocardia* sp.	239
40614	*Nocardia* sp.	239
40627	*Nocardia* sp.	239
40628	*Nocardia* sp.	239
40632	*Nocardia* sp.	239
40633	*Nocardia* sp.	239
40637	*Nocardia* sp.	239
40638	*Nocardia* sp.	239
40820	*Nocardia* sp.	240
40821	*Nocardia* sp.	240
40823	*Nocardia* sp.	240
40836	*Nocardia* sp.	240
40837	*Nocardia* sp.	240
40899	*Nocardia* sp.	240
41087	*Nocardia* sp.	240
41366	*Nocardia* sp.	240
41386	*Nocardia* sp.	240
41409	*Nocardia* sp.	240
41416	*Nocardia* sp.	240
41420	*Nocardia* sp.	240
41457	*Nocardia* sp.	240
41462	*Nocardia* sp.	240
41467	*Nocardia* sp.	240
41522	*Nocardia* sp.	240
40174[T]	*Nocardioides albus* Prauser 1976	240
41020	*Nocardioides albus* Prauser 1976	240
10205[T]	*Nocardioides simplex* (Jensen 1934) O'Donnell et al. 1983	240
40177[T]	*Nocardiopsis dassonvillei* (Brocq-Rousseau 1904) Meyer 1976	240
40495	*Nocardiopsis* sp.	241
40588	*Nonomuraea* sp.	241
40589	*Nonomuraea* sp.	241
40590	*Nonomuraea* sp.	241
40592	*Nonomuraea* sp.	241
40623	*Nonomuraea* sp.	241
40624	*Nonomuraea* sp.	241
40631	*Nonomuraea* sp.	241
40636	*Nonomuraea* sp.	241
40651	*Nonomuraea* sp.	241
40652	*Nonomuraea* sp.	241
40830	*Nonomuraea* sp.	241
41546	*Nonomuraea fastidiosa corrig.* (Soina et al. 1975) Zhang et al. 1998	241
41049[T]	*Promicromonospora citrea* Krasil'nikov et al. 1961	241
40645	*Promicromonospora* sp.	241
40622	*Pseudonocardia* sp.	241
40832	*Pseudonocardia* sp.	241
40104	*Pseudonocardia thermophila* Henssen 1957	241
40171[T]	*Pseudonocardia thermophila* Henssen 1957	241
41071[T]	*Saccharococcus thermophilus* Nystrand 1984	242
41055[T]	*Saccharomonospora glauca* Greiner-Mai et al. 1988	242
40137	*Saccharopolyspora erythraea* (Waksman 1923) Labeda 1987	242
41027[T]	*Saccharopolyspora hirsuta* subsp. *hirsuta* Lacey and Goodfellow 1975	242

菌株号	菌种名称	页数
41060^T	*Saccharopolyspora rectivirgula* (Krasil'nikov and Agre 1964) Korn-Wendisch et al. 1989	242
41062^T	*Spirillospora albida* Couch 1963	242
40560	*Streptomyces abikoensis* (Umezawa et al. 1951) Witt and Stackebrandt 1991	242
40243	*Streptomyces aburaviensis* Nishimura et al. 1957	242
40989	*Streptomyces achromogenes* Okami and Umezawa 1953	242
41018^T	*Streptomyces achromogenes* subsp. *achromogenes* Okami and Umezawa 1953	242
40539	"*Streptomyces ahygroscopicus*" Yan et al.	242
40553	"*Streptomyces ahygroscopicus*" Yan et al.	242
40844	"*Streptomyces ahygroscopicus*" Yan et al.	242
40865	"*Streptomyces ahygroscopicus*" Yan et al.	243
40921	"*Streptomyces ahygroscopicus*" Yan et al.	243
40941	"*Streptomyces ahygroscopicus*" Yan et al.	243
40945	"*Streptomyces ahygroscopicus*" Yan et al.	243
40076	"*Streptomyces ahygroscopicus* var. *gongzhulinggensis*"	243
41017^T	*Streptomyces alanosinicus* Thiemann and Beretta 1966	243
41045^T	*Streptomyces albaduncus* Tsukiura et al. 1964	243
40142	*Streptomyces albidoflavus* (Rossi Doria 1891) Waksman and Henrici 1948	243
40169	*Streptomyces albidoflavus* (Rossi Doria 1891) Waksman and Henrici 1948	243
40170	*Streptomyces albidoflavus* (Rossi Doria 1891) Waksman and Henrici 1948	243
41353	*Streptosporangium albidum* Furumai et al. 1968	243
40132	"*Streptomyces albocyaneus*" (Krasil'nikov et al.) Yan et al.	243
40444	*Streptomyces alboflavus* (Waksman and Curtis 1916) Waksman and Henrici 1948	243
40483	*Streptomyces alboflavus* (Waksman and Curtis 1916) Waksman and Henrici 1948	243
41003	*Streptomyces alboflavus* (Waksman and Curtis 1916) Waksman and Henrici 1948	243
41121	*Streptomyces alboflavus* (Waksman and Curtis 1916) Waksman and Henrici 1948	243
41365	*Streptomyces alboflavus* (Waksman and Curtis 1916) Waksman and Henrici 1948	244
41382	*Streptomyces alboflavus* (Waksman and Curtis 1916) Waksman and Henrici 1948	244
40001^T	*Streptomyces albogriseolus* Benedict et al. 1954	244
41083	*Streptomyces albolongus* Tsukiura et al. 1964	244
40728	*Streptomyces albolongus* Tsukiura et al. 1964	244
41369	*Streptomyces albolongus* Tsukiura et al. 1964	244
41439	*Streptomyces albospinus* Wang et al. 1966	244
40559	*Streptomyces albosporeus* (Krainsky 1914) Waksman and Henrici 1948	244
41075	*Streptomyces albosporeus* (Krainsky 1914) Waksman and Henrici 1948	244
40246	*Streptomyces albosporeus* subsp. *labilomyceticus* Okami et al. 1963	244
40165	*Streptomyces albus* (Rossi Doria 1891) Waksman and Henrici 1943	244
40191	*Streptomyces albus* (Rossi Doria 1891) Waksman and Henrici 1943	244
40212	*Streptomyces albus* (Rossi Doria 1891) Waksman and Henrici 1943	244
40481	*Streptomyces albus* (Rossi Doria 1891) Waksman and Henrici 1943	244
41407	*Streptomyces albus* (Rossi Doria 1891) Waksman and Henrici 1943	244
41437	*Streptomyces albus* (Rossi Doria 1891) Waksman and Henrici 1943	244
41464	*Streptomyces albus* (Rossi Doria 1891) Waksman and Henrici 1943	244
41501	*Streptomyces albus* (Rossi Doria 1891) Waksman and Henrici 1943	244
41502	*Streptomyces albus* (Rossi Doria 1891) Waksman and Henrici 1943	245
40002	*Streptomyces albus* subsp. *albus* (Rossi Doria 1891) Waksman and Henrici 1943	245
40344	*Streptomyces almquistii* (Duché 1934) Pridham et al. 1958	245
41470	*Streptomyces almquistii* (Duché 1934) Pridham et al. 1958	245
41058^T	*Streptomyces amakusaensis* Nagatsu et al. 1963	245
40133	*Streptomyces ambofaciens* Pinnert-Sindico 1954	245
41352	*Streptomyces aminophilus* Foster 1961	245
40003	*Streptomyces antibioticus* (Waksman and Woodruff 1941) Waksman and Henrici 1948	245
40070	*Streptomyces antibioticus* (Waksman and Woodruff 1941) Waksman and Henrici 1948	245
4014	*Streptomyces antibioticus* (Waksman and Woodruff 1941) Waksman and Henrici 1948	245
40249	*Streptomyces antibioticus* (Waksman and Woodruff 1941) Waksman and Henrici 1948	245
40406	*Streptomyces antibioticus* (Waksman and Woodruff 1941) Waksman and Henrici 1948	245

菌株号	菌种名称	页数
40436	*Streptomyces antibioticus* (Waksman and Woodruff 1941) Waksman and Henrici 1948	245
41028[T]	*Streptomyces antibioticus* (Waksman and Woodruff 1941) Waksman and Henrici 1948	245
41370	*Streptomyces antibioticus* (Waksman and Woodruff 1941) Waksman and Henrici 1948	245
40785	*Streptomyces anulatus* (Beijerinck 1912) Waksman 1953	245
40838	*Streptomyces argenteolus* Tresner et al. 1961	245
41033[T]	*Streptomyces armeniacus* (Kalakoutskii and Kusnetsov 1964) Wellington and Williams 1981	246
41356	*Streptomyces anulatus* (Beijerinck 1912) Waksman 1953	246
41456	*Streptomyces anulatus* (Beijerinck 1912) Waksman 1953	246
40259	*Streptomyces asterosporus* (ex Krasil'nikov 1970) Preobrazhenskaya 1986	246
40225	*Streptomyces atroolivaceus* (Preobrazhenskaya et al. 1957) Pridham et al. 1958	246
40763	*Streptomyces atrovirens* (ex Preobrazhenskaya et al. 1971) Preobrazhenskaya and Terekhova 1986	246
40977	*Streptomyces atrovirens* (ex Preobrazhenskaya et al. 1971) Preobrazhenskaya and Terekhova 1986	246
40121	*Streptomyces aurantiacus* (Rossi Doria 1891) Waksman 1953	246
40194	*Streptomyces aurantiacus* (Rossi Doria 1891) Waksman 1953	246
40043	*Streptomyces aureochrogmoenes* Yan et al.	246
40048	*Streptomyces aureochrogmoenes* Yan et al.	246
40049	*Streptomyces aureochrogmoenes* Yan et al.	246
40050	*Streptomyces aureochrogmoenes* Yan et al.	246
40004	*Streptomyces aureofaciens* Duggar 1948	246
40090	*Streptomyces aureofaciens* Duggar 1948	246
40281	*Streptomyces aureofaciens* Duggar 1948	246
40409	*Streptomyces aureofaciens* Duggar 1948	246
41046[T]	*Streptomyces aureofaciens* Duggar 1948	247
40943	*Streptomyces aureorectus* (ex Taig et al. 1969) Taig and Solovieva 1986	247
40231	*Streptomyces aureus* Manfio et al. 2003	247
40237	*Streptomyces aureus* Manfio et al. 2003	247
40853	*Streptomyces aureus* Manfio et al. 2003	247
40861	*Streptomyces aureus* Manfio et al. 2003	247
40884	*Streptomyces aureus* Manfio et al. 2003	247
41503	*Streptomyces aureus* Manfio et al. 2003	247
40167	*Streptomyces avermitilis* (ex Burg et al. 1979) Kim and Goodfellow 2002	247
40168	*Streptomyces avermitilis* (ex Burg et al. 1979) Kim and Goodfellow 2002	247
05461[T]	*Streptomyces avermitilis* (ex Burg et al. 1979) Kim and Goodfellow 2002	247
41066[T]	*Streptomyces azureus* Kelly et al. 1959	247
40005	*Streptomyces badius* (Kudrina 1957) Pridham et al. 1958	247
40172	*Streptomyces badius* (Kudrina 1957) Pridham et al. 1958	247
41112	*Streptomyces badius* (Kudrina 1957) Pridham et al. 1958	247
40649	*Streptomyces bellus* Margalith and Beretta 1960	247
40942	*Streptomyces bellus* Margalith and Beretta 1960	247
41367	*Streptomyces bellus* Margalith and Beretta 1960	247
40099	*Streptomyces bikiniensis* Johnstone and Waksman 1947	247
40006	*Streptomyces biverticillatus* (Preobrazhenskaya 1957) Witt and Stackebrandt 1991	248
41512	*Streptomyces bottropensis* Waksman 1961	248
40282	*Streptomyces bungoensis* Eguchi et al. 1993	248
40285	*Streptomyces bungoensis* Eguchi et al. 1993	248
40286	*Streptomyces bungoensis* Eguchi et al. 1993	248
40312	*Streptomyces bungoensis* Eguchi et al. 1993	248
40345	*Streptomyces bungoensis* Eguchi et al. 1993	248
41412	*Streptomyces cacaoi* (Waksman 1932) Waksman and Henrici 1948	248
40315	*Streptomyces caeruleus* (Baldacci 1944) Pridham et al. 1958	248
40264	*Streptomyces calvus* Backus et al. 1957	248
40279	*Streptomyces calvus* Backus et al. 1957	248
40296	*Streptomyces calvus* Backus et al. 1957	248
41451	*Streptomyces calvus* Backus et al. 1957	248
40962	*Streptomyces candidus* (ex Krasil'nikov 1941) Sveshnikova 1986	248

菌株号	菌种名称	页数
40967	*Streptomyces candidus* (ex Krasil'nikov 1941) Sveshnikova 1986	248
40985	*Streptomyces candidus* (ex Krasil'nikov 1941) Sveshnikova 1986	248
40987	*Streptomyces candidus* (ex Krasil'nikov 1941) Sveshnikova 1986	248
41009	*Streptomyces candidus* (ex Krasil'nikov 1941) Sveshnikova 1986	248
41103	*Streptomyces candidus* (ex Krasil'nikov 1941) Sveshnikova 1986	249
41109	*Streptomyces candidus* (ex Krasil'nikov 1941) Sveshnikova 1986	249
40999	*Streptomyces candidus* (ex Krasil'nikov 1941) Sveshnikova 1986	249
40271	*Streptomyces caniferus* (ex Krasil'nikov 1970) Preobrazhenskaya 1986	249
40425	*Streptomyces caniferus* (ex Krasil'nikov 1970) Preobrazhenskaya 1986	249
40781	*Streptomyces canus* Heinemann et al. 1953	249
40794	*Streptomyces canus* Heinemann et al. 1953	249
41543	*Streptomyces canus* Heinemann et al. 1953	249
40260	*Streptomyces capillispiralis* Mertz and Higgens 1982	249
40309	*Streptomyces capillispiralis* Mertz and Higgens 1982	249
40385	*Streptomyces capillispiralis* Mertz and Higgens 1982	249
41039	*Streptomyces catenulae* Davisson and Finlay 1961	249
40184	*Streptomyces cavourensis* Skarbek and Brady 1978	249
40197	*Streptomyces cavourensis* Skarbek and Brady 1978	249
40229	*Streptomyces cellulosae* (Krainsky 1914) Waksman and Henrici 1948	249
40131	*Streptomyces cellulosae* (Krainsky 1914) Waksman and Henrici 1948	249
40801	*Streptomyces champavatii* Uma and Narasimha Rao 1959	249
40787	*Streptomyces chartreusis* Leach et al. 1953	249
41044ᵀ	*Streptomyces chartreusis* Leach et al. 1953	250
41388	*Streptomyces chibaensis* Suzuki et al. 1958	250
40670	*Streptomyces chromofuscus* (Preobrazhenskaya et al. 1957) Pridham et al. 1958	250
40936	*Streptomyces chromofuscus* (Preobrazhenskaya et al. 1957) Pridham et al. 1958	250
40983	*Streptomyces chromofuscus* (Preobrazhenskaya et al. 1957) Pridham et al. 1958	250
41344	*Streptomyces chromofuscus* (Preobrazhenskaya et al. 1957) Pridham et al. 1958	250
40102	"*Streptomyces chromogenes*" (Lachner-Sandoval) Yan et al.	250
40976	"*Streptomyces chromogenes*" (Lachner-Sandoval) Yan et al.	250
41395	"*Streptomyces chromogenes*" (Lachner-Sandoval) Yan et al.	250
41473	"*Streptomyces chromogenes*" (Lachner-Sandoval) Yan et al.	250
41531	"*Streptomyces chromogenes*" (Lachner-Sandoval) Yan et al.	250
40871	*Streptomyces chrysomallus* Lindenbein 1952	250
41350	*Streptomyces cinerochromogenes* Miyairi et al. 1966	250
40007	"*Streptomyces cinereogrieus*" (Krainsky and Krasil'nikov) Yan et al.	250
40125	"*Streptomyces cinereogrieus*" (Krainsky and Krasil'nikov) Yan et al.	250
40008	"*Streptomyces cinereogrieus*" (Krainsky and Krasil'nikov) Yan et al.	250
40545	"*Streptomyces cinereogrieus*" (Krainsky and Krasil'nikov) Yan et al.	250
40549	"*Streptomyces cinereogrieus*" (Krainsky and Krasil'nikov) Yan et al.	250
40566	"*Streptomyces cinereogrieus*" (Krainsky and Krasil'nikov) Yan et al.	250
40567	*Streptomyces cinereohygroscopicus*	250
40568	*Streptomyces cinereohygroscopicus*	251
40490	*Streptomyces cinereohygroscopicus*	251
40879	*Streptomyces cinnamonensis* Okami 1952	251
40219	*Streptomyces cirratus* Koshiyama et al. 1963	251
40845	*Streptomyces clavifer* (Millard and Burr 1926) Waksman 1953	251
40904	*Streptomyces clavifer* (Millard and Burr 1926) Waksman 1953	251
40009	*Streptomyces coelicolor* (Müller 1908) Waksman and Henrici 1948	251
40144	*Streptomyces coelicolor* (Müller 1908) Waksman and Henrici 1948	251
40145	*Streptomyces coelicolor* (Müller 1908) Waksman and Henrici 1948	251
40550	*Streptomyces coelicolor* (Müller 1908) Waksman and Henrici 1948	251
41092	*Streptomyces coelicolor* (Müller 1908) Waksman and Henrici 1948	251
41094	*Streptomyces coelicolor* (Müller 1908) Waksman and Henrici 1948	251
41355	*Streptomyces coeruleofuscus* (Preobrazhenskaya 1957) Pridham et al. 1958	251

菌株号	菌种名称	页数
40662	*Streptomyces fumosus*	254
41004	*Streptomyces fumosus*	254
41008	*Streptomyces fumosus*	254
40211	*Streptomyces galbus* Frommer 1959	254
40934	*Streptomyces glaucescens* (Preobrazhenskaya 1957) Pridham et al. 1958	255
40013	"*Streptomyces glaucohygroscopicus*" Yan and Deng	255
40148	*Streptomyces glaucus* (ex Lehmann and Schutze 1912) Agre and Preobrazhenskaya 1986	255
40149	*Streptomyces glaucus* (ex Lehmann and Schutze 1912) Agre and Preobrazhenskaya 1986	255
40150	*Streptomyces glaucus* (ex Lehmann and Schutze 1912) Agre and Preobrazhenskaya 1986	255
40151	*Streptomyces glaucus* (ex Lehmann and Schutze 1912) Agre and Preobrazhenskaya 1986	255
41459	*Streptomyces glaucus* (ex Lehmann and Schutze 1912) Agre and Preobrazhenskaya 1986	255
40014	*Streptomyces globisporus* (Krasil'nikov 1941) Waksman 1953	255
40039	*Streptomyces globisporus* (Krasil'nikov 1941) Waksman 1953	255
40152	*Streptomyces globisporus* (Krasil'nikov 1941) Waksman 1953	255
40153	*Streptomyces globisporus* (Krasil'nikov 1941) Waksman 1953	255
40154	*Streptomyces globisporus* (Krasil'nikov 1941) Waksman 1953	255
40655	*Streptomyces globisporus* (Krasil'nikov 1941) Waksman 1953	255
40207	"*Streptomyces glomerachromogenes*" Yan and Zhang	255
41417	"*Streptomyces glomerachromogenes*" Yan and Zhang	255
40835	*Streptomyces goshikiensis* Niida 1966	255
40799	*Streptomyces gougerotii* (Duché 1934) Waksman and Henrici 1948	255
40187	*Streptomyces graminearus* Preobrazhenskaya 1986	255
40214	*Streptomyces graminearus* Preobrazhenskaya 1986	255
41398	*Streptomyces graminearus* Preobrazhenskaya 1986	255
41402	*Streptomyces graminearus* Preobrazhenskaya 1986	256
40201	*Streptomyces graminearus* Preobrazhenskaya 1986	256
40872	*Streptomyces griseoaurantiacus* (Krasil'nikov and Yuan 1965) Pridham 1970	256
41047	*Streptomyces griseocarneus* (Benedict et al. 1950) Witt and Stackebrandt 1991	256
40037	*Streptomyces griseochromogenes* Fukunaga 1955	256
41019ᵀ	*Streptomyces griseochromogenes* Fukunaga 1955	256
40301	*Streptomyces griseoflavus* (Krainsky 1914) Waksman and Henrici 1948	256
40827	*Streptomyces griseoflavus* (Krainsky 1914) Waksman and Henrici 1948	256
41338	*Streptomyces griseoflavus* (Krainsky 1914) Waksman and Henrici 1948	256
40533	*Streptomyces griseofuscus* Sakamoto et al. 1962	256
4054	*Streptomyces griseofuscus* Sakamoto et al. 1962	256
40558	*Streptomyces griseofuscus* Sakamoto et al. 1962	256
40227	*Streptomyces griseolus* (Waksman 1923) Waksman and Henrici 1948	256
40852	*Streptomyces griseolus* (Waksman 1923) Waksman and Henrici 1948	256
40867	*Streptomyces griseolus* (Waksman 1923) Waksman and Henrici 1948	256
41442	*Streptomyces griseolus* (Waksman 1923) Waksman and Henrici 1948	256
40075	"*Streptomyces griseolus* subsp. *hangzhouensis*" Yan and Fang	256
40726	"*Streptomyces griseomacrosporus*" (Yan) Yan et al.	257
40546	*Streptomyces griseoplanus* Backus et al. 1957	257
40551	*Streptomyces griseoplanus* Backus et al. 1957	257
40561	*Streptomyces griseoplanus* Backus et al. 1957	257
40779	*Streptomyces griseorubens* (Preobrazhenskaya et al. 1957) Pridham et al. 1958	257
40421	*Streptomyces griseorubiginosus* (Ryabova and Preobrazhenskaya 1957) Pridham et al. 1958	257
41438	*Streptomyces griseorubiginosus* (Ryabova and Preobrazhenskaya 1957) Pridham et al. 1958	257
40532	"*Streptomyces griseosegmentosus*" (Yan) Yan et al.	257
40979	"*Streptomyces griseosegmentosus*" (Yan) Yan et al.	257
40864	*Streptomyces griseosporeus* Niida and Ogasawara 1960	257
40923	*Streptomyces griseostramineus* (Preobrazhenskaya et al. 1957) Pridham et al. 1958	257
41544	*Streptomyces griseoviridis* Anderson et al. 1956	257
40103	*Streptomyces griseus* (Krainsky 1914) Waksman and Henrici 1948	257
40120	*Streptomyces griseus* (Krainsky 1914) Waksman and Henrici 1948	257

菌株号	菌种名称	页数
40138	*Streptomyces griseus* (Krainsky 1914) Waksman and Henrici 1948	257
40155	*Streptomyces griseus* (Krainsky 1914) Waksman and Henrici 1948	257
40156	*Streptomyces griseus* (Krainsky 1914) Waksman and Henrici 1948	258
40226	*Streptomyces griseus* (Krainsky 1914) Waksman and Henrici 1948	258
40306	*Streptomyces griseus* (Krainsky 1914) Waksman and Henrici 1948	258
40487	*Streptomyces griseus* (Krainsky 1914) Waksman and Henrici 1948	258
40527	*Streptomyces griseus* (Krainsky 1914) Waksman and Henrici 1948	258
40854	*Streptomyces griseus* (Krainsky 1914) Waksman and Henrici 1948	258
40858	*Streptomyces griseus* (Krainsky 1914) Waksman and Henrici 1948	258
41035[T]	*Streptomyces hiroshimensis* (Shinobu 1955) Witt and Stackebrandt 1991	258
40277	*Streptomyces humidus* Nakazawa and Shibata 1956	258
05597	*Streptomyces humidus* Nakazawa and Shibata 1956	258
40157	*Streptomyces hygroscopicus* (Jensen 1931) Waksman and Henrici 1948	258
40158	*Streptomyces hygroscopicus* (Jensen 1931) Waksman and Henrici 1948	258
40164	*Streptomyces hygroscopicus* (Jensen 1931) Waksman and Henrici 1948	258
40417	*Streptomyces hygroscopicus* (Jensen 1931) Waksman and Henrici 1948	258
40473	*Streptomyces hygroscopicus* (Jensen 1931) Waksman and Henrici 1948	258
40535	*Streptomyces hygroscopicus* (Jensen 1931) Waksman and Henrici 1948	258
40547	*Streptomyces hygroscopicus* (Jensen 1931) Waksman and Henrici 1948	258
40552	*Streptomyces hygroscopicus* (Jensen 1931) Waksman and Henrici 1948	258
40869	*Streptomyces hygroscopicus* (Jensen 1931) Waksman and Henrici 1948	258
40882	*Streptomyces hygroscopicus* (Jensen 1931) Waksman and Henrici 1948	258
40887	*Streptomyces hygroscopicus* (Jensen 1931) Waksman and Henrici 1948	258
41508	*Streptomyces hygroscopicus* (Jensen 1931) Waksman and Henrici 1948	258
41133	*Streptomyces hygroscopicus* (Jensen 1931) Waksman and Henrici 1948	258
40051	*Streptomyces hygroscopicus* subsp. *jinggangensis* Yan et al.	259
40064	*Streptomyces hygroscopicus* subsp. *jinggangensis* Yan et al.	259
40034	*Streptomyces hygroscopicus* subsp. *violaceus* (Yan and Deng) Yan et al.	259
41525	*Streptomyces hygroscopicus* subsp. *violaceus* (Yan and Deng) Yan et al.	259
40036	*Streptomyces hygroscopicus* subsp. *yingchengensis* Yan and Ruan	259
40053	*Streptomyces hygroscopicus* subsp. *yingchengensis* Yan and Ruan	259
40541	"*Streptomyces hygroscopicus* subsp. *griseus*" Li	259
40015	*Streptomyces hygroscopicus* (Jensen 1931) Waksman and Henrici 1948	259
40016	*Streptomyces hygroscopicus* (Jensen 1931) Waksman and Henrici 1948	259
40017	*Streptomyces hygroscopicus* (Jensen 1931) Waksman and Henrici 1948	259
40018	*Streptomyces hygroscopicus* (Jensen 1931) Waksman and Henrici 1948	259
40019	*Streptomyces hygroscopicus* (Jensen 1931) Waksman and Henrici 1948	259
40052	*Streptomyces hygroscopicus* (Jensen 1931) Waksman and Henrici 1948	259
40071	*Streptomyces hygroscopicus* (Jensen 1931) Waksman and Henrici 1948	259
40542	*Streptomyces hygroscopicus* (Jensen 1931) Waksman and Henrici 1948	259
40543	*Streptomyces hygroscopicus* (Jensen 1931) Waksman and Henrici 1948	259
40020	*Streptomyces hygroscopicus* (Jensen 1931) Waksman and Henrici 1948	259
40068	*Streptomyces hygrospinocus* var. *beigingenis* Tao et al.	260
40033	*Streptomyces hygrospinocus* var. *beigingenis* Tao et al.	260
40073	*Streptomyces hygrospinocus* var. *beigingenis* Tao et al.	260
40074	*Streptomyces hygrospinocus* var. *beigingenis* Tao et al.	260
41372	*Streptomyces intermedius* (Krüger 1904) Waksman 1953	260
40849	*Streptomyces inusitatus* Hasegawa et al. 1978	260
40021	*Streptomyces jingyangensis* Tao et al.	260
40022	*Streptomyces jingyangensis* Tao et al.	260
40023	*Streptomyces jingyangensis* Tao et al.	260
40040	*Streptomyces jingyangensis* Tao et al.	260
40041	*Streptomyces jingyangensis* Tao et al.	260
40042	*Streptomyces jingyangensis* Tao et al.	260
40056	*Streptomyces jingyangensis* Tao et al.	260

菌株号	菌种名称	页数

菌株号	菌种名称	页数
40257	*Streptomyces* sp.	269
40258	*Streptomyces* sp.	269
40261	*Streptomyces* sp.	269
40263	*Streptomyces* sp.	269
40266	*Streptomyces* sp.	269
40267	*Streptomyces* sp.	269
40268	*Streptomyces* sp.	269
40269	*Streptomyces* sp.	269
40273	*Streptomyces* sp.	269
40274	*Streptomyces* sp.	270
40278	*Streptomyces* sp.	270
40283	*Streptomyces* sp.	270
40287	*Streptomyces* sp.	270
40289	*Streptomyces* sp.	270
40293	*Streptomyces* sp.	270
40297	*Streptomyces* sp.	270
40302	*Streptomyces* sp.	270
40307	*Streptomyces* sp.	270
40311	*Streptomyces* sp.	270
40326	*Streptomyces* sp.	270
40327	*Streptomyces* sp.	270
40328	*Streptomyces* sp.	270
40331	*Streptomyces* sp.	270
40333	*Streptomyces* sp.	270
40334	*Streptomyces* sp.	270
40336	*Streptomyces* sp.	270
40361	*Streptomyces* sp.	270
40369	*Streptomyces* sp.	270
40378	*Streptomyces* sp.	270
40384	*Streptomyces* sp.	270
40386	*Streptomyces* sp.	270
40387	*Streptomyces* sp.	270
40388	*Streptomyces* sp.	271
40390	*Streptomyces* sp.	271
40396	*Streptomyces* sp.	271
40397	*Streptomyces* sp.	271
40401	*Streptomyces* sp.	271
40410	*Streptomyces* sp.	271
40411	*Streptomyces* sp.	271
40413	*Streptomyces* sp.	271
40414	*Streptomyces* sp.	271
40418	*Streptomyces* sp.	271
40419	*Streptomyces* sp.	271
40420	*Streptomyces* sp.	271
40422	*Streptomyces* sp.	271
40423	*Streptomyces* sp.	271
40432	*Streptomyces* sp.	271
40433	*Streptomyces* sp.	271
40434	*Streptomyces* sp.	271
40438	*Streptomyces* sp.	271
40440	*Streptomyces* sp.	271
40441	*Streptomyces* sp.	271
40443	*Streptomyces* sp.	271
40445	*Streptomyces* sp.	271
40454	*Streptomyces* sp.	272

菌株号	菌种名称	页数
40460	*Streptomyces* sp.	272
40462	*Streptomyces* sp.	272
40463	*Streptomyces* sp.	272
40464	*Streptomyces* sp.	272
40467	*Streptomyces* sp.	272
40468	*Streptomyces* sp.	272
40469	*Streptomyces* sp.	272
40472	*Streptomyces* sp.	272
40474	*Streptomyces* sp.	272
40479	*Streptomyces* sp.	272
40488	*Streptomyces* sp.	272
40491	*Streptomyces* sp.	272
40496	*Streptomyces* sp.	272
40500	*Streptomyces* sp.	272
40502	*Streptomyces* sp.	272
40503	*Streptomyces* sp.	272
40504	*Streptomyces* sp.	272
40506	*Streptomyces* sp.	272
40508	*Streptomyces* sp.	272
40521	*Streptomyces* sp.	272
40524	*Streptomyces* sp.	272
40528	*Streptomyces* sp.	272
40531	*Streptomyces* sp.	273
40538	*Streptomyces* sp.	273
40562	*Streptomyces* sp.	273
40563	*Streptomyces* sp.	273
40571	*Streptomyces* sp.	273
40572	*Streptomyces* sp.	273
40573	*Streptomyces* sp.	273
40574	*Streptomyces* sp.	273
40608	*Streptomyces* sp.	273
40618	*Streptomyces* sp.	273
40650	*Streptomyces* sp.	273
40657	*Streptomyces* sp.	273
40659	*Streptomyces* sp.	273
40660	*Streptomyces* sp.	273
40665	*Streptomyces* sp.	273
40667	*Streptomyces* sp.	273
40692	*Streptomyces* sp.	273
40693	*Streptomyces* sp.	273
40698	*Streptomyces* sp.	273
40699	*Streptomyces* sp.	273
40703	*Streptomyces* sp.	274
40704	*Streptomyces* sp.	274
40709	*Streptomyces* sp.	274
40710	*Streptomyces* sp.	274
40720	*Streptomyces* sp.	274
40724	*Streptomyces* sp.	274
40725	*Streptomyces* sp.	274
40729	*Streptomyces* sp.	274
40730	*Streptomyces* sp.	274
40731	*Streptomyces* sp.	274
40733	*Streptomyces* sp.	274
40735	*Streptomyces* sp.	274
40736	*Streptomyces* sp.	274

菌株号	菌种名称	页数
20232	*Candida guilliermondii* (Castellani) Langeron & Guerra	286
20112	*Candida humicola* (Daszewska) Diddens & Lodder	286
21254	*Candida inconspicus* (Lodder & Kreger) S. A. Meyer & Yarrow	286
20254	*Candida kefyr* (Beijer.) van Uden & Bukley.	287
20278	*Candida kefyr* (Beijer.) van Uden & Bukley.	287
21275	*Candida kefyr* (Beijer.) van Uden & Bukley.	287
20196	*Candida krusei* (Castellani) Berkhout	287
20197	*Candida krusei* (Castellani) Berkhout	287
21057	*Candida krusei* (Castellani) Berkhout	287
20269	*Candida kruisii* Meyer & Yarrow	287
20159	*Candida lambica* (Lindner & Genoud) van Uden & Buckley	287
20267	*Candida lambica* (Lindner & Genoud) van Uden & Buckley	287
20101	*Candida lipolytica* (Harrison) Diddens & Lodder	287
20140	*Candida lipolytica* (Harrison) Diddens & Lodder	287
21262	*Candida lipolytica* (Harrison) Diddens & Lodder	287
20245	*Candida lipolytica* var. *lipolytica* Diddens & Lodder	287
20201	*Candida lusitaniae* van Uden & do Carmo-Sousa	287
21288	*Candida lusitaniae* van Uden & do Carmo-Sousa	287
21338	*Candida lusitaniae* van Uden & do Carmo-Sousa	287
21339	*Candida lusitaniae* van Uden & do Carmo-Sousa	287
21343	*Candida lusitaniae* van Uden & do Carmo-Sousa	287
21344	*Candida lusitaniae* van Uden & do Carmo-Sousa	287
21345	*Candida lusitaniae* van Uden & do Carmo-Sousa	288
20277	*Candida macedoniensis* (Castellani & Chalmers) Berkhout	288
20327	*Candida maltosa* Komagata et al.	288
20221	*Candida parapsilosis* (Ashford) Langeron & Talice	288
20313	*Candida parapsilosis* (Ashford) Langeron & Talice	288
21282	*Candida parapsilosis* (Ashford) Langeron & Talice	288
21239	*Candida quercitrusa* S. A. Meyer & Phaff	288
20280	*Candida rugosa* (Anderson) Diddens & Lodder	288
21263	*Candida rugosa* (Anderson) Diddens & Lodder	288
21355	*Candida sake* (Saito & Ota) van Uden & H. R. Buckley	288
21357	*Candida sake* (Saito & Ota) van Uden & H. R. Buckley	288
21363	*Candida sake* (Saito & Ota) van Uden & H. R. Buckley	288
21370	*Candida sake* (Saito & Ota) van Uden & H. R. Buckley	288
20335	*Candida shehatae* var. *shehatae* Buckley & van Uden	288
20121	*Candida* sp.	288
21131	*Candida* sp.	288
21134	*Candida* sp.	288
21143	*Candida* sp.	288
21150	*Candida* sp.	289
20004	*Candida tropicalis* (Castellani) Berkhout	289
20005	*Candida tropicalis* (Castellani) Berkhout	289
20006	*Candida tropicalis* (Castellani) Berkhout	289
20141	*Candida tropicalis* (Castellani) Berkhout	289
20148	*Candida tropicalis* (Castellani) Berkhout	289
20153	*Candida tropicalis* (Castellani) Berkhout	289
20198	*Candida tropicalis* (Castellani) Berkhout	289
20199	*Candida tropicalis* (Castellani) Berkhout	289
20230	*Candida tropicalis* (Castellani) Berkhout	289
20274	*Candida tropicalis* (Castellani) Berkhout	289
20275	*Candida tropicalis* (Castellani) Berkhout	289
21052	*Candida tropicalis* (Castellani) Berkhout	289
21145	*Candida tropicalis* (Castellani) Berkhout	289
21161	*Candida tropicalis* (Castellani) Berkhout	289

菌株号	菌种名称	页数
21256	*Candida tropicalis* (Castellani) Berkhout	289
21264	*Candida tropicalis* (Castellani) Berkhout	289
21290	*Candida tropicalis* (Castellani) Berkhout	289
20059	*Candida utilis* (Henneberg) Lodder & Kreger-van Rij	289
20060	*Candida utilis* (Henneberg) Lodder & Kreger-van Rij	289
20102	*Candida utilis* (Henneberg) Lodder & Kreger-van Rij	289
21055	*Candida utilis* (Henneberg) Lodder & Kreger-van Rij	289
21283	*Candida utilis* (Henneberg) Lodder & Kreger-van Rij	290
20231	*Candida valida* (Leverle) van Uden & Berkley	290
20318	*Candida versatilis* (Etchells & Bell) Meyer & Yarrow	290
21151	*Candida vini* (J. N. Vallot ex Desm.) Uden & H. R. Buckley ex S. A. Meyer & Ahearn	290
20340	*Candida viswanathii* T. S. Viswan. & H. S. Randhawa ex R. S. Sandhu & H. S. Randhawa	290
21365	*Candida zeylanoides* (Cast.) Langer. & Guerra	290
20325	*Clavispora lusitaniae* Rodrigues de Miranda	290
20013	*Crebrothecium ashbyii* (Guilliermond) Routein＝*Eremothecium ashbyii* Guilliermond	290
20014	*Crebrothecium ashbyii* (Guilliermond) Routein＝*Eremothecium ashbyii* Guilliermond	290
20061	*Crebrothecium ashbyii* (Guilliermond) Routein＝*Eremothecium ashbyii* Guilliermond	290
20062	*Crebrothecium ashbyii* (Guilliermond) Routein＝*Eremothecium ashbyii* Guilliermond	290
20169	*Crebrothecium ashbyii* (Guilliermond) Routein＝*Eremothecium ashbyii* Guilliermond	290
20170	*Crebrothecium ashbyii* (Guilliermond) Routein＝*Eremothecium ashbyii* Guilliermond	290
20171	*Crebrothecium ashbyii* (Guilliermond) Routein＝*Eremothecium ashbyii* Guilliermond	290
20172	*Crebrothecium ashbyii* (Guilliermond) Routein＝*Eremothecium ashbyii* Guilliermond	290
20173	*Crebrothecium ashbyii* (Guilliermond) Routein＝*Eremothecium ashbyii* Guilliermond	290
20174	*Crebrothecium ashbyii* (Guilliermond) Routein＝*Eremothecium ashbyii* Guilliermond	290
20175	*Crebrothecium ashbyii* (Guilliermond) Routein＝*Eremothecium ashbyii* Guilliermond	290
20176	*Crebrothecium ashbyii* (Guilliermond) Routein＝*Eremothecium ashbyii* Guilliermond	291
20177	*Crebrothecium ashbyii* (Guilliermond) Routein＝*Eremothecium ashbyii* Guilliermond	291
20178	*Crebrothecium ashbyii* (Guilliermond) Routein＝*Eremothecium ashbyii* Guilliermond	291
20179	*Crebrothecium ashbyii* (Guilliermond) Routein＝*Eremothecium ashbyii* Guilliermond	291
20180	*Crebrothecium ashbyii* (Guilliermond) Routein＝*Eremothecium ashbyii* Guilliermond	291
20181	*Crebrothecium ashbyii* (Guilliermond) Routein＝*Eremothecium ashbyii* Guilliermond	291
20182	*Crebrothecium ashbyii* (Guilliermond) Routein＝*Eremothecium ashbyii* Guilliermond	291
20183	*Crebrothecium ashbyii* (Guilliermond) Routein＝*Eremothecium ashbyii* Guilliermond	291
20184	*Crebrothecium ashbyii* (Guilliermond) Routein＝*Eremothecium ashbyii* Guilliermond	291
20185	*Crebrothecium ashbyii* (Guilliermond) Routein＝*Eremothecium ashbyii* Guilliermond	291
20186	*Crebrothecium ashbyii* (Guilliermond) Routein＝*Eremothecium ashbyii* Guilliermond	291
20187	*Crebrothecium ashbyii* (Guilliermond) Routein＝*Eremothecium ashbyii* Guilliermond	291
20188	*Crebrothecium ashbyii* (Guilliermond) Routein＝*Eremothecium ashbyii* Guilliermond	291
20189	*Crebrothecium ashbyii* (Guilliermond) Routein＝*Eremothecium ashbyii* Guilliermond	291
20190	*Crebrothecium ashbyii* (Guilliermond) Routein＝*Eremothecium ashbyii* Guilliermond	291
20191	*Crebrothecium ashbyii* (Guilliermond) Routein＝*Eremothecium ashbyii* Guilliermond	291
20210	*Crebrothecium ashbyii* (Guilliermond) Routein＝*Eremothecium ashbyii* Guilliermond	291
20211	*Crebrothecium ashbyii* (Guilliermond) Routein＝*Eremothecium ashbyii* Guilliermond	291
21341	*Cryptococcus albidus* (Saito) Skinn.	291
21360	*Cryptococcus albidus* (Saito) Skinn.	291
21244	*Cryptococcus flavus* (Saito) Phaff & Fell	291
20248	*Cryptococcus humicolus* (Daszewska) Golubev	292
20312	*Cryptococcus humicolus* (Daszewska) Golubev	292
20007	*Cryptococcus laurentii* (Kufferath) Skinner	292
20131	*Cryptococcus laurentii* (Kufferath) Skinner	292
20309	*Cryptococcus laurentii* (Kufferath) Skinner	292
21257	*Cryptococcus laurentii* (Kufferath) Skinner	292
20337	*Cryptococcus neoformans* (Sanfelice) Vuillemin	292
21376	*Cystofilobasidium infirmominiatum*	292
21377	*Cystofilobasidium infirmominiatum*	292

菌株号	菌种名称	页数
21071	*Pichia pastoris*(Guillierm.)Phaff	298
21072	*Pichia pastoris*(Guillierm.)Phaff	298
21073	*Pichia pastoris*(Guillierm.)Phaff	298
21074	*Pichia pastoris*(Guillierm.)Phaff	298
21075	*Pichia pastoris*(Guillierm.)Phaff	298
21076	*Pichia pastoris*(Guillierm.)Phaff	298
21077	*Pichia pastoris*(Guillierm.)Phaff	298
21078	*Pichia pastoris*(Guillierm.)Phaff	298
21079	*Pichia pastoris*(Guillierm.)Phaff	298
21080	*Pichia pastoris*(Guillierm.)Phaff	298
21081	*Pichia pastoris*(Guillierm.)Phaff	298
21082	*Pichia pastoris*(Guillierm.)Phaff	298
21083	*Pichia pastoris*(Guillierm.)Phaff	298
21084	*Pichia pastoris*(Guillierm.)Phaff	298
21085	*Pichia pastoris*(Guillierm.)Phaff	298
21086	*Pichia pastoris*(Guillierm.)Phaff	298
21087	*Pichia pastoris*(Guillierm.)Phaff	299
21088	*Pichia pastoris*(Guillierm.)Phaff	299
21089	*Pichia pastoris*(Guillierm.)Phaff	299
21090	*Pichia pastoris*(Guillierm.)Phaff	299
21091	*Pichia pastoris*(Guillierm.)Phaff	299
21092	*Pichia pastoris*(Guillierm.)Phaff	299
21093	*Pichia pastoris*(Guillierm.)Phaff	299
21094	*Pichia pastoris*(Guillierm.)Phaff	299
21095	*Pichia pastoris*(Guillierm.)Phaff	299
21096	*Pichia pastoris*(Guillierm.)Phaff	299
21097	*Pichia pastoris*(Guillierm.)Phaff	299
21098	*Pichia pastoris*(Guillierm.)Phaff	299
21099	*Pichia pastoris*(Guillierm.)Phaff	299
21100	*Pichia pastoris*(Guillierm.)Phaff	299
21101	*Pichia pastoris*(Guillierm.)Phaff	299
21102	*Pichia pastoris*(Guillierm.)Phaff	299
21103	*Pichia pastoris*(Guillierm.)Phaff	299
21104	*Pichia pastoris*(Guillierm.)Phaff	299
21105	*Pichia pastoris*(Guillierm.)Phaff	299
21106	*Pichia pastoris*(Guillierm.)Phaff	299
21107	*Pichia pastoris*(Guillierm.)Phaff	299
21108	*Pichia pastoris*(Guillierm.)Phaff	299
21109	*Pichia pastoris*(Guillierm.)Phaff	300
21110	*Pichia pastoris*(Guillierm.)Phaff	300
21111	*Pichia pastoris*(Guillierm.)Phaff	300
21112	*Pichia pastoris*(Guillierm.)Phaff	300
21113	*Pichia pastoris*(Guillierm.)Phaff	300
21114	*Pichia pastoris*(Guillierm.)Phaff	300
21115	*Pichia pastoris*(Guillierm.)Phaff	300
21116	*Pichia pastoris*(Guillierm.)Phaff	300
21117	*Pichia pastoris*(Guillierm.)Phaff	300
21118	*Pichia pastoris*(Guillierm.)Phaff	300
21119	*Pichia pastoris*(Guillierm.)Phaff	300
21120	*Pichia pastoris*(Guillierm.)Phaff	300
21121	*Pichia pastoris*(Guillierm.)Phaff	300
21194	*Pichia pastoris*(Guillierm.)Phaff	300
21195	*Pichia pastoris*(Guillierm.)Phaff	300
21196	*Pichia pastoris*(Guillierm.)Phaff	300
21197	*Pichia pastoris*(Guillierm.)Phaff	300

菌株号	菌种名称	页数
21303	*Pichia pastoris* (Guillierm.) Phaff	303
21304	*Pichia pastoris* (Guillierm.) Phaff	303
21305	*Pichia pastoris* (Guillierm.) Phaff	303
21306	*Pichia pastoris* (Guillierm.) Phaff	303
21307	*Pichia pastoris* (Guillierm.) Phaff	303
21308	*Pichia pastoris* (Guillierm.) Phaff	303
21309	*Pichia pastoris* (Guillierm.) Phaff	303
21310	*Pichia pastoris* (Guillierm.) Phaff	303
21311	*Pichia pastoris* (Guillierm.) Phaff	303
21312	*Pichia pastoris* (Guillierm.) Phaff	303
21313	*Pichia pastoris* (Guillierm.) Phaff	303
21314	*Pichia pastoris* (Guillierm.) Phaff	303
21315	*Pichia pastoris* (Guillierm.) Phaff	303
21316	*Pichia pastoris* (Guillierm.) Phaff	303
21317	*Pichia pastoris* (Guillierm.) Phaff	303
21318	*Pichia pastoris* (Guillierm.) Phaff	303
21319	*Pichia pastoris* (Guillierm.) Phaff	303
21320	*Pichia pastoris* (Guillierm.) Phaff	303
21321	*Pichia pastoris* (Guillierm.) Phaff	303
21322	*Pichia pastoris* (Guillierm.) Phaff	304
21323	*Pichia pastoris* (Guillierm.) Phaff	304
21324	*Pichia pastoris* (Guillierm.) Phaff	304
21325	*Pichia pastoris* (Guillierm.) Phaff	304
21326	*Pichia pastoris* (Guillierm.) Phaff	304
21327	*Pichia pastoris* (Guillierm.) Phaff	304
21328	*Pichia pastoris* (Guillierm.) Phaff	304
21329	*Pichia pastoris* (Guillierm.) Phaff	304
21330	*Pichia pastoris* (Guillierm.) Phaff	304
21331	*Pichia pastoris* (Guillierm.) Phaff	304
21332	*Pichia pastoris* (Guillierm.) Phaff	304
21333	*Pichia pastoris* (Guillierm.) Phaff	304
21334	*Pichia pastoris* (Guillierm.) Phaff	304
21335	*Pichia pastoris* (Guillierm.) Phaff	304
21336	*Pichia pastoris* (Guillierm.) Phaff	304
21000	*Pichia* sp. Hansen	304
21001	*Pichia* sp. Hansen	304
21002	*Pichia* sp. Hansen	304
21003	*Pichia* sp. Hansen	304
21004	*Pichia* sp. Hansen	304
21005	*Pichia* sp. Hansen	304
21006	*Pichia* sp. Hansen	304
21007	*Pichia* sp. Hansen	304
21008	*Pichia* sp. Hansen	304
21009	*Pichia* sp. Hansen	304
21010	*Pichia* sp. Hansen	304
21011	*Pichia* sp. Hansen	305
21012	*Pichia* sp. Hansen	305
21013	*Pichia* sp. Hansen	305
21014	*Pichia* sp. Hansen	305
21015	*Pichia* sp. Hansen	305
21016	*Pichia* sp. Hansen	305
21017	*Pichia* sp. Hansen	305
21022	*Pichia* sp. Hansen	305
21023	*Pichia* sp. Hansen	305
21024	*Pichia* sp. Hansen	305

菌株号	菌种名称	页数
21025	*Pichia* sp. Hansen	305
21026	*Pichia* sp. Hansen	305
21027	*Pichia* sp. Hansen	305
21028	*Pichia* sp. Hansen	305
21029	*Pichia* sp. Hansen	305
21030	*Pichia* sp. Hansen	305
21031	*Pichia* sp. Hansen	305
21032	*Pichia* sp. Hansen	305
21033	*Pichia* sp. Hansen	305
21034	*Pichia* sp. Hansen	305
21035	*Pichia* sp. Hansen	305
21036	*Pichia* sp. Hansen	305
21037	*Pichia* sp. Hansen	305
21038	*Pichia* sp. Hansen	306
21039	*Pichia* sp. Hansen	306
21040	*Pichia* sp. Hansen	306
21041	*Pichia* sp. Hansen	306
21042	*Pichia* sp. Hansen	306
21043	*Pichia* sp. Hansen	306
21044	*Pichia* sp. Hansen	306
21045	*Pichia* sp. Hansen	306
21046	*Pichia* sp. Hansen	306
21047	*Pichia* sp. Hansen	306
21048	*Pichia* sp. Hansen	306
21049	*Pichia* sp. Hansen	306
21050	*Pichia* sp. Hansen	306
21051	*Pichia* sp. Hansen	306
21168	*Pichia* sp. Hansen	306
20341	*Rhodosporidium toruloides* Banno	306
21167	*Rhodosporidium toruloides* Banno	306
20029	*Rhodotorula aurantiaca* (Saito) Lodder	306
20156	*Rhodotorula aurantiaca* (Saito) Lodder	306
21157	*Rhodotorula aurantiaca* (Saito) Lodder	306
20030	*Rhodotorula glutinis* (Fresenius) Harrison	306
20125	*Rhodotorula glutinis* (Fresenius) Harrison	307
20270	*Rhodotorula glutinis* (Fresenius) Harrison	307
21146	*Rhodotorula glutinis* (Fresenius) Harrison	307
21149	*Rhodotorula glutinis* (Fresenius) Harrison	307
21163	*Rhodotorula glutinis* (Fresenius) Harrison	307
21253	*Rhodotorula glutinis* (Fresenius) Harrison	307
21284	*Rhodotorula glutinis* (Fresenius) Harrison	307
20334	*Rhodotorula graminis* di Menna	307
20282	*Rhodotorula minuta* (Saito) Harrison	307
21258	*Rhodotorula minuta* (Saito) Harrison	307
21172	*Rhodotorula minuta* (Saito) Harrison	307
21164	*Rhodotorula mucilaginosa* (A. Jörg.) F. C. Harrison	307
21174	*Rhodotorula mucilaginosa* (A. Jörg.) F. C. Harrison	307
21192	*Rhodotorula mucilaginosa* (A. Jörg.) F. C. Harrison	307
21241	*Rhodotorula mucilaginosa* (A. Jörg.) F. C. Harrison	307
21243	*Rhodotorula mucilaginosa* (A. Jörg.) F. C. Harrison	307
21259	*Rhodotorula mucilaginosa* (A. Jörg.) F. C. Harrison	307
21372	*Rhodotorula mucilaginosa* (A. Jörg.) F. C. Harrison	307
20031	*Rhodotorula rubra* (Demme) Lodder	307
20252	*Rhodotorula rubra* (Demme) Lodder	307
21285	*Rhodotorula rubra* (Demme) Lodder	307

菌株号	菌种名称	页数
21137	*Saccharomyces cerevisiae* Meyen ex Hansen	310
21138	*Saccharomyces cerevisiae* Meyen ex Hansen	310
21139	*Saccharomyces cerevisiae* Meyen ex Hansen	310
21140	*Saccharomyces cerevisiae* Meyen ex Hansen	310
21141	*Saccharomyces cerevisiae* Meyen ex Hansen	310
21144	*Saccharomyces cerevisiae* Meyen ex Hansen	310
21162	*Saccharomyces cerevisiae* Meyen ex Hansen	310
21166	*Saccharomyces cerevisiae* Meyen ex Hansen	310
21175	*Saccharomyces cerevisiae* Meyen ex Hansen	310
21177	*Saccharomyces cerevisiae* Meyen ex Hansen	310
21179	*Saccharomyces cerevisiae* Meyen ex Hansen	310
21181	*Saccharomyces cerevisiae* Meyen ex Hansen	310
21182	*Saccharomyces cerevisiae* Meyen ex Hansen	310
21183	*Saccharomyces cerevisiae* Meyen ex Hansen	310
21184	*Saccharomyces cerevisiae* Meyen ex Hansen	310
21185	*Saccharomyces cerevisiae* Meyen ex Hansen	311
21186	*Saccharomyces cerevisiae* Meyen ex Hansen	311
21187	*Saccharomyces cerevisiae* Meyen ex Hansen	311
21240	*Saccharomyces cerevisiae* Meyen ex Hansen	311
21246	*Saccharomyces cerevisiae* Meyen ex Hansen	311
21247	*Saccharomyces cerevisiae* Meyen ex Hansen	311
21248	*Saccharomyces cerevisiae* Meyen ex Hansen	311
21249	*Saccharomyces cerevisiae* Meyen ex Hansen	311
21250	*Saccharomyces cerevisiae* Meyen ex Hansen	311
21251	*Saccharomyces cerevisiae* Meyen ex Hansen	311
21252	*Saccharomyces cerevisiae* Meyen ex Hansen	311
21267	*Saccharomyces cerevisiae* Meyen ex Hansen	311
21268	*Saccharomyces cerevisiae* Meyen ex Hansen	311
21277	*Saccharomyces cerevisiae* Meyen ex Hansen	311
21278	*Saccharomyces cerevisiae* Meyen ex Hansen	311
21280	*Saccharomyces cerevisiae* Meyen ex Hansen	311
21287	*Saccharomyces cerevisiae* Meyen ex Hansen	311
21340	*Saccharomyces cerevisiae* Meyen ex Hansen	311
20043	*Saccharomyces cerevisiae* var. *ellipsoideus*(Hansen)Dekker	311
20108	*Saccharomyces cerevisiae* var. *ellipsoideus*(Hansen)Dekker	311
20109	*Saccharomyces cerevisiae* var. *ellipsoideus*(Hansen)Dekker	311
20120	*Saccharomyces cerevisiae* var. *ellipsoideus*(Hansen)Dekker	311
20139	*Saccharomyces cerevisiae* var. *ellipsoideus*(Hansen)Dekker	311
20149	*Saccharomyces cerevisiae* var. *ellipsoideus*(Hansen)Dekker	311
20155	*Saccharomyces cerevisiae* var. *ellipsoideus*(Hansen)Dekker	312
20163	*Saccharomyces cerevisiae* var. *ellipsoideus*(Hansen)Dekker	312
20164	*Saccharomyces cerevisiae* var. *ellipsoideus*(Hansen)Dekker	312
21188	*Saccharomyces cerevisiae* var. *ellipsoideus*(Hansen)Dekker	312
21189	*Saccharomyces cerevisiae* var. *ellipsoideus*(Hansen)Dekker	312
21274	*Saccharomyces cerevisiae* var. *ellipsoideus*(Hansen)Dekker	312
20204	*Saccharomyces diastaticus* Andrews,Gilliland & van der Walt	312
21191	*Saccharomyces kluyveri* Phaff,M. W. Mill. & Shifrine	312
20124	*Saccharomyces pastori*(Guillier.)Lodder & van Rij	312
20238	*Saccharomyces rouxii* Boutroux	312
20287	*Saccharomyces rouxii* Boutroux	312
20288	*Saccharomyces rouxii* Boutroux	312
21270	*Saccharomyces rouxii* Boutroux	312
20045	*Saccharomyces sake* Yabe	312
20146	*Saccharomyces sake* Yabe	312
20246	*Saccharomyces sake* Yabe	312

菌株号	菌种名称	页数
20122	*Saccharomyces* sp.	312
21124	*Saccharomyces* sp.	312
21125	*Saccharomyces* sp.	312
21126	*Saccharomyces* sp.	312
21127	*Saccharomyces* sp.	313
21132	*Saccharomyces* sp.	313
20202	*Saccharomyces uvarum* Beijerinck	313
21271	*Saccharomyces willianus* Sacc.	313
20044	*Saccharomycodes ludwigii* Hansen	313
20336	*Saccharomycodes ludwigii* Hansen	313
20239	*Saccharomycopsis lipolytica* (Wicherham et al.) Yarrow	313
20240	*Saccharomycopsis lipolytica* (Wicherham et al.) Yarrow	313
20046	*Schizosaccharomyces octosporus* Beijerinck	313
20047	*Schizosaccharomyces pombe* Lindner	313
20048	*Schizosaccharomyces pombe* Lindner	313
20150	*Schizosaccharomyces pombe* Lindner	313
20249	*Schizosaccharomyces pombe* Lindner	313
20194	*Schwanniomyces occidentalis* Klocker	313
20195	*Schwanniomyces occidentalis* Klocker	313
20307	*Sporopachydermia lactativora* Rodrigues de Miranda	313
20329	*Sporopachydermia lactativora* Rodrigues de Miranda	313
20049	*Sporobolomyces roseus* Kluyver & van Niel	313
20050	*Sporobolomyces roseus* Kluyver & van Niel	314
20250	*Sporobolomyces roseus* Kluyver & van Niel	314
20051	*Sporobolomyces salmonicolor* (Fischer & Brebeck) Kluyver & van Niel	314
20115	*Sporobolomyces salmonicolor* (Fischer & Brebeck) Kluyver & van Niel	314
20326	*Stephanaascus ciferrii* Smith et al.	314
20330	*Stephanaascus ciferrii* Smith et al.	314
20285	*Torulaspora delbrueckii* (Lindner) Lindner	314
20321	*Torulaspora pretoriensis* (van der Walt & Tscheuschner) van der Walt & Johannsen	314
20343	*Torulopsis bombicola* Rosa & Lachance	314
20052	*Torulopsis candida* (Saito) Lodder	314
20110	*Torulopsis candida* (Saito) Lodder	314
20053	*Torulopsis famta* (Harrison) Lodder & van Rij	314
20111	*Torulopsis globosa* (Olson & Hammer) Lodder & van Rij	314
21353	*Trichosporon akiyoshidainum*	314
21358	*Trichosporon akiyoshidainum*	314
21362	*Trichosporon akiyoshidainum*	314
21193	*Trichosporon aquatile*	314
21289	*Trichosporon asahii* Akagi	315
20055	*Trichosporon behrendii* Lodder & Kreger-van Rij	315
20222	*Trichosporon behrendii* Lodder & Kreger-van Rij	315
20056	*Trichosporon capitatum* Diddens & Lodder	315
20127	*Trichosporon capitatum* Diddens & Lodder	315
20057	*Trichosporon cutaneum* (de Beurm et al.) Ota	315
20119	*Trichosporon cutaneum* (de Beurm et al.) Ota	315
20241	*Trichosporon cutaneum* (de Beurm et al.) Ota	315
20253	*Trichosporon cutaneum* (de Beurm et al.) Ota	315
20271	*Trichosporon cutaneum* (de Beurm et al.) Ota	315
21272	*Trichosporon cutaneum* (de Beurm et al.) Ota	315
21273	*Trichosporon cutaneum* (de Beurm et al.) Ota	315
20243	*Trishosporon fermentans* Diddens & Lodder	315
21382	*Trichosporon laibachii* (Windisch) E. Guého & M. T. Sm.	315
21371	*Trichosporon lignicola*	315
21342	*Trichosporon pullullans* (Lindn.) Didd. & Lodd.	315

菌株号	菌种名称	页数
21349	*Trichosporon pullullans* (Lindn.) Didd. & Lodd.	315
21368	*Trichosporon pullullans* (Lindn.) Didd. & Lodd.	315
21373	*Trichosporon pullullans* (Lindn.) Didd. & Lodd.	316
21375	*Trichosporon pullullans* (Lindn.) Didd. & Lodd.	316
21383	*Trichosporon pullullans* (Lindn.) Didd. & Lodd.	316
21147	*Trichosporon* sp.	316
20058	*Wickerhamia fluorescens* (Soneda) Soneda	316
20147	*Wickerhamia fluorescens* (Soneda) Soneda	316
21356	*Williopsis californica* (Lodder) Krassilnikov	316
20242	*Yarrowia lipolytica* (Wickerham et al.) van der Walt & von Arx	316
20328	*Yarrowia lipolytica* (Wickerham et al.) van der Walt & von Arx	316
21173	*Yarrowia lipolytica* (Wickerham et al.) van der Walt & von Arx	316
21176	*Yarrowia lipolytica* (Wickerham et al.) van der Walt & von Arx	316
20303	*Zygosaccharomyces bailii* (Lindner) Guilliermond	316
21255	*Zygosaccharomyces pseudorouxii*	316
20316	*Zygosaccharomyces rouxii* (Boutroux) Yarrow	316
21269	*Zygosaccharomyces rouxii* (Boutroux) Yarrow	316
21286	*Zygosaccharomyces rouxii* (Boutroux) Yarrow	316
30510	*Absidia blakesleeana* Lendner	317
30512	*Absidia cuneospora* Orr & Plunkett	317
30546	*Absidia psychrophila* Hesseltine & Ellis	317
30554	*Acremonium strictum* W. Gams	317
36977	*Acremonium strictum* W. Gams	317
36978	*Acremonium strictum* W. Gams	317
30555	*Acrophialophora levis* Samson & Mahmoud	317
30511	*Acrophialophora nainiana* Edward	317
30393	*Actinomucor elegans* (Eidam) Benjamin & Hesseltine	317
30923	*Actinomucor elegans* (Eidam) Benjamin & Hesseltine	317
32312	*Actinomucor elegans* (Eidam) Benjamin & Hesseltine	317
32313	*Actinomucor elegans* (Eidam) Benjamin & Hesseltine	317
32324	*Actinomucor elegans* (Eidam) Benjamin & Hesseltine	317
30560	*Alternaria alternata* (Fries) Keissler	317
30561	*Alternaria alternata* (Fries) Keissler	317
30925	*Alternaria alternata* (Fries) Keissler	318
30945	*Alternaria alternata* (Fries) Keissler	318
36130	*Alternaria alternata* (Fries) Keissler	318
36970	*Alternaria alternata* (Fries) Keissler	318
37607	*Alternaria alternata* (Fries) Keissler	318
38000	*Alternaria alternata* (Fries) Keissler	318
30001	*Alternaria bokurai* Miura	318
30318	*Alternaria bokurai* Miura	318
37290	*Alternaria brassicicola* (Schwein.) Wiltshire	318
37296	*Alternaria brassicicola* (Schwein.) Wiltshire	318
37430	*Alternaria brassicicola* (Schwein.) Wiltshire	318
37449	*Alternaria brassicicola* (Schwein.) Wiltshire	318
37429	*Alternaria cucumerina* (Ellis & Everh.) J. A. Elliott	318
36429	*Alternaria gaisen* Nagano ex Hara	318
30002	*Alternaria longipes* (Ellis & Everh.) E. W. Mason	318
30324	*Alternaria longipes* (Ellis & Everh.) E. W. Mason	318
30003	*Alternaria mali* Roberts	318
30080	*Alternaria mali* Roberts	318
37394	*Alternaria mali* Roberts	318
37395	*Alternaria mali* Roberts	318
37409	*Alternaria polytricha* (Cooke) E. G. Simmons	318
36111	*Alternaria porri* (Ellis) Cif.	318

菌株号	菌种名称	页数
36023	*Alternaria solani* Sorauer	318
31826	*Alternaria tenuissima* (Kunze) Wiltshire	319
31834	*Alternaria tenuissima* (Kunze) Wiltshire	319
31847	*Alternaria tenuissima* (Kunze) Wiltshire	319
37286	*Alternaria tenuissima* (Kunze) Wiltshire	319
37410	*Alternaria tenuissima* (Kunze) Wiltshire	319
36115	*Alternaria zinniae* M. B. Ellis	319
31857	*Ambomucor seriatoinflatus*	319
30535	*Amylomyces rouxii* Calmette	319
30525	*Arthoderma corniculatum* (Takashio &. De Vroey) Weitzman et al.	319
30526	*Arthoderma corniculatum* (Takashio &. De Vroey) Weitzman et al.	319
30531	*Arthoderma cuniculi* Dawson	319
30532	*Arthoderma cuniculi* Dawson	319
30529	*Arthoderma tuberculatum* Kuehn	319
37186	*Arthrinium sacchari* (Speg.) M. B. Ellis	319
37189	*Arthrinium sacchari* (Speg.) M. B. Ellis	319
32129	*Arthrobotrys javanica* (Rifai &. R. C. Cooke) Jarowaja	319
37133	*Arthrobotrys javanica* (Rifai &. R. C. Cooke) Jarowaja	319
32126	*Arthrobotrys robusta* Duddington	319
31528	*Arthrobotrys superba* Corda	320
31529	*Arthrobotrys superba* Corda	320
31530	*Arthrobotrys superba* Corda	320
31531	*Arthrobotrys superba* Corda	320
32139	*Aschersonia aleyrodis* Webber	320
32151	*Aschersonia aleyrodis* Webber	320
32142	*Aschersonia goldiana* Sacc. &. Ellis	320
32143	*Aschersonia goldiana* Sacc. &. Ellis	320
32131	*Aschersonia* sp.	320
32132	*Aschersonia* sp.	320
32133	*Aschersonia* sp.	320
32134	*Aschersonia* sp.	320
32135	*Aschersonia* sp.	320
32138	*Aschersonia* sp.	320
32140	*Aschersonia* sp.	320
32141	*Aschersonia* sp.	320
32144	*Aschersonia* sp.	320
32152	*Aschersonia* sp.	320
32153	*Aschersonia* sp.	320
32154	*Aschersonia* sp.	320
32155	*Aschersonia* sp.	320
32156	*Aschersonia* sp.	321
32137	*Aschersonia turbinate* Berk.	321
36440	*Ascochyta citrullina* (Chester) C. O. Smith	321
37027	*Ascochyta citrullina* (Chester) C. O. Smith	321
37028	*Ascochyta citrullina* (Chester) C. O. Smith	321
37029	*Ascochyta citrullina* (Chester) C. O. Smith	321
37030	*Ascochyta citrullina* (Chester) C. O. Smith	321
37312	*Ascochyta citrullina* (Chester) C. O. Smith	321
37313	*Ascochyta citrullina* (Chester) C. O. Smith	321
37314	*Ascochyta citrullina* (Chester) C. O. Smith	321
37315	*Ascochyta citrullina* (Chester) C. O. Smith	321
37316	*Ascochyta citrullina* (Chester) C. O. Smith	321
37326	*Ascochyta citrullina* (Chester) C. O. Smith	321
37327	*Ascochyta citrullina* (Chester) C. O. Smith	321
37420	*Ascochyta citrullina* (Chester) C. O. Smith	321

菌株号	菌种名称	页数
37425	*Ascochyta citrullina* (Chester) C. O. Smith	321
37433	*Ascochyta citrullina* (Chester) C. O. Smith	321
37437	*Ascochyta citrullina* (Chester) C. O. Smith	321
37442	*Ascochyta citrullina* (Chester) C. O. Smith	321
37443	*Ascochyta citrullina* (Chester) C. O. Smith	321
30577	*Aspergillus aculeatus* Iizuka	321
30578	*Aspergillus asperescens* Stolk	322
30544	*Aspergillus avenaceus* Smith	322
30156	*Aspergillus awamori* Nakazawa	322
30368	*Aspergillus awamori* Nakazawa	322
30438	*Aspergillus awamori* Nakazawa	322
30477	*Aspergillus awamori* Nakazawa	322
31815	*Aspergillus awamori* Nakazawa	322
32263	*Aspergillus awamori* Nakazawa	322
32314	*Aspergillus awamori* Nakazawa	322
32315	*Aspergillus awamori* Nakazawa	322
32316	*Aspergillus awamori* Nakazawa	322
32317	*Aspergillus awamori* Nakazawa	322
32415	*Aspergillus awamori* Nakazawa	322
32302	*Aspergillus caesiellus* Saito	322
30513	*Aspergillus caespitosus* Raper & Thom	322
31867	*Aspergillus caespitosus* Raper & Thom	322
31868	*Aspergillus caespitosus* Raper & Thom	322
30347	*Aspergillus candidus* Link	322
30349	*Aspergillus candidus* Link	322
31947	*Aspergillus candidus* Link	322
32318	*Aspergillus candidus* Link	323
30157	*Aspergillus carbonarius* (Bainier) Thom	323
32187	*Aspergillus carbonarius* (Bainier) Thom	323
32275	*Aspergillus carbonarius* (Bainier) Thom	323
32319	*Aspergillus carbonarius* (Bainier) Thom	323
32320	*Aspergillus carbonarius* (Bainier) Thom	323
30579	*Aspergillus clavatus* Desmazieres	323
30783	*Aspergillus clavatus* Desmazieres	323
32185	*Aspergillus clavatus* Desmazieres	323
32266	*Aspergillus clavatus* Desmazieres	323
32268	*Aspergillus clavatus* Desmazieres	323
32270	*Aspergillus clavatus* Desmazieres	323
32271	*Aspergillus clavatus* Desmazieres	323
32294	*Aspergillus clavatus* Desmazieres	323
32308	*Aspergillus clavatus* Desmazieres	323
32191	*Aspergillus cremeus* Kwon & Fenn.	323
32300	*Aspergillus deflectus* Fenn. & Raper	323
30158	*Aspergillus ficuum* (Reichardt) Hennings	323
30360	*Aspergillus ficuum* (Reichardt) Hennings	323
30366	*Aspergillus ficuum* (Reichardt) Hennings	323
32366	*Aspergillus flavipes* (Bain. & Sart.) Thom & Church	324
30321	*Aspergillus flavus* Link	324
30899	*Aspergillus flavus* Link	324
30939	*Aspergillus flavus* Link	324
31913	*Aspergillus flavus* Link	324
32184	*Aspergillus flavus* Link	324
30126	*Aspergillus foetidus* (Nakazawa) Thom & Raper	324
30128	*Aspergillus foetidus* (Nakazawa) Thom & Raper	324
30580	*Aspergillus foetidus* (Nakazawa) Thom & Raper	324

菌株号	菌种名称	页数
31550	*Aspergillus foetidus* (Nakazawa) Thom & Raper	324
31552	*Aspergillus foetidus* (Nakazawa) Thom & Raper	324
30367	*Aspergillus fumigatus* Fresenius	324
30556	*Aspergillus fumigatus* Fresenius	324
30797	*Aspergillus fumigatus* Fresenius	324
30956	*Aspergillus fumigatus* Fresenius	324
31542	*Aspergillus fumigatus* Fresenius	324
31551	*Aspergillus fumigatus* Fresenius	324
31554	*Aspergillus fumigatus* Fresenius	324
31562	*Aspergillus fumigatus* Fresenius	324
31563	*Aspergillus fumigatus* Fresenius	324
31828	*Aspergillus fumigatus* Fresenius	324
31841	*Aspergillus fumigatus* Fresenius	325
32265	*Aspergillus fumigatus* Fresenius	325
32267	*Aspergillus fumigatus* Fresenius	325
32326	*Aspergillus fumigatus* Fresenius	325
32367	*Aspergillus fumigatus* Fresenius	325
32416	*Aspergillus fumigatus* Fresenius	325
30903	*Aspergillus glaucus* Link	325
32196	*Aspergillus glaucus* Link	325
32197	*Aspergillus glaucus* Link	325
32198	*Aspergillus glaucus* Link	325
32199	*Aspergillus glaucus* Link	325
32200	*Aspergillus glaucus* Link	325
32201	*Aspergillus glaucus* Link	325
32247	*Aspergillus glaucus* Link	325
32285	*Aspergillus granulosus* Raper & Fenn.	325
32297	*Aspergillus heyangensis* Z. T. Qi et al.	325
30581	*Aspergillus japonicus* Saito	325
31514	*Aspergillus japonicus* Saito	325
32192	*Aspergillus japonicus* Saito	325
32365	*Aspergillus japonicus* Saito	325
30469	*Aspergillus nidulans* (Eidam) Winter	325
30005	*Aspergillus niger* van Tiegh.	325
30117	*Aspergillus niger* van Tiegh.	326
30132	*Aspergillus niger* van Tiegh.	326
30134	*Aspergillus niger* van Tiegh.	326
30159	*Aspergillus niger* van Tiegh.	326
30160	*Aspergillus niger* van Tiegh.	326
30161	*Aspergillus niger* van Tiegh.	326
30162	*Aspergillus niger* van Tiegh.	326
30171	*Aspergillus niger* van Tiegh.	326
30172	*Aspergillus niger* van Tiegh.	326
30173	*Aspergillus niger* van Tiegh.	326
30176	*Aspergillus niger* van Tiegh.	326
30177	*Aspergillus niger* van Tiegh.	326
30333	*Aspergillus niger* van Tiegh.	326
30362	*Aspergillus niger* van Tiegh.	326
30390	*Aspergillus niger* van Tiegh.	326
30391	*Aspergillus niger* van Tiegh.	326
30439	*Aspergillus niger* van Tiegh.	326
30470	*Aspergillus niger* van Tiegh.	326
30557	*Aspergillus niger* van Tiegh.	326
30582	*Aspergillus niger* van Tiegh.	326
30583	*Aspergillus niger* van Tiegh.	326

菌株号	菌种名称	页数
30784	*Aspergillus niger* van Tiegh.	326
30785	*Aspergillus niger* van Tiegh.	327
30786	*Aspergillus niger* van Tiegh.	327
30787	*Aspergillus niger* van Tiegh.	327
30936	*Aspergillus niger* van Tiegh.	327
30959	*Aspergillus niger* van Tiegh.	327
31494	*Aspergillus niger* van Tiegh.	327
31495	*Aspergillus niger* van Tiegh.	327
31496	*Aspergillus niger* van Tiegh.	327
31497	*Aspergillus niger* van Tiegh.	327
31498	*Aspergillus niger* van Tiegh.	327
31499	*Aspergillus niger* van Tiegh.	327
31500	*Aspergillus niger* van Tiegh.	327
31501	*Aspergillus niger* van Tiegh.	327
31502	*Aspergillus niger* van Tiegh.	327
31503	*Aspergillus niger* van Tiegh.	327
31504	*Aspergillus niger* van Tiegh.	327
31511	*Aspergillus niger* van Tiegh.	327
31524	*Aspergillus niger* van Tiegh.	327
31541	*Aspergillus niger* van Tiegh.	327
31547	*Aspergillus niger* van Tiegh.	327
31566	*Aspergillus niger* van Tiegh.	327
31597	*Aspergillus niger* van Tiegh.	327
31819	*Aspergillus niger* van Tiegh.	327
31829	*Aspergillus niger* van Tiegh.	328
31830	*Aspergillus niger* van Tiegh.	328
31838	*Aspergillus niger* van Tiegh.	328
31839	*Aspergillus niger* van Tiegh.	328
31856	*Aspergillus niger* van Tiegh.	328
31861	*Aspergillus niger* van Tiegh.	328
31863	*Aspergillus niger* van Tiegh.	328
31866	*Aspergillus niger* van Tiegh.	328
31871	*Aspergillus niger* van Tiegh.	328
31875	*Aspergillus niger* van Tiegh.	328
31876	*Aspergillus niger* van Tiegh.	328
31941	*Aspergillus niger* van Tiegh.	328
32181	*Aspergillus niger* van Tiegh.	328
32259	*Aspergillus niger* van Tiegh.	328
32260	*Aspergillus niger* van Tiegh.	328
32306	*Aspergillus niger* van Tiegh.	328
32327	*Aspergillus niger* van Tiegh.	328
32413	*Aspergillus niger* van Tiegh.	328
32277	*Aspergillus neoglaber* Kozak.	328
30514	*Aspergillus niveus* Blochwitz	328
31835	*Aspergillus niveus* Blochwitz	328
32272	*Aspergillus niveus* Blochwitz	329
32281	*Aspergillus niveus* Blochwitz	329
30471	*Aspergillus ochraceus* Wilhelm	329
31594	*Aspergillus ochraceus* Wilhelm	329
32452	*Aspergillus ochraceus* Wilhelm	329
32189	*Aspergillus ornatus* Raper et al.	329
30155	*Aspergillus oryzae* (Ahlburg) Cohn	329
30163	*Aspergillus oryzae* (Ahlburg) Cohn	329
30322	*Aspergillus oryzae* (Ahlburg) Cohn	329
30323	*Aspergillus oryzae* (Ahlburg) Cohn	329

菌株号	菌种名称	页数
30415	*Aspergillus oryzae* (Ahlburg) Cohn	329
30466	*Aspergillus oryzae* (Ahlburg) Cohn	329
30467	*Aspergillus oryzae* (Ahlburg) Cohn	329
30468	*Aspergillus oryzae* (Ahlburg) Cohn	329
30472	*Aspergillus oryzae* (Ahlburg) Cohn	329
30473	*Aspergillus oryzae* (Ahlburg) Cohn	329
30474	*Aspergillus oryzae* (Ahlburg) Cohn	329
30584	*Aspergillus oryzae* (Ahlburg) Cohn	329
30788	*Aspergillus oryzae* (Ahlburg) Cohn	329
30789	*Aspergillus oryzae* (Ahlburg) Cohn	329
30790	*Aspergillus oryzae* (Ahlburg) Cohn	329
31491	*Aspergillus oryzae* (Ahlburg) Cohn	329
31492	*Aspergillus oryzae* (Ahlburg) Cohn	330
31493	*Aspergillus oryzae* (Ahlburg) Cohn	330
32322	*Aspergillus oryzae* (Ahlburg) Cohn	330
30915	*Aspergillus parasiticus* Speare	330
30164	*Aspergillus phoenicis* (Corda) Thom	330
32328	*Aspergillus phoenicis* (Corda) Thom	330
30913	*Aspergillus proliferans* Smith	330
32179	*Aspergillus restrictus* Smith	330
32190	*Aspergillus restrictus* Smith	330
32269	*Aspergillus restrictus* Smith	330
30517	*Aspergillus rugulosus* Thom & Raper	330
30475	*Aspergillus sojae* Sakaguchi & Yamada	330
30550	*Aspergillus sojae* Sakaguchi & Yamada	330
31527	*Aspergillus* sp.	330
31903	*Aspergillus* sp.	330
32186	*Aspergillus sparsus* Raper & Thom	330
30938	*Aspergillus sydowii* (Bain. & Sart.) Thom & Church	330
31548	*Aspergillus sydowii* (Bain. & Sart.) Thom & Church	331
31814	*Aspergillus sydowii* (Bain. & Sart.) Thom & Church	331
31820	*Aspergillus sydowii* (Bain. & Sart.) Thom & Church	331
30585	*Aspergillus tamarii* Kita	331
30476	*Aspergillus terreus* Thom	331
30558	*Aspergillus terreus* Thom	331
30586	*Aspergillus terreus* Thom	331
31543	*Aspergillus terreus* Thom	331
31549	*Aspergillus terreus* Thom	331
31555	*Aspergillus terreus* Thom	331
31556	*Aspergillus terreus* Thom	331
31558	*Aspergillus terreus* Thom	331
31560	*Aspergillus terreus* Thom	331
31567	*Aspergillus terreus* Thom	331
31811	*Aspergillus terreus* Thom	331
31827	*Aspergillus terreus* Thom	331
31829	*Aspergillus terreus* Thom	331
31832	*Aspergillus terreus* Thom	331
31833	*Aspergillus terreus* Thom	331
31842	*Aspergillus terreus* Thom	331
31843	*Aspergillus terreus* Thom	331
31844	*Aspergillus terreus* Thom	331
31845	*Aspergillus terreus* Thom	332
31846	*Aspergillus terreus* Thom	332
31849	*Aspergillus terreus* Thom	332
31860	*Aspergillus terreus* Thom	332

菌株号	菌种名称	页数
30714	*Beauveria bassiana*(Bals. -Criv.)Vuill.	334
30715	*Beauveria bassiana*(Bals. -Criv.)Vuill.	334
30716	*Beauveria bassiana*(Bals. -Criv.)Vuill.	334
30717	*Beauveria bassiana*(Bals. -Criv.)Vuill.	334
30718	*Beauveria bassiana*(Bals. -Criv.)Vuill.	334
30719	*Beauveria bassiana*(Bals. -Criv.)Vuill.	335
30720	*Beauveria bassiana*(Bals. -Criv.)Vuill.	335
30721	*Beauveria bassiana*(Bals. -Criv.)Vuill.	335
30722	*Beauveria bassiana*(Bals. -Criv.)Vuill.	335
30723	*Beauveria bassiana*(Bals. -Criv.)Vuill.	335
30724	*Beauveria bassiana*(Bals. -Criv.)Vuill.	335
30725	*Beauveria bassiana*(Bals. -Criv.)Vuill.	335
30726	*Beauveria bassiana*(Bals. -Criv.)Vuill.	335
30727	*Beauveria bassiana*(Bals. -Criv.)Vuill.	335
30728	*Beauveria bassiana*(Bals. -Criv.)Vuill.	335
30729	*Beauveria bassiana*(Bals. -Criv.)Vuill.	335
30730	*Beauveria bassiana*(Bals. -Criv.)Vuill.	335
30731	*Beauveria bassiana*(Bals. -Criv.)Vuill.	335
30732	*Beauveria bassiana*(Bals. -Criv.)Vuill.	335
30733	*Beauveria bassiana*(Bals. -Criv.)Vuill.	335
30734	*Beauveria bassiana*(Bals. -Criv.)Vuill.	335
30735	*Beauveria bassiana*(Bals. -Criv.)Vuill.	335
30736	*Beauveria bassiana*(Bals. -Criv.)Vuill.	335
30737	*Beauveria bassiana*(Bals. -Criv.)Vuill.	335
30738	*Beauveria bassiana*(Bals. -Criv.)Vuill.	335
30739	*Beauveria bassiana*(Bals. -Criv.)Vuill.	335
30740	*Beauveria bassiana*(Bals. -Criv.)Vuill.	335
30741	*Beauveria bassiana*(Bals. -Criv.)Vuill.	335
30742	*Beauveria bassiana*(Bals. -Criv.)Vuill.	335
30743	*Beauveria bassiana*(Bals. -Criv.)Vuill.	336
30744	*Beauveria bassiana*(Bals. -Criv.)Vuill.	336
30745	*Beauveria bassiana*(Bals. -Criv.)Vuill.	336
30746	*Beauveria bassiana*(Bals. -Criv.)Vuill.	336
30747	*Beauveria bassiana*(Bals. -Criv.)Vuill.	336
30748	*Beauveria bassiana*(Bals. -Criv.)Vuill.	336
30749	*Beauveria bassiana*(Bals. -Criv.)Vuill.	336
30750	*Beauveria bassiana*(Bals. -Criv.)Vuill.	336
30751	*Beauveria bassiana*(Bals. -Criv.)Vuill.	336
30752	*Beauveria bassiana*(Bals. -Criv.)Vuill.	336
30753	*Beauveria bassiana*(Bals. -Criv.)Vuill.	336
30754	*Beauveria bassiana*(Bals. -Criv.)Vuill.	336
30755	*Beauveria bassiana*(Bals. -Criv.)Vuill.	336
30756	*Beauveria bassiana*(Bals. -Criv.)Vuill.	336
30757	*Beauveria bassiana*(Bals. -Criv.)Vuill.	336
30758	*Beauveria bassiana*(Bals. -Criv.)Vuill.	336
30759	*Beauveria bassiana*(Bals. -Criv.)Vuill.	336
30760	*Beauveria bassiana*(Bals. -Criv.)Vuill.	336
30762	*Beauveria bassiana*(Bals. -Criv.)Vuill.	336
30763	*Beauveria bassiana*(Bals. -Criv.)Vuill.	336
30764	*Beauveria bassiana*(Bals. -Criv.)Vuill.	336
30765	*Beauveria bassiana*(Bals. -Criv.)Vuill.	336
30766	*Beauveria bassiana*(Bals. -Criv.)Vuill.	336
30767	*Beauveria bassiana*(Bals. -Criv.)Vuill.	336
30768	*Beauveria bassiana*(Bals. -Criv.)Vuill.	336
30769	*Beauveria bassiana*(Bals. -Criv.)Vuill.	336

菌株号	菌种名称	页数
31979	*Beauveria bassiana* (Bals. -Criv.) Vuill.	341
31993	*Beauveria bassiana* (Bals. -Criv.) Vuill.	341
31995	*Beauveria bassiana* (Bals. -Criv.) Vuill.	341
31996	*Beauveria bassiana* (Bals. -Criv.) Vuill.	341
31998	*Beauveria bassiana* (Bals. -Criv.) Vuill.	341
32002	*Beauveria bassiana* (Bals. -Criv.) Vuill.	341
32008	*Beauveria bassiana* (Bals. -Criv.) Vuill.	341
32215	*Beauveria bassiana* (Bals. -Criv.) Vuill.	341
32216	*Beauveria bassiana* (Bals. -Criv.) Vuill.	342
32217	*Beauveria bassiana* (Bals. -Criv.) Vuill.	342
32218	*Beauveria bassiana* (Bals. -Criv.) Vuill.	342
32219	*Beauveria bassiana* (Bals. -Criv.) Vuill.	342
32220	*Beauveria bassiana* (Bals. -Criv.) Vuill.	342
32221	*Beauveria bassiana* (Bals. -Criv.) Vuill.	342
32222	*Beauveria bassiana* (Bals. -Criv.) Vuill.	342
32223	*Beauveria bassiana* (Bals. -Criv.) Vuill.	342
32224	*Beauveria bassiana* (Bals. -Criv.) Vuill.	342
32225	*Beauveria bassiana* (Bals. -Criv.) Vuill.	342
32226	*Beauveria bassiana* (Bals. -Criv.) Vuill.	342
32227	*Beauveria bassiana* (Bals. -Criv.) Vuill.	342
32228	*Beauveria bassiana* (Bals. -Criv.) Vuill.	342
32229	*Beauveria bassiana* (Bals. -Criv.) Vuill.	342
32230	*Beauveria bassiana* (Bals. -Criv.) Vuill.	342
32231	*Beauveria bassiana* (Bals. -Criv.) Vuill.	342
32234	*Beauveria bassiana* (Bals. -Criv.) Vuill.	342
32235	*Beauveria bassiana* (Bals. -Criv.) Vuill.	342
32236	*Beauveria bassiana* (Bals. -Criv.) Vuill.	342
32237	*Beauveria bassiana* (Bals. -Criv.) Vuill.	342
32238	*Beauveria bassiana* (Bals. -Criv.) Vuill.	342
32239	*Beauveria bassiana* (Bals. -Criv.) Vuill.	342
32240	*Beauveria bassiana* (Bals. -Criv.) Vuill.	342
32241	*Beauveria bassiana* (Bals. -Criv.) Vuill.	343
32406	*Beauveria bassiana* (Bals. -Criv.) Vuill.	343
32418	*Beauveria bassiana* (Bals. -Criv.) Vuill.	343
32419	*Beauveria bassiana* (Bals. -Criv.) Vuill.	343
32420	*Beauveria bassiana* (Bals. -Criv.) Vuill.	343
32421	*Beauveria bassiana* (Bals. -Criv.) Vuill.	343
32422	*Beauveria bassiana* (Bals. -Criv.) Vuill.	343
32423	*Beauveria bassiana* (Bals. -Criv.) Vuill.	343
32432	*Beauveria bassiana* (Bals. -Criv.) Vuill.	343
32433	*Beauveria bassiana* (Bals. -Criv.) Vuill.	343
32434	*Beauveria bassiana* (Bals. -Criv.) Vuill.	343
32435	*Beauveria bassiana* (Bals. -Criv.) Vuill.	343
32436	*Beauveria bassiana* (Bals. -Criv.) Vuill.	343
32437	*Beauveria bassiana* (Bals. -Criv.) Vuill.	343
32438	*Beauveria bassiana* (Bals. -Criv.) Vuill.	343
32439	*Beauveria bassiana* (Bals. -Criv.) Vuill.	343
32440	*Beauveria bassiana* (Bals. -Criv.) Vuill.	343
32441	*Beauveria bassiana* (Bals. -Criv.) Vuill.	343
32442	*Beauveria bassiana* (Bals. -Criv.) Vuill.	343
32443	*Beauveria bassiana* (Bals. -Criv.) Vuill.	343
32444	*Beauveria bassiana* (Bals. -Criv.) Vuill.	343
32445	*Beauveria bassiana* (Bals. -Criv.) Vuill.	343
32446	*Beauveria bassiana* (Bals. -Criv.) Vuill.	344
32447	*Beauveria bassiana* (Bals. -Criv.) Vuill.	344

菌株号	菌种名称	页数
32448	*Beauveria bassiana* (Bals. -Criv.) Vuill.	344
32449	*Beauveria bassiana* (Bals. -Criv.) Vuill.	344
32450	*Beauveria bassiana* (Bals. -Criv.) Vuill.	344
32451	*Beauveria bassiana* (Bals. -Criv.) Vuill.	344
32453	*Beauveria bassiana* (Bals. -Criv.) Vuill.	344
32454	*Beauveria bassiana* (Bals. -Criv.) Vuill.	344
37737	*Beauveria bassiana* (Bals. -Criv.) Vuill.	344
37778	*Beauveria bassiana* (Bals. -Criv.) Vuill.	344
37785	*Beauveria bassiana* (Bals. -Criv.) Vuill.	344
30290	*Beauveria brongniartii* (Sacc.) Petch	344
30761	*Beauveria brongniartii* (Sacc.) Petch	344
32431	*Beauveria brongniartii* (Sacc.) Petch	344
30824	*Beauveria* sp.	344
30835	*Beauveria* sp.	344
30839	*Beauveria* sp.	344
30836	*Beauveria velata* Samson & Evans	344
30837	*Beauveria velata* Samson & Evans	344
30876	*Beauveria velata* Samson & Evans	344
30957	*Bipolaris eleusines* Alcorn & R. G. Shivas	344
38035	*Bipolaris eleusines* Alcorn & R. G. Shivas	344
30568	*Bipolaris australiensis* (M. B. Ellis) Tsuda & Ueyama	344
36512	*Bipolaris hawaiiensis* (M. B. Ellis) J. Y. Uchida & Aragaki	344
30009	*Bipolaris maydis* (Y. Nisik. & C. Miyake) Shoemaker	345
30138	*Bipolaris maydis* (Y. Nisik. & C. Miyake) Shoemaker	345
36265	*Bipolaris maydis* (Y. Nisik. & C. Miyake) Shoemaker	345
30010	*Bipolaris sorokiniana* (Sacc.) Shoemaker	345
36514	*Bipolaris sorokiniana* (Sacc.) Shoemaker	345
36515	*Bipolaris sorokiniana* (Sacc.) Shoemaker	345
36516	*Bipolaris sorokiniana* (Sacc.) Shoemaker	345
36517	*Bipolaris sorokiniana* (Sacc.) Shoemaker	345
36524	*Bipolaris sorokiniana* (Sacc.) Shoemaker	345
36525	*Bipolaris sorokiniana* (Sacc.) Shoemaker	345
36526	*Bipolaris sorokiniana* (Sacc.) Shoemaker	345
36527	*Bipolaris sorokiniana* (Sacc.) Shoemaker	345
36528	*Bipolaris sorokiniana* (Sacc.) Shoemaker	345
36529	*Bipolaris sorokiniana* (Sacc.) Shoemaker	345
36530	*Bipolaris sorokiniana* (Sacc.) Shoemaker	345
36533	*Bipolaris sorokiniana* (Sacc.) Shoemaker	345
36534	*Bipolaris sorokiniana* (Sacc.) Shoemaker	345
36536	*Bipolaris sorokiniana* (Sacc.) Shoemaker	345
36537	*Bipolaris sorokiniana* (Sacc.) Shoemaker	345
36538	*Bipolaris sorokiniana* (Sacc.) Shoemaker	345
36539	*Bipolaris sorokiniana* (Sacc.) Shoemaker	345
36540	*Bipolaris sorokiniana* (Sacc.) Shoemaker	345
36541	*Bipolaris sorokiniana* (Sacc.) Shoemaker	346
36543	*Bipolaris sorokiniana* (Sacc.) Shoemaker	346
36546	*Bipolaris sorokiniana* (Sacc.) Shoemaker	346
36655	*Bipolaris sorokiniana* (Sacc.) Shoemaker	346
36664	*Bipolaris sorokiniana* (Sacc.) Shoemaker	346
36716	*Bipolaris sorokiniana* (Sacc.) Shoemaker	346
36718	*Bipolaris sorokiniana* (Sacc.) Shoemaker	346
36726	*Bipolaris sorokiniana* (Sacc.) Shoemaker	346
36790	*Bipolaris sorokiniana* (Sacc.) Shoemaker	346
36805	*Bipolaris sorokiniana* (Sacc.) Shoemaker	346
36501	*Bipolaris spicifera* (Bainier) Subram.	346

菌株号	菌种名称	页数

菌株号	菌种名称	页数
31564	*Cladosporium herbarum* (Pers.) Link	351
31592	*Cladosporium herbarum* (Pers.) Link	351
32329	*Cladosporium herbarum* (Pers.) Link	351
37287	*Cladosporium obtectum* Rabenh.	351
36063	*Cladosporium paeoniae* Pass.	352
36064	*Cladosporium paeoniae* Pass.	352
36187	*Cladosporium paeoniae* Pass.	352
30383	*Cladosporium* sp.	352
30381	*Cladosporium stercorarium* Corda	352
30380	*Cladosporium stercoris* Spegazzini	352
32158	*Clathrospora diplospora*	352
36987	*Claviceps purpurea* (Fr.) Tul.	352
36988	*Claviceps purpurea* (Fr.) Tul.	352
36989	*Claviceps purpurea* (Fr.) Tul.	352
36990	*Claviceps purpurea* (Fr.) Tul.	352
36991	*Claviceps purpurea* (Fr.) Tul.	352
36992	*Claviceps purpurea* (Fr.) Tul.	352
36993	*Claviceps purpurea* (Fr.) Tul.	352
36994	*Claviceps purpurea* (Fr.) Tul.	352
36995	*Claviceps purpurea* (Fr.) Tul.	352
36996	*Claviceps purpurea* (Fr.) Tul.	352
36997	*Claviceps purpurea* (Fr.) Tul.	352
36998	*Claviceps purpurea* (Fr.) Tul.	352
36999	*Claviceps purpurea* (Fr.) Tul.	353
37000	*Claviceps purpurea* (Fr.) Tul.	353
37001	*Claviceps purpurea* (Fr.) Tul.	353
37002	*Claviceps purpurea* (Fr.) Tul.	353
37003	*Claviceps purpurea* (Fr.) Tul.	353
37004	*Claviceps purpurea* (Fr.) Tul.	353
37005	*Claviceps purpurea* (Fr.) Tul.	353
37006	*Claviceps purpurea* (Fr.) Tul.	353
37007	*Claviceps purpurea* (Fr.) Tul.	353
37008	*Claviceps purpurea* (Fr.) Tul.	353
37009	*Claviceps purpurea* (Fr.) Tul.	353
37010	*Claviceps purpurea* (Fr.) Tul.	353
37011	*Claviceps purpurea* (Fr.) Tul.	353
37012	*Claviceps purpurea* (Fr.) Tul.	353
37013	*Claviceps purpurea* (Fr.) Tul.	353
37014	*Claviceps purpurea* (Fr.) Tul.	353
37015	*Claviceps purpurea* (Fr.) Tul.	353
37016	*Claviceps purpurea* (Fr.) Tul.	353
37017	*Claviceps purpurea* (Fr.) Tul.	353
37018	*Claviceps purpurea* (Fr.) Tul.	353
37019	*Claviceps purpurea* (Fr.) Tul.	353
30139	*Cochliobolus sativus* (Ito & Kuribayashi) Drechsler ex Dastur	353
30011	*Colletotrichum agaves* Cavara	354
37598	*Colletotrichum arecae* Syd. & P. Syd.	354
31218	*Colletotrichum capsici* (Syd.) Butler & Bisby	354
36172	*Colletotrichum capsici* (Syd.) Butler & Bisby	354
37044	*Colletotrichum capsici* (Syd.) Butler & Bisby	354
37045	*Colletotrichum capsici* (Syd.) Butler & Bisby	354
37046	*Colletotrichum capsici* (Syd.) Butler & Bisby	354
37049	*Colletotrichum capsici* (Syd.) Butler & Bisby	354
37050	*Colletotrichum capsici* (Syd.) Butler & Bisby	354
37419	*Colletotrichum capsici* (Syd.) Butler & Bisby	354

菌株号	菌种名称	页数
36682	*Curvularia trifolii* (Kauffman) Boedijn	364
36599	*Curvularia trifolii* f. sp. *gladioli* Parmelee & Luttr.	364
36219	*Cylindrocarpon destructans* (Zinssm.) Scholten	364
36225	*Cylindrocarpon destructans* (Zinssm.) Scholten	364
36226	*Cylindrocarpon destructans* (Zinssm.) Scholten	364
36256	*Cylindrocarpon destructans* (Zinssm.) Scholten	364
36218	*Cylindrocarpon didymum* (Harting) Wollenw.	364
36220	*Cylindrocarpon didymum* (Harting) Wollenw.	364
30950	*Cylindrocarpon* sp.	364
30958	*Daldinia concentrica* (Bolt.) Ces. & de Not.	365
37148	*Doratomyces microsporus* (Sacc.) F. J. Morton & G. Sm.	365
37161	*Doratomyces microsporus* (Sacc.) F. J. Morton & G. Sm.	365
37165	*Doratomyces microsporus* (Sacc.) F. J. Morton & G. Sm.	365
37174	*Doratomyces microsporus* (Sacc.) F. J. Morton & G. Sm.	365
37201	*Doratomyces microsporus* (Sacc.) F. J. Morton & G. Sm.	365
37847	*Doratomyces microsporus* (Sacc.) F. J. Morton & G. Sm.	365
37848	*Doratomyces microsporus* (Sacc.) F. J. Morton & G. Sm.	365
37849	*Doratomyces microsporus* (Sacc.) F. J. Morton & G. Sm.	365
37850	*Doratomyces microsporus* (Sacc.) F. J. Morton & G. Sm.	365
37851	*Doratomyces microsporus* (Sacc.) F. J. Morton & G. Sm.	365
37852	*Doratomyces microsporus* (Sacc.) F. J. Morton & G. Sm.	365
37853	*Doratomyces microsporus* (Sacc.) F. J. Morton & G. Sm.	365
37854	*Doratomyces microsporus* (Sacc.) F. J. Morton & G. Sm.	365
37138	*Doratomyces nanus* (Ehrenb.) F. J. Morton & G. Sm.	365
37143	*Doratomyces nanus* (Ehrenb.) F. J. Morton & G. Sm.	365
37149	*Doratomyces nanus* (Ehrenb.) F. J. Morton & G. Sm.	365
37156	*Doratomyces nanus* (Ehrenb.) F. J. Morton & G. Sm.	365
37164	*Doratomyces nanus* (Ehrenb.) F. J. Morton & G. Sm.	365
37237	*Doratomyces nanus* (Ehrenb.) F. J. Morton & G. Sm.	365
37244	*Doratomyces nanus* (Ehrenb.) F. J. Morton & G. Sm.	365
37246	*Doratomyces nanus* (Ehrenb.) F. J. Morton & G. Sm.	365
37248	*Doratomyces nanus* (Ehrenb.) F. J. Morton & G. Sm.	365
37249	*Doratomyces nanus* (Ehrenb.) F. J. Morton & G. Sm.	365
37253	*Doratomyces nanus* (Ehrenb.) F. J. Morton & G. Sm.	365
31559	*Emericella dentata* (Sandhu) Horie	365
31809	*Emericella dentata* (Sandhu) Horie	365
31818	*Emericella dentata* (Sandhu) Horie	365
31859	*Emericella dentata* (Sandhu) Horie	365
31825	*Emericella nidulans* (Eidam) Vuill.	365
31836	*Emericella nidulans* (Eidam) Vuill.	365
31837	*Emericella nidulans* (Eidam) Vuill.	365
31840	*Emericella nidulans* (Eidam) Vuill.	366
31557	*Emericella quadrilineata* (Thom & Raper) C. R. Benj.	366
31810	*Emericella quadrilineata* (Thom & Raper) C. R. Benj.	366
31851	*Emericella quadrilineata* (Thom & Raper) C. R. Benj.	366
31852	*Emericella quadrilineata* (Thom & Raper) C. R. Benj.	366
31853	*Emericella quadrilineata* (Thom & Raper) C. R. Benj.	366
31817	*Emericella rugulosa* (Thom & Raper) C. R. Benj.	366
31824	*Emericella rugulosa* (Thom & Raper) C. R. Benj.	366
31848	*Emericella rugulosa* (Thom & Raper) C. R. Benj.	366
31544	*Emericella variecolor* Berk. & Broome	366
31545	*Emericella variecolor* Berk. & Broome	366
31546	*Emericella variecolor* Berk. & Broome	366
32279	*Emericella variecolor* Berk. & Broome	366
37856	*Epicoccum nigrum* Link	366

菌株号	菌种名称	页数
37858	*Epicoccum nigrum* Link	366
30518	*Eupenicillium baarnense* (van Beyma) Stolk & Scott	366
30523	*Eupenicillium baarnense* (van Beyma) Stolk & Scott	366
30403	*Eupenicillium javanicum* (van Beyan) Stolk & Scott	366
31912	*Eupenicillium javanicum* (van Beyan) Stolk & Scott	366
30935	*Eurotium amstelodami* L. Mangin	366
31812	*Eurotium chevalieri* L. Mangin	367
31813	*Eurotium chevalieri* L. Mangin	367
32202	*Eurotium cristatum* (Raper & Fennell) Malloch & Cain	367
32203	*Eurotium cristatum* (Raper & Fennell) Malloch & Cain	367
32204	*Eurotium cristatum* (Raper & Fennell) Malloch & Cain	367
32205	*Eurotium cristatum* (Raper & Fennell) Malloch & Cain	367
32206	*Eurotium cristatum* (Raper & Fennell) Malloch & Cain	367
32207	*Eurotium cristatum* (Raper & Fennell) Malloch & Cain	367
30934	*Eurotium fimicola* H. Z. Kong & Z. T. Qi	367
32159	*Eurotium herbariorum* (F. H. Wigg.) Link	367
32208	*Eurotium repens* de Bary	367
32209	*Eurotium repens* de Bary	367
32210	*Eurotium repens* de Bary	367
32211	*Eurotium repens* de Bary	367
32212	*Eurotium repens* de Bary	367
32213	*Eurotium repens* de Bary	367
36602	*Exserohilum fusiforme* Alcorn	367
37859	*Exserohilum fusiforme* Alcorn	367
37860	*Exserohilum pedicellatum* (A. W. Henry) K. J. Leonard & Suggs	367
37861	*Exserohilum pedicellatum* (A. W. Henry) K. J. Leonard & Suggs	367
36751	*Exserohilum phragmatis* W. P. Wu	368
36618	*Exserohilum rostratum* (Drechsler) K. J. Leonard & Suggs	368
36621	*Exserohilum rostratum* (Drechsler) K. J. Leonard & Suggs	368
36624	*Exserohilum rostratum* (Drechsler) K. J. Leonard & Suggs	368
36625	*Exserohilum rostratum* (Drechsler) K. J. Leonard & Suggs	368
36633	*Exserohilum rostratum* (Drechsler) K. J. Leonard & Suggs	368
36640	*Exserohilum rostratum* (Drechsler) K. J. Leonard & Suggs	368
36667	*Exserohilum rostratum* (Drechsler) K. J. Leonard & Suggs	368
36709	*Exserohilum rostratum* (Drechsler) K. J. Leonard & Suggs	368
37218	*Exserohilum rostratum* (Drechsler) K. J. Leonard & Suggs	368
37219	*Exserohilum rostratum* (Drechsler) K. J. Leonard & Suggs	368
30085	*Exserohilum turcicum* (Pass.) K. J. Leonard & Suggs	368
36266	*Exserohilum turcicum* (Pass.) K. J. Leonard & Suggs	368
37134	*Fusariella atrovirens* (Berk.) Sacc.	368
37180	*Fusariella atrovirens* (Berk.) Sacc.	368
37869	*Fusariella obstipa* (Pollack) S. Hughes	368
37372	*Fusarium annuum* Leonian	368
30063	*Fusarium argillaceum* (Fr.) Sacc.	368
30065	*Fusarium avenaceum* (Fr.) Sacc.	368
32253	*Fusarium cerealis* Cooke	368
32249	*Fusarium culmorum* (W. G. Smith) Sacc.	369
38029	*Fusarium equiseti* (Corda) Sacc.	369
30068	*Fusarium graminearum* Schwabe	369
32250	*Fusarium graminearum* Schwabe	369
32251	*Fusarium graminearum* Schwabe	369
32252	*Fusarium graminearum* Schwabe	369
31942	*Fusarium incarnatum* (Desm.) Sacc.	369
30070	*Fusarium lactis* Pirotta & Riboni	369
30023	*Fusarium lateritium* Nees	369

菌株号	菌种名称	页数
30071	*Fusarium lateritium* Nees	369
30133	*Fusarium moniliforme* Sheldon	369
30174	*Fusarium moniliforme* Sheldon	369
30175	*Fusarium moniliforme* Sheldon	369
30325	*Fusarium moniliforme* Sheldon	369
30331	*Fusarium moniliforme* Sheldon	369
30334	*Fusarium moniliforme* Sheldon	369
30074	*Fusarium nivale*（Fr.）Cesati	369
30075	*Fusarium orthoceras* Appel &. Wollenweber	369
30069	*Fusarium oxysporum* Schltdl.	369
30076	*Fusarium oxysporum* Schltdl.	369
30373	*Fusarium oxysporum* Schltdl.	370
30927	*Fusarium oxysporum* Schltdl.	370
31915	*Fusarium oxysporum* Schltdl.	370
32258	*Fusarium oxysporum* Schltdl.	370
32261	*Fusarium oxysporum* Schltdl.	370
36102	*Fusarium oxysporum* Schltdl.	370
36173	*Fusarium oxysporum* Schltdl.	370
36464	*Fusarium oxysporum* Schltdl.	370
36465	*Fusarium oxysporum* Schltdl.	370
36466	*Fusarium oxysporum* Schltdl.	370
36468	*Fusarium oxysporum* Schltdl.	370
36472	*Fusarium oxysporum* Schltdl.	370
36473	*Fusarium oxysporum* Schltdl.	370
36474	*Fusarium oxysporum* Schltdl.	370
36475	*Fusarium oxysporum* Schltdl.	370
36477	*Fusarium oxysporum* Schltdl.	370
36478	*Fusarium oxysporum* Schltdl.	370
36933	*Fusarium oxysporum* Schltdl.	370
37064	*Fusarium oxysporum* Schltdl.	370
37262	*Fusarium oxysporum* Schltdl.	370
37279	*Fusarium oxysporum* Schltdl.	370
37371	*Fusarium oxysporum* Schltdl.	370
37375	*Fusarium oxysporum* Schltdl.	370
37376	*Fusarium oxysporum* Schltdl.	370
37377	*Fusarium oxysporum* Schltdl.	371
37404	*Fusarium oxysporum* Schltdl.	371
31345	*Fusarium oxysporum* f. sp. *avocado*	371
31346	*Fusarium oxysporum* f. sp. *avocado*	371
31347	*Fusarium oxysporum* f. sp. *avocado*	371
31348	*Fusarium oxysporum* f. sp. *avocado*	371
31349	*Fusarium oxysporum* f. sp. *avocado*	371
31339	*Fusarium oxysporum* f. sp. *capsicum*	371
31340	*Fusarium oxysporum* f. sp. *capsicum*	371
31341	*Fusarium oxysporum* f. sp. *capsicum*	371
31342	*Fusarium oxysporum* f. sp. *capsicum*	371
31343	*Fusarium oxysporum* f. sp. *capsicum*	371
31344	*Fusarium oxysporum* f. sp. *capsicum*	371
31271	*Fusarium oxysporum* f. sp. *cubense* W. C. Snyder &. H. N. Hansen	371
31272	*Fusarium oxysporum* f. sp. *cubense* W. C. Snyder &. H. N. Hansen	371
31273	*Fusarium oxysporum* f. sp. *cubense* W. C. Snyder &. H. N. Hansen	371
31274	*Fusarium oxysporum* f. sp. *cubense* W. C. Snyder &. H. N. Hansen	371
31275	*Fusarium oxysporum* f. sp. *cubense* W. C. Snyder &. H. N. Hansen	371
31276	*Fusarium oxysporum* f. sp. *cubense* W. C. Snyder &. H. N. Hansen	371
31277	*Fusarium oxysporum* f. sp. *cubense* W. C. Snyder &. H. N. Hansen	371

菌株号	菌种名称	页数
31278	*Fusarium oxysporum* f. sp. *cubense* W. C. Snyder & H. N. Hansen	372
31279	*Fusarium oxysporum* f. sp. *cubense* W. C. Snyder & H. N. Hansen	372
31280	*Fusarium oxysporum* f. sp. *cubense* W. C. Snyder & H. N. Hansen	372
31281	*Fusarium oxysporum* f. sp. *cubense* W. C. Snyder & H. N. Hansen	372
31282	*Fusarium oxysporum* f. sp. *cubense* W. C. Snyder & H. N. Hansen	372
31283	*Fusarium oxysporum* f. sp. *cubense* W. C. Snyder & H. N. Hansen	372
31284	*Fusarium oxysporum* f. sp. *cubense* W. C. Snyder & H. N. Hansen	372
31285	*Fusarium oxysporum* f. sp. *cubense* W. C. Snyder & H. N. Hansen	372
31286	*Fusarium oxysporum* f. sp. *cubense* W. C. Snyder & H. N. Hansen	372
36368	*Fusarium oxysporum* f. sp. *cubense* W. C. Snyder & H. N. Hansen	372
36369	*Fusarium oxysporum* f. sp. *cubense* W. C. Snyder & H. N. Hansen	372
36817	*Fusarium oxysporum* f. sp. *cubense* W. C. Snyder & H. N. Hansen	372
37950	*Fusarium oxysporum* f. sp. *cubense* W. C. Snyder & H. N. Hansen	372
37951	*Fusarium oxysporum* f. sp. *cubense* W. C. Snyder & H. N. Hansen	372
37952	*Fusarium oxysporum* f. sp. *cubense* W. C. Snyder & H. N. Hansen	372
37953	*Fusarium oxysporum* f. sp. *cubense* W. C. Snyder & H. N. Hansen	372
37954	*Fusarium oxysporum* f. sp. *cubense* W. C. Snyder & H. N. Hansen	372
37955	*Fusarium oxysporum* f. sp. *cubense* W. C. Snyder & H. N. Hansen	372
37956	*Fusarium oxysporum* f. sp. *cubense* W. C. Snyder & H. N. Hansen	372
37957	*Fusarium oxysporum* f. sp. *cubense* W. C. Snyder & H. N. Hansen	372
37958	*Fusarium oxysporum* f. sp. *cubense* W. C. Snyder & H. N. Hansen	372
37959	*Fusarium oxysporum* f. sp. *cubense* W. C. Snyder & H. N. Hansen	372
37960	*Fusarium oxysporum* f. sp. *cubense* W. C. Snyder & H. N. Hansen	372
37961	*Fusarium oxysporum* f. sp. *cubense* W. C. Snyder & H. N. Hansen	373
37962	*Fusarium oxysporum* f. sp. *cubense* W. C. Snyder & H. N. Hansen	373
37963	*Fusarium oxysporum* f. sp. *cubense* W. C. Snyder & H. N. Hansen	373
37964	*Fusarium oxysporum* f. sp. *cubense* W. C. Snyder & H. N. Hansen	373
37965	*Fusarium oxysporum* f. sp. *cubense* W. C. Snyder & H. N. Hansen	373
37966	*Fusarium oxysporum* f. sp. *cubense* W. C. Snyder & H. N. Hansen	373
37967	*Fusarium oxysporum* f. sp. *cubense* W. C. Snyder & H. N. Hansen	373
37968	*Fusarium oxysporum* f. sp. *cubense* W. C. Snyder & H. N. Hansen	373
37969	*Fusarium oxysporum* f. sp. *cubense* W. C. Snyder & H. N. Hansen	373
37970	*Fusarium oxysporum* f. sp. *cubense* W. C. Snyder & H. N. Hansen	373
37971	*Fusarium oxysporum* f. sp. *cubense* W. C. Snyder & H. N. Hansen	373
37972	*Fusarium oxysporum* f. sp. *cubense* W. C. Snyder & H. N. Hansen	373
37973	*Fusarium oxysporum* f. sp. *cubense* W. C. Snyder & H. N. Hansen	373
37974	*Fusarium oxysporum* f. sp. *cubense* W. C. Snyder & H. N. Hansen	373
37975	*Fusarium oxysporum* f. sp. *cubense* W. C. Snyder & H. N. Hansen	373
37976	*Fusarium oxysporum* f. sp. *cubense* W. C. Snyder & H. N. Hansen	373
37977	*Fusarium oxysporum* f. sp. *cubense* W. C. Snyder & H. N. Hansen	373
37978	*Fusarium oxysporum* f. sp. *cubense* W. C. Snyder & H. N. Hansen	373
37979	*Fusarium oxysporum* f. sp. *cubense* W. C. Snyder & H. N. Hansen	373
37980	*Fusarium oxysporum* f. sp. *cubense* W. C. Snyder & H. N. Hansen	373
37981	*Fusarium oxysporum* f. sp. *cubense* W. C. Snyder & H. N. Hansen	373
37982	*Fusarium oxysporum* f. sp. *cubense* W. C. Snyder & H. N. Hansen	373
37983	*Fusarium oxysporum* f. sp. *cubense* W. C. Snyder & H. N. Hansen	373
37984	*Fusarium oxysporum* f. sp. *cubense* W. C. Snyder & H. N. Hansen	374
37985	*Fusarium oxysporum* f. sp. *cubense* W. C. Snyder & H. N. Hansen	374
37986	*Fusarium oxysporum* f. sp. *cubense* W. C. Snyder & H. N. Hansen	374
37987	*Fusarium oxysporum* f. sp. *cubense* W. C. Snyder & H. N. Hansen	374
37988	*Fusarium oxysporum* f. sp. *cubense* W. C. Snyder & H. N. Hansen	374
37989	*Fusarium oxysporum* f. sp. *cubense* W. C. Snyder & H. N. Hansen	374
37990	*Fusarium oxysporum* f. sp. *cubense* W. C. Snyder & H. N. Hansen	374
37991	*Fusarium oxysporum* f. sp. *cubense* W. C. Snyder & H. N. Hansen	374
37992	*Fusarium oxysporum* f. sp. *cubense* W. C. Snyder & H. N. Hansen	374

菌株号	菌种名称	页数
37993	*Fusarium oxysporum* f. sp. *cubense* W. C. Snyder & H. N. Hansen	374
37994	*Fusarium oxysporum* f. sp. *cubense* W. C. Snyder & H. N. Hansen	374
37995	*Fusarium oxysporum* f. sp. *cubense* W. C. Snyder & H. N. Hansen	374
37996	*Fusarium oxysporum* f. sp. *cubense* W. C. Snyder & H. N. Hansen	374
37997	*Fusarium oxysporum* f. sp. *cubense* W. C. Snyder & H. N. Hansen	374
30220	*Fusarium oxysporum* f. sp. *cucumerinum* J. H. Owen	374
30442	*Fusarium oxysporum* f. sp. *cucumerinum* J. H. Owen	374
36966	*Fusarium oxysporum* f. sp. *cucumerinum* J. H. Owen	374
37374	*Fusarium oxysporum* f. sp. *cucumerinum* J. H. Owen	374
37438	*Fusarium oxysporum* f. sp. *cucumerinum* J. H. Owen	374
30024	*Fusarium oxysporum* f. sp. *niveum* W. C. Snyder & H. N. Hansen	374
31352	*Fusarium oxysporum* f. sp. *niveum* W. C. Snyder & H. N. Hansen	374
31353	*Fusarium oxysporum* f. sp. *niveum* W. C. Snyder & H. N. Hansen	374
31354	*Fusarium oxysporum* f. sp. *niveum* W. C. Snyder & H. N. Hansen	375
31355	*Fusarium oxysporum* f. sp. *niveum* W. C. Snyder & H. N. Hansen	375
31356	*Fusarium oxysporum* f. sp. *niveum* W. C. Snyder & H. N. Hansen	375
31357	*Fusarium oxysporum* f. sp. *niveum* W. C. Snyder & H. N. Hansen	375
31358	*Fusarium oxysporum* f. sp. *niveum* W. C. Snyder & H. N. Hansen	375
31359	*Fusarium oxysporum* f. sp. *niveum* W. C. Snyder & H. N. Hansen	375
31360	*Fusarium oxysporum* f. sp. *niveum* W. C. Snyder & H. N. Hansen	375
31361	*Fusarium oxysporum* f. sp. *niveum* W. C. Snyder & H. N. Hansen	375
31362	*Fusarium oxysporum* f. sp. *niveum* W. C. Snyder & H. N. Hansen	375
31363	*Fusarium oxysporum* f. sp. *niveum* W. C. Snyder & H. N. Hansen	375
31364	*Fusarium oxysporum* f. sp. *niveum* W. C. Snyder & H. N. Hansen	375
31365	*Fusarium oxysporum* f. sp. *niveum* W. C. Snyder & H. N. Hansen	375
31366	*Fusarium oxysporum* f. sp. *niveum* W. C. Snyder & H. N. Hansen	375
31367	*Fusarium oxysporum* f. sp. *niveum* W. C. Snyder & H. N. Hansen	375
31368	*Fusarium oxysporum* f. sp. *niveum* W. C. Snyder & H. N. Hansen	375
31369	*Fusarium oxysporum* f. sp. *niveum* W. C. Snyder & H. N. Hansen	375
31370	*Fusarium oxysporum* f. sp. *niveum* W. C. Snyder & H. N. Hansen	375
31371	*Fusarium oxysporum* f. sp. *niveum* W. C. Snyder & H. N. Hansen	375
31372	*Fusarium oxysporum* f. sp. *niveum* W. C. Snyder & H. N. Hansen	375
31373	*Fusarium oxysporum* f. sp. *niveum* W. C. Snyder & H. N. Hansen	375
31374	*Fusarium oxysporum* f. sp. *niveum* W. C. Snyder & H. N. Hansen	375
31375	*Fusarium oxysporum* f. sp. *niveum* W. C. Snyder & H. N. Hansen	375
31377	*Fusarium oxysporum* f. sp. *niveum* W. C. Snyder & H. N. Hansen	376
31379	*Fusarium oxysporum* f. sp. *niveum* W. C. Snyder & H. N. Hansen	376
31380	*Fusarium oxysporum* f. sp. *niveum* W. C. Snyder & H. N. Hansen	376
31381	*Fusarium oxysporum* f. sp. *niveum* W. C. Snyder & H. N. Hansen	376
31382	*Fusarium oxysporum* f. sp. *niveum* W. C. Snyder & H. N. Hansen	376
31383	*Fusarium oxysporum* f. sp. *niveum* W. C. Snyder & H. N. Hansen	376
31384	*Fusarium oxysporum* f. sp. *niveum* W. C. Snyder & H. N. Hansen	376
31385	*Fusarium oxysporum* f. sp. *niveum* W. C. Snyder & H. N. Hansen	376
31386	*Fusarium oxysporum* f. sp. *niveum* W. C. Snyder & H. N. Hansen	376
31387	*Fusarium oxysporum* f. sp. *niveum* W. C. Snyder & H. N. Hansen	376
31388	*Fusarium oxysporum* f. sp. *cucumerinum* W. C. Snyder & H. N. Hansen	376
31389	*Fusarium oxysporum* f. sp. *niveum* W. C. Snyder & H. N. Hansen	376
31390	*Fusarium oxysporum* f. sp. *niveum* W. C. Snyder & H. N. Hansen	376
31391	*Fusarium oxysporum* f. sp. *niveum* W. C. Snyder & H. N. Hansen	376
31392	*Fusarium oxysporum* f. sp. *niveum* W. C. Snyder & H. N. Hansen	376
31393	*Fusarium oxysporum* f. sp. *niveum* W. C. Snyder & H. N. Hansen	376
31394	*Fusarium oxysporum* f. sp. *niveum* W. C. Snyder & H. N. Hansen	376
36071	*Fusarium oxysporum* f. sp. *niveum* W. C. Snyder & H. N. Hansen	376
36116	*Fusarium oxysporum* f. sp. *niveum* W. C. Snyder & H. N. Hansen	376
36175	*Fusarium oxysporum* f. sp. *niveum* W. C. Snyder & H. N. Hansen	376

菌株号	菌种名称	页数
36880	*Fusarium oxyporum* f. sp. *vasinfectum*(Atkinson)Snyder et Hansen	379
36881	*Fusarium oxyporum* f. sp. *vasinfectum*(Atkinson)Snyder et Hansen	379
36882	*Fusarium oxyporum* f. sp. *vasinfectum*(Atkinson)Snyder et Hansen	379
36883	*Fusarium oxyporum* f. sp. *vasinfectum*(Atkinson)Snyder et Hansen	379
36884	*Fusarium oxyporum* f. sp. *vasinfectum*(Atkinson)Snyder et Hansen	379
36885	*Fusarium oxyporum* f. sp. *vasinfectum*(Atkinson)Snyder et Hansen	379
36886	*Fusarium oxyporum* f. sp. *vasinfectum*(Atkinson)Snyder et Hansen	379
36887	*Fusarium oxyporum* f. sp. *vasinfectum*(Atkinson)Snyder et Hansen	379
36888	*Fusarium oxyporum* f. sp. *vasinfectum*(Atkinson)Snyder et Hansen	379
36889	*Fusarium oxyporum* f. sp. *vasinfectum*(Atkinson)Snyder et Hansen	379
36890	*Fusarium oxyporum* f. sp. *vasinfectum*(Atkinson)Snyder et Hansen	379
36891	*Fusarium oxyporum* f. sp. *vasinfectum*(Atkinson)Snyder et Hansen	379
36892	*Fusarium oxyporum* f. sp. *vasinfectum*(Atkinson)Snyder et Hansen	379
36893	*Fusarium oxyporum* f. sp. *vasinfectum*(Atkinson)Snyder et Hansen	380
36894	*Fusarium oxyporum* f. sp. *vasinfectum*(Atkinson)Snyder et Hansen	380
36895	*Fusarium oxyporum* f. sp. *vasinfectum*(Atkinson)Snyder et Hansen	380
36951	*Fusarium oxyporum* f. sp. *vasinfectum*(Atkinson)Snyder et Hansen	380
37714	*Fusarium oxyporum* f. sp. *vasinfectum*(Atkinson)Snyder et Hansen	380
37373	*Fusarium oxysporum* var. *aurantiacum*(Link)Wollenw.	380
30064	*Fusarium reticulatum* Mont.	380
30077	*Fusarium reticulatum* Mont.	380
30078	*Fusarium sambucinum* Fuckel	380
31945	*Fusarium semitectum* Berk. & Rav.	380
30119	*Fusarium solani*(Mart.)Sacc.	380
31287	*Fusarium solani*(Mart.)Sacc.	380
31288	*Fusarium solani*(Mart.)Sacc.	380
31289	*Fusarium solani*(Mart.)Sacc.	380
31290	*Fusarium solani*(Mart.)Sacc.	380
31291	*Fusarium solani*(Mart.)Sacc.	380
31292	*Fusarium solani*(Mart.)Sacc.	380
31293	*Fusarium solani*(Mart.)Sacc.	380
31294	*Fusarium solani*(Mart.)Sacc.	380
31295	*Fusarium solani*(Mart.)Sacc.	380
31296	*Fusarium solani*(Mart.)Sacc.	381
31297	*Fusarium solani*(Mart.)Sacc.	381
31298	*Fusarium solani*(Mart.)Sacc.	381
31299	*Fusarium solani*(Mart.)Sacc.	381
31300	*Fusarium solani*(Mart.)Sacc.	381
31301	*Fusarium solani*(Mart.)Sacc.	381
31302	*Fusarium solani*(Mart.)Sacc.	381
31303	*Fusarium solani*(Mart.)Sacc.	381
31304	*Fusarium solani*(Mart.)Sacc.	381
31305	*Fusarium solani*(Mart.)Sacc.	381
36223	*Fusarium solani*(Mart.)Sacc.	381
36224	*Fusarium solani*(Mart.)Sacc.	381
36232	*Fusarium solani*(Mart.)Sacc.	381
36234	*Fusarium solani*(Mart.)Sacc.	381
36235	*Fusarium solani*(Mart.)Sacc.	381
36236	*Fusarium solani*(Mart.)Sacc.	381
36241	*Fusarium solani*(Mart.)Sacc.	381
36471	*Fusarium solani*(Mart.)Sacc.	381
37119	*Fusarium solani*(Mart.)Sacc.	381
37121	*Fusarium solani*(Mart.)Sacc.	381
37127	*Fusarium solani*(Mart.)Sacc.	381
37280	*Fusarium solani*(Mart.)Sacc.	381

菌株号	菌种名称	页数
30120	*Fusarium solani* var. *marttii* Wollenweber	381
30941	*Gibberella fujikuroi* (Saw.)Wollenw.	382
38038	*Gibberella thapsina* Klittich,J. F. Leslie,P. E. Nelson & Marasas	382
31053	*Gibberella zeae* (Schw.)Petch	382
31054	*Gibberella zeae* (Schw.)Petch	382
31055	*Gibberella zeae* (Schw.)Petch	382
31056	*Gibberella zeae* (Schw.)Petch	382
31057	*Gibberella zeae* (Schw.)Petch	382
31058	*Gibberella zeae* (Schw.)Petch	382
31059	*Gibberella zeae* (Schw.)Petch	382
31060	*Gibberella zeae* (Schw.)Petch	382
36269	*Gibberella zeae* (Schw.)Petch	382
36270	*Gibberella zeae* (Schw.)Petch	382
36271	*Gibberella zeae* (Schw.)Petch	382
36272	*Gibberella zeae* (Schw.)Petch	382
36273	*Gibberella zeae* (Schw.)Petch	382
36274	*Gibberella zeae* (Schw.)Petch	382
36275	*Gibberella zeae* (Schw.)Petch	382
36276	*Gibberella zeae* (Schw.)Petch	382
36277	*Gibberella zeae* (Schw.)Petch	382
37115	*Gibberella zeae* (Schw.)Petch	382
30918	*Gilbertella hainanensis* Cheng & Hu	382
31537	*Gliocladium catenulatum* Gilm. & Abbott	383
31538	*Gliocladium catenulatum* Gilm. & Abbott	383
32487	*Gliocladium catenulatum* Gilm. & Abbott	383
32488	*Gliocladium catenulatum* Gilm. & Abbott	383
31539	*Gliocladium nigrovirens* van Beyma	383
31540	*Gliocladium nigrovirens* van Beyma	383
31535	*Gliocladium roseum* (Link)Bain.	383
31536	*Gliocladium roseum* (Link)Bain.	383
32486	*Gliocladium roseum* (Link)Bain.	383
31534	*Gliocladium virens* Mill.	383
31917	*Gliocladium viride* Matruchot	383
30569	*Gliomastix murorum* var. *polychrome* (Beyma)Dickinson	383
30329	*Gloeosporium album* Osterw	383
30129	*Gloeosporium* sp.	383
30319	*Glomerella cingulata* (Stonem.)Spauld. & Schrenk	383
30328	*Glomerella cingulata* (Stonem.)Spauld. & Schrenk	383
30135	*Glomerella gossypii* (Southw.)Edg	383
32168	*Gongronella butleri* (Lendner)Peyronel & Dal Vesco	383
37870	*Gonytrichum macrocladium* (Sacc.)S. Hughes	384
37871	*Gonytrichum macrocladium* (Sacc.)S. Hughes	384
37872	*Gonytrichum macrocladium* (Sacc.)S. Hughes	384
37873	*Gonytrichum macrocladium* (Sacc.)S. Hughes	384
37874	*Gonytrichum macrocladium* (Sacc.)S. Hughes	384
37875	*Gonytrichum macrocladium* (Sacc.)S. Hughes	384
37876	*Gonytrichum macrocladium* (Sacc.)S. Hughes	384
37141	*Gonytrichum macrocladium* (Sacc.)S. Hughes	384
37153	*Gonytrichum macrocladium* (Sacc.)S. Hughes	384
37157	*Gonytrichum macrocladium* (Sacc.)S. Hughes	384
37170	*Gonytrichum macrocladium* (Sacc.)S. Hughes	384
37171	*Gonytrichum macrocladium* (Sacc.)S. Hughes	384
37176	*Gonytrichum macrocladium* (Sacc.)S. Hughes	384
37181	*Gonytrichum macrocladium* (Sacc.)S. Hughes	384
37183	*Gonytrichum macrocladium* (Sacc.)S. Hughes	384

菌株号	菌种名称	页数
30130	*Metarhizium flavoviride* var. *minus* Rombach	388
30115	*Metarhizium guizhouense* Chen & Guo	388
30124	*Metarhizium iadini* Chen,Guo & Zhou	388
30187	*Metarhizium majarosporae* = *Metarhizium anisopliae* var. *majus*	388
30195	*Metarhizium majarosporae* = *Metarhizium anisopliae* var. *majus*	388
30336	*Metarhizium majarosporae* = *Metarhizium anisopliae* var. *majus*	388
30105	*Metarhizium pingshaense* Chen & Guo	388
30116	*Metarhizium* sp.	388
30123	*Metarhizium* sp.	388
30188	*Metarhizium* sp.	388
30189	*Metarhizium* sp.	388
32127	*Monacrosporium eudermata* (Drechsler) Subram.	388
32128	*Monacrosporium eudermata* (Drechsler) Subram.	388
30192	*Monascus anka* Nakazawa & Sato	388
30341	*Monascus anka* Nakazawa & Sato	389
30342	*Monascus anka* Nakazawa & Sato	389
30343	*Monascus anka* Nakazawa & Sato	389
30344	*Monascus anka* Nakazawa & Sato	389
30345	*Monascus anka* Nakazawa & Sato	389
32339	*Monascus anka* Nakazawa & Sato	389
32405	*Monascus anka* Nakazawa & Sato	389
30504	*Monascus pilosus* Satô ex Hawksworth & Pitt	389
30140	*Monascus purpureus* Went	389
30141	*Monascus purpureus* Went	389
30352	*Monascus purpureus* Went	389
30501	*Monascus purpureus* Went	389
37407	*Monilia fructigena* Honey	389
37478	*Monilia fructigena* Honey	389
36262	*Monilinia fructicola* (G. Winter) Honey	389
36263	*Monilinia fructicola* (G. Winter) Honey	389
38030	*Monilinia laxa* (Aderh. & Ruhland) Honey	389
31578	*Mortierella alpina* Peyron.	389
31925	*Mortierella alpina* Peyron.	389
31929	*Mortierella alpina* Peyron.	389
31943	*Mortierella alpina* Peyron.	389
31952	*Mortierella alpina* Peyron.	390
32468	*Mortierella alpina* Peyron.	390
31571	*Mortierella* sp.	390
31804	*Mucor circinelloides* van Tiegh.	390
30919	*Mucor flavus* Bainier	390
30922	*Mucor gigasporus* G. Q. Chen & R. Y. Zheng	390
30924	*Mucor hiemalis* Wehmer	390
31589	*Mucor hiemalis* Wehmer	390
31591	*Mucor hiemalis* Wehmer	390
31593	*Mucor hiemalis* Wehmer	390
31595	*Mucor hiemalis* Wehmer	390
30920	*Mucor mandshuricus* Saito	390
37477	*Mucor mucedo* Fresen.	390
37126	*Mucor parvisporus* Kanouse	390
32321	*Mucor prainii* Chodat & Nechitsche	390
30921	*Mucor pusillus* Lindt	390
30522	*Mucor racemosus* f. *racemosus* Fresen.	390
30392	*Mucor wutungkiao* Fang	391
30571	*Myceliophthora thermophila* (Apinis) van Oorschot	391
30572	*Myceliophthora thermophila* (Apinis) van Oorschot	391

菌株号	菌种名称	页数
30632	*Paecilomyces lilacinus* (Thom) Samson	394
30633	*Paecilomyces lilacinus* (Thom) Samson	394
30634	*Paecilomyces lilacinus* (Thom) Samson	394
30635	*Paecilomyces lilacinus* (Thom) Samson	394
30636	*Paecilomyces lilacinus* (Thom) Samson	394
30637	*Paecilomyces lilacinus* (Thom) Samson	394
30638	*Paecilomyces lilacinus* (Thom) Samson	394
30639	*Paecilomyces lilacinus* (Thom) Samson	394
30640	*Paecilomyces lilacinus* (Thom) Samson	394
30641	*Paecilomyces lilacinus* (Thom) Samson	394
30642	*Paecilomyces lilacinus* (Thom) Samson	394
30643	*Paecilomyces lilacinus* (Thom) Samson	394
30644	*Paecilomyces lilacinus* (Thom) Samson	394
30645	*Paecilomyces lilacinus* (Thom) Samson	394
30646	*Paecilomyces lilacinus* (Thom) Samson	394
30647	*Paecilomyces lilacinus* (Thom) Samson	394
30648	*Paecilomyces lilacinus* (Thom) Samson	394
30649	*Paecilomyces lilacinus* (Thom) Samson	394
30650	*Paecilomyces lilacinus* (Thom) Samson	394
30651	*Paecilomyces lilacinus* (Thom) Samson	394
30652	*Paecilomyces lilacinus* (Thom) Samson	394
30653	*Paecilomyces lilacinus* (Thom) Samson	394
30654	*Paecilomyces lilacinus* (Thom) Samson	395
30655	*Paecilomyces lilacinus* (Thom) Samson	395
30656	*Paecilomyces lilacinus* (Thom) Samson	395
30657	*Paecilomyces lilacinus* (Thom) Samson	395
30658	*Paecilomyces lilacinus* (Thom) Samson	395
30659	*Paecilomyces lilacinus* (Thom) Samson	395
30660	*Paecilomyces lilacinus* (Thom) Samson	395
30661	*Paecilomyces lilacinus* (Thom) Samson	395
30662	*Paecilomyces lilacinus* (Thom) Samson	395
30663	*Paecilomyces lilacinus* (Thom) Samson	395
30664	*Paecilomyces lilacinus* (Thom) Samson	395
30665	*Paecilomyces lilacinus* (Thom) Samson	395
30666	*Paecilomyces lilacinus* (Thom) Samson	395
30667	*Paecilomyces lilacinus* (Thom) Samson	395
30668	*Paecilomyces lilacinus* (Thom) Samson	395
30669	*Paecilomyces lilacinus* (Thom) Samson	395
30670	*Paecilomyces lilacinus* (Thom) Samson	395
30671	*Paecilomyces lilacinus* (Thom) Samson	395
30672	*Paecilomyces lilacinus* (Thom) Samson	395
30673	*Paecilomyces lilacinus* (Thom) Samson	395
30674	*Paecilomyces lilacinus* (Thom) Samson	395
30675	*Paecilomyces lilacinus* (Thom) Samson	395
30676	*Paecilomyces lilacinus* (Thom) Samson	396
30677	*Paecilomyces lilacinus* (Thom) Samson	396
30678	*Paecilomyces lilacinus* (Thom) Samson	396
30679	*Paecilomyces lilacinus* (Thom) Samson	396
30680	*Paecilomyces lilacinus* (Thom) Samson	396
30681	*Paecilomyces lilacinus* (Thom) Samson	396
30682	*Paecilomyces lilacinus* (Thom) Samson	396
30683	*Paecilomyces lilacinus* (Thom) Samson	396
30684	*Paecilomyces lilacinus* (Thom) Samson	396
30685	*Paecilomyces lilacinus* (Thom) Samson	396
30686	*Paecilomyces lilacinus* (Thom) Samson	396

菌株号	菌种名称	页数
30687	*Paecilomyces lilacinus* (Thom) Samson	396
30688	*Paecilomyces lilacinus* (Thom) Samson	396
30689	*Paecilomyces lilacinus* (Thom) Samson	396
30690	*Paecilomyces lilacinus* (Thom) Samson	396
30691	*Paecilomyces lilacinus* (Thom) Samson	396
30692	*Paecilomyces lilacinus* (Thom) Samson	396
30693	*Paecilomyces lilacinus* (Thom) Samson	396
30694	*Paecilomyces lilacinus* (Thom) Samson	396
30695	*Paecilomyces lilacinus* (Thom) Samson	396
30696	*Paecilomyces lilacinus* (Thom) Samson	396
30697	*Paecilomyces lilacinus* (Thom) Samson	396
30698	*Paecilomyces lilacinus* (Thom) Samson	396
30699	*Paecilomyces lilacinus* (Thom) Samson	397
30700	*Paecilomyces lilacinus* (Thom) Samson	397
30701	*Paecilomyces lilacinus* (Thom) Samson	397
31532	*Paecilomyces lilacinus* (Thom) Samson	397
31533	*Paecilomyces lilacinus* (Thom) Samson	397
31922	*Paecilomyces lilacinus* (Thom) Samson	397
31949	*Paecilomyces lilacinus* (Thom) Samson	397
32001	*Paecilomyces lilacinus* (Thom) Samson	397
32162	*Paecilomyces lilacinus* (Thom) Samson	397
32164	*Paecilomyces lilacinus* (Thom) Samson	397
32165	*Paecilomyces lilacinus* (Thom) Samson	397
32166	*Paecilomyces lilacinus* (Thom) Samson	397
32167	*Paecilomyces lilacinus* (Thom) Samson	397
32368	*Paecilomyces lilacinus* (Thom) Samson	397
32369	*Paecilomyces lilacinus* (Thom) Samson	397
32370	*Paecilomyces lilacinus* (Thom) Samson	397
32371	*Paecilomyces lilacinus* (Thom) Samson	397
32459	*Paecilomyces lilacinus* (Thom) Samson	397
32480	*Paecilomyces lilacinus* (Thom) Samson	397
32481	*Paecilomyces lilacinus* (Thom) Samson	397
32482	*Paecilomyces lilacinus* (Thom) Samson	397
32483	*Paecilomyces lilacinus* (Thom) Samson	397
32484	*Paecilomyces lilacinus* (Thom) Samson	397
32485	*Paecilomyces lilacinus* (Thom) Samson	397
37116	*Paecilomyces lilacinus* (Thom) Samson	398
37733	*Paecilomyces puntonii* (Vuill.) Nann.	398
37736	*Paecilomyces purpureus* Z. Q. Liang & Y. F. Han	398
30800	*Paecilomyces* sp.	398
37734	*Paecilomyces stipitatus* Z. Q. Liang & Y. F. Han	398
37735	*Paecilomyces stipitatus* Z. Q. Liang & Y. F. Han	398
30147	*Paecilomyces variotii* Bainier	398
30148	*Paecilomyces variotii* Bainier	398
30445	*Paecilomyces variotii* Bainier	398
30446	*Paecilomyces variotii* Bainier	398
32173	*Paecilomyces variotii* Bainier	398
32178	*Paecilomyces variotii* Bainier	398
32188	*Paecilomyces variotii* Bainier	398
32193	*Paecilomyces variotii* Bainier	398
32264	*Paecilomyces variotii* Bainier	398
32282	*Paecilomyces variotii* Bainier	398
32284	*Paecilomyces variotii* Bainier	398
37758	*Paecilomyces verticillatus* Z. Q. Liang,Zhu Li & Y. F. Han	398
37772	*Paecilomyces vinaceus* Y. F. Han & Z. Q. Liang	398

菌株号	菌种名称	页数
30315	*Papulaspora sapidus*	398
37260	*Paraphaeosphaeria recurvifoliae* Hyang B. Lee	398
31953	*Penicillium aculeatum* Raper & Fennell	398
31954	*Penicillium aculeatum* Raper & Fennell	398
32376	*Penicillium aculeatum* Raper & Fennell	399
30937	*Penicillium adametzi* Zalessky	399
32390	*Penicillium adametzi* Zalessky	399
32394	*Penicillium adametzi* Zalessky	399
30394	*Penicillium aurantiogriseum* Dierckx	399
30933	*Penicillium aurantiogriseum* Dierckx	399
30440	*Penicillium bilaiae* Chalabuda	399
31570	*Penicillium canescens* Sopp	399
31599	*Penicillium canescens* Sopp	399
30395	*Penicillium chrysogenum* Thom	399
30524	*Penicillium chrysogenum* Thom	399
30900	*Penicillium chrysogenum* Thom	399
31510	*Penicillium chrysogenum* Thom	399
31561	*Penicillium chrysogenum* Thom	399
31568	*Penicillium chrysogenum* Thom	399
31569	*Penicillium chrysogenum* Thom	399
31574	*Penicillium chrysogenum* Thom	399
31575	*Penicillium chrysogenum* Thom	399
31582	*Penicillium chrysogenum* Thom	399
31588	*Penicillium chrysogenum* Thom	399
31862	*Penicillium chrysogenum* Thom	399
32009	*Penicillium chrysogenum* Thom	399
32175	*Penicillium chrysogenum* Thom	400
32455	*Penicillium chrysogenum* Thom	400
32456	*Penicillium chrysogenum* Thom	400
32461	*Penicillium chrysogenum* Thom	400
32469	*Penicillium chrysogenum* Thom	400
32293	*Penicillium citreoviride* Biourge	400
32307	*Penicillium citreoviride* Biourge	400
30396	*Penicillium citrinum* Thom	400
30483	*Penicillium citrinum* Thom	400
30484	*Penicillium citrinum* Thom	400
30485	*Penicillium citrinum* Thom	400
31565	*Penicillium citrinum* Thom	400
31905	*Penicillium citrinum* Thom	400
31909	*Penicillium citrinum* Thom	400
31910	*Penicillium citrinum* Thom	400
32016	*Penicillium citrinum* Thom	400
32295	*Penicillium citrinum* Thom	400
32323	*Penicillium citrinum* Thom	400
32384	*Penicillium citrinum* Thom	400
31850	*Penicillium commune* Thom	400
32462	*Penicillium crustosum* Thom	401
32464	*Penicillium crustosum* Thom	401
32465	*Penicillium crustosum* Thom	401
30486	*Penicillium cyclopium* Westling	401
30487	*Penicillium cyclopium* Westling	401
32298	*Penicillium decumbens* Thom	401
32417	*Penicillium decumbens* Thom	401
30389	*Penicillium digitatum* Saccardo	401
30898	*Penicillium expansum* Link	401

菌株号	菌种名称	页数
31914	*Penicillium verruculosun* Peyronel	406
31923	*Penicillium verruculosun* Peyronel	406
32383	*Penicillium verruculosun* Peyronel	406
32385	*Penicillium verruculosun* Peyronel	406
31587	*Penicillium viridicatum* Westling	406
38013	*Penicillium viridicatum* Westling	406
37792	*Penicillium vulpinum* (Cooke & Massee) Seifert & Samson	406
30521	*Penicillium waksmanii* Zalessky	406
30372	*Pestalotia rhododendri* Guba	407
37470	*Pestalotiopsis adusta* (Ellis & Everh.) Steyaer	407
36424	*Pestalotiopsis guepinii* (Desm.) Steyaert	407
37466	*Pestalotiopsis guepinii* (Desm.) Steyaert	407
37469	*Pestalotiopsis guepinii* (Desm.) Steyaert	407
37471	*Pestalotiopsis longiseta* (Speg.) K. Dai & Ts. Kobay.	407
37531	*Pestalotiopsis palmarum* (Cooke) Steyaert	407
37620	*Pestalotiopsis palmarum* (Cooke) Steyaert	407
31918	*Pestalotiopsis sydowiana* (Bresadola) Sutton	407
31920	*Pestalotiopsis vismiae* (Petr.) J. X. Zhang & T. Xu	407
32296	*Petromyces alliaceus* Malloch & Cain	407
30414	*Phanerochaete chrysosporium* Burdsall	407
30530	*Phanerochaete chrysosporium* Burdsall	407
30553	*Phanerochaete chrysosporium* Burdsall	407
30942	*Phanerochaete chrysosporium* Burdsall	407
30953	*Phanerochaete chrysosporium* Burdsall	407
30954	*Phanerochaete chrysosporium* Burdsall	407
30955	*Phanerochaete chrysosporium* Burdsall	407
32116	*Phanerochaete chrysosporium* Burdsall	408
32117	*Phanerochaete chrysosporium* Burdsall	408
32118	*Phanerochaete chrysosporium* Burdsall	408
32119	*Phanerochaete chrysosporium* Burdsall	408
32120	*Phanerochaete chrysosporium* Burdsall	408
32121	*Phanerochaete chrysosporium* Burdsall	408
32122	*Phanerochaete chrysosporium* Burdsall	408
32123	*Phanerochaete chrysosporium* Burdsall	408
32124	*Phanerochaete chrysosporium* Burdsall	408
32125	*Phanerochaete chrysosporium* Burdsall	408
32404	*Phanerochaete chrysosporium* Burdsall	408
32477	*Phanerochaete chrysosporium* Burdsall	408
32478	*Phanerochaete chrysosporium* Burdsall	408
32479	*Phanerochaete chrysosporium* Burdsall	408
37886	*Phialomyces macrosporus* P. C. Misra & P. H. B. Talbot	408
30574	*Phialophora fastigiata* (Lagerberg & Malin) Conant	408
30575	*Phialophora hoffmannii* (van Beyma) Schol-Schwarz	408
30086	*Phoma betae* Frank	408
36421	*Phytophthora cactorum* (Lebert & Cohn) J. Schröt.	408
37284	*Phytophthora capsici* Leonian	408
37300	*Phytophthora capsici* Leonian	409
36910	*Phytophthora sojae* Kaufm. & Gerd.	409
36911	*Phytophthora sojae* Kaufm. & Gerd.	409
36912	*Phytophthora sojae* Kaufm. & Gerd.	409
30601	*Pochonia chlamydospora* (Goddard) Zare & W. Gams	409
30602	*Pochonia chlamydospora* (Goddard) Zare & W. Gams	409
30603	*Pochonia chlamydospora* (Goddard) Zare & W. Gams	409
30604	*Pochonia chlamydospora* (Goddard) Zare & W. Gams	409
30605	*Pochonia chlamydospora* (Goddard) Zare & W. Gams	409

菌株号	菌种名称	页数
30606	*Pochonia chlamydospora* (Goddard) Zare & W. Gams	409
30607	*Pochonia chlamydospora* (Goddard) Zare & W. Gams	409
30608	*Pochonia chlamydospora* (Goddard) Zare & W. Gams	409
30609	*Pochonia chlamydospora* (Goddard) Zare & W. Gams	409
30610	*Pochonia chlamydospora* (Goddard) Zare & W. Gams	409
30611	*Pochonia chlamydospora* (Goddard) Zare & W. Gams	409
30612	*Pochonia chlamydospora* (Goddard) Zare & W. Gams	409
30613	*Pochonia chlamydospora* (Goddard) Zare & W. Gams	409
30614	*Pochonia chlamydospora* (Goddard) Zare & W. Gams	409
30615	*Pochonia chlamydospora* (Goddard) Zare & W. Gams	409
30616	*Pochonia chlamydospora* (Goddard) Zare & W. Gams	409
30617	*Pochonia chlamydospora* (Goddard) Zare & W. Gams	409
30618	*Pochonia chlamydospora* (Goddard) Zare & W. Gams	409
30619	*Pochonia chlamydospora* (Goddard) Zare & W. Gams	410
30507	*Poronia punctata* (Linnaeus) Fries	410
36100	*Pseudocercospora lilacis* (Desm.) Deighton	410
36101	*Pseudocercospora nymphaeacea* (Cooke & Ellis) Deighton	410
31580	*Pseudogymnoascus roseus* Raillo	410
37631	*Pyricularia oryzae* Cavara	410
37632	*Pyricularia oryzae* Cavara	410
37633	*Pyricularia oryzae* Cavara	410
37634	*Pyricularia oryzae* Cavara	410
37635	*Pyricularia oryzae* Cavara	410
37640	*Pyricularia oryzae* Cavara	410
37641	*Pyricularia oryzae* Cavara	410
37648	*Pyricularia oryzae* Cavara	410
37656	*Pyricularia oryzae* Cavara	410
37657	*Pyricularia oryzae* Cavara	410
37658	*Pyricularia oryzae* Cavara	410
37659	*Pyricularia oryzae* Cavara	410
37660	*Pyricularia oryzae* Cavara	410
37671	*Pyricularia oryzae* Cavara	410
37676	*Pyricularia oryzae* Cavara	410
37387	*Pythium acanthicum* Drechsler	411
37299	*Pythium aphanidermatum* (Edson) Fitzp.	411
37400	*Pythium aphanidermatum* (Edson) Fitzp.	411
37412	*Pythium carolinianum* V. D. Matthews	411
37301	*Pythium debaryanum* R. Hesse	411
37414	*Pythium debaryanum* R. Hesse	411
37415	*Pythium debaryanum* R. Hesse	411
37418	*Pythium debaryanum* R. Hesse	411
36302	*Pythium deliense* Meurs	411
37389	*Pythium falciforme* G. Q. Yuan & C. Y. Lai	411
36294	*Pythium helicoides* Drechsler	411
37385	*Pythium indigoferae* E. J. Butler	411
36295	*Pythium middletonii* Sparrow	411
37388	*Pythium spinosum* Sawada	411
36288	*Pythium splendens* Hans Braun	411
36297	*Pythium sylvaticum* W. A. Campb. & F. F. Hendrix	411
37390	*Pythium torulosum* Coker & P. Patt.	411
37382	*Pythium ultimum* Trow	412
37386	*Pythium ultimum* Trow	412
37690	*Rhizoctonia cerealis* E. P. Hoeven	412
37691	*Rhizoctonia cerealis* E. P. Hoeven	412
37692	*Rhizoctonia cerealis* E. P. Hoeven	412

菌株号	菌种名称	页数
32310	*Thamnidium elegans* Link	421
37227	*Torula herbarum* (Pers.)Link	421
37231	*Torula herbarum* (Pers.)Link	421
37234	*Torula herbarum* (Pers.)Link	421
32040	*Trichoderma aggressivum* Samuels & Gams	421
32055	*Trichoderma aggressivum* Samuels & Gams	421
32075	*Trichoderma aggressivum* Samuels & Gams	421
32079	*Trichoderma aggressivum* Samuels & Gams	421
32086	*Trichoderma aggressivum* Samuels & Gams	422
32111	*Trichoderma aggressivum* Samuels & Gams	422
30536	*Trichoderma asperellum* Samuels,Lieckfeldt & Nirenberg	422
32359	*Trichoderma asperellum* Samuels,Lieckfeldt & Nirenberg	422
32492	*Trichoderma asperellum* Samuels,Lieckfeldt & Nirenberg	422
30153	*Trichoderma atroviride* Bissett	422
30417	*Trichoderma atroviride* Bissett	422
30418	*Trichoderma atroviride* Bissett	422
30910	*Trichoderma atroviride* Bissett	422
31926	*Trichoderma atroviride* Bissett	422
31938	*Trichoderma atroviride* Bissett	422
31963	*Trichoderma atroviride* Bissett	422
31982	*Trichoderma atroviride* Bissett	422
32350	*Trichoderma atroviride* Bissett	422
30909	*Trichoderma aureoviride* Rifai	422
31937	*Trichoderma aureoviride* Rifai	422
32248	*Trichoderma aureoviride* Rifai	422
32177	*Trichoderma cerinum* Bissett,Kubicek & Szakacs	422
30152	*Trichoderma citrinoviride* Bissett	422
30907	*Trichoderma citrinoviride* Bissett	422
32362	*Trichoderma citrinoviride* Bissett	422
32363	*Trichoderma citrinoviride* Bissett	422
32080	*Trichoderma fertile* Bissett	423
32084	*Trichoderma fertile* Bissett	423
32089	*Trichoderma fertile* Bissett	423
32105	*Trichoderma fertile* Bissett	423
30419	*Trichoderma hamatum* (Bonord.)Bainier	423
30420	*Trichoderma hamatum* (Bonord.)Bainier	423
30421	*Trichoderma hamatum* (Bonord.)Bainier	423
30587	*Trichoderma hamatum* (Bonord.)Bainier	423
30905	*Trichoderma hamatum* (Bonord.)Bainier	423
31939	*Trichoderma hamatum* (Bonord.)Bainier	423
31999	*Trichoderma hamatum* (Bonord.)Bainier	423
32090	*Trichoderma hamatum* (Bonord.)Bainier	423
30371	*Trichoderma harzianum* Rifai	423
30422	*Trichoderma harzianum* Rifai	423
30423	*Trichoderma harzianum* Rifai	423
30424	*Trichoderma harzianum* Rifai	423
30425	*Trichoderma harzianum* Rifai	423
30588	*Trichoderma harzianum* Rifai	423
30596	*Trichoderma harzianum* Rifai	423
30906	*Trichoderma harzianum* Rifai	423
31884	*Trichoderma harzianum* Rifai	423
31959	*Trichoderma harzianum* Rifai	424
31981	*Trichoderma harzianum* Rifai	424
31989	*Trichoderma harzianum* Rifai	424
31997	*Trichoderma harzianum* Rifai	424

菌株号	菌种名称	页数
32021	*Trichoderma harzianum* Rifai	424
32024	*Trichoderma harzianum* Rifai	424
32026	*Trichoderma harzianum* Rifai	424
32030	*Trichoderma harzianum* Rifai	424
32041	*Trichoderma harzianum* Rifai	424
32042	*Trichoderma harzianum* Rifai	424
32056	*Trichoderma harzianum* Rifai	424
32065	*Trichoderma harzianum* Rifai	424
32068	*Trichoderma harzianum* Rifai	424
32069	*Trichoderma harzianum* Rifai	424
32072	*Trichoderma harzianum* Rifai	424
32074	*Trichoderma harzianum* Rifai	424
32082	*Trichoderma harzianum* Rifai	424
32083	*Trichoderma harzianum* Rifai	424
32085	*Trichoderma harzianum* Rifai	424
32088	*Trichoderma harzianum* Rifai	424
32097	*Trichoderma harzianum* Rifai	424
32098	*Trichoderma harzianum* Rifai	424
32103	*Trichoderma harzianum* Rifai	424
32106	*Trichoderma harzianum* Rifai	425
32107	*Trichoderma harzianum* Rifai	425
32110	*Trichoderma harzianum* Rifai	425
32351	*Trichoderma harzianum* Rifai	425
32352	*Trichoderma harzianum* Rifai	425
32354	*Trichoderma harzianum* Rifai	425
32355	*Trichoderma harzianum* Rifai	425
32410	*Trichoderma harzianum* Rifai	425
32427	*Trichoderma harzianum* Rifai	425
32428	*Trichoderma harzianum* Rifai	425
30167	*Trichoderma koningii* Oudem.	425
30168	*Trichoderma koningii* Oudem.	425
30388	*Trichoderma koningii* Oudem.	425
30426	*Trichoderma koningii* Oudem.	425
30437	*Trichoderma koningii* Oudem.	425
30464	*Trichoderma koningii* Oudem.	425
30589	*Trichoderma koningii* Oudem.	425
30901	*Trichoderma koningii* Oudem.	425
31919	*Trichoderma koningii* Oudem.	425
31934	*Trichoderma koningii* Oudem.	425
32033	*Trichoderma koningii* Oudem.	425
32037	*Trichoderma koningii* Oudem.	425
32051	*Trichoderma koningii* Oudem.	425
32053	*Trichoderma koningii* Oudem.	425
32176	*Trichoderma koningii* Oudem.	426
32194	*Trichoderma koningii* Oudem.	426
32325	*Trichoderma koningii* Oudem.	426
32360	*Trichoderma koningii* Oudem.	426
32411	*Trichoderma koningii* Oudem.	426
30150	*Trichoderma longbrachiatum* Rifai	426
30151	*Trichoderma longbrachiatum* Rifai	426
30427	*Trichoderma longbrachiatum* Rifai	426
30590	*Trichoderma longbrachiatum* Rifai	426
30591	*Trichoderma longbrachiatum* Rifai	426
30598	*Trichoderma longbrachiatum* Rifai	426
31831	*Trichoderma longbrachiatum* Rifai	426

菌株号	菌种名称	页数
31864	*Trichoderma longbrachiatum* Rifai	426
31865	*Trichoderma longbrachiatum* Rifai	426
31885	*Trichoderma longbrachiatum* Rifai	426
31887	*Trichoderma longbrachiatum* Rifai	426
31888	*Trichoderma longbrachiatum* Rifai	426
31889	*Trichoderma longbrachiatum* Rifai	426
31892	*Trichoderma longbrachiatum* Rifai	426
31933	*Trichoderma longbrachiatum* Rifai	426
31940	*Trichoderma longbrachiatum* Rifai	426
31956	*Trichoderma longbrachiatum* Rifai	426
31958	*Trichoderma longbrachiatum* Rifai	426
31960	*Trichoderma longbrachiatum* Rifai	427
31962	*Trichoderma longbrachiatum* Rifai	427
31965	*Trichoderma longbrachiatum* Rifai	427
31966	*Trichoderma longbrachiatum* Rifai	427
31967	*Trichoderma longbrachiatum* Rifai	427
31970	*Trichoderma longbrachiatum* Rifai	427
31980	*Trichoderma longbrachiatum* Rifai	427
31983	*Trichoderma longbrachiatum* Rifai	427
31987	*Trichoderma longbrachiatum* Rifai	427
32003	*Trichoderma longbrachiatum* Rifai	427
32004	*Trichoderma longbrachiatum* Rifai	427
32006	*Trichoderma longbrachiatum* Rifai	427
32007	*Trichoderma longbrachiatum* Rifai	427
32011	*Trichoderma longbrachiatum* Rifai	427
32014	*Trichoderma longbrachiatum* Rifai	427
32018	*Trichoderma longbrachiatum* Rifai	427
32019	*Trichoderma longbrachiatum* Rifai	427
32023	*Trichoderma longbrachiatum* Rifai	427
32025	*Trichoderma longbrachiatum* Rifai	427
32028	*Trichoderma longbrachiatum* Rifai	427
32034	*Trichoderma longbrachiatum* Rifai	427
32036	*Trichoderma longbrachiatum* Rifai	427
32039	*Trichoderma longbrachiatum* Rifai	428
32044	*Trichoderma longbrachiatum* Rifai	428
32045	*Trichoderma longbrachiatum* Rifai	428
32046	*Trichoderma longbrachiatum* Rifai	428
32047	*Trichoderma longbrachiatum* Rifai	428
32048	*Trichoderma longbrachiatum* Rifai	428
32049	*Trichoderma longbrachiatum* Rifai	428
32054	*Trichoderma longbrachiatum* Rifai	428
32057	*Trichoderma longbrachiatum* Rifai	428
32059	*Trichoderma longbrachiatum* Rifai	428
32060	*Trichoderma longbrachiatum* Rifai	428
32061	*Trichoderma longbrachiatum* Rifai	428
32067	*Trichoderma longbrachiatum* Rifai	428
32071	*Trichoderma longbrachiatum* Rifai	428
32073	*Trichoderma longbrachiatum* Rifai	428
32077	*Trichoderma longbrachiatum* Rifai	428
32078	*Trichoderma longbrachiatum* Rifai	428
32081	*Trichoderma longbrachiatum* Rifai	428
32087	*Trichoderma longbrachiatum* Rifai	428
32095	*Trichoderma longbrachiatum* Rifai	428
32096	*Trichoderma longbrachiatum* Rifai	428
32099	*Trichoderma longbrachiatum* Rifai	428

菌株号	菌种名称	页数
32100	*Trichoderma longbrachiatum* Rifai	428
32101	*Trichoderma longbrachiatum* Rifai	429
32102	*Trichoderma longbrachiatum* Rifai	429
32104	*Trichoderma longbrachiatum* Rifai	429
32108	*Trichoderma longbrachiatum* Rifai	429
32109	*Trichoderma longbrachiatum* Rifai	429
32113	*Trichoderma longbrachiatum* Rifai	429
32114	*Trichoderma longbrachiatum* Rifai	429
30431	*Trichoderma polysporum* (Link) Rifai	429
30592	*Trichoderma polysporum* (Link) Rifai	429
30497	*Trichoderma pseudokoningii* Rifai	429
30599	*Trichoderma pseudokoningii* Rifai	429
30908	*Trichoderma pseudokoningii* Rifai	429
30940	*Trichoderma pseudokoningii* Rifai	429
31881	*Trichoderma pseudokoningii* Rifai	429
31886	*Trichoderma pseudokoningii* Rifai	429
31955	*Trichoderma pseudokoningii* Rifai	429
31957	*Trichoderma pseudokoningii* Rifai	429
31968	*Trichoderma pseudokoningii* Rifai	429
31969	*Trichoderma pseudokoningii* Rifai	429
31994	*Trichoderma pseudokoningii* Rifai	429
32005	*Trichoderma pseudokoningii* Rifai	429
32012	*Trichoderma pseudokoningii* Rifai	429
32015	*Trichoderma pseudokoningii* Rifai	430
32020	*Trichoderma pseudokoningii* Rifai	430
32022	*Trichoderma pseudokoningii* Rifai	430
32027	*Trichoderma pseudokoningii* Rifai	430
32029	*Trichoderma pseudokoningii* Rifai	430
32031	*Trichoderma pseudokoningii* Rifai	430
32032	*Trichoderma pseudokoningii* Rifai	430
32035	*Trichoderma pseudokoningii* Rifai	430
32038	*Trichoderma pseudokoningii* Rifai	430
32043	*Trichoderma pseudokoningii* Rifai	430
32050	*Trichoderma pseudokoningii* Rifai	430
32052	*Trichoderma pseudokoningii* Rifai	430
32058	*Trichoderma pseudokoningii* Rifai	430
32063	*Trichoderma pseudokoningii* Rifai	430
32064	*Trichoderma pseudokoningii* Rifai	430
32066	*Trichoderma pseudokoningii* Rifai	430
32070	*Trichoderma pseudokoningii* Rifai	430
32076	*Trichoderma pseudokoningii* Rifai	430
32091	*Trichoderma pseudokoningii* Rifai	430
32093	*Trichoderma pseudokoningii* Rifai	430
32094	*Trichoderma pseudokoningii* Rifai	430
32112	*Trichoderma pseudokoningii* Rifai	430
32115	*Trichoderma pseudokoningii* Rifai	431
32232	*Trichoderma pseudokoningii* Rifai	431
30449	*Trichoderma reesei* E. G. Simmons	431
30597	*Trichoderma reesei* E. G. Simmons	431
30911	*Trichoderma reesei* E. G. Simmons	431
30912	*Trichoderma reesei* E. G. Simmons	431
32254	*Trichoderma reesei* E. G. Simmons	431
32412	*Trichoderma reesei* E. G. Simmons	431
32233	*Trichoderma saturnisporum* Hammill	431
30121	*Trichoderma* sp.	431

菌株号	菌种名称	页数
31822	*Ulocladium cucurbitae*(Letendre & Roum.)E. G. Simmons	435
37136	*Ulocladium cucurbitae*(Letendre & Roum.)E. G. Simmons	435
37139	*Ulocladium cucurbitae*(Letendre & Roum.)E. G. Simmons	435
37163	*Ulocladium cucurbitae*(Letendre & Roum.)E. G. Simmons	435
37167	*Ulocladium cucurbitae*(Letendre & Roum.)E. G. Simmons	435
37197	*Ulocladium cucurbitae*(Letendre & Roum.)E. G. Simmons	435
37198	*Ulocladium cucurbitae*(Letendre & Roum.)E. G. Simmons	435
37243	*Ulocladium cucurbitae*(Letendre & Roum.)E. G. Simmons	435
37500	*Ulocladium cucurbitae*(Letendre & Roum.)E. G. Simmons	435
37912	*Ulocladium cucurbitae*(Letendre & Roum.)E. G. Simmons	435
37913	*Ulocladium cucurbitae*(Letendre & Roum.)E. G. Simmons	435
37914	*Ulocladium cucurbitae*(Letendre & Roum.)E. G. Simmons	435
37915	*Ulocladium cucurbitae*(Letendre & Roum.)E. G. Simmons	435
37916	*Ulocladium cucurbitae*(Letendre & Roum.)E. G. Simmons	435
37917	*Ulocladium cucurbitae*(Letendre & Roum.)E. G. Simmons	435
37918	*Ulocladium cucurbitae*(Letendre & Roum.)E. G. Simmons	435
37487	*Ulocladium multiforme* E. G. Simmons	435
37491	*Ulocladium multiforme* E. G. Simmons	435
37151	*Ulocladium tuberculatum* E. G. Simmons	435
37199	*Ulocladium tuberculatum* E. G. Simmons	436
31581	*Umbelopsis ramanniana*(Müller)W. Gams	436
31596	*Umbelopsis ramanniana*(Müller)W. Gams	436
31854	*Umbelopsis ramanniana*(Müller)W. Gams	436
31855	*Umbelopsis ramanniana*(Müller)W. Gams	436
36443	*Ustilaginoidea virens*(Cooke)Takah.	436
36444	*Ustilaginoidea virens*(Cooke)Takah.	436
30052	*Valsa mali* Miyabe & Yamada	436
30053	*Verticillium albo-atrum* Reinke & Berthold	436
30054	*Verticillium albo-atrum* Reinke & Berthold	436
30308	*Verticillium dahliae* Kleb.	436
30309	*Verticillium dahliae* Kleb.	436
30097	*Verticillium dahliae* Kleb.	436
30458	*Verticillium dahliae* Kleb.	436
36009	*Verticillium dahliae* Kleb.	436
36010	*Verticillium dahliae* Kleb.	436
36011	*Verticillium dahliae* Kleb.	436
36012	*Verticillium dahliae* Kleb.	436
36013	*Verticillium dahliae* Kleb.	436
36014	*Verticillium dahliae* Kleb.	436
36015	*Verticillium dahliae* Kleb.	436
36016	*Verticillium dahliae* Kleb.	436
36017	*Verticillium dahliae* Kleb.	436
36091	*Verticillium dahliae* Kleb.	437
36109	*Verticillium dahliae* Kleb.	437
36120	*Verticillium dahliae* Kleb.	437
36129	*Verticillium dahliae* Kleb.	437
36196	*Verticillium dahliae* Kleb.	437
36197	*Verticillium dahliae* Kleb.	437
36198	*Verticillium dahliae* Kleb.	437
36202	*Verticillium dahliae* Kleb.	437
36203	*Verticillium dahliae* Kleb.	437
36204	*Verticillium dahliae* Kleb.	437
36205	*Verticillium dahliae* Kleb.	437
36206	*Verticillium dahliae* Kleb.	437
36207	*Verticillium dahliae* Kleb.	437

菌株号	菌种名称	页数
36208	*Verticillium dahliae* Kleb.	437
36209	*Verticillium dahliae* Kleb.	437
36210	*Verticillium dahliae* Kleb.	437
36211	*Verticillium dahliae* Kleb.	437
36212	*Verticillium dahliae* Kleb.	437
36213	*Verticillium dahliae* Kleb.	437
36214	*Verticillium dahliae* Kleb.	437
36215	*Verticillium dahliae* Kleb.	437
36216	*Verticillium dahliae* Kleb.	437
36217	*Verticillium dahliae* Kleb.	438
36370	*Verticillium dahliae* Kleb.	438
36371	*Verticillium dahliae* Kleb.	438
36372	*Verticillium dahliae* Kleb.	438
36373	*Verticillium dahliae* Kleb.	438
36374	*Verticillium dahliae* Kleb.	438
36375	*Verticillium dahliae* Kleb.	438
36376	*Verticillium dahliae* Kleb.	438
36377	*Verticillium dahliae* Kleb.	438
36378	*Verticillium dahliae* Kleb.	438
36379	*Verticillium dahliae* Kleb.	438
36380	*Verticillium dahliae* Kleb.	438
36381	*Verticillium dahliae* Kleb.	438
36382	*Verticillium dahliae* Kleb.	438
36383	*Verticillium dahliae* Kleb.	438
36384	*Verticillium dahliae* Kleb.	438
36385	*Verticillium dahliae* Kleb.	438
36386	*Verticillium dahliae* Kleb.	438
36387	*Verticillium dahliae* Kleb.	438
36388	*Verticillium dahliae* Kleb.	438
36389	*Verticillium dahliae* Kleb.	438
36390	*Verticillium dahliae* Kleb.	438
36391	*Verticillium dahliae* Kleb.	438
36392	*Verticillium dahliae* Kleb.	439
36393	*Verticillium dahliae* Kleb.	439
36394	*Verticillium dahliae* Kleb.	439
36395	*Verticillium dahliae* Kleb.	439
36396	*Verticillium dahliae* Kleb.	439
36397	*Verticillium dahliae* Kleb.	439
36398	*Verticillium dahliae* Kleb.	439
36399	*Verticillium dahliae* Kleb.	439
36400	*Verticillium dahliae* Kleb.	439
36463	*Verticillium dahliae* Kleb.	439
36482	*Verticillium dahliae* Kleb.	439
36806	*Verticillium dahliae* Kleb.	439
36915	*Verticillium dahliae* Kleb.	439
36916	*Verticillium dahliae* Kleb.	439
36917	*Verticillium dahliae* Kleb.	439
36918	*Verticillium dahliae* Kleb.	439
36919	*Verticillium dahliae* Kleb.	439
36920	*Verticillium dahliae* Kleb.	439
36921	*Verticillium dahliae* Kleb.	439
36922	*Verticillium dahliae* Kleb.	439
36923	*Verticillium dahliae* Kleb.	439
36924	*Verticillium dahliae* Kleb.	439
36925	*Verticillium dahliae* Kleb.	440

菌株号	菌种名称	页数
36926	*Verticillium dahliae* Kleb.	440
36927	*Verticillium dahliae* Kleb.	440
36928	*Verticillium dahliae* Kleb.	440
36931	*Verticillium dahliae* Kleb.	440
36947	*Verticillium dahliae* Kleb.	440
30840	*Verticillum lecanii* (Zimm.) Viégas	440
30841	*Verticillum lecanii* (Zimm.) Viégas	440
32145	*Verticillum lecanii* (Zimm.) Viégas	440
32146	*Verticillum lecanii* (Zimm.) Viégas	440
32147	*Verticillum lecanii* (Zimm.) Viégas	440
32148	*Verticillum lecanii* (Zimm.) Viégas	440
32149	*Verticillum lecanii* (Zimm.) Viégas	440
32150	*Verticillum lecanii* (Zimm.) Viégas	440
30573	*Verticillium nigrescens* Pethybridge	440
32136	*Verticillium* sp.	440
30914	*Yunnania pemicillata* H. Z. Kong	440
51315	*Agaricus abruptibulbus* Peck	441
50578	*Agaricus arvensis* Schaeff.	441
51145	*Agaricus arvensis* Schaeff.	441
50021	*Agaricus bisporus* (J. E. Lange) Imbach	441
50032	*Agaricus bisporus* (J. E. Lange) Imbach	441
50033	*Agaricus bisporus* (J. E. Lange) Imbach	441
50037	*Agaricus bisporus* (J. E. Lange) Imbach	441
50041	*Agaricus bisporus* (J. E. Lange) Imbach	441
50095	*Agaricus bisporus* (J. E. Lange) Imbach	441
50107	*Agaricus bisporus* (J. E. Lange) Imbach	441
50213	*Agaricus bisporus* (J. E. Lange) Imbach	441
50214	*Agaricus bisporus* (J. E. Lange) Imbach	441
50215	*Agaricus bisporus* (J. E. Lange) Imbach	441
50216	*Agaricus bisporus* (J. E. Lange) Imbach	441
50217	*Agaricus bisporus* (J. E. Lange) Imbach	441
50218	*Agaricus bisporus* (J. E. Lange) Imbach	441
50255	*Agaricus bisporus* (J. E. Lange) Imbach	441
50257	*Agaricus bisporus* (J. E. Lange) Imbach	441
50262	*Agaricus bisporus* (J. E. Lange) Imbach	441
50264	*Agaricus bisporus* (J. E. Lange) Imbach	441
50298	*Agaricus bisporus* (J. E. Lange) Imbach	441
50299	*Agaricus bisporus* (J. E. Lange) Imbach	441
50306	*Agaricus bisporus* (J. E. Lange) Imbach	441
50307	*Agaricus bisporus* (J. E. Lange) Imbach	441
50442	*Agaricus bisporus* (J. E. Lange) Imbach	441
50443	*Agaricus bisporus* (J. E. Lange) Imbach	441
50444	*Agaricus bisporus* (J. E. Lange) Imbach	441
50551	*Agaricus bisporus* (J. E. Lange) Imbach	441
50554	*Agaricus bisporus* (J. E. Lange) Imbach	441
50555	*Agaricus bisporus* (J. E. Lange) Imbach	441
50612	*Agaricus bisporus* (J. E. Lange) Imbach	441
50613	*Agaricus bisporus* (J. E. Lange) Imbach	441
50658	*Agaricus bisporus* (J. E. Lange) Imbach	441
50659	*Agaricus bisporus* (J. E. Lange) Imbach	441
50660	*Agaricus bisporus* (J. E. Lange) Imbach	442
50842	*Agaricus bisporus* (J. E. Lange) Imbach	442
51414	*Agaricus bisporus* (J. E. Lange) Imbach	442
51417	*Agaricus bisporus* (J. E. Lange) Imbach	442
51483	*Agaricus bisporus* (J. E. Lange) Imbach	442

菌株号	菌种名称	页数
51682	*Agaricus bisporus* (J. E. Lange) Imbach	442
51732	*Agaricus bisporus* (J. E. Lange) Imbach	442
51733	*Agaricus bisporus* (J. E. Lange) Imbach	442
51763	*Agaricus bisporus* (J. E. Lange) Imbach	442
51764	*Agaricus bisporus* (J. E. Lange) Imbach	442
51813	*Agaricus bisporus* (J. E. Lange) Imbach	442
51827	*Agaricus bisporus* (J. E. Lange) Imbach	442
51841	*Agaricus bisporus* (J. E. Lange) Imbach	442
51870	*Agaricus bisporus* (J. E. Lange) Imbach	442
51871	*Agaricus bisporus* (J. E. Lange) Imbach	442
52198	*Agaricus bisporus* (J. E. Lange) Imbach	442
52199	*Agaricus bisporus* (J. E. Lange) Imbach	442
52327	*Agaricus bisporus* (J. E. Lange) Imbach	442
52329	*Agaricus bisporus* (J. E. Lange) Imbach	442
52330	*Agaricus bisporus* (J. E. Lange) Imbach	442
51579	*Agaricus bisporus* (J. E. Lange) Imbach	442
51614	*Agaricus bisporus* (J. E. Lange) Imbach	442
52040	*Agaricus bisporus* (J. E. Lange) Imbach	442
52355	*Agaricus bisporus* (J. E. Lange) Imbach	442
50034	*Agaricus bitorquis* (Quél.) Sacc.	442
50305	*Agaricus bitorquis* (Quél.) Sacc.	442
50916	*Agaricus bitorquis* (Quél.) Sacc.	442
51127	*Agaricus blagei* Murrill	442
50654	*Agaricus blagei* Murrill	442
52195	*Agaricus blagei* Murrill	442
50993	*Agaricus blagei* Murrill	442
51119	*Agaricus blagei* Murrill	442
51148	*Agaricus blagei* Murrill	442
51237	*Agaricus blagei* Murrill	442
51240	*Agaricus blagei* Murrill	442
51241	*Agaricus blagei* Murrill	442
51242	*Agaricus blagei* Murrill	442
51392	*Agaricus blagei* Murrill	442
51665	*Agaricus campestris* L.	442
51446	*Agaricus edulis* Bull.	443
51471	*Agaricus edulis* Bull.	443
51475	*Agaricus edulis* Bull.	443
51477	*Agaricus edulis* Bull.	443
50580	*Agaricus placomyces* Peck	443
51656	*Agaricus silvaticus* Schaeff.	443
50566	*Agaricus* sp.	443
51312	*Agaricus* sp.	443
51320	*Agaricus* sp.	443
51421	*Agaricus* sp.	443
51751	*Agaricus* sp.	443
51013	*Agaricus* sp.	443
50802	*Agaricus* sp.	443
51014	*Agaricus* sp.	443
51015	*Agaricus* sp.	443
51016	*Agaricus* sp.	443
51017	*Agaricus* sp.	443
51470	*Agaricus* sp.	443
51750	*Agaricus* sp.	443
51057	*Agrocybe cylindracae* (DC.) Gillet	443
51059	*Agrocybe cylindracae* (DC.) Gillet	443

菌株号	菌种名称	页数
52226	*Armillaria mellea* (Vahl) P. Kumm	445
52227	*Armillaria mellea* (Vahl) P. Kumm	445
52228	*Armillaria mellea* (Vahl) P. Kumm	445
52229	*Armillaria mellea* (Vahl) P. Kumm	445
52230	*Armillaria mellea* (Vahl) P. Kumm	445
52231	*Armillaria mellea* (Vahl) P. Kumm	445
52232	*Armillaria mellea* (Vahl) P. Kumm	445
50883	*Armillaria tabescens* (Scop.) Emel	445
51415	*Armillaria tabescens* (Scop.) Emel	445
52205	*Armillaria tabescens* (Scop.) Emel	445
52098	*Armillaria tabescens* (Scop.) Emel	445
52099	*Armillaria tabescens* (Scop.) Emel	445
52267	*Armillaria tabescens* (Scop.) Emel	445
52269	*Armillaria tabescens* (Scop.) Emel	445
52270	*Armillaria tabescens* (Scop.) Emel	445
52271	*Armillaria tabescens* (Scop.) Emel	445
52292	*Armillaria tabescens* (Scop.) Emel	445
50057	*Auricularia auricula-judae* (Bull.) Quél.	445
50097	*Auricularia auricula-judae* (Bull.) Quél.	445
50133	*Auricularia auricula-judae* (Bull.) Quél.	445
50134	*Auricularia auricula-judae* (Bull.) Quél.	445
50135	*Auricularia auricula-judae* (Bull.) Quél.	446
50136	*Auricularia auricula-judae* (Bull.) Quél.	446
50137	*Auricularia auricula-judae* (Bull.) Quél.	446
50139	*Auricularia auricula-judae* (Bull.) Quél.	446
50230	*Auricularia auricula-judae* (Bull.) Quél.	446
50239	*Auricularia auricula-judae* (Bull.) Quél.	446
50271	*Auricularia auricula-judae* (Bull.) Quél.	446
50308	*Auricularia auricula-judae* (Bull.) Quél.	446
50353	*Auricularia auricula-judae* (Bull.) Quél.	446
50354	*Auricularia auricula-judae* (Bull.) Quél.	446
50355	*Auricularia auricula-judae* (Bull.) Quél.	446
50356	*Auricularia auricula-judae* (Bull.) Quél.	446
50366	*Auricularia auricula-judae* (Bull.) Quél.	446
50370	*Auricularia auricula-judae* (Bull.) Quél.	446
50371	*Auricularia auricula-judae* (Bull.) Quél.	446
50373	*Auricularia auricula-judae* (Bull.) Quél.	446
50384	*Auricularia auricula-judae* (Bull.) Quél.	446
50432	*Auricularia auricula-judae* (Bull.) Quél.	446
50437	*Auricularia auricula-judae* (Bull.) Quél.	446
50438	*Auricularia auricula-judae* (Bull.) Quél.	446
50504	*Auricularia auricula-judae* (Bull.) Quél.	446
50505	*Auricularia auricula-judae* (Bull.) Quél.	446
50506	*Auricularia auricula-judae* (Bull.) Quél.	446
50530	*Auricularia auricula-judae* (Bull.) Quél.	446
50531	*Auricularia auricula-judae* (Bull.) Quél.	446
50538	*Auricularia auricula-judae* (Bull.) Quél.	446
50539	*Auricularia auricula-judae* (Bull.) Quél.	446
50629	*Auricularia auricula-judae* (Bull.) Quél.	446
50663	*Auricularia auricula-judae* (Bull.) Quél.	446
50665	*Auricularia auricula-judae* (Bull.) Quél.	446
50833	*Auricularia auricula-judae* (Bull.) Quél.	446
50834	*Auricularia auricula-judae* (Bull.) Quél.	446
50837	*Auricularia auricula-judae* (Bull.) Quél.	446
50854	*Auricularia auricula-judae* (Bull.) Quél.	446

菌株号	菌种名称	页数
51098	*Auricularia auricula-judae*(Bull.)Quél.	448
51154	*Auricularia auricula-judae*(Bull.)Quél.	448
51163	*Auricularia auricula-judae*(Bull.)Quél.	448
51384	*Auricularia auricula-judae*(Bull.)Quél.	448
51385	*Auricularia auricula-judae*(Bull.)Quél.	448
51386	*Auricularia auricula-judae*(Bull.)Quél.	448
51610	*Auricularia auricula-judae*(Bull.)Quél.	448
51611	*Auricularia auricula-judae*(Bull.)Quél.	448
51753	*Auricularia auricula-judae*(Bull.)Quél.	448
51754	*Auricularia auricula-judae*(Bull.)Quél.	448
51755	*Auricularia auricula-judae*(Bull.)Quél.	448
51756	*Auricularia auricula-judae*(Bull.)Quél.	448
51757	*Auricularia auricula-judae*(Bull.)Quél.	448
51758	*Auricularia auricula-judae*(Bull.)Quél.	448
51759	*Auricularia auricula-judae*(Bull.)Quél.	448
51760	*Auricularia auricula-judae*(Bull.)Quél.	448
51761	*Auricularia auricula-judae*(Bull.)Quél.	448
51810	*Auricularia auricula-judae*(Bull.)Quél.	448
51811	*Auricularia auricula-judae*(Bull.)Quél.	448
51812	*Auricularia auricula-judae*(Bull.)Quél.	448
51825	*Auricularia auricula-judae*(Bull.)Quél.	448
51835	*Auricularia auricula-judae*(Bull.)Quél.	448
51840	*Auricularia auricula-judae*(Bull.)Quél.	448
51953	*Auricularia auricula-judae*(Bull.)Quél.	448
51954	*Auricularia auricula-judae*(Bull.)Quél.	448
51955	*Auricularia auricula-judae*(Bull.)Quél.	448
51956	*Auricularia auricula-judae*(Bull.)Quél.	448
51957	*Auricularia auricula-judae*(Bull.)Quél.	448
51958	*Auricularia auricula-judae*(Bull.)Quél.	448
51959	*Auricularia auricula-judae*(Bull.)Quél.	448
52039	*Auricularia auricula-judae*(Bull.)Quél.	448
52170	*Auricularia auricula-judae*(Bull.)Quél.	448
52171	*Auricularia auricula-judae*(Bull.)Quél.	448
52172	*Auricularia auricula-judae*(Bull.)Quél.	448
52197	*Auricularia auricula-judae*(Bull.)Quél.	448
52362	*Auricularia auricula-judae*(Bull.)Quél.	448
51231	*Auricularia delicata*(Fr.)Henn.	448
51708	*Auricularia delicata*(Fr.)Henn.	449
51830	*Auricularia delicata*(Fr.)Henn.	449
50835	*Auricularia peltata* Lloyd	449
50976	*Auricularia polytricha*(Mont.)Sacc.	449
51108	*Auricularia polytricha*(Mont.)Sacc.	449
51379	*Auricularia polytricha*(Mont.)Sacc.	449
51380	*Auricularia polytricha*(Mont.)Sacc.	449
51381	*Auricularia polytricha*(Mont.)Sacc.	449
51382	*Auricularia polytricha*(Mont.)Sacc.	449
51383	*Auricularia polytricha*(Mont.)Sacc.	449
51566	*Auricularia polytricha*(Mont.)Sacc.	449
50140	*Auricularia polytricha*(Mont.)Sacc.	449
50141	*Auricularia polytricha*(Mont.)Sacc.	449
50142	*Auricularia polytricha*(Mont.)Sacc.	449
50231	*Auricularia polytricha*(Mont.)Sacc.	449
50269	*Auricularia polytricha*(Mont.)Sacc.	449
50359	*Auricularia polytricha*(Mont.)Sacc.	449
50362	*Auricularia polytricha*(Mont.)Sacc.	449

菌株号	菌种名称	页数
50571	*Calvatia cyathiformis* (Bosc) Morgan	451
51474	*Calvatia gigantea* (Batsch) Lloyd	451
50878	*Cantharellus cibarius* Fr.	451
51072	*Cantharellus* sp.	451
51176	*Cerrena unicolor* (Bull. ; Fr.) Murrill	451
51172	*Climacocystis borealis* (Fr.) Kotl. & Pouz.	451
51425	*Clitocybe maxima* Bres.	451
51527	*Clitocybe maxima* Bres.	451
51615	*Clitocybe maxima* Bres.	451
51629	*Clitocybe maxima* Bres.	451
52037	*Clitocybe maxima* Bres.	451
51318	*Clitocybe* sp.	451
50922	*Coprinus comatus* (O. F. Müll.) Pers.	451
50400	*Coprinus comatus* (O. F. Müll.) Pers.	451
50405	*Coprinus comatus* (O. F. Müll.) Pers.	451
50634	*Coprinus comatus* (O. F. Müll.) Pers.	451
50877	*Coprinus comatus* (O. F. Müll.) Pers.	451
50917	*Coprinus comatus* (O. F. Müll.) Pers.	451
50960	*Coprinus comatus* (O. F. Müll.) Pers.	451
51170	*Coprinus comatus* (O. F. Müll.) Pers.	451
51325	*Coprinus comatus* (O. F. Müll.) Pers.	451
51393	*Coprinus comatus* (O. F. Müll.) Pers.	451
51537	*Coprinus comatus* (O. F. Müll.) Pers.	451
51538	*Coprinus comatus* (O. F. Müll.) Pers.	451
51560	*Coprinus comatus* (O. F. Müll.) Pers.	451
51571	*Coprinus comatus* (O. F. Müll.) Pers.	451
51572	*Coprinus comatus* (O. F. Müll.) Pers.	451
51689	*Coprinus comatus* (O. F. Müll.) Pers.	451
51742	*Coprinus comatus* (O. F. Müll.) Pers.	451
51770	*Coprinus comatus* (O. F. Müll.) Pers.	451
51771	*Coprinus comatus* (O. F. Müll.) Pers.	452
51772	*Coprinus comatus* (O. F. Müll.) Pers.	452
51773	*Coprinus comatus* (O. F. Müll.) Pers.	452
51774	*Coprinus comatus* (O. F. Müll.) Pers.	452
51775	*Coprinus comatus* (O. F. Müll.) Pers.	452
51770	*Coprinus comatus* (O. F. Müll.) Pers.	452
51832	*Coprinus comatus* (O. F. Müll.) Pers.	452
52020	*Coprinus comatus* (O. F. Müll.) Pers.	452
52119	*Coprinus comatus* (O. F. Müll.) Pers.	452
52120	*Coprinus comatus* (O. F. Müll.) Pers.	452
52121	*Coprinus comatus* (O. F. Müll.) Pers.	452
52122	*Coprinus comatus* (O. F. Müll.) Pers.	452
52164	*Coprinus comatus* (O. F. Müll.) Pers.	452
52165	*Coprinus comatus* (O. F. Müll.) Pers.	452
52166	*Coprinus comatus* (O. F. Müll.) Pers.	452
52167	*Coprinus comatus* (O. F. Müll.) Pers.	452
51606	*Coprinus domesticus* Fr.	452
51169	*Cordyceps cicadicola* Teng	452
50383	*Cordyceps militaris* (L.) Link	452
50387	*Cordyceps militaris* (L.) Link	452
50632	*Cordyceps militaris* (L.) Link	452
50946	*Cordyceps militaris* (L.) Link	452
50979	*Cordyceps militaris* (L.) Link	452
50985	*Cordyceps militaris* (L.) Link	452
51534	*Cordyceps militaris* (L.) Link	452

菌株号	菌种名称	页数
50143	*Flammulina velutipes* (Curtis) Singer	454
50145	*Flammulina velutipes* (Curtis) Singer	454
50146	*Flammulina velutipes* (Curtis) Singer	454
50147	*Flammulina velutipes* (Curtis) Singer	454
50148	*Flammulina velutipes* (Curtis) Singer	454
50240	*Flammulina velutipes* (Curtis) Singer	454
50241	*Flammulina velutipes* (Curtis) Singer	454
50243	*Flammulina velutipes* (Curtis) Singer	454
50251	*Flammulina velutipes* (Curtis) Singer	454
50296	*Flammulina velutipes* (Curtis) Singer	454
50297	*Flammulina velutipes* (Curtis) Singer	454
50344	*Flammulina velutipes* (Curtis) Singer	454
50349	*Flammulina velutipes* (Curtis) Singer	454
50350	*Flammulina velutipes* (Curtis) Singer	454
50351	*Flammulina velutipes* (Curtis) Singer	454
50390	*Flammulina velutipes* (Curtis) Singer	454
50398	*Flammulina velutipes* (Curtis) Singer	454
50402	*Flammulina velutipes* (Curtis) Singer	454
50403	*Flammulina velutipes* (Curtis) Singer	454
50404	*Flammulina velutipes* (Curtis) Singer	454
50407	*Flammulina velutipes* (Curtis) Singer	454
50408	*Flammulina velutipes* (Curtis) Singer	454
50412	*Flammulina velutipes* (Curtis) Singer	454
50424	*Flammulina velutipes* (Curtis) Singer	454
50434	*Flammulina velutipes* (Curtis) Singer	454
50454	*Flammulina velutipes* (Curtis) Singer	455
50455	*Flammulina velutipes* (Curtis) Singer	455
50467	*Flammulina velutipes* (Curtis) Singer	455
50479	*Flammulina velutipes* (Curtis) Singer	455
50485	*Flammulina velutipes* (Curtis) Singer	455
50507	*Flammulina velutipes* (Curtis) Singer	455
50509	*Flammulina velutipes* (Curtis) Singer	455
50512	*Flammulina velutipes* (Curtis) Singer	455
50525	*Flammulina velutipes* (Curtis) Singer	455
50526	*Flammulina velutipes* (Curtis) Singer	455
50527	*Flammulina velutipes* (Curtis) Singer	455
50529	*Flammulina velutipes* (Curtis) Singer	455
50573	*Flammulina velutipes* (Curtis) Singer	455
50584	*Flammulina velutipes* (Curtis) Singer	455
50599	*Flammulina velutipes* (Curtis) Singer	455
50649	*Flammulina velutipes* (Curtis) Singer	455
50650	*Flammulina velutipes* (Curtis) Singer	455
50667	*Flammulina velutipes* (Curtis) Singer	455
50682	*Flammulina velutipes* (Curtis) Singer	455
50698	*Flammulina velutipes* (Curtis) Singer	455
50699	*Flammulina velutipes* (Curtis) Singer	455
50700	*Flammulina velutipes* (Curtis) Singer	455
50701	*Flammulina velutipes* (Curtis) Singer	455
50755	*Flammulina velutipes* (Curtis) Singer	455
50760	*Flammulina velutipes* (Curtis) Singer	455
50871	*Flammulina velutipes* (Curtis) Singer	455
51012	*Flammulina velutipes* (Curtis) Singer	455
51099	*Flammulina velutipes* (Curtis) Singer	455
51428	*Flammulina velutipes* (Curtis) Singer	455
51539	*Flammulina velutipes* (Curtis) Singer	455

菌株号	菌种名称	页数
50577	*Ganoderma lucidum* (W. Curtis. ; Fr.) P. Karst.	458
50582	*Ganoderma lucidum* (W. Curtis. ; Fr.) P. Karst.	458
50605	*Ganoderma lucidum* (W. Curtis. ; Fr.) P. Karst.	459
50621	*Ganoderma lucidum* (W. Curtis. ; Fr.) P. Karst.	459
50625	*Ganoderma lucidum* (W. Curtis. ; Fr.) P. Karst.	459
50695	*Ganoderma lucidum* (W. Curtis. ; Fr.) P. Karst.	459
50696	*Ganoderma lucidum* (W. Curtis. ; Fr.) P. Karst.	459
50697	*Ganoderma lucidum* (W. Curtis. ; Fr.) P. Karst.	459
50818	*Ganoderma lucidum* (W. Curtis. ; Fr.) P. Karst.	459
50819	*Ganoderma lucidum* (W. Curtis. ; Fr.) P. Karst.	459
50832	*Ganoderma lucidum* (W. Curtis. ; Fr.) P. Karst.	459
51347	*Ganoderma lucidum* (W. Curtis. ; Fr.) P. Karst.	459
51373	*Ganoderma lucidum* (W. Curtis. ; Fr.) P. Karst.	459
51374	*Ganoderma lucidum* (W. Curtis. ; Fr.) P. Karst.	459
51375	*Ganoderma lucidum* (W. Curtis. ; Fr.) P. Karst.	459
51376	*Ganoderma lucidum* (W. Curtis. ; Fr.) P. Karst.	459
51427	*Ganoderma lucidum* (W. Curtis. ; Fr.) P. Karst.	459
51464	*Ganoderma lucidum* (W. Curtis. ; Fr.) P. Karst.	459
51495	*Ganoderma lucidum* (W. Curtis. ; Fr.) P. Karst.	459
51515	*Ganoderma lucidum* (W. Curtis. ; Fr.) P. Karst.	459
51562	*Ganoderma lucidum* (W. Curtis. ; Fr.) P. Karst.	459
51563	*Ganoderma lucidum* (W. Curtis. ; Fr.) P. Karst.	459
51564	*Ganoderma lucidum* (W. Curtis. ; Fr.) P. Karst.	459
51698	*Ganoderma lucidum* (W. Curtis. ; Fr.) P. Karst.	459
51699	*Ganoderma lucidum* (W. Curtis. ; Fr.) P. Karst.	459
51718	*Ganoderma lucidum* (W. Curtis. ; Fr.) P. Karst.	459
51719	*Ganoderma lucidum* (W. Curtis. ; Fr.) P. Karst.	459
51720	*Ganoderma lucidum* (W. Curtis. ; Fr.) P. Karst.	459
51722	*Ganoderma lucidum* (W. Curtis. ; Fr.) P. Karst.	459
51723	*Ganoderma lucidum* (W. Curtis. ; Fr.) P. Karst.	459
51724	*Ganoderma lucidum* (W. Curtis. ; Fr.) P. Karst.	459
51725	*Ganoderma lucidum* (W. Curtis. ; Fr.) P. Karst.	459
51726	*Ganoderma lucidum* (W. Curtis. ; Fr.) P. Karst.	459
51743	*Ganoderma lucidum* (W. Curtis. ; Fr.) P. Karst.	459
51748	*Ganoderma lucidum* (W. Curtis. ; Fr.) P. Karst.	459
51824	*Ganoderma lucidum* (W. Curtis. ; Fr.) P. Karst.	459
51850	*Ganoderma lucidum* (W. Curtis. ; Fr.) P. Karst.	459
52125	*Ganoderma lucidum* (W. Curtis. ; Fr.) P. Karst.	459
52126	*Ganoderma lucidum* (W. Curtis. ; Fr.) P. Karst.	459
52184	*Ganoderma lucidum* (W. Curtis. ; Fr.) P. Karst.	459
52185	*Ganoderma lucidum* (W. Curtis. ; Fr.) P. Karst.	459
52186	*Ganoderma lucidum* (W. Curtis. ; Fr.) P. Karst.	459
52187	*Ganoderma lucidum* (W. Curtis. ; Fr.) P. Karst.	459
52246	*Ganoderma lucidum* (W. Curtis. ; Fr.) P. Karst.	460
52359	*Ganoderma lucidum* (W. Curtis. ; Fr.) P. Karst.	460
51234	*Ganoderma neo-japonicum* Imazeki	460
51626	*Ganoderma sinense* J. D. Zhao et al.	460
51721	*Ganoderma sinense* J. D. Zhao et al.	460
50045	*Ganoderma sinense* J. D. Zhao et al.	460
50468	*Ganoderma sinense* J. D. Zhao et al.	460
50817	*Ganoderma sinense* J. D. Zhao et al.	460
51106	*Ganoderma sinense* J. D. Zhao et al.	460
51332	*Ganoderma sinense* J. D. Zhao et al.	460
50861	*Ganoderma* sp.	460
50872	*Ganoderma* sp.	460

菌株号	菌种名称	页数
50691	*Hypsizygus marmoreus* (Peck) H. E. Bigelow	463
50692	*Hypsizygus marmoreus* (Peck) H. E. Bigelow	463
50718	*Hypsizygus marmoreus* (Peck) H. E. Bigelow	463
51061	*Hypsizygus marmoreus* (Peck) H. E. Bigelow	463
51149	*Hypsizygus marmoreus* (Peck) H. E. Bigelow	463
51197	*Hypsizygus marmoreus* (Peck) H. E. Bigelow	463
51350	*Hypsizygus marmoreus* (Peck) H. E. Bigelow	463
51478	*Hypsizygus marmoreus* (Peck) H. E. Bigelow	463
51532	*Hypsizygus marmoreus* (Peck) H. E. Bigelow	463
51533	*Hypsizygus marmoreus* (Peck) H. E. Bigelow	463
51536	*Hypsizygus marmoreus* (Peck) H. E. Bigelow	463
51583	*Hypsizygus marmoreus* (Peck) H. E. Bigelow	463
51622	*Hypsizygus marmoreus* (Peck) H. E. Bigelow	463
51661	*Hypsizygus marmoreus* (Peck) H. E. Bigelow	463
51729	*Hypsizygus marmoreus* (Peck) H. E. Bigelow	463
51800	*Hypsizygus marmoreus* (Peck) H. E. Bigelow	463
51819	*Hypsizygus marmoreus* (Peck) H. E. Bigelow	463
51948	*Hypsizygus marmoreus* (Peck) H. E. Bigelow	463
52194	*Hypsizygus marmoreus* (Peck) H. E. Bigelow	463
51192	*Inonotus hispidus* (Bull. ; Fr.) P. Karst.	463
51422	*Lactarius akahatsu* Tanako	463
50671	*Lactarius camphoratus* (Bull.) Fr.	463
51420	*Lactarius corrugis* Peck	464
51577	*Lactarius deliciosus* (L.) Gray	464
51458	*Lactarius volemus* (Fr.) Fr.	464
51200	*Laetiporus sulphureus* (Bull.) Murrill	464
51408	*Laetiporus sulphureus* (Bull.) Murrill	464
51879	*Laetiporus sulphureus* (Bull.) Murrill	464
51307	*Leccinum* sp.	464
51308	*Leccinum* sp.	464
51309	*Leccinum* sp.	464
50012	*Lentinula edodes* (Berk.) Pegler	464
50023	*Lentinula edodes* (Berk.) Pegler	464
50040	*Lentinula edodes* (Berk.) Pegler	464
50054	*Lentinula edodes* (Berk.) Pegler	464
50064	*Lentinula edodes* (Berk.) Pegler	464
50066	*Lentinula edodes* (Berk.) Pegler	464
50086	*Lentinula edodes* (Berk.) Pegler	464
50102	*Lentinula edodes* (Berk.) Pegler	464
50170	*Lentinula edodes* (Berk.) Pegler	464
50171	*Lentinula edodes* (Berk.) Pegler	464
50172	*Lentinula edodes* (Berk.) Pegler	464
50173	*Lentinula edodes* (Berk.) Pegler	464
50174	*Lentinula edodes* (Berk.) Pegler	464
50175	*Lentinula edodes* (Berk.) Pegler	464
50176	*Lentinula edodes* (Berk.) Pegler	464
50177	*Lentinula edodes* (Berk.) Pegler	464
50178	*Lentinula edodes* (Berk.) Pegler	464
50179	*Lentinula edodes* (Berk.) Pegler	465
50180	*Lentinula edodes* (Berk.) Pegler	465
50181	*Lentinula edodes* (Berk.) Pegler	465
50182	*Lentinula edodes* (Berk.) Pegler	465
50183	*Lentinula edodes* (Berk.) Pegler	465
50184	*Lentinula edodes* (Berk.) Pegler	465
50185	*Lentinula edodes* (Berk.) Pegler	465

菌株号	菌种名称	页数
50186	*Lentinula edodes* (Berk.) Pegler	465
50187	*Lentinula edodes* (Berk.) Pegler	465
50188	*Lentinula edodes* (Berk.) Pegler	465
50189	*Lentinula edodes* (Berk.) Pegler	465
50195	*Lentinula edodes* (Berk.) Pegler	465
50196	*Lentinula edodes* (Berk.) Pegler	465
50197	*Lentinula edodes* (Berk.) Pegler	465
50198	*Lentinula edodes* (Berk.) Pegler	465
50200	*Lentinula edodes* (Berk.) Pegler	465
50201	*Lentinula edodes* (Berk.) Pegler	465
50202	*Lentinula edodes* (Berk.) Pegler	465
50203	*Lentinula edodes* (Berk.) Pegler	465
50204	*Lentinula edodes* (Berk.) Pegler	465
50205	*Lentinula edodes* (Berk.) Pegler	465
50206	*Lentinula edodes* (Berk.) Pegler	465
50207	*Lentinula edodes* (Berk.) Pegler	465
50208	*Lentinula edodes* (Berk.) Pegler	465
50209	*Lentinula edodes* (Berk.) Pegler	465
50280	*Lentinula edodes* (Berk.) Pegler	465
50290	*Lentinula edodes* (Berk.) Pegler	465
50291	*Lentinula edodes* (Berk.) Pegler	465
50301	*Lentinula edodes* (Berk.) Pegler	465
50302	*Lentinula edodes* (Berk.) Pegler	465
50303	*Lentinula edodes* (Berk.) Pegler	465
50304	*Lentinula edodes* (Berk.) Pegler	465
50317	*Lentinula edodes* (Berk.) Pegler	466
50319	*Lentinula edodes* (Berk.) Pegler	466
50320	*Lentinula edodes* (Berk.) Pegler	466
50321	*Lentinula edodes* (Berk.) Pegler	466
50322	*Lentinula edodes* (Berk.) Pegler	466
50323	*Lentinula edodes* (Berk.) Pegler	466
50324	*Lentinula edodes* (Berk.) Pegler	466
50335	*Lentinula edodes* (Berk.) Pegler	466
50343	*Lentinula edodes* (Berk.) Pegler	466
50352	*Lentinula edodes* (Berk.) Pegler	466
50368	*Lentinula edodes* (Berk.) Pegler	466
50369	*Lentinula edodes* (Berk.) Pegler	466
50430	*Lentinula edodes* (Berk.) Pegler	466
50439	*Lentinula edodes* (Berk.) Pegler	466
50449	*Lentinula edodes* (Berk.) Pegler	466
50489	*Lentinula edodes* (Berk.) Pegler	466
50502	*Lentinula edodes* (Berk.) Pegler	466
50516	*Lentinula edodes* (Berk.) Pegler	466
50532	*Lentinula edodes* (Berk.) Pegler	466
50533	*Lentinula edodes* (Berk.) Pegler	466
50549	*Lentinula edodes* (Berk.) Pegler	466
50550	*Lentinula edodes* (Berk.) Pegler	466
50552	*Lentinula edodes* (Berk.) Pegler	466
50553	*Lentinula edodes* (Berk.) Pegler	466
50557	*Lentinula edodes* (Berk.) Pegler	466
50558	*Lentinula edodes* (Berk.) Pegler	466
50583	*Lentinula edodes* (Berk.) Pegler	466
50595	*Lentinula edodes* (Berk.) Pegler	466
50600	*Lentinula edodes* (Berk.) Pegler	466
50624	*Lentinula edodes* (Berk.) Pegler	466

菌株号	菌种名称	页数
50630	*Lentinula edodes*(Berk.)Pegler	466
50635	*Lentinula edodes*(Berk.)Pegler	466
50636	*Lentinula edodes*(Berk.)Pegler	466
50637	*Lentinula edodes*(Berk.)Pegler	466
50638	*Lentinula edodes*(Berk.)Pegler	466
50639	*Lentinula edodes*(Berk.)Pegler	466
50644	*Lentinula edodes*(Berk.)Pegler	466
50645	*Lentinula edodes*(Berk.)Pegler	466
50646	*Lentinula edodes*(Berk.)Pegler	466
50666	*Lentinula edodes*(Berk.)Pegler	466
50668	*Lentinula edodes*(Berk.)Pegler	466
50719	*Lentinula edodes*(Berk.)Pegler	466
50720	*Lentinula edodes*(Berk.)Pegler	467
50721	*Lentinula edodes*(Berk.)Pegler	467
50722	*Lentinula edodes*(Berk.)Pegler	467
50723	*Lentinula edodes*(Berk.)Pegler	467
50724	*Lentinula edodes*(Berk.)Pegler	467
50725	*Lentinula edodes*(Berk.)Pegler	467
50726	*Lentinula edodes*(Berk.)Pegler	467
50727	*Lentinula edodes*(Berk.)Pegler	467
50728	*Lentinula edodes*(Berk.)Pegler	467
50729	*Lentinula edodes*(Berk.)Pegler	467
50730	*Lentinula edodes*(Berk.)Pegler	467
50731	*Lentinula edodes*(Berk.)Pegler	467
50732	*Lentinula edodes*(Berk.)Pegler	467
50733	*Lentinula edodes*(Berk.)Pegler	467
50734	*Lentinula edodes*(Berk.)Pegler	467
50735	*Lentinula edodes*(Berk.)Pegler	467
50736	*Lentinula edodes*(Berk.)Pegler	467
50737	*Lentinula edodes*(Berk.)Pegler	467
50738	*Lentinula edodes*(Berk.)Pegler	467
50739	*Lentinula edodes*(Berk.)Pegler	467
50740	*Lentinula edodes*(Berk.)Pegler	467
50741	*Lentinula edodes*(Berk.)Pegler	467
50742	*Lentinula edodes*(Berk.)Pegler	467
50743	*Lentinula edodes*(Berk.)Pegler	467
50744	*Lentinula edodes*(Berk.)Pegler	467
50745	*Lentinula edodes*(Berk.)Pegler	467
50746	*Lentinula edodes*(Berk.)Pegler	468
50747	*Lentinula edodes*(Berk.)Pegler	468
50748	*Lentinula edodes*(Berk.)Pegler	468
50749	*Lentinula edodes*(Berk.)Pegler	468
50750	*Lentinula edodes*(Berk.)Pegler	468
50751	*Lentinula edodes*(Berk.)Pegler	468
50752	*Lentinula edodes*(Berk.)Pegler	468
50753	*Lentinula edodes*(Berk.)Pegler	468
50762	*Lentinula edodes*(Berk.)Pegler	468
50765	*Lentinula edodes*(Berk.)Pegler	468
50766	*Lentinula edodes*(Berk.)Pegler	468
50767	*Lentinula edodes*(Berk.)Pegler	468
50768	*Lentinula edodes*(Berk.)Pegler	468
50769	*Lentinula edodes*(Berk.)Pegler	468
50770	*Lentinula edodes*(Berk.)Pegler	468
50771	*Lentinula edodes*(Berk.)Pegler	468
50772	*Lentinula edodes*(Berk.)Pegler	468

菌株号	菌种名称	页数
50773	*Lentinula edodes* (Berk.) Pegler	468
50774	*Lentinula edodes* (Berk.) Pegler	468
50775	*Lentinula edodes* (Berk.) Pegler	468
50776	*Lentinula edodes* (Berk.) Pegler	468
50777	*Lentinula edodes* (Berk.) Pegler	468
50778	*Lentinula edodes* (Berk.) Pegler	468
50779	*Lentinula edodes* (Berk.) Pegler	468
50780	*Lentinula edodes* (Berk.) Pegler	468
50781	*Lentinula edodes* (Berk.) Pegler	468
50782	*Lentinula edodes* (Berk.) Pegler	468
50783	*Lentinula edodes* (Berk.) Pegler	468
50784	*Lentinula edodes* (Berk.) Pegler	468
50785	*Lentinula edodes* (Berk.) Pegler	468
50786	*Lentinula edodes* (Berk.) Pegler	468
50787	*Lentinula edodes* (Berk.) Pegler	469
50788	*Lentinula edodes* (Berk.) Pegler	469
50789	*Lentinula edodes* (Berk.) Pegler	469
50790	*Lentinula edodes* (Berk.) Pegler	469
50791	*Lentinula edodes* (Berk.) Pegler	469
50792	*Lentinula edodes* (Berk.) Pegler	469
50793	*Lentinula edodes* (Berk.) Pegler	469
50794	*Lentinula edodes* (Berk.) Pegler	469
50803	*Lentinula edodes* (Berk.) Pegler	469
50804	*Lentinula edodes* (Berk.) Pegler	469
50805	*Lentinula edodes* (Berk.) Pegler	469
50806	*Lentinula edodes* (Berk.) Pegler	469
50807	*Lentinula edodes* (Berk.) Pegler	469
50808	*Lentinula edodes* (Berk.) Pegler	469
50809	*Lentinula edodes* (Berk.) Pegler	469
50810	*Lentinula edodes* (Berk.) Pegler	469
50811	*Lentinula edodes* (Berk.) Pegler	469
50815	*Lentinula edodes* (Berk.) Pegler	469
50824	*Lentinula edodes* (Berk.) Pegler	469
50825	*Lentinula edodes* (Berk.) Pegler	469
50826	*Lentinula edodes* (Berk.) Pegler	469
50827	*Lentinula edodes* (Berk.) Pegler	469
50828	*Lentinula edodes* (Berk.) Pegler	469
50829	*Lentinula edodes* (Berk.) Pegler	469
50830	*Lentinula edodes* (Berk.) Pegler	469
50840	*Lentinula edodes* (Berk.) Pegler	469
50841	*Lentinula edodes* (Berk.) Pegler	469
50843	*Lentinula edodes* (Berk.) Pegler	469
50844	*Lentinula edodes* (Berk.) Pegler	469
50845	*Lentinula edodes* (Berk.) Pegler	469
50846	*Lentinula edodes* (Berk.) Pegler	469
50847	*Lentinula edodes* (Berk.) Pegler	469
50848	*Lentinula edodes* (Berk.) Pegler	469
50849	*Lentinula edodes* (Berk.) Pegler	469
50850	*Lentinula edodes* (Berk.) Pegler	469
50858	*Lentinula edodes* (Berk.) Pegler	469
50860	*Lentinula edodes* (Berk.) Pegler	469
50873	*Lentinula edodes* (Berk.) Pegler	470
50901	*Lentinula edodes* (Berk.) Pegler	470
50902	*Lentinula edodes* (Berk.) Pegler	470
50903	*Lentinula edodes* (Berk.) Pegler	470

菌株号	菌种名称	页数
50904	*Lentinula edodes* (Berk.) Pegler	470
50905	*Lentinula edodes* (Berk.) Pegler	470
50906	*Lentinula edodes* (Berk.) Pegler	470
50907	*Lentinula edodes* (Berk.) Pegler	470
50908	*Lentinula edodes* (Berk.) Pegler	470
50909	*Lentinula edodes* (Berk.) Pegler	470
50910	*Lentinula edodes* (Berk.) Pegler	470
50924	*Lentinula edodes* (Berk.) Pegler	470
50925	*Lentinula edodes* (Berk.) Pegler	470
50926	*Lentinula edodes* (Berk.) Pegler	470
50927	*Lentinula edodes* (Berk.) Pegler	470
50933	*Lentinula edodes* (Berk.) Pegler	470
50934	*Lentinula edodes* (Berk.) Pegler	470
50935	*Lentinula edodes* (Berk.) Pegler	470
50936	*Lentinula edodes* (Berk.) Pegler	470
50937	*Lentinula edodes* (Berk.) Pegler	470
50965	*Lentinula edodes* (Berk.) Pegler	470
50966	*Lentinula edodes* (Berk.) Pegler	470
50967	*Lentinula edodes* (Berk.) Pegler	470
50968	*Lentinula edodes* (Berk.) Pegler	470
50969	*Lentinula edodes* (Berk.) Pegler	470
50970	*Lentinula edodes* (Berk.) Pegler	470
50990	*Lentinula edodes* (Berk.) Pegler	470
51029	*Lentinula edodes* (Berk.) Pegler	470
51030	*Lentinula edodes* (Berk.) Pegler	470
51031	*Lentinula edodes* (Berk.) Pegler	470
51032	*Lentinula edodes* (Berk.) Pegler	470
51033	*Lentinula edodes* (Berk.) Pegler	470
51034	*Lentinula edodes* (Berk.) Pegler	470
51035	*Lentinula edodes* (Berk.) Pegler	470
51036	*Lentinula edodes* (Berk.) Pegler	470
51037	*Lentinula edodes* (Berk.) Pegler	470
51038	*Lentinula edodes* (Berk.) Pegler	470
51039	*Lentinula edodes* (Berk.) Pegler	471
51040	*Lentinula edodes* (Berk.) Pegler	471
51041	*Lentinula edodes* (Berk.) Pegler	471
51042	*Lentinula edodes* (Berk.) Pegler	471
51052	*Lentinula edodes* (Berk.) Pegler	471
51101	*Lentinula edodes* (Berk.) Pegler	471
51102	*Lentinula edodes* (Berk.) Pegler	471
51117	*Lentinula edodes* (Berk.) Pegler	471
51156	*Lentinula edodes* (Berk.) Pegler	471
51158	*Lentinula edodes* (Berk.) Pegler	471
51160	*Lentinula edodes* (Berk.) Pegler	471
51161	*Lentinula edodes* (Berk.) Pegler	471
51201	*Lentinula edodes* (Berk.) Pegler	471
51202	*Lentinula edodes* (Berk.) Pegler	471
51203	*Lentinula edodes* (Berk.) Pegler	471
51204	*Lentinula edodes* (Berk.) Pegler	471
51205	*Lentinula edodes* (Berk.) Pegler	471
51206	*Lentinula edodes* (Berk.) Pegler	471
51207	*Lentinula edodes* (Berk.) Pegler	471
51208	*Lentinula edodes* (Berk.) Pegler	471
51209	*Lentinula edodes* (Berk.) Pegler	471
51210	*Lentinula edodes* (Berk.) Pegler	471

菌株号	菌种名称	页数
51211	*Lentinula edodes*(Berk.)Pegler	471
51212	*Lentinula edodes*(Berk.)Pegler	471
51213	*Lentinula edodes*(Berk.)Pegler	471
51214	*Lentinula edodes*(Berk.)Pegler	471
51215	*Lentinula edodes*(Berk.)Pegler	471
51216	*Lentinula edodes*(Berk.)Pegler	471
51217	*Lentinula edodes*(Berk.)Pegler	471
51218	*Lentinula edodes*(Berk.)Pegler	471
51219	*Lentinula edodes*(Berk.)Pegler	471
51220	*Lentinula edodes*(Berk.)Pegler	471
51221	*Lentinula edodes*(Berk.)Pegler	471
51222	*Lentinula edodes*(Berk.)Pegler	471
51223	*Lentinula edodes*(Berk.)Pegler	471
51224	*Lentinula edodes*(Berk.)Pegler	471
51354	*Lentinula edodes*(Berk.)Pegler	471
51397	*Lentinula edodes*(Berk.)Pegler	471
51398	*Lentinula edodes*(Berk.)Pegler	471
51399	*Lentinula edodes*(Berk.)Pegler	471
51400	*Lentinula edodes*(Berk.)Pegler	471
51401	*Lentinula edodes*(Berk.)Pegler	471
51436	*Lentinula edodes*(Berk.)Pegler	471
51437	*Lentinula edodes*(Berk.)Pegler	472
51438	*Lentinula edodes*(Berk.)Pegler	472
51439	*Lentinula edodes*(Berk.)Pegler	472
51440	*Lentinula edodes*(Berk.)Pegler	472
51441	*Lentinula edodes*(Berk.)Pegler	472
51442	*Lentinula edodes*(Berk.)Pegler	472
51443	*Lentinula edodes*(Berk.)Pegler	472
51444	*Lentinula edodes*(Berk.)Pegler	472
51445	*Lentinula edodes*(Berk.)Pegler	472
51461	*Lentinula edodes*(Berk.)Pegler	472
51489	*Lentinula edodes*(Berk.)Pegler	472
51490	*Lentinula edodes*(Berk.)Pegler	472
51494	*Lentinula edodes*(Berk.)Pegler	472
51496	*Lentinula edodes*(Berk.)Pegler	472
51503	*Lentinula edodes*(Berk.)Pegler	472
51505	*Lentinula edodes*(Berk.)Pegler	472
51506	*Lentinula edodes*(Berk.)Pegler	472
51507	*Lentinula edodes*(Berk.)Pegler	472
51508	*Lentinula edodes*(Berk.)Pegler	472
51509	*Lentinula edodes*(Berk.)Pegler	472
51510	*Lentinula edodes*(Berk.)Pegler	472
51529	*Lentinula edodes*(Berk.)Pegler	472
51530	*Lentinula edodes*(Berk.)Pegler	472
51623	*Lentinula edodes*(Berk.)Pegler	472
51624	*Lentinula edodes*(Berk.)Pegler	472
51681	*Lentinula edodes*(Berk.)Pegler	472
51707	*Lentinula edodes*(Berk.)Pegler	472
51741	*Lentinula edodes*(Berk.)Pegler	472
51776	*Lentinula edodes*(Berk.)Pegler	472
51777	*Lentinula edodes*(Berk.)Pegler	472
51778	*Lentinula edodes*(Berk.)Pegler	472
51779	*Lentinula edodes*(Berk.)Pegler	472
51780	*Lentinula edodes*(Berk.)Pegler	472
51781	*Lentinula edodes*(Berk.)Pegler	472

菌株号	菌种名称	页数
51882	*Lentinula edodes* (Berk.) Pegler	472
51883	*Lentinula edodes* (Berk.) Pegler	472
51884	*Lentinula edodes* (Berk.) Pegler	472
51889	*Lentinula edodes* (Berk.) Pegler	472
51890	*Lentinula edodes* (Berk.) Pegler	472
51891	*Lentinula edodes* (Berk.) Pegler	472
51892	*Lentinula edodes* (Berk.) Pegler	472
51893	*Lentinula edodes* (Berk.) Pegler	473
51894	*Lentinula edodes* (Berk.) Pegler	473
51895	*Lentinula edodes* (Berk.) Pegler	473
51896	*Lentinula edodes* (Berk.) Pegler	473
51897	*Lentinula edodes* (Berk.) Pegler	473
51898	*Lentinula edodes* (Berk.) Pegler	473
51899	*Lentinula edodes* (Berk.) Pegler	473
51900	*Lentinula edodes* (Berk.) Pegler	473
51901	*Lentinula edodes* (Berk.) Pegler	473
51902	*Lentinula edodes* (Berk.) Pegler	473
51903	*Lentinula edodes* (Berk.) Pegler	473
51904	*Lentinula edodes* (Berk.) Pegler	473
51905	*Lentinula edodes* (Berk.) Pegler	473
51906	*Lentinula edodes* (Berk.) Pegler	473
51907	*Lentinula edodes* (Berk.) Pegler	473
51908	*Lentinula edodes* (Berk.) Pegler	473
51937	*Lentinula edodes* (Berk.) Pegler	473
51940	*Lentinula edodes* (Berk.) Pegler	473
51981	*Lentinula edodes* (Berk.) Pegler	473
51982	*Lentinula edodes* (Berk.) Pegler	473
51983	*Lentinula edodes* (Berk.) Pegler	473
52022	*Lentinula edodes* (Berk.) Pegler	473
52059	*Lentinula edodes* (Berk.) Pegler	473
52060	*Lentinula edodes* (Berk.) Pegler	473
52061	*Lentinula edodes* (Berk.) Pegler	473
52062	*Lentinula edodes* (Berk.) Pegler	473
52092	*Lentinula edodes* (Berk.) Pegler	473
52115	*Lentinula edodes* (Berk.) Pegler	473
52118	*Lentinula edodes* (Berk.) Pegler	474
52139	*Lentinula edodes* (Berk.) Pegler	474
52140	*Lentinula edodes* (Berk.) Pegler	474
52141	*Lentinula edodes* (Berk.) Pegler	474
52142	*Lentinula edodes* (Berk.) Pegler	474
52143	*Lentinula edodes* (Berk.) Pegler	474
52357	*Lentinula edodes* (Berk.) Pegler	474
51697	*Lentinula squarrosulus* Mont.	474
51521	*Lentinus ciliatus* Lév.	474
51873	*Lentinus ciliatus* Lév.	474
51324	*Lentinus giganteus* Berk.	474
51432	*Lentinus giganteus* Berk.	474
52031	*Lentinus giganteus* Berk.	474
51680	*Lentinus jaranicus* Lev.	474
50259	*Lentinus jaranicus* Lev.	474
50628	*Lentinus lepideus* (Fr.) Fr.	474
51843	*Lentinus lepideus* (Fr.) Fr.	474
52110	*Lentinus tigrinus* (Bull.) Fr.	474
50627	*Lentinus tigrinus* (Bull.) Fr.	474
51175	*Lenzites betulina* (L. ;Fr.) Fr.	474

菌株号	菌种名称	页数
51925	*Lyophyllum* sp.	476
51926	*Lyophyllum* sp.	476
51927	*Lyophyllum* sp.	476
51928	*Lyophyllum* sp.	476
51929	*Lyophyllum* sp.	476
51930	*Lyophyllum* sp.	476
51931	*Lyophyllum* sp.	476
51932	*Lyophyllum* sp.	476
52259	*Lyophyllum* sp.	476
52261	*Lyophyllum* sp.	476
52262	*Lyophyllum* sp.	476
52239	*Lyophyllum ulmarium*（Bull.）Kühner	477
51576	*Macrolepiota procera*（Scop.；Fr.）Singer	477
52111	*Marasmius oreades*（Bolton）Fr.	477
50030	*Marasmius androsaceus*（L.）Fr.	477
51828	*Marasmius androsaceus*（L.）Fr.	477
51620	*Marasmius* sp.	477
51007	*Morchella angusticeps* Peck.	477
50536	*Morchella angusticeps* Peck.	477
50537	*Morchella conica* Pers.	477
50703	*Morchella crassipes*（Vent.）Pers.	477
50704	*Morchella crassipes*（Vent.）Pers.	477
50702	*Morchella elata* Fr.	477
51831	*Morchella elata* Fr.	477
50764	*Morchella esculenta*（L.）Pers.	477
51009	*Morchella esculenta*（L.）Pers.	477
51115	*Morchella esculenta*（L.）Pers.	477
51589	*Morchella esculenta*（L.）Pers.	477
51837	*Morchella esculenta*（L.）Pers.	477
52324	*Morchella esculenta*（L.）Pers.	477
52325	*Morchella esculenta*（L.）Pers.	477
52326	*Morchella esculenta*（L.）Pers.	477
52335	*Morchella esculenta*（L.）Pers.	477
52336	*Morchella esculenta*（L.）Pers.	477
52337	*Morchella esculenta*（L.）Pers.	477
52338	*Morchella esculenta*（L.）Pers.	477
52339	*Morchella esculenta*（L.）Pers.	477
52340	*Morchella esculenta*（L.）Pers.	477
52341	*Morchella esculenta*（L.）Pers.	478
52342	*Morchella esculenta*（L.）Pers.	478
52343	*Morchella esculenta*（L.）Pers.	478
52344	*Morchella esculenta*（L.）Pers.	478
50759	*Morchella rotunda*（Fr.）Boud.	478
50647	Morchella sp.	478
50648	Morchella sp.	478
51008	Morchella sp.	478
51010	Morchella sp.	478
51011	Morchella sp.	478
51749	Morchella sp.	478
50928	*Mycena dendrobii* L. Fan & S. X. Guo	478
51124	*Mycena dendrobii* L. Fan & S. X. Guo	478
51125	*Mycena osmundicola* lange	478
51155	*Mycena* sp.	478
51157	*Mycena* sp.	478
51162	*Mycena* sp.	478

菌株号	菌种名称	页数
51142	*Naematoloma fasciculare*(Fr.)P. Karst.	478
51173	*Nigrofomes castaneus*(Imaz.)Teng	478
52112	*Oudemansiella mucida*(Schrad.)Hahn. Lla	478
51130	*Oudemansiella canarii*(Jungh.)Hahn.	478
51683	*Oudemansiella pudens*(Pets.)Pegler et Young. Trans. Br	478
50053	*Oudemansiella radicata*(Relhan)Singer	478
51146	*Oudemansiella radicata*(Relhan)Singer	478
51395	*Oudemansiella radicata*(Relhan)Singer	478
51701	*Oudemansiella radicata*(Relhan)Singer	478
51712	*Oudemansiella radicata*(Relhan)Singer	478
51848	*Oudemansiella radicata*(Relhan)Singer	478
52042	*Oudemansiella radicata*(Relhan)Singer	478
52243	*Oudemansiella radicata*(Relhan)Singer	479
51053	*Oudemansiella* sp.	479
51054	*Oudemansiella* sp.	479
52080	*Oudemansiella* sp.	479
50677	*Paecilomyce hepialus* Q. T. Chen &. R. Q. Dai	479
50930	*Paecilomyce hepialus* Q. T. Chen &. R. Q. Dai	479
51691	*Panus brunneipes* Corn.	479
51672	*Panus rudis* Fr.	479
51311	*Paxillus involutus*(Batsch)Fr.	479
50570	*Phaeolus schweinitzii*(Fr. ;Fr.)Pat.	479
51227	*Phaeolus schweinitzii*(Fr. ;Fr.)Pat.	479
51518	*Phallus impudicus* L.	479
51666	*Phallus impudicus* L.	479
51814	*Phallus impudicus* L.	479
51694	*Phallus rubicundus* (Bosc)Fr.	479
52363	*Phellinus igniariu*(L. ;Fr.)Quél. sensu lato	479
52364	*Phellinus igniariu*(L. ;Fr.)Quél. sensu lato	479
51128	*Phellinus igniariu*(L. ;Fr.)Quél. sensu lato	479
51328	*Phellinus igniariu*(L. ;Fr.)Quél. sensu lato	479
51638	*Phellinus igniariu*(L. ;Fr.)Quél. sensu lato	479
51181	*Phellinus linteus*(Berk. &. M. A. Curtis)Teng	479
51713	*Phellinus lonicericola* Parmasto	479
51186	*Phellinus pini*(Brot. ;Fr.)A. Ames	479
52216	*Phellinus pini*(Brot. ;Fr.)A. Ames	479
51226	*Phellinus pomaceus Pers.* ex Gray Quel.	479
51187	*Phellinus robustus*(Karst.)Bourd. et Galz.	479
50588	*Pholiota adiposa*(Batsch)P. Kumm.	479
50598	*Pholiota adiposa*(Batsch)P. Kumm.	480
50756	*Pholiota adiposa*(Batsch)P. Kumm.	480
50882	*Pholiota adiposa*(Batsch)P. Kumm.	480
51121	*Pholiota adiposa*(Batsch)P. Kumm.	480
51406	*Pholiota adiposa*(Batsch)P. Kumm.	480
51431	*Pholiota adiposa*(Batsch)P. Kumm.	480
51655	*Pholiota adiposa*(Batsch)P. Kumm.	480
51657	*Pholiota adiposa*(Batsch)P. Kumm.	480
51664	*Pholiota adiposa*(Batsch)P. Kumm.	480
51671	*Pholiota adiposa*(Batsch)P. Kumm.	480
51745	*Pholiota adiposa*(Batsch)P. Kumm.	480
50707	*Pholiota mutabilis*(Schaeff.)P. Kumm.	480
50158	*Pholiota ameko*(T. Ito)S. Ito &. S. Imai	480
50159	*Pholiota ameko*(T. Ito)S. Ito &. S. Imai	480
50287	*Pholiota ameko*(T. Ito)S. Ito &. S. Imai	480
50288	*Pholiota ameko*(T. Ito)S. Ito &. S. Imai	480

菌株号	菌种名称	页数
50331	*Pholiota ameko* (T. Ito) S. Ito & S. Imai	480
50346	*Pholiota ameko* (T. Ito) S. Ito & S. Imai	480
50451	*Pholiota ameko* (T. Ito) S. Ito & S. Imai	480
50488	*Pholiota ameko* (T. Ito) S. Ito & S. Imai	480
50622	*Pholiota ameko* (T. Ito) S. Ito & S. Imai	480
50626	*Pholiota ameko* (T. Ito) S. Ito & S. Imai	480
50643	*Pholiota ameko* (T. Ito) S. Ito & S. Imai	480
50706	*Pholiota ameko* (T. Ito) S. Ito & S. Imai	480
50957	*Pholiota ameko* (T. Ito) S. Ito & S. Imai	480
50984	*Pholiota ameko* (T. Ito) S. Ito & S. Imai	480
51075	*Pholiota ameko* (T. Ito) S. Ito & S. Imai	480
51076	*Pholiota ameko* (T. Ito) S. Ito & S. Imai	480
51077	*Pholiota ameko* (T. Ito) S. Ito & S. Imai	480
51078	*Pholiota ameko* (T. Ito) S. Ito & S. Imai	480
51079	*Pholiota ameko* (T. Ito) S. Ito & S. Imai	480
51080	*Pholiota ameko* (T. Ito) S. Ito & S. Imai	480
51081	*Pholiota ameko* (T. Ito) S. Ito & S. Imai	480
51305	*Pholiota ameko* (T. Ito) S. Ito & S. Imai	480
51306	*Pholiota ameko* (T. Ito) S. Ito & S. Imai	480
51407	*Pholiota ameko* (T. Ito) S. Ito & S. Imai	481
51646	*Pholiota ameko* (T. Ito) S. Ito & S. Imai	481
51647	*Pholiota ameko* (T. Ito) S. Ito & S. Imai	481
51736	*Pholiota ameko* (T. Ito) S. Ito & S. Imai	481
51845	*Pholiota ameko* (T. Ito) S. Ito & S. Imai	481
51934	*Pholiota ameko* (T. Ito) S. Ito & S. Imai	481
52017	*Pholiota ameko* (T. Ito) S. Ito & S. Imai	481
52034	*Pholiota ameko* (T. Ito) S. Ito & S. Imai	481
51817	*Pholiota quarrosoides* (Peck) Sacc.	481
52033	*Phonliota adiposa* (Batsch) P. Kumm.	481
51191	*Piptoporus betulinus* (Bull.) P. Karst.	481
52210	*Piptoporus betulinus* (Bull.) P. Karst.	481
52240	*Piptoporus betulinus* (Bull.) P. Karst.	481
51310	*Piptoporus betulinus* (Bull.) P. Karst.	481
50089	*Pleurotus abalonus* Y. H. Han et al.	481
51277	*Pleurotus abalonus* Y. H. Han et al.	481
51278	*Pleurotus abalonus* Y. H. Han et al.	481
52054	*Pleurotus abalonus* Y. H. Han et al.	481
52347	*Pleurotus abalonus* Y. H. Han et al.	481
50098	*Pleurotus citrinopileatus* Singer	481
50284	*Pleurotus citrinopileatus* Singer	481
50345	*Pleurotus citrinopileatus* Singer	481
50874	*Pleurotus citrinopileatus* Singer	481
50959	*Pleurotus citrinopileatus* Singer	481
51136	*Pleurotus citrinopileatus* Singer	481
51261	*Pleurotus citrinopileatus* Singer	481
51303	*Pleurotus citrinopileatus* Singer	481
51846	*Pleurotus citrinopileatus* Singer	481
51909	*Pleurotus citrinopileatus* Singer	481
51910	*Pleurotus citrinopileatus* Singer	481
51911	*Pleurotus citrinopileatus* Singer	481
51912	*Pleurotus citrinopileatus* Singer	481
52015	*Pleurotus citrinopileatus* Singer	481
52030	*Pleurotus citrinopileatus* Singer	481
52168	*Pleurotus citrinopileatus* Singer	481
50714	*Pleurotus columbinus* Quél.	482

菌株号	菌种名称	页数
50715	*Pleurotus columbinus* Quél.	482
50716	*Pleurotus columbinus* Quél.	482
50234	*Pleurotus cornucopiae*（Paulet）Rolland	482
50338	*Pleurotus cornucopiae*（Paulet）Rolland	482
50499	*Pleurotus cornucopiae*（Paulet）Rolland	482
50524	*Pleurotus cornucopiae*（Paulet）Rolland	482
50940	*Pleurotus cornucopiae*（Paulet）Rolland	482
51233	*Pleurotus cornucopiae*（Paulet）Rolland	482
51263	*Pleurotus cornucopiae*（Paulet）Rolland	482
51264	*Pleurotus cornucopiae*（Paulet）Rolland	482
51265	*Pleurotus cornucopiae*（Paulet）Rolland	482
51266	*Pleurotus cornucopiae*（Paulet）Rolland	482
51369	*Pleurotus cornucopiae*（Paulet）Rolland	482
51370	*Pleurotus cornucopiae*（Paulet）Rolland	482
51448	*Pleurotus cornucopiae*（Paulet）Rolland	482
51455	*Pleurotus cornucopiae*（Paulet）Rolland	482
51617	*Pleurotus cornucopiae*（Paulet）Rolland	482
51808	*Pleurotus cornucopiae*（Paulet）Rolland	482
51809	*Pleurotus cornucopiae*（Paulet）Rolland	482
51816	*Pleurotus cornucopiae*（Paulet）Rolland	482
51941	*Pleurotus cornucopiae*（Paulet）Rolland	482
52026	*Pleurotus cornucopiae*（Paulet）Rolland	482
52077	*Pleurotus cornucopiae*（Paulet）Rolland	482
52312	*Pleurotus cornucopiae*（Paulet）Rolland	482
52366	*Pleurotus cornucopiae*（Paulet）Rolland	482
50389	*Pleurotus corticatus*（Fr.）P. Kumm.	482
51822	*Pleurotus corticatus*（Fr.）P. Kumm.	482
50680	*Pleurotus cystidiosus* O. K. Mill.	482
50708	*Pleurotus cystidiosus* O. K. Mill.	482
50709	*Pleurotus cystidiosus* O. K. Mill.	482
51823	*Pleurotus cystidiosus* O. K. Mill.	482
50164	*Pleurotus cystidiosus* O. K. Mill.	482
50166	*Pleurotus cystidiosus* O. K. Mill.	482
51279	*Pleurotus cystidiosus* O. K. Mill.	482
51280	*Pleurotus cystidiosus* O. K. Mill.	482
51282	*Pleurotus cystidiosus* O. K. Mill.	482
51449	*Pleurotus cystidiosus* O. K. Mill.	482
51447	*Pleurotus djamor*（Rumph.）Boedijn	483
51300	*Pleurotus djamor*（Rumph.）Boedijn	483
51152	*Pleurotus dryinus*（Pers.）P. Kumm	483
51060	*Pleurotus eryngii*（DC.）Quél.	483
51295	*Pleurotus eryngii*（DC.）Quél.	483
51499	*Pleurotus eryngii*（DC.）Quél.	483
50757	*Pleurotus eryngii*（DC.）Quél.	483
50894	*Pleurotus eryngii*（DC.）Quél.	483
50931	*Pleurotus eryngii*（DC.）Quél.	483
50961	*Pleurotus eryngii*（DC.）Quél.	483
50962	*Pleurotus eryngii*（DC.）Quél.	483
50980	*Pleurotus eryngii*（DC.）Quél.	483
51006	*Pleurotus eryngii*（DC.）Quél.	483
51055	*Pleurotus eryngii*（DC.）Quél.	483
51056	*Pleurotus eryngii*（DC.）Quél.	483
51069	*Pleurotus eryngii*（DC.）Quél.	483
51073	*Pleurotus eryngii*（DC.）Quél.	483
51074	*Pleurotus eryngii*（DC.）Quél.	483

菌株号	菌种名称	页数
51118	*Pleurotus eryngii* (DC.) Quél.	483
51153	*Pleurotus eryngii* (DC.) Quél.	483
51198	*Pleurotus eryngii* (DC.) Quél.	483
51199	*Pleurotus eryngii* (DC.) Quél.	483
51296	*Pleurotus eryngii* (DC.) Quél.	483
51302	*Pleurotus eryngii* (DC.) Quél.	483
51330	*Pleurotus eryngii* (DC.) Quél.	483
51331	*Pleurotus eryngii* (DC.) Quél.	483
51333	*Pleurotus eryngii* (DC.) Quél.	483
51336	*Pleurotus eryngii* (DC.) Quél.	483
51337	*Pleurotus eryngii* (DC.) Quél.	483
51338	*Pleurotus eryngii* (DC.) Quél.	483
51344	*Pleurotus eryngii* (DC.) Quél.	483
51387	*Pleurotus eryngii* (DC.) Quél.	483
51388	*Pleurotus eryngii* (DC.) Quél.	483
51389	*Pleurotus eryngii* (DC.) Quél.	483
51390	*Pleurotus eryngii* (DC.) Quél.	483
51391	*Pleurotus eryngii* (DC.) Quél.	483
51535	*Pleurotus eryngii* (DC.) Quél.	483
51674	*Pleurotus eryngii* (DC.) Quél.	483
51678	*Pleurotus eryngii* (DC.) Quél.	483
51796	*Pleurotus eryngii* (DC.) Quél.	484
51797	*Pleurotus eryngii* (DC.) Quél.	484
51798	*Pleurotus eryngii* (DC.) Quél.	484
51799	*Pleurotus eryngii* (DC.) Quél.	484
51869	*Pleurotus eryngii* (DC.) Quél.	484
51980	*Pleurotus eryngii* (DC.) Quél.	484
52013	*Pleurotus eryngii* (DC.) Quél.	484
52018	*Pleurotus eryngii* (DC.) Quél.	484
52036	*Pleurotus eryngii* (DC.) Quél.	484
52063	*Pleurotus eryngii* (DC.) Quél.	484
52328	*Pleurotus eryngii* (DC.) Quél.	484
52352	*Pleurotus eryngii* (DC.) Quél.	484
51512	*Pleurotus eugrammeus* (Mont.) Dennis	484
51520	*Pleurotus eugrammeus* (Mont.) Dennis	484
51844	*Pleurotus eugrammeus* (Mont.) Dennis	484
50656	*Pleurotus ferulae* (Lanzi) X. L. Mao	484
50963	*Pleurotus ferulae* (Lanzi) X. L. Mao	484
51004	*Pleurotus ferulae* (Lanzi) X. L. Mao	484
51435	*Pleurotus ferulae* (Lanzi) X. L. Mao	484
50020	*Pleurotus florida* (Block et Tsao) Han	484
50035	*Pleurotus florida* (Block et Tsao) Han	484
50153	*Pleurotus florida* (Block et Tsao) Han	484
50161	*Pleurotus florida* (Block et Tsao) Han	484
50165	*Pleurotus florida* (Block et Tsao) Han	484
50235	*Pleurotus florida* (Block et Tsao) Han	484
50375	*Pleurotus florida* (Block et Tsao) Han	484
50410	*Pleurotus florida* (Block et Tsao) Han	484
50491	*Pleurotus florida* (Block et Tsao) Han	484
50498	*Pleurotus florida* (Block et Tsao) Han	484
50534	*Pleurotus florida* (Block et Tsao) Han	484
50535	*Pleurotus florida* (Block et Tsao) Han	484
50816	*Pleurotus florida* (Block et Tsao) Han	484
51856	*Pleurotus florida* (Block et Tsao) Han	484
51857	*Pleurotus florida* (Block et Tsao) Han	484

菌株号	菌种名称	页数
50154	*Pleurotus ostreatus*（Jacq.）Quél.	486
50156	*Pleurotus ostreatus*（Jacq.）Quél.	486
50160	*Pleurotus ostreatus*（Jacq.）Quél.	486
50163	*Pleurotus ostreatus*（Jacq.）Quél.	486
50236	*Pleurotus ostreatus*（Jacq.）Quél.	486
50276	*Pleurotus ostreatus*（Jacq.）Quél.	486
50277	*Pleurotus ostreatus*（Jacq.）Quél.	486
50278	*Pleurotus ostreatus*（Jacq.）Quél.	486
50279	*Pleurotus ostreatus*（Jacq.）Quél.	486
50313	*Pleurotus ostreatus*（Jacq.）Quél.	486
50376	*Pleurotus ostreatus*（Jacq.）Quél.	486
50379	*Pleurotus ostreatus*（Jacq.）Quél.	486
50500	*Pleurotus ostreatus*（Jacq.）Quél.	486
50618	*Pleurotus ostreatus*（Jacq.）Quél.	486
50711	*Pleurotus ostreatus*（Jacq.）Quél.	486
50763	*Pleurotus ostreatus*（Jacq.）Quél.	487
50831	*Pleurotus ostreatus*（Jacq.）Quél.	487
50915	*Pleurotus ostreatus*（Jacq.）Quél.	487
50918	*Pleurotus ostreatus*（Jacq.）Quél.	487
50919	*Pleurotus ostreatus*（Jacq.）Quél.	487
50920	*Pleurotus ostreatus*（Jacq.）Quél.	487
50921	*Pleurotus ostreatus*（Jacq.）Quél.	487
51288	*Pleurotus ostreatus*（Jacq.）Quél.	487
51289	*Pleurotus ostreatus*（Jacq.）Quél.	487
51290	*Pleurotus ostreatus*（Jacq.）Quél.	487
51291	*Pleurotus ostreatus*（Jacq.）Quél.	487
51423	*Pleurotus ostreatus*（Jacq.）Quél.	487
51424	*Pleurotus ostreatus*（Jacq.）Quél.	487
51450	*Pleurotus ostreatus*（Jacq.）Quél.	487
51528	*Pleurotus ostreatus*（Jacq.）Quél.	487
51544	*Pleurotus ostreatus*（Jacq.）Quél.	487
51545	*Pleurotus ostreatus*（Jacq.）Quél.	487
51546	*Pleurotus ostreatus*（Jacq.）Quél.	487
51547	*Pleurotus ostreatus*（Jacq.）Quél.	487
51548	*Pleurotus ostreatus*（Jacq.）Quél.	487
51549	*Pleurotus ostreatus*（Jacq.）Quél.	487
51550	*Pleurotus ostreatus*（Jacq.）Quél.	487
51551	*Pleurotus ostreatus*（Jacq.）Quél.	487
51552	*Pleurotus ostreatus*（Jacq.）Quél.	487
51553	*Pleurotus ostreatus*（Jacq.）Quél.	487
51554	*Pleurotus ostreatus*（Jacq.）Quél.	487
51555	*Pleurotus ostreatus*（Jacq.）Quél.	487
51556	*Pleurotus ostreatus*（Jacq.）Quél.	487
51557	*Pleurotus ostreatus*（Jacq.）Quél.	487
51567	*Pleurotus ostreatus*（Jacq.）Quél.	488
51568	*Pleurotus ostreatus*（Jacq.）Quél.	488
51570	*Pleurotus ostreatus*（Jacq.）Quél.	488
51573	*Pleurotus ostreatus*（Jacq.）Quél.	488
51618	*Pleurotus ostreatus*（Jacq.）Quél.	488
51619	*Pleurotus ostreatus*（Jacq.）Quél.	488
51633	*Pleurotus ostreatus*（Jacq.）Quél.	488
51634	*Pleurotus ostreatus*（Jacq.）Quél.	488
51635	*Pleurotus ostreatus*（Jacq.）Quél.	488
51636	*Pleurotus ostreatus*（Jacq.）Quél.	488
51637	*Pleurotus ostreatus*（Jacq.）Quél.	488

菌株号	菌种名称	页数
51648	*Pleurotus ostreatus*（Jacq.）Quél.	488
51649	*Pleurotus ostreatus*（Jacq.）Quél.	488
51650	*Pleurotus ostreatus*（Jacq.）Quél.	488
51651	*Pleurotus ostreatus*（Jacq.）Quél.	488
51652	*Pleurotus ostreatus*（Jacq.）Quél.	488
51653	*Pleurotus ostreatus*（Jacq.）Quél.	488
51727	*Pleurotus ostreatus*（Jacq.）Quél.	488
51728	*Pleurotus ostreatus*（Jacq.）Quél.	488
51782	*Pleurotus ostreatus*（Jacq.）Quél.	488
51783	*Pleurotus ostreatus*（Jacq.）Quél.	488
51784	*Pleurotus ostreatus*（Jacq.）Quél.	488
51785	*Pleurotus ostreatus*（Jacq.）Quél.	488
51786	*Pleurotus ostreatus*（Jacq.）Quél.	488
51787	*Pleurotus ostreatus*（Jacq.）Quél.	488
51788	*Pleurotus ostreatus*（Jacq.）Quél.	488
51789	*Pleurotus ostreatus*（Jacq.）Quél.	488
51790	*Pleurotus ostreatus*（Jacq.）Quél.	488
51791	*Pleurotus ostreatus*（Jacq.）Quél.	488
51851	*Pleurotus ostreatus*（Jacq.）Quél.	488
51865	*Pleurotus ostreatus*（Jacq.）Quél.	488
51866	*Pleurotus ostreatus*（Jacq.）Quél.	488
51933	*Pleurotus ostreatus*（Jacq.）Quél.	488
51938	*Pleurotus ostreatus*（Jacq.）Quél.	488
51939	*Pleurotus ostreatus*（Jacq.）Quél.	488
52024	*Pleurotus ostreatus*（Jacq.）Quél.	488
52045	*Pleurotus ostreatus*（Jacq.）Quél.	488
52046	*Pleurotus ostreatus*（Jacq.）Quél.	488
52066	*Pleurotus ostreatus*（Jacq.）Quél.	488
52068	*Pleurotus ostreatus*（Jacq.）Quél.	489
52069	*Pleurotus ostreatus*（Jacq.）Quél.	489
52070	*Pleurotus ostreatus*（Jacq.）Quél.	489
52071	*Pleurotus ostreatus*（Jacq.）Quél.	489
52072	*Pleurotus ostreatus*（Jacq.）Quél.	489
52073	*Pleurotus ostreatus*（Jacq.）Quél.	489
52074	*Pleurotus ostreatus*（Jacq.）Quél.	489
52075	*Pleurotus ostreatus*（Jacq.）Quél.	489
52076	*Pleurotus ostreatus*（Jacq.）Quél.	489
52078	*Pleurotus ostreatus*（Jacq.）Quél.	489
52079	*Pleurotus ostreatus*（Jacq.）Quél.	489
52117	*Pleurotus ostreatus*（Jacq.）Quél.	489
52127	*Pleurotus ostreatus*（Jacq.）Quél.	489
52128	*Pleurotus ostreatus*（Jacq.）Quél.	489
52129	*Pleurotus ostreatus*（Jacq.）Quél.	489
52130	*Pleurotus ostreatus*（Jacq.）Quél.	489
52131	*Pleurotus ostreatus*（Jacq.）Quél.	489
52132	*Pleurotus ostreatus*（Jacq.）Quél.	489
52133	*Pleurotus ostreatus*（Jacq.）Quél.	489
52134	*Pleurotus ostreatus*（Jacq.）Quél.	489
52135	*Pleurotus ostreatus*（Jacq.）Quél.	489
52136	*Pleurotus ostreatus*（Jacq.）Quél.	489
52137	*Pleurotus ostreatus*（Jacq.）Quél.	489
52138	*Pleurotus ostreatus*（Jacq.）Quél.	489
52144	*Pleurotus ostreatus*（Jacq.）Quél.	489
52145	*Pleurotus ostreatus*（Jacq.）Quél.	489
52146	*Pleurotus ostreatus*（Jacq.）Quél.	489

菌株号	菌种名称	页数
51855	*Pleurotus rhodophyllus* Bres.	491
50168	*Pleurotus sajor-caju*(Fr.)Singer	491
50419	*Pleurotus sajor-caju*(Fr.)Singer	491
50496	*Pleurotus sajor-caju*(Fr.)Singer	491
50619	*Pleurotus sajor-caju*(Fr.)Singer	491
51271	*Pleurotus sajor-caju*(Fr.)Singer	491
51275	*Pleurotus sajor-caju*(Fr.)Singer	491
51852	*Pleurotus sajor-caju*(Fr.)Singer	491
50836	*Pleurotus salmoneostramineus* Lj. N. Vassiljeva	491
50964	*Pleurotus salmoneostramineus* Lj. N. Vassiljeva	491
51301	*Pleurotus salmoneostramineus* Lj. N. Vassiljeva	491
52029	*Pleurotus salmoneostramineus* Lj. N. Vassiljeva	491
50099	*Pleurotus sapidus*(Schulzer)Sacc.	491
50121	*Pleurotus sapidus*(Schulzer)Sacc.	491
50150	*Pleurotus sapidus*(Schulzer)Sacc.	491
50151	*Pleurotus sapidus*(Schulzer)Sacc.	491
50152	*Pleurotus sapidus*(Schulzer)Sacc.	491
50155	*Pleurotus sapidus*(Schulzer)Sacc.	491
50162	*Pleurotus sapidus*(Schulzer)Sacc.	491
50212	*Pleurotus sapidus*(Schulzer)Sacc.	491
50233	*Pleurotus sapidus*(Schulzer)Sacc.	491
50249	*Pleurotus sapidus*(Schulzer)Sacc.	491
50274	*Pleurotus sapidus*(Schulzer)Sacc.	491
50275	*Pleurotus sapidus*(Schulzer)Sacc.	491
50312	*Pleurotus sapidus*(Schulzer)Sacc.	492
50337	*Pleurotus sapidus*(Schulzer)Sacc.	492
50428	*Pleurotus sapidus*(Schulzer)Sacc.	492
50436	*Pleurotus sapidus*(Schulzer)Sacc.	492
50497	*Pleurotus sapidus*(Schulzer)Sacc.	492
50603	*Pleurotus sapidus*(Schulzer)Sacc.	492
51322	*Pleurotus sapidus*(Schulzer)Sacc.	492
50116	*Pleurotus* sp.	492
50118	*Pleurotus* sp.	492
50119	*Pleurotus* sp.	492
50120	*Pleurotus* sp.	492
50122	*Pleurotus* sp.	492
50123	*Pleurotus* sp.	492
50124	*Pleurotus* sp.	492
50125	*Pleurotus* sp.	492
50126	*Pleurotus* sp.	492
50127	*Pleurotus* sp.	492
50129	*Pleurotus* sp.	492
50130	*Pleurotus* sp.	492
50157	*Pleurotus* sp.	492
50228	*Pleurotus* sp.	492
50229	*Pleurotus* sp.	492
50237	*Pleurotus* sp.	492
50238	*Pleurotus* sp.	492
50250	*Pleurotus* sp.	492
50272	*Pleurotus* sp.	492
50316	*Pleurotus* sp.	492
50334	*Pleurotus* sp.	492
50339	*Pleurotus* sp.	492
50340	*Pleurotus* sp.	492
50341	*Pleurotus* sp.	492

菌株号	菌种名称	页数
50374	*Pleurotus* sp.	492
50377	*Pleurotus* sp.	492
50381	*Pleurotus* sp.	492
50396	*Pleurotus* sp.	492
50397	*Pleurotus* sp.	492
50416	*Pleurotus* sp.	492
50417	*Pleurotus* sp.	492
50418	*Pleurotus* sp.	492
50426	*Pleurotus* sp.	493
50427	*Pleurotus* sp.	493
50429	*Pleurotus* sp.	493
50431	*Pleurotus* sp.	493
50452	*Pleurotus* sp.	493
50475	*Pleurotus* sp.	493
50476	*Pleurotus* sp.	493
50484	*Pleurotus* sp.	493
50493	*Pleurotus* sp.	493
50494	*Pleurotus* sp.	493
50495	*Pleurotus* sp.	493
50508	*Pleurotus* sp.	493
50513	*Pleurotus* sp.	493
50514	*Pleurotus* sp.	493
50518	*Pleurotus* sp.	493
50519	*Pleurotus* sp.	493
50520	*Pleurotus* sp.	493
50522	*Pleurotus* sp.	493
50523	*Pleurotus* sp.	493
50544	*Pleurotus* sp.	493
50545	*Pleurotus* sp.	493
50548	*Pleurotus* sp.	493
50574	*Pleurotus* sp.	493
50575	*Pleurotus* sp.	493
50576	*Pleurotus* sp.	493
50586	*Pleurotus* sp.	493
50589	*Pleurotus* sp.	493
50596	*Pleurotus* sp.	493
50597	*Pleurotus* sp.	493
50601	*Pleurotus* sp.	493
50611	*Pleurotus* sp.	493
50615	*Pleurotus* sp.	493
50631	*Pleurotus* sp.	493
50661	*Pleurotus* sp.	493
50669	*Pleurotus* sp.	493
50675	*Pleurotus* sp.	493
50710	*Pleurotus* sp.	493
50712	*Pleurotus* sp.	494
50758	*Pleurotus* sp.	494
50761	*Pleurotus* sp.	494
50795	*Pleurotus* sp.	494
50796	*Pleurotus* sp.	494
50797	*Pleurotus* sp.	494
50798	*Pleurotus* sp.	494
50799	*Pleurotus* sp.	494
50800	*Pleurotus* sp.	494
50820	*Pleurotus* sp.	494

菌株号	菌种名称	页数
51360	*Pleurotus* sp.	495
51361	*Pleurotus* sp.	495
51362	*Pleurotus* sp.	495
51363	*Pleurotus* sp.	495
51364	*Pleurotus* sp.	495
51365	*Pleurotus* sp.	495
51366	*Pleurotus* sp.	495
51367	*Pleurotus* sp.	495
51368	*Pleurotus* sp.	495
51504	*Pleurotus* sp.	495
51569	*Pleurotus* sp.	495
51592	*Pleurotus* sp.	495
51599	*Pleurotus* sp.	495
51600	*Pleurotus* sp.	496
51601	*Pleurotus* sp.	496
51602	*Pleurotus* sp.	496
51603	*Pleurotus* sp.	496
51604	*Pleurotus* sp.	496
51877	*Pleurotus* sp.	496
51942	*Pleurotus* sp.	496
52021	*Pleurotus* sp.	496
52038	*Pleurotus* sp.	496
52196	*Pleurotus* sp.	496
51452	*Pleurotus* sp.	496
51453	*Pleurotus* sp.	496
51454	*Pleurotus* sp.	496
52191	*Pleurotus* sp.	496
51109	*Pleurotus* sp.	496
51067	*Pleurotus* sp.	496
51068	*Pleurotus* sp.	496
51341	*Pleurotus* sp.	496
51299	*Pleurotus spodoleucus* Fr.	496
50657	*Pleurotus tuber-regium*(Fr.)Fr.	496
51558	*Pleurotus tuber-regium*(Fr.)Fr.	496
51522	*Pleurotus ulmarius* (Bull. ;Fr.)Quél	496
51874	*Pleurotus ulmarius* (Bull. ;Fr.)Quél	496
51346	*Polyporus alveolaris*(DC.)Bondartsev &. Singer	496
52217	*Polyporus alveolaris*(DC.)Bondartsev &. Singer	496
51178	*Polyporus brumalis* (Pers.)Fr.	496
51482	*Polyporus giganteus*(Pers.)Fr.	496
51493	*Polyporus giganteus*(Pers.)Fr.	496
50673	*Polyporus umbellata*(Pers.)Fr.	496
51063	*Polyporus umbellata*(Pers.)Fr.	496
51116	*Polyporus umbellata*(Pers.)Fr.	496
51132	*Polyporus umbellata*(Pers.)Fr.	496
51487	*Polyporus umbellata*(Pers.)Fr.	496
51645	*Polyporus umbellata*(Pers.)Fr.	497
52215	*Poria* sp.	497
50565	*Psathyrella velutina*(Pers.)Singer	497
51185	*Pseudotrametes gibbosa* (Pers.)Bondartsev &. Singer	497
51180	*Pycnoporus sanguineus* (L. ;Fr.)Murrill	497
51765	*Ramaria* sp.	497
50567	*Rhodophyllus* sp.	497
51196	*Russula* sp.	497
50875	*Schizophyllum commune* Fr.	497

菌株号	菌种名称	页数
52265	*Trametes suaveolens*(L.)Fr.	499
52266	*Trametes suaveolens*(L.)Fr.	499
51945	*Trametes trogii* Berk.	499
51946	*Trametes trogii* Berk.	499
52242	*Trametes trogii* Berk.	499
50435	*Trametes versicolor*(L. ;Fr.)Pilát	499
50705	*Trametes versicolor*(L. ;Fr.)Pilát	499
51171	*Trametes versicolor*(L. ;Fr.)Pilát	499
51345	*Trametes versicolor*(L. ;Fr.)Pilát	499
51709	*Trametes versicolor*(L. ;Fr.)Pilát	499
51839	*Trametes versicolor*(L. ;Fr.)Pilát	499
52169	*Trametes versicolor*(L. ;Fr.)Pilát	499
52213	*Trametes versicolor*(L. ;Fr.)Pilát	499
50219	*Tremella aurantia* Schwein.	499
50347	*Tremella aurantia* Schwein.	499
50676	*Tremella aurantia* Schwein.	499
51479	*Tremella aurantia* Schwein.	499
51862	*Tremella aurantia* Schwein.	499
50546	*Tremella fuciformis* Berk.	499
51351	*Tremella fuciformis* Berk.	500
51352	*Tremella fuciformis* Berk.	500
51863	*Tremella fuciformis* Berk.	500
51434	*Tricholoma giganteum* Massee	500
50480	*Tricholoma gambosum*(Fr.)Gillet	500
50754	*Tricholoma lobayense* R. Heim	500
51150	*Tricholoma lobayense* R. Heim	500
51238	*Tricholoma lobayense* R. Heim	500
51323	*Tricholoma lobayense* R. Heim	500
51433	*Tricholoma lobayense* R. Heim	500
52057	*Tricholoma lobayense* R. Heim	500
50422	*Tricholoma matsutake*(S. Ito & S. Imai)Singer	500
50614	*Tricholoma matsutake*(S. Ito & S. Imai)Singer	500
50687	*Tricholoma matsutake*(S. Ito & S. Imai)Singer	500
51071	*Tricholoma matsutake*(S. Ito & S. Imai)Singer	500
51588	*Tricholoma matsutake*(S. Ito & S. Imai)Singer	500
51688	*Tricholoma matsutake*(S. Ito & S. Imai)Singer	500
51630	*Tricholoma populinum* J. E. Lange	500
51705	*Tricholoma saponaceum* (Fr.)P. Kumm.	500
51138	*Tricholoma sordidum*(Schumach.)P. Kumm.	500
51526	*Tricholoma sordidum*(Schumach.)P. Kumm.	500
51859	*Tricholoma sordidum*(Schumach.)P. Kumm.	500
51103	*Tuber* sp.	500
51591	*Tuber* sp.	500
51182	*Tyromyces albiolus*	500
52319	*Tyromyces subcaesius*	500
52321	*Tyromyces subcaesius*	500
51986	*Tyromyces subcaesius*	500
51987	*Tyromyces subcaesius*	500
51988	*Tyromyces subcaesius*	500
51989	*Tyromyces subcaesius*	500
51990	*Tyromyces subcaesius*	500
51991	*Tyromyces subcaesius*	501
51992	*Tyromyces subcaesius*	501
51993	*Tyromyces subcaesius*	501
51994	*Tyromyces subcaesius*	501

菌株号	菌种名称	页数
51251	*Volvariella volvacea* (Bull.) Singer	502
51252	*Volvariella volvacea* (Bull.) Singer	502
51253	*Volvariella volvacea* (Bull.) Singer	502
51254	*Volvariella volvacea* (Bull.) Singer	502
51255	*Volvariella volvacea* (Bull.) Singer	502
51256	*Volvariella volvacea* (Bull.) Singer	502
51257	*Volvariella volvacea* (Bull.) Singer	502
51258	*Volvariella volvacea* (Bull.) Singer	502
51259	*Volvariella volvacea* (Bull.) Singer	502
51260	*Volvariella volvacea* (Bull.) Singer	502
51377	*Volvariella volvacea* (Bull.) Singer	502
51378	*Volvariella volvacea* (Bull.) Singer	502
51429	*Volvariella volvacea* (Bull.) Singer	502
51430	*Volvariella volvacea* (Bull.) Singer	502
51473	*Volvariella volvacea* (Bull.) Singer	502
51593	*Volvariella volvacea* (Bull.) Singer	502
51594	*Volvariella volvacea* (Bull.) Singer	502
51595	*Volvariella volvacea* (Bull.) Singer	502
51596	*Volvariella volvacea* (Bull.) Singer	502
51715	*Volvariella volvacea* (Bull.) Singer	502
52025	*Volvariella volvacea* (Bull.) Singer	502
52047	*Volvariella volvacea* (Bull.) Singer	502
52048	*Volvariella volvacea* (Bull.) Singer	502
52058	*Volvariella volvacea* (Bull.) Singer	502
52206	*Volvariella volvacea* (Bull.) Singer	503
50478	*Wolfiporia ocos* (Schwein.) Ryvarden & Gilb.	503
50864	*Wolfiporia ocos* (Schwein.) Ryvarden & Gilb.	503
50876	*Wolfiporia ocos* (Schwein.) Ryvarden & Gilb.	503
51334	*Wolfiporia ocos* (Schwein.) Ryvarden & Gilb.	503
51639	*Wolfiporia ocos* (Schwein.) Ryvarden & Gilb.	503
51641	*Wolfiporia ocos* (Schwein.) Ryvarden & Gilb.	503
51642	*Wolfiporia ocos* (Schwein.) Ryvarden & Gilb.	503
51643	*Wolfiporia ocos* (Schwein.) Ryvarden & Gilb.	503
51644	*Wolfiporia ocos* (Schwein.) Ryvarden & Gilb.	503
51861	*Wolfiporia ocos* (Schwein.) Ryvarden & Gilb.	503
51960	*Wolfiporia ocos* (Schwein.) Ryvarden & Gilb.	503
51961	*Wolfiporia ocos* (Schwein.) Ryvarden & Gilb.	503
51962	*Wolfiporia ocos* (Schwein.) Ryvarden & Gilb.	503
51963	*Wolfiporia ocos* (Schwein.) Ryvarden & Gilb.	503
51964	*Wolfiporia ocos* (Schwein.) Ryvarden & Gilb.	503
51965	*Wolfiporia ocos* (Schwein.) Ryvarden & Gilb.	503
51966	*Wolfiporia ocos* (Schwein.) Ryvarden & Gilb.	503
51967	*Wolfiporia ocos* (Schwein.) Ryvarden & Gilb.	503
51968	*Wolfiporia ocos* (Schwein.) Ryvarden & Gilb.	503
51969	*Wolfiporia ocos* (Schwein.) Ryvarden & Gilb.	503
51970	*Wolfiporia ocos* (Schwein.) Ryvarden & Gilb.	503
51971	*Wolfiporia ocos* (Schwein.) Ryvarden & Gilb.	503
51972	*Wolfiporia ocos* (Schwein.) Ryvarden & Gilb.	503
51973	*Wolfiporia ocos* (Schwein.) Ryvarden & Gilb.	503
51974	*Wolfiporia ocos* (Schwein.) Ryvarden & Gilb.	503
51975	*Wolfiporia ocos* (Schwein.) Ryvarden & Gilb.	503
51976	*Wolfiporia ocos* (Schwein.) Ryvarden & Gilb.	503
51977	*Wolfiporia ocos* (Schwein.) Ryvarden & Gilb.	503
51978	*Wolfiporia ocos* (Schwein.) Ryvarden & Gilb.	503
51985	*Wolfiporia ocos* (Schwein.) Ryvarden & Gilb.	503

菌株号	菌种名称	页数
YN03	*Funneliformis mosseae* (T. H. Nicolson & Gerd.) C. Walker & A. Schüßler (2010) ≡ *Glomus mosseae* (Nicolson & Gerdemann) Gerdemann & Trappe	507
YN04	*Funneliformis mosseae* (T. H. Nicolson & Gerd.) C. Walker & A. Schüßler (2010) ≡ *Glomus mosseae* (Nicolson & Gerdemann) Gerdemann & Trappe	507
YN05	*Funneliformis mosseae* (T. H. Nicolson & Gerd.) C. Walker & A. Schüßler (2010) ≡ *Glomus mosseae* (Nicolson & Gerdemann) Gerdemann & Trappe	507
YN06	*Funneliformis mosseae* (T. H. Nicolson & Gerd.) C. Walker & A. Schüßler (2010) ≡ *Glomus mosseae* (Nicolson & Gerdemann) Gerdemann & Trappe	507
GZ01A	*Funneliformis mosseae* (T. H. Nicolson & Gerd.) C. Walker & A. Schüßler (2010) ≡ *Glomus mosseae* (Nicolson & Gerdemann) Gerdemann & Trappe	507
GZ02	*Funneliformis mosseae* (T. H. Nicolson & Gerd.) C. Walker & A. Schüßler (2010) ≡ *Glomus mosseae* (Nicolson & Gerdemann) Gerdemann & Trappe	507
GZ03A	*Funneliformis mosseae* (T. H. Nicolson & Gerd.) C. Walker & A. Schüßler (2010) ≡ *Glomus mosseae* (Nicolson & Gerdemann) Gerdemann & Trappe	507
GZ04A	*Funneliformis mosseae* (T. H. Nicolson & Gerd.) C. Walker & A. Schüßler (2010) ≡ *Glomus mosseae* (Nicolson & Gerdemann) Gerdemann & Trappe	507
GX01	*Funneliformis mosseae* (T. H. Nicolson & Gerd.) C. Walker & A. Schüßler (2010) ≡ *Glomus mosseae* (Nicolson & Gerdemann) Gerdemann & Trappe	507
GZ06A	*Funneliformis mosseae* (T. H. Nicolson & Gerd.) C. Walker & A. Schüßler (2010) ≡ *Glomus mosseae* (Nicolson & Gerdemann) Gerdemann & Trappe	507
HUN01A	*Funneliformis mosseae* (T. H. Nicolson & Gerd.) C. Walker & A. Schüßler (2010) ≡ *Glomus mosseae* (Nicolson & Gerdemann) Gerdemann & Trappe	507
SC01A	*Funneliformis mosseae* (T. H. Nicolson & Gerd.) C. Walker & A. Schüßler (2010) ≡ *Glomus mosseae* (Nicolson & Gerdemann) Gerdemann & Trappe	507
HUB01A	*Funneliformis mosseae* (T. H. Nicolson & Gerd.) C. Walker & A. Schüßler (2010) ≡ *Glomus mosseae* (Nicolson & Gerdemann) Gerdemann & Trappe	507
NM01A	*Funneliformis mosseae* (T. H. Nicolson & Gerd.) C. Walker & A. Schüßler (2010) ≡ *Glomus mosseae* (Nicolson & Gerdemann) Gerdemann & Trappe	508
XZ01	*Funneliformis mosseae* (T. H. Nicolson & Gerd.) C. Walker & A. Schüßler (2010) ≡ *Glomus mosseae* (Nicolson & Gerdemann) Gerdemann & Trappe	508
XZ02A	*Funneliformis mosseae* (T. H. Nicolson & Gerd.) C. Walker & A. Schüßler (2010) ≡ *Glomus mosseae* (Nicolson & Gerdemann) Gerdemann & Trappe	508
XZ03A	*Funneliformis mosseae* (T. H. Nicolson & Gerd.) C. Walker & A. Schüßler (2010) ≡ *Glomus mosseae* (Nicolson & Gerdemann) Gerdemann & Trappe	508
HK01	*Funneliformis mosseae* (T. H. Nicolson & Gerd.) C. Walker & A. Schüßler (2010) ≡ *Glomus mosseae* (Nicolson & Gerdemann) Gerdemann & Trappe	508
NM02A	*Funneliformis mosseae* (T. H. Nicolson & Gerd.) C. Walker & A. Schüßler (2010) ≡ *Glomus mosseae* (Nicolson & Gerdemann) Gerdemann & Trappe	508
BJ04A	*Funneliformis mosseae* (T. H. Nicolson & Gerd.) C. Walker & A. Schüßler (2010) ≡ *Glomus mosseae* (Nicolson & Gerdemann) Gerdemann & Trappe	508
HEB01	*Funneliformis mosseae* (T. H. Nicolson & Gerd.) C. Walker & A. Schüßler (2010) ≡ *Glomus mosseae* (Nicolson & Gerdemann) Gerdemann & Trappe	508
HEB02	*Funneliformis mosseae* (T. H. Nicolson & Gerd.) C. Walker & A. Schüßler (2010) ≡ *Glomus mosseae* (Nicolson & Gerdemann) Gerdemann & Trappe	508
HEB06	*Funneliformis mosseae* (T. H. Nicolson & Gerd.) C. Walker & A. Schüßler (2010) ≡ *Glomus mosseae* (Nicolson & Gerdemann) Gerdemann & Trappe	508
GD01A	*Funneliformis mosseae* (T. H. Nicolson & Gerd.) C. Walker & A. Schüßler (2010) ≡ *Glomus mosseae* (Nicolson & Gerdemann) Gerdemann & Trappe	508
BJ05A	*Funneliformis mosseae* (T. H. Nicolson & Gerd.) C. Walker & A. Schüßler (2010) ≡ *Glomus mosseae* (Nicolson & Gerdemann) Gerdemann & Trappe	508
NM04A	*Funneliformis mosseae* (T. H. Nicolson & Gerd.) C. Walker & A. Schüßler (2010) ≡ *Glomus mosseae* (Nicolson & Gerdemann) Gerdemann & Trappe	508
NM03D	*Funneliformis mosseae* (T. H. Nicolson & Gerd.) C. Walker & A. Schüßler (2010) ≡ *Glomus mosseae* (Nicolson & Gerdemann) Gerdemann & Trappe	508
HK02B	*Funneliformis mosseae* (T. H. Nicolson & Gerd.) C. Walker & A. Schüßler (2010) ≡ *Glomus mosseae* (Nicolson & Gerdemann) Gerdemann & Trappe	508
HEB07B	*Funneliformis mosseae* (T. H. Nicolson & Gerd.) C. Walker & A. Schüßler (2010) ≡ *Glomus mosseae* (Nicolson & Gerdemann) Gerdemann & Trappe	509